Emerich Eichhorn

Allgemeine und Anorganische Chemie

Emerich Eichhorn

Allgemeine und Anorganische Chemie

für Pharmazeuten

Mit 374 Abbildungen,
22 Tabellen und zahlreichen Formelzeichnungen

S H
Hirzel Verlag

Zuschriften an
lektorat@dav-medien.de

Anschrift der Autors
Dr. Emerich Eichhorn
Grunewaldstr. 18
93053 Regensburg

Bibliografische Information der Deutschen Nationalbibliothek
Die Deutsche Nationalbibliothek verzeichnet diese Publikation in der Deutschen Nationalbibliografie; detaillierte bibliografische Daten sind im Internet unter https://portal.dnb.de abrufbar.

1. Auflage 2022
ISBN 978-3-7776-2565-2 (Print)
ISBN 978-3-7776-3279-7 (E-Book, PDF)

Birkenwaldstraße 44, 70191 Stuttgart
www.hirzel.de
Printed in Germany

Satz: primustype Hurler GmbH, Notzingen
Druck und Bindung: Aumüller Druck, Regensburg
Umschlagabbildung: Holo Art/stock.adobe.com
Umschlaggestaltung: deblik, Berlin

Vorwort

Das vorliegende Lehrbuch richtet sich in erster Linie an Studierende der Pharmazie, die im Vorstudium, in der Regel im 1. Semester, in die Grundlagen der Chemie eingeführt werden sollen. Es kann aber auch für Biologie- und Medizinstudenten nützlich sein. Der Hauptschwerpunkt der stoffchemischen Themen konzentriert sich daher sehr auf die Chemie in wässriger Lösung. Dieser Teil der Anorganischen Chemie ist vor allem für Studierende mit medizinisch-biologischer oder chemischer Ausrichtung spannend. Gebiete wie Kristallographie, Metalle in niedrigen Oxidationsstufen, Metallkomplexe mit komplizierten Liganden, Metallurgie, Magnetochemie und andere Stoffgebiete, die auf dem Lehrplan für Chemie stehen, werden hingegen kaum oder nicht berücksichtigt. Nach den Erfahrungen des Autors haben Studentinnen und Studenten der Pharmazie zu Beginn ihres Studiums oft große Probleme, die typischen Eigenschaften der verschiedenen chemischen Elemente zu benennen. Das vorliegende Lehrbuch soll hier eine Orientierungshilfe sein, aber kein Lexikon darstellen.

Das Grundwissen in Allgemeiner und Anorganischer Chemie wird nicht als Faktensammlung mit Anspruch auf Berücksichtigung aller Details präsentiert. Ein solches Lehrkonzept ist vor allem für Anfänger ungeeignet. Daran sollten sich hoch qualifizierte Fachleute immer wieder erinnern. Das Grundwissen in Chemie soll mithilfe sehr einfacher, anschaulich dargelegter Konzepte vermittelt werden. Chemie funktioniert nach Regeln, und Regeln kennen Ausnahmen, was sie von Gesetzen unterscheidet. Dabei sollte man nicht jede Ausnahme als Gegenbeweis für die Regel sehen. Regeln schaffen Orientierung, und jede Ausnahme kann man sich bewusst machen und nach deren Ursachen suchen. Findet man welche, dann hat man sehr viel mehr gelernt, als wenn man sich eine Unmenge Fakten und Details bulimisch und ohne Sicht auf größere Zusammenhänge einfach einpaukt. In diesem Sinne soll dieses Lehrbuch auch eine Anleitung zum verständnisorientierten Lernen sein.

▸ Kap. 1 ist eher einfach gehalten. Es soll auch jenen Studenten einen Einstieg in das Fach Chemie ermöglichen, die während ihrer schulischen Vorbildung noch nicht viel von Chemie gehört haben. In den folgenden Kapiteln werden Themen angesprochen, die als anspruchsvoll und schwierig gelten, die nach Auffassung des Autors aber nicht notwendigerweise so präsentiert werden müssen. Die als äußerst schwierig und unanschaulich geltende Quantenmechanik erklärt die Regeln, nach denen sich Atome zu Molekülen verbinden. Die höhere Mathematik wird in diesem Buch durch die sehr anschauliche Diskussion stehender Wellen auf schwingungsfähigen Körpern ersetzt.

In ▸ Kap. 1 und ▸ Kap. 2 werden die wichtigsten Grundregeln vorgestellt, mit denen im Folgenden ständig gearbeitet wird. Es sind dies die Pearson-Theorie und das Modell der Hybridisierung, aus dem sich das Konzept von *Gillespie* und *Nyholm* ableitet. Die Pearson-Theorie beschreibt, welche Elemente sich gerne untereinander verbinden, die Gillespie-Regeln sagen uns, wie die Moleküle räumlich aussehen, die daraus hervorgehen. In ▸ Kap. 1 sind auch die wichtigsten Prinzipien erklärt, wie die Gestalt der Moleküle die physikalischen Eigenschaften der ihr zugrunde liegenden Stoffe beeinflusst.

In ▸ Kap. 3 wird vor allem erläutert, wie die Symmetrie von Molekülen dargestellt werden kann. Auch dieses Kapitel wirkt, vor allem für Anfänger, ausgesprochen anspruchsvoll. Das Arbeiten mit Symmetrieargumenten hebt den Lehrbuchtext durchaus auf ein Niveau, das über dem der meisten Anfängervorlesungen liegt. Dies geschieht aber nicht aus dem Bedürfnis heraus, den Studenten zugunsten einer hochwertigeren Ausbildung ein Mehr an Stoff zuzumuten. Der Autor ist der festen Überzeugung, dass Symmetrieargumente ein wirksames Instrument darstellen, den Zugang zur vielschichtigen Stoffchemie deutlich zu erleichtern. Dabei ist es nicht so wichtig, dass Punktgruppen und Symmetrierassen in allen, z. B. auch in schwierigen Fällen akkurat bestimmt werden können. Wichtig ist, dass verstanden wird, auf welche Weise Symmetrieargumente die Gestalt und Stabilität der Moleküle beeinflussen. In den meisten Fällen ist das Arbeiten mit den Schoenflies- und Mulliken-Symbolen entbehrlich, weil die wichtigsten Wirkungen der Umgebungssymmetrie auf die Orbitale auch anschaulich erklärt werden. Dennoch sind sie im Text eingearbeitet, und interessierte Leser können das Arbeiten mit ihnen erlernen. Das Arbeiten mit den Orbitaldiagrammen sollte geübt werden und ist auch Bestandteil der meisten Vorlesungen und Prüfungen. ▸ Kap. 4 behandelt die Grundlagen der Thermodynamik und Kinetik. Dies sind oft keine beliebten Themen, weil sie sehr rechenintensiv gestaltet werden können. In der Auswahl der angesprochenen Teilgebiete wurde nur das Nötigste berücksichtigt. Daher kann das Kapitel kein Lehrbuch der physikalischen Chemie ersetzen. Dieses Nötigste ist aber ausführlich dargelegt, daher kann die Bearbeitung dieses Kapitels den Einstieg in Lehrbücher der physikalischen Chemie erleichtern.

Beim Rechnen mit dem Massenwirkungsgesetz und mit der Nernst-Gleichung wurde allergrößter Wert daraufgelegt, dass der wichtigste Unterschied zwischen Aktivität und Konzentration darin liegt, dass die Aktivität eine dimensionslose Relativgröße ist, während die Konzentration immer eine Dimension trägt. Leider wird in manchen Lehrveranstaltungen dieser Unterschied nicht deutlich gemacht, was vor allem beim Logarithmieren zu Verletzungen mathematischer Regeln führt. Diese werden hier nicht als unbedeutend verniedlicht und streng vermieden.

Während ▸ Kap. 1–4 zur Vorbereitung und Einführung dienen, bilden ▸ Kap. 5–8 das Herzstück dieses Lehrbuchs. Es werden fast alle chemischen Elemente mit ihren typischen Eigenschaften und Verbindungen vorgestellt. Dabei wird grundsätzlich auf das in den ▸ Kap. 1–4 Gelernte Bezug genommen und damit gearbeitet. Zu jedem Element wird in mehr oder weniger umfangreichen Kastenelementen auf die Relevanz des Elements in Biologie und Medizin hingewiesen. Dabei stellt sich das Problem, dass einerseits damit kein Lehrbuch der Physiologie oder Biochemie ersetzt werden kann und darf. Andererseits sollen die Texte so abgefasst sein, dass man nicht unbedingt ein Biochemiebuch benötigt, um die Kapitel verstehen zu können. Der Autor betont, dass er selbst Chemiker und kein Mediziner oder Biologe ist. Daher wurden medizinische Fachbegriffe, wenn überhaupt, nur sehr sparsam verwendet und die Texte sind in einer eher anschaulichen, allgemeinverständlichen Sprache abgefasst. Die Botschaft, die von den Kastenelementen „Bedeutung für Biologie und Medizin" ausgehen soll, ist, dass die Anorganische Chemie sehr wohl eine Bedeutung auch für die belebte Natur hat.

Zuletzt sei noch auf etwas hingewiesen. Der Autor bemerkt ein deutlich verändertes Lernverhalten heutiger Studentengenerationen im Vergleich zu denen, die vor Jahrzehnten ausgebildet wurden. In der Vergangenheit war es aufwendiger, Informationen und Fakten zu besorgen, als es das heute ist. Folglich war die Bereitschaft, diese Informationen zu behalten und sie zu nutzen, entsprechend groß. Bedingt durch die elektronischen Medien ist es heute sehr einfach, sich mit Informationen zu versorgen. Entsprechend verschwenderisch geht man mit ihnen um. Man ermittelt Fakten, erledigt damit eine Arbeit und vergisst sie dann. Dies ermöglicht in vielen Fällen ein effizientes Arbeiten, es schafft aber keine beständige Kompetenz. Eine tiefes, beständiges Sachverständnis muss eine akademische Ausbildung aber nach wie vor vermitteln. Studenten haben heute vor allem in den frühen Semestern viel größere Schwierigkeiten mit dem autodidaktischen Lernen, als manche Dozenten es ihnen zubilligen. Hier ist Tadel völlig unangemessen und erhöhte Ansprüche an das studentische Leistungsvermögen allein sind kontraproduktiv. Nötig ist Hilfe durch verstärkte und intelligentere Anstrengungen in der Wissensvermittlung. Im vorliegenden Lehrbuch wird diesem Problem dadurch begegnet, dass ähnliche Argumentationen wiederholt an den dafür geeigneten Stellen ausgeführt werden. Die Vorstellung: „Einmal erklärt ist genug" erweist sich heute als nicht mehr tragfähig. Dadurch ergeben sich im Text oft viele Wiederholungen, die aber den Studenten die wichtigen Argumentationen eingängig machen und es ihnen erleichtern sollen, Allgemeines von Speziellem zu unterscheiden. Auch wenn dieser Stil sachkundigen Lesern langweilig erscheinen mag, wird den Anfängern damit sehr viel Sicherheit geboten. Das selbstständige Lernen soll dadurch erleichtert und gefördert werden.

In diesem Sinne werden gute Lehrbücher auch in Zukunft dringender benötigt denn je. Der Autor hat versucht, dazu einen konstruktiven Beitrag zu leisten.

Regensburg, im Sommer 2022 Emerich Eichhorn

Inhaltsverzeichnis

1 Einführung in die Anorganische und Allgemeine Chemie

1.1 Atome, Elemente und Periodensystem

1.1.1 Elemente und Verbindungen

In der Chemie ist man stets versucht, die Eigenschaften von Stoffen aus der Struktur ihrer kleinsten Teilchen heraus zu erklären. Diese kleinsten Teilchen von **chemischen Elementen** sind **Atome**. Atome können sich zu Assoziaten, den sogenannten **Molekülen** zusammenschließen. Diese bilden die kleinsten Teilchen der **chemischen Verbindungen**. Zur Verdeutlichung der Begriffe ein Beispiel: Die Stoffe Brom und Wasserstoff sind gasförmige Elemente. Es gibt keine Methode, diese beiden Stoffe in einfachere Stoffe zu zerlegen. Ferner unterscheiden sich beide Gase in Farbe, Geruch und Siedepunkt. Gasförmiges Brom wird bei 60 °C flüssig, hat eine braungelbe Eigenfarbe und einen üblen Geruch. Bei geringem Druck kann man Brom aber auch bei tiefer Temperatur gasförmig halten. Wasserstoff kann erst bei sehr viel tieferer Temperatur verflüssigt werden. Wasserstoff ist farblos und geruchlos. Werden beide Gase in ein Gefäß gefüllt, dann bildet sich ein Gasgemisch. Es entsteht dabei kein neuer Stoff. Bei Abkühlung des Systems zum Beispiel mit Eis, wird die Hauptmenge des Broms flüssig, der Wasserstoff wird gasförmig bleiben. Mit dieser einfachen Methode können beide Stoffe wieder getrennt werden.

Der britische Chemiker *John Dalton* hat sich Atome als starre Kugeln vorgestellt. Die Atome verschiedener Elemente unterscheiden sich nach *Dalton* im Wesentlichen durch ihr Gewicht. Es gibt also Bromatome und Wasserstoffatome. Die Bromatome sind dabei wesentlich schwerer als die Wasserstoffatome. Wasserstoffatome sind die leichtesten Atome, die in der Natur vorkommen. Ein Bromatom ist fast 80-mal schwerer als ein Wasserstoffatom. Die Zahl 80 ist die **relative Atommasse** von Brom. Entsprechend ist die relative Atommasse von Wasserstoff 1. Elemente werden durch Elementsymbole abgekürzt. Die Elementsymbole leiten sich von den griechischen und lateinischen Namen der Elementstoffe her. Das Element Brom (griech. *bromos,* Gestank) erhält das Symbol Br und dem Element Wasserstoff (lat. *hydrogenium*) wird das Symbol H zugeordnet. Nur wenige Elemente haben aber isolierte Atome als kleinste Bausteine. Sowohl bei Wasserstoff als auch bei Brom verbinden sich die Atome zu zweiatomigen Molekülen. Dabei verbinden sich die beiden Atome so fest zu einem Teilchen, sodass man die entstandene Bindung nur unter sehr großem Energieaufwand trennen kann. Die kleinsten Teilchen der Elemente sind in den meisten Fällen ebenfalls Moleküle. Elemente sind es aber gleichwohl, da ihre

Moleküle nur aus einer einzigen Atomsorte bestehen. Die kleinsten Teilchen des Elements Brom sind also Brommoleküle, Schreibweise Br_2. Entsprechend gilt für Wasserstoffmoleküle H_2. Beim Erhitzen des H_2/Br_2-Gasgemischs kommt es im System zu einigen Veränderungen. So verschwindet die braune Farbe des Broms und das Gasgemisch gibt Wärme an die Umgebung ab. In diesem Fall liegt eine **chemische Reaktion** vor. Es entsteht ein völlig neues Gas. Dieses ist farblos, hat einen stechenden Geruch, wird bei Eiskühlung nicht flüssig und löst sich hervorragend unter saurer Reaktion in Wasser. Das entstandene Gas besteht ebenfalls aus zweiatomigen Molekülen, die aber aus einem Wasserstoffatom und einem Bromatom zusammengesetzt sind. Bei diesem Vorgehen wurde also eine chemische Verbindung, in diesem Fall Bromwasserstoff (HBr), hergestellt.

1.1.2 Chemische Reaktionen

Chemische Reaktionen werden mithilfe chemischer **Reaktionsgleichungen** beschrieben. Die Herstellung zusammengesetzter Verbindungen aus einfachen Stoffen bezeichnet man als **Synthese**. Die Synthese von Bromwasserstoff aus den Elementen lässt sich über die folgende Gleichung formulieren:

$$Br_2 + H_2 \longrightarrow 2\,HBr$$

Brom und Wasserstoff reagieren zu Bromwasserstoff. Oder genauer: Ein Brommolekül, bestehend aus zwei Bromatomen, reagiert mit einem Wasserstoffmolekül, bestehend aus zwei Wasserstoffatomen, zu zwei Bromwasserstoffmolekülen, bestehend aus einem Wasserstoff- und einem Bromatom.

Bei der Formulierung chemischer Reaktionsgleichungen sind strenge **Regeln** zu beachten. So gilt das Gesetz der **Massekonstanz**. Die Zahl der Atome eines jeden Elements muss auf der Seite der Ausgangsstoffe (**Edukte**) und auf der Seite der Produkte gleich groß sein. Es dürfen keine Atome verschwinden und es können keine Atome aus dem Nichts entstehen. Das Erwärmen oder Belichten des Eduktgemischs der Mischung von H_2- und Br_2-Molekülen bewirkte, dass sich die Wasserstoffmoleküle und die Brommoleküle in Atome aufgespalten haben. Diese Atome reagierten dann zu neuen Molekülen. Die Moleküle einer chemischen Verbindung bestehen dann aus mindestens zwei verschiedenen Atomsorten. o Abb. 1.1 veranschaulicht dieses kleine Experiment.

■ **MERKE** Die kleinsten Teilchen eines Stoffes sind im Regelfall Moleküle. Diese bestehen aus Atomen, die sich zu einem Teilchen, dem Molekül zusammengeschlossen haben. Chemische Elemente bestehen aus einer Sorte von Atomen. Es gibt also so viele verschiedene Atomsorten, wie es chemische Elemente gibt. Inzwischen sind 118 verschiedene chemische Elemente bekannt.

1.1.3 Aufbau von Atomen aus Elementarteilchen

Bisher wurden die Atome nur nach ihrer Masse unterschieden. Wie können diese Atome sich aber untereinander zu Molekülen verbinden? Die einfache Vorstellung, dass es sich bei Atomen um verschieden schwere Kugeln handelt, kann diese Frage nicht beantworten. Schon früh in der Zeit *Dalton*s wurde vermutet, dass es die Kräfte der neuentdeckten Elektrizität sind, die die Atome zusammenhalten. Der britische Physiker *Rutherford* konnte zeigen, dass ein Atom aus einem kompakten **Atomkern** und einer sehr massearmen und durchlässigen **Atomhülle** besteht. Der Atomkern ist **elektrisch positiv** geladen,

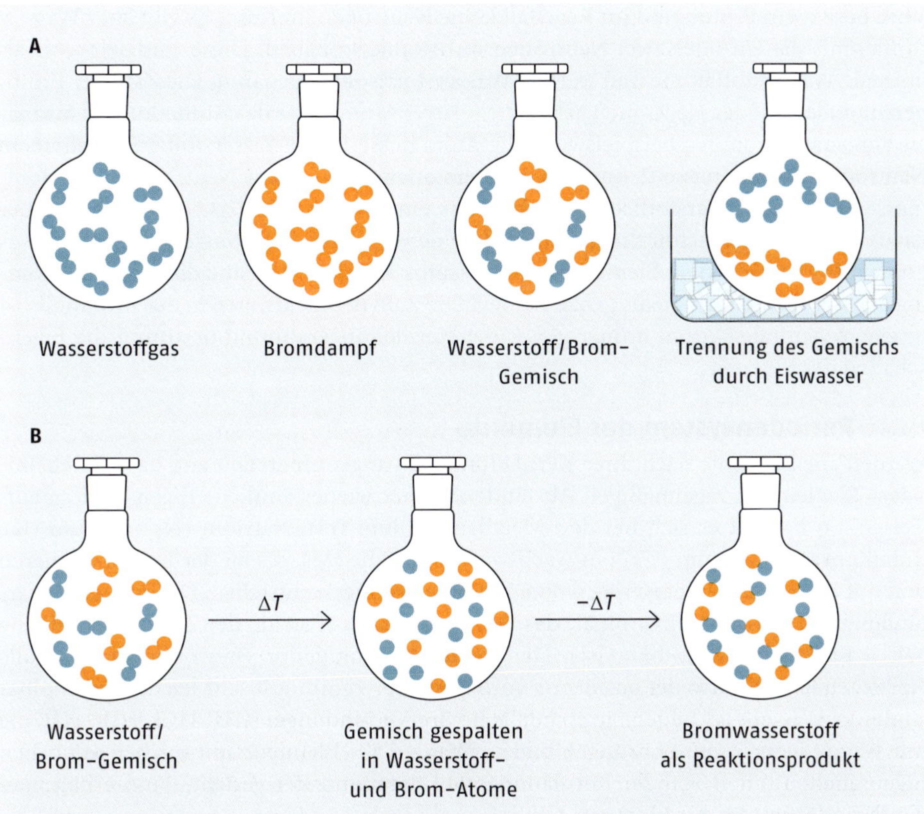

Abb. 1.1 Bildung und Trennung eines Gasgemischs aus Wasserstoffgas und Bromdampf (A) sowie chemische Reaktion zu Bromwasserstoffgas (B)

die Atomhülle gleicht mit ihrer **elektrisch negativen** Ladung die Kernladung aus. Damit sind einfache Atome elektrisch neutrale Körper. Jede in der Natur vorkommende elektrische Ladung ist ein ganzzahliges Vielfaches einer **Elementarladung**, die den Wert von $1{,}6 \cdot 10^{-19}$ Coulomb besitzt. Diese Elementarladungen sind an **Elementarteilchen** gebunden.

Der Atomkern besteht aus zwei Arten von Elementarteilchen, den **Protonen** und den **Neutronen**. Beide Teilchen sind etwa gleich schwer und die Masse beträgt $1{,}67 \cdot 10^{-27}$ kg. Dies entspricht einer Einheit der relativen Atommasse. Das Proton ist Träger einer positiven Elementarladung; es ist einfach positiv geladen. Das Neutron ist elektrisch neutral und beeinflusst nur die Masse des Atoms. Ein so aufgebauter Atomkern wird von **Elektronen** umkreist. Ein Elektron ist ein Elementarteilchen, das eine negative Elementarladung trägt, aber kaum Masse besitzt. Die Masse eines Elektrons entspricht dem 1/1823-ten Teil der Masse eines Protons. Daher tragen die Elektronen zum Atomgewicht fast nichts bei, sie kompensieren aber die positive Kernladung. Ein Elektron ist also einfach negativ geladen. Je mehr Protonen der Atomkern besitzt, umso stärker ist er positiv geladen.

Die Zahl der Protonen im Kern wird als **Kernladungszahl** bezeichnet. Diese Zahl bestimmt, zu welchem Element ein Atom gehört. Die Atome des Elements Wasserstoff sind die kleinsten und einfachsten Atome, die in der Natur vorkommen. Ein Wasserstoffatom besitzt ein Proton und im Regelfall keine Neutronen im Kern. Es gibt aber Wasserstoffatome, die ein oder zwei Neutronen im Atomkern haben. Diese sind schwerer als normale Wasserstoffatome und werden **Wasserstoffisotope** genannt. Die Zahl der Protonen und die Zahl der Neutronen geben die relative Atommasse des Atoms an. Ein normales Wasserstoffatom hat beispielsweise die Atommasse 1, ein Wasserstoffatom mit einem Neutron die Atommasse 2 und ein Wasserstoffatom mit zwei Neutronen die Atommasse 3. Diese Wasserstoffisotope haben nur eine geringe Häufigkeit, sie führen aber dazu, dass die durchschnittliche Atommasse einer natürlichen Wasserstoffprobe etwas größer als 1 ist. Bei jedem Element kommen Isotope vor. Folglich sind die relativen Atommassen der Elemente niemals ganze Zahlen. Die Zahl der Elektronen in der Atomhülle ist in einem neutralen Atom immer gleich der Kernladungszahl und bestimmt die Eigenschaften des Elements.

1.1.4 Periodensystem der Elemente

Werden alle Elemente nach ihrer Kernladungszahl angeordnet, fällt auf, dass die chemischen Elemente in regelmäßigen Abständen immer wieder ähnliche Eigenschaften aufweisen. So handelt es sich bei den Metallen Lithium (Li), Natrium (Na), Kalium (K), Rubidium (Rb), Cäsium (Cs) um wachsweiche Metalle (M), die an der Luft korrodieren und mit Wasser heftig reagieren, wobei basische Lösungen entstehen. Die einfachste Verbindung mit Wasserstoff ist binär, das heißt, sie bilden Hydride der Zusammensetzung MH = LiH, NaH, KH, RbH, CsH. Die Elemente Fluor, Chlor, Brom und Iod sind alle Nichtmetalle, die entweder gasförmig vorliegen oder zumindest sehr leicht verdampfbar sind. Mit Wasserstoff bilden sie ebenfalls binäre Verbindungen (HF, HCl, HBr, HI), die mit Wasser jedoch saure Lösungen bilden. Werden alle Elemente mit solchen ähnlichen Eigenschaften mit steigender Kernladungszahl untereinander gestellt, dann erhält man das **Periodensystem der Elemente (PSE)**.

◻ Tab. 1.1 zeigt die **Hauptgruppen** des PSE. Hinter den Elementen Calcium (Ca), Strontium (Sr) und Barium (Ba) machen die Kernladungszahlen seltsame Sprünge von 10 bis 24 Kernladungen. Offensichtlich fehlen Elemente, die zu den **Nebengruppen** des

◻ **Tab. 1.1** Periodensystem der Hauptgruppenelemente

I	II	III	IV	V	VI	VII	VIII
H^{1}_{1}							He^{2}_{4}
Li^{3}_{7}	Be^{4}_{9}	B^{5}_{11}	C^{6}_{12}	N^{7}_{14}	O^{8}_{16}	F^{9}_{19}	$Ne^{10}_{20,2}$
Na^{11}_{23}	$Mg^{12}_{24,3}$	Al^{13}_{27}	Si^{14}_{28}	P^{15}_{31}	S^{16}_{32}	$Cl^{17}_{35,5}$	Ar^{18}_{40}
K^{19}_{39}	Ca^{20}_{40}	$Ga^{31}_{69,7}$	$Ge^{32}_{72,6}$	As^{33}_{75}	Se^{34}_{79}	Br^{35}_{80}	$Kr^{36}_{83,8}$
$Rb^{37}_{85,5}$	$Sr^{38}_{87,6}$	$In^{49}_{114,8}$	$Sn^{50}_{118,7}$	$Sb^{51}_{121,8}$	$Te^{52}_{127,6}$	I^{53}_{127}	$Xe^{54}_{131,3}$
Cs^{55}_{133}	$Ba^{56}_{137,3}$	$Tl^{81}_{204,4}$	$Pb^{82}_{207,2}$	Bi^{83}_{209}	Po^{84}_{209}	At^{85}_{210}	Rn^{86}_{222}
Fr^{87}_{223}	Ra^{88}_{226}						

Metalle
Nichtmetalle
Edelgase

PSE gehören. Das Zustandekommen dieser Nebengruppen sowie die Eigenschaften der Nebengruppenelemente werden im Buch später ausführlich besprochen werden. In ◘ Tab. 1.1 ist neben jedem Elementsymbol oben die Kernladungszahl und unten die durchschnittliche Massezahl angegeben. Es gibt acht Hauptgruppen. In der achten Hauptgruppe stehen die Elemente Helium (He), Neon (Ne), Argon (Ar), Krypton (Kr) und Xenon (Xe). Diese Elemente werden **Edelgase** genannt. Alle diese Elemente sind bei normalem Druck (1 atm) und normaler Temperatur (25 °C) gasförmig. Ihre kleinsten Teilchen sind keine Moleküle, sondern einfache neutrale Atome. Alle anderen Elementgase wie Wasserstoff, Stickstoff, Sauerstoff, Fluor, Chlor, Brom und Iod liegen in Form zweiatomiger Moleküle vor. Die Atome der Edelgase zeigen eine auffallend geringe Tendenz, chemische Reaktionen einzugehen. Sie verhalten sich „edel", daher der Name Edelgas.

Welche Eigenschaften zeichnen Metalle und Nichtmetalle jeweils aus? Metalle sind glänzende, verformbare Feststoffe, aus denen viele Gegenstände hergestellt werden können und die den elektrischen Strom leiten. Diese Eigenschaften sind in der Tat typisch für Metalle. Mit Nichtmetallen reagieren sie unter Bildung kristalliner Salze, die dann oft, aber nicht immer wasserlöslich sind. Salze sind niemals leicht zu verdampfen und nur bei relativ hohen Temperaturen zu schmelzen. Schmelzen und Lösungen von Salzen leiten den elektrischen Strom.

Metalle findet man vor allem bei schweren Elementen, also ganz unten im Periodensystem, oder in weiter Entfernung zu den Edelgasen, die zu den Nichtmetallen zählen. Die Nichtmetalle bilden untereinander Molekülverbindungen, die entweder gasförmig, flüssig oder zumindest relativ leicht verdampfbar sind. Mit den Metallen bilden sie die oben genannten Salze.

1.1.5 Struktur der Atomhülle

Die Eigenschaften der Elemente des PSE lassen sich aus dem Aufbau ihrer Atome ableiten. Daher ist es wichtig den Atomaufbau zu verstehen. Der erste Physiker, der sich damit beschäftigte, war der dänische Wissenschaftler *Niels Bohr*. Er ging davon aus, dass sich die Elektronen in der Atomhülle auf Kreisbahnen bestimmter Energie um den Atomkern bewegen, den **Elektronenschalen**. Die erste Elektronenschale bietet Platz für zwei Elektronen, alle folgenden Schalen bieten Platz für acht Elektronen. Ist eine Schale voll, wird die nächsthöhere besetzt. Die äußerste, am weitesten vom Atomkern entfernte Elektronenschale bezeichnet man als **Valenzschale**. Bei Betrachtung der Elektronenbesetzungsstruktur in den Elektronenhüllen der Elemente für die ersten drei Perioden, fällt sofort Folgendes auf: Die Zahl der Elektronen in der Valenzschale ist für Elemente der gleichen Hauptgruppe gleich groß. Dies legt die Vermutung nahe, dass die Ähnlichkeiten der Elemente in ihren chemischen Eigenschaften durch die Elektronenbesetzung der Valenzschale verursacht werden. Ferner fällt auf, dass die Edelgase, die kaum chemische Reaktionen eingehen, vollständig gefüllte Valenzschalen besitzen. Es sind dies zwei Elektronen auf der ersten Schale und acht Elektronen auf allen weiteren Schalen. Dieser **Edelgaszustand** schafft einen stabilen Zustand, der die Reaktionsfähigkeit der Atome stark einschränkt. Eine mit acht Elektronen besetzte Valenzschale wird **Elektronenoktett** genannt. Ein Elektronenoktett ist ein stabiler Zustand und wird daher häufig verwirklicht. Die Elemente, die weniger als vier Elektronen, also weniger als ein halbes Elektronenoktett auf der Valenzschale besitzen, sind meistens Metalle. In ◉ Abb. 1.2 wird dieser Schalenaufbau anhand der Elemente der ersten drei Perioden im PSE veranschaulicht.

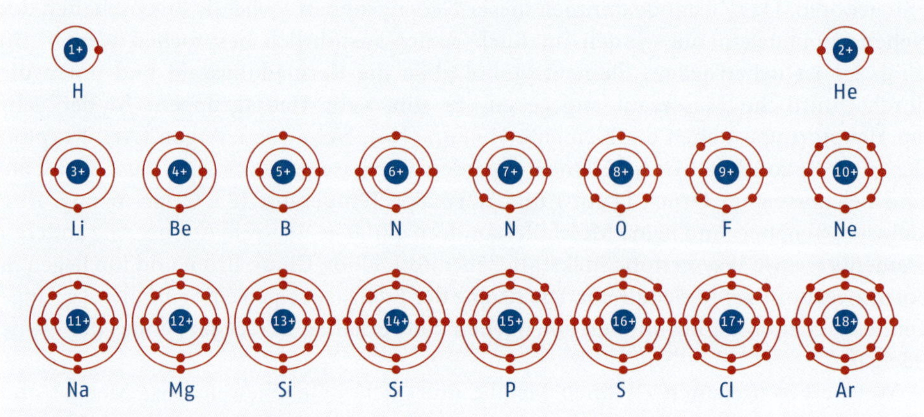

Abb. 1.2 Elektronenbesetzung für die Elemente der ersten drei Perioden im PSE nach dem Bohrschen Modell

Metallatome erreichen ein Elektronenoktett, wenn sie Elektronen an die Umgebung abgeben. Nichtmetallatome können ein Elektronenoktett erreichen, wenn sie Elektronen aus der Umgebung aufnehmen. Es gehört zu den Eigenschaften von Metallatomen, dass sie Elektronen nicht so fest binden. Die Tendenz zu Metalleigenschaften nimmt bei schweren Elementen zu. Dort sind die Elektronen weit vom Kern entfernt und daher lockerer an den Kern gebunden.

Die Stellung eines Elements im Periodensystem bestimmt nicht nur das Gewicht und die Kernladung eines Elementatoms oder ob ein Element ein Metall ist oder nicht. Sie hat auch Einfluss auf die Größe der Atome. Innerhalb einer Periode nimmt der Atomradius ab, da die Kernladung zunimmt und die Elektronen der Elektronenhülle einer stärkeren Anziehungskraft ausgesetzt sind. Innerhalb einer Gruppe nimmt der Atomradius von oben nach unten hin zu, da immer neue Elektronenschalen der Hülle hinzugefügt werden. Alle dies hat großen Einfluss auf die Reaktivität der Atome.

1.2 Redoxprozess und Bindigkeit

1.2.1 Chemische Reaktionen durch Elektronenübertragung

Wie in Abb. 1.3 gezeigt, füllt man ein Becherglas mit Chlorgas und legt ein Stück Natrium hinein. Nach kurzem Erwärmen wird der Inhalt des Becherglases explodieren und es entstehen farblose Kristalle. Dabei handelt es sich um Kochsalz, welches z. B. in der Küche als Gewürz eingesetzt wird.

Was ist bei diesem kleinen Experiment geschehen? Das Element Natrium steht in der ersten Hauptgruppe des Periodensystems. In der Valenzschale hat es genau ein Elektron. Verliert es dieses eine Elektron an die Umgebung, dann bekommt das übrig gebliebene Atomfragment genau die gleiche **Elektronenkonfiguration** (Verteilung der Elektronen auf die Schalen) wie das Edelgas Neon. Das Atomfragment, besteht aus einem Natriumatomkern und einer Elektronenhülle, die genau ein Elektron weniger hat, als es der Neutralzustand fordert. Das Teilchen trägt daher eine positive Gesamtladung. Atome, die elektrisch geladen sind, werden **Ionen** genannt (griech. *ionos*, der Wanderer). Ionen bewegen

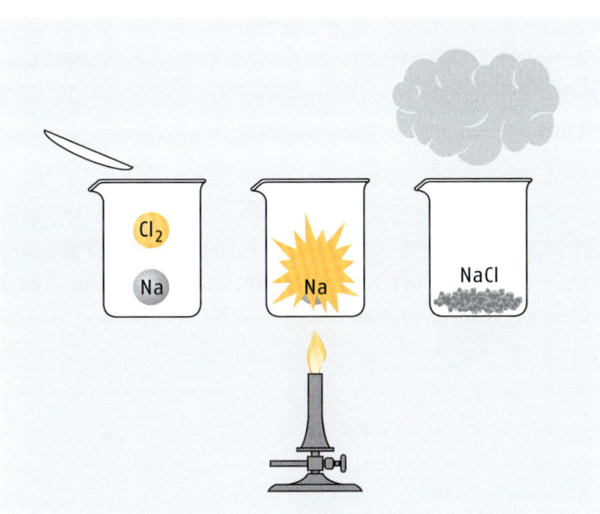

Abb. 1.3 Synthese von Natriumchlorid aus den Elementen

sich aufgrund elektrostatischer Kräfte im elektrischen Feld. Ein positiv geladenes Ion wird als **Kation** bezeichnet. Kationen wandern im elektrischen Feld immer zur negativ geladenen Elektrode, der **Kathode**.

Verliert ein Atom ein oder mehrere Elektronen an Reaktionspartner, spricht man von einer **Oxidation**. Nachfolgend als Beispiel die Oxidation von Natrium:

$$Na \longrightarrow Na^{+} + e^{-}$$

Ein Natriumatom geht über in ein Natrium-Kation und ein Elektron. Unterscheidet sich der Ladungszustand eines Atoms vom Neutralzustand, dann wird dieser Ladungszustand durch die **Oxidationsstufe** angeben. Das Element Natrium hat die Kernladungszahl 11. Im Neutralzustand müsste es 11 Elektronen in der Atomhülle haben. Das Natrium-Ion hat aber ein Elektron weniger, als der Neutralzustand es fordert. Daher hat Na^{+} die Oxidationsstufe +I.

Das Element Magnesium besitzt zwei Elektronen in der Valenzschale. Um zur selben Elektronenkonfiguration wie das Edelgas Neon zu kommen, muss es zwei Elektronen abgeben (Oxidation) und hat daher im Magnesium-Ion die Oxidationsstufe +II:

$$Mg \longrightarrow Mg^{2+} + 2\,e^{-}$$

Die Oxidation und die Bildung von Kationen ist eine typische Eigenschaft von Metallen, deren Valenzelektronen nur locker in der Atomhülle gebunden sind. Bei der Bildung von Kochsalz findet ja eine Reaktion mit dem Nichtmetall Chlor statt. Chlor ist ein Elementgas und kommt daher in Form zweiatomiger Moleküle vor. Durch die Hitze des Brenners gespalten, entstehen Chloratome. Ein Chloratom, es steht in der siebten Hauptgruppe des PSE, hat in seiner Valenzschale sieben Elektronen. Zur Elektronenkonfiguration des benachbarten Edelgas-Elements Argon fehlt nur ein einziges Elektron. Nimmt ein Chloratom ein Elektron auf, dann entsteht ein Atom, das elektrisch negativ geladen ist. Es ist also ein negatives Ion entstanden. Solche negativ geladenen Ionen wandern im elektrischen Feld zum Pluspol, also zur **Anode**, und werden daher **Anionen** genannt.

Die Bildung von Anionen ist eine typische Eigenschaft von Nichtmetallen. Dabei werden Elektronen in ein neutrales Atom eingebaut. Allgemein wird der Einbau von Elektronen als **Reduktion** bezeichnet, z. B. die Reduktion von Chlorgas:

$$Cl_2 + 2\,e^- \longrightarrow 2\,Cl^-$$

Ein Chlormolekül bildet unter Aufnahme von zwei Elektronen zwei Chlorid-Ionen. Durch den Einbau des Elektrons hat das Chlorid-Ion jetzt ein Elektron mehr als Chlor im Neutralzustand. Die Oxidationsstufe von Chlor in Chlorid ist daher –I. Die entstandenen Natrium- und Chlorid-Ionen bilden zusammen eine neue chemische Verbindung, Kochsalz bzw. Natriumchlorid:

$$Na^+ + Cl^- \longrightarrow NaCl$$

■ **MERKE** Metalle neigen dazu, Elektronen abzugeben und Oxidationen einzugehen. Sie erreichen ein Elektronenoktett durch Abgabe von Valenzelektronen und bevorzugen hohe Oxidationsstufen. Nichtmetalle neigen dazu, Elektronen aus der Umgebung aufzunehmen und Reduktionen einzugehen. Sie vervollständigen das Elektronenoktett, indem sie Elektronen einbauen und bevorzugen niedrige Oxidationsstufen.

Die maximale Oxidationsstufe eines chemischen Elements ist gleich der Gruppennummer im PSE. So bezeichnet man die Elemente der ersten Hauptgruppe als **Alkalimetalle**. Ihre maximale Oxidationsstufe ist +I, weil sie in der ersten Hauptgruppe stehen. In der zweiten Hauptgruppe stehen die **Erdalkalimetalle**. Ihre maximale Oxidationsstufe ist +II. Die Elemente der siebten Hauptgruppe zählen zu den Nichtmetallen und werden als **Halogene** bezeichnet. Ihre maximale Oxidationsstufe ist +VII. Da alle Halogene Nichtmetalle sind, bilden ihre Atome keine siebenwertigen Kationen. Die Oxidationsstufe +VII kann jedoch auf indirekte Weise durchaus realisiert werden. Die minimale Oxidationsstufe, in der ein Element auftreten kann, berechnet sich nach ○ Gleichung 1.1:

$$(Ox)_{\text{min}} = 8 - N \qquad \text{Gleichung 1.1}$$

| *Ox* Oxidationsstufe | *N* Gruppennummer im PSE

Für die Alkalimetalle ist die minimale Oxidationsstufe –VII, für die Erdalkalimetalle –VI. Diese Oxidationsstufen werden niemals realisiert, da Metalle zur Abgabe von Elektronen neigen und nur schwer zusätzliche aufnehmen können. In besonderen Fällen können auch Metalle in niedrigen (d. h. negativen) Oxidationsstufen vorkommen.

1.2.2 Arten chemischer Bindungen

Die Metallbindung

Um zu verstehen, wie sich Elemente zu chemischen Verbindungen verbinden, ist es wichtig, die drei wichtigsten **chemischen Bindungstypen** zu kennen:

- die **Metallbindung**,
- die **Ionenbindung** und
- die **kovalente Bindung**.

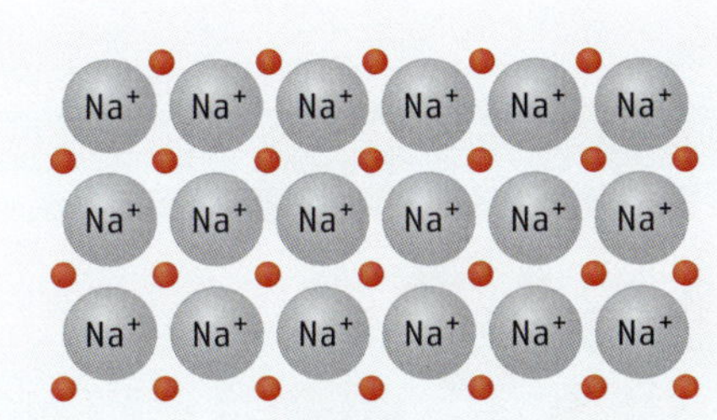

o Abb. 1.4 Natriumkristall: ein Modell für die Metallbindung. Die Natrium-Ionen sind grau, die frei beweglichen Elektronen rot dargestellt.

Bei der Synthese von NaCl (o Abb. 1.3) kommt der Elektronenübertritt von Natrium zu Chlor durch das Bestreben der einzelnen Atome nach einem Oktett in der Valenzschale zustande. Wie liegen die Natriumatome im Natriummetall jedoch vor? Alle Natriumatome geben ihre Valenzelektronen an den ihn umgebenden Raum ab und bilden Na^+-Ionen. Diese werden dann durch ein Gas freibeweglicher Elektronen zusammengehalten. Mit dieser vereinfachten Vorstellung der Metallbindung können die wichtigsten Eigenschaften der Metalle erklärt werden. o Abb. 1.4 zeigt einen Natriumkristall als Modell der Metallbindung. Metalle begegnen uns in unserer Alltagswelt als Werkstoffe in vielen Gegenständen. Eine sehr wichtige mechanische Eigenschaft der Metalle ist ihre gute Verformbarkeit (**Duktilität**). Da sich das Elektronengas jeder Form problemlos anpassen kann, können die Lagen an Metall-Ionen beliebig gegeneinander verschoben werden.

Der Zusammenhalt der Kristallbausteine wird dadurch nicht gestört. Das Elektronengas hat auch die Eigenschaft, Licht aller Wellenlängen aufzunehmen und in alle Richtungen wieder abzugeben. Daher eignen sich Metalloberflächen als Spiegel und der typische metallische Glanz wird verständlich. Schließlich sind Metalle als hervorragende Leiter für den elektrischen Strom bekannt. Elektronen können sehr leicht von außen dem Elektronengas zugefügt und an anderer Stelle wieder entnommen werden. Auf diese Weise lassen sich elektrische Ladungen leicht transportieren.

1

Ionenbindungen

Treffen Chloratome auf die Oberfläche des Natriumkristalls, entnehmen sie Elektronen aus dem Elektronengas und werden so zu negativ geladenen Anionen. Diese können die positive Ladung der Na^+-Ionen ebenso gut ausgleichen wie die Elektronen. Sie sind aber nicht so beweglich. Kationen und Anionen kompensieren ihre Ladung, in dem sie sich in einer genau festgelegten Ordnung positionieren. Es entsteht ein **Ionenkristall**. o Abb. 1.5 zeigt die Anordnung der Na^+- und Cl^--Ionen im Kochsalzkristall.

Der Kochsalzkristall ist ein einfaches Beispiel für das Modell der Ionenbindung. Die gegensätzlich geladenen Ionen werden durch die elektrostatische Anziehung positiver und negativer elektrischer Ladungen zusammengehalten (o Abb. 1.5A). Es gibt also keine NaCl-Moleküle. Es gibt nur eine kleinste NaCl-Struktureinheit, die sich im Kristall beliebig oft wiederholt.

Eine wichtige Eigenschaft der elektrischen Kräfte ist, dass sie in alle Richtungen des Raums gleichmäßig wirksam sind. Ionenbindungen sind daher **nicht gerichtet**. Dasselbe gilt auch für die Kräfte zwischen Ionen und Elektronengas im Metall. Im Unterschied zu Metallen sind Salzkristalle aber spröde. Will man sie durch mechanische Bearbeitung in eine bestimmte Form bringen, dann zerbrechen sie. Anders als das bewegliche Elektronengas sind die Anionen auf bestimmte Plätze im Gitter festgelegt. Verschiebt man zwei

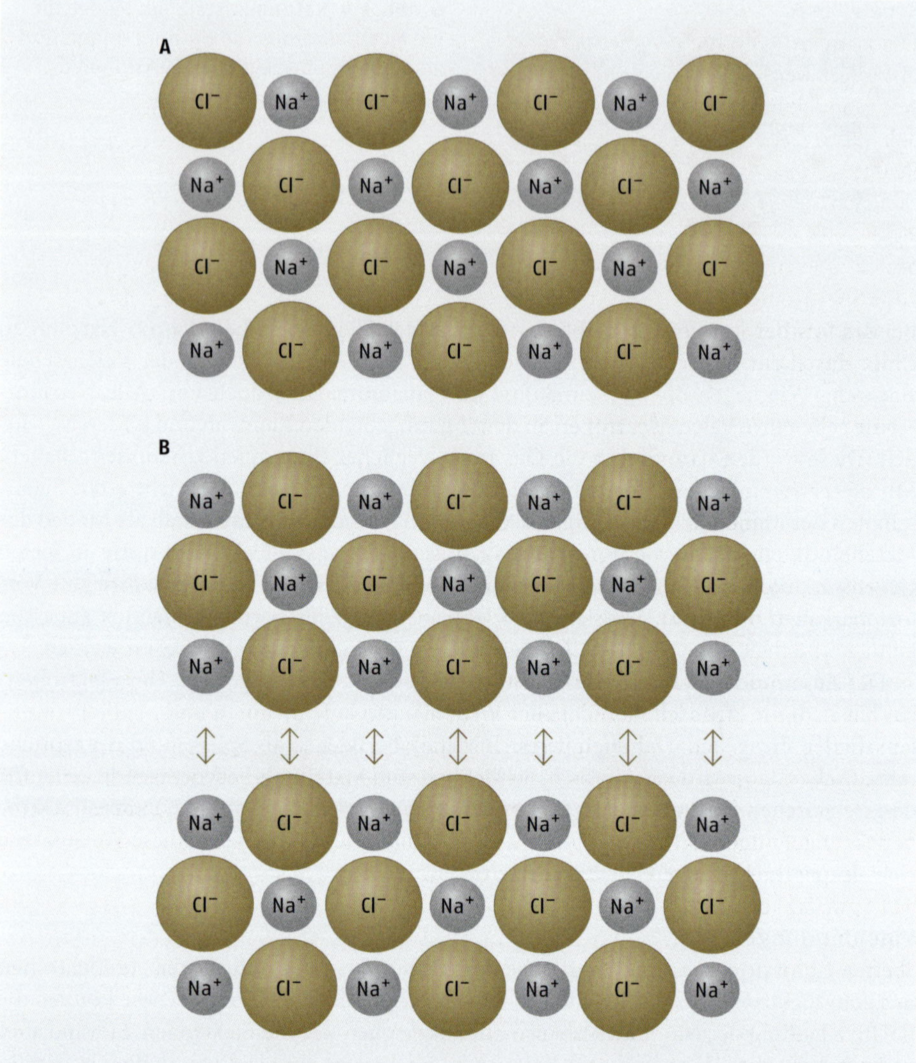

Abb. 1.5 Kochsalzkristall: Die Ionen werden durch die elektrostatische Anziehung ungleichnamiger Ladungen (Coulombkräfte) zusammengehalten (**A**). Verschiebt man die Ionenlagen gegeneinander, dann werden zwischen den gleichgeladenen Ionen Abstoßungskräfte wirksam (**B**).

Lagen von Ionen gegeneinander, so kommen, wie in Abb. 1.5B gezeigt, gleich geladene Ionenreihen in direkte Nachbarschaft. Die wirksamen Abstoßungskräfte sprengen dann das Kristallgefüge. Durch die starke Anziehung der Ionen untereinander haben Salze sehr hohe Schmelzpunkte; es ist viel Energie nötig, um die Anziehungskräfte zwischen den Ionen zu überwinden. Erst diese Salzschmelzen können den elektrischen Strom leiten. Taucht man z. B. zwei Graphitelektroden in eine Salzschmelze und legt zwischen beiden Elektroden eine Spannung an, wandern die Kationen zur Kathode (zum negativen Pol) und die Anionen zur Anode (zum positiven Pol). Im Salzkristall selbst sind die Ladungen ortsfest und eine Stromleitung ist nicht möglich.

Kovalente Bindungen

Um kovalente Bindungen verstehen zu können, muss der Aufbau eines Atoms genauer diskutiert werden. Dazu ist ein leistungsfähiges Atommodell notwendig. Das einfachste Atommodell findet man bei *Dalton*. Danach sind Atome starre Kugeln. Dieses Atommodell erklärt überzeugend die Massenverhältnisse in denen sich Stoffe bei chemischen Reaktionen untereinander verbinden. Ein verfeinertes Atommodell hat *Niels Bohr* entwickelt. Danach bewegen sich die Elektronen um die Atomkerne auf kreisförmigen, festgelegten Bahnen (Schalen). Üblicherweise ist eine Schale mit acht Elektronen komplett besetzt und darauf beruht die Oktettregel. Das Bohrsche Atommodell erklärt nicht nur das PSE, es kann mit der Oktettregel auch die Metall- und Ionenbindung erklären. Zum Verständnis der kovalenten Bindung und insbesondere der räumlichen Strukturen der dabei entstehenden Moleküle ist es jedoch unzureichend. Hierfür eignet sich das quantenmechanische Orbitalmodell, welches von theoretischen Physikern und Mathematikern wie *Schrödinger* und *Pauli* entwickelt wurde. Dieses Modell ist so bedeutsam und wichtig, dass ihm das ganze Kapitel 2 gewidmet ist. Bis dahin soll ein vereinfachtes Atommodell verwendet werden. Es ist das Kugelwolkenmodell von *George Elbert Kimball*. Das Bohrsche Atommodell wird modifiziert, in dem für das Elektronenoktett auf der Valenzschale eine Unterstruktur angenommen wird. Sie besteht aus vier kugelförmigen Elektronenwolken, die jeweils zwei Elektronen aufnehmen können. Dadurch wird es möglich, die Bindigkeiten der Hauptgruppen-Element-Atome mit einem sehr anschaulichen Konzept zu verstehen. Die räumliche Anordnung der Atome in einem Molekül wird aber mit diesem Atommodell nicht immer richtig vorhergesagt.

Für alle Atommodelle gilt das Gleiche wie für alle Modellvorstellungen in der Naturwissenschaft generell. Sie sind nach ihrer Leistungsfähigkeit zu beurteilen. So sind Atome keine starren Kugeln, es gibt keine kreisförmigen Umlaufbahnen für die Elektronen und es gibt keine kugelförmigen Elektronenwolken, die ein Atom umgeben. Dennoch stehen diese Vorstellungen, so unzulänglich sie manchmal auch sind, in einer festen Relation zur komplizierten Realität. Eine Landkarte bildet beispielsweise eine Landschaft auch nicht präzise ab, stellt aber einige Merkmale derselben richtig dar. So erklärt es sich, dass man eine Landkarte benutzen kann, um von einem Ort zum anderen zu kommen. Ebenso eignen sich die genannten Atommodelle um einige Atomeigenschaften richtig zu deuten.

Um zu verstehen, wie beispielsweise die beiden Chloratome im Chlormolekül zusammengehalten werden, muss zuerst die Vorstellung vom Elektronenoktett etwas modifiziert werden. Zum Beispiel das Neonatom: Nach dem Bohrschen Modell (o Abb. 1.6 A) bewegen sich zwei Elektronen auf der ersten Schale und acht Elektronen auf der zweiten Schale unregelmäßig um den Atomkern. Die Elektronen teilen sich, wann immer möglich, zu zweit einen Aufenthaltsraum. Elektronen organisieren sich in Elektronenpaaren. Aus der ersten Elektronenschale wird ein kugelförmiger Aufenthaltsraum für ein Elektronenpaar. Die zweite Schale wird dann zu vier kugelförmigen Aufenthaltsräumen (Elektronenoktett o Abb. 1.6 B), die jeweils ein Elektronenpaar aufnehmen können. Das Neonatom, nach der von *Kimball* 1959 entwickelten Vorstellung, ist in o Abb. 1.6 C gezeigt.

Dieses Elektronenpaarmodell kann auf alle anderen Atome angewendet werden. Für die Besetzung der Aufenthaltsräume ist jedoch noch eine Regel notwendig, die **Hund'sche Regel** (siehe später). Ab der zweiten Periode können die Valenzelektronen eines Atoms vier kugelförmige Elektronenaufenthaltsräume besetzen. Diese Aufenthaltsräume kön-

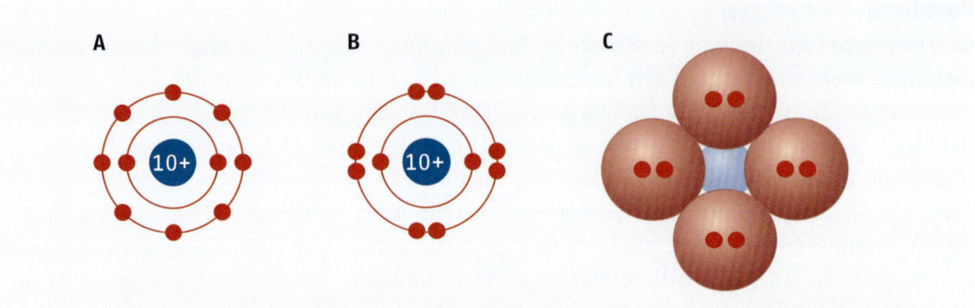

Abb. 1.6 Neon-Atom: Bohrsches Modell (A), Elektronenoktett mit vier Elektronenpaaren (B), vier kugelförmige Aufenthaltsräume (C), die tetraedrisch angeordnet sind (hellblaue Wolke: Kern und die Elektronen der 1. Schale).

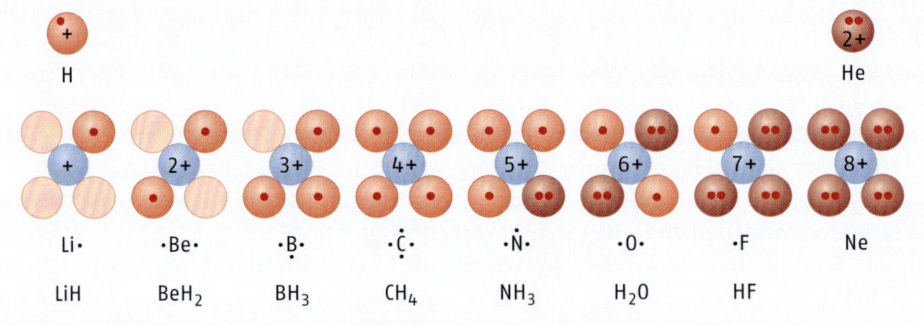

Abb. 1.7 Atome im Elektronenpaarmodell für die ersten beiden Perioden des PSE. Zu jedem Element ist die einfachste Verbindung mit Wasserstoff angegeben.

nen dann leer, halb besetzt (nur mit einem Elektron besetzt) oder voll besetzt (mit einem kompletten Elektronenpaar besetzt) sein. Bevor ein Aufenthaltsraum voll besetzt wird, werden zuerst alle anderen halb besetzt. Abb. 1.7 zeigt die Atome der Elemente der ersten beiden Perioden, zusammen mit ihren einfachsten Wasserstoff-Verbindungen. Mit der Annahme, dass die Valenzelektronen der Atome sowohl ein Oktett als auch die Bildung von Elektronenpaaren anstreben, lassen sich mit diesem einfachen Modell die Bindigkeiten aller Hauptgruppenelemente ableiten. Demnach ist die Bindigkeit eines Elements gleich der Anzahl der halbbesetzten Elektronenräume des Atoms.

Bei Berylliumhydrid, BeH_2, verbinden sich zwei Wasserstoffatome, mit je einem halb besetzten Aufenthaltsraum, mit den halb besetzten Aufenthaltsräumen des Berylliumatoms zu Elektronenpaaren:

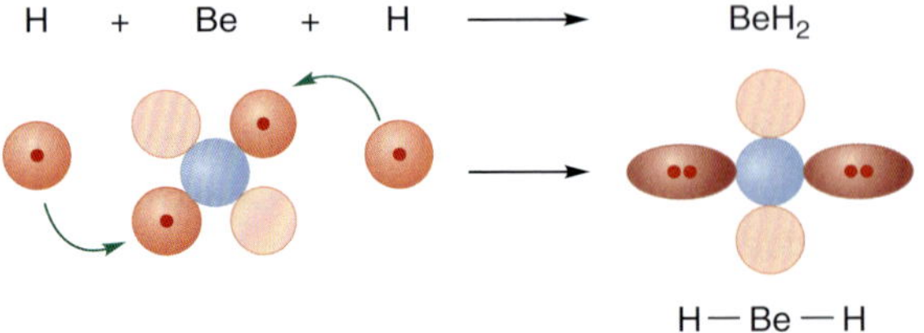

Bei Methan, CH_4, sind es vier Wasserstoffatome mit einfach besetzten Aufenthaltsräumen, die sich mit den vier Valenzelektronen des Kohlenstoffs zu einem Oktett mit vier Elektronenpaaren verbinden:

$$C + 4\,H \longrightarrow CH_4$$

```
      H
      |
  H — C — H
      |
      H
```

Ein Sauerstoffatom kann ein Elektronenoktett mit vier Elektronenpaaren dadurch bekommen, dass es zusammen mit zwei Wasserstoffatomen die einfach besetzten Elektronenräume auffüllt. Dabei entsteht ein Wassermolekül:

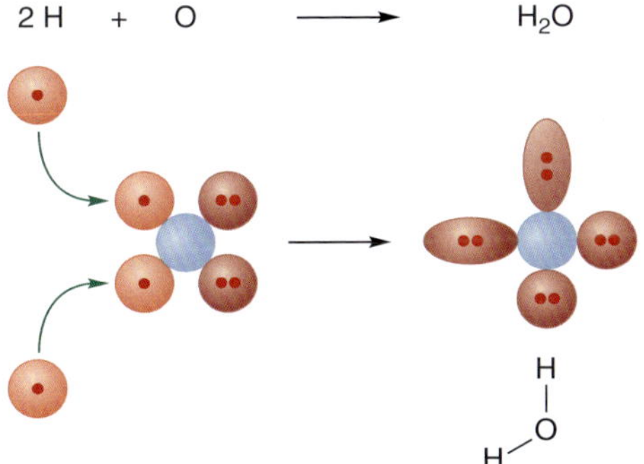

Schließlich können ein Fluoratom und ein Wasserstoffatom sich zu einem Fluorwasserstoffmolekül vereinigen. Auch hier erhalten beide Elemente ihren angestrebten Edelgaszustand. Wasserstoff bekommt die gleiche Elektronenkonfiguration wie Helium und das Fluoratom die gleiche Elektronenkonfiguration wie Neon:

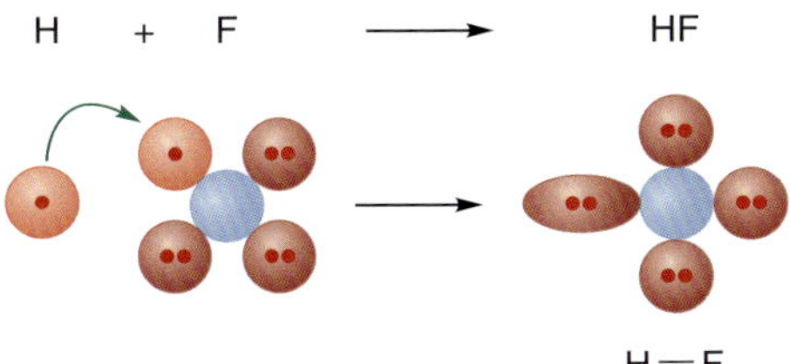

In all diesen Beispielen werden die Atome durch gerichtete Kräfte innerhalb dieser Moleküle zusammengehalten. Man spricht von **kovalenten Bindungen** oder **Atombindungen**, die für das Zustandekommen der Moleküle verantwortlich sind. Kovalente Bindungen können nicht nur durch die Kombination von Elementatomen mit Wasserstoffatomen, sondern auch durch die Kombination beliebiger Elementatome entstehen. Diese Vorstellung erklärt auch die Bildung zweiatomiger Elementgas-Moleküle: Zwei Fluoratome vereinigen sich zu einem Fluormolekül, zwei Sauerstoffatome zu einem Sauerstoffmolekül und zwei Stickstoffatome zu einem Stickstoffmolekül. In o Abb. 1.8 sind diese Prozesse mithilfe des Kugelwolkenmodells veranschaulicht. Im Falle des Sauerstoffmoleküls begegnet uns eine **Doppelbindung**, im Falle des Stickstoffmoleküls begegnet uns eine **Dreifachbindung**.

Beim Verbrennen von Kohle an Luft verbinden sich Kohlenstoffatome mit Sauerstoffatomen zu Kohlendioxid:

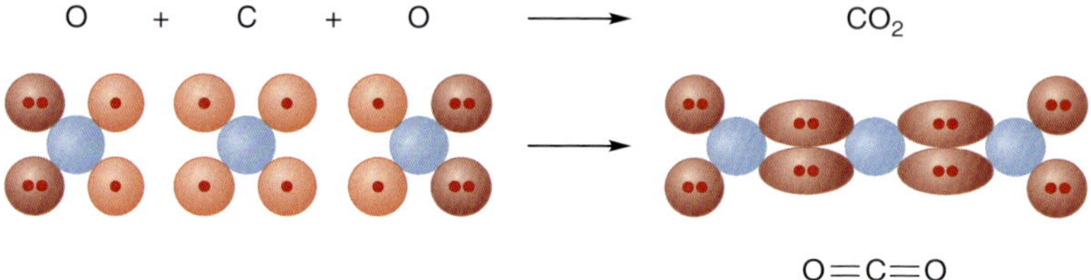

Das Neonatom weist als letztes Element der zweiten Periode vier doppelt besetzte Elektronensphären auf, also ein Oktett mit vier Elektronenpaaren (o Abb. 1.9, oben). Natrium, das erste Element der dritten Periode, verfügt über vier Valenzelektronenpaar-Aufenthaltsräume. Jedoch ist nur eine der vier Elektronensphären mit einem Elektron besetzt. Diese leeren Aufenthaltsräume können analog zur zweiten, mit Elektronen besetzt werden. Man erhält so die Struktur der Atome für die Elemente der dritten Periode (o Abb. 1.9). Auch Chlor- und HBr-Moleküle können so beschrieben werden:

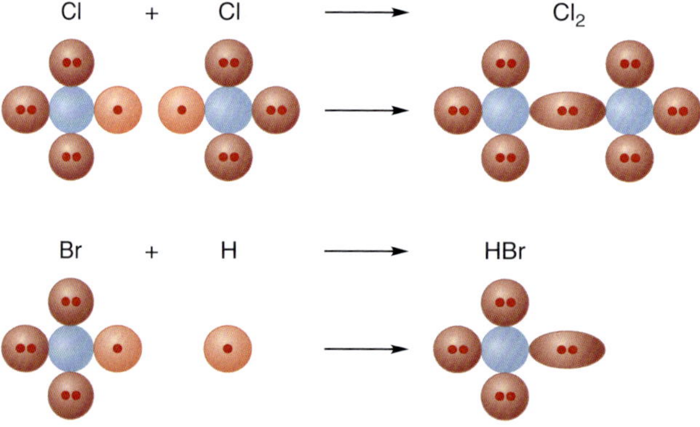

■ **MERKE** Das Periodensystem kann als Spiegel der Struktur der Atomhülle der einzelnen Elemente aufgefasst werden. Mithilfe von Oktettregel und Elektronenpaarbildung lässt sich das Zustandekommen einfacher Moleküle gut erklären.

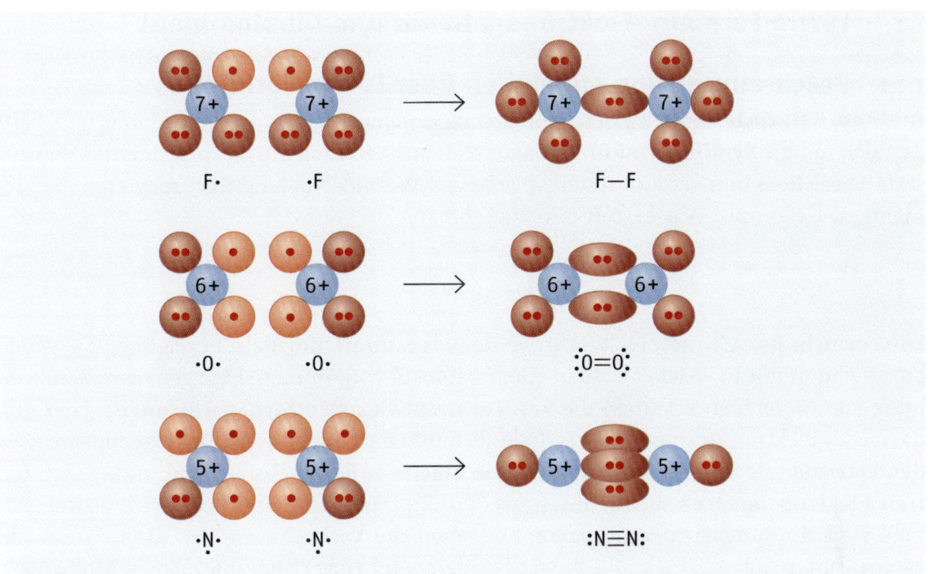

Abb. 1.8 Bildung der Elementgase nach dem Atommodell von *Kimball*

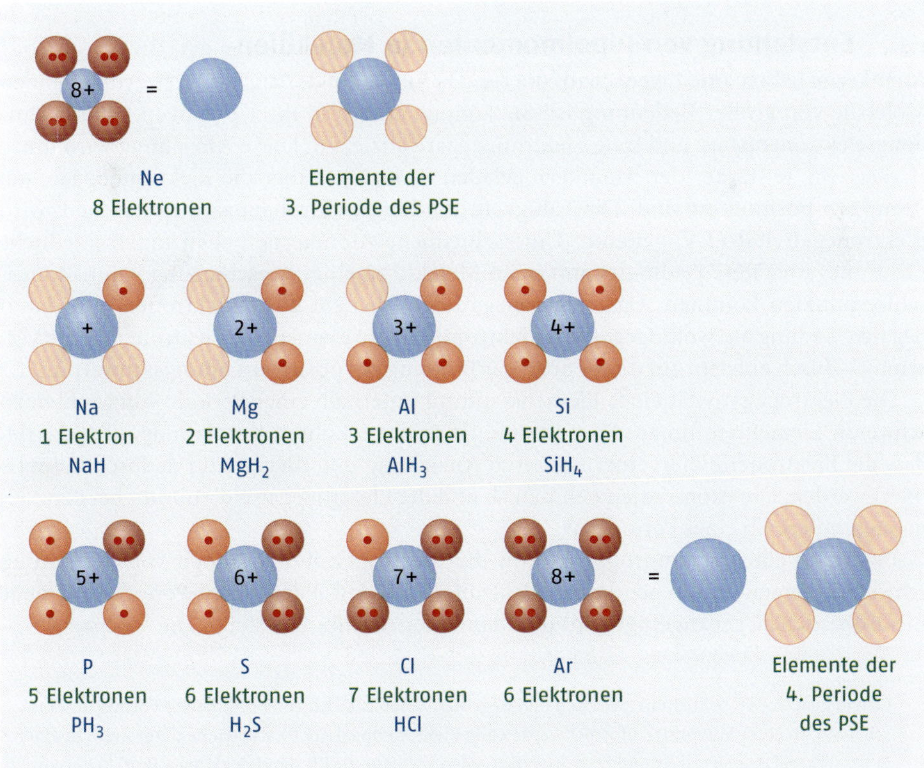

Abb. 1.9 Atomrumpf (blau), Aufenthaltsräume der Valenzelektronen (rote Kreise) und einfachste Element-Wasserstoff-Verbindungen der Elemente der dritten Periode im PSE

1.3 Lewis-Formeln, Elektronegativität und Dipolmoment

1.3.1 Beschreibung von Molekülen über Lewis-Formeln

In ▸ Kap. 1.1 wurde ein Beispiel für eine einfache chemische Reaktion diskutiert. Es handelt sich um die Synthese von Bromwasserstoff aus den Elementgasen Brom und Wasserstoff. Diese Reaktion verläuft unter Abgabe von Wärme. Noch heftiger reagieren die Elementgase Chlor und Wasserstoff miteinander:

$$Cl_2 + H_2 \longrightarrow 2\,HCl$$

Die Formeln Br_2, Cl_2, H_2, HCl, HBr werden als **Summenformeln** bezeichnet. Sie geben an, welche Atome in welcher Zahl in einem Molekül vorkommen. Eine genauere Beschreibung von Molekülen erlauben die von *Lewis* entwickelten **Strukturformeln**[1]. Hier gilt, dass jedes Elektron in einer Valenzschale als Punkt dargestellt wird. Elektronenpaare werden entweder als Striche oder, wenn sie an einem Atom lokalisiert sind und es sich um **freie Elektronenpaare** handelt, durch zwei Punkte dargestellt. Striche zwischen zwei Atomen sind **Bindungselektronenpaare**. Sie geben die Verknüpfung der Atome in einem Molekül an. ○ Abb. 1.10 zeigt die Lewis-Formeln aller bisher angesprochenen Moleküle.

Häufig werden in Strukturformeln nur die Bindungselektronenpaare als Striche dargestellt und die freien Elektronenpaare nicht angegeben.

1.3.2 Entstehung von Dipolmomenten in Molekülen

Atomkerne haben eine Eigenschaft, die für das Verhalten der aus ihnen hervorgehenden Moleküle von großer Bedeutung ist. Sie können aufgrund ihrer positiven Ladung Bindungselektronenpaare und freie Elektronenpaare anziehen. Diese Anziehung wird umso stärker sein, je stärker der Atomkern geladen ist und je näher die Elektronenpaare am Atomkern positioniert sind. Die Fähigkeit, Bindungselektronenpaare anzuziehen, wird **Elektronegativität** (*EN*) genannt. Unterschiedliche Atomkerne haben unterschiedliche Elektronegativitäten. Dadurch kann es im Molekül zu einer Verschiebung von Ladungsschwerpunkten kommen. Das **elektronegativere** Element zieht Elektronen und damit negative Ladung an, wohingegen das **elektropositivere** Element an Elektronendichte verarmt. Dadurch entsteht auf dieser Seite der Bindung ein positiver Ladungsschwerpunkt.

Die Elektronegativität eines Elements nimmt innerhalb einer Periode von leichten zu schweren Elementen hin zu. Dies ist eine Folge der erhöhten Kernladung, die bewirkt, dass die Elektronenhüllen einer stärkeren Anziehung unterliegen und dadurch komprimiert werden: Die Atomradien nehmen ab und die Elektronegativität nimmt bei den Elementen innerhalb einer Periode zu.

Innerhalb einer Hauptgruppe nimmt die Elektronegativität jedoch von leichten zu schweren Elementen hin ab, da der Elektronenhülle mit jeder neuen Periode eine neue Elektronenschale hinzugefügt wird und damit der Atomradius steigt. Die Valenzelektro-

1 Genau genommen sollte man zwischen den Begriffen Valenzstrichformel und Lewis-Formel unterscheiden. In einer Valenzstrichformel werden alle Elekronenpaare (EP) als Striche dargestellt. In einer Lewis-Formel dagegen werden Elektronenpaare also auch auf die bindenden als zwei Punkte dargestellt. Im Folgenden werden freie EP durch zwei Punkte und bindende Elektronenpaare durch Striche dargestellt, weil dadurch der Unterschied zwischen den Elektronen deutlicher wird. Diese Formel-Darstellung wird als Lewis-Formel bezeichnet.

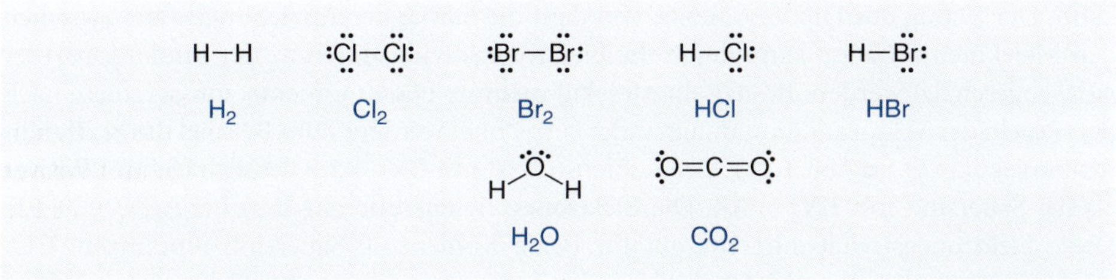

H–H H_2 :Cl–Cl: Cl_2 :Br–Br: Br_2 H–Cl: HCl H–Br: HBr

H_2O O=C=O CO_2

Abb. 1.10 Lewis-Formeln von Wasserstoff, Chlor, Brom, Chlorwasserstoff, Bromwasserstoff, Wasser und Kohlendioxid

Tab. 1.2 Elektronegativitäten der Elemente der ersten drei Perioden im PSE, bestimmt nach *Pauling*

I	II	III	IV	V	VI	VII
H (2,2)						
Li (1,0)	Be (1,5)	B (2,0)	C (2,5)	N (3,0)	O (3,4)	F (4,0)
Na (0,9)	Mg (1,3)	Al (1,6)	Si (1,9)	P (2,2)	S (2,6)	Cl (3,2)

Metalle
Nichtmetalle

nen sind somit weiter vom Kern entfernt und werden nicht mehr so stark angezogen, wodurch die Elektronegativität sinkt.

Der theoretische Chemiker *Linus Pauling* hat ein Verfahren zur quantitativen Bestimmung der Elektronegativität entwickelt. Das elektronegativste Element ist das Element Fluor. *Pauling* gab diesem Element willkürlich den Wert $EN = 4{,}0$. Die Elektronegativitäten aller anderen Elemente wurden auf diesen Wert bezogen und sind in der Regel im Periodensystem angegeben. Die Elektronegativitäten der Elemente der ersten drei Perioden sind in Tab. 1.2 aufgeführt.

Im Chlorwasserstoffmolekül (HCl) besitzt Chlor mit $EN_{Cl} = 3{,}2$ eine höhere Elektronegativität als Wasserstoff ($EN_H = 2{,}2$). Der Unterschied der Elektronegativitäten ΔEN_{HCl} beträgt 1,0. Die Bindungselektronen werden vom Wasserstoff weg zum Chlor hin gezogen. Das Wasserstoffatom wird positiv polarisiert, das Chloratom wird negativ polarisiert. Das Molekül erhält ein elektrisches **Dipolmoment** (μ):

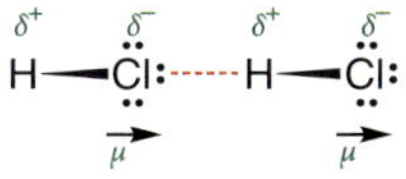

$$\overset{\delta^+}{H}\!-\!\overset{\delta^-}{Cl}\!:\cdots\overset{\delta^+}{H}\!-\!\overset{\delta^-}{Cl}\!: \qquad \vec{\mu} \quad \vec{\mu}$$

1.3.3 Einfluss von Dipolmomenten auf die Eigenschaften der Moleküle

Elektrische Dipolmomente (μ) können zu starken Anziehungskräften zwischen polaren Molekülen führen. Dadurch werden Schmelz- und Siedepunkte erhöht. Wichtig ist aber, dass diese elektrischen Dipolmomente **Vektoreigenschaften** haben. Eine vektorielle Größe ist nur dann vollständig beschrieben, wenn Betrag und Richtung der Größe angeben werden kann. Der Betrag des Dipolmoments, von dem die Stärke der Anziehungskräfte zwischen den Molekülen abhängt, kann durch die Elektronegativitätsdifferenz der Bindungspartner ΔEN abgeschätzt werden. Besitzt ein Molekül mehrere Dipolmomente, müssen diese nach den Regeln der Vektoraddition miteinander verrechnet werden: Zum Beispiel das Kohlendioxidmolekül (CO_2; ○ Abb. 1.11). Der Kohlenstoff ist mit $EN_C = 2{,}5$ deutlich elektropositiver als der Sauerstoff mit $EN_O = 3{,}4$. Die Elektronegativitätsdifferenz liegt bei $\Delta EN_{O\text{-}C} = 0{,}9$. Diese Elektronegativitätsdifferenz gilt für beide Kohlenstoff-Sauerstoff-Bindungen. CO_2 wird also ein stark polares Molekül sein und müsste daher einen hohen Schmelz- und einen hohen Siedepunkt haben. Die Realität sieht jedoch völlig anders aus: Kohlendioxid ist ein Gas, das bei −80 °C unter Normaldruck vom Gaszustand in den Feststoff übergeht. Man spricht hier von **Resublimation**. Festes CO_2 ist als Trockeneis bekannt. Die Erklärung für diese Eigenschaften liegt im linearen Bau des Kohlendioxidmoleküls. Die beiden Dipolmomente sind exakt gegeneinander ausgerichtet und addieren sich vektoriell zu 0.

Anders sind die Verhältnisse beim Wassermolekül (H_2O; ○ Abb. 1.12). Die EN_H von Wasserstoff ist mit 2,2 deutlich kleiner als die EN_O von Sauerstoff mit 3,4. Die Elektronegativitätsdifferenz beträgt $\Delta EN_{O\text{-}H} = 1{,}2$. Diese polarisierte Bindung tritt zweimal auf und man erwartet daher ein stark polares Molekül. In diesem Fall stimmt die Annahme mit der Realität überein. Das Wassermolekül ist aber nicht so polar wie vermutet. Die beiden $\Delta EN_{O\text{-}H}$ Werte führen zu Dipolmomentsvektoren mit hohen Beträgen. Sie verdoppeln sich aber nicht, da beide Vektoren nicht in dieselbe Richtung weisen. Sie löschen sich aber nicht aus wie beim CO_2, da sie nicht exakt gegeneinander stehen. Das Wassermolekül ist gewinkelt gebaut. ○ Abb. 1.12 zeigt, dass sich jeder Dipolmomentsvektor in zwei Komponenten $\vec{\mu} = \vec{\mu}_1 + \vec{\mu}_2$ zerlegen lässt. Die Komponenten $\vec{\mu}_1$ stehen gegeneinander und löschen sich aus, die Komponenten $\vec{\mu}_2$ zeigen in die gleiche Richtung und addieren sich zu einer Resultierenden.

Wie bereits erwähnt, hat die Polarität der Moleküle, aus denen ein Stoff aufgebaut ist, Einfluss auf den Schmelz- und den Siedepunkt dieses Stoffes. Auch eine Reihe weiterer physikalischer Eigenschaften hängen von der Stärke der intermolekularen Anziehungskräfte ab. In ▸ Kap. 1.4 wird eindrucksvoll klarwerden, dass die Polarität eines Moleküls auch dessen Reaktivität beeinflusst.

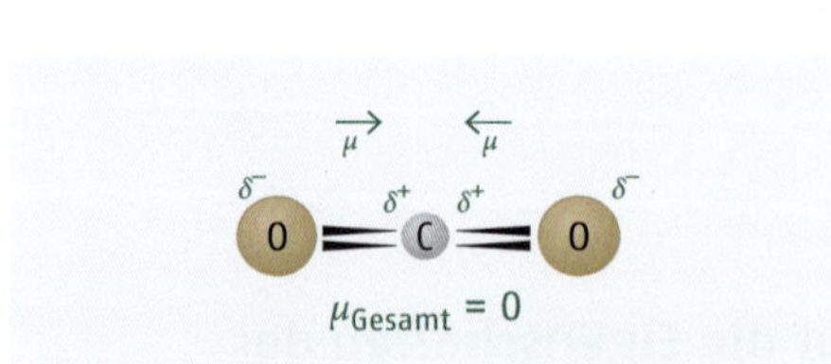

○ **Abb. 1.11** Dipolmomente im linearen Kohlendioxidmolekül

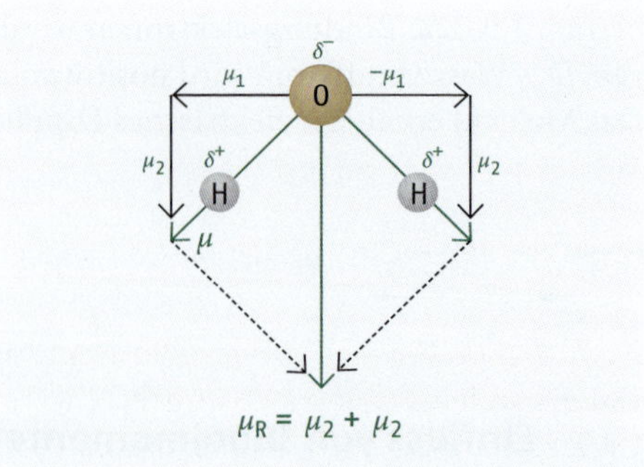

○ **Abb. 1.12** Dipolmomente im gewinkelten Wassermolekül mit resultierendem Dipolmomentsvektor

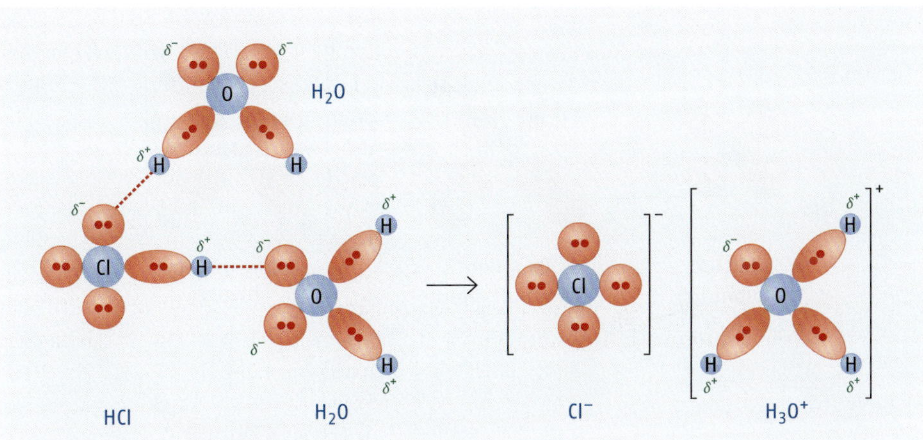

o Abb. 1.13 Wasserstoffbrücken zwischen Wassermolekülen und HCl-Molekülen. Dabei findet der Protonenübertritt von HCl zu H_2O statt.

1

1.4 Säure-Base-Reaktionen nach *Brönsted*

1.4.1 Austausch von Protonen zwischen Molekülen

Leitet man Chlorwasserstoffgas (HCl) in Wasser ein, dann kann man beobachten, dass Wasser eine beträchtliche Menge an Chlorwasserstoffgas aufnehmen kann: HCl löst sich also gut in Wasser. Die Sättigungskonzentration beträgt 37 Gewichtsprozent HCl in Wasser. Woher kommt diese gute Wasserlöslichkeit? Wie in ▸ Kap. 1.3 ausgeführt, sind sowohl Wasser als auch HCl polare Moleküle. Ihre Dipolmomentsvektoren können miteinander in Wechselwirkung treten (o Abb. 1.13). Das negative Sauerstoffatom wird vom positiven Pol des HCl-Moleküls angezogen.

Die Dipol-Dipol-Wechselwirkungen finden sowohl zwischen den Wassermolekülen, als auch zwischen HCl- und Wassermolekülen statt. Weil sie bei Beteiligung von Wasserstoffatomen besonders stark ausfallen, werden sie auch als **Wasserstoffbrückenbindungen** bezeichnet. Diese Wasserstoffbrückenbindungen führen zunächst dazu, dass Wasser die HCl-Moleküle leicht aufnehmen kann. Das Sauerstoffatom weist aber eine höhere Elektronendichte als das Chloratom auf. Die Folge ist, dass der kleine Atomkern des Wasserstoffs, der lediglich aus einem Proton besteht, vollständig vom HCl-Molekül auf das Wassermolekül übertragen wird:

$$HCl + H_2O \longrightarrow H_3O^+ + Cl^-$$

Es entstehen Chlorid-Ionen. Diese sind uns schon bei der Kochsalzsynthese begegnet. Dabei handelt sich um stabile, geladene Teilchen mit Elektronenoktett in der dritten Elektronenschale des Chloratoms. Neben Chlorid ist noch ein weiteres Teilchen entstanden, das aus einem Sauerstoffatom und drei Wasserstoffatomen gebildet wurde: Sauerstoff besitzt in diesem Fall drei Bindungen, das entstandene Teilchen besitzt daher eine positive elektrische Ladung. o Abb. 1.14 zeigt die Entstehung eines dreibindigen O^+-Ions durch die Reaktion von neutralem Wasser mit einem Proton.

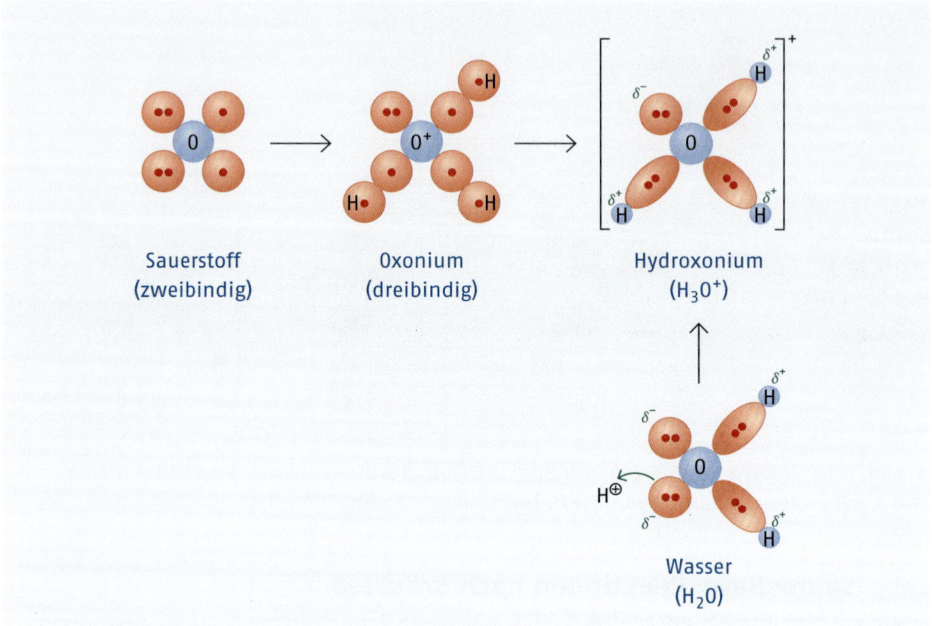

Abb. 1.14 Bildung von Hydroxonium aus ionisiertem Sauerstoff und Wasserstoff oder durch Protonenanlagerung an Wasser

Das H_3O^+-Ion(Hydroxonium-Ion) ist ein Kation, das nicht aus einem einfachen geladenen Metallatom besteht, sondern aus einem neutralen Molekül gebildet wurde, indem man einen positiven Ladungsträger hinzugefügt hat. Fügt man einem neutralen Molekül einen positiven Ladungsträger, z. B. ein Proton, hinzu oder nimmt ihm ein oder mehrere Elektronen weg, erhält man **Molekül-Ionen**. Die Reaktion von Chlorwasserstoffgas mit Wasser zu Hydroxonium und Chlorid beschreibt die **Protolyse** (Spaltung unter Abgabe von Protonen) des HCl-Moleküls.

Die wässrige Lösung von Chlorwasserstoffgas enthält fast keine HCl-Moleküle mehr. Die Protolyse von HCl läuft fast vollständig (**quantitativ**) ab. Die Lösung von HCl in Wasser wird Salzsäure genannt. Sie hat einen sauren Geschmack und färbt Lackmuspapier rot. Dies gilt für alle Säuren in Wasser. Für beide Eigenschaften ist das H_3O^+-Ion verantwortlich. Säuren sind also immer Stoffe, die in Wasser H_3O^+-Ionen erzeugen können.

Brönsted hat eine allgemeinere Definition des Begriffs Säure formuliert. Danach ist jeder Stoff eine Säure, der H^+-Ionen auf einen anderen Reaktanden übertragen kann. Nach *Brönsted* ist also das HCl-Molekül eine Säure. Neben HCl sind auch alle anderen Halogenwasserstoffgase Brönsted-Säuren.

1.4.2 Bildung von Brönsted-Säuren

Reagiert ein beliebiges Nichtmetall-Element mit Sauerstoff, dann entsteht ein Nichtmetalloxid; bei der Reaktion von Schwefel mit Sauerstoff erhält man Schwefeltrioxid:

$$2\,S + 3\,O_2 \longrightarrow 2\,SO_3$$

Bei der gleichen Reaktion mit Kohlenstoff (C und O_2) entsteht Kohlendioxid:

$$C + O_2 \longrightarrow CO_2$$

Diese Verbrennungsreaktionen sind Elektronenübertragungsreaktionen (▸ Kap. 1.5). Allgemein gilt folgendes Prinzip: Nichtmetall + Sauerstoff → Nichtmetalloxid. Reagieren Nichtmetalloxide mit Wasser, dann entstehen Lösungen (Säuren), die Lackmus Papier rot färben.

Im Falle von Schwefeltrioxid erhält man $SO_3 + H_2O \rightarrow H_2SO_4$ (Schwefelsäure), bei Kohlendioxid $CO_2 + H_2O \rightarrow H_2CO_3$ (Kohlensäure). Warum sind Schwefelsäure und Kohlensäure Brönsted-Säuren? Dazu muss man die Folgeprozesse in wässriger Lösung betrachten. Bei der Zugabe von Schwefelsäure in Wasser, bildet sich quantitativ Hydrogensulfat (HSO_4^-) und Hydroxonium. Das Hydrogensulfat-Ion protolysiert teilweise weiter zu Sulfat und Hydroxonium:

$$H_2SO_4 + H_2O \longrightarrow H_3O^+ + HSO_4^-$$

$$HSO_4^- + H_2O \rightleftharpoons H_3O^+ + SO_4^{2-}$$

1

Wenn eine Reaktion nicht vollständig, sondern nur teilweise abläuft, dann liegt es daran, dass die formulierten Produkte wieder zu den Ausgangsstoffen (Edukten) zurückreagieren können. Es stellt sich dann ein Gleichgewicht zwischen Hin- und Rückreaktion ein. Solche Reaktionen werden als **Gleichgewichtsreaktionen** bezeichnet und mit einem doppelten Reaktionspfeil gekennzeichnet. Ein solches Gleichgewicht kann entweder auf der Seite der Produkte oder auf der Seite der Edukte liegen. Dies ist bei verschiedenen Reaktionen ganz unterschiedlich. Strenggenommen sind alle Reaktionen, die in wässriger Lösung ablaufen, Gleichgewichtsreaktionen. Viele Gleichgewichte liegen aber soweit auf der Seite der Produkte, dass die Restmengen an neutraler Säure in sehr guter Näherung vernachlässigt werden können. Wie man die Lage von Gleichgewichtsreaktionen quantitativ beschreibt, wird in ▸ Kap. 4 ausführlich behandelt.

Schwefelsäure ist in der Lage, zwei Protonen abzugeben und daher eine zweiprotonige Säure. Ihre Salze werden Sulfate genannt. Kohlensäure reagiert entsprechend:

$$H_2CO_3 + H_2O \rightleftharpoons H_3O^+ + HCO_3^-$$

$$HCO_3^- + H_2O \rightleftharpoons H_3O^+ + CO_3^{2-}$$

Auch bei Kohlensäure (H_2CO_3) handelt es sich um eine zweiprotonige Säure. In der ersten Protolysestufe entsteht Hydrogencarbonat (HCO_3^-), in der zweiten Protolysestufe entsteht Carbonat (CO_3^{2-}). Im Unterschied zur Schwefelsäure sind hier beide Protolysereaktionen Gleichgewichtsreaktionen. Beide Gleichgewichte liegen stark auf der Seite der Edukte. Daher ist Kohlensäure eine schwache Säure, während HCl und Schwefelsäure starke Säuren sind. Alle Halogenwasserstoffsäuren sind starke Säuren, bis auf die Flusssäure (HF). Ihre Protolyse ist ebenfalls eine Gleichgewichtsreaktion:

$$HF + H_2O \rightleftharpoons H_3O^+ + F^-$$

■ **MERKE** Nichtmetalloxide reagieren mit Wasser zu Sauerstoffsäuren. Die Sauerstoffsäure des Schwefels ist Schwefelsäure, die Sauerstoffsäure des Kohlenstoffs Kohlensäure. Eine Säure muss positiv polarisierten Wasserstoff enthalten. Dieser kann dann in wässriger Lösung z. B. auf Wassermoleküle übertragen werden und man erhält in einer Protolysereaktion das Anion der Säure und Hydroxonium.

Dieses Prinzip lässt sich auf alle anderen Nichtmetalle übertragen. Es entsteht aus Stickstoff Salpetersäure (HNO_3) und Nitrat (NO_3^-), aus Phosphor Phosphorsäure (H_3PO_4) und Phosphat (PO_4^{3-}) sowie aus Chlor Perchlorsäure ($HClO_4$) und Perchlorat (ClO_4^-):

$$2\,N_2 + 5\,O_2 \rightarrow 2\,N_2O_5 \qquad N_2O_5 + H_2O \rightarrow 2\,HNO_3 \qquad HNO_3 + H_2O \rightarrow H_3O^+ + NO_3^-$$

$$4\,P + 10\,O_2 \rightarrow 2\,P_2O_5 \qquad P_2O_5 + 3\,H_2O \rightarrow 2\,H_3PO_4 \qquad H_3PO_4 + 3\,H_2O \rightleftharpoons 3\,H_3O^+ + PO_4^{3-}$$

$$2\,Cl_2 + 7\,O_2 \rightarrow 2\,Cl_2O_7 \qquad Cl_2O_7 + H_2O \rightarrow 2\,HClO_4 \qquad HClO_4 + H_2O \rightarrow 3\,H_3O^+ + ClO_4^-$$

Oft lassen sich die Nichtmetalloxide durch Entwässern der Sauerstoffsäuren zurückgewinnen. Daher werden die Nichtmetalloxide auch **Anhydride** der Sauerstoffsäuren bezeichnet.

1.4.3 Bildung von Brönsted-Basen

Genauso wie Nichtmetalle lassen sich auch Metalle durch Luftsauerstoff verbrennen. Dieser Prozess kann nach ▸Kap. 1.2 als einfachen Redoxprozess beschrieben werden. Verbrennt man beispielsweise Natrium an Luft, läuft folgende Oxidationsreaktion ab:

$$Na \longrightarrow Na^+ + e^-$$

Das Natriumatom erreicht ein Elektronenoktett in der Valenzschale durch Abgabe seines überzähligen Elektrons. Ein Sauerstoffatom muss aber zwei Elektronen aufnehmen, um in der Valenzschale Neonkonfiguration zu erreichen (Reduktion):

$$O_2 + 4\,e^- \longrightarrow 2\,O^{2-}$$

Das zweifach negativ geladene Sauerstoffatom wird als das als Oxid-Ion (O^{2-}) bezeichnet. Damit man die Gesamtreaktion (Redoxreaktion) erhält, bei der genauso viele Elektronen abgegeben (Oxidation) wie aufgenommen (Reduktion) werden, muss die Oxidationsgleichung mit 4 multipliziert und zur Reduktionsgleichung addiert werden:

$$\begin{array}{l} 4\,Na \longrightarrow 4\,Na^+ + 4\,e^- \\ O_2 + 4\,e^- \longrightarrow 2\,O^{2-} \\ \hline 4\,Na + O_2 \longrightarrow 2\,Na_2O \end{array}$$

Natrium- und Oxid-Ionen bauen zusammen einen salzartigen Ionenkristall auf. Natriumoxid (Na_2O) ist ein weißes Pulver und hat einen sehr hohen Schmelzpunkt. Bei der Reaktion mit Wasser, löst es sich restlos auf und bildet eine ätzende Lösung, die Lackmuspapier blau färbt. Dies ist typisch für alkalische oder basische Lösungen, die oft auch ein-

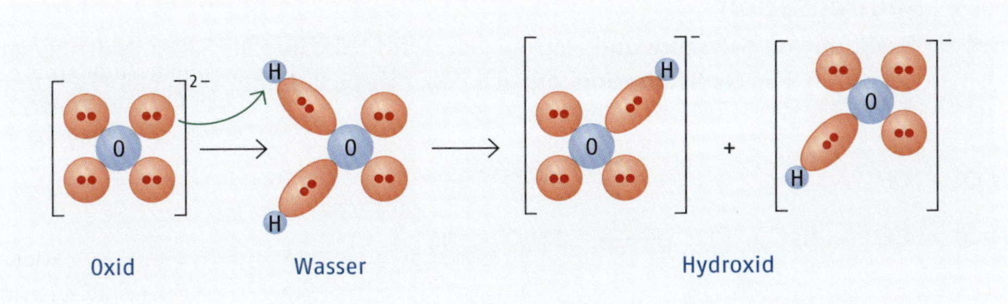

Abb. 1.15 Hydrolyse von Natriumoxid zu Natronlauge

fach Laugen genannt werden. Den Prozess, der beim Auflösen von Natriumoxid in Wasser stattfindet, bezeichnet man als **Hydrolyse** (Spaltung einer Verbindung unter Aufnahme von Wasser):

$$Na_2O + H_2O \longrightarrow 2\,Na^+ + 2\,OH^-$$

1

Es entsteht Natriumhydroxid (NaOH). Die wässrige Lösung von Natriumhydroxid bezeichnet man als Natronlauge. Das Hydroxid-Ion (OH^-) ist dafür verantwortlich, dass das Lackmuspapier eine blaue Farbe annimmt. Basen bilden in wässriger Lösung also Hydroxid-Ionen (Abb. 1.15).

Nach *Brönsted* ist jedes Teilchen eine Base, das in der Lage ist, Protonen aufzunehmen. Bei der Hydrolyse von Natriumoxid nimmt das Oxid-Ion O^{2-} ein Proton auf und wird zum Hydroxid-Ion. Die basische Reaktion des Oxids lautet also:

$$O^{2-} + H^+ \longrightarrow OH^-$$

Das vom Oxid aufgenommene Proton wurde aus einem Wassermolekül abgespalten. Wasser kann daher folgendermaßen als Säure reagieren:

$$H_2O \rightleftharpoons H^+ + OH^-$$

1.4.4 Ampholyte

Dass Wasser auch als Säure reagieren kann, sollte nicht verwundern. Schließlich liegen auch im Wasser positiv polarisierte Wasserstoffatome vor. Wenn jedoch ein Teilchen als Säure reagiert, dann muss ein anders Teilchen als Base reagieren und umgekehrt. Dies folgt aus der einfachen Erkenntnis, dass in üblichen chemischen Reaktionen keine „nackten" Protonen existieren. Bei der Protolyse von Chlorwasserstoff hat HCl als Säure, Wasser als Base reagiert, weil HCl ein Proton auf Wasser übertragen hat. Damit hat HCl ein Proton abgegeben (Säure) und Wasser hat ein Proton aufgenommen (Base). Bei der Hydrolyse von Natriumoxid dagegen wurde ein Proton vom Wasser auf das Oxid übertragen. Wasser hat ein Proton abgegeben (Säure), das Oxid hat ein Proton aufgenommen (Base). Wasser weist also eine interessante Eigenschaft auf. Es kann sowohl als Säure als auch als Base reagieren. Es ist ein Säure-Base-**Ampholyt.** Diese Eigenschaft ist aber nicht so selten.

1.4.5 Neutralisation

Bei der Reaktion von Salzsäure und Natronlauge, wird Salzsäure als Säure, Natronlauge als Base reagieren. Die **Neutralisation**, die sich dabei abspielt, findet zwischen H_3O^+ und OH^- statt:

$$H_3O^+ + OH^- \longrightarrow 2\,H_2O$$

$$H_3O^+ + OH^- + Na^+ + Cl^- \longrightarrow 2\,H_2O + Na^+ + Cl^-$$

Das OH^--Ion hat ein Proton aufgenommen, das von einem H_3O^+-Ion abgespalten wurde. Daher haben in diesem Fall H_3O^+ als Säure und OH^- als Base reagiert. Die Na^+- und Cl^--Ionen sind an diesem Prozess überhaupt nicht beteiligt. Sie bilden Kochsalz.

■ **MERKE** Metalle verbrennen an der Luft zu Metalloxiden. Metalloxide werden in Wasser zu Metallhydroxiden hydrolysiert. Metallhydroxide reagieren basisch und werden von Säuren zu Salzen neutralisiert.

Ein weiteres Beispiel: Wenn das Metall Barium an der Luft verbrennt, entsteht Bariumoxid. Welche Summenformel steht für Bariumoxid? Barium ist ein Erdalkalimetall und steht in der zweiten Hauptgruppe des PSE. Seine maximale Oxidationsstufe ist +II. Daher bildet es zweiwertige Kationen. Für die Oxidation gilt folgende Reaktionsgleichung:

$$Ba \longrightarrow Ba^{2+} + 2\,e^-$$

Sauerstoff vervollständigt das Elektronenoktett durch Aufnahme von zwei Elektronen und die Reduktiongleichung kann wie folgt dargestellt werden:

$$O_2 + 4\,e^- \longrightarrow 2\,O^{2-}$$

Für die Redoxreaktion gilt dann:

$$2\,Ba + O_2 \longrightarrow 2\,BaO$$

Bariumoxid

Wird Bariumoxid in Wasser aufgelöst, dann gilt:

$$BaO + H_2O \longrightarrow Ba^{2+} + 2\,OH^-$$

Barytwasser

Die Verbindung $Ba(OH)_2$ bezeichnet man als Bariumhydroxid, die stark alkalisch reagierende, wässrige Lösung als Barytwasser. Mit Salpetersäure kann sie neutralisiert werden:

$$Ba^{2+} + 2\,OH^- + 2\,H_3O^+ + 2\,NO_3^- \longrightarrow Ba^{2+} + 2\,NO_3^- + 4\,H_2O$$

Bariumnitrat

Jede Verbindung, die als Säure reagiert, z. B. HCl, benötigt als Reaktionspartner eine Base. Bei der Protolyse von HCl ist der basische Reaktionspartner Wasser. Wenn die Base ein

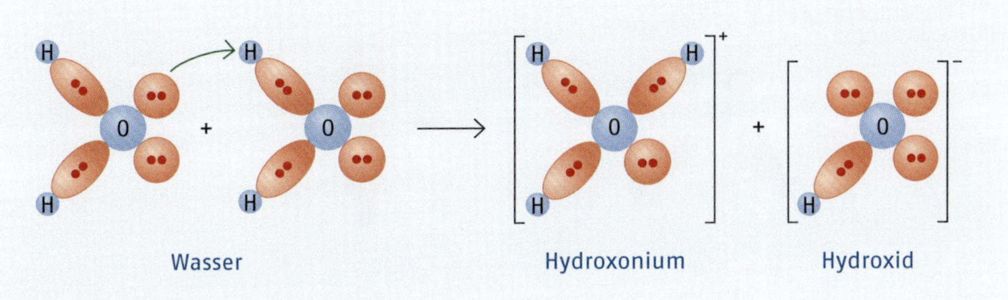

Abb. 1.16 Autoprotolyse von Wasser nach *Kimball*

Proton aufnimmt, dann entsteht immer eine neue Säure, weil das Produkt prinzipiell zur Rückreaktion fähig ist. Die korrespondierende Säure der Base Wasser ist das Hydroxonium (H_3O^+). Hat die Säure reagiert, dann entsteht eine Base, da auch das Produkt der Säure (in diesem Fall HCl) wieder zur Rückreaktion fähig ist. Die korrespondierende Base zu HCl ist Chlorid (Cl^-). Reagiert H_3O^+ mit OH^-, dann ist H_3O^+ jetzt Säure und seine korrespondierende Base ist Wasser. OH^- ist in diesem Fall die Base und seine korrespondierende Säure ist Wasser. Hier zeigt sich die Eigenschaft des Wassers als Ampholyt. Bei jeder Säure-Base-Reaktion entsteht wieder ein korrespondierendes Säure-Base-Paar als Produkt.

1.4.6 Autoprotolyse

Wenn Wasser sowohl als Säure als auch als Base reagieren kann, dann ist es auch fähig mit sich selbst zu reagieren. In flüssigem Wasser findet die Autoprotolyse nach folgender Gleichung statt:

$$H_2O + H_2O \rightleftharpoons H_3O^+ + OH^-$$

Das Gleichgewicht liegt aber stark auf der Seite des Wassers. Es sind nur $1{,}8 \cdot 10^{-7}$ % der Wassermoleküle in Ionen zerfallen. Abb. 1.16 stellt die Autoprotolyse anschaulich dar.

Das Autoprotolysegleichgewicht liegt so stark auf der Seite des Wassers, weil die neutralen Wassermoleküle um einiges stabiler sind, als die Hydroxonium- und Hydroxid-Ionen (▸ Kap. 4.10).

1.5 Beschreibung von Bindungszuständen

1.5.1 Bestimmung von Formalladungen

In ▸ Kap. 1.2 wurde ein sehr einfaches, aber erstaunlich leistungsfähiges Konzept vorgestellt, mit dem man den Aufbau einfacher Moleküle verstehen kann. Es beruht auf der Vorstellung, dass die Valenzelektronen der Atome zum einen nach einem Oktett, zum anderen nach einer paarweisen Anordnung von Elektronen streben. Dieses einfache Modell kann zur Beschreibung komplexerer Moleküle und von Molekül-Ionen angewendet werden. Dazu muss es aber um zwei Begriffe erweitert werden. Man muss den Begriff der **Formalladung** einführen und den Begriff Oxidationsstufe erweitern. Abb. 1.17 zeigt dazu die Bindungsverhältnisse im Wassermolekül und im Hydroxonium-Ion.

1

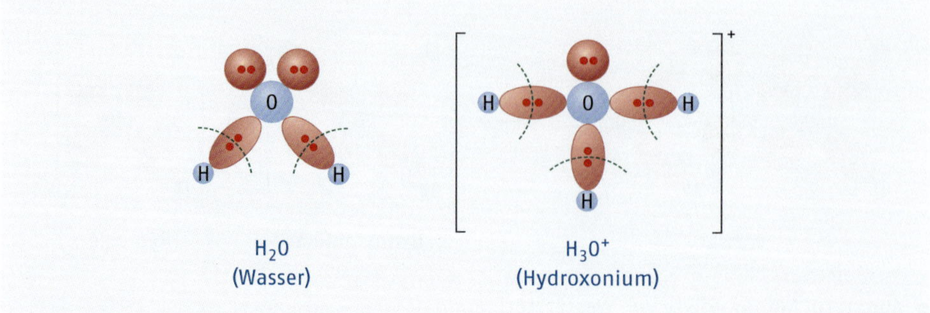

Abb. 1.17 Bestimmung der Formalladungen von Sauerstoff und Wasserstoff in Wasser und im Hydroxonium-Ion

Bei der Bestimmung von Formalladungen und Oxidationsstufen werden die Ladungszustände der Atome in Molekülen oder Molekül-Ionen beschrieben. Dazu muss man wissen, wie viele Elektronen die Atome jeweils im Neutralzustand besitzen. Im Wassermolekül oder im Hydroxonium-Ion interessieren nur die Wasserstoff- und Sauerstoffatome. Wasserstoff steht in der ersten Hauptgruppe des PSE. Ein Wasserstoffatom hat also im Neutralzustand ein Valenzelektron. Sauerstoff steht in der sechsten Hauptgruppe des PSE und hat daher im Neutralzustand sechs Valenzelektronen. Die Zahl der Valenzelektronen beträgt sowohl für Wasser als auch für Hydroxonium acht und entspricht einem vollständigen Eletronenoktett. Diese acht Valenzelektronen müssen auf die Sauerstoff- und Wasserstoffatome verteilt werden.

Nach dieser Zuordnung ist zwischen Formalladung und Oxidationsstufe zu unterscheiden. Man beginnt mit der Bestimmung der Formalladung. Freie Elektronenpaare werden immer dem Atom zugeordnet, das sie in das Molekül eingebracht hat. Wasserstoff verfügt grundsätzlich nicht über freie Elektronenpaare. Sauerstoff hat im Wassermolekül vier Elektronen in freien Elektronenpaaren, im Hydroxonium-Ion nur zwei. Bindungselektronenpaare werden bei der Bestimmung von Formalladungen stets unter den Bindungspartnern geteilt. Zählt man die Elektronen, die jedem Wasserstoffatom zukommt, dann bekommt jeder Wasserstoff ein Elektron (Abb. 1.17). Sowohl im Wassermolekül als auch im Hydroxonium-Ion hat Wasserstoff die Formalladung 0 (Neutralzustand). Im Wassermolekül hat Sauerstoff sechs Elektronen und zwar vier in den zwei freien Elektronenpaaren und zwei in den zwei Bindungselektronenpaaren. Sauerstoff hat also die für den Neutralzustand geforderte Elektronenzahl und damit die Formalladung 0. Im Hydroxonium-Ion besitzt Sauerstoff aber nur fünf Elektronen, und zwar zwei Elektronen im freien Elektronenpaar und drei Bindungselektronen. In diesem Ion hat Sauerstoff also ein Elektron weniger als im Neutralzustand: Er hat daher die Formalladung +1.

MERKE Die Summe der Formalladungen aller Bindungspartner in einem Molekül oder Ion muss gleich der Ionenladung sein. In einem neutralen Molekül muss die Summe der Formalladungen also null ergeben.

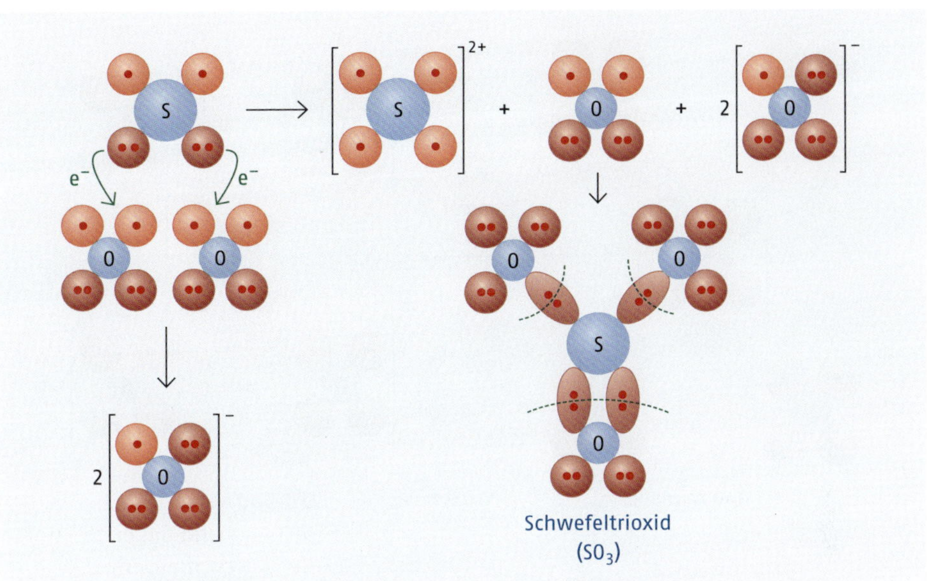

Abb. 1.18 Bindungsverhältnisse im gasförmigen SO_3-Molekül

1

1.5.2 Zusammenhang von Formalladung und Bindigkeit

Bei der Umsetzung beispielsweise von Schwefel erschöpfend mit Sauerstoff, erhält man Schwefeltrioxid (SO_3):

$$2\,S + 3\,O_2 \longrightarrow 2\,SO_3$$

Abb. 1.17 und Abb. 1.18 zeigen sowohl für die Valenzelektronen der Sauerstoff- als auch der Schwefelatome zwei doppelt besetzte und zwei einfach besetzte Elektronenaufenthaltsräume. Beide Atome sollten also zweibindig sein. Ein SO_3-Molekül könnte demnach aus vier ringförmig miteinander verknüpften Atomen bestehen. So sieht das SO_3-Molekül aber nicht aus. Der elektropositivere Schwefel verliert zwei Elektronen und es entsteht ein S^{2+}-Ion. Dieses hat jetzt vier Valenzelektronen und ist daher vierbindig. Die beiden Elektronen des Schwefels erhalten die Sauerstoffatome und es entstehen zwei einbindige Oxyl-Ionen. Mit einem weiteren neutralen Sauerstoff erhält man so das SO_3-Molekül, mit Schwefel als Zentralatom, umgeben von drei Sauerstoffatomen. Abb. 1.18 zeigt die Bindungsverhältnisse im SO_3-Molekül.

Schwefel besitzt vier Valenzelektronen. Das sind zwei weniger als im Neutralzustand und daher hat Schwefel hier die Formalladung +2. Der doppelt gebundene Sauerstoff hat sechs Valenzelektronen (Neutralzustand) und damit die Formalladung 0. Die beiden einfach gebundenen Sauerstoffatome besitzen sieben Valenzelektronen. Dies ist je eines mehr als für den Neutralzustand nötig. Sie haben die Formalladung –1. Für das SO_3-Molekül gilt: Die Summe der Formalladungen $[+2 + 2\cdot(-1)]$ ist wieder 0. Es liegt ein neutrales Molekül vor.

Durch Hydrolyse von Perchlorsäure entsteht Perchlorat (ClO_4^-); die Bindungsverhältnisse zeigt Abb. 1.19:

$$HClO_4 + H_2O \longrightarrow H_3O^+ + ClO_4^-$$

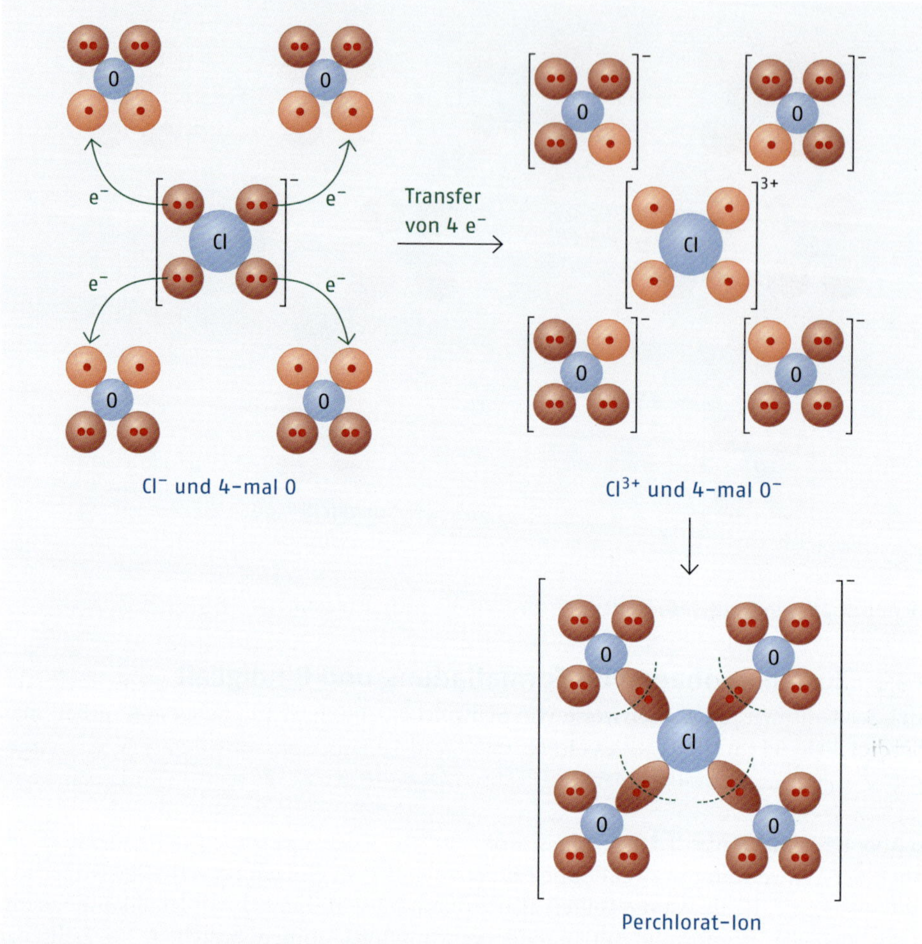

o Abb. 1.19 Bindungsverhältnisse des Perchlorat-Ions (ein Chlorid-Ion und vier Sauerstoffatome)

Das Chlorid-Ion gibt formal vier Elektronen ab und erhöht damit seine Bindigkeit von 0 auf 4. Die Sauerstoffatome nehmen jeweils ein Elektron auf und verringern ihre Bindigkeit damit von zwei auf eins. Für die Bestimmung der Formalladungen gilt: Das Chloratom hat im Neutralzustand sieben Elektronen, da es in der siebten Hauptgruppe des PSE steht. Im Perchlorat-Ion hat das Chloratom nur vier Valenzelektronen. Dies sind drei Elektronen weniger, als der Neutralzustand fordert. Chlor hat also die Formalladung +3. Sauerstoff benötigt für den Neutralzustand sechs Elektronen. Jedes Sauerstoffatom hat aber sieben Valenzelektronen, bestehend aus sechs Elektronen in drei freien Elektronenpaaren und einem Bindungselektron. Jeder Sauerstoff hat also die Formalladung –1. Jeder Sauerstoff bringt somit eine negative Formalladung ins Molekül, von diesen vier negativen Ladungen werden die drei Formalladungen des Chlors abgezogen und es ergibt sich die Ionenladung –1.

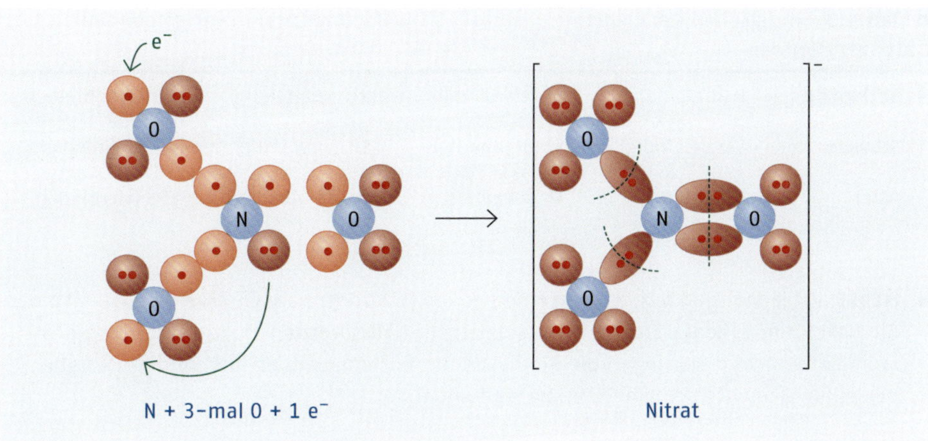

Abb. 1.20 Bindungsverhältnisse des Nitrat-Ions

1

Durch Hydrolyse der Salpetersäure entsteht das Nitrat-Ion, das aus einem Stickstoffatom, drei Sauerstoffatomen und einem Elektron besteht:

$$HNO_3 + H_2O \longrightarrow H_3O^+ + NO_3^-$$

Dabei wird ein Elektron aus dem Stickstoffatom entfernt. Dadurch steigt seine Bindigkeit von 3 auf 4. Zwei Sauerstoffatome werden durch Aufnahme je eines Elektrons zu einbindigen O^--Ionen. Man erhält ein Nitrat-Ion mit einem Stickstoff-Zentralatom, umgeben von drei Sauerstoffatomen. In Abb. 1.20 sind die Bindungsverhältnisse im Nitrat-Ion dargestellt.

Das Stickstoffatom muss im Neutralzustand fünf Elektronen haben, da es in der fünften Hauptgruppe des PSE steht. Im Nitrat-Ion hat der Stickstoff aber nur vier Valenzelektronen. Dies ist ein Elektron weniger als der Neutralzustand fordert. Daher hat der Stickstoff die Formalladung +1. Der doppelt gebundene Sauerstoff hat die sechs Valenzelektronen, die er im Neutralzustand haben muss. Er hat daher die Formalladung 0. Die einfach gebundenen Sauerstoffatome haben sieben Valenzelektronen. Dies ist jeweils ein Elektron mehr als der Neutralzustand fordert. Sie haben also die Formalladung –1. Die Summe der Formalladungen von Sauerstoff und Stickstoff beträgt $2 \cdot (-1) + 1 = -1$. Dies entspricht der Ionenladung des Nitrats.

Wozu ist die Bestimmung der Formalladungen nützlich? Die Formalladung eines Elements in einem Molekül oder Molekül-Ion muss Kriterien erfüllen und Regeln gehorchen. Damit kann überprüft werden, ob ein sinnvoller Bindungszustand für ein Molekül vorgeschlagen wurde. Für die Formalladung gelten ähnliche Einschränkungen wie für die Oxidationsstufe. Die Formalladung eines Elements darf die Gruppennummer im PSE nicht überschreiten. Um die minimale Formalladung eines Elements zu berechnen, zieht man von der Zahl 8 die Gruppennummer des Elements im PSE ab. Die Summe der Formalladungen aller Atome in einem Teilchen muss gleich der Teilchenladung sein. Aus den Elektronenkonfigurationen in Abb. 1.7 und Abb. 1.9 kann die Bindigkeit neutraler Atome aus der Stellung im PSE abgelesen werden (Tab. 1.3).

Tab. 1.3 Bindigkeiten der Elemente Stickstoff, Schwefel und Chlor in verschiedenen Ladungszuständen

Stickstoff	N (dreibindig)	N^+ (vierbindig)	N^{2+} (dreibindig)	N^{3+} (zweibindig)
Schwefel	S (zweibindig)	S^+ (dreibindig)	S^{2+} (vierbindig)	S^{3+} (dreibindig)
Chlor	Cl (einbindig)	Cl^+ (zweibindig)	Cl^{2+} (dreibindig)	Cl^{3+} (vierbindig)

MERKE Mit jedem Elektron, das von einem freien Elektronenpaar entfernt wird, steigt die Bindigkeit um 1. Jedes Elektron, das aus einem halbbesetzten Elektronenaufenthaltsraum entfernt wird, verringert die Bindigkeit um 1. Formalladung und Bindigkeit stehen bei jedem Element in einem festen Bezug zueinander.

Außerdem muss bei allen bisherigen Betrachtungen die Oktettregel streng beachtet werden. In der Valenzschale dürfen bei keinem Atom mehr als acht Elektronen vorhanden sein. Diese Regel gilt streng genommen nur bei den Elementen der zweiten Periode. Ab der dritten Periode kann es zu einer **Oktettaufweitung** auf bis zu 18 Elektronen kommen.

Abb. 1.21 zeigt hypothetische Moleküle, die es aufgrund der Regeln für den Oktettzustand und der Formalladung nicht geben kann. Man bezeichnet sie als „Follies". Die Bestimmung und Analyse der Formalladung hilft, Follies als solche zu erkennen. Die Struktur A ist nicht möglich, da dreibindiger Sauerstoff einfach positiv geladen sein muss

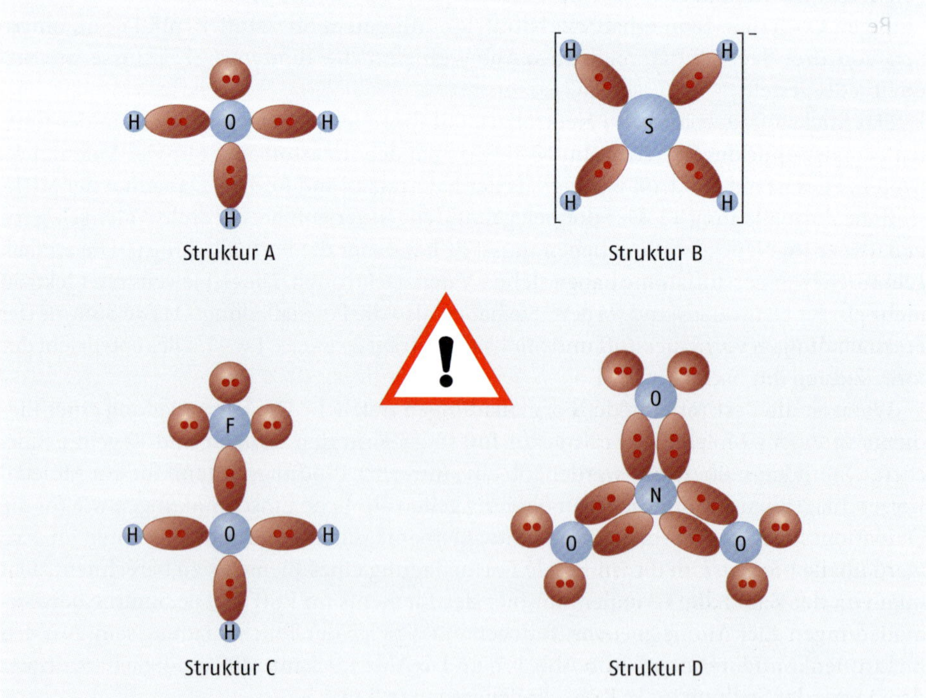

Abb. 1.21 Eine kleine Sammlung unmöglicher Strukturen, die aufgrund der Oktettregel und des Zusammenspiels von Bindigkeit und Formalladung nicht existieren können.

und nicht neutral sein kann. Die Struktur B ist nicht möglich, da vierbindiger Schwefel zweifach positiv geladen sein muss. Eine negative Ladung kann in dieser Struktur nicht vorkommen. Struktur C ist nicht möglich, weil vierbindiger Sauerstoff die Formalladung +2 haben muss und nicht neutral sein kann. In Struktur D wird die Oktettregel für Stickstoff verletzt. Für die Elemente der zweiten Periode muss sie jedoch streng eingehalten werden.

1.5.3 Ermittlung von Oxidationsstufen

Die Bindigkeit von elektropositiven Elementen konnte dadurch erhöht werden, dass ihre Elektronen aus freien Elektronenpaaren entfernt und auf halbbesetzte Elektronenaufenthaltsräume elektronegativerer Elemente übertragen wurden. Beispielsweise das Schwefeltrioxidmolekül: Hier werden formal Elektronen vom Schwefel auf den Sauerstoff übertragen. Oder das Perchlorat-Ion, bei dem Elektronen vom Chlorid auf den Sauerstoff übertragen werden. Solche Prozesse sind im Grunde **Redoxreaktionen**. Um diese inneren Redoxprozesse erkennen und sauber beschreiben zu können, wird jedoch ein verfeinertes Konzept zur Bestimmung von Oxidationsstufen benötigt. o Abb. 1.22 zeigt Lewis-Formeln von H_3O^+, SO_3, ClO_4^-, NO_3^-. Jeder Strich steht für ein Elektronenpaar in der Valenzschale. Bei der Ermittlung der Oxidationsstufen geht man grundsätzlich genauso vor, wie bei der Bestimmung der Formalladungen. Die Bindungselektronenpaare werden aber nicht unter den Bindungspartnern geteilt, sondern vollständig dem elektronegativeren Bindungspartner zugeteilt. Nur Bindungselektronen zwischen zwei Atomen des gleichen Elements werden zwischen den Bindungspartnern aufgeteilt. Dann zählt man die Elektronen in der Valenzschale und vergleicht sie mit dem Neutralzustand.

Beim Hydroxonium-Ion ist Sauerstoff elektronegativer als Wasserstoff. Sauerstoff hat von Wasserstoff drei Elektronen bekommen. Das Hydroxonium-Ion hat aber eine positive Formalladung. Daher ist die Oxidationsstufe von Sauerstoff –II. Jeder Wasserstoff hat ein Elektron abgegeben und damit die Oxidationsstufe +I. Die Summe der Oxidationsstufen aller Bindungspartner ergibt +I und entspricht der Ionenladung von Hydroxonium.

Bei Schwefeltrioxid ist der Sauerstoff elektronegativer als der Schwefel. Alle Bindungselektronenpaare werden also dem Sauerstoff zugeordnet. Der Schwefel hat damit vier Elektronen an den Sauerstoff abgegeben und ergibt daher zusammen mit der Formalladung +2 die Oxidationsstufe +VI. Dies ist die maximale Oxidationsstufe, die in der sechsten Hauptgruppe des PSE möglich ist. Das doppelt gebundene Sauerstoffatom hat zwei Elektronen vom Schwefel bekommen. Es ist elektrisch neutral und hat daher die Oxidationsstufe –II. Die einfach gebundenen Sauerstoffatome haben jeweils ein Bindungselektron vom Schwefel erhalten. Hinzu kommt eine negative Formalladung. Dies ergibt ebenfalls die Oxidationsstufe –II. Die Oxidationsstufe –II ist die kleinste Oxidationsstufe, die in der sechsten Periode des PSE möglich ist.

In Perchlorat ist der Sauerstoff elektronegativer als das Chlor. Die Bindungselektronen werden allen Sauerstoffatomen zugeordnet. Jeder Sauerstoff hat ein Elektron von Chlor erhalten, hat selbst die Formalladung –1 und damit die Oxidationsstufe –II. Das Chloratom hat vier Elektronen an seine Nachbarn abgegeben und hat selbst die Formalladung +3, was eine Oxidationsstufe von +VII ergibt. Das ist die maximale Oxidationsstufe, die in der siebten Hauptgruppe des PSE möglich ist.

Im Falle des Nitrat-Ions gibt der elektropositivere Stickstoff seine Bindungselektronenpaare an den elektronegativeren Sauerstoff ab. Der doppelt gebundene Sauerstoff hat

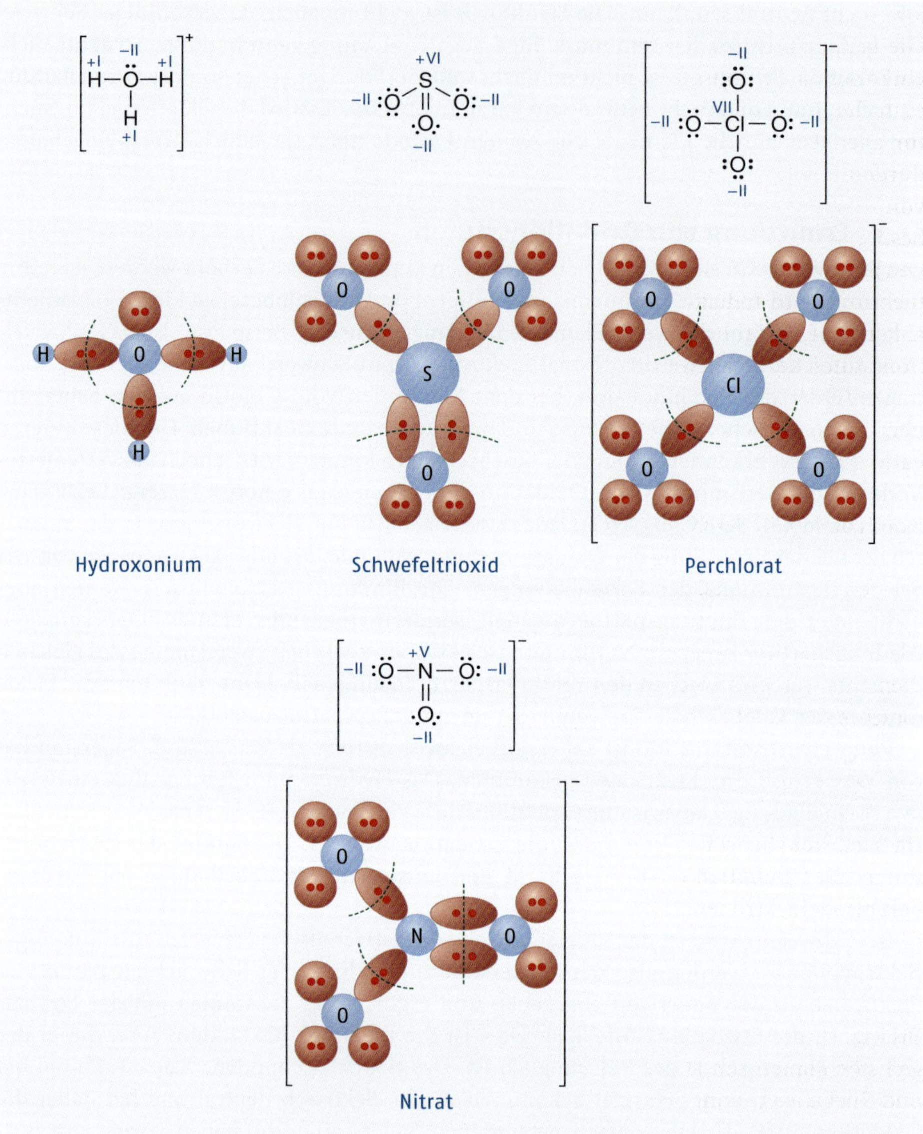

Abb. 1.22 Elektronenverteilung von Hydroxonium, Schwefeltrioxid, Perchlorat und Nitrat

damit zwei Elektronen vom Stickstoff, der einfach gebundene Sauerstoff nur ein Elektron vom Stickstoff erhalten. Da das doppelt gebundene Sauerstoffatom aber neutral ist, während der einfach gebundene Sauerstoff eine negative Formalladung hat, erhalten alle Sauerstoffatome die Oxidationsstufe –II. Der Stickstoff hat vier Elektronen an die Sauerstoffatome abgegeben und hat selbst eine positive Formalladung. Dies ergibt die Oxidationsstufe +V für den Stickstoff, was die maximale Oxidationsstufe für Elemente in der fünften Hauptgruppe ist.

In allen Fällen ist die Summe der Oxidationsstufen aller Bindungspartner im Teilchen gleich der Ionenladung des diskutierten Teilchens.

1.5.4 Formulierung von Redoxreaktionen

Die genaue Bestimmung der Oxidationsstufen aller Bindungspartner in Molekülen ist eine wichtige Voraussetzung für die korrekte Formulierung von Redoxreaktionen. Eine einfache Redoxreaktion ist z. B. die Kochsalzsynthese aus Natrium und Chlor. Dort galt für alle Reaktanden: Die Oxidationsstufe entspricht der Formalladung und diese war durch die Ionenladung gegeben. Sind Oxidationsstufe, Formalladung und Ionenladung von Ionen und Molekülen bekannt, kann man jetzt auch kompliziertere Redoxprozesse beschreiben. Es gilt: Eine Oxidation findet immer dann statt, wenn ein Reaktand Elektronen an einen Reaktionspartner abgibt. Dieser Reaktionspartner muss Elektronen aufnehmen und wird reduziert. Oxidation und Reduktion müssen immer parallel zueinander ablaufen. Die Zahl der ausgetauschten Elektronen wird aus der Änderung der Oxidationsstufen der Reaktanden durch die Reaktion ermittelt.

Die Oxidationsfähigkeit ist eine typische Eigenschaft von Metallen. Oxidationsreaktionen können aber auch bei typischen Nichtmetallen vorkommen, wenn sie mit elektronegativeren Reaktionspartnern umgesetzt werden. Ein Beispiel hierfür ist die erschöpfende Verbrennung von Schwefel zu Schwefeltrioxid. Nach Entfernung aller stöchiometrischen Koeffizienten in der Gleichung erhält man:

1

$$S + O_2 \longrightarrow SO_3$$

Als erstes bestimmt man die Oxidationsstufen aller Reaktanden in der Gleichung. Da in Element-Molekülen nur Bindungen zwischen gleichartigen Atomen vorkommen, sind die Oxidationsstufen aller Atome im Element gleich 0:

$$\overset{0}{S} + \overset{0}{O_2} \longrightarrow \overset{+VI\ -II}{SO_3}$$

Im nächsten Schritt werden Oxidation- und Reduktionreaktion getrennt formuliert. Zuerst die Oxidation: Der Schwefel ändert die Oxidationsstufe von 0 nach +VI und verliert also 6 Elektronen:

$$\overset{0}{S} \longrightarrow \overset{+VI\ -II}{SO_3} + 6\,e^-$$

Bis jetzt stimmen jedoch weder Stoff- noch Ladungsbilanz. Es ist ratsam beide Teilgleichungen stöchiometrisch korrekt aufzustellen. Auf der Eduktseite fehlen drei Sauerstoffatome und 6 negative Ladungen. Zu den Ausgangsstoffen werden daher 3 Oxid-Ionen addiert:

$$\overset{0}{S} + 3\,O^{2-} \longrightarrow \overset{+VI\ -II}{SO_3} + 6\,e^-$$

Bei Sauerstoff ändert sich die Oxidationsstufe von 0 zu –II, daher lautet die Reduktionsgleichung:

$$O_2 + 4\,e^- \longrightarrow 2\,O^{2-}$$

Die Reduktionreaktion ist stöchiometrisch korrekt formuliert und muss nicht ergänzt werden. Es dürfen aber nicht mehr Elektronen bei der Oxidation entstehen wie bei der Reduktion verbraucht werden. In dem die Oxidationsreaktion mit dem Faktor 2 und die

Reduktionsreaktion mit dem Faktor 3 multipliziert werden, wird die Elektronenbilanz ausgeglichen. Danach werden beide Teilgleichungen addiert:

$$2\,\overset{0}{S} + 6\,O^{2-} \longrightarrow 2\,\overset{+VI\,-II}{SO_3} + 12\,e^-$$

$$3\,O_2 + 12\,e^- \longrightarrow 6\,O^{2-}$$

$$2\,\overset{0}{S} + 3\,O_2 \longrightarrow 2\,\overset{+VI\,-II}{SO_3}$$

Ein weiteres Beispiel: Versetzt man die einfachste Stickstoff-Wasserstoff-Verbindung Ammoniak (NH_3) mit Wasserstoffperoxid (H_2O_2) in wässriger Lösung, so erhält man Nitrat und Wasser. Für die nichtstöchiometrische Gleichung gilt:

$$NH_3 + H_2O_2 \longrightarrow NO_3^- + H_2O$$

Um die Oxidationsstufen aller Atome in den Reaktanden zu bestimmen, formuliert man die Lewis-Formeln von Edukt- und Produktmolekülen:

Ammoniak Wasserstoffperoxid Wasser Nitrat

Wasserstoff ist der elektropositivere Bindungspartner in den oben angeführten Molekülen. Er gibt daher sein einziges Elektron stets als Bindungselektron an den elektronegativeren Bindungspartner ab und erhält damit die maximal mögliche Oxidationsstufe +I. Im Ammoniakmolekül bekommt Stickstoff drei Elektronen von Wasserstoff. NH_3 weist keine Formalladung auf. Daher hat Stickstoff in diesem Fall die Oxidationsstufe –III. Im Wasserstoffperoxid hat jedes Sauerstoffatom ein Elektron von Wasserstoff bekommen. Das zweite Bindungselektronenpaar teilt es sich mit dem benachbarten Sauerstoff. Daher hat Sauerstoff in Wasserstoffperoxid die Oxidationsstufe –I:

$$\overset{-III}{N}H_3 + H_2\overset{-I}{O}_2 \longrightarrow \overset{+V}{N}\overset{+II}{O}_3^- + H_2\overset{-II}{O}$$

Für die Oxidationsreaktion gilt: Stickstoff ändert die Oxidationsstufe von –III auf +V und gibt daher acht Elektronen ab:

$$NH_3 \longrightarrow NO_3^- + 8\,e^-$$

Zum Ausgleich von Ladungs- und Stoffbilanz addiert man drei Wassermoleküle auf der Eduktseite. Es entstehen dann auf der Produktseite neun Protonen:

$$NH_3 + 3\,H_2O \longrightarrow NO_3^- + 8\,e^- + 9\,H^+$$

Die Gegenreaktion ist die Reduktion von Wasserstoffperoxid zu Wasser. Dabei ändert Sauerstoff die Oxidationsstufe von –I nach –II. Da jedes Wasserstoffperoxidmolekül zwei Sauerstoffatome hat, werden dabei zwei Elektronen aufgenommen:

$$H_2O_2 + 2\,e^- \longrightarrow 2\,H_2O$$

Ladungs- und Stoffbilanz: Die beiden negativen Ladungen der Eduktseite werden durch Addition von zwei H^+-Ionen ausgeglichen. Für die Reaktionsgleichung der Reduktion gilt:

$$H_2O_2 + 2\,e^- + 2\,H^+ \longrightarrow 2\,H_2O$$

Um die Elektronenbilanz zu korrigieren, muss man die Reduktionsgleichung mit dem Faktor 4 multiplizieren. Anschließend addiert man Reduktions- und Oxidationsgleichung:

$$NH_3 + 3\,H_2O \longrightarrow NO_3^- + 8\,e^- + 9\,H^+$$

$$4\,H_2O_2 + 8\,e^- + 8\,H^+ \longrightarrow 8\,H_2O$$

$$NH_3 + 4\,H_2O_2 \longrightarrow NO_3^- + 5\,H_2O + H^+$$

Dieses Formulierungsschema für Redoxreaktionen gilt für alle Redoxreaktionen. Oxidation und Reduktion müssen getrennt und stöchiometrisch korrekt formuliert werden. Die Abgabe oder Aufnahme von Elektronen ergibt sich aus der Differenz der Oxidationsstufen von Edukten und Produkten. Die Ladungsbilanz wird in wässriger Lösung durch Hydroxonium-Ionen, in Schmelzen oder anderen Systemen durch andere Ladungsträger, meistens Oxid-Ionen, ausgeglichen. Für die Stoffbilanz verwendet man geeignete Teilchen, die in der Reaktionsgleichung bereits vorkommen. Oxidation und Reduktion werden so multipliziert, dass in beiden Teilgleichungen gleiche Elektronenzahlen umgesetzt werden. Dann werden die Teilgleichungen addiert und um diejenigen Teilchen „gekürzt", die sowohl auf der Edukt- als auch auf der Produktseite stehen. Auf diese Weise sollte man immer eine sinnvolle Beschreibung des Redoxprozesses bekommen.

1.6 Stöchiometrische Grundlagen

1.6.1 Chemische Gleichungen ermöglichen quantitative Aussagen

In einem Experiment (▸ Kap. 1.2, ○ Abb. 1.3) wurde ein Stück Natrium unter einer Chlorgasatmosphäre zur Explosion gebracht. Wie viel Gramm Kochsalz entstehen aus 10 g Natrium und wie viel Gramm Chlorgas benötigt man dazu? Diese Fragen kann man mithilfe der **Stöchiometrie** (chemisches Rechnen) lösen.

Der britische Chemiker *John Dalton* lieferte mit seinem Atommodell die Erklärung für das Gesetz der konstanten Proportionen. Bei der Reaktion von Natrium und Chlor verbinden sich beide Elemente immer im Gewichtsverhältnis Na : Cl = 1 : 1,5413. Für die Umsetzung von 10 g Natrium werden 15,413 g Chlor benötigt. Setzt man mehr Chlor ein, z. B. 20 g, so bleibt der Rest (also 20–15,413 g = 4,587 g Chlorgas) übrig. Da Massen nicht verloren gehen und auch nicht aus dem Nichts entstehen können, bekommt man genau 15,413 g Chlor + 10 g Na = 25,413 g NaCl also Kochsalz. Für jede chemische Reaktion gibt es ein derartiges individuelles Massenverhältnis. Dieses Gesetz der konstanten Proportionen wird verständlich, wenn man davon ausgeht, dass immer nur ganze Atome sich zu Molekülen festgelegter Zusammensetzung verbinden können. Ist der Vorrat an Natriumatomen verbraucht, kann aus einem Überschuss an Chlor kein Kochsalz mehr entstehen, weil das dazu nötige Natrium fehlt. So kam *Dalton* auf die Idee, dass die Materie aus Atomen aufgebaut sein muss. Es ist aber sehr mühsam, für jede chemische Reaktion ein Masseverhältnis zu ermitteln und zu tabellieren. In der Tat gibt es ein Konzept, dass viel einfacher funktioniert.

1.6.2 Stoffmengen

Hier noch einmal die Reaktionsgleichung für die Kochsalzsynthese:

$$2\,Na \longrightarrow 2\,Na^+ + 2\,e^-$$

$$Cl_2 + 2\,e^- \longrightarrow 2\,Cl^-$$

$$2\,Na + Cl_2 \longrightarrow 2\,NaCl$$

Diese Gleichung besagt, dass zwei Natriumatome mit einem Chlorgasmolekül zu zwei Formeleinheiten Kochsalz reagieren. Um auf das Massenverhältnis von 1 : 1,5413 zu kommen, müsste man wissen, wie viel ein Natriumatom und ein Chlorgasmolekül wiegen und wie viele Natriumatome in einem Gramm Natrium enthalten sind.

Im PSE sind die relativen Atommassen für jedes chemische Element angegeben. Sie geben ungefähr an, um wievielmal schwerer ein Atom ist als ein Wasserstoffatom (genau genommen ist eine Atommasseneinheit $^1/_{12}$ des Gewichts eines Kohlenstoffatoms, welches aus 6 Protonen, 6 Neutronen und 6 Elektronen besteht; der Unterschied zum Gewicht eines Wasserstoffatoms ist aber nicht sehr groß). Das Wasserstoffatom ist das leichteste Atom, das in der Natur vorkommt. Man definiert eine neue Größe, mit der die Menge eines chemischen Stoffs, die sogenannte Stoffmenge, angegeben werden kann:

$$\text{Stoffmenge } n_i = \frac{m_i}{M_i} \qquad \text{Gleichung 1.2}$$

| n_i Stoffmenge des Stoffs i | m_i Masse des eingesetzten Stoffs | M_i Relatives Teilchengewicht (gibt an, um wievielmal mehr ein Atom, Molekül oder Ion wiegt als ein Atom Wasserstoff)

Will man das relative Teilchengewicht M_i einer molekular aufgebauten Verbindung i ermitteln, müssen die relativen Massen M_k (sie stehen im PSE) aller Atome, aus denen das Molekül besteht, addiert werden. So beträgt die relative Teilchenmasse von Wasser $M_{(H_2O)} = 2\,M_H + M_O = 2 \cdot (1) + 16 = 18$, die relative Masse von Schwefeltrioxid $M_{(SO_3)} = M_S + 3\,M_O = 32 + 3 \cdot (16) = 80$. Die Einheit der Stoffmenge ist ein mol, die Einheit der relativen Atommasse ist g/mol.

$$[n_i] = \text{mol} \quad \text{und} \quad [M_i] = \frac{\text{g}}{\text{mol}} \qquad \text{Gleichung 1.3}$$

Daraus ergeben sich wichtige Konsequenzen. Die Stoffmenge von 1 mol Stoff liegt vor, wenn so viel Gramm des Stoffs abgewogen wurde, wie der relativen Teilchenmasse des Stoffs entspricht. 1 mol Natrium wiegt demnach 23 g, 1 mol Wasser wiegt 18 g und 1 mol Schwefeltrioxid wiegt 80 g. Jedes Mol eines Stoffs hat eine konstante Teilchenzahl. Die Zahl der Atome, Moleküle oder Ionen in einem Mol Stoff wird Avogadro-Konstante N_A genannt und beträgt $6{,}022 \cdot 10^{23}$ Teilchen. Die chemische Definition der Stoffmenge ist ausgesprochen wichtig, weil sie die Möglichkeit bietet, Moleküle in Gruppen abzuzählen und im richtigen, in der Reaktionsgleichung vorgegebenen Mengenverhältnis einer Reaktion zuzuführen.

Die nachstehende Gleichung für die Kochsalzsynthese kann man nun auch folgendermaßen lesen: 2 mol Natriumatome reagieren mit 1 mol Chlorgasmolekülen zu 2 mol Formeleinheiten Kochsalz. Da bekannt ist, wie viel 1 mol eines jeden Reaktanden wiegt, kann diese Stoffmengengleichung in eine Massengleichung übersetzt werden:

Reaktionsgleichung:	2 Na	+	Cl_2	⟶	2 NaCl
Stoffmengengleichung:	2 mol	+	1 mol	⟶	2 mol
Massegleichung:	2·23 g	+	1·(2·35,5 g)	⟶	2·58,5 g

46 g Natrium reagieren also mit 71 g Chlor zu 117 g Natriumchlorid. Die Massengleichung ist für jeden Bruchteil und jedes Vielfache der einfachen Molgleichung gültig. Jede beliebige Menge kann mittels Dreisatz über den Formelumsatz berechnet werden. Wie viel Natrium muss beispielsweise eingesetzt werden, um 50 g Kochsalz herzustellen? Es gilt: 46 g Na ergeben 117 g NaCl, für 50 g NaCl benötigt man dann:

$$m_{\text{Na}} = \frac{50\,\text{g (NaCl)}}{117\,\text{g (NaCl)}} \cdot 46\,\text{g (Na)} = 19{,}66\,\text{g Na}$$

1

1.6.3 Zusammenhang zwischen Stoffmenge und Volumen

Von der Menge eines Stoffs, die in Gewicht angegeben ist, kann jetzt die Stoffmenge in mol berechnet werden. Dies ist sehr wichtig, denn in jedem Labor steht eine Waage und Gewichte lassen sich sehr genau ermitteln. Bei Flüssigkeiten und Gasen werden aber oft Volumeneinheiten angegeben. Um den Zusammenhang zwischen Masse und Volumen bei Flüssigkeiten zu beschreiben, benötigt man die **Dichte** ρ:

$$\rho = \frac{m_\text{i}}{V} \quad \text{bzw.} \quad m_\text{i} = \rho V \quad \text{mit} \quad [\rho] = \frac{\text{g}}{\text{mL}}$$

Gleichung 1.4

| ρ Dichte des Stoffs | V Volumen der Probe (in mL)

Für die Flüssigkeit Wasser ist die Umrechnung sehr leicht. Bei 4 °C beträgt die Dichte des Wassers genau $1\,\text{g} \cdot \text{mL}^{-1}$. Um zu berechnen, wie viele Mol Wasser sich in einem Liter Wasser befinden, gilt: 1 L Wasser enthält 1 000 mL Wasser. Bei einer Dichte von $1\,\text{g} \cdot \text{mL}^{-1}$ wiegen 1 000 mL Wasser 1 000 g, die Stoffmenge beträgt daher:

$$n_{(\text{H}_2\text{O})} = \frac{m_{(\text{H}_2\text{O})}}{M_{(\text{H}_2\text{O})}} = \frac{1\,000\,\text{g}}{18\,\text{g}}\,\text{mol} = 55{,}555\,\text{mol Wasser}$$

Die Dichten der meisten organischen Flüssigkeiten wie Benzin, Alkohol usw. liegen unter $1\,\text{g} \cdot \text{mL}^{-1}$, nämlich im Bereich von $0{,}6 < \rho < 1\,\text{g} \cdot \text{mL}^{-1}$. Halogenierte Kohlenwasserstoffe wie Chloroform sind schwerer als Wasser und haben Dichten um $1{,}5\,\text{g} \cdot \text{mL}^{-1}$. Brom hat eine sehr hohe Dichte von $\rho_{(\text{Br})} = 3{,}12\,\text{g} \cdot \text{mL}^{-1}$. Ein Liter flüssiges Brom wiegt daher: $1\,000\,\text{mL} \cdot (3{,}12\,\text{g} \cdot \text{mL}^{-1}) = 3\,120\,\text{g}$. Die relative Molmasse eines Bromatoms beträgt $79{,}9\,\text{g} \cdot \text{mL}^{-1}$, das relative Teilchengewicht eines Brommoleküls (Br_2) ist dann $2 \cdot (79{,}9\,\text{g} \cdot \text{mL}^{-1}) = 159{,}8\,\text{g} \cdot \text{mL}^{-1}$. In einem Liter Brom befinden sich dann:

$$n_{(\text{Br}_2)} = \frac{m_{(\text{Br}_2)}}{M_{(\text{Br}_2)}} = \frac{3\,120\text{g}}{159{,}8\,\text{g}}\,\text{mol} = 19{,}524\,\text{mol}$$

Für Gase genügt vorerst ein Schätzwert: Bei 0 °C und 1 atm Druck (durchschnittliche Luftdruck auf der Erde) beträgt das Molvolumen eines idealen Gases $V_m = 22{,}4\ \text{L} \cdot \text{mol}^{-1}$. Die Frage, wie viel Chlor man benötigt, um 10 g Natrium zu Kochsalz herzustellen, kann wie folgt beantwortet werden. 10 g Natrium entsprechen einer Stoffmenge von:

$$n_{(\text{Na})} = \frac{m_{(\text{Na})}}{M_{(\text{Na})}} = \frac{10\ \text{g}}{23\ \text{g}}\text{mol} = 0{,}4348\ \text{mol}$$

Laut der Reaktionsgleichung werden 0,5 · 0,4348 mol Chlormoleküle verbraucht, also 0,2174 mol Cl_2. Die Masse beträgt:

$$m_{(\text{Cl}_2)} = n_{(\text{Cl}_2)} \cdot M_{(\text{Cl}_2)} = 0{,}2174\ \text{mol} \cdot 70{,}9\ \frac{\text{g}}{\text{mol}} = 15{,}4\ \text{g}$$

und

$$V_{(\text{Cl}_2)} = n_{(\text{Cl}_2)} \cdot V_m = 0{,}2174\ \text{mol} \cdot 22{,}4\ \frac{\text{L}}{\text{mol}} = 4{,}87\ \text{L}$$

Man benötigt also 15,4 g oder 4,87 L Chlorgas, um 10 g Natrium vollständig zu Kochsalz umzusetzen.

Wie viele Liter Wasserstoff werden benötigt, um 100 mL Brom in Bromwasserstoff zu überführen und wie viel Gramm HBr entstehen dabei? Die Reaktionsgleichung dazu lautet: $Br_2 + H_2 \rightarrow 2\ HBr$. Das bedeutet: 1 mol Brom reagiert mit 1 mol Wasserstoff zu 2 mol Bromwasserstoff. In eine Massengleichung übersetzt, heißt das:

$$\begin{array}{lcll} Br_2 & + & H_2 & \longrightarrow\ 2\ HBr \\ 159{,}8\ \text{g} & + & 2\text{g} & \longrightarrow\ 2 \cdot 80{,}9\ \text{g} \end{array}$$

Die Masse von 100 mL Brom beträgt demnach:

$$m_{(\text{Br}_2)} = \rho \cdot V = 3{,}12\ \frac{\text{g}}{\text{mL}} \cdot 100\ \text{mL} = 312\ \text{g}$$

$$n_{(\text{Br}_2)} = \frac{m_{(\text{Br}_2)}}{M_{(\text{Br}_2)}} = \frac{312\text{g}}{159{,}8\ \text{g}}\ \text{mol} = 1{,}95\ \text{mol}$$

Um 1,95 mol Brom umzusetzen, benötigt man die gleiche Menge an Wasserstoff. Dies sind 1,95 mol · 22,4 L · mol^{-1}) = 43,68 L. Dabei entsteht die doppelte Menge an Bromwasserstoffgas, also 2 · (1,95 mol) · 80,9 g · mol^{-1} = 315,51 g HBr.

1.6.4 Konzentrationsangaben

Viele chemische Reaktionen spielen sich in wässriger Lösung ab. Um den Gehalt eines gelösten Stoffs in einer Lösung anzugeben, sind zwei Konzentrationsangaben geeignet. Die **Massenkonzentration** β_i ist gegeben als (**o** Gleichung 1.5):

$$\beta_i = \frac{m_i}{V} \quad \text{und} \quad [\beta_i] = \frac{\text{g}}{\text{L}}$$

Gleichung 1.5

| m_i Masse des gelösten Stoffs (in g) | V Volumen der gesamten Lösung (in L)

Für das chemische Rechnen ist die **Stoffmengenkonzentration** c_i aber viel wichtiger. Für sie gilt nach ○ Gleichung 1.6:

$$c_i = \frac{n_i}{V} \quad \text{und} \quad [c_i] = \frac{\text{mol}}{\text{L}}$$ Gleichung 1.6

| n_i Stoffmenge des Stoffs i (in mol) | V Volumen der gesamten Lösung (in L)

Beim Lösen der beispielsweise aus 1,95 mol Brom entstandenen Menge Bromwasserstoffgas in 500 mL Wasser, spielt sich in der Lösung folgende Reaktion ab:

$$HBr + H_2O \longrightarrow H_3O^+ + Br^-$$

Da aus 1,95 mol Br_2 die doppelte Menge, also 3,9 mol HBr entstehen, die in gleiche Mengen Hydroxonium und Bromid zerfallen, bekommt man folgende Stoffmengenkonzentrationen:

$$c_{(H_3O^+)} = \frac{n_{(HBr)}}{V} = c_{(Br^-)} = \frac{3{,}9\,\text{mol}}{0{,}5\,\text{L}} = 7{,}8\,\frac{\text{mol}}{\text{L}}$$

Die Stoffmengenkonzentration an Bromwasserstoffsäure ist also 7,8 mol · L^{-1}. Man sagt auch: Die Bromwasserstoffsäure ist 7,8 M (lies: „sieben Komma acht molar“). Damit ist die gemeinsame Konzentration von H_3O^+ und Br^- gemeint.

Wie viel Bariumhydroxid wird benötigt, um 100 mL dieser Säurelösung vollständig zu neutralisieren? Die Reaktionsgleichung für die Neutralisation und die dazugehörige Stoffmengengleichung lauten:

$$Ba(OH)_2 + 2\,H_3O^+ + 2\,Br^- \longrightarrow Ba^{2+} + 2\,Br^- + 4\,H_2O$$
$$1\,\text{mol} + 2\,\text{mol} + 2\,\text{mol} \longrightarrow 1\,\text{mol} + 2\,\text{mol} + 4\,\text{mol}$$

Für die Stoffmenge an H_3O^+, die neutralisiert werden soll, gilt:

$$n_{(H_3O^+)} = c_{(H_3O^+)} \cdot V = 7{,}8\,\frac{\text{mol}}{\text{L}} \cdot 0{,}1\,\text{L} = 0{,}78\,\text{mol}$$

Zur Neutralisation von 0,78 mol Hydroxonium werden benötigt:

$$n_{(Ba(OH)_2)} = \frac{0{,}78\,\text{mol HBr}}{2\,\text{mol HBr}} \cdot 1\,\text{mol Ba(OH)}_2 = 0{,}39\,\text{mol Ba(OH)}_2$$

Die relative Molmasse von Bariumhydroxid beträgt:

$$M_{(Ba(OH)_2)} = 137{,}3 + 2 \cdot (17) = 171{,}3\,\frac{\text{g}}{\text{mol}}$$

Folgende Menge an Bariumhydroxid in Gramm werden benötigt:

$$m_{(Ba(OH)_2)} = n_{(Ba(OH)_2)} \cdot M_{(Ba(OH)_2)} = 0{,}39\,\text{mol} \cdot 171{,}3\,\frac{\text{g}}{\text{mol}} = 66{,}807\,\text{g}$$

Die Stoffmengenkonzentration an Barium in dieser Lösung ist dann:

$$c_{(Ba^{2+})} = \frac{n_{(Ba^{2+})}}{V} = \frac{0{,}38\,\text{mol}}{0{,}1\,\text{L}} = 3{,}8\,\frac{\text{mol}}{\text{L}}$$

Die Konzentration an Bromid ist doppelt so groß:

$$c_{(Br^-)} = \frac{n_{(Br^-)}}{V} = \frac{0{,}76\,\text{mol}}{0{,}1\,\text{L}} = 7{,}6\,\frac{\text{mol}}{\text{L}}$$

1.7 Intramolekulare Kräfte und ihre Auswirkungen auf physikalische Prozesse

1.7.1 Kinetisches Teilchenmodell für die Aggregatzustände

Stoffe können in verschiedenen **Aggregatzuständen** auftreten: fest, flüssig und gasförmig. Ob ein Stoff als Gas oder als Feststoff bezeichnet wird, hat aber nur dann einen Sinn, wenn man diese Aussage auf einen Standardzustand bezieht. Oft wird stillschweigend eine Temperatur von 25 °C und ein Luftdruck von 1 Atmosphäre = 1 atm als Standardzustand akzeptiert. Erhitzt man einen Feststoff über seine **Schmelztemperatur**, wird er flüssig. Erhitzt man ihn weiter bis über die **Siedetemperatur**, wird er gasförmig. Diese Phasenumwandlungstemperaturen sind wichtige charakteristische Eigenschaften von Stoffen.

Wie unterscheiden sich diese Zustände? Dazu betrachtet man einen mit Stickstoffgas gefüllten Luftballon (o Abb. 1.23). Die Stickstoffmoleküle im Gasraum bewegen sich ungeordnet. Die durchschnittliche Geschwindigkeit der Gasteilchen hängt von der Temperatur des Gases ab. Im Alltag wird die Temperatur in der Einheit °C (Grad Celsius) gemessen. Die Celsius-Skala ist auf den Schmelz- und Siedepunkt von Wasser bezogen. Man kann aber zeigen, dass es eine Temperatur gibt, die nicht unterschritten werden kann. Dies ist der absolute Temperaturnullpunkt. Er liegt bei –273,15 °C. Bei dieser Temperatur befinden sich alle Moleküle in Ruhe.

In den Naturwissenschaften misst man die Temperatur nicht in Grad Celsius, sondern in Kelvin (K). Der absolute Nullpunkt wird als 0 K definiert. Die Abstände der Celsiusskala werden beibehalten, es gilt daher:

$$T\,(\text{in K}) = t\,(\text{in °C}) + 273{,}15$$ Gleichung 1.7

| T Temperatur (in Kelvin) | t Temperatur (in Grad Celsius)

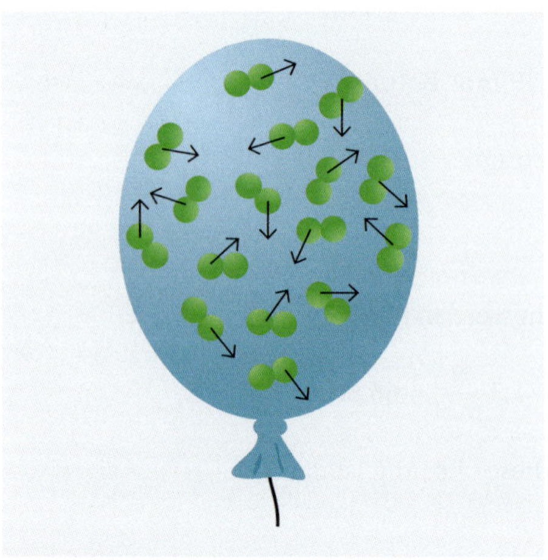

o **Abb. 1.23** Ein mit Stickstoffgas gefüllter Luftballon: Die Gasteilchen befinden sich in ungeordneter Bewegung.

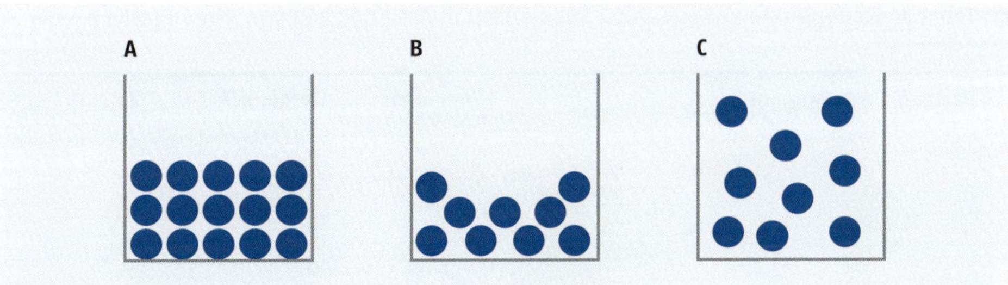

Abb. 1.24 Modell für die Aggregatzustände fest (**A**), flüssig (**B**) und gasförmig (**C**)

Die Standardtemperatur von 25 °C entspricht dann 298,15 K. Erhitzt man den Luftballon, dann wird er sich ausdehnen und die Stickstoffmoleküle sich darin schneller bewegen. Sie werden auch mit größerer Wucht auf die Ballonwand treffen und der Ballon sich daher ausdehnen (Volumenvergrößerung). Die Temperatur eines Gases scheint von der Teilchengeschwindigkeit abhängig zu sein. Mischt man jedoch Brom mit Luft im Luftballon, wird klar, dass diese Annahme nicht stimmt. Brom- und Stickstoffmoleküle werden zusammenstoßen und dabei so lange Energie austauschen, bis sie die gleiche Temperatur aufweisen. Die Brommoleküle bewegen sich jedoch viel langsamer als die Stickstoffmoleküle, da sie viel schwerer sind. Sie treffen aber auf die Gummihaut des Ballons mit der gleichen Energie wie die Stickstoffteilchen. Die Temperatur ist also ein Maß für die durchschnittliche Teilchenenergie und nicht für die Teilchengeschwindigkeit. Gleichung 1.8 beschreibt den Zusammenhang zwischen Teilchengeschwindigkeit und Teilchenenergie:

$$E_{\text{kin}} = \frac{1}{2} m \cdot v^2 \qquad \text{Gleichung 1.8}$$

| E_{kin} Durchschnittliche kinetische Energie eines Moleküls | m Masse des Moleküls | v Geschwindigkeit des Moleküls

Wie unterscheiden sich die verschiedenen Aggregatszustände untereinander? Stickstoff wird bei einer Temperatur von 77 K, Brom bei etwa 332 K flüssig. In einer Flüssigkeit bewegen sich die Teilchen immer noch ungeordnet. Sie bewegen sich aber langsamer und die Teilchendichte ist sehr viel höher. Im Durchschnitt berühren sich die Moleküle ständig, während sie im Gaszustand nur gelegentlich zusammenstoßen. Wird dieses System weiter abgekühlt, dann wird die Flüssigkeit fest. Die Moleküle besetzen dann feste Gitterplätze, auf denen sie nur noch Schwingungsbewegungen ausführen.

Abb. 1.24 zeigt die drei Aggregatzustände gasförmig, flüssig und die unterschiedlichen Bewegungszustände der Teilchen. Nimmt die Tendenz zum gasförmigen Zustand mit hoher Teilchengeschwindigkeit zu? Nach dieser Vorstellung müssten Schmelz- und Siedepunkte vor allem vom Teilchengewicht abhängen, da leichte Moleküle sich bei gegebener Temperatur nach Gleichung 1.8 erheblich schneller bewegen als schwere. Bei Überprüfung dieser Hypothese mittels experimenteller Daten (Tab. 1.4), findet man, dass sie nicht ganz falsch, aber auch nicht überzeugend richtig ist.

Beim Vergleich von Substanzen einer PSE-Gruppe, z. B. die Edelgase oder die Halogene, wird diese Hypothese bestätigt. Vergleicht man aber Edelgase mit Halogenen, so wird die Hypothese eindeutig widerlegt. Auch der Vergleich von H_2S und H_2O liefert ein

Tab. 1.4 Siedepunkte ausgewählter Substanzen in Abhängigkeit von ihrer relativen Molmasse *M*

Edelgas	M/gmol^{-1}	T/K	Elementgas	M/gmol^{-1}	T/K
			H_2	2	20,3
He	4	4,2	N_2	28	77,3
Ne	28	27,1	O_2	32	90,25
Ar	40	87,3	F_2	38	85,15
Kr	84	120,3	Cl_2	71	238,55
Xe	131	166,0	Br_2	160	331,85
			I_2	254	457,45
H_2S	34	212,5	H_2O	18	373,15

Edelgase
Halogene

deutlich anderes Resultat als erwartet. Daraus ist folgende Schlussfolgerung zu ziehen: Die Teilchenmasse ist eine, aber nicht die einzige Größe, die die Siedepunkte beeinflusst.

1.7.2 Dipolmomente beeinflussen Schmelz- und Siedepunkte

Außer der Masse ist die Stärke der Anziehungskräfte, die **intermolekulare Wechselwirkung**, zwischen den Teilchen bedeutsam: Dispersionskräfte und Wasserstoffbrücken. Dispersionskräfte wirken zwischen induzierten Dipolen, z. B. zwischen Heliumatomen (○ Abb. 1.25). Die Elektronen der Heliumatome befinden sich ständig in Bewegung, die Elektronenverteilung ist ungleichmäßig. Im zeitlichen Mittel wird das Feld des Atomkerns optimal kompensiert. Nähern sich aber zwei Heliumatome, so stoßen sich die Elektronen der beiden Atomhüllen gegenseitig ab. Dadurch entstehen Zonen mit positivem Ladungsüberschuss, die die Elektronen der benachbarten Atomhülle anziehen.

Durch diese gegenseitige Polarisierung entstehen Anziehungskräfte, die sehr schwach sind und nur auf kurze Distanz wirken. Sie treten aber bei jedem Teilchen auf, das eine Elektronenhülle besitzt. Die Edelgase haben bei ähnlicher Masse deutlich geringere Siedepunkte als die anderen Elementgase, was beim Vergleich von Neon mit Stickstoff besonders deutlich wird. Es wirken offensichtlich geringere Dispersionskräfte als bei anderen Elementgasen. Bei derselben Masse ist ein Stickstoffmolekül wesentlich größer als ein Neonatom und bietet der gegenseitigen Polarisierung mehr Angriffsfläche.

Auch das etwas schwerere Fluormolekül hat einen geringeren Siedepunkt als das leichtere Sauerstoffmolekül. Die Kerne der Fluoratome sind höher geladen als die der Sauerstoffatome. Dadurch ist das Fluormolekül kleiner und die Elektronenhüllen lassen sich weniger leicht verschieben. Die **Polarisierbarkeit** des Fluormoleküls ist geringer als die des Sauerstoffmoleküls. Dadurch fallen die Dispersionskräfte bei Fluor geringer aus.

Die zweite Art von intermolekularer Wechselwirkung sind die Dipol-Dipol-Kräfte. In ▸ Kap. 1.3 wurde das Auftreten von permanenten Dipolmomenten erklärt, die entstehen, wenn Bindungspartner unterschiedliche Elektronegativitäten *(EN)* aufweisen. Die daraus

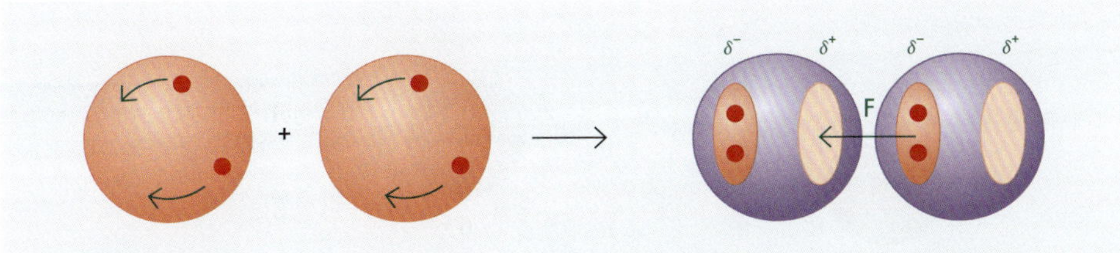

Abb. 1.25 Dispersionskräfte zwischen zwei Heliumatomen

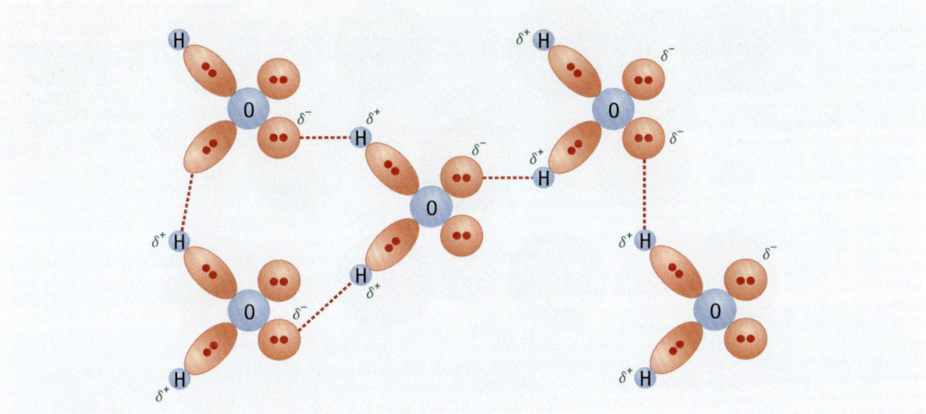

Abb. 1.26 Wasserstoffbrückenbindungen zwischen Wassermolekülen in flüssigem Wasser

resultierenden polaren Atombindungen führen zu Dipolmomenten, die sich bei geeigneter Geometrie nicht kompensieren, sondern zu einer Resultierenden addieren. Solche permanenten Dipolmomente üben aufeinander sehr starke Anziehungskräfte aus. Vergleicht man Wasser und Schwefelwasserstoff miteinander, dann sind beide Moleküle gewinkelt gebaut und verfügen über ein permanentes Dipolmoment. Der *EN*-Unterschied zwischen Sauerstoff und Wasserstoff ($\Delta EN_{O-H} = 1{,}2$) ist jedoch sehr viel größer als der *EN*-Unterschied zwischen Schwefel und Wasserstoff ($\Delta EN_{S-H} = 0{,}4$). Das permanente Dipolmoment im Wassermolekül ist daher sehr viel stärker als das permanente Dipolmoment im H_2S-Molekül. Dieser Unterschied findet seinen Ausdruck in dem deutlich höheren Siedepunkt von Wasser gegenüber H_2S, obwohl H_2S das sehr viel schwerere Molekül ist. Abb. 1.26 veranschaulicht die Wirkung der Dipol-Dipol-Wechselwirkungen zwischen den Wassermolekülen. Sie sind hier besonders stark ausgeprägt. Diese Art der Wechselwirkung wird auch als **Wasserstoffbrückenbindung** bezeichnet.

1.7.3 Dipolmomente beeinflussen Löslichkeiten

Die polare Eigenschaft von Wasser bestimmt nicht nur seinen hohen Schmelz- und Siedepunkt, sondern erklärt auch seine Eignung als Lösemittel für polare Substanzen (z. B. Lösungen von Halogenwasserstoffsäuren in Wasser, Abb. 1.13), aber auch für Salze, die üblicherweise aus Ionenkristallen aufgebaut sind. So lösen sich Kochsalzkristalle in Wasser auf. Verdampft dann das Wasser, bilden sich die Kristalle zurück. Was geschieht dabei? Abb. 1.5 zeigt das Modell eines Kochsalzkristalls. Positive Natrium-Ionen werden von negativ geladenen Chlorid-Ionen zusammengehalten, da zwischen ihnen sehr starke elek-

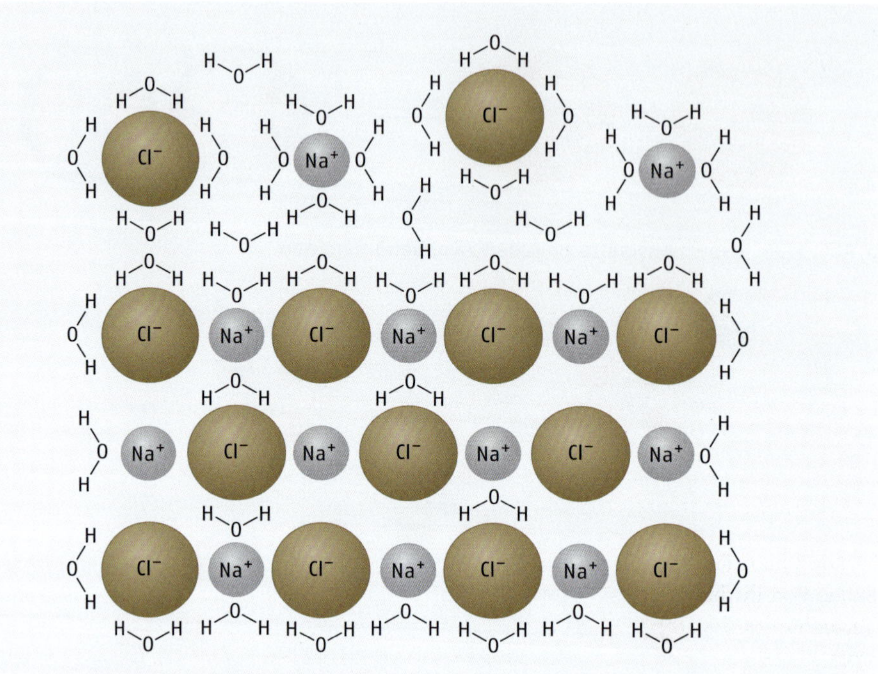

o Abb. 1.27 Auflösung eines Kochsalzkristalls durch polare Wassermoleküle (Solvatation)

trostatische Kräfte wirksam sind. Diese werden als Coulombkräfte bezeichnet und gehören zu den starken intermolekularen Kräften. Tritt ein Natrium-Ion aber in die Wasserphase über, so wird es von einer Hülle von Wassermolekülen umgeben. Diese richten sich mit der negativen Seite ihres Dipols zum positiven Natrium-Ion aus. Das Gleiche gilt auch für ein Chlorid-Ion: Die Wassermoleküle richten sich mit der positiven Seite ihres Dipolmoments zum negativ geladenen Chlorid-Ion aus. Die Wassermoleküle werden durch elektrostatische Kräfte an den Ionen festgehalten. Diesen Prozess bezeichnet man als **Solvatation** und die Wasserhüllen **Solvathüllen**. Die Solvatation setzt Wärmeenergie frei, die die Anziehung der Ionen im Kristall schwächt. Umgekehrt wird bei der Kristallbildung durch die gegenseitige Anziehung der Ionen im Kristall Wärme freigesetzt. Man spricht von **Gitterenergie**. Ist die Solvatationsenergie größer als die Gitterenergie, dann löst sich der Kristall unter Erwärmen der Lösung. Dies ist besonders bei der Lösung von Natriumhydroxid in Wasser deutlich zu beobachten. Ist die Gitterenergie nur geringfügig größer als die Solvatationsenergie, dann löst sich der Kristall unter Abkühlung der Lösung. Ein solcher Prozess ist möglich, weil der fehlenden Energiebetrag aus Wärmeenergie des Lösemittels entnommen wird: z. B. beim Auflösen von Ammoniumchlorid in Wasser.

o Abb. 1.27 veranschaulicht die Wechselwirkung zwischen Salz-Ionen und Wassermolekülen beim Lösungsprozess. Ist die Gitterenergie erheblich größer als die Solvatationsenergie, löst sich ein Salzkristall nur in sehr geringem Ausmaß. Man sagt, die Substanz ist schwerlöslich. Beispiele sind z. B. die Calcium-, Strontium- und Bariumsalze von Kohlensäure (z. B. $CaCO_3$) und Schwefelsäure (z. B. $BaSO_4$). Schwefelwasserstoff, oder andere polare Substanzen mit geringerem Dipolmoment, können die Coulombkräfte zwischen den Ionen von Salzkristallen nicht in derselben Weise schwächen. Daher sind in solchen Lösemitteln viel mehr Salze schwerlöslich als in Wasser.

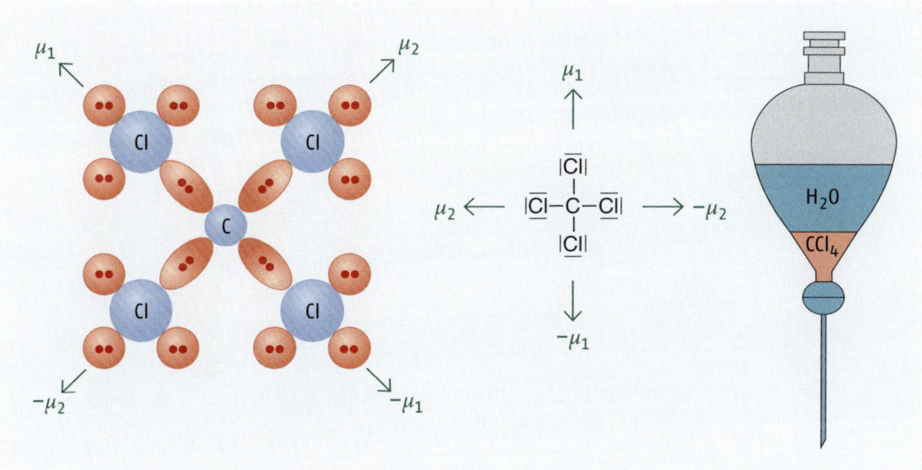

Abb. 1.28 Anordnung der Dipolmomente im Tetrachlorkohlenstoffmolekül

1

Die Polarität von Flüssigkeiten bestimmt nicht nur die Eigenschaft als Lösemittel für Salze. Von ihr hängt auch ab, ob sich zwei Flüssigkeiten miteinander mischen oder nicht. Tetrachlorkohlenstoff CCl_4 ist ein häufig verwendetes Lösemittel. Die vier Chlor-Kohlenstoff-Bindungen sind polar. Wie Abb. 1.28 zeigt, kompensieren sich die Dipolmomente gegenseitig vollständig. Das Molekül ist unpolar. Zwischenmolekulare Wechselwirkungen finden nur über Dispersionskräfte statt. Füllt man Wasser und Tetrachlorkohlenstoff in einen Schütteltrichter, dann werden sich beide Flüssigkeiten entmischen und eigene Phasen bilden. Das schwerere CCl_4 sammelt sich im Trichter unten, das leichtere Wasser sammelt sich darüber. Warum ist das so?

Die kleinen Wassermoleküle bilden untereinander starke Wasserstoffbrückenbindungen aus. Dabei sind sie bestrebt, möglichst viele davon zu bilden, weil jede Bindung Energie an die Umgebung freiwerden lässt. Die großen CCl_4-Moleküle halten sich gegenseitig nur durch schwache Dispersionskräfte fest. Befindet sich ein CCl_4-Molekül aber in der Wasserphase, stört es dort die Ausbildung der Wasserstoffbrücken. Dadurch geht dem Wasser Energie verloren. Es entsteht ein instabiler Zustand (Abb. 1.29A). Die CCl_4-Moleküle ziehen sich nicht gegenseitig stark an, sondern werden aus der Wasserphase herausgedrückt, damit das Wasser die optimal mögliche Zahl von Bindungen ausbilden kann (Abb. 1.29B).

Generell kann man beobachten, dass sich polare Stoffe in polaren Lösemitteln lösen und unpolare Stoffe in unpolaren Lösemitteln. Unpolare Stoffe lösen sich schlecht in polaren Lösemitteln, weil sie dort die Dipolwechselwirkungen stören. Polare Stoffe lösen sich schlecht in unpolaren Lösemitteln, weil sie lieber untereinander in Wechselwirkung treten. Dabei ist es gleichgültig, ob es sich bei den gelösten Stoffen um Feststoffe, Flüssigkeiten oder Gase handelt. Beispielsweise lösen sich die unpolaren Elementgase Wasserstoff (H_2), Sauerstoff (O_2), Stickstoff (N_2) und alle Edelgase nur sehr begrenzt in Wasser. Diese Gasmoleküle stören ebenfalls die Ausbildung von Wasserstoffbrücken und werden daher aus der Wasserphase an die Oberfläche verdrängt, wo sie in den Gasraum abwandern. Das Gegenteil ist bei den Halogenwasserstoffgasen zu beobachten, z. B. bei HCl oder HBr (Abb. 1.13). Befinden sich HCl-Moleküle im Gasraum über einer Wasserphase, so treten sie in diese ein. Dabei lassen sie über dem Wasser oft ein Vakuum zurück.

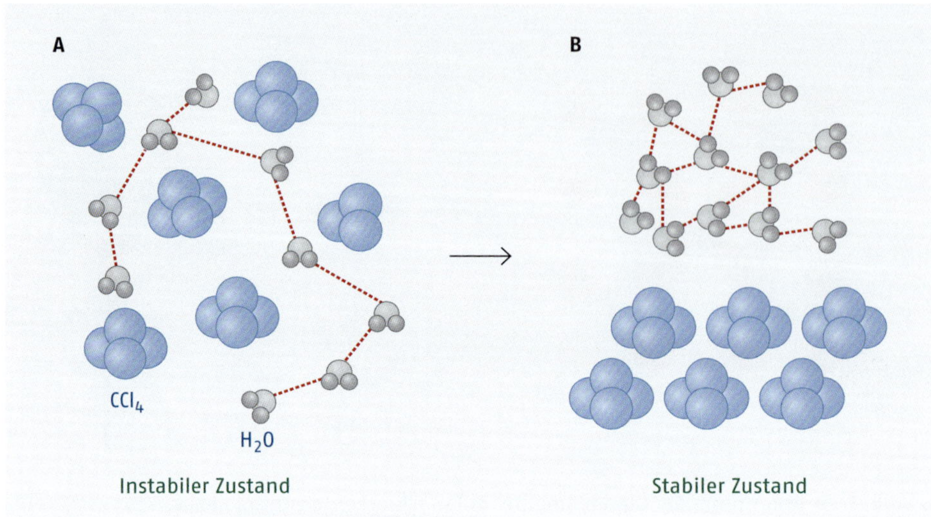

Abb. 1.29 Entmischung von Tetrachlorkohlenstoff und Wasser

In Wasser bilden sie solvatisierte Hydroxonium- und Halogenid-Ionen, die sehr starke Bindungskräfte zum umgebenden Wasser ausbilden. Dadurch werden die Teilchen in der Lösung stabilisiert und man beobachtet bei diesen polaren Gasen eine hohe Löslichkeit.

MERKE Die Struktur der Moleküle bestimmt ihr Dipolmoment. Vom Dipolmoment hängt es ab, wie stark die intermolekularen Kräfte ausfallen. Die intermolekularen Kräfte wiederum bestimmen den Aggregatzustand und die Löslichkeit der Stoffe.

1.8 Säure-Base-Reaktionen nach *Lewis*

1.8.1 Ein Experiment führt zu einem neuen Säure-Base-Verständnis

▸ Kap. 1.4 hat folgendes gezeigt: Verbrennt ein Metall an der Luft, erhält man ein Metalloxid. Mit Wasser lässt sich dieses zu einem Metallhydroxid hydrolysieren, das als Brönsted-Base reagiert: beispielsweise Barium und Bor, zwei Elemente mit metallähnlichen Eigenschaften. Die Reaktionsgleichung für die Oxidation und Hydrolyse von Barium lautet:

$$2\,Ba + O_2 \longrightarrow \underset{\text{Bariumoxid}}{2\,BaO} \qquad BaO + H_2O \longrightarrow \underset{\text{Bariumhydroxid}}{Ba(OH)_2}$$

Welche Reaktionsgleichung gilt für Bor? Bor steht in der dritten Hauptgruppe des PSE. Bei erschöpfender Oxidation wird es drei Elektronen abgeben und dreiwertige Kationen bilden:

$$B \longrightarrow B^{3+} + 3\,e^-$$

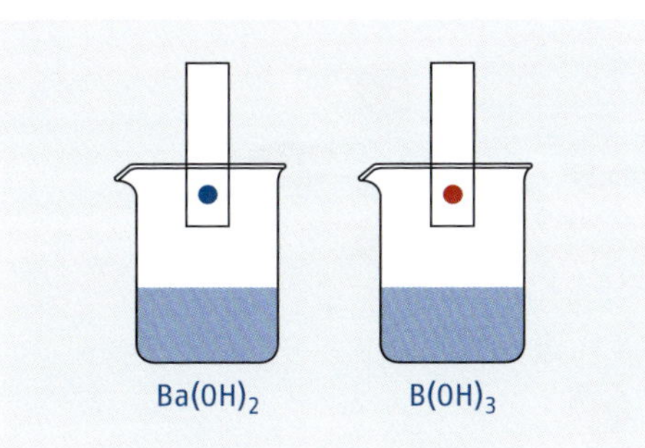

o Abb. 1.30 Lackmusprobe für verdünnte Lösungen von $Ba(OH)_2$ und $B(OH)_3$. Da sich $B(OH)_3$ nur begrenzt in Wasser löst, muss man mit verdünnten Lösungen arbeiten.

Die Elektronen werden von Sauerstoffmolekülen aufgenommen. Für die Reduktion gilt:

$$O_2 + 4\,e^- \longrightarrow 2\,O^{2-}$$

1

Um bei beiden Prozessen auf einheitliche Elektronenzahlen zu kommen, muss die Oxidationsgleichung mit dem Faktor 4 und die Reduktionsgleichung mit dem Faktor 3 multipliziert werden. Nach Addition der Teilgleichungen gilt:

$$4\,B \longrightarrow 4\,B^{3+}$$

$$3\,O_2 + 12\,e^- \longrightarrow 6\,O^{2-}$$

$$4\,B + 3\,O_2 \longrightarrow 2\,B_2O_3$$

Nach Hydrolyse von Bor(III)-oxid entsteht „Borhydroxid“:

$$B_2O_3 + 3\,H_2O \longrightarrow 2\,B(OH)_3$$

Von beiden Hydroxiden (Ba und B) werden verdünnte Lösungen in Wasser hergestellt und diese werden mit Lackmuspapier geprüft. Beide Salze sollten sich in wässriger Lösung in Metallkationen und Hydroxid-Anionen (OH^-) spalten. Die in beiden Fällen entstandenen basische Lösungen sollten das Lackmuspapier blau färben. o Abb. 1.30 zeigt das Ergebnis.

Überraschenderweise reagiert die $B(OH)_3$-Lösung sauer. In ihr werden nicht OH^--Ionen, sondern Hydroxonium-Ionen (H_3O^+) erzeugt. Wie ist das möglich? Vergleicht man Bor und Barium miteinander, fällt auf, dass Bor mit $EN_B = 2{,}0$ eine viel größere Elektronegativität hat als Barium mit $EN_{Ba} = 0{,}9$. Das Halbmetall Bor wird daher in viel stärkerem Maße zur Ausbildung kovalenter Bindungen neigen. Nimmt man für $B(OH)_3$ eine kovalente Molekülverbindung an, so kann man mithilfe des Elektronenpaarmodells die in o Abb. 1.31 gezeigten Bindungsverhältnisse diskutieren (▸ Kap. 1.8.2):

$$B(OH)_3 + H_2O \longrightarrow [B(OH)_3(H_2O)] \xrightarrow{H_2O} [B(OH)_4]^- + H_3O^+$$

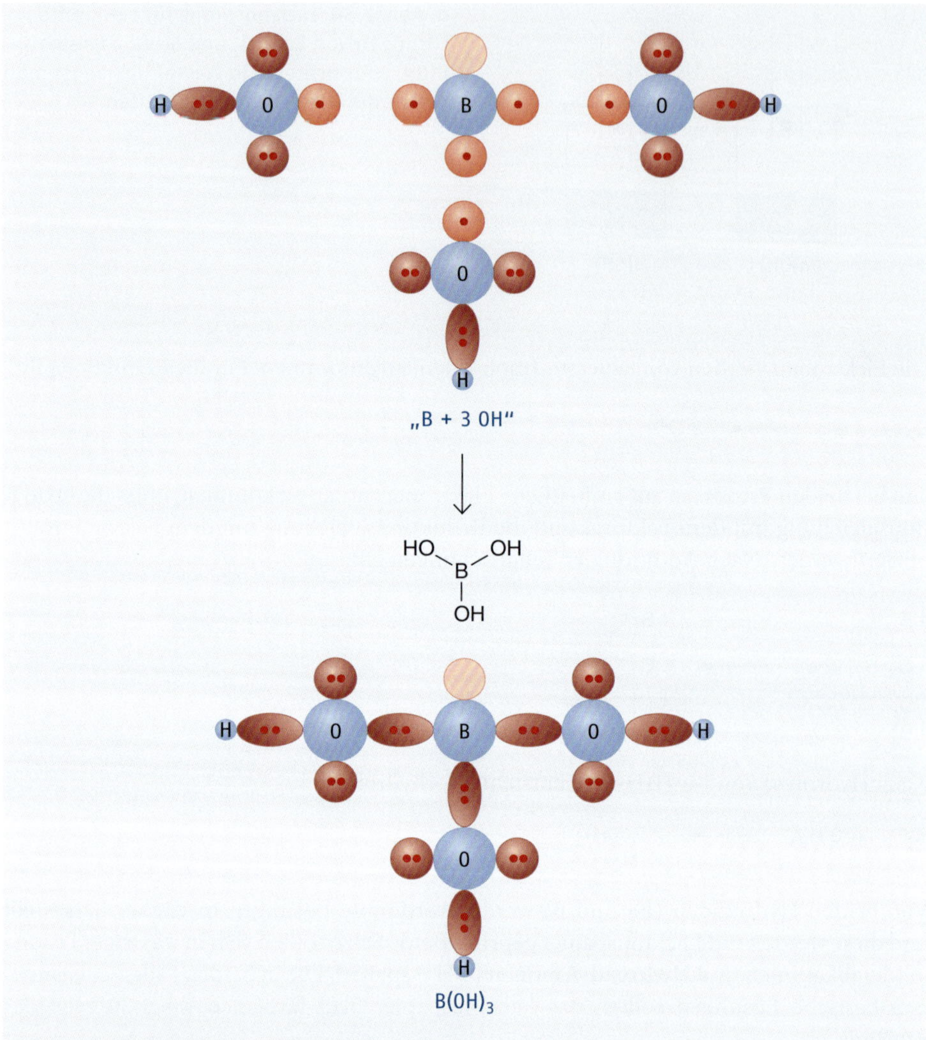

Abb. 1.31 Bindungsverhältnisse von $B(OH)_3$

1.8.2 Definition von Lewis-Säuren und -Basen

Der in Abb. 1.31 dargestellte Bindungszustand hat einen entscheidenden Mangel: Das Bor-Atom besitzt im $B(OH)_3$ kein Elektronenoktett. Es verbleibt ein vollständig unbesetzter Elektronenaufenthaltsraum für ein Elektronenpaar, eine **Elektronenlücke**. Diese kann aufgefüllt werden, wenn sich ein Wassermolekül an das $B(OH)_3$ Molekül anlagert. Man erhält ein Teilchen, das als Brönsted-Säure reagieren kann (Abb. 1.32).

$B(OH)_3(H_2O)$ ist eine wirksame Brönsted-Säure. Sie bildet mit Wasser Tetrahydroxidoborat(III), $[B(OH)_4]^-$, und Hydroxonium. Bestimmt man für Tetrahydroxidoborat die Formalladungen der Bindungspartner, dann findet man den Neutralzustand für Sauerstoff und Wasserstoff und die Formalladung –1 für Bor. Für die Oxidationsstufen erhält man für Wasserstoff die maximale Oxidationsstufe +I, für Bor die maximale Oxidationsstufe +III und für Sauerstoff die minimale Oxidationsstufe –II. Formalladungen beschrei-

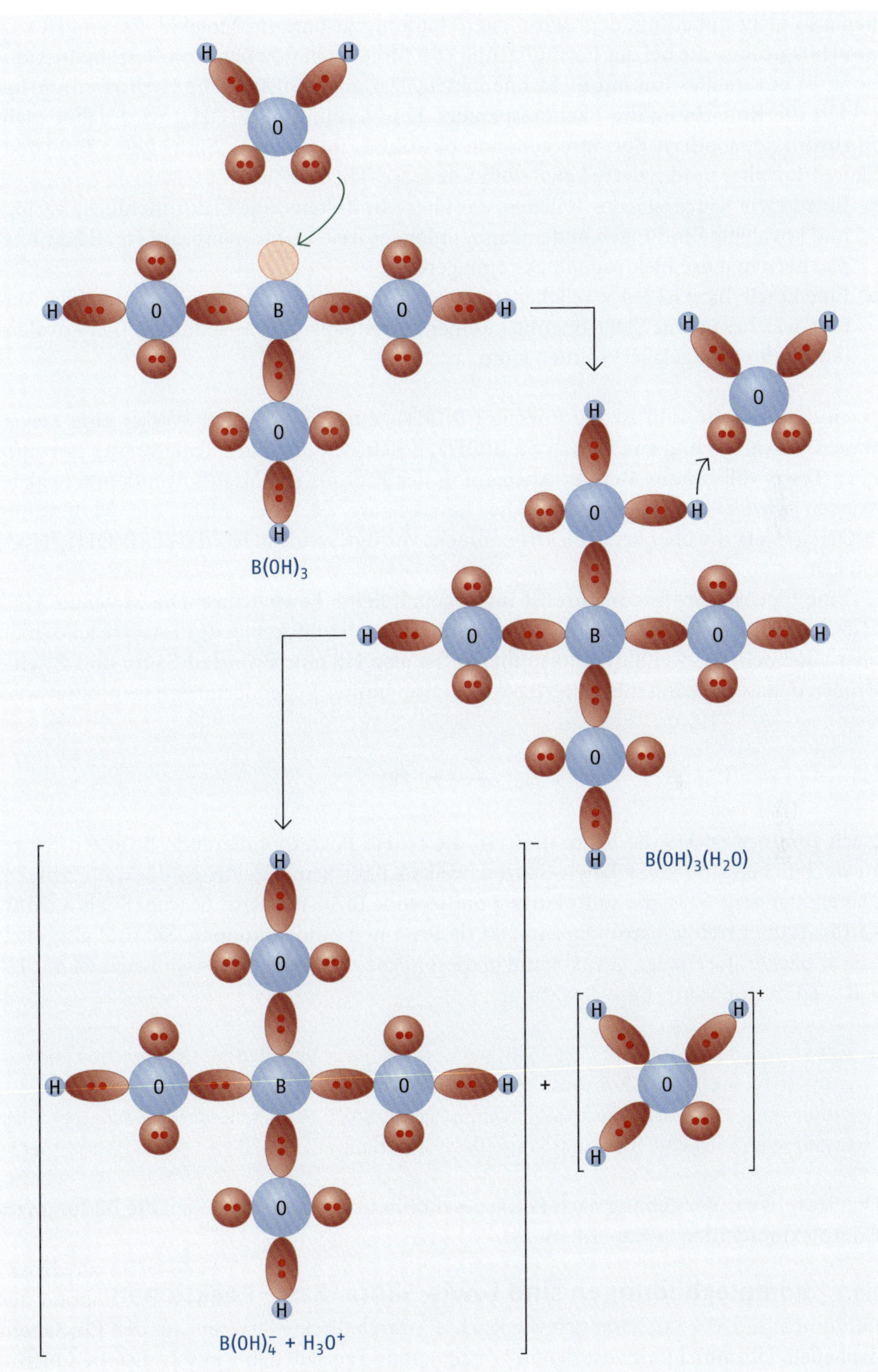

Abb. 1.32 Reaktion von Borsäure mit Wasser

1

ben also nicht unbedingt den „wirklichen" Ladungszustand im Molekül. Es handelt sich um Hilfsgrößen, die bei der Formulierung von Molekülen nützlich sind. Tetrahydroxidoborat ist ein stabiles Ion mit Elektronenoktett. Das auch entstandene Hydroxonium-Ion erklärt die Rotfärbung des Lackmuspapiers. Die Verbindung $B(OH)_3$ wird daher nicht Borhydroxid, sondern Borsäure genannt, obwohl es im strengen Sinne keine Brönsted-Säure ist. Daher modifizierte *Lewis* die Säure-Base-Theorie:

- Eine **Lewis-Säure** ist jedes Teilchen, das über mindestens eine Elektronenlücke verfügt und kovalente Bindungen bilden kann, indem es freie Elektronenpaare von Reaktionspartnern in diese Elektronenlücke einlagert.
- Eine **Lewis-Base** ist jedes Teilchen, das über mindestens ein freies Elektronenpaar verfügt, welches in eine Elektronenlücke einer Lewis-Säure zur Ausbildung einer kovalenten Bindung eingelagert werden kann.

Nach dieser Definition ist die Borsäure $B(OH)_3$ eine Lewis-Säure, Wasser eine Lewis-Base. Die Anlagerung von Wasser an $B(OH)_3$ beschreibt die saure Reaktion der Borsäure nach *Lewis* vollständig. Bei der Abspaltung des Protons im darauffolgenden Schritt ist Wasser wieder die Lewis-Base. Die Lewis-Säure ist aber nicht die Verbindung $B(OH)_3(H_2O)$, die über keine Elektronenlücke verfügt, sondern H^+, das aus $B(OH)_3(H_2O)$ entsteht.

Eine typische Brönsted-Säure ist im Regelfall keine Lewis-Säure. Die Moleküle HCl, H_2SO_4, HNO_3 und H_3O^+ verfügen über keine Elektronenlücken. Jede Protolyse kann man aber allgemein in zwei Stufen formulieren. Ist also HS eine Brönsted-Säure und B^- eine Brönsted-Base, so kann die Säure-Base-Reaktion immer folgendermaßen formuliert werden:

$$HS \longrightarrow H^+ + S^- \qquad H^+ + B^- \longrightarrow HB$$

Nach *Brönsted* ist HS die Säure und HB die zu HS korrespondierende Brönsted-Säure. Beide Teilchen sind keine Lewis-Säuren, weil sie über keine Elektronenlücken verfügen. Das entstandene S^- ist die zu B^- korrespondierende Brönsted-Base. Sowohl S^- als auch B^- verfügen über freie Elektronenpaare, da sie Protonen binden können. Sie sind also auch Lewis-Basen. Die einzige Lewis-Säure in dieser Prozessfolge ist H^+. Nach Lewis ist nur $H^+ + B^- \rightarrow HB$ eine Säure-Base-Reaktion.

■ **MERKE** Die Säure-Base-Definitionen nach *Lewis* und *Brönsted* wiedersprechen sich nicht. Jeder Brönsted-Säure-Base-Prozess lässt sich auch nach Lewis verstehen. Die Definition nach Lewis ist jedoch allgemeiner anwendbar. Nicht jede Lewis-Säure-Base-Reaktion ist auch eine Brönsted-Säure-Base-Reaktion.

Die Säure-Base-Vorstellung nach *Lewis* beschreibt in den meisten Fällen die Bildung von **Komplexmolekülen** (▸ Kap. 1.8.3).

1.8.3 Komplexbildungen sind Lewis-Säure-Base-Reaktionen

Lithiumchlorid, ein Salz, lässt sich wie Kochsalz durch direkte Reaktion aus den Elementen darstellen. Lithiumchlorid löst sich in Wasser auf und zerfällt dabei in solvatisierte Ionen:

$$2\,Li + Cl_2 \longrightarrow 2\,LiCl \qquad LiCl \longrightarrow Li^+ + Cl^-$$

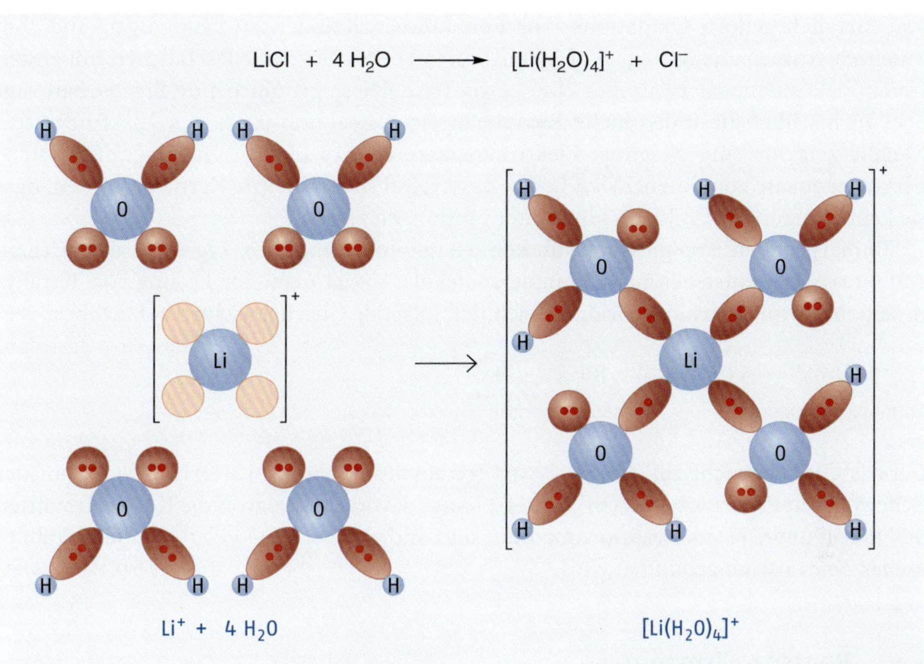

Abb. 1.33 Bildung von Tetraaqualithium

Bei Li^+-Ionen ist die Valenzschale leer und bietet für vier vollständige Elektronenpaare Platz. Li^+ ist also grundsätzlich dazu in der Lage, als Lewis-Säure zu reagieren. In wässriger Lösung ist eine geeignete Lewis-Base im Überschuss präsent. Jedes Wassermolekül hat zwei Elektronenpaare, die Elektronenlücken von Lewis-Säuren auffüllen können. Im Regelfall ist dabei nur eines reaktionswirksam. Abb. 1.33 zeigt die Reaktionsgleichung und den Prozess im Elektronenpaarmodell.

$[Li(H_2O)_4]^+$ kann als Komplexmolekül bezeichnet werden. Ein Komplexmolekül besteht aus einem Zentralatom, das oft ein Metall-Ion ist. An dieses Zentralatom sind mindestens ein, im Regelfall aber mehrere Liganden gebunden. Ein Ligand kann jeder geeignete Reaktionspartner sein. Von einem Komplexmolekül spricht man aber dann, wenn der Ligand auch ohne Zentralatom für sich existenzfähig ist. Wenn sich ein solcher Komplex bildet, dann reagiert das Zentralatom als Lewis-Säure, der Ligand als Lewis-Base. Nahezu alle normalen Komplexmoleküle entstehen nach diesem Prinzip. Tetraaqualithium(I) lässt sich auch einfach als solvatisiertes Lithium-Ion auffassen. Die Grenze zwischen einer kovalenten Bindung, die durch Reaktion zwischen Metall als Lewis-Säure und Wasser als Lewis-Base entstanden ist, und einer Ion-Dipol-Wechselwirkung ist fließend. Je elektropositiver das Zentralatom ist, umso schwächer wird die kovalente Bindung zwischen Zentralatom und Ligand ausfallen und umso mehr wird die Vorstellung einer Ion-Dipol-Wechselwirkung gerechtfertigt sein. Aber selbst bei stark elektropositiven Metall-Ionen wie beispielsweise Cs^+ ist die Unterscheidung Auffassungssache.

Nach der Definition für einen Komplex handelt es sich auch bei Tetrahydroxidborat(III) um ein Komplexmolekül. Das dreiwertige Bor-Ion ist Zentralatom und eine vierwertige Lewis-Säure, das Hydroxid-Ion ist Ligand und eine einwertige Lewis-Base. Zusammen bilden sie das Komplex-Ion $[B(OH)_4]^-$. Da es zu den typischen Eigenschaften von Metallen gehört, Oxidations- vor Reduktionsreaktionen zu bevorzugen und ihre Valenzelektronen abzugeben, sind Metall-Ionen Lewis-Säuren. Jedes Teilchen mit einem freien Elektronenpaar ist immer eine Lewis-Base. Diese grundlegende Eigenschaft sagt aber nichts über die individuelle Reaktivität eines Reaktionspaars aus. Elektropositive Metalle zeigen wenig Neigung, Elektronenpaare in ihre Lücken einzulagern. Manche Elektronenpaare von potenziellen Lewis-Basen sind so fest an ihre Kerne gebunden, dass sie keine Neigung zur Bildung kovalenter Bindungen zeigen.

Einmal gebildete Komplexmoleküle können mit ihrer Umgebung Liganden austauschen. Auf diese Weise entstehen neue Komplexmoleküle. Sättigt man eine Lösung von Tetrahydroxidoborat mit Natriumfluorid, so spielt sich folgende Gleichgewichtsreaktion ab:

$$\underset{\text{Tetrahydroxidoborat}}{[B(OH)_4]^-} + 4\,F^- \rightleftharpoons \underset{\text{Tetrafluoridoborat}}{[BF_4]^-} + 4\,OH^-$$

Ob das Gleichgewicht auf der Seite von Tetrahydroxidoborat, $[B(OH)_4]^-$, oder auf der Seite von Tetrafluoridoborat, $[BF_4]^-$, liegt, hängt davon ab, wie groß die Konzentrationen an Fluorid und OH^- im Reaktionsmedium sind und welcher von beiden Liganden stabiler an das Zentralatom gebunden wird.

1.9 Pearson-Konzept

1.9.1 Manche Lewis-Säuren bevorzugen bestimmte Lewis-Basen und meiden andere

In ▸Kap. 1.8 wurde die Frage aufgeworfen, welche Zentralatome mit bestimmten Liganden stabile Komplexe bilden. Eine Überlegung war, dass bei abnehmender Elektronegativität die Neigung zu kovalenten Bindungen und damit zur Komplexbildung allgemein abnimmt. Dies stimmt jedoch nur teilweise. Das B^{3+}-Ion bildet sowohl mit OH^- als auch mit F^- sehr stabile Komplexe:

$$B(OH)_3 + OH^- \longrightarrow \underset{\text{Tetrahydroxidoborat}}{[B(OH)_4]^-}$$

$$\underset{\text{Tetrahydroxidoborat}}{[B(OH)_4]^-} + 4\,F^- \rightleftharpoons \underset{\text{Tetrafluoridoborat}}{[BF_4]^-} + 4\,OH^-$$

Ähnliche Beobachtungen kann man mit dem **homologen** Element Aluminium (Al) machen. Aluminium steht im PSE direkt unter Bor und ist daher zu diesem homolog. Beim vorsichtigen Neutralisieren einer sauren Aluminiumchloridlösung mit Natronlauge bildet sich am Säureneutralpunkt (Äquivalenzpunkt) ein voluminöser Niederschlag (ein schwerlösliches Produkt). Dieser Niederschlag löst sich bei weiterer Zugabe von Natronlauge wieder auf, die Lösung wird alkalisch:

$$Al^{3+} + 3\,OH^- \longrightarrow \underset{\text{Aluminiumhydroxid}}{Al(OH)_3}$$

$$\underset{\text{Aluminiumhydroxid}}{Al(OH)_3} + OH^- \longrightarrow \underset{\text{Tetrahydroxidoaluminat(III)}}{[Al(OH)_4]^-}$$

Aluminiumhydroxid, $Al(OH)_3$, ist in reinem Wasser schwerlöslich. Enthält die Lösung aber überschüssiges OH^-, dann bildet sich der wasserlösliche Tetrahydroxidoaluminat(III)-Komplex, $[Al(OH)_4]^-$. Aluminiumhydroxid lässt sich auch in gesättigter Natriumfluoridlösung auflösen. Dabei bildet sich der stabile Tetrafluoridoaluminat(III)-Komplex $[AlF_4]^-$:

$$[Al(OH)_4]^- + 4\,F^- \rightleftharpoons [AlF_4]^- + 4\,OH^-$$

Tetrahydroxidoaluminat(III) Tetrafluoridoaluminat(III)

Versetzt man eine wässrige Lösung von Tetraiodidoaluminat, $[AlI_4]^-$ mit NaOH, findet spontan und vollständig die Hydrolyse zu Tetrahydroxidoaluminat, $[Al(OH)_4]^-$ statt:

$$[AlI_4]^- + 4\,OH^- \longrightarrow [Al(OH)_4]^- + 4\,I^-$$

Tetraiodidoaluminat(III) Tetrahydroxidoaluminat(III)

Ebenso reagiert Tetraiodidoaluminat, $[AlI_4]^-$ mit überschüssigem Fluorid:

$$[AlI_4]^- + 4\,F^- \longrightarrow [AlF_4]^- + 4\,I^-$$

Tetraiodidoaluminat(III) Tetrafluoridoaluminat(III)

Die Ionen B^{3+} und Al^{3+} bilden mit OH^- und F^- stabile Komplexe, nicht aber mit I^-. Diese Aussage gilt auch für die Zugabe anderer Metall-Ionen, z. B. die Metalle Blei (Pb) und Quecksilber (Hg), zu den Komplexen. Beide Metalle bilden zweiwertige Ionen, Pb^{2+} und Hg^{2+}. Beide Ionen verfügen über eine leere Valenzschale, die sich zur Reaktion als Lewis-Säure eignet. Gibt man zu einer Tetrahydroxidoborat($[B(OH)_4]^-$)-Lösung einen Überschuss von Pb^{2+} oder Hg^{2+}, so kann kein nennenswerter Ligandenaustausch beobachtet werden. Auch wenn Tetrafluoridborat($[BF_4]^-$)-, Tetrahydroxidoaluminat ($[Al(OH)_4]^-$)- oder Tetrafluoridoaluminat($[AlF_4]^-$)-Lösungen mit einem Überschuss an Pb^{2+} oder Hg^{2+} behandelt werden, beobachtet man keine Reaktion. Was unterscheidet unsere Versuchsreaktanden voneinander?

Blei- und Quecksilber-Ionen sind viel schwerer als Bor- oder Aluminium-Ionen. Ebenso ist Iodid viel schwerer als Fluorid und Hydroxid. Es liegt der Verdacht nahe, dass sich schwere Ionen, seien es Lewis-Säuren oder Lewis-Basen, nicht zur Komplexbildung eignen. Gibt man jedoch geringe Mengen an Kaliumiodid zu einer Lösung der Schwermetalle, so bildet sich zuerst ein schwerlöslicher Niederschlag. Dieser löst sich im Überschuss von Kaliumiodid schnell wieder auf. Ganz ähnlich verlief die Reaktion von Al^{3+} mit OH^-, die zur Bildung des Tetrahydroxidoaluminatkomplexes, $[Al(OH)_4]^-$ (siehe oben), führte. Für die Reaktionen von Pb^{2+} und Hg^{2+} mit Iodid gilt:

$$Pb^{2+} + 2\,I^- \longrightarrow PbI_2 \qquad PbI_2 + 2\,I^- \longrightarrow [PbI_4]^{2-}$$

Bleiiodid Tetraiodidoplumbat(II)

$$Hg^{2+} + 2\,I^- \longrightarrow HgI_2 \qquad HgI_2 + 2\,I^- \longrightarrow [HgI_4]^{2-}$$

Quecksilberiodid Tetraiodidomerkurat(II)

Wie zu erwarten, wird kein Ligandenaustausch beobachtet, wenn man Tetraiodidoplumbat($[PbI_4]^{2-}$)- oder Tetraiodidomerkurat($[(HgI_4]^{2-}$)-Lösungen mit einem Überschuss an Borsäure oder Al^{3+} behandelt. Die Schwermetall-Ionen Pb^{2+} und Hg^{2+} bilden stabile Komplexe mit Iodid, nicht aber mit Fluorid oder Hydroxid.

1.9.2 Härte von Säuren und Basen

Pearson hat die oben aufgeführten und viele ähnliche Beobachtungen zu einem allgemeinen Konzept zusammengefasst. Er unterscheidet zwischen harten und weichen Lewis-Säuren und zwischen harten und weichen Lewis-Basen:

- **Harte Lewis-Säuren** haben unbesetzte Orbitale (Elektronenlücken) mit einer hohen Ladungsdichte. Es handelt sich um kleine Ionen mit hoher Kernladung. Die Valenzschale harter Lewis-Säuren ist nicht weit vom Kern entfernt. Jedes Elektronenpaar, das mit einer „harten Elektronenlücke" in Wechselwirkung tritt, wird sehr stark angezogen. Typische harte Säuren sind B^{3+} und Al^{3+}, aber auch Be^{2+} und Mg^{2+} sowie Li^+ wegen ihrer kleinen Ionengröße.
- **Harte Lewis-Basen** haben Elektronenpaare, die aus stark komprimierten Elektronenwolken bestehen. Solche Elektronenpaare sind sehr nahe an hoch geladenen Kernen positioniert und daher schwer zu deformieren. Sie kommen in entsprechend kleinen Teilchen vor. Typische harte Basen sind H_2O, OH^-, F^-.
- **Weiche Lewis-Säuren** haben unbesetzte Orbitale mit einer geringen Ladungsdichte. Es handelt sich um große schwere Ionen, deren Valenzschalen weit vom Kern entfernt sind. Die Elektronenhüllen weicher Säuren können durch Reaktionspartner sehr leicht deformiert werden. Typische weiche Säuren sind die Schwermetalle Hg^{2+} und Pb^{2+}, aber auch Ag^+, Ba^{2+} und K^+.
- **Weiche Lewis-Basen** haben Elektronenpaare, die sich weit vom Kern entfernt bewegen. In solchen Elektronenpaaren herrscht keine große Elektronendichte und Reaktionspartner können die Elektronenverteilung leicht deformieren. Typische weiche Lewis-Basen sind neben I^- auch Ionen wie Br^- und S^{2-}. Auch ist O^{2-} weicher als OH^-, da die elektrostatische Abstoßung der beiden Ladungen die Elektronenpaare vergrößert.

Nach *Pearson* entstehen stabile Komplexe aus der Kombination harter Lewis-Säuren mit harten Lewis-Basen sowie aus der Kombination weicher Lewis-Säuren mit weichen Lewis-Basen. Kombiniert man harte Lewis-Säuren mit weichen Lewis-Basen oder weiche Lewis-Säuren mit harten Lewis-Basen, so entstehen, wenn überhaupt, nur sehr instabile Komplexe.

Um die Stabilität der Zentralatom-Ligand-Wechselwirkung berechnen zu können, wurden mehrere Versuche unternommen, Säure- und Basenhärte auch quantitativ zu beschreiben. Überzeugende Erfolge blieben jedoch aus. Das Pearson-Konzept zeigt seine hohe Leistungsfähigkeit in der qualitativen Betrachtung. Die meisten chemischen Elemente weisen Vorlieben für ganz bestimmte Reaktionspartner auf. Die typische Charakteristik eines Elements in seinen chemischen Eigenschaften wird oft mit dem Pearson-Konzept plausibel und verständlich.

1.9.3 Bedeutung der Polarisierbarkeit für das Pearson-Konzept

Die Eigenschaften „hart" oder „weich" für Elektronenlücken oder Elektronenpaare haben natürlich keine eigene Qualität. Sie lassen sich aus grundsätzlicheren physikalischen Eigenschaften heraus erklären. Eine wichtige Größe ist dabei die **Polarisierbarkeit** eines

Teilchens. Die Polarisierbarkeit spielte schon bei der Beschreibung der intermolekularen Dispersionskräfte eine Rolle (▸ Kap. 1.7).

Dazu ein Gedankenexperiment: Man bringt eine punktförmige Einheitsladung in einem Einheitsabstand zu dem Molekül, Atom oder Ion, das untersucht werden soll. Die Punktladung wird die Elektronenhülle des Teilchens verzerren. Je größer die Verschiebung der Elektronendichte im Teilchen ausfällt, umso leichter ist es polarisierbar. Die Polarisation eines Anions durch eine positive Punktladung wird in ○ Abb. 1.34 gezeigt.

Weiche Teilchen wirken auf Reaktionspartner nicht polarisierend, sind selbst aber sehr leicht polarisierbar. Harte Teilchen sind kaum polarisierbar, wirken aber auf Reaktionspartner sehr stark polarisierend.

Kombiniert man eine harte Säure und eine harte Base zu einer Komplexverbindung, so wird jeder Reaktand versuchen, seinen Reaktionspartner zu polarisieren. Dies ist aber in diesem Fall bei keinem Reaktionspartner möglich. Man erhält einen Zustand, der ohne Polarisation auskommt (○ Abb. 1.35 A). Kombiniert man eine weiche Säure mit einer weichen Base, so sind beide Reaktionspartner leicht zu polarisieren. Kein Reaktionspartner polarisiert aber den anderen. Auch hier entsteht ein Zustand, der ohne Polarisation auskommt (○ Abb. 1.35 B).

Im Zustand A bauen beide Reaktanden ein intensives elektrisches Feld auf, das sich in der Wechselwirkung gegenseitig auslöscht. Je perfekter diese Auslöschung funktioniert, umso stabiler ist die Wechselwirkung. Im Zustand B bauen beide Reaktanden ein sehr schwaches Feld auf, welches aber sehr viel weitreichender ist. Da aber beide Reaktanden ein großes schwaches Feld aufbauen, löschen sich diese ebenfalls perfekt aus. Auch hier entsteht ein stabiler Zustand.

Was geschieht aber, wenn eine harte polarisierende Säure mit einer weichen polarisierbaren Base kombiniert wird (○ Abb. 1.36): Es entsteht eine polarisierte Base. Als Zwischenstufe kann man einen nichtpolarisierten Zustand (○ Abb. 1.36 A) annehmen. In diesem erzeugt die Base ein großes, aber schwaches elektrisches Feld. Dieses kann das kleine, starke elektrische Feld der Säure nicht kompensieren. Folglich ist die Anziehung zwischen

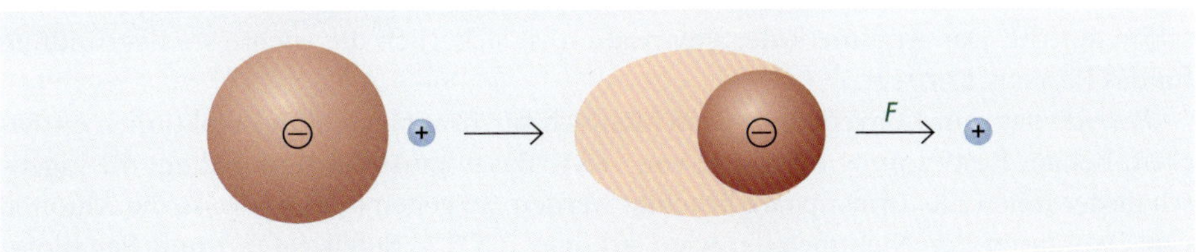

○ **Abb. 1.34** Polarisierung eines Ions durch eine Punktladung

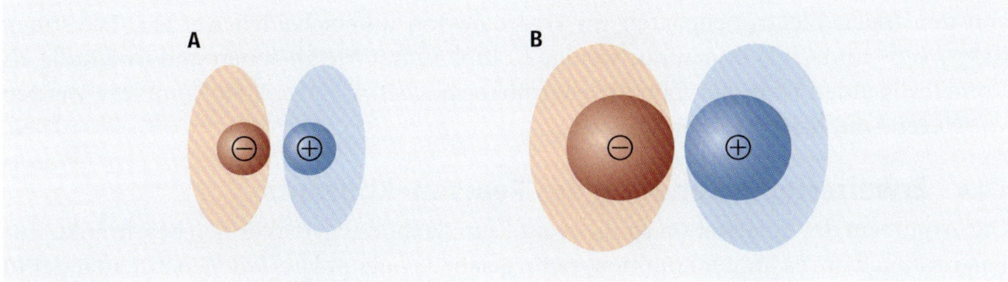

○ **Abb. 1.35** Wechselwirkung zwischen zwei harten Reaktanden (A) und zwei weichen Reaktanden (B)

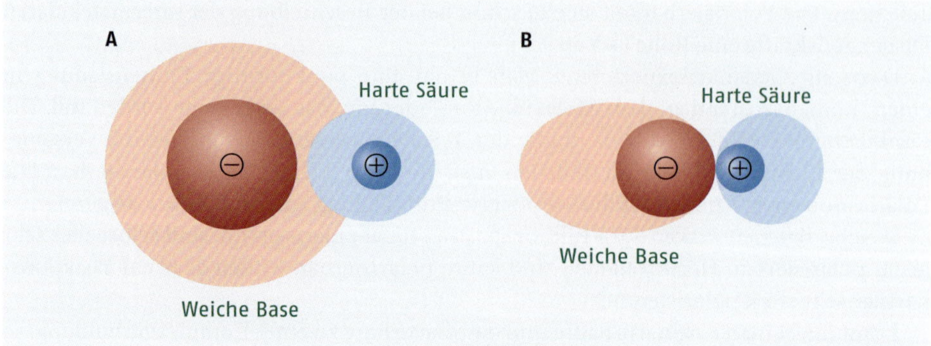

Abb. 1.36 Wechselwirkungen zwischen einer harten Säure und einer weichen Base: hypothetisch ohne Polarisation (A), real mit Polarisation (B)

beide Reaktionspartnern entsprechend schwach. Es wird kein stabiler Zustand erreicht. Die Elektronenhülle der Base wird sich unter der Wirkung des Säurefeldes verzerren: Die Elektronen werden in Richtung Säure sich bewegen und so das negative Feld verdichten (Polarisation der Base, Abb. 1.36 B). Diese Polarisierung bewirkt, dass das positive Feld der Säure sehr viel besser kompensiert werden kann. Der Zustand in Abb. 1.36 B) ist also stabiler als der Zustand in Abb. 1.36 A. Die Anordnung in Abb. 1.36 B ist jedoch instabiler als die beiden Zustände in Abb. 1.35, da die Polarisierung der Base Energie kostet, die der Stabilität der Wechselwirkung zwischen Kation und Anion verloren geht. Aus diesem Grund ist die Wechselwirkung harter und weicher Reaktanden niemals optimal. Sie ist der Wechselwirkung zwischen Reaktanden ähnlicher Härte immer unterlegen.

Die Polarisation (ungleiche Ladungsverteilung) ist ein ungünstiger Zustand. Hat eine Lewis-Säure die Möglichkeit mit zwei verschiedenen Lewis-Basen zu reagieren, wird sie mit der Lewis-Base einen Komplex bilden, bei der die Reaktionspartner sich gegenseitig schwächer polarisieren. Genauso wird eine Lewis-Base, die mit zwei Lewis-Säuren wechselwirken kann, den Reaktionspartner wählen, bei dem im Komplex die geringere Polarisation auftritt. Das Argument der Polarisation ist sicherlich die wichtigste Begründung für das Pearson-Konzept.

Pearson hat sein Konzept aber ausschließlich für Komplexbildungsreaktionen entwickelt. Bei der Bestimmung der Härte von Lewis-Basen muss dabei unbedingt die Eigenschaft der freien Elektronenpaare beachtet werden. So gelten beispielsweise die Anionen von Oxosäuren der Nichtmetalle, wie Carbonat (CO_3^{2-}), Sulfat (SO_4^{2-}) und Perchlorat (ClO_4^-), bei *Pearson* als harte Basen. Dies ist auch verständlich, da sich die freien Elektronenpaare an den Sauerstoffatomen dieser Ionen in ihrer Polarisierbarkeit nicht so sehr von den freien Elektronenpaaren im Hydroxid-Ion unterscheiden werden. Die Ionen CO_3^{2-}, SO_4^{2-} und ClO_4^- bilden nur wenige Komplexe mit Metall-Ionen und ihre Rolle als Komplexliganden ist in der Chemie eher überschaubar. Die wenigen Komplexe werden vorwiegend mit harten Säuren gebildet.

1.9.4 Erweiterte Anwendung des Pearson-Konzepts

Das Argument der Polarisation ist nicht auf Komplexbildungsreaktionen beschränkt. Zur Polarisation kann es immer kommen, wenn geladene oder polare Teilchen miteinander in Wechselwirkung treten. Dies ist in großem Ausmaß auch beim Aufbau von Ionengitterstrukturen in Salzen der Fall. Wenn Kationen und Anionen ein Salzgitter aufbauen, werden kleine stark geladene Ionen auf ihre Nachbarn polarisierend wirken, während sie selbst sich nur geringfügig polarisieren lassen. Umgekehrt werden große, schwach geladene Ionen auf ihre Umgebung kaum polarisierend wirken, während sie sich selbst leicht polarisieren lassen. Sind also Kationen und Anionen klein und hochgeladen, ist es wahrscheinlicher, dass stabile Kristalle entstehen, weil sich ihre elektrostatischen Felder gegenseitig gut kompensieren und es zu keiner Polarisation kommt (Zustand A in ○ Abb. 1.35). Sind sowohl Kation als auch Anion groß und nur schwach geladen, so kommt es ebenfalls zu einer guten Feldkompensation ohne Polarisation (Zustand B in ○ Abb. 1.35). Kombiniert man aber Ionen hoher Ladungsdichte mit Gegen-Ionen geringer Ladungsdichte, so kommt es zu Energieverlusten durch Polarisation (Zustand D in ○ Abb. 1.36).

Tatsächlich gibt es eine Reihe von Beobachtungen, die dieses Konzept bestätigen. Beispielsweise bilden alle Erdalkali-Ionen Hydroxide der Zusammensetzung $M(OH)_2$. Betrachtet man die Wasserlöslichkeit der Erdalkali-Hydroxide, findet man folgende Reihenfolge: $Mg(OH)_2 < Ca(OH)_2 < Sr(OH)_2 < Ba(OH)_2$

Magnesiumhydroxid ist in reinem Wasser schwerlöslich, während Calciumhydroxid und Strontiumhydroxid in reinem Wasser geringfügig löslich sind. Bariumhydroxid hat eine sehr gute Löslichkeit (die wässrige Lösung von Bariumhydroxid wird als Barytwasser bezeichnet).

Je stabiler ein Ionenkristall (hohe Gitterenergie) ist, umso schwieriger wird es, eine stabile Hydrathülle aufzubauen. Stabile Kristalle sind daher in der Regel schwerlöslich. Nach *Pearson* ist das OH^--Ion schwer polarisierbar und hat daher harte Eigenschaften. Von Mg^{2+} bis Ba^{2+} werden die Metallionen aber immer weicher. Als Folge nimmt die Stabilität der Kation-Anion-Wechselwirkung im Kristallgitter ab und die Kristalle können durch die Anlagerung von Wassermolekülen (Hydrathüllen) leichter zerstört werden. Die Löslichkeit nimmt zu.

Das Element Silber neigt dazu, einwertige Ag^+-Ionen zu bilden. Da Silber als schweres Metall sehr große Atome bildet, sind die schwach geladenen Silber-Ionen entsprechend weich. Mit Halogenid-Ionen bildet Silber Salze der Zusammensetzung AgX.

Bestimmt man die Wasserlöslichkeit der Silberhalogenide, findet man folgende Reihenfolge: $AgF > AgCl > AgBr > AgI$

Silberfluorid ist weitgehend wasserlöslich, wohingegen die Löslichkeit über Silberchlorid und Silberbromid zu Silberiodid stark abnimmt. Auch diese Beobachtung ist leicht zu verstehen. Das harte Fluorid-Ion polarisiert das weiche Silber-Ion. Dadurch wird der Zusammenhalt der Ionen im Kristallgitter geschwächt und die Hydrathüllen können das Gitter leicht zerstören. Zum Iodid hin werden die Anionen aber immer weicher, sodass sich die elektrischen Felder im Kristallgitter zunehmend ohne Polarisation kompensieren können. Die Stabilität der Ionenwechselwirkung nimmt damit zu und die Wasserlöslichkeit sinkt.

Wird das Pearson-Konzept in diesem Sinne erweitert, müssen jedoch einige Dinge beachtet werden. *Pearson* spricht von harten und weichen Lewis-Säuren und -Basen (HSAB-Konzept, engl. *hard and soft acids and bases*). Im Unterschied zu Komplexen sind die Wechselwirkungen zwischen den Ionen in einem Kristallgitter im Idealfall nicht gerichtet. Dies ist nicht unbedingt eine Lewis-Säure-Base-Reaktion und man sollte in diesem Fall nur von harten und weichen Ionen sprechen. Welchen Unterschied dies machen kann, wird bei der Diskussion Wasserlöslichkeit der Erdalkalisulfate deutlich. Erdalkalihydroxide bilden mit Schwefelsäure Salze der Zusammensetzung MSO_4. Für ihre Wasserlöslichkeit gilt: $MgSO_4 > CaSO_4 > SrSO_4 > BaSO_4$

Magnesiumsulfat ist weitgehend, Calciumsulfat nur begrenzt wasserlöslich. Die Sulfate von Strontium und Barium sind schwerlöslich. Nach dieser Interpretation sind die Magnesiumsulfatkristalle am instabilsten, wohingegen die Ionenwechselwirkung von Ba^{2+} und SO_4^{2-} am stärksten ausfällt. Die Beobachtung ist nur zu verstehen, wenn das Sulfat-Ion als weiches Ion angesehen wird. Dies bedeutet jedoch einen Konflikt mit dem ursprünglichen Pearson-Konzept, da die Anionen der Oxo-Säuren, also auch Sulfat, als harte Lewis-Basen eingeordnet werden. In diesem Fall wird der Unterschied zwischen hartem Elektronenpaar und hartem Ion deutlich. In einem typischen Salzkristall treten nicht die freien Elektronenpaare der Anionen mit den unbesetzten Orbitalen (Elektronenlücken) der Kationen in Wechselwirkung, sondern die Ionen bauen als Ganzes elektrostatische Felder auf, die sich gegenseitig kompensieren müssen. Die freien Elektronenpaare der Sauerstoffatome im Sulfat-Ion mögen hart sein, das Sulfat-Ion als Ganzes ist ein voluminöses Ion mit gleichmäßig verteilter Ladung. Es baut damit ein großes elektrostatisches Feld geringer Dichte auf, das auf benachbarte Ionen wenig polarisierend wirkt. Diese Überlegung alleine rechtfertigt es schon, dem Sulfat-Ion weiche Eigenschaften zuzusprechen.

Das Pearson-Konzept ist, wenn es auf die Stabilität der Ionen-Wechselwirkung in Salzkristallen ausdehnt wird, nicht so leistungsfähig. In Ionenkristallen ist die Polarisation einer von mehreren wirksamen Einflüssen. In vielen Salzkristallen existieren neben der einfachen Coulomb-Wechselwirkung, also der Anziehung elektrisch gegensätzlicher Ladungen, auch kovalente Bindungsanteile zwischen Kationen und Anionen im Kristall. Hier kann sich der Unterschied zwischen hartem Elektronenpaar und hartem Ion auswirken. Die Intensität der Wechselwirkung zwischen Kation und Anion wird auch durch die Verhältnisse der Ionenradien beeinflusst. Manche Ionen lassen sich beispielsweise im Kristall dichter stapeln als andere, was zu stabileren Strukturen führt. Auch die Hydratation der Metall-Ionen kann als Komplexbildungsreaktion auffasst werden. Da Wasser als harte Lewis-Base gilt, wird die Hydrathülle von Mg^{2+} wesentlich stabiler sein als die Hydrathülle von Ba^{2+}. An späterer Beispielen wird ersichtlich werden, dass die Hydratation eine Rolle bei Löslichkeitsprognosen spielt. Es ist daher nicht verwunderlich, wenn das Argument der Polarisation bei der Beurteilung von Kristallstabilitäten nicht immer perfekte Voraussagen zulässt.

Bei der Voraussage von Stabilitäten der Zentralatom-Ligand-Wechselwirkungen in Komplexen funktioniert das klassische Pearson-Konzept besser, aber auch nicht immer überzeugend. So beobachtet man beispielsweise, dass die sehr harten Arsen(V)-Ionen (As^{5+}) mit den weichen Sulfid-Ionen (S^{2-}) stabile Thiokomplexe bilden, während das viel weichere Pb^{2+} dazu nicht in der Lage ist:

$$As^{5+} + 4\,S^{2-} \longrightarrow 4\,[AsS_4]^{3-}$$

Thioarsenat(V)

$$Pb^{2+} + S^{2-} \longrightarrow PbS$$

Bleisulfid

Dieses Resultat ist aufgrund der klassischen Pearson-Theorie schwer zu verstehen. *Pearson* hat jedoch ausgeführt, dass die Koordination weicher Liganden an ein Zentralatom die Härte dieses Zentralatoms verringert.

Auch wenn man nicht immer zu zuverlässigen Prognosen kommt, ist das Pearson-Konzept in der klassischen wie in der erweiterten Anwendung ein wertvolles Hilfsmittel bei der Diskussion der Eigenschaften einzelner Verbindungen.

2 Atombau und chemische Bindung

2.1 Grundlagen aus der Quantenmechanik

2.1.1 Elektron und Tennisball im eindimensionalen Rohr

In ▸ Kap. 1 wurde die Struktur und der innere Aufbau von Atomen (Grundbausteine von Elementen und Verbindungen) behandelt. Ein Atom besteht danach aus einem elektrisch positiv geladenen Kern, um den sich elektrisch negativ geladene Elektronen bewegen. Die einfachste Beschreibung dafür ist das sogenannte Schalenmodell. Mit dieser Vorstellung konnten verschiedene Eigenschaften chemischer Elemente sowie der Aufbau des PSE erklärt werden.

Wenn man sich unter einem Elektron eine sehr kleine und leichte, aber einfach negativ geladene Kugel vorstellt, dann bleibt das Bewegungsverhalten der Elektronen in einer atomaren Schale völlig unverständlich. Wieso bewegen sich Elektronen in Schalen um den Atomkern und wieso organisieren sie sich dabei vorwiegend in vier Elektronenpaaren pro Schale? Eine elektrisch geladene Kugel, die sich um einen elektrisch geladenen Kern bewegt, sollte sich nicht anders verhalten, wie beispielsweise ein Planet um sein Zentralgestirn. In beiden Systemen wird der bewegte Körper von einer Zentralkraft angezogen und die Bewegung hält ihn auf Abstand. Im Atom ist diese Zentralkraft die elektrostatische Anziehung, im Planetensystem die Gravitation des Zentralgestirns. Daraus sollten sich nur quantitative, aber keine qualitativen Unterschiede ergeben. Die in ▸ Kap. 1 abgeleiteten Regeln können eigentlich nur dann akzeptiert werden, wenn man einem Elektron ganz besondere Eigenschaften zubilligt, denen ganz eigene physikalische Gesetze zugrunde liegen. Genau dies sollte es in der Natur aber nicht geben. Es darf nicht sein, dass für bestimmte Objekte oder Systeme, z. B. ein Elektron oder ein Atom, eigene Naturgesetze postuliert und anwendet werden müssen. Naturgesetze gelten einheitlich für das ganze Universum, das heißt für alle Objekte bzw. Systeme.

Vereinfachend soll ein Elektron weiterhin als kleine geladene Kugel vorgestellt werden. Viele Eigenschaften in Bezug auf die Bewegung von Teilchen in mikroskopischer Dimension – also in der Dimension der Elementarteilchen wie Protonen, Elektronen und Neutronen – werden sich aber anders darstellen, als man es bei Objekten in der makroskopischen Erfahrungswelt beobachten kann. Diese Unterschiede im Verhalten sind Gegenstand eines Teilgebiets der Physik, der **Quantenmechanik**.

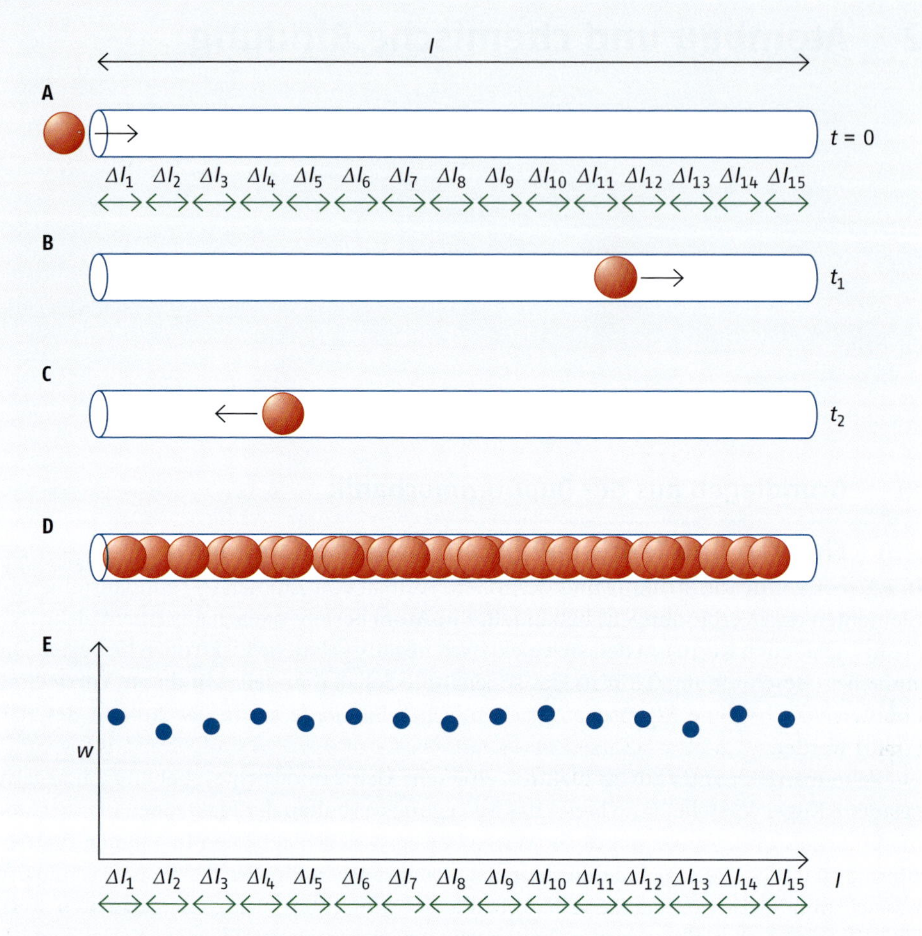

Abb. 2.1 Ein Tennisball wird in ein Rohr geschossen: Der Ball bei Eintritt in das Rohr (**A**); Position des Tennisballs zu zwei beliebigen Zeitpunkten t_1 und t_2 (**B**, **C**); alle Positionen von vielen Beobachtungen übereinander projiziert (**D**) sowie Aufenthaltswahrscheinlichkeitsfunktion des Tennisballs im Rohr (**E**)

Ein Gedankenexperiment: Ein Tennisball der Masse m bewegt sich mit der Geschwindigkeit v in einem Vakuumrohr der Länge l. Dieses Rohr soll nur unwesentlich dicker als der Tennisball sein und ist an beiden Enden verschlossen. Die Bewegung des Tennisballs im Rohr soll beobachtet werden. Nach Eintritt fliegt der Tennisball mit der Geschwindigkeit v zum Austrittsende und hat dabei die kinetische Energie E_{kin} und den Impuls p. Nach Gleichung 1.8 (▸ Kap. 1.7.1) gilt:

$$E_{kin} = ½\, m \cdot v^2$$

Der Impuls p berechnet sich nach Gleichung 2.1:

$$p = m \cdot v \qquad \text{Gleichung 2.1}$$

| p Impuls | m Masse | v Geschwindigkeit

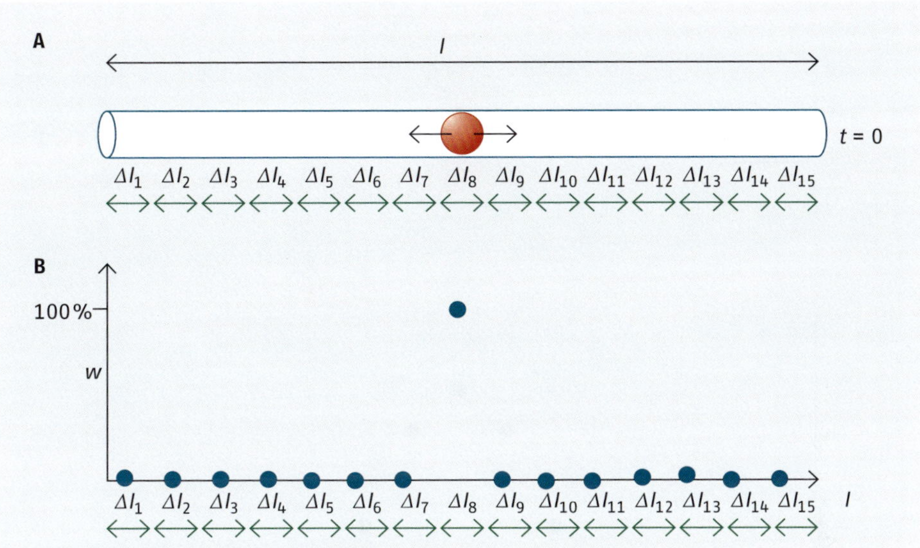

Abb. 2.2 Tennisball im Rohr ohne kinetische Energie im wechselwirkungsfreien Vakuum (A); Aufenthaltswahrscheinlichkeitsfunktion des Tennisballs im Rohr (B)

Trifft der Tennisball auf die Wand am Austrittsende, wird er von dieser zurückgeworfen (Totalreflektion). Beim Auftreffen auf den Verschluss wird der Ball auf die Wand eine Kraft F ausüben. Nach dem Gesetz von Kraft und Gegenkraft wird die Wand auf den Ball mit der Kraft $-F$ zurückwirken. Dadurch wird der Ball abgebremst und in Gegenrichtung beschleunigt. Ist das System ideal, d. h., es existiert keine Reibung und keine plastische Verformung des Balls, so wird der Betrag von Impuls und kinetischer Energie stets konstant bleiben. Der Ball fliegt von einem Ende des Rohrs zum anderen und wird stets reflektiert. Wird der Ball in unregelmäßigen Abständen fotografiert, dann sieht man, dass er an allen Orten des Rohrs mit gleicher **Wahrscheinlichkeit** anzutreffen ist.

Wie ermittelt man die Aufenthaltswahrscheinlichkeit des Balls innerhalb des Rohrs? Bekannt sind die Länge des Rohrs l und der Durchmesser des Balls d. Es gilt: $l = 15 \cdot d$. Man unterteilt das Rohr in 15 Längensegmente Δl_i und fragt, wie oft der Ball in einem Längensegment, z. B. Δl_3 oder Δl_7 zu finden ist, wenn der Ball 1000-mal fotografiert wird. Auf diese Weise erhält man die Aufenthaltswahrscheinlichkeitsfunktion für den Ball im Rohr (Abb. 2.1).

Könnte man das Experiment im „wechselwirkungsfreien Vakuum" ausführen – beispielsweise weit draußen im Weltraum – dann würde die Bewegung des Tennisballs ewig anhalten. Auf der Erde wird jede Reflektion an den Enden des Rohrs mit Wärmeverlusten verbunden sein, sodass der Tennisball an Geschwindigkeit verliert und an beliebiger Stelle im Rohr zur Ruhe kommt. Führt man das Experiment aber im wechselwirkungsfreien Vakuum aus und entnimmt dem Tennisball auf geeignete Weise seine gesamte kinetische Energie, dann wird die Gravitation der Rohrenden auf den Ball, so schwach sie auch ist, dafür sorgen, dass irgendwann der Ball in der Mitte des Rohrs, also genau im 8. Segment zur Ruhe kommt. Man erhält die Aufenthaltswahrscheinlichkeit w wie in Abb. 2.2 gezeigt.

2

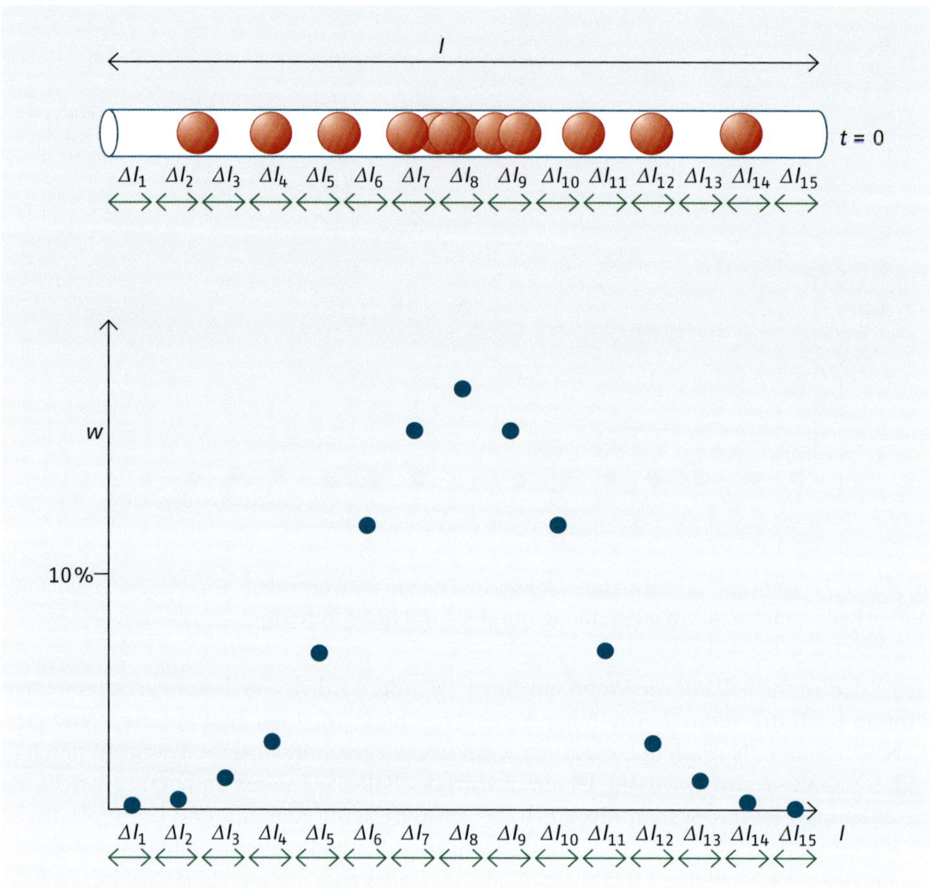

Abb. 2.3 Aufenthaltswahrscheinlichkeit *w* eines Elektrons im eindimensionalen Rohr bei minimaler Energie E_1 (entspricht dem Grundzustand)

Eine wichtige Eigenschaft des makroskopischen Systems ist aber: Vom Ruhezustand kann man dem Ball jede beliebige Energie zuführen und jede beliebige Geschwindigkeit verleihen (Abb. 2.2). Energie und Geschwindigkeit können kontinuierlich verändert werden und unterliegen keinen Beschränkungen.

Das gleiche Experiment wird mit einem Elektron und einem unendlich dünnen und damit nahezu eindimensionalen Rohr wiederholt. Dann versucht man dem Elektron so viel wie möglich Energie zu entnehmen. Im Gegensatz zum Tennisball kommt das Elektron nicht zur Ruhe. Es wird einen Minimalbetrag an kinetischer Energie E_1 behalten, die sogenannte Nullpunktsenergie. Zeichnet man die Position des Elektrons im Rohr in vielen Einzelbeobachtungen auf, erhält man eine **Aufenthaltswahrscheinlichkeitsfunktion** (Abb. 2.3).

Auch in diesem Fall wird das Elektron am häufigsten in der Mitte des Rohrs zu beobachten sein. Die Aufenthaltswahrscheinlichkeit sinkt aber in einer stetigen Funktion zu den Enden des Rohrs hin ab und erreicht erst dort den Wert 0. Der Aufenthaltsort des Elektrons ist unscharf über das ganze Rohr verteilt. Bei dem Versuch dem Elektron Energie zuzuführen und es damit zu beschleunigen, wird man beobachten, dass es nur ganz bestimmte diskrete Energiebeträge aufnehmen und damit nur ganz bestimmte diskrete

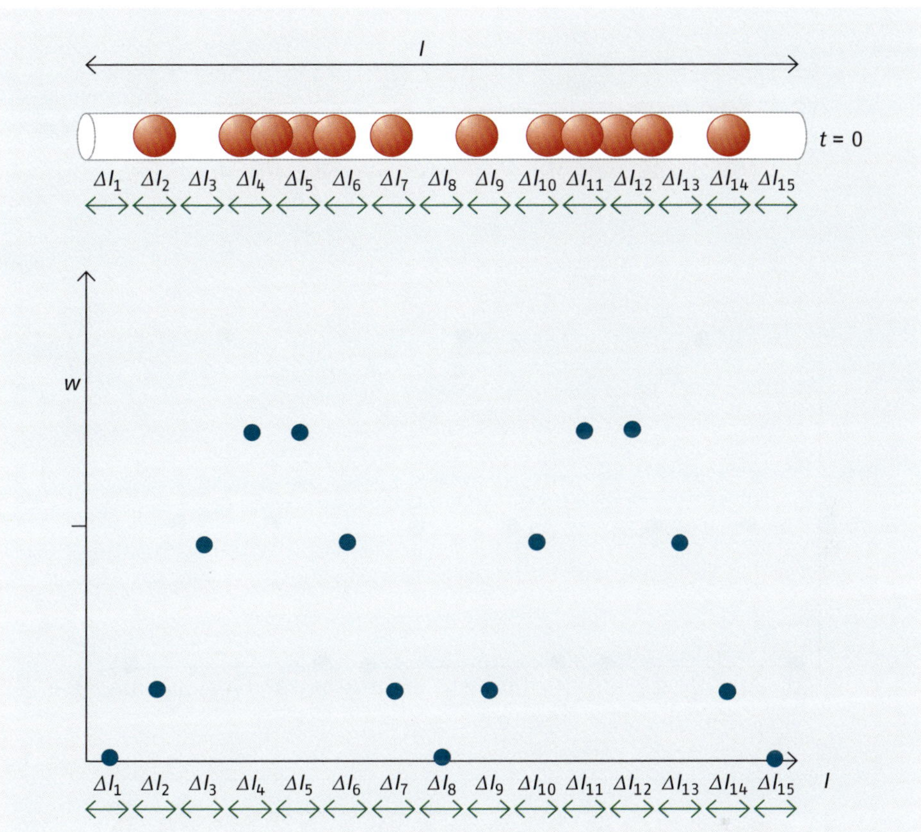

Abb. 2.4 Bewegungszustand und Aufenthaltswahrscheinlichkeitsfunktion des Elektrons im eindimensionalen Rohr für den zweiten Quantenzustand (n = 2)

Energiewerte besitzen kann. Für den nächsten möglichen Energiezustand E_2 ergibt sich eine Aufenthaltswahrscheinlichkeitsfunktion wie in Abb. 2.4 gezeigt. In der Mitte des Rohrs beobachtet man jetzt einen sogenannten **Knotenpunkt**. Im 8. Rohrsegment hält sich das Elektron praktisch niemals auf. Dafür sind Maxima im 4. und 5. sowie im 11. und 12. Rohrsegment entstanden. Besitzt das Elektron immer mehr Energie, erhält man Aufenthaltswahrscheinlichkeitsfunktionen mit immer mehr Maxima und Knotenpunkten. Die Geschwindigkeit und die kinetische Energie des Elektrons können sich dabei aber nur sprunghaft ändern. Die Energie- und Bewegungszustände des Elektrons sind auf **diskrete Niveaus** festgelegt. Sie sind **gequantelt**.

Abb. 2.3 zeigt den ersten Quantenzustand. Quantenzustände werden mit **Quantenzahlen** beschrieben: Die Quantenzahl für den in Abb. 2.3 gezeigten **Grundzustand** ist $n = 1$.

Abb. 2.5 zeigt den dritten Quantenzustand des Elektrons. Je höher die Quantenzahlen, umso mehr nähert sich die Aufenthaltswahrscheinlichkeitsfunktion der des Tennisballs in Abb. 2.1 an.

Die in Abb. 2.3 bis Abb. 2.5 diskutierten Bewegungszustände sind nicht nur bei Elektronen, sondern bei allen mikroskopisch kleinen Teilchen zu finden. Sie gehorchen den Gesetzen der Quantenmechanik. Dabei gibt es für verschiedene Objekte keine unterschiedlichen Naturgesetze. Das Verhalten der Elektronen wird dem Verhalten von

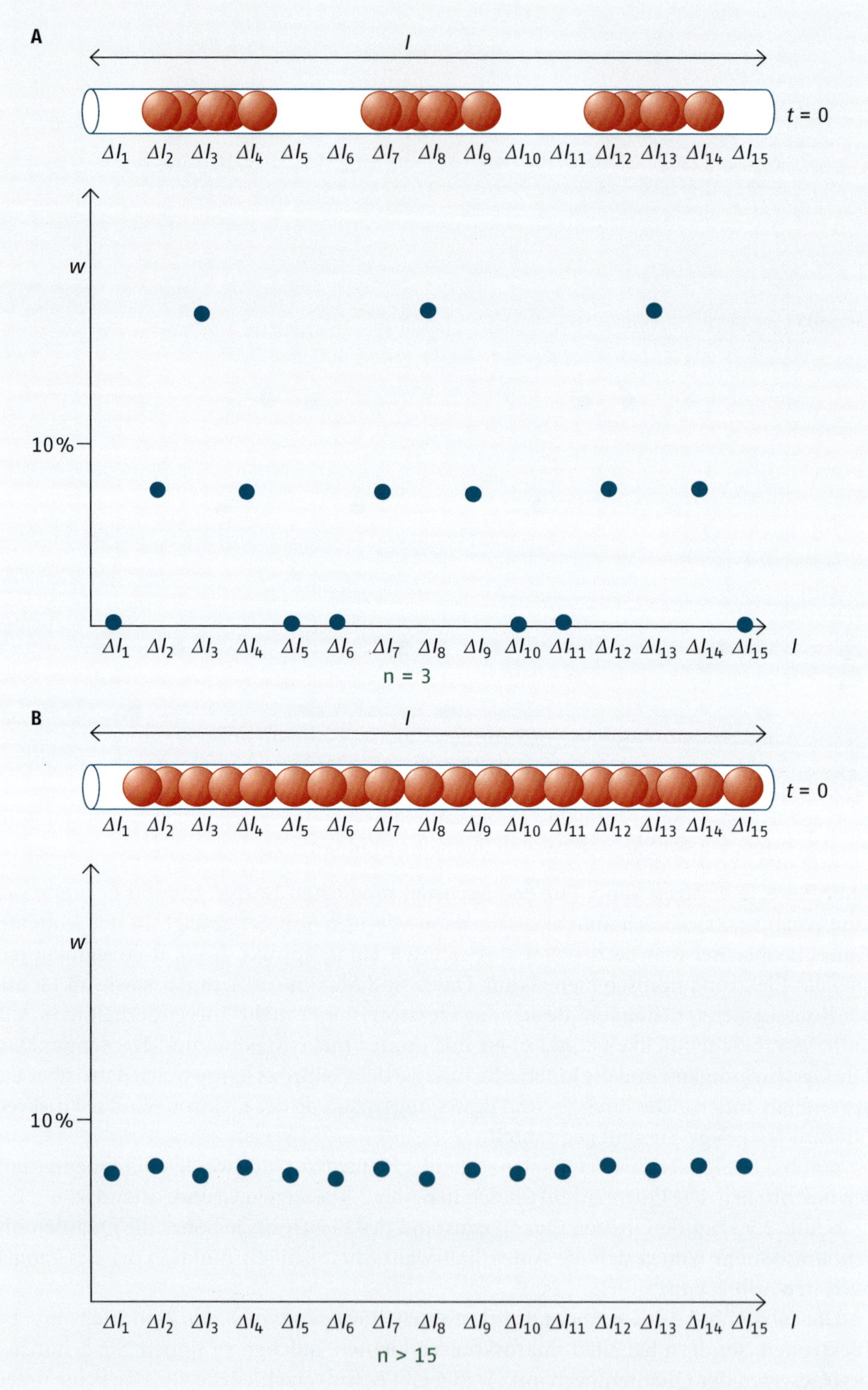

Abb. 2.5 Bewegungszustände des Elektrons für den dritten Quantenzustand ($n = 3$, A) und für beliebig große Quantenzahlen im eindimensionalen Rohr (B)

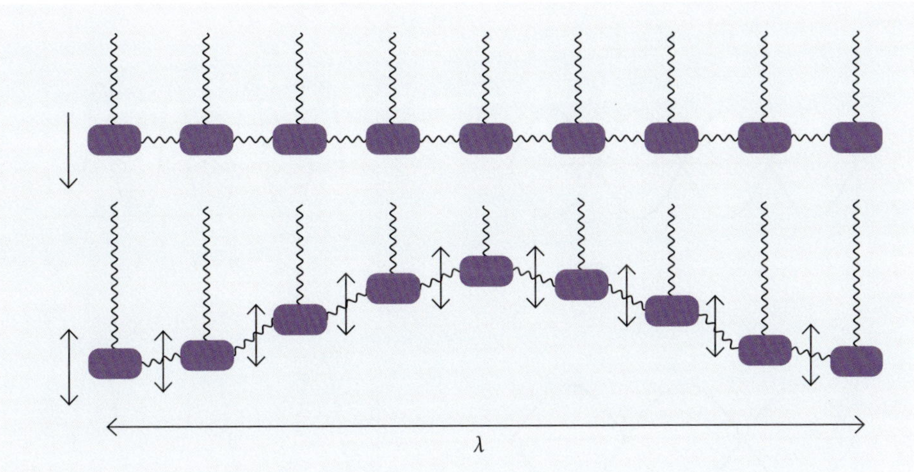

Abb. 2.6 Entstehung einer Welle durch gekoppelte harmonische Schwingungen

Tennisbällen umso ähnlicher, je größer die Quantenzahlen der Elektronenzustände werden. Umgekehrt kann man den Schluss ziehen, dass sich alle Objekte in der alltäglichen Erfahrungswelt in unendlich hohen Quantenzuständen befinden. Die vertraute klassische Mechanik ist daher ein Grenzfall der Quantenmechanik für hohe Quantenzahlen. Dieser wichtige Satz ist als **Bohrsches Korrespondenzprinzip** bekannt und unterstreicht, dass für alle Objekte dieselben physikalischen Gesetze gelten.

2.1.2 Stehende Wellen

Das quantenmechanische Verhalten mikroskopischer Elementarteilchen lässt sich auch mit einem anderen mechanischen Modell verstehen, nämlich mit dem Modell der **stehenden Welle**. Man hängt die Masse m an einer Feder auf, zieht an ihr und lässt sie los. Die Bewegung, die die Masse ausführt, wird als **harmonische Schwingung** bezeichnet. Durch Abzählen, wie oft die Masse in einer Sekunde von Oben nach Unten schwingt, erhält man die Frequenz der Schwingung:

$$\nu = \frac{N}{t}$$ Gleichung 2.2

| ν Frequenz | N Anzahl der Schwingungen | t Zeit

Jede harmonische Schwingung ist durch ihre Frequenz charakterisiert: Man verbindet horizontal eine große Zahl an Federn aufgehängter Massen durch Federn (Abb. 2.6) und versetzt dann die erste Masse in Schwingung. Diese Schwingung wird sich über die horizontale Feder auf die zweite Masse übertragen. Von dort pflanzt sich die Schwingung dann von Masse zu Masse fort. Harmonische Schwingungen, die sich im Raum fortpflanzen, werden **Wellen** genannt. Eine Welle lässt sich durch die Wellenlänge λ charakterisieren, dazu wird der Abstand zwischen zwei Wellenbergen oder zwischen zwei Wellentälern gemessen. Für alle periodischen Wellen gilt:

$$c = \nu \cdot \lambda$$ Gleichung 2.3

| c = Ausbreitungsgeschwindigkeit der Welle | ν Frequenz | λ Wellenlänge

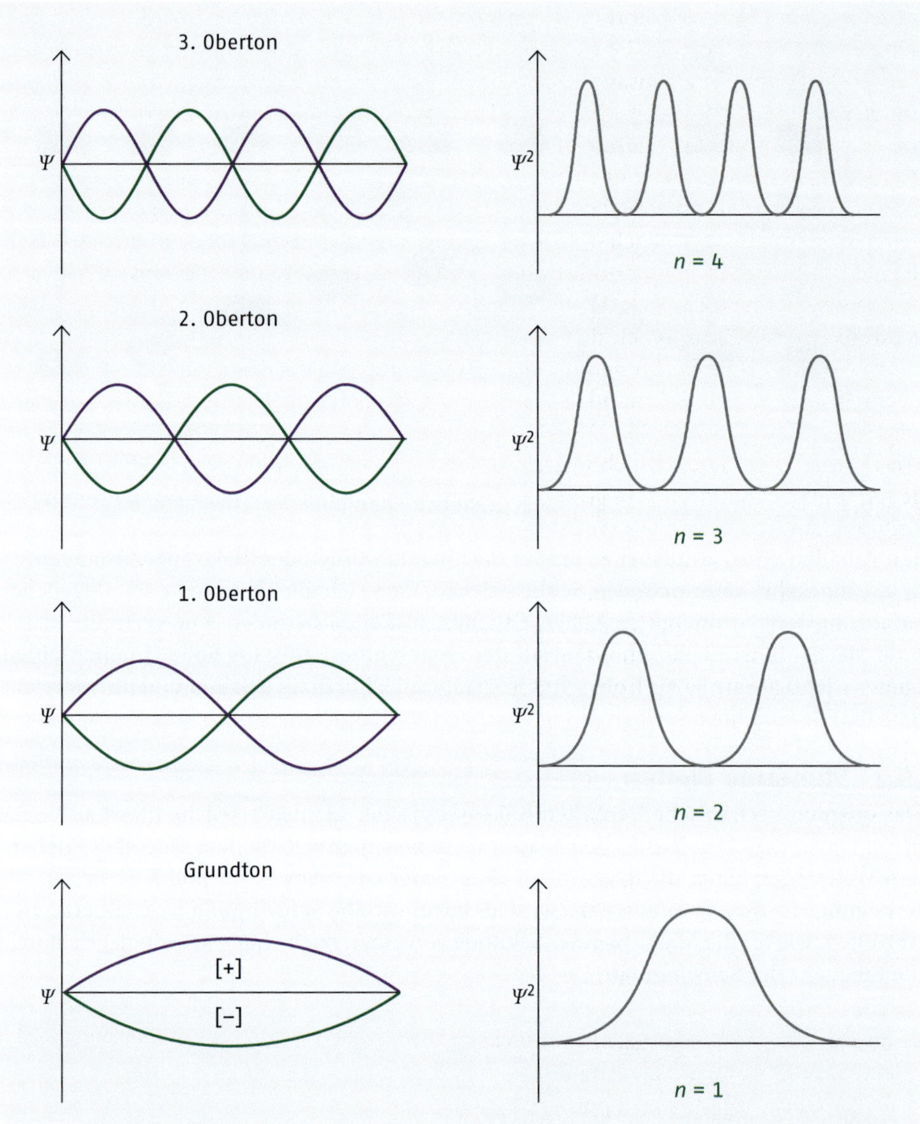

Abb. 2.7 Stehende Wellen auf einer schwingenden Gitarrensaite (A) und Quadrate der Amplitudenfunktionen Ψ (B)

Die Ausbreitungsgeschwindigkeit der Welle *c* ist demnach das Produkt von Wellenlänge und Frequenz der Teilchen in der Welle.

Auch die Schwingungen eines Saiteninstruments können als Beispiel dienen. Zum Beispiel eine Gitarre. An beiden Enden ist die Saite befestigt (vergleichbar den Masseelementen aus Abb. 2.6). Die Saite wird an einem Ende mit einem Hammer angeschlagen und dadurch in Schwingung versetzt. Es bildet sich eine Welle. Erreicht die Welle das andere Ende der Saite, wird sie dort reflektiert. Hin- und zurücklaufende Wellen werden sich überlagern. Man erhält ein stationäres Bewegungsbild, das als stehende Welle bezeichnet wird. Die Saite wird in einer bestimmten Frequenz schwingen: dem Grundton (sogenannter reiner Ton). Dieser Grundton ist umso tiefer, d.h. seine Frequenz wird umso kleiner sein, je länger die Saite ist. Er wird umso höher, d.h. seine Frequenz wird umso größer sein, je stärker die Gitarrensaite gespannt ist. Hält man die Gitarrensaite in der Mitte fest und versetzt sie dann in Schwingung, dann erzeugt man den ersten Oberton. Dieser ist höher als der Grundton, denn seine Frequenz ist genau doppelt so groß wie die Frequenz des Grundtons. Ebenso gibt es einen zweiten, dritten usw. Oberton. Die Obertöne stellen diskrete Bewegungszustände dar. Zwischen zwei Obertönen gibt es auf einer Gitarre keinen reinen Ton. Beim Versuch mit einem Hammer der Saite eine Frequenz aufzuzwingen, die nicht zu einem ihrer Obertöne gehört, wird die Saite nur chaotische Bewegungen ausführen und Lärm erzeugen. ○ Abb. 2.7 zeigt die Bewegungszustände, die auf einer schwingenden Gitarrensaite möglich sind.

In ○ Abb. 2.7 sind die Phasen der Saite in verschiedenen Farben dargestellt. Die Saite wechselt zwischen den Zuständen violett und grün. Die Auslenkung vom Ruhezustand wird als Amplitudenfunktion Ψ bezeichnet. Die Auslenkung kann positive wie negative Werte annehmen. Die Bezeichnungen [+] und [–] benennen die verschiedenen Phasen der Amplitudenfunktion und geben die Vorzeichen zu einem bestimmten ausgewählten Zeitpunkt an. Die stehenden Wellen auf der Gitarrensaite tragen Energie. Der Energiegehalt der Saite ist dabei umso größer, je höher der Ton ist. Da es diskrete Obertonfrequenzen gibt, hat die Gitarrensaite auch diskrete und damit gequantelte Energiezustände. Dies entspricht den Bewegungszuständen des Elektrons in einem eindimensionalen Rohr. Multipliziert man die Amplitudenfunktion Ψ mit sich selbst, dann erhält man Ψ^2, eine Funktion, die der Aufenthaltswahrscheinlichkeitsfunktion des Elektrons im eindimensionalen Rohr entspricht.

2.1.3 Postulate der Quantenmechanik

Elementarteilchen zeigen deutliche Welleneigenschaften und diese sind die Ursache für die quantenmechanischen Eigenschaften ihrer Bewegung. Daraus wurden die Postulate der Quantenmechanik abgeleitet:

- **Postulat 1:** Mikroskopische Teilchen haben Welleneigenschaften. Bewegen sie sich im freien Raum, dann verhalten sie sich wie laufende Materiewellen. Bewegen sie sich in einem abgegrenzten Aufenthaltsraum, so verhalten sie sich wie stehende Materiewellen.
- **Postulat 2:** Der Bewegung eines Teilchens wird eine Amplitudenfunktion Ψ zugeordnet. Das Quadrat dieser Amplitudenfunktion ist zur Aufenthaltswahrscheinlichkeit des Teilchens im Raum proportional.
- **Postulat 3:** Die Amplitudenfunktion kann aus der allgemeinen Wellengleichung berechnet werden, mit der auch alle mechanischen Wellen beschrieben werden können (man bezeichnet sie als Schrödinger-Gleichung).

Unter einem Postulat versteht man eine Grundtatsache, die sich nicht weiter beweisen lässt, die aber in der Vergangenheit immer zu sinnvollen Vorhersagen geführt hat. Wenn man die Bewegungszustände der Elektronen in abgegrenzten Räumen beschreibt, kann keine Aussage über die Natur der Welle, wie im zweiten Postulat gefordert, ausgesagt werden. Für das, was bei einer Elektronenbewegung schwingt, fehlt jede Anschauung. Aus dieser geforderten Welle können aber Prognosen über die Aufenthaltswahrscheinlichkeit des Elektrons im Raum hergeleitet werden, die mit experimentellen Beobachtungen im Einklang steht.

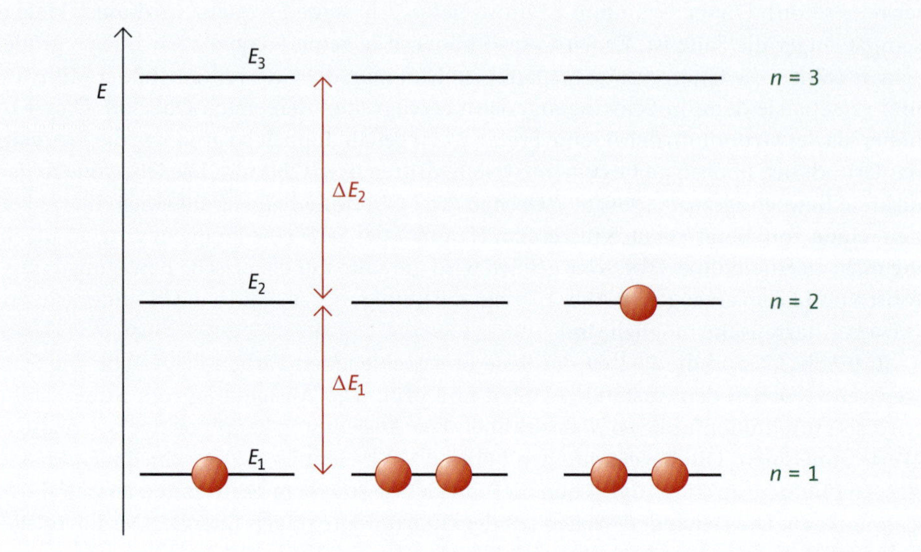

Abb. 2.8 Energieniveauschema des Elektrons im eindimensionalen Rohr für die ersten drei Quantenzustände

Die diskreten Bewegungszustände eines Elektrons in einem eindimensionalen Rohr führen zu diskreten Energiezuständen, die in einem Energiediagramm dargestellt werden können (Abb. 2.8). In Analogie zu den stehenden Wellen einer Gitarrensaite gilt, dass das Elektron umso weniger Energie haben wird und die Energiezustände umso geringere Abstände zueinander aufweisen werden, je länger das Elektronenrohr oder allgemein je größer der Aufenthaltsraum für die Elektronen ist. Was geschieht, wenn das Elektronenrohr mit mehr als einem Elektron besetzt wird? Ein Energiezustand kann zwei Elektronen aufnehmen. Ist ein Zustand aber mit einem Elektronenpaar besetzt, dann muss ein freier Zustand besetzt werden. Kann das Elektron überschüssige Energie abgeben, dann wird es immer die möglichen Energiezustände mit geringster Energie zuerst besetzen (**Energieprinzip** der Elektronenbesetzung).

Abb. 2.8 zeigt die Elektronenbesetzungen, die bei einer Besetzung des Rohrs mit bis zu drei Elektronen auftreten. Aber warum kann ein Zustand nicht mehr als ein Elektronenpaar aufnehmen? Diese Frage beantwortet das vierte Postulat der Quantenmechanik:

- **Postulat 4:** Es gibt zwei Arten mikroskopischer Teilchen: **Bosonen** und **Fermionen**. Bosonen können in beliebiger Zahl einen gemeinsamen Zustand einnehmen. Dagegen können Fermionen in einem geschlossenen System nicht gleichzeitig den gleichen Quantenzustand besitzen.

Elektronen sind Fermionen: Aus welchem Grund sind Elektronenpaare dann überhaupt möglich? Die beiden Elektronen in einem Energiezustand müssen dann unterschiedliche Wellenfunktionen haben. Was unterscheidet die Wellenfunktionen zweier Elektronen in einem Zustand? Mit dieser Frage beschäftigt sich ▸ Kap. 2.1.4.

2.1.4 Elektronenspin

Elektronen haben eine wichtige Eigenschaft: Jedes Elektron verhält sich wie eine kleine Magnetnadel und baut ein magnetisches Feld in seiner nächsten Umgebung auf. Wie entsteht dieses Magnetfeld?

Stellt man sich ein Elektron als kleine elektrisch geladene Kugel vor, so muss man eine Drehbewegung um die eigene Achse annehmen, um diesen Magnetismus zu erklären. Ein Elektron besitzt einen Eigendrehimpuls, den Elektronenspin. Diese sehr anschauliche Vorstellung wird nicht allen Gesetzen der Quantenphysik gerecht, ist aber als Arbeitshypothese ausreichend. Eine solche Kugel, die sich um sich selbst dreht, hat einen Eigendrehimpuls L. Dieser kann aber nach den Gesetzen der Quantenmechanik nicht jeden beliebigen Wert annehmen. Drehimpulse können sich nur um ganzzahlige Werte von $h/2\pi$ ändern. Dabei ist h das **Plancksche Wirkungsquantum** mit dem sehr kleinen Wert $h = 6{,}626\ 10^{-24}\,\mathrm{J \cdot s}$.

Im 19. Jahrhundert des letzten Jahrtausends hatte der Hufschmied und spätere Laborgehilfe *Faraday* erkannt, dass sich ändernde elektrische Felder, Magnetfelder und sich ändernde magnetische Felder, elektrische Felder erzeugen. Diese wechselseitige Erzeugung von Elektrizität und Magnetismus wird **elektromagnetische Induktion** genannt. Eine konstante Feldänderung, wie sie von einem rotierenden Elektron ausgeht, erzeugt damit ein konstantes, beobachtbares Magnetfeld. Bringt man ein Elektron in ein konstantes, äußeres Magnetfeld, so fängt es aufgrund seines eigenen Magnetfelds an, um das äußere Feld eine Präzessionsbewegung auszuführen. Dabei wird eine Komponente des Drehimpulses immer in Richtung oder in Gegenrichtung des Magnetfelds stehen. Dadurch ergeben sich die beiden Zustände, die für ein Elektron im selben Aufenthaltsraum mit gleicher kinetischer Energie möglich sind. Sie werden mit den Quantenzahlen +½ und –½ bezeichnet. ○ Abb. 2.9 veranschaulicht diesen Sachverhalt.

In z-Richtung kann der Elektronendrehimpuls die Werte $+\frac{1}{2}\frac{h}{2\pi}$ und $-\frac{1}{2}\frac{h}{2\pi}$ einnehmen. Ändert sich der Zustand von +½ nach –½, dann ändert sich der Drehimpuls in z-Richtung um $\frac{h}{2\pi}$ und dies ist die kleinste mögliche Drehimpulsänderung, die in der Natur vor-

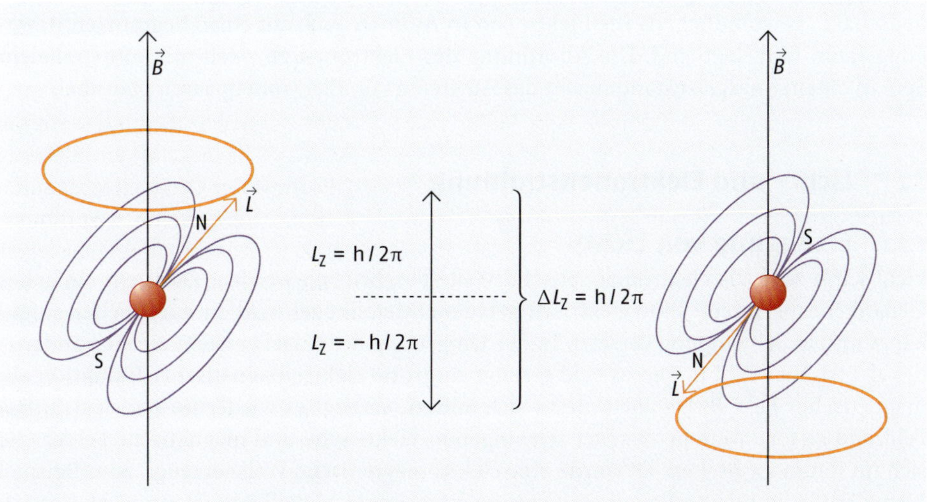

○ **Abb. 2.9** Zwei Einstellungsmöglichkeiten für den Elektronenspin in einem äußeren Magnetfeld

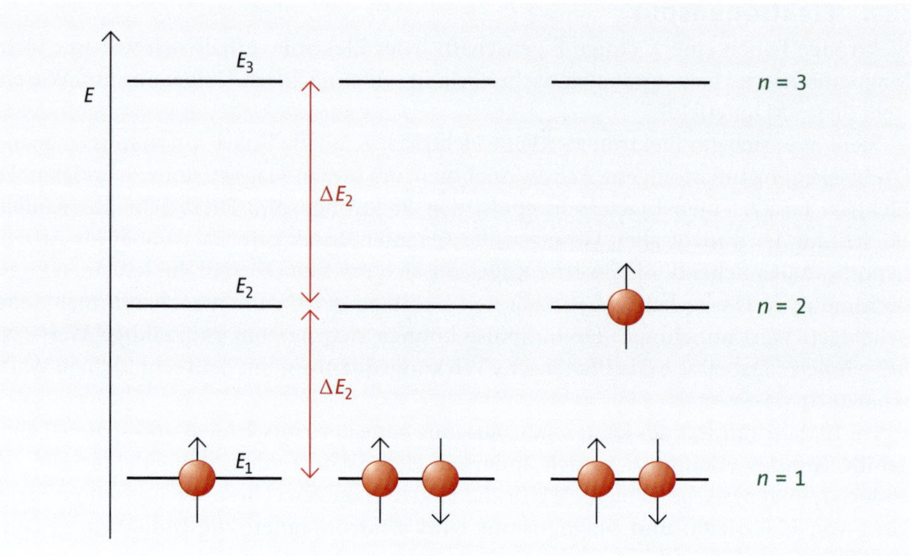

Abb. 2.10 Energieniveauschema der Elektronen im eindimensionalen Rohr für die ersten drei Quantenzustände mit Berücksichtigung der Spinzustände

kommen kann. Die beiden möglichen Spinrichtungen werden oft durch Pfeile wie ↑ für +½ und ↓ für −½ dargestellt. Die Elektronen eines Elektronenpaars haben daher stets antiparallelen Spin und werden als ↑ ↓ dargestellt. Das vierte Postulat der Quantenmechanik, das die Besetzung eines Zustands mit zwei Elektronen erlaubt, die dann aber antiparallelen Spin haben müssen, wird als **Pauli-Prinzip** bezeichnet.

Das Energieniveauschema für die Elektronen im eindimensionalen Rohr kann jetzt vollständig in Abb. 2.10 dargestellt werden.

Die diskreten Energiezustände machen den Aufbau der Atomhüllen durch Elektronenschalen verständlich, da die Elektronen in Atomen auch auf einen begrenzten Bewegungsraum festgelegt sind. Die Anordnung der Elektronen zu zweit mit antiparallelem Spin in einem Energiezustand macht das Auftreten von Elektronenpaaren plausibel.

2.2 Licht- und Elektronenstrahlung

2.2.1 Erzeugung von Licht

Licht kann auch als elektromagnetische Welle beschrieben werden. Dazu ein einfaches Gedankenexperiment: Eine elektrisch geladene Metallkugel wird an einer Feder aufgehängt und in Schwingung versetzt. In der Umgebung der Kugel entsteht ein sich änderndes elektrisches Feld $\vec{E}$. Dieses Feld erzeugt aufgrund elektromagnetischer Induktion ein magnetisches Feld $\vec{B}$. Da auch dieses sich ändert, erzeugt es wiederum ein elektrisches Feld und so fort. Man beobachtet schwingende, elektrische und magnetische Felder, die sich im Raum ausbreiten. Es wurde eine elektromagnetische Welle erzeugt, zum Beispiel Licht. Trifft die Lichtwelle auf eine zweite aufgehängte Metallkugel, dann wird diese in Schwingung versetzt. Die elektromagnetische Welle hat also Energie übertragen. Das Prinzip veranschaulicht Abb. 2.11.

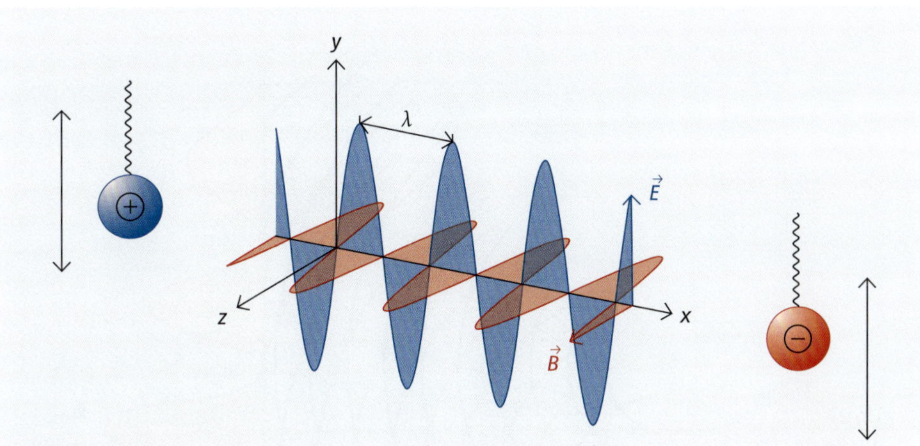

○ **Abb. 2.11** Erzeugung und Übertragung von Lichtwellen durch sich ändernde elektrische und magnetische Felder

Im Alltag wird dieses Experiment sehr oft angewendet. Man bedient sich dabei aber nicht elektrisch geladener Metallkugeln, sondern einfacher Metallstäbe (Antennen). Durch Wechselspannung lassen sich die Elektronen des Elektronengases im Metall (○ Abb. 1.4, ▸ Kap. 1.2.2) in Schwingung versetzen. Dadurch entsteht ein schwingendes, elektrisches Feld, das ein schwingendes magnetisches Feld erzeugt und so zur Ausbreitung der elektromagnetischen Strahlung führt (Sender). Trifft die Welle auf eine andere Metallstange, kann sie die Elektronen im Elektronengas dort in Schwingung versetzen. An der Metallstange (Empfänger) kann dann eine Wechselspannung abgegriffen werden. Auf diese Weise funktioniert der analoge Rundfunk.

2.2.2 Charakterisierung von Licht

Elektromagnetische Wellen lassen sich durch ihre Wellenlängen charakterisieren. Die Wellenlängen von Radiostrahlung liegen im Bereich von einigen Kilometern (Langwelle) bis in den Bereich von einigen Zentimetern (Radarstrahlung). Das sichtbare Spektrum umfasst einen Bereich von (Rot) $900 > \lambda > 400\,\text{nm}$ (Violett). Die Farbe des Lichts ist also von seiner Wellenlänge abhängig. Projiziert man Licht aller Wellenlängen in ähnlicher Intensität übereinander, entsteht weißes Licht, wie es von der Sonne ausgestrahlt wird. Da die Lichtgeschwindigkeit c eine konstante Größe ist, wird mit der Angabe der Wellenlänge λ auch die Frequenz ν über ○ Gleichung 2.4 bestimmt:

$$c = \nu \cdot \lambda \quad \text{bzw.} \quad \nu = \frac{c}{\lambda}$$

Gleichung 2.4

2.2.3 Beugung von Licht

Die Wellennatur von Licht lässt sich mit einem sehr einfachen Experiment demonstrieren. Man beleuchtet einen Doppelspalt mit Licht einheitlicher Wellenlänge (**monochromatisches Licht**) und lässt es auf eine Leinwand fallen. Die Spaltbreite soll dabei in der Größenordnung der Wellenlänge des verwendeten Lichts liegen. Man beobachtet dann

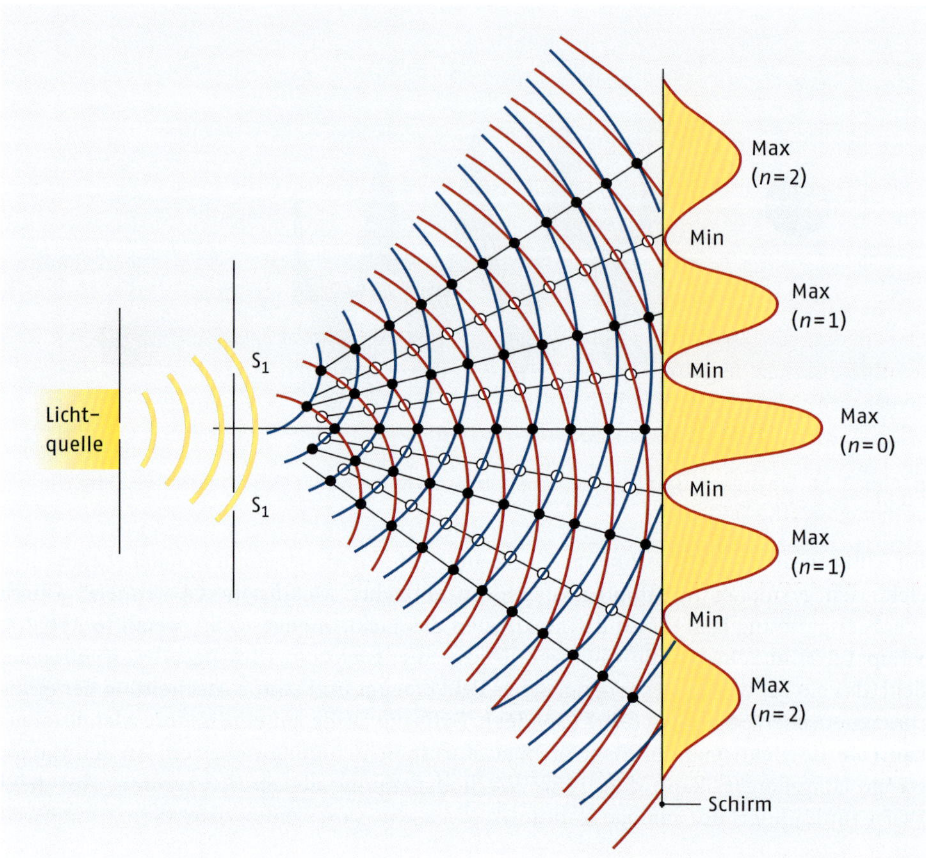

Abb. 2.12 Beugung eines monochromatischen Lichtstrahls an einem Doppelspalt

nicht einfach das Bild des Doppelspalts, sondern sehr viele helle und dunkle Linien nebeneinander. Diesen Effekt nennt man **Beugung** (Abb. 2.12).

Warum breitet sich das Licht auch in die Schattenräume aus? Sind die Spaltbreiten eng genug, dann verhalten sich beide Spalte wie selbstleuchtende Flächen. Von jedem Spalt wird Licht in alle Richtungen ausgesendet. Sind beide Spalten nahe genug zusammen, dann finden sich Bereiche, in denen die Wellenzüge sich gegenseitig auslöschen, weil sich immer Wellenberg und Wellental überlagern. Ebenso finden sich Bereiche, in denen sich die von beiden Spalten ausgesendeten Lichtwellen gegenseitig verstärken, weil Wellenberg auf Wellenberg und Wellental auf Wellental zu liegen kommt. So entsteht die Abfolge vieler Spaltbilder (Beugungsbild, Abb. 2.12). An Beugungserscheinungen kann man die Wellennatur von Licht erkennen.

2.2.4 Teilcheneigenschaft von Licht

Lange dachte man, die Natur des Lichts durch diesen Wellencharakter ausreichend beschreiben zu können. Um 1900 entdeckte aber *Max Planck*, dass Licht Energie nur portionsweise auf Materie übertragen kann. Der kleinstmögliche Energiebetrag, den Licht auf Materie übertragen kann, wird **Photonenenergie** genannt und ist von der Wellenlänge des betrachteten Lichts abhängig:

$$\Delta E = h \cdot \nu = h \cdot \frac{c}{\lambda}$$ Gleichung 2.5

h ist das in ▸Kap. 2.1 erwähnte Plancksche Wirkungsquantum. Kurzwelliges Licht ist energiereich, langwelliges Licht dagegen energiearm. Mit der gequantelten Photonenenergie wird jede Energiemenge, die einem Lichtstrahl entnommen wurde, darstellbar:

$$\Delta E = N \cdot h \cdot \nu$$ Gleichung 2.6

Dies bedeutet: Es wurden N Lichtteilchen verbraucht. Das Licht bekommt damit eine deutliche Teilcheneigenschaft. Die kleinste Lichtportion wird als **Photon** bezeichnet. Im Gegensatz zu Elektronen sind Photonen Bosonen: Beliebig viele Teilchen können sich zur selben Zeit, am selben Ort, im gleichen Zustand befinden. Deutlich wird dies am Laser, in dem unendlich viele Photonen gleicher Wellenlänge Energie und Ausrichtung einen Lichtstrahl hoher Intensität erzeugen.

2.2.5 Beugung von Elektronen

2

Nach dem ersten Postulat der Quantenmechanik müssten auch Elektronen, die sich im Raum frei bewegen und nicht in einen begrenzten Aufenthaltsraum gezwungen sind, Welleneigenschaften haben. Solche **Elektronenstrahlen** lassen sich leicht in einer Kathodenstrahlröhre erzeugen. Diese Elektronenröhren waren früher die zentralen Elemente von Fernsehgeräten und in noch früherer Zeit Gleichstromrichter in elektrischen Apparaten wie z. B. Rundfunkgeräten. In Kathodenstrahlröhren wird an eine beheizte negative Elektrode gegen eine positive Elektrode im Vakuum eine hohe Spannung angelegt. Dadurch kommt es zum Austritt freier Elektronen in den Raum. Ihre Geschwindigkeit hängt dabei von der angelegten Spannung ab. Zunächst verhalten sich solche Elektronen wie klassische Teilchen, die einen Impuls und eine kinetische Energie haben. Die kinetische Elektronenenergie beträgt nach ▸Gleichung 1.8 (▸Kap. 1.7.1):

$$E_{kin(e^-)} = \frac{1}{2} m \cdot v^2$$

Der Elektronenimpuls berechnet sich nach ▸Gleichung 2.1 (▸Kap. 2.1.1):

$$p_{(e^-)} = m \cdot v$$

De Broglie forderte schon früh für die Elektronenstrahlung eine Wellenlänge, für die er ▸Gleichung 2.7 angab:

$$\lambda = \frac{h}{p}$$ Gleichung 2.7

Hier wird eine Welleneigenschaft, die Wellenlänge λ, mit einer Teilcheneigenschaft, dem Impuls p, verknüpft. Tatsächlich lässt sich ▸Gleichung 2.7 experimentell überprüfen und bestätigen. Mit Kathodenstrahlen lassen sich genauso wie mit Lichtstrahlen Beugungsexperimente am Doppelspalt durchführen. Verwendet man dabei Elektronenstrahlen sehr geringer Intensität, dann lassen sich die Auftreffereignisse einzelner Elektronen ent-

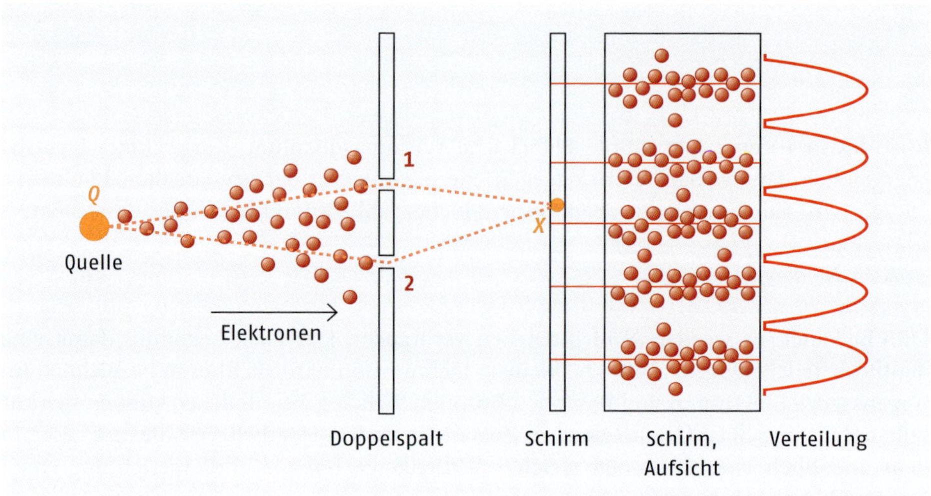

Abb. 2.13 Doppelspaltversuch an Elektronenstrahlen: Die Beugung ist deutlich nachweisbar.

weder am Leuchtschirm oder auf einer fotografischen Platte darstellen. Jeder Elektroneneinschlag wird dann als Punkt sichtbar und markiert. Das Ergebnis des Doppelspaltexperiments zeigt Abb. 2.13.

Da angelegte Spannung und Spaltbreite bekannt sind, lässt sich aus dem Abstand der Beugungslinien die Wellenlänge berechnen und Gleichung 2.7 bestätigen. Das Beugungsbild verknüpft die Einschlagsereignisse individueller Teilchen mit einer Welleneigenschaft. Die Kenntnis der Wellennatur des Elektrons ermöglichte die Entwicklung elektronenoptischer Geräte, z. B. stark vergrößernde Elektronenmikroskope.

2.3 Chladnische Klangfiguren

2.3.1 Stehende Wellen auf dreidimensionalen Körpern

Bewegen sich Elektronen im Feld eines positiv geladenen Atomkerns, dann werden sie von diesem in einen engen Aufenthaltsraum gezwungen. Sie verhalten sich also wie „eingesperrte" Elektronen und sollten nach dem ersten Postulat in ihrem Käfig stehende Elektronenwellen ausbilden. Nach dem Gedankenexperiment zu den Elektronen im eindimensionalen Rohr ist jetzt verständlich, warum die Elektronen in Atomen diskrete Energiezustände annehmen, die den Elektronenschalen des Bohrschen Atommodells entsprechen. Nach dem Pauli-Prinzip kann ein Zustand mit zwei Elektronen antiparallelen Spins besetzt werden. Dies erklärt das Auftreten von Elektronenpaaren. Nicht verständlich ist jedoch, warum sich mehr als ein Elektronenpaar auf einer Elektronenschale befinden kann. Dazu muss man die Eigenschaften stehender Wellen genauer untersuchen.

Um die Bewegungszustände von Elektronen in einem eindimensionalen Rohr zu verstehen, wurden die stehenden Wellen einer eindimensionalen Gitarrensaite untersucht. Stehende mechanische Wellen bilden sich aber nicht nur auf gespannten Saiten aus. Sie können sich auf jedem beliebigen Körper bilden, sofern dieser aus einem schwingungsfähigen Material besteht. Besonders geeignet sind symmetrisch geformte Gegenstände aus Metall (Glocken) oder Glas. Schlägt man beispielsweise ein Sektglas mit einem Löffel an, dann hört man meistens einen sauberen Ton. Dies ist der Grundton einer Eigenschwingung. Das Sektglas wird sich mit sehr kleiner und kaum wahrnehmbarer Amplitude an einigen Stellen zusammenziehen, an anderen Stellen wieder ausdehnen. Auf dem Glas bilden sich stehende Wellen aus, deren Frequenz man aus der Tonhöhe leicht bestimmen kann. Die Obertöne können ermittelt werden, indem mit einem Lautsprecher das Glas mit Tönen verschiedenster Frequenzen beschallt wird. Auf die meisten Frequenzen wird das Glas nicht reagieren. Findet man aber einen Oberton, dann wird das Glas anfangen zu schwingen und selbst in diesem Ton zu klingen, einer **Eigenfrequenz** des Glases. Man sollte dann das Experiment rasch abbrechen, denn das Glas wird aus der Schallwelle kontinuierlich Energie entnehmen, was zur Zerstörung des Glases führen kann: einer sogenannten **Resonanzkatastrophe**. Grundton und Obertöne eines Sektglases zeigen alle Eigenschaften quantenmechanischer Bewegungszustände, vor allem diskrete gequantelte Energieniveaus. Jeder Körper besitzt ganz eigene, für ihn charakteristische stehende Wellen, die oft sehr schöne Formen haben. Es handelt sich dabei um die sogenannten **Chladnischen Klangfiguren**.

2.3.2 Elektronen im zweidimensionalen Käfig

Betrachtet man ein Elektron, das sich nicht in einem eindimensionalen Rohr bewegt, sondern in einer begrenzten zweidimensionalen Fläche, so wird das Elektron auch andere Bewegungszustände einnehmen. Die Chladnischen Klangfiguren dieser Fläche dienen nach dem zweiten Postulat als Modell für die Elektronenwellenfunktionen und deren Quadrate beschreiben die Aufenthaltswahrscheinlichkeit der Elektronen an den verschiedenen Punkten. Die stehenden Wellen auf einer runden Trommelmembran, eignen sich zur Beschreibung der Elektronenbewegung (○ Abb. 2.14).

Fotografiert man das Elektron viele Male und legt alle Fotos übereinander, dann erhält man ein Bild, das die Aufenthaltswahrscheinlichkeit des Elektrons durch die Punktdichte über die Scheibenfläche angibt (○ Abb. 2.15).

Auch bei stehenden Wellen auf einer Trommelmembran gibt es Oberschwingungen. Für den ersten Oberton (erster angeregter Zustand) existieren drei Zustände, die exakt die gleiche Frequenz, nicht aber die gleiche Gestalt oder Orientierung haben. Zustände mit gleicher Gestalt, aber unterschiedlicher Orientierung bezeichnet man als **entartete Zustände**; diese unterscheiden sich in den **Nebenquantenzahlen**. Die Hauptquantenzahl n gibt den Energiegehalt der Schwingung an. Auf der Trommel entspricht das der Frequenz oder der Tonhöhe. Die Hauptquantenzahl $n = 1$ steht für den Grundzustand, $n = 2$ für den ersten angeregten Zustand oder den ersten Oberton, $n = 3$ für den zweiten

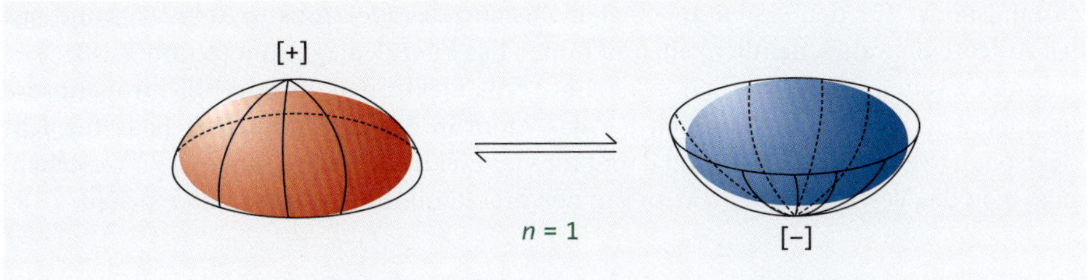

○ **Abb. 2.14** Grundschwingung einer scheibenförmigen Trommelmembran

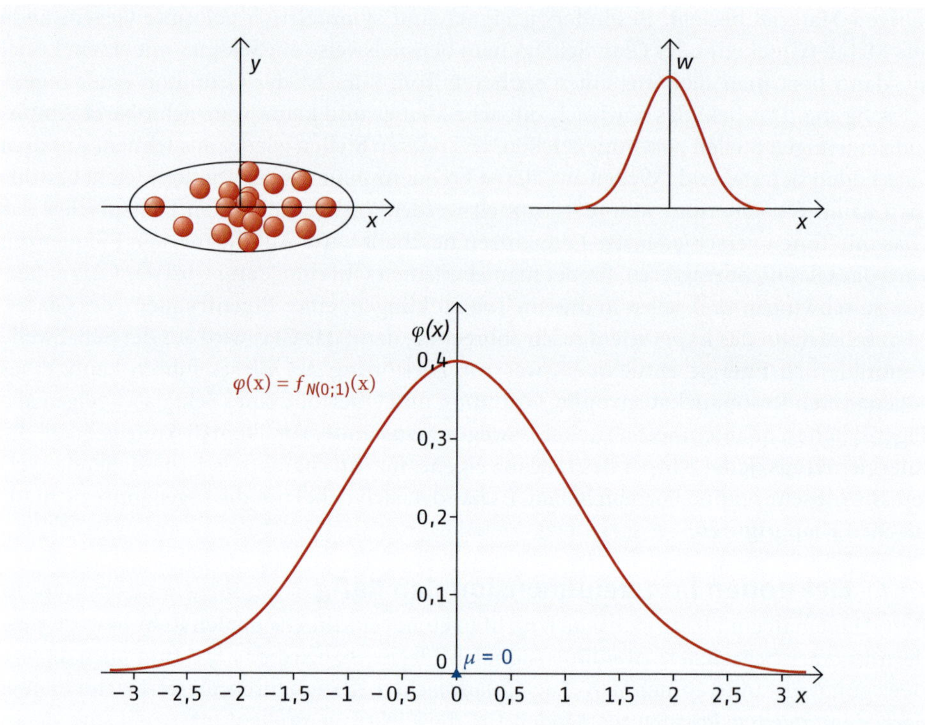

Abb. 2.15 Aufenthaltswahrscheinlichkeit eines Elektrons in einer zweidimensionalen Kreisscheibe im Grundzustand

Oberton usw. Für den ersten Oberton existieren zwei Nebenquantenzustände $l = 0$ und $l = 1$. Die dazugehörigen stehenden Wellen unterscheiden sich in ihrer Gestalt und in ihrer **Symmetrie**. Der Zustand mit $l = 0$, der auch als *s*-Zustand bezeichnet wird, ist radial-symmetrisch. Jede beliebige Spiegelung um eine Spiegelebene der Trommel oder jede Drehung um die Drehachse der Trommel verändert ihn nicht. Zustände mit $l = 1$ (*p*-Zustände) sind nicht radialsymmetrisch. Dreht man diese Zustände um 180° um die Drehachse der Scheibe, so wird die Phase der Schwingung genau umgekehrt. Dreht man jeden Zustand um 90°, dann wird ein Zustand in den anderen überführt. Die beiden *p*-Zustände unterscheiden sich nicht in Energie oder Symmetrie, sondern nur in ihrer Orientierung im Raum. Zustände, die unterschiedliche Orientierung aufweisen (Abb. 2.16), werden mit den Orientierungsquantenzahlen *m* beschrieben.

Für die Elektronenbewegung in der zweidimensionalen Scheibe erhält man analog die Zustandsbilder für den ersten angeregten Zustand des Elektrons (Abb. 2.17) und aus den Aufenthaltswahrscheinlichkeitsfunktionen das Energiediagramm (Abb. 2.18).

In der zweiten Schale können insgesamt sechs Elektronen also drei Elektronenpaare untergebracht werden. Bekanntlich hat das Atom in der zweiten Schale Platz für acht Elektronen (Elektronenoktett) und damit für vier Elektronenpaare. Um dies zu verstehen, muss man das Verhalten des Elektrons in den drei Raumdimensionen untersuchen.

n = 2, l = 0, m = 0
n = 2, l = 1, m = 1
n = 2, l = 1, m = −1

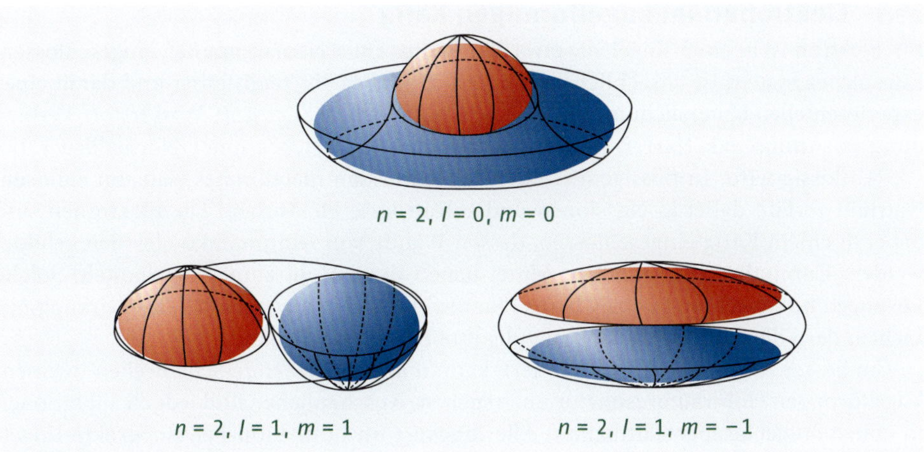

Abb. 2.16 Stehende Wellen für den ersten Oberton der Trommel: Es existieren drei Zustände gleicher Energie mit unterschiedlicher Symmetrie und Orientierung.

y
x
y
x
n = 2, l = 0, m = 0
y
x
y
x
n = 2, l = 1, m = −1

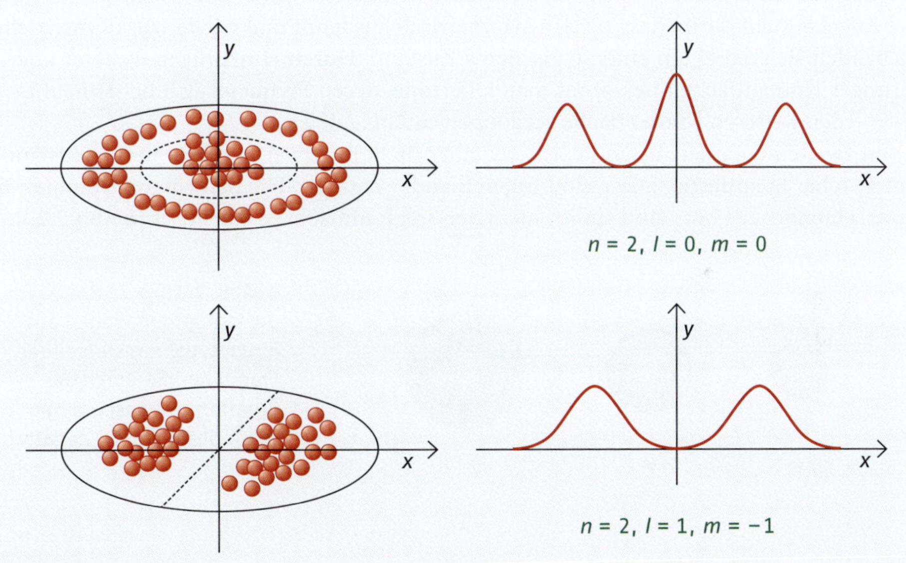

Abb. 2.17 Aufenthaltswahrscheinlichkeitsfunktionen für ein Elektron im ersten angeregten Zustand

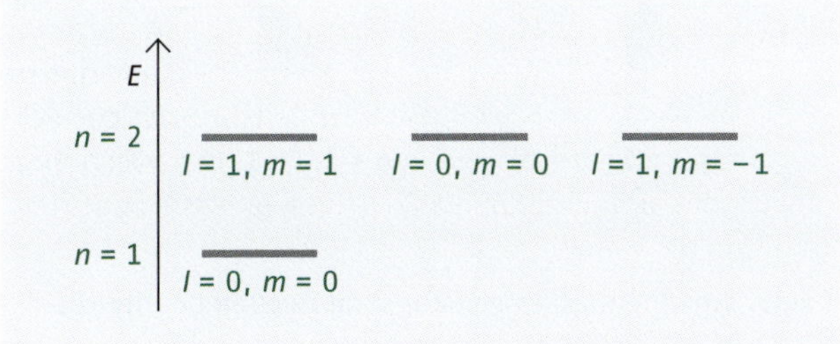

E
n = 2
l = 1, m = 1
l = 0, m = 0
l = 1, m = −1
n = 1
l = 0, m = 0

Abb. 2.18 Energiediagramm für die Bewegungszustände ein Elektrons auf der zweidimensionalen Kreisscheibe

2

2.3.3 Elektronen im kugelförmigen Käfig

Ein Elektron ist in einer Kugel, die etwa den Radius eines Neonatoms hat, eingeschlossen. Ein solches System ist tatsächlich, zumindest approximativ, realisierbar und damit einer experimentellen Untersuchung zugänglich. Die einfachste Stickstoff-Wasserstoff-Verbindung ist Ammoniak (NH_3). Ammoniak ist ein Gas, welches unter Normaldruck bei –33 °C flüssig wird. In flüssigem Ammoniak kann man metallisches Natrium auflösen. Natrium zerfällt dabei in Na^+-Ionen und solvatisierte Elektronen. Die Elektronen sind dabei in einem Käfig eingeschlossen, dessen Wände von Ammoniakmolekülen gebildet werden. Zumindest im zeitlichen Mittel haben diese Hohlräume Kugelgestalt. Solche Lösungen besitzen eine intensiv blaue Fluoreszenzfarbe. Durch die Wechselwirkung mit Licht ändern die Elektronen dabei ständig ihre Bewegungszustände.

Um besser zu verstehen, was passiert, kann man z. B. stehende Schallwellen in einem kugelförmigen Hohlraumresonator untersuchen. Anschaulicher sind jedoch Vibrationen in einem aufgeblasenen Luftballon. Allerdings ist im Luftballon-Fall die exakte Kugelform schwerer zu realisieren. Füllt man ihn mit Wasser und bringt ihn in eine Weltraumstation, in der keine Schwerkraft seine Form stört, erhält man ein nahezu exakt kugelförmiges, schwingungsfähiges Gebilde. Darin können sich stehende Wellen ausbilden, die den Elektronenwellenfunktionen in Atomen sehr nahekommen. Die Grundschwingung der Kugel besteht darin, dass sie sich symmetrisch ausdehnt und wieder zusammenzieht. Es handelt sich dabei um einen typischen *s*-Zustand. Durch Hinzufügen weiterer kugelförmiger Knotenflächen bekommt man Obertöne, deren Frequenz sich bei Hinzufügen einer jeden weiteren Knotenfläche verdoppelt (Abb. 2.19).

Im zweiten Quantenzustand existieren aber nicht nur zwei, sondern drei *p*-Zustände mit gleicher Symmetrie. Diese sind untereinander entartet. Die Schwingungsräume mit unterschiedlicher Phase sind auf je einem der drei Raumachsen orientiert (Abb. 2.20).

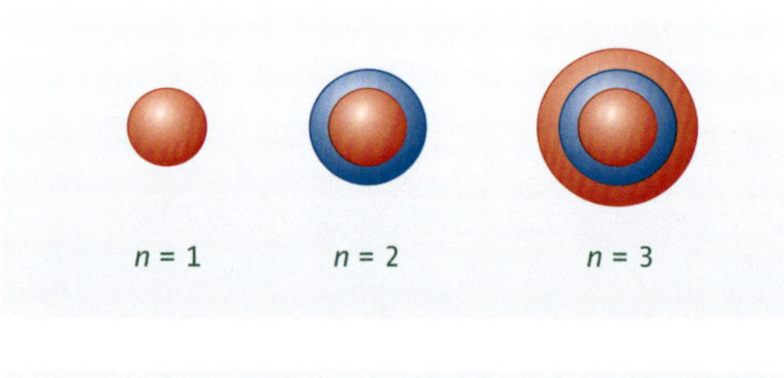

Abb. 2.19 *s*-Zustände für die stehenden Wellen auf einer Kugel mit steigender Frequenz, die durch die Quantenzahl beschreiben wird: positiv (Rot), negativ (Blau)

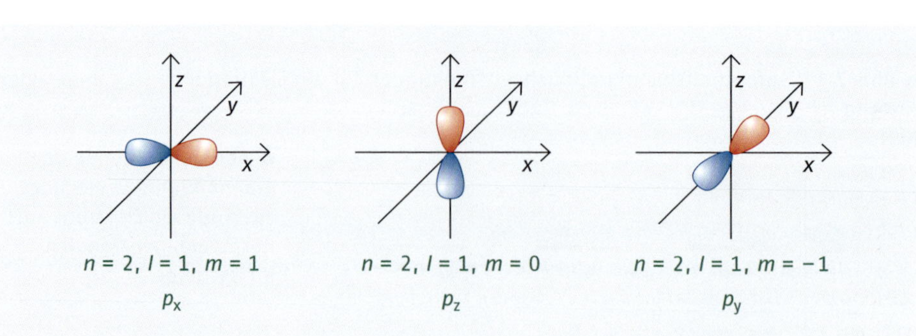

Abb. 2.20 Stehende Wellen auf einer schwingungsfähigen Kugel im zweiten Quantenzustand mit *p*-Symmetrie

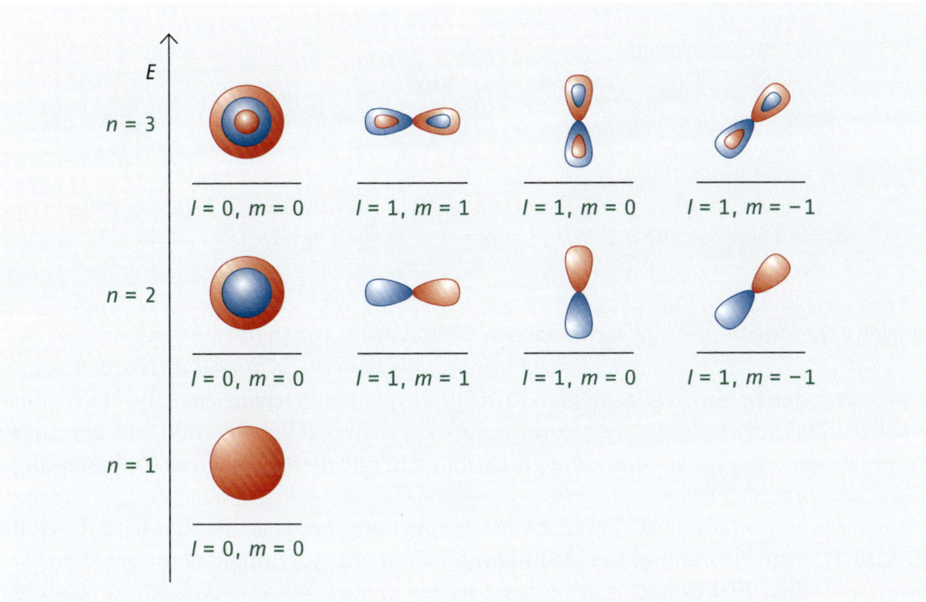

Abb. 2.21 Energiediagramm für die Bewegungszustände eines Elektrons in einem kugelförmigen Käfig

Wie kann man sich die Elektronenbewegung in einer Kugel atomarer Dimension nun vorstellen? Dazu multipliziert man die Amplitudenfunktionen der stehenden Wellen in einer Kugel mit sich selbst: Überall dort, wo die stehende Welle einen Schwingungsbauch hat, besitzt die Elektronenaufenthaltswahrscheinlichkeit ein Maximum (Abb. 2.21).

Die Bewegungszustände für Elektronen in einem kugelförmigen Käfig können in jedem Zustand, der höher ist als der Grundzustand, vier Elektronenpaaren aufnehmen. Eine erste überzeugende Modellvorstellung, die die Oktettregel in Atomen erklärt.

Atome sind aber nicht einfach kugelförmige Hohlräume, in denen sich Elektronen bewegen. Welche Eigenschaften noch zu berücksichtigen sind und welche Konsequenzen sich aus den Unterschieden ergeben, wird in ▸ Kap. 2.4 diskutiert.

2.4 Aufbau der Atomhülle

2.4.1 Elektronenbewegung im Wasserstoffatom

Vergleicht man die Bewegungszustände eines Elektrons in einem Wasserstoffatom mit denen im eben diskutierten kugelförmigen Elektronenkäfig, so findet man, qualitativ gesehen, fast die gleichen Elektronenwellenfunktionen. Es gibt aber einen wichtigen Unterschied, der sich vor allem auf die quantitativen Werte der Energiezustände und der Elektronenaufenthaltswahrscheinlichkeiten auswirkt. Der Radius eines kugelförmigen Elektronenkäfigs bleibt gleich. Sperrt man ein Elektron in verschiedene Kugeln mit unterschiedlichen Radien, so werden Zustände mit gleicher Quantenzahl umso energieärmer werden, je größer der Kugelradius ist. Genauso wird eine Gitarrensaite bei gleicher Zugspannung einen tieferen Ton geben, wenn man ihre Länge vergrößert. Ein großer Hohlraum wird tiefere Eigenfrequenzen haben als ein kleiner Hohlraum. Alle diese Beobach-

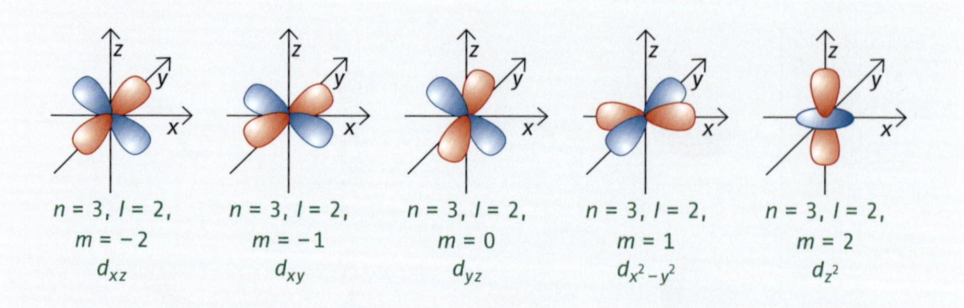

Abb. 2.22 Struktur der fünf verschiedenen *d*-Orbitale im dritten Quantenzustand

tungen werden in einem allgemeinen Prinzip für quantenmechanische Objekte verallgemeinert: Die kinetische Energie eines mikroskopischen Teilchens sinkt mit der Größe seines Bewegungsraums, sofern die potenzielle Energie dieses Teilchens im Bewegungsraum konstant bleibt.

Ein Wasserstoffatom hat aber keinen festen Atomradius. Das Elektron wird durch die elektrostatische Anziehung des Atomkerns in seinem Aufenthaltsraum gehalten. Die Kraft zwischen Elektron und Atomkern ist die elektrostatische Anziehung zwischen gegensätzlichen Ladungen. Diese nimmt mit dem Abstandsquadrat zwischen Elektron und Atomkern ab. In solchen Systemen gilt das **„Virialtheorem"**. Je größer der Bewegungsraum des Elektrons ist, umso kleiner wird seine kinetische Energie und umso langsamer wird sich das Elektron bewegen. Seine potenzielle Energie aber steigt. Sie steigt doppelt so stark an, wie die kinetische Energie absinkt. Daher gewinnt ein Elektron im Wasserstoffatom an Energie, wenn es einen größeren Aufenthaltsraum besetzt und wird damit instabiler. Mit jedem Quantenzustand werden die Elektronenaufenthaltsräume, die **Orbitale**, größer. Man erhält damit ein modifiziertes Energieniveauschema (Abb. 2.23). Außerdem existieren im dritten Quantenzustand noch fünf weitere Zustände, die noch genauer betrachtet werden müssen. Es handelt sich dabei um *d*-Orbitale, die in Abb. 2.22 dargestellt sind. Diese existieren genauso in einem kugelförmigen Elektronenkäfig.

d_{xy}-, d_{xz}- und d_{yz}-Orbitale sind zwischen den Koordinatenachsen in allen drei Raumrichtungen orientiert, das $d_{x^2-y^2}$-Orbital liegt in der *xy*-Ebene auf den Koordinatenachsen. In den drei anderen Raumrichtungen erwartet man dann die Orbitale $d_{z^2-x^2}$ und $d_{z^2-y^2}$. Die Gruppentheorie – es handelt sich dabei um eine Disziplin der Mathematik, die sich auf Symmetrieprobleme anwenden lässt – besagt aber, dass es in einem kugelsymmetrischen Körper auf diesem Quantenzustand nur fünf entartete Zustände geben kann. Folglich vereinigen sich die beiden Orbitale auf folgende Weise:

$$\psi_{d_{z^2}} = \frac{1}{2}\psi_{d_{z^2-x^2}} + \frac{1}{2}\psi_{d_{z^2-y^2}}$$ Gleichung 2.8

Das d_{z^2}-Orbital entsteht durch Addition $d_{z^2-x^2}$- und $d_{z^2-y^2}$-Orbitale (Gleichung 2.8) und hat folgende räumliche Gestalt (Abb. 2.24).

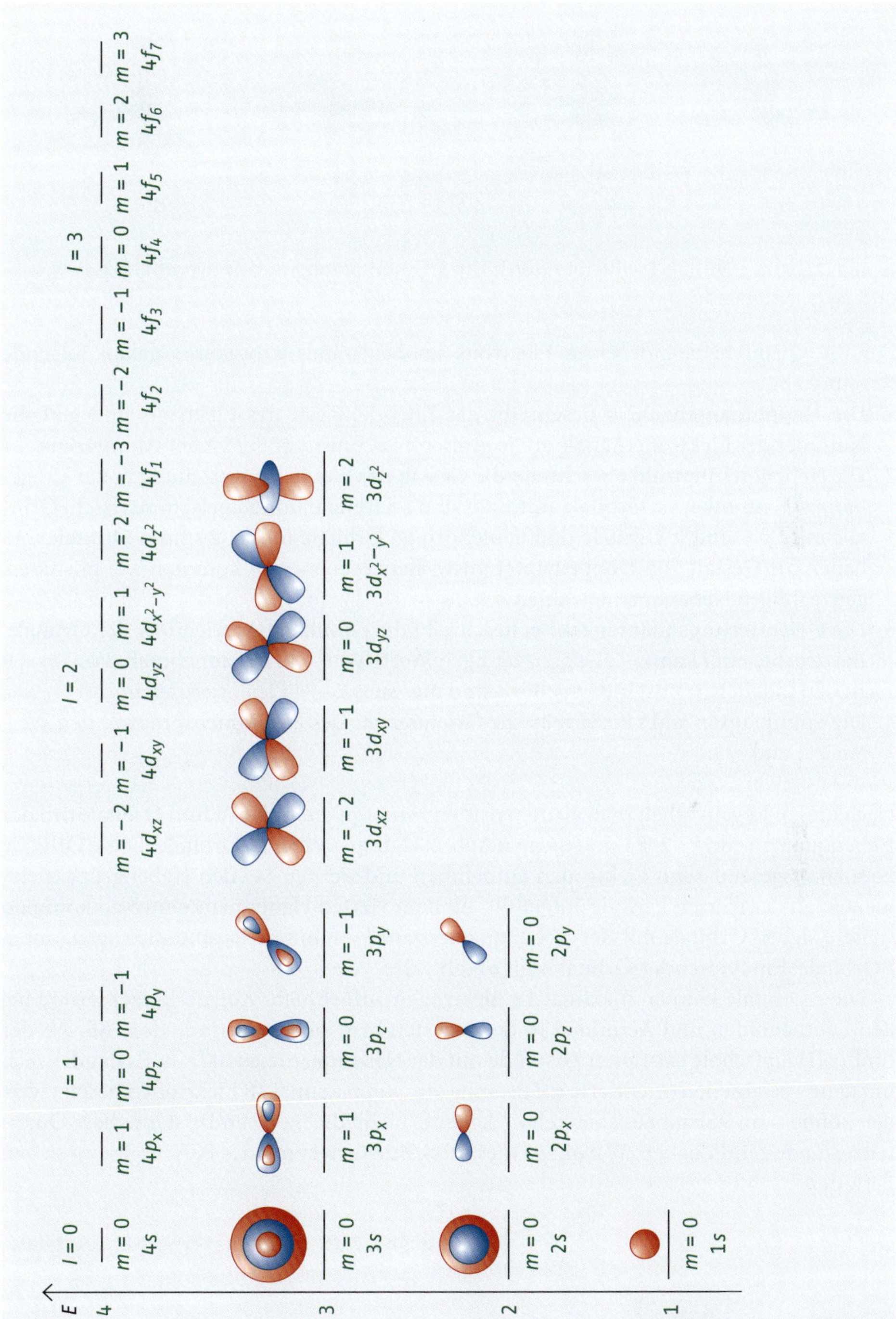

Abb. 2.23 Energieniveauschema für die Bewegungszustände im Wasserstoffatom

2

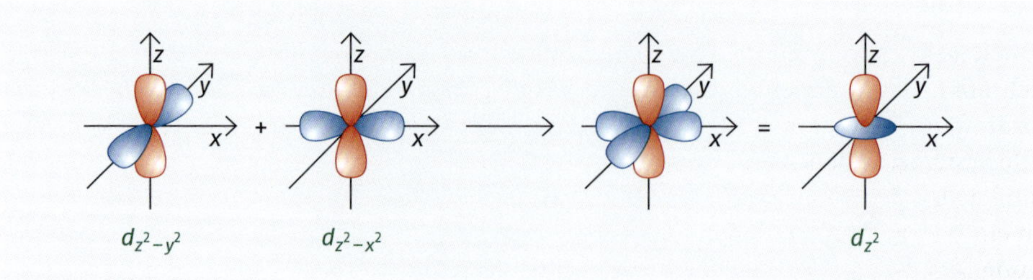

Abb. 2.24 d_{z^2}-Orbital: Es entsteht durch Linearkombination aus den hypothetischen $d_{z^2-y^2}$- und $d_{z^2-x^2}$-Orbitalen.

Für die Quantenzustände eines Elektrons im Feld eines Atomkerns gelten folgende Regeln:

1. Die **Hauptquantenzahl** n beschreibt das Energieniveau des Elektrons und gibt die Nummer der Elektronenschale an. Je größer n ist, umso größer ist der Atomradius.
2. Die **Nebenquantenzahl** l beschreibt die Gestalt der Elektronenverteilung in der Umgebung des Atomkerns. Orbitale mit $l = 0$ sind *s*-Orbitale und kugelsymmetrisch. Orbitale mit $l = 1$ sind *p*-Orbitale und hantelförmig. Orbitale mit $l = 2$ sind *d*-Orbitale und haben die Gestalt von Doppelhanteln usw. Bei gegebenem n kommen alle positiven, ganzzahligen Nebenquantenzahlen mit $0 < l < (n-1)$ vor.
3. Die **Orientierungsquantenzahl** m beschreibt die räumliche Ausrichtung der Orbitale. Bei gegebenem l kann m alle ganzzahligen Werte von $-l$ bis $+l$ annehmen. Weil $m = 0$ zu den möglichen Zuständen gehört, sind dies stets $2l + 1$ Orientierungen.
4. Die **Spinquantenzahl** s beschreibt die Orientierung des Elektronenspins mit den Werten $+½$ und $-½$.

Nach diesen Regeln erhält man ab dem dritten Hauptquantenniveau fünf Orbitale mit der Nebenquantenzahl $l = 2$. Es sind die in Abb. 2.22 dargestellten *d*-Orbitale. Diese Orbitale können insgesamt zehn Elektronen aufnehmen und werden bei den Nebengruppenelementen ab der vierten Periode aufgefüllt. Ab dem vierten Hauptquantenniveau kommen weitere sieben Orbitale mit der Nebenquantenzahl $l = 3$ hinzu. Es sind die sogenannten *f*-Orbitale. Ein typisches *f*-Orbital zeigt Abb. 2.25.

Die *f*-Orbitale können maximal 14 Elektronen aufnehmen. Aufgefüllt werden sie bei den Lanthanoiden und Actiniden in der sechsten bzw. siebten Periode des PSE. Ab der fünften Hauptschale existieren Zustände mit der Nebenquantenzahl $l = 4$. Es handelt sich um neun verschieden orientierte *g*-Zustände, die von maximal 18 Elektronen besetzt werden können. Im PSE gibt es aber keine Elemente mehr, die im Grundzustand diese Quantenzustände gefüllt haben. Warum ist dies so? Schließlich kennt das PSE insgesamt sieben Perioden.

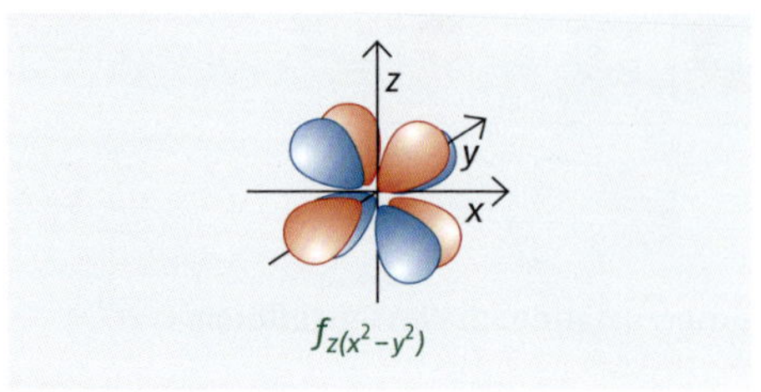

Abb. 2.25 Form eines typischen *f*-Orbitals

2.4.2 Elektronenbewegung in Mehrelektronensystemen

Die Regeln 1. bis 4. für die Quantenzustände im Atom gelten für alle Elemente uneingeschränkt. Das Energieniveauschema in o Abb. 2.23 gilt aber nur für Wasserstoff und wasserstoffähnliche, atomare Systeme. Unter wasserstoffähnlichen Systemen versteht man alle Systeme, in denen ein Atomkern lediglich von einem Elektron umgeben ist. Beispiele sind neben dem neutralen Wasserstoffatom auch die Ionen He^+, Li^{2+}, Be^{3+} usw. Wenn sich in einem Atom aber mehrere Elektronen befinden, dann stören sich diese in ihrer Bewegung gegenseitig. Dies hat vor allem Einfluss auf die Energie der vorhandenen Zustände. Zustände mit gleicher Hauptquantenzahl n, aber unterschiedlicher Nebenquantenzahl l sind dann nicht mehr energiegleich. Beispielsweise das Heliumatom. Im stabilen Grundzustand ist die erste Schale mit zwei Elektronen voll besetzt. Beide Elektronen befinden sich im 1 s-Orbital. Die **Elektronenkonfiguration** ist $1s^2$. Bestrahlt man das Heliumatom mit Licht geeigneter Wellenlänge, so kann ein Elektron aus der Lichtwelle Energie entnehmen und in den nächsthöheren erlaubten Quantenzustand wechseln. Es entsteht ein angeregtes Heliumatom, für das folgende Elektronenkonfigurationen möglich sind: He*(1) $1s^1\ 2s^1 2p^0$ oder He*(2) $1s^1\ 2s^0 2p^1$. Das angeregte He*(2) hat eine höhere Energie als He*(1), da ein Elektron im $2p$-Zustand durch ein Elektron im 1 s-Zustand stärker gestört wird als ein Elektron im $2s$-Zustand. o Abb. 2.26 zeigt den Vergleich der Elektronenaufenthaltswahrscheinlichkeitsfunktionen von $2s$- und $2p$-Orbitalen mit dem 1 s-Grundzustand.

Die Störung höherer Quantenzustände durch besetzte niedrige Quantenzustände führt zu einem modifizierten Energieniveauschema. Der Energieunterschied der Zustände nimmt mit steigender Nebenquantenzahl zu, mit steigender Hauptquantenzahl aber ab. Die Folge ist, dass die Auffächerung der Nebenquantenenergien bei immer dichter beieinanderliegenden Hauptquantenenergien dazu führt, dass die $3d$-Zustände energetisch über dem $4s$-Zustand liegen. Daher treten die Nebengruppenelemente nicht in der dritten Periode, sondern erst in der vierten Periode auf. Die $4f$-Orbitale sind energiereicher als das $6s$-Orbital. Daher beobachtet man die Lanthanoiden-Elemente nicht in der vierten Periode, sondern erst in der sechsten Periode.

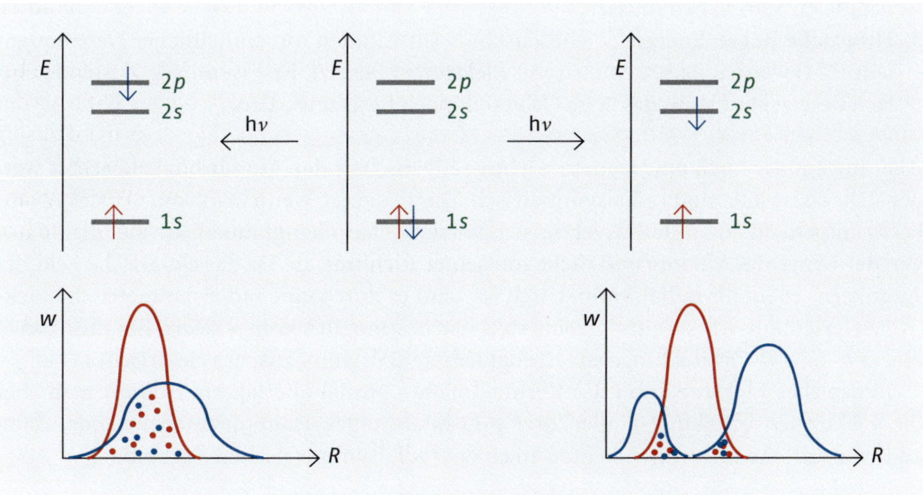

o **Abb. 2.26** Störung der $2s$- und $2p$-Zustände durch einen besetzten $1s$-Zustand

2

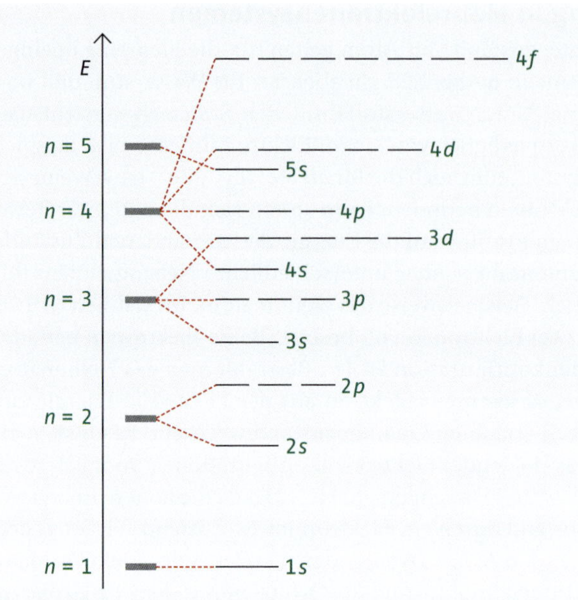

Abb. 2.27 Energieniveauschema der atomaren Quantenzustände in Atomen mit mehreren Elektronen

Die Elektronenkonfiguration der chemischen Elemente beschreibt man oft mit einem Kästchenschema. Dabei wird jedes Orbital mit einem Kästchen dargestellt und entsprechend seiner energetischen Lage angeordnet. Aus dem Energieniveauschema in Abb. 2.27 erhält man die in Abb. 2.28 angegebene Kästchenanordnung. Die Elektronen werden ihrem Spinzustand entsprechend eingetragen.

Die Besetzung der vorhandenen Quantenzustände in einem Atom erfolgt nach folgenden Prinzipien:

1. **Energieprinzip:** Energiearme Zustände werden vor energiereichen Zuständen mit Elektronen besetzt.
2. **Pauli-Prinzip:** Jedes Orbital kann mit zwei Elektronen besetzt werden, die dann antiparallelen Spin haben müssen.
3. **Hundsche Regel:** Energiegleiche Zustände (in Atomen mit einheitlicher Nebenquantenzahl *l*) werden zuerst einfach mit Elektronen besetzt. Erst wenn alle Zustände einfach besetzt sind kann das erste Orbital doppelt besetzt werden.

Allerdings muss noch eine weitere wichtige Eigenschaft der Atomorbitale beachtet werden: Alle *s*-Orbitale sind radialsymmetrisch. Das bedeutet, wenn man vom Ort des Atomkerns ausgehend einen Radiusvektor sich vorstellt, dann hängt die Elektronendichte nur von der Länge des Vektors und nicht von seiner Richtung ab. Da das elektrische Feld des Atomkerns ebenfalls radialsymmetrisch ist, wird es durch eine radialsymmetrische Elektronenverteilung, wie sie ein *s*-Orbital stets hat, bestmöglich kompensiert. Ein Elektron in einem *p*- oder *d*-Orbital hingegen erzeugt kein radialsymmetrisches elektrisches Feld.

Ein solches Elektron kann das Kernfeld nicht optimal überlagern. Addiert man aber die Elektronenverteilungen aller drei *p*-Orbitale eines Hauptquantenzustands, dann addieren sich die Elektronendichten zu einem radialsymmetrischen Zustand:

$$\psi^2_{(p_x)} + \psi^2_{(p_y)} + \psi^2_{(p_z)} = f_{(\mathrm{R})}$$ Gleichung 2.9

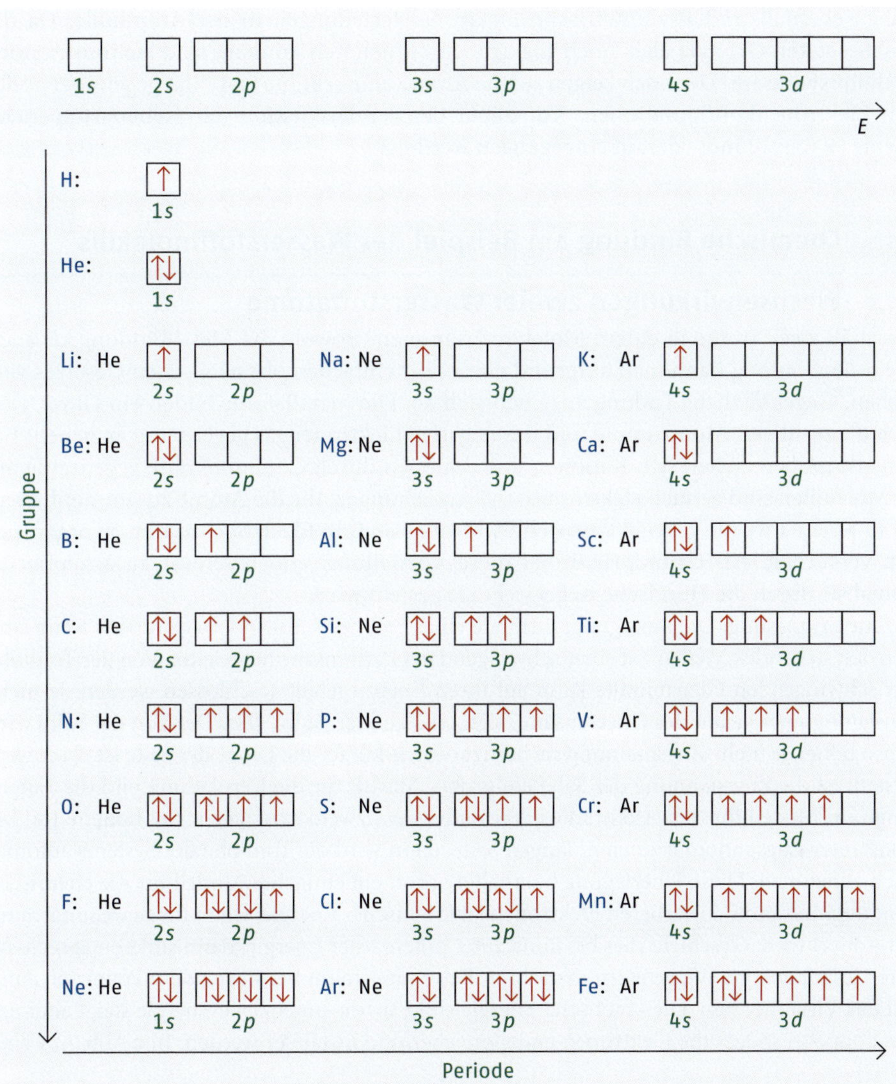

o Abb. 2.28 Elektronenkonfigurationen der Elemente in den ersten drei Perioden. In der vierten Periode kommen die Nebengruppenelemente dazu.

Da die *s*-Orbitale auch radialsymmetrisch sind, ergibt die Überlagerung von einem *s*-Orbital mit den drei *p*-Zuständen p_x, p_y und p_z ebenfalls einen radialsymmetrischen Zustand. Sind die *s*- und die drei *p*-Zustände mit Elektronenpaaren voll besetzt, dann liegt ein Elektronenoktett vor. Ein solches Elektronenoktett ist typisch für die Elektronenkonfiguration von Edelgasen. Diese Elektronenkonfiguration ist wegen ihrer radialsymmetrischen Eigenschaft ein sehr stabiler Zustand. Das Kernfeld wird dort maximal kompensiert. Die Überlagerung der fünf verschiedenen *d*-Orbitale ergibt ebenfalls einen radialsymmetrischen Zustand. Alle Edelgase haben ebenfalls entweder vollbesetzte oder leere *d*-Orbitale. Atome mit halbbesetzen Orbitalen wie z. B. Stickstoff, Phosphor und Mangan haben ebenfalls radialsymmetrische Elektronenverteilungen in der Atomhülle. Da die halbbesetzten Orbitale aber noch Elektronen aufnehmen können, sind sie immer noch reaktionswirksam. Dennoch zeigen solche Atome eine erhöhte Stabilität gegenüber anderen Elektronenkonfigurationen. Vor allem bei der Diskussion der Nebengruppenelemente (▸ Kap. 7) muss darauf eingegangen werden.

2.5 Chemische Bindung am Beispiel des Wasserstoffmoleküls

2.5.1 Wechselwirkungen zweier Wasserstoffatome

Was hält zwei Atome in einem Molekül zusammen? Sowohl die Metallbindung als auch die Ionenbindung kann man aufgrund eines sehr einfachen physikalischen Gesetzes verstehen. Gegensätzliche Ladungen ziehen sich an. Die Metallatome bilden ein Gitter, weil sich die positiven Atomrümpfe und das negative Elektronengas gegenseitig anziehen. Bei Ionenkristallen ziehen sich Kationen und Anionen durch Coulombkräfte gegenseitig an. In Molekülen sind es auch elektrostatische Anziehungen, die die Atome zusammenhalten.

In ▸ Kap. 1 wurde gezeigt, dass sich Elektronen stets in Elektronenpaaren zu organisieren versuchen. Als Grundprinzip ist diese Vorstellung jedoch schwer zu akzeptieren, zumal sie durch die Hundsche Regel in Frage gestellt wird.

Zur Erinnerung: Die Bewegungszustände eines Elektrons im eindimensionalen Käfig sind von den stehenden Wellen auf einer schwingenden Gitarrensaite hergeleitet. Von der Tonhöhe der schwingenden Gitarrensaite kann auf ihren Energiegehalt geschlossen werden. Je mehr Bewegungsenergie auf der Gitarrensaite liegt, umso höher ist ihr Ton. Der Ton der Saite wird umso höher, je mehr Zugspannung sie besitzt oder je kürzer die Länge der Saite ist. In diesem System ist die Zugspannung der Saite ein grobes Modell für die Kernladung und die Saitenlänge ein Modell für den Atomradius. Verbindet man zwei kurze Saiten mit hohem Ton bei konstanter Zugspannung zu einer langen Saite, dann wird die Tonhöhe des Systems automatisch abnehmen. Diese Überlegung beinhaltet schon ein einfaches Modell für die chemische Bindung. Bekanntlich verlieren Elektronen an kinetischer Energie, wenn ihr Bewegungsraum vergrößert wird. Geschieht dies bei konstanter potenzieller Energie, dann sinkt entsprechend ihre Gesamtenergie. Vergrößern man ihren Bewegungsraum bei steigendem Potenzial, dann gilt das Virialtheorem. Die kinetische Energie sinkt ab, die potenzielle Energie steigt aber um das doppelte, sodass die Elektronen energiereicher und instabiler werden. In ○ Abb. 2.29 sind

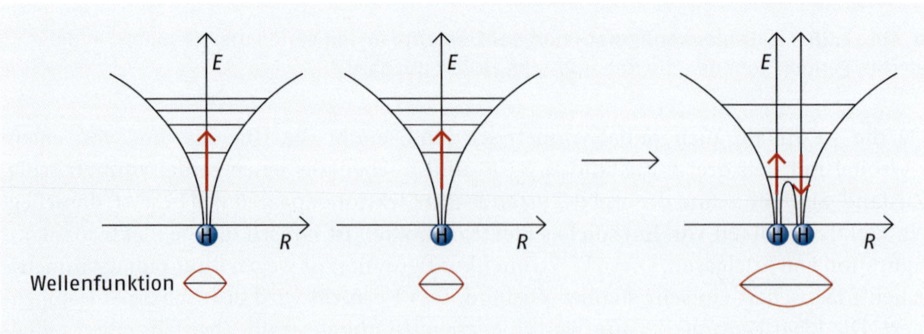

○ **Abb. 2.29** Potenzialfunktionen zweier Wasserstoffatome, die sich zu einem Wasserstoffmolekül überlagern.

die **Potenzialfunktionen** für zwei Wasserstoffatome dargestellt. Für diese Potenzialfunktion wird die potenzielle Energie eines Elektrons in Abhängigkeit vom Betrag eines Radiusvektors aufgetragen. Die Richtung des Radiusvektors ist in einem kugelsymmetrischen Atom unerheblich. In diese Potenzialfunktionen sind die diskreten Gesamtenergiezustände der Elektronen im Wasserstoffatom eingetragen. Betrachtet man zwei Wasserstoffatome, so können diese mit zwei kurzen gespannten Saiten verglichen werden (siehe oben). Nähern sich die Wasserstoffatome, so überlagern sich ihre Potenzialfunktionen. An den äußeren Rändern steigt die potenzielle Energie der Elektronen mit dem Abstand an. Zwischen den Atomkernen überlagern sich deren Felder und es entsteht lediglich ein kleiner Potenzialhügel.

Die Wirkung ist so, als wären zwei kleine kugelförmige Elektronenkäfige zu einem größeren, ovalen Elektronenkäfig vereinigt worden. Die potenzielle Energie der Elektronen steigt nur geringfügig, die kinetische Energie sinkt aber stark ab. Es entsteht ein energieärmerer und daher stabilerer Zustand. Es braucht Arbeit, um ihn wieder zu zerstören.

Eine anschaulichere Vorstellung wäre: Nähern sich zwei Wasserstoffatome so weit an, dass sich ihre Atomhüllen durchdringen, dann überlagern sich die Aufenthaltswahrscheinlichkeiten der Elektronen beider Atome. Es entsteht eine Zone hoher Elektronendichte zwischen den Kernen. Ihr elektrisches Feld zieht die Wasserstoffkerne an. Die Kerne stoßen sich gegenseitig ab. Dadurch entsteht ein Gleichgewichtsabstand beider Kerne, der nur mit Kraftaufwand verändert werden kann. ○ Abb. 2.30 illustriert diese Vorstellung.

In Atomen organisieren sich Elektronen zu Elektronenpaaren, weil die Überlagerung der Elektronendichte von vier Atomorbitalen eine kugelsymmetrische Ladungsverteilung um den Atomkern erlaubt. Die Organisation der Elektronen in vier Elektronenpaaren nutzen die Besetzungsmöglichkeiten der Elektronen in den Atomzuständen dabei am besten aus. Da Moleküle keine Kugelgestalt mehr haben, wird dort eine kugelsymmetrische Ladungsverteilung auch nicht mehr angestrebt. Die Kernfelder werden am besten kompensiert, wenn sich zwischen den Atomkernen Zonen hoher Elektronendichten aufbauen. Elektronenpaare leisten dies bei bester Ausnutzung der Elektronenbesetzungsmöglichkeiten.

Nachdem dies das Zustandekommen chemischer Bindungen im Prinzip erklärt, muss man jetzt leistungsfähige Methoden zu ihrer Beschreibung entwickeln. Glücklicherweise gibt es zwei Konzepte, von denen man aus den Atomzuständen auf die Molekülzustände schließen kann. Es sind dies die Valenzbindungstheorie und die Molekülorbitaltheorie. Beide Theorien arbeiten nach etwas anderen Konzepten, kommen aber im Rahmen ihrer Näherungsvorstellungen zu den gleichen Ergebnissen.

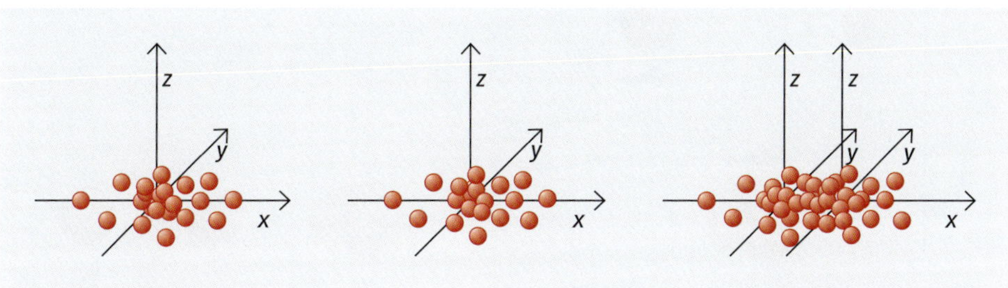

○ **Abb. 2.30** Überlagerung der Elektronendichten von zwei Wasserstoffatomen in einem Wasserstoffmolekül

2.5.2 Molekülorbitaltheorie

Bei zwei Wasserstoffatomen, deren Elektronen sich jeweils im Grundzustand befinden, wird die Bewegung des Elektrons im ersten Wasserstoffatom $H_{(1)}$ durch $\psi_{1sH_{(1)}}$, die Bewegung des Elektrons im zweiten Wasserstoffatom $H_{(2)}$ durch $\psi_{1sH_{(2)}}$ beschrieben. Nähern sich die Wasserstoffatome so, dass sich ihre Atomhüllen gegenseitig durchdringen, dann erhält man zwei neue Bewegungszustände, ψ_{MO} und ψ^*_{MO}, die über eine **Linearkombination** der beiden Atomzustände berechnet werden können. Unter einer Linearkombination versteht man eine Vermischung beider Zustände nach mathematischen Regeln. Dabei entstehen aus n Atomorbitalen immer auch die gleiche Zahl n Molekülorbitale, sodass die Atomorbitale vollständig in den Molekülorbitalen aufgegangen sind. Die Bedingungen für diese Orbitalvermischung heißen **Normierung** und **Orthogonalität**. Die beiden Molekülorbitale lassen sich mathematisch dann folgendermaßen darstellen:

$$\psi_{MO} = a\,\psi_{(1sH_1)} + b\,\psi_{(1sH_2)} \quad \text{und} \quad \psi^*_{MO} = a\,\psi_{(1sH_1)} - b\,\psi_{(1sH_2)} \qquad \text{Gleichung 2.10}$$

Die Elektronen im Molekülorbital ψ_{MO} sind energieärmer als die Elektronen in den Atomorbitalen $\psi_{1sH_{(1)}}$, $\psi_{1sH_{(2)}}$ und als die Elektronen im Molekülorbital ψ^*_{MO}. Das Molekülorbital ψ_{MO} wird als bindendes Molekülorbital bezeichnet. Ist es mit Elektronen besetzt, dann werden beide Wasserstoffatome zusammengehalten und das Molekül wird als System stabilisiert. Die Parameter a und b in ○ Gleichung 2.10 sind die Linearkombinationskoeffizienten. Sie können aus den Bedingungen für Normierung und Orthogonalität berechnet werden. Das Molekülorbital ψ^*_{MO} wird als antibindendes Molekülorbital bezeichnet. Elektronen in diesem Orbital sind energiereicher als in den Atomorbitalen. Jedes Elektron im antibindenden Molekülorbital lockert die Bindung im Molekül und macht das Molekül instabiler. ○ Abb. 2.31 zeigt das Energieniveaudiagramm für die ersten beiden Quantenzustände (links) sowie die Gestalt der Molekülorbitale (rechts) des Wasserstoffmoleküls. Das Energieniveaudiagramm wird als **Molekülorbitalschema (MO-Schema)** bezeichnet.

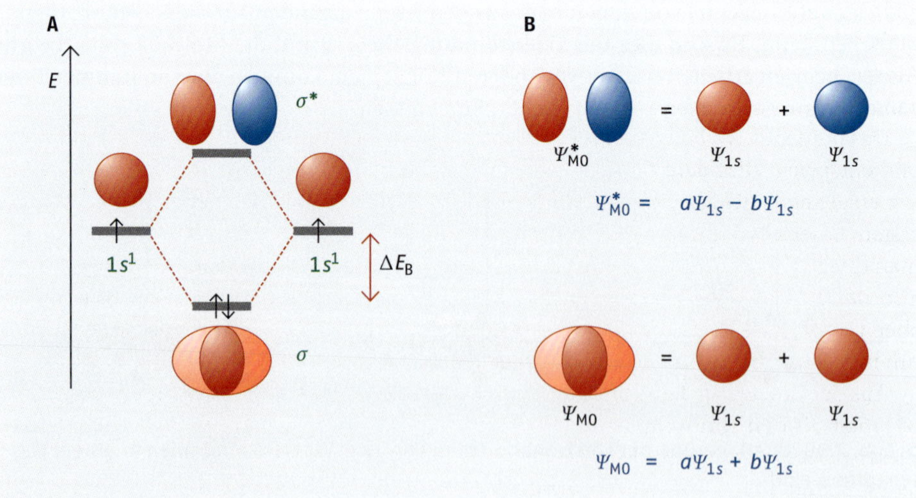

○ **Abb. 2.31** Molekülorbitalschema für ein Wasserstoffmolekül (A) und die dazugehörigen Atom- und Molekülorbitale (B)

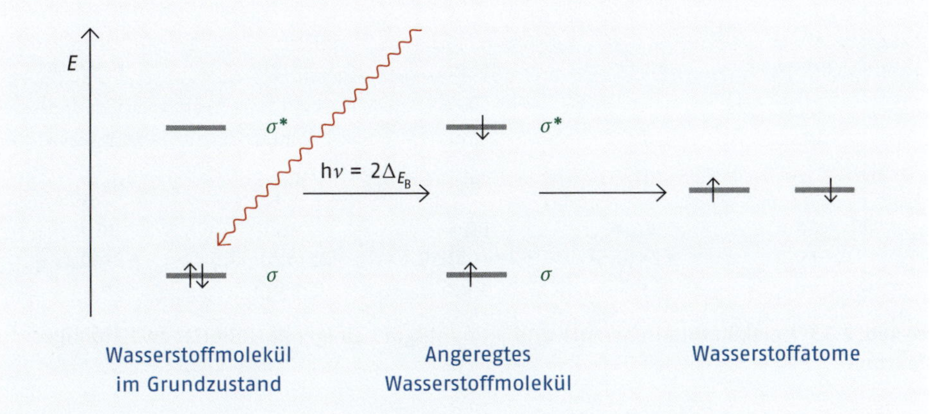

Abb. 2.32 Photochemisch induzierte Dissoziation eines Wasserstoffmoleküls

Beide Molekülorbitale, sowohl das bindende als auch das antibindende, kommen durch Überlagerung der beiden Atomorbitale zustande. Das bindende MO entsteht durch Überlagerung beider Atomorbitale mit gleicher Phase der Wellenfunktion. Alle Teile der Wellenfunktion verstärken sich dadurch und die Elektronendichte zwischen den Kernen wird erhöht. Das antibindende MO kommt durch Überlagerung beider Atomorbitale in Gegenphase zustande. Die Atomorbitale löschen sich dadurch gegenseitig aus und zwischen den Kernen entsteht eine Zone, in der sich keine Elektronen mehr aufhalten. Beide Molekülorbitale sind rotationssymmetrisch um die Kernverbindungslinie. Solche Zustände werden σ-Zustände genannt. Die Energiedifferenz zwischen dem Elektron im Atomorbital und dem Elektron im bindenden Molekülorbital ΔE_B gibt die Bindungsenergie an. Sie ist ein Maß für die Stärke der Bindung zwischen den Atomen. Wird das Wasserstoffmolekül mit energiereichem Licht bestrahlt, dessen Photonenenergie $2\,\Delta E_B$ beträgt, kann ein Elektron vom bindenden MO in das antibindende MO gehoben werden. Das verbleibende Elektron versucht, die beiden Wasserstoffatome zusammenzuhalten. Das Elektron im antibindenden MO lockert den Zustand aber in derselben Weise. Beide Atome können sich ohne Aufwand von Arbeit voneinander trennen. Auf diese Weise kann energiereiches Licht die Spaltung von Molekülen bewirken (Abb. 2.32).

Das bindende MO beschreibt den Grundzustand des Wasserstoffmoleküls. Im Wellenbild entspricht dies dem Grundton der Elektronenbewegung. Das antibindende MO ist der erste angeregte Zustand. Im Wellenbild entspricht dies dem ersten Oberton oder der ersten Oberschwingung der Elektronenbewegung. Weitere Oberschwingungen erhält man durch Kombination der Atomorbitale des Wasserstoffs im zweiten Quantenzustand, also der $2s$- und $2p$-Orbitale, zu Molekülorbitalen. Diese angeregten Zustände spielen aber gerade beim Wasserstoffmolekül praktisch keine Rolle, weil ihre Besetzung selbst mit nur einem Elektron den sofortigen Zerfall des Wasserstoffmoleküls zur Folge hätte.

Aus der Besetzung der im MO-Schema ausgewiesenen Zustände mit Elektronen ermittelt man oft den **Bindungsgrad** eines Teilchens. Hierzu dient folgendes Konzept: Jedes Elektron in einem bindenden MO trägt mit +(½) zum Bindungsgrad des Moleküls bei. Jedes Elektron in einem antibindenden MO trägt mit –(½) zum Bindungsgrad des Moleküls bei. Man erhält dann den Bindungsgrad des Teilchens, wenn die Beiträge der Elektronen zum Bindungsgrad addiert werden.

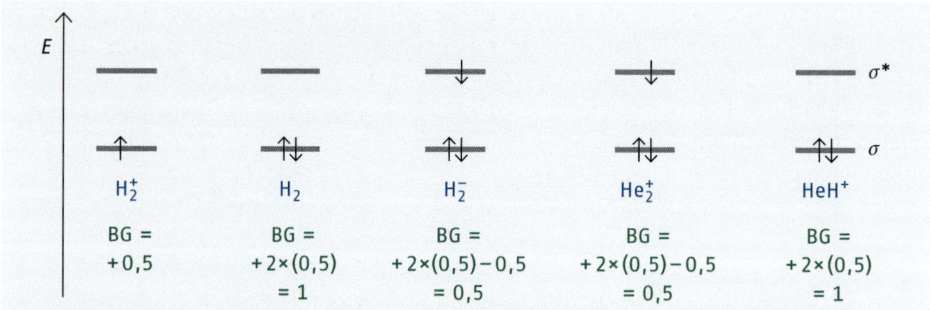

Abb. 2.33 Molekülorbitalschemata und Bindungsgrad einiger postulierter zweiatomiger Teilchen

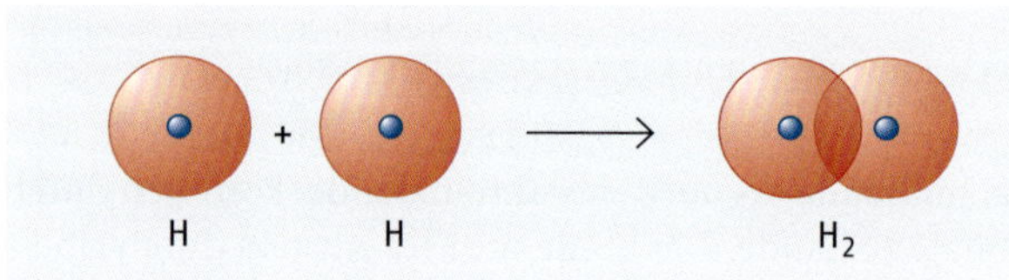

Abb. 2.34 Beschreibung des Wasserstoffmoleküls nach der Valenzbindungstheorie

Im ersten atomaren Quantenzustand sind eigentlich nur die Elemente H und He aktiv. Aus diesen Atomen lassen sich aber durchaus zweiatomige Aggregate bilden. Wird beispielsweise durch Elektronenbeschuss aus einem Wasserstoffmolekül ein Elektron entfernt, so entsteht ein Wasserstoffmolekül-Ion $H^+_{(2)}$. Fängt ein Wasserstoffmolekül bei Elektronenbeschuss ein Elektron ein, dann erhält man ein Wasserstoffmolekül-Ion $H^-_{(2)}$. Die Anlagerung eines Helium-Ions an ein Heliumatom führt zur Bildung eines Teilchens der Zusammensetzung $He^+_{(2)}$. Ebenso kann ein Heliumatom ein Proton einfangen und es entsteht HeH^+. Alle diese Teilchen sind zu instabil, um sie in einer Verbindung isolieren zu können. Vielleicht sind sie in einem heißen, verdünnten Gas eine Zeit lang existenzfähig? Dazu formuliert man die MO-Schemata und berechnet den Bindungsgrad (Abb. 2.33).

Alle postulierten Teilchen mit einen Bindungsgrad von >0 haben zumindest eine kurze Zeit existieren können. Ein Molekül wie He_2 hätte aber sowohl im bindenden als auch im antibindenden MO zwei Elektronen und damit den Bindungsgrad (BG):

$$BG = 2 \cdot 0{,}5 - 2 \cdot 0{,}5 = 0$$

Die Atome in einem Heliummolekül können sich ohne Aufwand von Arbeit trennen, wie die Wasserstoffatome im angeregten Wasserstoffmolekül. Ein solches Molekül ist also nicht existenzfähig.

2.5.3 Valenzbindungstheorie

Das MO-Verfahren erlaubt, die Quantenzustände im Molekül sowohl im Grundzustand als auch in den angeregten Zuständen zu ermitteln. Die Atomorbitale des Wasserstoffs waren dabei die Ausgangsbausteine. Aus ihnen werden im Wasserstoffmolekül die Molekülorbitale gebildet.

Das zweite Verfahren zur Beschreibung der chemischen Bindung ist eine ältere Methode, die als Valenzbindungstheorie (VB-Theorie) bekannt ist. In diesem Fall geht man davon aus, dass die Atomorbitale im Molekül erhalten bleiben und die Bindung durch Überlappung dieser Atomorbitale entsteht. Das Wasserstoffmolekül ist damit eine Überlagerung zweier Wasserstoffatome. Abb. 2.34 veranschaulicht dieses Konzept.

Die Bindung ist umso stärker, je größer die Überlappungszone (dunkelrot in ◦ Abb. 2.34) ist. Betrachtet man die Elektronenverteilung im Wasserstoffmolekül, wie sie sich aus der VB-Methode ergibt, dann erhält man fast das gleiche Bild wie für das bindende MO in ◦ Abb. 2.31. So verhält es sich in der Regel auch bei fast allen anderen Beispielen. Die VB-Methode besticht durch ihre Einfachheit. Sie ist aber bei der Beschreibung angeregter Zustände und bei der Beschreibung der Bindungsverhältnisse mancher großer, ungesättigter Moleküle der MO-Methode unterlegen.

2.6 Molekülorbitalschemata zweiatomiger Moleküle

2.6.1 Räumliche Wechselwirkungen zwischen den Atomorbitalen

Das Wasserstoffmolekül ist das einfachste stabile Molekül, das in der Natur vorkommt. Die nächsten anspruchsvolleren Beispiele findet man bei den zweiatomigen Elementmolekülen, oder zweiatomigen Verbindungen, die dazu **isoelektronisch** sind. Beispielsweise das F_2-Molekül, das aus zwei Fluoratomen besteht. Die Elektronenkonfiguration von Fluor wird folgendermaßen angeben:

F: $1s^2\ 2s^2\ 2p^5$ oder in Kästchenschreibweise:

F: 1s [↑↓] 2s [↑↓] 2p [↑↓ | ↑↓ | ↑]

Man betrachtet zwei isolierte Fluoratome; dabei interessieren nur die Valenzelektronen für die gilt $n = 2$. Beide Fluoratome sollen sich auf einer gemeinsamen x-Achse aufeinander zubewegen. Welche Orbitale werden dann wie miteinander in Wechselwirkung treten (◦ Abb. 2.35)?

Jede Wechselwirkung zwischen den Atomorbitalen der beiden Bindungspartner führt zu einem bindenden und einem antibindenden Molekülorbital. Die Wechselwirkungen

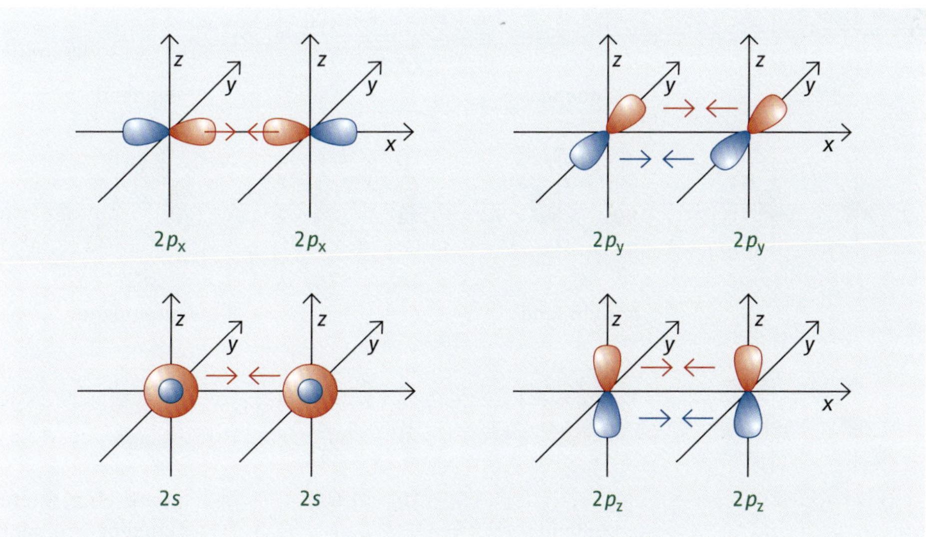

◦ **Abb. 2.35** Räumliche Orientierung der Atomorbitale zweier Atome, die sich auf einer gemeinsamen x-Achse aufeinander zubewegen

zwischen 2 s und 2 s (2 s–2 s) sowie zwischen $2p_x$ und $2p_x$ ($2p_x$–$2p_x$) führen dabei zu Molekülorbitalen, die symmetrisch zur Kernverbindungslinie sind. Solche Zustände werden als σ-Zustände bezeichnet. Die Wechselwirkungen $2p_y$–$2p_y$ und $2p_z$–$2p_z$ führen zu Molekülorbitalen, die nicht symmetrisch zur Kernverbindungslinie sind, die π-Zustände. Die Gestalt der Molekülorbitale sowie ihre Entstehung durch Linearkombination der Atomorbitale zeigt ◘ Abb. 2.36.

Beim Vergleich der π_1-, π_2-sowie π_1^*- und π_2^*-Molekülorbitale wird ersichtlich, dass man beide Orbitalpaare ineinander überführen kann, wenn diese eine Drehung um 90° um die Zylinderachse ausführen. Da die Zylinderachse (die x-Achse) eine Drehachse des ganzen Moleküls ist, müssen die beiden Zustände untereinander jeweils die gleiche Energie haben. Sie sind entartet. In zylinderförmigen Molekülen können aber nur π-Zustände entartet sein. Die Molekülorbitale mit σ-Symmetrie können nicht entartet sein, sie sind untereinander energieverschieden. Die Bindungsenergie hängt empfindlich von der Größe der Überlappungszone der beiden Atomorbitale ab. Da die Atomorbitale, die frontal überlappen und damit σ-Molekülorbitale bilden können, wesentlich größere Überlappungszonen bilden als die p-Orbitale, die seitlich überlappen und π-Molekülorbitale bilden, ist die energetische Aufspaltung zwischen bindenden und anti-bindenden

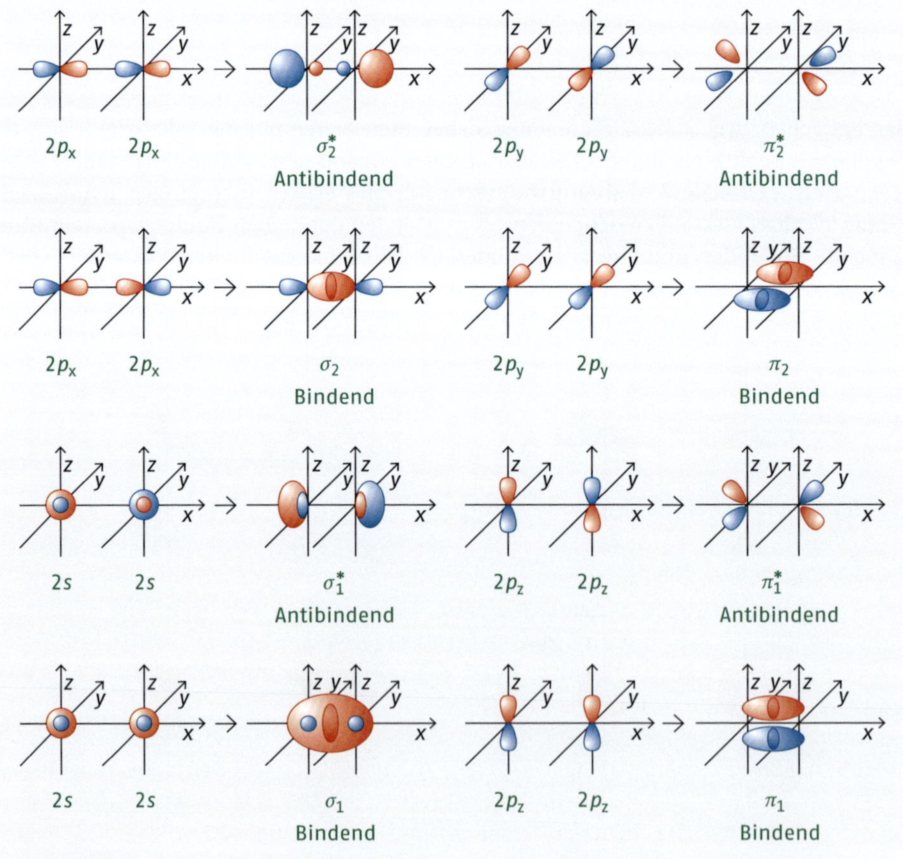

◘ **Abb. 2.36** Entstehung der Molekülorbitale in einem zweiatomigen Elementmolekül

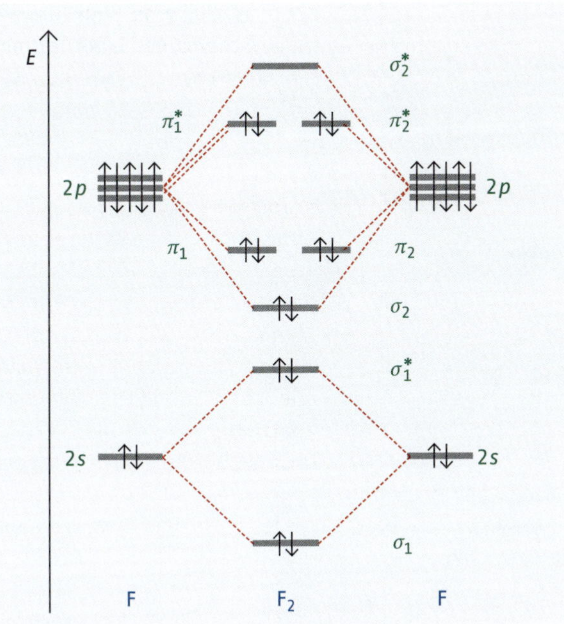

o Abb. 2.37 Molekülorbitalschema des Fluormoleküls

σ-Molekülorbitalen wesentlich größer als die zwischen bindenden und anti-bindenden π-Molekülorbitalen. Für das Fluormolekül erhält man daher folgendes Energieniveauschema (Abb. 2.37).

Jedes Fluoratom bringt sieben Valenzelektronen in das Fluormolekül ein. Diese insgesamt 14 Elektronen werden im Energieniveauschema nach dem Energieprinzip, dem Pauli-Prinzip und der Hund'schen Regel besetzt. Alle Zustände – bis auf das antibindende *p*-*p*-σ-Molekülorbital – werden mit Elektronen besetzt: acht Elektronen in bindenden und sechs Elektronen in antibindenden Molekülorbitalen. Dies ergibt einen Bindungsgrad von:

$$\text{BG} = 8\left(\frac{1}{2}\right)_{\text{bindend}} - 6\left(\frac{1}{2}\right)_{\text{antibindend}} = 1$$

2.6.2 Magnetische Eigenschaften am Beispiel von Fluor und Sauerstoff

Für die Diskussion des Sauerstoffmoleküls (O_2) kann das Energieniveauschema aus o Abb. 2.37 einfach übernommen werden. Jedes Sauerstoffatom bringt sechs Elektronen in den Molekülzustand mit ein. Das MO-Schema ist daher nur mit zwölf Elektronen (o Abb. 2.38) besetzt. Das Sauerstoffmolekül weist jedoch eine Besonderheit auf. Es beherbergt zwei ungepaarte Elektronen.

Moleküle mit ungepaarten Elektronen werden **Radikale** genannt. Sie verraten sich durch besondere magnetische Eigenschaften. Wie in o Abb. 2.9 (▸ Kap. 2.1.4) gezeigt, verhalten sich einzelne Elektronen wie Magnetnadeln. Sie bauen ein magnetisches Feld in ihrer Umgebung auf, das einen permanenten Nord- und Südpol besitzt.

Im Fluormolekül sind alle Elektronen gepaart. Jedes Orbital ist mit zwei Elektronen besetzt, die einen gegensätzlichen Spin-Zustand haben. Die Magnetfelder aller Elektro-

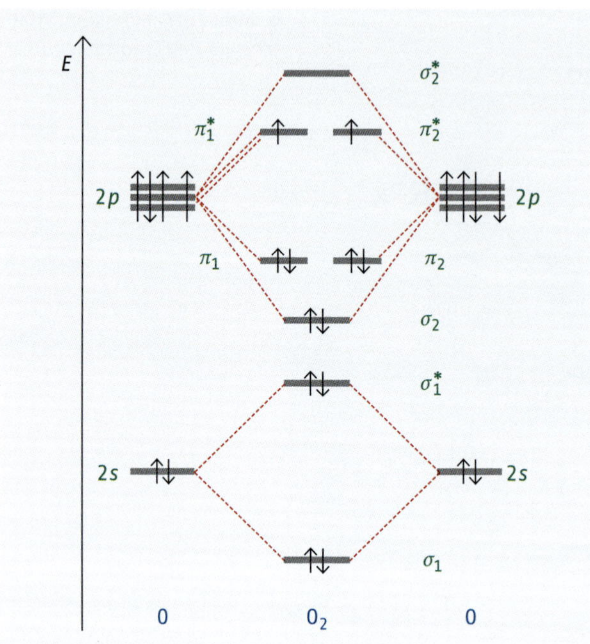

Abb. 2.38 Molekülorbitalschema des Sauerstoffmoleküls O_2

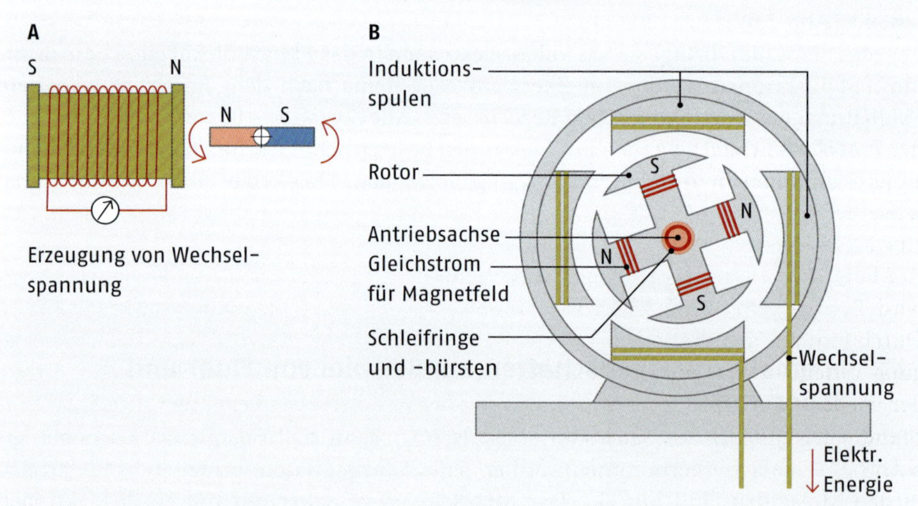

Abb. 2.39 Durch magnetische Induktion entsteht in der Spule eine Spannung, die einen elektrischen Strom erzeugt (A). Anwendung findet dieses Prinzip beim Wechselstromgenerator (B).

nen kompensieren sich damit und das Molekül erscheint nach außen hin unmagnetisch. Dennoch besitzt es magnetische Eigenschaften. Ein kleines physikalisches Experiment soll das verdeutlichen (Abb. 2.39).

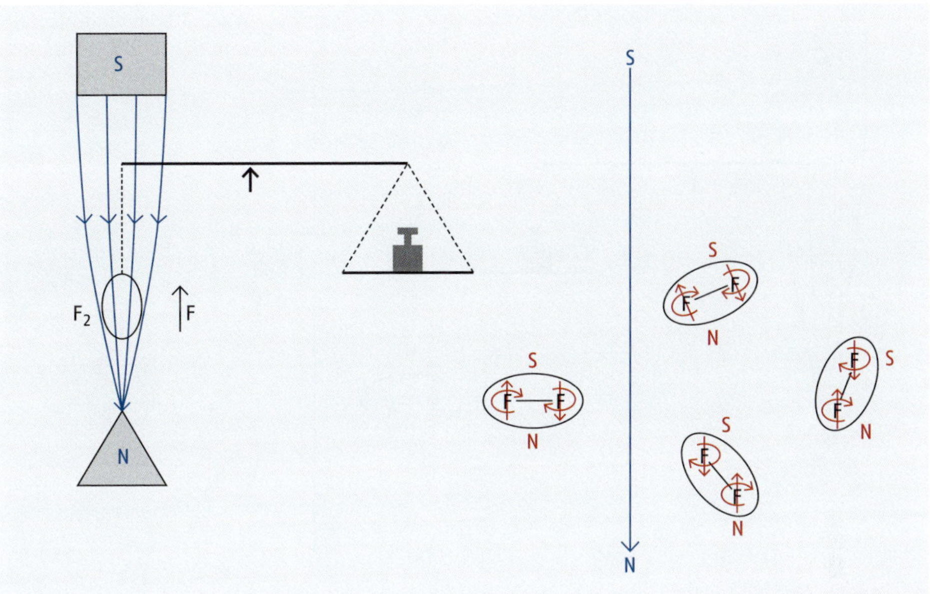

o Abb. 2.40 Diamagnetischer Effekt von nichtradikalischem Fluor im inhomogenen magnetischen Feld

Dazu wickelt man einen Kupferdraht zu einer Spule und bewegt einen Permanentmagneten vor dieser Spule. Ein rotierender Permanentmagnet wird in der Spule ein sich änderndes Magnetfeld erzeugen. Durch Induktion entsteht in der Spule eine Wechselspannung, die einen Wechselstrom erzeugt. Dieser Wechselstrom erzeugt in der Spule wieder ein Magnetfeld, das dem äußeren Magnetfeld stets entgegensteht. Diese Erscheinung ist in der Physik als **Lenzsche Regel** bekannt. Befindet sich nichtradikalische Materie in einem äußeren inhomogenen Magnetfeld, dann spielt sich ein ähnlicher Prozess ab. Beispielsweise befüllt man eine Ampulle mit Fluorgas und hängt diese Ampulle im Vakuum an eine Magnetwaage (o Abb. 2.40).

Man beobachtet, dass die Fluorampulle aus dem äußeren Magnetfeld herausgedrängt wird. Die Ampulle wird leichter, weil sie der Zone der hohen Magnetfeldstärke ausweicht. Durch Induktion entsteht eine Spannung, die den Fluorelektronen eine zusätzliche Bewegung verleiht. Diese zusätzliche Elektronenbewegung wirkt wie ein elektrischer Strom, der wieder ein Magnetfeld erzeugt, das dem äußern Feld, der Lenzschen Regel entsprechend, entgegensteht. Dieser Effekt wird **diamagnetischer Effekt** genannt und kann bei jeder Substanz beobachtet werden, deren kleinste Teilchen Elektronen nur im gepaarten Zustand enthalten. Dies ist bei den allermeisten Substanzen in der Natur der Fall, man nennt diese Substanzen dann diamagnetisch. Der diamagnetische Effekt ist sehr schwach, aber dennoch leicht nachweisbar.

Wiederholt man das Experiment mit einer Sauerstoffampulle, so beobachtet man genau die entgegengesetzte Kraftwirkung. Die Ampulle wird schwerer und wird in die Zone des größeren Magnetfelds hineingezogen. Warum dies so ist zeigt o Abb. 2.41.

Der Spin der ungepaarten Elektronen verleiht jedem Sauerstoffmolekül ein permanentes magnetisches Feld. Im äußeren Magnetfeld versucht sich dieses Molekülfeld parallel zum äußeren Magnetfeld einzustellen. Die Ausrichtung wird zwar durch die Wärmebe-

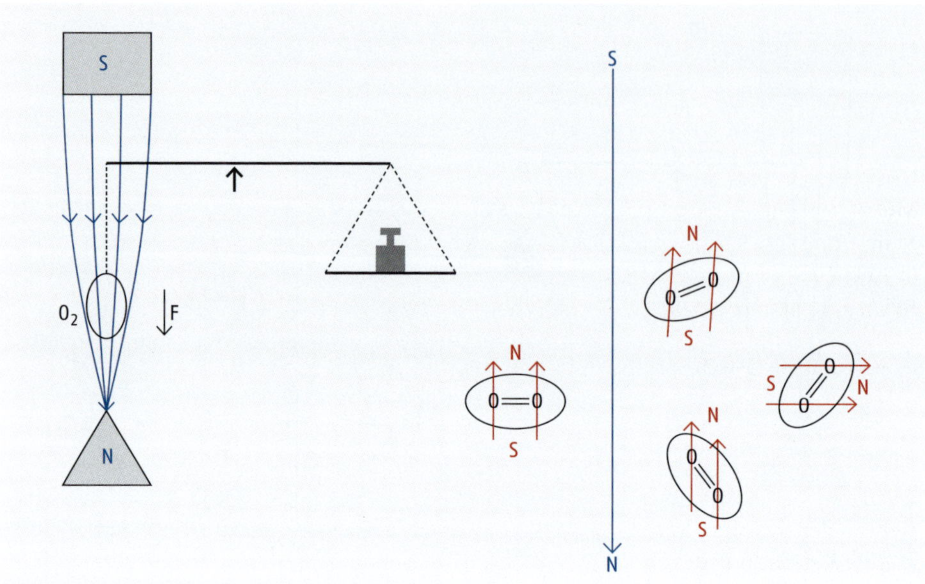

Abb. 2.41 Paramagnetischer Effekt eines Sauerstoff-Radikals im inhomogenen magnetischen Feld

wegung gestört, im zeitlichen Mittel überwiegt aber die parallele Ausrichtung. Das äußere Feld wird dadurch verstärkt und die Probe wird in die Zone des stärkeren Felds hineingezogen. Diese Wirkung wird **paramagnetischer Effekt** genannt. Verbindungen mit ungepaarten Elektronen, also Radikalteilchen, werden als paramagnetisch bezeichnet. Der diamagnetische Effekt ist dabei auch in paramagnetischen Teilchen wirksam. Er ist aber sehr viel schwächer als der paramagnetische Effekt und wird von ihm vollständig überlagert. In einigen Lehrbüchern wird die Lewis-Formel des Sauerstoffmoleküls mit einer Doppelbindung und vier freien Elektronenpaaren dargestellt (siehe unten, Struktur A). Aus dem MO-Schema in Abb. 2.38 und der paramagnetischen Eigenschaft des Sauerstoffs folgt, dass diese Darstellung nicht korrekt ist. Die Lewis-Formel des Sauerstoffs müsste eigentlich mit einer Dreifachbindung und zwei ungepaarten Elektronen formuliert werden (Struktur B):

:Ö=Ö:	:Ȯ≡Ȯ:
Struktur A	Struktur B

Struktur B hat aber den Nachteil, dass sie den Bindungsgrad nicht richtig wiedergibt. Für den Bindungsgrad im Sauerstoffmolekül gilt:

$$\text{BG} = 8\left(\frac{1}{2}\right)_{\text{bindend}} - 4\left(\frac{1}{2}\right)_{\text{antibindend}} = 2$$

Das Sauerstoffmolekül hat also nach wie vor den Bindungsgrad 2, da die beiden ungepaarten Elektronen in antibindenden Zuständen sich befinden und damit die Wirkung einer Bindung aufgehoben wird. Nimmt ein Sauerstoffmolekül unter der Wirkung eines starken Reduktionsmittels zwei Elektronen auf, entsteht ein Peroxidmolekül-Ion O_2^{2-}:

$$O_2 + 2\,e^- \longrightarrow O_2^{2-}$$

Um den Bindungszustand des Peroxidmolekül-Ions zu diskutieren, muss dem MO-Schema des Sauerstoffs (o Abb. 2.38) lediglich zwei Elektronen hinzugefügt werden. Man erhält dann für das Peroxid-Ion dasselbe MO-Schema wie für das Fluormolekül (o Abb. 2.37). Auch die Lewis-Formel des Peroxids entspricht der des Fluormoleküls. Beide Teilchen haben dieselbe Elektronenverteilung, sie sind **isoelektronisch**:

:F̤̈—F̤̈:   ⊖:Ö̤—Ö̤:⊖

2.6.3 Zweiatomige Moleküle mit Konfigurationswechselwirkung

Nach dem Sauerstoffmolekül soll nun das Stickstoffmolekül diskutiert werden. Sauerstoff steht in der sechsten, Stickstoff in der fünften Hauptgruppe des Periodensystems. Je kleiner die Kernladung der am Molekül beteiligten Atome wird, umso höher liegen die Energieniveaus der Orbitale, da die Anziehungskraft der Kerne auf die Elektronen kleiner wird. Der Energieunterschied zwischen den Zuständen verschiedener Nebenquantenzahlen wird jedoch kleiner. o Abb. 2.42 zeigt die Energieniveaus der 2*s*- und 2*p*-Orbitale von Fluor, Sauerstoff und Stickstoff.

Das Zusammenrücken der Energieniveaus von 2*s* und 2*p* in der Reihe F, O, N, C hat die Auswirkung, dass sich im Stickstoffmolekül und in allen Systemen mit elektropositiveren Atomen die Molekülorbitale σ_1^* und σ_2 einander energetisch sehr nahekommen. Aus der Gruppentheorie kann man aber folgern, dass σ-Zustände nicht entartet sein können. Sie können daher nicht die gleiche Energie besitzen. Beide Zustände werden gemischt und es entstehen zwei neue Zustände, eines mit höherer und eines mit niedriger Energie. Diesen Prozess nennt man **Konfigurationswechselwirkung.** Konfigurationswechselwir-

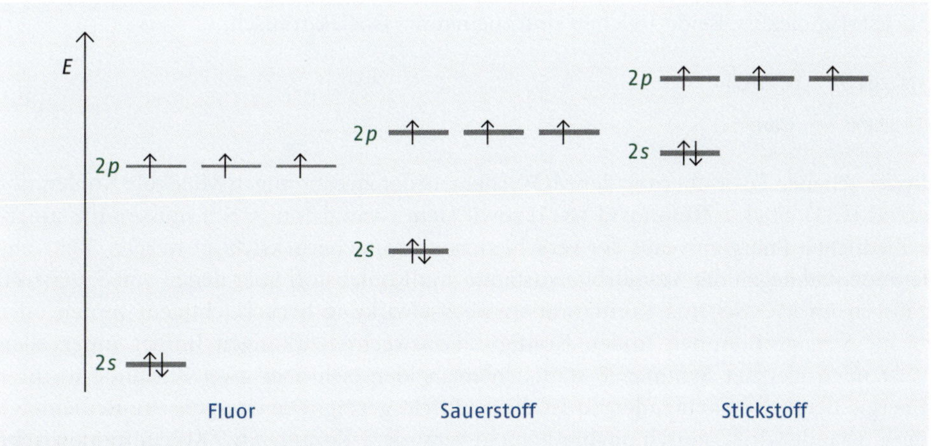

o **Abb. 2.42** Vergleich der Energieniveaus der 2*s*- und 2*p*-Zustände von Fluor, Sauerstoff und Stickstoff

2

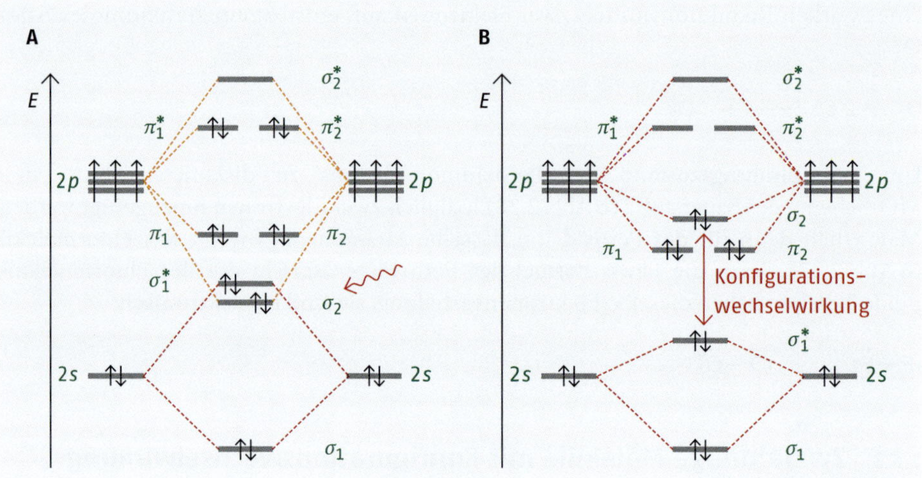

Abb. 2.43 Molekülorbitalschema des Stickstoffmoleküls: ohne Konfigurationswechselwirkung (A) und mit Konfigurationswechselwirkung (B)

kung tritt immer dann auf, wenn zwei Vektoren gleicher Symmetrie zufällig eine ähnliche Energie bekommen, ohne dass sie über eine Symmetrieoperation ineinander überführt werden können. Im Stickstoffmolekül handelt es sich um die Drehimpulsvektoren der Elektronen in den σ_1^*- und σ_2-Zuständen. Die Folge ist, dass der σ_2-Zustand eine höhere Energie als die bindenden π-Zustände bekommt (Abb. 2.43). Für den Bindungsgrad des Stickstoffmoleküls erhält man:

$$\text{BG} = 8\left(\frac{1}{2}\right)_{\text{bindend}} = -2\left(\frac{1}{2}\right)_{\text{antibindend}} = 3 \text{ (diamagnetisch, Dreifachbindung)}$$

Erhitzt man Kalk und Kohle, entsteht eine Verbindung mit der Zusammensetzung CaC_2. Es handelt sich um Calciumcarbid. Das Carbid-Anion ist zweifach negativ geladen und kann mit C_2^{2-} beschrieben werden. Das MO-Schema des Carbid-Ions gleicht dem des Stickstoffmoleküls. Beide Teilchen sind zueinander isoelektronisch:

:N≡N: ⊖:C≡C:⊖

Stickstoff Carbid

In der genauen Formulierung der MO-Schemata der zweiatomigen Moleküle Kohlenmonoxid (CO), Stickstoffmonoxid (NO) sowie dem Cyanid-Ion (CN^-) müssen die unterschiedlichen Energieniveaus der verschiedenen Atome berücksichtigt werden. Bei Kohlenmonoxid liegen die Atomorbitalzustände von Kohlenstoff über denen von Sauerstoff. Müssen im MO-Schema Konfigurationswechselwirkung berücksichtigen werden oder nicht? Strenggenommen finden Konfigurationswechselwirkungen immer unter allen Zuständen gleicher Symmetrie statt. Unterscheiden sich aber zwei Zustände in ihrer Energie deutlich voneinander, so ist dieser Effekt gering. Die energetische Reihenfolge der Zustände wird dadurch qualitativ nicht verändert. Kommen bei Kohlenmonoxid die bindenden und antibindenden σ-MO sich energetisch so nahe, dass das bindende σ-MO energetisch über dem bindenden π-MO zu liegen kommt? Die Kernladung des Kohlenstoffs spricht dafür, die Kernladung des Sauerstoffs spricht dagegen. Mit der Annahme,

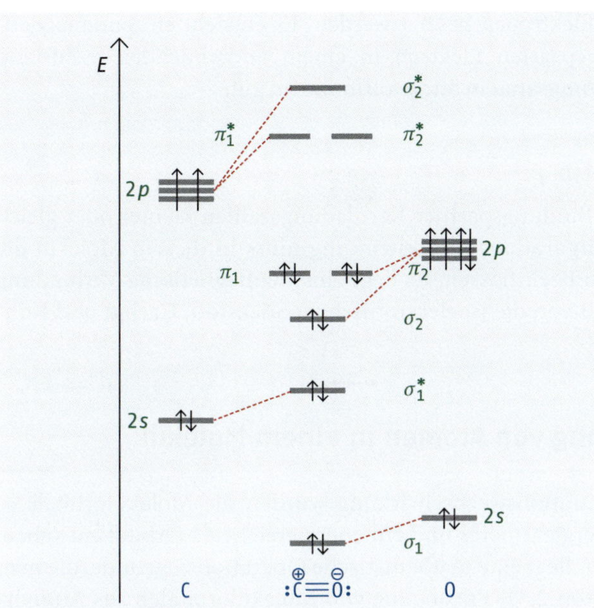

Abb. 2.44 Molekülorbitalschema von Kohlenmonoxid

dass die Kernladung von Sauerstoff bestimmend für das CO-Molekül ist, erhält man das MO-Schema in Abb. 2.44.

Ein Blick auf das MO-Schema und die Lewis-Formel von Kohlenmonoxid zeigt, dass im Kohlenmonoxid derselbe Bindungsgrad und die gleiche Elektronenverteilung vorliegt wie im Stickstoffmolekül. Kohlenmonoxid ist ein diamagnetisches Molekül, es liegt eine Dreifachbindung vor. Das Molekül ist zu Stickstoff und Carbid isoelektronisch.

Stickstoffmonoxid (NO) zeigt ein ähnliches MO-Schema. Da das Stickstoffatom fünf und das Sauerstoffatom sechs Valenzelektronen in das System einbringen, muss das

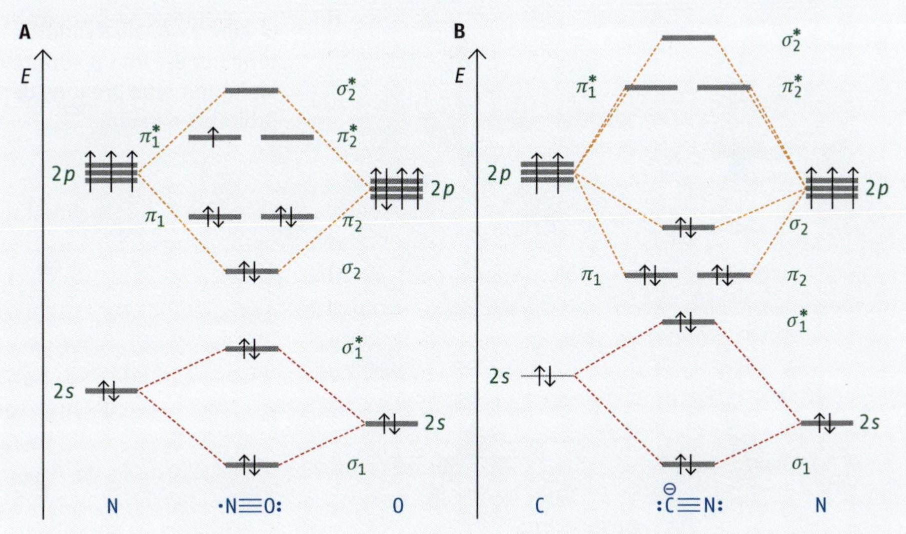

Abb. 2.45 Molekülorbitalschemata von Stickstoffmonoxid (A) und Cyanid (B)

2

MO-Schema mit insgesamt 11 Elektronen besetzt werden. Es entsteht ein paramagnetisches Molekül, mit einem ungepaarten Elektron in einem antibindenden π-Zustand (○ Abb. 2.45, links). Für den Bindungsgrad in Stickstoffmonoxid gilt:

$$\mathrm{BG} = 8\left(\frac{1}{2}\right)_{\mathrm{bindend}} = -3\left(\frac{1}{2}\right)_{\mathrm{antibindend}} = 2{,}5$$

Im Cyanid-Ion haben beide Bindungspartner Kernladungszahlen kleiner oder gleich denen des Stickstoffs. Die Konfigurationswechselwirkung muss in diesem Molekül die Reihenfolge der Orbitalenergien beeinflussen. Es liegt eine diamagnetische Verbindung mit einem Bindungsgrad BG = 3 vor, die isoelektronisch zu Stickstoff, Carbid und Kohlenmonoxid ist.

2.7 Räumliche Anordnung von Atomen in einem Molekül

Bei der Diskussion der Konfigurationswechselwirkung wurden die Molekülorbitale σ_1 und σ_2 so gemischt, dass ein energieärmeres und ein energiereicheres Orbital entstehen. Diesem „Mischen von Orbitalen" liegt eine mathematische Operation zugrunde, die man als **Linearkombination** (vgl. ○ Abb. 2.31, Entstehung von Molekülorbitalen aus Atomorbitalen) bezeichnet. Was geschieht nun, wenn Atomorbitale im selben Atom untereinander sich mischen, oder exakter ausgedrückt, einer Linearkombination unterziehen?

Mischt man verschiedene Atomorbitale desselben Atoms, so wird das Ergebnis dieser speziellen Form der Linearkombination als **Hybridisierung** bezeichnet. Mit dem Konzept der Atomorbitalhybridisierung ist man in der Lage die räumliche Gestalt von Molekülen überzeugend zu erklären.

Zum Beispiel die Hybridisierung eines p_x- und eines p_y-Orbitals (○ Abb. 2.46). Werden zwei Orbitale hybridisiert, dann entstehen wieder zwei Hybridorbitale. Es sind dies dann die p_{xy}- und die p_{yx}-Orbitale. Wie könnten die entstandenen Orbitale aussehen? Dazu muss

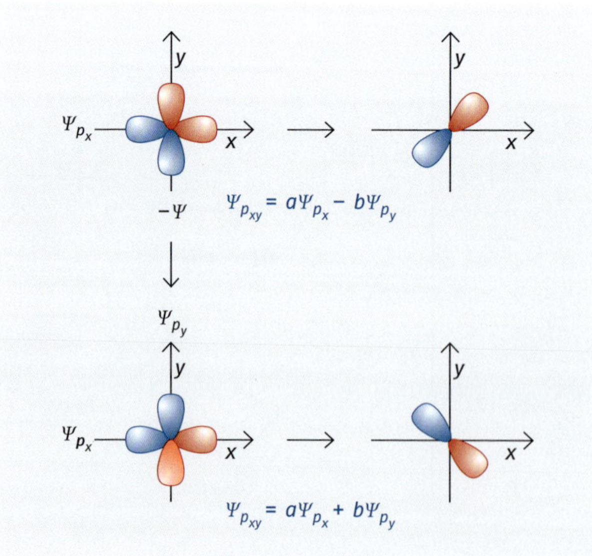

○ **Abb. 2.46** Die Hybridisierung der p_x- und p_y-Orbitale ergibt nur eine Drehung der Orbitale im Raum.

man die Orientierung auf den Raumachsen der beiden Basisorbitale p_x und p_y betrachten. Addiert man die Aufenthaltswahrscheinlichkeiten beider Orbitale mithilfe geeigneter Linearkombinationskoeffizienten *a* und *b*, so erhält man das p_{xy}-Orbital. Alle Phasen addieren sich positiv, deshalb wird sowohl die (rot dargestellte) Plus-Phase als auch die (blau dargestellte) Minus-Phase mit ihrem Maximum zwischen den Raumachsen orientiert sein. Nach Subtraktion erhält man das p_{yx}-Orbital. Dazu ändert man die Phasen eines Orbitals und addiert erneut. Das p_{yx}-Orbital steht dann senkrecht (im 90°-Winkel) zum p_{xy}-Orbital. Dies ergibt zwei Hybridorbitale, die dieselbe Gestalt wie die Ursprungsorbitale haben, aber im Raum gedreht sind. Damit hat die Hybridisierung im Prinzip nichts Neues ergeben und ist als Prozess daher sinnlos. Die Richtung der Raumachsen kann willkürlich festgelegt und die *p*-Orbitale mit geeigneten Linearkombinationskoeffizienten *a* und *b* in jeden beliebigen Winkel zu den Raumachsen dargestellt werden. Die Orientierung auf den Raumachsen liefert jedoch die einfachste mathematische Beschreibung.

o Abb. 2.47 zeigt die räumliche Orientierung der *sp*-Hybridorbitale, die durch Kombination des $2p_x$-Orbitals mit dem 2*s*-Orbital entstehen. Wird das 2*s*-Orbital mit positiver Phase mit dem p_x-Orbital addiert, so wird der rote Orbitallappen verstärkt, da sich positive Phasen addieren. Der blaue Orbitallappen wird in seiner Intensität verringert, da sich positive und negative Phasen auslöschen. Das Ergebnis sind zwei *sp*-Hybridorbitale, die sich im Winkel von 180° gegenüberstehen. Mit diesen Hybridorbitalen kann in einem dreiatomigen Strukturteil eines Moleküls eine **lineare Anordnung** von drei Atomen X–A–X gebildet werden (o Abb. 2.48). Das Zentralatom A muss *sp*-hybridisiert sein, die terminalen Atome X müssen lediglich für die Überlappung geeignete Orbitale aufweisen.

Kombiniert man das 2*s*- mit den $2p_x$- und $2p_y$-Orbitalen, so entstehen drei Hybridorbitale, die als sp^2-Hybridorbitale bezeichnet werden (o Abb. 2.49). Sie sind in der *xy*-Ebene orientiert und stehen in einem Winkel von 120° zueinander. Mit dieser sp^2-Hybridisierung kann ein **trigonal-planares Strukturelement** realisiert werden.

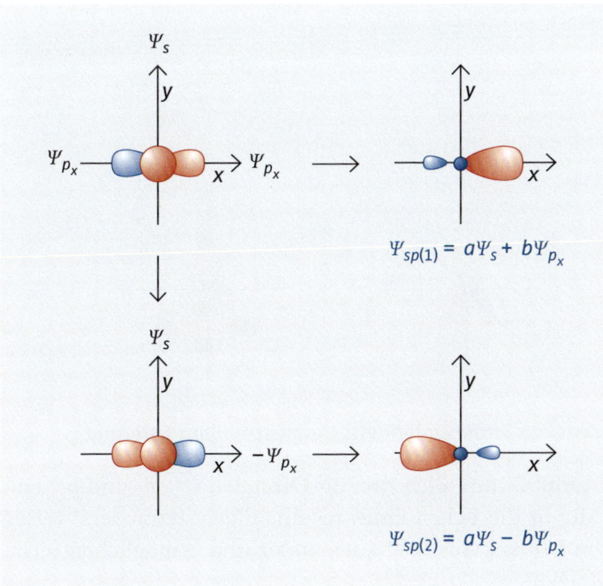

o **Abb. 2.47** Bildung der beiden *sp*-Hybridorbitale aus einem 2*s*- und einem $2p_x$-Orbital

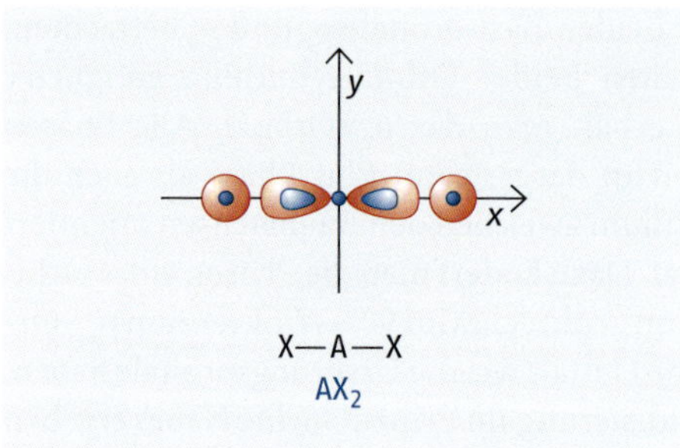

Abb. 2.48 Kombination von drei Atomen zu einem linearen Strukturelement: Das Zentralatom muss *sp*-hybridisiert sein.

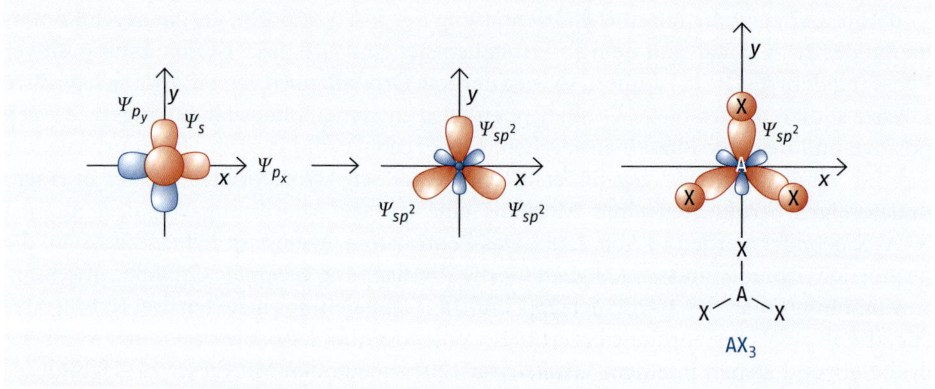

Abb. 2.49 sp^2-Hypridorbitale, die aus der Linearkombination von 2*s*- und 2p_x- und 2p_y-Orbitalen hervorgegangen sind. Die sp^2-Hybridisierung erlaubt den Aufbau eines trigonal-planaren Strukturelements.

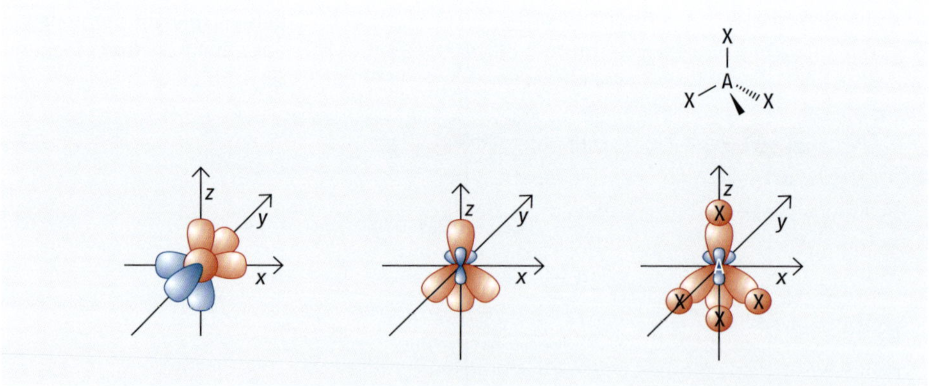

Abb. 2.50 Bildung eines tetraedrischen Strukturelements durch sp^3-Hybridisierung

Durch die Kombination des 2*s*-Orbitals mit allen drei 2*p*-Orbitalen (p_x, p_y und p_z) entstehen vier sp^3-Hybridorbitale, die in die Ecken eines regelmäßigen Tetraeders weisen (Abb. 2.50). Sie stehen in einem Winkel von 109° zueinander und ermöglichen **tetraedrische Strukturelemente** in Molekülen.

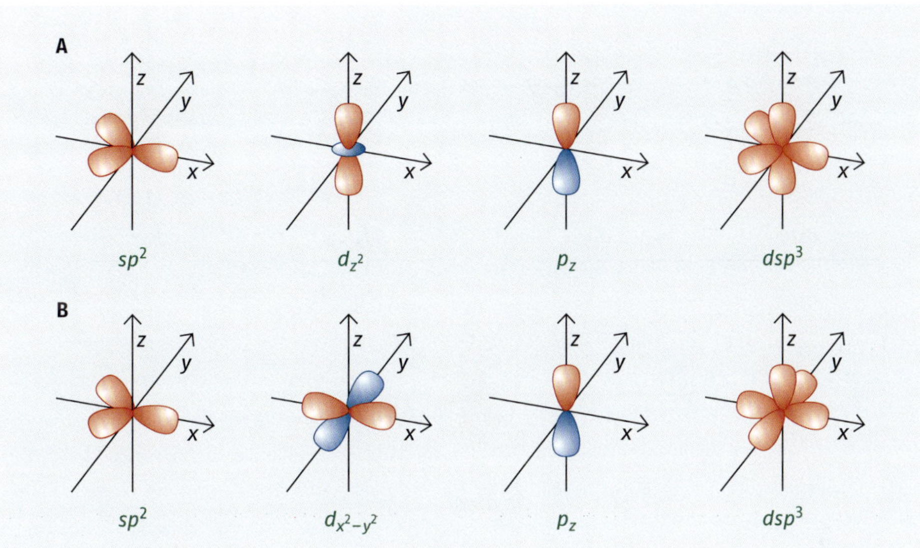

o Abb. 2.51 Zwei Strukturelemente der dsp^3-Hybridisierung: trigonale Bipyramide (A) und tetragonale Pyramide (B)

Ab der dritten Periode verfügen die Elemente auch über Zustände mit der Nebenquantenzahl $l = 2$ (d-Orbitale). Durch Hybridisierung der $3s$-, $3p_x$-, $3p_y$-, $3p_z$- und $3d_{z^2}$-Orbitale erhält man fünf dsp^3-Hybridorbitale. Wie sind diese im Raum ausgerichtet? Die dsp^3-Hybridisierung kann dabei als $d_{z^2}p_z sp^2$-Hybrid aufgefasst werden. Das sp^2-Hybrid ist in der xy-Ebene orientiert und liefert drei Hybridorbitale, die im Winkel von 120° zueinander stehen. Die Orbitale $3d_{z^2}$ und $3p_z$ sind entlang der z-Achse orientiert und liefern zwei Orbitale, die auf der z-Achse im Winkel von 180° zueinanderstehen. Man erhält fünf Hybridorbitale, die ein **trigonal-bipyramidales Strukturelement** (o Abb. 2.51 A) ermöglichen.

Eine weitere Möglichkeit ergibt sich, wenn statt des d_{z^2}-Orbitals, das $d_{x^2-y^2}$-Orbital eingesetzt wird. In diesem Fall ist nur noch das p_z-Orbital in Richtung der z-Achse orientiert. In der xy-Ebene kommt ein zusätzliches Orbital hinzu. Es entstehen fünf Hybridorbitale, die in die Ecken einer **tetragonalen Pyramide** zeigen (o Abb. 2.51 B).

Nach dem Mischen der Orbitale $3s$, $3p_x$, $3p_y$, $3p_z$, $3d_{x^2-y^2}$ und $3d_{z^2}$, entstehen sechs d^2sp^3-Hybridorbitale, die in die Ecken eines regelmäßigen Oktaeders weisen. Man erhält ein Oktaeder, wenn dem trigonal-bipyramidalen Strukturelement der dsp^3-Hybridisierung das $d_{x^2-y^2}$-Orbital oder der tetragonalen Pyramide der dsp^3-Hybridisierung das d_{z^2} -Orbital (o Abb. 2.52) hinzugefügt wird.

■ **MERKE** Durch Linearkombination können sowohl Atomorbitale als auch Molekülorbitale gemischt werden. Man erhält immer so viele Hybridorbitale wie Basisorbitale in die Linearkombination eingebracht wurden. Bei der Linearkombination addieren sich die Orbitale immer so, dass sie sich in bestimmten Regionen gegenseitig verstärken, in anderen Regionen löschen sie sich gegenseitig aus. So ergeben sich die Vorzugsorientierungen der Hybridorbitale.

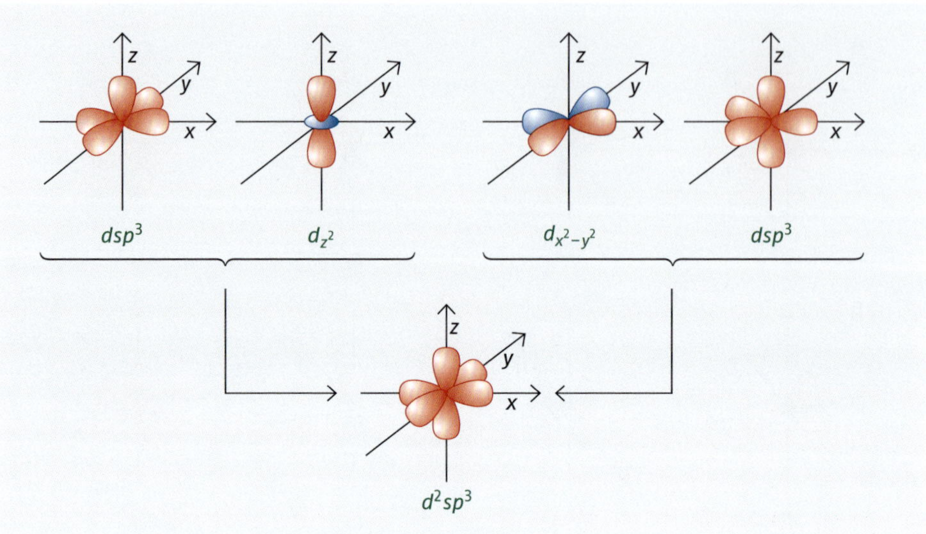

Abb. 2.52 Oktaedrisches Strukturelement, entstanden aus der d^2sp^3-Hybridisierung

2.8 Konzept nach *Gillespie* und *Nyholm*

2.8.1 Geometrie einfacher AX_n-Systeme

Mit der Vorstellung hybridisierter Atomorbitale kann jede Grundgeometrie erklärt werden, die man in Molekülen antrifft. Es fehlt aber noch ein Konzept, das es erlaubt, bei einem gegebenen Molekül die Grundgeometrie vorherzusagen. Das Konzept nach *Gillespie* und *Nyholm* ermöglicht diese Vorhersage. Betrachtet man zum Beispiel ein Molekül wie BeH_2 oder CO_2, so ist das Atom mit der höchsten Bindigkeit das Zentralatom A, die Atome geringerer Bindigkeit sind die Liganden X. In beiden Fällen liegt ein AX_2-System vor. Die Liganden X sind so positioniert, dass sie untereinander den maximalen Abstand einnehmen. AX_2-Systeme sind daher stets lineare Moleküle. Die X-Liganden nehmen untereinander einen Bindungswinkel von 180° ein. Dieser Bindungswinkel wird von einem *sp*-hybridisierten Zentralatom realisiert. Abb. 2.53 zeigt die Bindungsverhältnisse in AX_2-Systemen.

Das Bortrifluoridmolekül (Abb. 2.54) ist ein Beispiel für ein typisches AX_3-System. Das dreibindige Bor besetzt als Zentralatom die Mitte einer Kugel. Die drei einbindigen Fluoratome werden als Liganden den größten Abstand voneinander einnehmen. Dies führt zu einer Anordnung in einer Ebene, mit einem Bindungswinkel von 120°. Man erhält ein trigonal-planares Molekül. Ein solcher Bindungswinkel wird durch ein sp^2-hybridisiertes Zentralatom erreicht.

Als Beispiel für ein AX_4-System kann das Methanmolekül (CH_4) dienen (Abb. 2.55). Das vierbindige Kohlenstoffatom steht in die Mitte einer Kugel und ist von vier einbindigen Wasserstoffatomen umgeben. Wenn diese den größtmöglichen Abstand voneinander suchen, dann entsteht ein tetraedrisches Molekül. Dieses Strukturelement tritt bei einem sp^3-hybridisierten Kohlenstoffatom auf.

Phosphorpentachlorid (PCl_5) und Hexafluoridosilicat (SiF_6^{2-}) sind Beispiele für AX_5- und AX_6-Systeme. Die Zentralatome besetzten wiederum die Mitte einer Kugel und die Liganden werden so angeordnet, dass sie voneinander den maximalen Abstand einneh-

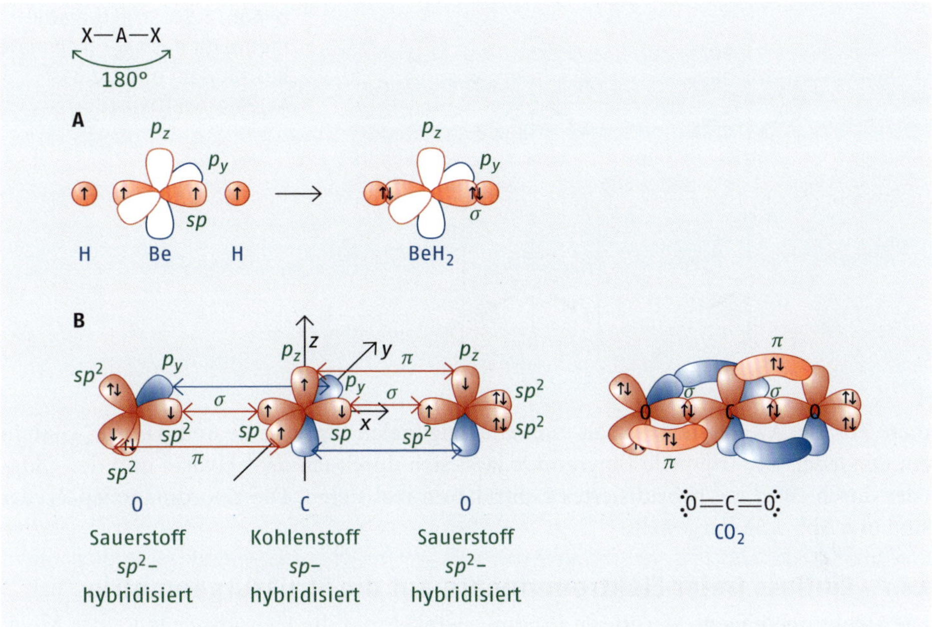

Abb. 2.53 Bindungsverhältnisse in den AX_2-Systemen BeH_2 (A) und CO_2 (B)

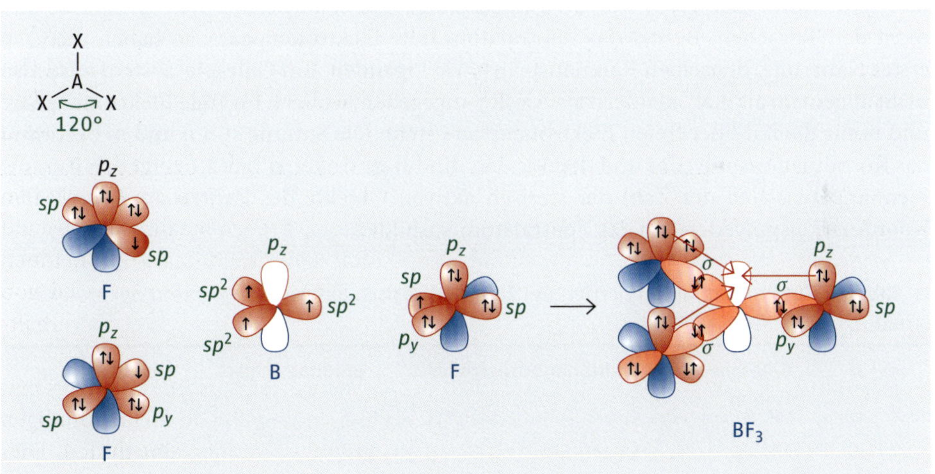

Abb. 2.54 Bortrifluorid: ein Beispiel für ein trigonal-planares AX_3-System

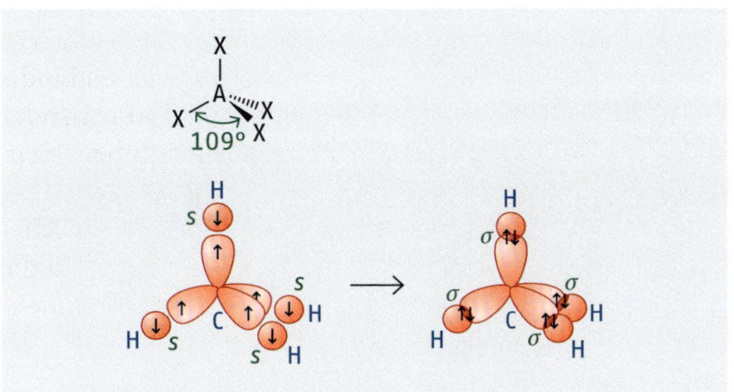

Abb. 2.55 Methan: ein Beispiel für ein tetraedrisches AX_4-System

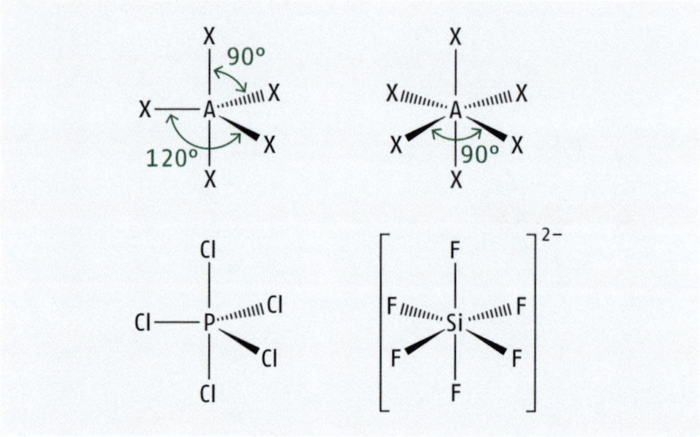

○ Abb. 2.56 Strukturgeometrie für das AX_5- (trigonale Bipyramide) und für das AX_6-System (Oktaeder)

men. Für das AX_5-Systems erhält man eine trigonalen Bipyramide und das AX_6-System ein Oktaeder. Die trigonale Bipyramide lässt sich durch ein *dsp*³-Hybrid und der Oktaeder durch ein *d*²*sp*³-hybridisiertes Zentralatom realisieren. Die Koordinationspolyeder sind in ○ Abb. 2.56 dargestellt.

2.8.2 Einfluss freier Elektronenpaare auf die Strukturgeometrie

Die Strukturgeometrie, der ideale Bindungswinkel und die Hybridisierung eines Moleküls lassen sich nicht einfach aus der Koordinationszahl des Zentralatoms herleiten. Wäre dies so, dann müsste H_2O, wie CO_2, linear aufgebaut sein. Bekanntlich entspricht dies nicht den Tatsachen. Besitzt das Zentralatom freie Elektronenpaare, so haben diese, in erster Näherung, denselben Raumanspruch wie Liganden. Ein Gillespie-System wird also nicht allgemein als AX_n, sondern als AX_nE_m angegeben, wobei E für freie Elektronenpaare und m für die Zahl der freien Elektronenpaare steht. Die Summe von n und m bestimmt das Koordinationspolyeder und den idealen Bindungswinkel. □ Tab. 2.1 zeigt den Zusammenhang zwischen der Zahl der sterisch aktiven Objekte des Zentralatoms und dem Koordinationspolyeder, den das Zentralatom ausbildet.

□ Tab. 2.1 Zusammenhang zwischen der Zahl der sterisch aktiven Objekte und der Molekülstruktur

$m + n$	Gillespie-System	Koordinationspolyeder	Bindungswinkel	Hybridisierung
2	AX_2	Linear	180°	*sp*
3	AX_3; AX_2E	Trigonal-planar	120°	sp^2
4	AX_4; AX_3E; AX_2E_2	Tetraeder	109°	sp^3
5	AX_5; AX_4E; AX_3E_2	Trigonal-bipyramidal Tetragonal-pyramidal	120°; 90° 90	dsp^3
6	AX_6; AX_5E; AX_4E_2 AX_3E_3; AX_2E_4	Oktaeder	90	d^2sp^3

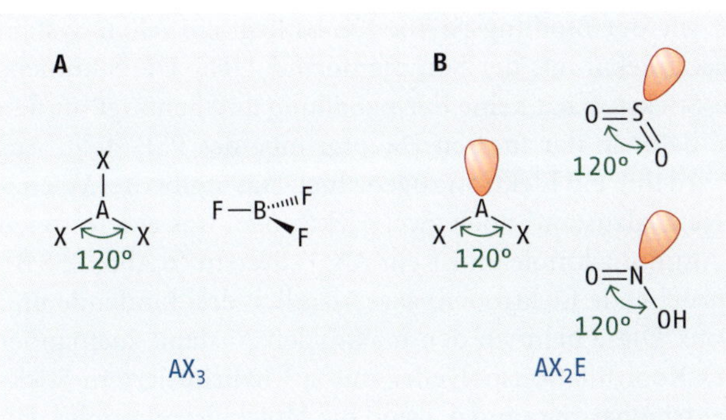

○ Abb. 2.57 Struktur von AX_2E- (A) und AX_3-Systemen (B)

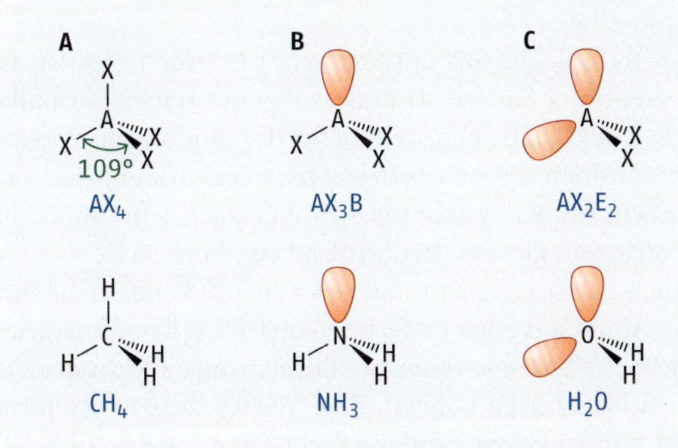

○ Abb. 2.58 Struktur von AX_4- (A), AX_3E- (B) und AX_2E_2-Systemen (C)

Um die ideale Struktur eines Moleküls zu ermitteln, müssen zuerst das Zentralatom und die Zahl der Liganden bestimmt werden. Die Zahl der freien Valenzelektronenpaare, die das Zentralatom noch enthält, errechnet man aus der Formalladung des Zentralatoms und Zahl der Valenzelektronen, die das Elektron in seinem Ladungszustand besitzt. Für jede Bindung zu einem Liganden wird ein Elektron verwendet. Die Zahl der Elektronen, die übrig bleiben, wird durch zwei geteilt und ergibt die Zahl der freien Elektronenpaare *m*. Nach □ Tab. 2.1 bestimmt man das Koordinationspolyeder.

Zum Beispiel Schwefeldioxid: Die Summenformel SO_2 legt ein AX_2-System nahe. Die Strukturformel ergibt O=S=O. Schwefel trägt keine Formalladung. Im Neutralzustand besitzt er sechs Elektronen. Vier Bindungen werden zu Sauerstoff ausgebildet. Schwefel hat also von seinen Valenzelektronen noch 6–4 = 2 Elektronen übrig. Dies ergibt ein AX_2E-System. Das Molekül kann durch ein trigonal-planares Koordinationspolyeder mit einem Bindungswinkel von 120° beschrieben werden (○ Abb. 2.57 A). Schwefel ist also sp^2-hybridisiert.

Ein weiteres Beispiel ist Salpetrige Säure; ihre Strukturformel kann als HO–N=O angegeben werden. Stickstoff hat keine Formalladung und hat daher fünf Valenzelektronen. Drei Elektronen werden zur Bindung zu Sauerstoff benutzt. Es verbleiben zwei Elektronen am Stickstoff, was einem Elektronenpaar entspricht. Auch hier liegt ein AX_2E-System vor. Stickstoff ist sp^2-hybridisiert und es bildet sich eine trigonal-planare Struktur aus. Das Molekül ist gewinkelt mit einem idealen Bindungswinkel von 120° (○ Abb. 2.57 A).

Methan ist ein typisches AX_4-System (○ Abb. 2.55; ○ Abb. 2.58 A). Ersetzt man einen Bindungspartner X durch ein freies Elektronenpaar, so bleibt wie beim AX_3-System (○ Abb. 2.57 B) auch das Koordinationspolyeder erhalten, da das freie Elektronenpaar E den gleichen Raum beansprucht wie der Bindungspartner X. Es liegt ein AX_3E-System vor. Zum Beispiel das Ammoniakmolekül mit der Summenformel NH_3. Die Summenformel legt ein AX_3-System nahe. Stickstoff hat keine Formalladung und benötigt für den Neutralzustand fünf Elektronen, da er in der fünften Hauptgruppe des PSE steht. Aus jedem Bindungselektronenpaar wird ihm ein Elektron zugeordnet. Das ergibt drei Valenzelektronen. Es fehlen ihm zum Neutralzustand noch zwei Elektronen, was einem freien Elektronenpaar entspricht. Das Ammoniakmolekül ist ein AX_3E-System (o Abb. 2.58 B). Es verfügt über vier raumbeanspruchende Elektronenpaare, nämlich drei bindende und ein nichtbindendes Elektronenpaar. Diese nehmen den maximalen Abstand zueinander ein und bilden ein tetraedrisches Koordinationspolyeder mit sp^3-hybridisiertem Stickstoff. Die Molekülstruktur ist aber trigonal-pyramidal, wenn die Molekülstruktur aus den Atomkernpositionen alleine abgeleitet wird. Eine trigonale Pyramide hat zwei verschiedene Kantenlängen, ein Tetraeder nur eine.

Ein weiteres Beispiel ist das Wassermolekül mit der Formel H_2O. Auch hier ist das Zentralatom ohne Formalladung. Neutraler Sauerstoff muss aufgrund seiner Formalladung sechs Valenzelektronen haben. Zwei Elektronen werden bei der Bindung zu Wasserstoff benötigt. Es verbleiben vier Elektronen die sich auf zwei freie Elektronenpaare verteilten. Das Wassermolekül ist daher ein AX_2E_2-System mit sp^3-hybridisiertem Sauerstoff, tetraedrischer Koordinationsgeometrie und gewinkelter Struktur (o Abb. 2.58 C).

Nach dem von *Kimball* entwickelten Elektronenpaarmodell (▸ Kap. 1.2) konnten die Bindigkeiten der Hauptgruppenelement-Atome aus einer einfachen Vorstellung heraus hergeleitet werden. Jedes Atom besitzt für seine Valenzelektronen vier kugelförmige Elektronenaufenthaltsräume, die je zwei Elektronen Platz bieten können. Eine Valenzschale ist dann mit acht Elektronen (Oktett) voll besetzt und zu keiner Bindung mehr fähig (Edelgaszustand). Diese Vorstellung konnte weder erklärt noch plausibilisiert werden. Sie war nur durch die Tatsache zu rechtfertigen, dass man aus ihr die Bindigkeiten der Elemente richtig ableiten konnte. Eine Prognose für die Geometrie eines Moleküls war schon gar nicht möglich.

Mithilfe der Grundprinzipien der Quantenmechanik ist man in der Lage, in den vier Kimballschen Elektronenkugeln die Atomorbitale s, p_x, p_y und p_z zu erkennen, die typisch für die Aufenthaltsräume der Valenzelektronen eines Hauptgruppenelements sind. In einem Elektronenoktett sind alle diese Orbitale doppelt mit Elektronen besetzt. Dies führt zu einer kugelsymmetrischen Elektronenverteilung um den Atomkern. Durch diese Verteilung der Elektronenladungen wird das Kernfeld bestmöglich kompensiert. Daraus erklärt sich auch die große Stabilität des Oktettzustands. Das Konzept nach *Gillespie* und *Nyholm* fordert maximalen Abstand der Elektronenpaare voneinander, gleichgültig ob es sich um bindende oder nichtbindende Orbitale handelt. Aus den Gillespie-Systemen ergeben sich die Koordinationspolyeder mit ihren idealen Bindungswinkeln. Das aus der Quantenmechanik stammende Konzept der Orbitalhybridisierung zeigt, wie sich diese Koordinationspolyeder aus den ursprünglichen Atomorbitalen heraus bilden können.

2.8.3 Molekülgeometrie und Dipolmoment

Warum ist die Prognose einer Koordinationsgeometrie für ein Molekül so wichtig? In ▸ Kap. 1.3 wurde gezeigt, wie sich aus den Elektronegativitätsunterschieden der Bindungspartner im Molekül Ladungsverschiebungen ergeben. Diese werden mit einer vektoriellen Größe, nämlich dem elektrischen Dipolmoment, beschrieben. Ein solches Dipolmoment entsteht immer, wenn zwei Bindungspartner unterschiedliche *EN*-Werte haben. Die Dipolmomente aller Bindungen in einem Molekül werden aber vektoriell zu einer Resul-

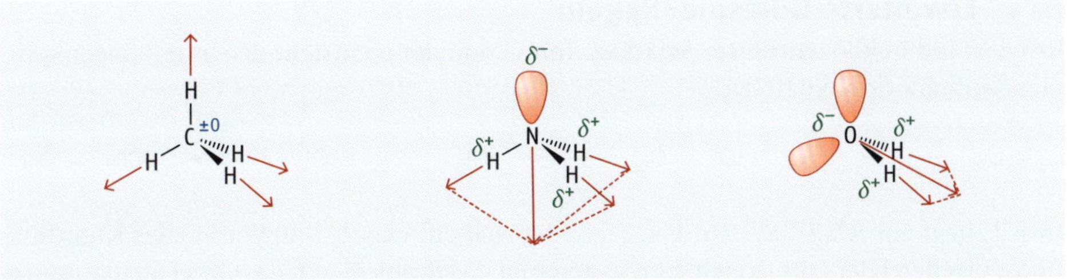

Abb. 2.59 Methan, Ammoniak und Wasser: vektorielle Addition der Dipolmomente

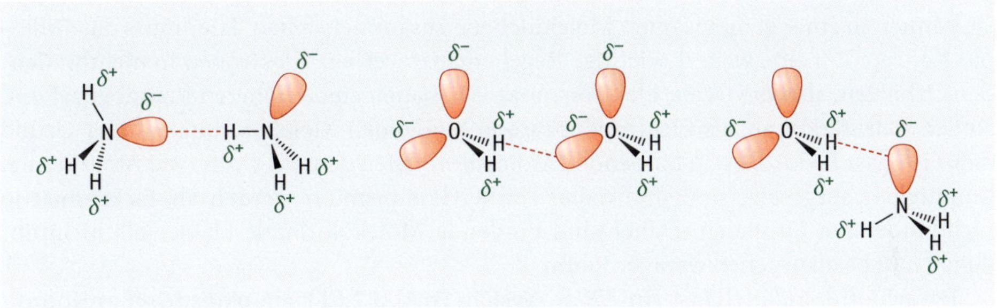

Abb. 2.60 Wasserstoffbrücken zwischen Ammoniak und Wasser

2

tierenden addiert (Abb. 2.59). In hoch symmetrischen Molekülen, wie beispielsweise dem Methan, heben sich die Dipolmomente gegenseitig auf. Der resultierende Dipolmomentsvektor hat den Wert 0. Im Falle von Ammoniak und Wasser bleiben resultierende Dipolmomentsvektoren übrig. Der positive Ladungsschwerpunkt liegt auf dem Wasserstoff, der negative Ladungsschwerpunkt liegt beim Stickstoff- bzw. Sauerstoffatom.

Von der Größe des resultierenden Dipolmoments hängt es ab, wie stark ein Molekül mit elektrischen Ladungen in seiner Umgebung wechselwirken kann. Polare Moleküle können untereinander sehr starke Dipol-Wechselwirkungen ausbilden. Bei Ammoniak sind zwischen den H-Atomen und den N-Atomen benachbarter Moleküle Wasserstoffbrückenbindungen möglich (Abb. 2.60). Ebenso bilden Wassermoleküle Wasserstoffbrücken zwischen H- und O-Atomen benachbarter Moleküle aus. Im Methanmolekül sind aber nur die schwachen Dispersionskräfte möglich.

Obwohl Methan (M = 16 g/mol), Ammoniak (M = 17 g/mol) und Wasser (M = 18 g/mol) nahezu die gleichen Molekülmassen haben, unterscheiden sich ihre Siedepunkte deutlich. Methan siedet bei –164 °C, Ammoniak bei –33 °C und Wasser bei +100 °C. Die Wasserstoffbrücken sind im NH_3 schwächer als in H_2O, da Stickstoff eine geringere Elektronegativität als Sauerstoff hat und der positive Ladungsschwerpunkt im Ammoniak sich auf drei Wasserstoffatome verteilt, statt auf nur zwei wie im Falle von Wasser. Die Wasserstoffbrücken haben auch einen deutlichen Effekt auf die Löslichkeit der Substanzen ineinander. So löst sich gasförmiges Ammoniak bei Raumtemperatur in Wasser bis der Ammoniakgehalt 25 Gewichtsprozent erreicht hat. Man spricht dann von konzentrierter Ammoniaklösung. Methan löst sich dagegen nur in Spuren in Wasser.

Reagiert Iod mit Fluor, dann entsteht unter anderem Iodpentafluorid (IF_5). Iodpentafluorid ist ein AX_5E-System. Iod als Zentralatom hat daher sechs raumbeanspruchende Objekte in seiner Valenzsphäre und realisiert ein oktaedrisches Koordinationspolyeder mit d^2sp^3-Hybridisierung des Zentralatoms. Daraus resultiert eine quadratisch-pyramidale Struktur mit einem ausgeprägten Dipolmoment in Richtung der F–I–E-Achse.

2.8.4 Erweiterte Gillespie-Regeln

Reagiert Iod in konzentrierter Salzsäure mit Chlor, dann entsteht der Interhalogenkomplex Tetrachloridoiodat(III):

$$I_2 + Cl_2 \longrightarrow 2\,ICl \qquad ICl + Cl_2 \longrightarrow ICl_3 \qquad ICl_3 + Cl^- \longrightarrow [ICl_4]^-$$

In ICl_3 liegt ein AX_3E_2-System vor. Es bildet sich ein trigonal-bipyramidales Koordinationspolyeder. Hier tritt jedoch zum ersten Mal das Problem auf, dass zwei Strukturalternativen verwirklicht werden können. Die beiden freien Elektronenpaare können auf einer gemeinsamen Molekülachse einander entgegengestellt sein (*trans*- oder *E*-Position) oder sie können in einer gemeinsamen Molekülebene zusammenstehen. Hier muss das Gillespie-Konzept um eine weitere wichtige Regel ergänzt werden: Elektronen in nichtbindenden Orbitalen, also die freien Elektronenpaare E, haben einen höheren Raumbedarf und stoßen sich stärker ab, als Elektronenpaare in bindenden Molekülorbitalen. Der Grund dafür ist, dass Elektronen in bindenden Molekülorbitalen dem Feld von zwei Atomkernen unmittelbar ausgesetzt sind und daher stärker komprimiert werden als Elektronen in nichtbindenden Orbitalen. Daher sind bindende Molekülorbitale kleiner als nichtbindende und beanspruchen weniger Raum.

Tetrachloridoiodat(III) ist ein AX_4E_2-System (**o** Abb. 2.61): ein oktaedrisches Koordinationspolyeder. Im Oktaeder sind aber nur Bindungswinkel von 90° möglich, unabhängig von der Position. Die raumbeanspruchenden freien Elektronenpaare werden untereinander den größtmöglichen Abstand suchen.

Daher wird Tetrachloridoiodat(III) einen quadratisch-planaren Komplex mit *trans*-ständigen freien Elektronenpaaren ausbilden und die *cis*-ständige Konfiguration wird nicht gebildet. Bei der Darstellung von $[ICl_4]^-$ wurde Iodtrichlorid als Intermediat formuliert. Es handelt sich um ein AX_3E_2-System mit fünf raumerfüllenden Gruppen um das Iod-Zentralatom (**o** Abb. 2.62). Diese Systeme sind dsp^3-hybridisiert und können zwei verschiedene Koordinationspolyeder ausbilden, die trigonale Bipyramide und die tetragonale Pyramide. In Lösung und im Gaszustand dominiert die trigonale Bipyramide. Ein weiteres Beispiel ist I_3^-, das sich aus Iod und Iodid in wässriger Lösung bildet und für die Löslichkeit von Iod in konzentrierter wässriger Iodidlösung verantwortlich ist. Formal kann man sich die Verbindung mit einem Iod-Kation als Zentralatom und zwei Iodid-Ionen als Liganden vorstellen. Es liegt dann ein AX_2E_3 System vor (**o** Abb. 2.62). Die freien

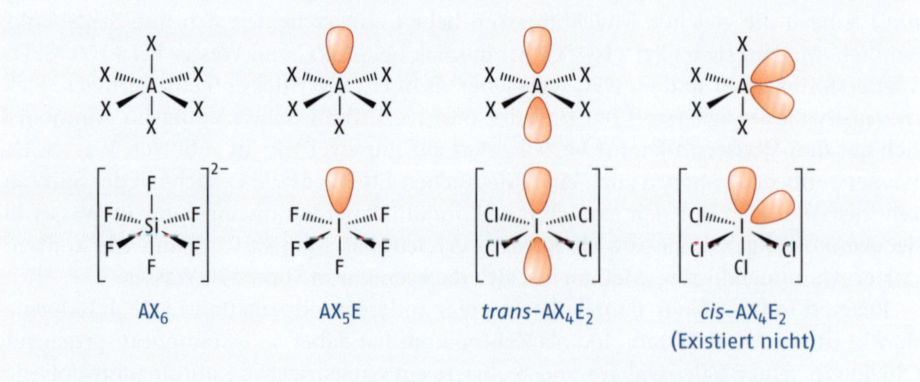

o Abb. 2.61 Struktur von AX_6-, AX_5E- und AX_4E_2-Systemen (inklusive Beispiele)

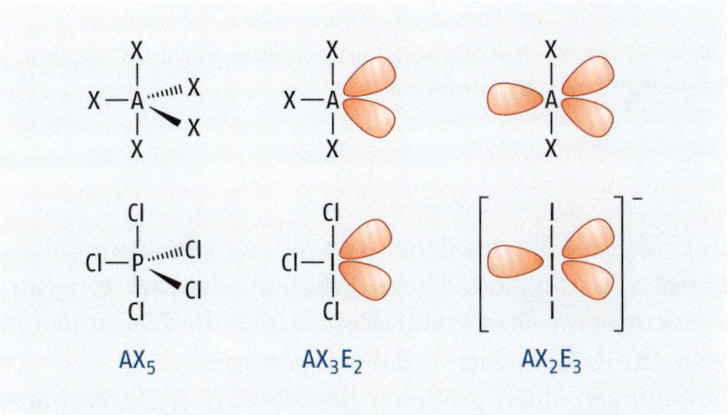

Abb. 2.62 Struktur von AX_5-, AX_3E_2- und AX_2E_3-Systemen (inklusive Beispiele)

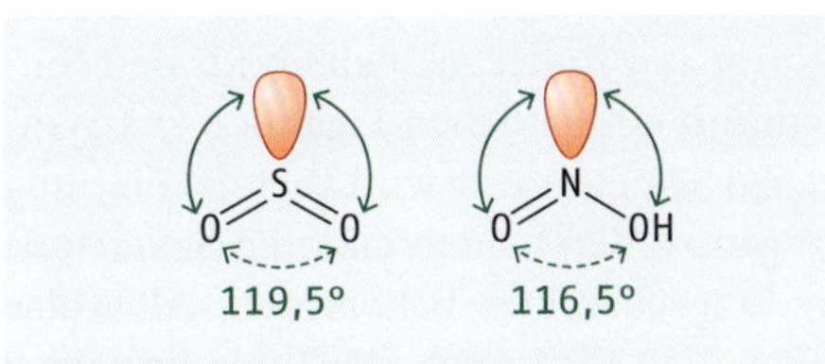

Abb. 2.63 Bindungswinkel von Schwefeldioxid und Salpetriger Säure

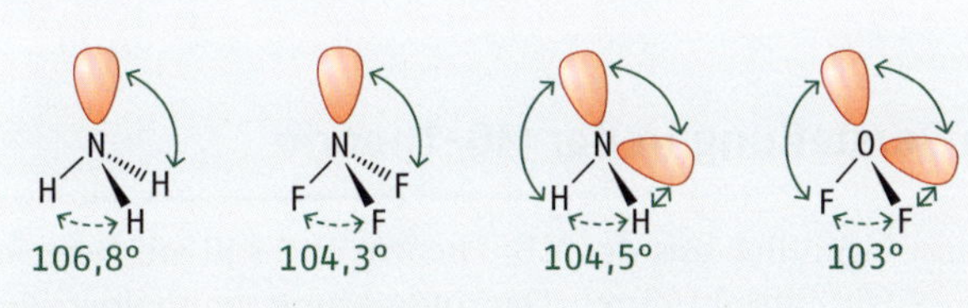

Abb. 2.64 Bindungswinkel von NH_3, NF_3, H_2O und OF_2

Elektronenpaare werden sich in beiden Beispielen in der *xy*-Ebene positionieren, weil sie sich dort an der trigonalen Koordinationssphäre um das Zentralatom beteiligen können und untereinander keinen Bindungswinkel von 90° realisieren müssen.

Die Tatsache, dass freie Elektronenpaare mehr Raum beanspruchen als bindende Elektronenpaare, führt auch dazu, dass in vielen Molekülen die idealen Bindungswinkel, die sich aus den ungestörten Polyederstrukturen ergeben, nicht beobachtet werden. Die Strukturen erscheinen immer mehr oder weniger stark deformiert. Aus der Vorstellung heraus, wie groß und sterisch anspruchsvoll freie Elektronenpaare oder bindende Elektronenpaare sind, lässt sich die Richtung der Deformation abschätzen. Abb. 2.63 zeigt sowohl für Schwefeldioxid als auch für Salpetrige Säure einen Bindungswinkel von 120°. Tatsächlich beträgt der Bindungswinkel X–A–X bei Schwefeldioxid 119,5°, bei der Salpetrigen Säure 116°. Da die Abstoßung zwischen dem freien Elektronenpaar und den bindenden Elektronenpaaren größer ist als diejenige zwischen den bindenden Elektronenpaaren untereinander, werden die Liganden vom freien Elektronenpaar zusammengeschoben. Der Bindungswinkel verengt sich. Der Effekt ist bei der Salpetrigen Säure größer als bei Schwefeldioxid, da das Schwefelatom größer ist und den Liganden mehr Raum liefert (Abb. 2.63).

Vergleicht man die Bindungswinkel von H–O–H in Wasser (104,5°) und H–N–H in Ammoniak (106,8°) mit dem theoretisch geforderten Tetraederwinkel von 109° (Abb. 2.64), so findet man eine Verengung aufgrund der Abstoßung der freien Elektronenpaare untereinander und auf die bindenden Elektronenpaare. Vergleicht man die Bin-

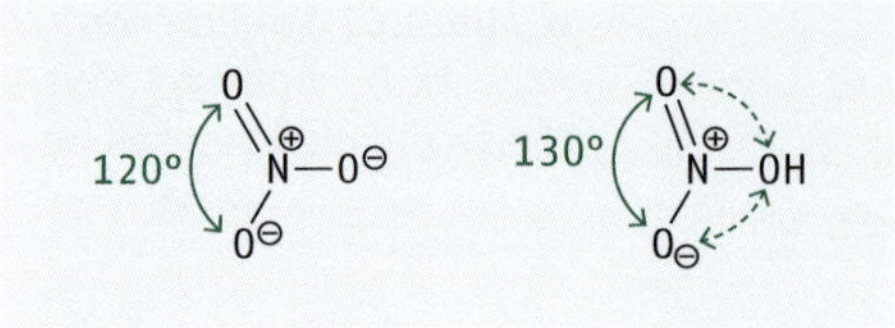

○ Abb. 2.65 Aufweitung des Bindungswinkels von Salpetersäure im Vergleich zum Nitrat-Ion

dungswinkel von OF_2 (103°) und NF_3 (104,3°) mit denen von Wasser bzw. Ammoniak, zeigt sich eine Verstärkung des Effekts (○ Abb. 2.64). Durch Erhöhung der Elektronegativität der Liganden, werden die Elektronenwolken kompakter, da sich die Elektronen in einem stärkeren Kernfeld bewegen. Ihr Raumbedarf wird daher geringer.

Schließlich haben Mehrfachbindungen einen größeren Raumbedarf als Einfachbindungen. Dies wird deutlich beim Vergleich der Bindungswinkel von O–N–O in Salpetersäure und dem Nitrat-Ion (○ Abb. 2.65). Beim Nitrat-Ion findet man einen idealen Bindungswinkel von 120°, weil in einem AX_3-System mit einheitlichen Liganden aus Symmetriegründen kein anderes Resultat denkbar ist. Bei Salpetersäure wird aber die Bindung zum OH eine σ-Bindung sein, wobei die Bindungen zu den beiden anderen Sauerstoffatomen, bedingt durch **Mesomerie**, Doppelbindungscharakter bekommen. Als Folge wird der Bindungswinkel O–N–O auf 130° aufgeweitet, während die Bindungswinkel O–N–OH verkürzt werden.

2.9 Mesomerie und ihre Darstellung in der MO-Theorie

Der Begriff der Mesomerie stammt eigentlich aus der VB-Theorie und soll am Beispiel des Nitrit-Ions erläutert werden. Nitrit entsteht durch Deprotonierung von Salpetriger Säure:

$$HONO \rightleftharpoons H^+ + NO_2^-$$

Für die Beschreibung des Nitrit-Ions nach *Lewis* ergibt sich folgendes Bild:

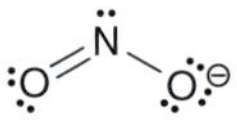

In der Formelschreibweise steht jeder Strich oder Doppelpunkt für ein Elektronenpaar. Jeder Strich zwischen zwei Atomen steht dabei für ein bindendes Elektronenpaar. Jeder Doppelpunkt an einem Atom für ein freies oder nichtbindendes Elektronenpaar. Für Nitrit heißt das: Es bewegen sich 18 Elektronen im Feld von drei Atomkernen, daher resultiert ein Bindungsgrad von 3. Diese Informationen sind aus der Formel unmittelbar zu gewinnen und daher hat sich dieses Konzept in der Beschreibung von Molekülstrukturen so erfolgreich durchgesetzt. Bei Nitrit zum Beispiel stößt die Leistungsfähigkeit dieser Formelschreibweise jedoch an ihre Grenzen. Es liegt nahe, dass man zwei verschiedenartige Bindungen zwischen Stickstoff und Sauerstoff beobachtet. Auch sollte man erwarten, dass z. B. die O=N-Bindung kürzer ist als die $N{-}O^-$-Bindung. Die Ladung scheint auf einem Sauerstoffatom konzentriert zu sein. Alle diese Prognosen lassen sich durch experimentelle Beobachtungen wiederlegen. In Nitrit liegen zwei gleichwertige Bindungen zu Sauerstoff vor. Es handelt sich bei beiden Bindungen um 1,5-fach-Bindungen. Die Ionenladung ist am Sauerstoff konzentriert. Sie verteilt sich aber auf beide Sauerstoffatome

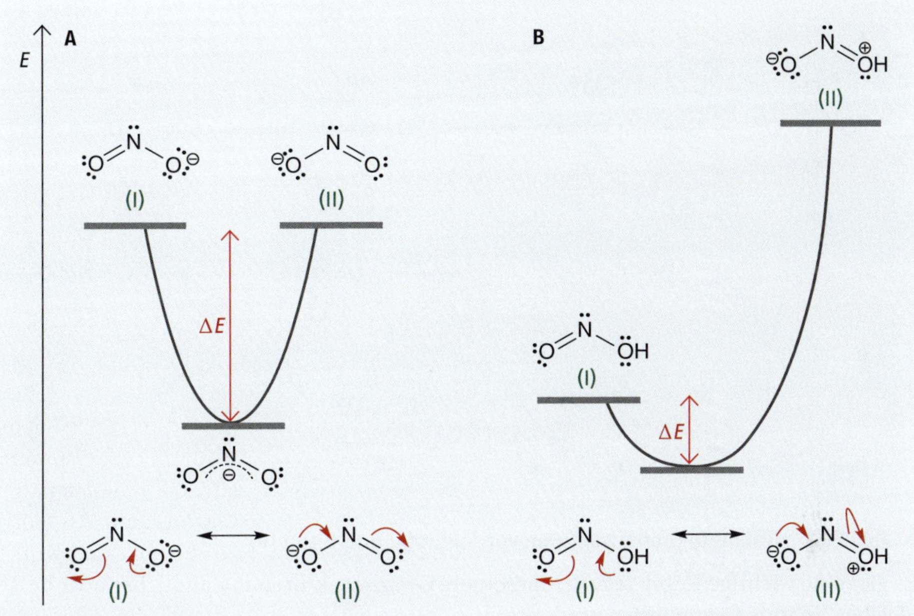

Abb. 2.66 Mesomere Grenzstrukturen im Vergleich mit dem realisierten Zwischenzustand von Nitrit (A) und Salpetriger Säure (B), dargestellt in einem Energieniveaudiagramm

gleichmäßig. Jedes Sauerstoffatom trägt eine halbe Ionenladung. Ein solcher Zustand lässt sich mithilfe der Strukturformeln nur sehr umständlich ausdrücken. Man beschreibt ihn über mehrere **„Grenzstrukturen"** und verbindet diese mit einem Doppelpfeil, dem sogenannten **Mesomerie-Pfeil:**

Struktur A ⟷ Struktur B

Dabei gilt: Zwei verschiedene Strukturbilder sind dann zwei mesomere Grenzstrukturen, wenn die Atomkernpositionen in beiden Strukturen identisch sind und nur Elektronen oder Elektronenpaare ihre Position geändert haben. Ändert sich die Position von Atomkernen, dann erhält man zwei verschiedene Verbindungen, die als **Isomere** bezeichnet werden. So lässt sich Nitrit weder durch Struktur (I) noch durch Struktur (II) (Abb. 2.66 A) beschreiben, sondern ausschließlich durch einen Zwischenzustand, der sich durch eine Strukturformel nicht genau darstellen lässt. Obwohl die Angabe mesomerer Grenzstrukturen umständlich ist, wird sie in der Chemie oft praktiziert. Man kann aus ihnen nämlich wertvolle Informationen über die Stabilität der Struktur des Teilchens mit mesomer verteilter Elektronendichte gewinnen. Die Grenzstruktur (I) als auch in die Grenzstruktur (II) des Nitrit-Ions besitzen die gleiche Energie (Abb. 2.66). Da sie durch Spiegelung ineinander überführbar sind, sind sie auch entartet.

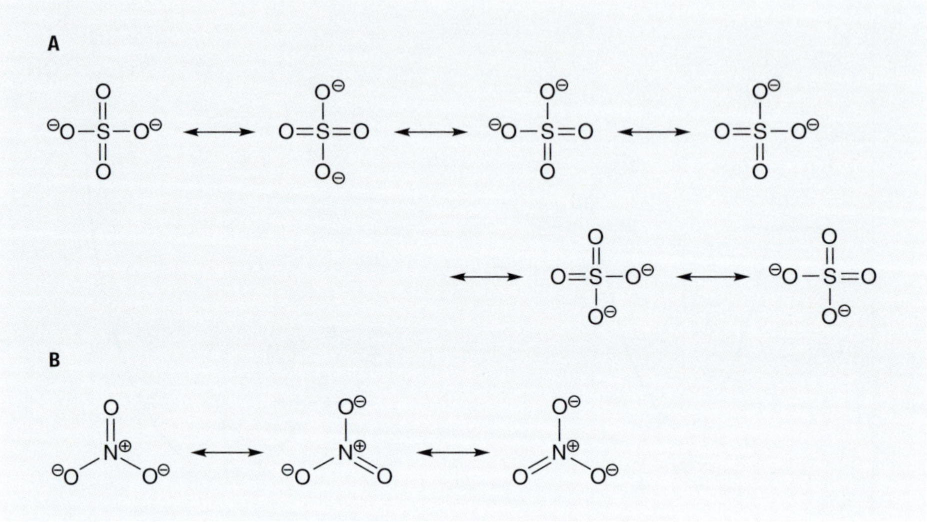

Abb. 2.67 Mesomere Grenzstrukturen von Sulfat (A) und Nitrat (B)

Es gibt eine wichtige Regel: Je mehr mesomere Grenzstrukturen mit ähnlicher oder besser gleicher Energie formulierbar sind, umso stabiler wird der Endzustand sein, oder umso größer wird die **Mesomerieenergie ΔE** sein.

Für das Nitrit-Ion ergibt sich eine Beteiligung der Grenzstrukturen A und B zu je 50 % am Endzustand. Betrachtet man im Vergleich dazu das Molekül der Salpetrigen Säure (HNO_2), so sind dort ebenfalls zwei mesomere Grenzstrukturen formulierbar (Abb. 2.66 B). Diese haben aber nicht die gleiche Energie. Struktur (I) kommt ohne Formalladungen an den Atomen aus. Bei Struktur (II) zeigen die Sauerstoffatome von OH und O gegensätzliche Formalladungen. Daher ist die Grenzstruktur (I) bei HNO_2 erheblich stabiler als die Grenzstruktur (II). Auch hier ergibt sich ein stabilisierender Mesomerie-Effekt. Dieser erhöht die Stabilität der Struktur (I) aber nur geringfügig, da Struktur (I) zu einem erheblich größeren Prozentsatz an der Gesamtstruktur beteiligt ist wie Struktur (II).

Eine Mesomerie-Stabilisierung wird also umso stärker ausfallen, je mehr Grenzstrukturen einerseits formuliert werden können und je energieähnlicher andererseits die Grenzstrukturen sind. So kann aus der umständlichen Formulierung der Grenzstrukturen eine Prognose für die Stabilität des Endzustands gewonnen werden. Demnach wird die Mesomerie-Stabilisierung ΔE bei Sulfat größer sein als bei Nitrat und dort größer ist als bei Nitrit (Abb. 2.67).

Es fällt oft schwer, sich eine Vorstellung über Zwischenzustände mit **„delokalisierten" Bindungen** zu machen. Hier kann die MO-Theorie hilfreich sein. Als Beispiel soll das Nitrit-Ion dienen. Nach dem Gillespie-Konzept ist das Stickstoff-Zentralatom sp^2-hybridisiert. Wenn man weiter annimmt, dass auch die beiden Sauerstoffatome sp^2-hybridisiert sind, erhält man ein Gerüst von σ-Molekülorbitalen, deren Elektronenverteilung aus der Valenzbindungstheorie abgeleitet werden kann. Die sp^2-Hybridorbitale von Sauerstoff und Stickstoff überlappen und erzeugen hohe Elektronendichten zwischen den Atomkernen in der Ebene dieser Atomkerne. Das sogenannten σ-Molekülorbital-Gerüst besteht dann aus zwei bindenden und zwei antibindenden Molekülorbitalen. Dazwischen positionieren sich fünf nichtbindende Orbitale, die in der Lewis-Formel als freie Elektronen-

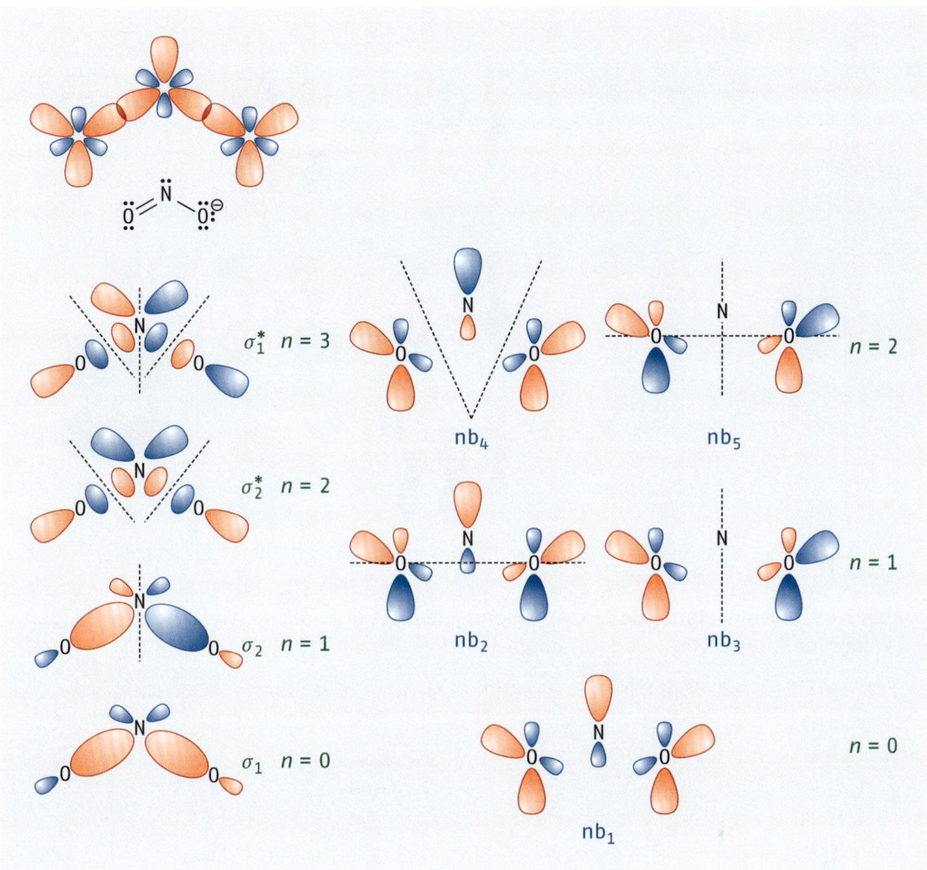

Abb. 2.68 σ-Molekülorbitale von Nitrit

paare dargestellt sind. Abb. 2.68 zeigt alle Molekülorbitale im σ-Gerüst. Diese haben aber mit der Mesomerie nichts zu tun und sollen nur einen Eindruck vermitteln, wie ein MO-Schema eines mehr als zweiatomigen Moleküls entwickelt wird.

Addiert man alle Elektronendichten aller Molekülorbitale in Abb. 2.68, dann erhält man genau die Elektronendichte, die man bei Überlappung der sp^2-Hybridorbitale von Sauerstoff und Stickstoff erwartet. Für die Darstellung des mesomeren Effekts sind jedoch die π-Molekülorbitale interessant. Sauerstoff- und Stickstoffatom bringen je ein nicht hybridisiertes p_z-Orbital in das System ein. Diese spalten in drei Molekülorbitale auf. Davon ist eines bindend (π), eines nichtbindend (nb_6) und eines antibindend (π^*). Abb. 2.69 zeigt die π-Molekülorbitale des Nitrit-Ions.

Die Elektronendichte im bindenden π-Molekülorbital ist gleichmäßig auf alle drei Atome verteilt. Es repräsentiert die Doppelbindung, die je zur Hälfte auf beide N–O-Bindungen verteilt ist. Das nichtbindende nb_6-Orbital konzentriert die Elektronen auf beide Sauerstoffatome. Am Ort des Stickstoffkerns hat es eine Knotenfläche. Es repräsentiert den Zustand mit negativer Formalladung am Sauerstoff. Auch dieser Zustand gehört je zur Hälfte zu beiden Sauerstoffatomen. Das antibindende π^*-MO ist nicht mit Elektronen besetzt. Abb. 2.70 zeigt das gesamte MO-Schema. Es soll als Beispiel für ein MO-Schema eines Moleküls dienen, das aus mehr als nur zwei Atomen besteht.

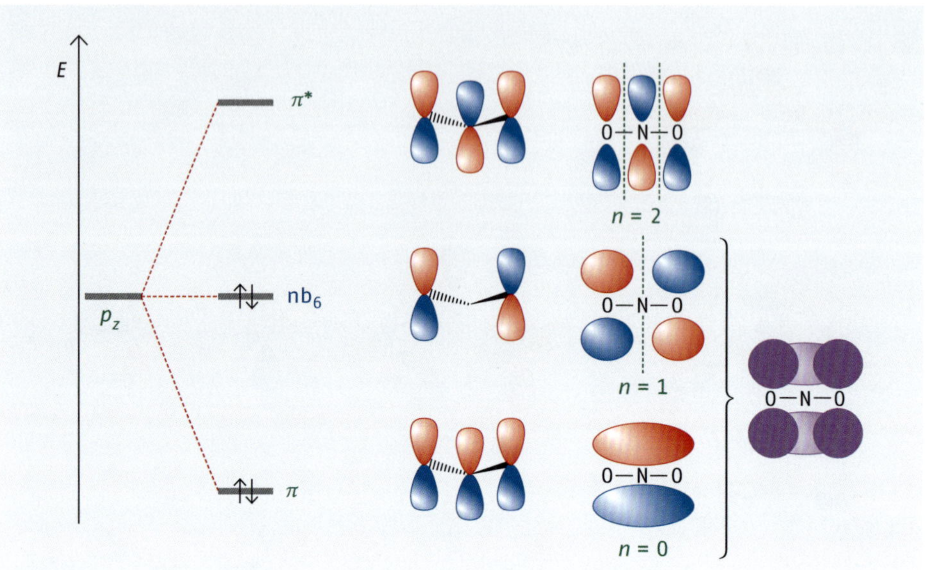

Abb. 2.69 π-Molekülorbitale des Nitrit-Ions: Die Elektronendichte (violett) ist als Quadrat der Wellenfunktionen von π und nb_6 dargestellt.

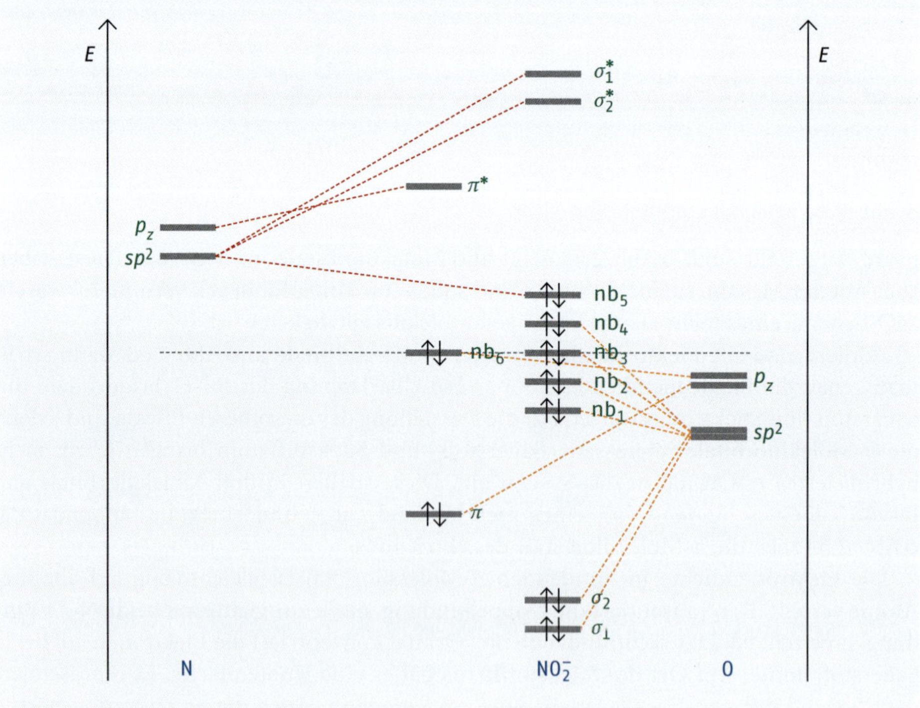

Abb. 2.70 Molekülorbitalschema von Nitrit

3 Grundlagen aus der Mathematik

Schulwissen in Mathematik ist Voraussetzung, um sich mit Thermodynamik, Kinetik und der quantitativen Beschreibung chemischer Prozesse beschäftigen zu können. Um diese Themen sinnvoll zu bearbeiten, muss man das Umstellen und Lösen linearer und quadratischer Gleichungen beherrschen und die Fähigkeit besitzen, einfache Funktionen zu differenzieren und zu integrieren. Das folgende Kapitel soll dafür Hilfestellung bieten. Es geht nicht darum, diese Fähigkeiten zur Perfektion zu entwickeln. Dazu seien Lehrbücher und Kurse in Mathematik empfohlen. Es soll aber sichergestellt sein, dass die Bedeutung mathematischer Symbole und Rechenprozesse dem Leser verständlich ist. Den Studenten erwarten auch Kurse und Praktika, in denen analytisch gerechnet werden muss. Auch für diesen Zweck kann das Kapitel hilfreich sein. In ▸ Kap. 2 wurde schon an einigen Stellen (z. B. bei der Diskussion von σ- und π-Orbitalen; ▸ Kap. 2.6) mit dem Begriff Symmetrie argumentiert. Unter diesem Begriff kann sich zwar jeder Student irgendetwas vorstellen, das wird in Zukunft aber nicht mehr ausreichen. Der Symmetriebegriff ist mathematisch definiert. Wie man mithilfe der Symmetrie Molekülstrukturen diskutieren kann, soll in ▸ Kap. 3.6 erläutert werden. Auch hier steht die Klärung des Begriffs im Vordergrund. Wie mit der dazugehörigen Algebra gerechnet wird, soll nur untergeordnet behandelt werden.

3.1 Lineare Gleichungen

3.1.1 Der Stoffumsatz einer Reaktion als Beispiel für ein lineares Problem

▸ Kap. 1.6 hat sich mit den Grundlagen des stöchiometrischen Rechnens beschäftigt. Ein Beispiel einer einfachen chemischen Reaktion soll das nochmals veranschaulichen: Wird Eisenpulver vorsichtig mit Brom in Kontakt gebracht, wird sich ein Salz, Eisen(III)-bromid bilden. Die Reaktion kann durch folgende chemische Reaktionsgleichung ausgedrückt werden:

$$2\,Fe + 3\,Br_2 \longrightarrow 2\,FeBr_3$$

Will man wissen, wie viel Gramm/Mol Brom man für die Herstellung einer bestimmten Stoffmenge Eisenbromid benötigt, dann kann man den Wert mithilfe einer mathematischen Gleichung berechnen:

$$\frac{1}{3}n_{(Br_2)} = \frac{1}{2}n_{(FeBr_3)}$$ Gleichung 3.1

Gleichung 3.1 gibt das stöchiometrische Verhältnis zwischen den beiden Reaktanden Eisenbromid und Brom an und beträgt für Eisen und Eisenbromid 1:1. Es entsteht genau so viel mol Eisenbromid, wie mol Eisen zugesetzt werden müssen. Für die allgemeine Reaktion gilt:

$$\text{aA} + \text{bB} \longrightarrow \text{cC} + \text{dD}$$

Gleichung 3.2 gibt die stöchiometrische Korrelation zwischen allen Reaktanden an:

$$\frac{1}{a}n_A = \frac{1}{b}n_B = \frac{1}{c}n_C = \frac{1}{d}n_D$$ Gleichung 3.2

Für das Mengenverhältnis der Reaktanden A und B, das einen vollständigen Umsatz der Reaktanden ermöglicht, gilt:

$$\frac{1}{a}n_A = \frac{1}{b}n_B$$ Gleichung 3.3

Bei vollständigem Umsatz kann die Reaktion durch Gleichung 3.4 beschrieben werden:

$$\frac{1}{b}n_B = \frac{1}{c}n_C$$ Gleichung 3.4

Zurück zu Gleichung 3.1. Um zu berechnen, wie viel Brom eingesetzt werden müssen, um 10 mol $FeBr_3$ herzustellen, gilt für $n_{(FeBr_3)} = 10$ mol in Gleichung 3.1. Der Rechenweg sieht dann so aus:

$$\frac{1}{3}n_{(Br_2)} = \frac{1}{2} \cdot 10\,\text{mol} = 5\,\text{mol}$$

$$n_{(Br_2)} = 3 \cdot (5\,\text{mol}) = 15\,\text{mol}$$

Das Vorgehen ist nicht falsch und führt zum richtigen Ergebnis. Es ist aber unprofessionell, da Zahlenwerte in eine Gleichung eingesetzt wurden, bevor diese nach der gesuchten Größe umgestellt worden ist. Für kompliziertere Ausdrücke führt dies zu unübersichtlichen Rechnungen. Schlimmer ist aber, dass die formale Algebra auf das Lösen eines punktuellen Problems reduziert wurde. Algebra kann viel mehr. Sie kann zu völlig neuen Aussagen führen. Daher sollen Gleichungen mit ihren allgemeinen Symbolen immer nach der gesuchten Größe aufgelöst werden und erst danach werden die Zahlenwerte eingesetzt. Für Gleichung 3.1 gilt:

$$\frac{1}{3}n_{(Br_2)} = \frac{1}{2}n_{(FeBr_3)}$$

Durch Multiplikation mit dem Faktor 3 ergibt sich ○ Gleichung 3.5:

$$n_{(Br_2)} = \frac{3}{2} n_{(FeBr_3)}$$ Gleichung 3.5

3.1.2 Steigung und Achsenabschnitt als Merkmale einer linearen Gleichung

○ Gleichung 3.5 gibt eine allgemeine Aussage über die Stoffmenge des benötigten Broms bei der Eisenbromidsynthese. Mit ihrer Hilfe kann auch die Frage beantwortet werden wie viel mol Brom man für die Herstellung von 50 mol oder 100 mol Eisenbromid benötigt. Mathematisch ausgedrückt: $n_{(Br_2)}$ ist eine **Funktion** der gewünschten Stoffmenge $n_{(FeBr_3)}$. Eine Funktion beschreibt, wie einer **Variablen**, hier $n_{(FeBr_3)}$, genau ein **Funktionswert**, hier $n_{(Br_2)}$, zugeordnet wird. ○ Gleichung 3.5 gehört zu den einfachsten Fällen einer linearen Funktion. Zwischen beiden Größen, dem Funktionswert und der Funktionsvariablen, besteht ein **proportionaler Zusammenhang**. Diese Funktion kann über eine Nullpunkts-Gerade beschrieben werden (○ Abb. 3.1). Das Verhältnis von $\Delta n_{(Br_2)}$ zu $\Delta n_{(FeBr_3)}$ wird als **Steigung *m* der Funktion** bezeichnet:

$$m = \frac{\Delta n_{(Br_2)}}{\Delta n_{(FeBr_3)}}$$ Gleichung 3.6

Der Wert für die Steigung in ○ Gleichung 3.5 beträgt 1,5 und bestimmt, wie steil die Funktion in ○ Abb. 3.1 verläuft. Nach Umstellung von ○ Gleichung 3.5 nach $n_{(FeBr_3)}$ erhält man deren Umkehrfunktion (○ Gleichung 3.7); diese beschreibt die entstandene Stoffmenge Eisenbromid nach Zugabe einer vorgegebenen Stoffmenge Brom:

$$n_{(FeBr_3)} = \frac{2}{3} n_{(Br_2)}$$ Gleichung 3.7

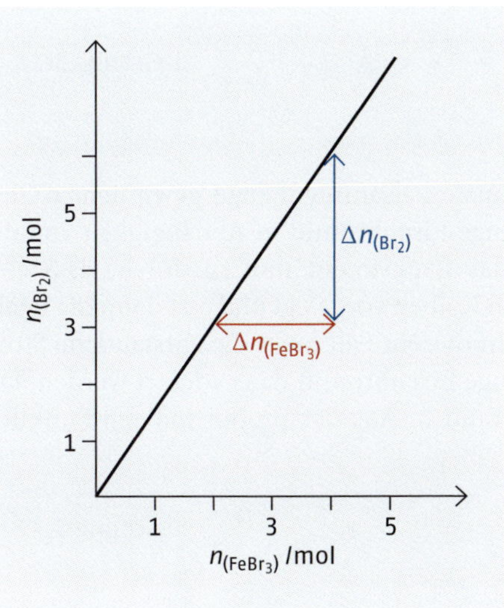

○ **Abb. 3.1** Bedarf an Brom als Funktion der gewünschten Stoffmenge Eisenbromid

3

Gleichung 3.7 ist wieder eine Nullpunkts-Gerade, die aber wegen der kleineren Steigung viel flacher verläuft.

Will man aber beispielsweise wissen, wie viele Milliliter Brom für die Synthese von 10 g Eisenbromid benötigt wird, dann kann diese Information aus Gleichung 3.5 nicht unmittelbar gewonnen werden. Man muss auf die allgemeinen Zusammenhänge aus ▸ Kap. 1 zurückgreifen. Nach Gleichung 1.2 (▸ Kap. 1.6.2) gilt:

$$n_i = \frac{m_i}{M_i}$$

Nach Gleichung 1.4 (▸ Kap. 1.6.3) gilt:

$$m_{\mathrm{i}} = \rho \cdot V$$

Für die Stoffmenge Eisenbromid gilt nach Gleichung 1.2

$$n_{(\mathrm{FeBr_3})} = \frac{m_{(\mathrm{FeBr_3})}}{M_{(\mathrm{FeBr_3})}}$$ Gleichung 3.8

Die Stoffmenge Brom berechnet sich nach Gleichung 1.2 und Gleichung 1.4:

$$n_{(\mathrm{Br_2})} = \frac{m_{(\mathrm{Br_2})}}{M_{(\mathrm{Br_2})}} = \frac{V_{(\mathrm{Br_2})} \cdot \rho_{(\mathrm{Br_2})}}{M_{(\mathrm{Br_2})}}$$ Gleichung 3.9

Nach Einsetzen von Gleichung 3.8 und Gleichung 3.9 in Gleichung 3.5 ergibt sich:

$$\frac{V_{(\mathrm{Br_2})} \cdot \rho_{(\mathrm{Br_2})}}{M_{(\mathrm{Br_2})}} = \frac{3}{2} \cdot \frac{m_{(\mathrm{FeBr_3})}}{M_{(\mathrm{FeBr_3})}}$$ Gleichung 3.10

Nach Multiplikation mit der Molmasse von Brom $M_{(\mathrm{Br_2})}$ und Division durch die Dichte von Brom $\rho_{(\mathrm{Br_2})}$ erhält man das benötigte Bromvolumen $V_{(\mathrm{Br_2})}$ als Funktion der gewünschten Masse an Eisenbromid $m_{(\mathrm{FeBr_3})}$:

$$V_{(\mathrm{Br_2})} = \frac{3}{2} \cdot \frac{M_{(\mathrm{Br_2})}}{\rho_{(\mathrm{Br_2})} \cdot M_{(\mathrm{FeBr_3})}} \cdot m_{(\mathrm{FeBr_3})}$$ Gleichung 3.11

Auf ähnliche Weise lassen sich viele funktionale Zusammenhänge gewinnen. Gleichung 3.7 beschreibt die entstandene Stoffmenge Eisenbromid in Abhängigkeit von der eingesetzten Stoffmenge Brom. Man führt das Experiment nun so durch, dass eine bestimmte Menge Eisenbromid $n^0_{(\mathrm{FeBr_3})}$ in einen Kolben vorgelegt und erst dann die Reaktion von Eisen mit Brom durchgeführt wird. In diesem Fall muss die entstandene Stoffmenge Eisenbromid zur eingesetzten Stoffmenge Eisenbromid dazu addiert werden. Die Gerade bekommt dadurch einen Achsenabschnitt *b*. Aus der proportionalen Funktion wird eine lineare Funktion:

$$n_{(\mathrm{FeBr_3})} = \frac{2}{3} n_{(\mathrm{Br_2})} + n^0_{(\mathrm{FeBr_3})}$$ Gleichung 3.12

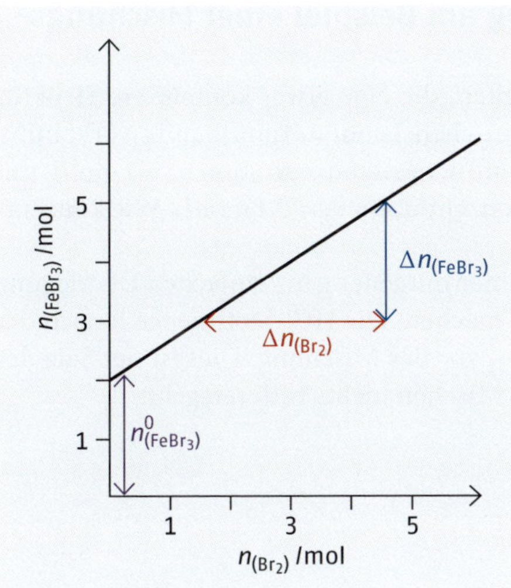

o Abb. 3.2 Eisenbromid-Menge als Funktion der eingesetzten Brom-Menge bei Vorlage von Eisenbromid

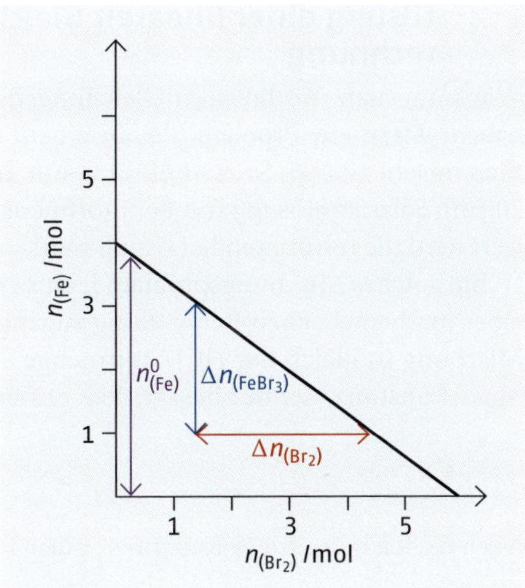

o Abb. 3.3 Eisen-Stoffmenge, die bei Zugabe definierter Brom-Stoffmengen im Reaktionsgefäß zurückbleibt

3

Werden zu Beginn der Reaktion 2 mol Eisenbromid in den Kolben eingefüllt, dann wird der Reaktionsverlauf durch eine lineare Funktion (o Abb. 3.2) beschrieben. Diese hat allgemein folgende Form:

$$y = mx + b \qquad \text{Gleichung 3.13}$$

Dabei beschreibt die Steigung m der Funktion, wie steil die Gerade in o Abb. 3.2 verläuft. Der Achsenabschnitt b beschreibt, an welcher Stelle die Gerade bei (x = 0) die y-Achse schneidet. Das Beispiel aus o Abb. 3.2 ist jedoch in der Praxis relativ sinnlos. Es liefert keinen Vorteil, das Reaktionsprodukt am Beginn einer Reaktion zuzusetzen, es sei denn, es würde über katalytische Eigenschaften verfügen.

Ein weiteres Beispiel, das durch eine lineare Funktion beschrieben werden kann, stellt folgendes Problem dar: Man legt eine bestimmte Menge Eisen $n^0_{(Fe)}$ vor und fragt danach, wie viel Eisen nicht umgesetzt wird, wenn nur etwas Brom zugesetzt wird. Je mehr Brom man zugibt, umso weniger Eisen bleibt übrig. Die Menge an übrig gebliebenem Eisen wird so lange eine Funktion der zugesetzten Brommenge sein, bis der quantitativer Umsatz erreicht ist. Danach liegt sie konstant bei null. Ein Blick in die chemische Synthesegleichung von Eisenbromid zeigt, dass immer so viel Fe verbraucht wird, wie $FeBr_3$ entsteht. Daher gilt für die Eisenmenge $n_{(Fe)}$, die im Reaktionsgefäß verbleibt:

$$n_{(Fe)} = n^0_{(Fe)} - n_{(FeBr_3)} = n^0_{(Fe)} - \frac{2}{3} n_{(Br_2)} \qquad \text{Gleichung 3.14}$$

Dabei ist $n^0_{(Fe)}$ die vorgelegte Anfangsmenge an Eisen und $n^0_{(Br_2)}$ die im Unterschuss zugesetzte Brommenge. Werden beispielsweise 4 mol Eisen vorgelegt, kann die ablaufende Reaktion wie in o Abb. 3.3 beschrieben werden. Die lineare Funktion aus o Gleichung 3.14 hat eine negative Geradensteigung.

3.1.3 Lösung einer linearen Gleichung am Beispiel einer Mischungsrechnung

Wie kann man mit linearen Gleichungen arbeiten, die eine etwas komplexere Struktur haben? Dazu ein Problem, das in einem chemischen Laboratorium häufig vorkommt. Man mischt 100 mL Salzsäurelösung mit der Stoffmengenkonzentration $c_1 = 1$ mol/L mit 200 mL Salzsäurelösung mit der Stoffmengenkonzentration $c_2 = 0{,}1$ mol/L. Wie konzentriert wird die resultierende Lösung sein?

Ein solches Mischungsproblem lässt sich immer mit einer ganz einfachen Überlegung einer mathematischen Behandlung zugänglich machen: Die HCl-Stoffmenge n nach der Mischung ist gleich der HCl-Stoffmenge $n_1 + n_2$ vor der Mischung. Dies ist der Satz der **Massekonstanz**, der nur besagt, dass durch das Mischen nichts verloren geht:

$$n_1 + n_2 = n \qquad \text{Gleichung 3.15}$$

Nach ○ Gleichung 1.6 (▸ Kap. 1.6.4) gilt:

$$c_i = \frac{n_i}{V} \quad \text{und} \quad n_i = c_i \cdot V_i$$

Man erhält ○ Gleichung 3.16, die durch Division mit dem Gesamtvolumen zu ○ Gleichung 3.17 umgestellt wird:

$$c_1 \cdot V_1 + c_2 \cdot V_2 = c \cdot V \qquad \text{Gleichung 3.16}$$

$$c = \frac{c_1 \cdot V_1 + c_2 \cdot V_2}{V} \qquad \text{Gleichung 3.17}$$

Mischt man konzentrierte Lösungen mit verdünnten Lösungen, dann kann man nicht davon ausgehen, dass das Volumen der Mischung gleich der Summe der Volumina der Komponenten ist. Vor allem, wenn Substanzen mit sehr stark unterschiedlichen zwischenmolekularen Kräften gemischt werden, ergeben sich Mischungsvolumina, die aus veränderten Dichten von Mischung und Ausgangskomponente herrühren. Mischt man aber zwei verdünnte Lösungen wie im Ausgangsbeispiel, so wird in guter Näherung ○ Gleichung 3.18 gelten:

$$V = V_1 + V_2 \qquad \text{Gleichung 3.18}$$

Dabei ist $V_1 = 100$ mL $= 0{,}1$ L und $V_2 = 200$ mL $= 0{,}2$ L. Nach Einsetzen von ○ Gleichung 3.18 in ○ Gleichung 3.17 ergibt sich:

$$c = \frac{c_1 \cdot V_1 + c_2 \cdot V_2}{V_1 + V_2} = \frac{1 \cdot (0{,}1) + 0{,}1 \cdot (0{,}2)}{0{,}3} \, \frac{\text{mol} \cdot \text{L}}{L \cdot L} = 0{,}4 \, \frac{\text{mol}}{\text{L}} \qquad \text{Gleichung 3.19}$$

Wie viel Liter 0,2 M Salzsäure benötigt man, um aus 50 mL 2 M Salzsäure eine 0,5 M Salzsäure zu erhalten? In diesem Fall muss die lineare Gleichung (○ Gleichung 3.19) nach einer Unbekannten aufgelöst werden, die in einem zusammengesetzten Term steht. Zuerst müssen die Parameter festgelegt werden:

$c_1 = 2$ mol/L, $V_1 = 0{,}05$ L, $c_2 = 0{,}2$ mol/L, $c = 0{,}5$ mol/L

V_2 wird gesucht, ⭘ Gleichung 3.19 muss also nach V_2 aufgelöst werden. Dazu sind folgende Rechenschritte durchzuarbeiten:

1. **Eliminieren der Brüche:** Dazu wird ⭘ Gleichung 3.19 mit $V_1 + V_2$ multipliziert. Es ist an dieser Stelle völlig gleichgültig, auf welcher Seite die gesuchte Variable letztendlich steht:
   $c \cdot (V_1 + V_2) = c_1 \cdot V_1 + c_2 \cdot V_2$
2. **Ausmultiplizieren der Klammern:** Auf jeder Seite der Gleichung stehen nur noch Summanden:
   $c \cdot V_1 + c \cdot V_2 = c_1 \cdot V_1 + c_2 \cdot V_2$
3. **Sortieren:** Jeder Summand, der unsere gesuchte Variable V_2 enthält, kommt auf eine Seite der Gleichung. Jeder Summand, der die gesuchte Variable nicht enthält, kommt auf die andere Seite der Gleichung:
   $c \cdot V_2 - c_2 \cdot V_2 = c_1 \cdot V_1 - c \cdot V_1$
4. **Ausklammern der gesuchten Variablen:**
   $(c - c_2) \cdot V_2 = c_1 \cdot V_1 - c \cdot V_1$
5. **Isolieren der gesuchten Variablen:** Man dividiert durch $(c - c_2)$:

   $$V_2 = \frac{c_1 \cdot V_1 - c \cdot V_1}{(c - c_2)} = \frac{(c_1 - c)}{(c - c_2)} \cdot V_1 = \frac{(2 - 0{,}5)\ \text{mol/L}}{(0{,}5 - 0{,}2)\ \text{mol/L}} \cdot 0{,}05\ \text{L} = 0{,}25\ \text{L}$$

   Das Ausklammern von V_1 im Zähler der Gleichung ist entbehrlich, ermöglicht aber ein übersichtlicheres Rechnen und ein einfacheres Einsetzen der Zahlenwerte in die Gleichung.

3

3.2 Quadratische Gleichungen und Polynome

3.2.1 Ein Beispiel für ein nichtlineares Problem: Das Federkraftgesetz

Zur Demonstration nichtlinearer Funktionen soll ein mechanisches System betrachtet werden, eine gewöhnliche Feder (⭘ Abb. 3.4). Die Feder besitzt im entspannten Zustand eine Länge s_0. Zieht man sie auf die Länge s auseinander, so muss dazu eine Kraft F aufgewendet werden, um sie auf dieser Länge zu halten. Für die Ausdehnung gilt:

$$\Delta s = s - s_0 \qquad \text{Gleichung 3.20}$$

Die Kraft F, die nötig ist, um die Ausdehnung Δs aufrechtzuerhalten, wird durch das Hookesche Gesetz (⭘ Gleichung 3.21) beschrieben. Danach ist F proportional zur Ausdehnung und die Steigung der Proportionalitätsgeraden ist die Federkraftkonstante k.

$$F = k \cdot \Delta s \qquad \text{Gleichung 3.21}$$

Eine Feder mit großer Federkraftkonstanten k ist schwer zu deformieren, eine mit kleinem k dagegen, kann mit wenig Anstrengung gestreckt oder gestaucht werden. Die physikalische Größe „Arbeit" ist das Produkt von Kraft und Weg. Mechanische Arbeit wird immer dann geleistet, wenn eine Kraft entlang eines Weges wirkt:

$$W = F \cdot \Delta s \qquad \text{Gleichung 3.22}$$

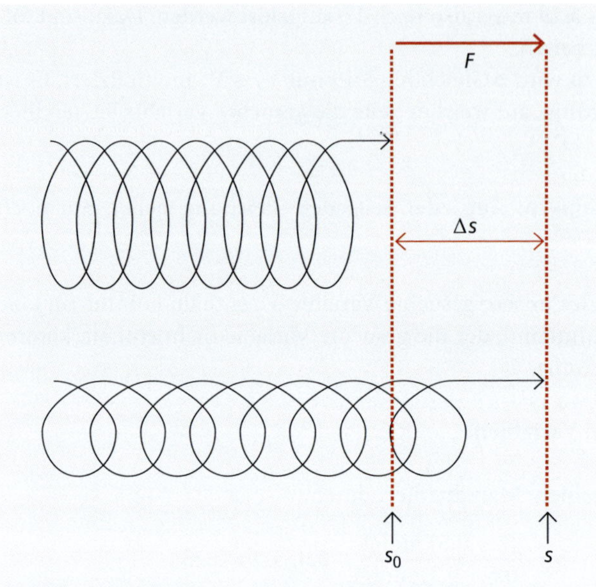

Abb. 3.4 Streckung einer Feder durch die Federkraft *F*

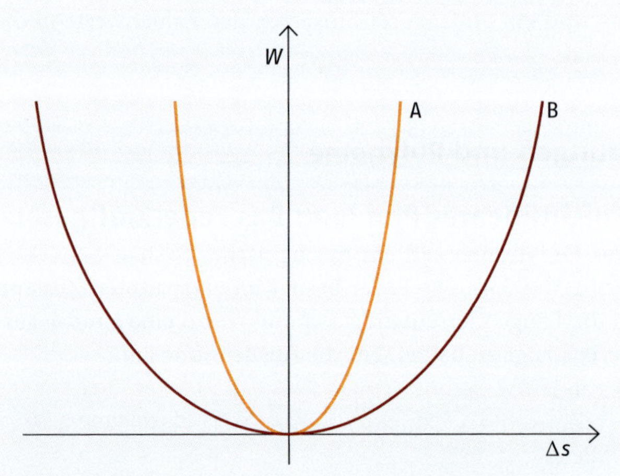

Abb. 3.5 Arbeit zur Deformation einer Feder als Funktion der Auslenkung Δs: starke Feder (A), schwache Feder (B)

Ist die Kraft konstant, dann besteht zwischen Arbeit und Wegstrecke eine lineare, proportionale Beziehung, mit der Kraft als Proportionalitätskonstante. Beim Auseinanderziehen der Feder wirkt entlang der Wegstrecke Δs eine Kraft F, dabei wird Arbeit geleistet (Abb. 3.4). Das Hookesche Gesetz (Gleichung 3.21) kann aber nicht einfach in den allgemeinen Ausdruck für die mechanische Arbeit (Gleichung 3.22) einsetzt werden, da die aufgewendete Kraft entlang Δs nicht konstant war, sondern kontinuierlich zunahm. Im Augenblick ist dieses Problem noch lösbar. Für die Arbeit zum Strecken einer Feder gilt (siehe beliebiges Physik-Buch):

$$W = \frac{1}{2}k \cdot (\Delta s)^2 \qquad \text{Gleichung 3.23}$$

In ○ Gleichung 3.23 ist die Arbeit W nichtlinear von der Deformation Δs abhängig. Es handelt sich um eine einfache quadratische Gleichung. Ihr Schaubild ist eine Parabel (○ Abb. 3.5).

3.2.2 Merkmale quadratischer Gleichungen

Jede einfache quadratische Gleichung hat folgende Grundform:

$$y = ax^2 \qquad \text{Gleichung 3.24}$$

Der Faktor a beschreibt wie steil oder flach die Parabel in ○ Abb. 3.5 verläuft. Eine solche einfache quadratische Gleichung kann mit den gleichen fünf Rechenschritten gelöst werden, wie sie in ▸ Kap. 3.1.3 für ○ Gleichung 3.19 erläutert wurden. Man kann die Gleichung nach x auflösen, in dem y durch a dividiert und dann die Wurzel gezogen wird:

$$x = \sqrt{\frac{y}{a}} \qquad \text{Gleichung 3.25}$$

Das gilt vor allem auch dann, wenn die gesuchte Variable x^2 in einem komplizierteren Term steht, z. B.:

$$A = \frac{ax^2 + b}{c + dx^2} \qquad \text{Gleichung 3.26}$$

Durch Anwendung der fünf Rechenschritte wird die Gleichung zuerst nach x^2 aufgelöst. Die Variable x kann dann durch eine einfache Quadratwurzel bestimmt werden:

$$x^2 = \frac{Ac - b}{d - Ad} \quad \text{und} \quad x = \sqrt{\frac{Ac - b}{d - Ad}} \qquad \text{Gleichung 3.27}$$

3.2.3 Gemischt quadratische Gleichungen

Um die Energie W einer gespannten Feder nicht als Funktion von Δs darzustellen (wie in ○ Gleichung 3.23), sondern als Funktion von s, muss ○ Gleichung 3.20 in ○ Gleichung 3.23 eingesetzt werden. Man erhält ○ Gleichung 3.28:

$$W = \frac{1}{2}k \cdot (s - s_o)^2 \qquad \text{Gleichung 3.28}$$

Daraus folgt:

$$\frac{2W}{k} = s^2 - 2s_0 \cdot s + s_0^2 \qquad \text{Gleichung 3.29}$$

In ○ Gleichung 3.29 kommt die Variable s nicht nur in einem quadratischen Glied mit s^2 vor, sondern auch in einem linearen Glied in $-2s_0 \cdot s$. Eine solche Gleichung wird als **gemischt quadratische Gleichung** bezeichnet. Eine gemischt quadratische Gleichung enthält also Summanden der Form ax^2 und bx. Daher lässt sich die Variable x nicht mehr

3

mithilfe der klassischen fünf Rechenschritte aus ▸Kap. 3.1.3 isolieren. Um eine gemischt quadratische Gleichung lösen zu können, muss sie zuerst in die sogenannte **Normalform** umgewandelt werden:

$$x^2 + bx + c = 0 \qquad \text{Gleichung 3.30}$$

In dieser Form enthält Gleichung 3.30 keinen quadratischen Vorfaktor a mehr, sondern nur noch den linearen Ausdruck bx und das konstante Glied c. Die zugehörige Lösungsform lautet:

$$x_{1;2} = -\frac{b}{2} \pm \sqrt{\left(\frac{b}{2}\right)^2 - c} \qquad \text{Gleichung 3.31}$$

Gleichung 3.31 ist eine Form der aus der Schulzeit bekannten **Mitternachtsformel**. (Sie heißt so, da man sie wissen muss, selbst wenn man um Mitternacht geweckt wird.) Wird Gleichung 3.29 auf Normalform gebracht, dann erhält man:

$$s^2 - 2\,s_0 s + s_0^2 - \frac{2W}{k} = 0 \qquad \text{Gleichung 3.32}$$

In Gleichung 3.32 beträgt der Vorfaktor des linearen Ausdrucks $-2s_0$, die Konstante hat den Wert:

$$c = s_0^2 - \frac{2W}{k}$$

Abb. 3.6 zeigt, dass die Parabel die y-Achse bei c schneidet.

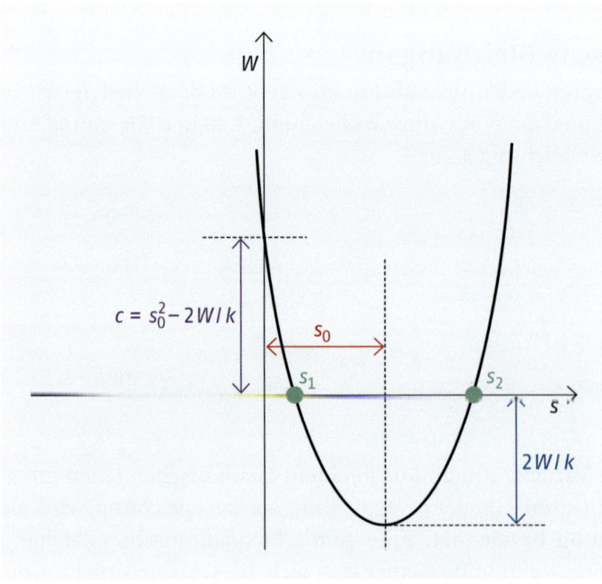

Abb. 3.6 Energie einer gespannten Feder in Abhängigkeit von ihrer Länge (vgl. Gleichung 3.28)

Die verschobene Parabel schneidet die x-Achse an zwei Stellen s_1 und s_2; diese Werte sind Lösungen der quadratischen Gleichung ○Gleichung 3.32. Über die Lösungsform erhält man:

$$s_{1;2} = s_0 \pm \sqrt{s_0^2 - s_0^2 + \frac{2W}{k}} = s_0 \pm \sqrt{\frac{2W}{k}}$$ Gleichung 3.33

3.2.4 Kubische Gleichungen und Polynome

Die Normalform in ○Gleichung 3.30 ist die erste Stufe zu einer allgemeinen Form nichtlinearer Gleichungen, den **Polynomen**. Die nächste Erweiterung des Polynoms ist die Einführung eines kubischen Ausdrucks. Eine kubische Gleichung (ein Polynom 3. Grades) hat die Form:

$$y = ax^3 + bx^2 + cx + d$$ Gleichung 3.34

Polynome 3. Grades haben maximal drei Nullstellen. Diese sind auf systematischem Wege nur noch mit hohem Aufwand zu ermitteln (Kardanische Gleichung). ○Abb. 3.7 zeigt ein Beispiel für eine solche kubische Funktion.

Der Aufwand, alle Nullstellen sicher zu ermitteln, steigt mit jedem zusätzlichen Potenzterm, der hinzugefügt wird. Ein Polynom hat die allgemeine Form:

$$y = a_n x^n + a_{n-1} x^{n-1} + a_{n-2} x^{n-2} \ldots a_1 x + a$$ Gleichung 3.35

Polynome haben große Bedeutung in der empirischen Beschreibung komplizierter Funktionsverläufe. Hat man eine Messgröße y in Abhängigkeit eines Systemparameters x experimentell aufgezeichnet, so kann man die Messpunkte in ein Schaubild eintragen und

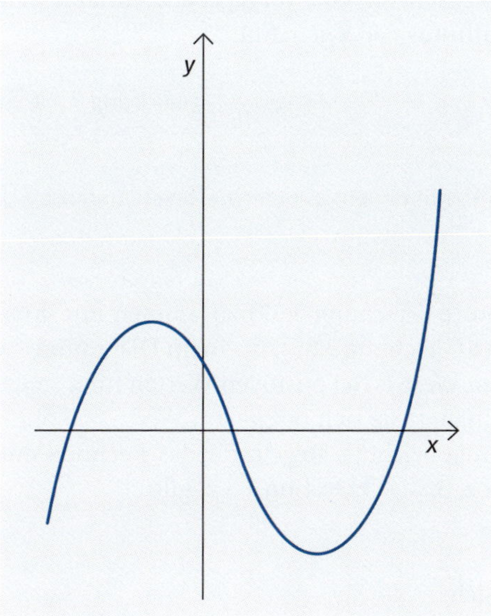

○ **Abb. 3.7** Beispiel einer kubischen Funktion

3

erhält den graphischen Funktionsverlauf. Dann kann man die Polynomfaktoren a_i an die Kurve anpassen und bekommt, bei genügend großer Zahl von Polynomfaktoren $a_i x^{n_i}$, fast immer eine befriedigende Beschreibung der Funktion. Eine solche **Potenzreihenentwicklung** führt zu Gleichungen, mit denen sich komfortabel rechnen lässt. Sie besitzen aber keinen Erklärungswert und eignen sich kaum zum Erkennen neuer Sinnzusammenhänge.

3.3 Exponentialfunktion und Logarithmus

Um Wachstums- oder Zerfallsprozesse leistungsfähig beschreiben zu können, bedient man sich gerne einer Funktion, die **Exponentialfunktion** genannt wird:

$$y = a \cdot e^{bx} \qquad \text{Gleichung 3.36}$$

In ihrer einfachsten Form sind die Faktoren *a* und *b* gleich 1, man erhält Gleichung 3.37:

$$y = e^{x} \qquad \text{Gleichung 3.37}$$

Die Zahl *e* wurde von dem Mathematiker *Leonhard Euler* berechnet und man erhält sie als Grenzwert der Folge:

$$e = \lim_{n \to \infty} \left(1 + \frac{1}{n}\right)^{n} \qquad \text{Gleichung 3.38}$$

Wenn man in Gleichung 3.38 für *n* sehr große Zahlen einsetzt, dann erhält man für *e* näherungsweise den Wert 2,718281828. Um die Eigenschaften der Funktion in Gleichung 3.37 genauer zu diskutieren, ist es sinnvoll sie zusammen mit ihrer Umkehrfunktion zu betrachten. Mit was muss *e* potenziert werden, um eine vorgegebene Variable *x* zu erhalten? Diese Zahl *y* wird **natürlicher Logarithmus** von *x* genannt:

$$y = \ln x \qquad \text{Gleichung 3.39}$$

MERKE Ein Logarithmus ist immer eine Hochzahl, mit der etwas potenziert werden muss, um eine Variable zu erhalten.

Abb. 3.8 zeigt die Schaubilder der *e*-Funktion (Gleichung 3.37) zusammen mit ihrer Umkehrfunktion, der Logarithmus-Funktion (Gleichung 3.39), in einem Diagramm.

Die *e*-Funktion besitzt an der Stelle $x = 0$ den Wert 1. Bei positiven Werten für *x* steigt sie sehr schnell an, bei negativen Werten für *x* nähert sie sich rasch dem Wert $y = 0$ ohne ihn jedoch je zu erreichen. Daraus können einige wichtige Regeln für das Rechnen mit Exponenten verständlich gemacht werden. Für z. B. die Operation $e^2 \cdot e^3$ gilt:

$$e^2 \cdot e^3 = ee \cdot eee = e^5 = e^{2+3}$$

Wird diese Operation verallgemeinert, ergibt sich:

$$AB = e^{a} \cdot e^{b} = e^{a+b} = C \qquad \text{Gleichung 3.40}$$

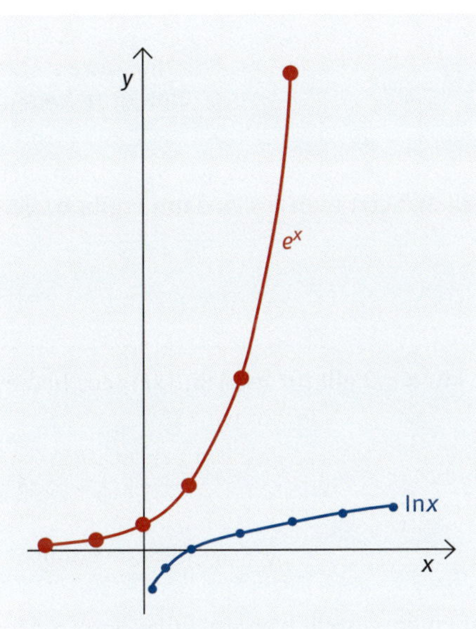

Abb. 3.8 Graphen der *e*-Funktion (Gleichung 3.37) und der Logarithmus-Funktion (Gleichung 3.39)

Dabei ist a der Logarithmus von A also $a = \ln A$ und $b = \ln B$. Um A und B zu multiplizieren, muss man die Logarithmen von A und B addieren und erhält dann den Logarithmus von C. Daraus folgt unmittelbar:

$$\ln AB = \ln A + \ln B$$ Gleichung 3.41

Führt man die Operation e^3/e^2 aus, dann erhält man:

$$\frac{e^3}{e^2} = \frac{e \cdot e \cdot e}{e \cdot e} = e^1$$

Oder allgemein:

$$\frac{e^a}{e^b} = e^{a-b}$$ Gleichung 3.42

Aus $e^a = A$ und $e^b = B$ ergibt sich folgerichtig:

$$\ln \frac{A}{B} = \ln A - \ln B$$ Gleichung 3.43

Was passiert aber, wenn b größer als a ist, z. B. in e^2/e^5?

$$\frac{e^2}{e^5} = \frac{e \cdot e}{e \cdot e \cdot e \cdot e \cdot e} = \frac{1}{e \cdot e \cdot e} = \frac{1}{e^3} = e^{-3}$$

Oder allgemein:

$$\frac{1}{e^c} = e^{-c}$$ Gleichung 3.44

Mit $C = e^{-c}$ gilt:

$$\ln \frac{1}{C} = -\ln C$$ Gleichung 3.45

Damit ist jetzt auch das Ergebnis für e^0 verständlich. Setzt man $a = b$, dann ergibt Gleichung 3.42:

$$\frac{e^a}{e^a} = e^{a-a} = e^0 = 1$$

Der Wert von e^0 beträgt also nicht 0, sondern 1. Für $x = 2$ gilt für $\ln(A^x)$:

$\ln A^2 = \ln AA = \ln A + \ln A = 2 \ln A$

Oder allgemein ausgedrückt:

$$\ln A^x = x \cdot \ln A$$ Gleichung 3.46

Mit Gleichung 3.41 kann e^1 auch folgendermaßen dargestellt werden:

$e^1 = e^{\frac{1}{2}} \cdot e^{\frac{1}{2}}$ und damit $e^{\frac{1}{2}} = \sqrt{e}$

Allgemein gilt:

$$e^{\frac{1}{n}} = \sqrt[n]{e}$$ Gleichung 3.47

Zur Beschreibung beispielsweise der natürlichen Radioaktivität oder von Wachstumsprozessen ist die e-Funktion von entscheidender Bedeutung. Für das alltägliche Rechnen mit sehr großen oder sehr kleinen Zahlen sind jedoch die Funktionen in Gleichung 3.48 und Gleichung 3.49 viel wichtiger:

$$y = 10^x$$ Gleichung 3.48

$$x = \log y$$ Gleichung 3.49

In den Funktionen aus Gleichung 3.48 und Gleichung 3.49 wird x als **dekadischer Logarithmus** bezeichnet. Zwischen dekadischem und natürlichem Logarithmus besteht ein linearer Zusammenhang:

$$\log A = 2{,}303 \cdot \ln A$$ Gleichung 3.50

Für die dekadischen Logarithmen gelten die gleichen Rechenregeln wie für die natürlichen Logarithmen:

$$AB = 10^a \cdot 10^b = 10^{a+b} \quad \text{und} \quad \log AB = \log A + \log B = a + b$$ Gleichung 3.51

$$\frac{A}{B} = \frac{10^a}{10^b} = 10^{a-b} \quad \text{und} \quad \log\frac{A}{B} = \log A - \log B = a - b$$ Gleichung 3.52

$$\frac{1}{A} = \frac{1}{10^a} = 10^{-a} \quad \text{und} \quad \log A^a = a \log A \quad \text{und} \quad 10^{\frac{a}{n}} = \sqrt[n]{10^a}$$ Gleichung 3.53

Wie nützlich die Gleichungen 3.51–3.53 sind, lässt sich an einem Beispiel demonstrieren. Dazu noch einmal das Mischungsproblem aus ▸ Kap. 3.13, das mit Gleichung 3.19 beschrieben wurde: Beispielsweise werden 10 mL einer 0,01 M HCl mit 100 mL einer 0,001 M HCl gemischt. Welche Konzentration hat die Mischung? Nach Gleichung 3.19 gilt:

$$c = \frac{c_1 \cdot V_1 + c_2 \cdot V_2}{V_1 + V_2}$$

Folgende Parameter werden eingesetzt und Gleichung 3.19 eingefügt:

$c_1 = 0{,}01\,\text{mol/L} = 10^{-2}\,\text{mol/L}$; $V_1 = 10\,\text{mL} = 10 \cdot 10^{-3}\,\text{L} = 10^{-2}\text{L}$; $c_2 = 0{,}001\,\text{mol/L} = 10^{-3}\,\text{mol/L}$; $V_2 = 100\,\text{mL} = 100 \cdot 10^{-3}\,\text{L} = 10^2 \cdot 10^{-3}\,\text{L} = 10^{-1}\,\text{L}$

$$c = \frac{c_1 \cdot V_1 + c_2 \cdot V_2}{V_1 + V_2} = \frac{(10^{-2} \cdot 10^{-2} + 10^{-3} \cdot 10^{-1})\,\text{mol}}{(10^{-2} + 10^{-1})\,\text{L}} = \frac{(10^{-4} + 10^{-4})\,\text{mol}}{(10^{-2} + 10^{-1})\,\text{L}}$$

$$= \frac{2 \cdot (10^{-4})\,\text{mol}}{10^{-1} \cdot (0{,}1 + 1)\,\text{L}} = \frac{2}{1{,}1} \cdot 10^{-3}\,\frac{\text{mol}}{\text{L}} = 1{,}82 \cdot (10^{-3})\,\frac{\text{mol}}{\text{L}} = 1{,}82\,\frac{\text{mmol}}{\text{L}}$$

Die Aufgabe ließ sich fast durch Kopfrechnen lösen.

3.4 Differenzialrechnung

3.4.1 Steigungsproblem

Zurück zu ▸ Kap. 3.1.2 und ▸ Kap. 3.2.2. Nach Gleichung 3.13 und Gleichung 3.24 gilt für die allgemeinen Funktionen für Geraden und Parabel:

$y = mx + b$ (Gerade) und $y = ax^2$ (Parabel)

Der Wert m in Gleichung 3.13 wurde als Steigung der Funktion y bezeichnet. Sie lässt sich durch Gleichung 3.54 darstellen und gibt an, wie stark sich der Funktionswert y ändert, wenn man die Variable um eine Einheit ändert:

$$m = \frac{\Delta y}{\Delta x}$$ Gleichung 3.54

Abb. 3.9 verdeutlicht, dass der Wert m über den gesamten Funktionsverlauf konstant bleibt. Bei einer Parabel (Abb. 3.10) ändert sich die Steigung m der Funktion mit jedem Δx-Intervall. Für jeden Wert $m = \Delta y/\Delta x$ nach jeder Einheitsänderung von x ($\Delta x = 1$) ergibt sich nur ein Durchschnittswert für m, da sich die Funktionssteigung auch innerhalb des

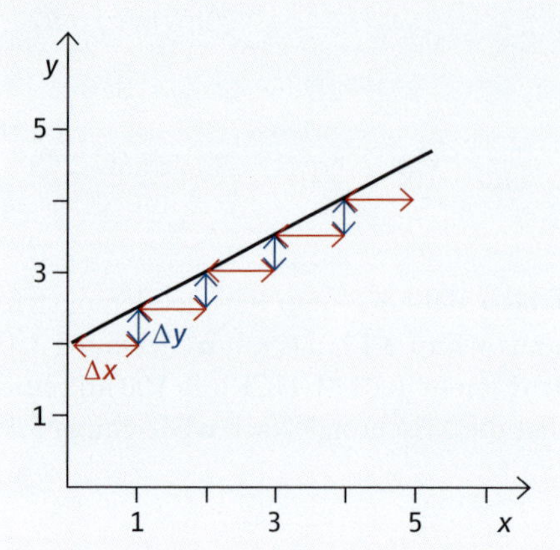

Abb. 3.9 Geradengleichung (vgl. Gleichung 3.13): Die Geradensteigung *m* lässt sich durch den Quotienten $\Delta y/\Delta x$ bestimmen.

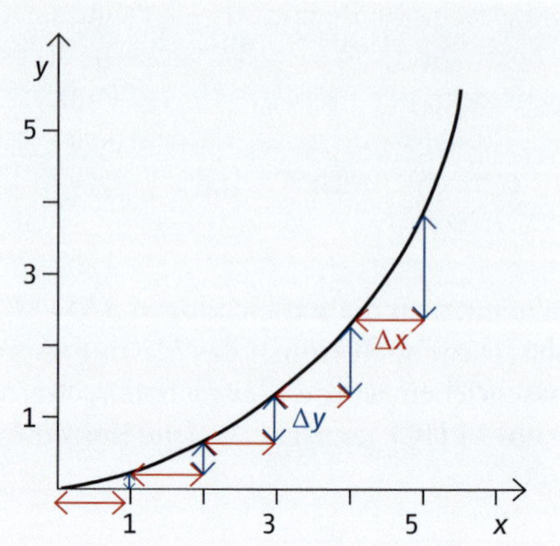

Abb. 3.10 Änderung der Steigung in der Parabelfunktion (vgl. Gleichung 3.24): Bei konstantem Δx (Rot) steigen die Werte von Δy (Blau) stetig an.

Einheitsintervalls Δx stets ändert. An jedem Funktionspunkt $(y;x)$ kann jedoch eine Gerade anlegt werden, die die Kurve nur an diesem Punkt berührt. Eine solche Gerade wird als **Tangente** bezeichnet. Die Steigung dieser Tangenten misst die momentane Änderung der Funktion an dieser Stelle:

$$m_t = \frac{dy}{dx} = f'_{(x)}$$

Gleichung 3.55

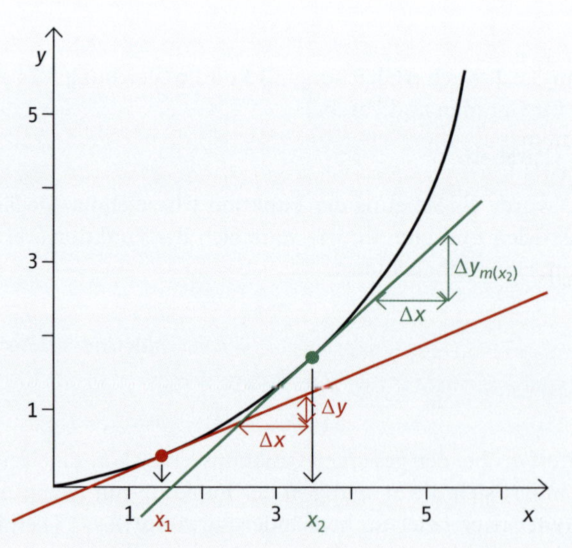

Abb. 3.11 Tangenten an zwei Punkten x_1 und x_2 einer Parabel

Dabei ist m_t die Steigung der Tangente. dy und dx stehen für unendlich kleine Differenzen der Werte y und x. An jeder Stelle x liefert die Funktion einen Wert y und man kann für jede Stelle x eine momentane Änderung der Funktion an dieser Stelle aus der Tangentensteigung ableiten. Die Funktion m_t, in Abhängigkeit von x, wird daher auch $f'_{(x)}$ oder 1. Ableitung von y an der Stelle x genannt. ○ Abb. 3.11 zeigt zwei Tangenten an verschiedenen Stellen einer Parabel.

3.4.2 Ableitungen von Polynomen

Die 1. Ableitung einer Funktion beschreibt die Änderung der Funktion an jeder Stelle. Um diese Funktion zu berechnen, muss hier auf die Lehrbücher der Mathematik verwiesen werden. In diesem Buch wird nur auf zwei Funktionstypen eingegangen, die Polynome und die e-Funktion. Beispielsweise:

$$y = ax^n \qquad \text{Gleichung 3.56}$$

Für die 1. Ableitung gilt:

$$y'_{(x)} = \frac{dy}{dx} = n \cdot a x^{n-1} \qquad \text{Gleichung 3.57}$$

Für $n = 2$ gilt dann der folgende Zusammenhang zwischen Funktion und 1. Ableitung:

$$y = ax^2 \quad \text{und} \quad y'_{(x)} = \frac{dy}{dx} = 2ax^1 = 2ax \qquad \text{Gleichung 3.58}$$

Nun eine Funktion 4. Grades:

$$y = x^4 + x^3 + x^2 + x + 1 \qquad \text{Gleichung 3.59}$$

Für die 1. Ableitung gilt:

$$y'_{(x)} = \frac{dy}{dx} = 4x^3 + 3x^2 + 2x + 1x^0 + 0x^{-1} = 4x^3 + 3x^2 + 2x + 1 \qquad \text{Gleichung 3.60}$$

Neben der Ableitung von Polynomen ist noch die Ableitung der e-Funktion (○ Gleichung 3.36) wichtig. Diese ist denkbar einfach. Die Funktion wird in der Ableitung auf sich selbst abgebildet. Es gilt:

$$y = ae^{bx} \text{ und } y'_{(x)} = \frac{dy}{dx} = abe^{bx} \qquad \text{Gleichung 3.61}$$

Weiterhin gilt:

$$y = ae^x \text{ und } y'_{(x)} = \frac{dy}{dx} = ae^x \qquad \text{Gleichung 3.62}$$

Das sind die wichtigsten Rechenschritte, die in der Differenzialrechnung beherrscht werden müssen, um die Probleme in den nachfolgenden Kapiteln behandeln zu können.

3.5 Integralrechnung

3.5.1 Flächenproblem

In ▸ Kap. 3.2.1 wird eine Feder mit der Federkraftkonstante k mit der Kraft F um die Strecke Δs ausgelenkt. Den Zusammenhang beschreibt ○ Gleichung 3.21, das Hookesche Gesetz:

$$F = k \cdot \Delta s$$

○ Abb. 3.12 zeigt diesen Sachverhalt. Für die Arbeit, die in der gespannten Feder gespeichert ist, gilt nach ○ Gleichung 3.22:

$$W = F \cdot \Delta s$$

Außerdem gilt nach ○ Gleichung 3.23:

$$W = \frac{1}{2} k \cdot (\Delta s)^2$$

Da sich die Kraft F mit der Änderung von s beim Ausdehnungsprozess stets ändert, konnte in ▸ Kap. 3.2.1 ○ Gleichung 3.23 nicht direkt aus ○ Gleichung 3.22 entwickelt werden. Man musste sie einem Lehrbuch der Physik entnehmen.

In ○ Abb. 3.12 ist ein Rechteck mit den Punkten A B C D dargestellt. Eine Kantenlänge dieses Rechtecks ist die End-Kraft F_e, mit der die Feder am Ende des Prozesses in der Auslenkung Δs gehalten wird. Die andere Kantenlänge ist eben diese Auslenkung Δs. Wird F_e in ○ Gleichung 3.22 eingesetzt, so ist die so dargestellte Arbeit die Fläche des Rechtecks A B C D.

Diese Arbeit wurde aber nicht geleistet, da F_e nicht konstant aufgewendet werden musste; vielmehr stieg die Kraft kontinuierlich von 0 auf F_e an. In ○ Gleichung 3.23 wird ○ Gleichung 3.21 eingesetzt, und man erhält ○ Gleichung 3.63:

$$W = \frac{1}{2} k \cdot (\Delta s)^2 = \frac{1}{2} k \cdot \Delta s \cdot \Delta s = \frac{1}{2} F_e \cdot \Delta s \qquad \text{Gleichung 3.63}$$

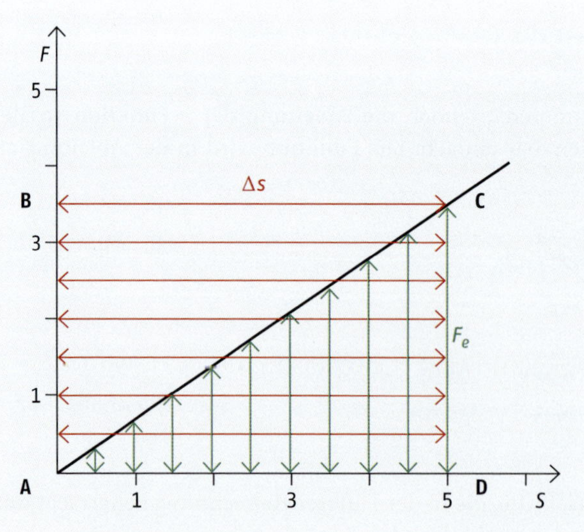

○ **Abb. 3.12** Zusammenhang zwischen Kraft F und Auslenkung Δs einer Feder mit der Kraftkonstante k

Die zum Spannen der Feder notwendige Arbeit entspricht genau der Hälfte der Rechteckfläche A B C D. Die wiederum der Dreiecksfläche A C D entspricht, der Fläche unter der Geraden in Abb. 3.12. Die Arbeit, als Funktion der Auslenkung Δs, ist also die Fläche, unter der Kraft als Funktion von der Auslenkung Δs. Dies ist ein eindrucksvolles Beispiel für die Bedeutung der Fläche unter einer Funktionskurve.

Die Flächen unter Geradengleichungen sind leicht zu ermitteln, weil sich Flächen von Rechtecken und Dreiecken leicht berechnen lassen.

3.5.2 Approximative Darstellung der Fläche unter einer Funktionskurve

Wie geht man aber vor, wenn die Funktion einen nichtlinearen Verlauf hat? Dazu als Beispiel eine Parabel, wie sie in Gleichung 3.24 beschrieben wurde:

$y = ax^2$

Es interessiert die Fläche zwischen x-Achse und Funktionskurve bis zu einem x-Wert x_e. In Abb. 3.13 ist dieses Problem graphisch dargestellt. Man erhält die gewünschte Fläche approximativ, wenn man die Gesamtfläche in Rechteckflächen zerlegt und diese summiert. In Abb. 3.13 wird die Fläche in vier Teilflächen aufgespalten:

$$A = \Delta x y_1 + \Delta x y_2 + \Delta x y_3 + \Delta x y_4 \qquad \text{Gleichung 3.64}$$

Gleichung 3.64 gibt die fragliche Fläche aber nur sehr unvollständig wieder. Wie in Abb. 3.13 zu erkennen, ist sie viel zu klein. Man kann die Fläche genauer bestimmen, wenn man das Intervall Δx verkleinert und dadurch die Zahl der Summanden erhöht:

$$A = \sum_i y_i \Delta x \qquad \text{Gleichung 3.65}$$

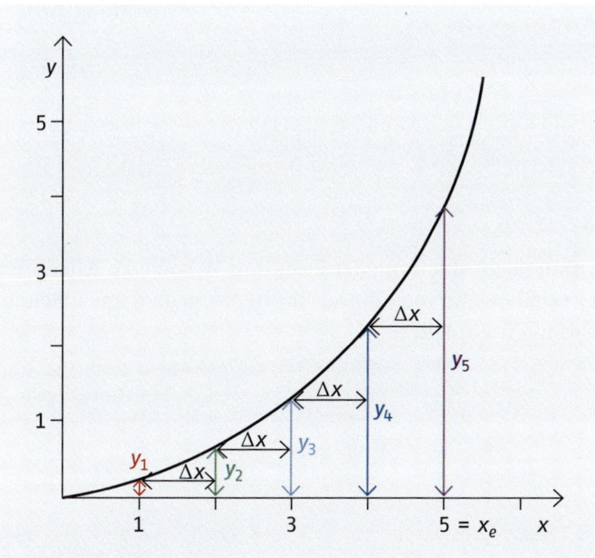

Abb. 3.13 Flächen unter einer Funktionskurve, dargestellt am Beispiel einer Parabel

3

3.5.3 Genaue Lösung des Flächenproblems

Eine Fläche auf die in Gleichung 3.65 ausgedrückte Weise zu berechnen, ist äußerst mühsam. Erstaunlicherweise gelingt die Lösung des Problems, wenn man es so aufwendig darstellt, dass es auf direkte Weise nicht mehr behandelt werden kann: Man unterteilt die zu berechnende Fläche in eine unendlich große Zahl von Rechteckflächen i und macht damit das Intervall auf der x-Achse Δx unendlich klein. Durch Addition über alle Rechteckflächen kann die genaue Fläche berechnet werden:

$$A = \lim_{i \to \infty} \sum_i y_i \Delta x = \int_0^{x_e} y\mathrm{d}x = a \int_0^{x_e} x^2 \mathrm{d}x$$ Gleichung 3.66

Eine Summe aus unendlich vielen Rechteckflächen lässt sich praktisch nicht bilden. Gleichung 3.66 zeigt aber, auf welchem Wege die Lösung gelingt.

3.5.4 Hauptsatz der Differenzial- und Integralrechnung

Die Mathematik verfügt über Verfahren zur Berechnung von Grenzwerten und diese finden hier erfolgreich Anwendung. In diesem Buch soll sich an dieser Stelle dem Problem empirisch genähert werden.

Die Flächenfunktion A wird **Stammfunktion** von y oder bestimmtes **Integral** von y genannt. Das Integralzeichen stellt ein stilisiertes „S“ dar und hat die Bedeutung einer Summe von unendlich vielen unendlich kleinen Flächensegmenten. Unter dem Integralzeichen steht der x-Wert, bei dem die Fläche beginnen soll (untere Grenze), und über dem Integralzeichen steht der x-Wert x_e, an dem die Fläche enden soll. Welche allgemeine Lösung stellt die Mathematik für diesen Ausdruck zur Verfügung?

Für den Zusammenhang zwischen der Arbeit zum Spannen einer Feder (Gleichung 3.23) und dem Hookeschen Gesetz (Gleichung 3.21) gilt:

$$W = \int_0^{\Delta s_e} F\mathrm{d}\Delta s = k \int_0^{\Delta s_e} \Delta s\mathrm{d}\Delta s = \frac{1}{2} k \cdot \Delta s^2$$ Gleichung 3.67

Oder allgemein:

$$A = \frac{a}{2} x^2 \quad \text{wenn } y = ax$$ Gleichung 3.68

Das Hooksche Gesetz bekommt man nach Ableitung der Funktion W nach Δs. Allgemein gilt, dass man stets die Funktion y erhält, wenn man die aus ihr hervorgegangene Flächenfunktion A nach der Funktionsvariablen x ableitet:

$$F = \frac{\mathrm{d}W}{\mathrm{d}x}$$ Gleichung 3.69

Und allgemein:

$$y = \frac{\mathrm{d}A}{\mathrm{d}x}$$ Gleichung 3.70

Die Änderung der Fläche, die man beobachtet, wenn x_e um einen unendlich kleinen Wert dx vergrößert wird, entspricht genau dem Flächenelement y_edx, welches dann der Fläche hinzufügt wird. Dieses ist bei konstant gedachtem Wert für dx direkt proportional zum Funktionswert y_e an der Stelle x_e.

Gleichung 3.70 wird oft als **Hauptsatz der Differenzial- und Integralrechnung** bezeichnet. Er gibt eine Rechenvorschrift, mit deren Hilfe alle einfachen Funktionen integriert werden können: Man sucht eine Stammfunktion, die abgeleitet die gegebene Funktion ergibt. Für die Integration eines Polynoms gilt die allgemeine Formel:

$$\text{Für } y = ax^n \text{ gilt}: A = \int y\mathrm{d}x = \frac{a}{n+1}x^{n+1} \qquad \text{Gleichung 3.71}$$

Nach Gleichung 3.59 gilt für ein Polynom:

$$y = x^4 + x^3 + x^2 + x + 1$$

Die Integration des Polynoms ergibt:

$$A = \int y\mathrm{d}x = \frac{1}{5}x^5 + \frac{1}{4}x^4 + \frac{1}{3}x^3 + \frac{1}{2}x^2 + \frac{1}{1}x^1 \qquad \text{Gleichung 3.72}$$

3

3.5.5 Bestimmte Integrale

Bei den bisherigen Flächenproblemen wurde, der Einfachheit halber, immer vom Wert $x_0 = 0$ aus gestartet. Die Fläche beginnt dann stets im Ursprung des Koordinatensystems. Man muss sich jedoch nicht auf diesen Fall beschränken. Betrachtet man beispielsweise eine mit Δs_1 schon gespannte Feder und fragt nach der Arbeit, die aufgewendet werden muss, um die Feder auf Δs_2 zu spannen, so kann man das Problem graphisch veranschaulichen (Abb. 3.14).

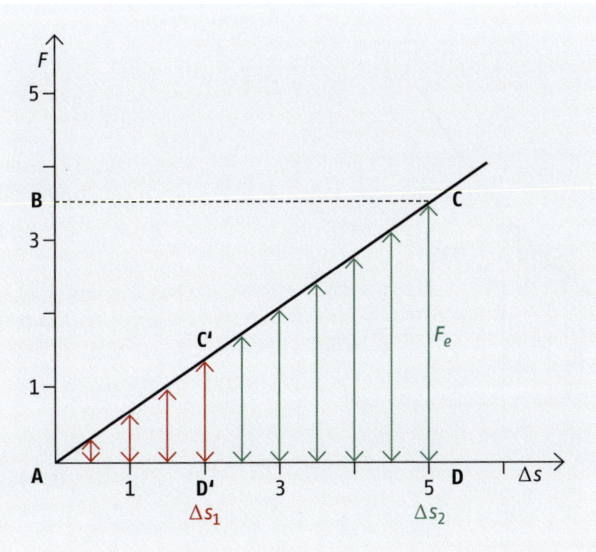

Abb. 3.14 Aufzuwendende Arbeit für die weitere Spannung einer schon gespannten Feder

Wenn eine entspannte Feder auf die Länge Δs_2 gespannt wird, dann muss dazu die Arbeit W_2, die in Abb. 3.14 durch die gesamte Dreiecksfläche A C D repräsentiert wird, aufgebracht werden. Die Arbeit W, die man benötigt, um die schon gespannte Feder von Δs_1 auf Δs_2 zu spannen, erhält man, wenn von W_2 die Arbeit abgezogen wird, die benötigt worden ist, um die Feder vom entspannten Zustand auf Δs_1 zu spannen. Diese Arbeit W_1 wird durch die Dreiecksfläche A C' D' repräsentiert und ist in Abb. 3.14 rot markiert. Die Arbeit $W = W_2 - W_1$ ist in Abb. 3.14 grün dargestellt und wird durch die Eckpunkte C' D' C D begrenzt; es gilt:

$$W = \int_0^{\Delta s_2} F ds - \int_0^{\Delta s_1} F ds = \int_{\Delta s_1}^{\Delta s_2} F ds = k \int_{\Delta s_1}^{\Delta s_2} \Delta s ds$$
$$= \frac{1}{2} k \Delta s_2^2 - \frac{1}{2} k \Delta s_1^2$$

Gleichung 3.73

Wie bestimmt man ein Integral einer Parabel (Abb. 3.15)? Dazu benutzt man die Funktion aus Gleichung 3.24:

$$y = ax^2$$

Für die Fläche gilt dann:

$$A = a \int_{x_1}^{x_2} x^2 dx = \frac{1}{3} a x_2^3 - \frac{1}{3} a x_1^3$$

Gleichung 3.74

Ein Integral, dass wie in Gleichung 3.74 zwischen zwei Intervallgrenzen x_1 und x_2 dargestellt wird, wird **bestimmtes Integral** genannt. Man kann die Größen x_1 und x_2 auch als Flächengrenzen bezeichnen. Die Fläche, die interessiert, ist zwischen diesen Grenzen auf der x-Achse positioniert und in Abb. 3.15 blau markiert.

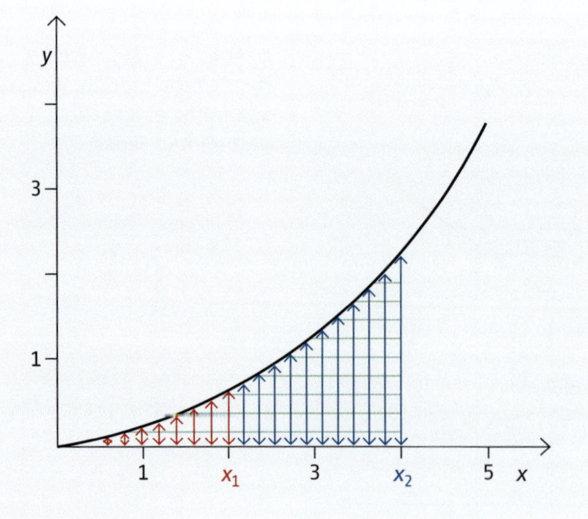

Abb. 3.15 Fläche unter einer Parabel zwischen zwei Grenzen x_2 und x_1

3.5.6 Einschränkungen im Definitionsbereich bestimmter Integrale

Im Zusammenhang mit der Integralrechnung taucht ein Problem auf, dass Mathematiker mit größter Sorgfalt behandeln, Physiker und Naturwissenschaftler aber gelegentlich vernachlässigen: Nicht jede Funktion ist integrierbar. Dazu eine sehr einfache Funktion, die noch nicht besprochen wurde:

$$y = \frac{a}{x}$$ Gleichung 3.75

In einer solchen Funktion ist der Funktionswert y umgekehrt proportional zur Funktionsvariablen x. Das Funktionsschaubild wird als **Hyperbel** bezeichnet (Abb. 3.16).

Je größer die Variable x wird, umso kleiner wird der Funktionswert y und umgekehrt. Gleichung 3.75 hat eine wichtige Eigenschaft: An der Stelle $x = 0$ hat sie eine **Definitionslücke**, da durch 0 nicht dividiert werden darf. Warum, das kann man an dem Funktionsschaubild deutlich ablesen. Der Funktionswert y strebt sowohl nach plus unendlich als auch nach minus unendlich, je nachdem, von welcher Seite der x-Achse man sich dem Ursprung nähert. Als Konsequenz kann es auch keine definierte Fläche geben, wenn man über diese Polstelle integriert. Es gilt:

$$A_1 = a \int_{x_1}^{x_2} \frac{\mathrm{d}x}{x} = \{\}$$

Diese Schreibweise heißt so viel wie: Dieses Integral existiert nicht. Wohl existiert aber das Integral:

$$A_2 = a \int_{x_2}^{x_3} \frac{\mathrm{d}x}{x} = ?$$

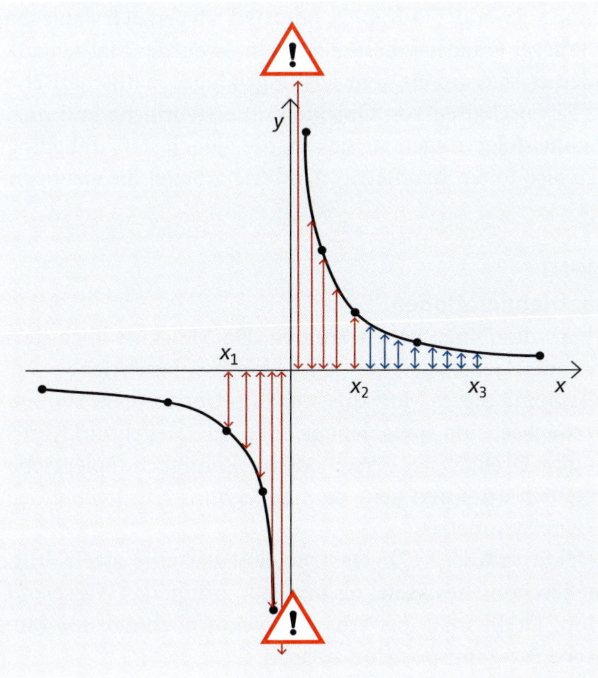

Abb. 3.16 Funktionsschaubild einer Hyperbel (Gleichung 3.75)

Beim Versuch das Integral aus ○ Gleichung 3.71 zu berechnen, ergibt sich ein Problem:

$$A_2 = a\int_{x_2}^{x_3}\frac{dx}{x} = a\int_{x_2}^{x_3}x^{-1}\,dx = \frac{a}{-1+1}x_3^{-1+1} - \frac{a}{-1+1}x_2^{-1+1}$$ Gleichung 3.76

Die Gleichung liefert keine Lösung, da nicht durch 0 dividiert werden darf. Die Funktion in ○ Gleichung 3.75 ist die einzige Polynom-Grundform, für die ○ Gleichung 3.71 versagt. Aus den Mathematik-Lehrbüchern gilt für die Lösung:

$$\int\frac{dx}{x} = \ln x$$ Gleichung 3.77

Eingesetzt in ○ Gleichung 3.76 erhält man:

$$A_2 = a\int_{x_2}^{x_3}\frac{dx}{x} = a\int_{x_2}^{x_3}x^{-1}\,dx = a\ln\frac{x_3}{x_2}$$

Aus dem Hauptsatz der Differenzial- und Integralrechnung (○ Gleichung 3.70) ergibt sich für die 1. Ableitung einer Logarithmusfunktion:

$$\frac{d\ln x}{dx} = \frac{1}{x}$$ Gleichung 3.78

3.6 Symmetrieeigenschaften von Molekülen und Vektoren

Der Begriff **Symmetrie** wurde schon verwendet (▸ Kap. 2), ohne jedoch genau festzulegen, was darunter zu verstehen ist. Mit dieser Frage beschäftigt sich ein Zweig der Mathematik, die **Gruppentheorie**. Dabei handelt es sich um ein sehr leistungsfähiges mathematisches Konzept, das in der Lage ist, aus Eigenschaften von Objekten oft erstaunliche und nicht immer unmittelbar einsichtige Schlussfolgerungen zu ziehen, die jedoch stets unbedingt verlässlich sind. Was versteht man also unter Symmetrie? Und wie arbeitet die Gruppentheorie?

3.6.1 Symmetrie von Körpern

Symmetrieelemente und Symmetrieoperationen

Die Symmetrie ist eine Eigenschaft, die Dinge haben können. Da Moleküle auch dazu zählen, haben auch Moleküle Symmetrieeigenschaften. Diese können beschrieben werden, wenn man alle **Symmetrieelemente** dieses Moleküls aufzählt. Unter einem Symmetrieelement versteht man eine **Drehachse**, eine **Spiegelebene** oder ein **Spiegelpunkt**, auch **Inversionszentrum** genannt. Es gibt Drehachsen verschiedener Zähligkeit, Spiegelebenen können im Raum unterschiedlich orientiert sein. Je mehr Symmetrieelemente ein Molekül besitzt, umso höher ist seine Symmetrie.

Beispielsweise das Wassermolekül (○ Abb. 3.17): Das Molekül hat eine **zweizählige Drehachse**, C_2 genannt, d. h., eine Drehung des Moleküls um 180°, bringt das Wassermolekül in eine **äquivalente Position**. Dreht man das Wassermolekül nochmal um 180°, dann kommt man auf die **identische Ausgangsposition** zurück.

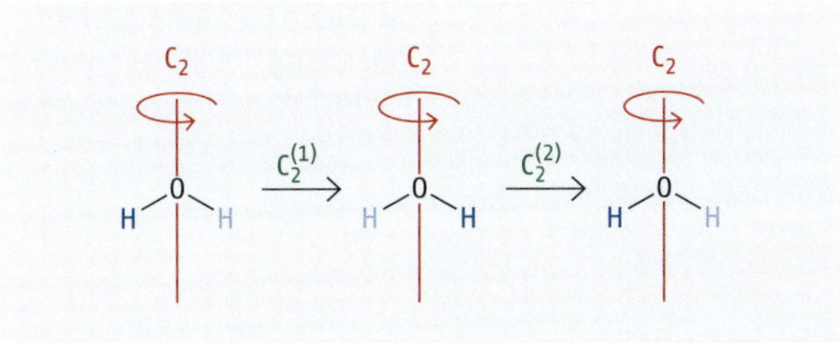

Abb. 3.17 Symmetrieoperationen, die aus der zweizähligen Drehachse (C_2) des Wassermoleküls resultieren.

Die beiden Wasserstoffatome im Wassermolekül sind äquivalent, also eigentlich nicht zu unterscheiden. Durch die verschiedenen Farben (hellblau und dunkelblau) wurden sie in Abb. 3.17 jedoch unterscheidbar gemacht. Man tut also so, als könnten man zwei ununterscheidbare Atome unterscheidbar machen. Dreht man das Molekül um 180°, so wurde eine **Symmetrieoperation** durchgeführt. Diese wird als $C_2^{(1)}$ bezeichnet, weil das Molekül einmal um 180° gedreht wurde. Dabei kommt das dunkelblaue Wasserstoffatom auf die Position des hellblauen Wasserstoffatoms und umgekehrt. Solche als unterscheidbar gedachten Orientierungen, die aber in der Realität nicht unterscheidbar sind, werden **äquivalente Orientierungen** genannt. Dreht man das Molekül noch einmal um 180°, so wurde die Symmetrieoperation $C_2^{(1)}$ zweimal ausgeführt. Diese Operation wird als $C_2^{(2)}$ bezeichnet. Dabei kommen beide Wasserstoffatome wieder exakt auf die Position, die sie ursprünglich hatten. Eine solche Orientierung, in der die Positionen aller Atome wieder auf die Ausgangslage kommen, auch wenn sie als unterscheidbar vorgestellt werden, wird als **identische Orientierung** bezeichnet. Symmetrieoperationen entstammen immer Symmetrieelementen und diese Symmetrieoperationen bilden alle Atome eines Moleküls entweder auf äquivalente oder identische Positionen ab. Sowohl bei der $C_2^{(1)}$- als auch bei der $C_2^{(2)}$-Operation bleibt das Sauerstoffatom immer auf seiner identischen Position. Dies muss bei jeder Symmetrieoperation im Wassermolekül so sein, weil das Sauerstoffatom keinen zweiten äquivalenten Partner im Molekül hat.

MERKE Die Drehachse ist ein Symmetrieelement und die Symmetrieoperationen sind die Abbildungen, die aus ihr hervorgehen. Die **Zähligkeit der Drehachse** gibt an, wie viele Drehungen aus einer Drehachse abgeleitet werden können. Eine dreizählige Drehachse C_3 erlaubt drei Drehungen um je 120°. Eine vierzählige Drehachse C_4 erlaubt vier Drehungen um je 90° und so weiter.

Neben der zweizähligen Drehachse besitzt das Wassermolekül noch zwei weitere Symmetrieelemente, nämlich zwei Spiegelebenen senkrecht zur Hauptdrehachse (Abb. 3.18). Spiegelebenen sind eine weitere Art von Symmetrieelementen und werden mit dem Symbol σ bezeichnet. Stehen sie vertikal zur Hauptdrehachse, dann sind es σ_v-Ebenen, wie in Abb. 3.18 dargestellt.

Rechnen mit Symmetrieoperationen

Aus einer Spiegelebene können nur zwei Symmetrieoperationen hervorgehen, nämlich die Spiegelung $\sigma_v^{(1)}$ sowie diese Spiegelung, zweimal hintereinander ausgeführt. Letztere bezeichnet man als $\sigma_v^{(2)}$. Die Symmetrieoperation $\sigma_v^{(2)}$ erzeugt ein Molekül, das identisch mit dem Ausgangsmolekül ist. An diesem Beispiel wird deutlich, dass man mit Symmetrieoperationen rechnen kann. Unter der Multiplikation von zwei Symmetrieoperationen

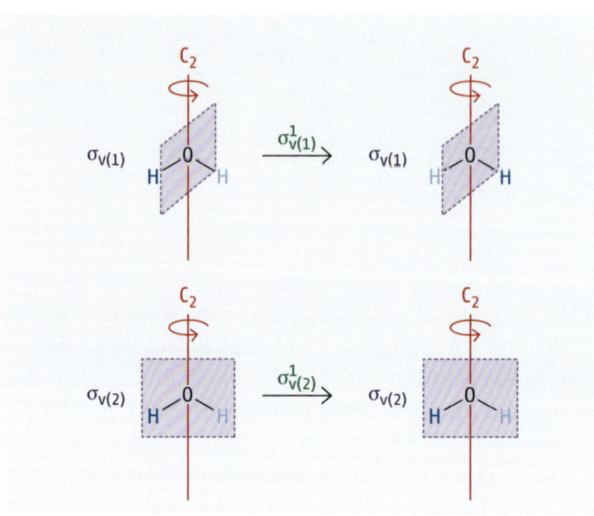

Abb. 3.18 Symmetrieelemente des Wassermoleküls

versteht man die aufeinanderfolgende Ausführung dieser Operationen. Eine weitere triviale Operation ist das Abbilden des Moleküls auf sich selbst: die **identische Operation** oder **Identität** E. Jetzt können Gleichungen formuliert werden (Gleichung 3.79). Mit Symmetrieoperationen kann man also rechnen wie mit Zahlen:

Gleichung 3.79

(a) $\sigma_v^{(1)} \cdot \sigma_v^{(1)} = \sigma_v^{(2)}$ (b) $\sigma_v^{(1)} \cdot \sigma_v^{(2)} = \sigma_v^{(1)}$

(c) $\sigma_v^{(2)} = E$ (d) $C_2^{(1)} \cdot C_2^{(1)} = C_2^{(2)}$

(e) $C_2^{(1)} \cdot C_2^{(2)} = C_2^{(1)}$ (f) $C_2^{(1)} = \sigma_v^{(1)}$

(g) $C_2^{(2)} = \sigma_v^{(2)} = E$ (h) $C_2^{(1)} \cdot \sigma_v^{(1)} = C_2^{(2)} = \sigma_v^{(2)} = E$

(i) $C_2^{(1)} \cdot \sigma_v^{(2)} = C_2^{(1)} = \sigma_v^{(1)}$

Definition des mathematischen Gruppenbegriffs

Fasst man alle Operationen eines Körpers als Menge zusammen, dann wird jede Multiplikation zwischen zwei Elementen dieser Menge wieder eine gültige Symmetrieoperation dieses Körpers ergeben. Dies ist die wichtigste Eigenschaft einer **Gruppe**. Die Mathematiker verstehen unter einer Gruppe eine Menge, deren Elemente bestimmte Eigenschaften aufweisen. Es muss unter den Elementen einer Gruppe eine Multiplikation geben, die immer Elemente dieser Menge als Ergebnis liefert. Daneben müssen noch einige andere Kriterien erfüllt sein, die an dieser Stelle aber nicht so sehr interessieren. Bei jedem Körper bildet die Menge aller Symmetrieoperationen dieses Körpers eine Gruppe. Daher kann die Gruppentheorie auf Symmetriebetrachtungen angewendet werden, was zu sehr nützlichen Aussagen führt.

Schoenflies-Symbolik

Welche Symmetrie ein Molekül aufweist, ist abhängig von Art und Anzahl der Symmetrieelemente. Dazu müssen nicht alle Symmetrieelemente aufgezählt werden, da viele

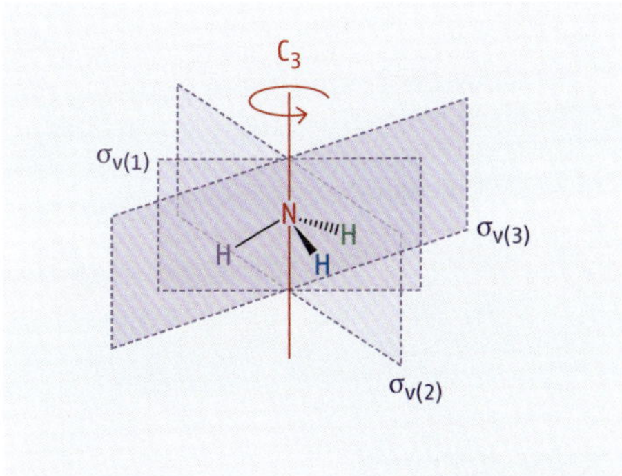

Abb. 3.19 Symmetrieelemente des Ammoniakmoleküls

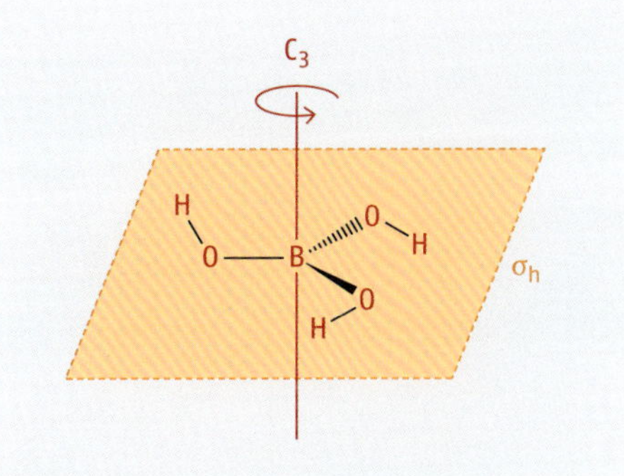

Abb. 3.20 Symmetrieelemente des Borsäuremoleküls als Beispiel für die Punktgruppen C_{nh}

voneinander abhängen. Die Symmetrie eines Moleküls wird durch die **Punktgruppe** beschrieben. Beispielsweise ist die Punktgruppe des Wassermoleküls C_{2v}. Hinter dieser Benennung steht eine Nomenklatur mit sogenannter sprechender Symbolik, die als Schoenflies-Symbolik bezeichnet wird. Das bedeutet, dass jeder Bestandteil des Symbols eine anschauliche Bedeutung hat. Man gibt die Hauptachse an; das ist für H_2O die Drehachse mit der höchsten Zähligkeit. Das Wassermolekül enthält keine horizontal dazu stehende Spiegelebene. Existiert jedoch mindestens eine vertikale Spiegelebene, dann muss es weitere geben und zwar entsprechend der Zähligkeit der Hauptachse: z. B. eine C_{nv}-Gruppe, wobei n für die Zähligkeit der Hauptachse steht.

Nimmt man als Beispiel das Ammoniakmolekül (Abb. 3.19), dann findet man eine dreizählige Hauptachse und drei vertikal dazu stehende Spiegelebenen: NH_3 gehört demnach zur Punktgruppe C_{3v}.

Beim Vergleich von Ammoniak- und Borsäuremolekül, das ebenfalls aus einem Zentralatom mit drei Bindungspartnern besteht, findet man eine dreizählige Drehachse (Abb. 3.20). Das Borsäuremolekül hat jedoch keine vertikalen Spiegelebenen, dafür aber eine horizontale Spiegelebene σ_h. Die Kombination einer Drehachse mit einer horizontalen Spiegelebene erzeugt immer eine Drehspiegelachse S_n. Das Borsäuremolekül gehört demnach zur Punktgruppe C_{3h}.

Vergleicht man die Moleküle von Borsäure und Bortrifluorid, dann kommen drei wichtige Symmetrieelemente hinzu (Abb. 3.21). Bortrifluorid verfügt wie Borsäure über die Drehachse C_3 und die Spiegelebene σ_h. Senkrecht zur Hauptachse gibt es aber noch drei zweizählige Drehachsen und zwar 3 $C_2 \perp C_3$. Besitzt das Molekül senkrecht zur C_n-Hauptachse n zweizählige Drehachsen, dann gehört es zu einer **Diedergruppe**. Da es außerdem eine horizontale Spiegelebene hat, zählt das Molekül zur Punktgruppe D_{3h}. Moleküle, die zu den Diedergruppen D_{nv} oder D_{nh} gehören, haben eine höhere Symmetrie als Moleküle, die zu einfachen C-Gruppen wie C_{nv} oder C_{nh} gehören. In Abb. 3.21 sind die Symmetrieelemente von Bortrifluorid als Molekül mit Dieder-Symmetrie dargestellt.

Besitzt ein Molekül mehrere Drehachsen höherer Zähligkeit als $n = 2$, so gehört es zu einer **Polyedergruppe**. Meist spielen in der Chemie nur zwei Polyederstrukturen eine Rolle. Dabei handelt es sich um das Tetraeder T_d und das Oktaeder O_h: z. B. Beispiel Methan für ein Tetraedermolekül und Hexafluoridosilicat für ein Oktaedermolekül. Im

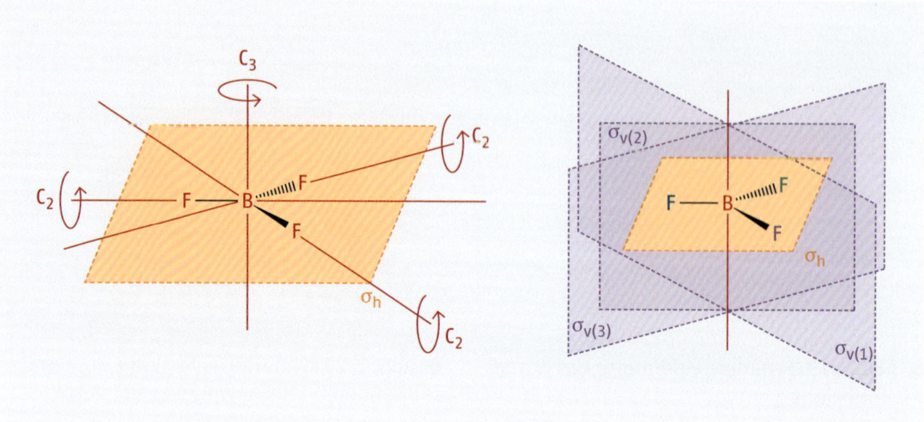

Abb. 3.21 Symmetrieelemente des Bortrifluoridmoleküls als Beispiel der Punktgruppe D_{3h}

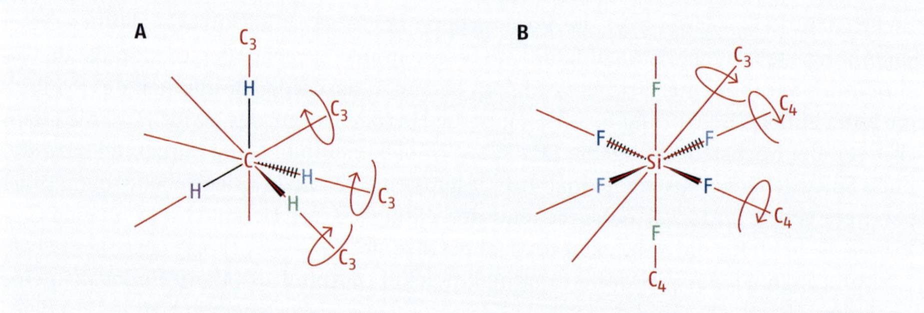

Abb. 3.22 Hauptdrehachsen von Tetraeder (A) und Oktaeder (B)

Methanmolekül ist jede C–H-Bindungsachse eine dreizählige Drehachse, im Hexafluorodosilicat jede F–Si–F-Bindungsachse eine vierzählige Drehachse sowie schräg dazu noch vier dreizählige Drehachsen. Die Hauptachsen von Tetraeder und Oktaeder zeigt Abb. 3.22.

Besitzt ein Molekül eine Drehachse, die in jedem beliebigen Winkel angewendet werden kann (das Molekül wird dabei auf sich selbst abgebildet), dann ist das Molekül entlang dieser Achse **rotationssymmetrisch**. Die Drehachse unendlicher Zähligkeit wird als C_∞ bezeichnet. Solche Rotationsachsen findet man stets in linearen Molekülen (Abb. 3.23). Lineare Moleküle können **Zylindersymmetrie** (Punktgruppe $D_{\infty h}$) oder **Kegelsymmetrie** (Punktgruppe $C_{\infty v}$) haben. Beispiele für Moleküle mit Zylindersymmetrie sind die Elementgase H_2, N_2, O_2 usw., aber auch lineare Moleküle wie CO_2 oder Molekül-Ionen wie das Azid-Ion N_3^-. Kegelsymmetrie weisen Moleküle wie HCl oder CO auf. Moleküle mit $D_{\infty h}$-Symmetrie besitzen senkrecht zur Rotationsachse sowohl eine Spiegelebene als auch zweizählige Drehachsen. Liegen entlang der Rotationsachse verschiedene Atome an den Enden des Moleküls, dann entfallen diese zusätzlichen Symmetrieelemente.

Eine Kugel besitzt unendlich viele Drehachsen unendlicher Zähligkeit. Diese Punktgruppe wird als K_h bezeichnet. Zu den kugelsymmetrischen Teilchen zählen die Edelgase, aber auch nackte einatomige Ionen, wie Na^+ oder Cl^- im Kristall.

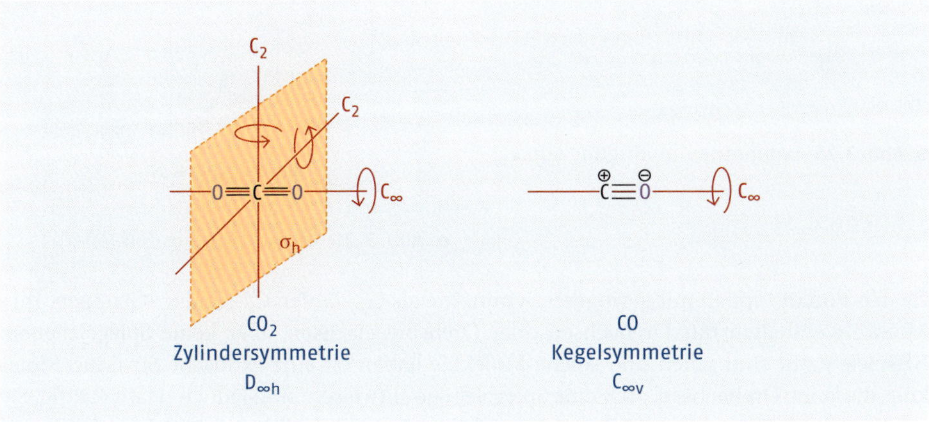

CO_2
Zylindersymmetrie
$D_{\infty h}$

CO
Kegelsymmetrie
$C_{\infty v}$

Abb. 3.23 Unterschied zwischen Zylinder- und Kegelsymmetrie in rotationssymmetrischen Molekülen

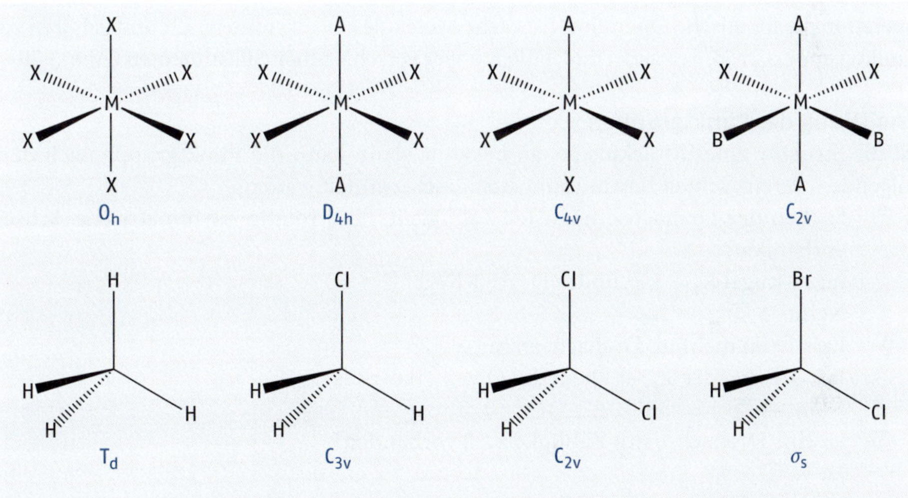

Abb. 3.24 Symmetrieerniedrigung durch Substitution von Liganden bei Oktaeder und Tetraeder

Symmetrieerniedrigung

Tauscht man in einem Molekül ein Atom gegen ein anderes aus, beispielsweise in CO_2 ein Sauerstoffatom gegen ein Schwefelatom, so gehen Symmetrieelemente verloren. Das Molekül erfährt eine **Symmetrieerniedrigung** von $D_{\infty h}$ nach $C_{\infty v}$. Die Symmetrieerniedrigung hat Auswirkungen auf viele Punktgruppen. Werden z. B. bei einem Oktaedermolekül verschiedene Substituenten ausgetauscht, so erhält man die in Abb. 3.24 gezeigten Punktgruppen, die aus dem Oktaeder durch Symmetrieerniedrigung entstanden sind.

Ebenso entstehen durch Symmetrieerniedrigung bei einem Tetraedermolekül Derivate mit Punktgruppen geringerer Symmetrie. Dazu zählen z. B. Moleküle aus der C_{nv}-Gruppe. Wird im Wassermolekül ein Wasserstoffatom durch ein Fluoratom ersetzt (Abb. 3.25), dann entfallen C_2-Drehachse eine der vertikalen Spiegelebenen. Es verbleibt aber noch eine vertikale Spiegelebene.

Abb. 3.25 Symmetrieerniedrigung von C_{2v} auf σ_s

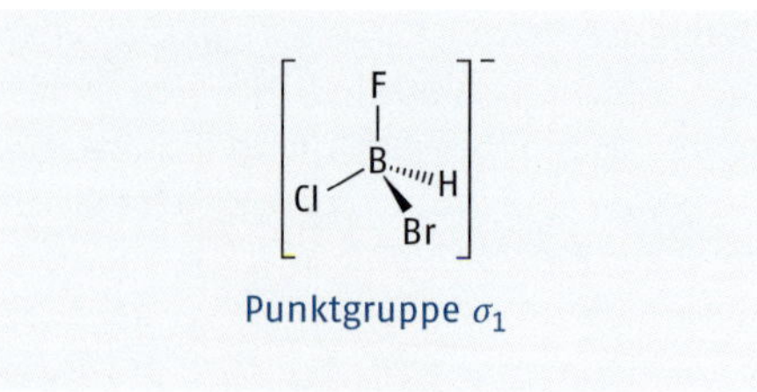

Abb. 3.26 Asymmetrisches Tetraeder

Zu den Punktgruppen mit geringerer Symmetrie als C_{nv} zählen C_n- und S_n-Gruppen. Ihre Moleküle enthalten nur Drehachsen oder Drehspiegelachsen, aber keine Spiegelebenen. Beispiele dafür sind selten und solche Moleküle haben oft eine exotische Struktur. Moleküle, die keine Drehachsen, aber eine Spiegelebene aufweisen, sind jedoch relativ häufig. Sie gehören zur Punktgruppe σ_s. Beispiele sind die bereits aufgeführten Moleküle HOF und $ClBrCH_2$, aber auch viele ebene organische Moleküle, die an einer Stelle substituiert sind.

Entfernt man auch das letzte Symmetrieelement, dann verbleibt als einzige Symmetrieoperation die identische Operation E. Solche Moleküle sind asymmetrisch und gehören zur Punktgruppe σ_1, z. B. Tetraedermoleküle mit vier verschiedenen Substituenten (Abb. 3.26).

Ermittlung der Punktgruppen

Ist die Struktur eines Moleküls genau bekannt, dann kann die Punktgruppe nach dem folgenden, vereinfachten Bestimmungsschlüssel ermittelt werden:

① Suchen der Drehachse höchster Zähligkeit. Sind rotationssymmetrische Achsen vorhanden?
Ja: → Kugel K_h; → Zylinder $D_{\infty h}$; → Kegel $C_{\infty v}$
Nein: → ②

② Existieren mehrere Drehachsen mit $n > 2$?
Ja: → Tetraeder T_d; → Oktaeder O_h; → (Ikosaeder I_h)
Nein: → ③

③ Ist eine Drehachse mit Zähligkeit ≥ 2 vorhanden?
Ja: → ④
Nein: → ⑧

④ Die Zähligkeit der Hauptachse ist *n*. Sind *n* zweizählige Drehachsen senkrecht zur Hauptachse vorhanden?
Ja: → Diedergruppe → ⑤
Nein: → Gruppe niedrigerer Symmetrie → ⑥

⑤ Besitzt das Molekül eine horizontale Spiegelebene?
Ja: → D_{nh}
Nein: → D_{nv}

⑥ Besitzt das Molekül Spiegelebenen?
Ja: → ⑦
Nein: → C_n, S_n

⑦ Besitzt das Molekül eine horizontale Spiegelebene
Ja: → C_{nh}
Nein: → $n\sigma_v \perp C_n$ vorhanden → C_{nv}.

⑧ Punktgruppe C_i (nur Inversionszentrum vorhanden); σ_s (nur eine Spiegelebene); C_1 asymmetrisches Molekül.

Dem Leser wird an dieser Stelle Folgendes empfohlen: Um die Strukturen einiger einfacher Moleküle in ihrer räumlichen Darstellung betrachten zu können, ist am Anfang ein kleiner Modellbausatz hilfreich (aber nicht unbedingt erforderlich). Man bestimmt dann zuerst die Hauptdrehachse, die Drehachse höchster Zähligkeit, dann ihre Zähligkeit und ihre Lage im Molekül. Danach sucht man nach zweizähligen Drehachsen und Spiegelebenen und bestimmt deren Lage im Molekül. Hat man darin etwas Übung, ist die Bestimmung der Symmetrie nach obigem Bestimmungsschlüssel nicht mehr schwer. Das soll in den folgenden Kapiteln an vielen Beispielen weiter vertieft werden.

Bedeutung von Symmetriebetrachtungen in der Chemie

Warum ist die Symmetrie eines Moleküls eine so wichtige Eigenschaft? Auf ein Molekül können viele vektorielle Größen einwirken. Ein sehr wichtiger Vektor, der in Molekülen wirksam wird, ist das Dipolmoment. Es entsteht bei Bindungen zweier Atome mit unterschiedlicher Elektronegativität. Dipolmomente verschiedener Bindungen addieren sich dabei und können sich gegenseitig auslöschen oder verstärken. Je höher die Symmetrie eines Moleküls ist, umso größer ist die Wahrscheinlichkeit, dass sich Vektoren kompensieren. Hochsymmetrische Moleküle sind daher oft unpolar. Dadurch können sie Reaktionspartner schwerer angreifen und werden selbst auch schwerer von Reaktionspartnern angegriffen. Hochsymmetrische Moleküle sind also reaktionsträge und kinetisch stabil. Das Entgegengesetzte gilt für sehr unsymmetrisch gebaute Moleküle. Die Molekülsymmetrie ist also ein wichtiges Kriterium für die Reaktivität eines Stoffs.

3.6.2 Symmetrie von Vektoren

Addition von Vektoren

Vektorielle Größen sind schon in ▸ Kap. 1 und ▸ Kap. 2 beschrieben worden. Sowohl das magnetische Moment von Sauerstoff als auch das elektrische Dipolmoment in Molekülen mit geringer Symmetrie, deren Bindungspartner unterschiedliche *EN* aufweisen, sind Vektoren.

Was versteht die Mathematik unter einem Vektor? Ein Vektor ist eine gerichtete Größe. Man stellt Vektoren als Pfeile dar, wobei die Länge des Pfeils den Betrag des Vektors angibt. Vektorielle Größen haben in der Physik eine große Bedeutung. So sind die Größen Kraft $\vec{F}$, Weg $\vec{s}$, Geschwindigkeit $\vec{v}$, Beschleunigung $\vec{a}$ oder Impuls $\vec{p}$ nicht nur von ihrem Betrag, sondern auch von ihrer Richtung abhängig. Wie rechnet man aber mit Vektoren? Besonders wichtig ist die Addition von vektoriellen Größen. Dazu ein Beispiel: Zwei Maultiere ziehen einen Lastkahn von beiden Ufern aus über einen Fluss (**o** 3.27 A). Beide Maultiere leisten dabei nahezu denselben Kraftbetrag *F*, aber in leicht unterschiedliche Richtung. Das Maultier 1 erzeugt die Kraft $\vec{F}_1$, das Maultier 2 erzeugt die Kraft $\vec{F}_2$. Mit welcher Kraft wird der Lastkahn angetrieben?

Es ist klar, dass die Beträge von Kräften nicht einfach addiert werden können. Die resultierende Kraft $\vec{F}_R$ ist kleiner als die Summe aus Kraft $\vec{F}_1$ und Kraft $\vec{F}_2$. Man erhält die Resultierende, wenn alle Kraftsummanden als Pfeile hintereinander gestellt und dann der Ausgangspunkt mit dem Endpunkt der Pfeilkette verbunden wird (**o** Abb. 3.27 B). So wie man verschiedene Kräfte addieren kann, so lässt sich jede Kraft in beliebiger Richtung in Komponenten zerlegen. Eine solche Kräftezerlegung wurde für die Kräfte $\vec{F}_1$ und $\vec{F}_2$ in **o** Abb. 3.27 C (grün markiert) durchgeführt, und zwar entlang der Kraft $\vec{F}_R$ sowie senkrecht dazu. Man sieht, dass es zwei Kraftkomponenten $\vec{F}_{11}$ und $\vec{F}_{21}$ gibt, die genau entgegengesetzt zueinander stehen. Diese Kräfte löschen sich gegenseitig aus. Daher ist auch

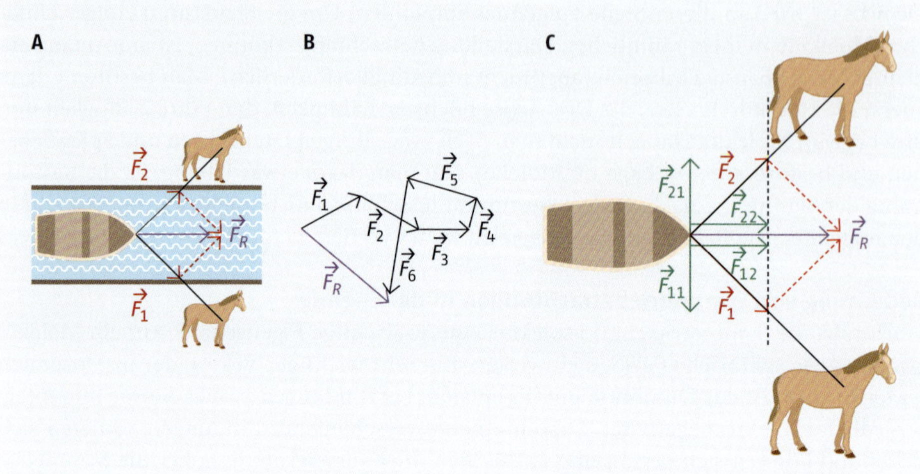

o Abb. 3.27 Addition verschiedener Kräfte zu einer Resultierenden

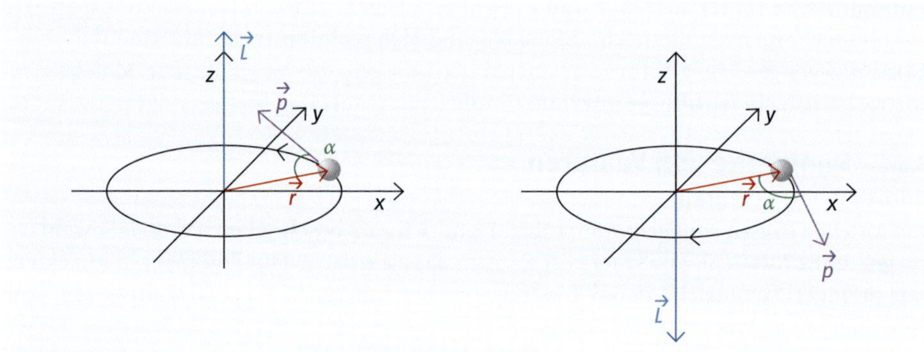

o Abb. 3.28 Drehimpuls einer Masse in Kreisbewegung um eine Drehachse (*z*-Achse) als Beispiel für die Bildung eines vektoriellen Produkts

der Kraftbetrag F_R kleiner als die Summe der Beträge F_1 und F_2, weil die Betragskomponenten F_{11} und F_{21} fehlen.

Multiplikation von Vektoren

Es gibt zwei Methoden, Vektoren zu multiplizieren:

- Eine Methode ist die Bildung des **Skalarprodukts**. Hierzu werden die Beträge der beiden Vektoren einfach multipliziert. Ein Beispiel ist die Berechnung der Arbeit aus den Vektoren Kraft und Weg. Das Ergebnis ist dann immer eine skalare, das heißt eine nicht gerichtete Größe.
- Die zweite Methode ist die Bildung des vektoriellen Produkts (o Abb. 3.28). Ein Beispiel ist die Berechnung des Drehimpulses einer Masse, die sich mit der Geschwindigkeit $\vec{v}$ im Abstand $\vec{r}$ um eine Drehachse bewegt.

Für den Impuls gilt:

$$\vec{p} = m \cdot \vec{v}$$ Gleichung 3.80

Der Drehimpuls L ist das vektorielle Produkt von Impulsvektor und Abstandsvektor:

$$\vec{L} = \vec{p} \cdot \vec{r}$$ Gleichung 3.81

Der Betrag von $\vec{L}$ ist dann gegeben durch:

$$\mathrm{L} = p \cdot v \cdot \sin a$$ Gleichung 3.82

Die Richtung von L steht senkrecht auf der Ebene von $\vec{p}$ und $\vec{r}$, wobei die Vektoren $\vec{p}$ und $\vec{r}$ gegen den Uhrzeigersinn orientiert sind.

Verhalten von Vektoren gegenüber Symmetrieoperationen

Warum interessieren Vektoren eigentlich an dieser Stelle? Vektoren haben wie Körper Symmetrieeigenschaften. Anders als bei Körpern, sind dies aber keine Eigenschaften, die Vektoren an sich haben. Ein Vektor bekommt erst Symmetrieeigenschaften, wenn er auf einen symmetrischen Körper wirkt. Dann hängen seine Symmetrieeigenschaften von der Punktgruppe des Körpers ab.

Welcher Art sind diese Symmetrieeigenschaften? Dazu stellt man sich ein Wassermolekül vor, das sich im Gaszustand durch einen mit Wasserdampf gefüllten Raum bewegt. Es soll die Geschwindigkeit $\vec{v}$ besitzen bzw. den Impuls $\vec{p}$. Man spricht allgemein von einem Translationsvektor t. Wird jetzt eine Symmetrieoperation auf diesen Vektor angewendet, die das Wassermolekül auf eine äquivalente oder identische Orientierung abbildet, so gibt es für den Vektor zwei Möglichkeiten:

- Entweder er wird auf sich selbst abgebildet, dann ist er **symmetrisch** zu dieser Operation. In diesem Fall bezeichnet man ihn mit einer Zahl, nämlich +1, und diese Zahl wird als Charakter des Vektors bezüglich dieser Operation bezeichnet.
- Der Vektor kann aber auch in sein Gegenteil verkehrt werden, gemeint ist eine Drehung um 180°. Der Vektor ist dann **antisymmetrisch** zu dieser Operation. Diesen Fall zeichnet man mit dem Charakter –1 aus.

o Abb. 3.29 zeigt die Auswirkungen der Basis-Symmetrieoperationen im Wassermolekül auf den Translationsvektor.

Dieser Vektor ist in Bezug auf die Drehachse und die Spiegelebene $\sigma_{v(2)}$ antisymmetrisch, bezüglich der Spiegelebene $\sigma_{v(1)}$ symmetrisch. Der Translationsvektor $\vec{t}$ ist entlang der x-Achse des Koordinatensystems ausgerichtet. Ein Molekül wird in ein Koordinatensystem in der Regel so eingeordnet, dass die z-Achse in Richtung der Hauptdrehachse liegt und dass die meisten Atome einer Ebene in der xy-Ebene liegen. Ein Translationsvektor, der in beliebiger Richtung steht, lässt sich immer in eine x-Komponente, eine y-Komponente und in eine z-Komponente zerlegen. Dies sind die Basisvektoren einer jeden Translationsbewegung, und diese lassen sich bezüglich ihrer Symmetrieeigenschaften untersuchen. Dreht man den Vektor um 90° (es entsteht $\vec{t}_{x'}$) dann wird er in einen

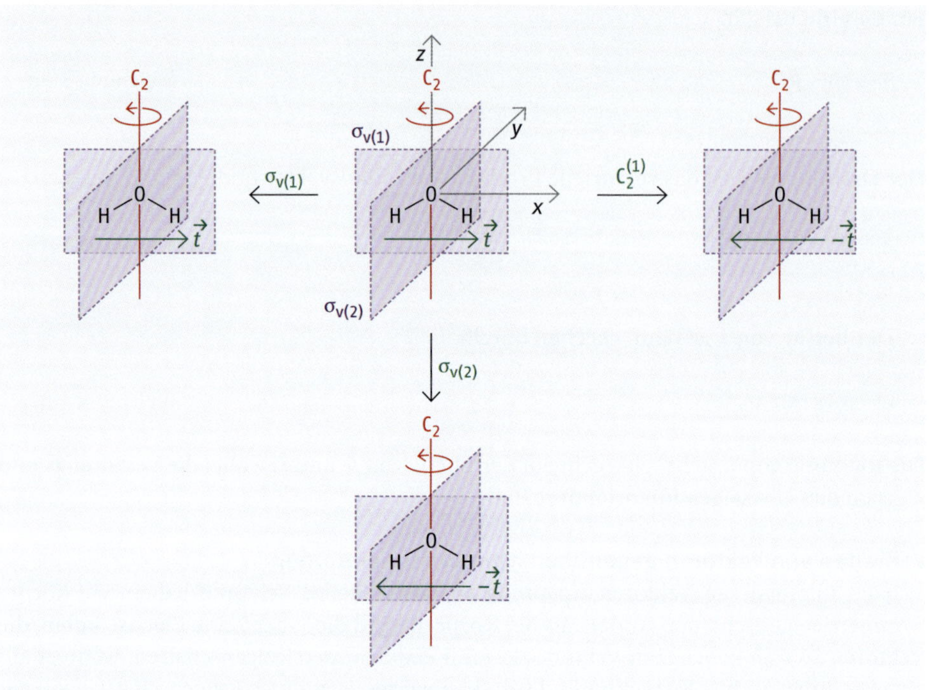

Abb. 3.29 Symmetrieeigenschaften eines Vektors ($\vec{t}$), der die Translationsbewegung des Wassermoleküls in *x*-Richtung beschreibt.

anderen Basisvektor $\vec{t}_y$ überführt. Kann man durch eine Symmetrieoperation einen Vektor in einen anderen überführen, dann bezeichnet man beide Vektoren als **entartet**. Diesen Fall beschreibt man mit dem Charakter 0. Um $\vec{t}_x$ in $\vec{t}_y$ zu überführen, ist aber eine vierzählige Drehachse nötig. Da das Wassermolekül eine solche nicht hat, sind auch die Basisvektoren nicht entartet. Man kann jetzt die Symmetrieeigenschaften des Translationsvektors $\vec{t}_x$ dadurch ermitteln, indem alle Charaktere aller Symmetrieoperationen, die das Wassermolekül zulässt, aufgelistet werden. Gleichung 3.79 (a–i) zeigt, dass viele Symmetrieoperationen die Identität ergeben. So gilt beispielsweise:

$$E = C_2^{(2)} = \sigma_{v(1)}^{(2)} = \sigma_{v(2)}^{(2)} \quad \text{Gleichung 3.83}$$

Diese müssen nicht alle getrennt aufgelistet werden. Symmetrieoperationen, die nicht voneinander abhängig sind, werden **Klassen** genannt. Untersucht man die Symmetrieeigenschaften des Vektors $\vec{t}_x$ gegenüber allen Symmetrieklassen in der Punktgruppe C_{2v}, so ergibt sich ein Zeilenvektor wie in Tab. 3.1 dargestellt.

Mithilfe der Gruppentheorie können folgende Feststellungen getroffen werden:

1. Der Translationsvektor $\vec{t}_x$ wird auch in anderen Molekülen die gleichen Symmetrieeigenschaften haben, vorausgesetzt diese Moleküle haben C_{2v}-Symmetrie. Der Vektor $\vec{t}_x$ wird sich gegen alle Symmetrieoperationen, z. B. im Dichlormethan-Molekül, genauso verhalten, wie in Tab. 3.1 ausgeführt.

Tab. 3.1 Charaktere des Translationsvektors $\vec{t}_x$ gegen die Klassen in C_{2v}

Klasse in C_{2v}	E	C_2	$\sigma_{v(1)}$	$\sigma_{v(2)}$
Charakter $\vec{t}_x$	1	−1	1	−1

Tab. 3.2 Charakterentafel für die Punktgruppe C_{2v}

C_{2v}-Klasse Rasse	E	C_2	$\sigma_{v(1)}$	$\sigma_{v(2)}$
A_1	1	1	1	1
A_2	1	1	−1	−1
B_1	1	−1	1	−1
B_2	1	−1	−1	−1

2. Es gibt noch andere Vektoren, deren Symmetrieverhalten durch den Zeilenvektor in Tab. 3.1 beschrieben werden. Zum Beispiel das p_x-Orbital des Sauerstoffatoms im Wassermolekül. Die Richtungen von Atom- und Molekülorbitalen können als Vektoren wiedergegeben werden. Ihnen liegt der Drehimpuls der Elektronenbewegung zugrunde. Zwei Vektoren, die zwar verschiedenen Symmetrieklassen einer Punktgruppe angehören, aber die gleichen Charaktere zeigen, also die gleichen Symmetrieeigenschaften haben, gehören zur selben **Symmetrierasse**. Für sie hat *Mulliken* eine Symbolik mit genau festgelegter Bedeutung aller Indizes ermittelt, auf die später eingegangen werden soll.

Charakterentafeln

Die Gruppentheorie besagt Folgendes: Sind die Zahl der Symmetrieklassen in einem Molekül beschränkt (und das ist in jedem realen Molekül der Fall), dann kann es auch nicht unendlich viele symmetrieverschiedene Vektoren geben. Die Zahl der Rassen ist gleich der Zahl der Klassen. Untersucht man einen beliebigen Vektor, der auf ein symmetrisches Molekül einwirkt, dann muss er zu einer der möglichen Symmetrierassen der Punktgruppe des Moleküls gehören. Die Symmetrierassen, aufgelistet gegen die Symmetrieklassen, ergeben für jede Punktgruppe eine Matrix, die man **Charakterentafel** nennt.

Betrachtet man die Charakterentafel für die Punktgruppe C_{2v} (Tab. 3.2), so können anhand dieser Tafel die Symmetrieeigenschaften aller Atomorbitale des Sauerstoffatoms im Wassermolekül bestimmt werden. Das *s*-Orbital ist eine Kugel und wird durch alle Symmetrieoperationen auf sich selbst abgebildet. Es hat A_1-Symmetrie. Das p_x-Orbital hat die gleichen Symmetrieeigenschaften wie der $\vec{t}_x$-Translationsvektor. Sein Zeilenvektor gehört zur Rasse B_1. Die Symmetrieeigenschaften für p_y und p_z können aus Abb. 3.30 ermittelt werden.

Man erkennt, dass das p_y-Orbital B_2-Symmetrie besitzt und dass das p_z-Orbital A_1-Symmetrie hat. Die Charakterentafel in Tab. 3.1 zeigt, dass alle Vektoren, die auf Moleküle mit C_{2v}-Symmetrie einwirken, nicht entartet sind, da in der Charakterentafel keine Null steht. Punktgruppen, die nur nichtentartete Rassen haben werden **Abelsche Gruppen** genannt.

3

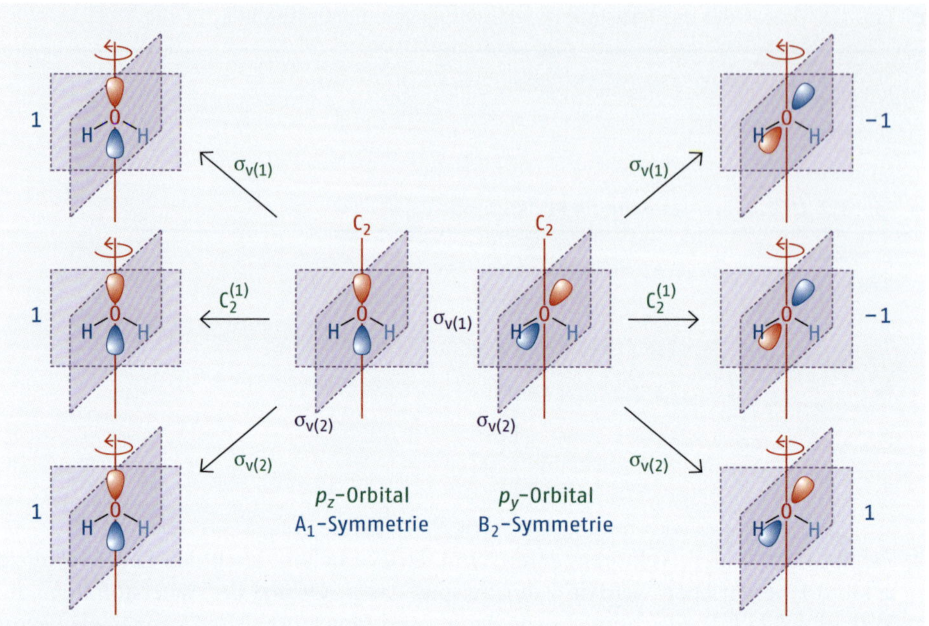

Abb. 3.30 Symmetrieeigenschaften der Atomorbitale p_y und p_z des Sauerstoffatoms im Wassermolekül

Tab. 3.3 Charaktere der Punktgruppe C_{3v}

C_{3v}	E	C_3	σ
A_1	1	1	1
A_2	1	1	−1
E	2	−1	0

Jetzt ein Beispiel, in denen entartete Vektoren vorkommen. Zwei verschiedene Vektoren sind entartet, wenn sie die gleiche Symmetrie und Energie haben. Dazu müssen sie zu einer entarteten Rasse gehören und ihre Basisvektoren müssen über eine im Molekül vorkommende Symmetrieoperation ineinander überführbar sein. Dies gilt für das Ammoniakmolekül.

Das Ammoniakmolekül hat eine dreizählige Drehachse, keine C_2 senkrecht zur Hauptachse, keine horizontale Spiegelebene, dafür drei Spiegelebenen vertikal zur Hauptachse. Damit hat es C_{3v}-Symmetrie. Tab. 3.3 zeigt die Charakterentafel der Punktgruppe C_{3v}. Zunächst fällt auf, dass die Punktgruppe nur drei Klassen und damit nur drei Rassen aufweist. Alle Drehoperationen und alle Spiegelebenen verhalten sich gleichartig und sind gegeneinander austauschbar. Entartete Vektoren stehen in der Rasse E. Da sie oft zusammen auftreten, hat die Identität den Charakter 2. Zunächst betrachtet man die 2*s*- und 2p_z-Atomorbitale. Für das kugelförmige *s*-Orbital ist leicht einzusehen, dass es durch alle Symmetrieoperationen auf sich selbst abgebildet wird. Es gehört daher zur totalsymmetrischen Rasse A_1. Auch das p_z-Orbital besitzt A_1-Symmetrie (Abb. 3.31 A).

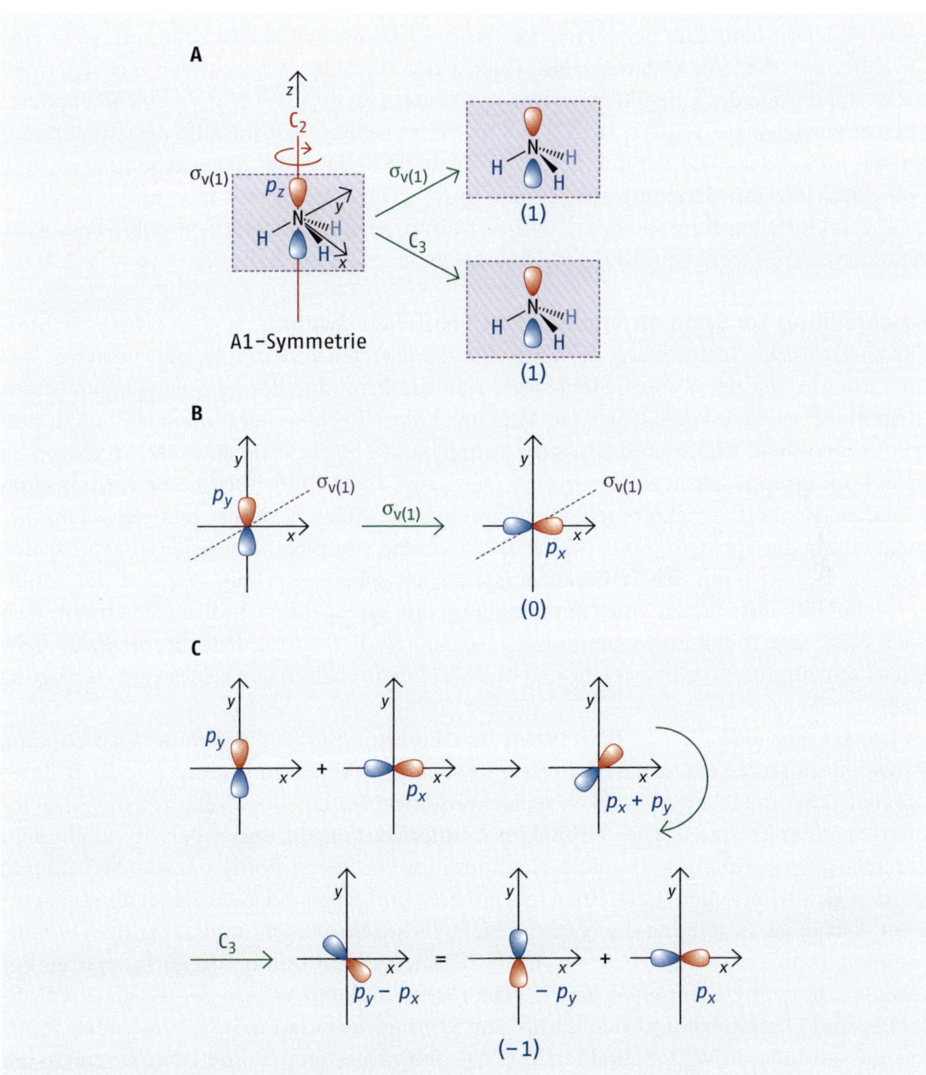

o Abb. 3.31 Symmetrieeigenschaften der Atomorbitale des Stickstoffatoms im Ammoniakmolekül: p_z-Orbital (**A**), zum Beispiel Spiegelung von p_x- auf p_y-Orbital (**B**), Drehung p_x-Orbital (**C**)

Schwieriger wird die Beurteilung der p_x- und p_y-Atomorbitale. Werden die Orbitale gespiegelt oder gedreht, dann werden sie in eine andere Orientierung gebracht und damit in ein anderes Orbital überführt. Das allein reicht eigentlich schon, um sie als entartet zu erkennen und sie der Rasse E zuzuordnen.

Nun zum Zusammenhang zwischen Charakter und Operation. Definitionsgemäß liegt die z-Achse des Koordinatensystems in Richtung der dreizähligen Drehachse. Die xy-Ebene steht dann dazu senkrecht. Legt man die x-Achse und die y-Achsen so, dass sie genau zwischen einer Spiegelebene orientiert sind, dann wird das p_y-Orbital auf das p_x-Orbital gespiegelt und umgekehrt (o Abb. 3.31 B). Beide Orbitale werden durch die Spiegelung ineinander überführt und erhalten daher bezüglich der Spiegelung den Charakter 0. Dreht man aber beispielsweise das p_y-Orbital um 120°, so bekommt es in eine Orientierung, die kein anderes Atomorbital aufweist. In der Charakterentafel steht aber für die Operation der Charakter −1. Das p_y-Orbital müsste also seine Vorzeichen ändern. Dies ist zunächst ein Widerspruch. Die Operation gelingt aber mithilfe des zweiten entarteten p_x-Orbitals: Die Summe beider Orbitale ist entlang der Spiegelebene orientiert. Führt man jetzt eine Drehung um 120° aus und zerlegt das Ergebnis in x- und y-Richtung in ihre vektoriellen Komponenten, dann ist das p_x-Orbital unverändert geblieben, während sich das p_y-Orbital um 180° gedreht hat. Dies ergibt den Charakter −1 (**o** Abb. 3.31 C).

Beschreibung der Symmetrierassen durch Mulliken-Symbole

Die anschauliche Bestimmung der Charaktere entarteter Vektoren ist oft schwierig, weil die Orientierung der Koordinatenachsen und die Prozedur der Symmetrieoperationen nicht immer einfach vorzustellen ist. Man muss diese Rechenoperationen aber nicht perfekt beherrschen. Viel wichtiger als die Fähigkeit, die Symmetrie eines jeden Vektors in jeder Punktgruppe genau zu bestimmen, ist es, eine Vorstellung über die Bedeutung eines Mulliken-Symbols zu bekommen. Diese kommen in Molekülorbitalschemata, Termschemata und in der Spektroskopie, bei der Bezeichnung von Elektronenanregungsprozessen vor. Die Bezeichnung der Symmetrierassen nach *Mulliken* erfolgt, wie bei der Mulliken-Symbolik auch, nach einer Nomenklatur mit sprechenden Indizes, das heißt, dass auch hier jeder Index im Symbol eine anschauliche Bedeutung hat, die, wenn man sie lesen kann, unmittelbar Informationen über die Eigenschaften des Vektors zur Verfügung stellt.

Die Hauptsymbole A, B, E, T geben den Entartungsgrad der Vektoren an. A- und B-Rassen sind nicht entartet. Haben zwei verschiedene Vektoren in einer A- oder B-Rasse die gleiche Symmetrie, gibt es also beispielsweise zwei verschiedene Vektoren mit A_1-Symmetrie wie das 2s- und das 2p_z-Orbital im Ammoniakmolekül, und haben sie zufällig sehr ähnliche Energie, dann tritt sofort Konfigurationswechselwirkung ein. Beide Vektoren werden sich so mischen, dass einer mit höherer und einer mit niedrigerer Energie entsteht. Das muss so sein, da die Natur ja nicht zwischen „echter" und „zufälliger" Entartung unterscheiden kann. Vektoren mit E-Symmetrie sind immer zweifach entartet. Für jeden Vektor mit E-Symmetrie gibt es genau einen anderen Vektor, der die gleiche Symmetrie und Energie hat und sich durch eine Symmetrieoperation im betreffenden Molekül auf den anderen Vektor abbilden lässt. Diese Symmetrieoperation erkennt man in der Charakterentafel immer am Charakter 0. Vektoren mit T-Symmetrie sind dreifach entartet und kommen nur in Polyedergruppen vor. Aus dieser Gruppe interessieren hier nur das Tetraeder und das Oktaeder. Vektoren mit A-Symmetrie sind symmetrisch gegen die Hauptdrehachse des Moleküls, Vektoren mit B-Symmetrie sind anti-symmetrisch gegen die Hauptdrehachse des Moleküls. Das Nebensymbol 1 und 2, z. B. in A_1 und B_2, beschreibt die Symmetrie gegen eine Nebendrehachse oder eine ausgezeichnete Spiegelebene. Die Symbole g und u für gerade und ungerade beschreiben die Symmetrie gegen ein Inversionszentrum und haben nur einen Sinn, wenn das Molekül auch ein Inversionszentrum hat. Die Symbolik A' und A'' oder B' und B'' beschreibt die Symmetrie gegen eine horizontale Spiegelebene und kommt daher nur in h-Gruppen vor.

Zum Ende des Kapitels noch eine sehr wichtige Aussage zum Verständnis häufig verwendeter Begriffe. Die Bezeichnung s, p, d, f für den Nebenquantenzustand der Atomorbitale sind Mulliken-Symbole, die die Symmetrieeigenschaften von Vektoren in kugelförmigen Körpern beschreiben. Die Kugel hat unendlich viele Symmetrieelemente, daher ist die Zahl ihrer Rassen unbegrenzt. Sie steigt mit jedem Quantenzustand. Die Natur realisiert in Grundzuständen aber nicht mehr als *f*-Zustände. Wie in allen Orbitalen ist es der Elektronendrehimpuls, der als Vektorgröße Symmetrieeigenschaften besitzt. In zweiatomigen Molekülen oder in isoliert betrachteten Bindungen zwischen zwei Atomen wird von σ- und π-Orbitalen gesprochen. Diese Bezeichnungen sind ebenso Mulliken-Symbole, die die Symmetrieeigenschaften von Vektoren in Zylinder und Kegel beschreiben. Dabei sind σ-Orbitale nicht entartet, während π-Orbitale entartet sind. Strenggenommen dürfte man im Wassermolekül und im Nitrit-Ion nicht mehr von σ- bzw. π-Bindungen sprechen. Man müsste die Symmetrierassen der fraglichen Molekülorbitale in der Punktgruppe der entsprechenden Teilchen bestimmen. Diese Unkorrektheit ist aber tolerabel, da man auch die lokale Symmetrie zwischen zwei Atomen diskutieren kann.

Symmetrieargumente werden an späterer Stelle noch eine wichtige Rolle spielen, vor allem wenn es darum geht, die Chemie der Nebengruppenelemente zu verstehen. Es ist an dieser Stelle nicht wichtig, gruppentheoretische Berechnungen sicher ausführen zu können. Was erreicht werden sollte, ist ein tieferes Verständnis für die Bedeutung von Begriffen zu erlangen, die in der Diskussion chemischer Probleme häufig und manchmal unkritisch benutzt werden.

4 Quantitative Beschreibung chemischer Reaktionen

Bei der quantitativen Beschreibung chemischer Reaktionen fragt man nicht nur, was vor sich geht, sondern was in welchem Ausmaß geschieht, wenn ein oder mehrere Edukte gemischt werden und miteinander reagieren. Dabei unterscheidet man die beiden folgenden, grundsätzlich unterschiedlichen Fragestellungen.

Zum einen interessiert der Endzustand. Was wird man am Ende einer Reaktion vorfinden? Diese Fragestellung behandelt die **Thermodynamik**, die sich ursprünglich mit der Frage beschäftigte, wie man Wärme in Arbeit umwandeln kann (Wärmelehre, Dampfmaschinen). Ihre größte Bedeutung hat sie aber durch die Beschreibung von **Gleichgewichtszuständen** erhalten. Chemische Reaktionen laufen nämlich oft nicht vollständig ab. Als Endzustand beobachtet man häufig ein Gemisch von Edukten und Produkten. Diesen Endzustand nennt man **chemisches Gleichgewicht**. Man will wissen, wie hoch der prozentuale Anteil der Edukte ist, der sich in Produkte umgewandelt hat. Diese Frage ist gleichbedeutend mit der Frage nach der Gleichgewichtslage. Mithilfe der klassischen Wärmelehre ist es möglich, dieses Problem mathematisch zu beschreiben.

Die zweite Frage heißt: Wie schnell stellt sich ein Gleichgewicht ein und was passiert im zeitlichen Verlauf einer chemischen Reaktion? Diese Frage beantwortet die **Reaktionskinetik.**

Beide Themengebiete lassen sich auf mathematisch sehr anspruchsvolle Weise behandeln. In diesem Buch aber sollen sie so einfach und anschaulich wie möglich besprochen werden. Thermodynamik und Kinetik sind in ihren anschaulichen Grundaussagen in hohem Maße dazu geeignet, ein tieferes Verständnis vom Ablauf chemischer Reaktionen zu ermöglichen.

4.1 Ideale Gase

Ein Gas bezeichnet man als ideal (**ideales System**), wenn sich die Teilchen, aus denen es besteht, so verhalten, als seien sie **punktförmig** und **wechselwirkungsfrei**. Diese Teilchen haben also kein Eigenvolumen und wirken nicht mit Anziehungs- oder Abstoßungskräften auf Nachbarteilchen ein. Natürlich kann eine solche Vorstellung nur ein Näherungsmodell sein. Man betrachtet beispielsweise einen mit Stickstoffgas gefüllten Luftballon (o Abb. 1.23, Kap. 1.7.1). Die Stickstoffteilchen kann man sich als sehr kleine Partikel vorstellen, die sich in ungeordneter Bewegung befinden. Jedes Gasteilchen hat dabei eine Masse und eine Geschwindigkeit. Es hat ein Eigenvolumen und übt Kräfte auf seine Umgebung aus. Dennoch wird mit der Vorstellung vom idealen System häufig gearbeitet, weil damit sehr bequem gerechnet werden kann. In der Realität gibt es Systeme, bei denen nur eine Art von Wechselwirkung vor allen anderen dominiert. Diese Wechselwirkung kann als Bezugspunkt für Rechnungen gewählt werden und man spricht dann von **quasi-idealen Systemen** (▸Kap. 4.14). Wie unterscheidet sich nun ein ideales System von realen Systemen?

Gase bestehen oft aus Mischungen mehrerer Komponenten, die sich in ihren Eigenschaften wie Volumen, Dichte, elektrische Leitfähigkeit, elektrische Potenziale unterscheiden. Was hat das für Auswirkungen beim Mischen der Komponenten? Beispielsweise das Volumen: Werden 1 L Helium-Gas mit 1 L Neon-Gas bei konstantem Druck gemischt, dann erhält man ziemlich genau 2 L Edelgasgemisch. Die Volumina V verhalten sich additiv:

$$V = V_{He} + V_{Ne} \qquad \text{Gleichung 4.1}$$

o Gleichung 4.1 beschreibt eine typische Eigenschaft eines idealen Systems. Jede Komponente bringt seine Eigenschaften additiv in eine Mischung ein. Es gibt keine sogenannten „Mischungsgrößen".

Mischt man jedoch HCl-Gas mit Schwefelwasserstoff-(H_2S-)Gas, dann entspricht das Endvolumen nicht der Summe der beiden Edukt-Volumina. Beim Mischen von 1 L Chlorwasserstoffgas mit 1 L H_2S-Gas bei konstantem Druck, entstehen weniger als 2 L Gas; die Differenz ΔV_M wird als **Mischungsvolumen** bezeichnet:

$$V < V_{HCl} + V_{H_2S} \text{ und } V - V_{HCl} - V_{H_2S} = \Delta V_M \qquad \text{Gleichung 4.2}$$

Sowohl HCl- als auch H_2S-Teilchen sind polare Moleküle. Aufgrund der Dipol-Dipol-Wechselwirkung ziehen sich die Gasteilchen an und erhöhen damit ihre Dichte. Das Auftreten von Mischungsvolumina ΔV_M ist eine typische Eigenschaft **realer Mischungen**. Sind die Mischungsvolumina klein, liegen approximativ ideale Mischungen vor. Gase verhalten sich umso idealer, je größer ihre Temperatur und je kleiner ihr Druck ist.

Unter den physikalischen Größen „Gasvolumen V", „Gasdruck p" und „Temperatur T" kann sich jeder zwar irgendetwas vorstellen; sie müssen aber genauer definiert werden. Diese drei Größen beschreiben den **Zustand** einer bestimmten Gasmenge und werden daher als **Zustandsvariablen** bezeichnet.

4.1.1 Temperatur und Wärme

Die **Temperatur** T gibt an, ob ein Körper warm oder kalt ist und kann an einem Thermometer, z. B. mit Celsius-Skala, abgelesen werden. Hier beginnt aber schon ein Problem. Die Begriffe Temperatur und **Wärme** müssen streng auseinandergehalten werden. Die Temperatur T ist abhängig von der Teilchenbewegung. Sie ist umso höher, je schneller sich die Teilchen bewegen. Überprüfbar ist diese Aussage mit einem einfachen Experiment (o Abb. 4.1 A). Man füllt einen Glaskolben mit Argon-Gas, einen anderen Glaskolben mit Iod-Dampf. Beide Kolben werden mit einer porösen Tonmembran, einer Fritte, verbunden. Nach einiger Zeit kann man beobachten, dass der Iod-Dampf in den mit Argon gefüllten Kolben eingedrungen ist. Dies ist wegen der Farbe des Gases gut zu erkennen. Ebenso wird Argon-Gas in den mit Iod gefüllten Kolben eindringen, was aber

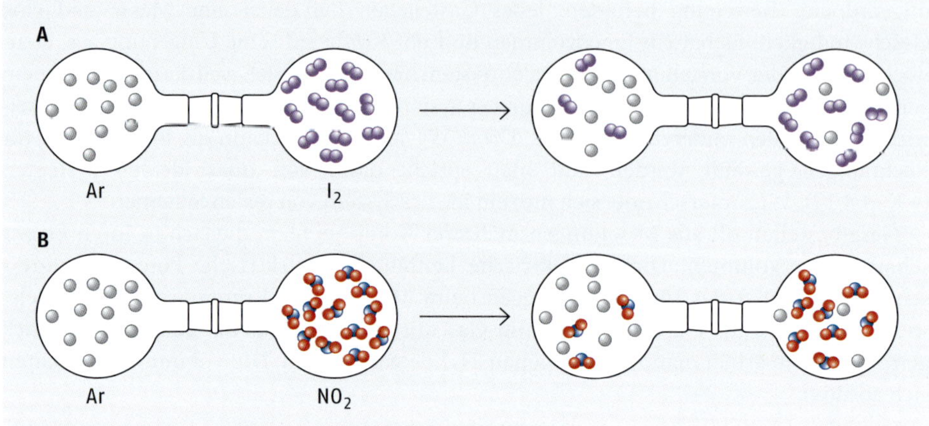

o Abb. 4.1 Diffusionsexperiment für die selbstständige Durchmischung der Gase Iod und Argon (A) sowie Stickstoffdioxid und Argon (B)

bei dem farblosen Edelgas nicht so leicht zu beobachten ist. Beide Gase durchmischen sich spontan. Dieser Prozess kommt erst zum Stillstand, wenn Iod- und Argon-Gehalt in beiden Kolben 50 % beträgt. Die Zeit, die dafür notwendig ist, ist aber schwer zu ermitteln, weil sich das Durchmischen am Ende des Prozesses stark verlangsamt. Will man dagegen die Zeit bestimmen, die beide Gase brauchen, damit sie sich zur Hälfte durchmischt haben, d. h., damit der Iod-Gehalt im „Argon-Kolben" 25 % beträgt, dann ist diese Frage relativ einfach zu lösen. Man bezeichnet diese Zeit als $t_{(25\,\%)}$.

Der Prozess der spontanen Durchmischung von Gasen (aber auch von Flüssigkeiten und gelösten Stoffen) wird als **Diffusion** bezeichnet. Durch ihre ungeordnete Bewegung werden immer wieder Iod-Moleküle zufällig in den „Argon-Kolben" und Argon Moleküle in den „Iod-Kolben" geraten. Man kann beobachten, dass sich die Durchmischungsgeschwindigkeit (als Maß wird der Kehrwert von $t_{(25\,\%)}$ verwendet) mit der Temperatur erhöht. Man könnte in der Temperatur also ein Maß für die durchschnittliche Geschwindigkeit vermuten, mit der sich die Gasteilchen im Kolben bewegen. Dies ist aber genaugenommen nicht korrekt.

In **o** Abb. 4.1 B wird das Diffusionsexperiment bei gleicher Temperatur mit NO_2 durchgeführt. Dann vergleicht man die Diffusionsgeschwindigkeiten der beiden Experimente. NO_2 hat eine braune Eigenfarbe und ist gut sichtbar. Das NO_2-Molekül mit $M_{NO_2} = 46$ g/mol ist erheblich leichter als das Iodmolekül mit 253,8 g/mol. Man kann sehen, dass sich NO_2 wesentlich schneller mit Argon vermischt als I_2. Die quantitative Auswertung der Experimente ergibt:

$$v_{(\mathrm{Diff})} = \mathrm{const} \cdot \sqrt{T} + c \qquad \text{mit } T/°\mathrm{C}$$ Gleichung 4.3

sowie

$$\frac{v_{\mathrm{Diff}(I_2)}}{v_{\mathrm{Diff}(NO_2)}} = \sqrt{\frac{M_{(NO_2)}}{M_{(I_2)}}}$$ Gleichung 4.4

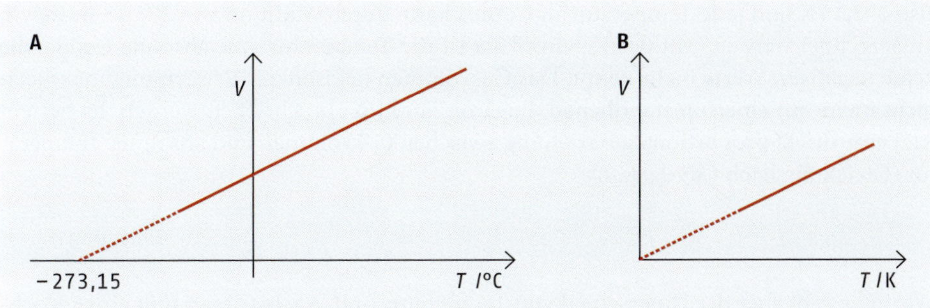

Abb. 4.2 Zusammenhang zwischen Temperatur und Volumen beim isobaren Prozess: Temperatur gemessen in Celsius (A); Temperatur gemessen in Kelvin (B)

Die Temperatur ist also nicht ein Maß für die durchschnittliche Teilchengeschwindigkeit. Sonst hätten sich Iod und Stickstoffdioxid bei gleicher Temperatur gleich schnell durchmischen müssen. Iod durchmischt sich aber langsamer. Also bewegen sich die schwereren Iod-Moleküle bei gleicher Temperatur langsamer als die leichten NO_2-Moleküle. Die Temperatur ist daher ein Maß für die durchschnittliche **Teilchenenergie**. Das schwere Iodmolekül bewegt sich langsamer als das leichte NO_2-Molekül, beide Teilchen haben aber beim Zusammenprall mit anderen Teilchen oder mit der Gefäßwand dieselbe Wucht. Ein Teilchen mit der Geschwindigkeit v besitzt die kinetische Energie E_{kin} und einen Impuls $\vec{p}$. Für die kinetische Energie gilt nach Gleichung 1.8 (▸ Kap. 1.7.1):

$$E_{\text{kin}} = \frac{1}{2} m \cdot v^2$$

Und für den Impuls nach Gleichung 3.80 (▸ Kap. 3.6.2):

$$\vec{p} = m \cdot \vec{v}$$

Beobachtet man bei konstantem Gasdruck das Volumen einer bestimmten Stoffmenge Gas, dann findet man einen linearen Zusammenhang mit der in Celsius gemessenen Temperatur. Wird der Zustand eines Gases bei konstantem Druck geändert, dann spricht man von einem **isobaren Prozess.** Abb. 4.2 zeigt die Änderung des Gasvolumens bei der isobaren Erwärmung.

Aus Abb. 4.2 ist ersichtlich, dass Temperaturen beliebig weit erhöht, aber nicht beliebig weit abgesenkt werden können. Ein Körper kann (theoretisch) unendlich heiß, aber nicht unendlich kalt werden. Jedes reale Gas wird ab einer bestimmten, für das Gas charakteristischen Temperatur, dem Siedepunkt des Gases, nicht mehr gemäß der Kurve in Abb. 4.2 verhalten und flüssig werden. Verlängert man die Gerade aber künstlich zu kleinen Temperaturen hin (man **extrapoliert** die Gerade zu kleinen Temperaturen), dann findet man bei einer bestimmten Temperatur das Gasvolumen $V = 0$. Ein kleineres Volumen ist für das Gas nicht denkbar, da negative Volumina physikalisch keinen Sinn ergeben. Bestimmt man diese kleinstmögliche Temperatur, bei der die Gasteilchen ihre gesamte kinetische Energie verloren haben, bei verschiedenen Gasen, dann erhält man einen einheitlichen Temperatur-Nullpunkt von $T_0 = -273{,}15\,°\text{C}$. Weil es sich dabei um die tiefste mögliche Temperatur handelt, definiert man eine neue Temperaturskala. Man setzt $-273{,}15\,°\text{C}$ als 0 K (K = Kelvin), übernimmt aber die Abstände der Celsius-Skala. 0 °C sind also 273,15 K und jede Temperatur in Celsius kann durch Addition von 273,15 in Kelvin umgerechnet werden. Mit der Kelvin-Skala ist die Temperatur eine absolute Größe, die keine negativen Werte mehr kennt. Das Gasvolumen bei isobarer Erwärmung muss jetzt nicht mehr mit einer umständlichen, linearen Funktion beschrieben werden. Es besteht jetzt eine direkt proportionale Beziehung zwischen Gasvolumen und absoluter Temperatur (Gleichung nach *Gay-Lussac*):

$$V = \text{const} \cdot T$$ Gleichung 4.5

Worin besteht aber der Unterschied von Temperatur und Wärme? Man füllt einen Kochtopf und eine Badewanne mit Wasser aus einer herkömmlichen Wasserleitung. Die Temperatur des Wassers soll 15 °C = 288,15 K betragen. Will man die Wassertemperatur erhöhen, dann muss dem entsprechenden Gefäß **Wärme** ΔQ zugeführt werden, indem man beispielsweise Erdgas verbrennt oder Strom durch einen Tauchsieder fließen lässt. Die zugeführte Wärmemenge ΔQ ist dann proportional zur verbrannten Gas- oder verbrauchten Strommenge. Sollen beide Systeme (Kochtopf und Badewanne) auf die Temperatur von 35 °C = 308,15 K erwärmt werden, dann benötigt man für das Wasser in der Badewanne wesentlich mehr Gas oder Strom als für das Wasser im Kochtopf, da in der Badewanne mehr Wasser vorhanden ist. Die Temperatur kann als Maß für die durchschnittliche Wärme in einem System verstanden werden. Die absolute Wärme eines Systems gibt an, wie viel thermische Energie man erhält, wenn das System auf den absoluten Temperaturnullpunkt 0 K abkühlt würde. Es ist also die Gesamtenergie, die dem System die Temperatur verleiht. Die Wärme ist von der Stoffmenge des Systems abhängig, die Temperatur ist es nicht.

4.1.2 Druck

In der Physik versteht man unter dem Druck p stets das Verhältnis von Kraft F und der Fläche A, auf die die Kraft einwirkt (o Abb. 4.3 A). Gasteilchen können Kräfte auf eine Gefäßwand ausüben, wenn sie gegen diese stoßen und von ihr abprallen (vgl. o Abb. 1.23, Kap. 1.7.1). Stößt ein Gasteilchen innen auf die Gummioberfläche des Ballons, dann wird es zurück geworfen (Totalreflektion mit Impulsumkehr). Die Kraftwir-

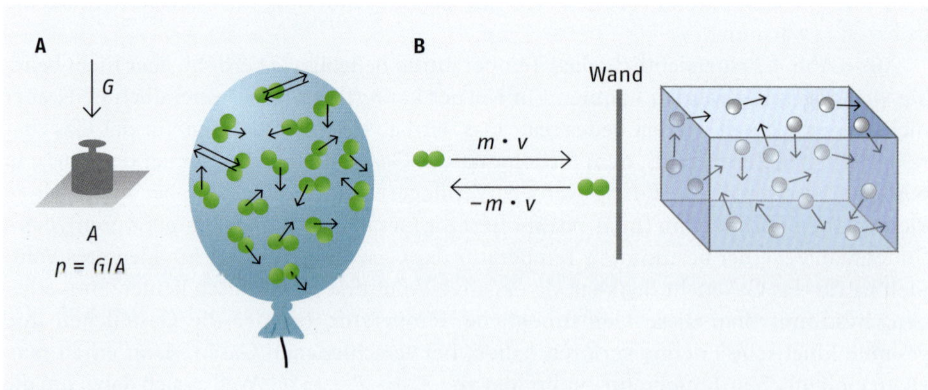

o **Abb. 4.3** Gasdruck: verursacht durch Molekülstöße auf die Gefäßwand (A); Impulsänderung (B)

kung ergibt sich aus dem 2. Newton'schen Axiom, das in seiner Urfassung in Gleichung 4.6 formuliert ist. Der Impuls ändert sich, wie in Abb. 4.3 B dargestellt, beim Aufprall von $m \cdot v$ nach $-m \cdot v$. Damit beträgt die Impulsänderung:

$$\Delta\vec{p} = 2\,m \cdot \vec{v}$$

$$\vec{F} = \frac{d\vec{p}}{dt} \approx \frac{\Delta\vec{p}}{\Delta t} = \frac{2\,m \cdot \vec{v}}{\Delta t}$$ Gleichung 4.6

Zählt man zum Zeitpunkt des Aufpralls alle Kraftstöße zusammen und teilt sie durch die Oberfläche des Luftballons, erhält man den Gasdruck p. Dieser Vorstellung bedient sich die **kinetische Gastheorie**. Erhöht man den Gasdruck bei konstanter Temperatur, indem von außen mit einer Kraft auf das System eingewirkt wird, so verringert sich das Volumen des Gummiballs. Am bequemsten untersucht man den Zusammenhang zwischen den Zustandsvariablen Druck und Volumen in einem Stempelkolben. Man bringt den Stempelkolben in einen Thermostat, damit die Temperatur nach der Gleichgewichtseinstellung im System immer konstant bleibt. Zustandsänderungen bei konstanter Temperatur werden als **isotherme Zustandsänderungen** bezeichnet. In Abb. 4.4 ist die Funktion Gasdruck p in Abhängigkeit vom Volumen V bei isothermer Kompression und Expansion graphisch dargestellt.

Man sieht, dass der Zusammenhang zwischen Druck und Temperatur durch eine Hyperbel beschrieben wird. Beide Zustandsgrößen sind also umgekehrt proportional zueinander (Gesetz von *Boyle-Mariotte*), d. h. je kleiner das Volumen V, umso größer ist der Gasdruck p und umgekehrt:

$$p = \frac{\text{const}}{V} \quad \text{oder} \quad V = \frac{\text{const}}{p}$$ Gleichung 4.7

Fasst man die Gesetze von *Boyle-Mariotte* (Gleichung 4.7) und *Gay-Lussac* (Gleichung 4.5) zusammen, erhält man das allgemeine Gasgesetz für ideale Gase (Gleichung 4.8).

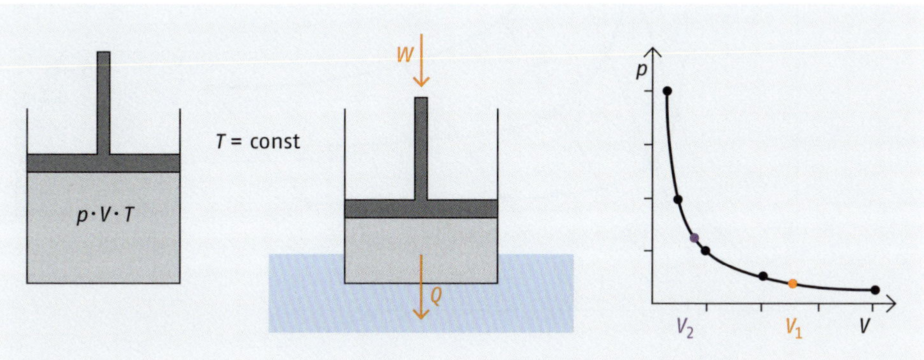

Abb. 4.4 Gasdruck als Funktion des Volumens bei isothermer Zustandsänderung im Stempelkolben-Experiment

4

Es gilt:

$V \sim n$ und $V \sim T$ und $V \sim \frac{1}{p}$

Daraus folgt:

$$p \cdot V = n \cdot \text{const}\, T \quad \text{bzw.} \quad p \cdot V = n \cdot R \cdot T \qquad \text{Gleichung 4.8}$$

Die Konstante R wird als **Allgemeine Gaskonstante** bezeichnet und hat den Wert $R = 8{,}314\,\text{J/(mol·K)}$. Im allgemeinen Gasgesetz sind alle drei Zustandsvariablen Gasdruck p, Volumen V und Temperatur T miteinander verknüpft: Jede Größe kann als **Zustandsfunktion** in Abhängigkeit der anderen Zustandsvariablen ausdrückt werden. So gilt zum Beispiel für den Gasdruck:

$$p = \frac{n}{V} \cdot R \cdot T \qquad \text{Gleichung 4.9}$$

o Abb. 4.5 zeigt den Gasdruck in Abhängigkeit von Volumen und Temperatur graphisch. Es ist die Zustandsfläche eines idealen Gases. Die einzelnen pV-Ebenen werden **Isothermen** genannt. Die VT-Ebenen sind die **Isobaren.** pT-Ebenen beschreiben die Zustandsänderung bei konstantem Volumen (**Isochoren**). In **o** Abb. 4.5 sind die Isochoren als rote Geraden dargestellt.

Die Variablen Gasdruck p, Volumen V und Temperatur T wurden schon mehrfach als **Zustandsfunktionen** bezeichnet. Nun wird es Zeit, diesen Begriff näher zu diskutieren.

Zum Beispiel der Gasdruck: Er ist auf der Zustandsfläche in **o** Abb. 4.5 eindeutig gegeben, wenn die Werte für Volumen, Temperatur und Stoffmenge genau bekannt sind. Es ist unerheblich, auf welchem Wege diese Werte erreicht werden. Wird eine Zustandsände-

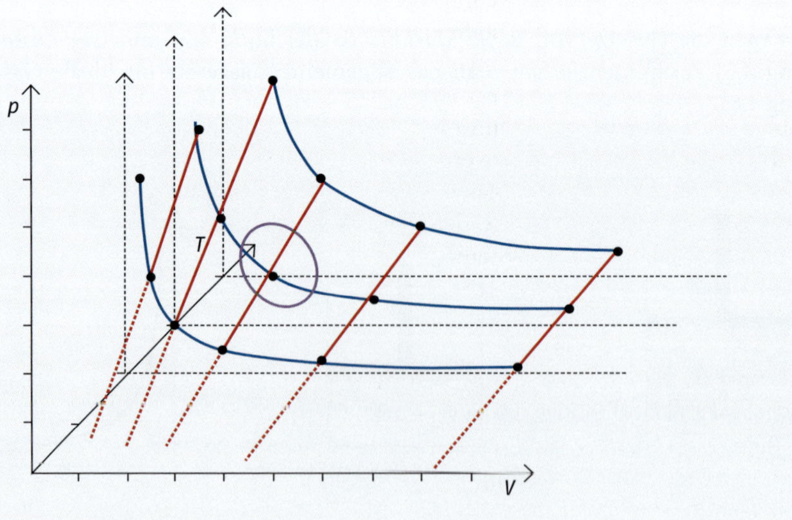

o Abb. 4.5 Zustandsfläche eines idealen Gases: Isothermen (blau), Isochoren (rot); die gestrichelten Linien deuten das Ende der Gültigkeit des idealen Systems an.

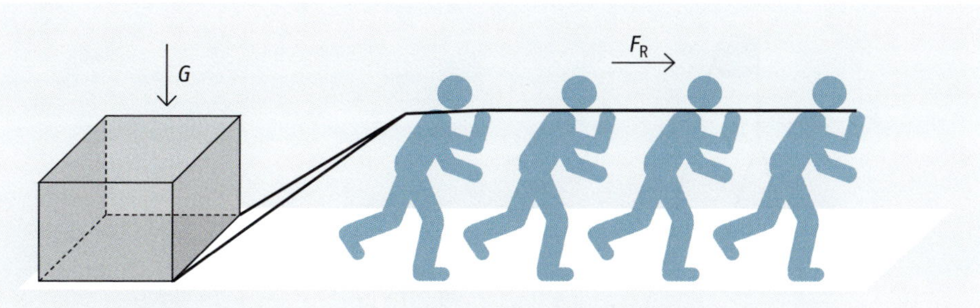

Abb. 4.6 Reibungsarbeit bei der Bewegung eines Steinblocks

rung von einem Anfangszustand V_0; p_0; T_0 zu einem beliebigen Endzustand V; p; T durchgeführt, so kann man den Endzustand unabhängig vom Anfangszustand aus dem idealen Gasgesetz berechnen. Kehrt man zum Anfangszustand V_0; p_0; T_0 zurück, so wird das System keine Änderung erfahren haben. Einen solchen Prozess, der zum Anfangszustand zurückkehrt, bezeichnet man als **Kreisprozess**. Ein Kreisprozess ist in Abb. 4.5 violett eingezeichnet. Eine Größe X, die von den Variablen x_1, x_2 usw. abhängt, ist eine Zustandsfunktion von x_1, x_2, wenn in jedem Kreisprozess $\Delta X = 0$ ist. Diese Aussage ist keineswegs selbstverständlich. Man kann dies am physikalischen Begriff der Arbeit deutlich demonstrieren. Dazu als Beispiel der Bau einer Pyramide im antiken Ägypten (Abb. 4.6). Sie mussten große Steinblöcke auf Schlitten durch die Wüste ziehen. Die Arbeit, die dabei geleistet wurde, berechnet sich aus der Reibungskraft $\vec{F}_R$ und dem Weg $\vec{\Delta s}$ zwischen Steinbruch und Pyramide. Für die Pyramidenbauarbeit ΔW gilt nach Gleichung 3.22 (▸ Kap. 3.2.1):

$$\Delta W = F \cdot \Delta s$$

Wurde der Steinblock jedoch in die falsche Richtung gezogen und man musste ihn zum Ausgangsort zurückbringen, dann wird man die bis dahin geleistete Arbeit nicht wieder zurückgewinnen können. Viel schlimmer noch, die ganze Arbeit muss noch einmal verrichtet werden: In diesem Fall, ist die Arbeit keine Zustandsfunktion!

Es gibt aber Versuchsanordnungen, in denen sich die Arbeit so definieren lässt, dass sie zur Zustandsfunktion wird. Hierzu als Beispiel die Arbeit beim Bau einer Kathedrale (Abb. 4.7) im Mittelalter. Die kunstvoll geschlagenen Steine mussten über 100 m hoch zu den Kirchturmdächern gezogen werden. Man benutzte dazu Seilrollen.

Um den Steinblock mit der Masse m in die Höhe zu ziehen, muss die Gewichtskraft G überwunden werden. Die Arbeit, die man leisten muss, um den Steinblock die Höhe h hinaufzuziehen, beträgt **mindestens**:

$$\Delta W = G \cdot h = m \cdot g \cdot h = E_{pot} \quad \text{Gleichung 4.10}$$

Dabei ist g die Erdbeschleunigung ($\approx 10\,\text{m} \cdot \text{s}^{-2}$). Die wirklich geleistete Arbeit ist meist größer, da die Seilrollen auch Reibungsarbeit fordern. Derjenige Teil der Arbeit, der durch den Term $m \cdot g \cdot h$ ausgedrückt wird, wird als **potenzielle Energie** E_{pot} bezeichnet. Diese Arbeit ist nämlich nicht unbedingt verloren. Erkennt man, dass der falsche Stein hochgezogen wurde, dann kann man den richtigen Stein an dem anderen Ende der Seilrolle befestigen und diesen hochziehen, indem man den falschen Stein vorsichtig heruntergleiten lässt. Man kann auch, wie in Abb. 4.7 gezeigt, einen anderen Stein über Rollen zur

4

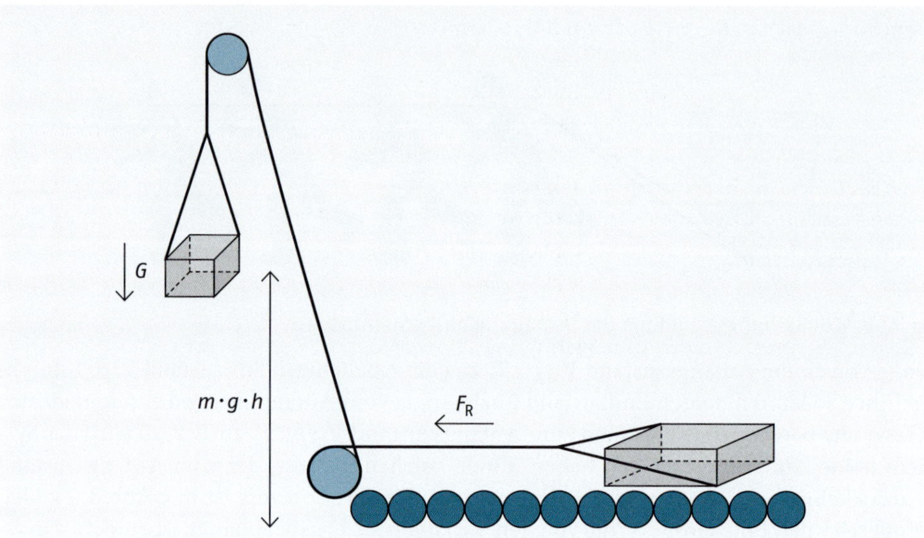

Abb. 4.7 Potenzielle Energie eines angehobenen Steins, der mit einer Rolle verbunden ist, die einen zweiten Stein über Holzrollen eine waagerechte Strecke Δs entlangzieht.

Baustelle hin transportieren. Die potenzielle Energie beschreibt also eine Energiegröße, die als gespeicherte Größe immer wieder abrufbar ist. E_{pot} stellt die Fähigkeit dar, Arbeit zu leisten. Diese Größe hängt nur von der Masse des Steins m und seiner Höhe h über dem Erdboden ab. Die potenzielle Energie ist eine Zustandsfunktion.

Das ideale Gasgesetz (Gleichung 4.8) hat sehr viel mit Energie und Arbeit zu tun. Das wird klar, wenn man sowohl das Produkt von Gasdruck und Volumen $p \cdot V$ als auch das Produkt von Stoffmenge, Gaskonstante und Temperatur $n \cdot R \cdot T$ einer Dimensionsbetrachtung unterzieht:

$$[p \cdot V] = \frac{\text{N}}{\text{m}^2} \cdot \text{m}^3 = \text{N} \cdot \text{m} = \text{mol} \cdot \frac{\text{J}}{\text{mol} \cdot \text{K}} \cdot \text{K} = \text{J} = [n \cdot R \cdot T]$$

Die Produkte von $n \cdot R \cdot T$ und $p \cdot V$ haben die gemeinsame Einheit einer Arbeit, nämlich Joule. Es ist sehr wichtig, dass das Volumen immer in m^3 und nicht in Liter einsetzt wird, damit die Gaskonstante den richtigen Wert erhält. Es gilt: $1\ \text{m}^3$ ist immer wesentlich mehr als 1 Liter. Der Umrechnungsfaktor ist $1\,000 = 10^3$. $1\ \text{m}^3 = 10^3$ Liter und 1 Liter ist $10^{-3}\ \text{m}^3$. Wird mit dem idealen Gasgesetz gerechnet, dann muss der Gasdruck in Pascal (Pa) eingesetzt werden. Dabei gilt: $1\ \text{Pa} = 1\ \text{N} \cdot \text{m}^{-2}$. Häufig werden Gasdrücke in Atmosphären (Atm) angegeben. Eine Atmosphäre ist der Gasdruck, den Luft in der Erdatmosphäre durchschnittlich auf Meereshöhe hat. Es gilt: $1\ \text{Atm} = 101{,}3\ \text{kPa} = 101{,}3 \cdot 10^3\ \text{Pa}$. Temperaturen werden immer in Kelvin eingesetzt.

Wenn aber das Produkt aus Gasdruck und Volumen die Einheit einer Arbeit hat, welche Arbeit steckt denn anschaulich hinter dieser Größe? Wenn Gase sich in ihrer Umgebung ausdehnen, wird Arbeit geleistet. Diese Arbeit wird **Volumenarbeit** genannt. Hat eine bestimmte Stoffmenge Gas das Volumen V, so kann man einen Arbeitsbetrag angeben, den es aufwenden musste, um dieses Volumen V, vom Zustand $V = 0$ ausgehend, gegen den Druck p einzunehmen. Dies ist die Volumenarbeit pV. Dieser Prozess ist weniger hypothetisch, als es zunächst scheint. Fast jedes Gas lässt sich aus festen Edukten bilden. So kann man Wasserstoff zum Beispiel dadurch erzeugen, dass man Natrium in Wasser auflöst. Das Volumen der verbrauchten Feststoffe und Flüssigkeiten ist vernachlässigbar klein gegenüber dem Volumen an erzeugtem Wasserstoffgas. Am Anfang des Prozesses hatte das Wasserstoffgas kein Volumen, da es noch gar nicht existierte. Am Ende des Prozesses hat der Wasserstoff ein Volumen und den gleichen Druck wie die ihn umgebende Luft. Dies ist ein Druck von 1 Atm, wenn das Experiment in einem offenen System durchgeführt wird. Gegen diesen Luftdruck hat sich der Wasserstoff ausdehnen müssen und dabei Arbeit geleistet. Diese Arbeit ist jetzt aber in ihm als Wärme enthalten. Dies ist die Bedeutung des Produkts $n \cdot R \cdot T$. Das ideale Gasgesetz ist eigentlich nichts anderes als eine spezielle Formulierung des Energieerhaltungssatzes. Die Nützlichkeit des idealen Gasgesetzes sollen drei wichtige Rechenaufgaben demonstrieren.

Aufgabe 4.1

Diese kleine Aufgabe soll zeigen, was man beim Arbeiten mit dem Gasgesetz beachten muss. 1 mol Heliumgas wird in einem Stempelkolben eingeschlossen; misst bei einem Luftdruck von 0,98 Atm ein Volumen von 21,9 L. Welche Temperatur hat das Gas?
Zuerst muss das Gasgesetz nach der Temperatur umgestellt werden:

$$T = \frac{p \cdot V}{n \cdot R}$$

Dann müssen alle Angaben in die Standard-SI-Einheiten umgerechnet werden, also Atm in Pa und Liter in m^3:
$p = 0{,}98 \cdot 101{,}3 \cdot 10^3\,\mathrm{N/m^2} = 99\,274\,\mathrm{N/m^2}$
$V = 21{,}9 \cdot 10^{-3}\,\mathrm{m^3} = 0{,}0219\,\mathrm{m^3}$
Anschließend kann man die Temperatur in Kelvin ausrechnen:

$$T = \frac{99\,274 \cdot 0{,}0219}{1 \cdot 8{,}314} \frac{\mathrm{N \cdot m^3 mol \cdot K}}{\mathrm{m^2 \cdot mol \cdot N \cdot m}} = 261{,}5\,\mathrm{K}$$

Um eine anschaulichere Lösung zu erhalten, rechnet man die Temperatur in Grad Celsius um:
$T/°\mathrm{C} = T/\mathrm{K} - 273{,}15 = -11{,}65\,°\mathrm{C}$

Aufgabe 4.1 beschreibt die Arbeitsweise eines Gasthermometers, das sich zur genauen Messung von sehr kleinen und sehr großen Temperaturen eignet.

Aufgabe 4.2

In einem 25-mL-Kolben werden bei Normaldruck und 100 °C 10 mL einer flüchtigen Verbindung verdampft. Nachdem die Gefäßwände trocken sind, wird der Kolben verschlossen. Die Differenz zum Vakuumgewicht des Kolbens beträgt 47,346 mg. Wie groß ist die Molmasse der Verbindung?
Auch diese Aufgabe lässt sich nach einer zu Aufgabe 4.1 ähnlichen Prozedur lösen. Zunächst muss man überlegen, hinter welcher Größe sich die Molmasse verbirgt. Es ist natürlich die Stoffmenge, die im idealen Gasgesetz steht. Man ersetzt dann die Stoffmenge durch das Verhältnis von Masse und Molmasse der Verbindung:

$$n = \frac{m}{M} \quad p \cdot V = \frac{m}{M} \cdot R \cdot T$$

4

Anschließend wird das ideale Gasgesetz nach der Molmasse umgestellt:

$$M = \frac{m}{p \cdot V} \cdot R \cdot T$$

Dannach werden alle Angaben in Standardeinheiten (m, g, s, K) umgerechnet:
$p = 1\,\text{Atm} = 101{,}3 \cdot 10^3\ \text{N/m}^2$
$V = 25\,\text{mL} = 25 \cdot 10^{-3}\,\text{L} = 25 \cdot 10^{-6}\,\text{m}^3$;
$m = 47{,}346\,\text{mg} = 47{,}346 \cdot 10^{-3}\,\text{g}$
$R = 8{,}314\ \text{N} \cdot \text{m/(mol} \cdot \text{K)}$
$T = 100\,°\text{C} = 373{,}15\,\text{K}$
Die Molmasse in g/mol bestimmt sich zu:

$$M = \frac{m}{p \cdot V} \cdot R \cdot T = \frac{47{,}346\,10^{-3} \cdot 8{,}314 \cdot 373{,}15\,\text{g} \cdot \text{N} \cdot \text{m} \cdot \text{K} \cdot \text{m}^2}{101{,}3 \cdot 10^3 \cdot 25 \cdot 10^{-6} \quad \text{mol} \cdot \text{K} \cdot \text{N} \cdot \text{m}^3} = 58\,\frac{\text{g}}{\text{mol}}$$

Es könnte sich dabei um Aceton handeln.

Aufgabe 4.2 zeigt eine alte Methode zur Bestimmung von Molmassen, nämlich die Molmassenbestimmung nach *Dumas*.

Aufgabe 4.3

Diese Aufgabe soll zeigen, was passiert, wenn man im chemischen Laboratorium Lösemittel in fest verschlossenen Kolben oder Flaschen erwärmt, um Substanzen in Lösung zu bringen und Lösemittelverluste zu vermeiden.
20 mL Wasser werden in einem fest verschlossenen 500-mL-Kolben auf 150 °C erhitzt. Welchen Druck muss der Kolben aushalten?
Zunächst wird das ideale Gasgesetz nach dem Druck umgestellt:

$$p = \frac{n \cdot R \cdot T}{V} = \frac{m \cdot R \cdot T}{M \cdot V}$$

Dann werden alle Angaben in Standardeinheiten überführt, wobei die Stoffmenge des Wassers aus dem Volumen unter Berücksichtigung der Dichte des Wassers (1 g/mL) ermittelt wird:
$m = 20\,\text{g}$; $M_{(H_2O)} = 18\,\text{g/mol}$; $R = 8{,}314\,\text{N} \cdot \text{m/(mol} \cdot \text{K)}$; $T = 423{,}15\,\text{K}$; $V = 0{,}5\,\text{L} = 0{,}5 \cdot 10^{-3}\,\text{m}^3$
Nach Einsetzen ergibt sich:

$$p = \frac{m \cdot R \cdot T}{M \cdot V} = \frac{20 \cdot 8{,}314 \cdot 423{,}15\,\text{g} \cdot \text{N} \cdot \text{m} \cdot \text{K} \cdot \text{mol}}{18 \cdot 0{,}5 \cdot 10^{-3} \quad \text{mol} \cdot \text{K} \cdot \text{g} \cdot \text{m}^3} = 7\,817\,931{,}33\ \text{Pa}$$

Ein anschaulicheres Resultat erhält man, wenn der Gasdruck in Atmosphären umgerechnet wird:

$$p\,/\text{Atm} = \frac{7\,817\,931{,}33\ \text{Pa}}{101{,}3 \cdot 10^3\,\text{Pa}} = 77{,}176$$

Der Kolben muss also einen Druck von 77 Atmosphären aushalten. Dies entspricht dem Druck einer halbvollen Stahlgasflasche. Sollte bei dieser Gasflasche das Ventil abreißen, dann ist sie in der Lage, zumindest eine geschlossene Holztüre zu durchschlagen. Ein Glaskolben wird dieses Experiment nicht unbeschadet überstehen.

4.2 Innere Energie und isochore Wärmekapazität

In ▸ Kap. 4.1 wurde bereits der Unterschied zwischen Wärme und Temperatur besprochen. Das Hauptinteresse galt jedoch der Temperatur. Nachfolgend soll die physikalische Größe „Wärme“ ausführlicher diskutiert werden.

Führt man einem Körper Wärme ΔQ zu, so wird seine Temperatur steigen. Beschrieben wird das Verhalten des Systems durch den **0. Hauptsatz der Thermodynamik**. Er ist so selbstverständlich, dass kaum bewusst wird, wie wichtig er ist: Bringt man zwei Körper miteinander in Kontakt, dann tauschen sie so lange Wärme aus, bis sie die gleiche Temperatur haben. Dies bedeutet auch, dass Wärme ΔQ nur von einem Körper hoher Temperatur zu einem Körper geringer Temperatur fließen kann. Erstaunlicherweise kann man diesen Satz nicht beweisen, sondern nur aufgrund der kinetischen Gastheorie plausibilisieren. Stößt ein Teilchen mit hoher Energie auf ein Teilchen mit geringer Energie, dann wird nach dem Stoß das energiearme Teilchen energiereicher und das energiereiche Teilchen energieärmer geworden sein. Der umgekehrte Prozess ist zwar möglich, aber unwahrscheinlich und wird daher seltener stattfinden. Die Hauptsätze der Thermodynamik sind **Axiome**. Man kann sie nicht beweisen, es ist aber noch niemals etwas Anderes beobachtet worden, und aus ihnen kann ein sinnvolles Gedankengebäude erstellt werden.

Führt man einem Körper die Wärme ΔQ zu, dann steigt seine Temperatur. Der Zusammenhang zwischen Wärme und Temperatur ist dabei durch eine physikalische Größe, die **Wärmekapazität C** gegeben:

$$\Delta Q = C \cdot \Delta T$$ Gleichung 4.11

Die zugeführte Wärmemenge ΔQ ist gleich dem Produkt aus der Wärmekapazität C und der Temperaturänderung ΔT. Jeder Körper, der erwärmt werden kann, hat eine Wärmekapazität C. Besteht der Körper aus einem reinen Stoff, dann ist die Wärmekapazität des Stoffs eine Materialkonstante. Man erhält die Wärmekapazität C_i des Stoffs i. Diese hängt aber von der Stoffmenge des Stoffs ab.

Wie groß muss beispielsweise die Wärmemenge sein, die man benötigt, um Wasser um 1 K zu erwärmen? ΔQ ist abhängig von der zu erwärmenden Wassermenge; für eine große Stoffmenge Wasser benötigt man mehr als für eine kleine. Eine Materialkonstante, also die Wärmekapazität, die charakteristisch für Wasser ist, erhält man erst, wenn man durch die Stoffmenge dividiert. Bezieht man die Wärmekapazität auf die Masse, dann erhält man die **spezifische Wärmekapazität:**

$$\Delta Q = m \cdot C_m^i \cdot \Delta T \quad \text{mit} \quad C_m^i = \frac{C}{m}$$ Gleichung 4.12
(spezifische Wärmekapazität)

Auf die Molmenge bezogen, erhält man die **molare Wärmekapazität:**

$$\Delta Q = n \cdot C_n^i \cdot \Delta T \quad \text{mit} \quad C_n^i = \frac{C}{n}$$ Gleichung 4.13
(molare Wärmekapazität)

Die Wärme ΔQ ist, wie die Arbeit ΔW, keine Zustandsfunktion (siehe Beispiel Pyramidenbau der alten Ägypter, ▸ Kap. 4.1). Bewegen die alten Ägypter einen Steinblock vom Steinbruch zur Pyramide, dann leisten sie Arbeit. Diese Arbeit kann nicht gespeichert

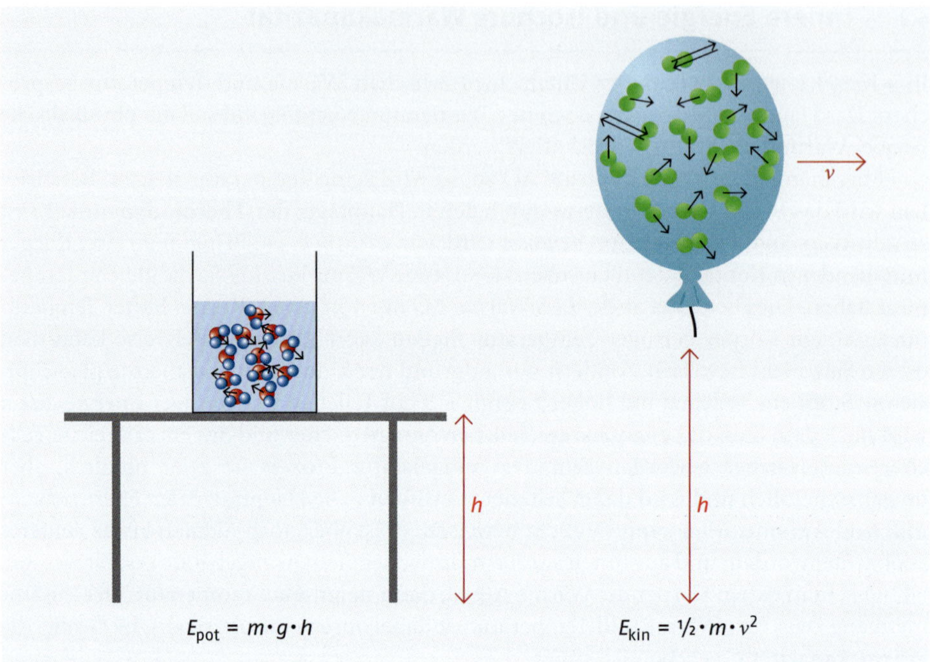

Abb. 4.8 Energieformen von Systemen, die von äußeren und von inneren Koordinaten abhängen.

werden, sondern wird als Wärme in die Umgebung abgegeben. Diese Wärme kehrt auch nicht in den Steinblock zurück, wenn man ihn, aus welchem Grund auch immer, wieder zum Steinbruch zurückschleifen muss.

Es gibt aber eine Form von Wärme, die die Eigenschaften einer Zustandsfunktion hat. Ein Glas Wasser oder ein mit Stickstoff gefüllter Luftballon (Abb. 4.8) weisen eine große Zahl von Energieformen auf. Das Wasserglas kann auf einem Tisch in der Höhe h über dem Erdboden stehen. Es besitzt damit potenzielle Energie: $E_{pot} = m \cdot g \cdot h$. Der Luftballon kann vom Wind weggeblasen werden. Er hat dann die Höhe h über dem Erdboden und die Geschwindigkeit v. Der Ballon besitzt potenzielle Energie und kinetische Energie: $E_{kin} = ½ \cdot m \cdot v^2$. Diese beiden Energieformen sind von **äußeren Koordinaten** abhängig und interessieren hier nicht weiter. Die Wassermoleküle im Wasserglas bewegen sich wie die Stickstoffmoleküle im Luftballon ungeordnet. Diese ungeordnete Bewegung verleiht den Molekülen kinetische Translationsenergie. Die Atome können entlang ihrer Bindungen Schwingungen ausführen. Die Gasteilchen können auch Rotationsbewegungen ausführen. Auch in diesen Bewegungen steckt kinetische Energie. Diese Energieformen, die nicht von äußeren Koordinaten abhängen, die also unabhängig davon existieren, wo sich der Körper befindet und ob er sich bewegt, wird **Innere Energie U** genannt. Die Innere Energie U ist eine Energieform/Wärme, die dem System immer wieder entnommen werden kann: Zum Beispiel, wenn das System in Kontakt mit einem kälteren Körper kommt. Damit ist die Innere Energie als Zustandsfunktion definiert. Die Innere Energie U ist eine **kalorische Zustandsfunktion**.

Mit der Inneren Energie als Zustandsfunktion und dem allgemeinen Energieerhaltungssatz können die physikalischen Größen Wärme und Arbeit miteinander verknüpft werden. Eine spezielle Formulierung des Energiesatzes ist der **1. Hauptsatz der Thermodynamik**. Er besagt, dass jede Arbeit, die an einem System verrichtet und jede Wärme, die ihm zuführt oder entnommen wird, die Innere Energie des Systems ändert:

$$\mathrm{d}U = \mathrm{d}W + \mathrm{d}Q \qquad \text{Gleichung 4.14}$$

Der 1. Hauptsatz der Thermodynamik beschreibt die Innere Energie mithilfe eines Differenzialausdrucks. In Thermodynamik-Lehrbüchern werden die kalorischen Zustandsfunktionen oft in differenziellen Ausdrücken dargestellt. Der Grund: In üblichen Systemen, wie z. B. dem Wasserglas, ist die Absolut-Beschreibung der Inneren Energie als Funktion von Druck, Temperatur, Volumen und Stoffmenge eine aufwendige und kaum zu bewältigende Aufgabe. Mit den Änderungen der Größen (Differenzen) ist viel leichter zu rechnen. Das Thema wird dabei aber oft unanschaulich. Diese Funktionen sollen, wenn möglich, als absolute Größen behandelt werden. Ein System, bei dem dies noch relativ leicht geht, ist das ideale Gas.

Ein Beispiel: n mol Heliumgas sind in einer Stahlkugel des Volumens V eingeschlossen und haben den Gasdruck p und die Temperatur T. Das Volumen der Stahlkugel soll konstant gehalten werden; damit wird am System keine Volumenarbeit geleistet. Aus ○ Gleichung 4.14 folgt mit $\mathrm{d}W = 0$:

$\mathrm{d}U = \mathrm{d}Q$ (isochore Zustandsänderung)

Die Innere Energie des Heliumgases besteht jetzt nur aus der Translationsbewegung der Heliumatome. Diese kann in drei Raumrichtungen (x, y, z) erfolgen. Die absolute Innere Energie kann wie folgt beschrieben werden:

$$U = \frac{3}{2} n \cdot R \cdot T \qquad \text{Gleichung 4.15}$$

Bei isochorer Zustandsänderung ist die Innere Energie nur eine Funktion der Temperatur T und der Stoffmenge n. Nach dem Ableiten der Inneren Energie nach der Temperatur, gilt:

$$\frac{\mathrm{d}U}{\mathrm{d}T} = \frac{\mathrm{d}Q}{\mathrm{d}T} = C_V = \frac{3}{2} n \cdot R \quad \text{oder} \quad C_{V;n}^{\mathrm{He}} = \frac{1}{n} \cdot C_V = \frac{3}{2} R \qquad \text{Gleichung 4.16}$$

Die erste Ableitung der Inneren Energie nach der Temperatur beschreibt also die Wärmekapazität des Heliumgases. Die Wärmekapazität erhält das Symbol C_V, um anzudeuten, dass sich die Wärmekapazität auf einen isochoren Prozess bezieht. Warum das wichtig ist, soll später erläutert werden. ○ Gleichung 4.16 gibt also die molare isochore Wärmekapazität für Heliumgas an. Diese ist konstant und völlig unabhängig von anderen Zustandsvariablen, insbesondere unabhängig von der Temperatur. Das gleiche gilt für alle Edelgase und damit wird deutlich, dass die molare Wärmekapazität zwar eine spezifische Materialkonstante ist, sich zur Identifizierung einer Substanz aber nur schlecht eignet. Edelgase haben alle die gleiche molare Wärmekapazität, weil sie kinetische Energie nur in den Translationsbewegungen speichern können. Die Translationsbewegung in eine Raumrichtung (x, y, oder z) steht für einen **Freiheitsgrad** f der Bewegung. Dabei versteht man unter einem Freiheitsgrad jede Form, in der ein Molekül Energie aufnehmen kann. Edelgasteilchen sind kugelförmige Atome und haben als sol-

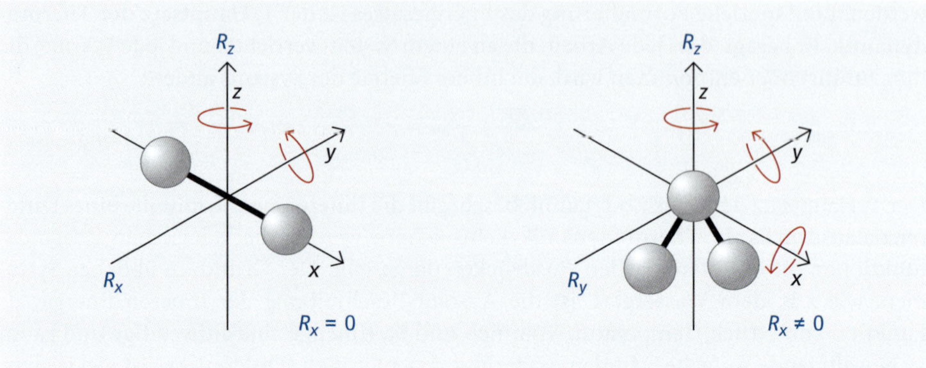

Abb. 4.9 Rotationsfreiheitsgrade bei einem linearen und einem gewinkelten Molekül: Beim linearen Molekül kann R_x nicht angeregt werden, da das Trägheitsmoment in der Rotationsachse fast unendlich klein ist.

che eben die drei Translationsfreiheitsgrade t_x, t_y und t_z. Für die Innere Energie für alle idealen Gase gilt:

$$U = \frac{f}{2} n \cdot R \cdot T$$ Gleichung 4.17

Nun sollen n Mol Wasserstoffgas betrachtet werden. Jedes Wasserstoffatom hat die Möglichkeit sich in drei Raumrichtungen zu bewegen. Es ist also $f = 6$. Die Wasserstoffmoleküle können nur als Ganzes Translationsbewegungen in drei Raumrichtungen ausführen. Es gibt daher drei Translationsfreiheitsgrade. Weitere Freiheitsgrade der Bewegung sind die Rotation und die Vibration (Schwingung). Lineare Moleküle haben zwei Rotationsfreiheitsgrade um die Hauptträgheitsachsen des Moleküls, nichtlineare Moleküle haben stets drei Rotationsfreiheitsgrade (Abb. 4.9). Die restlichen Freiheitsgrade sind dann Schwingungsfreiheitsgrade.

Das Wasserstoffmolekül kann also drei Translationen und zwei Rotationen ausführen. Es verbleibt ein Schwingungsfreiheitsgrad. In jeder Schwingung steckt aber genauso viel kinetische wie potenzielle Energie. Daher sind Schwingungsfreiheitsgrade immer doppelt zu zählen: In diesem Fall insgesamt sieben Freiheitsgrade der Bewegung. Für das Wasserstoffmolekül sollte also gelten:

$$U = \frac{7}{2} n \cdot R \cdot T \quad \text{und} \quad C_{V;n}^{H_2} = \frac{dU}{n \cdot dT} = \frac{7}{2} R$$

Dies ist aber nur ein Grenzwert für hohe Temperatur. Nicht jeder Freiheitsgrad hat nämlich in gleichem Ausmaß die Fähigkeit, Wärmeenergie aufzunehmen, d. h., nicht jeder Freiheitsgrad ist gleich leicht anzuregen. Kaum ist das Wasserstoffgas verdampft, wird sich seine ganze Wärmeenergie auf die drei Translationen verteilen. Man muss die Temperatur nur geringfügig erhöhen und die Rotationsbewegungen übernehmen Energie im gleichen Ausmaß. Aus rein statistischem Grund wird in jedem Freiheitsgrad gleich viel Energie gespeichert werden. Die Bindung zwischen den Wasserstoffatomen hat aber eine gewisse Festigkeit und damit eine Federkraftkonstante. Teilchenzusammenstöße werden die Atome nur in Schwingung versetzen können, wenn sie mit einer bestimmten Heftig-

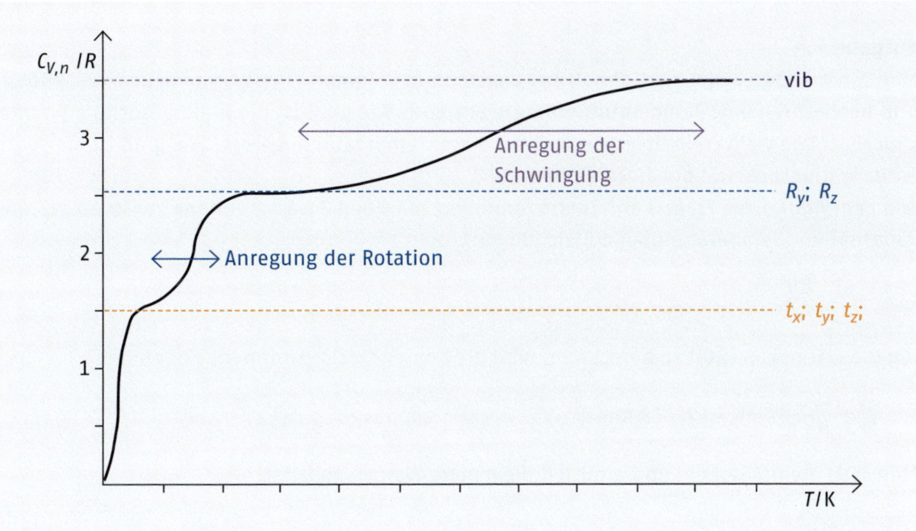

○ Abb. 4.10 Temperaturabhängigkeit der isochoren molaren Wärmekapazität von Wasserstoffgas

keit erfolgen. Die Anregung der Schwingung erfolgt daher über einen großen Temperaturbereich. Bei vielen Molekülen wird der Grenzwert von $(f_{max}/2) \cdot R$ für die isochore molare Wärmekapazität niemals erreicht, weil die Moleküle vorher zerstört werden. Die Größe f in ○ Gleichung 4.17 wird eine oft recht komplizierte Funktion der Temperatur. ○ Abb. 4.10 zeigt schematisch die Temperaturabhängigkeit der Wärmekapazität bei Wasserstoffgas.

Betrachtet man jetzt ein Molekül komplizierterer Zusammensetzung, z. B. Methan, CH_4. Methan (Erdgas) hat einen sehr tiefen Siedepunkt. Mit fünf Atomen besitzt es maximal $3 \cdot 5 = 15$ Bewegungsfreiheitsgrade, davon drei Translationen und drei Rotationen. Es liegen also $15 - 6 = 9$ Schwingungsfreiheitsgrade vor. Diese können potenzielle und kinetische Energie speichern. Die Gesamtzahl der Freiheitsgrade beträgt: $f_{max} = 2 \cdot 9 + 6 = 24$. Die maximale Wärmekapazität von Methan beträgt daher:

$$C_{V;n}^{(CH_4)} = \frac{dU}{n \cdot dT} = \frac{24}{2} R = 12\,R$$

Nach dem Siedepunkt wird die Wärmekapazität durch Anregung der Translationen und Rotationen auf $3\,R$ ansteigen. Danach werden aber 9 Schwingungsfreiheitsgrade in völlig unterschiedlichen Temperaturintervallen, sich teilweise überlagernd angeregt. An eine Konstruktion der Funktion aus theoretischen Überlegungen heraus ist kaum noch zu denken. In der Praxis werden Messdaten durch eine Potenzreihenentwicklung beschrieben.

4

Aufgabe 4.4

Man führt 100 g CO_2 (M = 44 g/mol) bei konstantem Volumen eine Wärmemenge von 750 J zu und beobachten eine Temperaturerhöhung um 10 K. Wie groß ist die molare isochore Wärmekapazität? Wie viele Freiheitsgrade sind bei dieser Temperatur angeregt? Wie groß ist die spezifische Wärmekapazität bei dieser Temperatur?

Wie geht man diese Fragen an? Zuerst formuliert man den Zusammenhang zwischen Wärmekapazität und Temperatur über Gleichung 4.16:

$$C_{V;n}^{(CO_2)} = \frac{1}{n} \cdot \frac{\Delta U}{\Delta T}$$

Um die Wärmekapazität zu berechnen, wird die Kohlendioxid-Stoffmenge benötigt:

$$n = \frac{m}{M} = \frac{100\text{ g}}{44\text{ g}}\text{mol} = 2{,}273\text{ mol}$$

Man setzt die Größen ein und ermittelt die molare Wärmekapazität:

$$C_{V;n}^{(CO_2)} = \frac{1}{n} \cdot \frac{\Delta U}{\Delta T} = \frac{750}{2{,}273 \cdot 10} \frac{\text{J}}{\text{mol} \cdot \text{K}} = 33 \frac{\text{J}}{\text{mol} \cdot \text{K}}$$

Auf jeden angeregten Freiheitsgrad entfällt ein Beitrag von $R/2$ für die Wärmekapazität. Für die Zahl der angeregten Freiheitsgrade gilt daher:

$$f = \frac{2\, C_{V;n}^{(CO_2)}}{R} = \frac{2 \cdot 33}{8{,}314} \frac{\text{J} \cdot \text{mol} \cdot \text{K}}{\text{mol} \cdot \text{K} \cdot \text{J}} = 7{,}94 \approx 8$$

Bei der gegebenen Temperatur sind also ungefähr acht Freiheitsgrade angeregt. Da CO_2 als lineares Molekül maximal 13 Freiheitsgrade hat, ergibt sich kein Widerspruch.

Um die spezifische Wärmekapazität aus der molaren Wärmekapazität zu berechnen, berechnet man zuerst die Gesamtwärmekapazität von 100 g CO_2-Gas:

$$C_V = n \cdot C_{V;n}^{(CO_2)} = 2{,}273 \cdot 33 \frac{\text{mol} \cdot \text{J}}{\text{mol} \cdot \text{K}} = 75 \frac{\text{J}}{\text{K}}$$

Dann teilt man die Gesamtwärmekapazität durch die Masse des Gases:

$$C_{V;m}^{(CO_2)} = \frac{C_V}{m} = \frac{75}{100} \frac{\text{J}}{\text{g} \cdot \text{K}} = 0{,}75 \frac{\text{J}}{\text{g} \cdot \text{K}}$$

Es sind aber nicht nur ideale Gase die über Innere Energie und Wärmekapazität verfügen. Das genaue Gegenteil eines idealen Gases ist der ideale Kristall (Abb. 4.11). Auch hier liegt ein relativ einfaches System vor. Kugelförmige Atome besetzen genau definierten Gitterplätze. Diese Vorstellung beschreibt in guter Näherung viele Metalle.

Die Atome im Kristall können auf ihren Gitterplätzen nur Schwingungsbewegungen in alle drei Raumrichtungen ausführen. Es existieren die Schwingungsfreiheitsgrade v_x, v_y und v_z. Diese können aber sowohl potenzielle Energie als auch kinetische Energie besitzen. Die Zahl der maximal angeregten Freiheitsgrade ist daher $f_{max} = 6$. Für die Innere Energie U und die Wärmekapazität C gilt:

$$U = 3n \cdot R \cdot T \quad \text{und} \quad C_{V;n}^{\text{Kristall}} = \frac{dU}{n \cdot dT} = 3R \qquad \text{Gleichung 4.18}$$

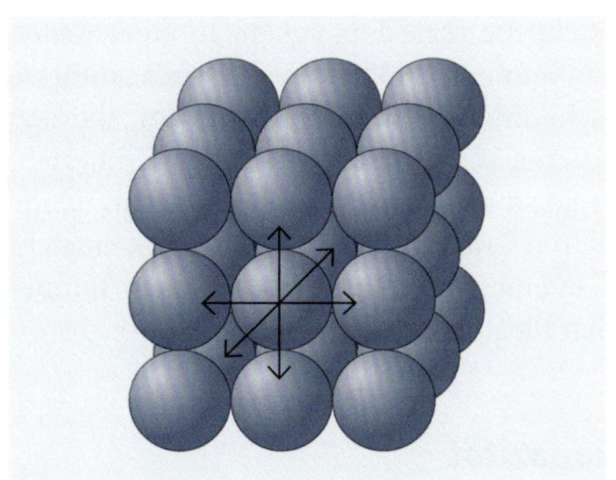

Abb. 4.11 Beispiel für einen idealen Kristall

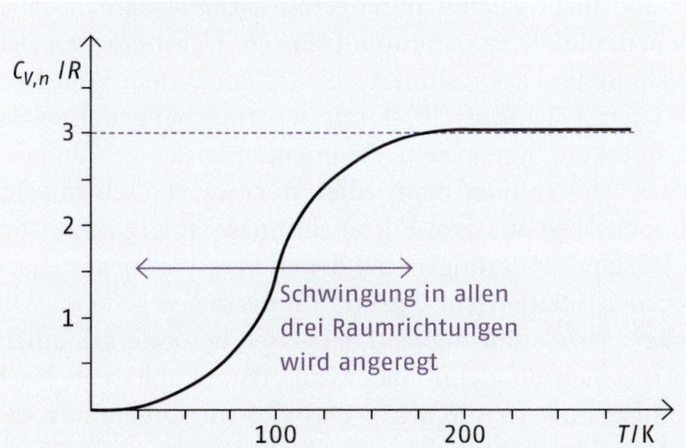

Abb. 4.12 Wärmekapazität von Blei in Abhängigkeit von der Temperatur als Beispiel für das Verhalten eines idealen Kristalls

Die Wärmekapazität idealer Kristalle sollte konstant bei $3R$ liegen. Dies ist die Regel von *Dulong-Petit*. Sie gilt aber nur als Grenzwert für hohe Temperaturen, weil die Schwingungen in allen drei Richtungen erst angeregt werden müssen. In idealen Kristallen geschieht dies aber synchron, d. h. in allen drei Richtungen gleich einfach oder schwer. Eine nahezu ideale Kurve beobachtet man bei Blei. Abb. 4.12 zeigt den Verlauf der Wärmekapazität von Blei in Abhängigkeit von der Temperatur. Die meisten Feststoffe schmelzen allerdings, bevor die Wärmekapazität den Grenzwert von $3R$ erreicht. Die nachfolgende Rechenaufgabe soll das Gelernte vertiefen.

Aufgabe 4.5

1 kg Blei (M = 207,2 g/mol) wird von 0 °C auf 100 °C erhitzt. Wie groß sind die Änderung der Inneren Energie und die spezifische Wärmekapazität von Pb?

Die molare Wärmekapazität von Blei hat bei 0 °C (= 273,15 K) den Dulong-Petitschen Grenzwert von $3R$ schon erreicht. Daher gilt für die Änderung der Inneren Energie:

$$\Delta U = n \cdot 3 \cdot R \cdot \Delta T = \frac{m}{M} \cdot 3 \cdot R \cdot \Delta T = \frac{1000}{207{,}2} \cdot 3 \cdot 8{,}314 \cdot 100 \, \frac{\text{g} \cdot \text{J} \cdot \text{mol} \cdot \text{K}}{\text{mol} \cdot \text{Kg}} = 12\,037{,}6 \text{ J}$$

Die spezifische Wärmekapazität von Blei ist dann:

$$C_{V;m}^{(\text{Pb})} = \frac{\Delta U}{m \cdot \Delta T} = \frac{1\,2037{,}6}{1000 \cdot 100} = 0{,}12 \, \frac{\text{J}}{\text{g} \cdot \text{K}}$$

Zwischen idealem Gas und idealem Kristall steht die reale Flüssigkeit. In einer realen Flüssigkeit können die Teilchen Translationsbewegungen und Schwingungen ausführen. Rotationsbewegungen werden durch die zwischenmolekularen Kräfte gestört, die den Flüssigkeitsverband zusammenhalten. Neben diesen klassischen Freiheitsgraden besteht in der Flüssigkeit noch eine Möglichkeit, Energie zu speichern. Durch die zunehmende Wärmebewegung werden die zwischenmolekularen Kräfte geschwächt. Dadurch entsteht aber eine Art potenzieller Energie, ähnlich wie in einer gespannten Feder. Deren Temperaturverlauf ist nicht mehr nach einem einfachen Idealmodell zu behandeln.

4.3 Enthalpie und isobare Wärmekapazität

Prozesse werden sicherer isobar und nicht isochor durchgeführt. Dann können dabei keine gefährlichen Drücke entstehen, die die Apparaturen belasten. Dafür ergeben sich Änderungen im Volumen. Wird ein System komprimiert, so wird am System Volumenarbeit geleistet. Unterbindet man jeden Wärmeaustausch mit der Umgebung, dann wird sich das System erwärmen. Vergrößert ein System sein Volumen, so leistet es Volumenarbeit gegen den Umgebungsdruck. Unterbindet man jeden Wärmeaustausch mit der Umgebung, dann wird diese Volumenarbeit aus dem Vorrat an innerer Energie geleistet. Das System wird sich abkühlen. Zustandsänderungen, bei denen kein Wärmeaustausch mit der Umgebung stattfindet, werden **adiabatische Zustandsänderungen** genannt. Die Temperatureffekte bei adiabatischer Prozessführung sind bei Gasen besonders deutlich. Komprimiert man ein Gas, so heizt es sich auf, dehnt man es aus, dann kühlt es ab. Nach diesem Prinzip arbeitet jeder Kühlschrank (o Abb. 4.13): Das Gas im Außenraum des Kühlschranks wird komprimiert. Dabei erwärmt es sich und gibt die Wärmemenge ΔQ an die Umgebung ab bis es die Umgebungstemperatur angenommen hat. Das Gas kondensiert und strömt in das Innere des Kühlschranks und dehnt sich aus. Dabei kühlt es sich ab und nimmt dann die Wärmemenge ΔQ aus dem Innenraum auf und strömt nach außen. So wird stets Wärme vom Innenraum in den Außenraum transportiert.

Erwärmt man ein Gas isobar, dann steigt die Temperatur und das Volumen vergrößert sich. Dabei wird aber ein Teil der Energie, die dem Gas zugeführt wurde, als Volumenarbeit verbraucht und steht nach der Erwärmung nicht mehr zur Verfügung. Um diesen Effekt rechnerisch zu erfassen, wird eine neue kalorische Zustandsfunktion definiert: die **Enthalpie *H***, eine korrigierte Wärme, in der die Volumenarbeit eingerechnet ist. Die Definition der Enthalpie lautet:

$$H = U + p \cdot V \qquad \text{Gleichung 4.19}$$

Nach Differenzierung der Funktion, erhält man nach der Produktregel der Differenzialrechnung:

$$\mathrm{d}H = \mathrm{d}U + p \cdot \mathrm{d}V + V \cdot \mathrm{d}p \qquad \text{Gleichung 4.20}$$

Für die Enthalpie gilt bei isobaren Prozessen ($\mathrm{d}p = 0$) o Gleichung 4.21:

$$\mathrm{d}H = \mathrm{d}U + p \cdot \mathrm{d}V \qquad \text{Gleichung 4.21}$$

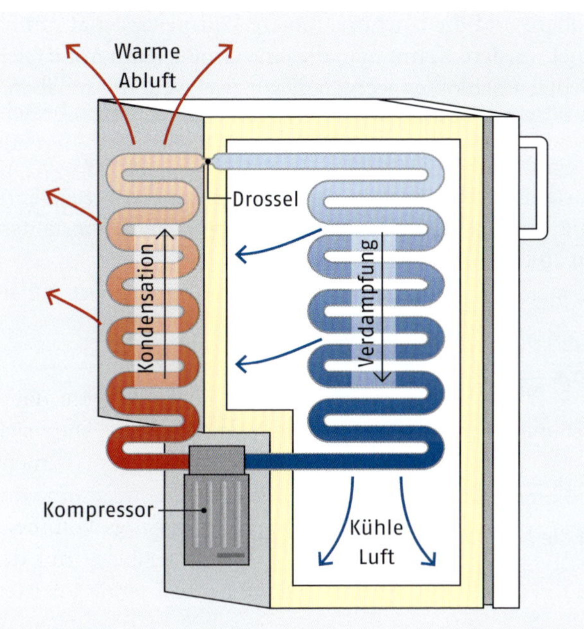

Abb. 4.13 Kühlschrank: Aufbau und Funktion

Die Änderung der Enthalpie ist dann also die Änderung der Inneren Energie zuzüglich der geleisteten Volumenarbeit $\mathrm{d}W = p \cdot \mathrm{d}V$. Nach Differenzierung der Funktion nach der Temperatur, erhält man:

$$\frac{\mathrm{d}H}{\mathrm{d}T} = \frac{\mathrm{d}U}{\mathrm{d}T} + p \cdot \frac{\mathrm{d}V}{\mathrm{d}T} = C_V + p \cdot \alpha = C_p \qquad \text{Gleichung 4.22}$$

Bei α handelt es sich um den thermischen Ausdehnungskoeffizienten. Die erste Ableitung der Enthalpie nach der Temperatur liefert also die Wärmekapazität bei konstantem Druck, die isobare Wärmekapazität C_p. Gleichung 4.22 zeigt, dass die isobare Wärmekapazität immer größer als die isochore Wärmekapazität C_V ist.

Gleichung 4.22 gilt allgemein für jedes System. Für ein ideales Gas kann die ideale Gasgleichung in die Definitionsgleichung der Enthalpie (Gleichung 4.19) einsetzt werden:

$$H = U + n \cdot R \cdot T \qquad \text{Gleichung 4.23}$$

Abgeleitet nach der Temperatur ergibt sich:

$$\frac{\mathrm{d}H}{\mathrm{d}T} = \frac{\mathrm{d}U}{\mathrm{d}T} + n \cdot R = C_V + n \cdot R = C_p \qquad \text{Gleichung 4.24}$$

Für die molare Wärmekapazität erhält man:

$$C_{p;n} = \frac{1}{n} \cdot C_p = \frac{1}{n} \cdot \frac{\mathrm{d}U}{\mathrm{d}T} + R = C_{V;n} + R \qquad \text{Gleichung 4.25}$$

Beim idealen Gas können die isobare und die isochore, molare Wärmekapazität immer sehr leicht ineinander umgerechnet werden. Kennt man die eine Größe, kann mit Gleichung 4.25 stets auf die andere Größe geschlossen werden. Dazu zwei weitere Aufgaben:

Aufgabe 4.6

10 mol Stickstoffgas werden bei konstantem Volumen eine Wärmemenge von 2 080 J zugeführt. Die Temperaturerhöhung beträgt 10 K. Wie viel Wärme muss man zuführen, um bei konstantem Druck eine Temperaturerhöhung um 20 K zu erzielen?

Zuerst berechnet man die isochore molare Wärmekapazität des Stickstoffkörpers nach Gleichung 4.16:

$$C_{V;\,n} = \frac{\Delta U}{n \cdot \Delta T} = \frac{2\,080}{10 \cdot 10} \frac{\mathrm{J}}{\mathrm{mol \cdot K}} = 20{,}8 \frac{\mathrm{J}}{\mathrm{mol \cdot K}}$$

Danach berechnet man nach Gleichung 4.25 die molare, isobare Wärmekapazität:

$$C_{p;\,n} = C_{V;\,n} + R = 20{,}8 \frac{\mathrm{J}}{\mathrm{mol \cdot K}} + 8{,}314 \frac{\mathrm{J}}{\mathrm{mol \cdot K}} = 29{,}11 \frac{\mathrm{J}}{\mathrm{mol \cdot K}}$$

Mit Gleichung 4.25 kann man auf die Änderung der Enthalpie schließen:

$$\Delta Q = \Delta H = n \cdot C_{p;\,n} \cdot \Delta T = 10 \cdot 29{,}11 \cdot 20\ \mathrm{mol} \cdot \frac{\mathrm{J}}{\mathrm{mol \cdot K}} \cdot \mathrm{K} = 5\,822{,}8\ \mathrm{J}$$

Das nächste Beispiel beschäftigt sich mit der isothermen Kompression (▸ Kap. 4.1).

Aufgabe 4.7

Ein Stempelkolben, wie in Abb. 4.4 dargestellt, ist mit 20 g Sauerstoffgas gefüllt, wird in ein Eisbad mit 0 °C gestellt und das Gas von 10 L auf 5 L komprimiert. Wie viel Arbeit ist dazu nötig und wie viel Wärme wird in das Eisbad abgegeben? Abb. 4.14 veranschaulicht das Problem graphisch.

Der Anfangszustand des Gases kann mit p_1, V_1, T, n beschrieben werden. Das Anfangsvolumen V_1 beträgt $10\ \mathrm{L} = 10 \cdot 10^{-3} \cdot \mathrm{m}^3$, die Temperatur $0\ °\mathrm{C} = 273{,}15\ \mathrm{K}$ und die Stoffmenge n ändert sich im ganzen Experiment nicht. Sie lässt sich nach $n = m/M$ mit $M_{(O_2)} = 32\ \mathrm{g/mol}$ leicht zu $n = 20\ \mathrm{g}/32\ (\mathrm{g/mol}) = 0{,}625\ \mathrm{mol}$ berechnen. Für den Anfangsdruck gilt nach Gleichung 4.9 (▸ Kap. 4.1):

$$p_1 = \frac{n \cdot R \cdot T}{V_1} = \frac{0{,}625 \cdot 8{,}314 \cdot 273{,}15}{10\,(10^{-3})} \frac{\mathrm{mol \cdot N \cdot m \cdot K}}{\mathrm{mol \cdot K \cdot m^3}} = 141\,935{,}57 \frac{\mathrm{N}}{\mathrm{m^2}} = 1{,}4\ \mathrm{Atm}$$

Eine isotherme Kompression lässt sich auf verschiedene Arten ausführen. Zum Beispiel den Druck auf den Stempel auf p_2, in dem ein zusätzliches Gewicht aufgelegt wird. Die Kompression findet dann gegen einen konstanten Druck p_2 statt. Die Kompressionsarbeit ist die Volumenarbeit:

$$\Delta W_K = p_2 \cdot \Delta V \qquad \text{Gleichung 4.26}$$

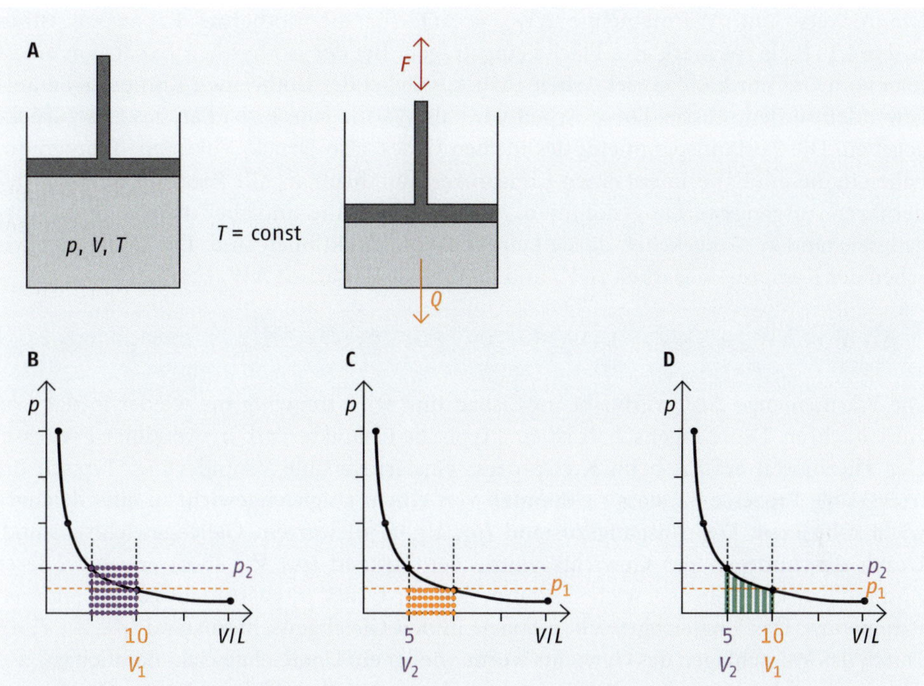

Abb. 4.14 Isotherme Kompression und Expansion eines idealen Gases (A): irreversibel (B, C), reversibel (D)

4

Zuerst muss man den Druck p_2 mittels allgemeinem Gasgesetz (Gleichung 4.9) berechnen:

$$p_2 = \frac{n \cdot R \cdot T}{V_2} = \frac{0{,}625 \cdot 8{,}314 \cdot 273{,}15}{5 \cdot 10^{-3}} \frac{\text{mol} \cdot \text{N} \cdot \text{m} \cdot \text{K}}{\text{mol} \cdot \text{K} \cdot \text{m}^3} = 283\,871 \frac{\text{N}}{\text{m}^2} = 2{,}8 \text{ Atm}$$

Die Kompressionsarbeit ergibt dann nach Gleichung 4.26 den Wert:

$$\Delta W_K = p_2 \cdot (V_2 - V_1) = 283\,871 \cdot (10 - 5) \cdot 10^{-3} \frac{\text{N}}{\text{m}^2} \cdot \text{m}^3 = 1\,419{,}3 \text{ N} \cdot \text{m} = \Delta Q_1$$

Die Wärmemenge ΔQ_1 verlässt das Gas und wird an das Eisbad abgegeben. Abb. 4.14 A zeigt diesen Wärme- und Arbeitsbetrag als violett markierte Fläche im pV-Zustandsdiagramm. Das System kann zum ursprünglichen Zustand p_1, V_1, T, n zurückkehren, wenn man das Gewicht plötzlich vom Stempel entfernt. Der Druck auf das System wird dann spontan von p_2 auf p_1 sinken. Das Gas expandiert gegen den konstanten Druck p_1 und kehrt in sein ursprüngliches Volumen von 10 L zurück. Dabei leistet es Expansionsarbeit:

$$\Delta W_E = \Delta Q_2 \qquad \text{Gleichung 4.27}$$

Analog zu Gleichung 4.26 gilt dann:

$$\Delta W_E = p_1 \cdot (V_2 - V_1) = 141\,935 \cdot (10 - 5) \cdot 10^{-3} \frac{\text{N}}{\text{m}^2} \cdot \text{m}^3 = 709{,}7 \text{ N} \cdot \text{m} = \Delta Q_2$$

Die Arbeits- und Wärmemenge $\Delta W_E = \Delta Q_2$ für die isotherme Expansion ist in ○ Abb. 4.14 B als rot markierte Fläche eingetragen. Bei der isothermen Expansion erhält man vom Gas nur halb so viel Arbeit zurück, wie bei der isothermen Kompression aufgewendet werden musste. Diese Arbeit wird als Wärme vom Eisbad an das Gas zurückgegeben. Die Zustandsparameter des idealen Gases, also Druck, Volumen, Temperatur, haben in diesem Experiment einen Kreisprozess durchlaufen. Alle Parameter haben wieder ihren Ausgangswert angenommen. Arbeit und Wärme sind aber nicht in ihren Ausgangszustand zurückgekehrt, da sie keine Zustandsfunktionen sind. Die Differenz zwischen der Kompressionsarbeit ΔW_K und der Expansionsarbeit ΔW_E beträgt:

$$\Delta\Delta W = \Delta W_K - \Delta W_E = 1\,419{,}3\,\mathrm{J} - 709{,}7\,\mathrm{J} = 709{,}6\,\mathrm{J} = \Delta\Delta Q \qquad \text{Gleichung 4.28}$$

Die Wärmemenge $\Delta\Delta Q$ verbleibt im Eisbad und wird freiwillig nie wieder in das Gas zurückkehren. Diese Eigenschaft ist eine typische Charakteristik **irreversibler Prozesse**. Der Thermostat erfährt beim Kreisprozess eine irreversible Veränderung. Typisch für irreversible Prozesse ist, dass sie spontan von einem Ungleichgewicht in ein Gleichgewicht relaxieren. Der Ausgangszustand (p_1, V_1, T, n) war ein Gleichgewichtszustand. Durch das Auflegen des Gewichts wurde der Zustand (p_2, V_1, T, n) erzeugt. Dieser Zustand war kein Gleichgewichtszustand, den der Druck p_2 passt nicht zu den anderen Parametern. Das Ungleichgewicht relaxiert in den Gleichgewichtszustand (p_2, V_2, T, n). Durch das Wegschlagen des Gewichts wurde wieder ein Ungleichgewicht nämlich (p_1, V_2, T, n) erzeugt. Jetzt passt nämlich V_2 nicht mehr zu den übrigen Parametern. Das System relaxiert in das Ausgangsgleichgewicht. Relaxationen von Ungleichgewichten sind immer irreversible Prozesse, und man erkennt sie daran, dass die Arbeit und die mit der Umgebung ausgetauschten Wärmemengen von Hin- und Rückprozess sich nicht gleichen.

Wie gestaltet man aber die Kompression und Expansion eines Gases **reversibel**? Hierzu muss man die Zustandsänderungen in vielen kleinen Schritten durchführen. Beispielsweise legt man sukzessive sehr viele kleine Gewichte auf den Stempel und erhöht damit den Druck kontinuierlich. Bei jedem Gewicht muss zuerst die Gleichgewichtseinstellung abgewartet werden, bis das nächste Gewicht auflegt werden kann: Man bewegt sich auf der pV-Kurve vom Anfangszustand zum Endzustand über möglichst viele Zwischenzustände, die alle Gleichgewichtszustände sind. Durch sukzessives Entfernen der Gewichte kann man auf demselben Weg zum Ausgangszustand zurückkehren. Die Kompressions- und die Expansionsarbeit sind dann einander gleich. Sie sind als grün markierte Fläche im pV-Diagramm veranschaulicht (○ Abb. 4.14 C). Wie berechnet man aber die reversible Arbeit für Kompression und Expansion? Dazu muss man die Fläche unter der pV-Kurve berechnen. Dies ist ein typisches Integrationsproblem (▸ Kap. 3.5):

Gleichung 4.29

$$\Delta W_{rev} = \int_{V_1}^{V_2} p\mathrm{d}V = n \cdot R \cdot T_1 \int_{V_1}^{V_2} \frac{\mathrm{d}V}{V} = n \cdot R \cdot T_1 \cdot (\ln V_2 - \ln V_1) = n \cdot R \cdot T_1 \cdot \ln \frac{V_2}{V_1}$$

Nach Einsetzen der bekannten Zahlenwerte erhält man:

$$\Delta W_{\text{rev}} = 0{,}625 \cdot 8{,}314 \cdot 273{,}15 \cdot \ln \frac{10\,\text{L}}{5\,\text{L}} \frac{\text{mol} \cdot \text{J} \cdot \text{K}}{\text{mol} \cdot \text{K}} = 983{,}82\,\text{J}$$

Oft ist es am Anfang schwer zu beurteilen, ob ein Prozess als reversibel oder irreversibel anzusehen ist. Vollkommen reversible Prozesse kommen in der Natur nicht vor. Befindet sich ein System in einem Gleichgewichtszustand, dann erfordert jede Zustandsänderung die Erzeugung eines Ungleichgewichts, von dem ausgehend das System in einen neuen Gleichgewichtszustand relaxieren kann. Ein approximativ reversibler Prozess wird aber über viele kleine Störungen und nicht durch eine große Störung verursacht. Reversible Prozesse laufen also immer über eine Abfolge von möglichst vielen, nahe beieinanderliegenden Gleichgewichtszuständen ab.

Wie kann nun die Enthalpie als Absolutfunktion formuliert werden? Mit Gleichung 4.19 ergibt sich für die Enthalpie von n mol Heliumgas:

$$H = U + p \cdot V = \frac{3}{2} n \cdot R \cdot T + n \cdot R \cdot T = \frac{5}{2} n \cdot R \cdot T$$

Nimmt man aber anstelle eines Edelgases ein beliebiges anderes Gas, dann muss Gleichung 4.19 folgendermaßen modifiziert werden:

$$H = U + p \cdot V = \frac{f}{2} n \cdot R \cdot T + n \cdot R \cdot T = \frac{f+2}{2} n \cdot R \cdot T$$

Die Zahl der angeregten Freiheitsgrade f ist eine komplizierte Funktion der Temperatur und kann in der Regel nur durch eine empirisch ermittelte Potenzreihe dargestellt werden. Oft macht man die Reihenentwicklung gleich über die molare, isobare Wärmekapazität und schreibt:

$$H_{(T)} = n \int_{o}^{T} C_{p;n} \mathrm{d}T \qquad \text{Gleichung 4.30}$$

Da diese Funktionen sehr kompliziert sind, werden sie in Thermodynamik-Kursen gerne umgangen.

4.4 Adiabatische Zustandsänderung

Zurück zum Stempelkolben, der dieses Mal in eine wärmeisolierte Thermoskanne gestellt wird. Wie zu Beginn von ▸ Kap. 4.3 definiert, versteht man unter einer adiabatischen Zustandsänderung einen Prozess, der ohne Austausch von Wärme mit der Umgebung abläuft. Adiabatische Zustandsänderungen laufen entweder sorgfältig wärmeisoliert oder sehr schnell ab. Schnell ablaufende Prozesse sind zumindest approximativ adiabatisch, weil thermische Gleichgewichte oft geringe Einstellgeschwindigkeiten haben. Man muss in der Regel lange warten, bis ein System die Umgebungstemperatur erreicht hat. Die Charakteristik eines adiabatischen Prozesses kann aus dem ersten Hauptsatz der Thermodynamik (Gleichung 4.14) abgelesen werden:

$$\mathrm{d}U = \mathrm{d}W + \mathrm{d}Q$$

Bei adiabatischen Prozessen ist die Änderung der Wärme gleich null: $dQ = 0$. Demnach wird Gleichung 4.14 zu:

$$dU = dW \qquad \text{Gleichung 4.31}$$

Jede am System verrichtete Arbeit ändert die Innere Energie. Komprimiert man das Gas adiabatisch, dann wird die verrichtete Volumenarbeit die Temperatur im System ansteigen lassen.

Betrachtet man 28 L Heliumgas bei einer Temperatur von 0 °C und 1 Atm Druck, so liegt die Stoffmenge fest: Bei 0 °C = 273,15 K beträgt das Molvolumen V_n eines idealen Gases 22,4 L. Damit erhält man eine Stoffmenge $n = V/V_n = 28/22{,}4\,\mathrm{L/(L \cdot mol^{-1})} = 1{,}25\,\mathrm{mol}$. Wird an diesem Gas 2 000 J Kompressionsarbeit verrichtet, dann kann die Temperatur des Gases nach der Kompression aus der Wärmekapazität eines Edelgases berechnet werden. Da die geleistete Arbeit die Innere Energie des Gases erhöht, gilt nach Gleichung 4.13 und Gleichung 4.16:

$$\Delta W_K = \Delta U = n \cdot C_{V;n} \cdot \Delta T = n \cdot \frac{3}{2} R \cdot \Delta T$$

und damit:

$$\Delta T = \frac{\Delta W_k}{n \cdot C_{V;n}} = \frac{2\,\Delta W_k}{n \cdot 3R} = \frac{2 \cdot 2\,000}{1{,}25 \cdot 3 \cdot 8{,}314} \frac{\mathrm{J \cdot mol \cdot K}}{\mathrm{mol \cdot J}} = 128{,}30\,\mathrm{K}$$

Die Endtemperatur beträgt also $T_2 = 273{,}15\,\mathrm{K} + 128{,}30\,\mathrm{K} = 401{,}45\,\mathrm{K}$. Weder Volumen noch Druck des Endzustands sind jedoch bekannt. Abb. 4.15 zeigt das *pV*-Diagramm einer adiabatischen Zustandsänderung.

Die blau dargestellten Kurven sind Isothermen bei zwei verschiedenen Temperaturen. Die untere Kurve gilt für eine geringe, die obere Kurve für eine hohe Temperatur. Der Ausgangszustand ist bei Punkt $V_1 p_1$. Beginnt man mit der Kompression, dann kann man sich nicht auf der blauen Isotherme für T_1 bewegen, weil der Prozess adiabatisch durchgeführt wird und die Temperatur ansteigt. Man bewegt sich auf der violetten Kurve von der ursprünglichen Isotherme nach oben und erreicht im Endzustand $V_2 p_2$ die Isotherme für T_2. Adiabaten verlaufen steiler als Isothermen. Nach dem Gesetz von *Boyle-Mariotte* (Gleichung 4.7) gilt für eine Isotherme:

$$p_1 \cdot V_1 = p_2 \cdot V_2$$

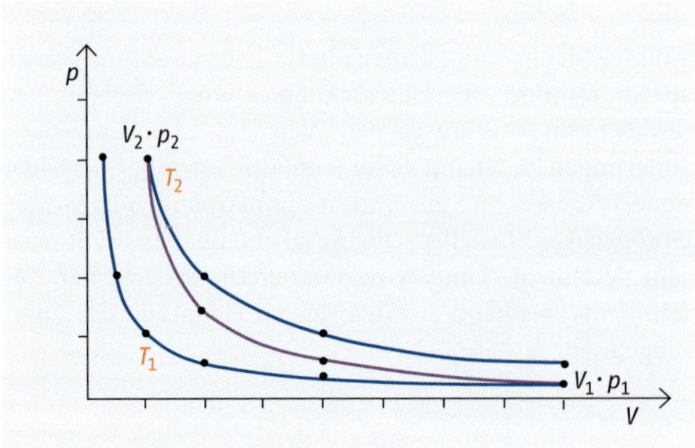

Abb. 4.15 Adiabate (violett) zwischen zwei Isothermen (blau) mit $T_2 > T_1$

Für eine Adiabate gilt bei reversibler Zustandsänderung:

$$p_1 V_1^{C_{p;n}/C_{V;n}} = p_2 V_2^{C_{p;n}/C_{V;n}} \quad \text{oder} \quad \frac{p_1}{p_2} = \left(\frac{V_2}{V_1}\right)^{C_{p;n}/C_{V;n}}$$ Gleichung 4.32

o Gleichung 4.32 wird als **Poisson-Gleichung** bezeichnet. Mit ihr kann man einen der beiden noch fehlenden Parameter ausrechnen. Für das Volumen V_2 gilt nach dem idealen Gasgesetz (**o** Gleichung 4.9):

$$V_2 = \frac{n \cdot R \cdot T_2}{p_2}$$

Setzt man **o** Gleichung 4.9 in **o** Gleichung 4.32 ein, gilt:

$$\frac{p_1}{p_2} = \left(\frac{n \cdot R \cdot T_2}{p_2 \cdot V_1}\right)^{C_{p;n}/C_{V;n}} = (p_2)^{-\frac{C_{p;n}}{C_{V;n}}} \cdot \left(\frac{n \cdot R \cdot T_2}{V_1}\right)^{C_{p;n}/C_{V;n}}$$

Man löst nach p_2 auf:

$$p_2 = \sqrt[1-\frac{C_{p;n}}{C_{V;n}}]{(p_1)\left(\frac{n \cdot R \cdot T_2}{V_1}\right)^{-C_{p;n}/C_{V;n}}}$$

Bei einem idealen Edelgas beträgt $C_{V;n} = (3/2)$ R und $C_{p;n} = (5/2)$ R. Für das Verhältnis von isochorer und isobarer Wärmekapazität gilt:

$$\frac{C_{p;n}}{C_{V;n}} = \frac{5}{3}$$

Und damit:

$$p_2 = (p_1)^{-\frac{3}{2}} \cdot \left(\frac{n \cdot R \cdot T_2}{V_1}\right)^{\frac{5}{2}}$$

$$= \left(101{,}3 \cdot 10^3 \, \frac{\mathrm{N}}{\mathrm{m}^2}\right)^{-\frac{3}{2}} \left(\frac{1{,}25 \cdot 8{,}314 \cdot 401{,}45}{28 \cdot 10^{-3}} \, \frac{\mathrm{mol \cdot N \cdot m \cdot K}}{\mathrm{mol \cdot K \cdot m^3}}\right)^{\frac{5}{2}} = 265\,808{,}88 \left(\frac{\mathrm{N}}{\mathrm{m}^2}\right)^{\frac{2}{2}}$$

Nach dem idealen Gasgesetz beträgt das Endvolumen nach der Kompression:

$$V_2 = \frac{n \cdot R \cdot T_2}{p_2} = \frac{1{,}25 \cdot 8{,}314 \cdot 401{,}45}{265\,808{,}88} \, \frac{\mathrm{mol \cdot N \cdot m \cdot K \cdot m^2}}{\mathrm{mol \cdot K \cdot N}} = 0{,}01570 \ \mathrm{m}^3 = 15{,}7 \ \mathrm{L}$$

4.5 Reaktionsenthalpie

Chemische Reaktionen sind stets mit einem Wärmeumsatz verbunden. Manche Reaktionen laufen unter Abgabe von Wärme ab. Beispiele sind viele Oxidationsreaktionen, wie das Verbrennen von Holz, Gas oder Öl. Andere Reaktionen laufen nur unter steter Zufuhr von Wärme ab. Beispiele sind die Erzeugung von Metallen aus ihren Oxiden.

Nun sollen die kalorischen Zustandsfunktionen zur Beschreibung chemischer Reaktionen angewendet werden. Man mischt zwei Ausgangsstoffe *A* und *B*, die zu den Produkten *C* und *D* reagieren:

$$\mathrm{A + B \longrightarrow C + D}$$

4

Jeder der Reaktionskomponenten besitzt dabei eine Enthalpie. Zu Beginn der Reaktion besteht das Gesamtsystem aus den Komponenten A und B. Die Enthalpie des Systems beträgt dann $H_1 = H_A + H_B$. Läuft die Reaktion quantitativ, d. h. vollständig ab, dann besteht das System am Ende der Reaktion aus den Komponenten C und D. Die Enthalpie ist dann $H_2 = H_C + H_D$. Für die Differenz gilt:

$$\Delta H_R = H_2 - H_1 = H_C + H_D - H_A - H_B \qquad \text{Gleichung 4.33}$$

Der Parameter ΔH_R wird Reaktionsenthalpie genannt. Entsteht bei der chemischen Reaktion Wärme, bezeichnet man diese als **exotherm**. Das Reaktionsgemisch hat am Ende der Reaktion entweder eine höhere Temperatur oder sie hat Wärme an die Umgebung abgegeben. Die Reaktionsenthalpie ΔH_R wird dann negativ gezählt. Verbraucht die Reaktion Wärme, dann wird sie als **endotherm** bezeichnet. Am Ende der Reaktion hat das Produktgemisch dann entweder eine tiefere Temperatur als die Edukte am Anfang oder es wurde Wärme aus der Umgebung aufgenommen. Die Reaktionsenthalpie ΔH_R wird dann positiv gezählt.

Definitionsgemäß werden Wärme- und Arbeitsbeträge, die an die Umgebung abgegeben werden, negativ gerechnet. Wärme- und Arbeitsbeträge, die vom System aus der Umgebung aufgenommen werden, werden positiv gerechnet. Bei der Diskussion der Reaktionsenthalpie bekommt die Eigenschaft der Enthalpie als Zustandsfunktion eine ganz besondere Bedeutung. Überführt man die Ausgangsstoffe A und B quantitativ in C und D und beobachtet die Reaktionswärme ΔH_R. Reagieren die Produkte C und D wieder zu A und B zurück, dann muss die Reaktionswärme $-\Delta H_R$ in den Prozess eingebracht werden. In einem Kreisprozess darf sich die Enthalpie nicht ändern. Dies verbietet der Energieerhaltungssatz. Nicht ganz so trivial ist die Aussage, wenn mehrere Reaktionen miteinander gekoppelt werden. So kann man einer ersten Reaktion eine zweite Reaktion folgen lassen:

$$\left.\begin{array}{l} \mathrm{A + B} \xrightarrow{\Delta H_1} \mathrm{C + D} \\ \mathrm{C + D} \xrightarrow{\Delta H_2} \mathrm{E + F} \end{array}\right\} \mathrm{A + B} \underset{\Delta H_3}{\overset{\Delta H_3}{\rightleftarrows}} \mathrm{E + F}$$

Bildet man zuerst C und D, dann quantitativ E und F, um dann daraus wieder A und B zu machen, so ist das System wieder zum Ausgangszustand zurückgekehrt. Ein Kreisprozess wurde durchlaufen. Nach dem Energieerhaltungssatz gilt:

$$\Delta H_1 + \Delta H_2 - \Delta H_3 = 0 \quad \text{oder} \quad \Delta H_3 = \Delta H_1 + \Delta H_2 \qquad \text{Gleichung 4.34}$$

Auf diese Weise kann man unbekannte Reaktionsenthalpien berechnen. Dies ist vor allem dort vorteilhaft, wo sie experimentell nur ungenau ermittelt werden können. Bei der Verbrennung von Ammoniak mit Sauerstoff, entstehen vor allem Stickstoffdioxid und Wasser:

$$2\,NH_3 + 3{,}5\,O_2 \xrightarrow{\Delta H_1 = -566\ \text{kJ/mol}} 2\,NO_2 + 3\,H_2O$$

Verbrennt man Stickstoffmonoxid zu Stickstoffdioxid weiter, gilt für die Reaktionsenthalpie ΔH_2:

$$2\,NO + O_2 \xrightarrow{\Delta H_2 = -113\ \text{kJ/mol}} 2\,NO_2$$

Wie groß ist die Reaktionsenthalpie, wenn Ammoniak zu Stickstoffmonoxid verbrennt? Dazu wird die gewünschte Reaktion als Summe von zwei bekannten Reaktionen dargestellt:

$$2\,NH_3 + 3{,}5\,O_2 \xrightarrow{\Delta H_1 = -566\ \text{kJ/mol}} 2\,NO_2 + 3\,H_2O$$

$$2\,NO_2 \xrightarrow{\Delta H_2 = -113\ \text{kJ/mol}} 2\,NO + O_2$$

$$2\,NH_3 + 2{,}5\,O_2 \xrightarrow{\Delta H_3 = \Delta H_1 - \Delta H_2} 2\,NO_2 + 3\,H_2O$$

Nach Gleichung 4.34 gilt dann:

$$\Delta H_3 = -566\frac{\text{kJ}}{\text{mol}} + 113\frac{\text{kJ}}{\text{mol}} = -454\frac{\text{kJ}}{\text{mol}}$$

Die Reaktionsenthalpie ΔH_3 ist experimentell nicht genau bestimmbar, weil die Oxidationen zu NO_2 und NO auch bei Sauerstoffmangel immer gemischt ablaufen. Reaktionswärmen können über Kreisprozesse bestimmt werden. Für jede chemische Verbindung tabelliert man die Reaktionsenthalpie, die bei der Synthese aus den Elementen auftritt. Diese Reaktionsenthalpie wird als Standardbildungsenthalpie ΔH_B^0 (Tab. 4.1) bezeichnet. Dabei bezieht sich die Standardbildungsenthalpie von Edukt und Produkt auf Standardzustände: reine Stoffe bei $T^{st} = 298{,}15\,K$ (= 25 °C) und 1 Atm Druck (= $101{,}3 \cdot 10^3$ Pa). Das bedeutet, man tabelliert die Reaktionsenthalpie, wenn 1 mol Elemente (Standardzustände) zu einer Verbindung (Standardzustand) reagieren. Aus dieser Betrachtung ergibt sich zwingend, dass die Standardbildungsenthalpien aller Elemente definitionsgemäß gleich null sein müssen. Über die Standardbildungsenthalpien der Verbindungen kann man in einem Kreisprozess jede Reaktionsenthalpie berechnen. Man betrachtet die allgemeine Reaktion:

$$aA + bB \xrightarrow{\Delta H = ?} cC + dD$$

Wenn die Standardbildungsenthalpien aller Reaktanden *A*, *B*, *C* und *D* bekannt sind, gilt:

$$\Delta H_R^0 = c\,\Delta H_B^0(C) + d\,\Delta H_B^0(D) - a\,\Delta H_B^0(A) - b\,\Delta H_B^0(B) \qquad \text{Gleichung 4.35}$$

Zur Übung von Gleichung 4.35 nachfolgend die Aufgaben 4.8 und 4.9. Die entsprechenden Standardbildungsenthalpien entnimmt man Tab. 4.1.

Tab. 4.1 Standardbildungsenthalpien für Ethanol, Acetaldehyd, Wasserdampf und Kohlendioxid

Verbindung	ΔH_B^0 /(kJ · mol^{-1})
CH_3CH_2OH	−236,8
CH_3CHO	−170,2
H_2O (gasförmig)	−242,0
CO_2	−393,4

Aufgabe 4.8

Beim Verbrennen von Essigsäure, CH_3COOH (= HOAc), zu Kohlendioxid und Wasser, beträgt die Verbrennungsenthalpie −836 kJ/mol. Wie groß ist die Standardbildungsenthalpie von Essigsäure?
Man formuliert die Reaktionsgleichung für die Essigsäureverbrennung und die Kreisprozessgleichung für die Verbrennungswärme:

$$CH_3COOH + 2\,O_2 \longrightarrow 2\,CO_2 + 2\,H_2O$$

$$\Delta H_{VB}^0 = 2\,\Delta H_B^0(CO_2) + 2\,\Delta H_B^0(H_2O) - \Delta H_B^0(HOAc) - 2\,\Delta H_B^0(O_2)$$

Nach dem Auflösen nach $\Delta H_B^0(HOAc)$ und Berücksichtigung von $\Delta H_B^0(O_2) = 0$ gilt:

$$\Delta H_B^0(HOAc) = 2\,\Delta H_B^0(CO_2) + 2\,\Delta H_B^0(H_2O) - \Delta H_{VB}^0$$

$$\Delta H_B^0(HOAc) = 2 \cdot (-393{,}4)\frac{kJ}{mol} + 2 \cdot (-242{,}0)\frac{kJ}{mol} + 836\frac{kJ}{mol} = -434{,}8\frac{kJ}{mol}$$

Da Verbrennungswärmen sehr leicht zu messen sind, können auf die oben beschriebene Weise viele Standardbildungsenthalpien bestimmt werden.

Aufgabe 4.9

Wie groß ist die Reaktionsenthalpie, wenn Ethanol zu Acetaldehyd oxidiert wird?
Für Oxidationsgleichung gilt:

$$CH_3CH_2OH + 0{,}5\,O_2 \xrightarrow{\Delta H_R} CH_3CHO + H_2O$$

Die Kreisprozessgleichung lautet:

$$\Delta H_R^0 = \Delta H_B^0(CH_3CHO) + \Delta H_B^0(H_2O) - \Delta H_B^0(CH_3CH_2OH)$$

Durch Einsetzen der Standardbildungsenthalpien aus Tab. 4.1 erhält man:

$$\Delta H_R^0 = -170{,}2\frac{kJ}{mol} - 242{,}0\frac{kJ}{mol} + 236{,}8\frac{kJ}{mol} = -175{,}4\frac{kJ}{mol}$$

Bei der Definition der Standardbildungsenthalpien wurde sehr viel Wert auf die Feststellung gelegt, dass diese auf Standardbedingungen bezogen sind und nur für die reinen Stoffe bei 25 °C und 1 Atm Druck gelten. Wieso ist dies so wichtig? Wie stark sind die Reaktionsenthalpien temperaturabhängig? Dazu Gleichung 4.30, die die Temperaturabhängigkeit der absoluten Enthalpie beschreibt:

$$H_{(T)} = n \int_0^T C_{p;n} \cdot \mathrm{d}T$$

Gleichung 4.30 führt aber wegen der Temperaturabhängigkeit der isobaren, molaren Wärmekapazität zu einem aufwendigen Ausdruck. Wenn man jedoch in einem Gedankenexperiment annimmt, dass die Wärmekapazitäten temperaturunabhängig sind, dann vereinfacht sich Gleichung 4.30 erheblich:

$$H_{(T)} = n \int_0^T C_{p;n} \cdot \mathrm{d}T = n \cdot C_{p;n} \cdot T$$

Vergleicht man über diese Gleichung die Enthalpie bei einer beliebigen Temperatur mit der Enthalpie bei Standardtemperatur T^{st} = 25 °C, gilt:

$$\Delta H_{(T)} = n \cdot C_{p;n} \cdot \Delta T \quad \text{und} \quad H_{(T)} = H_{(T^{st})} + n \cdot C_{p;n} \cdot \Delta T \qquad \text{Gleichung 4.36}$$

Und nach Einsetzen von Gleichung 4.36 in Gleichung 4.33:

$$\Delta H_R = H_{(C,\,T^{st})} + n \cdot C_{p;n}^{C} \cdot \Delta T + H_{(D,\,T^{st})} + n \cdot C_{p;n}^{D} \cdot \Delta T - H_{(A,\,T^{st})} - n \cdot C_{p;n}^{A} \cdot \Delta T - H_{(D,\,T^{st})} - n \cdot C_{p;n}^{D} \cdot \Delta T \qquad \text{Gleichung 4.37}$$

Gleichung 4.37 besteht aus zwei Summen. Die erste Summe (Gleichung 4.33) beschreibt die Reaktionsenthalpie bei beliebigem Stoffumsatz n:

$$H_{(C,\,T^{st})} + H_{(D,\,T^{st})} - H_{(A,\,T^{st})} - H_{(D,\,T^{st})} = n \cdot \Delta H_R^0$$

ΔH_R^0 beschreibt die Reaktionsenthalpie bei Standardbedingungen, also bei T^{st} = 25 °C (= 298,15 K) und einer Formeleinheit Stoffumsatz.

Die zweite Summe entspricht der Reaktionswärmekapazität. Sie beschreibt die Änderung der Gesamtwärmekapazität, wenn ein mol Edukte zu Produkten werden:

$$C_{p;n}^{C} + C_{p;n}^{D} - C_{p;n}^{A} - C_{p;n}^{D} = \Delta C_{p;n}^{0}$$

Mit diesen beiden Größen wird Gleichung 4.37 zu Gleichung 4.38:

$$\Delta H_{R(T)} = n \cdot \Delta H_R^0 + n \cdot \Delta C_{p;n}^0 \cdot \Delta T \qquad \text{Gleichung 4.38}$$

Gleichung 4.38 wird auch Kirchhoff-Korrektur genannt. Wie steht es aber mit ihrer Anwendbarkeit? Die Annahme temperaturunabhängiger Wärmekapazitäten ist nicht zu rechtfertigen. Wärmekapazitäten sind, außer bei Edelgasen, deutlich temperaturabhängig. Lediglich in sehr kleinen Temperaturintervallen können sie als näherungsweise temperaturunabhängig betrachtet werden. Bei den Reaktionswärmekapazitäten ist die Temperaturabhängigkeit jedoch deutlich geringer ausgeprägt. Man beobachtet ja nur den Unterschied zwischen den Wärmekapazitäten von Edukten und Produkten, und die Temperaturabhängigkeiten kompensieren sich weitgehend. Daher ist die Kirchhoff-Korrektur eine gute Näherungsmethode für die Temperaturkorrektur der Reaktionsenthalpien. Die Wärmekapazitäten $\Delta C^0_{p;n}$ werden in vielen thermodynamischen Tabellen zusammen mit den Standardbildungsenthalpien für die Standardbedingungen aufgeführt. So lassen sich die Reaktionswärmekapazitäten zusammen mit den Reaktionsenthalpien berechnen. Ihre Größe gibt einen unmittelbaren Eindruck davon, wie ausgeprägt die Temperaturabhängigkeit der Reaktionsenthalpie bei einer gegebenen Reaktion ausfallen wird.

4.6 Freie Reaktionsenthalpie und Entropie

Die Reaktionsgleichung für eine beliebige Reaktion lässt sich wie folgt aufstellen:

$$aA + bB \xrightarrow{\Delta G} cA + dB$$

Diese Reaktion kann man mithilfe eines neuen kalorischen Reaktionsparameters beschreiben: Man gibt nicht mehr die Reaktionsenthalpie ΔH, sondern die freie Reaktionsenthalpie ΔG an. Worin unterscheiden sich die beiden Parameter?

Unter der Reaktionsenthalpie ΔH versteht man die **Wärmemenge**, die abgegeben oder verbraucht wird, wenn *a* Mol A mit *b* Mol B zu *c* Mol C und *d* Mol D reagieren. Die freie Reaktionsenthalpie ΔG hingegen ist eine **Reaktionsarbeit**. Es ist die Arbeit, die die Reaktion leistet oder erfordert, wenn *a* Mol A mit *b* Mol B in einem **reversiblen Prozess** *c* Mol C und *d* Mol D bilden. ΔG ist die Arbeit, die die Reaktion entweder bei freiwilligem Ablauf maximal leisten kann oder die mindestens aufwendet werden muss, um bei einer erzwungenen Reaktion, Edukte zu Produkten umzusetzen. Diese Definition gilt aber erst vorläufig. Sie muss später noch um eine wichtige Bedingung ergänzt werden.

Eine Reaktion leistet Arbeit, wenn lockerere Bindungen in den Edukten in festere Bindungen bei den Produkten übergehen. Diese Arbeit wird in Wärme umgewandelt und ist als solche messbar. Es gibt aber noch weitere Quellen, aus denen ein Prozess Arbeit generieren kann. Dazu definiert man eine weitere Zustandsfunktion, die freie Enthalpie *G* (**Gibbs-Helmholtz-Gleichung**):

$$G = H - T \cdot S \qquad \text{Gleichung 4.39}$$

Die Größen *H* und *T* in Gleichung 4.39 sind die Zustandsgrößen Enthalpie und absolute Temperatur. Unter der Größe *S* versteht man die **Entropie**. Es handelt sich dabei um eine weitere Zustandsfunktion, die oft als Maß für den Grad an Unordnung in einem System vorgestellt wird. Diese Bedeutung ist sehr anschaulich und sicherlich nicht vollkommen falsch. Sie ist jedoch so qualitativ und vage gehalten, dass man sich fragen kann oder muss, wie sich der Grad an Unordnung in Gasen, wässrigen Lösungen, Kristallen oder Legierungen quantitativ messen und in Zahlen ausdrücken lässt.

Die Entropie ist zunächst definiert als Verhältnis von Wärme zur Temperatur (Gleichung 4.40). Sie hat damit die gleiche Dimension wie die Wärmekapazität, aber eine nahezu gegensätzliche Bedeutung. Führt man einem System die Wärmemenge ΔQ zu, so steigt in der Regel die Temperatur *T* des Systems um ΔT an. Wie groß die Temperaturänderung ausfällt, beschreibt die Wärmekapazität C_p bei isobarer Prozessführung. Die Entropieänderung ΔS sagt jetzt aus, wie groß die Wärmemenge ΔQ ist, die man einem System zuführen kann, ohne dass sich seine Temperatur ändert. Ist ein solcher Prozess überhaupt möglich?

$$S = Q/T,\ dS = dQ/T \text{ und } \Delta S = \Delta Q/T;\ [S] = J/K$$ Gleichung 4.40

Derartige Prozesse kann man z. B. bei Phasenumwandlungen beobachten. Erhitzt man einen mit Wasser gefüllten Kochtopf auf dem Herd, so führt man dem flüssigen Wasser Wärme zu. Die Temperatur des Wassers wird so lange ansteigen, bis die Siedetemperatur des Wassers erreicht ist. Dann führt jede weitere Wärmezufuhr dazu, dass das Wasser bei konstanter Temperatur von 100 °C verdampft. Die Temperatur kann erst wieder steigen, wenn alles Wasser verdampft ist und weiter Wärme zugeführt wird. ○ Abb. 4.16 veranschaulicht dieses Experiment. In diesem einfachen Fall kann man den Entropieunterschied zwischen Wasserdampf und flüssigem Wasser relativ leicht berechnen. Wenn $\Delta Q_{VD;n}$ die molare Verdampfungswärme von Wasser ist, also die Wärmemenge, die man benötigt, um 1 mol flüssiges Wasser zu Wasserdampf umzuwandeln, gilt:

$$\Delta S_{VD} = \frac{n\,\Delta Q_{VD;n}}{T_{Sdp}}$$ Gleichung 4.41

Nun ändert sich die Entropie nicht ausschließlich bei Phasenumwandlungen. Im Regelfall werden Zustandsänderungen von einer Änderung der Entropie im System begleitet. Ein recht hypothetisches Beispiel soll dies klarmachen: Beispielsweise soll 1 mol eines idealen Edelgases A, ohne Aufwand von Arbeit in zwei gleich große Edelgasatome B dissoziieren:

$$A \xrightarrow{\Delta H = 0} 2\,B$$

Vor der Dissoziation hat das Edelgas A die Temperatur T_0 und damit die Innere Energie U_0. Nach ○ Gleichung 4.15 (▸ Kap. 4.2) gilt dann:

$$U_0 = \frac{3}{2} n_0 \cdot R \cdot T_0$$

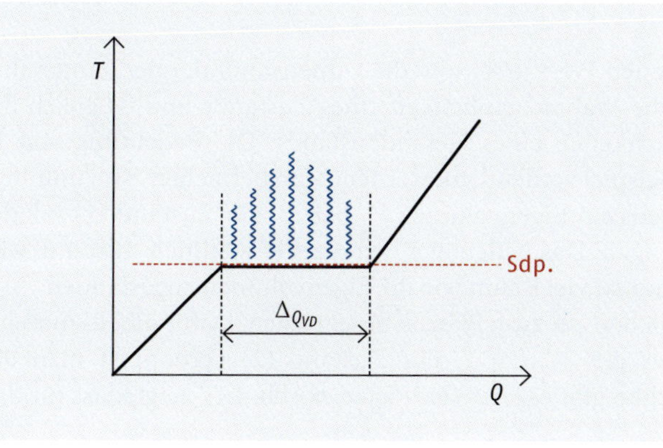

○ **Abb. 4.16** Beim Verdampfen von Wasser nimmt die Entropie zu.

Die Dissoziation soll ohne Verbrauch von Wärme ablaufen. Die Stoffmenge n_0 beträgt 1 mol für den Ausgangsstoff A. Nach dem Prozess liegen aber $n_1 = 2$ mol B vor. Findet die Dissoziation adiabatisch statt, bleibt die Innere Energie U_0 im System konstant. Dies kann jedoch nur dann der Fall sein, wenn sich die Temperatur von T_0 auf T_1 ändert:

$$U_0 = \frac{3}{2} n_1 \cdot R \cdot T_1 = \frac{3}{2} \cdot 2 n_0 \cdot R \cdot T_1 = \frac{6}{2} n_0 \cdot R \cdot T_1$$

Daraus folgt:

$$\frac{3}{2} n_0 \cdot R \cdot T_0 = \frac{3}{2} n_1 \cdot R \cdot T_1 = \frac{3}{2} 2 n_0 \cdot R \cdot T_1$$

Demnach gilt also:

$$T_1 = \frac{1}{2} T_0$$

Als Konsequenz halbiert sich die absolute Temperatur, weil sich die im System vorhandene Wärme im Vergleich zum Anfang auf doppelt so viele Teilchen verteilt. Findet die Dissoziation isotherm statt, dann muss das System die Wärmemenge U_0 aus der Umgebung aufnehmen, damit die Temperatur T_0 konstant bleiben kann. Die Entropie des Systems hätte sich dann um den Betrag U_0/T_0 erhöht. Diese unnatürlich starke Wärme und der Entropieeffekt erklären sich aus der Zunahme der Freiheitsgrade von drei auf sechs im Vergleich zum Anfangszustand. Eine Reaktion A $\rightarrow$ 2 B, kann jedoch, wie oben bereits diskutiert, in der Natur nicht stattfinden, weil kein Edelgas ohne Wärmeumsatz in zwei leichtere Edelgase zerbrechen kann. Wohl finden aber ständig Prozesse statt, bei denen sich die Zahl der angeregten Freiheitsgrade ändert. Nimmt sie zu, dann verbraucht ein Prozess mehr Wärme für einen Temperatureffekt als vom Ausgangszustand her erwartet wurde. Ein Anstieg der Wärmekapazität eines Systems zeigt immer eine Entropiezunahme des Systems an. Dies ist so, weil sich die zugeführte Wärme nun auf mehr Freiheitsgrade und damit auf mehr Energiespeicherplätze verteilen kann. Für den Ordnungszustand eines Systems gilt: Ein Zustand, in dem sich die vorhandene Innere Energie auf viele Formen verteilt, ist ungeordneter als ein Zustand, in dem sich die Innere Energie auf wenige Plätze konzentriert. *Ludwig Boltzmann* beschrieb die Entropie durch ○ Gleichung 4.42.

$$S = k \cdot \ln W$$ Gleichung 4.42

Die Boltzmann-Konstante k hat den Wert R/N_A und die Dimension Energie/Temperatur. Die Größe W ist ein Maß für die Wahrscheinlichkeit eines Zustands und ist gleich der Anzahl der Realisierungsmöglichkeiten eines Gesamtzustands. Die Bedeutung von W kann an einem sehr einfachen Beispiel verdeutlicht werden: Man betrachtet zwei ununterscheidbare Gasteilchen, die jeweils ein Eigenvolumen V_T haben. Für Zustand (1) soll das Gesamtvolumen $V_1 = 2\,V_T$ betragen. Das bedeutet einen quasikristallinen Zustand, weil den Molekülen in Zustand (1) nur so viel Raum wie ihr Eigenvolumen zugestanden wird. Der Zustand (1) ist mit zwei Teilchen auf zwei Plätzen beschrieben. Dafür gibt es nur eine Realisierungsmöglichkeit, daher gilt $W_{(1)} = 1$. Für Zustand (2) verdoppelt man das Gesamtvolumen: Für zwei Teilchen gibt es jetzt vier Plätze. ○ Abb. 4.17 zeigt, dass für den

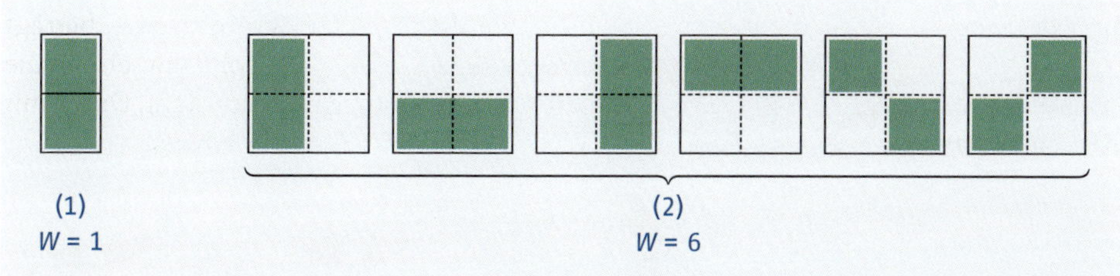

Abb. 4.17 Entropiezunahme bei Volumenvergrößerung (anschauliche Darstellung der Größe *W* aus Gleichung 4.42)

Zustand (2) sechs Realisierungsmöglichkeiten existieren. Damit ist $W_{(2)} = 6$. Also nimmt die Entropie zu, wenn ein Gas expandiert.

Bei Zustandsänderungen nimmt ein System von selbst immer einen möglichst energiearmen (wahrscheinlichen) Zustand ein. Existieren für eine Zustandsgröße nur wenige Realisierungsmöglichkeiten, dann liegt ein weniger wahrscheinlicher Zustand vor, als bei vielen Realisierungsmöglichkeiten. Jedes System strebt nach möglichst geringer Energie und möglichst großer Entropie.

Beim Auflösen von Ammoniumchlorid in Wasser beobachtet man die Abkühlung der Lösung. Folgende Reaktion spielt sich ab:

$$NH_4Cl \longrightarrow NH_4^+ + Cl^-$$

Im NH_4Cl-Kristall ziehen sich NH_4^+-Kationen und Cl^--Anionen durch elektrostatische Anziehungskräfte gegenseitig an. Um sie zu trennen und den Kristallverband zu zerstören, muss Arbeit geleistet werden. Diese ist gleich der Gitterenergie, die die Stärke der Kation-Anion-Wechselwirkung beschreibt. Diese Energie wird teilweise dadurch aufgebracht, dass sich Wasserstoffbrücken zwischen den Ionen und dem Lösemittel bilden (Abb. 4.18). Die Energie aus der Wasserstoffbrückenbildung reicht aber offensichtlich nicht aus, um die Gitterenergie vollständig aufzubringen. Der Rest muss aus der Inneren Energie der Lösung aufgebracht werden. Als Folge kühlt sich die Lösung ab. Warum läuft der Prozess aber freiwillig ab?

In der Lösung sind die Ammonium- und die Chlorid-Ionen auf das ganze Lösemittelvolumen verteilt. Dadurch gibt es für die vielen NH_4^+- und Cl^--Ionen viel mehr Positionsmöglichkeiten als in einem Kristall. Die Zahl der Realisierungsmöglichkeiten *W* ist beim gelösten Zustand viel größer als im kristallinen Zustand. Die Lösung stellt damit den wahrscheinlicheren Zustand dar und hat eine größere Entropie. Diese Argumentation gilt aber für jeden Lösungsprozess eines Feststoffs.

Nun stellt sich die Frage, warum dann nicht jeder Feststoff in jedem Lösemittel löslich ist. Die Definition der freien Enthalpie (Gleichung 4.39) besagt:

$$G = H - T \cdot S$$

Nach Differenzierung erhält man:

$$dG = dH - T \cdot dS - S \cdot dT$$

Für einen isothermen Prozess gilt: $dT = 0$ und damit:

$$dG = dH - T \cdot dS$$

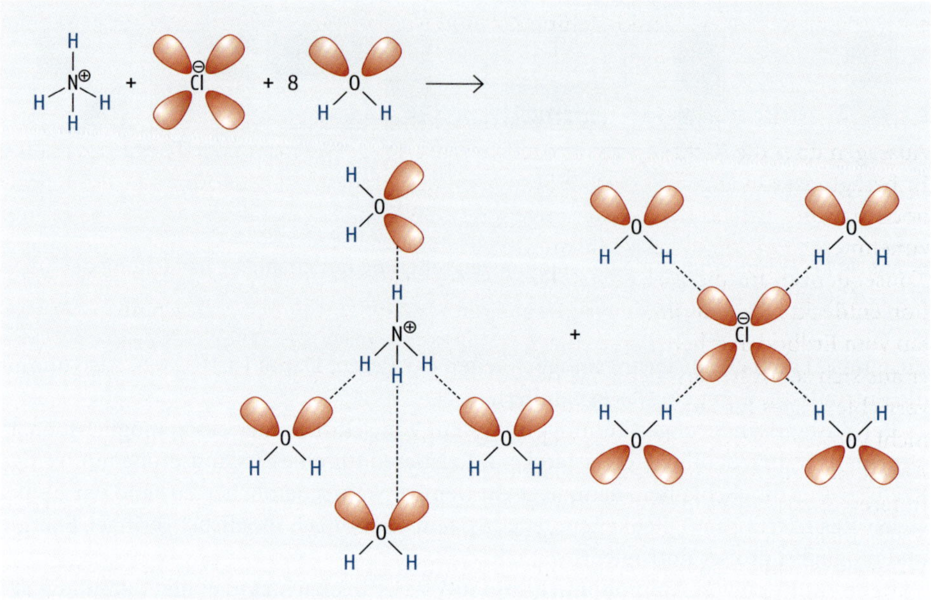

Abb. 4.18 Wasserstoffbrückenbildung beim Lösungsprozess von Ammoniumchlorid

Anschaulicher formuliert ergibt sich:

$$\Delta G = \Delta H - T \cdot \Delta S \qquad \text{Gleichung 4.43}$$

Gleichung 4.43 enthält den Summanden $T \cdot \Delta S$. Dieser hat die Dimension J und steht für die Energie, die z. B. frei wird, wenn ein System von einem unwahrscheinlichen Zustand in einen wahrscheinlicheren Zustand übergeht. Die Entropieänderung ΔS gibt dabei die Zunahme an Wahrscheinlichkeit an. Aus Prozessen, bei denen die Entropie zunimmt, wird Energie frei, ein System kann Arbeit verrichten. Nicht immer reicht diese aber aus, um einen energetisch günstigeren Zustand zu realisieren. Um dies zu beurteilen, benötigt man die Änderung der freien Enthalpie ΔG. Sie vergleicht die Werte ΔH (beschreibt das Streben nach möglichst wenig Energie) und $T \cdot \Delta S$ (beschreibt das Streben nach einem möglichst wahrscheinlichen Zustand) miteinander. Ist $\Delta G < 0$, also negativ, dann wird die Zustandsänderung Energie an die Umgebung abgeben und der Prozess läuft freiwillig ab. Solche Prozesse werden als **exergonisch** bezeichnet. Gilt für einen Prozess $\Delta G > 0$ ist, dann läuft dieser nicht freiwillig ab. Es muss Energie aufgewendet werden, um ihn zu erzwingen. Solche Prozesse werden als **endergonisch** bezeichnet.

Die Änderung der freien Enthalpie gibt also den Stabilitätsunterschied zwischen Ausgangszustand und Endzustand eines Systems an. Beim Auflösen von NH_4Cl war der Betrag von $T \cdot \Delta S$ größer als der Betrag von ΔH. Daher konnte die Entropiezunahme mehr Energie zu Verfügung stellen als für die Zerstörung des Kristallgitters notwendig war. Folglich läuft der Lösungsprozess freiwillig ab. Da dieser jedoch Wärme verbraucht, beobachtet man dabei ein Abkühlen der Lösung. Sind aber die Anziehungskräfte zwischen den Feststoffteilchen so groß, dass die Gitterenergie größer als der Betrag von $T \cdot \Delta S$ ist, so kann die Entropiezunahme nicht genügend Energie bereitstellen, um die Gitterenergie auf zu bringen. Der kristalline Zustand ist jetzt stabiler als der in Lösung, und der Feststoff bleibt schwerlöslich.

4.6.1 2. Hauptsatz der Thermodynamik

Aussagen über die Richtung von Prozessen trifft der **2. Hauptsatz der Thermodynamik**. Er besagt, dass in abgeschlossenen Systemen, das sind Systeme, in denen weder Materie noch Energieaustausch mit der Umgebung möglich sind, die Entropie insgesamt nur zunehmen kann. Dieser etwas theoretisch und harmlos klingende Satz hat weitreichende Konsequenzen für die Alltagswelt. Der britische Gelehrte *Isaac Newton* soll die Gravitation entdeckt haben als ihm ein Apfel auf den Kopf fiel. Ein Apfel wird sich niemals spontan vom Erdboden erheben und in den Apfelbaum oder in den Himmel fliegen. Das kann er aus sich selbst heraus nicht tun, dazu muss irgendein anderes System am Apfel Arbeit verrichten. Dies fordert der 1. Hauptsatz der Thermodynamik. Was der 1. Hauptsatz aber nicht verbietet, ist, dass der Apfel sich unter Selbstabkühlung in den Himmel bewegt. Die Arbeit, die zur Überwindung des Schwerkraftfelds der Erde nötig ist, könnte aus der Inneren Energie des Apfels stammen. Man könnte sich dafür sogar einen plausiblen Mechanismus vorstellen. Es müssten alle Teilchen im Apfel, die Moleküle im flüssigen Wasser des Apfelsafts ebenso wie die Kohlenstoff- und Wasserstoffatome in den festen organischen Bestandteilen, alle zur selben Zeit ihre Geschwindigkeitsvektoren in den Himmel richten. Ein solcher Prozess ist vorstellbar, aber so unwahrscheinlich, dass man ihn niemals beobachtet hat oder beobachten wird. Und sollte er einmal zufällig eintreten, dann kann man keinen Nutzen daraus ziehen, weil man ihn nicht beeinflussen kann. Das bedeutet: Ein Ausrichten aller Geschwindigkeitsvektoren in den Himmel erfordert eine spontane Entropieabnahme des ganzen Systems Apfel und Umgebung. Damit ist nach dem 2. Hauptsatz genauso wenig zu rechnen, wie nach dem 1. Hauptsatz mit einer spontanen Arbeitserzeugung aus dem Nichts heraus.

Der 2. Hauptsatz ist aber oft eine Quelle für Missverständnisse. Zuweilen wird angenommen, dass Prozesse, bei denen geordnete Strukturen entstehen – wobei die Entropie sehr stark abnimmt –, schwer zu realisieren sind. In offenen Systemen ist dies jedoch nicht der Fall. Nach dem 1. Hauptsatz gilt: Beim Bau einer Kathedrale wird ein Mauerstein niemals von selbst auf das Kirchturmdach fliegen, weil Arbeit nicht spontan entsteht. Dennoch ist es möglich ihn hochzuziehen. Man muss den Mauerstein an einen Prozess koppeln, der an ihm die nötige Arbeit verrichtet. Ebenso kann man Prozesse mit beliebig starker Entropieabnahme problemlos durchführen, wenn man sie an Prozesse koppelt, bei denen die Entropie in noch stärkerem Maße zunimmt. So verfügt die Erde über eine fast unerschöpfliche Quelle, die Entropie bereitstellt. Es sind dies die Reaktionen im Inneren der Sonne.

4.7 Chemische Gleichgewichte und Massenwirkungsgesetz

Zurück zur Betrachtung von Reaktionen. Mischt man die Ausgangsstoffe *A* und *B* zusammen, dann kann man mit der Bildung von *C* und *D* rechnen. In homogener Phase sind aber alle Reaktionen rückläufig. Mischt man *C* und *D* zusammen, dann wird man die Bildung von *A* und *B* beobachten:

$$aA + bB \xrightleftharpoons{\Delta G_R} cC + dD$$

In welchem Ausmaß beides passiert, ist von Reaktion zu Reaktion unterschiedlich. Man spricht von Gleichgewichtsreaktionen. Die Lage des Gleichgewichts gibt an, ob sich mehr formulierte Produkte bilden oder ob mehr Ausgangsstoffe zurückbleiben. Die Prozesse enden bei Gleichgewichtskonzentrationen, die von der Gleichgewichtsreaktion selbst und ihren Randbedingungen abhängig sind.

Wie kann man nun Gleichgewichtsreaktionen quantitativ beschreiben? Damit die Überlegungen nicht zu abstrakt werden, ein Beispiel: Löst man gasförmiges Schwefeldioxid (SO_2) in Wasser, so bildet sich Schweflige Säure (H_2SO_3) nach folgender Gleichgewichtsreaktion:

$$SO_2 + H_2O \xrightleftharpoons{\Delta G_{(SO_2;\, H_2SO_3)}} HSO_3^- + H^+$$

Jeder Reaktand besitzt freie Enthalpie. Die Gesamtmenge an freier Enthalpie der Lösung ist:

$$G = G_{(HSO_3^-)} + G_{(H^+)} + G_{(SO_2)} + G_{(H_2O)} \qquad \text{Gleichung 4.44}$$

Ändert sich die Stoffmenge eines Reaktanden i, weil dieser beispielsweise durch eine Reaktion verbraucht wird oder durch eine Reaktion entsteht, so gilt:

$$\mu_i = \frac{dG}{dn_i} = \mu_i^{st} + R \cdot T^{st} \cdot \ln \frac{c_i}{c^{st}} \qquad \text{Gleichung 4.45}$$

Die Größe μ_i wird **chemisches Potenzial** genannt. Das chemische Potenzial eines Reaktanden i ist die Änderung der freien Enthalpie bei Änderung der Stoffmenge dieses Reaktanden um eine Einheit. Jede Komponente, also HSO_3^-, H^+, SO_2 und H_2O besitzt ein chemisches Potenzial. Darunter kann man die Fähigkeit des Reaktanden verstehen, im System Arbeit zu leisten. Ändert man die Stoffmenge eines jeden Reaktanden um den gleichen Wert (z. B. 1 mol), dann kann man die Änderung der freien Enthalpie als Summe der chemischen Potenziale darstellen:

$$\Delta G_{(SO_2;\, H_2SO_3)} = \mu_{(HSO_3^-)} + \mu_{(H^+)} - \mu_{(H_2O)} - \mu_{(SO_2)} \qquad \text{Gleichung 4.46}$$

In einer allgemeinen Formulierung ausgedrückt:

$$\Delta G_R = c\mu_{(C)} + d\mu_{(D)} - a\,\mu_{(A)} - b\mu_{(B)} \qquad \text{Gleichung 4.47}$$

In ○ Gleichung 4.45 stehen jetzt noch die Parameter μ_i^{st}, c_i und c^{st}. Der Parameter c_i ist nach ○ Gleichung 1.6 (▸ Kap. 1.6.4) als dimensionierte Stoffmengenkonzentration des Reaktanden i bekannt. Eine solche dimensionierte Größe darf niemals alleine hinter einem Logarithmus stehen. Hinter jedem Logarithmus und in jedem Exponenten muss die Gesamtdimension verschwinden, da der Logarithmus einer Dimension, wie mol oder Liter, nicht definiert ist. An diese Regel der Mathematik muss man sich **auf jeden Fall** halten. Aus diesem Grund muss die dimensionierte Stoffmengenkonzentration auf eine Stoffmengenkonzentration eines Standardzustands bezogen werden. Dies ist der Parameter c^{st}. Es entsteht eine neue Konzentrationsgröße, nämlich die **Aktivität a_i**. Darunter versteht man, solange von einer idealen Mischung ausgegangen wird, in dem sich alle Teilchen wechselwirkungsfrei verhalten sollen, zunächst nur die dimensionslose **Relativkonzentration:**

$$a_i = \frac{c_i}{c^{st}} = \frac{n_i}{V \cdot c^{st}}$$ Gleichung 4.48

Aus Gleichung 4.45 wird:

$$\mu_i = \mu_i^{st} + R \cdot T^{st} \cdot \ln a_i$$ Gleichung 4.49

Berücksichtigt man den Einfluss von intermolekularen Wechselwirkungen, dann bekommt die Aktivität noch eine neue Bedeutung (▸ Kap. 4.14). Die Komponente i besitzt im Standardzustand c^{st} ein chemisches Potenzial μ_i^{st}. Wie definiert sich der Standardzustand, auf den sich Konzentration und chemisches Potenzial beziehen?

Für den Standardzustand müssen die Zustandsgrößen Druck p, Temperatur T und Konzentration c^{st} festgelegt werden. Dabei ist interessant, dass man in der Wahl des Standardzustands mathematisch und physikalisch völlig frei ist: Er kann für jeden Reaktanden willkürlich und individuell definiert werden. Dies ist aber aus praktischen Gründen nicht sinnvoll, da man dann mit unanschaulichen Größen rechnen muss. Man übernimmt die Standardzustände aus ▸ Kap. 4.5 mit $p^{st} = 1$ Atm und $T^{st} = 25\,°C$ (= 298,15 K). Für die Standardkonzentration c^{st} kann man für jeden Reaktanden zwischen zwei Möglichkeiten wählen. Reaktanden in verdünnter Lösung werden auf den 1-molaren (1 M) Standard bezogen. Hier gilt für jeden Reaktanden: $c^{st} = 1$ mol/L. Im Standardzustand liegt der Reaktand in 1 M Lösung vor und verhält sich wie in einer idealen Mischung. Die zweite Alternative ist der reine Stoff (▸ Kap. 4.5). Diesen Standardzustand wählt man, wenn ein Reaktionspartner als reiner Stoff reagiert oder in einer Konzentration vorliegt, die nahe an der des reinen Stoffs liegt. Dies ist bei Lösemitteln, schwerlöslichen Feststoffen oder Elektrodenmaterialien der Fall. Gleichung 4.49 wurde aus einem Lehrbuch der physikalischen Chemie entnommen. Der Parameter μ_i^{st} ist abhängig von den Eigenschaften des Moleküls des Reaktanden i: Wie fest sind seine Bindungen und welche Möglichkeiten hat er, im System festere Bindungen zu bilden?

In den Bindungen der Moleküle steckt **chemische Energie**. Man kann sie mit gespannten Federn vergleichen. In diesem Bild sind die Federn umso mehr gespannt, je lockerer die Bindungen sind. Die chemische Energie hat die Qualität einer potenziellen Energie. Ein Reaktand kann im System aber auch Arbeit umsetzen, in dem er seine Konzentration ändert. Reagiert er in einen Zustand hinein, der verdünnter als der Standardzustand ist, dann kann er zusätzlich Arbeit leisten. Reagiert er in einen Zustand hinein, der konzentrierter als der Standardzustand ist, dann muss die Reaktion zusätzlich Arbeit aufwenden, um den Reaktanden gegen das Konzentrationsgefälle entstehen zu lassen. Der Summand $R \cdot T \cdot \ln a_i$ beschreibt die Fähigkeit des Reaktanden i aus einem Konzentrationsgefälle, relativ zum Standardzustand heraus, Arbeit zu leisten. Wird Gleichung 4.49 in Gleichung 4.47 eingesetzt, erhält man:

$$\Delta G_{(SO_2;\,H_2SO_3)} = \mu^{st}_{(HSO_3^-)} + R \cdot T^{st} \cdot \ln a_{(HSO_3^-)} + \mu^{st}_{(H^+)} + R \cdot T^{st} \cdot \ln a_{(H^+)} - \mu^{st}_{(H_2O)} - R \cdot T^{st} \cdot \ln a_{(H_2O)} - \mu^{st}_{(SO_2)} - R \cdot T^{st} \cdot \ln a_{(SO_2)}$$ Gleichung 4.50

4

Mit der Summe:

$$\Delta G^0_{(SO_2;\,H_2SO_3)} = \mu^{st}_{(H_2SO_3)} + \mu^{st}_{(H^+)} - \mu^{st}_{(H_2O)} - \mu^{st}_{(SO_2)}$$

und den Rechenregeln für den Logarithmus kann man ∘ Gleichung 4.50 umschreiben:

$$\Delta G_{(SO_2;\,H_2SO_3)} = \Delta G^0_{(SO_2;\,H_2SO_3)} + R \cdot T^{st} \cdot \ln \frac{a_{(HSO_3^-)} \cdot a_{(H^+)}}{a_{(SO_2)} \cdot a_{(H_2O)}}$$ Gleichung 4.51

Der Reaktionsquotienten Q ist definiert als:

$$Q = \frac{a_{(HSO_3^-)} \cdot a_{(H^+)}}{a_{(SO_2)} \cdot a_{(H_2O)}} = \frac{\frac{c_{(HSO_3^-)}}{c^{st}} \cdot \frac{c_{(H^+)}}{c^{st}}}{\frac{c_{(SO_2)}}{c^{st}} \cdot \frac{c_{(H_2O)}}{c^{st}_{(H_2O)}}}$$ Gleichung 4.52

Im Reaktionsquotienten Q stehen keine Gleichgewichtskonzentrationen, sondern beliebige Einwaagekonzentrationen. Man legt die Standardzustände fest: HSO_4^- liegt genauso wie H^+ und SO_2 als verdünnter Reaktand vor. Alle diese Reaktanden bezieht man auf den 1-molaren Standard. Die Relativkonzentrationen haben dieselben Zahlenwerte wie die dimensionierten Stoffmengenkonzentrationen, sie sind aber dimensionslose Relativzahlen. Wasser kann aber als Lösemittel als nahezu reiner Stoff betrachtet werden. Sowohl $c_{(H_2O)}$ als auch $c^{st}_{(H_2O)}$ haben einen Zahlenwert von etwa 55,55 mol/L und daher dieselbe Konzentration. Wasser liegt daher im Standardzustand vor und $a_{(H_2O)} = 1$. Der Reaktionsquotient Q vereinfacht sich zu:

$$Q = \frac{a_{(H^+)} \cdot a_{(HSO_3^-)}}{a_{(SO_2)}}$$ Gleichung 4.53

Für ∘ Gleichung 4.51 gilt nun:

$$\Delta G_{(SO_2;\,H_2SO_3)} = \Delta G^0_{(SO_2;\,H_2SO_3)} + R \cdot T^{st} \cdot \ln Q$$ Gleichung 4.54

Haben sich die Konzentrationen soweit verändert, dass der Gleichgewichtszustand erreicht ist, dann wird sich am Zustand der Lösung nichts mehr ändern. In der Lösung wird dann auch keine Arbeit mehr geleistet. Es gilt $\Delta G_{(SO_2;\,H_2SO_3)} = 0$ und die Gleichgewichtsrelativkonzentrationen für HSO_3^- $\left[a_{(HSO_3^-)}\right]$, H^+ $\left[a_{(H^+)}\right]$ und SO_2 $[a_{(SO_2)}]$ errechnen sich nach:

$$0 = \Delta G^0_{(SO_2;\,H_2SO_3)} + R \cdot T^{st} \cdot \ln \frac{[a_{(H^+)}]\,[a_{(HSO_3^-)}]}{[a_{(SO_2)}]}$$ Gleichung 4.55

$$\rightarrow \Delta G^0_{(SO_2;\,H_2SO_3)} = -R \cdot T^{st} \cdot \ln \frac{[a_{(H^+)}]\,[a_{(HSO_3^-)}]}{[a_{(SO_2)}]}$$

Den Reaktionsquotienten im Gleichgewicht bezeichnet man als Gleichgewichtskonstante K:

Gleichung 4.56

$$\Delta G^0_{(SO_2;\,H_2SO_3)} = -R \cdot T^{st} \cdot \ln \frac{[a_{(H^+)}]\ [a_{(HSO_3^-)}]}{[a_{(SO_2)}]} = -R \cdot T^{st} \cdot \ln K^0$$

mit:

$$K^0 = \frac{[a_{(H^+)}]\ [a_{(HSO_3^-)}]}{[a_{(SO_2)}]} = e^{\frac{\Delta G^0_{(SO_2;\,H_2SO_3)}}{R \cdot T^{st}}}$$

o Gleichung 4.56 wird als van't-Hoff-Reaktionsisotherme bezeichnet. Sie beschreibt die Temperaturabhängigkeit der Gleichgewichtskonstante aus dem Massenwirkungsgesetz. Für die allgemeine Reaktion gilt:

$$a\mathrm{A} + b\mathrm{B} \xrightleftharpoons{\Delta G^0} c\mathrm{C} + d\mathrm{D}$$

Nach analoger Argumentation erhält man in einer allgemeinen Formulierung:

Gleichung 4.57

$$K^0 = \frac{[a_A^a]\,[a_B^b]}{[a_C^c]\,[a_D^d]} \quad \text{Massenwirkungsgesetz}$$

und

Gleichung 4.58

$$\Delta G^0 = -R \cdot T^{st} \cdot \ln K^0$$

Zu Beginn von ▸ Kap. 4.6 wurde die Bedeutung der freien Enthalpie als Arbeit angegeben, die die Reaktion bei reversibler Prozessführung und einem Formelumsatz leistet. Hier nochmals das Gleichgewichtsbeispiel:

$$SO_2 + H_2O \xrightleftharpoons{\Delta G_{(SO_2;\,H_2SO_3)}} H_2SO_3$$

Nach Berücksichtigung von **o** Gleichung 4.58 (van't-Hoff-Gleichung) und **o** Gleichung 4.57:

$$\Delta G^0_{(SO_2;\,H_2SO_3)} = -R \cdot T^{st} \cdot \ln K^0 \quad \text{und} \quad K^0 = \frac{[a_{(H^+)}]\ [a_{(HSO_3^-)}]}{[a_{(SO_2)}]}$$

Der Parameter $\Delta G^0_{(SO_2;\,H_2SO_3)}$ gibt jetzt die Arbeit an, die die Reaktion maximal leisten kann, wenn 1 mol SO_2 mit 1 mol Wasser unter **Standardbedingungen** zu 1 mol H_2SO_3 im **Standardzustand** reagiert. Das bedeutet, dass 1 mol 1 M SO_2 mit 1 mol **reinem Wasser** (also 55,55 M H_2O) bei 25 °C zu 1 mol 1 M HSO_3^- und 1 mol 1 M H^+ reagiert und dann die Arbeit $\Delta G^0_{(SO_2;\,H_2SO_3)}$ leistet. Der Parameter ΔG^c_R gibt den Stabilitätsunterschied zwischen Edukten und Produkten in ihren jeweiligen Standardzuständen an. Diese Aussage ist für das Verständnis von ΔG^0_R einer beliebigen Reaktion von außerordentlicher Wichtigkeit.

4

Im Massenwirkungsgesetz stehen nur dimensionslose Relativkonzentrationen. Damit sind Gleichgewichtskonstanten K_R stets **dimensionslose** Zahlen. Diesem Konzept folgen vor allem Lehrbücher der physikalischen Chemie. Analytiker rechnen aber oft mit „stöchiometrischen Gleichgewichtskonstanten". Diese können folgendermaßen hergeleitet werden: Zunächst formuliert man das Massenwirkungsgesetz (Gleichung 4.57) für die SO_2-Reaktion mit Wasser ausführlich und schreibt um:

$$K^0 = \frac{[a_{(H^+)}]\,[a_{(HSO_3^-)}]}{[a_{(SO_2)}]} = \frac{[c_{(H^+)}]/c^{st} \cdot [c_{(HSO_3^-)}]/c^{st}}{[c_{(SO_2)}]/c^{st}}$$ Gleichung 4.59

Die stöchiometrische Gleichgewichtskonstante K^c erhält man, wenn Gleichung 4.59 mit allen Standardkonzentrationen multipliziert wird:

$$K^c = K^0(c^{st}) = \frac{[c_{(H^+)}]\,[c_{(HSO_3^-)}]}{[c_{(SO_2)}]} \quad \text{und} \quad [K^c] = \tfrac{\text{mol}}{\text{L}}$$ Gleichung 4.60

Die stöchiometrische Gleichgewichtskonstante K^c hat nun die Dimension mol/L. Berücksichtigt man für das Gleichgewicht aber auch die Wasserkonzentration, dann erhält man auch für die stöchiometrische Gleichgewichtskonstante eine dimensionslose Zahl:

$$K^0 = \frac{[c_{(H^+)}]/c^{st} \cdot [c_{(HSO_3^-)}]/c^{st}}{[c_{(SO_2)}]/c^{st} \cdot [c_{(H_2O)}]/c^{st}_{(H_2O)}}$$ Gleichung 4.61

$$\rightarrow K'^c = K^0 \frac{c^{st}}{c^{st}_{(H_2O)}} = \frac{[c_{(H^+)}]\,[c_{(HSO_3^-)}]}{[c_{(SO_2)}]\,[c_{(H_2O)}]} \quad [K'^c] = \{\}$$

Im Massenwirkungsgesetz kann man also mit den dimensionierten Stoffmengenkonzentrationen rechnen. Bis zu diesem Punkt wurden keine mathematische oder physikalisch-logische Regel verletzt. Mit K^c kann man aber nur Gleichgewichtskonzentrationen berechnen. Jedes Logarithmieren von K^c, insbesondere ihre Verwendung in der so wichtigen van't-Hoff-Gleichung, verletzt die Gesetze der mathematischen Logik. Genaugenommen macht das Rechnen mit stöchiometrischen Gleichgewichtskonstanten daher keinen Sinn. Der entscheidende Nachteil von K^c besteht jedoch darin, dass die Bedeutung des mit ihr zusammenhängenden Werts für ΔG^R_c nicht mehr ersichtlich wird. Dies wird besonders deutlich, wenn man die van't-Hoff-Gleichung auf K^c anwendet:

$$\Delta G^c_{(SO_2;\, H_2SO_3)} = -R \cdot T \cdot \ln(\text{Zahlenwert von } K^c)$$

Die Gleichgewichtskonstante K^c hat die Dimension mol/L, sodass ihre Verwendung in der van't-Hoff-Gleichung eigentlich nicht möglich ist. Dennoch hat der Prozess eine freie Standardreaktionsenthalpie. Ferner wird sich K'^c von K^0 unterscheiden. Folglich unterscheiden sich dadurch auch die freien Standardreaktionsenthalpien $\Delta G'^c_{(SO_2;\, H_2SO_3)}$ und $\Delta G^c_{(SO_2;\, H_2SO_3)}$, die man aus den „Zahlenwerten" der Konstanten ermittelt. Welche ist denn nun die richtige? In einem Konzept, das ausschließlich mit dimensionierten Absolut-Konzentrationen arbeitet (und nur „Zahlenwerte" logarithmiert) ist diese Frage ganz schwer verständlich zu beantworten. Man kann aber auch die dimensionierten Stoffmengenkonzentrationen in K'^{c} wieder in Relativkonzentrationen umrechnen, indem man einheitlich den 1 M Standard verwendet und erhält:

$$K'^{0} = \frac{[c_{(H^+)}]/c^{st} \cdot [c_{(HSO_3^-)}]/c^{st}}{[c_{(SO_2)}]/c^{st} \cdot [c_{(H_2O)}]/c^{st}} = \frac{[a_{(H^+)}]\,[a_{(HSO_3^-)}]}{[a_{(SO_2)}]\,[a'_{(H_2O)}]}$$

Gleichung 4.62

Weil sich $c^{st} = 1$ mol/L rechenneutral verhält, scheint die Umrechnung zu ○ Gleichung 4.62 eine völlig sinnlose Aktion zu sein. Die Zahlenwerte beider Konstanten sind nämlich identisch. Die Konstante K'^{0} ist aus Relativkonzentrationen ermittelt und dimensionslos, K'^{c} hingegen aus Absolutkonzentrationen und ebenfalls dimensionslos. Vergleicht man jetzt aber K'^{0} mit K^{0}, so stellt man fest, dass beide Konstanten unterschiedliche Zahlenwerte und unterschiedliche freie Standardreaktionsenthalpien haben. Der Reaktand Wasser ist in K^{0} auf den reinen Stoff, in K'^{0} aber auf den 1 molaren Standard bezogen. Damit erhält man:

$$\Delta G'^{0}_{(SO_2;\, H_2SO_3)} = -R \cdot T^{st} \cdot \ln K'^{0}$$

Das bedeutet: Die freie Standardreaktionsenthalpie $\Delta G'^{0}_{(SO_2;\, H_2SO_3)}$ ist die Arbeit, die die Reaktion leistet, wenn 1 mol 1 M SO_2 mit 1 mol **1 M** Wasser (und nicht **reinem** Wasser, wie bei $\Delta G^{0}_{(SO_2;\, H_2SO_3)}$) in einem reversiblen Prozess zu 1 mol 1 M HSO_3^- und 1 mol 1 M H^+ reagiert. Beide freien Reaktionsenthalpien müssen sich unterscheiden, da verdünntes Wasser eine höhere Entropie besitzt als reines Wasser und das Verdünnen von reinem Wasser zu 1 M Wasser daher Arbeit bereitstellen kann. Mit K'^{0} rechnet man vorteilhaft dann, wenn man die Reaktion nicht in wässriger Lösung ablaufen lässt, sondern ein inertes Lösemittel benutzt, das sich nicht an der Reaktion beteiligt. Die Empfehlung, im Massenwirkungsgesetz dimensionslos zu rechnen, rechtfertigt sich nicht aus dem Anspruch auf formale Korrektheit beim Logarithmieren alleine. Wichtiger ist, dass beim Bilden der Relativkonzentrationen die Rolle der Standardzustände für die Bedeutung der thermodynamischen Parameter klarer zum Ausdruck kommt. Es ist also kein Zeichen von Nachlässigkeit, sondern eher ein Zeichen von Professionalität, wenn man Gleichgewichtskonstanten ohne Dimension angibt.

4.8 Berechnung von Gleichgewichtslagen aus dem Massenwirkungsgesetz

Im Folgenden soll am Beispiel der Reaktion von Iod mit Iodid gezeigt werden, wie sich Gleichgewichtskonzentrationen mithilfe des Massenwirkungsgesetzes berechnen lassen und wie man letztlich mit dieser Gleichung arbeitet.

Elementares Iod ist in Wasser nur sehr schwer löslich. Die Löslichkeit von Iod steigt aber dramatisch, wenn man dem Wasser Kaliumiodid zusetzt. Man betrachtet das Gleichgewicht:

$$I_2 + I^- \xrightleftharpoons{\Delta G_R} I_3^-$$

Tab. 4.2 Thermodynamische Daten aller Reaktanden der I_3^--Bildung (Rot: Phasenbezeichnung)

Verbindung	ΔH_B^0 /(kJ·mol⁻¹), T = 298,15 K	ΔG_B^0 /(kJ·mol⁻¹), T = 298,15 K
$(I_2)_{aq}$	20,90	16,44
$(I_3^-)_{aq}$	−51,90	−51,50
$(I^-)_{aq}$	−55,94	−51,67

Man formuliert das Massenwirkungsgesetz analog zu Gleichung 4.57 und erhält:

$$K^0 = \frac{[a_{(I_3^-)}]}{[a_{(I_2)}]\,[a_{(I^-)}]}$$ Gleichung 4.63

K^0 kann aus den Gleichgewichtskonzentrationen heraus berechnet werden. Ist das nicht möglich, dann kann K^0 auch aus thermodynamischen Daten berechnet werden. Aus Tab. 4.2 kann man die thermodynamischen Parameter der schon bekannten Standardbildungsenthalpien zusammen mit den freien Standardbildungsenthalpien ΔG_B^0 entnehmen.

ΔG_B^0 gibt die reversible Arbeit an, die man beobachtet, wenn ein Mol der Verbindung im angegebenen Standardzustand aus den Elementen in ihren Standardzuständen hergestellt wird. Die freie Standardbildungsenthalpie der Elemente in ihren Standardzuständen ist definitionsgemäß null. Hinter jedem Reaktand steht eine **Phasenbezeichnung**. In Tab. 4.2 ist dies einheitlich $(X)_{aq}$. Der Index „aq" bedeutet, dass die Reaktanden in wässriger Lösung betrachtet werden und man sich daher auf den 1 M Standard bezieht. Feststoffe werden mit $(X)_s$, mit „s" für solid, reine Flüssigkeiten mit $(X)_{lq}$, mit „lq" für liquid und Gase mit $(X)_g$, mit „g" für Gas, bezeichnet. Feststoffe und Flüssigkeiten sind dann immer auf den Standard des reinen Stoffs bezogen, Gase auf den Druck von 1 Atm. Die freien Standardbildungsenthalpien ΔG_B^0 haben eine sehr wichtige anschauliche Bedeutung. Die freie Standardbildungsethalpie ΔG_B^0 einer chemischen Verbindung ist das gültige Maß für die **Stabilität** dieser Verbindung. Im Laborjargon wird oft von der Stabilität eines Feststoffs oder der Stabilität einer Komplexverbindung geredet. Gemeint ist dann oft nur ein Teil dieser Verbindungsstabilität, nämlich der Teil, der in der Wechselwirkung zwischen den Kristallteilchen bzw. in der Wechselwirkung zwischen Zentralatom und Ligand steckt. In Tab. 4.2 findet sich ein Wert, der einen scheinbaren Widerspruch zur Definition von ΔG_B^0 darstellt. Die Standardbildungsenergie für I_2 ist nicht 0, obwohl Iod ein chemisches Element ist. Die Standardbildungsenthalpie ΔH_B^0 und die freie Standardbildungsenergie ΔG_B^0 für elementares Iod ist 0, wenn man die Bildung von I_2 auf den reinen Stoff bezieht. In Tab. 4.2 ist Iod aber auf die 1 M Lösung bezogen. Löst man festes reines Iod in Wasser auf und man erhält eine Lösung von 1 mol/L, dann muss man eine Wärmemenge von 20,9 kJ/mol und eine Arbeit von 16,44 kJ/mol aufbringen, um diesen Prozess zu erzwingen. Über eine einfache Kreisprozessrechnung, die freie Reaktionsenthalpie ist eine Zustandsfunktion, kann man jetzt die freie Standardreaktionsenthalpie für die Reaktion zwischen Iod und Iodid zu I_3^- berechnen:

$$\Delta G_R^0 = \Delta G_{B(I_3^-)}^0 - \Delta G_{B(I_2)}^0 - \Delta G_{B(I^-)}^0 = (-51{,}5 - 16{,}44 + 51{,}67)\frac{\text{kJ}}{\text{mol}}$$
$$= -16{,}27\frac{\text{kJ}}{\text{mol}}$$

Gleichung 4.64

Nach *van't Hoff* (Gleichung 4.56) ermittelt man die Gleichgewichtskonstante bei Standardtemperatur:

$$K^0 = \frac{[a_{(I_3^-)}]}{[a_{(I_2)}]\,[a_{(I^-)}]} = e^{-\frac{\Delta G_R^0}{R \cdot T^{st}}} = e^{-\frac{-16270}{8{,}314 \cdot 298{,}15}\frac{\text{J} \cdot \text{mol} \cdot \text{K}}{\text{mol} \cdot \text{J} \cdot \text{K}}} = e^{6{,}564} = 709$$

Gleichung 4.65

Welcher Prozess wird zuerst ablaufen, wenn man 1 mol Iod, 1 mol Kaliumiodid und 1 mol I_3^- in 1 L Wasser auflöst und wie groß sind die Gleichgewichtskonzentrationen aller Reaktanden? Zuerst bestimmt man die Einwaage-Relativkonzentrationen für alle Reaktanden nach Gleichung 1.6 (▸ Kap. 1.6.4) und Gleichung 4.48:

$$a_i^0 = \frac{n_i^0}{V \cdot c^{st}} = \frac{1}{1 \cdot 1}\frac{\text{molL}}{\text{molL}} = 1$$ Anfangsrelativkonzentration für I_3^-, I^- und I_2

Für den Reaktionsquotienten für den Anfangszustand gilt:

$$Q^0 = \frac{a_{(I_3^-)}^0}{a_{(I_2)}^0 \cdot a_{(I^-)}^0} = \frac{1}{1 \cdot 1} = 1 < 709$$

Gleichung 4.66

Zu Beginn der Reaktion ist daher $Q^0 << K^0$. Es wird also ein Prozess einsetzen, der den Reaktionsquotienten so lange vergrößert, bis $Q = K^0$ ist. Das kann nur geschehen, wenn die Konzentration von I_3^- auf Kosten der Konzentrationen von I_2 und I^- ansteigt:

$$I_2 + I^- \longrightarrow I_3^-$$

Um die Gleichgewichtskonzentrationen berechnen zu können, muss man eine Rechenvariable einführen. Am besten setzt man die Stoffmenge an entstandenem I_3^- gleich x. Dann gilt für die Gleichgewichtsrelativkonzentrationen:

(a) $[a_{(I_3^-)}] = a_{(I_3^-)}^0 + x$
(b) $[a_{(I_2)}] = a_{(I_2)}^0 - x$
(c) $[a_{(I^-)}] = a_{(I^-)}^0 - x$

Gleichung 4.67

Mit $a^0 = a_{(I_3^-)}^0 = a_{(I_2)}^0 = a_{(I^-)}^0 = 1$ gilt:

$$K^0 = \frac{a^0 + x}{(a^0 - x)^2}$$

Gleichung 4.68

4

Um x zu bestimmen, setzt man den in ▸ Kap. 3 empfohlenen Algorithmus ein:

$$K^0(a^0-x)^2 = a^0+x \rightarrow K^0((a^0)^2-2a^0x+x^2) = a^0+x$$

$$\rightarrow \quad K^0(a^0)^2-2K^0a^0x+K^0x^2 = a^0+x$$

Die erhaltene gemischt quadratische Gleichung wird auf Normalform gebracht:

$$\rightarrow \quad K^0x^2-(2K^0a^0+1)x+K^0(a^0)^2-a^0 = 0$$

$$\rightarrow \quad x^2-\frac{(2K^0a^0+1)}{K^0}x+\frac{K^0(a^0)^2-a^0}{K^0} = 0$$

$$\rightarrow \quad x^2-\left(2a^0+\frac{1}{K^0}\right)x+(a^0)^2-\frac{a^0}{K^0} = 0$$

Nach ○ Gleichung 3.31 (▸ Kap. 3.2.3) lautet die dazugehörige Lösungsform:

$$x_{1,2} = -\frac{b}{2} \pm \sqrt{\left(\frac{b}{2}\right)^2-c}$$

$$\rightarrow \quad x_{1,2} = a^0+\frac{1}{2K^0} \pm \sqrt{\left(a^0+\frac{1}{2K^0}\right)^2-(a^0)^2+\frac{a^0}{K^0}}$$

x kann nicht größer als 1 werden, denn es gilt:

$$a^0+\frac{1}{2K^0} > a^0 = 1$$

Daher erhält man für die Aktivität des entstandenen I_3^- nur eine mathematische Lösung, für die das Vorzeichen vor der Wurzel negativ sein muss:

$$\rightarrow \quad x = a^0+\frac{1}{2K^0}-\sqrt{(a^0)^2+\frac{a^0}{K^0}+\frac{1}{4(K^0)^2}-(a^0)^2+\frac{a^0}{K^0}} = a^0+\frac{1}{2K^0}-\sqrt{\frac{2a^0}{K^0}+\frac{1}{4(K^0)^2}}$$

Nach dem Einsetzen ergibt sich:

$$x = 1+\frac{1}{2\cdot 709}-\sqrt{\frac{2}{709}+\frac{1}{502\,681\cdot 4}} = 0{,}9476$$

Neben der mathematischen Lösung besteht eine Alternative darin, die Zahlenwerte in die Normalform einzusetzen und das lineare Glied b und das konstante Glied c zu bestimmen:

$$x^2-\frac{2\cdot 709+1}{709}x+\frac{709-1}{709} = 0 \quad \rightarrow \quad x^2-2{,}00141x+0{,}9986 = 0$$

Den Wert für b darf man beim Einsetzen in die Lösungsform nicht auf 2,00 runden. Man würde dann nämlich für x den Wert a^0 (ist zwar approximativ richtig) erhalten, dabei aber die Information über die noch vorhandenen Edukte verlieren. Nach dem Einsetzen der genauen Werte für b und c erhält man:

$$x = -\frac{b}{2}-\sqrt{\left(\frac{b}{2}\right)^2-c} = \frac{2{,}00141}{2}-\sqrt{\left(\frac{2{,}00141}{2}\right)^2-0{,}9986} = 0{,}9476$$

Für die Gleichgewichtskonzentrationen aller Reaktanden gilt nach Gleichung 6.67:

$$\left[a_{(I_3^-)}\right] = a^0_{(I_3^-)} + x = 1 + 0{,}9477 = 1{,}9477 \qquad \left[c_{(I_3^-)}\right] = \left[a_{(I_3^-)}\right] \cdot c^{st} = 1{,}9477\frac{\text{mol}}{\text{L}}$$

$$\left[a_{(I_2)}\right] = a^0_{(I_2)} - x = 1 - 0{,}9477 = 0{,}0523 \qquad \left[c_{(I_2)}\right] = \left[a_{(I_2)}\right] \cdot c^{st} = 0{,}0523\frac{\text{mol}}{\text{L}}$$

$$\left[a_{(I^-)}\right] = a^0_{(I^-)} - x = 1 - 0{,}9477 = 0{,}0523 \qquad \left[c_{(I^-)}\right] = \left[a_{(I^-)}\right] \cdot c^{st} = 0{,}0523\frac{\text{mol}}{\text{L}}$$

4.9 Beeinflussung chemischer Gleichgewichte

Im Labor werden üblicherweise chemische Reaktionen mit dem Ziel durchgeführt, eine bestimmte Zielverbindung mit möglichst großer Ausbeute zur erhalten. Daher interessieren die Möglichkeiten, wie ein chemisches Gleichgewicht auf eine bestimmte Seite verschoben werden kann. Dazu folgendes Gleichgewicht:

$$I_2 + I^- \underset{}{\overset{K^0}{\rightleftharpoons}} I_3^-$$

Nach Gleichung 4.63 gilt:

$$K^0 = \frac{\left[a_{(I_3^-)}\right]}{\left[a_{(I_2)}\right]\left[a_{(I^-)}\right]}$$

Will man die Ausbeute von I_3^- erhöhen, dann muss der Reaktionsquotient *Q* zumindest kurzfristig kleiner als die Gleichgewichtskonstante K^0 sein. Um dies zu erreichen, kann man die Konzentration $\left[a_{(I_3^-)}\right]$ verkleinern, indem I_3^- aus dem Gleichgewicht entfernt wird, oder man erhöht die Konzentration von einem oder von beiden Edukten (I_2 und I^-). Umgekehrt kann man das Gleichgewicht auf die Seite der Edukte verschieben, indem man entweder das Produkt I_3^- zusetzt oder eines der Edukte entfernt.

Gleichgewichte können nach einem ganz einfachen Prinzip manipuliert werden. Übt man auf ein Gleichgewicht Zwang aus, dann reagiert das Gleichgewicht so, dass es dem Zwang entgegenwirkt. Dieses Prinzip wurde von *Le Chatelier* formuliert und bedeutet Folgendes: Setzt man einen Reaktanden zu, so wird ein Prozess in Gang kommen, der diesen Reaktanden zumindest teilweise wieder beseitigt. Entfernt man einen Reaktanden aus dem Gleichgewicht, dann kommt ein Prozess in Gang, der diesen Reaktanden zumindest teilweise wieder entstehen lässt.

Dieses Prinzip wirkt nicht nur auf die am Gleichgewicht beteiligten Stoffe, sondern auch auf die das Gleichgewicht beeinflussende Energie. Beispielsweise ist es so möglich, die Temperaturabhängigkeit der Gleichgewichtskonstante zu diskutieren. Rein qualitativ lässt sich aus dem *Le-Chatelier*-Prinzip schließen, dass eine Temperaturerhöhung den Prozess fördern wird, der Wärme verbraucht.

Nimmt man die Gleichung nach *van't Hoff* (Gleichung 4.58) und stellt diese nach der Gleichgewichtkonstante *K* um, ergibt sich:

$$\Delta G_{(T)} = -R \cdot T \cdot \ln K_{(T)} \quad \text{und} \quad K_{(T)} = e^{-\frac{\Delta G_{(T)}}{R \cdot T}} \qquad \text{Gleichung 4.69}$$

4

Gleichung 4.69 stellt die Temperaturabhängigkeit der Gleichgewichtskonstante nicht vollständig dar. Es muss noch die Temperaturabhängigkeit der freien Reaktionsenthalpie $\Delta G_{(T)}$ mitberücksichtigt werden. Nach *Gibbs-Helmholtz* (Gleichung 4.43) gilt:

$$\Delta G_{(T)} = \Delta H - \mathrm{T}\Delta S$$

Setzt man diese Gleichung in Gleichung 4.69 ein, dann erhält man für die Gleichgewichtskonstante:

$$K_{(T)} = \mathrm{e}^{-\frac{\Delta H - T\Delta S}{R \cdot T}} \qquad \text{Gleichung 4.70}$$

Wie wird sich die Gleichgewichtskonstante aus Gleichung 4.63 ändern, wenn man die Temperatur der Lösung von 25 °C auf 100 °C (= 373,15 K) erhöht? Mithilfe der Gleichung 4.70 kann man dies abschätzen. Man berechnet zuerst die Standardreaktionsenthalpie der Reaktion nach Gleichung 4.34 mit den Daten aus Tab. 4.2:

$$\Delta H_{\mathrm{R}}^{0} = \Delta H_{B(\mathrm{I}_3^-)}^{0} - \Delta H_{B(\mathrm{I}_2)}^{0} - \Delta H_{B(\mathrm{I}^-)}^{0} = (-51{,}9 - 20{,}9 + 55{,}94)\frac{\mathrm{kJ}}{\mathrm{mol}} = -16{,}9\frac{\mathrm{kJ}}{\mathrm{mol}}$$

Die Bildung von I_3^- ist also exotherm. Über die Gleichung nach *Gibbs-Helmholtz* erhält man die Reaktionsentropie bei Standardbedingungen, also bei 25 °C, indem man Gleichung 4.43 nach ΔS auflöst:

$$\Delta S^0 = \frac{\Delta H_R^0 - \Delta G_R^0}{T^{\mathrm{st}}} = \frac{-16\,900 + 16\,270}{298{,}15}\frac{\mathrm{J}}{\mathrm{mol}\cdot\mathrm{K}} = -2{,}113\frac{\mathrm{J}}{\mathrm{mol}\cdot\mathrm{K}}$$

Nun sind strenggenommen sowohl ΔH_R als auch ΔS_R temperaturabhängig, daher müssen für beide physikalische Größen (Reaktionsenthalpie und Reaktionsentropie) die Kirchhoff-Korrektur durchgeführt werden:

$$\Delta H_{\mathrm{R}(T)} = \Delta H_{\mathrm{R}}^{0} + \Delta C_{p;n}^{0} \cdot \Delta T \qquad \text{(für den Umsatz von 1 mol/L)} \qquad \text{Gleichung 4.71}$$

$$\Delta S_{\mathrm{R}(T)} = \Delta S_{\mathrm{R}}^{0} + \Delta C_{p;n}^{0} \cdot \Delta \ln T \qquad \text{(für den Umsatz von 1 mol/L)} \qquad \text{Gleichung 4.72}$$

Beide temperaturabhängige Größen sind also über die Reaktionswärmekapazität $\Delta C_{p;n}^0$ verbunden. Für Reaktionen, die sich in verdünnter Lösung abspielen, gilt $\Delta C_{p;n}^0 \approx 0$, weil die Wärmekapazität des Systems von der Wärmekapazität des Lösemittels dominiert wird, und sich diese durch die Reaktion nicht ändert. Für Reaktionsenthalpie und Reaktionsentropie kann man daher die Werte für den Standardzustand übernehmen und in Gleichung 4.70 einsetzen:

$$K_{(T)} = \mathrm{e}^{-\frac{\Delta H - T\cdot\Delta S}{R\cdot T}} = \mathrm{e}^{-\frac{-16\,900 + 2{,}113\cdot 373{,}15}{8{,}314\cdot 373{,}15}\frac{\mathrm{J\cdot mol\cdot K}}{\mathrm{mol\cdot J\cdot K}}} = \mathrm{e}^{5{,}193} = 180$$

Die Gleichgewichtskonstante $K_{(373{,}15\,\mathrm{K})}$ hat sich gegenüber K^0 stark verringert. Das Gleichgewicht verschiebt sich bei Temperaturerhöhung also in Richtung der Edukte. Da die Bildung von I_3^- exotherm ist, ist der Zerfall von I_3^- endotherm und verbraucht Wärme. Die Voraussage nach dem Le-Chatelier-Prinzip hat sich also durch die Berechnung bestätigt.

4.10 Säure-Base-Gleichgewichte

4.10.1 Protolysereaktionen starker Protolyte

In ▸ Kap. 1.4 wurde eine Substanz als Brönsted-Säure bezeichnet, wenn diese an Brönsted-Basen Protonen übertragen kann. Eine Brönsted-Base ist dann eine Verbindung, die Protonen binden kann. Löst man eine Brönsted-Säure HS in Wasser auf, dann spielt sich dort folgender Prozess ab:

$$HS + H_2O \longrightarrow H_3O^+ + S^-$$

Dieser Vorgang wird als **Protolyse** der Säure HS bezeichnet. Protolysereaktionen sind strenggenommen immer Gleichgewichtsreaktionen. Liegt das Protolysegleichgewicht aber soweit auf der Seite der ionischen Protolyseprodukte (Hydroxonium H_3O^+ und Säureanion S^-), dann spricht man von einer ***starken Säure***. Starke Säuren sind in Wasser vollständig dissoziiert. Typische Beispiele starker Säuren sind Salpetersäure (HNO_3), Chlorwasserstoffgas (HCl) und Perchlorsäure ($HClO_4$). In Kap. 1 wurden ihre Protolysereaktionen folgendermaßen formuliert:

$$HClO_4 + H_2O \longrightarrow H_3O^+ + ClO_4^- \qquad HCl + H_2O \longrightarrow H_3O^+ + Cl^-$$

$$HNO_3 + H_2O \longrightarrow H_3O^+ + NO_3^-$$

Löst man 0,001 mol Perchlorsäure in 1 L Wasser, so beträgt die Einwaagekonzentration von Perchlorsäure:

$$c^0_{(HClO_4)} = \frac{n^0_{(HClO_4)}}{V} = \frac{0{,}001}{1}\frac{\text{mol}}{\text{L}} = 10^{-3}\frac{\text{mol}}{\text{L}}$$

Wie viel Hydroxonium wird dann in der Lösung entstehen? Da die Perchlorsäureprotolyse nahezu quantitativ abläuft, gilt:

$$c_{(H_3O^+)} = c^0_{(HClO_4)} = 10^{-3}\frac{\text{mol}}{\text{L}}$$ Gleichung 4.73

Für jede starke Säure HS mit der Anfangskonzentration $c^0_{(HS)}$ gilt für die Säurekonzentration in der Lösung:

$$c_{(H_3O^+)} = c^0_{(HS)}$$ Gleichung 4.74

Der Säuregehalt einer wässrigen Lösung wird oft über den pH-Wert ausgedrückt. Dabei gilt definitionsgemäß:

$$\text{pH} = -\log a_{(H_3O^+)} \quad \text{mit} \quad a_{(H_3O^+)} = \frac{c_{(H_3O^+)}}{c^{st}} \quad \text{und} \quad c^{st} = 1\frac{\text{mol}}{\text{L}}$$ Gleichung 4.75

4

Der pH-Wert ist der negative dekadische Logarithmus der Säure-**Relativkonzentration** oder der Aktivität. In einer 10^{-3} M Perchlorsäurelösung beträgt der pH-Wert nach Gleichung 4.75: pH = 3. Löst man zwei verschiedene starke Säuren in Wasser, so ist die Hydroxoniumkonzentration die Summe der Einwaagekonzentrationen der beiden Säuren. Ein Gemisch aus 10^{-3} mol $HClO_4$ und $9 \cdot 10^{-3}$ mol HNO_3 ergibt eine Hydroxonium-Relativkonzentration und einen pH-Wert von:

$$a_{(H_3O^+)} = \frac{n^0_{(HClO_4)} + n^0_{(HNO_3)}}{V \cdot c^{st}} = \frac{10^{-3} + 9 \cdot 10^{-3}}{1 \cdot 1} \frac{\text{mol} \cdot \text{L}}{\text{L} \cdot \text{mol}} = 10^{-2} \; ; \quad \text{pH} = 2$$

Allgemein gilt für ein Gemisch beliebig vieler starker Säuren HS_i:

$$a_{(H_3O^+)} = \sum_i a^0_{(HS_i)} \qquad \text{Gleichung 4.76}$$

Löst man 0,01 mol Natriumhydroxid (NaOH) in 1 L Wasser auf, so findet folgender Prozess statt:

$$NaOH \longrightarrow Na^+ + OH^-$$

Natriumhydroxid kann H^+-Ionen binden und ist daher eine Brönsted-Base. In wässriger Lösung erzeugt sie Hydroxid-Ionen (OH^-). Dabei läuft die Dissoziation von NaOH quantitativ ab, da sich Natriumhydroxid als Feststoff vollständig löst. Für jedes Mol NaOH entsteht in der Lösung genau ein mol OH^-. Natriumhydroxid wird als starke Base bezeichnet. Löst man $a^0_{(NaOH)}$ in Wasser, so gilt für die Hydroxid-Relativkonzentration oder die Aktivität:

$$a_{(OH^-)} = a^0_{(NaOH)} \qquad \text{Gleichung 4.77}$$

Für eine beliebige starke Base B lautet die Protolysereaktion:

$$B^- + H_2O \longrightarrow HB^+ + OH^-$$

Für die Hydroxid-Relativkonzentration gilt:

$$a_{(OH^-)} = a^0_{(B)} \qquad \text{Gleichung 4.78}$$

Im Gegensatz zu starken Säuren gibt es viele mehrwertige starke Basen. So löst sich Bariumhydroxid folgendermaßen in Wasser:

$$Ba(OH)_2 \longrightarrow Ba^{2+} + 2\,OH^-$$

Für die Hydroxidaktivität gilt $a_{(OH^-)} = 2\,a^0_{(Ba(OH)_2)}$. Für ein Gemisch aus verschiedenen z_i-wertigen Basen B_i gilt allgemein:

$$a_{(OH^-)} = \sum_i z_i\, a_{(B_i)} \qquad \text{Gleichung 4.79}$$

Analog zum pH-Wert definiert man den pOH-Wert als negativen dekadischen Logarithmus der Hydroxid-Relativkonzentration:

$$pOH = -\log a_{(OH^-)}$$ Gleichung 4.80

pH- und pOH-Wert sind voneinander abhängig. Reines Wasser hat eine H_3O^+-Konzentration von 10^{-7} mol/L. Woher kommt diese Säure? Wasser kann sowohl als Säure als auch als Base reagieren. Es existiert ein Autoprotolysegleichgewicht:

$$H_2O + H_2O \overset{K_c}{\rightleftharpoons} H_3O^+ + OH^-$$

Über das Massenwirkungsgesetz erhält man:

$$K_c = \frac{[a_{(H_3O^+)}]\,[a_{(OH^-)}]}{[a^2_{(H_2O)}]}$$ Gleichung 4.81

Gleichung 4.81 enthält Aktivitäten bzw. Relativkonzentrationen. Die Reaktanden H_3O^+ und OH^- sind Komponenten in hoch verdünntem Zustand. Ihre Aktivitäten werden auf den 1 M Standard c^{st} = 1 mol/L bezogen. Wasser ist auch Lösemittel und seine Aktivität wird auf den Standard des reinen Stoffs bezogen. Damit gilt in Gleichung 4.81 die Gleichgewichtsaktivität $[a_{(H_2O)}] = 1$ und die Gleichung vereinfacht sich wie folgt:

$$K_w = [a_{(H_3O^+)}]\,[a_{(OH^-)}]$$ Gleichung 4.82

Aus Gleichung 4.82 geht hervor, dass in reinem Wasser bei der Autoprotolyse gleich viel H_3O^+ und OH^- entstehen. Ist die Aktivität im Gleichgewicht $[a_{(H_3O^+)}] = 10^{-7}$, so gilt für $[a_{(OH^-)}] = 10^{-7}$. Damit ist die Gleichgewichtskonstante $K_W = 10^{-14}$. Die Gleichgewichtskonstante K_W wird auch als Ionenprodukt des Wassers bezeichnet. Gibt man zu Wasser eine starke Säure hinzu, dann sinkt automatisch die Gleichgewichtskonzentration von OH^-. Aus Gleichung 4.82 ergibt sich für eine 0,001 M Perchlorsäurelösung somit:

$$[a_{(OH^-)}] = \frac{K_W}{[a_{(H_3O^+)}]} = \frac{10^{-14}}{10^{-3}} = 10^{-11}$$

In reinem Wasser gilt: pH = pOH = 7. Der pH-Wert von 7 wird als **Neutralpunkt** bezeichnet. Der pH-Wert einer 0,001 M Perchlorsäurelösung liegt bei 3, der pOH-Wert bei 11. Für die absolute Hydroxidkonzentration in der 10^{-3} M Perchlorsäure bedeutet dies nach Gleichung 4.48:

$$[c_{(OH^-)}] = [a_{(OH^-)}] \cdot c^{st} = 10^{-11}\,\frac{mol}{L}$$

Je kleiner der pH-Wert, umso größer ist der pOH-Wert. Nach den Rechenregeln des Logarithmus gilt:

$$-\log K_W = -\log a_{(H_3O^+)} - \log a_{(OH^-)} = pH + pOH = pK_W = 14$$ Gleichung 4.83

Bei einem pH-Wert < 7 spricht man von einer sauren Lösung. Ist der pH-Wert > 7, dann ist die Lösung alkalisch. Stets gilt die folgende Beziehung:

$$pH = 14 - pOH$$ Gleichung 4.84

4.10.2 Stärke von Säuren und Basen

Von den Säuren HNO_3, HCl und $HClO_4$ ist die Salpetersäure die schwächste und die Perchlorsäure die stärkste. Man kann dies zeigen, wenn man Kochsalz (NaCl) mit $HClO_4$ behandelt. Es werden sich Chlorwasserstoffgas und Natriumperchlorat bilden:

$$HClO_4 + NaCl \longrightarrow NaClO_4 + HCl$$

Säuren können nach ihrer Säurestärke qualitativ angeordnet werden, in dem man ihre sogenannten Verdrängungsreaktionen studiert: Die starke Säure verdrängt die schwache Säure aus ihren Salzen. Löst man aber 0,1 mol HNO_3, HCl oder $HClO_4$ jeweils in 1 Liter Wasser, so erhält man bei allen drei Lösungen einen pH-Wert von 1. Jede der drei Säuren ist stärker als die Säure H_3O^+. Alle Säuren HS, die stärker als H_3O^+ sind, werden in Wasser quantitativ in H_3O^+ überführt. Diesen Prozess bezeichnet man als **Nivellierung**. Die unterschiedlichen Säurestärken von HNO_3, HCl und $HClO_4$ kommen in Wasser nicht zur Wirkung, weil H_3O^+ in Wasser die stärkste Säure ist, die dort existieren kann. Alle stärkeren Säuren werden in Wasser nivelliert. Ebenso ist OH^- die stärkste Base, die in Wasser existieren kann. Alle Basen, die stärker als OH^- sind, werden in Wasser nivelliert. Löst man jedoch eine Säure HA in Wasser, die schwächer als H_3O^+ ist, dann stellt sich folgendes **Protolysegleichgewicht** ein:

$$HA + H_2O \xrightleftharpoons{K_S} H_3O^+ + A^-$$

Die Gleichgewichtskonstante K_S wird als Säurekonstante bezeichnet. An ihr kann die Säurestärke abgelesen werden. Für die Säurestärke gilt nach dem Massenwirkungsgesetz:

$$K_S = \frac{[a_{(H_3O^+)}]\,[a_{(A^-)}]}{[a_{(HA)}]\,[a_{(H_2O)}]} \quad \text{mit } a_{(H_2O)} = 1$$ Gleichung 4.85

Die Protolysereaktanden H_3O^+, A^- und HA werden auf den 1 M Standard bezogen. Der Reaktand Wasser wirkt auch als Lösemittel und ist in entsprechendem Überschuss im Gleichgewicht präsent. Hierfür gilt der Standard des reinen Stoffs und damit ist seine Relativkonzentration gleich 1. Damit vereinfacht sich o Gleichung 4.85 zu o Gleichung 4.86:

$$K_S = \frac{[a_{(H_3O^+)}]\,[a_{(A^-)}]}{[a_{(HA)}]}$$ Gleichung 4.86

Tab. 4.3 Freie Standardbildungsenthalpie für Essigsäure, Acetat und H^+

Verbindung	ΔG_B^0 /(kJmol^{-1}), T^{st} = 298,15 K
Essigsäure $(HOAc)_{aq}$	−404,1
Acetat $(AcO^-)_{aq}$	−376,9
$(H^+)_{aq}$	0

Eine typische, schwache Säure ist die Essigsäure (CH_3COOH), die in Wasser folgende protolytische Reaktion zeigt:

$$CH_3COOH + H_2O \xrightleftharpoons{K_S} H_3O^+ + CH_3COO^-$$

oder vereinfacht:

$$HOAc \xrightleftharpoons{K_S} H_3O^+ + AcO^-$$

Aus Tab. 4.3 kann man die entsprechenden Werte für die freie Bildungsenthalpie der Protolysereaktanden entnehmen. Alle Verbindungen sind mit „aq" indiziert. Die Werte für ΔG_S^0 beziehen sich daher auf den 1-molaren Standard mit c^{st} = 1 mol/L. Mit Gleichung 4.44 und Gleichung 4.56 *(van't Hoff)* gilt für die Säurestärke der Essigsäure:

$$\Delta G_S^0 = \Delta G^0_{B(AcO^-)} - \Delta G^0_{B(HOAc)} = -376{,}9\frac{kJ}{mol} + 404{,}1\frac{kJ}{mol} = 27{,}2\frac{kJ}{mol}$$

$$K_S = e^{-\frac{\Delta G_S^0}{R \cdot T^{st}}} = e^{-\frac{27\,200}{8{,}314 \cdot 298{,}15)}\frac{J \cdot mol \cdot K}{mol \cdot J \cdot K}} = e^{-10{,}973} = 10^{-4{,}765}$$

Der Literaturwert für die Säurestärke der Essigsäure beträgt $K_{S(HOAc)} = 10^{-4{,}75}$. Säurestärken werden oft logarithmisch tabelliert:

$$pK_S = -\log K_S \qquad \text{Gleichung 4.87}$$

Die logarithmische Angabe von Gleichgewichtskonstanten ist nicht nur bei Protolysegleichgewichten üblich. Für Dissoziationsreaktionen, d. h., wenige große Teilchen zerfallen in viele kleine Teilchen, gilt allgemein:

$$pK_D = -\log K_D \qquad \text{Gleichung 4.88}$$

Für Assoziationsreaktionen, d. h., viele kleine Teilchen bilden wenige große Teilchen, gilt allgemein:

$$pK_A = +\log K_A \qquad \text{Gleichung 4.89}$$

Tab. 4.4 pH-Werte verschiedener schwacher Säuren (0,1 M) in Wasser

Säure	pK_S	pH
H_3PO_4	1,96	1,552
HOAc	4,75	2,878
NH_4Cl	9,25	5,125

Die Angabe von pK-Werten zur Charakterisierung von Gleichgewichten, hatte niemals **ausschließlich** und hat heutzutage nicht einmal **vorrangig** den Sinn, Tabellen bequemer zu schreiben oder das Kopfrechnen zu erleichtern. pK-Werte haben eine anschauliche Bedeutung, die sich aus der van't-Hoff-Gleichung (Gleichung 4.56) direkt erschließt. Für eine Dissoziation gilt beispielsweise:

$$\Delta G_D^0 = -R \cdot T^{st} \cdot \ln K_D = -2{,}303\, R \cdot T^{st} \cdot \log K_D = 2{,}303\, R \cdot T^{st} \cdot \mathrm{p}K_D$$

Die pK-Werte sind also direkt proportional zur freien Reaktionsenthalpie und bilden damit ein Maß für den Stabilitätsunterschied von Edukt-Standardzustand zu Produkt-Standardzustand der betrachteten Gleichgewichtsreaktion.

Löst man von verschiedenen Säuren 0,1 mol in 1 Liter Wasser, so beobachtet man die in Tab. 4.4 aufgeführten pH-Werte. Anhand der pK_S-Werte kann man sehen, dass die Säurestärken in der Reihe H_3PO_4 > HOAc > NH_4^+ abnehmen. Dies erkennt man auch an den pH-Werten der 0,1 M Lösungen. Diese nehmen in der obigen Reihe zu. Diesen Effekt nennt man **Differenzierung**. Die Differenzierung ist eine typische Eigenschaft **schwacher Protolyte**. Unter einem schwachen Protolyt versteht man jede Säure oder Base, die in Wasser ein Gleichgewicht ausbildet, das nicht vollständig auf der Seite der dissoziierten Reaktanden liegt.

Wie berechnet man den pH-Wert einer schwachen Säure? Dazu löst man eine schwache Säure HA mit der Einwaageaktivität $a^0_{(HA)}$ in **ungestörtem** Wasser, d. h. einer Lösung, die außer der Säure HA und Wasser keinen anderen Protolyten enthält. In dieser Lösung wird sich das folgende Gleichgewicht ausbilden:

$$HA + H_2O \xrightleftharpoons{K_S} H_3O^+ + A^-$$

Dieses Gleichgewicht kann nach Gleichung 4.85 durch das Massenwirkungsgesetz beschrieben werden:

$$K_S = \frac{\left[a_{(H_3O^+)}\right]\left[a_{(A^-)}\right]}{\left[a_{(HA)}\right]}$$

Ist $a^0_{(HA)} >> 10^{-7}$, dann kann die Autoprotolyse des Wassers vernachlässigt werden. Ferner wird dann nach obiger Protolysegleichung immer gleich viel H_3O^+ wie A^- gebildet. Damit gilt also:

$$\left[a_{(H_3O^+)}\right] = \left[a_{(A^-)}\right] \quad \rightarrow \quad \left[a^2_{(H_3O^+)}\right] = \left[a_{(H_3O^+)}\right]\left[a_{(A^-)}\right]$$

Ferner gilt aufgrund der Massenbilanz:

$$a^0_{(HA)} = \left[a_{(HA)}\right] + \left[a_{(H_3O^+)}\right]$$

Daraus folgt für das Massenwirkungsgesetz:

$$K_S = \frac{\left[a^2_{(H_3O^+)}\right]}{a^0_{(HA)} - \left[a_{(H_3O^+)}\right]}$$

Gleichung 4.90

Löst man Gleichung 4.90 nach $\left[a_{(H_3O^+)}\right]$ auf, erhält man:

$$\left[a_{(H_3O^+)}\right] = -\frac{K_S}{2} + \sqrt{\left(\frac{K_S}{2}\right)^2 + K_S a^0_{(HA)}}$$

Gleichung 4.91

Für $a^0_{(HA)} \approx \left[a^0_{(HA)}\right]$ gilt:

$$\left[a_{(H_3O^+)}\right] \cong \sqrt{K_S a^0_{(HA)}}$$

Gleichung 4.92

Gleichung 4.92 ist eine gebräuchliche Näherung für Gleichung 4.91. Sie gilt aber nur, wenn die Säure HA so schwach ist, dass ihr Protolysegleichgewicht fast vollständig auf Seite der nicht dissoziierten Säure HA liegt. Sollen die Protonenkonzentrationen genau berechnet werden, dann liefert Gleichung 4.92 schlechte Resultate, wenn K_S groß oder die Einwaageaktivität $a^0_{(HA)}$ sehr klein ist. Daher gilt Gleichung 4.92 bei kleinem **Protolysegrad** $\alpha_{(HA)}$. $\alpha_{(HA)}$ beschreibt, in welchem Ausmaß die Säure in wässriger Lösung in Ionen zerfallen ist:

$$\alpha_{(HA)} = \frac{\left[a_{(H_3O^+)}\right]}{a^0_{(HA)}}$$

Gleichung 4.93

Der Protolysegrad ist immer eine Zahl zwischen $0 < \alpha_{(HA)} < 1$. Multiplizieren man $\alpha_{(HA)}$ mit 100 erhält man, wie viel Prozent der eingesetzten Säure Protonen an das Wasser abgegeben haben. Ein Protolysegrad von 0 bedeutet, HA reagiert überhaupt nicht als Säure, ein Protolysegrad von 1 bedeutet, dass HA eine stärkere Säure als H_3O^+ ist und in Wasser nivelliert wird. Setzt man Gleichung 4.91 in Gleichung 4.93 ein, dann erhält man:

$$\alpha_{(HA)} = \frac{\left[a_{(H_3O^+)}\right]}{a^0_{(HA)}} = -\frac{K_S}{2a^0_{(HA)}} + \frac{1}{a^0_{(HA)}}\sqrt{\left(\frac{K_S}{2}\right)^2 + K_S a^0_{(HA)}}$$

$$= -\frac{K_S}{2a^0_{(HA)}} + \sqrt{\left(\frac{K_S}{2\,a^0_{(HA)}}\right)^2 + \frac{K_S}{a^0_{(HA)}}}$$

Gleichung 4.94

Gleichung 4.94 ist nur eine spezielle Ausdrucksform des Ostwaldschen Verdünnungsgesetzes. Es sagt vor allem aus, dass der Protolysegrad $\alpha_{(HA)}$ steigt, wenn die Einwaageaktivität $a^0_{(HA)}$ sinkt. Dies hat einen sehr einfachen Grund: Betrachtet man die Protolysegleichung von HA, so sieht man, dass die Säure HA mit Wasser im Überschuss reagiert. Die Zerfallswahrscheinlichkeit eines HA-Moleküls ist unabhängig von seiner Einwaageaktivität $a^0_{(HA)}$. Für die Rückreaktion müssen sich H_3O^+ und A^- aber erst finden. Dies wird umso schwerer, je verdünnter die Lösung ist. Schwache Säuren HA werden starken Säuren immer ähnlicher, je verdünnter sie sind.

Löst man eine schwache Base B mit der Einwaageaktivität $a^0_{(B)}$ in Wasser, so beobachtet man folgendes Gleichgewicht:

$$B^- + H_2O \xrightleftharpoons{K_B} HB^+ + OH^-$$

Für dieses Gleichgewicht gilt das Massenwirkungsgesetz:

$$K_B = \frac{[a_{(HB^+)}]\,[a_{(OH^-)}]}{[a_{(B)}]} \text{ mit } pK_B = -\log K_B$$ Gleichung 4.95

Beispiele sind Ammoniak- oder Natriumacetatlösungen in Wasser:

$$NH_3 + H_2O \xrightleftharpoons{pK_B = 4{,}75} NH_4^+ + OH^-$$

$$AcO^- + H_2O \xrightleftharpoons{pK_B = 9{,}5} HOAc + OH^-$$

Löst man diese schwachen Basen in Wasser, das keinen anderen Protolyten enthält, dann gilt aufgrund von $[a_{(HB^+)}] = [a_{(OH^-)}]$ und der Massenbilanz:

$$[a_{(B)}] = a^0_{(B)} - [a_{(OH^-)}]$$

Gleichung 4.95 wird damit zu:

$$K_B = \frac{[a^2_{(OH^-)}]}{a^0_{(B)} - [c_{(OH^-)}]}$$ Gleichung 4.96

Umgestellt nach der Hydroxidionenaktivität gilt:

$$[a_{(OH^-)}] = -\frac{K_B}{2} + \sqrt{\left(\frac{K_B}{2}\right)^2 + K_B\, a^0_{(B)}} \approx \sqrt{K_B\, a^0_{(B)}}$$ Gleichung 4.97

Aus $[a_{(OH^-)}]$ kann man pOH berechnen und daraus über Gleichung 4.84 den pH-Wert. Nun ist NH_4^+ aber die korrespondierende Säure zu NH_3 und ihr pK_S Wert ist 9,25. Ebenso entsteht bei der Protolyse von Acetat die zu Acetat korrespondierende Säure, nämlich die Essigsäure, mit einem pK_S-Wert von 4,75. Zwischen den Protolysekonstanten von korrespondierenden Säure-Base-Paaren existiert natürlich ein Zusammenhang. Hierzu stellt man beide Protolysereaktionen einander gegenüber.

Die Protolyse der Säure wird durch Gleichung 4.86 beschrieben:

$$HA + H_2O \xrightleftharpoons{K_S} H_3O^+ + A^-$$

$$K_S = \frac{[a_{(H_3O^+)}][a_{(A^-)}]}{[a_{(HA)}]}$$

Und die Protolyse der Base durch Gleichung 4.95:

$$A^- + H_2O \xrightleftharpoons{K_B} HA + H_3O^+$$

$$K_B = \frac{[a_{(HA)}]]\, a_{(OH^-)}]}{[c_{(A^-)}]}$$

Gleichung 4.86 wird mit Gleichung 4.95 multipliziert:

$$K_S \cdot K_B = \frac{[a_{(H_3O^+)}][a_{(A^-)}]}{[a_{(HA)}]} \cdot \frac{[a_{(HA)}][a_{(OH^-)}]}{[a_{(A^-)}]} = K_W = [a_{(H_3O^+)}][a_{(OH^-)}]$$ Gleichung 4.98

Nach Logarithmieren von Gleichung 4.98 ergibt sich für korrespondierende Säure-Base-Paare folgende Beziehung:

$$pK_{S(HA)} + pK_{B(A^-)} = pK_W = 14$$ Gleichung 4.99

Gleichung 4.99 enthält eine wichtige Aussage. Je kleiner $pK_{S(HA)}$ ist, umso größer muss $pK_{B(A^-)}$ sein und umgekehrt. Dies bedeutet: Je stärker die Säure HA ist, umso schwächer muss die korrespondierende Base A^- sein und umgekehrt.

Unter den schwachen Protolyten gibt es eine große Zahl mehrwertiger Säuren und Basen. Phosphorsäure H_3PO_4 wurde als Beispiel eingangs schon erwähnt. Sie protolysiert in drei Stufen:

$$H_3PO_4 \xrightleftharpoons{pK_{S1} = 1{,}96} H^+ + H_2PO_4^-$$

$$H_2PO_4^- \xrightleftharpoons{pK_{S2} = 7{,}12} H^+ + HPO_4^{2-}$$

$$HPO_4^{2-} \xrightleftharpoons{pK_{S3} = 12{,}32} H^+ + PO_4^{3-}$$

Man erkennt an den pK_S-Werten, dass die Säurestärke von Protolysestufe zu Protolysestufe um mehrere Zehnerpotenzen abnimmt. Die Erklärung dafür ist denkbar einfach. Es ist viel schwieriger, ein Proton gegen die elektrostatische Anziehung aus einem Anion zu entfernen, als aus einem Neutralmolekül. Daher ist das Dihydrogenphosphat $H_2PO_4^-$ eine viel schwächere Säure als die neutrale Phosphorsäure. Analog können Hydrogenphosphat und Dihydrogenphosphat miteinander verglichen werden. Löst man einen mehrwertigen Protolyten in ungestörtem Wasser, muss beim Berechnen des pH-Werts nur die erste Protolysestufe berücksichtigt werden. Für eine 0,1 M H_3PO_4-Lösung gilt daher nach Gleichung 4.91:

$$\left[a_{(H_3O^+)}\right] = -\frac{K_{S1}}{2} + \sqrt{\left(\frac{K_{S1}}{2}\right)^2 + K_{S1} \cdot a^0_{(H_3PO_4)}} = -\frac{10^{-1,96}}{2} + \sqrt{\left(\frac{10^{-1,96}}{2}\right)^2 + 10^{-2,96}} = 10^{-1,552}$$

$$\left[c_{(H_3O^+)}\right] = \left[a_{(H_3O^+)}\right] \cdot c^{st} = 10^{-1,552} \frac{\text{mol}}{\text{L}}$$

Und damit:

$$\text{pH} = -\log\left[a_{(H_3O^+)}\right] = 1,552$$

4.10.3 Gemische schwacher Säuren und Basen

Welchen pH-Wert bekommt man nun, wenn $n^0_{(HA)}$ mol einer schwachen Säure HA und $a^0_{(B)}$ mol einer schwachen Base B in 1 Liter neutralem Wasser aufgelöst werden. Grundsätzlich werden die Protolysereaktionen beider Protolyte HA und B die Aktivität $\left[a_{(H_3O^+)}\right]$ und damit den pH-Wert beeinflussen. Hierbei müssen zwei sehr wichtige Fälle unterschieden werden.

Betrachtet man ein Gemisch einer schwachen Säure HA mit ihrer korrespondierenden Base A^-, z. B. ein Gemisch von Essigsäure (HOAc) und Acetat (AcO^-), dann liegt in diesem Fall eine echte **Pufferlösung** vor.

Mischt man eine Säure HA mit einer nichtkorrespondierenden Base B, also z. B. Essigsäure (HOAc) mit Ammoniak (NH_3), dann gibt es zwei Möglichkeiten. Unter bestimmten Bedingungen erhält man eine echte Pufferlösung, unter anderen Bedingungen, vor allem dann, wenn HA und B in gleichen Molmengen (äquimolar) vorliegen, entsteht eine Salzlösung, bestehend aus einer schwachen Säure und einer schwachen Base.

Solche Lösungen haben einige Eigenschaften mit echten Pufferlösungen gemeinsam. Sie können sowohl kleine Mengen an zugesetzter starker Säure, als auch kleine Mengen an zugesetzter starker Base neutralisieren. Substanzen, die solche Eigenschaften haben, bezeichnet man als **Ampholyte**, die Eigenschaft selbst als **amphiprotisch**. Da eine Lösung, die ein Gemisch einer schwachen Säure mit einer nichtkorrespondierenden schwachen Base enthält, amphiprotisch (d. h. wie ein Ampholyt) reagiert, soll sie als amphiprotische Lösung bezeichnet werden. Auch eine echte Pufferlösung reagiert in diesem Sinne amphiprotisch, sie ist jedoch ein Spezialfall und soll einfach Pufferlösung heißen.

Zunächst soll die Pufferlösung untersucht werden: Dazu löst man zum Beispiel x g Essigsäure und y g Natriumacetat in z L Wasser auf. Die gleiche Pufferlösung erhält man auch, wenn $n^0_{(HOAc)}$ mol Essigsäure in 1 L Wasser auflösen und $n^0_{(NaOH)}$ mol Natriumhydroxid dazugeben, wobei aber gelten soll:

$$n^0_{(NaOH)} \text{ mol} < n^0_{(HOAc)} \text{ mol}$$

In diesem Fall werden sich folgende Prozesse abspielen:

$$\mathrm{HOAc} \underset{}{\overset{K_S}{\rightleftharpoons}} \mathrm{H^+} + \mathrm{AcO^-}$$

$$\mathrm{HOAc} + \mathrm{OH^-} \longrightarrow \mathrm{H_2O} + \mathrm{AcO^-}$$

Ein Teil der ursprünglich vorhandenen Essigsäure wird also durch Neutralisation mit Natronlauge in Acetat überführt und es gilt:

$n_{(\mathrm{HOAc})} = n^0_{(\mathrm{HOAc})} - n^0_{(\mathrm{NaOH})}$ mol Essigsäure

und

$n_{(\mathrm{AcO^-})} = n^0_{(\mathrm{NaOH})}$ mol Acetat

Die Gleichgewichtsaktivität der Säure $\left[a_{(\mathrm{H_3O^+})}\right]$ kann jetzt nicht aus **o** Gleichung 4.91 mit einer verminderten Essigsäurekonzentration berechnet werden, da das gebildete Acetat kein neutrales Anion, sondern eine schwache Base ist und die Gleichgewichtskonzentration von H_3O^+ mit beeinflusst. Es gilt das Massenwirkungsgesetz für die schwache Säure (**o** Gleichung 4.86):

$$K_S = \frac{\left[a_{(\mathrm{H_3O^+})}\right]\left[a_{(\mathrm{AcO^-})}\right]}{\left[a_{(\mathrm{HOAc})}\right]}$$

Man löst nach der Hydroxoniumkonzentration auf und erhält:

$$\left[a_{(\mathrm{H_3O^+})}\right] = K_S \cdot \frac{\left[a_{(\mathrm{HOAc})}\right]}{\left[a_{(\mathrm{AcO^-})}\right]} \qquad \text{Gleichung 4.100}$$

o Gleichung 4.100 kann man als Puffergleichung bezeichnen. Um wirksame Pufferlösungen zu bekommen, muss die Säure HA hinreichend schwach, K_S muss also hinreichend klein sein. Ist diese Bedingung erfüllt, dann ist $\left[a_{(\mathrm{HOAc})}\right] \approx a^0_{(\mathrm{HOAc})}$ und $\left[a_{(\mathrm{AcO^-})}\right] \approx a^0_{(\mathrm{AcO^-})}$, d. h., die Gleichgewichtsmengen von schwacher Säure und schwacher Base sind entweder gleich der eingewogenen oder der durch Reaktion gebildeten Stoffmengen.

Löst man beispielsweise 1 mol Essigsäure in 1 L Wasser und gibt 0,3 mol NaOH dazu, dann wird sich ein Gemisch bilden, das aus 0,7 mol Essigsäure und 0,3 mol Acetat, gelöst in 1 L Wasser, besteht. Für die Aktivitäten im Gleichgewicht gilt dann $\left[a_{(\mathrm{HOAc})}\right] = 0{,}7$ und $\left[a_{(\mathrm{AcO^-})}\right] = 0{,}3$. Die Säureaktivität der Lösung beträgt nach **o** Gleichung 4.100 mit $pK_{S(\mathrm{HOAc})} = 4{,}75$ dann:

$$\left[a_{(\mathrm{H_3O^+})}\right] = K_S \cdot \frac{\left[a_{(\mathrm{HOAc})}\right]}{\left[a_{(\mathrm{AcO^-})}\right]} = 10^{-4{,}75} \cdot \frac{0{,}7}{0{,}3} = 4{,}15 \cdot 10^{-5}\ \mathrm{pH} = -\log\left[a_{(\mathrm{H_3O^+})}\right] = 4{,}382$$

Hat man eine Lösung als Pufferlösung erkannt und will den pH-Wert dieser Lösung berechnen, dann geht man sinnvollerweise folgendermaßen vor:

4

1. Man formuliert die Protolyse der schwachen Säure.
2. Man formuliert das hierzu gültige Massenwirkungsgesetz. Dieses verknüpft die Gleichgewichtsaktivitäten der schwachen Säure mit der der korrespondierenden Base.
3. Man löst nach $\left[a_{(H_3O^+)}\right]$ auf, setzt die Werte für die Säure und die Base ein und logarithmiert das Ergebnis.

Im Unterschied zum Rechenfall „Schwacher Protolyt in ungestörter wässriger Lösung", enthält diesmal die Lösung außer der schwachen Säure zusätzlich das Säureanion als korrespondierende Base. Dieses verschiebt das Protolysegleichgewicht relativ zum Prognosewert aus ○ Gleichung 4.91.

Unter einer Pufferlösung versteht man ursprünglich eine Lösung, bei der der pH-Wert konstant bleibt, wenn etwas Säure oder Base zugegeben werden. Wieso hat ein Gemisch aus schwacher Säure und korrespondierender Base diese Eigenschaft? Dies kann man mit einer einfachen Rechnung zeigen. Gibt man 10^{-3} mol HCl in eine Lösung mit reinem Wasser, so ändert sich der pH-Wert der Lösung von 7 (reines Wasser) nach 3 (verdünnte HCl). Dies ist eine Änderung in der Säureaktivität von 4 Zehnerpotenzen, also eine Erhöhung des Säuregehalts um den Faktor 10 000. Als Nächstes löst man 0,1 mol Essigsäure und 0,1 mol Natriumacetat in 1 L Wasser und berechnet den pH-Wert nach ○ Gleichung 4.100:

$$\left[a_{(H_3O^+)}\right] = K_s \frac{[a_{(HOAc)}]}{[a_{(AcO^-)}]} = 10^{-4,75}\frac{0,1}{0,1} = (10^{-4,75})\ pH = -\log\left[a_{(H_3O^+)}\right] = 4,75$$

○ Gleichung 4.100 zeigt, dass ein äquimolarer Puffer, d. h. ein Puffer, der die gleichen Stoffmengen schwacher Säure HA und korrespondierender Base A^- enthält, immer einen pH-Wert zeigt, für den gilt:

$$pH = pK_{S(HA)} \qquad \text{Gleichung 4.101}$$

Der pH-Wert einer Pufferlösung liegt immer in der Nähe des pK_S-Werts der schwachen Säure. Gibt man zu einer solchen Pufferlösung 10^{-3} mol HCl, so findet folgender Neutralisationsprozess statt:

$$AcO^- + H^+ \longrightarrow HOAc$$

Gibt man zu einer Pufferlösung mit $a^0_{(HA)}$ und $a^0_{(A^-)}$, $a^*_{(H^+)}$ einer starken Säure HS, so gilt für die Gleichgewichtsmengen:

$$\left[a_{(HA)}\right] = a^0_{(HA)} + a^*_{(H^+)} \text{ und } \left[a_{(A^-)}\right] = a^0_{(A^-)} - a^*_{(H^+)}$$

Das bedeutet für die Essigsäure-Acetat-Lösung:

$$\left[a_{(HOAc)}\right] = 0,1 + 10^{-3} \text{ und } \left[a_{(AcO^-)}\right] = 0,1 - 10^{-3}$$

Eingesetzt in ○ Gleichung 4.100 ergibt dies:

$$[a_{(H_3O^+)}] = K_S \cdot \frac{[a_{(HOAc)}]}{[a_{(AcO^-)}]} = 10^{-4,75} \cdot \frac{0,1 + 10^{-3}}{0,1 - 10^{-3}} = 1,814 \cdot 10^{-5} = 10^{-4,741}$$

Daraus folgt: pH = 4,741. Der pH-Wert hat sich also von 4,75 auf 4,741 verändert. Dies ist nur mit guten Messgeräten sicher nachzuweisen. Die Pufferwirkung der Lösung beruht darauf, dass die in der Lösung vorhandene schwache Säure jede starke Base neutralisieren kann, ohne dass sie selbst viele H^+-Ionen erzeugt. Die in der Lösung enthaltene schwache Base kann jede starke Säure neutralisieren, ohne dass sie selbst viele OH^--Ionen erzeugt.

Eine Pufferlösung hat jedoch noch eine weitere wichtige Eigenschaft. Ihr pH-Wert hängt nur vom Verhältnis der Säure- und Base-Konzentrationen ab, nicht von ihren absoluten Konzentrationen. Wohl hängt aber die Wirksamkeit einer Pufferlösung, d. h. die Stabilität des pH-Werts, von der Absolutkonzentration der schwachen Säure und der schwachen Base ab. Die Wirksamkeit eines Puffers wird durch die Pufferkapazität β beschrieben:

$$\beta = -\frac{d\,a^{*}_{(H^+)}}{dpH} = \frac{d\,a^{*}_{(OH^-)}}{dpH}$$ Gleichung 4.102

Wie viel Säure oder Base muss man der Lösung zugeben, damit sich der pH-Wert um ±1 ändert? Für die Pufferkapazität eines schwachen Protolysesystems HA/A^- gilt:

$$\beta = 2{,}03 \cdot \frac{[c_{(HA)}][c_{(A^-)}]}{c^0} = 2{,}303 \cdot \frac{[c_{(HA)}]\,[c_{(A^-)}]}{[c_{(HA)}] + [c_{(A^-)}]}$$ Gleichung 4.103

Die Pufferkapazität hat die Dimension mol/L. In Gleichung 4.103 kann problemlos, muss aber nicht notwendigerweise, mit dimensionierten Stoffmengenkonzentrationen gerechnet werden. Stellt man die Pufferkapazität eines schwachen Protolyten als Funktion des pH-Werts dar, dann erhält man die in Abb. 4.19 dargestellte Graphik.

Die Pufferkapazität ist bei einem äquimolaren Puffer am größten. Dabei gilt für den äquimolaren Puffer:

$$c_{(HA)} = c_{(A^-)} = \frac{1}{2}c^0$$ Gleichung 4.104

Mit Gleichung 4.103 wird daraus:

$$\beta_{max} = 2{,}303 \cdot \frac{[c_{(HA)}][c_{(A^-)}]}{c'^0} = 2{,}303 \cdot \frac{\frac{1}{2}c^0 \cdot \frac{1}{2}c^0}{c^0} = \frac{2{,}303}{4} \cdot c^0$$ Gleichung 4.105

Das heißt, je größer die Totalkonzentration des Puffers ist, umso größer ist auch seine Wirksamkeit. Dazu betrachtet man zwei verschiedene Protolysesysteme:

$$HOAc \xrightleftharpoons{pK_S = 4{,}75} H^+ + AcO^-$$

$$NH_4^+ \xrightleftharpoons{pK_S = 9{,}25} H^+ + NH_3$$

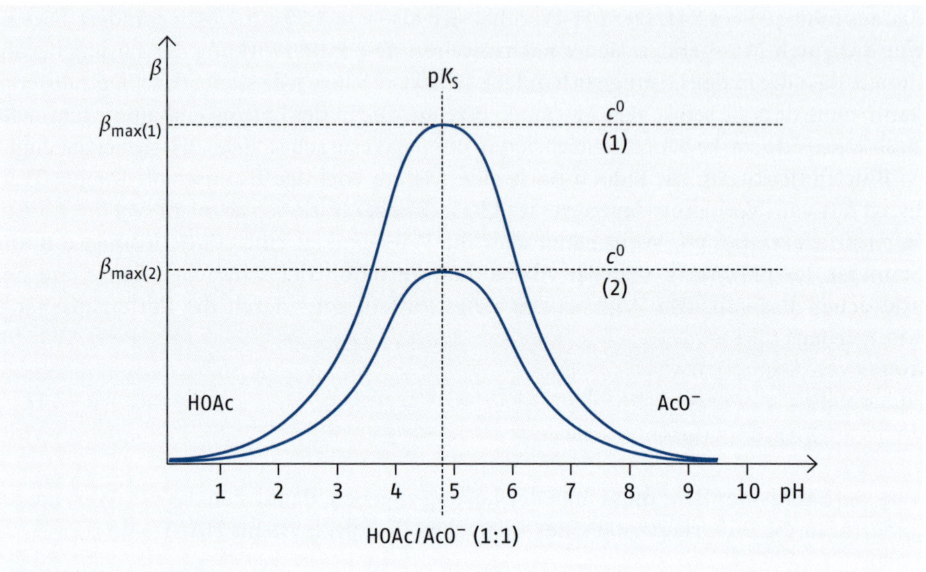

Abb. 4.19 Pufferkapazität β eines schwachen Protolyten (Essigsäure) als Funktion des pH-Werts

Essigsäure ist von beiden Säuren die stärkere Säure. Ammoniak ist von beiden konkurrierenden Basen die stärkere Base. Löst man 0,1 mol Essigsäure in Wasser und fügt 0,5 mol Ammoniak dazu, dann reagiert die stärkere Säure beider Systeme mit der stärkeren Base beider Systeme. Es kommt zu einer nahezu quantitativen Neutralisationsreaktion:

$$HOAc + NH_3 \longrightarrow AcO^- + NH_4^+$$

Da Ammoniak im Unterschuss eingesetzt wurde, wird es durch die Reaktion mit Essigsäure vollständig verbraucht. Essigsäure wird dabei zur Hälfte in Acetat überführt. Es resultiert ein äquimolarer Essigsäure-Acetat-Puffer, der durch die schwache Säure NH_4^+ nur geringfügig gestört wird. Für den pH der Lösung gilt:

$$pH = pK_{S(HOAc)} = 4{,}75$$

Geht man von einer 0,1 M Essigsäurelösung aus und gibt 0,2 mol Ammoniak pro Liter Lösung zu, dann ist dieses Mal die stärkere Base Ammoniak im Überschuss. Essigsäure wird durch die Reaktion mit Ammoniak auch vollständig verbraucht, und die Hälfte des zugegebenen Ammoniaks wird in Ammonium überführt. Man erhält einen äquimolaren NH_4^+/NH_3-Puffer, der durch die schwache Base Acetat nur geringfügig gestört wird, daher gilt:

$$pH = pK_{S(NH_4^+)} = 9{,}25$$

In beiden Fällen wurden eine schwache Säure mit einer schwachen Base gemischt, wobei beide Protolyte nicht miteinander korrespondieren. In beiden Fällen entstanden Pufferlösungen: einen Essigsäure-Acetat-Puffer mit Essigsäure im Überschuss und einen Ammonium-Ammoniak-Puffer mit Ammoniak im Überschuss.

Nun löst man 0,1 mol Essigsäure zusammen mit 0,1 mol Ammoniak in 1 L Wasser und erhält dann ein Gemisch aus 0,1 mol NH_4^+ und 0,1 mol AcO^-. Man hätte auch 0,1 mol

Ammoniumchlorid zusammen mit 0,1 mol Natriumacetat auflösen können, einem Gemisch, bestehend aus der schwächeren Säure und der schwächeren Base der beiden Protolysesysteme. Mischt man also die schwächeren Komponenten von zwei verschiedenen Protolysesystemen, dann finden keine Reaktionen in großem Ausmaß statt. Die Reaktanden liegen in Lösung nebeneinander vor. Lediglich die Protonenkonzentration wird sich den neuen Gleichgewichtskonzentrationen anpassen. Es ist jetzt eine amphiprotische Lösung entstanden, die keine echte Pufferlösung ist. Welchen pH-Wert hat dann eine solche Lösung? Dazu betrachtet man die Pufferkapazität eines Zwei-Protolyten-Systems in Abhängigkeit von dem pH-Wert. Jedes Protolysesystem, also der $HOAc/AcO^-$- und der NH_4^+/NH_3-Puffer, liefert eine eigene Kurve analog Abb. 4.19. Beide Kurven addieren sich und man erhält die in Abb. 4.20 gezeigte Kurve A. Da die Totalkonzentrationen von Ammoniak und Essigsäure bei Kurve A gleich groß sind, sind die Pufferkapazitätsfunktionen beider Puffersysteme absolut symmetrisch. Folglich liegt der pH-Wert der amphiprotischen Lösung genau zwischen den pK_S-Werten beider schwacher Säuren:

$$pH = \frac{pK_{S(HOAc)} + pK_{S(NH_4^+)}}{2} = \frac{4{,}75 + 9{,}25}{2} = 7 \qquad \text{Gleichung 4.106}$$

Gleichung 4.106 wird als Ampholytengleichung bezeichnet und kann wie folgt verallgemeinert werden. Stellt man ein äquimolares Gemisch aus einer schwachen Säure HA mit $pK_{S(HA)}$ und der schwachen Base B^- mit $pK_{S(HB)}$ her, dann wird der pH-Wert der Lösung, gleichgültig an welchem Anion sich die Protonen anlagern werden, gegeben sein durch:

$$pH = \frac{pK_{S(HA)} + pK_{S(HB)}}{2} \qquad \text{Gleichung 4.107}$$

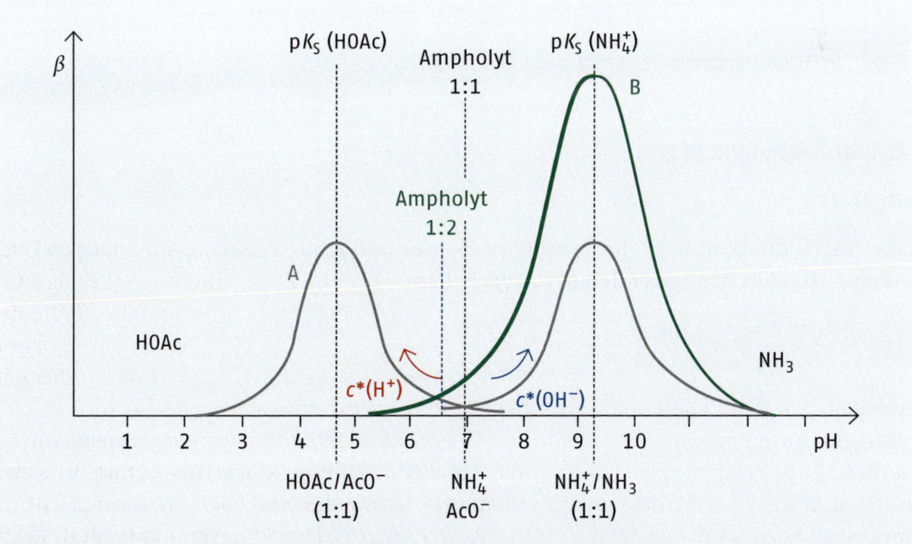

Abb. 4.20 Pufferkapazität β in Abhängigkeit von pH-Wert: (Kurve A) äquimolares Gemisch aus Ammonium und Acetat; (Kurve B) Gemisch aus Ammonium und Acetat mit einem Überschuss an Ammonium

In dieser Lösung werden immer die schwächeren Protolyte beider Protolysesysteme koexistieren. Ein äquimolares Gemisch einer schwachen Säure mit einer nichtkorrespondierenden schwachen Base hat mit einer normalen Pufferlösung einige Gemeinsamkeiten: Auch hier ist der pH-Wert unabhängig von der Einwaagekonzentration. Ebenso kann der pH-Wert nur schwer über die Grenzen $pK_{S1} < pH < pK_{S2}$ hinaus geändert werden. Im Unterschied zu einer echten Pufferlösung durchläuft die Pufferkapazität der HA/B^--Lösung ein Minimum und kein Maximum. Gibt man zu einer solchen Lösung eine kleine Menge an starker Säure, dann wird A^- protoniert und es entsteht ein HA/A^--Puffer, der durch die schwächere Säure HB nur schwach gestört ist. Der pH-Wert liegt jetzt in der Nähe von $pK_{S(HA)}$. Gibt man eine kleine Menge einer starken Base zu, dann wird HB deprotoniert und es entsteht ein B^-/HB-Puffer, der durch die schwache Base A^- nur schwach gestört wird. Der pH-Wert liegt jetzt in der Nähe von $pK_{S(HB)}$. Über die Grenzen von $pK_{S(HA)}$ und $pK_{S(HB)}$ hinaus ist der pH-Wert aber nur schwer zu ändern.

Um amphiprotische Lösungen zu erhalten, muss man nicht beide Protolyte genau einwiegen. Es reicht aus, Salze wie Ammoniumacetat oder Ammoniumfluorid in Wasser zu lösen. Die stöchiometrische Zusammensetzung der Salze bewirkt ein äquimolares Verhältnis von schwacher Säure und Base. Wichtige Beispiele sind die Hydrogensalze mehrwertiger schwacher Säuren. Löst man zum Beispiel Natriumhydrogenphosphat in Wasser auf, so finden folgende Prozesse statt:

$$Na_2HPO_4 \longrightarrow 2\,Na^+ + HPO_4^{2-}$$

Das Hydrogenphosphat-Anion, ein typischer Ampholyt, kann sowohl als Säure als auch als Base reagieren:

$$HPO_4^{2-} \xrightleftharpoons{pK_{S3} = 12{,}32} H^+ + PO_4^{3-}$$

$$HPO_4^{2-} + H_2O \rightleftharpoons H_2PO_4^- + OH^-$$

Nach Gleichung 4.29 gilt:

$$pK_{B2} = 14 - pK_{S2} = 14 - 7{,}12$$

Eine Na_2HPO_4-Lösung – gleich welcher Konzentration in Wasser – wird nach Gleichung 4.107 stets den folgenden pH-Wert haben:

$$pH = \frac{pK_{S3} + pK_{S2}}{2} = \frac{12{,}32 + 7{,}12}{2} = 9{,}72$$

Welchen pH-Wert kann man aber beobachten, wenn eine schwache Säure und eine schwache Base eines koexistenzfähigen Gemischs nichtäquimolar zusammengemischt werden? Zum Beispiel eine Lösung von 0,2 mol Ammoniumchlorid mit 0,1 mol Natriumacetat: Abb. 4.20 zeigt, dass die Pufferkapazitätskurve des NH_4^+/NH_3-Systems (Kurve B) doppelt so hoch wird, wie die des $HOAc/AcO^-$-Systems. Der Schnittpunkt beider Pufferkapazitätskurven wird dadurch zu geringerem pH-Wert verschoben. Die Lösung des Gemischs wird also saurer sein als die reine Ammoniumacetatlösung. Nach Delogarithmieren von Gleichung 4.107 berechnet man für ein äquimolares Gemisch der Protolyte HB und A^- folgende Protonenkonzentration:

$$\left[a_{(H_3O^+)}\right] = \sqrt{K_{S(HA)} \cdot K_{S(HB)}} \quad \text{für} \quad \left[a_{(HB)}\right] = \left[a_{(A^-)}\right]$$ Gleichung 4.108

Sind die Einwaagekonzentrationen beider Protolyte nicht gleich, so lässt sich die Protonenkonzentration näherungsweise durch Gleichung 4.109 abschätzen:

Gleichung 4.109

$$\left[a_{(H_3O^+)}\right] \approx \sqrt{K_{S(HA)} \cdot K_{S(HB)} \cdot \frac{[a_{(HB)}]}{[a_{(A^-)}]}} \quad \text{für} \quad \left[a_{(HB)}\right] \neq \left[a_{(A^-)}\right]$$

Für das oben angesprochene Gemisch gilt:

$$\left[a_{(H_3O^+)}\right] \approx \sqrt{K_{S(HA)} \cdot K_{s(HB)} \cdot \frac{[a_{(HB)}]}{[a_{(A^-)}]}} = \sqrt{10^{-14} \cdot \frac{0{,}2}{0{,}1}} = 1{,}41 \cdot 10^{-7}$$

und damit pH = 6,85

4.11 Löslichkeitsgleichgewichte

Man gibt einen Löffel schwerlösliches Silberchlorid (AgCl) in ein Becherglas mit Wasser (Abb. 4.21): Wie viel Silberchlorid wird sich darin lösen?

Jeder Feststoff, egal ob wasserlöslich oder nicht, hat in Wasser eine Sättigungsgrenze. So kann eine bestimmte Wassermenge beispielsweise auch das als leichtlöslich bekannte Kochsalz nicht in beliebiger Konzentration aufnehmen. Als wasserlöslich werden üblicherweise Stoffe bezeichnet, deren Sättigungskonzentration über 1 mol/L liegen. Silberchlorid ist in Wasser nur gering löslich, sodass man durch Beobachtung des Bodensatzes nach Augenschein keinen Löslichkeitsprozess erkennen kann. Dennoch wird sich folgende Gleichgewichtsreaktion abspielen:

$$\mathrm{AgCl} \xrightleftharpoons{K_L^0} \mathrm{Ag^+} + \mathrm{Cl^-}$$

Für die Sättigungskonzentration von Ag^+ oder Cl^- ist die Menge des im System enthaltenen AgCl unbedeutend. Das Löslichkeitsgleichgewicht wird sich einstellen, wenn ein Bodensatz von AgCl, egal wie viel, existiert. Die dazugehörige Gleichgewichtskonstante des Löslichkeitsgleichgewichts kann aus den tabellierten Standardbildungsenthalpien (Tab. 4.5) berechnet werden.

Mithilfe einer Kreisprozessbetrachtung können Standardreaktionsenthalpie ΔH_R^0 sowie die freie Standardreaktionsenthalpie ΔG_B^0 berechnet werden. Nach Gleichung 4.35 und Gleichung 4.45 gilt:

$$\Delta H_R^0 = \Delta H^0_{B(Ag^+)} + \Delta H^0_{B(Cl^-)} - \Delta H^0_{(AgCl)} = 105{,}9\frac{kJ}{mol} - 167{,}4\frac{kJ}{mol} + 127{,}03\frac{kJ}{mol}$$

$$= 65{,}53\frac{kJ}{mol}$$

$$\Delta G_R^0 = \Delta G^0_{B(Ag^+)} + \Delta G^0_{B(Cl^-)} - \Delta G^0_{(AgCl)} = 77{,}1\frac{kJ}{mol} - 131{,}17\frac{kJ}{mol} + 109{,}72\frac{kJ}{mol}$$

$$= 55{,}65\frac{kJ}{mol}$$

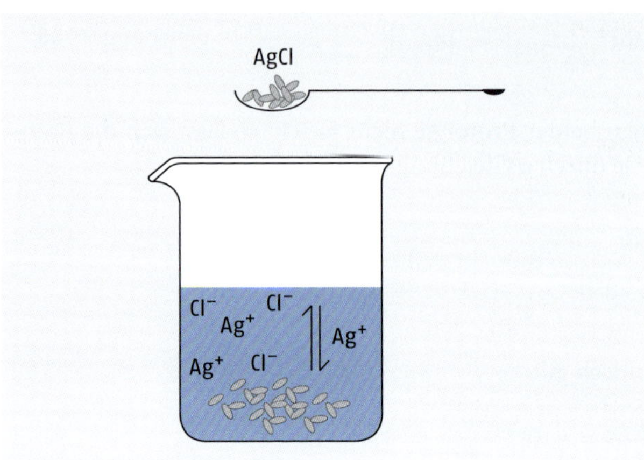

Abb. 4.21 Löslichkeitsgleichgewicht von Silberchlorid (AgCl) in wässriger Suspension

Tab. 4.5 Thermodynamische Daten aller Reaktanden der Silberchlorid-Fällung

Verbindung	ΔH_B^0 /(kJ · mol⁻¹), T = 298,15 K	ΔG_B^0 /(kJ · mol⁻¹), T = 298,15 K
$(AgCl)_s$	−127,03	−109,72
$(Ag^+)_{aq}$	105,9	77,1
$(Cl^-)_{aq}$	−167,4	−131,17

Man sieht, dass der Lösungsprozess endotherm und endergonisch ist. Um 1 mol reines Silberchlorid in eine Lösung von 1 mol/L Ag^+ und 1 mol/L Cl^- zu bringen, müssen 55,65 kJ Arbeit aufgewendet werden; dabei werden 65,53 kJ Wärme verbraucht. Für die Gleichgewichtskonstante bei Standardtemperatur erhält man nach *van't Hoff* (Gleichung 4.56):

$$K_L^0 = e^{-\frac{\Delta G_R^0}{R \cdot T^{st}}} = e^{-\frac{55\,630}{8{,}314 \cdot 298{,}15} \frac{J \cdot mol \cdot K}{mol \cdot J \cdot K}} = e^{-22{,}45} = 10^{-9{,}75}$$

Will man die Gleichgewichtskonstante in siedendem Wasser (T = 100 °C = 373,15 K) berechnen, so benötigt man die freie Reaktionsenthalpie bei 100 °C. Diese kann nach *Gibbs-Helmholtz* (Gleichung 4.43) berechnet werden.

Die Wärmekapazität des Reaktionssystems wird beherrscht durch die Wärmekapazität des Lösemittels Wasser. Diese ändert sich durch den Reaktionsfortschritt nicht. Daher kann man in der Gibbs-Helmholtz-Gleichung mit den Standardwerten ΔH_R^0 und ΔS_R^0 rechnen. Die Standardreaktionsentropie muss aber erst berechnet werden; nach Gleichung 4.43 gilt:

$$\Delta G_R^0 = \Delta H_R^0 - T^{st} \cdot \Delta S_R^0$$

Daraus folgt:

$$\Delta S_R^0 = \frac{\Delta H_R^0 - \Delta G_R^0}{T^{st}} = \frac{65\,530 \frac{J}{mol} - 55\,650 \frac{J}{mol}}{298{,}15\,K} = 33{,}138 \frac{J}{molK}$$

Jetzt kann die freie Reaktionsenthalpie bei 100 °C ebenfalls nach *Gibbs-Helmholtz* (Gleichung 4.43) berechnet werden:

$$\Delta G_R^T = \Delta H_R^0 - T \cdot \Delta S_R^0 = 65\,530 \frac{J}{mol} - 373{,}15\,K \cdot 33{,}138 \frac{J}{molK} = 53\,164 \frac{J}{mol}$$

Damit ergibt sich für die Gleichgewichtskonstante bei 100 °C nach *van't Hoff* (Gleichung 4.56):

$$K_L^T = e^{-\frac{\Delta G_R^T}{R \cdot T}} = e^{-\frac{53\,164}{8{,}314 \cdot 373{,}15} \cdot \frac{J \cdot mol \cdot K}{mol \cdot J \cdot K}} = e^{-17{,}137} = 10^{-7{,}442}$$

Da der Lösungsprozess endotherm ist und die Reaktionsentropie zunimmt, muss die Löslichkeit von Silberchlorid mit der Temperatur ansteigen.

Wie groß ist aber die Löslichkeit von Silberchlorid, beispielsweise bei Standardtemperatur, genau? Dies kann mithilfe des Massenwirkungsgesetzes gelöst werden, denn es gilt:

$$K_L^0 = \frac{\frac{[c_{(Ag^+)}]}{c^{st}} \cdot \frac{[c_{(Cl^-)}]}{c^{st}}}{\frac{[c_{(AgCl)}]}{c^{st}_{(AgCl)}}} = \frac{[a_{(Ag^+)}]\,[a_{(Cl^-)}]}{[a_{(AgCl)}]} = [a_{(Ag^+)}]\,[a_{(Cl^-)}] \qquad \text{Gleichung 4.110}$$

Das $AgCl/Ag^+$-Cl^--Gleichgewicht stellt sich über eine Phasengrenze hinweg ein. Festes Silberchlorid steht im Gleichgewicht mit den gelösten Ag^+- und Cl^--Ionen. Die Gültigkeit des Massenwirkungsgesetzes ist dadurch in keiner Weise eingeschränkt. Für K_L^0 wurde ein Wert von $10^{-9{,}75}$ ermittelt. Der Literaturwert beträgt $K_L^0 = 10^{-10}$ und wird in der Regel logarithmisch angegeben:

$$pK_L = -\log K_L \qquad \text{Gleichung 4.111}$$

Daraus ergibt sich ein $K_{L(AgCl)}$-Wert von 10. Der pK_L-Wert kann nach der van't-Hoff-Gleichung als Maß für den Stabilitätsunterschied zwischen festem AgCl und den 1 M Lösungen von Ag^+ und Cl^- aufgefasst werden. K_L^0 wurde aus den thermodynamischen Daten für festes AgCl und den 1 M Lösungen von Ag^+ und Cl^- berechnet. Daher muss man für die Standardzustände der gelösten Reaktanden Ag^+ und Cl^- einheitlich c^{st} = 1 mol/L wählen. Das Edukt AgCl ist aber auf den reinen Stoff als Standardzustand bezogen. Daher steht in Gleichung 4.110 im Nenner $c^{st}_{(AgCl)}$. Da für reines Silberchlorid die Gleichgewichtsaktivität gleich der Standardkonzentration ist, muss man die Stoffmengenkonzentration von Silberchlorid nicht ermitteln. Die AgCl-Aktivität ist 1. Man erhält dann für Gleichung 4.110 das bekannte **Löslichkeitsprodukt**. Enthält die Lösung außer Silberchlorid keine andere Quelle für Ag^+ oder Cl^-, dann sind die beiden gelösten Reaktanden untereinander **stöchiometrisch korreliert**. Jede AgCl-Einheit, die sich auflöst, erzeugt gleich viel Ag^+- und Cl^--Ionen in Lösung. Daher gilt für die Sättigungsaktivitäten:

$$[a_{(Ag^+)}] = [a_{(Cl^-)}] \quad \rightarrow \quad [a^2_{(Ag^+)}] = K_L^0$$

Und damit:

$$[a_{(Ag^+)}] = \sqrt{K_L^0} = 10^{-5} \cdot [c_{(Ag^+)}] = [a_{(Ag^+)}] \cdot c^{st} = 10^{-5}\frac{mol}{L}$$

Die Sättigungsaktivität von Ag^+ ist gleich der von Cl^- oder auch der von AgCl. Sie beträgt 10^{-5} mol/L.

Für das Löslichkeitsgleichgewicht einer schwerlöslichen Verbindung mit der Zusammensetzung M_nX_m gilt für den Lösungsprozess:

$$M_nX_m \overset{K_{L(M_nX_m)}}{\rightleftharpoons} nM + mX$$

Für das Löslichkeitsprodukt $K^0_{L(M_nX_m)}$ gilt nach dem Massenwirkungsgesetz:

$$K^0_{L(M_nX_m)} = [a^n_{(M)}]\,[a^m_{(X)}] \text{ mit } [a_{M_nX_m}] = 1$$ Gleichung 4.112

Für ein solches System kann man drei Sättigungsaktivitäten angeben: die Sättigungsaktivität des Metalls M $[a_{(M)}]$, die Sättigungsaktivität des Anions X $[a_{(X)}]$ und die Sättigungsaktivität L der schwerlöslichen Verbindung M_nX_m. Für die Löslichkeit der schwerlöslichen Verbindung gilt:

$$L = \frac{1}{n}\left[a_{(M)}\right] = \frac{1}{m}\left[a_{(X)}\right]$$ Gleichung 4.113

Gleichung 4.113 gibt gleichzeitig auch die **stöchiometrische Korrelation** zwischen den Reaktanden M und X an. Wird die Verbindung M_nX_m in sogenanntem ungestörtem Wasser (d. h. eine wässrige Lösung, die weder M noch X aus anderer Quelle als M_nX_m enthält) suspendiert, dann zeigt Gleichung 4.113 die Beziehung beider Sättigungsaktivitäten an. Um die Löslichkeit des Metalls zu berechnen, muss Gleichung 4.113 nach $[a_{(X)}]$ umgestellt werden:

$$\left[a_{(X)}\right] = \frac{m}{n}\left[a_{(M)}\right]$$

Diesen Ausdruck setzt man anschließend in das Löslichkeitsprodukt (Gleichung 4.112) ein:

$$K^0_{L(M_nX_m)} = [a^n_{(M)}] \cdot \left(\frac{m}{n}\left[a_{(M)}\right]\right)^m$$ Gleichung 4.114

Und erhält für $[a_{(M)}]$:

$$[a_{(M)}] = \sqrt[m+n]{\left(\frac{n}{m}\right)^m K^0_{L(M_nX_m)}}$$ Gleichung 4.115

Ein weiteres Beispiel: Man suspendiert so viel $Fe(OH)_2$ ($K^0_{L(Fe(OH)_2)} = 10^{-15}$) in Wasser, dass ein Bodensatz übrigbleibt. Welchen pH-Wert hat die Lösung über dem Feststoff?

Der pK_L-Wert von Eisen(II)-hydroxid ist 1,5-mal so groß, wie der von Silberchlorid. Dies bedeutet: Um 1 mol Eisen(II)-hydroxid über einen reversiblen Prozess in eine 1 M Lösung aufzulösen, benötigt man 1,5-mal mehr Arbeit, als für 1 mol AgCl. Der Eisen(II)-hydroxid-Kristall ist grob gesagt 1,5-mal stabiler als der Silberchloridkristall. Die Stabilität von $Fe(OH)_2$-Kristallen ist mit einem p*K*-Wert von 15 1,5-mal so groß wie die Stabilität von AgCl-Kristallen (p*K* = 10). Dabei darf aber nicht unmittelbar auf die Löslichkeiten der Reaktanden geschlossen werden, weil diese immer aus dem Löslichkeitsprodukt berechnet werden müssen.

Für das Löslichkeitsgleichgewicht von Eisenhydroxid in Wasser gilt:

$$Fe(OH)_2 \rightleftharpoons Fe^{2+} + 2\,OH^-$$

Für das Löslichkeitsprodukt gilt mit $K^0_{L(Fe(OH)_2)} = 10^{-15}$

$$K^0_{L(Fe(OH)_2)} = \left[a_{(Fe^{2+})}\right]\left[a^2_{(OH^-)}\right]$$

Da die Lösung außer $Fe(OH)_2$ keine andere Quelle für Fe^{2+} oder OH^- enthält, sind die beiden Reaktanden stöchiometrisch korreliert:

$$\frac{1}{2}\left[a_{(OH^-)}\right] = \left[a_{(Fe^{2+})}\right] \rightarrow K^0_{L(Fe(OH)_2)} = \frac{1}{2}\left[a_{(OH^-)}\right]\left[a^2_{(OH^-)}\right]$$

Und damit:

$$\left[a_{(OH^-)}\right] = \sqrt[3]{2\,K^0_{L(Fe(OH)_2)}} = \sqrt[3]{2 \cdot 10^{-15}} = 10^{-4,9}$$

Daraus folgt: pOH = 4,9 und pH = 14 – pOH = 9,1

Was geschieht aber, wenn man festes AgCl in eine 0,1 M NaCl-Lösung gibt? Etwas AgCl wird sich zwar lösen, aber auf schon vorhandenes Cl^- in der Lösung treffen. Für das Löslichkeitsgleichgewicht gilt:

$$AgCl \rightleftharpoons Ag^+ + Cl^-$$

Das dazugehörige Löslichkeitsprodukt lautet nach **o** Gleichung 4.110:

$$K^0_L = \left[a_{(Ag^+)}\right]\left[a_{(Cl^-)}\right]$$

Die Sättigungskonzentrationen von Ag^+ und Cl^- sind jetzt aber nicht mehr gleich, da die Fällungsreaktanden Ag^+ und Cl^- nicht mehr stöchiometrisch korreliert sind. Wenige Ag^+-Ionen treffen in der Lösung auf viele Cl^--Ionen. Stellt man **o** Gleichung 4.110 nach $\left[a_{(Ag^+)}\right]$ um, dann gilt:

$$\left[a_{(Ag^+)}\right] = \frac{K^0_L}{\left[a_{(Cl^-)}\right]}$$

Welchen Wert muss man für die Aktivität von Cl^- eingesetzen? Genau genommen ist $\left[a_{(Cl^-)}\right] > a^0_{(Cl^-)} = 0{,}1$, da für jedes gelöste Silber-Ion die Lösung ein Chlorid-Ion mehr enthält. Das heißt, es gilt: $\left[a_{(Cl^-)}\right] = a^0_{(Cl^-)} + \left[a_{(Ag^+)}\right]$. Die Löslichkeit von AgCl ist aber so gering, dass diese kleine Störung vernachlässigt werden kann. Da $a^0_{(Cl^-)} \gg \left[a_{(Ag^+)}\right]$ ist, gilt: $\left[a_{(Cl^-)}\right] \approx a^0_{(Cl^-)}$ und damit:

$$\left[a_{(Ag^+)}\right] = \frac{K^0_L}{a^0_{(Cl^-)}} = \frac{10^{-10}}{10^{-1}} = 10^{-9}$$

Für die Ag^+-Konzentration ergibt sich:

$$c_{(Ag^+)} = \left[a_{(Ag^+)}\right] \cdot c^{st} = 10^{-9}\frac{mol}{L}$$

Nicht immer bleibt aber die Anfangsmenge des Fällungsmittels unbeeinflusst. Im Regelfall muss die Konzentration des Fällungsmittels durch Berücksichtigung des durch die Fällung verbrauchten Fällungsmittels korrigiert werden. **o** Abb. 4.22 zeigt zwei Lösungen. Lösung (1) besteht aus 500 mL 0,1 M NaOH. Lösung (2) besteht aus 250 mL 0,05 M $FeCl_2$-Lösung. Man schüttet beide Lösungen zusammen und es bildet sich spontan ein $Fe(OH)_2$-Niederschlag. Wie groß ist die Sättigungskonzentration von Fe^{2+}? Für die $Fe(OH)_2$-Fällung gilt:

$$Fe(OH)_2 \rightleftharpoons Fe^{2+} + 2\,OH^-$$

Das dazugehörige Löslichkeitsprodukt ist:

$$K^0_{L(Fe(OH)_2)} = \left[a_{(Fe^{2+})}\right]\left[a^2_{(OH^-)}\right] = 10^{-15}$$

Da die Fe^{2+}- und OH^--Stoffmengen willkürlich gewählt wurden, kann man **nicht** davon ausgehen, dass sie stöchiometrisch korreliert sind. Die Gleichung wird nach $[a_{(Fe^{2+})}]$ aufgelöst und man berechnet dann die Gleichgewichtsaktivität des restlichen OH^-:

$$\left[a_{(Fe^{2+})}\right] = \frac{K^0_{L(Fe(OH)_2)}}{\left[a^2_{(OH^-)}\right]}$$

Dazu müssen zunächst die OH^-- und Fe^{2+}-Anfangsstoffmengen berechnet werden:

$$n^0_{(OH^-)} = c^0_{(OH^-)} \cdot V_{(OH^-)} = 0{,}1 \cdot 0{,}5\,\frac{\text{mol}}{\text{L}} \cdot \text{L} = 0{,}05\ \text{mol}$$

$$n^0_{(Fe^{2+})} = c^0_{(Fe^{2+})} \cdot V_{(Fe^{2+})} \cdot 0{,}05 \cdot 0{,}25\,\frac{\text{mol}}{\text{L}} \cdot \text{L} = 0{,}0125\ \text{mol}$$

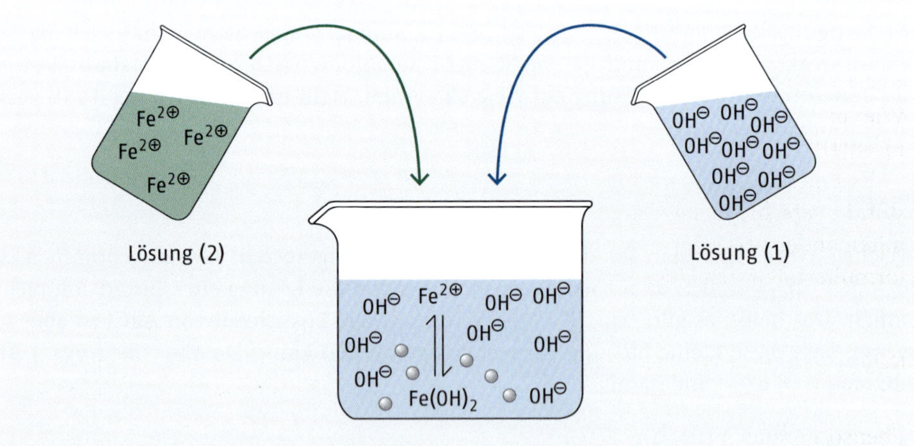

o Abb. 4.22 Fällung von $Fe(OH)_2$ durch Mischen einer Fe^{2+}-Lösung mit einer NaOH-Lösung

Durch das Zusammenschütten der beiden Lösungen wurden 0,05 mol OH^- und 0,0125 mol Fe^{2+} zusammengeführt. Jedes Fe^{2+}-Ion, das als Hydroxid ausfällt, entfernt zwei OH^--Ionen aus der Lösung. Die Fällung verläuft dabei nahezu quantitativ. Die Stoffmenge der in Lösung verbleibenden OH^--Ionen beträgt dann:

$$n_{(OH^-)} = n^0_{(OH^-)} - 2\,n^0_{(Fe^{2+})} = 0{,}05\,\text{mol} - 2 \cdot 0{,}0125\,\text{mol} = 0{,}025\,\text{mol}$$

Im Löslichkeitsprodukt steht aber nicht die Stoffmenge, sondern die Aktivität. Daher muss zuerst durch das Gesamtvolumen (= 750 mL) und dann durch die Standardkonzentration (= 1 mol/L) dividiert werden. Die Rechnung ergibt:

$$\left[c_{(OH^-)}\right] = \frac{n_{(OH^-)}}{V_{(OH^-)} + V_{(Fe^{2+})}} = \frac{0{,}025}{0{,}75}\frac{\text{mol}}{\text{L}} = 0{,}0333\,\frac{\text{mol}}{\text{L}}$$

Daraus folgt:

$$\left[a_{(OH^-)}\right] = \frac{\left[c_{(OH^-)}\right]}{c^{st}} = 0{,}0333$$

Nach dem Einsetzen von $\left[a_{(OH^-)}\right]$ in Gleichung 4.112 erhält man die Sättigungsaktivität von Fe^{2+}:

$$\left[a_{(Fe^{2+})}\right] = \frac{K^0_{L(Fe(OH)_2)}}{\left[a^2_{(OH^-)}\right]} = \frac{10^{-15}}{0{,}0333^2} = 10^{-12{,}05}$$

Und damit:

$$\left[c_{(Fe^{2+})}\right] = \left[a_{(Fe^{2+})}\right] \cdot c^{st} = 10^{-12{,}05}\,\frac{\text{mol}}{\text{L}}$$

4.12 Quantitative Beschreibung von Redoxgleichgewichten

4.12.1 Halbreaktionen und Standardredoxpotenzial

Wie in Abb. 4.23 dargestellt löst man 1 mol Ammoniumnitrat, 1 mol HCl, 1 mol Eisen(III)-chlorid und 1 mol Eisen(II)-chlorid in 1 L Wasser. Was geschieht?

Es sind folgende Prozesse prinzipiell denkbar: Ammonium und Nitrat enthalten Stickstoff in verschiedenen Oxidationsstufen. Beide Reaktanden können über Redoxprozesse miteinander verknüpft werden. Bei Redoxreaktionen wird immer zuerst die Reduktion formuliert. Für den Übergang von Nitrat zu Ammonium gilt:

$$NO_3^- + 8\,e^- + 10\,H^+ \xrightleftharpoons{E^0_{(NH_4^+;\,NO_3^-)} = 0{,}87\,V} NH_4^+ + 3\,H_2O$$

Ebenso können Fe^{2+}- und Fe^{3+}-Ionen über einen Elektronentransfer miteinander verknüpft werden:

$$Fe^{3+} + e^- \xrightleftharpoons{E^0_{(Fe^{2+};\,Fe^{3+})} = 0{,}77\,V} Fe^{2+}$$

4

Die Größe $E^0_{(\mathrm{Red;Ox})}$ bezeichnet man als **Standardredoxpotenzial**. Das Redoxpaar Fe^{2+}/Fe^{3+} hat ein kleineres Standardredoxpotenzial E^0 als das Redoxpaar NH_4^+/NO_3^-. Beim Übergang von Fe^{2+} zu Fe^{3+} findet die Oxidation, bei der Reaktion von NH_4^+ zu NO_3^- die Reduktion statt:

$$NO_3^- + 8\,e^- + 10\,H^+ \underset{}{\overset{E^0_{(\mathrm{Red})} = 0{,}87\,\mathrm{V}}{\rightleftharpoons}} NH_4^+ + 3\,H_2O$$

$$8\,Fe^{2+} \overset{E^0_{(\mathrm{Ox})} = -0{,}77\,\mathrm{V}}{\rightleftharpoons} 8\,Fe^{3+} + 8\,e^-$$

$$NO_3^- + 8\,Fe^{2+} + 10\,H^+ \rightleftharpoons NH_4^+ + 3\,H_2O + 8\,Fe^{3+}$$

Für die Potenzialdifferenz gilt:

$$\Delta E^0 = E^0_{(\mathrm{NH_4^+;NO_3^-})} - E^0_{(\mathrm{Fe^{2+};Fe^{3+}})} = 0{,}87\,\mathrm{V} - 0{,}77\,\mathrm{V} = 0{,}1\,\mathrm{V} \qquad \text{Gleichung 4.116}$$

Dies ist der Prozess, der sich in Lösung aus ○ Abb. 4.23 abspielt. Das Gleichgewicht liegt auf der Seite der formulierten Produkte. Nitrat wird also mit Fe^{3+} reagieren und Ammonium sowie Fe^{2+} bilden. Zu jeder Redoxhalbreaktion ist ein Standardredoxpotenzial E^0 tabelliert. Um die Gleichgewichtslage einer Redoxreaktion abzuschätzen, formuliert man beide Redoxhalbreaktionen als Reduktionen. Bei der Halbreaktion mit dem kleineren Standardredoxpotenzial E^0 wird dann die Oxidation stattfinden. Anschließend addiert man beide Teilprozesse. Die Differenz $\Delta E^0 = E^0_{(\mathrm{Reduktion})} - E^0_{(\mathrm{Oxidation})}$ ist dann immer positiv und das Gleichgewicht liegt auf der Seite der formulierten Produkte.

Um sich die Bedeutung des Standardredoxpotenzials zu veranschaulichen, bringt man die Reaktanden der beiden Halbreaktionen in getrennte Lösungen unter. Zuerst löst man 1 mol NH_4NO_3 zusammen mit 1 mol HCl in 1 L Wasser. Wird in diese Lösung ein Platin-Blechstreifen getaucht, so werden an der Metalloberfläche Elektronenaustauschreaktionen stattfinden. Nitrat nimmt Elektronen auf, NH_4^+ gibt Elektronen ab. Im Platinblech bildet sich ein elektrisches Potenzial aus. Vereinfachend nimmt man an, dass $E^0_{(\mathrm{NH_4^+;NO_3^-})} = 0{,}87\,\mathrm{V}$ betragen wird. Das Platinblech bezeichnet man als **Ableitelektrode**. Das reaktionsträge, teure Platin wird als Elektrodenmaterial verwendet, weil es außer, dass der Elektronenaustausch stattfindet, keine anderen Reaktionen eingeht. Eine Lösung aus oxidierter Form und reduzierter Form, zusammen mit allen Hilfsreaktanden (in diesem Fall sind HCl und Wasser im Standardzustand), in die eine Ableitelektrode taucht,

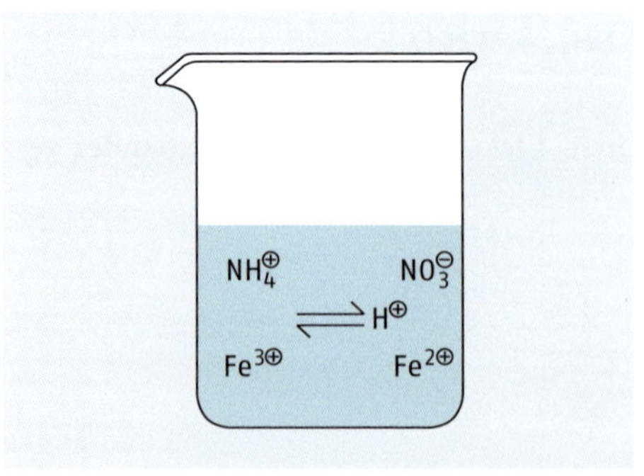

○ **Abb. 4.23** Welcher Prozess findet in einer 1 M Lösung von NH_4Cl, $NaNO_3$, HCl, $FeCl_3$ und $FeCl_2$ statt?

wird **galvanische Halbzelle** genannt. Die Halbzelle des Fe^{2+}/Fe^{3+}-Systems besteht dann aus einem Becherglas, in dem 1 mol $FeCl_2$ und 1 mol $FeCl_3$ in 1 L Wasser gelöst sind; in diese Lösung taucht eine Platin-Ableitelektrode an der sich dann das Potenzial $E^0_{(Fe^{2+};\,Fe^{3+})} = 0{,}77\,V$ ausbilden wird. Kombiniert man die beiden Halbzellen, indem man beide Elektroden mit einem Spannungsmessgerät und beide Lösungen mit einem Stromschlüssel verbindet, dann liegt ein **galvanisches Element** vor (○ Abb. 4.24). Da beide Lösungen den elektrischen Strom leiten, werden sie als **Elektrolytlösungen** bezeichnet. Der Stromschlüssel dient zum Ladungstransport zwischen beiden Elektrolytlösungen, ohne dass sich diese miteinander vermischen. Die einfachste Lösung ist eine poröse Tonfritte, die aber nur ein Diffusionshindernis begrenzter Wirksamkeit darstellt. Eine bessere Lösung ist eine Salzbrücke, die aus mit Kochsalz gesättigter Gelatine besteht. In einem solchen galvanischen Element kann man eine Spannungsdifferenz von 0,1 V beobachten.

Ein galvanisches Element ist die Urform einer jeden Batterie. Das Spannungsmessgerät kann auch gegen einen Stromverbraucher, z. B. eine Glühbirne, ausgetauscht werden. In diesem Fall wird die Redoxreaktion kontinuierlich ablaufen. Die Elektronen werden dann aber nicht von den Fe^{2+}-Ionen direkt zu den Nitrat-Ionen transportiert. Sie machen den Umweg über die Platinelektroden und durch die Glühbirne. Die Glühbirne wird dann leuchten. Eine solche Batterie hat jedoch den Nachteil, dass die Spannung kontinuierlich abnimmt, je mehr Strom von einer Halbzelle zur anderen geflossen ist. Die Glühbirne wird also immer dunkler werden, und zwar so lange, bis ein Gleichgewicht in den beiden Halbzellen herrscht. Die Gleichgewichtslage kann wie immer über das Massenwirkungsgesetz ausdrückt werden:

$$K^0 = \frac{\left[a_{(NH_4^+)}\right]\left[a^8_{(Fe^{3+})}\right]}{\left[a_{(NO_3^-)}\right]\left[a^8_{(Fe^{2+})}\right]\left[a^{10}_{(H^+)}\right]} \qquad \text{Gleichung 4.117}$$

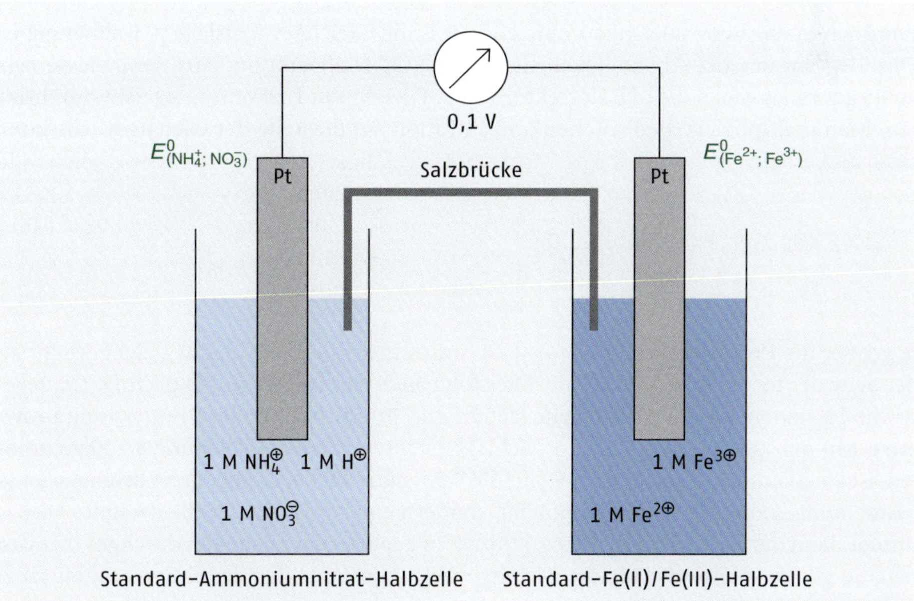

○ **Abb. 4.24** Galvanisches Element, bestehend aus einer Standard-Ammoniumnitrat-Halbzelle und einer Standard-Fe^{2+}/Fe^{3+}-Halbzelle

Das Gleichgewicht liegt auf der Seite der formulierten Produkte immer dann, wenn sowohl $\Delta E^0 = E^0_{(\text{Reduktion})} - E^0_{(\text{Oxidation})} > 0$ oder dann auch notwendigerweise $K^0 > 1$ ist. Da man sowohl aus der Standardredoxpotenzial-Differenz als auch aus der Gleichgewichtskonstante die Lage des Gleichgewichts abschätzen kann, muss zwischen beiden Größen ΔE^0 und K^0 ein Zusammenhang bestehen. Für den Zusammenhang zwischen elektrischer Arbeit W_{el} und angelegter Spannung U gilt:

$$\Delta W_{el} = Q \cdot \Delta U \qquad \text{Gleichung 4.118}$$

Die elektrische Arbeit berechnet sich über das Produkt aus angelegter Spannung ΔU und geflossener Ladung Q. Bei einer Gleichgewichtsreaktion entspricht die Reaktionsarbeit ΔG^0 einer Redoxreaktion immer einer elektrischen Arbeit. Die angelegte Spannung ist die Potenzialdifferenz zwischen beiden Halbzellen. Für die Triebkraft einer chemischen Reaktion ist es unerheblich, ob die Reaktanden in einem oder in zwei Gefäßen miteinander reagieren. Die bei der Reaktion geflossene Ladung ist pro Formelumsatz gegeben durch die Zahl der ausgetauschten Elektronen z und der elektrischen Ladung von einem Mol Elektronen. Diese Ladung wird durch die Faraday-Konstante $F = 96\,484$ C/mol beschrieben. Für die freie Standardreaktionsenthalpie einer Redoxreaktion gilt daher nach Gleichung 4.56:

$$\Delta G^0_{(\text{Red;Ox})} = -z \cdot F \cdot \Delta E^0 = -R \cdot T^{st} \cdot \ln K^0$$

Für die Gleichgewichtskonstante gilt nach *van't Hoff*:

$$K^0 = e^{\frac{z \cdot F \cdot \Delta E^0}{R \cdot T^{st}}} = e^{\frac{8 \cdot 96484 \cdot 0{,}1}{(8{,}314 \cdot 298{,}15)} \frac{\text{C} \cdot \text{V} \cdot \text{mol} \cdot \text{K}}{\text{mol} \cdot \text{J} \cdot \text{K}}} = e^{31{,}13} = 10^{13{,}52} \qquad \text{Gleichung 4.119}$$

Ein Blick in das Redoxgleichgewicht zeigt, dass die Gleichgewichtslage pH-abhängig ist. Dies liegt an der pH-Abhängigkeit der NH_4^+/NO_3^--Halbreaktion. Aus dem Massenwirkungsgesetz lässt sich die pH-Korrektur in der Gleichgewichtskonstante leicht durchführen. Man multipliziert die Protonenkonzentration auf die Seite der Gleichgewichtskonstante und erhält:

$$K^{pH} = K^0 \cdot \left[a^{10}_{(H^+)}\right] = \frac{\left[a_{(NH_4^+)}\right]\left[a^8_{(Fe^{3+})}\right]}{\left[a_{(NO_3^-)}\right]\left[a^8_{(Fe^{2+})}\right]} \qquad \text{Gleichung 4.120}$$

Je größer die Protonenaktivität $[a_{(H^+)}]$ ist, umso mehr liegt das Redoxgleichgewicht auf der Seite der formulierten Produkte. Dies folgt auch ganz dem Prinzip nach *Le-Chatelier*, da die H^+-Ionen auf der Edukt-Seite stehen und ihre Erhöhung ihre Entfernung provoziert. Mit pH-korrigierten Gleichgewichtskonstanten wie in Gleichung 4.120 zu arbeiten, ist vor allem dann vorteilhaft, wenn die Säureaktivität $[a_{(H^+)}]$ in einer Gleichgewichtsbetrachtung keinen variablen Parameter, sondern eine konstante Größe darstellt. Dies ist immer dann der Fall, wenn Redoxreaktionen in gepufferten Lösungen durchgeführt werden. So gilt beispielsweise für die Gleichgewichtskonstante der Reduktion von Nitrat zu Ammonium in einer gepufferten Lösung bei pH = 1:

$$K^{pH=1} = K^0 \cdot [a^{10}_{(H^+)}] = 10^{13,5}\,10^{-10} = \frac{[a_{(NH_4^+)}]\,[a^8_{(Fe^{3+})}]}{[a_{(NO_3^-)}]\,[a^8_{(Fe^{2+})}]} = 10^{3,5}$$ Gleichung 4.121

Die freie Reaktionsenthalpie nach *van't Hoff* berechnet sich dann wie folgt:

$$\Delta G^{pH=1}_{(Red;Ox)} = -R \cdot T^{st} \cdot \ln\left(K^0 \cdot [a^{10}_{(H^+)}]\right) = -R \cdot T^{st} \cdot \ln K^{pH=1}$$ Gleichung 4.122

Die freie Reaktionsenthalpie $\Delta G^{pH=1}_{(Red;Ox)}$ beschreibt jetzt die Arbeit, die die Reaktion leistet, wenn 1 mol 1 M NO_3^- mit 8 mol 1 M Fe^{2+} und 10 mol 0,1 M H^+ in einem reversiblen Prozess zu 1 mol 1 M NH_4^+ und 8 mol 1 M Fe^{3+} reagieren.

Mit der pH-Abhängigkeit der Gleichgewichtskonstanten wurden zum ersten Mal bei der Diskussion von Redoxgleichgewichten andere Zustände als die Standardzustände betrachtet. Ändert man die Säurekonzentration, dann hat das nicht nur Einfluss auf die Gleichgewichtskonstante, sondern über diese nach ○ Gleichung 4.122 auch auf die Redoxpotenzialdifferenz:

$$\Delta G^{pH}_{(Red;Ox)} = -z \cdot F \cdot \Delta E^{pH} = -R \cdot T^{st} \cdot \ln K^{pH}$$ Gleichung 4.123

4.12.2 Nernst-Gleichung

Noch einmal zurück zur Ammoniumnitrat-Halbzelle. Diesmal sollen die Redoxreaktanden aber nicht in der Standardkonzentration von 1 mol/L, sondern in beliebiger Aktivität eingesetzt werden (○ Abb. 4.25). Man löst *x* mol NH_4Cl und *y* mol $NaNO_3$ sowie *m* mol HCl in 1 L Wasser, taucht eine Platinelektrode in die Lösung und bestimmt das Redoxpotenzial *E*.

Für die Halbreaktion $NO_3^- \rightarrow NH_4^+$ lautet das Massenwirkungsgesetz:

$$NO^{3-} + 8\,e^- + 10\,H^+ \xrightleftharpoons{E^0_{(NH_4^+;\,NO_3^-)} = 0{,}87\text{ V}} NH_4^+ + 3\,H_2O$$

$$K^0 = \frac{[a_{(NH_4^+)}]}{[a_{(NO_3^-)}]\,[a^{10}_{(H^+)}]\,[a^8_{(e^-)}]} = \frac{[a_{(NH_4^+)}]}{[a_{(NO_3^-)}]\,[a^{10}_{(H^+)}]\left[\left(\frac{c_{(e^-)}}{c^{st}_{(e^-)}}\right)^8\right]}$$ Gleichung 4.124

Die Reaktanden NH_4^+, NO_3^- und H^+ reagieren in verdünnter Lösung. Ihre Aktivitäten sind auf den 1 M Standard bezogen. Die Bedeutung von $c_{(e^-)}$ und $c^{st}_{(e^-)}$ ist jedoch nicht so einfach zu erkennen. In der Halbzelle aus ○ Abb. 4.25 werden die Elektronen von der Platinelektrode übertragen. Die Gleichgewichtskonzentration der Elektronen ist also gleich der Stoffmengenkonzentration der Elektronen in der Pt-Elektrode. Dabei gilt, dass man Standardzustände völlig willkürlich wählen kann, und es auch darf, wenn dies zu sinnvollen Aussagen führt. $c^{st}_{(e^-)}$ wird als die Stoffmengenkonzentration der Elektronen in der Elektrode definiert und damit wird $a_{(e^-)} = c_{(e^-)} / c^{st}_{(e^-)} = 1$. ○ Gleichung 4.124 vereinfacht sich dann zu:

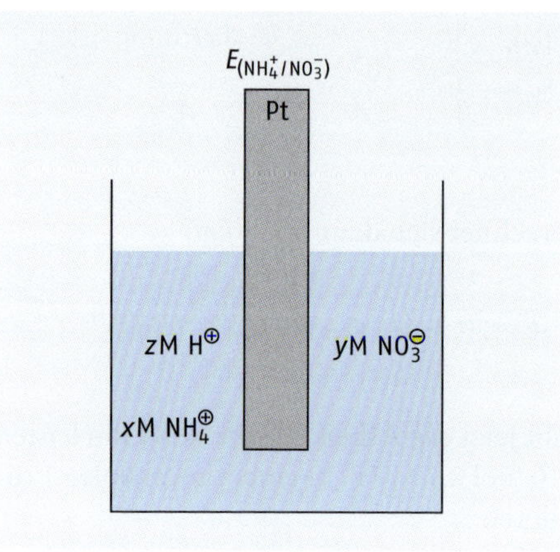

Abb. 4.25 NH_4NO_3-Halbzelle mit beliebigen Konzentrationen der Redoxreaktanden

$$K^0 = \frac{\left[a_{(NH_4^+)}\right]}{\left[a_{(NO_3^-)}\right]\left[a^{10}_{(H^+)}\right]} = e^{\frac{z \cdot F \cdot \Delta E}{R \cdot T^{st}}}$$ Gleichung 4.125

Für die Potenzialdifferenz setzt man $\Delta E = E^0_{(NH_4^+;NO_3^-)} - E_{(NH_4^+;NO_3^-)}$, dabei ist $E_{(NH_4^+;NO_3^-)}$ gleich dem Potenzial der Ammoniumnitrat-Halbzelle bei beliebigen Konzentrationen. Durch Umformung von Gleichung 4.125 ergibt sich:

$$\Delta E = \frac{R \cdot T^{st}}{z \cdot F} \cdot \ln \frac{\left[a_{(NH_4^+)}\right]}{\left[a_{(NO_3^-)}\right]\left[a^{10}_{(H^+)}\right]} = E^0_{(NH_4^+;NO_3^-)} - E_{(NH_4^+;NO_3^-)}$$ Gleichung 4.126

Daraus folgt:

$$E_{(NH_4^+;\,NO_3^-)} = E^0_{(NH_4^+;\,NO_3^-)} - \frac{R \cdot T^{st}}{z \cdot F} \ln \frac{\left[a_{(NH_4^+)}\right]}{\left[a_{(NO_3^-)}\right]\left[a^{10}_{(H^+)}\right]}$$

$$= E^0_{(NH_4^+;\,NO_3^-)} + \frac{R \cdot T^{st}}{z \cdot F} \ln \frac{\left[a_{(NO_3^-)}\right]\left[a^{10}_{(H^+)}\right]}{\left[a_{(NH_4^+)}\right]}$$ Gleichung 4.127

Bei Gleichung 4.127 handelt es sich um die **Nernst-Gleichung**, angewendet auf die NH_4^+/NO_3^--Redoxhalbreaktion. Für die allgemeine Redoxhalbreaktion gilt:

$$a\,\text{Ox} + z\,e^- + m\,H^+ \rightleftharpoons b\,\text{Red}$$

Nach analoger Ableitung erhält man:

$$K^0 = \frac{\left[a^b_{(Red)}\right]}{\left[a^a_{(Ox)}\right]\left[c^m_{(H^+)}\right]} = e^{\frac{z \cdot F \cdot \left(E^0_{(Red;Ox)} - E_{(Red;Ox)}\right)}{R \cdot T^{st}}}$$ Gleichung 4.128

$$E_{(\text{Red; Ox})} = E^0_{(\text{Red; Ox})} + \frac{R \cdot T^{\text{st}}}{z \cdot F} \ln \frac{\left[a^a_{(\text{Ox})}\right]\left[a^m_{(\text{H}^+)}\right]}{\left[a^b_{(\text{Red})}\right]}$$ Gleichung 4.129

Der natürliche Logarithmus wird in den dekadischen Logarithmus umgerechnet und man erhält:

$$E_{(\text{Red; Ox})} = E^0_{(\text{Red; Ox})} + \frac{2{,}303\, R \cdot T^{\text{st}}}{z \cdot F} \log \frac{\left[a^a_{(\text{Ox})}\right]\left[a^m_{(\text{H}^+)}\right]}{\left[a^b_{(\text{Red})}\right]}$$ Gleichung 4.130

$$= E^0_{(\text{Red; Ox})} - \frac{m}{z} \cdot 0{,}059\,\text{pH} + \frac{0{,}059}{z} \log \frac{\left[a^a_{(\text{Ox})}\right]}{\left[a^b_{(\text{Red})}\right]}$$

mit T = 25 °C

Die Nernst-Gleichung ist eine spezielle Form des Massenwirkungsgesetzes. Die Gleichgewichtskonstante ist nach den Rechenregeln für Logarithmen in zwei Summanden aufgespalten worden. Dies kann man über die van't-Hoff-Gleichung (o Gleichung 4.56) mit jedem anderen Gleichgewicht ebenfalls machen:

$$\Delta G^0 = -R \cdot T^{\text{st}} \cdot \ln K^0 \;=\; G^0_{(\text{Produkt})} - G^0_{(\text{Edukt})}$$

und

$$G^0_{(\text{Edukt})} \;=\; G^0_{(\text{Produkt})} + R \cdot T^{\text{st}} \cdot \ln K^0$$

In der Regel bringt dies aber keinen Vorteil, da sich die Absolutwerte der freien Reaktionsenthalpien nicht bequem messen lassen. Die Redoxpotenziale sind dagegen relativ leicht messbar. Ferner können Gleichgewichtslagen über die Elektrodenpotenziale sehr einfach manipuliert werden. o Gleichung 4.131 zeigt, dass man für das Standardredoxpotenzial einer galvanischen Halbzelle eine einfache pH-Korrektur durchführen kann:

$$E^{0\,\text{pH}}_{(\text{Red; Ox})} = E^0_{(\text{Red; Ox})} - \frac{m}{z} \cdot 0{,}059\,\text{pH}$$ Gleichung 4.131

Der Wert $E^{0;\,\text{pH}}_{(\text{Red; Ox})}$ stellt dann das pH-korrigierte Standardredoxpotenzial dar. Ein Standardredoxpotenzial wird immer in einer Standardhalbzelle gemessen. Um $E^{0;\,\text{pH}}_{(\text{Red; Ox})}$ zu messen, muss man 1 mol Ox-Reaktant mit 1 mol Red-Reaktant und 1 mol einer schwachen Säure HA zusammen mit 1 mol ihrer korrespondierenden Base A^- in 1 L Wasser auflösen. Dazu wählt man eine Säure HA, deren pK_S-Wert genau dem pH-Wert entspricht, bei dem gearbeitet werden soll: Es liegt dann 1 M HA/A^--Puffer vor und alle Reaktanden befinden sich im Standardzustand. Findet sich keine solche Säure, dann ist das nicht prinzipiell ein Problem. Eine Standardhalbzelle muss nicht realisierbar sein. Man muss nur seine Eigenschaften reproduzierbar ermitteln können. Dies ist durch Interpolation zwischen zwei Standardhalbzellen mit pH-Werten, die größer und kleiner als der gewünschte pH-Wert sind, leicht möglich (Anmerkung: In der Biologie sind alle E^0-Werte auf pH = 7 bezogen). Mit den pH-korrigierten Standardredoxpotenzialen kann man immer dann vorteilhaft rechnen, wenn man eine pH-abhängige Redoxreaktion in gepufferter Lösung durchführen will. Für die Gleichgewichtskonstante einer allgemeinen Redoxreaktion gilt:

$$a\,\mathrm{Ox}_{(1)} + b\,\mathrm{Red}_{(2)} \xrightleftharpoons{K^0} c\,\mathrm{Red}_{(1)} + d\,\mathrm{Ox}_{(2)}$$

$$K^{\mathrm{pH}} = \frac{[a^c_{(\mathrm{Red}(1))}]\,[a^d_{(\mathrm{Ox}(2))}]}{[a^a_{(\mathrm{Ox}(1))}]\,[a^b_{(\mathrm{Red}(2))}]} = e^{\frac{z \cdot F \cdot (E^{0\,\mathrm{pH}}_{(\mathrm{Red}(1);\mathrm{Ox}(1))} - E^{0\,\mathrm{pH}}_{(\mathrm{Red}(2);\mathrm{Ox}(2))})}{R \cdot T_{st}}}$$

Gleichung 4.132

Die Anwendung der Nernst-Gleichung soll anhand der nachfolgenden Beispiele verdeutlicht werden. In der Standardhalbzelle des Fe^{3+}/Fe^{2+}-Systems aus ▸ Abb. 4.24 gilt für das Standardredoxpotenzial $E^0_{(Fe^{2+};\,Fe^{3+})} = 0{,}77\,V$. Die Reduktion von Fe^{3+} zu Fe^{2+} beschreibt man über die Nernst-Gleichung folgendermaßen:

$$E_{(Fe^{2+};\,Fe^{3+})} = E^0_{(Fe^{2+};\,Fe^{3+})} + \frac{0{,}059}{1} \log \frac{[a_{(Fe^{3+})}]}{[a_{(Fe^{2+})}]}$$

Gleichung 4.133

▸ Gleichung 4.133 zeigt, dass das Standardredoxpotenzial $E^0_{(Fe^{2+};\,Fe^{3+})}$ auch dann 0,77 V beträgt, wenn man die Aktivitäten von Fe^{3+} und Fe^{2+} beliebig verringert, solange gilt: $a_{(Fe^{3+})} = a_{(Fe^{2+})}$. Ist aber in der in ▸ Abb. 4.24 gezeigten Halbzelle die Fe^{3+}-Aktivität 10-mal höher die Fe^{2+}-Aktivität, so liefert ▸ Gleichung 4.133:

$$E_{(Fe^{2+};\,Fe^{3+})} = E^0_{(Fe^{2+};\,Fe^{3+})} + \frac{0{,}059}{1} \log \frac{[a_{(Fe^{3+})}]}{[a_{(Fe^{2+})}]} = 0{,}77\,V + 0{,}059\,V \cdot \log \frac{10}{1} = 0{,}829\,V$$

Das Redoxpotenzial steigt, und bedeutet, dass die Oxidationskraft der Halbzelle zunimmt. Erhöht man die Konzentration an oxidiertem Reaktanden relativ zum reduzierten Reaktanden, so wird der Prozess vermehrt ablaufen, der den oxidierten Reaktanden entfernt. Dies ist in diesem Beispiel die Reduktion von Fe^{3+}, die von der Oxidation des anderen Reaktionspartners abhängt. Setzt man aber in der Halbzelle (▸ Abb. 4.24) Fe^{2+} im Überschuss zu Fe^{3+} ein, z. B. indem für Fe^{3+} $x = 0{,}1$ mol und für Fe^{2+} $y = 0{,}0001$ mol gilt, dann liefert ▸ Gleichung 4.133 das folgende Potenzial:

$$E_{(Fe^{2+};\,Fe^{3+})} = E^0_{(Fe^{2+};\,Fe^{3+})} + \frac{0{,}059}{1} \log \frac{[a_{(Fe^{3+})}]}{[a_{(Fe^{2+})}]} = 0{,}77\,V + 0{,}059\,V \cdot \log \frac{10^{-4}}{10^{-1}} = 0{,}593\,V$$

Das Redoxpotenzial der Halbzelle wird kleiner, d. h. die Reduktionskraft der Zelle nimmt zu und die Oxidationskraft wird verringert. Wird die allgemeine Form der Nernst-Gleichung (▸ Gleichung 4.130) auf das Fe^{3+}/Fe^{2+}-System angewendet, so erhält man selbstverständlich ▸ Gleichung 4.133. Die stöchiometrischen Koeffizienten *a* und *b* sind jeweils 1, und da die Halbreaktion pH-unabhängig ist, wird *m* gleich 0. Betrachtet man jedoch die Halbreaktion der Ammoniumnitrat-Halbzelle in ▸ Abb. 4.25:

$$NO_3^- + 8\,e^- + 10\,H^+ \xrightleftharpoons{E^0_{(NH_4^+;\,NO_3^-)} = 0{,}87\,V} NH_4^+ + 3\,H_2O$$

Dann liefert die Nernst-Gleichung (Gleichung 4.127) für diese Halbreaktion:

$$E_{(NH_4^+;\,NO_3^-)} = E^0_{(NH_4^+;\,NO_3^-)} - \frac{10}{8} \cdot 0{,}059\,\text{pH} + \frac{0{,}059}{8} \log \frac{\left[a_{(NO_3^-)}\right]}{\left[a_{(NH_4^+)}\right]}$$

Wird Ammoniumnitrat in beliebiger Stoffmenge in die Halbzelle eingewogen, dann bleibt das Redoxpotenzial immer konstant bei $E_{(NH_4^+;\,NO_3^-)} = E^0_{(NH_4^+;\,NO_3^-)} - \frac{10}{8} \cdot 0{,}059$ pH, da die Ammonium- und Nitrat-Konzentrationen aufgrund der Stöchiometrie des Salzes stets gleich sind. Der letzte Summand in Gleichung 4.127 nimmt den Wert null an. Setzt man der Zelle jedoch zusätzlich $NaNO_3$ zu, so wird der Wert von $E_{(NH_4^+;\,NO_3^-)}$ ansteigen. Setzt man zusätzlich NH_4Cl zu, wird $E_{(NH_4^+;NO_3^-)}$ absinken. Für eine reine Ammoniumnitrat-Halbzelle in einem äquimolaren Essigsäure-Acetat-Puffer gilt für den pH-Wert nach Gleichung 4.100:

$$c_{(H^+)} = K_S \cdot \frac{c_{(HOAc)}}{c_{(AcO^-)}} = K_S \rightarrow \text{pH} = \text{p}K_S = 4{,}75$$

Demnach hat die Ammoniumnitrat-Halbzelle nach Gleichung 4.127 ein Potenzial von:

$$E_{(NH_4^+;\,NO_3^-)} = E^0_{(NH_4^+;\,NO_3^-)} - \frac{10}{8} \cdot 0{,}059\,\text{pH} = 0{,}87\,\text{V} - \frac{10}{8} \cdot 0{,}059\,\text{V} \cdot 4{,}75$$

$$= 0{,}520\,\text{V} = E^{0\,\text{pH}}_{(NH_4^+;\,NO_3^-)}$$

In einem Essigsäure-Acetat-Puffer ist die Protonenkonzentration so weit erniedrigt, dass $E^{0\,\text{pH}}_{(NH_4^+;\,NO_3^-)} < E^0_{(Fe^{2+};\,Fe^{3+})}$ wird. Dies hat zur Folge, dass sich die Gleichgewichtslage der Nitratoxidation durch Eisen(II) umkehrt. Nach Neuformulierung der beiden Halbreaktionen erhält man für die Nitratreduktion:

$$NO_3^- + 8\,e^- + 10\,H^+ \xrightleftharpoons{E^{opH}_{(NH_4^+;\,NO_3^-)} = 0{,}52\,\text{V}} NH_4^+ + 3\,H_2O$$

Und für die Reduktion von Eisen(III) zu Eisen(II):

$$Fe^{3+} + e^- \xrightleftharpoons{E^0_{(Fe^{2+};\,Fe^{3+})} = 0{,}77\,\text{V}} Fe^{2+}$$

Bei einem Essigsäure-Acetat-Puffer besitzt die Ammoniumnitrat-Halbzelle das kleinere Potenzial und es läuft eine Oxidationsreaktion ab. Die Kombination der Halbreaktionen muss nun folgendermaßen ausgeführt werden:

$$8\,Fe^{3+} + 8\,e^- \xrightleftharpoons{E^0_{(Red)} = 0{,}77\,\text{V}} 8\,Fe^{2+}$$

$$NH_4^+ + 3\,H_2O \xrightleftharpoons{E^0_{(Ox)} = -0{,}52\,\text{V}} NO_3^- + 8\,e^- + 10\,H^+$$

$$NH_4^+ + 3\,H_2O + 8\,Fe^{3+} \xrightleftharpoons{\Delta E^{\text{pH}} = 0{,}25\,\text{V}} NO_3^- + 8\,Fe^{2+} + 10\,H^+$$

Beide Halbzellen werden eine Potenzialdifferenz von 0,25 V anzeigen, wobei jetzt aber die Elektronen von der Ammoniumnitrat-Halbzelle zur Eisen-Halbzelle fließen. Das Gleichgewicht liegt nun auf der Seite von Nitrat und Fe^{2+}. Für die Gleichgewichtskonstante gilt:

$$K^{\mathrm{pH}} = \frac{\left[a_{(\mathrm{NO_3^-})}\right]\left[a^8_{(\mathrm{Fe^{2+}})}\right]}{\left[a_{(\mathrm{NH_4^+})}\right]\left[a^8_{(\mathrm{Fe^{3+}})}\right]} = e^{\frac{z \cdot F \cdot \Delta E^{\mathrm{pH}}}{R \cdot T^{\mathrm{st}}}} = e^{\frac{8 \cdot 96\,484 \cdot 0{,}25}{8{,}314 \cdot 298{,}15} \frac{C \cdot V \cdot mol \cdot K}{mol \cdot J \cdot K}} = \mathrm{e}^{77{,}85} = 10^{33{,}81}$$

Gleichung 4.134

4.12.3 Spezielle Elektrodentypen

Ein Metallblech in eine Metallsalzlösung zu tauchen, ist die einfachste Form, um eine galvanische Halbzelle zu erhalten, die **Metallelektrode**. In diesem Fall gilt für Halbreaktion:

$$M^{z+} + z\,e^- \xrightleftharpoons{E^0_{M;\,M^{z+}}} M$$

Für die Kombination einer Silber- mit einer Bleielektrode gilt:

$$Ag^+ + e^- \xrightleftharpoons{E^0_{(Ag;\,Ag^+)} = 0{,}81\ V} Ag$$

$$Pb^{2+} + 2\,e^- \xrightleftharpoons{E^0_{(Pb;\,Pb^{2+})} = -0{,}13\ V} Pb$$

Ein galvanisches Element, das aus der Kombination der beiden Halbzellen besteht, ist in **o** Abb. 4.26 dargestellt. Die Pb-Halbzelle hat dabei im Vergleich zur Ag-Halbzelle das deutlich kleinere Standardredoxpotenzial. Daraus kann man bereits ablesen, dass Ag^+ ein stärkeres Oxidationsmittel als Pb^{2+} ist. Metallisches Pb dagegen ist ein stärkeres Reduktionsmittel als metallisches Ag. Man sagt auch: Silber ist **edler** als Blei.
Für eine einfache Metallelektrode liefert die *Nernst*-Gleichung (Gleichung 4.130) mit a und $b = 1$ und $m = 0$:

$$E_{(M;\,M^{z+})} = E^0_{(M;\,M^{z+})} + \frac{0{,}059}{z} \log \frac{\frac{c_{(M^{z+})}}{c^{st}}}{\frac{c_{(M)}}{c^{st}_{(M)}}} = E^0_{(M;\,M^{z+})} + \frac{0{,}059}{z} \log a_{(M^{z+})}$$

Gleichung 4.135

In den Halbzellen liegen die Metallionen stets in verdünnter Lösung vor. Sie werden daher auf den 1 M Standard mit $c^{st} = 1$ mol/L bezogen. Das Metallblech übernimmt sowohl die Funktion des reduzierten Reaktanden Red als auch die Funktion der Elektrode. Das Metall liegt als reiner Stoff vor und wird daher auf den Standard des reinen Stoffs bezogen. $c^{st}_{(M)}$ muss nicht ermittelt werden; das Metall liegt immer in der Relativkonzentration $a_{(M)} = 1$ vor und verhält sich daher in der Nernst-Gleichung rechenneutral. Das galvanische Element hat im Standardzustand die Potenzialdifferenz:

$$\Delta E^0_{Ag-Pb} = E^0_{(Ag;\,Ag^+)} - E^0_{(Pb;\,Pb^{2+})} = 0{,}81\ V + 0{,}13\ V = 0{,}94\ V$$

Gleichung 4.136

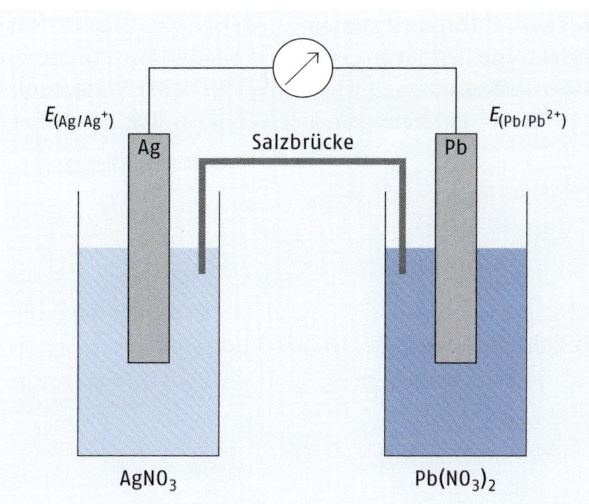

Abb. 4.26 Konventionelle Batterie aus einer Silber- und einer Bleielektrode

Die Spannung des Elements kann weiter gesteigert werden, wenn ein Konzentrationsgefälle zwischen der Ag- und er Pb-Halbzelle vorliegt. Dazu löst man in der Pb-Halbzelle 10^{-5} mol $Pb(NO_3)_2$ in 1 L Wasser und in der Ag-Halbzelle 0,1 mol $AgNO_3$ in 1 L Wasser. Das Element hat dann nach Gleichung 4.135 eine Spannungsdifferenz von:

Gleichung 4.137

$$\text{(a)} \quad E_{(Ag;\,Ag^+)} = E^0_{(Ag;\,Ag^+)} + 0{,}059 \log a_{(Ag^+)}$$

$$\text{(b)} \quad E_{(Pb;\,Pb^{2+})} = E^0_{(Pb;\,Pb^{2+})} + \frac{0{,}059}{2} \log a_{(Pb^{2+})}$$

Aus Gleichung 4.136 ergibt sich:

Gleichung 4.138

$$\Delta E_{(Ag-Pb)} = E_{(Ag;\,Ag^+)} - E_{(Pb;\,Pb^{2+})}$$

$$= \Delta E^0_{(Ag-Pb)} + 0{,}059 \log a_{(Ag^+)} - \frac{0{,}059}{2} \log a_{(Pb^{2+})}$$

$$= 0{,}94\,\text{V} - 0{,}059\,\text{V} + 0{,}0295\,\text{V} \cdot 5 = 1{,}0285\,\text{V}$$

Was die Gebrauchsfähigkeit im technischen Einsatz angeht, hat eine solche Metallelektrodenkombination aber einen entscheidenden Nachteil. Die Spannung sinkt kontinuierlich, wenn man der Batterie Ladung entnimmt. Je mehr Strom man der Batterie entnimmt, umso mehr wird die Bleikonzentration ansteigen und die Silberkonzentration abnehmen. Da die meisten Stromverbraucher auf eine konstante Spannung ausgelegt sind, funktioniert ein einfaches galvanisches Element nur über sehr kurze Zeit.

Die weitere Sonderform galvanischer Elemente ist die **Gaselektrode**. Die Wasserstoffelektrode (Abb. 4.27) ist dabei das wichtigste Beispiel. Liegen in der Wasserstoffelektrode alle Reaktanden im Standardzustand vor, spricht man von der **Normalwasserstoffelektrode**. Die Normalwasserstoffelektrode besteht aus einer 1 M Säurelösung, in die ein Platinblech eintaucht, das mit Wasserstoffgas umspült wird. Dabei muss der Wasserstoffdruck über der Lösung 1 Atm (= $101{,}3 \cdot 10^3$ Pa) betragen. Der Wasserstoffelektrode liegt folgende Halbreaktion zugrunde:

$$2\,H^+ + 2\,e^- \xrightleftharpoons{E'^0_{(H_2;H^+)}} H_2$$

Für die Nernst-Gleichung (Gleichung 4.130) gilt in diesem Fall $m = 0$, da hier die Protonen nicht Hilfsreaktand, sondern oxidierte Form in der Halbreaktion sind:

$$E_{(H_2;H^+)} = E'^0_{(H_2;H^+)} + \frac{0{,}059}{2} \log \frac{a^2_{(H^+)}}{a_{(H_2)}} \qquad \text{Gleichung 4.139}$$

Die Protonen liegen im verdünnten Zustand vor und werden auf den 1 M Standard bezogen. Wasserstoff ist in Wasser nur sehr geringfügig löslich. Bei Wasserstoffgas wird der Standardzustand mit $p^{st}_{(H_2)}$ = 1 Atm (= 101,3 10^3 Pa) definiert. Für die Löslichkeit von Gasen in Flüssigkeiten (z. B. Wasser) gilt das Gesetz von *Henry*. Die Sättigungskonzentration des Gases ist dabei proportional zum Gasdruck über der Lösung:

$$\frac{c_{(g)}}{c^{st}} = k \cdot \frac{p_{(g)}}{p^{st}} \quad \text{oder} \quad a_{(g)} = k \cdot a_{(p,g)} \qquad \text{Gleichung 4.140}$$

Dabei ist $a_{(g)}$ die Relativkonzentration eines gelösten Gases und $p_{(g)}$ der absolute Gasdruck in Atm oder Pascal. Der Relativdruck des Gases über der Lösung ist:

$$a_{(p,g)} = \frac{p_{(g)}}{p^{st}} \qquad \text{Gleichung 4.141}$$

Gleichung 4.139 kann umgeschrieben werden zu:

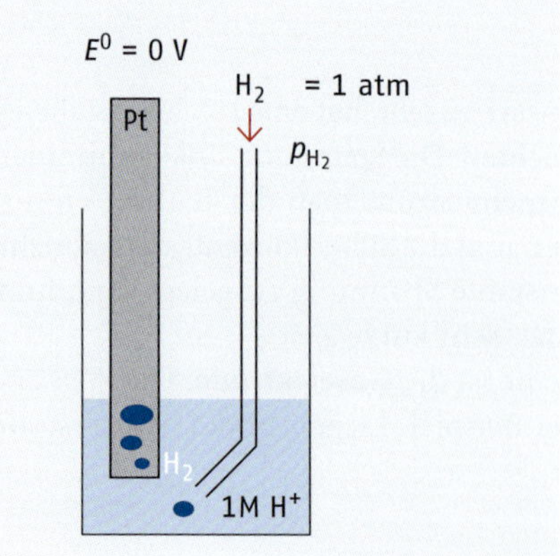

Abb. 4.27 Aufbau einer Normalwasserstoffelektrode

$$E_{(H_2;H^+)} = E'^0_{(H_2;H^+)} + \frac{0{,}059}{2} \log \frac{a^2_{(H^+)}}{k \cdot a_{(p,H_2)}}$$

$$= E'^0_{(H_2;H^+)} - \frac{0{,}059}{2} \log k + \frac{0{,}059}{2} \log \frac{a^2_{(H^+)}}{a_{(p;H_2)}}$$

Gleichung 4.142

Man setzt:

$$E'^0_{(H_2;H^+)} - \frac{0{,}059}{2} \log k = E^0_{(H_2;H^+)} = 0\,\text{V}$$

Gleichung 4.143

Und erhält für das Potenzial der Wasserstoffelektrode:

$$E_{(H_2;H^+)} = \frac{0{,}059}{2} \log \frac{a^2_{(H^+)}}{a_{(p;H_2)}}$$

Gleichung 4.144

Bei jeder Gaselektrode wird der gasförmige Reaktand auf den Standardzustand von p^{st} = 1 Atm bezogen. Daher ist in der Nernst-Gleichung immer der Relativdruck des gasförmigen Reaktanden einzusetzen, sonst stimmt der Tabellenwert des Standardredoxpotenzials nicht. Ist der Gasdruck in Pascal angegeben, dann ist der absolute Gasdruck durch $101{,}3 \cdot 10^3$ Pa zu dividieren, um den Relativdruck zu erhalten. Die Definition $E^0_{(H_2;H^+)} = 0\,\text{V}$ hat einen besonderen Grund. Absolutpotenziale sind grundsätzlich nicht messbar, da jede Messelektrode ihr eigenes Absolutpotenzial hat. Will man dieses messen, dann benötigt man wieder eine Messelektrode, deren Absolutpotenzial ebenfalls nicht bekannt ist. Man ist daher gezwungen, eine Elektrode willkürlich als Nullpunkt einer Potenzialskala zu wählen, mit der dann gearbeitet werden kann. Für diesen Nullpunkt hat man die Normalwasserstoffelektrode aus ∘ Abb. 4.27 ausgesucht. Alle tabellierten Standardredoxpotenziale sind so zu verstehen: Baut man ein galvanisches Element, indem man eine Standardhalbzelle mit einer Normalwasserstoffelektrode zusammenschaltet, dann beobachtet man die Spannungsdifferenz $\Delta E = E^0_{(Red;Ox)}$. Hält man in einer Wasserstoffelektrode den Wasserstoffdruck konstant bei 1 Atm, dann gilt: $a_{(p;\,H_2)} = 1$ und ∘ Gleichung 4.144 vereinfacht sich zu:

$$E_{(H_2;H^+)} = \frac{0{,}059}{2} \log \frac{a^2_{(H^+)}}{1} = 0{,}059 \log a_{(H^+)} = -0{,}059\,\text{pH}$$

Gleichung 4.145

∘ Gleichung 4.145 kann als Modellbeispiel dafür dienen, wie man über Potenzialmessungen einen pH-Wert viel genauer bestimmen kann, als dies mit einem Farbvergleich von Indikatorpapieren möglich ist. Prinzipiell ist dies mit jeder pH-abhängigen Elektrode möglich, doch kann die Anwesenheit der Ox/Red-Reaktanden in der Lösung oft empfindlich stören.

Eine zweite wichtige Gaselektrode ist die **Sauerstoffelektrode**. Sie ist genauso aufgebaut, wie die Normalwasserstoffelektrode aus ∘ Abb. 4.27. Statt Wasserstoff wird lediglich

4

Sauerstoffgas an der Elektrode vorbeigleitet. Der Sauerstoffelektrode liegt folgende Redoxhalbreaktion zugrunde:

$$O_2 + 4\,e^- + 4\,H^+ \xrightleftharpoons{E^0_{(H_2O;\,O_2)} = 0{,}82\ \mathrm{V}} 2\,H_2O$$

Entsprechend der Gleichung 4.130 ergibt sich dann für das Potenzial der Sauerstoffelektrode:

$$E_{(H_2O;O_2)} = E^0_{(H_2O;O_2)} - \frac{4}{4} \cdot 0{,}059\,\mathrm{pH} + \frac{0{,}059}{4} \log \frac{a_{(p;O_2)}}{1} \qquad \text{Gleichung 4.146}$$

Unter $a_{(p;\,O_2)}$ ist der Relativdruck des Sauerstoffs über der Lösung zu verstehen. Der reduzierte Reaktand ist in diesem Falle das Wasser, das auch die Rolle des Lösemittels übernimmt. Da die Wasserkonzentration ungefähr der Wert des reinen Wassers gilt, bezieht man sie auf den Standard des reinen Stoffs und erhält als Aktivität $a_{(H_2O)} = 1$. Für den Normalfall, in dem der Sauerstoffdruck über der Lösung 1 Atm beträgt, vereinfacht sich das Potenzial der Sauerstoffelektrode zu:

$$E_{(H_2O;\,O_2)} = E^0_{(H_2O;\,O_2)} - 0{,}059\ \mathrm{pH} \qquad \text{Gleichung 4.147}$$

Kombiniert man eine Sauerstoff- mit einer Wasserstoffelektrode, dann erhält man eine Brennstoffzelle (Abb. 4.28).

Da die Sauerstoffelektrode mit $E^0_{(H_2O;O_2)} = 0{,}82$ V ein größeres Potenzial als die Wasserstoffelektrode mit $E^0_{(H_2;H^+)} = 0$ V hat, findet an der Sauerstoffelektrode die Reduktion und an der Wasserstoffelektrode die Oxidation statt:

$$O_2 + 4\,e^- + 4\,H^+ \rightleftharpoons 2\,H_2O$$

$$2\,H_2 \rightleftharpoons 4\,H^+ + 4\,e^-$$

$$O_2 + 2\,H_2 \rightleftharpoons 2\,H_2O$$

Kombiniert man beide Prozesse, dann ergibt sich:

$$\Delta E = E_{(H_2O;O_2)} - E_{(H_2;H^+)} = E^0_{(H_2O;O_2)} - 0{,}059\,\mathrm{pH} + 0{,}059\,\mathrm{pH} \qquad \text{Gleichung 4.148}$$

$$= E^0_{(H_2O;O_2)} = 0{,}82\,\mathrm{V}$$

Mit $p_{(O_2)} = p_{(H_2)} = 1$ Atm

Die Brennstoffzelle liefert elektrischen Strom aus der kontrollierten Oxidation von Wasserstoff mit Sauerstoff (Knallgasreaktion). Erzeugt man elektrischen Strom, indem man einen Generator mit einem wasserstoffbetriebenen Verbrennungsmotor betreibt, so wird ein großer Teil der freiwerdenden Energie ΔG^0_R in Form von Wärme an die Umgebung abgegeben. Die Brennstoffzelle setzt einen viel größeren Teil der im Wasserstoff enthaltenen Energie in Strom um. Die Verwendung des teuren Platins und das hohe Gewicht sind aber eindeutige Nachteile beim Einsatz von Brennstoffzellen zur Betreibung von Elektromotoren.

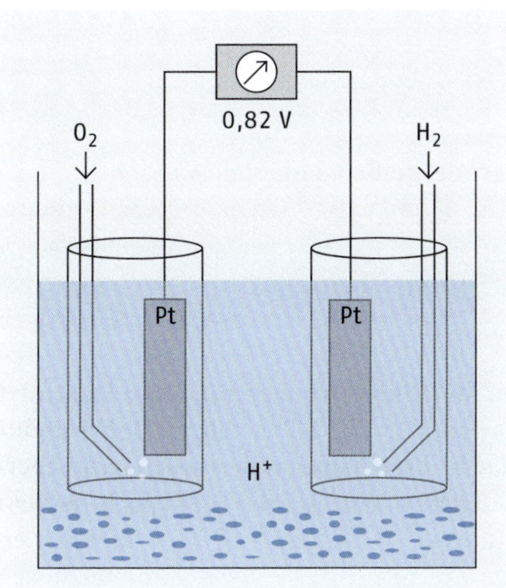

Abb. 4.28 Aufbau einer ungeteilten Brennstoffzelle

Zu einem dritten Typ von speziellen galvanischen Halbzellen zählen die **Feststoffelektroden**. Taucht beispielsweise ein Silberblech in eine 0,1 M Silbernitratlösung, dann liegt eine einfache Metallelektrode vor:

$$Ag^+ + e^- \xrightleftharpoons{E^0_{(Ag;\,Ag^+)} = 0{,}81\ V} Ag$$

Für das Elektrodenpotenzial gilt:

$$E_{(Ag;\,Ag^+)} = E^0_{(Ag;\,Ag^+)} + 0{,}059 \log a_{(Ag^+)} \qquad \text{Gleichung 4.149}$$

Gibt man pro Liter Elektrolytlösung 0,1 mol NaCl zur Lösung, dann wird sich folgende Fällungsreaktion abspielen:

$$Ag^+ + Cl^- \rightleftharpoons AgCl$$

Das Gleichgewicht wird durch Gleichung 4.110 beschrieben:

$$K^0_L = \left[a_{(Ag^+)}\right]\left[a_{(Cl^-)}\right]$$

Die Fällungsreaktion bestimmt jetzt die Silberionenkonzentration im Elektrolyt: Kochsalz und Silbernitrat liegen in einem stöchiometrischen Verhältnis vor. Dies entspricht nahezu dem gleichen Zustand, den man erhält, wenn ein Löffel AgCl im Elektrolyten suspendiert wird:

$$\left[a_{(Ag^+)}\right] = \left[c_{(Cl^-)}\right]$$

Und damit:

$$\left[a_{(Ag^+)}\right] = \sqrt{K_L^0} = 10^{-5}$$

Das Potenzial der Silberelektrode kann jetzt folgendermaßen dargestellt werden:

Gleichung 4.150

$$E_{(Ag;\,Ag^+)} = E^0_{(Ag;\,Ag^+)} + 0{,}059 \log\sqrt{K_L^0} = 0{,}82\,\text{V} - 0{,}059\,\text{V} \cdot 5 = 0{,}525\,\text{V}$$

Feststoffelektroden sind Metallelektroden, deren Metallionenkonzentration im Elektrolyt über ein Löslichkeitsgleichgewicht kontrolliert wird. Für eine Silber-Silberchlorid-Elektrode gilt dies auch, wenn AgCl in einer 0,1 M NaCl-Lösung suspendiert wird. Für die Silber-Ionenkonzentration und damit für das Elektrodenpotenzial gilt nach Gleichung 4.110:

$$\left[a_{(Ag^+)}\right] = \frac{K_L^0}{\left[a_{(Cl^-)}\right]}$$

Und damit:

Gleichung 4.151

$$E_{(Ag;\,Ag^+)} = E^0_{(Ag;\,Ag^+)} + 0{,}059 \log \frac{K_L^0}{\left[a_{(Cl^-)}\right]} = 0{,}82\,\text{V} - 0{,}059\,\text{V} \cdot 9 = 0{,}289\,\text{V}$$

Solche Feststoffelektroden haben ein konstantes Potenzial, das sich stabil einstellt, und sie sind leicht zu realisieren. Daher haben sie große Bedeutung als experimentelle Vergleichselektroden. Soll ein Elektrodenpotenzial eines beliebigen galvanischen Halbelements gemessen werden, dann verwendet man in der Regel nicht die Normalwasserstoffelektrode als Bezugselektrode, denn ihr Aufbau ist kompliziert und teuer und ihr Potenzial ist nicht sehr stabil. Als experimentelle Vergleichselektroden werden üblicherweise Feststoffelektroden wie die verschiedenen Formen der Silberchloridelektrode verwendet.

Die zweite Anwendungsmöglichkeit von Feststoffelektroden sind Batterien, die über ihre Lebensdauer hinweg eine nahezu konstante Spannung liefern. Dazu modifiziert man eine Kombination von Metallelektroden, z. B. bestehend aus einer Kupferhalbzelle (Cu/Cu^{2+}; $E^0 = 0{,}34\,\text{V}$) und einer Zinkhalbzelle (Zn/Zn^{2+}; $E^0 = -0{,}76\,\text{V}$) (= Daniell-Element) so, indem man in der Kupferhalbzelle eine CuS-Suspension und in der Zinkhalbzelle eine ZnS-Suspension in 0,1 M Na_2S-Lösung einsetzt. Abb. 4.29 zeigt ein solches modifiziertes Daniell-Element.

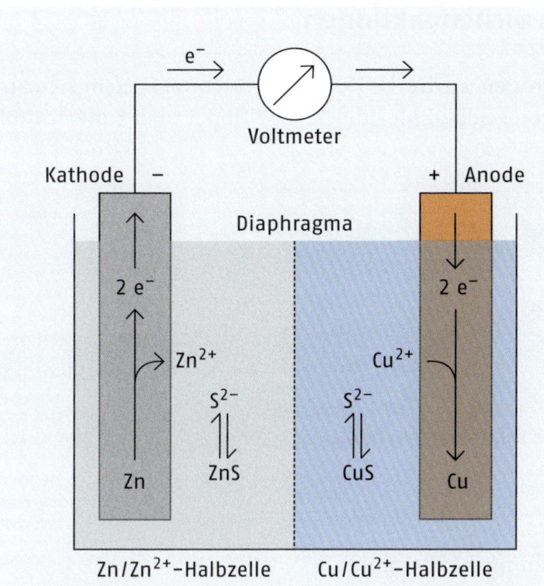

Abb. 4.29 Daniell-Element aus Cu- und Zn-Feststoffelektroden

4

Für Kupfersulfid gilt $pK_{L(CuS)} = 40$, für Zinksulfid $pK_{L(ZnS)} = 23$. Damit gilt für die Spannungsdifferenz beider Elektroden:

$$\Delta E = E^0_{(Cu;Cu^{2+})} + \frac{0{,}059}{2}\log\frac{K^0_{L(CuS)}}{[a_{(S^{2-})}]} - E^0_{(Zn;Zn^{2+})} - \frac{0{,}059}{2}\log\frac{K^0_{L(ZnS)}}{[a_{(S^{2-})}]} \quad \text{Gleichung 4.152}$$

Und damit:

$$\Delta E = \Delta E^0_{(Cu-Zn)} + \frac{0{,}059}{2}\cdot(pK_{L(ZnS)} - pK_{L(CuS)}) \quad \text{Gleichung 4.153}$$

$$= 1{,}1\,V + \frac{0{,}059\,V}{2}\cdot(23-40) = 0{,}5985\,V$$

Entnimmt man dem Element Ladung, dann werden Cu^{2+}-Ionen zu Cu reduziert. In der Kupferhalbzelle sinkt die Cu^{2+}-Konzentration. Dadurch wird CuS in Lösung gehen und den Verlust teilweise ausgleichen. In der Zinkhalbzelle wird Zn zu Zn^{2+} oxidiert. Zn^{2+} geht in Lösung und bildet dort schwerlösliches ZnS. Auf diese Weise bleiben die Konzentrationen von Cu^{2+} und Zn^{2+} in ihren Elektrolyten näherungsweise konstant und die Batterie kann mit einem konstanten Potenzial betrieben werden, bis in der Kupferhalbzelle entweder alles CuS oder alles S^{2-} in der Zinkhalbzelle verbraucht ist. Dann ist die Batterie leer. Nach diesem Prinzip funktionieren handelsübliche Batterien, die zum Betrieb von Elektrogeräten geeignet sind.

4.13 Kopplung von Gleichgewichtsreaktionen

Bei der Diskussion der Feststoffelektroden wurde die Kopplung von zwei Gleichgewichtsreaktionen schon beschrieben. Bei einer Silberchloridelektrode findet man zunächst folgendes Redoxgleichgewicht:

$$Ag^+ + e^- \xrightleftharpoons{E^0_{(Ag;\,Ag^+)} = 0{,}81\ \mathrm{V}} Ag$$

Nach *Nernst* (○ Gleichung 4.137a) gilt:

$$E_{(Ag;\,Ag^+)} = E^0_{(Ag;\,Ag^+)} + 0{,}059 \log a_{(Ag^+)}$$

Der Löslichkeitsprozess lässt sich wie folgt beschreiben:

$$Ag^+ + Cl^- \rightleftharpoons AgCl$$

Für das Löslichkeitsprodukt (○ Gleichung 4.110) gilt:

$$K^0_L = \left[a_{(Ag^+)}\right]\left[a_{(Cl^-)}\right]$$

Bei gekoppelten Gleichgewichten kann das eine Massenwirkungsgesetz in das andere eingesetzt werden, beispielsweise bei der Silberchloridelektrode (○ Gleichung 4.151):

$$E_{(Ag;\,Ag^+)} = E^0_{(Ag;\,Ag^+)} + 0{,}059 \log \frac{K^0_L}{\left[a_{(Cl^-)}\right]}$$

Diese Kopplung von Gleichgewichten soll nachfolgend anhand von zwei Beispielen genauer untersucht werden. Es existieren die Gleichgewichte:

$$A + B \xrightleftharpoons{K^0_1} C + D$$

$$C + D \xrightleftharpoons{K^0_2} E + F$$

Wie auch:

$$A + B \xrightleftharpoons{K^0} E + F$$

Für die Gleichgewichtskonstante K^0 gilt dann:

$$K^0 = K^0_1 \cdot K^0_2 \qquad \text{Gleichung 4.154}$$

Davon kann man sich leicht überzeugen: Man formuliert die Massenwirkungsgesetze beider Gleichgewichte getrennt, anschließend multipliziert man diese miteinander und erhält das Massenwirkungsgesetz des Gesamtgleichgewichts:

$$K_1^0 = \frac{[a_{(C)}][a_{(D)}]}{[a_{(A)}][a_{(B)}]} \quad \text{und} \quad K_2^0 = \frac{[a_{(E)}][a_{(F)}]}{[a_{(C)}][a_{(D)}]}$$

$$K_1^0 \cdot K_2^0 = \frac{[a_{(C)}][a_{(D)}]}{[a_{(A)}][a_{(B)}]} \cdot \frac{[a_{(E)}][a_{(F)}]}{[a_{(C)}][a_{(D)}]} = \frac{[a_{(E)}][a_{(F)}]}{[a_{(A)}][a_{(B)}]} = K^0$$

Da $\text{p}K = \log K$ gilt:

$$\text{p}K^0 = \text{p}K_1^0 + \text{p}K_2^0$$ Gleichung 4.155

Oder multipliziert mit $2{,}303\, R \cdot T$:

$$\Delta G_R^0 = \Delta G_1^0 + \Delta G_2^0$$ Gleichung 4.156

Gleichung 4.156 drückt den Energieerhaltungssatz, angewendet auf gekoppelte Gleichgewichte aus. Letztlich ist die Kombination von zwei Halbreaktionen zu einer vollständigen Redoxreaktion auch nichts anderes als die Kopplung von zwei Gleichgewichtsprozessen. So reagieren Kupfer-Ionen mit Ammoniak und bilden den Tetraamminkupfer(II)-Komplex. Für das Gleichgewicht gilt dann:

$$Cu^{2+} + 4\,NH_3 \rightleftharpoons [Cu(NH_3)_4]^{2+}$$

Dabei muss beachtet werden, dass die Komplexbildung eine Assoziationsreaktion ist und daher für die **Komplexbildungskonstante** K_B^K gilt:

$$\text{p}K_B^K = 37{,}6$$

$$\text{und} \quad K_B^K = 10^{+\text{p}K_B^K} = 10^{37{,}6}$$

Das Massenwirkungsgesetz für die Komplexbildung lautet dann:

$$K_B^K = \frac{[a_{(Cu(NH_3)_4)^{2+}}]}{[a_{(Cu^{2+})}][a^4_{(NH_3)}]}$$ Gleichung 4.157

Löst man ein Cu^{2+}-Salz mit der Anfangskonzentration c^0 in einem Ammonium-Ammoniak-Puffer, dann findet in der Lösung noch ein zweites Gleichgewicht statt:

$$NH_4^+ \xrightleftharpoons{\text{p}K_S(NH_4^+) = 9{,}25} NH_3 + H^+$$

4

Die Kopplung beider Gleichgewichte lässt sich folgendermaßen formulieren:

$$4\,NH_4^+ \rightleftharpoons 4\,NH_3 + 4\,H^+$$

$$Cu^{2+} + 4\,NH_3 \rightleftharpoons [Cu(NH_3)_4]^{2+}$$

$$Cu^{2+} + 4\,NH_4^+ \rightleftharpoons [Cu(NH_3)_4]^{2+} + 4\,H^+$$

$$K = K_B^K \cdot \left(K_{S(NH_4^+)}\right)^4 = 10^{0,6}$$

Für das Massenwirkungsgesetz gilt:

$$K = \frac{\left[a_{(Cu(NH_3)_4)^{2+}}\right]\left[a^4_{(H^+)}\right]}{\left[a_{(Cu^{2+})}\right]\left[a^4_{(NH_4^+)}\right]} \qquad \text{Gleichung 4.158}$$

a^0 des Kupfersalzes ist bekannt und es gilt aufgrund der Massekonstanz:

$$a^0 = \left[a_{(Cu^{2+})}\right] + \left[a_{(Cu(NH_3)_4)^{2+}}\right]$$

Man stellt nach der Konzentration der freien Kupfer-Ionen um $\left[a_{(Cu^{2+})}\right] = a^0 - \left[a_{\left(Cu(NH_3)_4\right)^{2+}}\right]$ und setzt dies ein:

$$K = \frac{\left[a_{(Cu(NH_3)_4)^{2+}}\right]\left[a^4_{(H^+)}\right]}{\left(a^0 - \left[a_{(Cu(NH_3)_4)^{2+}}\right]\right)\left[a^4_{(NH_4^+)}\right]} \qquad \text{Gleichung 4.159}$$

Für die Komplex-Konzentration gilt dann:

$$\left[a_{(Cu(NH_3)_4)^{2+}}\right] = K \cdot \frac{a^0\left[a^4_{(NH_4^+)}\right]}{\left[a^4_{(H^+)}\right] + K\cdot\left[a^4_{(NH_4^+)}\right]} \qquad \text{Gleichung 4.160}$$

Es besteht also ein Zusammenhang zwischen der Konzentration des Komplexes, der Ammoniumkonzentration im Puffer und dem pH-Wert. Ist die Protonenkonzentration sehr klein, dann gilt:

$$\left[a^4_{(H^+)}\right] + K\cdot\left[a^4_{(NH_4^+)}\right] \approx K\cdot\left[a^4_{(NH_4^+)}\right] \quad \text{und damit} \quad \left[a\left(Cu(NH_3)_4^{2+}\right)\right] \approx a^0$$

Je größer der Ammonium-Überschuss im Puffer ist, umso größer wird die Säurekonzentration sein. Die Amminkomplex-Konzentration wird nach Gleichung 4.160 sinken. Die Restmenge an verbliebenem Cu^{2+} ist durch $\left[a_{(Cu^{2+})}\right] = a^0 - \left[a\left(Cu(NH_3)_4^{2+}\right)\right] \approx a^0$ gegeben und die Stoffmenge an Ammoniak in der Lösung ergibt sich über die Puffergleichung (Gleichung 4.100):

$$\left[a_{(H^+)}\right] = K_S\cdot\frac{\left[a_{(NH_4^+)}\right]}{\left[a_{(NH_3)}\right]} \quad \text{und} \quad \left[a_{(NH_3)}\right] = K_S\cdot\frac{\left[a_{(NH_4^+)}\right]}{\left[a_{(H^+)}\right]}$$

Ein weiteres Beispiel: Man stellt eine Lösung von 0,1 mol/L Natriumoxalat her (Oxalsäure, $H_2C_2O_4$: pK_{S1} = 1,23; pK_{S2} = 4,19) und gibt so viel HCl dazu, dass sich 10^{-6} mol/L $CaCl_2$ darin auflösen können (CaC_2O_4: pK_L = 8,07). Welchen pH-Wert muss die Lösung haben?

Gibt man HCl zu einer 0,1 M Natriumoxalatlösung, dann spielt sich folgende Neutralisationsreaktion ab:

$$C_2O_4^{2-} + H^+ \rightleftharpoons HC_2O_4^-$$

Wenn das Fällungsmittel $C_2O_4^{2-}$ nicht vollständig entfernen werden soll, dann muss HCl im Unterschuss $a^*_{(HCl)} < a^0 = 0{,}1$ mol/L eingesetzt werden. Man erhält ein Gemisch aus Hydrogenoxalat $HC_2O_4^-$ und Oxalat $C_2O_4^{2-}$, also einen Puffer. Für das Puffer-Protolysegleichgewicht gilt:

$$HC_2O_4^- \xrightleftharpoons{K_{S2} = 10^{-4,19}} C_2O_4^{2-} + H^+$$

Die Oxalat-Gleichgewichtsmenge bestimmt dann die Sättigungskonzentration der Calcium-Ionen im Fällungsgleichgewicht:

$$Ca^{2+} + C_2O_4^{2-} \xrightleftharpoons{K_L^{-1} = 10^{8,07}} CaC_2O_4$$

In diesem Fall muss die Gleichgewichtskonstante der Fällungsreaktion eingesetzt werden. Sie ist der Kehrwert des Löslichkeitsprodukts. Will man die Sättigungskonzentration berechnen, dann verwendet man ebenfalls das Löslichkeitsprodukt. Es ist gleichgültig ob eine Substanz aufgelöst oder ein Ion gefällt wird und welchen Reaktanden man als Edukt oder Produkt ansieht. Bei der Kopplung zweier Gleichgewichte ist auf die Gleichgewichtslage streng zu achten. Denn beide Gleichgewichte müssen in korrekter Beziehung zueinander stehen. Säure-Base-Gleichgewicht und Fällungsgleichgewicht bilden folgendes Gesamtgleichgewicht:

$$HC_2O_4^- \xrightleftharpoons{K_{S2} = 10^{-4,19}} C_2O_4^{2-} + H^+$$

$$Ca^{2+} + C_2O_4^{2-} \xrightleftharpoons{K_L^{-1} = 10^{8,07}} CaC_2O_4$$

$$Ca^{2+} + HC_2O_4^- \rightleftharpoons CaC_2O_4 + H^+$$

Das Gesamtgleichgewicht wird nach Gleichung 4.151 beschrieben:

$$K = K_{S2} \cdot K_L^{-1} = 10^{-4,19} \cdot 10^{8,07} = 10^{3,88}$$

Für das Massenwirkungsgesetz gilt:

$$K = \frac{\left[a_{(H^+)}\right]}{\left[a_{(Ca^{2+})}\right]\left[a_{(HC_2O_4^-)}\right]}$$ Gleichung 4.161

Die Reaktanden H^+, Ca^{2+} und Hydrogenoxalat $HC_2O_4^-$ liegen in verdünnter Lösung vor und sind auf den 1 M Standard bezogen. Calciumoxalat liegt als reiner Stoff im Standardzustand vor und hat daher die Relativkonzentration $[a_{(Ca_2O_4)}] = 1$. ○ Gleichung 4.161 wird nach der Säurekonzentration aufgelöst:

$$\left[a_{(H^+)}\right] = K \cdot \left[a_{(Ca^{2+})}\right] \cdot \left[a_{(HC_2O_2^-)}\right]$$ Gleichung 4.162

Mit der Massenbilanzgleichung $\left[a_{(HC_2O_2^-)}\right] = a^0 - \left[a_{(C_2O_2^{2-})}\right]$ und mit

$K_L = \left[a_{(Ca^{2+})}\right]\left[a_{(C_2O_2^{2-})}\right]$ folgt:

Gleichung 4.163

$$\left[a_{(H^+)}\right] = K \cdot \left[a_{(Ca^{2+})}\right] \cdot \left(a^0 - \left[a_{(C_2O_2^{2-})}\right]\right)$$

$$= K \cdot \left[a_{(Ca^{2+})}\right] \cdot \left(a^0 - \frac{K_L}{\left[a_{(Ca^{2+})}\right]}\right)$$

Nach Einsetzen der entsprechenden Zahlenwerte erhält man:

$$\left[a_{(H^+)}\right] = 10^{3,88} \cdot 10^{-6} \cdot \left(10^{-1} - \frac{10^{-8,07}}{10^{-6}}\right) = 6,9 \cdot 10^{-4}\,\text{pH} = 3,158$$

Die Oxalat-Stoffmenge in der Lösung errechnet sich aus dem Löslichkeitsprodukt:

$$\left[a_{(C_2O_4^{2-})}\right] = \frac{K_L}{\left[a_{(Ca^{2+})}\right]} = 10^{-2,07}$$

Die Hydrogenoxalat-Konzentration ist gleich der zugegebenen HCl-Konzentration und ergibt sich aus der Massenbilanz:

$$\left[a_{(HC_2O_4^-)}\right] = a^0 - \left[a_{(C_2O_4^{2-})}\right] = 0,1 - 10^{-2,07} = 0,0915 = a^*_{(HCl)}$$

$$c^*_{(HCl)} = a^*_{(HCl)} \cdot c^{st} = 0,0915\ \text{mol/L}$$

4.14 Beschreibung realer Mischungen

Bei der Diskussion des idealen Gases wurde definiert, was unter einem idealen System zu verstehen ist. In einem idealen System verhalten sich alle Teilchen punktförmig und wechselwirkungsfrei. Man erkennt ideale Systeme daran, dass sie frei von **Mischungseffekten** sind. Werden zwei ideale Stoffe in einer einheitlichen Phase vermischt, dann werden sich die Volumina, aber auch andere Eigenschaften wie z. B. die elektrische Leit-

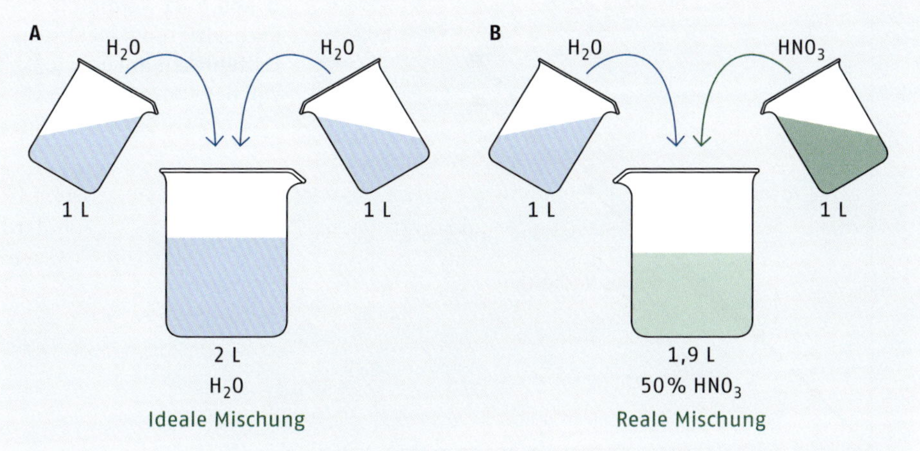

Abb. 4.30 Quasi-ideale und reale Systeme am Beispiel einer Mischung von Wasser mit Wasser (A) sowie von Wasser mit Salpetersäure (B)

fähigkeit oder die innere Energie ungestört addieren. Ideale Systeme im engeren Sinn kommen in der Natur nicht vor. Betrachtet man jedoch einen reinen Stoff, dann gibt es dort nur eine Art von zwischenmolekularen Wechselwirkungen, nämlich die Kräfte, die die Teilchen des reinen Stoffs aufeinander ausüben. Diese Art von Wechselwirkung kann man dann, wie einen willkürlich gewählten Bezugspunkt, gleich null setzen und so tun, als würden sie nicht existieren. Ein solches System wird dann als **quasi-ideal** bezeichnet.

Beispiele dafür sind die sogenannten reinen Stoffe, z. B. Gase, Flüssigkeiten und Feststoffe. Bei den Flüssigkeiten sind sie vor allem die Lösemittel interessant. Mischt man 1 L Wasser mit 2 L Wasser, dann erhält man bei konstantem Druck und konstanter Temperatur genau 3 L Wasser und es ist kein Wärmeeffekt zu beobachten. Es gibt weder ein Mischungsvolumen noch eine Mischungsenthalpie, obwohl die Wassermoleküle mit starken Wasserstoffbrückenbindungen aufeinander einwirken. Nimmt man ein Kupferblech von 1 cm^3 Volumen und schmilzt es mit einem zweiten Kupferblech von 0,5 cm^3 Volumen zusammen, so bekommt man (nach Abkühlung auf die Ausgangstemperatur) ein Kupferblech von exakt 1,5 cm^3 Volumen. Auch werden Wärmeleitfähigkeit, elektrische Leitfähigkeit und andere Eigenschaften unverändert bleiben. Reine Stoffe zeigen untereinander keine Mischungseffekte, gleichgültig ob sie mit schwachen oder starken intermolekularen Kräften untereinander wechselwirken. Da die Kräfte einheitlich sind, haben sie nach außen hin keine Wirkung. Ein Vergleich von realen und quasi-idealen Systemen zeigt Abb. 4.30.

Reine Stoffe sind also quasi-ideale Systeme und eignen sich daher als Standardzustand für thermodynamische Prozessbeschreibungen: den Standardzustand des reinen Stoffs. Löst man einen Stoff in einem Lösemittel, z. B. ein Salz in Wasser, dann gibt es für den gelösten Stoff zwei Arten von möglichen Wechselwirkungen:

- die Wechselwirkung zwischen dem gelösten Stoff und dem Lösemittel sowie
- die Wechselwirkung von einem Teilchen des gelösten Stoffs mit einem anderen Teilchen des gelösten Stoffs.

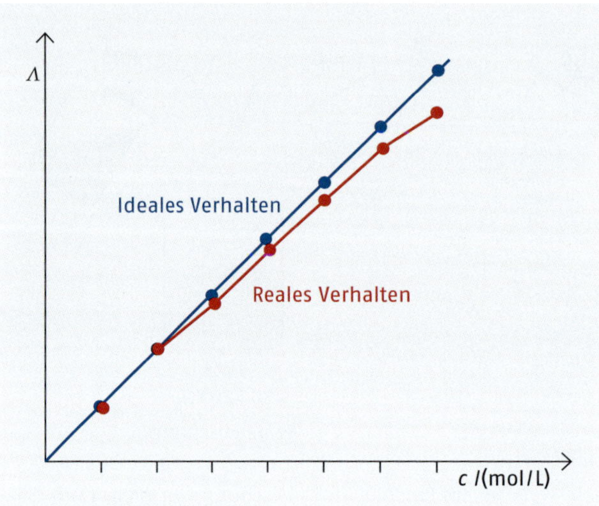

Abb. 4.31 Verdünnte Kochsalzlösung: elektrische Leitfähigkeit in Abhängigkeit von der Konzentration

Im hoch verdünnten Zustand ist die zweite Art von Wechselwirkung vernachlässigbar klein, da sich die Teilchen des gelösten Stoffs untereinander kaum begegnen. Die Stabilität des gelösten Stoffs hängt nur von der Wechselwirkung des gelösten Stoffs mit dem Lösemittel ab. Auch diese Wechselwirkung kann, wenn nur der gelöste Stoff betrachtet wird, als Bezugspunkt aufgefasst und gleich null gesetzt werden. Der zweite quasi-ideale Zustand ist also der gelöste Stoff in unendlicher Verdünnung: Werden 1 L einer 10^{-4} M Kochsalzlösung mit 1 L einer 10^{-5} M KNO_3-Lösung gemischt, dann erhält man ziemlich genau 2 L Lösung.

Mit diesem Modell idealer Mischungen lässt sich sehr bequem rechnen, daher wird es überwiegend eingesetzt. Für den Fall idealer Mischungen sind alle Systemparameter wie Reaktionswärmen ΔH, Reaktionsarbeiten ΔG und damit die Gleichgewichtskonstanten K unabhängig von der Konzentration. Zu den quasi-idealen Mischungen zählen vor allem Lösungen, bei denen die Wechselwirkung der gelösten Teilchen untereinander mit denen zwischen gelöstem Teilchen und dem Lösemittel sehr ähnlich sind, z. B. Mischungen zwischen Hexan und Heptan oder Pentanol und Hexanol.

In den meisten Fällen üben die Komponenten einer Mischung untereinander sehr unterschiedliche Kräfte aus. Vor allem die Gleichgewichtskonstanten sind dann keine Konstanten mehr, sondern konzentrationsabhängige Parameter. So kann man bei einer idealen Mischung nicht erklären, warum sich ein Stoff in einem Lösemittel löst, der andere nicht. Alle Löslichkeitsgleichgewichte werden bei idealen Mischungen lediglich empirisch festgestellt und beschrieben, nicht aber erklärt. Alle Lösemittel haben dort die gleichen Eigenschaften. Haben sie es nicht, dann wird irgendein empirisch begründeter Extraparameter, z. B. ein Löslichkeitsprodukt, eingeführt und damit gerechnet. Arbeitet man trotzdem mit dem Modell der idealen Mischungen, so stellen sich Fehler ein. Obwohl es also ein Näherungsmodell ist, taugt es jedoch für die meisten praxisrelevanten Abschätzungen. Wie aber kann man das Verhalten realer Systeme quantitativ beschreiben?

Dazu löst man etwas Kochsalz in reinem Wasser und beobachten die elektrische Leitfähigkeit der entstehenden Kochsalzlösungen. Die elektrische Leitfähigkeit ist eine Eigenschaft, an der man konzentrationsabhängige Mischungseffekte ganz besonders gut demonstrieren kann. Man erhält die in Abb. 4.31 gezeigten Messpunkte.

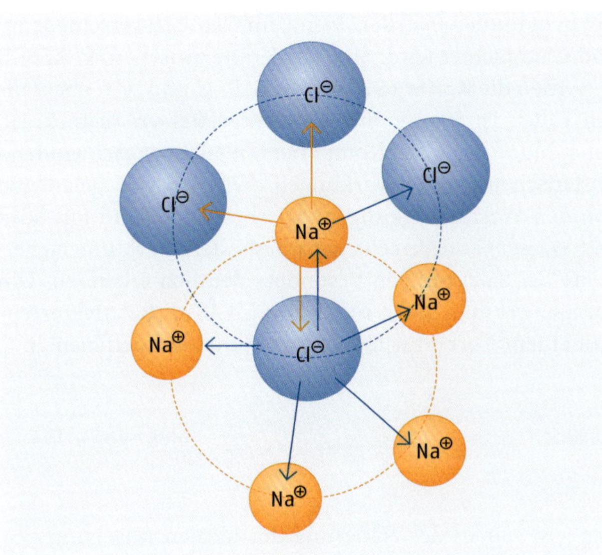

Abb. 4.32 Natriumchloridlösung: Ionenwolken um Kation und Anion

Bei sehr kleinen Konzentrationen ist die elektrische Leitfähigkeit proportional zur Konzentration. Je größer die Konzentrationen werden, umso stärker wird die Abweichung zum erwarteten idealen Verhalten. Die Leitfähigkeit bleibt hinter dem Idealwert zurück. Je größer die Konzentration ist, umso mehr scheinen die Salzlösungen verdünnter zu sein, als sie in Wirklichkeit sind. Warum ist dies so? In einer Kochsalzlösung finden sich frei bewegliche Na^+- und Cl^--Ionen, die mit Wasserhüllen umgeben sind. Sie bewegen sich wie Gasteilchen umso heftiger, je höher die Temperatur ist. In stark verdünnter Lösung „spüren" die Ionen nur die Anziehungskräfte der polaren Wassermoleküle. Diese Wechselwirkung ist der Nullpunkt der Betrachtung. Je konzentrierter die Lösung wird, umso geringer wird der durchschnittliche Abstand der Salz-Ionen untereinander. Es tritt eine zusätzliche Wechselwirkung auf, nämlich die Anziehungskräfte zwischen Na^+- und Cl^--Ionen sowie die Abstoßungskräfte zwischen Na^+ und Na^+ einerseits sowie Cl^- und Cl^- andererseits. Diese werden umso stärker, je geringer der mittlere Ionenabstand ist, d. h., umso höher die Konzentration ist. Damit wird verständlich, warum die Abweichung vom Idealverhalten mit der Konzentration zunimmt. Warum scheinen Salzlösungen in realen Mischungen aber verdünnter zu sein, als sie tatsächlich sind? Die elektrostatische Anziehung zwischen Na^+- und Cl^- Ionen führt dazu, dass sich Na^+-Ionen mit einer Wolke aus Cl^--Ionen umgeben (Abb. 4.32). Ebenso werden sich Cl^--Ionen mit einer Wolke aus Na^+-Ionen umgeben. Die Wärmebewegung der Ionen verhindert, dass diese Wolken zu dicht werden und festes Natriumchlorid auskristallisiert. Die Wärmeenergie bringt die Ionenwolken also immer wieder durcheinander und hält die Ionen auf mittlere Distanz. Man kann empirisch leicht nachweisen, dass die Sättigungskonzentration von Kochsalz mit abnehmender Temperatur sinkt. In ▸ Kap. 4.11 wurde dieser Effekt an der Temperaturabhängigkeit des Löslichkeitsprodukts von AgCl bereits gezeigt. Da die Ionenwolken aber existieren, verdecken sie im Mittel einen Teil der Ionenladung der Zentralionen. Daher wirken sie nicht im vollen Ausmaß nach außen. Je größer die Salzkonzentration ist, umso dichter werden die Ionenwolken und umso größer wird ihr Einfluss.

Ähnliche Betrachtungen kann man immer anstellen, wenn ein Gemisch verschiedener Komponenten, wie z. B. A, B und C betrachtet wird. Sind die Kräfte zwischen A–A, B–B und C–C unterschiedlich, dann werden die Kräfte zwischen A–B, B–C und A–C ebenfalls unterschiedlich sein. In solchen Fällen ist immer mit Mischungseffekten zu rechnen, wenn die Konzentrationen von mindestens zwei Komponenten nicht verschwindend klein sind. Da sich die elektrostatischen Wechselwirkungen zwischen den geladenen Ionen eines Salzes einerseits von den Wechselwirkungen zwischen Dipol und Ion (also den Kräften zwischen Ionen und Wasser) andererseits ganz besonders stark unterscheiden, lassen sich die realen Effekte bei Salzlösungen besonders deutlich erkennen. Um reale Effekte zu beschreiben multipliziert man die in Gleichung 4.48 als Relativkonzentration definierte **Aktivität a_i** mit einem Korrekturfaktor, dem Aktivitätskoeffizienten f_i. Für ihn gilt definitionsgemäß:

$$a_i = f_i \cdot \frac{c_i}{c^{st}}$$ Gleichung 4.164

Die Aktivität einer Komponente i ist nur in der Näherung der idealen Mischung eine Relativkonzentration. Im allgemeinen Fall ist die Aktivität eine um die Mischungseffekte korrigierte Relativkonzentration. Der Aktivitätskoeffizient f_i enthält dabei alle realen Effekte und beschreibt als Verhältniszahl den Unterschied zwischen realem und idealem Verhalten bei der Komponente i in der betrachteten Lösung. Die Aktivität ist also ebenso wie der Aktivitätskoeffizient stets eine dimensionslose Zahl. Der Aktivitätskoeffizient ist eine Zahl zwischen 0 und 1. Ist er 1, so verhält sich die Komponente i ideal. Je mehr eine Komponente von Wechselwirkungen anderer Komponenten beeinflusst ist, umso kleiner wird f_i. Alle realen Mischungsgrößen sind in den Aktivitätskoeffizienten der Mischungskomponenten ausgedrückt. Betrachtet man eine chemische Reaktion:

$$a\,A + b\,B \overset{K_R^0}{\rightleftharpoons} c\,C + d\,D$$

dann gilt für das Massenwirkungsgesetz:

$$K_R^0 = \frac{[a_C^c][a_D^d]}{[a_A^a][a_B^b]} = \frac{f_C^c \cdot f_D^d}{f_A^a \cdot f_B^b} \cdot \frac{[c_C^c][c_D^d]}{[c_A^a][c_B^b]} \cdot \frac{(c_A^{st})^a \cdot (c_B^{st})^b}{(c_C^{st})^c \cdot (c_D^{st})^d}$$ Gleichung 4.165

Nur in der Formulierung über die Aktivitäten ist die Gleichgewichtskonstante $K_R{}^0$ völlig unabhängig von der Gleichgewichtslage oder von der Konzentration von Komponenten, die nicht an der Reaktion teilnehmen. Die Aktivitätskoeffizienten haben dabei die unangenehme Eigenschaft, nicht nur von der Konzentration des betrachteten Reaktanden i, sondern auch von allen anderen Konzentrationen in der betrachteten Lösung abhängig zu sein. Daher ist es erstaunlich, dass im Näherungsmodell der idealen Mischung viele Problemlösungen erfolgreich abgeschätzt werden können. Der Faktor $(f_C^c \cdot f_D^d)/(f_A^a \cdot f_B^b)$ in Gleichung 4.165 zeigt, dass sich die Aktivitätskoeffizienten vor allem dann weitgehend kompensieren, wenn für die stöchiometrischen Koeffizienten a, b, c, d in einem Gleichgewicht gilt: $c + d \approx a + b$. Dieses Argument ist jedoch vor allem bei der Beschreibung von

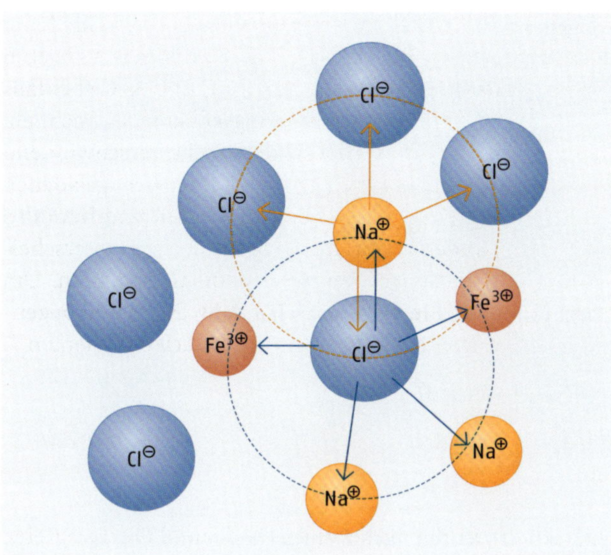

o Abb. 4.33 Ionenwolken bei Beteiligung mehrerer Ionensorten

Löslichkeitsgleichgewichten nicht stichhaltig. Daher werden beim Rechnen mit dem Löslichkeitsprodukt am häufigsten die Aktivitätskoeffizienten mit berücksichtigt.

4.14.1 Aktivitätskoeffizienten

Die Wissenschaftler *Debye, Hückel* und *Onsager* entwickelten ein Konzept, um die Aktivitätskoeffizienten von geladenen Teilchen erfolgreich aus der in o Abb. 4.33 veranschaulichten Vorstellung von Ionenwolken abschätzen zu können. Dabei wird die Energie eines Ions in der Ionenwolke über das Coulomb-Gesetz aus den Ladungen der Ionen und dem Abstand der Ionen zum Zentralatom ausgedrückt. Die Wärmeenergie in der Lösung sorgt für eine Verteilung der Ionen über die verschiedenen Energiezustände in der Ionenwolke. Diese Verteilung wird mit einer von *Ludwig Boltzmann* entwickelten statistischen Verteilungsfunktion beschrieben. Bei den Berechnungen konnten die Konzentrationen der einzelnen Ionen mit ihren Ionenladungen zu einer Variablen, der **Ionenstärke *I***, zusammengefasst werden:

$$I = \frac{1}{2} \sum_{\mathrm{i}} c_{\mathrm{i}} z_{\mathrm{i}}^2 \quad \text{mit} \quad [I] = \frac{\mathrm{mol}}{\mathrm{L}}$$ Gleichung 4.166

Da alle Ionen in der Lösung sich an den Ionenwolken beteiligen können, hängen die Mischungseffekte und damit die Aktivitätskoeffizienten eines Ions auch von allen Ionen und ihren Konzentrationen in der Lösung ab. In der Ionenstärke steckt daher die Summe aller Ionenkonzentrationen. Die Zahl z_{i} gibt die Ladungszahl des Ions i an. Als Folge des Coulomb-Gesetzes sind sie quadratisch zu berücksichtigen. Für die Ionenstärke einer x M NaCl-Lösung gilt:

$$I_{(\mathrm{NaCl})} = \frac{1}{2} \cdot \left(c_{(\mathrm{Na^+})} \cdot z^2_{(\mathrm{Na^+})} + c_{(\mathrm{Cl^-})} \cdot z^2_{(\mathrm{Cl^-})} \right) = \frac{1}{2} \cdot (x + x) = x \frac{\mathrm{mol}}{\mathrm{L}}$$ Gleichung 4.167

4

Für eine x M $CaCl_2$-Lösung gilt dagegen:

$$c_{(Ca^{2+})} = x\frac{\text{mol}}{\text{L}} \; ; c_{(Cl^-)} = 2x\frac{\text{mol}}{\text{L}} \; ; z_{(Ca^{2+})} = 2 \; ; z_{(Cl^-)} = 1$$

Und somit:

$$I_{(CaCl_2)} = \frac{1}{2} \cdot \left(c_{(Ca^{2+})} \cdot z^2_{(Ca^{2+})} + c_{(Cl^-)} \cdot z^2_{(Cl^-)}\right) = \frac{1}{2} \cdot (4x + 2x) = 3x\frac{\text{mol}}{\text{L}} \qquad \text{Gleichung 4.168}$$

Eine Mischung von x mol $FeCl_3$ und y mol NaCl in 1 L Wasser hat dann die Ionenstärke:

$$I = \frac{1}{2} \cdot \left(c_{(Fe^{3+})} \cdot z^2_{(Fe^{3+})} + c_{(Na^+)} \cdot z^2_{(Na^+)} + c_{(Cl^-)} \cdot z^2_{(Cl^-)}\right) \qquad \text{Gleichung 4.169}$$

$$= \frac{1}{2} \cdot (9x + y + 3x + y)\frac{\text{mol}}{\text{L}} = \left(6x + y\right)\frac{\text{mol}}{\text{L}}$$

Daraus ergibt sich für den Aktivitätskoeffizienten nach *Debye*, *Hückel* und *Onsager*:

$$\log f_i = -\frac{A \cdot z_i^2 \cdot \sqrt{I}}{1 + k \cdot B\sqrt{I}} + C \qquad \text{Gleichung 4.170}$$

A und B sind temperaturabhängige Konstanten. Bei 25 °C hat A den Wert 0,509 $(\text{L/mol})^{1/2}$. Die Größe k ist der sogenannte Kielland-Parameter. Er gibt die effektive Größe der solvatisierten Ionen an. C beschreibt die nichtionischen Beiträge zum Aktivitätskoeffizienten und muss empirisch ermittelt werden. Die gebräuchlichste Näherung für den Aktivitätskoeffizienten ist:

$$\log f_i = -\frac{0{,}509 \cdot z_i^2 \cdot \sqrt{I}}{1 + \sqrt{I}} \qquad \text{für } T = 25\,°\text{C und } k \cdot B = 1\,(\text{L/mol})^{1/2} \qquad \text{Gleichung 4.171}$$

In der gebräuchlichen Näherung aus ○ Gleichung 4.171 unterscheiden sich zwei Ionen lediglich in ihrer Ionenladung z. Zwei Ionen mit gleicher Ladungszahl haben dann in einer Lösung auch den gleichen Aktivitätskoeffizienten. Mit der Debye-Hückel-Onsager-Näherung liegt eine Gleichung vor, mit dem reale Effekte auf Gleichgewichtsreaktionen berücksichtigt werden können.

Nähert sich die Ionenstärke dem Wert null, so liefert die ○ Gleichung 4.171 $\log f_i = 0$ und damit $f_i = 1$. Dies ist der Zustand der unendlichen Verdünnung und dieser Zustand wurde bereits als quasi-ideal definiert. Man wiederholt das Experiment aus ▸ Kap. 4.11 und suspendiert AgCl in reinem Wasser. Es stellt sich folgendes Gleichgewicht ein:

$$AgCl \xrightleftharpoons{K_L^0} Ag^+ + Cl^-$$

Mit dem Löslichkeitsprodukt (o Gleichung 4.110) erhält man:

$$K_L^0 = [a_{(Ag^+)}][a_{(Cl^-)}] \quad \rightarrow \quad [a_{(Ag^+)}] = [a_{(Cl^-)}]\ [a_{(Ag^+)}] = \sqrt{K_L^0} = \sqrt{10^{-10}} = 10^{-5}$$

$$c_{(Ag^+)} = a_{(Ag^+)} \cdot c^{st} = 10^{-5} \frac{mol}{L}$$

Für die Ionenstärke gilt nach (o Gleichung 4.167):

$$I_{(AgCl)} = \frac{1}{2} \cdot \left(c_{(Ag^+)} \cdot z^2_{(Ag^+)} + c_{(Cl^-)} \cdot z^2_{(Cl^-)}\right) = \frac{1}{2} \cdot (2 \cdot 10^{-5}) = 10^{-5} \frac{mol}{L}$$

Da die Ionenstärke demnach verschwindend klein ist, kann man das System als quasi-ideal betrachten. Dies bedeutet $I \approx 0$, und damit ist $f_i = 1$ und $a_i = c_i / c^{st}$.

Nun wird das Experiment modifiziert: Man gibt zu 1 L reinem Wasser 0,01 mol $AgNO_3$ und 0,01 mol NaCl zu. Jetzt spielen sich folgende Prozesse ab:

1. Silbernitrat löst sich in Wasser: $AgNO_3 \rightarrow Ag^+ + NO_3^-$
2. Natriumchlorid löst sich in Wasser: $NaCl \rightarrow Na^+ + Cl^-$
3. Silberchlorid fällt aus: $Ag^+ + Cl^- \rightarrow AgCl \quad (K_L^0)$

Die Fällungsreaktanden $AgNO_3$ und NaCl wurden im stöchiometrischem Verhältnis eingesetzt. Die meisten Silber- und Chlorid-Ionen sind in den Niederschlag übergegangen. Für die Gleichgewichtsmengen an in Lösung verbliebenen Silber- und Chlorid-Ionen gilt $[a_{(Ag^+)}] = [a_{(Cl^-)}]$. Die Gegen-Ionen Na^+ und NO_3^- bleiben vollständig in Lösung. Es liegt jetzt eine Silberchloridsuspension in einer 0,01 M $NaNO_3$-Lösung vor. Wie wird sich die Sättigungskonzentration von Ag^+ in einer AgCl-Suspension in einer $NaNO_3$-Lösung von einer AgCl-Suspension in reinem Wasser unterscheiden? $NaNO_3$ bestimmt die Ionenstärke der Lösung und man beschreibt das Löslichkeitsgleichgewicht mit dem Löslichkeitsprodukt, formuliert für reale Lösungen:

$$K_L^0 = [a_{(Ag^+)}][a_{(Cl^-)}] = f_{(Ag^+)} \cdot \frac{c_{(Ag^+)}}{c^{st}} \cdot f_{(Cl^-)} \cdot \frac{c_{(Cl^-)}}{c^{st}}$$ Gleichung 4.172

Da Ag^+ und Cl^- die gleichen Ladungszahlen haben, gilt:

$$\frac{c_{(Ag^+)}}{c^{st}} = \frac{c_{(Cl^-)}}{c^{st}} \quad \text{und} \quad f_{(Ag^+)} = f_{(Cl^-)}.$$

Damit vereinfacht sich o Gleichung 4.172 zu:

$$K_L^0 = f^2_{(Ag^+)} \cdot \frac{c^2_{(Ag^+)}}{(c^{st})^2} \quad \rightarrow \quad c_{(Ag^+)} = \sqrt{\frac{K_L^0}{f^2_{(Ag^+)}}} \cdot c^{st}$$ Gleichung 4.173

$$= \frac{1}{f_{(Ag^+)}} \cdot \sqrt{K_L^0} \cdot c^{st} = \frac{1}{f_{(Ag^+)}} \cdot 10^{-5} \frac{mol}{L}$$

Nun kann man $f_{(Ag^+)}$ berechnen. Dazu benötigt man die Ionenstärke *I*. Da der Beitrag der Silber- und Chlorid-Ionen zur Ionenstärke vernachlässigbar ist, erhält man nach Gleichung 4.167:

$$\frac{1}{2} \cdot \left(c_{(Na^+)} \cdot z^2_{(Na^+)} + c_{(NO_3^-)} \cdot z^2_{(NO_3^-)}\right) = \frac{1}{2} \cdot (10^{-2} + 10^{-2}) \frac{\text{mol}}{\text{L}} = 10^{-2} \frac{\text{mol}}{\text{L}}$$

Nach Gleichung 4.171 gilt:

$$\log f_{(Ag^+)} = -\frac{0{,}509 \cdot z^2_{(Ag^+)} \cdot \sqrt{I}}{1 + \sqrt{I}} = -\frac{0{,}509 \cdot \sqrt{0{,}01}}{1 + \sqrt{0{,}01}} = -0{,}04627$$

$$f_{(Ag^+)} = 10^{-0{,}04627} = 0{,}899$$

$$\frac{c_{(Ag^+)}}{c^{st}} = \frac{1}{f_{(Ag^+)}} \cdot 10^{-5} = \frac{1}{0{,}899} \cdot 10^{-5} = 1{,}112 \cdot 10^{-5}$$

$$c_{(Ag^+)} = a_{(Ag^+)} \cdot c^{st} = 1{,}112 \cdot 10^{-5} \frac{\text{mol}}{\text{L}}$$

Die Löslichkeit von Silberchlorid ist also in der Natriumnitratlösung um 11,2 % größer als in reinem Wasser. Die Ionenwolken stabilisieren sowohl die Silber- als auch die Chlorid-Ionen in der Lösung und ermöglichen so, dass mehr Ionen in die Lösung übertreten können. Daher ist die Löslichkeit einer schwerlöslichen Verbindung umso größer, je größer die Ionenstärke und damit der Fremd-Ionengehalt der Lösung ist.

Löst man 10^{-3} mol HCl in 1 L Wasser, so vermutet man einen pH-Wert von 3. Nach Gleichung 4.75 gilt:

$$\text{pH} = -\log \left[a_{(H_3O^+)}\right]$$

Diese Definition ist aber nur für ideale Mischungen gültig. Will man den pH-Wert unter Berücksichtigung realer Mischungseffekte berechnen, so gilt:

$$\text{pH} = -\log a_{(H_3O^+)} = -\log f_{(H_3O^+)} \frac{c_{(H_3O^+)}}{c^{st}}$$

Gleichung 4.174

Für die Ionenstärke der 10^{-3} M HCl gilt nach Gleichung 4.167:

$$I_{(HCl)} = \frac{1}{2} \cdot \left(c_{(H^+)} \cdot z^2_{(H^+)} + c_{(Cl^-)} \cdot z^2_{(Cl^-)}\right) = \frac{1}{2} \cdot (10^{-3} + 10^{-3}) \frac{\text{mol}}{\text{L}} = 10^{-3} \frac{\text{mol}}{\text{L}}$$

Für den Aktivitätskoeffizienten gilt daher nach Gleichung 4.168:

$$\log f_{(H^+)} = -\frac{0{,}509 \cdot z^2_{(H^+)} \cdot \sqrt{I}}{1 + \sqrt{I}} = -\frac{0{,}509 \cdot \sqrt{0{,}001}}{1 + \sqrt{0{,}001}} = -0{,}0156 \quad \text{und} \quad f_{(H^+)} = 10^{-0{,}0156}$$

Für den pH-Wert gilt dann nach Gleichung 4.174:

$$\text{pH} = -\log a_{(H_3O^+)} = -\log f_{(H_3O^+)} \frac{c_{(H_3O^+)}}{c^{st}} = \log 10^{-0{,}0156} 10^{-3} = 3{,}0156$$

Eine saure Lösung reagiert im realen Fall aufgrund der von der Ionenstärke verursachten Mischungseffekte immer etwas alkalischer, als man es für den Idealfall erwartet.

Welchen pH-Wert hat ein äquimolarer Essigsäure-Acetat-Puffer mit $c^0 = 0{,}2\,\text{mol/L}$? Da der pH-Wert von der Ionenstärke abhängen wird, muss man genau angeben, wie sich der Puffer zusammensetzt. Man löst 0,1 mol Essigsäure und 0,05 mol $Ca(OAc)_2$ in 1 L Wasser auf. Unter Berücksichtigung der realen Mischungseffekte gilt für die Protonenaktivität nach dem Massenwirkungsgesetz für die Protolyse der Essigsäure:

$$CH_3COOH + H_2O \xrightleftharpoons{K_S} H_3O^+ + CH_3COO^-$$

$$K_S = \frac{[a_{(H^+)}]\,[a_{(AcO^-)}]}{[a_{(HOAc)}]} \rightarrow [a_{(H^+)}] = K_S \cdot \frac{[a_{(HOAc)}]}{[a_{(AcO^-)}]}$$

$$= K_S \cdot \frac{f_{(HOAc)} \cdot c_{(HOAc)}}{f_{(AcO^-)} \cdot c_{(AcO^-)}} = K_S \cdot \frac{f_{(HOAc)}}{f_{(AcO^-)}} = \frac{K_S}{f_{(AcO^-)}}$$

Gleichung 4.175

Da der Puffer nach wie vor äquimolar ist, gilt $c_{(HOAc)} = c_{(AcO^-)}$. Die Essigsäure ist ein Neutralmolekül und ihre Ionenladung ist daher 0. In Gleichung 4.171 ergibt dies einen Aktivitätskoeffizienten $f_{(HOAc)} = 1$. Dies wird näherungsweise auch stimmen, da der Aktivitätskoeffizient $f_{(HOAc)}$ von der Verschiedenheit der Wasserstoffbrücken zwischen Wasser und Wasser sowie Wasser und Essigsäure bestimmt wird, und dieser gering ist. Die Ionenstärke der Lösung wird von ihrem Anteil an Calciumacetat dominiert. Nach Gleichung 4.171 gilt näherungsweise:

$$I = \frac{1}{2} \cdot \left(c_{(Ca^{2+})} \cdot z^2_{(Ca^{2+})} + c_{(AcO^-)} \cdot z^2_{(AcO^-)}\right) = \frac{1}{2} \cdot (4 \cdot 0{,}05 + 0{,}1)\,\frac{\text{mol}}{\text{L}} = 0{,}15\,\frac{\text{mol}}{\text{L}}$$

Für den Aktivitätskoeffizienten von Acetat gilt nach Gleichung 4.171:

$$\log f_{(AcO^-)} = -\frac{0{,}509 \cdot z^2_{(AcO^-)} \cdot \sqrt{I}}{1 + \sqrt{I}} = -\frac{0{,}509 \cdot \sqrt{0{,}15}}{1 + \sqrt{0{,}15}} = -0{,}142$$

und $f_{(AcO^-)} = 10^{-0{,}142}$; damit gilt:

$[a_{(H^+)}] = \dfrac{K_S}{f_{(AcO^-)}} = \dfrac{10^{-4{,}75}}{10^{-0{,}142}} = 10^{-4{,}608}$ und für den pH-Wert ergibt sich somit:

pH = 4,608.

Bei so hohen Ionenstärken können Aktivitätskoeffizienten nach Gleichung 4.168 nur noch fehlerhaft abgeschätzt werden. Man müsste nach Gleichung 4.167 die Kielland-Parameter mit berücksichtigen. Grundsätzlich verringert aber auch eine Näherungskorrektur Fehler und man kann folgern, dass der pH-Wert der Pufferlösung saurer ausfällt als man für ideale Mischungen erwartet. Einen unendlich verdünnten Puffer kann man als quasi-ideales System betrachten und erhält $pH = pK_S = 4{,}75$. Je höher die Konzentration der Pufferkomponenten wird, umso saurer wird die Lösung. Einen konzentrationsunabhängigen pH-Wert liefern Pufferlösungen aufgrund der realen Mischungseffekte nicht.

Als letztes Beispiel soll das Redoxpotenzial einer Fe^{2+}/Fe^{3+}-Halbzelle diskutiert werden. Man löst 0,001 mol $FeCl_2$ und 0,001 mol $FeCl_3$ in 1 L Wasser. Wie hoch ist das Redoxpotenzial der Reaktion? Für die Gleichgewichtsreaktion gilt:

$$Fe^{3+} + e^- \xrightleftharpoons{E^0_{(Fe^{2+};\,Fe^{3+})} = 0{,}77\ V} Fe^{2+}$$

Nach *Nernst* Gleichung 4.133 gilt:

$$E_{(Fe^{2+};\,Fe^{3+})} = E^0_{(Fe^{2+};\,Fe^{3+})} + \frac{0{,}059}{1} \cdot \log \frac{[a_{(Fe^{3+})}]}{[a_{(Fe^{2+})}]}$$

In idealer Mischung ist $[c_{(Fe^{3+})}] = [c_{(Fe^{2+})}]$ und damit:

$$E_{(Fe^{2+};\,Fe^{3+})} = E^0_{(Fe^{2+};\,Fe^{3+})} = 0{,}77\ V$$

In einer realen Lösung muss die Nernst-Gleichung aber modifiziert werden und man erhält nach Gleichung 4.133:

$$E_{(Fe^{2+};\,Fe^{3+})} = E^0_{(Fe^{2+};\,Fe^{3+})} + \frac{0{,}059}{1} \cdot \log \frac{[a_{(Fe^{3+})}]}{[a_{(Fe^{2+})}]} = E^0_{(Fe^{2+};\,Fe^{3+})} + \frac{0{,}059}{1} \cdot \log \frac{f_{(Fe^{3+})} \cdot c_{(Fe^{3+})}}{f_{(Fe^{2+})} \cdot c_{(Fe^{2+})}}$$

Wegen $c_{(Fe^{3+})} = c_{(Fe^{2+})}$ gilt dann:

$$E_{(Fe^{2+};\,Fe^{3+})} = E^0_{(Fe^{2+};\,Fe^{3+})} + \frac{0{,}059}{1} \cdot \log \frac{f_{(Fe^{3+})}}{f_{(Fe^{2+})}}$$

$$= E^0_{(Fe^{2+};Fe^{3+})} + \frac{0{,}059}{1} \cdot (\log f_{(Fe^{3+})} - \log f_{(Fe^{2+})})$$

Gleichung 4.176

Da die Ionenladungen von Fe^{3+} und Fe^{2+} nicht gleich sind, kürzen sich die Aktivitätskoeffizienten in der Nernst-Gleichung auch nicht weg. Das Potenzial wird trotz gleicher Konzentrationen von oxidierter und reduzierter Form pH-abhängig.

Die Ionenstärke in der Lösung wird hauptsächlich von den Ionen Fe^{2+}, Fe^{3+} und Cl^- bestimmt. Nach Gleichung 4.167 erhält man:

$$I = \frac{1}{2} \cdot \left(c_{(Fe^{3+})} \cdot z^2_{(Fe^{3+})} + c_{(Fe^{2+})} \cdot z^2_{(Fe^{2+})} + c_{(Cl^-)} \cdot z^2_{(Cl^-)}\right)$$

$$= \frac{1}{2} \cdot (9 \cdot 10^{-3} + 4 \cdot 10^{-3} + 5 \cdot 10^{-3}) \frac{mol}{L} = 9 \cdot 10^{-3} \frac{mol}{L}$$

Nach *Debye*, *Hückel* und *Onsager* (Gleichung 4.171) gilt:

$$\log f_{(Fe^{3+})} = -\frac{0{,}509 \cdot z^2_{(Fe^{3+})} \cdot \sqrt{I}}{1 + \sqrt{I}} = -\frac{0{,}509 \cdot 9 \cdot \sqrt{I}}{1 + \sqrt{I}}$$

$$\log f_{(Fe^{2+})} = -\frac{0{,}509 \cdot z^2_{(Fe^{2+})} \cdot \sqrt{I}}{1 + \sqrt{I}} = -\frac{0{,}509 \cdot 4 \cdot \sqrt{I}}{1 + \sqrt{I}}$$

$$\log f_{(Fe^{3+})} - \log f_{(Fe^{2+})} = (4-9) \cdot \frac{0{,}509 \cdot \sqrt{I}}{1+\sqrt{I}} = -5 \cdot \frac{0{,}509 \cdot \sqrt{9 \cdot 10^{-3}}}{1+\sqrt{9 \cdot 10^{-3}}} = -0{,}2205$$

$$E_{(Fe^{2+};\,Fe^{3+})} = E^0_{(Fe^{2+};\,Fe^{3+})} + \frac{0{,}059}{1} \cdot (\log f_{(Fe^{3+})} - \log f_{(Fe^{2+})})$$

$$= 0{,}77\,\mathrm{V} + 0{,}059\,\mathrm{V} \cdot (-0{,}2205) = 0{,}757\,\mathrm{V}$$

Es ist deutlich erkennbar, dass das Redoxpotenzial der Fe^{3+}/Fe^{2+}-Halbzelle mit der Ionenstärke abnimmt. Daher muss man die Definition von Standardhalbzellen für reale Lösungen neu bedenken.

4.15 Bezugspunkt für verdünnte Reaktanden in realer Lösung: der 1-molare Standard

Sowohl bei thermodynamischen Kreisprozessbetrachtungen als auch bei Rechnungen mit dem Massenwirkungsgesetz wurden zwei Standardzustände verwendet. Zum einen gilt der reine Stoff, zum anderen die 1-molare (1 M) Lösung als Bezugspunkt für Energiegrößen und Relativkonzentrationen. Solange man mit der Näherungsvorstellung einer idealen Mischung gearbeitet hat, waren keine weiteren Einschränkungen nötig. Da sich der reine Stoff stets als quasi-ideale Phase verhält, besteht auch bei diesem Standardzustand kein Problem. Anders verhält es sich mit dem 1-molaren (1 M) Standard, d. h., wenn sich die Reaktanden im verdünnten Zustand befinden. Im verdünnten Zustand verhält sich ein Stoff quasi-ideal, wenn seine Konzentration unendlich klein ist. Eine Lösung mit der Stoffmengenkonzentration 1 mol/L ist davon aber weit entfernt. In der realen Lösung treten Mischungseffekte in großem Ausmaß auf. Warum ist das ein Problem? Man kann das sehr gut an einer Standardmetallelektrode, z. B. an einer Standardkupferhalbzelle demonstrieren. In einer Kupferhalbzelle stellt sich das folgende Gleichgewicht mit $E^0_{(Cu;\,Cu^{2+})} = 0{,}34\,\mathrm{V}$ ein:

$$Cu^{2+} + 2\,e^- \rightleftharpoons Cu$$

Nach *Nernst* gilt:

$$E_{(Cu;\,Cu^{2+})} = E^0_{(Cu;\,Cu^{2+})} + \frac{0{,}059}{2} \cdot \log\left[a_{(Cu^{2+})}\right] \qquad \text{Gleichung 4.177}$$

Für die Standardelektrode (▸ Kap. 4.12) wurde ein Kupferblech in eine 1 M Kupfersalzlösung getaucht. Für metallisches Kupfer gilt dann der Standardzustand. Wiegt man eine Cu^{2+}-Stoffmengenkonzentration von $c_{(Cu^{2+})} = 1\,\mathrm{mol/L}$ ein, dann beträgt das Elektrodenpotenzial $E^0_{(Cu;\,Cu^{2+})}$ mit Sicherheit nicht 0,34 V. Schlimmer noch, das Elektrodenpotenzial wird stark davon abhängen, ob man als Elektrolyt $CuCl_2$, $Cu(NO_3)_2$ oder $CuSO_4$ verwendet, weil die verschiedenen Salze entweder über unterschiedliche Ionenstärken oder unterschiedliche Kielland-Parameter zu unterschiedlichen Aktivitäten führen. Nun könnte man das Problem dadurch lösen, dass man im realen Fall den allgemeinen Standard für den verdünnten Zustand als 1-molare Aktivität definiert. Abgesehen von dem

4

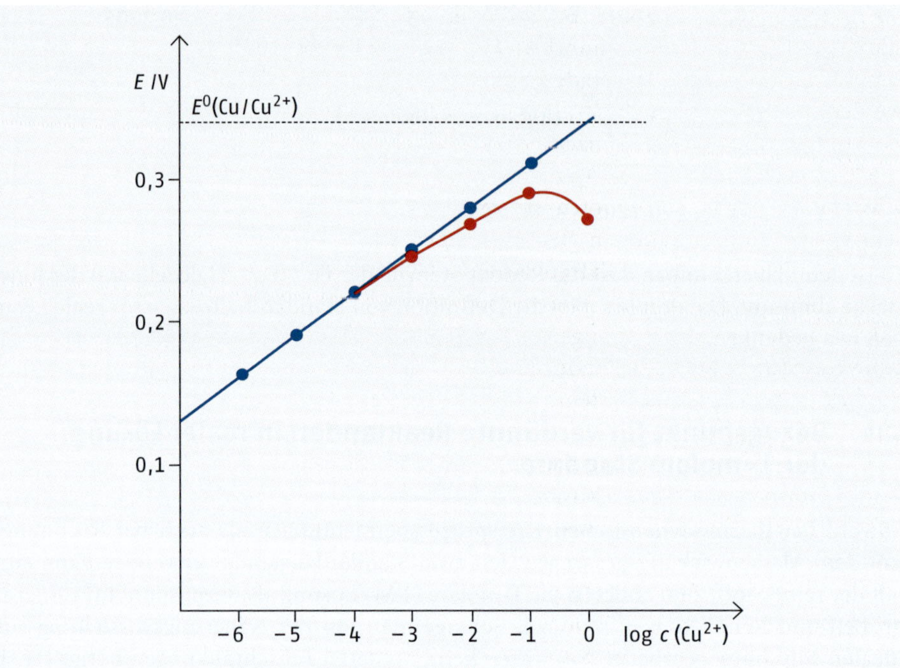

Abb. 4.34 Potenzial der Kupferhalbzelle (ideale Mischung und reale Lösung)

formalen Problem, dass die Aktivität stets eine dimensionslose Zahl ist, gibt es aber eine weitaus größere Schwierigkeit. Man kann selbstverständlich versuchen, immer so viel Cu^{2+} in einer Halbzelle aufzulösen, bis das Potenzial den Wert von $E^0_{(Cu;\,Cu^{2+})}$ = 0,34 V erreicht hat. Dieses Vorgehen ist jedoch nicht praktikabel, weil bei jedem Experiment andere Kupfersalz-Konzentrationen benötigt werden, auch wenn immer dasselbe Salz eingesetzt wird. Bei so hohen Konzentrationen sind die Aktivitätskoeffizienten sehr stark von den Umgebungsbedingungen abhängig und schwer reproduzierbar einzustellen. Eine real existierende Lösung mit 1-molarer Aktivität eignet sich daher niemals als Standardzustand, weder für elektrochemische Potenzialmessungen noch für thermodynamische Rechnungen.

Wie soll nun der 1-molare (1 M) Standard definiert werden und wie kommt man auf den Wert $E^0_{(Cu;\,Cu^{2+})}$ = 0,34 V? Der 1 M Standard ist ein hypothetischer Standard, der sich nie verwirklichen lässt. Man kann sich jedoch eine Kupfersalzlösung vorstellen, in die Stoffmengenkonzentration der Kupfer-Ionen 1 mol/L beträgt. Gleichzeitig dürfen aber die Ionen in der Lösung nicht mit den weiteren Komponenten wechselwirken. Nur die Reaktion von Cu^{2+} mit der Kupferelektrode soll ablaufen. In diesem Fall läge eine konzentrierte Lösung mit idealen Eigenschaften vor: Dies wäre der 1 M Kupferstandard. Da das nicht möglich ist, handelt es sich beim 1 M Standard um ein hypothetisches System. Erstaunlicherweise lassen sich die Eigenschaften einer solchen hypothetischen Standardlösung viel genauer und reproduzierbarer messen als die jeder konzentrierten real existierenden Salzlösung. Dazu misst man das Elektrodenpotenzial der Kupferhalbzelle bei verschiedenen Kupferkonzentrationen und erhält das in Abb. 4.34 gezeigte Schaubild.

Bei sehr kleinen Cu^{2+}-Konzentrationen beobachtet man einen linearen Zusammenhang zwischen Elektrodenpotenzial und dem Logarithmus des Konzentrationsverhältnisses $\log\left(\frac{c_{(Cu^{2+})}}{c^{st}}\right)$ (blaue Punkte). Bei größeren Konzentrationen werden durch die Ionenstärke des Elektrolyten Mischungseffekte verursacht (rote Punkte). Die bei kleinen Konzentrationen beobachtete Gerade kann aber bis auf die Konzentration 1 mol/L verlängert werden, und dort beträgt $E^0_{(Cu;\,Cu^{2+})} = 0{,}34\,V$. Man **extrapoliert** aus dem verdünnten Zustand auf die Standardkonzentration 1 mol/L. Wiederholt man dieses Vorgehen für $CuCl_2$, $Cu(NO_3)_2$ oder $CuSO_4$, dann erhält man bei den verschiedenen Salzen immer etwas andere Werte für die roten Messpunkte, nicht aber für die blauen Messpunkte bei sehr kleinen Konzentrationen. Bei sorgfältiger Arbeit werden diese weitgehend übereinstimmen. Daher liefert die Extrapolation auf 1 mol/L auch immer das gleiche Standardredoxpotenzial. Auf ähnliche Weise wird bei der Bestimmung von Standardbildungsenthalpien, freien Standardbildungsenthalpien und Reaktionsentropien für gelöste Reaktanden verfahren. Standardzustände müssen also nicht real existieren. Es darf sich bei ihnen um höchst hypothetische Systeme handeln. Wichtig ist die reproduzierbare Bestimmung ihrer Eigenschaften.

Eine besondere Bedeutung hat die richtige Interpretation des 1 M Standardzustands für die Normalwasserstoffelektrode. Er dient als Nullpunkt für die Skala der Standardredoxpotenziale. Eine Normalwasserstoffelektrode kann niemals als experimentelle Vergleichselektrode benutzt werden, weil es sie nicht gibt. In der Normalwasserstoffelektrode wird ein von Wasserstoffgas umspültes Platinblech in eine 1 M Säurelösung getaucht. Die Säure muss in der Konzentration von 1 mol/L vorliegen und sollte sich dabei ideal verhalten. Dies gilt vor allem bei Säuren nicht. Will man eine Normalwasserstoffelektrode eichen, dann wird in gepufferter Lösung bei sehr kleinen Elektrolytkonzentrationen gemessen und auf $c_{(H^+)} = 1\,mol/L$ extrapoliert. So wird auch in jeder pH-abhängigen Halbzelle verfahren. Betrachtet man beispielsweise die Reduktion von Nitrat zu Ammonium, dann bezieht man das Standardredoxpotenzial der Halbreaktion auf einen Säuregehalt im Elektrolyt von pH = 0:

$$NO_3^- + 8\,e^- + 10\,H^+ \xrightleftharpoons{E^0_{(NH_4^+;\,NO_3^-)} = 0{,}87\,V} NH_4^+ + 3\,H_2O$$

Die Eigenschaften dieses Zustands kann nur durch Extrapolation ermittelt werden. Die pH-Werte liegen üblicherweise nur im Intervall $0 < pH < 14$. Warum ist das so? Schwefelsäure ist in jedem Verhältnis mit Wasser mischbar und HCl hat in konzentrierter Salzsäure eine Sättigungskonzentration von 12 mol/L. Hier wären theoretisch pH-Werte < 0 möglich, die aber in wässrigen Lösungen nicht erreicht werden können. Der Grund hierfür wird klar, wenn man sich ansieht, wie Säuren in wässriger Lösung vorliegen. Bei der Reduktion von Nitrat wurde vereinfachend (siehe oben) nur mit „H^+" argumentiert. In anderen Gleichungen stand H_3O^+. Genauere Untersuchungen zeigen aber, dass Hydroxonium in der ersten Koordinationssphäre mit drei anderen Wassermolekülen über Wasserstoffbrücken assoziiert ist (**o** Abb. 3.35 A). Man sollte daher besser von $H_9O_4^+$ sprechen. Mit weiteren Koordinationssphären sind noch kompliziertere Strukturen möglich. **o** Abb. 4.35 B gibt einen Eindruck davon. Welche Form hat aber zum Beispiel die Säure, wenn sie als Hilfsreaktand in einer Redoxreaktion reagiert? Dies ist schwer zu sagen und von geringem Interesse. Bei der Reduktion von Nitrat steht oben nur, dass Säure durch Nitrat verbraucht wird, nicht in welcher Struktur sie reaktionswirksam ist. In verdünnter Lösung wird Säure vorwiegend einheitlich als $H_9O_4^+$ vorliegen und aus diesem Zustand heraus reaktionswirksame Teilchen bilden. In konzentrierter Lösung werden weitere

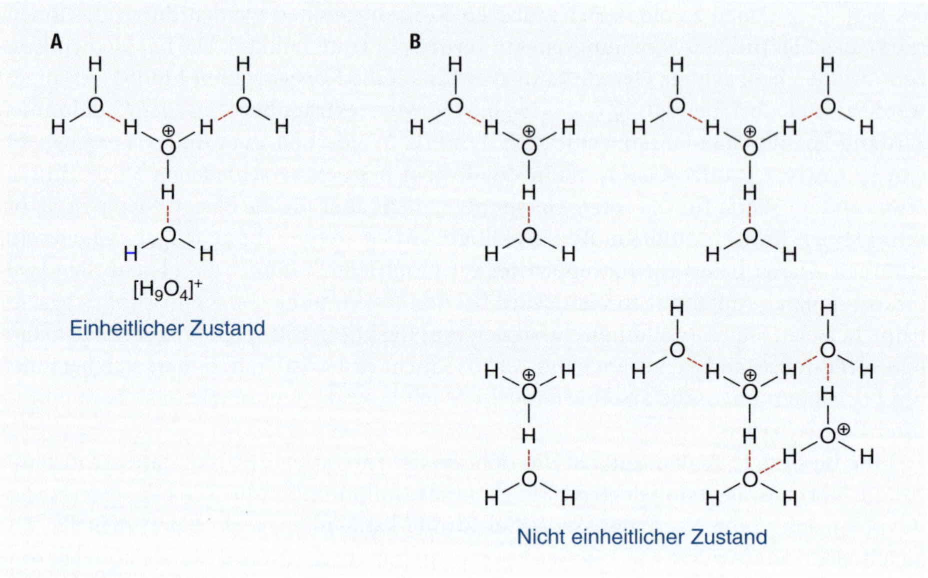

A

$[H_9O_4]^+$

Einheitlicher Zustand

B

Nicht einheitlicher Zustand

Abb. 4.35 H_3O^+ in verdünnter (A) und in konzentrierter wässriger Lösung (B)

Strukturen in zunehmend größeren Gleichgewichtsmengen entstehen. Dadurch kann der Säuregehalt nicht mehr durch einen einheitlichen Zustand, gleichgültig ob H^+, H_3O^+ oder $H_9O_4^+$, beschrieben werden. In hochkonzentrierten Lösungen lässt sich der pH-Wert über $-\log a(H^+)$ nicht mehr gut definieren, weil $a(H^+)$ keinen einheitlichen Zustand beschreibt.

4.16 Geschwindigkeit chemischer Reaktionen

4.16.1 Definition der Reaktionsgeschwindigkeit

Bisher wurden chemische Reaktionen vor allem unter dem Gesichtspunkt der Gleichgewichtslage betrachtet. Diese kann über das Massenwirkungsgesetz beschrieben werden. Das Massenwirkungsgesetz trägt aber keine Information darüber, wie lange es dauert bis sich ein thermodynamisches Gleichgewicht eingestellt hat. Auf keinen Fall darf man davon ausgehen, dass sich ein Gleichgewicht vor allem deshalb schnell einstellt, weil es zu fast 100 % auf der Seite der formulierten Produkte liegt. Die meisten komplexen Strukturen, und dazu gehören alle Lebewesen, existieren nur deshalb, weil sich die Einstellung des Gleichgewichts kontinuierlich verzögert. Im Folgenden soll diskutiert werden, wie man chemische Prozesse in ihrem zeitlichen Ablauf beschreibt. Dazu eine einfache chemische Reaktion:

$$A + B \longrightarrow C + D$$

Unter der Geschwindigkeit der chemischen Reaktion versteht man die zeitliche Änderung der Reaktandenkonzentrationen:

$$v_R = \frac{\mathrm{d}c_{(C)}}{\mathrm{d}t} = \frac{\mathrm{d}c_{(D)}}{\mathrm{d}t} = -\frac{\mathrm{d}c_{(A)}}{\mathrm{d}t} = -\frac{\mathrm{d}c_{(B)}}{\mathrm{d}t}$$ Gleichung 4.178

Konzentrationsänderungen von Reaktanden, die entstehen, hier also die Produkte C und D, werden positiv gezählt. Konzentrationsänderungen von Reaktanden, die verschwinden, hier die Edukte A und B, werden negativ gezählt. Hat eine chemische Reaktion eine komplexe Stöchiometrie, dann entstehen und verschwinden die Reaktanden mit unterschiedlicher Geschwindigkeit. Bei der Reaktion:

$$a\mathrm{A} + b\mathrm{B} \longrightarrow c\mathrm{C} + d\mathrm{D}$$

versteht man unter der einheitlichen Reaktionsgeschwindigkeit:

$$v_R = \frac{1}{c} \cdot \frac{\mathrm{d}c_{(C)}}{\mathrm{d}t} = \frac{1}{d} \cdot \frac{\mathrm{d}c_{(D)}}{\mathrm{d}t} = -\frac{1}{a} \cdot \frac{\mathrm{d}c_{(A)}}{\mathrm{d}t} = -\frac{1}{b} \cdot \frac{\mathrm{d}c_{(B)}}{\mathrm{d}t}$$ Gleichung 4.179

Wie kann man diese aber beschreiben? Hierzu betrachtet man den einfachsten Fall. Dabei stoßen die Edukte A und B zusammen und bilden in einem Schritt die Produkte C und D. Solche Reaktionen verlaufen **konzertiert** und werden **Elementarreaktionen** genannt. Prozesse, bei denen zwei Teilchen zusammenstoßen müssen, damit sie ablaufen können, bezeichnet man als **bimolekular**. Alle chemischen Elementarreaktionen laufen bimolekular ab. Ein spontane, rein statistisch kontrollierte Umwandlung von einem Teilchen in ein anderes ist eine **monomolekulare Reaktion**. Sie ist bisher nur für den radioaktiven Zerfall bekannt. Trimolekulare Reaktionen, bei denen drei Teilchen zur gleichen Zeit zusammenstoßen müssen, sind streng genommen nicht möglich, da eine gleichzeitige Kollision dreier Teilchen, in einem unendlich kleinen Zeitintervall, eine unendlich kleine Wahrscheinlichkeit hat. Stoßen also die Teilchen A und B zusammen, so ist die Reaktionsgeschwindigkeit proportional zur Häufigkeit dieser Zusammenstöße. Diese ist proportional zum Produkt der Konzentrationen von A und B:

$$v_R = -k \cdot c_{(A)} \cdot c_{(B)} = -k \cdot c^1_{(A)} \cdot c^1_{(B)}$$ Gleichung 4.180

Der Parameter k wird Reaktionsgeschwindigkeitskonstante genannt. Sie beschreibt die Wahrscheinlichkeit mit der ein Teilchenzusammenstoß reaktionswirksam ist. Für die allgemeine Reaktion $a\mathrm{A} + b\mathrm{B} \rightarrow c\mathrm{C} + d\mathrm{D}$ kann man eine Reaktionsgeschwindigkeit folgendermaßen ausdrücken:

$$v_R = -k \cdot c^m_{(A)} \cdot c^n_{(B)}$$ Gleichung 4.181

Die Exponenten m und n bestimmen die *Reaktionsordnung* der Reaktion. Gleichung 4.181 beschreibt eine Reaktion $(m+n)$-ter Ordnung. Die Reaktion nach Gleichung 4.180 ist danach 2-ter Ordnung. Um dies auszudrücken, muss die Gleichung umgeschrieben werden:

$$v_R = -k_{(2)} \cdot c_{(A)} \cdot c_{(B)}$$ Gleichung 4.182

Wird in der Reaktion A + B → C ein Edukt, z. B. der Reaktand B, im großen Überschuss gegenüber A eingesetzt (beispielsweise dann, wenn B Lösemittel ist), dann wird sich ○ Gleichung 4.182 zu ○ Gleichung 4.183 vereinfachen. Die Reaktion ist jetzt eine Reaktion (pseudo-) 1. Ordnung:

$$k_{(1)} = k_{(2)} \cdot c_{(B)} \rightarrow v_R = -k_{(1)} \cdot c_{(A)}$$ Gleichung 4.183

Bei Elementarreaktionen treten vor allem Reaktionen 1. und 2. Ordnung auf. Eine höhere Reaktionsordnung weist daraufhin, dass sich die Gesamtreaktion aus einer komplizierteren Abfolge von Elementarprozessen zusammensetzt.

4.16.2 Konzentrations-Zeit-Gesetze

Für eine Reaktion, die nach einem Geschwindigkeits-Zeit-Gesetz 1. Ordnung abläuft und $c_{(B)} >> c_{(A)}$ ist, gilt:

$$\mathrm{A} \rightarrow \mathrm{C} + \mathrm{D} \quad \text{mit} \quad v_R = \frac{\mathrm{d}c_{(A)}}{\mathrm{d}t} = -k_{(1)} \cdot c_{(A)}$$ Gleichung 4.184

Je länger die Reaktion dauert, umso geringer wird die Stoffmengenkonzentration von A werden. Die Reaktionsgeschwindigkeit verringert sich also, je länger die Reaktion anhält. Ist A verbraucht, dann wird die Konzentration von A den Wert 0 annehmen. Sowohl v_R als auch $c_{(A)}$ sind daher abhängig von der Zeit *t*. Beide Größen sind Funktionen der Zeit. Das Geschwindigkeits-Zeit-Gesetz (○ Gleichung 4.184) ist eigentlich eine Gleichung, die nicht ausschließlich Zahlen, sondern Gleichungen miteinander verknüpft. Die Ausdrücke $\frac{\mathrm{d}c_{(A)}}{\mathrm{d}t}$ und $c_{(A)}$ sind nämlich zeitabhängige Funktionen. Darüber hinaus ist v_R die 1. Ableitung von $c_{(A)}$. ○ Gleichung 4.184 verknüpft also eine Funktion mit ihrer 1. Ableitung. Eine solche Verknüpfung wird **Differenzialgleichung** genannt. Differenzialgleichungen sind oft nur mit großem Aufwand lösbar. In diesem einfachen Fall gibt es ein Konzept, das zur Lösung führt, die **Variablentrennung**. Der Rechengang wird folgendermaßen ausgeführt:

$$-\frac{\mathrm{d}c_{(A)}}{\mathrm{d}t} = K_{(1)} \cdot c_{(A)} \rightarrow \frac{\mathrm{d}c_{(A)}}{c_{(A)}} = -k_{(1)} \cdot \mathrm{d}t \rightarrow \int_{c^0_{(A)}}^{c_{(A)}} \frac{\mathrm{d}c_{(A)}}{c_{(A)}} = -k_{(1)} \int_0^t \mathrm{d}t$$

Zunächst wird mit der Differenzialgleichung (○ Gleichung 4.184) eine Variablentrennung durchgeführt, indem man alle Konzentrationsgrößen auf die eine Seite und alle Zeitgrößen auf die andere Seite der Gleichung bringt. Anschließend werden beide Seiten integriert, dabei berücksichtigt man die Randbedingung, dass die Reaktion zum Zeitpunkt $t = 0$ startet und zu diesem Zeitpunkt A in der Anfangskonzentration $c^0_{(A)}$ vorliegt. Nach Lösen der Integrale erhält man:

$$\ln \frac{c_{(A)}}{c^0_{(A)}} = -k_{(1)} \cdot t \rightarrow c_{(A)} = c^0_{(A)} \cdot e^{-k_{(1)}t}$$ Gleichung 4.185

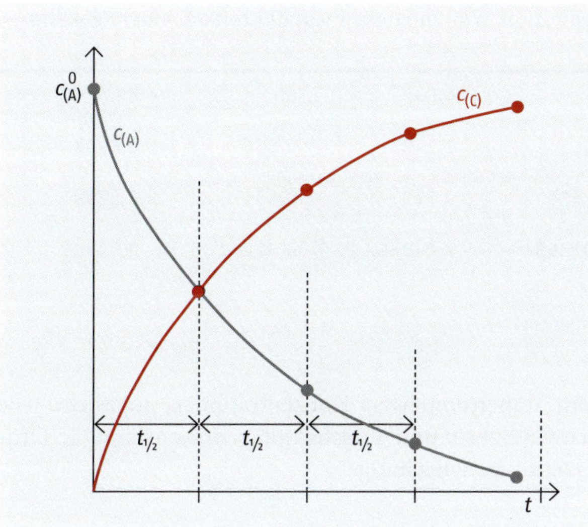

Abb. 4.36 Konzentrations-Zeit-Gesetz einer Reaktion 1. Ordnung: Die Halbwertszeit bleibt konstant.

Gleichung 4.185 wird als Konzentrations-Zeit-Gesetz einer Reaktion 1. Ordnung bezeichnet. Wird das Konzentrations-Zeit-Gesetz nach der Zeit abgeleitet, erhält man das Geschwindigkeits-Zeit-Gesetz in einer alternativen Darstellung:

$$-\frac{\mathrm{d}c_{(A)}}{\mathrm{d}t} = -\frac{\mathrm{d}}{\mathrm{d}t}\left[c^0_{(A)} \cdot e^{-k_{(1)}t}\right] = k_{(1)} \cdot c^0_{(A)} \cdot e^{-k_{(1)}t} = v^0_R \cdot e^{-k_{(1)}t}$$ Gleichung 4.186

Sowohl das Konzentrations-Zeit-Gesetz als auch das Geschwindigkeits-Zeit-Gesetz verlaufen bei einer Reaktion 1. Ordnung nach einer abfallenden *e*-Funktion. Bei der Beschreibung des zeitlichen Verlaufs chemischer Reaktionen ist die **Halbwertszeit** ein wichtiger Parameter. Die Halbwertszeit $t_{1/2}$ gibt an, nach welcher Zeit die Konzentration $c_{(A)}$ auf die Hälfte ihres Angangswerts $c^0_{(A)}$ gesunken ist. Die Halbwertszeit ist sehr einfach berechenbar, indem man für $t = t_{1/2}$ in Gleichung 4.185 setzt:

$$\ln\frac{c^0_{(A)}}{2\,c^0_{(A)}} = -k_{(1)} \cdot t_{1/2} \rightarrow -\ln 2 = -k_{(1)} \cdot t_{1/2} \rightarrow t_{1/2} = \frac{\ln 2}{k_{(1)}}$$ Gleichung 4.187

Bei einer Reaktion 1. Ordnung ist die Halbwertszeit konstant und unabhängig von der Anfangskonzentration $c^0_{(A)}$. Abb. 4.36 zeigt die zeitliche Abnahme der Eduktkonzentration. Im gleichen Ausmaß, wie die Eduktkonzentration $c_{(A)}$ abnimmt, wird die Produktkonzentration $c_{(C)} = c_{(D)}$ zunehmen. Aufgrund der Massenbilanz gilt:

$$c^0_{(A)} = c_{(A)} + c_{(C)} \rightarrow c_{(C)} = c^0_{(A)} - c^0_{(A)} \cdot e^{-k_{(1)}t} = c^0_{(A)} \cdot (1 - e^{-k_{(1)}t})$$ Gleichung 4.188

Tab. 4.6 Beobachtung der Konzentration in Abhängigkeit von der Zeit bei einer Reaktion 1. Ordnung

t/s	0	20	40	60	80
$c_{(A)}$/(mol/L)	2	1,515	1,148	0,870	0,6597
$c_{(A)}/c^0_{(A)}$	1	0,7575	0,579	0,435	0,3298
$\ln \frac{c^0_{(A)}}{c_{(A)}}/t$ /(1/s)	–	0,01388	0,01366	0,01387	0,01386

Diese Betrachtungen wurden mit dimensionierten Konzentrationen angestellt. Die Dimensionen von Reaktionsgeschwindigkeit und Geschwindigkeitskonstante 1. Ordnung ergeben sich direkt aus den Definitionsgleichungen:

$$\left[\frac{\mathrm{d}c_{(A)}}{\mathrm{d}t}\right] = \frac{\mathrm{mol}}{\mathrm{L} \cdot \mathrm{s}} \quad \text{und} \quad [k] = \frac{1}{\mathrm{s}}$$

Will man sowohl die Reaktionsordnung als auch die Geschwindigkeitskonstante experimentell bestimmen, dann zeichnet man üblicherweise den Verlauf der Eduktkonzentration $c_{(A)}$ mit der Zeit auf. Man erhält dann zum Beispiel die in Tab. 4.6 aufgeführten Werte. Man teilt die Konzentrationswerte $c_{(A)}$ durch die Anfangskonzentration $c^0_{(A)}$ und bildet die Rechengröße R:

$$\frac{\ln \frac{c^0_{(A)}}{c_{(A)}}}{t} = R \qquad \text{Gleichung 4.189}$$

Ist die Rechengröße R unabhängig von der Zeit, dann liegt eine Reaktion 1. Ordnung vor. R hat dann die Dimension 1/s und ist gleich der Geschwindigkeitskonstanten $k_{(1)}$. Die meisten Elementarreaktionen folgen aber einem Geschwindigkeitsgesetz 2. Ordnung:

$$\mathrm{A} + \mathrm{B} \rightarrow \mathrm{C} + \mathrm{D} \quad \text{mit} \quad \frac{\mathrm{d}c_{(A)}}{\mathrm{d}t} = -k_{(2)} \cdot c_{(A)} \cdot c_{(B)} \qquad \text{Gleichung 4.190}$$

Wenn die beiden Reaktanden A und B in einem stöchiometrischen Verhältnis eingesetzt werden, dann gilt für jeden Zeitpunkt der Reaktion: $c_{(A)} = c_{(B)}$. Gleichung 4.190 vereinfacht sich daher zu folgender Differenzialgleichung:

$$\frac{\mathrm{d}c_{(A)}}{\mathrm{d}t} = -k_{(2)} \cdot c^2_{(A)} \qquad \text{Gleichung 4.191}$$

Nach Variablentrennung und Integration erhält man:

$$\frac{\mathrm{d}c_{(A)}}{c^2_{(A)}} = -k_{(2)} \cdot \mathrm{d}t \quad \rightarrow \quad \int_{c^0_{(A)}}^{c_{(A)}} \frac{\mathrm{d}c_{(A)}}{c^2_{(A)}} = -k_{(2)} \int_0^t \mathrm{d}t$$

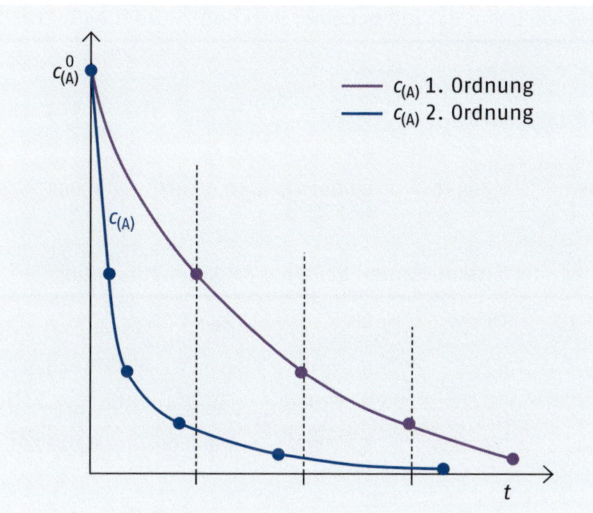

Abb. 4.37 Konzentrations-Zeit-Verlauf bei einer Reaktion 1. Ordnung und 2. Ordnung mit gleicher Geschwindigkeitskonstante

Für die Lösung der Integrale gilt:

$$\frac{1}{c^0_{(A)}} - \frac{1}{c_{(A)}} = -k_{(2)} \cdot t \quad \rightarrow \quad \frac{1}{c_{(A)}} = \frac{1}{c^0_{(A)}} + k_{(2)} \cdot t$$ Gleichung 4.192

Gleichung 4.92 wird nach $c_{(A)}$ aufgelöst und man erhält das Konzentrations-Zeit-Gesetz der Reaktion 2. Ordnung:

$$c_{(A)} = \frac{c^0_{(A)}}{1 + c^0_{(A)} \cdot k_{(2)} \cdot t}$$ Gleichung 4.193

Man rechnet häufiger mit Gleichung 4.192, da sich die lineare Funktion leichter handhaben lässt. Über den Kehrwert von $c_{(A)}$ lässt sich die Konzentration leicht ermitteln. Will man die Halbwertszeit berechnen, dann gilt $c_{(A)} = \frac{c^0_{(A)}}{2}$ und man muss nur noch nach $t = t_{½}$ auflösen:

$$\frac{2}{c^0_{(A)}} = \frac{1}{c^0_{(A)}} + k_{(2)} \cdot t_{½} \quad \rightarrow \quad t_{½} = \frac{1}{c^0_{(A)} \cdot k_{(2)}}$$ Gleichung 4.194

Bei einer Reaktion 2. Ordnung ist die Halbwertszeit $t_{½}$ konzentrationsabhängig: Sie nimmt mit steigender Konzentration ab und mit sinkender Konzentration zu. Für das Konzentrations-Zeit-Gesetz des Produkts C oder D gilt aufgrund der Stöchiometrie, dass zu jedem Zeitpunkt der Reaktion genauso viel C entsteht, wie A verschwindet:

$$c_{(C)} = c^0_{(A)} - c_{(A)} = c^0_{(A)} - \frac{c^0_{(A)}}{1 + c^0_{(A)} \cdot k_{(2)} \cdot t} = c^0_{(A)} \cdot (1 - \frac{1}{1 + c^0_{(A)} \cdot k_{(2)} \cdot t})$$ Gleichung 4.195

Tab. 4.7 Konzentration in Abhängigkeit von der Zeit bei einer Reaktion 2. Ordnung

t /s	0	10	15	20	25	30
$\frac{c_{(A)}}{c^0_{(A)}}$	1	0,909	0,869	0,833	0,800	0,769
R /(1/s)	–	0,0095	0,00936	0,00914	0,00892	0,00875

Tab. 4.8 Bestimmung der Geschwindigkeitskonstanten bei einer Reaktion 2. Ordnung

t /s	0	10	15	20	25	30
$\frac{c_{(A)}}{c^0_{(A)}}$	1	0,909	0,869	0,833	0,800	0,769
$k_{(2)}$ /L · (mol · s)$^{-1}$	–	0,01001	0,01004	0,01002	0,01000	0,01001

Abb. 4.37 vergleicht zwei Reaktionen 1. Ordnung und 2. Ordnung mit gleichem Zahlenwert für die Geschwindigkeitskonstante. Nach Umstellung von Gleichung 4.194 nach der Geschwindigkeitskonstante, gilt:

$$k_{(2)} = \frac{1}{c^0_{(A)} \cdot t_{½}} \quad \rightarrow \quad [k_{(2)}] = \frac{\text{L}}{\text{mol} \cdot \text{s}}$$ Gleichung 4.196

Bei einer Reaktion 2. Ordnung hat die Geschwindigkeitskonstante die Dimension $\text{L} \cdot \text{mol}^{-1} \cdot \text{s}^{-1}$. Beobachtet man bei einer Reaktion 2. Ordnung die Konzentration des Edukts in Abhängigkeit von der Zeit, erhält man die in Tab. 4.7 aufgeführten Messwerte. Dabei fällt auf, dass der Wert

$$R = \frac{\ln \frac{c^0_{(A)}}{c_{(A)}}}{t}$$

mit zunehmender Zeit immer kleiner wird. Dies ist eine typische Eigenschaft einer Reaktion 2. Ordnung. Die Werte für R haben dann aber keine weitere Bedeutung mehr. Mithilfe von Gleichung 4.192 kann man die Geschwindigkeitskonstante, wenn man die Gleichung nach $k_{(2)}$ umstellt, berechnen:

$$k_{(2)} = \frac{1}{t \cdot c_{(A)}} - \frac{1}{t \cdot c^0_{(A)}}$$ Gleichung 4.197

Setzt man die Messwerte aus Tab. 4.8 in Gleichung 4.197 ein, dann erhält man für alle Messpunkte einen konstanten Wert für $k_{(2)}$. Dies gilt als Beweis für den Reaktionsverlauf 2. Ordnung.

4.16.3 Komplexe Reaktionen

Chemische Reaktionen, die nach Geschwindigkeitsgesetzen 1. und 2. Ordnung ablaufen, sind in der Natur nicht selten. In den meisten Fällen laufen chemische Reaktionen auch dann nicht als Elementarreaktionen ab. Hinter der einfachen Gleichung A + B → C + D kann sich eine große Zahl von Zwischenschritten verbergen und die Reaktion kann beispielsweise folgendermaßen ablaufen:

$$A + B \longrightarrow C + D$$

$$A + B \xrightarrow{k_2} E \qquad E \xrightarrow{k_1} F + G$$

$$F \xrightarrow{k_1} H \qquad H + G \xrightarrow{k_2} C + D$$

Die gezeigten Reaktionsschritte werden als **Reaktionsmechanismus** bezeichnet. Je nachdem, welcher Schritt in welchem Ausmaß **geschwindigkeitsbestimmend** ist, kann die Gleichung nach einem Geschwindigkeitsgesetz 1. Ordnung, 2. Ordnung oder nach einer höheren Reaktionsordnung ablaufen. An dieser Stelle sollen zwei wichtige Fälle komplexer Reaktionen, die **Folgereaktionen** sowie die **Parallelreaktionen** besprochen werden. Der Einfachheit halber sollen alle Teilschritte nach einem Geschwindigkeitsgesetz 1. Ordnung ablaufen: zum Beispiel die **Folgereaktion:**

$$E \xrightarrow{k^{a}_{(1)}} Z \qquad Z \xrightarrow{k^{b}_{(1)}} P$$

Das Edukt E wird mit der Anfangskonzentration $c^0_{(E)}$ eingesetzt. Es reagiert zuerst nach einem Prozess 1. Ordnung mit $k^a_{(1)}$ zum Zwischenprodukt Z. Dieses reagiert nach einem Prozess 1. Ordnung mit $k^b_{(1)}$ zum Produkt P. Die Geschwindigkeits-Zeit-Gesetze sind für die Prozessfolge leicht zu formulieren:

$$v_{(E)} = \frac{d\,c_{(E)}}{dt} = -k^a_{(1)} \cdot c_{(E)}$$ Gleichung 4.198

$$v_{(Z)} = \frac{d\,c_{(Z)}}{dt} = k^a_{(1)} \cdot c_{(E)} - k^b_{(1)} \cdot c_{(Z)}$$ Gleichung 4.199

$$v_{(P)} = \frac{d\,c_{(P)}}{dt} = k^b_{(1)} \cdot c_{(Z)}$$ Gleichung 4.200

Die ◦ Gleichungen 4.198 bis ◦ Gleichung 4.200 bilden ein System von Differenzialgleichungen, die nicht so ganz einfach zu lösen sind. Die Lösungen sind jedoch bekannt und man kann sie einem Lehrbuch der chemischen Kinetik entnehmen. Die Konzentrations-Zeit-Gesetze lauten:

$$c_{(E)} = c^0_{(E)} \cdot e^{-k^a_{(1)} t}$$ Gleichung 4.201

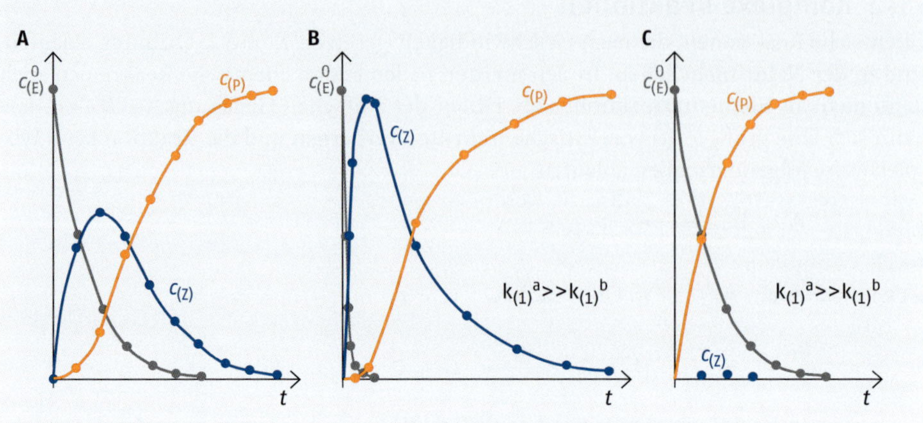

Abb. 4.38 Konzentrations-Zeit-Funktion von Edukt E, Zwischenprodukt Z und Endprodukt P einer Folgereaktion 1. Ordnung: Konzentrations-Zeit-Verlauf aller Reaktanden (A); Bildung von Z schneller als Zerfall (B); Bildung von Z langsamer als Zerfall (C)

$$c_{(Z)} = \frac{k^a_{(1)} \cdot c^0_{(E)}}{k^a_{(1)} - k^b_{(1)}}\left(e^{-k^a_{(1)}t} - e^{-k^b_{(1)}t}\right)$$ Gleichung 4.202

$$c_{(P)} = c^0_{(E)} - c_{(Z)} - c_{(E)}$$ Gleichung 4.203

Die Konzentration des Edukts $c_{(E)}$ folgt einer ungestörten Reaktion 1. Ordnung mit der Geschwindigkeitskonstante $k^a_{(1)}$. Alle Folgeprozesse haben keinen Einfluss auf die Abnahme der Eduktkonzentration. Da das Edukt stets verbraucht wird und durch keinen Prozess entsteht, sinkt $c_{(E)}$ kontinuierlich im Beobachtungszeitraum. Das Zwischenprodukt Z wird aus dem Edukt gebildet. Seine Bildungsgeschwindigkeit nimmt mit $c_{(E)}$ ab. Ferner reagiert es weiter zum Endprodukt P. Je größer die Konzentration $c_{(Z)}$ wird, umso größer wird auch die Zerfallsgeschwindigkeit von Z. Die Konzentration des Zwischenprodukts Z, $c_{(Z)}$, wird daher ein Maximum durchlaufen. Das Endprodukt P wird aus dem Zwischenprodukt Z gebildet. Da P immer nur gebildet wird und nicht zerfällt, steigt die Konzentration $c_{(P)}$ kontinuierlich über den Beobachtungszeitraum. Je größer $c_{(Z)}$ ist, umso größer wird auch die Bildungsgeschwindigkeit von P. Solange $c_{(Z)}$ ansteigt, steigt $c_{(P)}$ überproportional. Wenn $c_{(Z)}$ abnimmt, dann kann $c_{(P)}$ nur noch unterproportional ansteigen. Alle Prozesse kommen zum Stillstand, wenn $c_{(P)} = c^0_{(E)}$ und schließlich alles eingesetzte Edukt zu Produkt geworden ist. **o** Abb. 4.38 A veranschaulicht den Konzentrations-Zeit-Verlauf aller Reaktanden.

Die Folgereaktion wird interessant, wenn man ihre Grenzfälle diskutiert. Was passiert, wenn die Bildung des Zwischenprodukts Z sehr viel schneller erfolgt als ihr Zerfall? In diesem Fall ist die Geschwindigkeitskonstante $k^a_{(1)} \gg k^b_{(1)}$ (**o** Abb. 4.38 B). Das Edukt verschwindet rapide und wird in kurzer Zeit durch das Zwischenprodukt Z ersetzt. Dann bildet sich das Endprodukt nach einem nahezu ungestörten Prozess 1. Ordnung mit der

Geschwindigkeitskonstanten $k^{b}_{(1)}$. Für die Bildungsgeschwindigkeit und die Konzentration des Produkts gilt:

$$v_{(P)} = \frac{d\,c_{(P)}}{dt} = k^{b}_{(1)} \cdot c_{(Z)} \quad \text{und} \quad c_{(P)} = c^{0}_{(E)} \cdot \left(1 - e^{-k^{b}_{(1)}t}\right)$$ Gleichung 4.204

Abb. 4.38 C zeigt die Verhältnisse, wenn sich das Zwischenprodukt Z nur sehr langsam bildet, aber rapide zerfällt. In diesem Fall gilt: $k^{a}_{(1)} \ll k^{b}_{(1)}$ und man wird über den gesamten Reaktionszeitraum nur sehr wenig Zwischenprodukt beobachten; die Folgereaktion ist kaum vom einer direkten Umwandlung von E nach P zu unterscheiden:

$$v_{(P)} = \frac{d\,c_{(P)}}{dt} = k^{a}_{(1)} \cdot c_{(E)} \quad \text{und} \quad c_{(P)} = c^{0}_{(E)} \cdot \left(1 - e^{-k^{a}_{(1)}t}\right)$$ Gleichung 4.205

Bei Folgereaktionen wird grundsätzlich die Produktbildung von der kleinsten Geschwindigkeitskonstanten abhängen. Bei Folgereaktionen ist der langsamste Schritt geschwindigkeitsbestimmend.

Die zweite wichtige Grundform komplexer Reaktionen ist die **Parallelreaktion**. Hier kann ein Edukt E mit der Anfangskonzentration $c^{0}_{(E)}$ und der Geschwindigkeitskonstanten $k^{a}_{(1)}$ entweder das Produkt A oder mit der Geschwindigkeitskonstanten $k^{b}_{(1)}$ das Produkt B bilden:

$$E \xrightarrow{k^{a}_{(1)}} A \qquad E \xrightarrow{k^{b}_{(1)}} B$$

Für die Geschwindigkeits-Zeit-Gesetze gilt:

$$v_{(A)} = \frac{d\,c_{(A)}}{dt} = k^{a}_{(1)} \cdot c_{(E)} \quad \text{und} \quad v_{(B)} = \frac{d\,c_{(B)}}{dt} = k^{b}_{(1)} \cdot c_{(E)}$$ Gleichung 4.206

$$v_{(E)} = \frac{d\,c_{(4)}}{dt} = -k^{a}_{(1)} \cdot c_{(E)} - k^{b}_{(1)} \cdot c_{(E)} = -\left(k^{a}_{(1)} + k^{b}_{(1)}\right) \cdot c_{(E)}$$ Gleichung 4.207

Für das Konzentrations-Zeit-Gesetz des Edukts kann man aus den bekannten Eigenschaften einer Reaktion 1. Ordnung unmittelbar folgern:

$$c_{(E)} = c^{0}_{(E)}\, e^{-\left(k^{a}_{(1)}+k^{b}_{(1)}\right)t}$$ Gleichung 4.208

Daraus ergibt sich z. B. für Gleichung 4.206 dann:

$$v_{(A)} = \frac{d\,c_{(A)}}{dt} = k^{a}_{(1)} \cdot c^{0}_{(E)} \cdot e^{-\left(k^{a}_{(1)}+k^{b}_{(1)}\right)t} = v^{0a}_{(1)} \cdot e^{-\left(k^{a}_{(1)}+k^{b}_{(1)}\right)t}$$ Gleichung 4.209

$v^{0a}_{(1)}$ ist die Bildungsgeschwindigkeit von A zu Beginn der Reaktion. Will man das Konzentrations-Zeit-Gesetz für A darstellen, dann muss man Gleichung 4.206 nur noch zwischen den Grenzen 0 und t integrieren:

$$c_{(A)} = v^{0a}_{(1)} \int_0^t e^{-(k^a_{(1)}+k^b_{(1)})t}\,dt = \frac{v^{0a}_{(1)}}{k^a_{(1)} + k^b_{(1)}}\left(1 - e^{-(k^a_{(1)}+k^b_{(1)})t}\right) \qquad \text{Gleichung 4.210}$$

Analog gilt für das Produkt B:

$$c_{(B)} = v^{0b}_{(1)} \int_0^t e^{-(k^a_{(1)}+k^b_{(1)})t}\,dt = \frac{v^{0b}_{(1)}}{k^a_{(1)} + k^b_{(1)}} \cdot \left(1 - e^{-(k^a_{(1)}+k^b_{(1)})t}\right) \qquad \text{Gleichung 4.211}$$

$v^{0a}_{(1)}$ stellt dabei die Bildungsgeschwindigkeit von B am Anfang der Reaktion dar. Beim Vergleichen der Konzentrationen beider Produkte, findet man für jeden Reaktionszeitpunkt ein konstantes Konzentrationsverhältnis:

$$\frac{c_{(A)}}{c_{(B)}} = \frac{v^{0a}_{(1)}}{v^{0b}_{(1)}} = \frac{k^a_{(1)}}{k^b_{(1)}} \qquad \text{Gleichung 4.212}$$

Aus Gleichung 4.212 geht hervor, was man am Anfang schon vermuten konnte: Das Hauptprodukt wird das Produkt sein, das sich schneller bildet. Verlaufen beide parallelen Reaktionen nach einem Geschwindigkeitsgesetz 1. Ordnung, dann wird das Konzentrationsverhältnis der Produkte immer das gleiche sein, egal wann die Reaktion abgebrochen wird. Besonders interessant ist der Fall, wenn beide Reaktionen Gleichgewichtsreaktionen mit unterschiedlichen Gleichgewichtskonstanten sind. Als Beispiel ein spezieller Fall:

$$E \xrightleftharpoons[\;]{k^a_{(1)}\;K^0_{(a)}} A \qquad E \xrightleftharpoons[\;]{k^b_{(1)}\;K^0_{(b)}} B$$

Hier gilt: $k^a_{(1)} \gg k^b_{(1)}$ und $K^0_{(b)} \gg K^0_{(a)}$. Die Geschwindigkeitskonstanten $k^a_{(1)}$ und $k^b_{(1)}$ stehen dabei für die Hinreaktionen der Gleichgewichtsreaktionen und beschreiben in etwa die Einstellgeschwindigkeit der Gleichgewichte. In diesem Fall soll wegen $K^0_{(b)} \gg K^0_{(a)}$ das Produkt B das thermodynamisch stabilere sein, wegen $k^a_{(1)} \gg k^b_{(1)}$ bildet sich das instabilere Produkt A aber erheblich schneller. In diesem Fall wird es darauf ankommen, wann die Reaktion abgebrochen oder die Produkte isoliert werden. Zunächst wird sich A nach Gleichung 4.212 in einem konstanten Konzentrationsverhältnis mit B als Hauptprodukt bilden. Hat die Konzentration von E bis zur Gleichgewichtskonzentration, bestimmt von $K^0_{(a)}$, abgenommen, dann werden nur noch die Reaktionen im Gleichgewicht mit $K^0_{(a)}$ ablaufen, bis dieses eingestellt ist. Dann wird sich aber B auf Kosten von A bilden. Wartet man lange genug, dann wird man das thermodynamisch stabilere Produkt als Hauptprodukt finden. In diesem Fall spricht man von einer **thermodynamisch kontrollierten Reaktion**. Wird die Reaktion jedoch nach kurzer Reaktionszeit beendet, dann

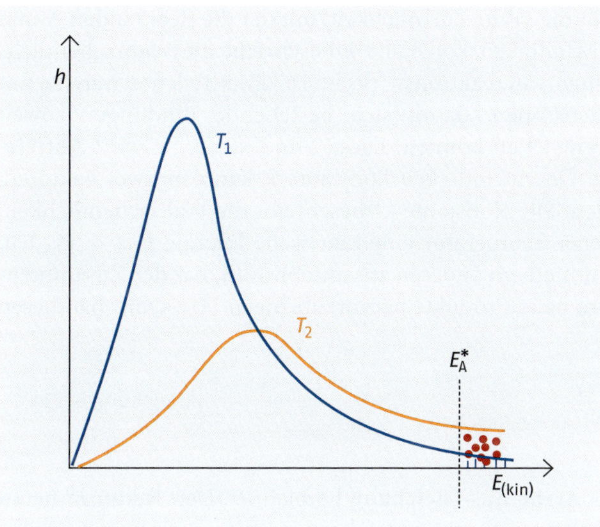

o Abb. 4.39 Verteilungsfunktion von Teilchen (Häufigkeit h) bei zwei verschiedenen Temperaturen mit $T_2 > T_1$. Bei T_2 haben weit mehr Teilchen eine im Vergleich zu E_A* höhere Energie als bei T_1.

entsteht das Produkt A als Hauptprodukt, weil es sich schneller bildet. Man spricht dann von einer **kinetisch kontrollierten Reaktion**.

4.16.4 Temperaturabhängigkeit der Geschwindigkeitskonstanten

Selbstverständlich ist die Geschwindigkeit chemischer Reaktionen temperaturabhängig. Alle Reaktionen werden durch Temperaturerhöhung beschleunigt. Warum ist das so und wie lässt sich diese Eigenschaft quantitativ beschreiben?

Die kinetische Gastheorie sagt aus, dass sich Teilchen bei höherer Temperatur schneller bewegen und dass dadurch bedingt ihre mittlere kinetische Energie zunimmt. Nun bewegen sich aber bei gegebener Temperatur nicht alle Teilchen mit der gleichen Energie. Die Verteilung über alle Energien bei einer Temperatur kann mit statistischen Verteilungsfunktionen beschrieben werden, der Maxwell-Boltzmann-Verteilungsfunktion.

Eine Verteilungsfunktion stellt die Häufigkeit dar, mit der eine bestimmte Energie in einer Population von Teilchen vorkommt. Bei gegebener Temperatur haben die meisten Teilchen eine Energie nahe der Durchschnittsenergie $\overline{E}_{kin}$. Es gibt aber Teilchen mit einer größeren und mit einer kleineren kinetischen Energie als $\overline{E}_{kin}$ Ihre Häufigkeit nimmt in Form einer Glockenkurve zu beiden Seiten hin ab. Erhöht man die Temperatur, dann verschiebt sich $\overline{E}_{kin}$ in Richtung zu größeren Energien hin, dabei nimmt aber das Maximum ab, wobei die Werte an der Flanke mit höherer Energie steigen. Die Kurven werden also bei Temperaturerhöhung flacher (o Abb. 4.39). Hier noch einmal die allgemeine Beschreibung einer chemischen Reaktion:

$$A + B \longrightarrow C + D$$

Ihre Reaktionsgeschwindigkeit lässt sich mit o Gleichung 4.213 beschreiben:

$$v_R = -k \cdot c_{(A)} \cdot c_{(B)} = -k^0 \cdot k^* \cdot c_{(A)} \cdot c_{(B)}$$ Gleichung 4.213

4

Das Produkt · $c_{(A)} \cdot c_{(B)}$ beschreibt die Wahrscheinlichkeit, mit der die Reaktanden A und B zusammenstoßen. Die Geschwindigkeitskonstante k beschreibt die Wahrscheinlichkeit, mit der ein Teilchenzusammenstoß reaktionswirksam ist. Zwei Teilchen müssen mit einer Mindestenergie zusammenstoßen, damit sich bestehende Bindungen soweit lockern, dass neue Bindungen entstehen können. Diese Mindestenergie wird **Aktivierungsenergie** $E^*_{(A)}$ genannt. Die Geschwindigkeitskonstante k kann in zwei Faktoren, nämlich k^0 und k^* zerlegt werden. Die Konstante k^* beschreibt die Wahrscheinlichkeit, mit der ein Teilchen bei gegebener Temperatur eine kinetische Energie $E_{kin} > E^*_{(A)}$hat. Nur wenn ein solches Teilchen mit einem anderen zusammenstößt, hat der Zusammenstoß die ausreichende Wucht, um neue Produkte hervorzubringen. *Arrhenius* hat diesen Faktor quantitativ dargestellt:

$$k = k^0 \cdot e^{-\frac{E^*_A}{R \cdot T}}$$ Gleichung 4.214

Gleichung 4.214 wird auch als **Arrhenius-Gleichung** bezeichnet. Den Faktor k^0 nennt man Orientierungsfaktor. Ein Teilchenzusammenstoß kann auch dann reaktionsunwirksam sein, wenn er mit genügend großer Wucht erfolgt. Das passiert, wenn sich die Teilchen nicht an der richtigen Stelle treffen. Dieser Orientierungsfaktor ist vor allem dann klein, wenn große Moleküle sich an einer bestimmten Stelle treffen müssen. Der Faktor $e^{-\frac{E^*_A}{R \cdot T}}$ in der Arrhenius-Gleichung ist dann proportional zur Fläche unter der Kurve, ab der Aktivierungsenergie $E^*_{(A)}$ bis zu einer Energie nahe unendlich (Abb. 4.39).

Chemische Reaktionen werden oft in sogenannten **Reaktionsdiagrammen** dargestellt. Dabei wird die Energie der Teilchen gegen eine Reaktionskoordinate aufgetragen, die andeuten soll, in welchem Ausmaß die alten Bindungen gelockert sind und sich schon neue Bindungen gebildet haben. Für die einfache Elementarreaktion zwischen A und B ist ein solches Diagramm in Abb. 4.40 gezeigt. Die Reaktanden A und B stoßen zusammen und bilden zuerst einen **aktivierten Komplex:**

$$A + B \longrightarrow [AB]^* \longrightarrow C + D$$

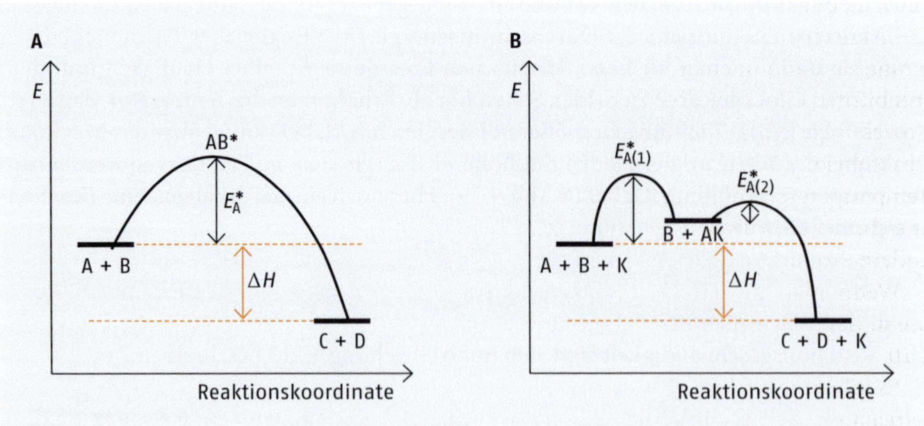

Abb. 4.40 Bimolekulare Elementarreaktion: Reaktionsdiagramm einer Reaktion ohne Katalysator (A) und mit Katalysator (B)

Im aktivierten Komplex sind die alten Bindungen der Edukte weitgehend zerstört, wobei sich die neuen Bindungen der Produkte noch nicht gebildet haben. Der aktivierte Komplex ist kein Zwischenprodukt, weil er nur unendlich kurz existiert. Diese Situation beschreibt das Reaktionsdiagramm in ○ Abb. 4.40 A.

Die Aktivierungsenergie E_A^* kann man als Energieunterschied zwischen den Edukten A und B und dem aktivierten Komplex AB* darstellen. Je größer die Aktivierungsenergie ist, umso kleiner wird die Reaktionsgeschwindigkeitskonstante k sein und umso langsamer wird die Reaktion ablaufen. Dies ist so, weil bei großer Aktivierungsenergie nur wenige Teilchen eine kinetische Energie haben, die bei einem Teilchenzusammenstoß die notwendige Aktivierungsenergie aufbringen können. Der Energieunterschied zwischen den Edukten A und B sowie den Produkten C und D ist die Reaktionsenthalpie ΔH. Diese ist völlig unabhängig davon, ob die Reaktion schnell oder langsam abläuft. Die Reaktionsgeschwindigkeit lässt sich durch die Temperatur manipulieren, die Aktivierungsenergie nicht. Tatsächlich kann man aber auch die Aktivierungsenergie einer chemischen Reaktion beeinflussen. Oft ist dies schon durch die Wahl des Lösemittels möglich. Die klassische Methode ist jedoch der Einsatz von **Katalysatoren**. Ein Katalysator ist ein Reaktand, der an der Reaktion teilnimmt, aber – zumindest im Idealfall – unverändert wieder aus ihr hervorgeht. Durch den Einsatz eines Katalysators K kann die Elementarreaktion A + B → C + D in eine komplexe Folgereaktion überführt werden. Dabei können z. B. folgende Prozesse ablaufen:

$$A + K \longrightarrow [AK]^* \longrightarrow AK \qquad AK + B \longrightarrow [AKB]^* \longrightarrow C + D$$

Das Reaktionsdiagramm dieses katalytischen Prozesses ist in ○ Abb. 4.40 B abgebildet. Ein direkter Vergleich mit dem Diagramm der Elementarreaktion (○ Abb. 4.40 A) zeigt, dass ein großer Aktivierungshügel in zwei kleine überführt wird. Obwohl die Prozessfolge komplizierter geworden ist, laufen jetzt alle Schritte schneller ab, da jetzt durch die geringere Aktivierungsenergie zu jeder Zeit mehr Teilchen reaktionsbereit sind. Dabei ist aber wichtig, dass Katalysatoren niemals die Stabilitätsunterschiede von Edukt und Produkt verändern können. Daher ändern sie auch nichts an einer Gleichgewichtslage oder der Triebkraft einer Reaktion. Sie erhöhen lediglich die Einstellgeschwindigkeit von Gleichgewichten. Es gibt auch „Katalysatoren", die das Gegenteil bewirken. Diese erhöhen dann die Aktivierungsenergie der Teilschritte und verlangsamen damit die Reaktion. Man nennt sie dann aber nicht Katalysatoren, sondern **Inhibitoren**. Da Katalysatoren und Inhibitoren entweder Elementarreaktionen in komplexe Reaktionen überführen oder die Prozessfolge einer von vornherein komplexen Reaktion ändern, können sie auch die Reaktionsordnung in den Geschwindigkeitsgesetzen beeinflussen. Dies ist durch reine Temperaturerhöhung nicht möglich, sofern sich der Mechanismus nicht ändert. Ändert er sich, dann wird sich aber in der Regel auch die ganze Reaktion ändern, d. h., es werden andere Produkte entstehen.

Wenn man die Geschwindigkeitskonstante bei zwei verschiedenen Temperaturen misst, dann lässt dich die Aktivierungsenergie einer Reaktion ermitteln. Dazu Aufgabe 4.10.

Es gibt eine wichtige Klasse von Katalysatoren, die in Lebewesen wichtige Stoffwechselreaktionen ermöglicht: die **Enzyme**. Mithilfe von Enzymen können in lebenden Zellen chemische Reaktionen im Temperaturbereich von 0–40 °C mit hoher Geschwindigkeit ablaufen, die unter Laborbedingungen Siedetemperaturen gängiger Lösemittel von 80 °C

(Alkohol) bis 150 °C (Dimethylformamid) und lange Reaktionszeiten erfordern, oder überhaupt nicht in der gewünschten Weise ablaufen, weil die Reaktionstemperaturen zur unkontrollierten Zersetzung der Edukte führen. Enzyme sind große Moleküle mit kompliziert gestalteter Oberfläche. Dort werden die Edukte der Stoffwechselreaktionen gebunden und in eine Orientierung gebracht, in der sie besonders leicht reagieren können. Zwar senken die meisten Enzyme ebenfalls die Aktivierungsenergie, häufig wirken sie aber in erster Linie durch die Erhöhung des Orientierungsfaktors k^0 der Arrhenius-Gleichung im Vergleich zur nichtkatalysierten Reaktion.

Aufgabe 4.10

Eine chemische Reaktion hat bei 25 °C eine Geschwindigkeitskonstante von $0{,}001\,s^{-1}$. Bei 100 °C hat sich die Reaktionsgeschwindigkeit verdoppelt. Wie groß ist die Aktivierungsenergie?

Für beide Temperaturen T_1 = 298,15 K und T_2 = 373,15 K stellt man die Arrhenius-Gleichung (Gleichung 4.214) auf:

$$k_{(T_1)} = k^0\, e^{-\frac{E_A^*}{R \cdot T_1}} \quad \text{und} \quad k_{(T_2)} = k^0\, e^{-\frac{E_A^*}{R \cdot T_2}}$$

Dann bildet man das Verhältnis beider Geschwindigkeitskonstanten:

$$\frac{k_{(T_2)}}{k_{(T_1)}} = \frac{e^{-\frac{E_A^*}{R \cdot T_2}}}{e^{-\frac{E_A^*}{R \cdot T_1}}} = e^{\left(\frac{E_A^*}{R \cdot T_1} - \frac{E_A^*}{R \cdot T_2}\right)} \rightarrow \ln \frac{k_{(T_2)}}{k_{(T_1)}} = \frac{E_A^*}{R}\left(\frac{1}{T_1} - \frac{1}{T_2}\right) \rightarrow E_A^* = \frac{R \cdot \ln \frac{k_{(T_2)}}{k_{(T_1)}}}{\left(\frac{1}{T_1} - \frac{1}{T_2}\right)}$$

$$E_A^* = \frac{R \cdot \ln \frac{k_{(T_2)}}{k_{(T_1)}}}{\left(\frac{1}{T_1} - \frac{1}{T_2}\right)} = \frac{8{,}314 \cdot \ln 2}{\left(\frac{1}{298{,}15} - \frac{1}{373{,}15}\right)} \frac{\mathrm{J}}{\mathrm{mol} \cdot \mathrm{K} \cdot \frac{1}{\mathrm{K}}} = 8548{,}5\, \frac{\mathrm{J}}{\mathrm{mol}}$$

---

5 Chemie der Hauptgruppenelemente

Das PSE umfasst von den Alkalimetallen bis zu den Edelgasen acht Hauptgruppen. Steht ein Element in der *x*-ten Hauptgruppe, so ist seine maximale Oxidationsstufe *x* und seine minimale Oxidationsstufe VIII minus *x*. Eine Ausnahme bilden nur die Elemente der ersten Periode, da das 1 *s*-Orbital nur Platz für zwei Elektronen bietet. Die minimale Oxidationsstufe tritt mit wenigen Ausnahmen nur bei Nichtmetallen auf. Was für Oxidationsstufen gilt, gilt auch für Formalladungen. In binären A_nB_m-Verbindungen findet man bei Hauptgruppenelementen häufig zwischen der maximalen und der minimalen Oxidationsstufe einen Wechsel in Zweierschritten, die **Normalreihe** der Oxidationsstufen. Für die Elemente der zweiten Periode gilt die Oktettregel streng. Chemische Bindungen werden nur mit dem einen *s*-Orbital und den drei *p*-Orbitalen gebildet. Bei schwereren Elementen können *d*-Orbitale an den Bindungen beteiligt sein. Die idealen Strukturgeometrien lassen sich bei molekularen Verbindungen sehr zuverlässig nach dem Gillespie-Nyholm-Konzept ermitteln. Die Stabilität von Molekülen, die man oft auch im weitesten Sinne als Komplexe auffassen kann, lassen sich häufig mit der klassischen Pearson-Theorie verstehen. Diese Theorie erweist sich in vielen Fällen auch bei der Beurteilung von Feststoffen und Niederschlägen als nützlich. In beiden Anwendungen darf sie jedoch nicht als Naturgesetz missverstanden werden. Da die Fähigkeit von Teilchen zur gegenseitigen Polarisation nur ein Stabilitätsargument von vielen ist, kann die Pearson-Theorie nur als Orientierungs- und Lernhilfe dienen.

5.1 Elemente der 1. Hauptgruppe: Wasserstoff und Alkalimetalle

5.1.1 Wasserstoff

Wasserstoff (H) ist das leichteste Element und hat das einfachste Atom, das in der Natur vorkommt. Ein Wasserstoffatom besteht im Regelfall aus einem Proton und einem Elektron. Nach den Regeln kann der Wasserstoff damit in den Oxidationsstufen –I, 0 und +I vorkommen. Dasselbe gilt für die Formalladungen:

$$\overset{0}{H_2} \longrightarrow \overset{+I}{H^+} + \overset{-I}{H^-}$$

Theoretisch kann ein neutrales Wasserstoffmolekül in ein Proton H^+ mit der Oxidationsstufe +I und ein Hydrid-Ion H^- mit der Oxidationsstufe –I zerfallen. Allerdings ist gerade diese Reaktion nicht einfach durchzuführen, da elementarer Wasserstoff als ausgesprochen reaktionsträge gilt. Dennoch zeigt die Gleichung alle Formen, in denen Wasserstoff auftreten kann.

Nach *Pauling* hat Wasserstoff eine Elektronegtivität *EN* von 2,2 und alle Elemente, die eine geringere *EN* aufweisen, tendieren zu Metalleigenschaften. Beispielsweise bildet Wasserstoff mit dem sehr reaktionsfreudigen Metall Natrium eine salzartige Verbindung, Natriumhydrid, NaH. Natriumhydrid ist ein weißes Pulver und bildet ein Ionengitter aus Na^+- und H^--Ionen. Die H^--Ionen haben mit $1s^2$ die gleiche Elektronenkonfiguration wie Helium. Sie weisen also einen Edelgaszustand auf. Dennoch sind Hydrid-Ionen sehr starke Basen und reagieren mit Luftfeuchtigkeit unter Bildung von Wasserstoffgas und Natriumhydroxid:

$$NaH + H_2O \longrightarrow NaOH + H_2$$

Natriumhydrid ist daher sehr unbeständig und zerfällt an feuchter Luft. Bei Kontakt mit flüssigem Wasser kann NaH explodieren, weil das gebildete Wasserstoffgas an der Luft durch die freiwerdende Reaktionswärme eine Knallgasreaktion eingehen kann. Hydride von elektronegativeren Metallen, wie Ca oder Cd, sind beständiger. Mit starken Lewis-Säuren kann das Hydrid-Ion auch als Lewis-Base reagieren. Auf diese Weise bilden sich komplexe Metallhydride wie $LiAlH_4$ und $NaBH_4$. Im Natriumborhydrid liegen Na^+ und komplexe Tetrahydridoborat(III)-Ionen (BH_4^--Ionen) vor. Während salzartige Hydride vor allem als starke Basen reagieren, reagieren komplexe Hydride ehr als Hydrid-Ionen-Spender. Tetrahydridoborat(III) ist nach *Gillespie* ein AX_4-System, das Boratom ist sp^3-hybridisiert und der Komplex hat Tetraedergestalt. In Wasser wird BH_4^- nur sehr langsam hydrolysiert; es kann daher auch in Wasser eingesetzt werden. Formaldehyd, H_2CO, wird durch H^--Übertragung zu Methanol umgesetzt:

$$BH_4^{\ominus} + 4\,H_2O \xrightarrow{\text{langsam}} B(OH)_4^{\ominus} + 4\,H_2$$

$$BH_4^{\ominus} + 4\,H_2CO \longrightarrow B(OCH_3)_4^{\ominus}$$

Im Labor lässt sich elementarer Wasserstoff durch Reaktion unedler Metalle mit Säure erzeugen. So reagiert beispielsweise Zink mit Salzsäure zu Zinkchlorid und Wasserstoff:

$$Zn + 2\,H^+ \longrightarrow Zn^{2+} + H_2$$

Der elementare Wasserstoff kann an Mehrfachbindungen ungesättigter Reaktionspartner angelagert werden. Wenn eine π-Bindung aufgebrochen und in zwei σ-Bindungen überführt wird, dann spricht man im Allgemeinen von einer **Additionsreaktion**. Wird dabei Wasserstoff angelagert, handelt es sich um eine **Hydrierung**. Wird eine σ-Bindung durch Anlagerung von Wasserstoff gespalten, spricht man von einer **Hydrogenolyse**. Mischt sich Wasserstoff mit Luft und wird dieses Gemisch angezündet, dann kommt es zur Knallgasexplosion. Bei diesem Prozess findet sowohl eine Hydrierung von Sauerstoff zu Wasserstoffperoxid als auch eine Hydrogenolyse von Wasserstoffperoxid statt. Man erhält das bekannteste kovalente Hydrid, Dihydrogenmonoxid, also Wasser:

$$2\,H_2 + O{=}O \xrightarrow[\text{Hydrierung}]{} H_2 + HO{-}OH \xrightarrow[\text{Hydrogenolyse}]{} 2\,H_2O$$

Es gibt kaum ein Element, das nicht mindestens eine Element-Wasserstoff-Verbindung hat. Alle Elemente, die elektronegativer als Wasserstoff sind, erzeugen dabei kovalente Hydride. In ihnen hat der Wasserstoff stets die Oxidationsstufe +I. Die kovalenten Hydride der Elemente der zweiten Periode sind ganz besonders bedeutsam: Es beginnt mit Methan (CH_4), dann Ammoniak (NH_3), Wasser (H_2O) und schließlich Fluorwasserstoff (HF). Je elektronegativer der Bindungspartner wird, umso stärker werden auch das Dipolmoment und damit der positive Ladungsschwerpunkt am Ort des Wasserstoffkerns. Folglich kann das Proton leichter abgespalten werden. Daher nimmt die Säurestärke in der Reihe $CH_4 < NH_3 < H_2O < HF$ sehr stark zu. Alle aufgeführten Verbindungen sind durch Hydrierung der Elemente darstellbar. In der Regel laufen aber Hydrierungen und Hydrogenolysen nicht so bereitwillig wie bei der Knallgasreaktion ab. So kann man Acetylen in Ethan überführen, wenn man Acetylen bei hohem Druck mit Wasserstoff umsetzt. Hierzu ist aber immer ein Katalysator erforderlich, der die Spaltung der Wasserstoffbindung erleichtert. Solche katalytischen Eigenschaften haben viele reine Metalle, wie Platin, Palladium oder Nickel:

$$2\,H_2 + CH{\equiv}CH \xrightarrow{\text{Pt}} H_3C{-}CH_3$$

Solche Metalle können je nach Wasserstoffdruck wechselnde Stoffmengen Wasserstoff aufnehmen. Die Wasserstoffatome werden dann im Gitter des Metalls integriert und beteiligen sich am Elektronengas des Metallkristalls. Dabei steht der Gehalt an Wasserstoff nicht unbedingt in einem stöchiometrischen Verhältnis zum Metall. Die Wasserstoffatome verhalten sich wie in einer festen Lösung. Diese Wasserstoffverbindungen werden als **nichtstöchiometrische Metallhydride** bezeichnet.

5

Wasserstoff – Bedeutung in Biologie und Medizin

Wasserstoffgas ist als unpolares Molekül so gut wie nicht wasserlöslich. Lebewesen haben aber eine Möglichkeit gefunden, große Stoffmengen Wasserstoff in gelöster Form im Zellplasma zu speichern. Aerobe Lebewesen beziehen ihre zum Leben nötige Energie unter anderem aus der Verbrennung von Glucose (Traubenzucker):

$$C_6H_{12}O_6 + 6\,O_2 \longrightarrow 6\,CO_2 + 6\,H_2O$$

Dieser Prozess läuft in vielen kleinen Teilschritten ab. Zuerst wird die Glucose gespalten und schließlich in CO_2 und H_2 zerlegt. Die meiste Energie wird bei der kontrollierten Umsetzung des H_2 mit O_2 zu H_2O gewonnen. Viele Teilschritte der Glucosezerlegung werden durch Enzyme katalysiert. Diese Enzyme arbeiten aber oft nur dann, wenn sie durch kleinere Moleküle, die sogenannten Coenzyme, unterstützt werden. Ein solches Coenzym ist NAD^+ (Nicotinsäureamid-Adenosin-Dinucleotid). Der für die Wasserstoffspeicherung zuständige Teil des Moleküls ist Nicotinsäureamid, ein substituiertes Pyridin:

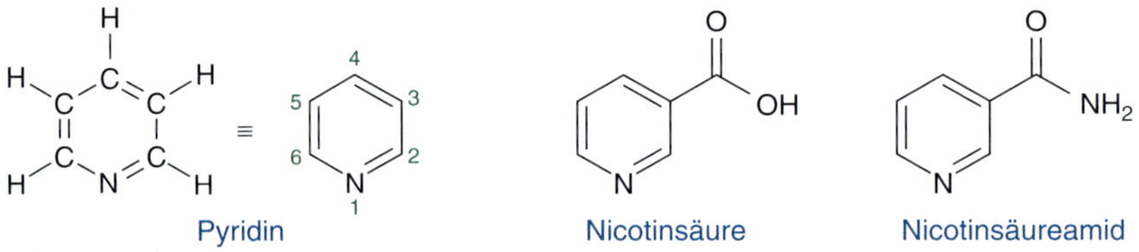

Im Coenzym ist Nicotinsäureamid über den Stickstoff an den Rest des Moleküls gebunden (Abb. 5.1). Damit erhält aber die ganze Struktureinheit eine positive Ladung. Durch Mesomerie ist vor allem der Kohlenstoff C4 positiv polarisiert und kann dadurch sehr leicht ein Hydrid-Ion aufnehmen: Es entsteht das neutrale NADH. In NADH ist der Pyridinring zu einem Dihydropyridin reduziert worden. Dihydropyridin im NADH ist ein kovalentes Hydrid, das aber sehr leicht H^- abgeben kann. Zusammen mit im Cytoplasma vorhandener Säure wirkt das Molekül NADH jetzt wie ein Molekül wasserlöslicher Wasserstoff.

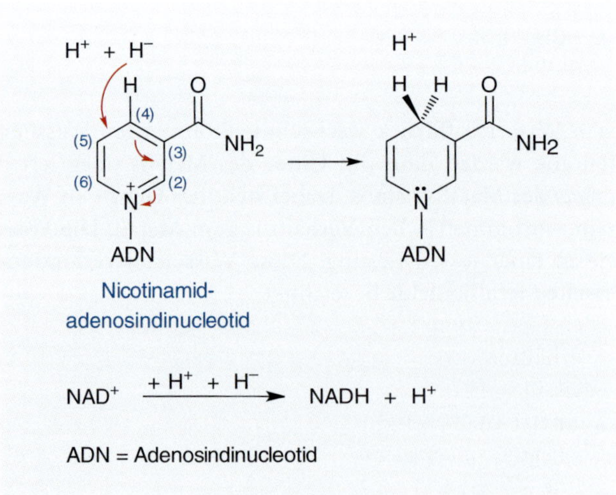

$$NAD^+ \xrightarrow{+\,H^+\,+\,H^-} NADH + H^+$$

ADN = Adenosindinucleotid

Abb. 5.1 Struktur und Funktion von NAD^+ und NADH

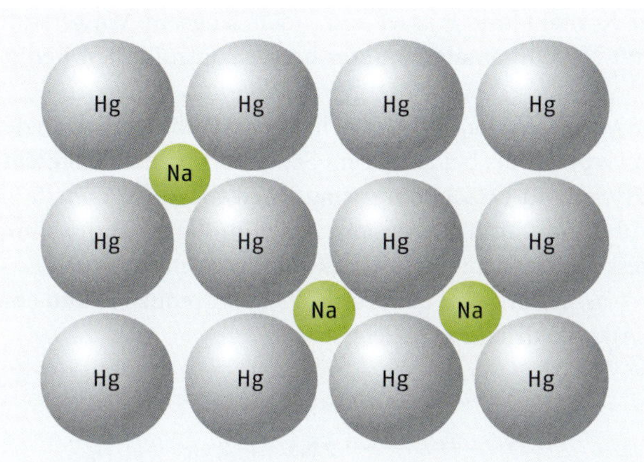

Abb. 5.2 Natriumamalgam: Beispiel für eine Legierung

5.1.2 Alkalimetalle: Lithium, Natrium und Kalium

Der oben beschriebene Wasserstoff ist die große Ausnahme bei den Elementen der ersten Hauptgruppe. Er gilt als Nichtmetall und liegt als zweiatomiges Elementgas vor. Alle anderen Vertreter der ersten Hauptgruppe – man nennt sie auch die **Homologen** des Wasserstoffs – sind Metalle, die Alkalimetalle. Diese Alkalimetalle haben im neutralen Atom die Konfiguration ns^1 und erreichen den Edelgaszustand durch Abgabe eines Elektrons, wobei sie einfach positiv geladene Kationen bilden. Wasserstoff erreicht die Elektronenkonfiguration von Helium durch Aufnahme eines Elektrons und bildet das Hydrid-Ion, das in salzartigen und komplexen Hydriden vorkommt. Die ns^2-Konfiguration ist bei den Alkalimetallen weit instabiler, da sie keinen Edelgaszustand darstellt. Alkalimetalle kommen abgesehen von exotischen Ausnahmen nur in den Oxidationsstufen +I und 0 vor. Als Elemente sind die Alkalimetalle Lithium (Li), Natrium (Na) und Kalium (K) wachsweiche glänzende Metalle, die aber an der Luft sehr schnell korrodieren. Man muss sie unter Schutzflüssigkeiten wie Paraffinöl aufbewahren. Von Lithium bis Kalium nimmt die Elektronegativität der Metalle ab. Lithium ist daher das stabilste der Alkalimetalle. Elementares Natrium und Kalium zeigen eine noch höhere Tendenz, Elektronen abzugeben. Sie sind starke Reduktionsmittel:

$$\mathrm{Na} \longrightarrow \mathrm{Na^+} + \mathrm{e^-}$$

Man kann Natrium stabilisieren, indem man es mit flüssigem Quecksilber mischt. Enthält die Mischung mehr als 1 % Natrium, so erstarrt die Substanz und man erhält ein festes Metall. In diesem Metallgemisch sind Natriumatome im Metallgitter des Quecksilbers statistisch verteilt und sie verhalten sich wie feste Lösungen. Solche Lösungen von einem Metall in einem anderen werden **Legierungen** genannt. Die Metalle müssen dabei nicht in einem stöchiometrischen Verhältnis vorliegen, sondern sie haben einen oberen und einen unteren Stoffmengengehalt, innerhalb derer sie in einem einheitlichen Kristall existieren können. Die nichtstöchiometrischen Metallhydride von Palladium und Platin können im weitesten Sinne auch als Legierung aufgefasst werden. Legierungen mit Quecksilber bezeichnet man als **Amalgame** (Abb. 5.2).

Natriumamalgam entwickelt bei Kontakt mit Wasser nur noch langsam Wasserstoff. Daher kann man Reduktionen mit Natriumamalgam unter besser kontrollierten Bedingungen ablaufen lassen.

Frisch geschnittene, glänzende Metalloberflächen laufen bei den Alkalimetallen an der Luft schnell an. Dabei bilden sich Hyperoxide, bei denen ein Sauerstoffmolekül ein Elektron aufnimmt und ein Anion, Hyperoxid O_2^-, bildet. Bringt man die Alkalimetalle in Kontakt mit Wasser, dann **hydrolysiert** Lithium langsam, Natrium heftig und Kalium explosionsartig. Bei diesem Prozess wird das eine Valenzelektron des Metalls auf ein Proton des Wassers übertragen. Der Wasserstoff wird dabei zum Element reduziert und entweicht als Gas. Es bleibt gelöstes Alkalihydroxid zurück:

$$Li + O_2 \longrightarrow LiO_2 \qquad 2\,Li + 2\,H_2O \longrightarrow 2\,Li^+ + 2\,OH^- + H_2$$

$$Na + O_2 \longrightarrow NaO_2 \qquad 2\,Na + 2\,H_2O \longrightarrow 2\,Na^+ + 2\,OH^- + H_2$$

$$K + O_2 \longrightarrow KO_2 \qquad 2\,K + 2\,H_2O \longrightarrow 2\,K^+ + 2\,OH^- + H_2$$

Die Alkalimetallhydroxide sind alle wasserlöslich. Dies ist keineswegs selbstverständlich, da die meisten Metallhydroxide schwerlöslich sind. Eine Verbindung wird dann als wasserlöslich bezeichnet, wenn seine Sättigungskonzentration deutlich größer als 0,1 mol/L ist. Alle Alkalihydroxide sind also starke Basen. Wässrige Lösungen von Natriumhydroxid (NaOH) bezeichnen man als **Natronlauge**, wässrige Lösungen von Kaliumhydroxid (KOH) als **Kalilauge**. Durch Neutralisation mit Mineralsäuren lassen sich alle gängigen Salze gewinnen. Da die einwertigen Ionen keine starken elektrostatischen Felder in ihrer näheren Umgebung erzeugen können, sind die Gitterenergien der Alkalisalze nicht sehr groß. Folglich sind die meisten Alkalisalze wasserlöslich. Durch Neutralisation der Alkalihydroxide mit Salzsäure entstehen Alkalichloride:

$$Li^+ + OH^- + H^+ + Cl^- \longrightarrow \underbrace{Li^+ + Cl^-}_{\text{Lithiumchlorid}} + H_2O$$

$$Na^+ + OH^- + H^+ + Cl^- \longrightarrow \underbrace{Na^+ + Cl^-}_{\text{Natriumchlorid}} + H_2O$$

$$K^+ + OH^- + H^+ + Cl^- \longrightarrow \underbrace{K^+ + Cl^-}_{\text{Kaliumchlorid}} + H_2O$$

Natriumchlorid ist als Kochsalz in jeder Haushaltsküche präsent. Kaliumchlorid ist als Industriesalz bedeutsam. Auf analoge Weise lassen sich Salze aller Mineralsäuren gewinnen.

Wird Lithiumchlorid in Wasser gelöst, so werden sich die Lithium-Ionen mit Wasserhüllen umgeben. Im Unterschied zum Wasserstoff gibt es bei den Alkalimetallen neben dem *s*-noch drei *p*-Orbitale. Die Ionen sind also mindestens vierwertige Lewis-Säuren. Bei Natrium- und Kalium-Ionen können die *d*-Orbitale höhere Koordinationszahlen ermöglichen:

$$LiCl + 4\,H_2O \longrightarrow [Li(H_2O)_4]^+ + Cl^-$$

Tetraaqualithium(I)

Ein Li^+-Ion hat Heliumkonfiguration. Damit hat es mit Abstand den kleinsten Ionenradius unter den Alkali-Ionen. Unter diesen ist es auch das härteste Ion und bildet den stabilsten Aquakomplex, da Wasser nach der Pearson-Theorie als harte Lewis-Base gilt. Tetraaqualithium(I) ist nach *Gillespie* ein AX_4-System und damit sp^3-hybridisiert sowie tetraedrisch koordiniert. Paradoxerweise bindet das kleine Lithium-Ion aufgrund seiner hohen Ladungsdichte die größte Wasserhülle. In weiteren Koordinationssphären werden noch 20 weitere Wassermoleküle über Wasserstoffbrücken fest an das Ion gebunden. Bei Natrium-Ionen sind es nur zwölf Wassermoleküle, bei Kalium-Ionen nur noch sechs. Die effektiven Ionengrößen nehmen daher in wässriger Lösung vom Lithium zum Kalium hin ab. Lithium unterscheidet sich von den anderen Alkalimetallen auch dadurch, dass Lithiumcarbonat und Lithiumphosphat zumindest in alkalischer Umgebung schwerlöslich sind:

$$Li_2CO_3 \xrightleftharpoons{pK_L = 1{,}2} 2\,Li^+ + CO_3^{2-}$$

$$Li_3PO_4 \xrightleftharpoons{pK_L = 10{,}6} 3\,Li^+ + PO_4^{3-}$$

Diese Beobachtung überrascht ein wenig, weil sich bei der Beurteilung von Löslichkeiten meistens die Vorstellung bewährt, dass Carbonat und Phosphat, als Ganzes gesehen, weiche Eigenschaften haben. Möglicherweise lassen sich die kleinen Lithium-Ionen in den Kristallen gut unterbringen; vielleicht spielen auch kovalente Bindungsanteile beim Aufbau der Kristallgitter eine Rolle. Bei Natrium und Kalium sind die meisten Salze wasserlöslich und zeigen hohen Sättigungskonzentrationen. Leitet man Kohlendioxid in Natronlauge ein, so bildet sich Natriumcarbonat (Na_2CO_3), das auch als **Soda** bezeichnet wird. Das analoge Kaliumcarbonat (K_2CO_3) wird **Pottasche** genannt. Lösungen von Soda und Pottasche in Wasser reagieren alkalisch, weil das Carbonat-Ion eine schwache Base ist. Das dabei entstehende Natriumhydrogencarbonat ($NaHCO_3$) lässt sich isolieren und ist als Backpulver bekannt:

$$2\,Na^+ + 2\,OH^- + CO_2 \longrightarrow \underbrace{2\,Na^+ + CO_3^{2-}}_{\text{Soda}} + H_2O$$

$$2\,Na^+ + CO_3^{2-} + H_2O \rightleftharpoons 2\,Na^+ + HCO_3^- + OH^-$$

Auch die Phosphate und ihre Hydrogensalze von Natrium und Kalium sind wasserlösliche Salze. Lösungen von Natriumphosphat (Na_3PO_4) und Natriumhydrogenphosphat (Na_2HPO_4) reagieren alkalisch. Lösungen von Natriumdihydrogenphosphat (NaH_2PO_4)

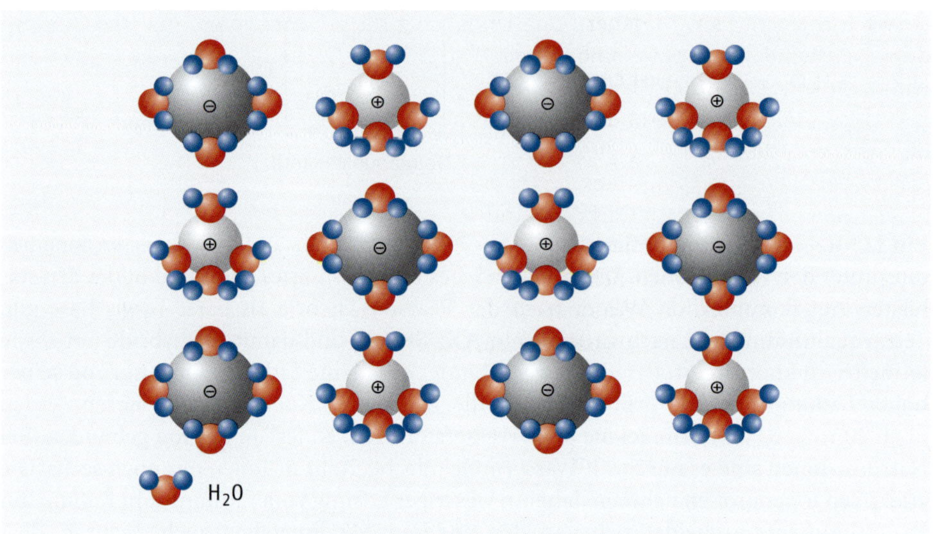

Abb. 5.3 Salzgitter mit stöchiometrischer Einlagerung von Kristallwasser (Modell)

reagieren sauer. Die Phosphate von Kalium verhalten sich analog. Bei Neutralisieren von Natronlauge (NaOH) mit Schwefelsäure (H_2SO_4), entsteht Natriumsulfat (Na_2SO_4):

$$2\,Na^+ + 2\,OH^- + H_2SO_4 \longrightarrow 2\,Na^+ + SO_4^{2-} + 2\,H_2O$$

Natriumsulfat ist ein wasserlösliches Salz. Die wässrigen Lösungen reagieren weitgehend neutral. Lässt man Natriumsulfat bei Raumtemperatur auskristallisieren, so erhält man Kristalle, die pro Sulfat-Ion zehn Wassermoleküle im Gitter des Ionenkristalls fest eingebaut haben. Das kristalline Natriumsulfat lässt sich daher durch die Formel $Na_2SO_4 \cdot 10\,H_2O$ beschreiben. Das eingelagerte Wasser wird **Kristallwasser** genannt. Beobachtungen dieser Art macht man sehr häufig. Nicht immer ist der Gehalt an Kristallwasser aber eindeutig stöchiometrisch festgelegt. Kristallwasserhaltiges Natriumsulfat bezeichnet man als **Glaubersalz.** Abb. 5.3 veranschaulicht die Einlagerung von Kristallwasser in Salzgitterstrukturen.

In Wasser schwerlösliche Salze sind bei Alkalimetallen sehr selten. Bei Kalium gibt es aber wie bei Lithium einige Beispiele, z. B. Kaliumperchlorat ($KClO_4$). Gibt man zu einer nicht zu verdünnten Lösung eines Kaliumsalzes konzentrierte Perchlorsäure, dann fällt schwerlösliches Kaliumperchlorat aus:

$$KClO_4 \xrightleftharpoons{pK_L = 2{,}05} K^+ + ClO_4^-$$

Die Löslichkeiten von $LiClO_4$ und $NaClO_4$ sind sehr viel größer und nehmen in der Reihe $LiClO_4 >> NaClO_4 > KClO_4$ ab. Da die Kationen in der Reihe $Li^+/Na^+/K^+$ immer weicher werden, spricht dies für weiche Eigenschaften des Perchlorat-Ions. Diese Vorstellung ist aber nur teilweise vertretbar. Im Perchlorat-Ion sind die *EN*-Werte von Sauerstoff (3,4) und Chlor (3,2) sehr groß und einander ähnlich. Das Perchlorat-Ion ist damit ein sehr kompaktes Ion und schwer zu polarisieren. Dies ist eine eindeutig harte Eigenschaft. Andererseits ist das Perchlorat-Ion aber auch groß und mit nur einer negativen Ladung schwach geladen. Es wird daher seine Umgebung kaum polarisieren und lässt sich mit dem weichen K^+-Ion gut kombinieren. Die gute Wasserlöslichkeit von $LiClO_4$ und $NaClO_4$ erklärt sich durch die viel stabileren Hydrathüllen, die Lithium- und Natrium-Ionen im Vergleich zu K^+ ausbilden. Hat sich ein Niederschlag von $KClO_4$ gebildet, dann ist dieser säurebeständig. Im Vergleich dazu werden sich die Niederschläge von Li_3PO_4 und Li_2CO_3 im Überschuss an Mineralsäure auflösen. Entscheidend ist die Basizität des Fällungsmittels. Phosphat und Carbonat sind schwache Brönsted-Basen und können Protonen aufnehmen. Die Hydrogenphosphat- und Hydrogencarbonat-Anionen bilden dann mit Lithium keine schwerlöslichen Salze mehr. Perchlorsäure ist eine sehr starke Säure. Folglich hat das Perchlorat-Anion keine basischen Eigenschaften mehr und wird keine Protonen aufnehmen. Das Salz ist daher säurebeständig:

$$Li_2CO_3 + 2\,H^+ \rightleftharpoons 2\,Li^+ + H_2CO_3 \rightleftharpoons 2\,Li^+ + CO_2 + H_2O$$

$$Li_3PO_4 + H^+ \rightleftharpoons 3\,Li^+ + HPO_4^{2-}$$

$$KClO_4 + H^+ \not\rightarrow$$

Alkalimetalle – Bedeutung in Biologie und Medizin

Lithiumsalze wie Lithiumacetat ($LiOOCCH_3$) oder Lithiumsulfat (Li_2SO_4) werden in der Psychiatrie als Psychopharmaka angewendet. Glaubersalz (kristallwasserhaltiges Natriumsulfat) ist ein bewährtes Abführmittel.

Für die belebte Natur sind jedoch solvatisierte Na^+- und K^+-Ionen von größerer Bedeutung. Gelöste Stoffe streben nach möglichst geringer Konzentration. Lebende Zellen sind gegen ihre Umgebung mit einer Zellmembran abgegrenzt. Wasser kann durch diese Membran diffundieren, nicht aber die gelösten Stoffe innerhalb und außerhalb der Zelle. Die Konzentration an gelösten Stoffen ist innerhalb der Zelle (im Cytoplasma) größer als außerhalb der Zelle. Daher dringt immer Wasser in die Zelle ein und erzeugt so einen Druck, den **osmotischen Druck**. Dieser osmotische Druck verleiht den Zellen Stabilität. Außerhalb der Zelle ist hauptsächlich NaCl gelöst. Im Cytoplasma befinden sich hauptsächlich Kaliumsalze großer organischer Anionen. Außerhalb der Zellen herrscht also ein Überschuss an Na^+, im Cytoplasma ein Überschuss an K^+ vor. In der Membran existieren Kanäle, die durchlässig für Natrium und Kalium sind. Dabei können die Natrium-Ionen nicht durch die Kalium-Kanäle wandern, weil sie im hydratisierten Zustand dafür einfach zu dick sind. Die Natriumkanäle sind aber im Ruhezustand verschlossen, sodass nur die Kalium-Ionen diffundieren können. Folglich wandert K^+-Ionen von innen nach außen und erzeugen im Außenraum einen positiven Ladungsüberschuss. Jede lebende Zelle trägt außen eine positive und innen eine negative elektrische Ladung. Dieses **Membranpotenzial** wird als **Ruhepotenzial** (o Abb. 5.4) bezeichnet.

Sinneszellen können ihr Membranpotenzial senken, wenn sie durch Reize beeinflusst werden. Sinkt das Potenzial unter einen Schwellenwert, dann öffnen sich die Natriumkanäle. Dadurch diffundiert Na^+ ungehindert in das Zellinnere. Es kommt zu einer Potenzialumkehr. Das Zellinnere bekommt eine positive, das Zelläußere eine negative, elektrische Ladung. Diesen Zustand bezeichnet man als **Aktionspotenzial.** Es hält nur sehr kurz an. Die Natriumkanäle werden schnell wieder geschlossen und das eingedrungene Na^+ wird durch die Natrium-Kalium-Pumpe in den Membranen unter Energieaufwand gegen

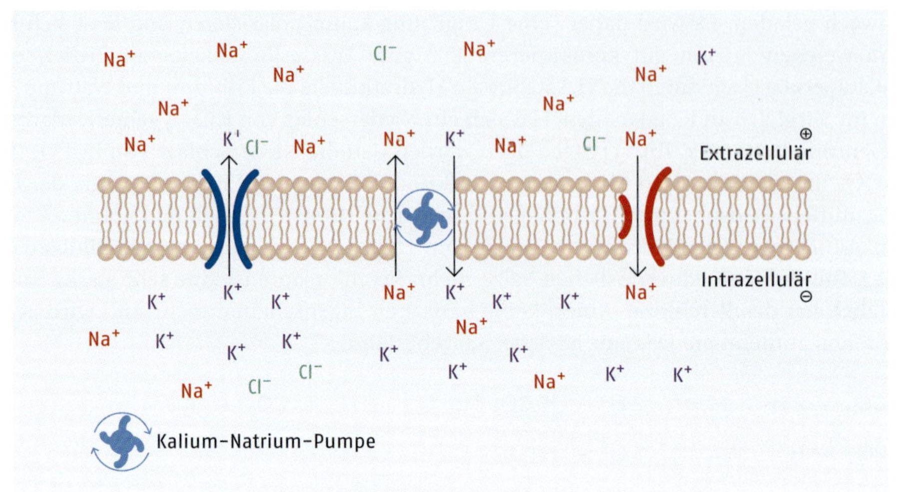

Abb. 5.4 Ruhepotenzial an der Membran einer lebenden Zelle

K^+ ausgetauscht. Auf diese Weise wird das Ruhepotenzial rasch wiederhergestellt. Das Aktionspotenzial kann aber auf benachbarte Nervenzellen übertragen und von dort an weitere Nervenzellen weitergeleitet werden. Im Gehirn entsteht schließlich ein Sinneseindruck. Sinnes- und Nervenzellen können nur funktionieren, wenn die Konzentration an solvatisierten Na^+- und K^+-Ionen stimmt. Nicht nur die Salzkonzentration an sich, sondern auch die Konzentrationen der einzelnen Ionensorten müssen daher in einem komplexen Organismus genau kontrolliert werden.

5.2 Elemente der 2. Hauptgruppe: Erdalkalimetalle

Zu den Erdalkalimetallen gehören die Elemente der zweiten Periode. Es sind die Metalle Beryllium (Be), Magnesium (Mg), Calcium (Ca), Strontium (Sr) und Barium (Ba). Aufgrund ihrer Stellung im PSE kommen die Erdalkalimetalle nur in den Oxidationsstufen 0 und +II vor. Die isolierten, neutralen Atome haben ns^2-Konfiguration und erreichen den Edelgaszustand durch Abgabe von zwei Elektronen. Dadurch entstehen zweiwertige Ionen mit größerer Ladungsdichte als bei den vergleichbaren Alkalimetallen. Die Zahl der schwerlöslichen Salze ist bei den Erdalkalimetallen daher deutlich größer als bei den Alkalimetallen.

Bei Beryllium handelt es sich um ein sehr seltenes Metall. Es ist giftig und spielt bei kerntechnischen Prozessen eine Rolle. Die Elemente Magnesium, Calcium, Strontium und Barium sind spröde, feste Metalle, die an der Luft nur deshalb beständig sind, weil sie an ihrer Oberfläche eine sehr stabile und kompakte Oxidhaut bilden. Die Oxidschicht verhindert einen weiteren Angriff von Sauerstoffmolekülen aus der Luft. Diese Erscheinung ist bei unedlen Metallen häufig zu beobachten und wird **Oberflächenpassivierung** genannt (Abb. 5.5).

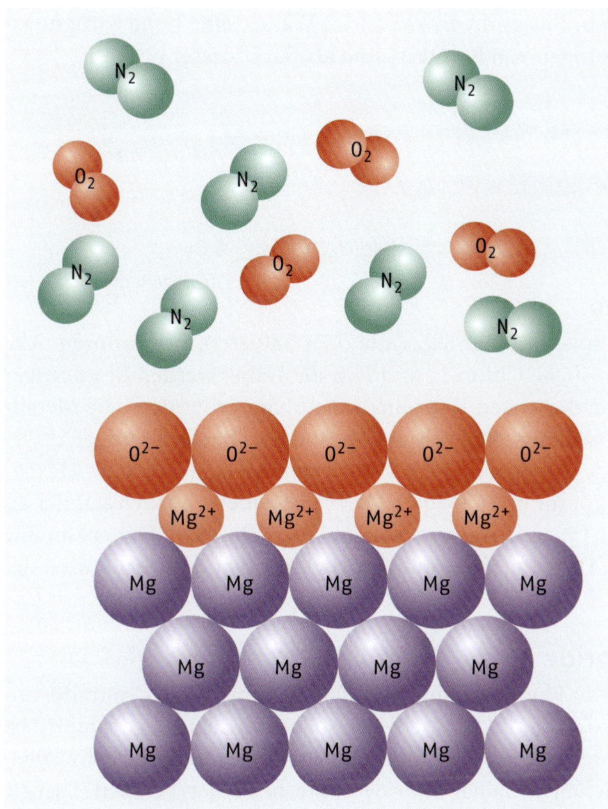

Abb. 5.5 Durch Magnesiumoxid (MgO) oberflächenpassiviertes Magnesium: Das Metall kann durch Luftsauerstoff nicht mehr angegriffen werden.

5.2.1 Oxide und Hydroxide

Wird ein Streifen Magnesiumfolie angezündet, dann verbrennt Magnesium mit hell leuchtender Flamme zu Magnesiumoxid. Ebenso lassen sich die Metalle Calcium, Strontium und Barium verbrennen, auch wenn diese Experimente nicht so spektakulär ausfallen. In allen Fällen entstehen Oxide der Erdalkalimetalle:

$$2\,Mg + O_2 \longrightarrow 2\,MgO \qquad 2\,Ca + O_2 \longrightarrow 2\,CaO$$

$$2\,Sr + O_2 \longrightarrow 2\,SrO \qquad 2\,Ba + O_2 \longrightarrow 2\,BaO$$

Diese Oxide können mit Wasser hydrolysieren und es entstehen Erdalkalihydroxide:

$$MgO + H_2O \longrightarrow Mg(OH)_2 \qquad CaO + H_2O \longrightarrow Ca(OH)_2$$

$$SrO + H_2O \longrightarrow Sr(OH)_2 \qquad BaO + H_2O \longrightarrow Ba(OH)_2$$

In der Reihe Mg^{2+}, Ca^{2+}, Sr^{2+} und Ba^{2+} nimmt der Ionenradius mit der Molmasse der Elemente zu. Das Mg^{2+}-Ion hat dabei wegen der geringen Ionengröße und der daraus resultierenden hohen Ladungsdichte ausgesprochen harte Eigenschaften. Zu Barium hin werden die Ionen immer weicher. Diese Eigenschaft schlägt sich in der Löslichkeit der Alkalihydroxide nieder. Da das OH^--Ion als ausgesprochen hartes Ion gilt, steigt die Löslichkeit in der Reihe $Mg(OH)_2 < Ca(OH)_2 < Sr(OH)_2 < Ba(OH)_2$ kontinuierlich an. Magnesiumhydroxid ist schwerlöslich. Bariumhydroxid hat in Wasser eine hohe Sättigungskonzentration und wässrige Lösungen von $Ba(OH)_2$ sind als Barytwasser bekannt:

$$Mg(OH)_2 + 6\,H_2O \xrightleftharpoons{pK_L = 11{,}05} [Mg(H_2O)_6]^{2+} + 2\,OH^-$$

$$Ba(OH)_2 + 6\,H_2O \longrightarrow [Ba(H_2O)_6]^{2+} + 2\,OH^-$$

$$Mg(OH)_2 + 4\,H_2O + 2\,H^+ + 2\,Cl^- \rightleftharpoons [Mg(H_2O)_6]^{2+} + 2\,Cl^-$$

5.2.2 Wasserlösliche Salze

Magnesiumhydroxid lässt sich in verdünnter Salzsäure oder Salpetersäure auflösen. Alle Erdalkalimetalle bilden wasserlösliche Chloride und Nitrate. Dabei werden in wässriger Lösung sechs Wassermoleküle in der ersten Koordinationssphäre gebunden. Die Metallionen sind d^2sp^3-hybridisiert und daher oktaedrisch koordiniert. Die dazu nötigen *d*-Orbitale sind ab der dritten Periode verfügbar. Die solvatisierten Metalle liegen als Hexaaquakomplexe vor. Hexaaquamagnesium(II), $[Mg(H_2O)_6]^{2+}$, ist dabei erheblich stabiler als Hexaaquabarium(II), $[Ba(H_2O)_6]^{2+}$, weil Wasser als harte Lewis-Base gilt. Daher sind für Ca^{2+}, Sr^{2+} und Ba^{2+}, neben dem Hexaaqua-Komplexen, auch noch andere Strukturen der Solvathülle denkbar.

5.2.3 Schwerlösliche Fluoride

Bei der Zugabe von konzentrierter Fluoridlösung zu Erdalkalichlorid- oder -nitratlösungen bilden sich mit allen vier Erdalkalimetallen schwerlösliche Niederschläge. Fluorid ist die härteste Lewis-Base, die in der Natur vorkommt. Das stabilste und damit schwerlöslichste Fluorid der schwerlöslichen Erdalkalifluoride sollte nach der Pearson-Theorie Magnesiumfluorid sein. Tatsächlich weist aber CaF_2 von allen Erdalkalifluoriden den größten pK_L-Wert auf. Die schwereren und damit weicheren Erdalkalimetalle ergeben, wie zu erwarten, löslichere Fluoride.

Warum ist aber MgF_2 löslicher als CaF_2? Der Grund wird in der Stabilität des Aquakomplexes liegen. Die schweren Erdalkali-Ionen sind relativ weich und bilden mit der harten Lewis-Säure Wasser keine starken Bindungen. Die Stabilitätsunterschiede zwischen den hydratisierten Ionen sind hier nicht so bedeutsam. Beim Magnesium konkurriert aber das stabile MgF_2 mit dem ebenfalls sehr stabilen $[Mg(H_2O)_6]^{2+}$. Die Löslichkeit steigt daher wieder an. Da Fluorwasserstoffsäure eine schwache Säure ist, ist das Fluorid-Ion basisch. In verdünnten Mineralsäuren lösen sich die Erdalkalifluoride wieder auf:

$$[Mg(H_2O)_6]^{2+} \rightleftharpoons Mg^{2+} + 2\,F^- \xrightleftharpoons{pK_L = 8{,}16} MgF_2$$

Stabiler Komplex

$$Ca^{2+} + 2\,F^- \xrightleftharpoons{pK_L = 10{,}46} CaF_2$$

$$Sr^{2+} + 2\,F^- \xrightleftharpoons{pK_L = 8{,}52} SrF_2$$

$$Ba^{2+} + 2\,F^- \xrightleftharpoons{pK_L = 5{,}77} BaF_2$$

Stabilität der Kristalle nimmt zu

5.2.4 Schwerlösliche Sulfate

Wird Schwefelsäure zu einer Lösung aus Erdalkalichloriden oder Nitraten gegeben, dann bilden Ca^{2+}, Sr^{2+} und Ba^{2+} Niederschläge schwerlöslicher Sulfate:

$$Ca^{2+} + SO_4^{2-} \xrightleftharpoons{pK_L = 4{,}32} CaSO_4$$

Calciumsulfat (Gips)

$$Sr^{2+} + SO_4^{2-} \xrightleftharpoons{pK_L = 6{,}56} SrSO_4$$

Strontiumsulfat

$$Ba^{2+} + SO_4^{2-} \xrightleftharpoons{pK_L = 10} BaSO_4$$

Bariumsulfat

Magnesiumsulfat ($MgSO_4$) ist in Wasser beträchtlich löslich und wird Bittersalz genannt. Magnesiumsulfat wird wie Glaubersalz (Na_2SO_4) als Abführmittel eingesetzt. Die Sulfate werden immer schwerlöslicher, je schwerer die Erdalkalimetall-Ionen sind. In einer Pearson-analogen Betrachtung macht dies Sinn, wenn man beim Sulfat-Ion weiche Eigenschaften annimmt. Dafür lassen sich auch verständliche Argumente finden. Das Sulfat-Ion ist relativ groß und die beiden Ladungen sind durch Mesomerie gleichmäßig auf die Ionenoberfläche verteilt:

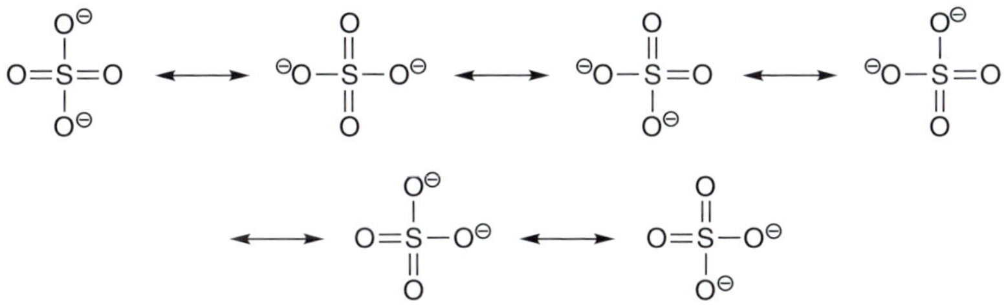

[Mesomere Grenzstrukturen des Sulfat-Ions: sechs Strukturen mit je zwei S=O-Doppelbindungen und zwei $S-O^{\ominus}$-Einfachbindungen in unterschiedlicher Anordnung, verbunden durch Mesomeriepfeile ⟷]

Die geringe Ladungsdichte übt keine stark polarisierenden Wirkungen auf Nachbar-Ionen aus. Mit den weichen Barium-Ionen können daher stabile Kristalle entstehen. Das große Sulfat-Ion kann aber das intensive elektrische Feld des harten Magnesium-Ions mit seiner hohen Ladungsdichte nicht gut kompensieren. Zusätzlich werden Magnesium-Ionen durch die harte Base Wasser stabil solvatisiert. Dadurch wird die gute Wasserlöslichkeit von Magnesiumsulfat verständlich. Das schwerlösliche Calciumsulfat (Gips) kristallisiert als $CaSO_4 \cdot 2\,H_2O$ mit zwei Molekülen Kristallwasser pro Formeleinheit aus. Beim Erhitzen verliert es drei Viertel seines Kristallwassers und man erhält gebrannten Gips $CaSO_4 \cdot 0{,}5\,H_2O$. Gebrannter Gips bildet sehr kleine Kristalle aus und liegt daher als feines Pulver vor. Die Abgabe von Kristallwasser ist reversibel. Mit Wasser zu einem Brei verrührt nimmt gebrannter Gips sein Kristallwasser wieder auf und wird rasch zu einer sehr harten Masse. Es entsteht dann abgebundener Gips. Das Sulfat-Ion selbst ist nur eine sehr schwache Base. Daher sind die Erdalkalisulfatniederschläge relativ säureresistent.

5.2.5 Schwerlösliche Carbonate

Wird eine Erdalkalichloridlösung mit konzentrierter Natriumcarbonatlösung versetzt, dann werden sich schwerlösliche Niederschläge von Magnesiumhydroxid ($Mg(OH)_2$), Calciumcarbonat ($CaCO_3$), Strontiumcarbonat ($SrCO_3$) und Bariumcarbonat ($BaCO_3$) bilden:

$$CO_3^{2-} + H_2O \rightleftharpoons HCO_3^- + OH^-$$

$$Mg^{2+} + 2\,OH^- \rightleftharpoons Mg(OH)_2$$

$$Ca^{2+} + CO_3^{2-} \xrightleftharpoons{pK_L = 8{,}33} CaCO_3$$

Calciumcarbonat
Kalk

$$Sr^{2+} + CO_3^{2-} \xrightleftharpoons{pK_L = 8{,}8} SrCO_3$$

Strontiumcarbonat

$$Ba^{2+} + CO_3^{2-} \xrightleftharpoons{pK_L = 8{,}8} BaCO_3$$

Bariumsulfat

Magnesiumcarbonat ist begrenzt wasserlöslich. Das Hydroxid ist sehr viel schwerer löslich und fällt daher vor dem Carbonat aus. Auch dieses Resultat lässt sich mit einer Pearson-analogen Betrachtung verstehen, wenn man das Carbonat-Ion als weich ansieht. Mit dem sehr viel härteren OH^- bildet das harte Mg^{2+}-Ion die stabilere Verbindung. Die Löslichkeit nimmt tendenziell von $CaCO_3$ nach $BaCO_3$ ab, auch wenn $SrCO_3$ und $BaCO_3$ praktisch identische Löslichkeitsprodukte haben. Schwerlösliches Calciumcarbonat wird als Kalk bezeichnet. Erhitzen man $CaCO_3$, so spaltet sich CO_2 ab. Es entsteht gebrannter Kalk CaO. Mit Wasser vermischt hydrolysiert Kalk zu $Ca(OH)_2$, einer festen Masse, die man als gelöschten Kalk bezeichnet (dieser Prozess spielt bei Bautätigkeiten eine Rolle):

$$CaCO_3 \longrightarrow CaO + CO_2 \qquad CaO + H_2O \longrightarrow Ca(OH)_2$$

Gebrannter Kalk — Gelöschter Kalk

Da das Carbonat-Ion beträchtlich basisch ist, kann es durch Mineralsäure protoniert und angegriffen werden. Carbonatniederschläge sind daher im Gegensatz zu Sulfatniederschlägen in verdünnten Mineralsäuren löslich. Sie lösen sich unter Entwicklung von Kohlendioxidgas, was man als Aufschäumen gut beobachten kann:

$$CaCO_3 + 2\,H^+ \longrightarrow Ca^{2+} + CO_2 + H_2O$$

5.2.6 Schwerlösliche Phosphate

Erdalkalimetalle bilden mit Phosphaten schwerlösliche Salze. Dabei wirkt sowohl Phosphat als auch Hydrogenphosphat als Fällungsmittel, z. B. bei Calcium:

$$3\,Ca^{2+} + 2\,PO_4^{3-} \xrightleftharpoons{pK_L = 28{,}7} Ca_3(PO_4)_2$$

Calciumphosphat

$$Ca^{2+} + HPO_4^{2-} \xrightleftharpoons{pK_L = 7{,}0} CaHPO_4$$

Calciumhydrogen-
phosphat

Welche der möglichen Phosphate vor allem entstehen, ist stark vom pH-Wert abhängig. Phosphorsäure weist aufgrund ihrer drei Protolysestufen drei Säurekonstanten auf. Die pK_S-Werte liegen bei $pK_{S1} = 1{,}96$ für die erste Protolysestufe, $pK_{S2} = 7{,}12$ für die zweite Protolysestufe und $pK_{S3} = 12{,}32$ für die dritte Protolysestufe. In stark alkalischem Milieu ist nur PO_4^{3-} beständig und entsteht bei Zusatz von Ca^{2+} zu einer Phosphatlösung vor allem $Ca_3(PO_4)_2$. Die größte Gleichgewichtskonzentration von HPO_4^{3-} liegt bei einem pH-Wert von $(pK_{S2} + pK_{S3})/2$ vor, also bei einem Wert von $(7{,}12 + 12{,}32)/2 = 9{,}72$. Liegt der pH-Wert in der Nähe dieses Werts, so wird vor allem $CaHPO_4$ als Niederschlag erhalten. Je saurer die Lösung, umso häufiger wird HPO_4^{2-} zu $H_2PO_4^-$ protoniert. Da Dihydrogenphoshat, $H_2PO_4^-$, kein Fällungsmittel mehr ist, steigt dann die Löslichkeit von Ca^{2+}- oder anderen Erdalkaliphosphaten drastisch.

Erdalkalimetalle – Bedeutung in Biologie und Medizin

Magnesium

Magnesium ist Bestandteil des Blattfarbstoffs Chlorophyll, mit dem grüne Pflanzen aus Kohlendioxid und Wasser unter Ausnutzung von Sonnenenergie Zucker herstellen. Ein Baustein von Chlorophyll ist Pyrrol. Vier Pyrrolmoleküle sind über Kohlenstoffatome ringförmig miteinander verknüpft und bilden einen Makrozyklus, Porphyrin. In zweimal deprotoniertem Zustand kann das Molekül ein Mg^{2+}-Ion über Stickstoff komplex binden:

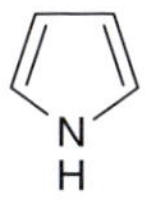

Pyrrol

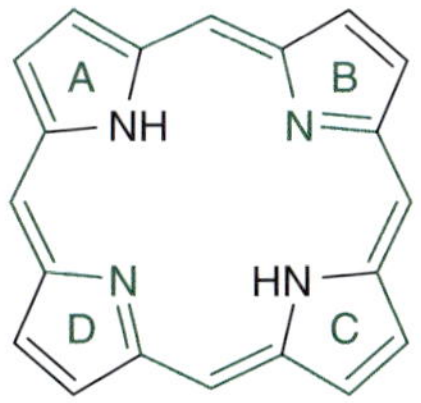

Porphyrin

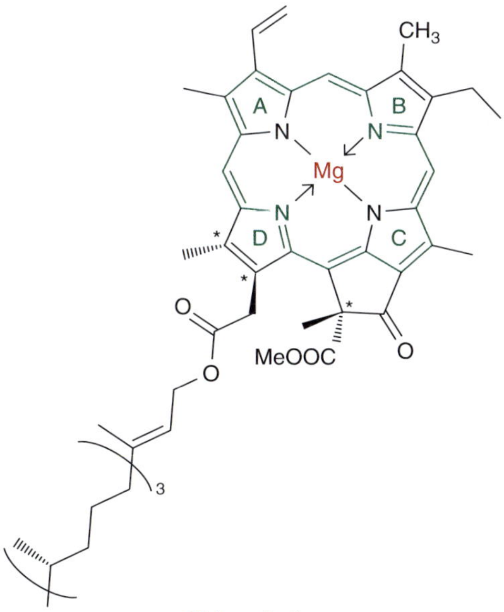

Chlorophyll a

Bei Bestrahlung des Moleküls durch Licht, kann ein Elektron Energie aufnehmen und in einen energiereichen, angeregten Zustand übergehen (o Abb. 5.6). Das angeregte Elektron ist nur noch locker an Chlorophyll gebunden und kann sehr leicht durch Oxidationsmittel entfernt werden. Dies geschieht durch eine Kaskade spezieller Enzyme, die am Ende Elektronen auf NAD^+ (▸ Kap. 5.1.1) übertragen und damit wasserlöslichen Wasser-

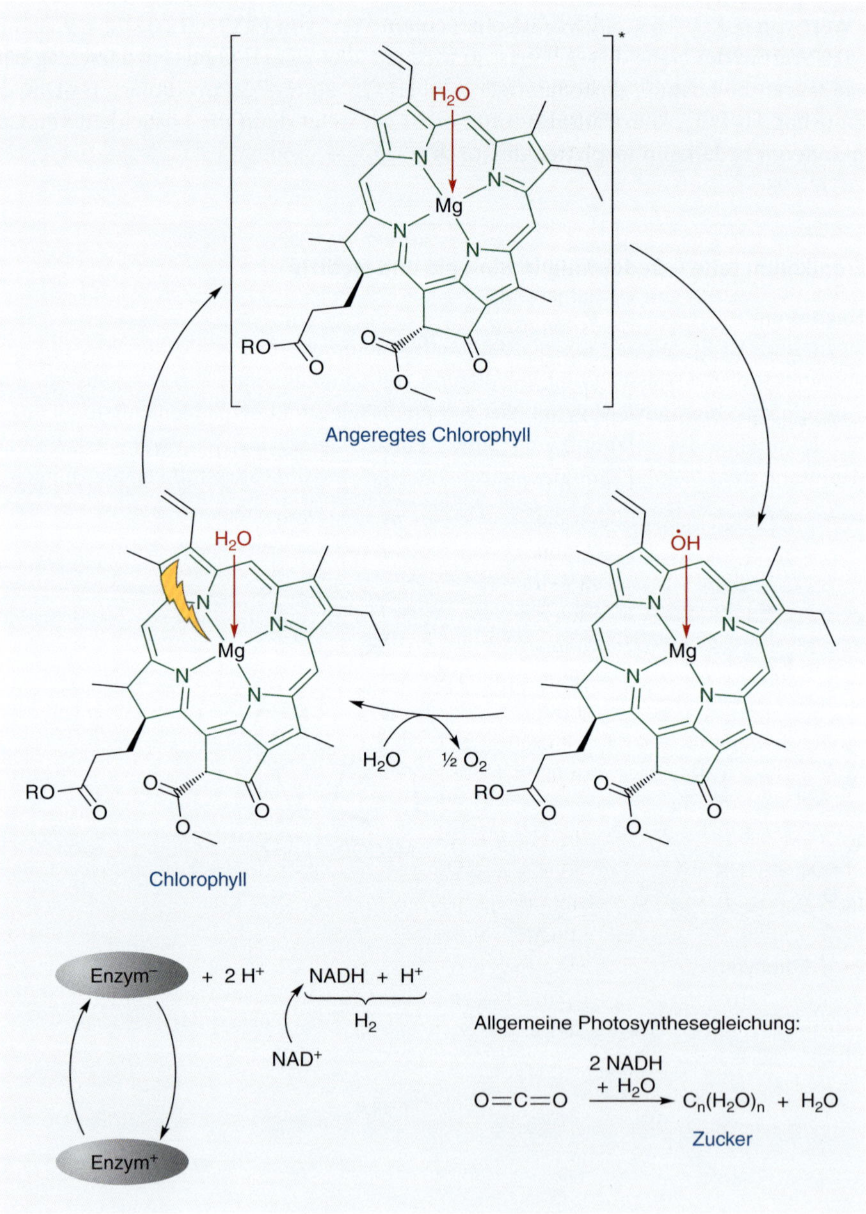

o Abb. 5.6 Schema (stark vereinfacht) zum Ablauf der Photosynthese

stoff bilden. Die abgelösten Elektronen stammen aus den konjugierten Doppelbindungen im Porphyrinsystem. Zusätzlich zu den Porphyrin-Stickstoffatomen ist an Mg^{2+} ein Wassermolekül komplex gebunden. Dieses Wassermolekül wird nun vom oxidierten Chlorophyll gespalten. Chlorophyll erhält dadurch seine Elektronen wieder und es entsteht Säure und Sauerstoff. Das gebildete NADH + H^+ wird nun zur Reduktion von Kohlendioxid eingesetzt. Die Rolle des Magnesiums hierbei besteht also in der Bindung von Wasser, das dann in Wasserstoff und Sauerstoff gespalten wird.
Die bei der Photosynthese gebildeten Zucker haben die allgemeine Summenformel $C_n(H_2O)_n$ und liegen stabil in Ringform vor. Sie werden entweder zu großen Molekülen zusammengebaut und dann in Form von Polysacchariden als Baustoffe genutzt (z. B. Cellulose) oder sie stehen als Energieträger (Glucose bzw. Traubenzucker, ▸Kap. 5.1.1) zur Verfügung.

Calcium

Ca^{2+}-Ionen spielen als Komponente beim Aufbau unserer Knochen eine wesentliche Rolle. In organisches Eiweißgewebe werden kompakte Kristalle von Hydroxylapatit, $Ca_5(PO_4)_3OH$, eingelagert. Es handelt sich dabei um ein Doppelsalz, bestehend aus $3\,Ca_3(PO_4)_2 \cdot Ca(OH)_2$. Viel wichtiger sind aber Ca^{2+}-Ionen als Signalgeber für viele biochemische Prozesse, wie z. B. die Muskelkontraktion oder die vielen Sekretionsprozesse in Drüsenzellen. Außerhalb der Zelle ist die Konzentration an Ca^{2+} (10^{-3} M) wesentlich größer als im Cytoplasma (10^{-7} M). Dieser Konzentrationsgradient wird durch eine Ca^{2+}-Ionenpumpe gewährleistet, die ununterbrochen Ca^{2+}-Ionen von innen nach außen transportiert. In der Zellmembran befinden sich verschlossene Ca^{2+}-Ionenkanäle, die z. B. in Abhängigkeit vom Membranpotenzial oder durch andere Signale geöffnet werden können. Dadurch strömen Ca^{2+}-Ionen in die Zelle, die sich an bestimmte Proteine anlagern. Manche Proteine werden dadurch gehemmt, andere aktiviert. **Calmoduline** sind eine Klasse von regulatorischen Proteinen, die durch Ca^{2+} aktiviert werden. In aktiviertem Zustand binden sie an eine Gruppe von Enzymen, die sogenannten **Kinasen**, die dadurch wiederum in ihrer Struktur verändert und aktiv geschaltet werden. Die aktivierten Kinasen übertragen dann Phosphorsäuregruppen auf verschiedene „Arbeitsenzyme". In einer Drüsenzelle bewirken letztere dann beispielsweise die Entleerung einer Vakuole (oAbb. 5.7).
Solche Prozesskaskaden sind in lebenden Organismen der Regelfall. Der große Vorteil liegt in der besseren Regulierbarkeit von Stoffwechselprozessen. Soll beispielsweise ein anderer Ca^{2+}-abhängiger Prozess ablaufen, ohne dass die Sekretion beeinflusst wird, so kann die Zelle durch geeignete Hemmstoffe entweder Calmodulin, die Kinase oder das Arbeitsenzym abschalten. In Prozesskaskaden gibt es viele solcher Steuerungsmöglichkeiten, über die aktiv in den Ablauf eingegriffen werden kann. Der Arzneistoff Nifedipin zum Beispiel hemmt die Öffnung der Calciumkanäle und senkt damit die Ca^{2+}-Konzentration innerhalb der Zelle.

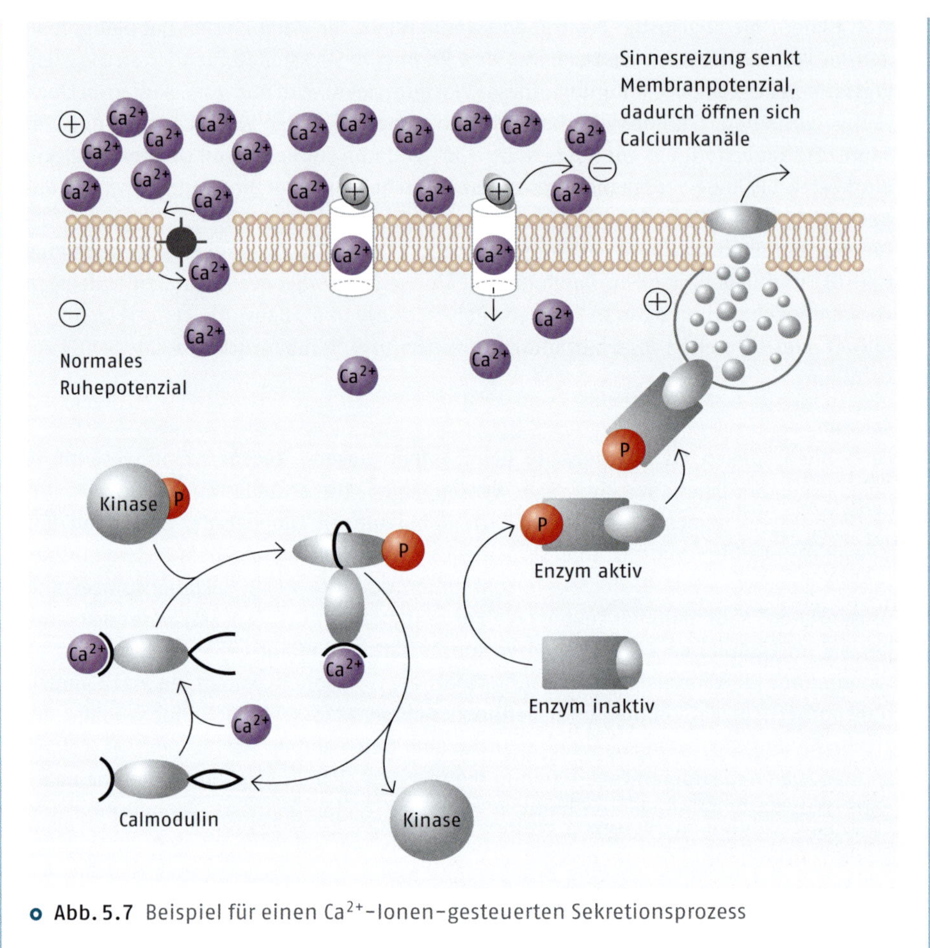

Abb. 5.7 Beispiel für einen Ca^{2+}-Ionen-gesteuerten Sekretionsprozess

5.3 Elemente der 3. Hauptgruppe: Bor-Gruppe

Zu den Elementen der dritten Hauptgruppe gehören die Metalle Bor (B), Aluminium (Al), Gallium (Ga), Indium (In) und Thallium (Tl). Bor und Aluminium sind mit Abstand die wichtigsten Vertreter dieser Gruppe. Alle Elemente haben in ihren isolierten Atomen die Elektronenkonfiguration ns^2np^1. Ihre Elektronegativität ist kleiner als die von Wasserstoff und so haben alle Elemente Metallcharakter, der jedoch beim Bor am geringsten ausgeprägt ist. Sie erreichen den Edelgaszustand unter Abgabe von drei Elektronen und kommen damit nur in den Oxidationsstufen 0 und +III vor. Eine Ausnahme ist das Element Thallium, das auch Tl^+-Ionen bildet. Im Zustand dreifach positiv geladener Ionen verhalten sich vor allem Bor und Aluminium als sehr harte Lewis-Säuren. Diese Eigenschaft dominiert die chemischen Eigenschaften dieser Elemente.

5.3.1 Bor

Elementares Bor (B) wird aus borhaltigen Mineralien durch Reduktion mittels unedler Metalle wie Natrium oder Magnesium gewonnen. In elementarer Form ist es sehr hart, leitet bei Zimmertemperatur den elektrischen Strom nur schlecht. Auch ist es durch Oberflächenpassivierung ziemlich beständig gegen Luftsauerstoff und gegen Mineralsäuren. Bei hoher Temperatur reagiert es aber heftig. Beim Verbrennen von Bor an der Luft entsteht Bor(III)-oxid:

$$4\,B + 3\,O_2 \longrightarrow 2\,B_2O_3$$

Wird B_2O_3 in Wasser gelöst, erhält man *ortho*-Borsäure (H_3BO_3):

$$B_2O_3 + 3\,H_2O \longrightarrow 2\,H_3BO_3$$

Borsäure wird jedoch besser durch die Formel $B(OH)_3$ beschrieben. Nach dem Konzept von *Gillespie* handelt es sich um ein AX_3-System. Daraus leitet sich eine trigonal-planare Struktur ab, mit sp^2-hybridisiertem Boratom und einem idealen Bindungswinkel von 120° zwischen den Sauerstoffatomen. Die Molekülebene ist eine Spiegelebene, die senkrecht zur Molekülachse steht σ_h (→ h-Gruppe). Die Hauptachse ist eine dreizählige Drehachse. Die Stellung der Wasserstoffatome zerstören jedoch die zweizähligen Drehachsen senkrecht zur Hauptachse (→ C-Gruppe). Daher besitzt Borsäure C_{3h}-Symmetrie. Aus dieser Struktur folgt, dass sich die Dipolmomente zwischen Bor und Sauerstoff im $B(OH)_3$-Molekül aufheben. Die Dipolmomente in den OH-Gruppen haben aber Bestand. Sie bilden bevorzugt innere Wasserstoffbrücken zwischen sich selbst. Daher ist Borsäure nur begrenzt wasserlöslich. In Wasser reagiert Borsäure sauer. Dies geschieht aber nicht durch Abspaltung eines Protons aus einer der drei Hydroxylgruppen. Im AX_3-Zustand hat das Boratom kein Elektronenoktett. Das nichthybridisierte *p*-Orbital des Boratoms ist leer und wirkt als Lewis-Säure. Es kann freie Elektronenpaare Lewis-basischer Bindungspartner anlagern. Die saure Reaktion der Borsäure folgt also dem folgenden Prozess:

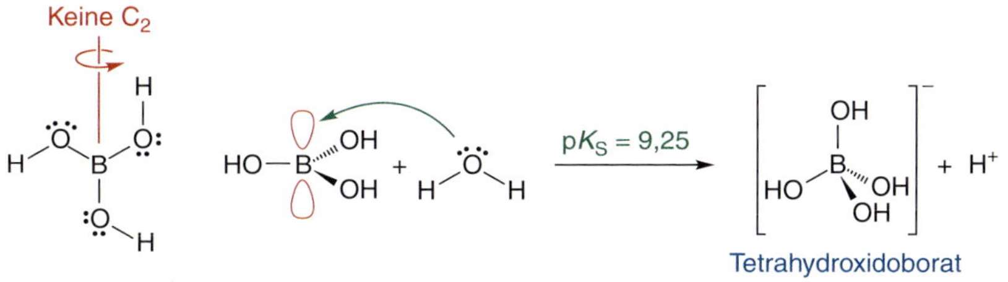

Keine C_2

$$B(OH)_3 + H_2O \xrightarrow{pK_S = 9{,}25} [B(OH)_4]^- + H^+$$

Tetrahydroxidoborat

Borsäure ist eine typische Lewis-Säure. Ihre korrespondierende Base ist das Tetrahydroxidoborat-Anion. Als AX_4-System ist dort das Boratom sp^3-hybridisiert und tetraedrisch koordiniert. Das B^{3+}-Ion ist aufgrund seines kleinen Radius und seiner hohen Ladungszahl eine sehr harte Lewis-Säure. In Tetrahydroxidoborat liegt eine klassische stabile Kombination von harter Säure (B^{3+}) mit harter Base (OH^-) vor. Dennoch ist Borsäure eine sehr schwache Säure und in kaltem Wasser nur sehr begrenzt löslich. Dies liegt vor allem an folgender Mesomerie und den inneren Wasserstoffbrücken, die die Ladung nach außen hin abschirmen:

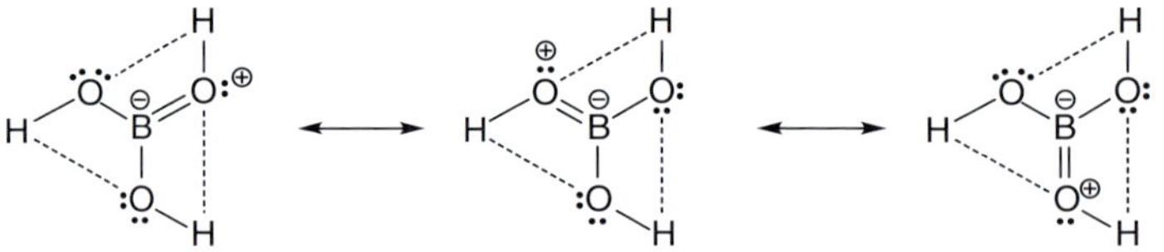

Heißes Wasser kann mehr Borsäure aufnehmen, es spielen sich dann jedoch **Kondensationsreaktionen** ab. Mehrere Borsäuremoleküle (**Monomere**) reagieren zu größeren Molekülen (**Oligomeren** oder **Poymeren**) unter Abspaltung von Wasser. Von Oligomeren spricht man, wenn nur wenige Monomere zu einem Produkt reagieren. Sind es sehr viele, spricht man von einem Polymer. Bei Borsäure entstehen auf diese Weise verschiedene Formen der *meta*-Borsäure. Allgemein nennt man die wasserreichste Form einer Sauerstoffsäure eine *ortho*-Säure. Die wasserärmere Form heißt üblicherweise *meta*-Säure. Gibt es einen Wassergehalt dazwischen, dann spricht man von einer *meso*-Säure. Spaltet man aus der *meta*-Säure nochmals Wasser ab, erhält man das Elementoxid, das auch als Anhydrid der Säure bezeichnet wird. Es gilt allgemein folgendes Schema: *ortho*-Säure → *meso*-Säure → *meta*-Säure → Oxid (Anhydrid). Für Borsäure ist dies $B(OH)_3$ (*ortho*) → HBO_2 (*meta*) → B_2O_3 (Oxid):

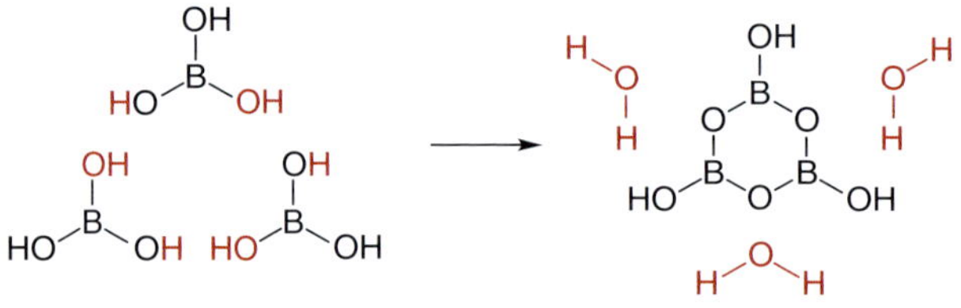

Trimetaborsäure

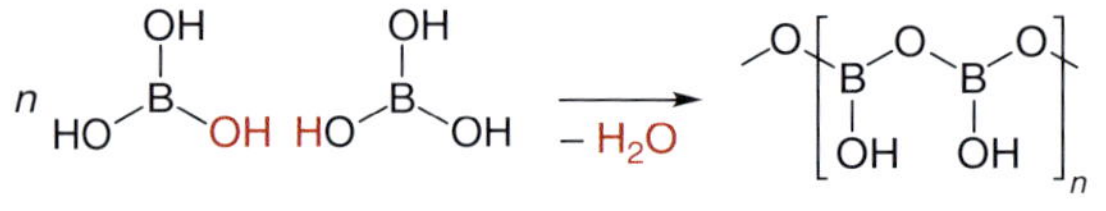

Polymetaborsäure

Reagieren vier Borsäuremoleküle zu einer Metasäure, dann sollte Tetrametaborsäure entstehen. Diese konnte allerdings niemals nachgewiesen werden, wohl aber ihr Anion, Tetrametaborat. Es entsteht, wenn Tetrametaborsäure ein Oxid-Ion als Lewis-Base zugesetzt wird. Das Oxid koordiniert an zwei der vier Boratome in der *meta*-Borat-Einheit:

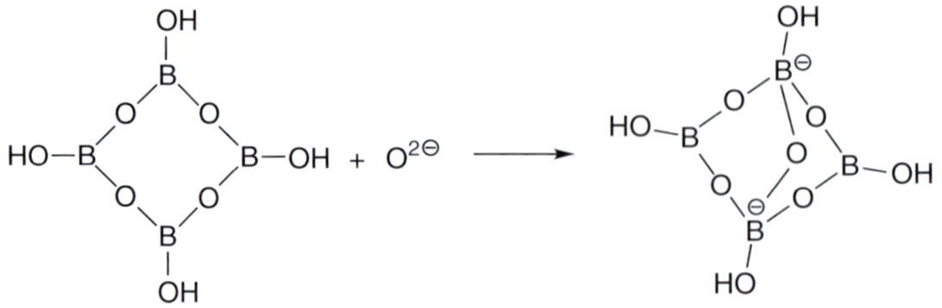

Tetrametaborat

Das kristallwasserhaltige Natriumsalz des Tetrametaborats, $Na_2[B_4O_5(OH)_4] \cdot 8\,H_2O$ wird als Borax bezeichnet. Vermutlich sind die acht Wassermoleküle an die Natriumionen koordiniert. Dann ist die Summenformel von Borax am besten mit $[Na(H_2O)_4]_2$ $[B_4O_5(OH)_4]$ beschrieben.

Wird Natriumfluorid im Überschuss zu Borsäure gegeben, dann kommt es zu einem Ligandenaustausch:

$$B(OH)_3 + 4\,F^- \longrightarrow \underset{\text{Tetrafluoridoborat(III)}}{BF_4^-} + 3\,OH^-$$

Das Tetrafluoridoborat-Anion ist ein sehr stabiles Komplex-Ion. Fluorid ist die härteste Lewis-Base, die in der Natur verfügbar ist. Das B^{3+}-Ion ist eine sehr harte Lewis-Säure. Im Sinne der klassischen Pearson-Theorie finden sich hier die idealen Bindungspartner. Tetrafluoridoborat-Salze spielen vor allem dann eine Rolle, wenn Kationen in organischen Lösemitteln wie Alkohol oder Chloroform in Lösung gebracht werden sollen. So wird Natriumtetrafluoridoborat benutzt, um Chloroform für elektrochemische Experimente leitfähig zu machen. $AgBF_4$ wird dazu genutzt, Silber-Ionen in Ether und anderen Lösemitteln in Lösung zu bringen. Die einfachen Borhalogenide entstehen, wenn man Bor(III)-oxid mit den Halogenwasserstoffsäuren oder mit Halogenen und Kohlenstoff umsetzt:

$$B_2O_3 + 6\,HF \longrightarrow \underset{\text{Bortrifluorid}}{2\,BF_3} + 3\,H_2O$$

$$B_2O_3 + 3\,C + 3\,Cl_2 \longrightarrow \underset{\text{Bortrichlorid}}{2\,BCl_3} + 3\,CO$$

Die Bortrihalogenide sind nach *Gillespie* AX_3-Systeme. Die Boratome sind daher sp^2-hybridisiert, trigonal-planar koordiniert und stehen in einem Bindungswinkel von 120° zueinander. Die Hauptachse des Moleküls ist, wie bei der Borsäure, eine dreizählige Drehachse C_3. Anders als bei der Borsäure sind aber zweizählige Drehachsen $C_2 \perp \sigma_{h'}$ vorhanden (→ D-Gruppe). Die Molekülsymmetrie ist daher D_{3h}.

Abb. 5.8 zeigt Struktur und Symmetrieelemente von BF_3. Aufgrund seiner Symmetrie ist Bortrifluorid ist ein völlig unpolares Molekül und daher gasförmig. Gesättigte Lösungen in Ether werden als starke Lewis-Säuren eingesetzt. Bortrichlorid ist ebenfalls gasförmig, hydrolysiert aber schon an feuchter Luft:

$$BCl_3 + 3\,H_2O \longrightarrow B(OH)_3 + 3\,HCl$$

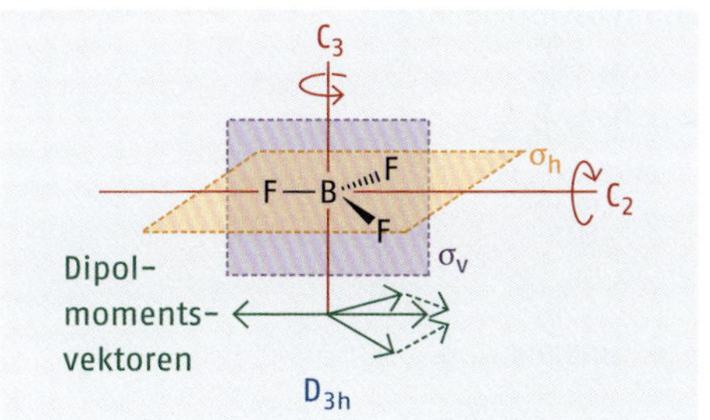

Abb. 5.8 Bortrifluorid (BF_3): Symmetrieelemente und Dipolmomentsvektoren

5

Setzt man Borsäure mit Schwefelsäure und Methanol um, so erhält man Borsäuretrimetylester, eine sehr flüchtige Flüssigkeit:

$$B(OH)_3 + 3\,CH_3OH \xrightarrow[-3\,H_2O]{H_2SO_4} B(OCH_3)_3$$

Borsäuretrimethylester

Kondensate zwischen Säuren und Alkoholen werden immer als **Ester** bezeichnet. Setzt man Borsäuretrimethylester mit Natriumhydrid um, entsteht Natriumborhydrid, das korrekterweise als Natriumtetrahydridoborat bezeichnet werden sollte:

$$B(OCH_3)_3 + 4\,NaH \longrightarrow NaBH_4 + 3\,NaOCH_3$$

Natriumtetrahydroborat

$NaBH_4$ wird als Reduktionsmittel in vielfältiger Form eingesetzt. Bei Reaktion mit Säure entsteht zunächst Boran, welches jedoch nicht beständig ist und zu Diboran B_2H_6 dimerisiert:

$$NaBH_4 + H^+ \longrightarrow Na^+ + H_2 + BH_3$$

$$2\,BH_3 \longrightarrow B_2H_6$$

Diboran

Diboran weißt einen Bindungszustand auf, der mit Lewis-Formeln nur schwer auszudrücken ist. Es liegt hier ein Beispiel für eine **Dreizentren-Bindung** vor, die in ähnlicher Form auch bei der Wasserstoffbrückenbindung vorkommt. Die Eigenschaft des sp^2-hybridisierten Bors, als Lewis-Säure zu wirken, ist auch im BH_3-Fragment vorhanden. Da dem Boratom keine bessere Lewis-Base als eine B–H-σ-Bindung zur Verfügung steht, wird eben diese als solche konsumiert. Es entsteht ein dimeres Molekül mit zwei Elektronenpaaren, deren Elektronen sich im Feld von drei Atomkernen bewegen.

○ Abb. 5.9 zeigt Struktur und MO-Schema einer Dreizentren-Bindung am Beispiel des Diboranmoleküls.

Die Dreizentren-Bindung erstreckt sich über beide Boratome und ein Proton. Ein Boratom trägt ein Elektron und ein sp^2-Hybridorbital, das andere Boratom nur das p_z-Orbital zur Bindung bei. Das Wasserstoffatom liefert ein Elektron und ein 1 s-Orbital. Die Linearkombination führt zu einem bindenden, einem nichtbindenden und einem anti-bindenden σ-Molekülorbital. Da nur das bindende MO mit zwei Elektronen besetzt ist, beträgt der Bindungsgrad (BG) 2/2 = 1. In Diboran existieren dann zwei solche Bindungssysteme. Diboran ist ein gasförmiges Molekül und wird in der Organischen Chemie benutzt, um Doppelbindungen von ungesättigten Kohlenstoffverbindungen in zwei Einfachbindungen zu überführten (Addition durch Hydroborierung):

$$H_2C{=}CH{-}CH{=}CH_2 \xrightarrow{B_2H_6} H_2B{-}CH_2{-}CH_2{-}CH_2{-}CH_2{-}BH_2 \xrightarrow{6\,H_2O_2}$$

$$HO{-}CH_2{-}CH_2{-}CH_2{-}CH_2{-}OH + 2\,B(OH)_3 + 4\,H_2O$$

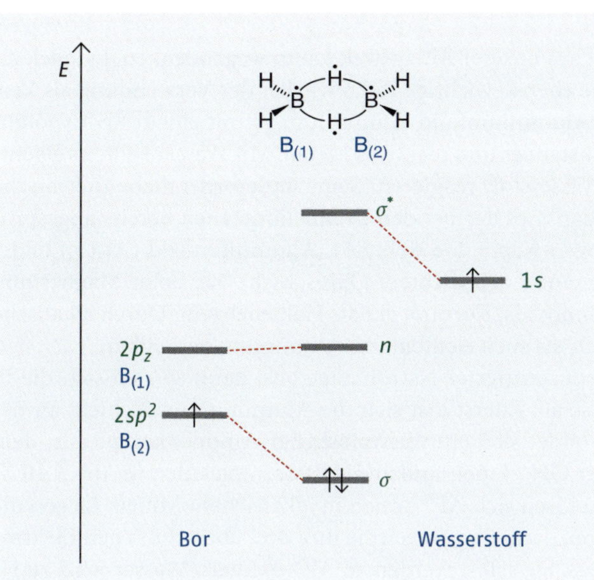

Abb. 5.9 Diboran: Struktur und Molekülorbitalschema einer Dreizentrenbindung

Diboran besteht aus zwei BH_2-Fragmenten und zwei Wasserstoffatomen. Aus mehreren BH_2-Fragmenten und zusätzlichen Wasserstoffatomen lassen sich eine Vielzahl von Borwasserstoffverbindungen, die sogenannten Borane, aufbauen. Aus drei BH_2-Fragmenten und zwei Wasserstoffatomen erhält man Triboran (B_3H_8). Ein anionisches Boran ist $B_6H_6^{2-}$. Es entstehen Moleküle, in denen Metallatome untereinander vernetzt Hohlräume bilden. Solche Strukturen bezeichnet man als **Käfigstrukturen** oder **Cluster**. Beispiele solcher Strukturen sind B_3H_8 und $B_6H_6^{2-}$:

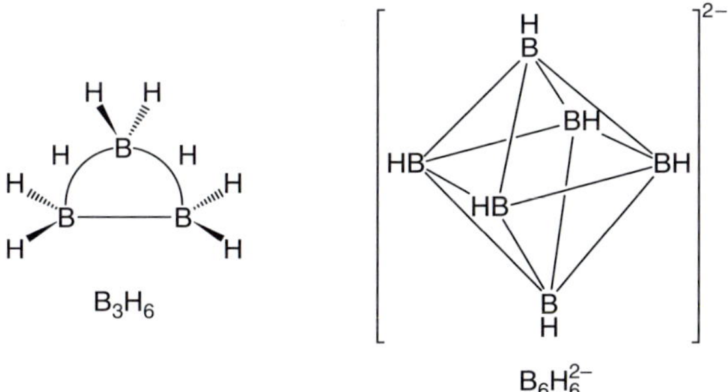

Von solchen Boranen ist eine Vielzahl von Beispielen hergestellt worden. Es handelt sich allerdings in der Regel um sehr unbeständige Verbindungen, die sich an der Luft selbst entzünden.

Bor – Bedeutung in Biologie und Medizin

In der Vergangenheit wurden Borsäurelösungen als schwaches Antiseptikum verwendet. Sie wurden in der Zwischenzeit aber durch verträglichere Substanzen ersetzt.

5.3.2 Aluminium

Elementares Aluminium (Al) ist aus unserer Alltagswelt kaum wegzudenken. Es spielt als Werkstoff im Karosseriebau eine ebenso wichtige Rolle wie bei der Verwendung als Verpackungsmaterial in Form von Aluminiumfolie. Aluminium ist mit einem Redoxpotenzial ($E^0_{(Al;Al^{3+})} = -1{,}7\,V$) ein sehr instabiles und reaktives Metall. Mit Wasser sollte es eigentlich heftig unter Bildung von Wasserstoff reagieren. Seine außerordentliche thermische und mechanische Stabilität verdankt es der bei den Erdalkalimetallen bereits angesprochenen Oberflächenpassivierung (▸Kap. 5.2, ▫Abb. 5.5). Aluminiumoxid (Al_2O_3) bildet an einer Aluminiumoberfläche eine noch dichtere Oxidschicht wie beim Magnesium. Eine Modifikation des Aluminiumoxids, Korund, gilt als Halbedelstein. Durch alkalische Lösungen sind aber sowohl Al_2O_3 als auch elementares Aluminium angreifbar.

Setzt man Aluminiumfolie konzentrierter Natronlauge aus, dann spielen sich die in ▫Abb. 5.10 dargestellten Prozesse ab. Zuerst löst sich die Aluminiumoxidschicht an der Oberfläche des Metalls auf. Es bildet sich ein wasserlöslicher Anionenkomplex in dem Aluminium oktaedrisch von vier OH^--Ionen und zwei Wassermolekülen (▫Abb. 5.10 A) umgeben ist. In diesem Zustand lösen sich Al^{3+}-Ionen in alkalischem Milieu. Liegen die Aluminiumatome des Metalls frei, dann übertragen sie ihre drei überschüssigen Elektronen auf die Protonen des Wassers. Sie selbst werden zu Al^{3+} oxidiert, Wasser wird zu H_2 und OH^- reduziert. Dann bilden sich wieder die Hydroxidokomplexe des Aluminiums. In ihrer stabilsten Form bindet das Al^{3+}-Ion vier OH^--Ionen und zwei Wassermoleküle (▫Abb. 5.10 B). Nach *Gillespie* bildet sich ein AX_6-System, das d^2sp^3-hybridisiert und oktaedrisch koordiniert ist. Der Komplex hat zwar oktaedrische Koordinationsgeometrie, aber keine oktaedrische Symmetrie. Die beiden Wassermoleküle erniedrigen die Symmetrie. Der Komplex besitzt eine vierzählige Drehachse C_4 als Molekülhauptachse, eine horizontale Spiegelebene σ_h (→ h-Gruppe) und vier zweizählige Drehachsen C_2 senk-

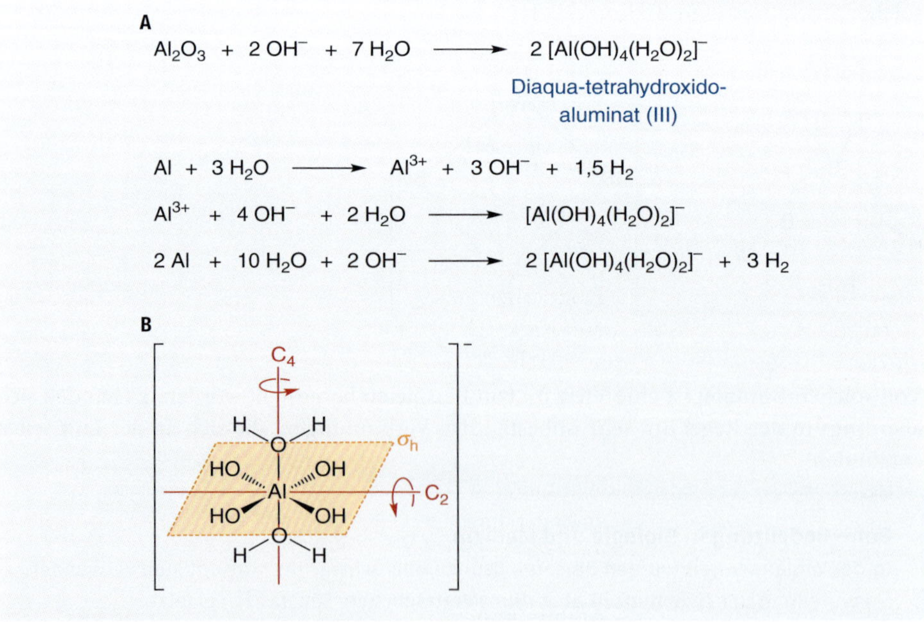

▫ **Abb. 5.10** Aluminiumfolie in konzentrierter Natronlauge: Reaktionen (A) und Struktur von Diaqua-tetrahydroxidoaluminat(III) (B)

recht zur Hauptachse (→ D-Gruppe). Damit hat der Komplex D_{4h}-Symmetrie. Ein solches Molekül wird kein zentrales Dipolmoment haben, da sich alle Dipolmomente am Aluminiumatom kompensieren. In der Peripherie können die OH-Gruppen und die Wassermoleküle lokale Dipolmomente je nach aktueller Orientierung zeigen. Bei Zugabe von Säure zu einer Lösung solcher Komplexmoleküle, bewirkt die Anlagerung eines Protons die Transformation eines Hydroxid-Ions zu einem Wassermolekül. Das entstehende Triaquatrihydroxidoaluminium(III) ist aber schwerlöslich und fällt als wasserhaltiges Aluminiumhydroxid aus:

$$[Al(OH)_4(H_2O)_2]^- + H^+ \longrightarrow \underset{\text{Aluminiumhydroxid}}{[Al(OH)_3(H_2O)_3]\downarrow}$$

$$2\,[Al(OH)_3(H_2O)_3] \longrightarrow \underset{\text{Aluminiumoxid}}{Al_2O_3} + 9\,H_2O$$

Diese Metallhydroxide bilden oft farblose, manchmal auch farbige gallertartige Niederschläge.

Aluminiumhydroxid ist farblos und im Bereich um pH = 7 stabil. Beim Erhitzen verliert es Wasser und geht in Aluminiumoxid über. Frisch gefälltes Aluminiumhydroxid löst sich rasch im Überschuss an Mineralsäure. Selbst in schwach saurem Milieu bilden sich wasserlösliche, hydratisierte Al^{3+}-Ionen:

$$[Al(OH)_3(H_2O)_3] + 3\,H^+ \longrightarrow [Al(H_2O)_6]^{3+}$$

$$[Al(H_2O)_6]^{3+} \xrightleftharpoons{pK_S = 5{,}0} [Al(OH)(H_2O)_5]^{2+} + H^+$$

Es handelt sich dabei um schwache Brönsted-Säuren. Mit einem pK_S-Wert von 5 sind sie fast so sauer wie die Essigsäure. Eine 0,01 M Aluminiumsalzlösung hat daher nach Gleichung 4.92 (▸ Kap. 4.10.2) einen pH-Wert von:

$$a_{(H^+)} = \sqrt{K_S \cdot a^0_{(Al^{3+})}} = 10^{-\frac{5+2}{2}} = 10^{-3{,}5}$$

$$pH = -\log a_{(H^+)} = 3{,}5$$

Diese Eigenschaft ist keine Besonderheit von Aluminium-Ionen, sondern sie ist allen Metall-Ionen zu Eigen. Die Säurestärke ist jedoch bei verschiedenen Metallen höchst unterschiedlich. Na^+ und K^+ sind so schwach sauer, dass man diese Eigenschaft dort kaum nachweisen kann. Besonders harte Metallionen wie Cr^{3+} und vor allem Fe^{3+} zeigen ausgeprägte Säureeigenschaften.

■ **MERKE** Aluminium-Ionen sind in saurer Umgebung als Al^{3+} und in basischer Umgebung als $Al(OH)_4^-$ wasserlöslich. In neutraler Umgebung bildet sich schwerlösliches $Al(OH)_3$. Ein solches Verhalten wird als Säure-Base-**amphoter** bezeichnet.

Neutralisiert man eine saure Aluminiumsalzlösung, so wird sich wieder $Al(OH)_3$ und nach Entwässern Al_2O_3 bilden. Aluminiumoxid wird als Trockenmittel oder als stationäre

Phase bei der Stofftrennung durch Chromatographie verwendet. Dabei kennt man Al_2O_3 in neutraler, saurer und basischer Einstellung. Kristallisiert $Al(OH)_3$ aus einer alkalischen Mutterlauge aus, dann enthält es oft einen Überschuss an $NaAl(OH)_4$. Solches $Al_2O_3 \cdot NaAl(OH)_4$ reagiert in wässriger Suspension schwach alkalisch und wird als basisches Aluminiumoxid bezeichnet. Wurde $Al(OH)_3$ aus einer sauren Lösung gewonnen, dann enthält es oft einen Überschuss an $AlCl_3$. Ein solches Aluminiumoxid reagiert sauer. Setzt man Aluminiumoxid als Filtermaterial ein, kann man dadurch bequem Säuren oder Basen aus einem Stoffgemisch entfernen. Mit zweiwertigen Oxiden bildet Aluminiumoxid eine Vielzahl von Mischoxiden. Ein Mischoxid $M^{(II)}O(M^{(III)}{}_2O_3)$ wird allgemein als **Spinell** bezeichnet. Aluminiumoxid bildet mit CoO Thénards Blau, einen bekannten Spinell:

$$CoO + Al_2O_3 \longrightarrow CoAlO_4$$

Thenards Blau

Aluminium-Ionen sind aufgrund ihres größeren Ionenradius weicher als B^{3+}-Ionen (die „nackt" kaum existieren). Sie gehören aber dennoch zu den ausgesprochen harten Lewis-Säuren. Mit Fluorid-Ionen bilden sie Tetrafluorido- und Hexafluoridoaluminatkomplexe:

$$[Al(H_2O)_6]^{3+} + 4\,F^- \longrightarrow [AlF_4]^- + 6\,H_2O$$

Tetrafluorido-aluminat(III)

$$[Al(H_2O)_6]^{3+} + 6\,F^- \longrightarrow [AlF_6]^{3-} + 6\,H_2O$$

Hexafluorido-aluminat(III)

Na_3AlF_6 findet sich als Mineral in Grönland und wird Kryolith genannt. Im Gemisch mit Al_2O_3 entsteht ein schmelzbares Salz wodurch die Aluminiumdarstellung durch **Schmelzflusselektrolyse** erst möglich wird. Dabei werden Graphitelektroden in die Aluminiumsalzschmelze getaucht. Die positive Elektrode (Anode) verbrennt zu CO_2. An der negativen Elektrode, der Kathode scheidet sich Aluminium ab. Die Aluminiumherstellung ist nicht nur energieintensiv. Durch die Aufarbeitung von Aluminiumoxid-Erzen (Bauxid), die zuerst mit konzentrierter Natronlauge aufgeschlossen werden müssen, entstehen zusätzlich Umweltbelastungen. Die Wiederverwertung von Aluminiumabfällen wird daher empfohlen. Aluminiumhalogenide wie $AlCl_3$ oder $AlBr_3$ sind in wasserfreier Form ausgesprochen reaktiv und hygroskopisch. Versetzt man sie mit Wasser, so reagieren sie heftig zu wasserhaltigen Produkten:

$$AlCl_3 + 6\,H_2O \longrightarrow [Al(H_2O)_6]^{3+} + 3\,Cl^-$$

Hexaaquaaluminium(III)

Wasserfreies Aluminiumchlorid wird in der Organischen Chemie immer dann eingesetzt, wenn man starke Lewis-Säuren als Katalysator benötigt (z. B. Friedel-Crafts-Reaktionen). Wasserhaltiges Aluminiumchlorid ist eine stabile Substanz, die sich in verdünnter Säure in beträchtlichem Ausmaß löst.

Analog zu den Spinellen bilden Aluminium-Ionen mit Alkalimetallen auch Mischsulfate, die **Alaune**. Aluminiumsulfat ist wie Aluminiumchlorid in verdünnter Säure wasserlöslich. Zusammen mit Natrium- oder Kaliumsulfat bilden sich beim Eintrocknen konzentrierter Lösungen sehr schöne, große Alaunkristalle. In Experimentierkästen werden sie gerne zur Demonstration der Kristallisation eingesetzt:

$$Al_2(SO_4)_3 + 12\,H_2O \longrightarrow 2\,[Al(H_2O)_6]^{3+} + 3\,SO_4^{2-}$$

$$K_2SO_4 \longrightarrow 2\,K^+ + SO_4^{2-}$$

$$[Al(H_2O)_6]^{3+} + K^+ + 2\,SO_4^{2-} + 6\,H_2O \longrightarrow \underset{\text{Alaun}}{KAl(SO_4)_2 \times 12\,(H_2O)}$$

Lässt man $AlCl_3$ mit LiH reagieren, so entsteht Lithiumtetrahydridoaluminat(III), das als Lithiumaluminiumhydrid bezeichnet wird:

$$AlCl_3 + 4\,LiH \longrightarrow \underset{\text{Lithiumtetrahydrido-aluminat(III)}}{LiAlH_4} + 3\,LiCl$$

Lithiumaluminiumhydrid gehört zu den komplexen Hydriden und ist ein starkes Reduktionsmittel. Dabei ist es erheblich reaktiver als das analoge $NaBH_4$. Aus $LiAlH_4$ lässt sich Ethanol aus Essigsäure gewinnen:

$$LiAlH_4 + 4\,CH_3COOH \longrightarrow LiAl(OH)_4 + 4\,CH_3CHO$$

$$LiAlH_4 + 4\,CH_3CHO \longrightarrow \underset{\text{Lithiumtetraethoxidoaluminat(III)}}{LiAl(OCH_2CH_3)_4}$$

$$LiAl(OCH_2CH_3)_4 + 4\,H_2O \longrightarrow \underset{\text{Lithiumtetrahydroxidoaluminat(III)}}{LiAl(OH)_4} + 4\,CH_3CH_2OH$$

Aluminium – Bedeutung in Biologie und Medizin

Obwohl Aluminium in der Natur sehr häufig vorkommt, hat es keine nachweisbare physiologische Bedeutung. Lebewesen haben sich im Meer entwickelt und dort befand sich vor zwei Milliarden Jahren kein Aluminium. Durch Flusswasser ist zwischenzeitlich Aluminium in die Meere gelangt. Sein Gehalt ist dort aber immer noch sehr klein.

Aluminiumsalze werden in der Medizin z. B. als **Antacida** (Mittel gegen Sodbrennen) verwendet. Sie enthalten $AlOH_4^-$-Ionen und reduzieren so die Magensäure. Da sie auch in Dialyseflüssigkeiten enthalten sind, kam es vor, dass sich bei Dialysepatienten hohe Konzentrationen von Aluminiumsalzen im Nervengewebe des Gehirns anreicherten und dort eine Dialyseenzephalopathie verursachten. Diese äußert sich in Krampfanfällen und Gedächtnisstörungen. Aluminiumsalze stehen auch in Verdacht, Krebserkrankungen und die Alzheimer-Krankheit zu verursachen. Ein Beweis für diese These konnte bislang nicht erbracht werden. Allergien gegen Aluminiumsalze kommen aber gelegentlich vor.

$AlCl_3$, $NaAl(OH)_3Cl$ und $NaAlCl_4$ werden in Deodorants eingesetzt. Sie lassen Eiweiße auf der Oberfläche der Haut gerinnen und verstopfen so die Schweißdrüsen. Da der Verdacht besteht, dass sie gesundheitsschädlich sind, stehen sie in der Kritik. Alaunstifte wurden früher zur Behandlung kleiner Wunden verwendet. Die im $KAl(SO_4)_2$ enthaltenen Al^{3+}-Ionen lassen die Eiweiße an den Wundrändern gerinnen und verschließen auf diese Weise die Wunden. Außerdem haben sie antiseptische Wirkung. Da sie nach der Verwendung nicht gereinigt werden können, gelten sie aber als unhygienisch.

5.3.3 Gallium, Indium und Thallium

Die Elemente Gallium (Ga), Indium (In) und Thallium (Tl) sind sehr selten und kommen als Nebenbestandteile in Aluminiumerzen vor. Elementares Gallium hat einen relativ geringen Schmelzpunkt von 30 °C und einen relativ hohen Siedepunkt von 2 400 °C. Es wird daher als Füllung für Hochtemperaturthermometer verwendet. Die Elemente Gallium und Indium ähneln in ihren chemischen Eigenschaften sehr dem Aluminium. Mit Luftsauerstoff verbrennen sie zu Oxiden der Oxidationsstufe III, die sich bei Kontakt mit Wasser amphoter verhalten:

$$2\,Ga + 3\,O_2 \longrightarrow Ga_2O_3$$

$$Ga_2O_3 + 3\,H_2O \longrightarrow 2\,Ga(OH)_3$$

$$Ga(OH)_3 + OH^- + 2\,H_2O \longrightarrow [Ga(OH)_4(H_2O)_2]^-$$

Tetrahydroxidogallat(III)

$$Ga(OH)_3 + 3\,H^+ + 3\,H_2O \longrightarrow [Ga(H_2O)_6]^{3+}$$

Hexaaquagallium(III)

$$2\,In + 3\,O_2 \longrightarrow In_2O_3$$

$$In_2O_3 + 3\,H_2O \longrightarrow 2\,In(OH)_3$$

$$In(OH)_3 + OH^- + 2\,H_2O \longrightarrow [In(OH)_4(H_2O)_2]^-$$

Tetrahydroxidoindonat(III)

$$In(OH)_3 + 3\,H^+ + 3\,H_2O \longrightarrow [In(H_2O)_6]^{3+}$$

Hexaaquaindium(III)

Die Sulfate bilden analog zu Aluminium Alaune, von denen die Ammoniumalaune am bekanntesten sind:

$$Ga_2(SO_4)_3 + 2\,(NH_4)SO_4 \longrightarrow 2\,(NH_4)Ga(SO_4)_2$$

Im Unterschied zu Bor und Aluminium findet man bei Gallium und Indium auch Verbindungen in der Oxidationsstufe +I und +II. Dabei ist die Oxidationsstufe + I durchaus interessant:

- bei Gallium mit der Elektronenkonfiguration: Ar + $3d^{10}\,4s^2$,
- bei Indium mit der Elektronenkonfiguration: Kr + $4d^{10}\,5s^2$.

Die Valenzorbitale sind mit zwei Elektronen nur teilweise aufgefüllt. Die beiden Valenzelektronen befinden sich aber in einem relativ großen kugelförmigen *s*-Orbital und sind von Oxidationsmitteln daher kinetisch schwer angreifbar. Eine solche Stabilisierung niedriger Oxidationsstufen findet man bei schweren Elementen häufiger. So existieren Halogenide wie GaCl und InCl sowie $GaCl_2$ und $InCl_2$. Die Oxidationsstufe +II ist aber bei Gallium und Indium erheblich instabiler. $[Ga–Ga]^{4+}$-Molekül-Ionen stehen dabei im Gleichgewicht mit Ga^+- und Ga^{3+}-Ionen, sodass die Annahme von Ga(+II)-Verbindungen nur zum Teil gerechtfertigt ist. Für Indium gilt Entsprechendes:

$$[In{-}In]^{4+} \rightleftharpoons In^+ + In^{3+}$$

Beim Element Thallium dominiert die Oxidationsstufe +I. Es gibt zwar Thallium(III)-Verbindungen wie Tl_2O_3 und $TlCl_3$. Diese neigen aber sehr zur Komplexbildung:

$$TlCl_3 + 3\,Cl^- \rightleftharpoons [TlCl_6]^{3-}$$

Hexachloridothallat(III)

Thallium(III)-oxid spaltet bei hohen Temperaturen Sauerstoff ab und geht in Thallium(I)-oxid über:

$$Tl_2O_3 \longrightarrow Tl_2O + O_2$$

Thallium – Bedeutung in Biologie und Medizin

Thalliumsalze sind hochgradig giftig. Sie führen zu Haarausfall und zu starken Schmerzen an den peripheren Körpereinheiten. Thallium hat keine nachweisliche biologische Funktion. Tl^+-Ionen verteilen sich aber im ganzen Körper und werden dort mit K^+-Ionen „verwechselt“. Dadurch kommt es zu einer Schädigung der Na^+-K^+-Pumpen und somit zu einer Nervenschädigung. Tl^+ unterliegt dem **enterohepatischen Kreislauf** (Abb. 5.11). Es wird vom Darm aufgenommen und in das Blut überführt. Von der Leber wird es aus dem Blut gefiltert und in die Gallenblase transportiert. Dort wird es über die Gallenflüssigkeit wieder in den Darm transportiert. Giftstoffe, die diesem enterohepatischen Kreislauf unterliegen, werden nur sehr langsam ausgeschieden.

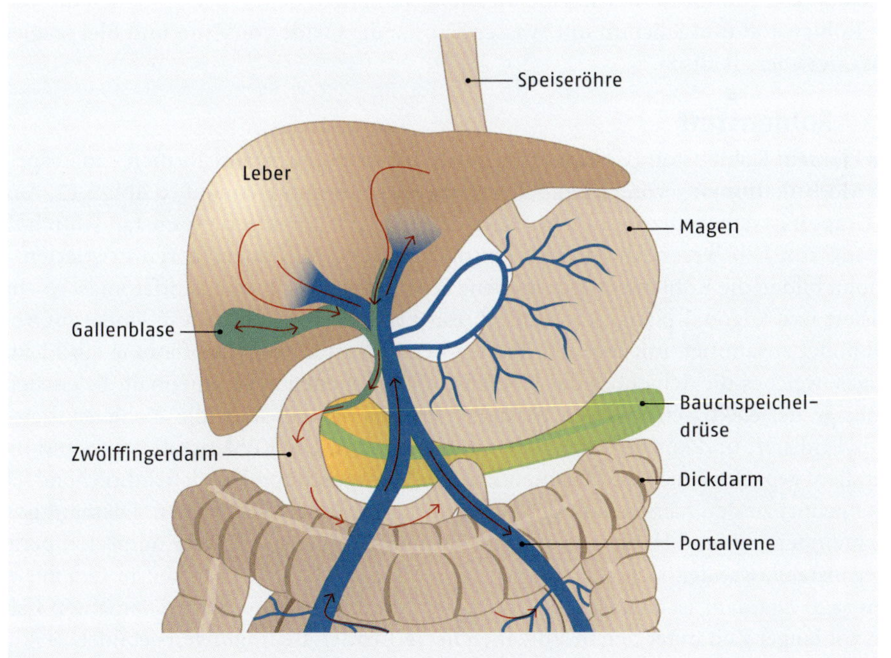

Abb. 5.11 Enterohepatischer Kreislauf eines Giftstoffs

Tl_2O löst sich in Wasser unter Bildung von stark alkalischem TlOH. Die dabei entstehenden Tl^+- sind K^+-Ionen sehr ähnlich:

$$Tl_2O + H_2O \longrightarrow 2\,Tl^+ + 2\,OH^-$$

Durch Neutralisation mit Mineralsäuren lassen sich wasserlösliche Chloride, Nitrate und Sulfate herstellen. Mit Aluminiumsulfat bildet Thallium ein Alaun:

$$Tl_2SO_4 + Al_2(SO_4)_3 \longrightarrow 2\,TlAl(SO_4)_2$$

5.4 Elemente der 4. Hauptgruppe: Kohlenstoff-Gruppe

In der vierten Hauptgruppe finden sich die Elemente Kohlenstoff (C), Silicium (Si), Germanium (Ge), Zinn (Sn) und Blei (Pb). Diese Elemente stehen in der Mitte des Periodensystems und haben die Elektronenkonfiguration $ns^2\,np^2$. Ihre Reaktivität erzielen sie aber oft aus einem angeregten Zustand mit der Elektronenkonfiguration ns^1np^3, der ihnen Vierbindigkeit ermöglicht. Die maximale Oxidationsstufe +IV erreichen sie unter Abgabe von vier Valenzelektronen. Die minimale Oxidationsstufe –IV erreichen sie unter Aufnahme von vier zusätzlichen Elektronen in die Valenzorbitale. In der Normalreihe stehen die Oxidationsstufen –IV, –II, 0, +II und +IV. Kohlenstoff gilt als Nichtmetall, wobei Graphit mit seiner elektrischen Leitfähigkeit durchaus an Metalleigenschaften erinnert. Mit zunehmender Molmasse werden die Metalleigenschaften deutlicher. So bilden die Oxide von Kohlenstoff und Silicium mit Wasser Säuren, die Oxide von Zinn und Blei reagieren in Wasser eher alkalisch.

5.4.1 Kohlenstoff

Das Element Kohlenstoff (C) kommt in der Natur in zwei Zustandsformen – man spricht von **Modifikationen** – vor. Es handelt sich um Graphit und Diamant (○ Abb. 5.12, A und B). Graphit ist dabei ein wesentlicher Bestandteil der Steinkohle; diese enstand durch Zersetzung von Lebewesen, die durchschnittlich vor 200 Millionen Jahren existierten. Im Graphit bilden die Kohlenstoffatome ebene Schichten. Jedes Kohlenstoffatom ist sp^2-hybridisiert und trigonal-planar koordiniert. Ein Elektron befindet sich in einem *p*-Orbital und bildet zusammen mit den *p*-Orbitalen benachbarter Kohlenstoffatome ein Elektronengas, welches die Schichten der Kohlenstoffatomebenen zusammenhält. Es entstehen dunkelgraue, elektrisch leitende Kristalle. Im Diamanten sind alle Kohlenstoffatome sp^3-hybridisiert und kovalent, tetraedrisch koordiniert. Die Kohlenstoffatome sind nicht sehr dicht gepackt, daher sind Diamantkristalle transparent und stark lichtbrechend. Diamant gehört zu den härtesten in der Natur vorkommenden Materialien. Diamant ist die Hochtemperatur- und Hochdruckmodifikation des Kohlenstoffs. Bei Zimmertemperatur ist er instabil, wandelt sich aber mit unendlich kleiner Geschwindigkeit in Graphit um. Man sagt: Diamant ist **metastabil**. Die in der Natur vorkommenden Diamanten haben sich vor langer Zeit unter den in Vulkanen herrschenden Bedingungen gebildet.

Seit 1990 wurde eine Vielzahl von weiteren künstlichen Kohlenstoffmodifikationen entdeckt. Erhitzt man Graphit im Hochvakuum, so verdampfen Kohlenstoffatome und finden sich in der Gasphase zu sphärischen Clustern zusammen. Man erhält die sogenannten Fullerene. Sie haben ihren Namen von dem Architekten *Buckminster Fuller,* der

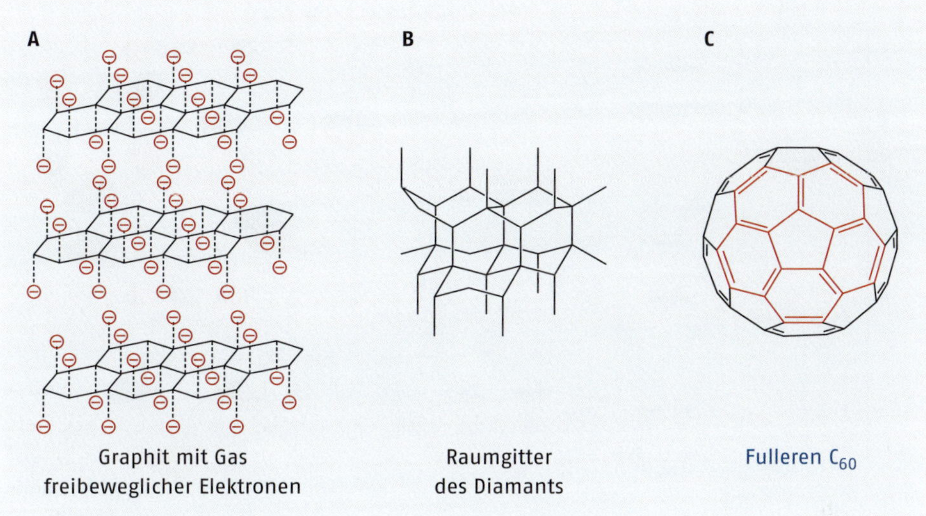

Abb. 5.12 Kristallstrukturen von Graphit (A) und Diamant (B): In Graphit ist das Schichtgitter für elektrische Leitfähigkeit verantwortlich. Das Diamant-Raumgitter verleiht dem Kristall Transparenz und Lichtbrechung. Fullerene (C) stellen weitere Modifikationen des Elements Kohlenstoff dar.

um 1930 gewagte Zeltdachkonstruktionen, bestehend aus 5-Ring- und 6-Ring-Elementen, entwarf. Genau dieses Strukturprinzip findet sich bei den Fulleren-Molekülen. Am stabilsten ist Fulleren C_{60}, das approximativ Kugelgestalt aufweist (Abb. 5.12 C). Nach der Entdeckung der Fullerene, hatte man hohe Erwartungen an ihre praktische Bedeutung. Eine Anwendung, die unsere Alltagswelt nachhaltig beeinflusst, wurde bisher allerdings noch nicht gefunden.

Beim Erhitzen von Kohle mittels Wasserdampfs, entsteht Wassergas, ein Gemisch aus Kohlenmonoxid und Wasserstoff:

$$C + H_2O \longrightarrow \underbrace{CO + H_2}_{\text{Wassergas}}$$

Kohlenmonoxid, ein zweiatomiges Molekül, hat dieselbe Elektronenverteilung wie das Stickstoffmolekül. Kohlenmonoxid und Stickstoff sind **isoelektronische** Moleküle. Abb. 5.13 zeigt das Molekülorbitalschema von Kohlenmonoxid, mit dem der Bindungsgrad von 3 erklärt werden kann. Kohlenstoff hat eine negative und Sauerstoff eine positive Formalladung, wodurch das Dipolmoment, das das elektronegativere Sauerstoffatom erzeugt, deutlich geschwächt wird. Kohlenmonoxid ist gasförmig und kaum wasserlöslich. Erzwingt man die Reaktion mit Wasser, dann erhält man die Ameisensäure; Kohlenmonoxid kann daher als Anhydrid der Ameisensäure aufgefasst werden:

$$CO + H_2O \longrightarrow \underbrace{HCOOH}_{\text{Ameisensäure}}$$

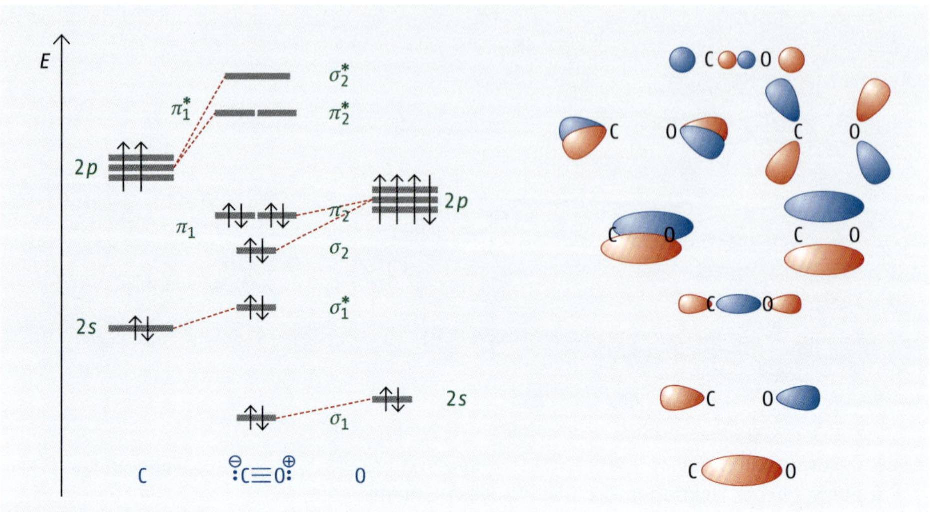

Abb. 5.13 Molekülorbitalschema von Kohlenmonoxid

Kohlenstoff hat in Ameisensäure dieselbe Oxidationsstufe (+II) wie im Kohlenmonoxid, da eine Hydrolyse niemals eine Redoxreaktion ist. Verbrennt man Kohlenstoff im Sauerstoffüberschuss, erhält man Kohlendioxid. Es ist das Oxid der höchsten Oxidationsstufe (+IV), in der der Kohlenstoff vorkommen kann:

$$C + O_2 \longrightarrow CO_2$$

Kohlendioxid

$$\overset{-\mu}{\longleftarrow}\;\overset{\mu}{\longrightarrow}$$
$$:\!O{=}C{=}O\!:$$

Nach *Gillespie* bildet das Kohlendioxidmolekül ein AX_2-System. Kohlenstoff ist demnach *sp*-hybridisiert, das Molekül ist linear und hat Zylindersymmetrie $D_{\infty h}$ mit einem Bindungswinkel von 180°. Sauerstoff ist mit einer Elektronegativität von 3,4 erheblich elektronenziehender als Kohlenstoff mit $EN = 2{,}5$. Dennoch ist CO_2 unpolar, da die lokalen Dipolmomente einander entgegenstehen und sich exakt aufheben. Kohlendioxid ist daher ein Gas, das aber bemerkenswert wasserlöslich ist und mit Wasser ein Hydrolysegleichgewicht eingeht:

$$CO_2 + H_2O \xrightleftharpoons{pK_a = -3{,}16} H_2CO_3$$

$HO-C(=O)-OH$

Kohlensäure

Kohlensäure weist jedoch eine sehr kleine Gleichgewichtsaktivität auf. Kohlendioxid ist also das Anhydrid der Kohlensäure und die Kohlensäure ist eine schwache Säure. Sie protolysiert in zwei Stufen:

$$H_2CO_3 + H_2O \xrightleftharpoons{pK_{S1} = 3,3} H_3O^+ + HCO_3^-$$

Hydrogencarbonat

$$HCO_3^- + H_2O \xrightleftharpoons{pK_{S2} = 10,4} H_3O^+ + CO_3^{2-}$$

Carbonat

Kohlensäure ist damit eine stärkere Säure als Essigsäure. Von dieser Säurestärke kommt aber nur ein verschwindend kleiner Teil zur Wirkung, da noch das Hydrolysegleichgewicht des Kohlendioxids vorgeschaltet ist. Nach dem Massenwirkungsgesetz gilt für dieses Hydrolysegleichgewicht:

$$K_a = \frac{[a_{(H_2CO_3)}]}{[a_{(CO_2)}]} = 10^{-3,16}$$

Gleichung 5.1

Bei der Bildung von Kohlensäure handelt es sich um eine Assoziationsreaktion mit $K = 10^{+pK}$. Für die Protolyse der Kohlensäure liefert das Massenwirkungsgesetz nach ○ Gleichung 4.86 (▸ Kap. 4.10.2):

$$K_{S1} = \frac{[a_{(H_3O^+)}][a_{(HCO_3^-)}]}{[a_{(H_2CO_3)}]} = 10^{-3,3}$$

Für die Kopplung beider Gleichgewichte gilt:

$$CO_2 + 2\,H_2O \xrightleftharpoons{pK_{S1}^{eff}} H_3O^+ + HCO_3^-$$

$$K_{S1}^{eff} = K_a \cdot K_{S1} = \frac{[a_{(H_2CO_3)}]}{[a_{(CO_2)}]} \cdot \frac{[a_{(H_3O^+)}][a_{(HCO_3^-)}]}{[a_{(H_2CO_3)}]} =$$

$$10^{-3,16} \cdot 10^{-3,3} = 10^{-6,46}$$

Gleichung 5.2

Die wirksame Säurestärke hat also einen viel kleineren Wert $pK_{S1}^{eff} = 6,46$. Ein Kohlensäure-Hydrogencarbonat-Puffer puffert also im Bereich von pH = 6,5, ein Hydrogencarbonat-Carbonat-Puffer im Bereich von pH = 10,5. Eine Lösung eines Hydrogencarbonatsalzes besitzt einen pH-Wert von:

$$pH = (pK_{S1} + pk_{S2})/2 = (6,46 + 10,4)/2 = 8,43$$

Wird Kohlendioxid in Natronlauge eingeleitet, entsteht eine Natriumcarbonatlösung. NaOH- und KOH-Lösungen absorbieren auf diese Weise Kohlendioxid aus der Luft:

$$CO_2 + 2\,OH^- \rightleftharpoons CO_3^{2-} + H_2O$$

$$CO_3^{2-} + H_2O \xrightleftharpoons[pK_B = 14 - pK_{S2} = 3,6]{} HCO_3^- + OH^-$$

Das Carbonat-Ion ist nach *Gillespie* ein CX_3-System, der Kohlenstoff ist sp^2-hybridisiert und trigonal-planar koordiniert. Die drei C–O-Bindungen sind gleichwertig und nicht unterscheidbar (Mesomerie). Die Molekülebene bildet eine Spiegelebene σ_h, mit senkrecht dazu stehender dreizähliger Hauptdrehachse C_3. In der Spiegelebene σ_h befinden sich drei zweizählige Drehachsen C_2. Damit hat das Carbonat-Ion Diedersymmetrie D_{3h} und kein Dipolmoment:

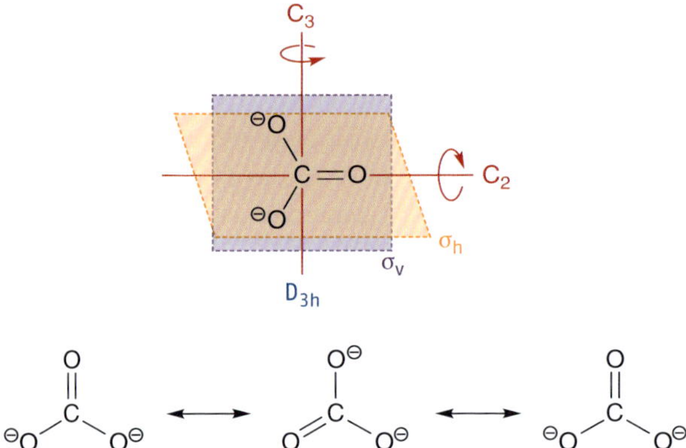

Carbonat ist Fällungsmittel für die meisten Metallkationen. Löslich sind die Alkalicarbonate, Erdalkalicarbonate sind schwerlöslich. Bor und Aluminium bilden in konzentrierten Carbonatlösungen lösliche Tetrahydroxidokomplexe. Da das Carbonat-Ion eine schwache Base ist, kann es protoniert werden. Schwerlösliche Carbonate lösen sich daher in Mineralsäuren unter Entwicklung von Kohlendioxid auf:

$$CuCO_3 + 2\,H^+ \longrightarrow Cu^{2+} + CO_2 + H_2O$$

Wie bei allen Sauerstoffsäuren von Nichtmetalloxiden lassen sich auch von Kohlensäure sehr viele Verbindungen (**Derivate**) ableiten. Sie entstehen, wenn die OH-Gruppen der Sauerstoffsäure durch andere Atome oder Atomgruppen ersetzt werden. Zum Beispiel durch Chloratome, man erhält Phosgen, das **Säurechlorid** der Kohlensäure:

$$O{=}C(OH)_2 \longrightarrow O{=}CCl_2 \xrightarrow{H_2O} CO_2 + 2\,HCl$$

Phosgen

Sowohl eine C=O- als auch eine C–Cl-Bindung ist polar. Da die Resultierende aus den einzelnen Dipolmomenten der C–Cl-Bindungen dem C=O-Dipolmoment entgegensteht, ist das Gesamtdipolmoment des Phosgenmoleküls sehr klein. Es kann daher von der Lunge leicht aufgenommen und in Körpergewebe transportiert werden. Im Blut hydrolysiert es langsam in CO_2 und HCl. Gefährlich ist dabei nicht HCl, sondern CO_2. Es bildet Gasblasen, die zu einer Lungenembolie und zu einem schmerzhaften Tod führen. Phosgen ist ein berüchtigtes Giftgas und wurde im Ersten Weltkrieg eingesetzt.

Beim Ersatz der OH-Gruppe der Kohlensäure durch eine NH_2-Gruppe, erhält man das **Säureamid** der Kohlensäure, Carbaminsäure $OC(NH_2)OH$. Carbaminsäure ist, wie die Kohlensäure selbst, instabil und zerfällt in CO_2 und Ammoniak:

$$O{=}C(OH)_2 \longrightarrow O{=}C(NH_2)(OH) \rightleftharpoons CO_2 + NH_3$$

Carbaminsäure

Das Anhydrid der Carbaminsäure ist Cyansäure:

$$O{=}C(NH_2)(OH) \xrightarrow{-H_2O} :N{\equiv}C{-}\ddot{O}H \overset{pK_s = 3{,}7}{\rightleftharpoons} {}^{\ominus}N{=}C{=}O + H^{\oplus}$$

Carbaminsäure Cyansäure Cyanat

Cyansäure ist eine schwache Säure und das Anion (Cyanat) ist isoelektronisch zu Kohlendioxid.

Werden beide OH-Gruppen der Kohlensäure durch NH_2-Gruppen ersetzt, erhält man schließlich den stabilen Harnstoff:

$$HO{-}C({=}O){-}OH \longrightarrow H_2N{-}C({=}O){-}NH_2 \longleftrightarrow H_2N^{\oplus}{=}C(NH_2){-}O^{\ominus} \longleftrightarrow H_2N{-}C({=}N^{\oplus}H_2){-}O^{\ominus}$$

Harnstoff

Aufgrund der mesomeren Verteilung der Elektronen ist Harnstoff nicht mehr basisch, aber sehr gut wasserlöslich, da er sowohl über die C=O-Funktion als auch über die Aminogruppen ($-NH_2$) Wasserstoffbrücken mit den Wassermolekülen seines Lösemittelkäfigs ausbilden kann. Im Stoffwechsel entsteht kontinuierlich giftiger Ammoniak. Dieser wird über einen Stoffwechselzyklus an Kohlendioxid gebunden. Der dabei entstehende Harnstoff kann über die Niere aus dem Körper entfernt werden.

Werden in Kohlendioxid die Sauerstoffatome durch Schwefelatome ersetzt, erhält man Schwefelkohlenstoff S=C=S. Schwefelkohlenstoff (CS_2) ist molekular wie CO_2 aufgebaut, wegen seiner höheren Molmasse aber eine Flüssigkeit, die leicht verdampft und sich bei Temperaturen über 40 °C an der Luft von selbst entzündet. Das Hydrat von Schwefelkohlenstoff ist die instabile Xanthogensäure:

$$S{=}C{=}S + H_2O \rightleftharpoons HO{-}C({=}S){-}SH$$

Xanthogensäure

In allen Kohlesäurederivaten hat Kohlenstoff die Oxidationsstufe +IV, wie in der Kohlensäure selbst. Jedes Kohlensäurederivat wird bei einer Totalhydrolyse Kohlensäure liefern, und Hydrolysereaktionen sind keine Redoxreaktionen.

Die Sauerstoffsäure von Kohlenmonoxid wird als Ameisensäure bezeichnet. Auch Ameisensäure hat die üblichen Derivate, z. B. Ameisensäureamid (als Säureamid):

$$\mathrm{HCOOH} \longrightarrow \mathrm{HCONH_2} \xrightarrow{-\,H_2O} \mathrm{H{-}C{\equiv}N{:}}$$

Ameisensäure — Ameisensäureamid — Blausäure

Das Anhydrid von Ameisensäureamid, Cyanwasserstoff, wird auch Blausäure genannt. Blausäure ist eine schwache Säure, ihre korrespondierende Base ist Cyanid:

$$\mathrm{HCN} + \mathrm{H_2O} \xrightarrow{pK_S = 9{,}4} \mathrm{H_3O^+} + \underset{\text{Cyanid}}{\mathrm{CN^-}}$$

In Blausäure befindet sich der Kohlenstoff als Zentralatom zwischen Wasserstoff und Stickstoff. Nach *Gillespie* bildet das Molekül ein AX_2-System mit *sp*-hybridisiertem Kohlenstoff. Das Molekül ist folglich linear mit einem Bindungswinkel von 180°. Anders als bei CO_2 fehlt die Spiegelebene senkrecht zur Drehachse unendlich hoher Zähligkeit. Das Molekül hat Zylindersymmetrie $C_{\infty v}$. Das Cyanid-Ion ist ein zweiatomiges Teilchen und isoelektronisch zu Kohlenmonoxid. In seinem MO-Schema (Abb. 5.14) muss aber die Konfigurationswechselwirkung zwischen den $\sigma^*_{(1)}$- und $\sigma_{(2)}$-Orbitalen berücksichtigt werden.

Blausäure und Cyanide sind starke Gifte. Cyanid wird als Komplexligand in ▸ Kap. 6 mehrfach beschrieben.

Erhitzt man Kalk und Kohle auf sehr hohe Temperaturen, entsteht Calciumcarbid (CaC_2):

$$\mathrm{CaCO_3} + 4\,\mathrm{C} \longrightarrow 3\,\mathrm{CO} + \mathrm{CaC_2} \qquad {}^{\ominus}\!:\!\mathrm{C{\equiv}C}\!:\!{}^{\ominus}$$

$$\mathrm{CaC_2} + 2\,\mathrm{H_2O} \longrightarrow \mathrm{Ca(OH)_2} + \underset{\text{Acetylen}}{\mathrm{HC{\equiv}CH}}$$

Calciumcarbid ist eine salzartige Verbindung mit dem zweiatomigen Carbid-Ion C_2^{2-}. Es besteht aus zwei *sp*-hybridisierten Kohlenstoffatomen, die über eine Dreifachbindung zusammengehalten werden. Das Carbid-Ion ist damit isoelektronisch zu Kohlenmonoxid und dem Cyanid-Ion. Es ist eine sehr starke Base und hydrolysiert bei Kontakt mit Wasser zu Acetylen. Acetylen ist eine gasförmige Verbindung, die nur aus C- und H-Atomen besteht. Solche Stoffe bezeichnet man als **Kohlenwasserstoffe**. Acetylen verbrennt zu Kohlendioxid und Wasser und erzeugt dabei sehr helle und heiße Flammen. Calciumcarbid wurde früher im Bergbau als Beleuchtungsbrennstoff benutzt. Auch heute noch werden Schweißbrenner mit Acetylen betrieben:

$$2\,\mathrm{HC{\equiv}CH} + 5\,\mathrm{O_2} \longrightarrow 4\,\mathrm{CO_2} + 2\,\mathrm{H_2O}$$

Die einfachste Kohlenstoff-Wasserstoff-Verbindung ist Methan (CH_4). Methan ist Hauptbestandteil des Erdgases. In diesem Molekül liegt der Kohlenstoff in seiner minimalen Oxidationsstufe –IV vor. Nach *Gillespie* bildet das Molekül ein AX_4-System. Der Kohlen-

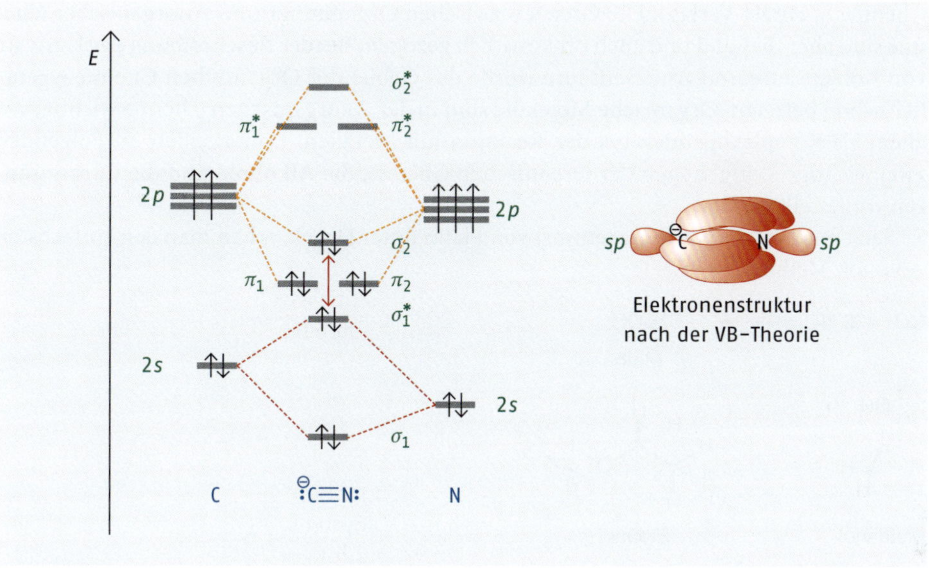

Abb. 5.14 Molekülorbitalschema von Cyanid

stoff ist daher sp^3-hybridisiert und nicht nur tetraedrisch koordiniert. Das Molekül hat mit vier gleichen Substituenten auch perfekte Tetraedersymmetrie. Da Kohlenstoff mit einer Elektronegativität von 2,5 elektronegativer ist als Wasserstoff mit $EN = 2{,}2$, hat jede C–H-Bindung ein lokales Dipolmoment. Aufgrund der Tetraedersymmetrie heben sich die lokalen Dipolmomente gegenseitig auf und es entsteht ein unpolares Molekül. Dadurch erklärt sich der gasförmige Zustand, wie auch die fast nicht vorhandene Wasserlöslichkeit des Gases. Die Verbrennung von Methan führt in exothermer Reaktion zu Kohlendioxid und Wasser:

$$CH_4 + 2\,O_2 \longrightarrow CO_2 + 2\,H_2O$$

Methan

Bei der Diskussion von reduzierten Kohlenstoffverbindungen zeigt sich eine Eigenschaft von Kohlenstoff, die ihn von allen anderen Elementen unterscheidet. Jedes chemische Element kennt nur sehr wenig andere Elemente, mit denen es bevorzugt stabile Verbindungen bildet. Meistens ist dies Sauerstoff. Fast alle Metalle und viele Nichtmetalle verbinden sich mit Sauerstoff zu Oxiden. In den meisten Fällen sind dies auch die stabilsten Verbindungen. Kohlenstoffatome neigen jedoch dazu, mit fast allen anderen Nichtmetallen – einschließlich sich selbst – kovalente Bindungen einzugehen, die alle ähnlich stabil sind. Dadurch bieten sich nahezu unbegrenzte Möglichkeiten, Kohlenstoffatome mit Wasserstoffatomen und anderen Nichtmetallatomen zu Molekülen verschiedenster Größe und mit unterschiedlichen Verknüpfungen der Atome untereinander zu kombinieren. Diese Vielfalt der Kohlenstoffverbindungen zu ordnen und strukturiert zu beschreiben ist Aufgabe der Organischen Chemie (siehe hierzu z. B. Ehlers: Chemie II, Deutscher Apotheker Verlag; Schirmeister/Schmuck/Wich: Beyer/Walter, Organische

Chemie, S. Hirzel Verlag). Die Grenzen zwischen Organischer und Anorganischer Chemie sind aber fließend und auch oft künstlich gezogen. Bei der Beschreibung der Derivate von Kohlensäure und Ameisensäure wurde das Gebiet der Organischen Chemie eigentlich schon betreten. Organische Moleküle sind in der Anorganischen Chemie wichtig, vor allem als Komplexliganden bei der Reaktion mit Metallen. Daher sollen im Folgenden zwei wichtige Stoffgruppen der Organischen Chemie, die **Alkohole** und die **Carbonsäuren** vorgestellt werden.

Setzt man Wassergas in Gegenwart von Platin unter Druck, erhält man den einfachsten Alkohol, Methanol:

$$CO + 2\,H_2 \longrightarrow CH_3OH$$

Methanol

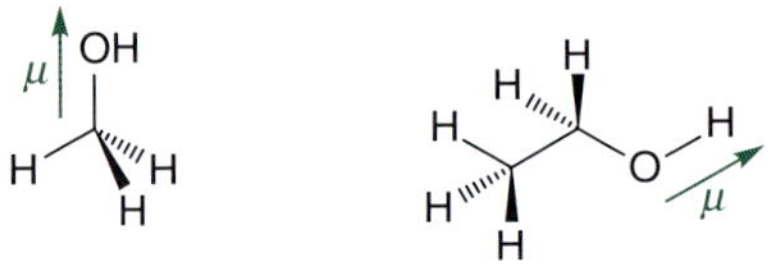

Methanol Ethanol

Wird im Methanolmolekül eine C–H-Bindung durch eine C–CH_3(Methyl-)Gruppe ersetzt, liegt der nächst höhere Alkohol, Ethanol, vor. Als Alkohole bezeichnet man alle Stoffe, die eine an Kohlenstoff gebundene Hydroxylgruppe (–OH) im Molekül aufweisen. Durch die Hydroxylgruppe werden die Alkohole polar. Ihre Siedepunkte sind wesentlich höher als die der gleich schweren Kohlenwasserstoffe. Auch sind Alkohole zu Wasserstoffbrückenbindungen mit Wasser befähigt und daher gut wasserlöslich, solange ihr Kohlenstoffrest nicht zu groß wird. Alkohole können oxidiert werden. Oxidiert man einen Alkohol mit endständiger –OH-Gruppe so weit, wie es ohne Abbau des Kohlenstoffgerüsts möglich ist, entstehen Carbonsäuren:

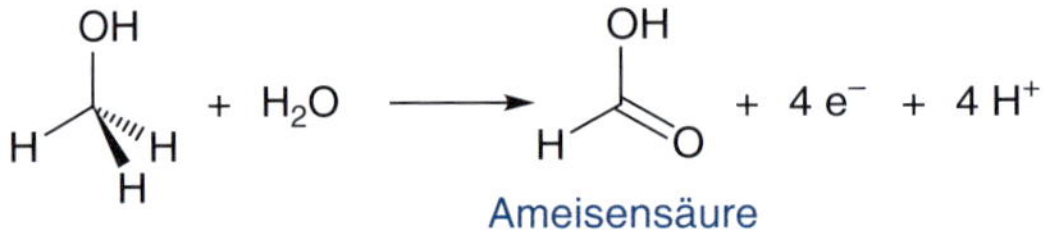

$$CH_3OH + H_2O \longrightarrow HCOOH + 4\,e^- + 4\,H^+$$

Ameisensäure

$$CH_3CH_2OH + H_2O \longrightarrow CH_3COOH + 4\,e^- + 4\,H^+$$

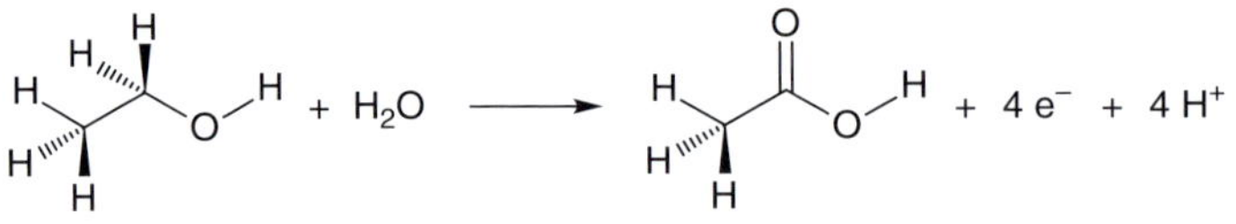

Essigsäure

Carbonsäuren erkennt man am Vorhandensein der Carboxylgruppe –COOH. Sie verleiht den Molekülen durch Reaktion als Brönsted-Säure die sauren Eigenschaften. Eine Carbonsäure protolysiert immer nach folgendem Reaktionsschema:

$$R{-}COOH \rightleftharpoons R{-}COO^- \longleftrightarrow R{-}COO^- + H^+$$

Im Gegensatz zu Alkoholen wirkt die Hydroxylgruppe in Carbonsäuren als Brönsted-Säure, weil das gebildete Anion (**Carboxylat**) mesomeriestabilisiert ist. Die Carboxylat-Anionen können als einwertige oder zweiwertige Lewis-Basen wirksam werden. Carbonsäuren sind in der belebten Natur weit verbreitet und bilden wichtige Zwischenprodukte beim Abbau von Nährstoffen wie Zuckern oder Fetten: beispielsweise Essigsäure als Beispiel für eine schwache Säure. Säuren, die in Früchten vorkommen, sind meist Kohlenstoffverbindungen mit mehreren Carboxylgruppen, z. B.:

$HOOC{-}CH_2{-}C(OH)(COOH){-}CH_2{-}COOH$
Zitronensäure

$HOOC{-}CH(OH){-}CH_2{-}COOH$
Apfelsäure

$HOOC{-}CH(OH){-}CH(OH){-}COOH$
Weinsäure

$CH_3{-}CH(OH){-}COOH$
Milchsäure

$HOOC{-}COOH$
Oxalsäure

$$HOOC{-}COOH \rightleftharpoons {}^{\ominus}OOC{-}COO^{\ominus} + 2\,H^+$$

Oxalsäure — Oxalat

Die Salze der Oxalsäure, die Oxalate, und die Salze der Weinsäure, die Tartrate, spielen als Komplexbildungsliganden in der Metallchemie eine wichtige Rolle.

5

Kohlenstoff – Bedeutung in Biologie und Medizin

Mit dem Element Kohlenstoff können Molekülgerüste aus geraden und verzweigten Ketten aufgebaut werden. Darin liegt auch seine besondere physiologische Bedeutung: Lebewesen sind überwiegend aus solchen organischen Molekülen aufgebaut. Die Kohlenstoffverbindungen übernehmen dabei Funktionen als Baustoffe oder als Speicherstoffe für Energie. Der Baustoffwechsel stellt in einer lebenden Zelle Bausteine für Zellstrukturen her. Der Energiestoffwechsel zerlegt Speicherstoffe oder baut diese auf. Zwei Klassen von Kohlenstoffverbindungen haben dabei eine Schlüsselstellung inne: die Zucker und die Fette.

Unter einem **Zucker** versteht man ein Molekül mit der allgemeinen Zusammensetzung $C_n(H_2O)_n$. Man nennt diese Verbindungen daher auch „Kohlenhydrate". Ein bedeutendes Kohlenhydrat ist beispielsweise Glucose (Traubenzucker). Zucker können als Polyalkohole aufgefasst werden. Dabei stehen Kettenform und Ringform untereinander im Gleichgewicht, wobei die Ringform überwiegt. Baut man unendlich viele Zuckerringe zu Ketten zusammen, so entstehen große polymere Moleküle, die Baustoff für Zellstrukturen sein können. Ein Beispiel hierfür ist die Cellulose:

Glucose

Cellulose

Fette sind Kondensate aus dem Alkohol Glycerin und Carbonsäuren mit sehr langen Kohlenstoffketten. Solche Fettmoleküle können im Energiestoffwechsel in CO_2 und Wasserstoff zerlegt werden, der als NADH + H^+ in der Zelle gelagert und eingesetzt werden kann. Ersetzt man eine Carbonsäuregruppe durch einen stark polaren Rest, beispielsweise durch eine Phosphatgruppe, so erhält man ein Fettderivat, in diesem Fall ein sogenanntes Phospholipid. In wässriger Umgebung neigen Phospholipide dazu, sich in Doppelschichten zu organisieren, die wiederum das Bauprinzip von Zellmembranen darstellen (o Abb. 5.15). Werden diese mit polymeren Zuckermolekülen verstärkt, dann entstehen Zellwände. Sie bilden die Grundlage unserer Nahrungsmittel, aber auch von Energieträgern wie Holz, Braun- und Steinkohle bis hin zu Erdöl und Erdgas.

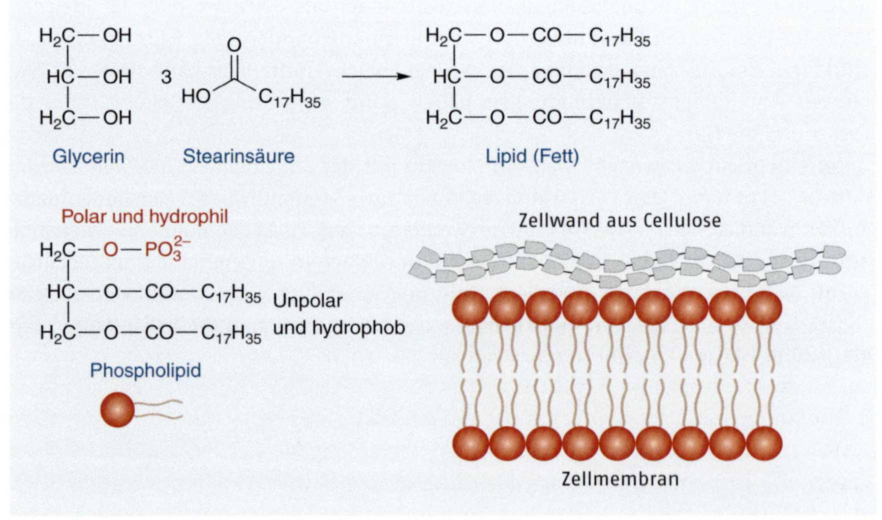

o **Abb. 5.15** Aufbau von Membranen aus Phospholipiden

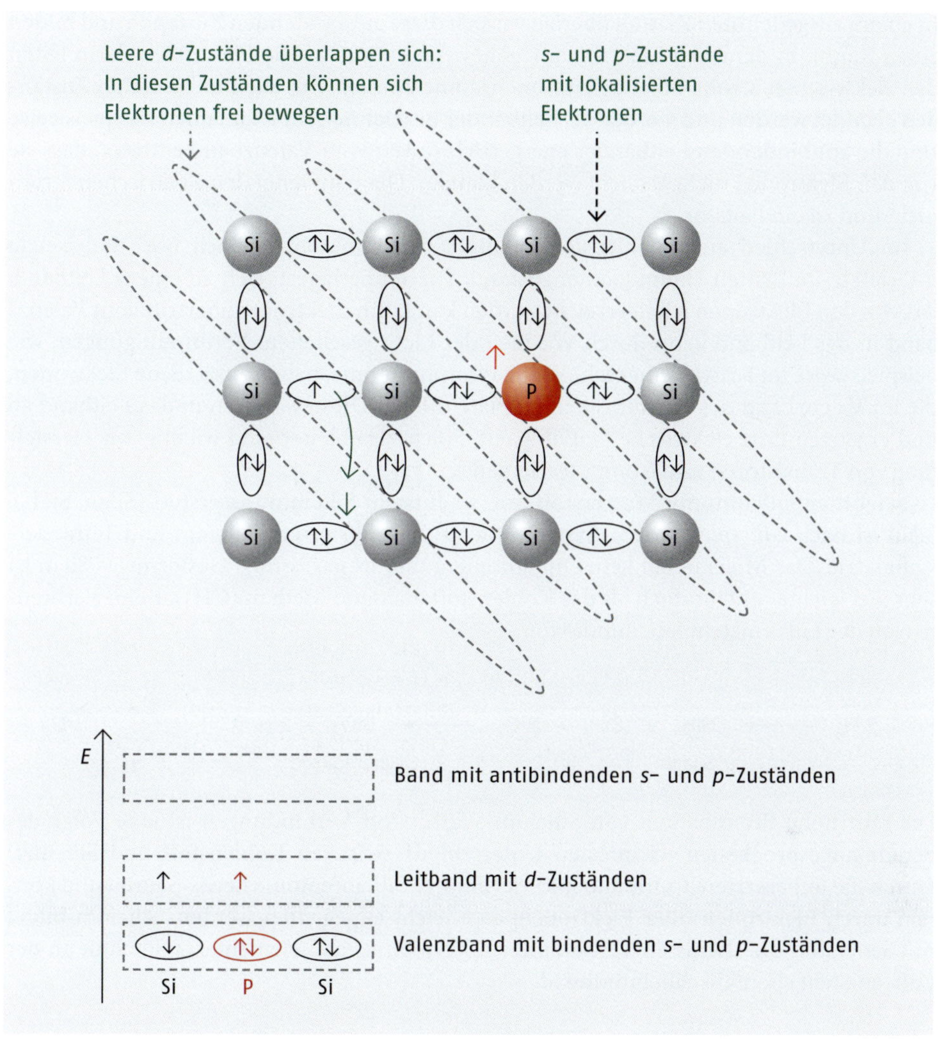

o Abb. 5.16 Elektronenzustände in einem Halbleiterkristall

5.4.2 Silicium

Elementares Silicium (Si) ist ein dunkles glänzendes Metall. Es kann aus siliciumoxidhaltigen Mineralien durch Reduktion mit Kohlenstoff dargestellt werden. Hochreines Silicium hat bei Raumtemperatur eine verschwindend kleine elektrische Leitfähigkeit. Sie steigt dramatisch, wenn entweder die Temperatur erhöht wird oder Verunreinigungen in den Kristall eingebaut werden. Ein solches Verhalten bezeichnet man als **Halbleitereigenschaft.** o Abb. 5.16 soll erklären, wie es zu Halbleitereigenschaften kommt. In einem hochreinen Siliciumkristall sind alle Siliciumatome, ähnlich wie im Diamanten, durch kovalente Bindungen miteinander verknüpft. Die Elektronen in diesen Zuständen sind lokalisiert, sie werden von den Atomkernen an ihrem Ort gehalten und können zur elektrischen Leitfähigkeit nichts beitragen. Das System dieser bindenden Zustände wird als **Valenzband** bezeichnet. Für jeden bindenden Zustand existiert auch ein antibindender Zustand.

5

In einem ausgedehnten Kristall überlagern sich diese antibindenden Zustände und bilden einen Raum, in dem sich Elektronen frei bewegen können. Die Elektronen darin leiten den elektrischen Strom. Solche Elektronenräume können von allen unbesetzten Zuständen gebildet werden und werden als Leitbänder bezeichnet. Im Diamanten beispielsweise sind die antibindenden Leitbänder energetisch soweit vom Valenzband entfernt, dass sie von den Elektronen nicht erreicht werden können. Diamant leitet den elektrischen Strom nicht und ist ein Isolator.

Im Unterschied zum Kohlenstoff verfügen Siliciumatome jedoch über unbesetzte *d*-Orbitale im dritten Hauptquantenzustand. Diese überlagern sich zu einem Leitband, das von den Elektronen leicht erreicht werden kann. Ein Elektronenübertritt vom Valenzband in das Leitband kann durch Wärme oder Licht geschehen. Verunreinigungen, wie beispielsweise im Kristall eingeschlossene Phosphoratome, haben zusätzliche Elektronen, die im Valenzband des Siliciums keinen Platz finden. Diese wandern in das Leitband ab und erzeugen dort elektrische Leitfähigkeit. Solche Halbleiter sind wichtig zur Herstellung von Transistoren und Computerelementen.

Setzt man Silicium mit Wasserstoff um, so entsteht Siliciumwasserstoff (Silan, SiH_4). Silan ist nach *Gillespie* ein AX_4-System, mit sp^3-hybridisiertem Silicium und Tetraedersymmetrie. Das Molekül hat kein Dipolmoment und ist gasförmig. Gasförmiges Silan ist sehr viel leichter entzündlich als das Kohlenstoffanalogon Methan (CH_4). Beim Verbrennen an der Luft entsteht Siliciumdioxid:

$$Si + 2\,H_2 \longrightarrow \underset{\text{Silan}}{SiH_4} \qquad SiH_4 + 2\,O_2 \longrightarrow \underset{\text{Siliciumdioxid}}{SiO_2} + 2\,H_2O$$

Die sehr hohe Brennbarkeit von Silicium-Wasserstoff-Verbindungen ist eine Folge des bereits angesprochenen wichtigsten Unterschieds zwischen Kohlenstoff und Silicium: Durch die unbesetzten *d*-Orbitale sind vierbindige Siliciumatome Lewis-Säuren und können durch Elektronen oder Elektronenpaare leicht angegriffen werden. Silicium bildet mit Sauerstoff die stabilsten Verbindungen. Verbrennt man elementares Silicium an der Luft, entsteht ebenfalls Siliciumdioxid:

$$Si + O_2 \longrightarrow SiO_2$$

Im Unterschied zu Kohlenstoff liegt im SiO_2 kein AX_2-System vor. Die Silicium- und Sauerstoffatome bilden ein sehr stabiles Kristallgitter, in dem alle Siliciumatome von vier Sauerstoffatomen umgeben sind. Nach *Gillespie* handelt es sich um ein AX_4-System mit sp^3-hybridisiertem Silicium und tetraedrischer Koordination. Siliciumdioxid ist daher kein Gas, sondern ein sehr stabiler Feststoff. Es gibt verschiedene Modifikationen von SiO_2. In reinster Form liegt es als Quarz vor, der oft sehr schöne Kristalle (Bergkristall) bildet. Einfacher Fluss- und Meeressand besteht in der Hauptsache aus SiO_2. Erzwingt man die Reaktion mit Wasser, so entsteht *ortho*-Kieselsäure, die Sauerstoffsäure von Silicium(IV):

$$SiO_2 + 2\,H_2O \longrightarrow Si(OH)_4$$

ortho-Kieselsäure

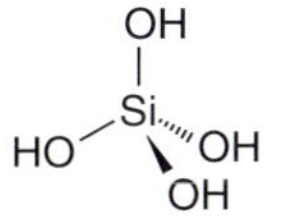

ortho-Kieselsäure ist ein tetraedrisches Molekül und eine sehr schwache Säure. Sie protolysiert in vier Stufen, wobei schon die erste Protolysestufe einen hohen pK_S-Wert hat und damit sehr schwach ist:

$$H_4SiO_4 \xrightleftharpoons{pK_S = 10{,}0} H^+ + H_3SiO_4^-$$

ortho-Kieselsäure kommt in allen Oberflächengewässern und im Meerwasser in geringer Konzentration vor. In höherer Konzentration (> 2 mmol/L) kondensiert *ortho*-Kieselsäure zu den unterschiedlichsten Formen der *meta*-Kieselsäure. Dabei findet eine intermolekulare Dehydratisierung statt. Die *meso*- und *meta*-Formen der Kieselsäure können dabei Ringe und Verzweigungen eingehen und eine der organischen Chemie ebenbürtige Strukturvielfalt erzeugen. Die physikalischen Eigenschaften der unterschiedlichsten Kieselsäuren sind sich aber sehr ähnlich; ihre chemischen Eigenschaften werden durch die Tendenz dominiert in das Anhydrid SiO_2 überzugehen. Die Anionen der Kieselsäure bezeichnet man als Silicate. Sie kommen in unterschiedlichen Ladungszuständen vor: $H_3SiO_4^-$ (Trihydrogensilicat), $H_2SiO_4^{2-}$ (Dihydrogensilicat), $HSiO_4^{3-}$(Hydrogensilicat), SiO_4^{4-} (Silicat; in mineralischen Salzen wie $Ca_2(OH)(HSiO_4)$ oder $Mg_3Al_2(SiO_4)_3$). Schmilzt man wasserhaltiges Siliciumoxid, dann bilden sich lange Ketten der *meso*-Kieselsäure. Kühlt man diese rasch ab, so können sich die Ketten nicht mehr zu geordneten Kristallen organisieren:

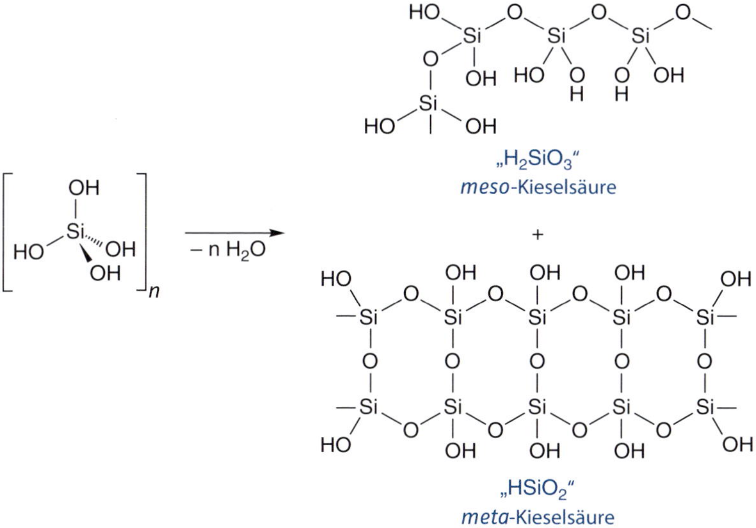

$$[Si(OH)_4]_n \xrightarrow{-\,n\,H_2O}$$

„H_2SiO_3"
meso-Kieselsäure

\+

„$HSiO_2$"
meta-Kieselsäure

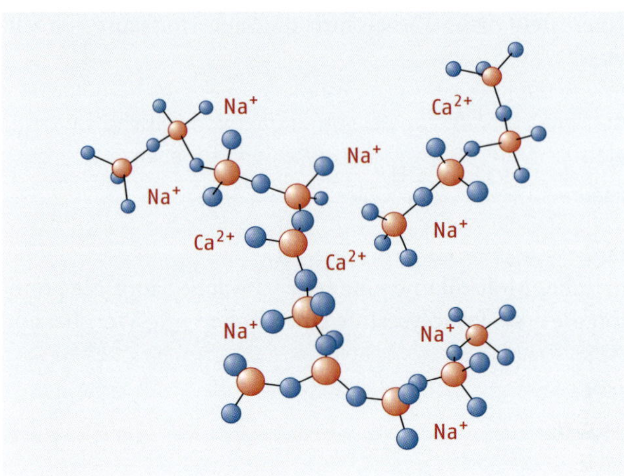

Abb. 5.17 Kieselsäureketten im Glas: ungeordneter Zustand

Es liegt ein Zustand vor, in dem die Kieselsäureketten alle ungeordnet durcheinanderliegen: eine erstarrte Schmelze bzw. **Glas** (Abb. 5.17). In diesem ungeordneten Zustand ist die erstarrte Schmelze genauso transparent wie jede andere Flüssigkeit.

Glas wird durch Flusssäure angegriffen. Dabei bildet sich flüchtiges Siliciumtetrafluorid. Ist Fluorid im Überschuss vorhanden, dann entsteht nichtflüchtiges Hexafluoridosilicat.

$$SiO_2 + 4\,HF \longrightarrow SiF_4 + 2\,H_2O \qquad SiF_4 + 2\,NaF \longrightarrow Na_2SiF_6$$

SiF_4: Siliciumtetracluorid

$[SiF_6]^{2-}$: Hexafluoridosilicat

In diesem komplexen Anion bildet Silicium ein AX_6-System. Das Siliciumatom besitzt eine d^2sp^3-Hybridisierung mit oktaedrischer Koordination und Symmetrie. An der Hybridisierung beteiligen sich das $3\,d_{x^2-y^2}$- und das $3\,d_{z^2}$-Orbital des Siliciums. Da das Si^{4+}-Ion als sehr harte Lewis-Säure gilt, bilden sich mit der harten Base F^- stabile Komplex-Anionen.

Silicium – Bedeutung in Biologie und Medizin

Kieselsäure ist in hoch verdünnter Form in jedem Oberflächengewässer präsent. Mikroskopisch kleine Algen, die Kieselalgen, verwenden sie zum Aufbau von Zellschalen aus *meta*-Kieselsäure. Diese Kieselalgen finden sich in Süßwassertümpeln ebenso wie im Meer. Ihre Schalen haben oft sehr ästhetische Formen (○Abb. 5.18). Im Meer führen sie zu Sedimentablagerungen, die als Kieselerde abgebaut werden. Kieselerde wird für Filtermaterialen, aber auch als Nahrungsergänzungsmittel benutzt.

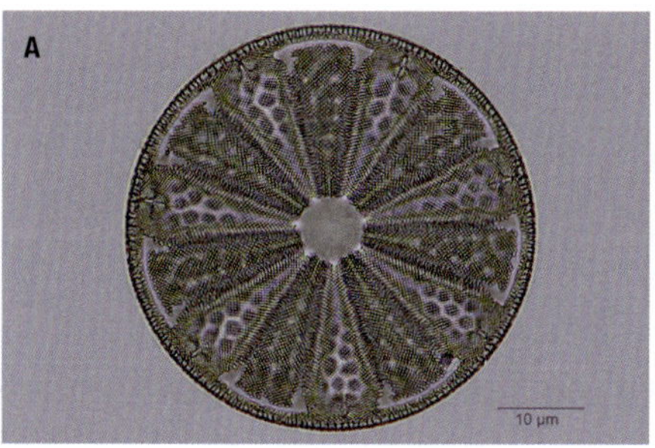

○ **Abb. 5.18** Typische Formen von Süßwasser-Kieselalgen: *Actinoptychus maculatus* E. Grove & E. Stuart (**A**) und Lorella Kennedy Diatomea (**B**)
(Bildnachweise: (**A**) Anatoly Mikhaltsov, Creative Commons, CC-BY-SA-4.0; (**B**) Massimo brizzi, Creative Commons, CC-BY-SA-4.0)

5.4.3 Germanium

Germanium (Ge) ist ein silberglänzendes, sehr sprödes Halbmetall. Es findet sich als Begleiter von silbersulfidhaltigen Mineralien, ist aber in der Natur sehr selten. Germanium ist in seinen chemischen Eigenschaften dem Silicium sehr ähnlich, ohne aber seine Bedeutung zu erreichen. Es reagiert mit Wasserstoff zu German-Wasserstoff:

$$Ge + 4\,H_2 \longrightarrow \underset{\text{German}}{GeH_4} \qquad \underset{\text{Digerman}}{H_3Ge{-}GeH_3} \qquad \underset{\text{Trigerman}}{H_3Ge{-}GeH_2{-}GeH_3}$$

German-Wasserstoffe sind bis zu Ge_9H_{20} bekannt und bilden ölige Flüssigkeiten. Sie sind stabiler als die pyrophoren Silane, da das Germaniumatom eine deutlich weichere Lewis-Säure ist und die *d*-Orbitale des Germaniums nicht so leicht angegriffen werden. Bei der Verbrennung von GeH_4 oder elementarem Germanium entsteht GeO_2, das wie SiO_2 ein Raumgitter aufbaut:

$$Ge + O_2 \longrightarrow GeO_2 \qquad GeO_2 + 2\,H_2O \rightleftharpoons \underset{\text{Germaniumsäure}}{Ge(OH)_4}$$

Germaniumdioxid kristallisiert in mehreren Modifikationen, von denen eine etwas wasserlöslich ist. Sie hydrolysiert zur Germaniumsäure, die erkennbar sauer und nicht wie ein Metallhydroxid alkalisch reagiert. In alkalischen Lösungen bildet sich das Germanat-Anion, das mit Alkalimetallen Salze bildet:

$$H_4GeO_4 + 4\,OH^- \longrightarrow \underset{\text{Germanat}}{GeO_4^{4-}} + 4\,H_2O$$

Bei Germanium gibt es auch Verbindungen der Oxidationsstufe +II. Germaniumtetrachlorid reagiert bei hohen Temperaturen mit metallischem Germanium zu Germaniumdichorid:

$$GeCl_4 + Ge \longrightarrow 2\,GeCl_2$$

Germaniumdichlorid

Germaniumdichlorid ist ein sehr starkes Reduktionsmittel, es ist salzartig und nicht molekular aufgebaut. Bei Kontakt mit Wasser hydrolysiert Chlorid zu $Ge(OH)_2$, das als Germanige Säure ebenfalls sauer und nicht alkalisch reagiert. Will man die Germanige Säure als Reinstoff isolieren, dann kondensiert sie zu ihrem Anhydrid GeO, das erstaunlich stabil ist:

$$GeCl_2 + 2\,H_2O \xrightarrow[-2\,Cl^-]{} Ge(OH)_2 \longrightarrow GeO + H_2O$$

5.4.4 Zinn

Zinn (Sn) existiert als glänzendes Metall mit guter elektrischer Leitfähigkeit. Es lässt sich aus seinen Oxiden durch Reduktion mit Kohlenstoff gewinnen. Zinn kommt in zwei Modifikationen vor: Das nichtmetallische α-Zinn ist die eigentlich stabilere Modifikation, das bekanntere metallische β-Zinn ist oberhalb von 13 °C stabil. Die Umwandlungsgeschwindigkeit beider Modifikationen ist sehr klein. Dennoch können Zinngegenstände bei langanhaltender Kälte durch Umwandlung in das pulverförmige Nichtmetall schweren Schaden nehmen (Zinnpest). Zinn ist ein sehr gut verformbares Metall und kann leicht zu Folien (Stanniol) ausgewalzt werden. Als Legierungsbeimischung zu Kupfer bildet es Bronze. Dieses Metall hat die Menschheit in der frühen Antike dem Umgang mit Metallen deutlich nähergebracht.

Zinn bildet stabile Verbindungen in zwei Oxidationsstufen, +II und +IV. Metallisches Zinn löst sich nicht in Wasser, wohl aber in konzentrierten starken Säuren. Dabei entsteht eine Lösung von Zinn(II)-chlorid und Wasserstoff, wobei die Zinn(II)-Ionen als Trichloridostannat(II)-$[SnCl_3]^-$-Komplexionen vorliegen (lat. *Stannium*, Zinn):

$$Sn + 3\,Cl^- + 2\,H^+ \longrightarrow H_2 + [SnCl_3]^-$$

Trichlorido-stannat(II)

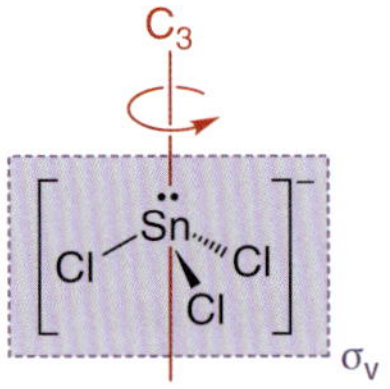

Trichloridostannat(II) ist nach *Gillespie* ein AX_3E-System. Das Zinnatom ist sp^3-hybridisiert und hat tetraedrische Koordinationsgeometrie. Da eine Spitze des Tetraeders nur mit einem freien Elektronenpaar besetzt ist, ist die Molekülgeometrie trigonal pyramidal. Die Hauptachse des Moleküls ist eine C_3-Achse. Es existieren weder eine horizontale Spiegelebene ($\rightarrow$ V-Gruppe) noch horizontale C_2-Drehachsen ($\rightarrow$ C-Gruppe). Die Molekülsymmetrie ist daher C_{3v}. Das Molekül hat ein Dipolmoment und ist daher sehr gut wasserlöslich. Löst man elementares Zinn in wässriger Perchlorsäure, so spielt sich eine analoge Reaktion ab, die aber zu einem sauren Aquakomplex führt. Das Triaquazinn(II)-Molekül kann man auch als hydratisiertes Sn^{2+} auffassen. In der ersten Koordinationssphäre hat es aber dieselbe Molekülgeometrie wie Trichloridostannat(II):

$$Sn + 3\,H_2O + 2\,H^+ \longrightarrow [Sn(H_2O)_3]^{2+} + H_2$$

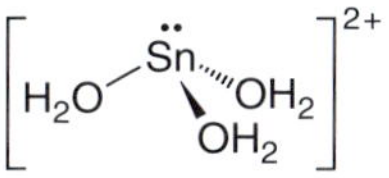

$$[Sn(H_2O)_3]^{2+} \rightleftharpoons [Sn(OH)(H_2O)_2]^+ + H^+$$

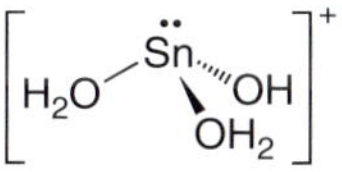

Erhöht man den pH-Wert in den Neutralbereich, dann fällt schwerlösliches $Sn(OH)_2$ aus:

$$\underset{\text{Trichlorido-stannat(II)}}{[SnCl_3]^-} + 2\,OH^- \longrightarrow \underset{\text{Zinn(II)-hydroxid}}{Sn(OH)_2\downarrow} + 3\,Cl^-$$

$$\underset{\text{Diaquadi-hydroxidozinn(II)}}{[Sn(OH)(H_2O)_2]^+} + OH^- \longrightarrow \underset{\text{Zinn(II)-hydroxid}}{Sn(OH)_2\downarrow} + 2\,H_2O$$

Zinnhydroxid kann zu Zinn(II)-oxid (SnO) entwässert werden:

$$Sn(OH)_2 \longrightarrow SnO + H_2O$$

Behandelt man Zinn(II)-oxid (SnO) oder frisch gefälltes Zinnhydroxid $Sn(OH)_2$ mit überschüssiger Alkalilauge, so lösen sich die Feststoffe wieder auf. Zinn(II) ist wie Al^{3+} amphoter. Beim Auflösen bildet sich Trihydroxidostannat(II):

$$Sn(OH)_2 + OH^- \longrightarrow \underset{\text{Trihydroxido-stannat(II)}}{[Sn(OH)_3]^-}$$

5

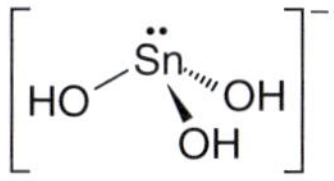

Selbst in schwach saurer Lösung bilden Lösungen von Sn^{2+}-Salzen beim Einleiten von Schwefelwasserstoff einen schwerlöslichen braunen Niederschlag von Zinn(II)-sulfid. Dieser Niederschlag löst sich im Überschuss an Mineralsäure, da das Fällungsmittel S^{2-} eine schwache Base ist:

$$H_2S \rightleftharpoons 2\,H^+ + \underset{\text{Sulfid}}{S^{2-}}$$

$$[Sn(H_2O)_3]^{2+} + S^{2-} \xrightarrow{pK_L = 28{,}0} \underset{\text{Zinn(II)-sulfid}}{SnS} + 3\,H_2O$$

In stark saurer Lösung ist der $[SnCl_3]^-$-Komplex ein schwaches, in alkalischer Lösung dagegen ein starkes Reduktionsmittel:

$$[SnCl_3]^- + 3\,Cl^- \rightleftharpoons [SnCl_6]^{2-} + 2\,e^-$$

Hexachlorido-stannat(IV)

$$[Sn(OH)_3]^- + 3\,OH^- \rightleftharpoons [Sn(OH)_6]^{2-} + 2\,e^-$$

Hexahydroxido-stannat(IV)

Wasserfreies $SnCl_2$ ist die im Handel gebräuchlichste Quelle für Zinn(II)-Verbindungen. Gelöst in konzentrierter HCl kann man mithilfe von Trichloridostannat(II) Edelmetalle wie Silber und Quecksilber aus ihren Salzen abscheiden. Da diese Lösung auch in der Lage ist, metallisches Arsen aus seinen Sauerstoffsäuren zu bilden, hat sie analytische Bedeutung (Bettendorf-Reagenz). In alkalischer Lösung wird $SnCl_2$ als Reduktionsmittel in vielfältiger Weise eingesetzt. Da sich $SnCl_2$ auch in organischen Lösemitteln gut löst, wird es dort gerne für die Reduktion von Nitrogruppen zu Aminogruppen verwendet. Bei der Oxidation von Sn(II)-Verbindungen entstehen Sn(IV)-Verbindungen. Verbrennt metallisches Zinn an der Luft, entsteht Zinndioxid (SnO_2). Ebenso bildet sich SnO_2, wenn metallisches Zinn in oxidierenden Säuren, z. B. in konzentrierter Salpetersäure, aufgelöst wird:

$$Sn + O_2 \longrightarrow SnO_2$$

Oxidationsgleichung	$Sn + 2\,H_2O \longrightarrow SnO_2 + 4\,e^- + 4\,H^+$	× 3
Reduktionsgleichung	$HNO_3 + 3\,e^- + 3\,H^+ \longrightarrow NO + 2\,H_2O$	× 4
Oxidationsgleichung × 3	$3\,Sn + 6\,H_2O \longrightarrow 3\,SnO_2 + 12\,e^- + 12\,H^+$	
Reduktionsgleichung × 4	$4\,HNO_3 + 12\,e^- + 12\,H^+ \longrightarrow 4\,NO + 8\,H_2O$	
Redoxgleichung	$4\,HNO_3 + 3\,Sn \longrightarrow 3\,SnO_2 + 4\,NO + 2\,H_2O$	

Zinndioxid wird auch als Zinnstein bezeichnet und gilt als die stabilste Zinnverbindung. In geglühter Form ist es durch Säuren oder Laugen kaum noch in Lösung zu bringen. Da es sich beim Einsatz von $SnCl_2$ als Reduktionsmittel gerne bildet, sorgt es für hartnäckige Verunreinigungen an Glasgefäßen und Apparaturen, die sich oft nur mit großer Mühe entfernen lassen. Die als Zwischenprodukte gebildeten Hexachlorido- oder Hexahydroxidostannat(IV)-Komplexe sind nach *Gillespie* AX_6-Systeme. Das Zinnatom ist d^2sp^3-hybridisiert und damit oktaedrisch koordiniert. Dabei kommen die d-Orbitale aus dem fünften Hauptquantenzustand ($5\,d_{z^2}$- und $5\,d_{x^2-y^2}$-Orbitale):

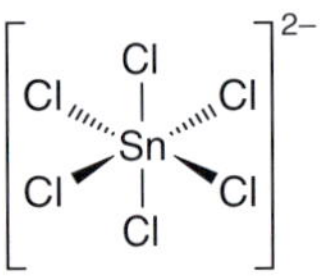

$$[SnCl_6]^{2-} + 2\,H_2O \rightleftharpoons SnO_2 + 4\,H^+ + 6\,Cl^-$$

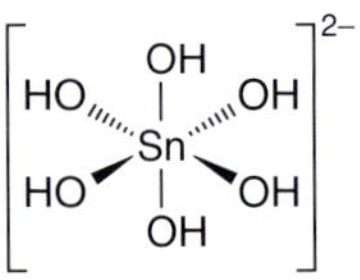

$$[Sn(OH)_6]^{2-} \rightleftharpoons SnO_2 + 2\,H_2O + 2\,OH^-$$

Will man das Ausfallen von Zinnstein verhindern, dann hilft der Zusatz von Oxalsäuresalzen. Das Oxalat-Ion wirkt als zweiwertige Lewis-Base und bildet mit Sn^{4+}-Ionen einen oktaedrisch koordinierten Komplex. Komplexe mit mehrwertigen bzw. **mehrzähnigen** Liganden werden **Chelatkomplexe** genannt. Sie sind sehr viel stabiler als Komplexe mit einwertigen bzw. einzähnigen Liganden. Warum dies so ist, zeigt folgendes Komplexbildungsgleichgewicht:

$$[Sn(OH)_6]^{2-} + 3\ C_2O_4^{2-} \rightleftharpoons [Sn(C_2O_4)_3]^{2-} + 6\ OH^-$$

Hexahydroxidostannat(IV) Oxalat Trioxalatostannat(IV)

Bei der Bildung des Oxalatostannatkomplexes entstehen sieben Produktteilchen aus vier Eduktteilchen. Die Reaktionsentropie ΔS^0 ist damit stark positiv. Die Bindungsenergien zwischen einer Oxalato-O–Sn-Bindung und einer Hydroxido-O–Sn-Bindung sind sich sehr ähnlich. Daher ist ΔH^0 im Ligandenaustausch sehr klein und die freie Reaktionsenthalpie ΔG^0 wird nach der Gibbs-Helmholtz-Gleichung (Gleichung 4.43, ▸Kap. 4.6) stark negativ. Dadurch wird die Komplexbildungskonstante K nach *van't Hoff* (Gleichung 4.56, ▸Kap. 4.7) sehr viel größer als 1:

$$\Delta G^0 = \Delta H^0 - T\Delta S^0 \text{ und } K = e^{-\frac{\Delta G^0}{R \cdot T}} \gg 1$$

Grundsätzlich sind Chelatkomplexe stabiler als Komplexe mit einzähnigen Liganden mit vergleichbarer Lewis-Säure-Base-Wechselwirkung. Dieser wichtige Effekt wird **Chelateffekt** genannt. Seine Ursache liegt stets in der Reaktionsentropie der Komplexbildung.

Aus schwach saurer Lösung bilden Zinn(IV)-Salze beim Einleiten von Schwefelwasserstoff schwerlösliches gelbes Zinn(IV)-sulfid (SnS_2). In alkalischer Lösung löst sich SnS_2 mit überschüssigem Sulfid (S^{2-}) unter Bildung eines löslichen Thiostannat(IV)-Komplexes wieder auf:

$$[SnCl_6]^{2-} + 2\ H_2S \rightleftharpoons SnS_2 + 6\ Cl^- + 4\ H^+$$

$$SnS_2 + S^{2-} \rightleftharpoons [SnS_3]^{2-}$$

Thiostannat(IV)

Zinn(IV)-sulfid ist im Gegensatz zum Schwefelkohlenstoff keine molekulare, sondern eine ionische, nichtflüchtige Verbindung mit hohem Schmelzpunkt. Im Vergleich zu Sn^{2+}-Ionen sind Sn^{4+}-Ionen relativ harte Lewis-Säuren. Die Sulfid-Ionen (S^{2-}) gelten aber als sehr weiche Lewis-Basen. Die hohe Stabilität von SnS_2 und $[SnS_3]^{2-}$ ist daher nach dem Pearson-Konzept zunächst nicht leicht zu verstehen. Es muss einen externen Grund geben, der die hohe Stabilität von SnS_2 erklärt. Wenn aber weiche Basen an eine harte

Säure stabil koordinieren, dann wird die Härte der Säure durch die weichen Basen deutlich vermindert. So wird die Bildung von Thiostannat(IV) aus SnS_2 verständlicher.

Zinn – Bedeutung in Biologie und Medizin

Soweit bisher bekannt ist, hat Zinn keine physiologische Bedeutung. Aus der Gruppe der zinnorganischen Verbindungen gibt es jedoch eine Gruppe, die Trialkylzinnverbindungen, die aufgrund ihrer antimikrobiellen Wirkung Anstrichfarben für Schiffe und Holzschutzmitteln beigemischt wurden. Dazu gehören vor allem Tributylzinn ($SnCl(CH_2CH_2CH_2CH_3)_3$) und Triphenylzinn ($SnCl(C_6H_5)_3$). Ihre antimikrobielle Wirkung beruht darauf, dass sie –SH-Gruppen in Proteinen (▶Kap. 5.6.2, Schwefel – Bedeutung in Biologie und Medizin) ähnlich der Reaktion zu SnS_2 binden und damit außer Funktion setzen. Als unerwünschter Wirkung findet diese Reaktion jedoch auch in vielen Meeresorganismen sowie in Lebewesen anderer Ökosysteme statt, nicht zuletzt auch im Menschen. Aufgrund ihrer hohen Giftigkeit sind diese Substanzen daher mittlerweile in vielen Ländern verboten.

5.4.5 Blei

Elementares Blei (Pb) wird vor allem aus Bleisulfid durch Reduktion mit Kohlenstoff gewonnen. Es ist ein sehr weiches, gut verformbares Metall mit geringem Schmelzpunkt, (≈ 330 °C). Blei reagiert spontan mit Luftsauerstoff, ist aber in der Regel durch Oberflächenpassivierung geschützt. Lässt man Blei mit Luftsauerstoff reagieren, so bildet sich Blei(II)-oxid:

$$2\,Pb + O_2 \longrightarrow \underset{\text{Blei(II)-oxid}}{2\,PbO} \qquad PbO + 2\,H^+ \longrightarrow Pb^{2+} + H_2O$$

Im Unterschied zu Zinn ist bei Blei die Oxidationsstufe +II die stabilste Form. Blei(II)-oxid löst sich in Säuren (vor allem in $HClO_4$ und verdünnter HNO_3) und bildet dabei hydratisierte Pb^{2+}-Ionen, die in unterschiedlichen, zum Teil mehrkernigen Formen vorkommen. In saurer Lösung spielt sich in der Hauptsache das folgende Gleichgewicht ab, wobei es von Konzentration und pH-Wert abhängt, welche Spezies dominiert:

$$4\,[Pb(H_2O)_3]^{2+} \underset{}{\overset{-\,H^+}{\rightleftharpoons}} 4\,[Pb(OH)(H_2O)_2]^{+} \overset{-\,8\,H_2O}{\rightleftharpoons} [Pb_4(OH)_4]^{4+}$$

Wird zu einer Bleinitratlösung Schwefelsäure gegeben, kommt es zur Bildung von schwerlöslichem $PbSO_4$. Eine neutrale Bleinitratlösung reagiert mit Kaliumchromat unter Bildung von schwerlöslichem $PbCrO_4$. Aus einer Bleinitratlösung fällt nach Zugabe von Salzsäure schwerlösliches $PbCl_2$ aus.

$PbCl_2$ ist in heißem Wasser gut löslich, bei langsamem Abkühlen bilden sich jedoch übersättigte Lösungen. In solchen übersättigten Lösungen ist zwar das Löslichkeitsprodukt überschritten, die Ionen finden aber keinen Ansatz zur Kristallisation. Die Kristallisation ist kinetisch gehemmt. Oft reicht es aus, einer solchen Lösung einen Kristall zuzusetzen, und die Kristallisation läuft spontan bis zum Erreichen des Löslichkeitsgleichgewichts ab. Mit Bromid und Iodid bilden Pb^{2+}-Ionen stabile Niederschläge:

$$Pb^{2+} + SO_4^{2-} \xrightleftharpoons{pK_L = 8,0} PbSO_4$$

$BaSO_4$: $pK_L = 10,0$

$$Pb^{2+} + 2\,Cl^- \xrightleftharpoons{pK_L = 4,8} PbCl_2$$

$$Pb^{2+} + CrO_4^{2-} \xrightleftharpoons{pK_L = 18,8} PbCrO_4$$

$BaCrO_4$: $pK_L = 9,7$

$$Pb^{2+} + 2\,Br^- \xrightleftharpoons{pK_L = 5,3} PbBr_2$$

$$Pb^{2+} + 2\,I^- \xrightleftharpoons{pK_L = 8,1} PbI_2$$

Im zweiwertigen Zustand zeigt Pb^{2+} Ähnlichkeiten zu Erdalkalimetallen. Pb^{2+}-Ionen weisen jedoch härtere Eigenschaften auf als Ba^{2+}-Ionen, da Pb in derselben Periode die größere Kernladungszahl hat. Beim Vergleich der Stabilitäten der Niederschläge von $PbSO_4$ und $BaSO_4$, ist $BaSO_4$ erwartungsgemäß der stabilere Kristall, wenn dem Sulfat-Ion als Bindungspartner in einem räumlichen Kristall weiche Eigenschaften zugeschrieben werden. Die angenommenen Eigenschaften beim Vergleich von $PbCrO_4$ und $BaCrO_4$ entsprechen jedoch nicht den Erwartungen. Die Vorstellung, das Chromat-Ion in einem Salzgitter sei hart, wohingegen Sulfat weich sein soll, überzeugt nicht. Hier existiert ein zusätzliches Stabilitätsargument. Die Pb^{2+}- und Ba^{2+}-Ionen unterscheiden sich im gelösten Zustand deutlich voneinander. In neutraler Lösung liegen Ba^{2+}-Ionen einzeln solvatisiert vor, während Pb^{2+}-Ionen sich zu Clustern vereinigen. Im solvatisierten Zustand sind also Pb^{2+}-Ionen erheblich instabiler und der Lösungsprozess vergrößert die Entropie bei Pb^{2+}-Ionen wesentlich weniger als bei Erdalkali-Ionen. Beides geht zu Lasten der Stabilität gelöster Pb^{2+}-Ionen. Beim Stabilitätsvergleich der Pb-Halogenide funktioniert eine Pearson-analoge Betrachtung bei den Kristallen problemlos. Die Pb^{2+}-Ionen haben weiche Eigenschaften, und die Anionen werden von Cl^- bis hin zu I^- immer weicher. Hier passt aber PbF_2 mit $pK_L = 7,5$ wieder nicht in die Reihe. Auch hier ist eine zusätzliche Ursache außerhalb der Polarisationstheorie zu vermuten. Behandelt man schwerlösliches PbI_2 mit einem Überschuss an Iodid, so steigt die Löslichkeit beträchtlich. Es bilden sich Triiodidoplumbat(II)($[PbI_3]^-$)- und Tetraiodidoplumbat(II)($[PbI_4]^{2-}$)-Komplexe:

$$PbI_2 + I^- \rightleftharpoons [PbI_3]^- \qquad [PbI_3]^- + I^- \rightleftharpoons [PbI_4]^{2-}$$

Triiodido-plumbat(II) — Tetraiodido-plumbat(II)

Bei Tetraiodidoplumbat(II) liegt der klassische Fall der Kombination einer weichen Lewis-Säure mit einer weichen Lewis-Base vor, die einen stabilen Komplex bilden. Gibt man zu einer schwach sauren Lösung von Pb^{2+} etwas Natronlauge, fällt sofort $Pb(OH)_2$ aus, das sich rasch in wasserhaltiges PbO umwandelt:

$$Pb^{2+} + 2\,OH^- \rightleftharpoons Pb(OH)_2 \rightleftharpoons PbO + H_2O$$

Die Eigenschaft, dass sich frisch gefällte Hydroxide in stabilere Oxide umwandeln, zeigt sich gelegentlich bei weichen Metallkationen. Dieses Verhalten zeigt auch in deutlicherer Form Quecksilber (▸ Kap. 7.8.3). Das Oxid-Ion (O^{2-}) ist eine erheblich **stärkere** Brönsted-Base als das Hydroxid-Ion (OH^-). Im Oxid sind aber, aufgrund der Abstoßung zwischen den beiden negativen Ladungen, die Orbitale erheblich größer als im OH^-. Daher ist das Oxid **weicher** als das Hydroxid (wenn es auch nicht zu den ausgesprochen weichen Lewis-Basen gehört). Dadurch wird verständlich, dass weiche Metallkationen lieber Oxide als Hydroxide bilden. Frisch gefälltes $Pb(OH)_2$ löst sich in einem Überschuss an OH^-, da die Löslichkeit von Pb^{2+}-Ionen wieder ansteigt. Pb^{2+} verhält sich amphoter:

$$Pb(OH)_2 + OH^- \rightleftharpoons [Pb(OH)_3]^-$$

Trihydroxido-plumbat(II)

$$\left[HO-\ddot{Pb}(OH)(OH) \right]^-$$

Blei-Hydroxidokomplexe passen nicht richtig in das klassische Pearson-Konzept, da es sich um Kombinationen der weichen Säure Pb^{2+} mit der harten Base OH^- handelt. Versetzt man eine schwach saure Lösung von Pb^{2+} mit H_2S, so fällt schwarzes PbS aus, das sich im Überschuss von Mineralsäuren, aber nicht im Überschuss von S^{2-} löst:

$$Pb^{2+} + S^{2-} \xrightleftharpoons{pK_L = 28{,}0} PbS$$

Oxidiert man Pb^{2+}-Ionen in wässriger Lösung mit starken Oxidationsmitteln, z. B. mit Chlor, so erhält man Blei(IV)-oxid (PbO_2):

$$Pb^{2+} + 2\,H_2O + Cl_2 \longrightarrow PbO_2 + 4\,H^+ + 2\,Cl^-$$

Blei(IV)-oxid ist ein schwerlösliches schwarzes Pulver, das oft als starkes Oxidationsmittel eingesetzt wird. Setzt man es mit konzentrierter Essigsäure um, erhält man $Pb(OAc)_4$, Pb(IV)-acetat, das als Oxidationsmittel in der organischen Chemie verwendet wird. Ansonsten ist das Sortiment gebräuchlicher Pb(IV)-Verbindungen in der Alltagschemie eher begrenzt. Der Übergang $Pb \rightarrow Pb^{2+} \rightarrow Pb^{4+}$ findet jedoch in Bleiakkumulatoren eine wichtige Alltagsanwendung. Ein Bleiakkumulator gilt als klassisches Beispiel einer ungeteilten, regenerierbaren Feststoffelektrode. Sein Aufbau ist denkbar einfach: Zwei Blei-Blech-Metallstreifen tauchen in eine verdünnte Schwefelsäurelösung, der man einen Löffel $PbSO_4$ zugesetzt hat (○ Abb. 5.19).

Soll die Anlage als Batterie genutzt werden, muss sie zuerst aufgeladen werden. Mithilfe einer äußeren Spannungsquelle wird ein positives Potenzial an die Anode und ein negatives Potenzial an die Kathode angelegt. An der Anode wird Pb^{2+} aus der Lösung zu Pb^{4+} oxidiert. An der Oberfläche des Metalls bildet sich eine Schicht aus schwerlöslichem PbO_2:

$$Pb^{2+} + 2\,H_2O \longrightarrow PbO_2 + 4\,H^+ + 2\,e^-$$

$$E^0_{(Pb/PbO_2)} = 1{,}47\ V$$

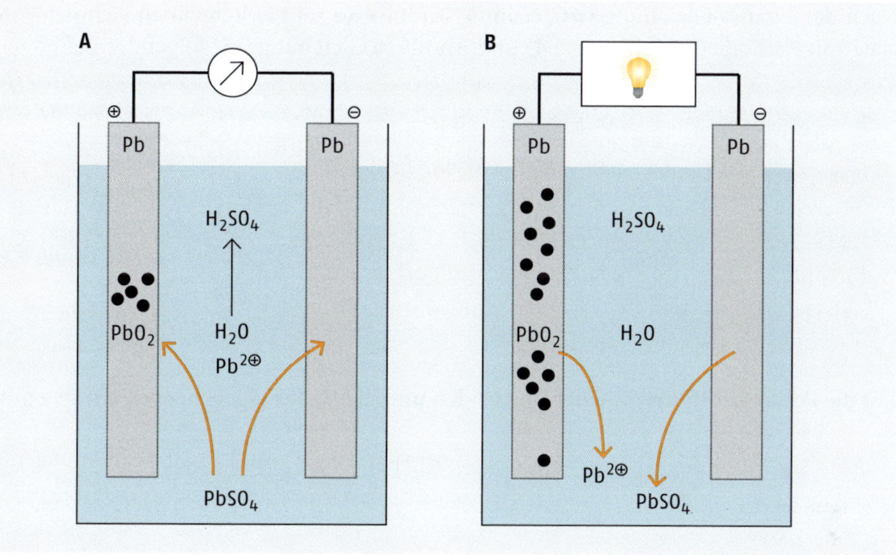

Abb. 5.19 Bleiakkumulator: Prozesse beim Laden (A) und bei der Stromentnahme (B)

Das aus der Lösung entnommene Pb^{2+} wird durch das Löslichkeitsgleichgewicht von $PbSO_4$ ersetzt:

$$PbSO_4 \rightleftharpoons Pb^{2+} + SO_4^{2-}$$

An der Kathode wird Pb^{2+} aus der Lösung zu elementarem Blei reduziert:

$$Pb^{2+} + 2\,e^- \rightleftharpoons Pb$$

$$E^0_{(Pb/Pb^{2+})} = -\,0{,}13\ V$$

Auch dieses verbrauchte Blei wird aus dem Löslichkeitsgleichgewicht ersetzt. Während des Ladevorgangs löst sich also unser Vorrat an $PbSO_4$ auf, während die Kathode an Masse gewinnt und sich die Anode mit PbO_2 überzieht. Dabei steigt der Gehalt an Schwefelsäure um die Stoffmenge des aufgelösten $PbSO_4$. Hat sich alles $PbSO_4$ aufgelöst und ist kein Pb^{2+} mehr in der Lösung vorhanden, dann muss der Ladevorgang abgebrochen werden, da ansonsten die Wasserzerlegung in Wasserstoff und Sauerstoff die Rolle des stromverbrauchenden Prozesses übernimmt. Der Akkumulator wird überladen und erzeugt Gas. **Achtung:** Dabei entstehendes Knallgas kann explodieren und stellt eine Gefahr dar!

Wird die Spannungsquelle durch einen Stromverbraucher ersetzt, laufen alle Prozesse umgekehrt ab. An der PbO_2-Elektrode – sie ist jetzt die Kathode – wird PbO_2 zu Pb^{2+} reduziert. Pb^{2+} wird an die Lösung abgegeben und fällt als $PbSO_4$ aus. Dabei gilt für die Pb^{2+}-Konzentration nach dem Löslichkeitsprodukt (Gleichung 4.112, ▸Kap. 4.11):

Gleichung 5.3

$$[a_{(Pb^{2+})}] = \frac{K_L}{[a_{(SO_4^{2-})}]}$$

Nach der Nernst-Gleichung (Gleichung 4.130, ▸Kap. 4.12) berechnen sich die Potenziale von Kathode (Gleichung 5.4) und Anode (Gleichung 5.5) folgendermaßen:

$$E_K = E^0_{(Pb^{2+};PbO_2)} - \frac{4}{2} \cdot 0{,}06\,\mathrm{pH} + \frac{0{,}06}{2} \cdot \log \frac{1}{[a_{(Pb^{2+})}]} = E^0_{(Pb^{2+};PbO_2)} - 0{,}12\,\mathrm{pH} + 0{,}03\,\mathrm{p}K_L + 0{,}03 \log \left[a_{(SO_4^{2-})}\right]$$ Gleichung 5.4

$$E_A = E^0_{(Pb^{2+};Pb)} + \frac{0{,}06}{2} \cdot \log \left[a_{(Pb^{2+})}\right] = E^0_{(Pb^{2+};Pb)} - 0{,}03\,\mathrm{p}K_L - 0{,}03 \log \left[a_{(SO_4^{2-})}\right]$$ Gleichung 5.5

Für die Potenzialdifferenz beider Elektroden und damit die abgegebene Spannung gilt:

$$\Delta E = E_K - E_A = E^0_{(Pb^{2+};PbO_2)} - E^0_{(Pb^{2+};Pb)} - 0{,}12\,\mathrm{pH} + 0{,}06\,\mathrm{p}K_L + 0{,}06 \log \left[a_{(SO_4^{2-})}\right]$$ Gleichung 5.6

Liegt die Schwefelsäurekonzentration bei ca. 1 mol/L, so liefert der Bleiakkumulator eine Spannung von 1,47 V + 0,13 V + 0,06 · 10 V = 2,2 V. Nun ändert sich aber die Schwefelsäurekonzentration um den Wert des $PbSO_4$-Vorrats, der der Zelle zugesetzt wurde. Diese Änderung der H^+- und der Sulfataktivität bewirkt eine Spannungsänderung zwischen dem vollgeladenen und dem fast leeren Zustand der Batterie. Diese ist aber gering, wenn H_2SO_4 im Überschuss gegenüber $PbSO_4$ eingesetzt wurde. Der Bleiakkumulator bildete über Jahrzehnte das Grundprinzip einer jeden Autobatterie.

Blei – Bedeutung in Biologie und Medizin

Physiologisch hat Blei vor allem Bedeutung als Giftstoff, es kann als typisches Beispiel für ein toxisches Schwermetall angesehen werden. Blei war in früheren Jahrzehnten als Industriemetall weit verbreitet, z. B. bei der Fertigung von Bleiakkumulatoren und Bleiabflussrohren oder bei der Verwendung als Kraftstoffzusatz.

Bleiverbindungen werden durch die Lunge sehr viel schneller aufgenommen als über den Magen-Darm-Trakt. Vom Körper aufgenommene Pb^{2+}-Ionen werden von den roten Blutkörperchen im Körper verteilt und wandern von dort aus in Ca^{2+}-reiches Gewebe, vor allem in Knochen und Zähne, wo es Ca^{2+} in Hydroxylapatit ersetzt: $Ca_2(PO_4)OH$ wird zu $CaPb(PO_4)OH$. In den betroffenen Geweben kommt zur Bildung von Bleidepots.

Die Giftwirkung besteht vor allem in der Hemmung verschiedener Enzyme, die einerseits zu einer verminderten Bildung von roten Blutkörperchen führt (Anämie), andererseits auf noch nicht vollständig geklärte Weise Nervenzellen im Gehirn schädigt (Bleienzephalophatie).

Bei einer Aufnahme von mehr als 1 mg Blei pro Tag kommt es im Körper vor allem in Form von Bleisulfid zu einer Anreicherung. Bleisulfid färbt das Zahnfleisch gelb und kann dann als Bleisaum erkannt werden. Bis zur Ausbildung von manifesten Vergiftungserscheinungen kann es lange Zeit dauern. Ebenso lange dauert es, bis die Bleidepots abgebaut sind.

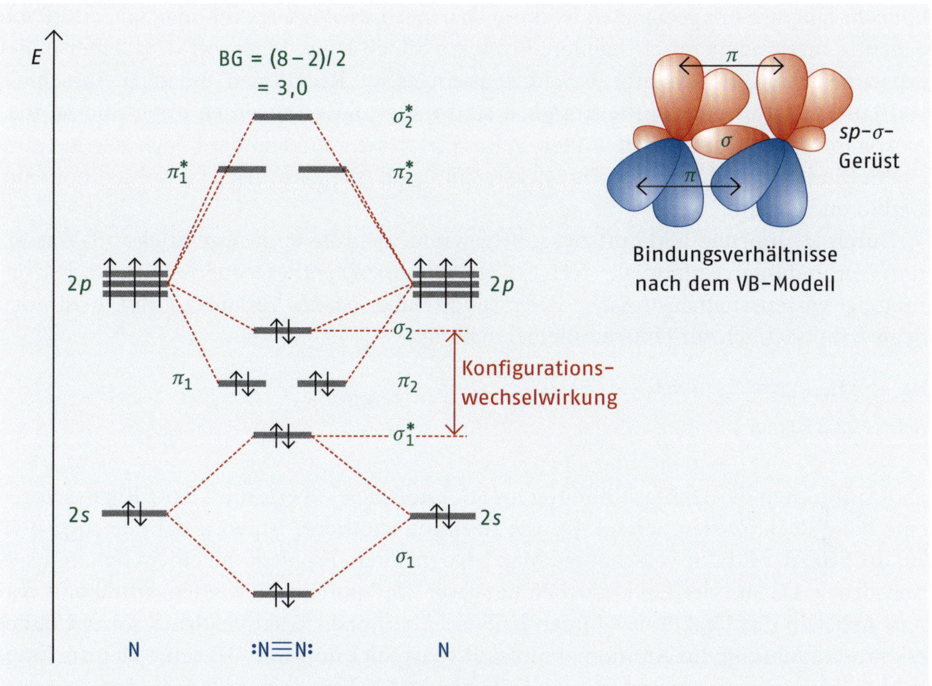

Abb. 5.20 Bindungsverhältnisse von Stickstoff (N_2)

5.5 Elemente der 5. Hauptgruppe: Stickstoff-Gruppe

5

Zur fünften Hauptgruppe gehören die Elemente Stickstoff (N), Phosphor (P), Arsen (As), Antimon (Sb) und Bismut (Bi). Diese Elemente haben alle die Elektronenkonfiguration $ns^2\ np^3$. In Molekülen mit kovalenten Bindungen tendieren sie zur Drei- oder Fünfbindigkeit. Aufgrund ihrer Stellung im PSE ist ihre maximale Oxidationsstufe +V, ihre minimale Oxidationsstufe –III. Die Normalreihe der Oxidationsstufen wird dann durch die Werte +V, +III, +I, –I und –III gebildet. Das Element selbst steht nicht in dieser Normalreihe, was zu Komplikationen bei molekularen Nichtmetalloxiden führt. Die leichten Elemente bis hin zum Arsen gelten als ausgesprochene Nichtmetalle. Erst die schweren Vertreter Antimon und Bismut zeigen deutliche Metalleigenschaften.

5.5.1 Stickstoff

Stickstoff (N) ist der Hauptbestandteil unserer Atemluft. Unsere Atmosphäre besteht zu ca. 78 % aus elementarem Stickstoff, der als Elementgas in Form zweiatomiger Moleküle (N_2) vorliegt. Stickstoff ist mit einer Elektronegativität von 3,0 ein ausgesprochenes Nichtmetall. Im Stickstoffmolekül sind beide Stickstoffatome *sp*-hybridisiert (AXE-System nach *Gillespie*) und durch eine Dreifachbindung miteinander verknüpft. Abb. 5.20 zeigt die Struktur und das MO-Schema des Stickstoffmoleküls. Es hat Zylindersymmetrie $D_{\infty h}$. Als Molekül, das aus zwei identischen Atomen besteht, kann es kein permanentes Dipolmoment besitzen. Durch die hohe Symmetrie des Moleküls können die Elektronen auch schwer durch Reaktionspartner wie Oxidationsmittel oder Lewis-Säuren angegriffen werden. Daher ist das Stickstoffmolekül vor allem **kinetisch** ausgesprochen stabil. Es reagiert nur sehr langsam mit geeigneten Reaktionspartnern wie Wasserstoff oder Sauerstoff, mit denen es thermodynamisch stabilere Produkte bilden kann. Stickstoff wird daher in der experimentellen Praxis häufig als Schutzgas eingesetzt. Reaktionen, die unter Ausschluss von Luftsauerstoff oder Luftfeuchtigkeit stattfinden müssen, werden unter Stickstoffatmosphäre durchgeführt. Mit seinen zehn Elektronen im Standard-MO-Schema und einem Bindungsgrad von 3 ist das Stickstoffmolekül isoelektronisch zu Kohlenmonoxid, Carbid und Cyanid.

Durch Hydrierung von Luftstickstoff gewinnt man die einfachste Stickstoff-Wasserstoff-Verbindung: Ammoniak (NH_3). Die Ammoniaksynthese durch Stickstoffhydrierung hat wissenschaftshistorische Bedeutung (Haber-Bosch-Verfahren) und dient noch heute hauptsächlich zur Düngemittelherstellung:

$$N_2 + 3\,H_2 \rightleftharpoons 2\,NH_3$$

$$\Delta H = -92{,}3\ \text{kJ/mol}$$

Das Aufbrechen der Dreifachbindung im Stickstoffmolekül erfordert trotz Katalysatoren eine hohe Reaktionstemperatur. Da die Reaktion exotherm ist, wird das Gleichgewicht auf die Seite der Edukte verschoben. Man begegnet dem Problem mit einem hohen Reaktionsdruck. Da aus vier Eduktteilchen nur zwei Produktteilchen werden, wird bei isobarem Arbeiten das Reaktionsvolumen halbiert. Ein hoher Reaktionsdruck fördert daher die Produktbildung. Im Ammoniakmolekül weist Stickstoff mit –III seine kleinste mögliche Oxidationsstufe auf und ist nach *Gillespie* ein AX_3E-System. Mit vier raumbeanspruchenden Gruppen in der Valenzsphäre ist das Stickstoffatom sp^3-hybridisiert und tetraedrisch koordiniert. Da das freie Elektronenpaar zur Molekülgeometrie keinen Beitrag leistet, bildet das Molekül eine trigonale Pyramide mit C_{3v}-Symmetrie (vgl. $[SnCl_3]^-$, ▸ Kap. 5.4.4). Mit dieser geringen Symmetrie bilden die drei polaren N–H-Bindungen ein resultierendes Dipolmoment, das nicht kompensiert wird. Der Stickstoff ist an seinem freien Elektronenpaar negativ polarisiert und kann dort als **Wasserstoffbrücken-Akzeptor** wirken (o Abb. 5.21). Die drei Wasserstoffatome sind jeweils positiv polarisiert und können als **Wasserstoffbrücken-Donator** wirken. Dennoch sind die Wasserstoffbrückenbindungen zwischen Ammoniakmolekülen relativ schwach. Das Molekül ist bei Standardbedingungen gasförmig und siedet bei einer Temperatur von –33 °C.

Die intermolekularen Kräfte sind beim NH_3 deshalb so schwach, weil auf drei Wasserstoffbrücken-Donatoren nur ein Wasserstoffbrücken-Akzeptor kommt (o Abb. 5.21).

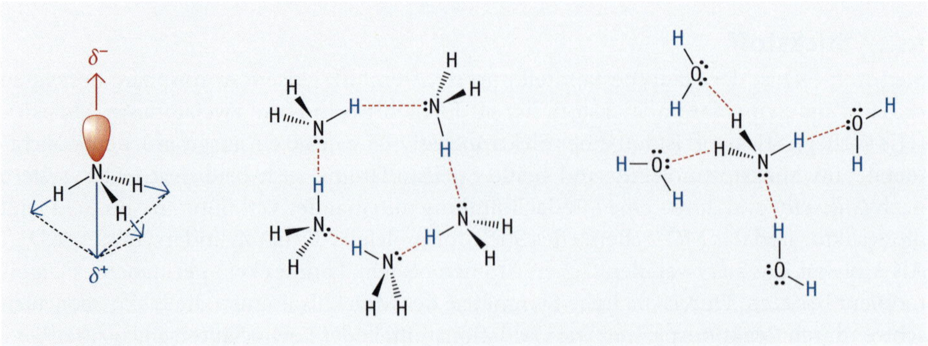

o **Abb. 5.21** Struktur und intermolekulare Wasserstoffbrücken von Ammoniak

Dadurch wird im Mittel nur ein Drittel des Dipolmoments in den intermolekularen Wechselwirkungen ausgenutzt. Andererseits zeigt sich die polare Eigenschaft des Ammoniakmoleküls in einer sehr hohen Wasserlöslichkeit. Bei Raumtemperatur kann Wasser bis zu 25 Gewichtsprozent an Ammoniak aufnehmen. Eine solche gesättigte Lösung von Ammoniak in Wasser nennt man konzentrierter Ammoniak. Da ein Wassermolekül sowohl zwei Wasserstoffbrücken-Donatoren als auch zwei Wasserstoffbrücken-Akzeptoren besitzt, kann Wasser im Lösemittelüberschuss das Dipolmoment des Ammoniaks erheblich besser ausnutzen. Das freie Elektronenpaar von Ammoniak erhält damit die Eigenschaft einer Brönsted-Base. In Wasser protolysiert Ammoniak zu Hydroxid (OH^-) und Ammonium (NH_4^+):

$$NH_3 + H_2O \xrightleftharpoons{pK_B = 4{,}75} NH_4^+ + OH^-$$

Wenn NH_3 eine schwache Base ist, dann ist Ammonium eine schwache Säure. Als AX_4-System bildet das Ammonium-Ion ein perfektes Tetraeder. Es bildet mit den Anionen starker Säuren in der Regel wasserlösliche Salze. Neutralisiert man eine Ammoniaklösung mit Salzsäure, so erhält man Ammoniumchlorid, das in Wasser zu NH_3 und H^+ protolysiert:

$$NH_3 + HCl \longrightarrow NH_4^+ + Cl^-$$

$$NH_4^+ + H_2O \rightleftharpoons NH_3 + H_3O^+$$

$$pK_S = pK_W - pK_{B(NH_3)} = 9{,}25$$

Ammoniaklösungen werden in Wasser immer basisch reagieren. Eine 0,1 M NH_3-Lösung hat nach Gleichung 4.97 (▸ Kap. 4.10.2) einen pOH-Wert bzw. einen pH-Wert von:

$$[a_{(OH^-)}] = \sqrt{K_B\, a^0_{(NH_3)}} = \sqrt{10^{-4{,}75}\, 10^{-1}} = 10^{-2{,}875}$$

pOH = 2,875 und pH = 14–2,875 = 11,125

Ammoniumhaltige Lösungen reagieren immer sauer. Eine 0,1 M NH_4Cl-Lösung in Wasser hat nach Gleichung 4.92 (▸ Kap. 4.10.2) einen pH-Wert von:

$$[a_{(H^+)}] = \sqrt{K_S\, a^0_{(NH_4^+)}} = \sqrt{10^{-9{,}25}\, 10^{-1}} = 10^{-5{,}125} \quad ; pH = 5{,}125$$

Beim Mischen von NH_3 mit NH_4Cl, entsteht ein Ammonium-Ammoniak-Puffer. Dieser hält den pH-Wert in der Nähe von $9 < pH < 10$ konstant. Löst man Ammoniumacetat in Wasser, ensteht ein äquimolares Gemisch der schwachen Säure NH_4^+ mit der schwachen Base CH_3COO^-. Der pH-Wert einer solchen Lösung liegt dann genau in der Mitte zwischen den pK_S-Werten von Ammonium und Essigsäure, also bei pH = (9,25 + 4,75)/2 = 7. Ammonium bildet nicht nur mit HCl Salze, sondern mit allen gängigen starken und schwachen Säuren (z. B. Ammoniumsulfat, $(NH_4)_2SO_4$; Ammoniumperchlorat, $(NH_4)ClO_4$; Ammoniumphosphat, $(NH_4)_3PO_4$).

Diese Salze zeigen alle eine ausgezeichnete Wasserlöslichkeit. In schwerlöslicher Form findet man Ammonium nur in Mischsalzen wie dem $Mg(NH_4)PO_4$. Das wasserlösliche Salz Ammoniumsulfid, $(NH_4)_2S$, wird als Fällungsmittel für Schwermetalle eingesetzt.

5

Das Ammoniakmolekül kann aber nicht nur als Brönsted-Base, sondern auch als Lewis-Base reagieren. Löst man beispielsweise ein Lithiumsalz in flüssigem Ammoniak, so bildet sich Tetraamminlithium(I):

$$Li^+ + 4\,NH_3 \rightleftharpoons [Li(NH_3)_4]^+$$

Ammoniak ist dabei eine weichere Lewis-Base als Wasser oder Hydroxid. Insgesamt gilt es aber noch als harte Base und ein Komplexligand bei Übergangsmetallkomplexen.

Ammoniak kann auch als sehr schwache Brönsted-Säure reagieren. Setzt man flüssiges Ammoniak mit metallischem Natrium um und destilliert überschüssiges NH_3 ab, so bleibt ein stark basisches, hygroskopisches Salz, Natriumamid, zurück; dieses ist sehr reaktiv und kann an feuchter Luft explodieren:

$$2\,Na + 2\,NH_3 \longrightarrow \underset{\text{Natriumamid}}{2\,NaNH_2} + H_2 \qquad NaNH_2 + H_2O \longrightarrow NaOH + NH_3$$

Ein Abkömmling des Ammoniaks ist Hydrazin mit der Konstitution $H_2N{-}NH_2$. In Hydrazin liegt eine Stickstoff-Stickstoff-Einfachbindung vor, die aber weit weniger stabil ist als Kohlenstoff-Kohlenstoff-Einfachbindungen. Hydrazin ist ein starkes Reduktionsmittel und wird oft als Ersatz für Wasserstoff bei Hydrierungsreaktionen eingesetzt:

$$H_2N{-}NH_2 \rightleftharpoons N_2 + 4\,H^+ + 4\,e^-$$

Elektrolysiert man Ammoniumsalzlösungen in Gegenwart von Chlorid-Ionen dann entsteht gasförmiger Chlorstickstoff (NCl_3). NCl_3 ist nach *Gillespie* ein AX_3E-System, der Stickstoff ist sp^3-hybridisiert und tetraedrisch koordiniert. Das Molekül besitzt wie Ammoniak C_{3v}-Symmetrie:

$$NH_4^+ + 3\,Cl^- \longrightarrow NCl_3 + 6\,e^- + 4\,H^+ \qquad 2\,NCl_3 \longrightarrow N_2 + 3\,Cl_2$$

Achtung: Es ist nicht ratsam, derartige Elektrolysen durchzuführen, da Chlorstickstoff unberechenbar explosiv ist!

Verbrennt man Ammoniak an der Luft, entstehen gasförmige Stickoxide (monomere und dimere Stickoxide): N_2O (Distickstoffmonoxid, Lachgas), NO (Stickstoffmonoxid), NO_2 (Stickstoffdioxid) und NO_3 (Stickstofftrioxid). Die Oxidationsstufen des Stickstoffs entsprechen hier nicht den erwarteten Werten.

Distickstoffmonoxid entsteht beim vorsichtigen Erhitzen von Ammoniumnitrat:

$$2\,N_2 + 4\,H_2O + O_2 \xleftarrow[300\,°C]{} 2\,NH_4NO_3 \longrightarrow 2\,N_2O + 4\,H_2O$$

Achtung: Die Temperatur darf dabei 300 °C nicht übersteigen, da Ammoniumnitrat sonst explodiert.

In Distickstoffmonoxid hat Stickstoff die mittlere Oxidationsstufe +I. Ein Stickstoff ist zentral angeordnet und bildet mit dem anderen Stickstoffatom und dem Sauerstoffatom nach *Gillespie* ein AX_2-System. Das Molekül ist daher linear und alle Atome sind *sp*-hybridisiert. Die Konstitution kann mithilfe zwei mesomerer Grenzformen beschrieben werden:

$$^{\ominus}N{=}\overset{\oplus}{N}{=}O \longleftrightarrow :N{\equiv}\overset{\oplus}{N}{-}O^{\ominus}$$

Die erste mesomere Grenzstruktur zeigt, dass das Molekül isoelektronisch zu CO_2 und zu Cyanat (NCO^-) ist. Im Gegensatz zum CO_2 und in Übereinstimmung zum Cyanat besitzt es aber keine zur Symmetrieachse horizontale Spiegelebene und hat daher keine Zylindersymmetrie ($D_{\infty h}$), sondern Kegelsymmetrie $C_{\infty v}$. N_2O ist gasförmig und in Wasser gut löslich. Es hat als erstes Narkosemittel (Lachgas) medizinhistorische Bedeutung. Setzt man Lachgas mit Natriumamid um, so erhält man das Natriumsalz der Stickstoffwasserstoffsäure HN_3:

$$NaNH_2 + N_2O \longrightarrow \underset{\text{Natriumazid}}{NaN_3} + H_2O$$

Die Salze der Stickstoffwasserstoffsäure werden Azide genannt. Das Azid-Ion ist, ebenso wie Lachgas, ein AX_2-System, linear und *sp*-hybridisiert. Es hat Zylindersymmetrie $D_{\infty h}$:

$$HN_3 + H_2O \xrightleftharpoons{pK_S = 4{,}9} H_3O^+ + N_3^- \qquad ^{\ominus}N{=}\overset{\oplus}{N}{=}N^{\ominus} \longleftrightarrow :N{\equiv}\overset{\oplus}{N}{-}N^{2\ominus}$$

Das Azid-Ion ist isoelektronisch zu Lachgas, CO_2 und Cyanat. Azid bildet mit vielen Schwermetallen schwerlösliche Niederschläge. Mit Pb^{2+} bildet sich Bleiazid, das beispielsweise durch einen Schlag explodiert (ein mit $Pb(N_3)_2$ präpariertes Filterpapier dient als Zündhütchen für Gewehrpatronen):

$$Pb^{2+} + 2\,N_3^- \longrightarrow \underset{\text{Bleiazid}}{Pb(N_3)_2\downarrow} \longrightarrow Pb + 3\,N_2$$

Verbrennen Metalle oder Kohlenwasserstoffe an der Luft, dann entstehen sehr hohe Temperaturen. Diese können dazu führen, dass der Luftstickstoff teilweise mit dem Luftsauerstoff zu NO, NO_2 oder NO_3 reagiert. Diese Prozesse finden sowohl in Kraftwerken als auch in Verbrennungsmotoren von Automobilen statt und tragen zur Schadstoffbelastung unserer Atemluft bei. Stickstoffmonoxid ist ein zweiatomiges Molekül, dessen Bindungsverhältnisse über ein klassisches MO-Schema beschrieben werden kann (Abb. 5.22). Wie bei CO wird bei NO keine Konfigurationswechselwirkung berücksichtigt.

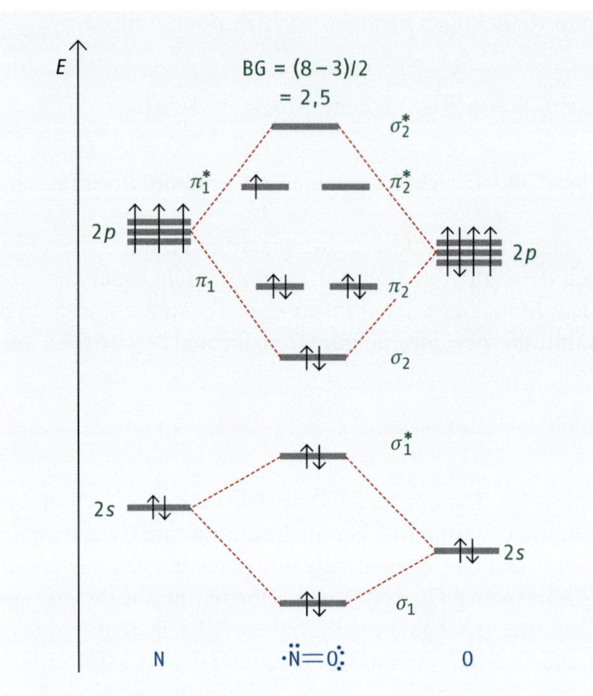

Abb. 5.22 Molekülorbitalschema und Bindungszustand nach *Lewis* von Stickstoffmonoxid (NO)

Stickstoffmonoxid ist ein paramagnetisches Radikalmolekül. Der Stickstoff liegt in der Oxidationsstufe +II, der Sauerstoff in der Oxidationsstufe –II vor. Stickstoffmonoxid entsteht, wenn konzentrierte Salpetersäure reduziert wird. Es spielt als Komplexligand eine Rolle.

Verbindet sich ein Stickstoffatom mit zwei Sauerstoffatomen, dann entsteht Stickstoffdioxid (NO_2). Der Stickstoff hat hier die Oxidationsstufe +IV, zwei Liganden und ein überzähliges Elektron. NO_2 ist also ein Radikal und paramagnetisch. Es besetzt zunächst irgendein Orbital und ist **sterisch aktiv**, d. h., es hat denselben Raumanspruch wie ein freies Elektronenpaar. Nach *Gillespie* muss NO_2 als AX_2E-System behandelt werden. Danach ist der Stickstoff sp^2-hybridisiert und trigonal planar koordiniert, mit einem idealen Bindungswinkel von 120°. Da das einzelne Elektron nicht zur Molekülgeometrie gehört, ist das Molekül einfach gewinkelt. Die Hauptsymmetrieachse ist eine C_2 ohne horizontale Spiegelebene σ_h. Es existieren zwei vertikale Spiegelebenen σ_v. Damit hat das Molekül wie Wasser C_{2v}-Symmetrie. Ferner ist das Molekül mesomeriestabilisiert:

C_2

σ_v σ_v

Stickstoffmonoxid

C_{2v}

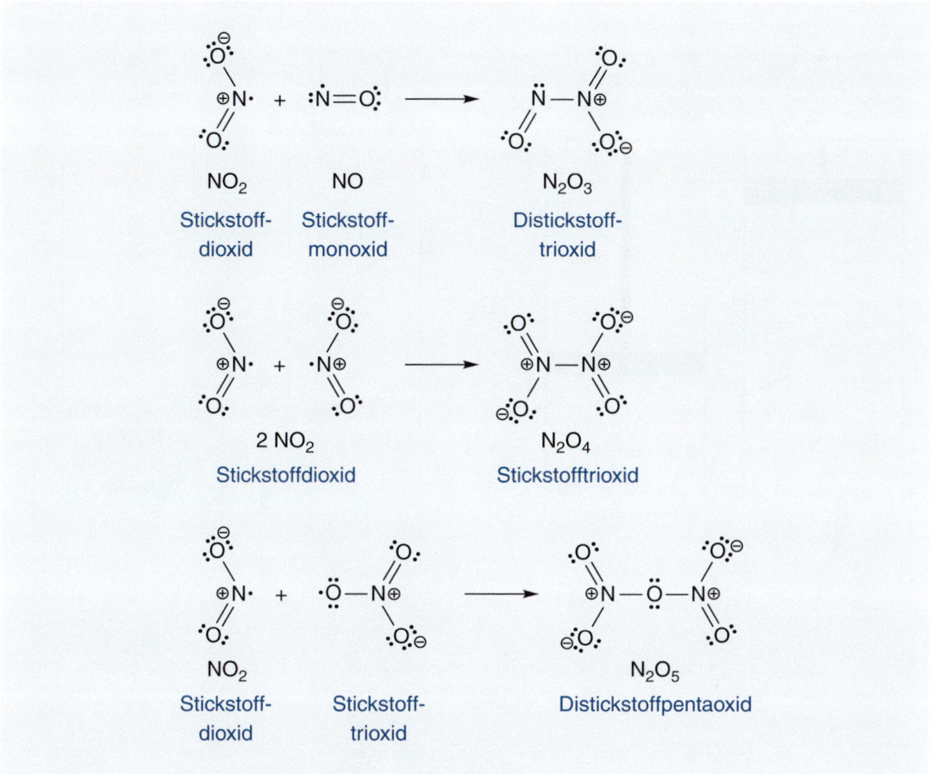

Abb. 5.23 Zweikernige Adukte von NO, NO_2 und NO_3

Das einzelne Elektron besetzt im MO-Schema ein nichtbindendes Orbital, das energetisch nicht weit vom ersten angeregten Zustand entfernt ist. Es kann Licht im sichtbaren Frequenzbereich absorbieren. Daher erscheint gasförmiges NO_2 in rotbrauner Farbe. Behandelt man NO_2 mit überschüssigem Sauerstoff in einer Entladungsröhre, so entsteht NO_3. Achtung, der Stickstoff in NO_3 hat nicht die Oxidationsstufe +VI! Die maximale Oxidationsstufe für den Stickstoff ist nach wie vor +V, ein Sauerstoff hat die Oxidationsstufe –I und bildet eine Radikalstelle. NO_3 ist besser als $NO_2O^{\bullet}$ zu beschreiben. Nach *Gillespie* ist es ein AX_3-System mit sp^2-hybridisiertem Stickstoff und trigonal-planarer Struktur:

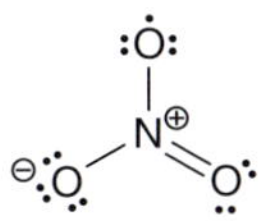

Die monomeren Stickoxide NO, NO_2 und NO_3 kondensieren bei tiefer Temperatur und hohem Druck zu zweikernigen Adukten; es entstehen die Stickoxide N_2O_3, N_2O_4 und N_2O_5 (Abb. 5.23).

Die Dimerisierung von Stickstoffdioxid (NO_2) zu Distickstofftetraoxid (N_2O_4) wird häufig zur Demonstration eingesetzt, um zu zeigen, wie Gasgleichgewichte auf veränderten Druck und veränderte Temperatur reagieren. Da NO_2 eine braungelbe Eigenfarbe hat, N_2O_4 aber farblos ist, lassen sich Änderungen in der Gleichgewichtslage an der Farbe des

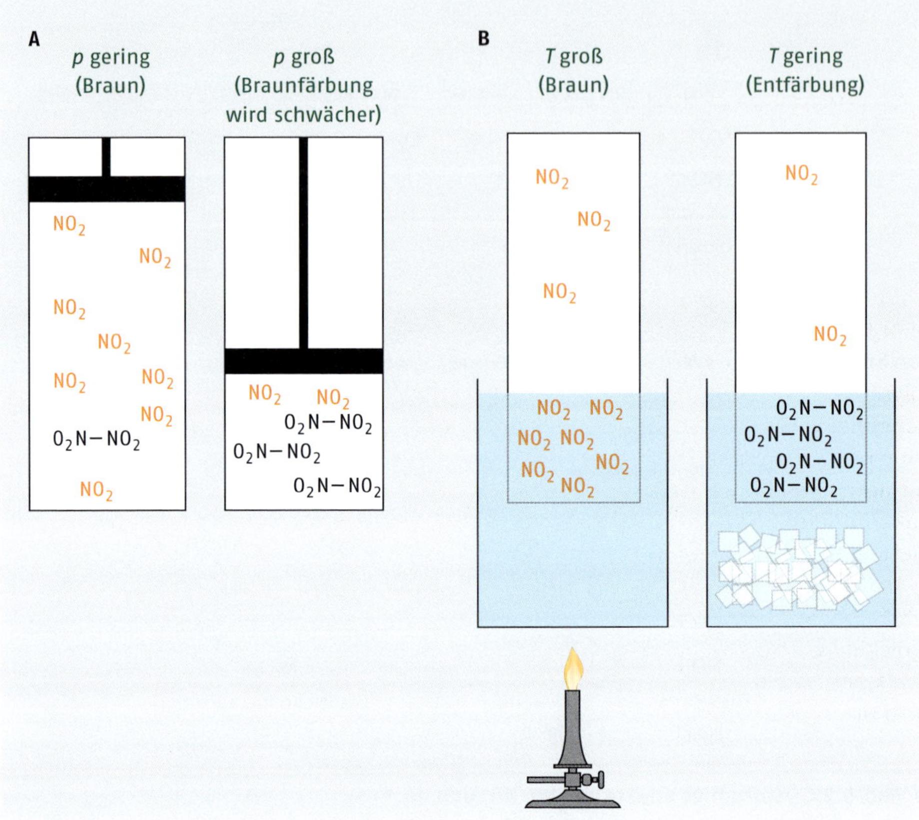

Abb. 5.24 NO_2-Dimerisierung: Änderung der Gleichgewichtslage bei Variation von Druck (A) und Temperatur (B)

Gases leicht erkennen. Verringert man das Volumen des Kolbens bei konstanter Gasmenge, so entsteht das Produkt, das weniger Volumen benötigt. Daher steigt die Gleichgewichtskonzentration von N_2O_4, die NO_2-Konzentration und die Intensität der NO_2-Farbe nimmt ab. Da die Dimerisierung Bindungsenergie freisetzt, ist die Reaktion exotherm. Erhöht man die Temperatur des Gases, dann dissoziiert N_2O_4. Die Intensität der NO_2-Farbe nimmt zu. Bei Kühlung des Gases mit Eiswasser dimerisiert NO_2 und die Farbe des Gases wird weniger intensiv. Dieses Experiment wird oft zur Demonstration der Beeinflussung von Gleichgewichtslagen eingesetzt und ist in Abb. 5.24 dargestellt.

Die mehrkernigen Stickoxide N_2O_3, N_2O_4 und N_2O_5 lösen sich gut in Wasser und hydrolysieren dort unter Bildung der Sauerstoffsäuren des Stickstoffs. In N_2O_3 hat der Stickstoff die Oxidationsstufe +III. Sie steht in der Normalreihe, der für die Elemente der fünften Hauptgruppe erwarteten Oxidationsstufen. Die Hydrolyse führt zur Salpetrigen Säure, der Sauerstoffsäure mit Oxidationsstufe +III für den darin enthaltenen Stickstoff. Der Stickstoff in N_2O_5 hat die für ihn maximal mögliche Oxidationsstufe +V. Seine Hydrolyse führt zur Salpetersäure, der Sauerstoffsäure des Stickstoffs mit der größtmöglichen Oxidationsstufe:

$$N_2O_3 + H_2O \longrightarrow 2\,HNO_2$$

Salpetrige Säure

$$N_2O_4 + H_2O \longrightarrow HNO_2 + HNO_3$$

Salpetrige Säure, Salpetersäure

$$N_2O_5 + H_2O \longrightarrow 2\,HNO_3$$

Salpetersäure

In N_2O_4 besitzt der Stickstoff die Oxidationsstufe +IV. Die Sauerstoffsäuren realisieren den Stickstoff nur in Oxidationsstufen innerhalb der Normalreihe. Daher führt die Hydrolyse von N_2O_4 zu einem Zerfall in HNO_3 und HNO_2. Wenn ein Edukt mittlerer Oxidationsstufe in ein Produkt höherer und ein Produkt niedrigerer Oxidationsstufe übergeht, dann nennt man einen solchen Redoxprozess eine **Disproportionierung**. Bildet ein Edukt geringer Oxidationsstufe mit einem Reaktionspartner höherer Oxidationsstufe ein Produkt mittlerer Oxidationsstufe, dann nennt man diesen Gegenprozess zur Disproportionierung eine **Synproportionierung.**

In der Salpetrigen Säure ist der Stickstoff das Zentralatom und bildet nach *Gillespie* ein AX_2E-System. Der Stickstoff ist sp^2-hybridisiert und trigonal planar koordiniert. Das Molekül ist gewinkelt. Die Salpetrige Säure ist eine schwache Säure mit dem Nitrit-Ion als korrespondierende Base. Die Bindungsverhältnisse von Nitrit wurden bereits in ▸ Kap. 2.9 ausführlich beschrieben:

$$HNO_2 + H_2O \xrightleftharpoons{pK_S = 3{,}35} H_3O^+ + NO_2^-$$

$$O{=}N{-}OH \qquad\qquad {}^{\ominus}O{-}N{=}O \longleftrightarrow O{=}N{-}O^{\ominus}$$

Salpetrige Säure bildet mit Metallhydroxiden Salze, die Nitrite, die fast alle gut wasserlöslich sind und in wässriger Lösung schwach basisch reagieren. Im Überschuss an Mineralsäure sind Nitrit-Ionen aber nicht stabil. Die Salpetrige Säure selbst kann als Brönsted-Base reagieren und unterliegt dann folgenden Gleichgewichtsreaktionen:

$$HNO_2 + H^+ \rightleftharpoons H_2\overset{\oplus}{O}{-}NO \rightleftharpoons H_2O + NO^+$$

Nitrosylkation

Das Nitrosyl-Kation ist ein starker Komplexligand, hat den Bindungsgrad 3 und ist zu Stickstoff und Kohlenmonoxid isoelektronisch. Hat sich eine große Zahl von Nitrosylkationen in saurer Lösung gebildet, dann können diese mit Salpetriger Säure folgendermaßen weiterreagieren:

$$HNO_2 + NO^+ \rightleftharpoons N_2O_3 + H^+ \qquad N_2O_3 \rightleftharpoons NO + NO_2$$

Die Produkte NO und NO_2 sind gasförmig und verlassen die Lösung. Auf diese Weise verschwindet Salpetrige Säure aus einer Lösung, wenn ein Überschuss einer starken Mineralsäure wie HCl oder H_2SO_4 zugegen ist.

In der Salpetersäure ($HONO_2$) ist ebenfalls Stickstoff das Zentralatom und bildet nach *Gillespie* ein AX_3-System. Es ist daher sp^2-hybridisiert und trigonal-planar koordiniert. Salpetersäure protolysiert in Wasser vollständig und ist daher eine starke Säure. Das liegt daran, dass die Mesomeriestabilisierung von Nitrat ausgeprägter als von Nitrit ist:

$$HNO_3 + H_2O \longrightarrow H_3O^+ + NO_3^-$$

Nitrat

C3
σh
C2
σv
D3h

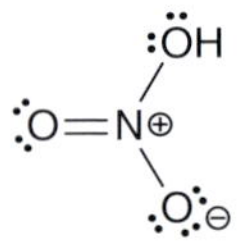

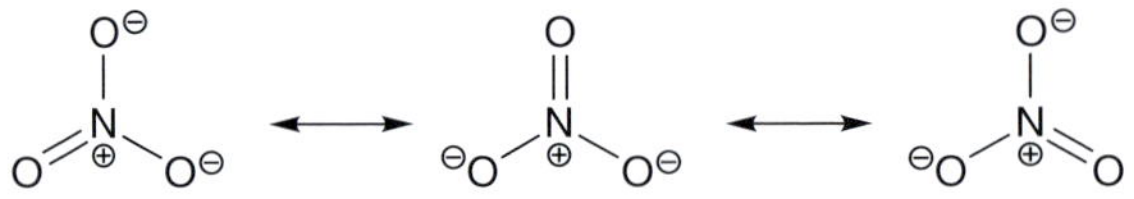

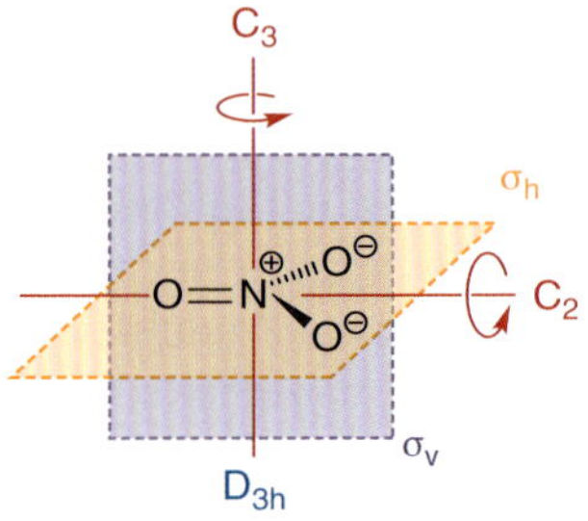

Die Hauptachse des Nitrat-Ions ist eine dreizählige Drehachse C_3. Senkrecht dazu gibt es eine Spiegelebene σ_h und drei zweizählige Drehachsen C_2. Das Nitrat-Ion besitzt demnach eine D_{3h}-Symmetrie. Diese relativ hohe Symmetrie erschwert die Reprotonierung des Nitrats und damit seine Wirkung als Brönsted-Base. Durch die Neutralisation der Salpetersäure mit Metallhydroxid entstehen Salpetersäuresalze, die Nitrate, von denen fast alle eine gute Wasserlöslichkeit zeigen. Erwähnenswert ist dabei Natriumnitrat (Chile-Salpeter). In Chile existieren Lagerstätten, die für die Düngemittelversorgung und Sprengstoffherstellung bis zum Beginn des 20. Jahrhunderts bedeutsam waren. Schwarzpulver besteht aus $NaNO_3$, Kohlenstoff und Schwefel und explodiert auf folgende Weise:

$$2\,NaNO_3 + C + S \longrightarrow Na_2O + CO + 2\,NO + SO_2$$

Die Reaktion verläuft explosionsartig, weil vorwiegend gasförmige Produkte entstehen. Sie demonstriert die Wirkung der Nitrate als brandfördernde Oxidationsmittel.

In verdünnter Lösung wirkt die Salpetersäure vor allem als starke Brönsted-Säure. In konzentrierter Form wirkt sie vor allem bei erhöhter Temperatur auch als Oxidationsmittel. Dabei wird sie überwiegend zu NO reduziert:

$$HNO_3 + 3\,e^- + 3\,H^+ \xrightleftharpoons{E^0 = 0{,}95\ V} NO + 2\,H_2O$$

Konzentrierte Salpetersäure hat einen Gehalt von 69 % HNO_3 und 31 % Wasser. Durch Behandeln mit wasserentziehenden Mitteln lässt sich wasserfreie Salpetersäure herstellen, die aber nur bei tiefer Temperatur beständig ist. Mischt man konzentrierte Salpetersäure mit konzentrierter Salzsäure, so wird Chlorid in der Salzsäure oxidativ angegriffen. Dabei spielt sich folgende Reaktion ab:

$$HNO_3 + 3\,Cl^- + 3\,H^+ \rightleftharpoons NO + 3\,Cl + 2\,H_2O \qquad NO + Cl \rightleftharpoons NOCl$$

Nitrosylchlorid

Die entstehenden Chloratome sind paramagnetische Radikale, die Gold und Platin angreifen und auflösen können. Ein Gemisch aus konzentrierter Salpetersäure und konzentrierter Salzsäure wird „Königswasser“ genannt. Das dabei entstandene Nitrosylchlorid ist ein Säurechlorid der Salpetrigen Säure. Das Molekül ist als AX_2E-System gewinkelt. Sein einziges Symmetrieelement ist jedoch eine Spiegelebene, folglich gehört das Molekül zur Punktgruppe σ_v.

Salpetersäure ist die schwächste der starken Mineralsäuren. Mischt man konzentrierte Salpetersäure mit konzentrierter Schwefelsäure, dann verhält sich Salpetersäure als Brönsted-Base. Da Schwefelsäure **hygroskopisch** (wasserentziehend) wirkt, bildet sich dann aus der protonierten Salpetersäure das Nitronium-Kation:

$$HNO_3 + H_2SO_4 \rightleftharpoons H_2\overset{\oplus}{O}{-}NO_2 + HSO_4^- \rightleftharpoons H_3O^+ + SO_4^{2-} + NO_2^+$$

$$:\!\ddot{O}\!=\!\overset{\oplus}{N}\!=\!\ddot{O}\!:$$

Nitronium-Ion

Im Nitronium-Ion ist Stickstoff das Zentralatom und bildet nach *Gillespie* ein AX_2-System. Die Atome sind *sp*-hybridisiert und das Molekül ist linear mit einem Bindungswinkel von 180°. Zur Molekülachse existiert eine horizontale Spiegelebene σ_h, damit hat das Molekül Zylindersymmetrie $D_{\infty h}$. NO_2^+ ist isoelektronisch zu CO_2, NCO^-, N_3^-, N_2O usw.

Das Gemisch aus konzentrierter Salpetersäure und konzentrierter Schwefelsäure wird als Nitriersäure bezeichnet. Die Nitrierung ist in der organischen Chemie ein etabliertes Verfahren, um NO_2-Gruppen in Kohlenstoffverbindungen einzuführen. Mischt man den dreiwertigen Alkohol Glycerin $HO{-}CH_2{-}CHOH{-}CH_2{-}OH$ mit Nitriersäure in einem Schütteltrichter, dann wird sich am Boden des Trichters Trinitroglycerinester (Nitroglycerin), ein schweres Öl absetzen:

$$C_3H_5(OH)_3 + 3\,NO_2^+ \longrightarrow C_3H_5(O{-}NO_2)_3 + 3\,H^+$$

Nitroglycerin

Achtung: Der Schütteltrichter sollte keinen langen Auslauf haben, da erfahrungsgemäß bei diesem Experiment **immer** der letzte Tropfen zusammen mit dem ganzen Ansatz explodiert und **niemals** nur der erste, den man möglicherweise noch überleben würde!

Nitroglycerin vermischt mit Kieselsäure bildet Dynamit, das man früher sowohl als Militär- als auch als Industriesprengstoff verwendet hat. In geringer Konzentration wirkt Nitroglycerin gefäßerweiternd und durchblutungsfördernd. Heute wird es hauptsächlich als Arzneistoff gegen Angina pectoris eingesetzt.

5

Stickstoff – Bedeutung in Biologie und Medizin

Stickstoff erfüllt in der belebten Natur vielfältige Funktionen. Sein Vorkommen in den Aminosäuren ist für das Leben von grundsätzlicher Bedeutung. Wird in einer Carbonsäure die Hydroxylgruppe OH durch eine Aminogruppe $-NH_2$ ersetzt, entsteht ein Säureamid. Beim Austausch einer C–H-Bindung durch eine $C-NH_2$-Gruppe in einer Carbonsäure erhält man eine Aminosäure:

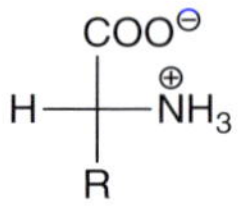

$COO^{\ominus}$, H, $\overset{\oplus}{N}H_3$, R

Allgemeine Struktur von Aminosäuren

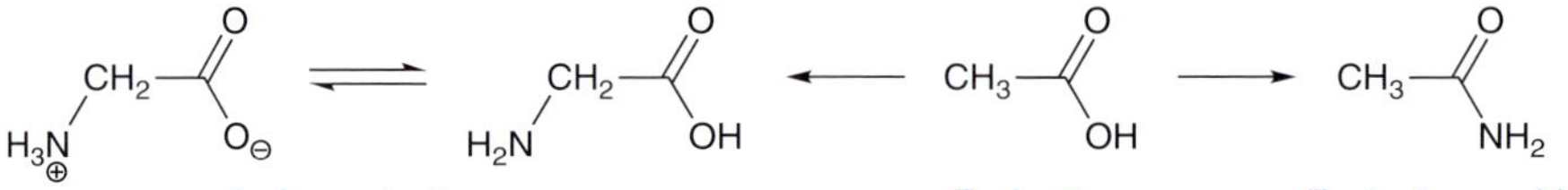

$H_3\overset{\oplus}{N}-CH_2-C(=O)O^{\ominus} \rightleftharpoons H_2N-CH_2-C(=O)OH \longleftarrow CH_3-C(=O)OH \longrightarrow CH_3-C(=O)NH_2$

Aminoessigsäure Glycin — Essigsäure — Essigsäureamid Acetamid

Lebende Organismen kodieren in ihrem genetischen Code 20 verschiedene Aminosäuren, die sich in ihren Resten R_{1-20} unterscheiden. Diese Aminosäuren sind, soweit bisher bekannt, in allen Lebewesen – vom Bakterium bis hin zum Menschen – identisch. Die Reste R können alkoholische (–OH; z. B. Serin) oder phenolische Gruppen (PhOH; z. B. Tyrosin) enthalten, sie können auch zusätzliche Carboxyl- (z. B. Glutaminsäure) oder NH_2-Gruppen (z. B. Arginin) aufweisen. Im Cytoplasma sorgen sie für eine gewisse Kontrolle des pH-Werts, da sie sowohl saure als auch basische Gruppen enthalten und damit über die Relation $pH = (pK_{S1} + pK_{S2})/2$ unechte Puffersysteme bilden. Die 20 verschiedenen Aminosäuren werden an den Ribosomen über Säureamidverknüpfung (hier auch als **Peptidbindung** bezeichnet) zu langen Ketten, den Eiweißen bzw. Proteinen zusammengebaut (○ Abb. 5.25).

Solche Polypeptidketten falten sich zu Spiralen oder Faltblattmustern und bilden dann dreidimensionale Körper. Ihre Gestalt hängt von der Reihenfolge der Aminosäuren in der Kette ab. Solche Proteinkörper können als Zellbausteine, häufiger aber noch als Enzyme eingesetzt werden. Sie binden Zielmoleküle und lockern dabei bestehende Bindungen. So laufen Stoffwechselprozesse in Zellen unter wesentlich milderen Bedingungen ab, als im Synthesekolben. Man kann Enzyme auch vereinfacht als „Stoffwechselmaschinen" bezeichnen.

Grüne Pflanzen erzeugen alle Aminosäuren, indem sie die Aminogruppen in die Kohlenstoffgerüste einbauen. Dazu nutzen sie Ammonium und Nitratsalze aus dem Boden. Den Luftstickstoff können sie nicht verwerten. Symbiotische Bakterien (Knöllchenbakterien in Lupinen) sind dazu in der Lage. Ammonium und Nitratsalze sind daher für die Pflanzendüngung wichtig.

Im Stoffwechsel von Tier und Mensch werden Aminosäuren abgebaut. Dabei entsteht giftiges NH_3, das in Harnstoff, $CO(NH_2)_2$, überführt wird. Dieser wird über die Niere ausgeschieden.

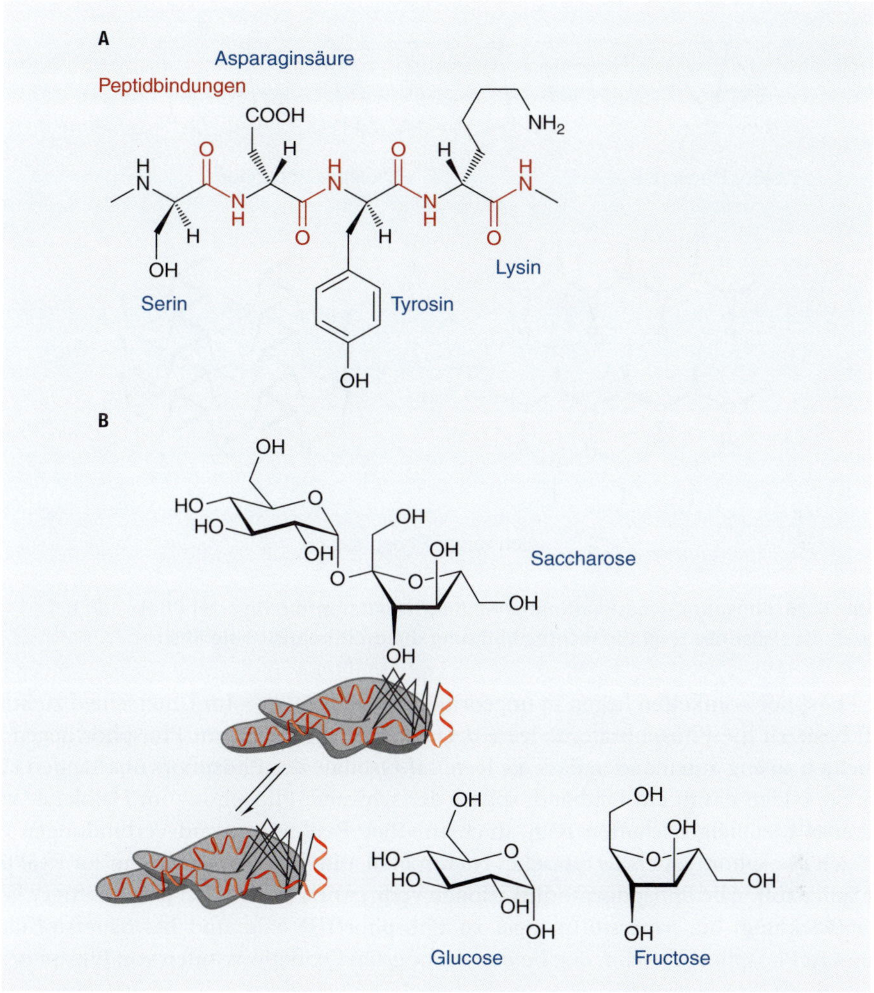

A
Asparaginsäure
Peptidbindungen
Serin
Tyrosin
Lysin

B
Saccharose
Glucose
Fructose

○ Abb. 5.25 Aufbau einer Polypeptidkette (A) und Wirkungsweise eines zuckerspaltenden Enzyms (B)

5

5.5.2 Phosphor

Elementarer Phosphor (P) kommt in drei definierten Modifikationen vor (○ Abb. 5.26): weißer, violetter und schwarzer Phosphor. Der rote Phosphor ist ein eingefrorenes Intermediat bei der Modifikationsumwandlung. Die thermodynamisch stabilste Form ist der weiße Phosphor. Dabei sind die Phosphoratome zu vieratomigen Molekülen verbunden, die einen tetraedrischen Cluster bilden. Weißer Phosphor ist pyrophor, diamagnetisch und leitet den elektrischen Strom nicht. Bei violettem Phosphor ordnen sich die Phosphoratome in Doppelketten an, bei schwarzem Phosphor bildet sie ein Schichtgitter. Violetter Phosphor ist die Hochtemperaturmodifikation, schwarzer Phosphor die Hochdruckmodifikation. Roter Phosphor bildet sich, wenn man weißen Phosphor vorsichtig erhitzt und den Übergang in andere Modifikationen mit definierter Struktur nicht abwartet.

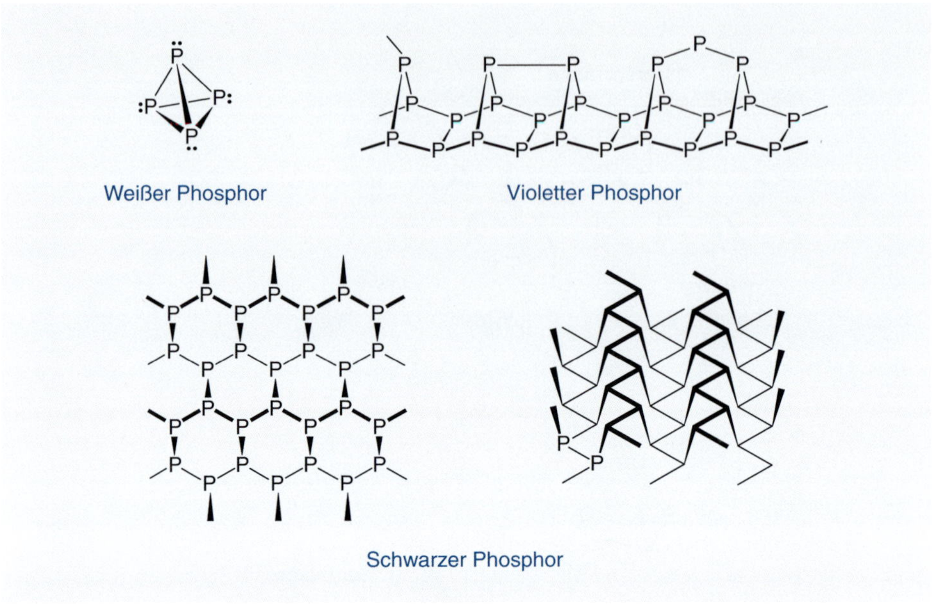

Weißer Phosphor

Violetter Phosphor

Schwarzer Phosphor

Abb. 5.26 Phosphor-Modifikationen: weißer, violetter und schwarzer Phosphor. Bei schwarzem Phosphor zeigt die rechte Abbildung die dreidimensionale Ansicht.

Die Phosphoratomketten liegen in ungeordnetem Zustand vor. Im Unterschied zu Stickstoff besitzen die Phosphoratome leere *d*-Orbitale. Bei schwarzem Phosphor liegen die Schichten so eng aufeinander, dass die leeren *d*-Orbitale des Phosphors überlappen können. Sie bilden damit ein Leitband, sodass der schwarze Phosphor zum Halbleiter wird und erste Metalleigenschaften zeigt. In chemischen Reaktionen und Verbindungen verhält sich Phosphor jedoch als typisches Nichtmetall, mit dem starken Drang zur Reaktion mit Sauerstoff. Alle Phosphormodifikationen verbrennen an der Luft unter heftiger Wärmeentwicklung, bei Sauerstoffmangel zu Phosphor(III)-oxid und bei Sauerstoffüberschuss zu Phosphor(V)-oxid, den beiden wichtigsten Oxidationsstufen von Phosphor:

$$P_4 + 3\,O_2 \longrightarrow P_4O_6$$

Phosphor(III)-oxid

$$P_4 + 5\,O_2 \longrightarrow P_4O_{10}$$

Phosphor(V)-oxid

Beide Phosphoroxide sind Feststoffe, die als weiße Pulver vorliegen. Sie sind molekular aufgebaut und leiten sich, wie in Abb. 5.27 dargestellt, strukturell vom weißen Phosphor ab.

In P_4O_6 bildet jedes Phosphoratom nach *Gillespie* ein AX_3E-System, in P_4O_{10} ein AX_4-System. In beiden Molekülen ist Phosphor sp^3-hybridisiert und tetraedrisch koordiniert. Die Fünfbindigkeit des Phosphors in P_4O_{10} und allen Verbindungen, in denen P in der Oxidationsstufe +V auftritt, erklärt sich durch die Wechselwirkung eines *p*-Orbitals des Sauerstoffs mit einem leeren *d*-Orbital des Phosphors (Abb. 5.28).

Verbrennt P_4O_6 unter vermindertem Druck zu P_4O_{10}, so wird die Bindungsenergie nicht in Form von Wärme, sondern in Form von Licht an die Umgebung abgegeben. Dieses Phänomen wird als **Chemolumineszenz** bezeichnet:

$$P_4O_6 + 2\,O_2 \longrightarrow P_4O_{10} + h\nu$$

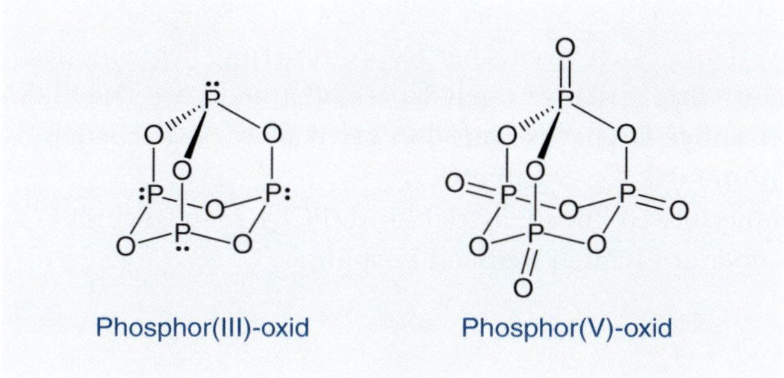

Phosphor(III)-oxid Phosphor(V)-oxid

Abb. 5.27 Strukturen von Phosphor(III)- und Phosphor(V)-oxid

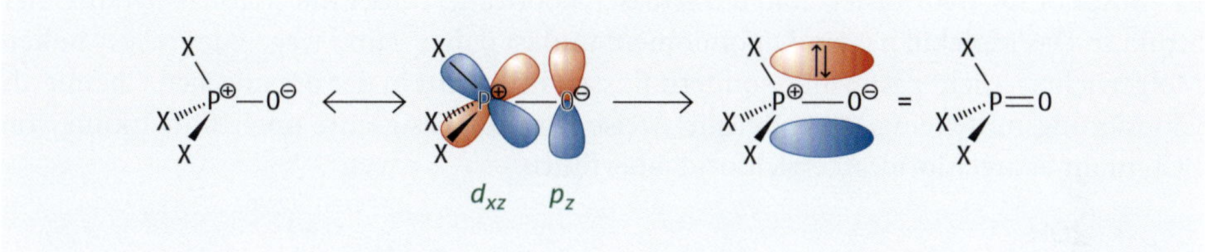

d_{xz} p_z

Abb. 5.28 Bedeutung der *d*-Orbitale bei Oktettaufweitung bei Elementen ab der dritten Periode

Sowohl P_4O_6 als auch P_4O_{10} sind stark hygroskopisch. P_4O_{10} wird in der Laboratoriumspraxis als Trockenmittel für Präparate eingesetzt. Die Hydrolyse liefert die korrespondierenden Sauerstoffsäuren der Oxide:

$$P_4O_6 + 6\,H_2O \longrightarrow 4\,H_3PO_3 \quad \text{(Phosphonsäure)}$$

$$P_4O_{10} + 6\,H_2O \longrightarrow 4\,H_3PO_4 \quad \text{(Phosphorsäure)}$$

Die Phosphonsäure ist eine zweibasige Brönsted-Säure, ihre Salze werden Phosphonate genannt. Der Umstand, dass die Phosphonsäure nur zwei und nicht drei acide Protonen hat, legt für die Struktur ein AX_4-System nach *Gillespie* nahe. Phosphor ist demnach sp^3-hybridisiert und tetraedrisch koordiniert. Ein Wasserstoffatom ist an Phosphor gebunden:

$$H_3PO_3 + H_2O \xrightleftharpoons{pK_{S1} = 2{,}0} H_3O^+ + H_2PO_3^- \quad \text{(Hydrogenphosphonat)}$$

$$H_2PO_3^- + H_2O \xrightleftharpoons{pK_{S2} = 6{,}7} H_3O^+ + HPO_3^{2-} \quad \text{(Phosphonat)}$$

C_3 σ_v C_{3v}

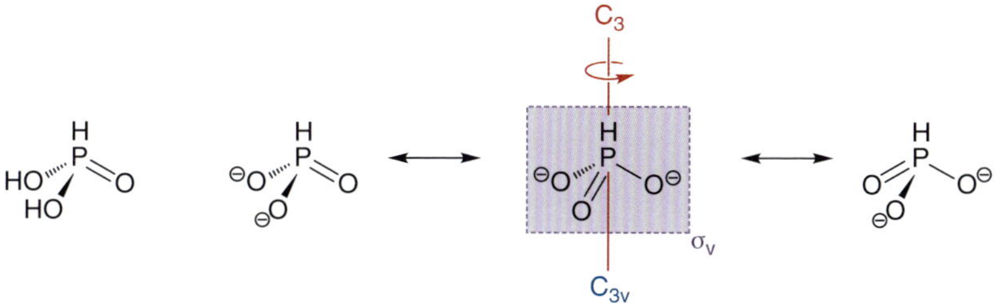

Das Phosphonsäuremolekül hat als einziges Symmetrieelement eine Spiegelebene, die durch die Atome P, =O und H verläuft. Nach zweifacher Deprotonierung liegt ein mesomeriestabilisiertes Molekül-Ion mit drei gleichwertigen Sauerstoffatomen vor. Die Molekülhauptachse ist jetzt eine dreizählige Drehachse mit drei vertikalen Spiegelebenen σ_v. Das Molekül-Ion hat also wie Ammoniak C_{3v}-Symmetrie.

Das Säurechlorid der Phosphonsäure ist Phosphortrichlorid (PCl_3). Man gewinnt PCl_3 durch Überleiten von Chlorgas über erwärmten weißen Phosphor:

$$P_4 + 6\,Cl_2 \longrightarrow 4\,PCl_3$$

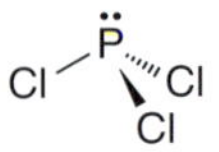

PCl_3 ist eine farblose Flüssigkeit. Nach *Gillespie* bildet Phosphor ein AX_3E-System. Damit ist Phosphor sp^3-hybridisiert und tetraedrisch koordiniert, aber mit trigonal-pyramidaler Struktur. Das Molekül hat ein Dipolmoment und ist daher – und wegen des relativ hohen Molgewichts – nicht gasförmig, sondern flüssig. PCl_3 wird in der organischen Chemie als Chlorierungsmittel eingesetzt. Beispielsweise wird die Essigsäure unter Einwirkung von PCl_3 in ihr Säurechlorid, Acetylchlorid, überführt:

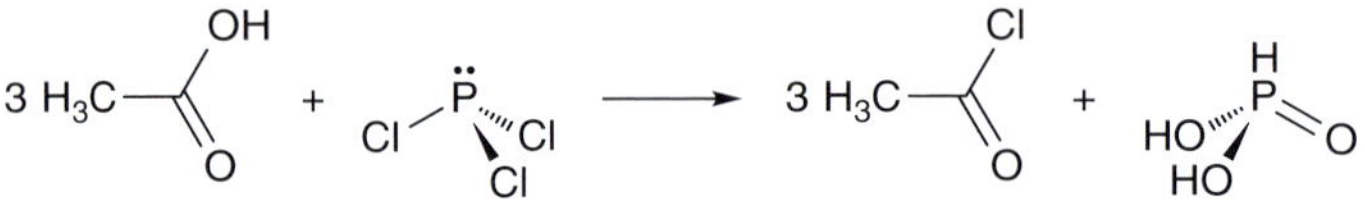

$$3\,H_3C{-}COOH + PCl_3 \longrightarrow 3\,H_3C{-}COCl + HP(O)(OH)_2$$

Essigsäure Phosphortrichlorid Acetylchlorid Phosphonsäure

Kocht man weißen Phosphor in Bariumhydroxidlösung, so findet eine Disproportionierung zu Phosphan (PH_3) und Phosphinat ($H_2PO_2^-$) statt:

$$2\,P_4 + 6\,H_2O + 6\,OH^- + 3\,Ba^{2+} \longrightarrow 2\,PH_3 + 3\,Ba(H_2PO_2)_2$$

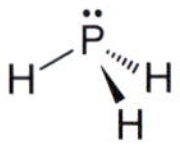

Phosphan 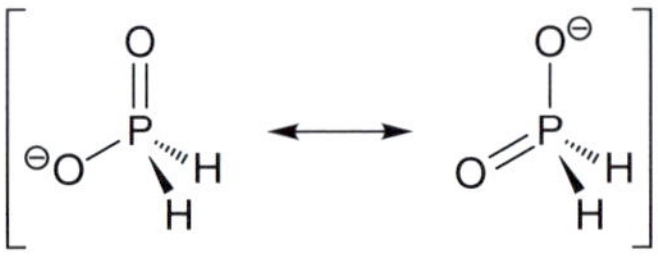 Phosphinat

In Phosphan (PH_3) nimmt man für den Phosphor oft die Oxidationsstufe –III an, obwohl nach *Pauling* sowohl Phosphor als auch Wasserstoff eine Elektronegativität von 2,2 haben. Folglich ist das Phosphanmolekül weitgehend unpolar, gasförmig, kaum wasserlöslich und praktisch weder sauer noch basisch. Es ist aber an der Luft hochentzündlich. Durch Überschuss an Mineralsäure lässt sich aus dem Bariumphoshinat die freie Phosphinsäure gewinnen; sie ist eine einbasige schwache Säure und ein starkes Reduktionsmittel:

$$H_3PO_2 + H_2O \xrightleftharpoons{pK_S = 1{,}23} H_3O^+ + H_2PO_2^-$$

$$H_3PO_2 + H_2O \xrightleftharpoons{E^0 = -0{,}5\,V} H_3PO_3 + 2\,e^- + 2\,H^+$$

Phosphonsäure

In der Phosphinsäure liegt Phosphor in der Oxidationsstufe +I vor. Ihr Anhydrid ist unbekannt. Phosphinsäure und Phosphinate reduzieren viele Metallkationen zu Metallen; in alkalischer Lösung wird sogar Wasser zu Wasserstoff und OH^- reduziert, wobei sich Phosphonat bildet. In alkalischer Lösung sind auch Phosphonate starke Reduktionsmittel und gehen in Phosphate über:

$$HPO_3^{2-} + 3\,OH^- \rightleftharpoons PO_4^{3-} + 2\,H_2O + 2\,e^-$$

$$E^0_{(H_3PO_3;\,H_3PO_4)} = -0{,}28\ V$$

Bringt man P_4O_{10} in Kontakt mit Wasser, so setzt eine heftige Reaktion (z. T. mit Feuererscheinung) zu Phosphorsäure ein. Phophorsäure ist eine dreibasige schwache Säure, nach *Gillespie* ein AX_4-System mit sp^3-hybridisiertem Phosphor und tetraedrischer Koordination. Die Hauptachse im Molekül ist eine C_3. Es fehlen aber sowohl die horizontale Spiegelebene (→ v-Gruppe) als auch die C_2 senkrecht zur Hauptachse (→ C-Grupppe). Es existieren jedoch drei vertikale Spiegelebenen. Das Phosphorsäuremolekül hat daher C_{3v}-Symmetrie:

C_3

O=P(OH)(OH)OH

σ_v

C_{3v}

Phosphorsäure deprotoniert in drei Stufen, wobei Dihydrogenphosphat, Hydrogenphosphat und Phosphat entstehen: Dabei liegt im Phosphat-Ion Phosphor in seiner stabilsten Form vor. Das Phosphatmolekül ist in hohem Maße mesomeriestabilisiert und hat Tetraedersymmetrie:

$$H_3PO_4 \xrightleftharpoons{pK_{S1} = 1{,}96} H^+ + H_2PO_4^-$$

Dihydrogenphosphat

$$H_2PO_4^- \xrightleftharpoons{pK_{S2} = 7{,}12} H^+ + HPO_4^{2-}$$

Hydrogenphosphat

$$HPO_4^{2-} \xrightleftharpoons{pK_{S3} = 12{,}32} H^+ + PO_4^{3-}$$

Phosphat

[Mesomere Grenzstrukturen des Phosphat-Ions: $O{=}P(O^\ominus)_3 \longleftrightarrow O^\ominus$ … $\longleftrightarrow$ … $\longleftrightarrow$ …]

Phosphat

Das Protolysesystem von Phosphorsäure bis Phosphat eignet sich hervorragend zum Aufbau von Puffersystemen. Nach Lösen von NaH_2PO_4 in Wasser entsteht folgendes Reaktionssystem:

$$H_3PO_4 + OH \rightleftharpoons H_2PO_4 + H_2O \rightleftharpoons H_3O^{+} + HPO_4^{2}$$

$$pH = (pK_{S1} + pK_{S2})/2 = (1{,}96 + 7{,}12)/2 = 4{,}54$$

Zu dieser Lösung gibt man eine geringe Stoffmenge HCl und erhält einen $H_3PO_4/H_3PO_4^-$-Puffer, der im Bereich von $pH = pK_{S1} \approx 2$ puffert. Gibt man zu einer NaH_2PO_4-Lösung die entsprechende Stoffmenge Natronlauge, entsteht ein $H_2PO_4^-/HPO_4^{2-}$-Puffer mit $pH = pK_{S2} \approx 7$. Beim Lösen von Na_2HPO_4 in Wasser entsteht:

$$H_2PO_4^- + OH^- \rightleftharpoons HPO_4^{2-} + H_2O \rightleftharpoons H_3O^+ + PO_4^{3-}$$

$$pH = (pK_{S2} + pK_{S3})/2 = (7{,}12 + 12{,}32)/2 = 9{,}72$$

Zu dieser Lösung gibt man ebenfalls etwas HCl und erhält einen $H_2PO_4^-/HPO_4^{2-}$-Puffer mit $pH = pK_{S2} \approx 7$. Bei Zugabe einer kleinen Stoffmenge Natronlauge, entsteht ein HPO_4^{2-}/PO_4^{3-}-Puffersystem mit $pH = pK_{S3} \approx 12$. Phosphat ist sowohl eine schwache Base als auch ein Fällungsmittel für viele Metallionen. Wie bereits erwähnt bilden alle Erdalkali-Ionen, aber auch Pb^{2+} und die meisten Schwermetalle schwerlösliche Phosphate:

$$Ca_3(PO_4)_2 \xrightleftharpoons{pK_L = 32{,}0} 3\,Ca^{2+} + 2\,PO_4^{3-}$$

$$Sr_3(PO_4)_2 \xrightleftharpoons{pK_L = 31{,}0} 3\,Sr^{2+} + 2\,PO_4^{3-}$$

$$Ba_3(PO_4)_2 \xrightleftharpoons{pK_L = 38{,}0} 3\,Ba^{2+} + 2\,PO_4^{3-}$$

$$Pb_3(PO_4)_2 \xrightleftharpoons{pK_L = 54{,}0} \underbrace{3\,Pb^{2+}}_{[Pb_4(OH)_4]^{4+} \text{ und } [Pb_6O(OH)_6]^{4+}} + 2\,PO_4^{3-}$$

Dabei verhält sich das Phosphat-Ion aufgrund seiner Größe und mesomeren Stabilisierung in einer Pearson-analogen Betrachtung ehr als weiches Ion. So bildet Phosphat mit dem weichen Barium das stabilste Erdalkalimetall-Phosphat, wohin gegen Strontium- und Calciumphosphat fast gleich stabil sind. Bleiphosphat ist erheblich stabiler als Bariumphosphat, obwohl Pb^{2+} härter als Ba^{2+} ist. In gelöster Form unterscheiden sich Ba^{2+}-und Pb^{2+}-Ionen aber stark voneinander. Während Ba^{2+} normal hydratisiert vorliegt, tendiert Pb^{2+} dazu, vor allem in neutraler und schwach alkalischer Lösung, mehrkernige Clusterkomplexe zu bilden. Einerseits sind dadurch hydratisierte Pb^{2+}-Ionen instabiler anzusehen, zum anderen nimmt die Entropie im Vergleich zu Ba^{2+} deutlich weniger zu, wenn Pb^{2+} in Lösung geht. Beide Argumente begründen einen stabileren Zustand im Kristall. Außer PO_4^{3-} wirkt auch HPO_4^{2-} als Fällungsmittel. So sind die Hydrogenphosphate $CaHPO_4$, $SrHPO_4$ und $BaHPO_4$ schwerlöslich. Phosphate und Hydrogenphosphate lösen sich dagegen im Überschuss von Mineralsäure, weil Dihydrogenphosphat ($H_2PO_4^-$) kein Fällungsmittel mehr ist. Phosphor liegt in PO_4^{3-} in seiner stabilsten Form vor und kommt in der Natur fast ausschließlich in Form von Phosphaten vor. In allen mineralischen Vorkommen ist Phosphor als PO_4^{3-} anzutreffen.

P_4O_{10}, das offen an der Luft steht, wird nach einigen Tagen zu einer viskosen Flüssigkeit. Durch Aufnahme von Luftfeuchtigkeit verwandelt sich P_4O_{10} in unterschiedliche Formen polymerer Phosphorsäure. Polyphosphorsäure besteht aus langen Ketten linear verknüpfter Phosphorsäureketten. Die kleinste Einheit bildet Diphosphorsäure; besonders häufig bildet sich Trimetaphosphorsäure:

Polyphosphorsäure Diphosphorsäure Trimetaphosphorsäure

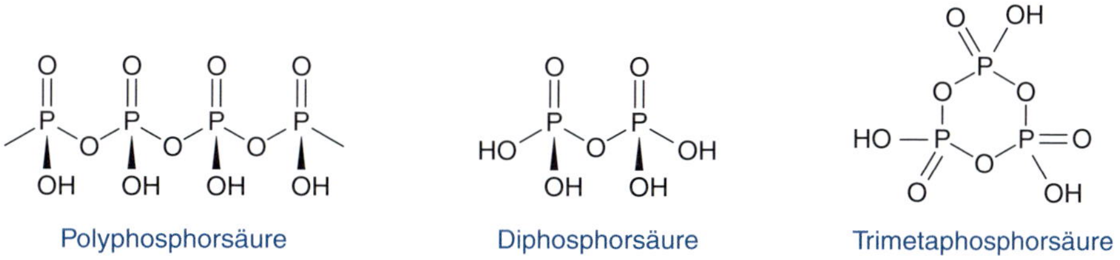

Diese verschiedenen Formen der Polyphosphorsäure können zu *ortho*-Phosphorsäure hydrolysiert und daher als milde wasserbindende Mittel eingesetzt werden. Die Natriumsalze solcher Polyphosphate werden zuweilen Waschmitteln zugesetzt, um den Ca^{2+}-Gehalt in der Waschlauge zu senken.

Die Phosphorsäure besitzt zwei Säurehalogenide. Setzt man Phosphor mit Chlorgas um, so entsteht Phosphorpentachlorid PCl_5:

$$2\,P + 5\,Cl_2 \longrightarrow 2\,PCl_5$$

Nach *Gillespie* ist PCl_5 ein AX_5-System. Damit ist Phosphor dsp^3-hybridisiert und es sind zwei unterschiedliche Koordinationspolyeder – trigonale Bipyramide oder tetragonale Pyramide – möglich. PCl_5 ist bei Raumtemperatur ein Feststoff. Es kristallisiert als Salz mit tetraedrischen $[PCl_4]^+$-Kationen und oktaedrischen $[PCl_6]^-$-Anionen:

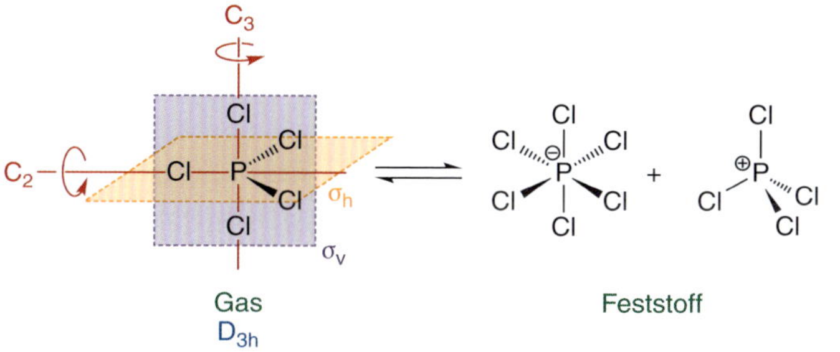

Gas D_{3h} Feststoff

PCl_5 ist leicht verdampfbar und liegt im Gaszustand als trigonale Bipyramide vor. Die Hauptachse des Moleküls ist eine C_3. Weiter existieren eine horizontale Spiegelebene σ_h (h-Gruppe) und drei C_2-Achsen senkrecht zur Hauptachse (D-Gruppe). Das Molekül hat also D_{3h}-Symmetrie. An feuchter Luft hydrolysiert PCl_5 zu Phosphoroxytrichlorid ($POCl_3$):

$$PCl_5 + H_2O \longrightarrow POCl_3 + 2\,HCl$$

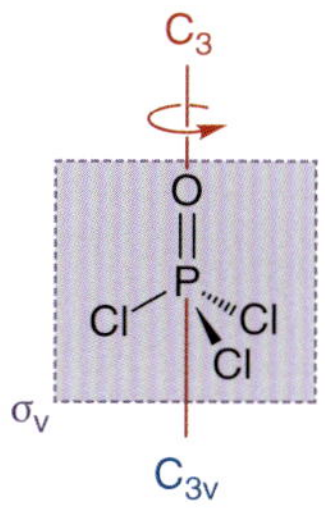

C_{3v}

$POCl_3$ ist nach *Gillespie* ein AX_3-System, mit sp^3-hybridisiertem und tetraedrisch koordiniertem Phosphor. Es hat eine C_3 als Hauptachse, aber keine σ_h (→ v-Gruppe) und keine C_2 senkrecht zur Hauptachse (→ C-Gruppe). Das Molekül besitzt damit C_{3v}-Symmetrie. Es hat ein Dipolmoment, da das resultierende Moment der PCl-Bindungen das Dipolmoment der PO-Bindung nicht kompensiert. Daher handelt es sich bei $POCl_3$ um eine ölige Flüssigkeit. Bei Überschuss von Wasser hydrolysiert sie zu Phosphorsäure. PCl_5 und $POCl_3$ werden wie PCl_3 als Chlorierungsmittel und als starke Elektrophile bei organischen Synthesen eingesetzt.

Phosphor – Bedeutung in Biologie und Medizin

In Lebewesen kommt Phosphor vor allem als Phosphatbaustein in Nucleotiden vor. Ein Nucleotid ist eine Struktureinheit, die aus einem Zucker (oft eine Ringform der Ribose), einer stickstoffhaltigen Base und einer oder mehrerer Phosphateinheiten besteht. Viele Nucleotide sind Coenzyme, vor allem stellen sie jedoch die monomeren Bausteine der Nucleinsäuren DNA und RNA dar. Ein sehr wichtiger Nucleotid ist Adenosintriphosphat ATP (○ Abb. 5.29).

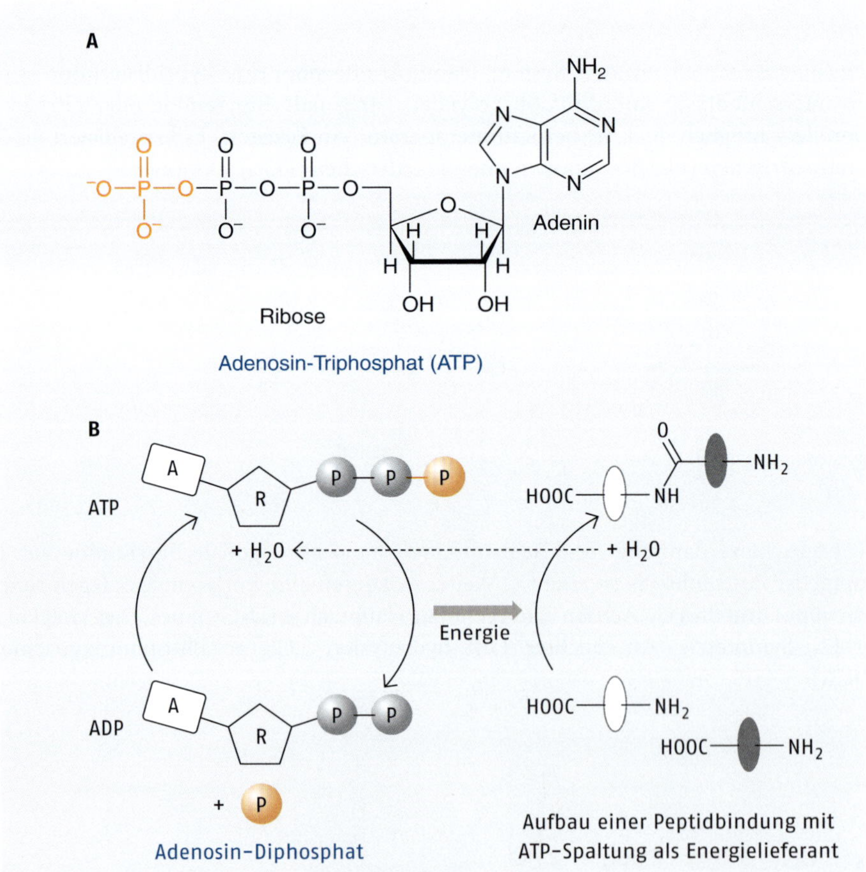

○ **Abb. 5.29** Aufbau (A) und Wirkungsweise (B) von Adenosintriphosphat (ATP)

ATP besitzt eine Polyphosphorsäureeinheit als Molekülbestandteil. Die Abspaltung einer Phosphatgruppe liefert Energie. Der Anbau einer Phosphatgruppe kostet Energie. Beim kontrollierten Abbau von Zucker im Zellstoffwechsel wird die dabei freiwerdende Energie zum Aufbau von ATP genutzt und so in der Zelle „geparkt". Überall dort, wo endergonische Stoffwechselprozesse unterhalten werden müssen, z. B. beim Aufbau von Eiweißen aus Aminosäuren, kann die Spaltung von ATP diese Prozesse ermöglichen. Da diese immer enzymgestützt ablaufen, kann man ATP als Coenzym auffassen. Auch das in ▸Kap. 5.1.1 vorgestellte NADH ist ein Nucleotid.

Die zweite wichtige Rolle von Nucleotiden ist der Aufbau von Nucleinsäuren (o Abb. 5.30), die als Speicher (DNA, Desoxyribonucleinsäure) und Überbringer (RNA, Ribonucleinsäure) genetischer Informationen dienen. In der DNA gibt es vier verschiedene Nucleotide, die sich in der Art der stickstoffhaltigen Basen unterscheiden: Adenin (A), Cytosin (C), Guanin (G) und Thymin (T). Das Thymin-Nucleotid ist in der RNA durch ein Uracil-Nucleotid (U) ersetzt. Der Zuckerbaustein in der DNA enthält im Vergleich zur RNA eine OH-Gruppe weniger. Die Zucker- und Phosphateinheiten sind jeweils zu Ketten miteinander verknüpft.

Die genetische Information ist in der Reihenfolge der Nucleotide gespeichert. Die Reihenfolge der Nucleotide codiert wiederum die Reihenfolge der Aminosäuren in einem Eiweißmolekül (Protein). Die DNA enthält also den Bauplan für alle Proteine, die eine Zelle zum Leben benötigt.

Phosphor ist für Pflanzen, Tiere und Menschen von essenzieller Bedeutung. Alle Pflanzen müssen mit Phosphat aus dem Boden versorgt werden.

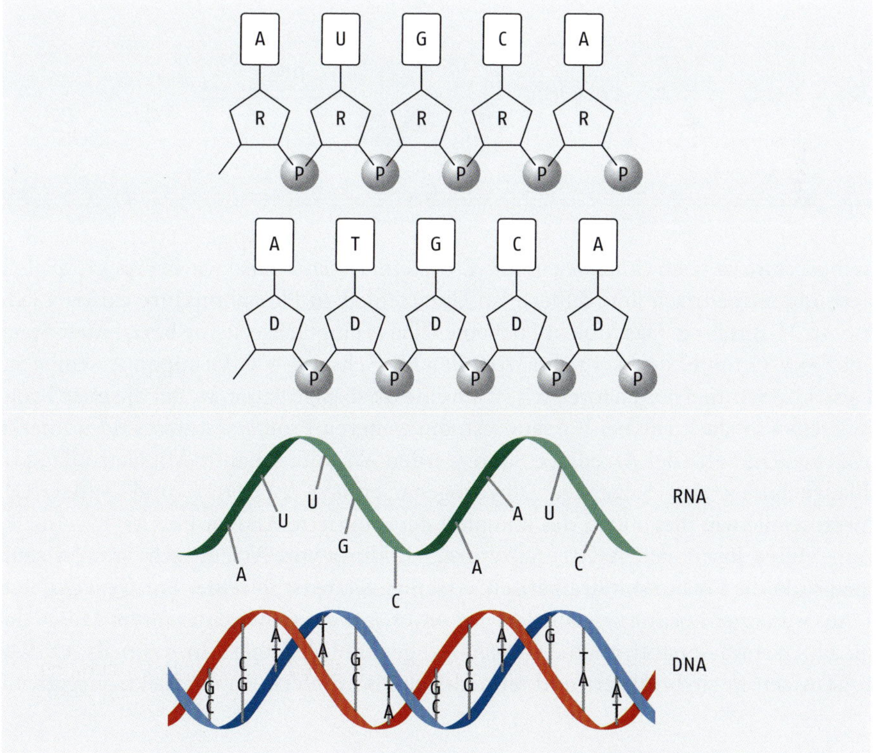

o **Abb. 5.30** Aufbau der Nucleotidpolymere DNA und RNA (Nucleinsäuren)

5.5.3 Arsen

Arsen (As) kommt im Wesentlichen in zwei Modifikationen vor. Die stabile Arsenmodifikation ist das metallische, graue Arsen. Es bildet metallisch glänzende Kristalle, die den elektrischen Strom leiten. Leitet man Arsendampf in −196 °C kalten flüssigen Stickstoff, so scheidet sich gelbes Arsen ab. Gelbes Arsen besteht wie weißer Phosphor aus As_4-Tetraedern. Gelbes Arsen ist nichtmetallisch, leitet den elektrischen Strom nicht und wandelt sich langsam in graues Arsen um. Verbrennt man Arsen an der Luft, dann bildet sich Arsen(III)-oxid:

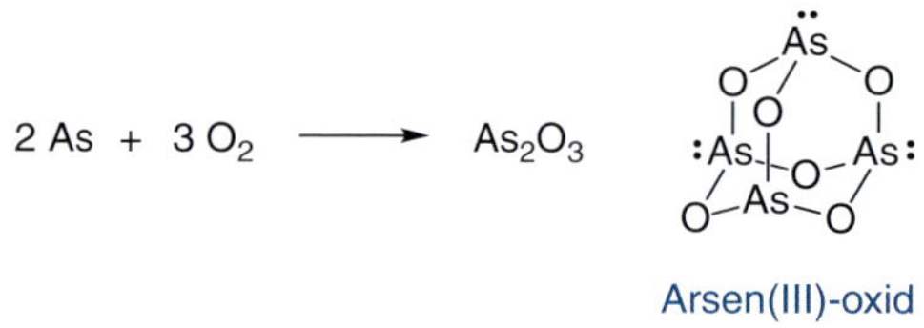

$$2\,As + 3\,O_2 \longrightarrow As_2O_3$$

Arsen(III)-oxid

Arsen bildet ein Oxid, in dem das Element in der Oxidationsstufe +III vorkommt. Die stabile Tieftemperaturmodifikation von As_2O_3 besteht analog dem Phoshor(III)-oxid aus As_4O_6-Molekülen in denen die Arsenatome die Ecken eines Tetraeders besetzen und über Sauerstoff verbrückt sind. Nach *Gillespie* bilden die Arsenatome ein AX_3E-System, sind daher sp^3-hybridisiert und tetraedrisch koordiniert. As_2O_3 ist begrenzt wasserlöslich (in Wasser, pH 7, lösen sich ca. 0,1 mol/L As) und bildet saure Lösungen von Arseniger Säure:

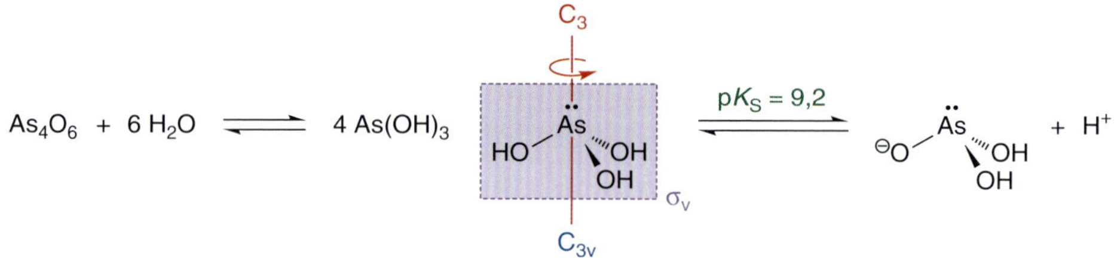

$$As_4O_6 + 6\,H_2O \rightleftharpoons 4\,As(OH)_3 \xrightleftharpoons{pK_S = 9{,}2} {}^{\ominus}O\text{–}As(OH)_2 + H^+$$

C_3, σ_v, C_{3v}

Arsenige Säure ist nach *Gillespie* ein AX_3E-System. Arsen ist also wie bei As_2O_3 sp^3-hybridisiert und tetraedrisch koordiniert. Im Unterschied zu Phosphonsäure existiert jedoch keine As–H-Bindung. Das Molekül hat eine C_3 als Hauptachse, keine horizontale Spiegelebene (→ v-Gruppe) und keine horizontalen C_2-Achsen (→ C-Gruppe). Arsenige Säure hat also C_{3v}-Symmetrie. Theoretisch ist sie eine dreibasige Säure, wobei die erste Protolysestufe etwa so stark wie bei Borsäure ist, die weiteren Protolysestufen sind unmerklich schwächer. Die Salze der Arsenigen Säure werden Arsenite genannt. Mit Natronlauge und Kalilauge bilden sich Salze des Dihydrogenarsenits $KAsO(OH)_2$ und $NaAsO(OH)_2$. Schwermetalle wie Blei bilden das komplett deprotonierte Arsenit $Pb_3(AsO_3)_2$. In alkalischem Milieu lösen sich As(III)-Salze unter Bildung von Arsenit sehr gut, in saurem Milieu sinkt die Löslichkeit dramatisch. Arsenige Säure ist in reiner Form nicht darstellbar. Aus wässriger Lösung kristallisiert nur As_2O_3 aus. As_2O_3 wird in saurem Milieu durch Zink zu Arsenwasserstoff, auch Arsin (AsH_3) genannt, reduziert. In Arsin als AX_3E-System ist Arsen sp^3-hybridisiert und tetraedrisch koordiniert. Da die Elektronegativitäten von Arsen und Wasserstoff mit *EN* = 2,2 identisch sind, ist das Molekül unpolar, nicht wasserlöslich und auch nicht basisch:

$$As_2O_3 + 12\,e^- + 12\,H^+ \longrightarrow 2\,AsH_3 + 3\,H_2O$$
$$6\,Zn \longrightarrow 6\,Zn^{2+} + 12\,e^-$$
$$As_2O_3 + 6\,Zn + 12\,H^+ \longrightarrow 2\,AsH_3 + 6\,Zn^{2+} + 3\,H_2O$$

AsH_3

Als endotherme Verbindung zersetzt es sich bei hoher Temperatur in seine Elemente. Die Prozesse spielen beim Arsennachweis durch die Marshsche-Probe eine Rolle:

$$2\,AsH_3 \longrightarrow 2\,As + 3\,H_2$$

Behandelt man eine verdünnte Lösung von Arseniger Säure mit einem starken Oxidationsmittel wie H_2O_2, so erhält man Arsensäure (H_3AsO_4):

$$As(OH)_3 + H_2O_2 \longrightarrow AsO(OH)_3$$

Arsensäure

$$H_3AsO_4 \xrightleftharpoons{pK_{S1} = 2,2} H_2AsO_4^- + H^+$$
$$H_2AsO_4^- \xrightleftharpoons{pK_{S2} = 6,9} HAsO_4^{2-} + H^+$$
$$HAsO_4^{2-} \xrightleftharpoons{pK_{S3} = 11,5} AsO_4^{3-} + H^+$$

In Arsensäure liegt Arsen in der Oxidationsstufe +V vor. Das Arsensäuremolekül bildet ein AX_4-System, hat sp^3-hybridisiertes Arsen und dieselbe Molekülsymmetrie wie Arsenige Säure. Als Folge der polarisierenden Wirkung des zusätzlichen Sauerstoffs und der erhöhten Oxidationsstufe ist Arsensäure eine stärkere Säure als Arsenige Säure. Ihre Protolysekonstanten ähneln denen der Phosphorsäure. Weil Arsen zur Oxidationsstufe +III tendiert, wirkt Arsensäure oxidierend:

$$H_3AsO_4 + 2\,e^- + 2\,H^+ \rightleftharpoons H_3AsO_3 + H_2O$$

$E^0 = +\,0,56\ V$ — Arsenige Säure

Arsenate oxidieren Iodid zu Iod. Durch Entwässern von Arsensäure lässt sich Arsen(V)-oxid gewinnen:

$$2\,H_3AsO_4 \longrightarrow As_2O_5 + 3\,H_2O$$

Arsen(V)-oxid

Durch Verbrennung von Arsen ist Arsen(V)-oxid auch im Sauerstoffüberschuss nicht darstellbar. Es ist hygroskopisch und daher schwer haltbar. Leitet man H_2S in eine verdünnte Lösung von Arseniger Säure ein, so entsteht ein gelber Niederschlag von

Arsen(III)-sulfid (As_2S_3). Leitet man H_2S in eine verdünnte Lösung von Arsensäure ein, dann erhält man analog einen gelben Arsen(V)-sulfid-Niederschlag (As_2S_5):

$$2\,H_3AsO_3 + 3\,H_2S \rightleftharpoons \underset{\text{Arsen(III)-sulfid}}{As_2S_3} + 6\,H_2O$$

$$2\,H_3AsO_4 + 5\,H_2S \rightleftharpoons \underset{\text{Arsen(V)-sulfid}}{As_2S_5} + 8\,H_2O$$

Beide schwerlöslichen Sulfide lösen sich im Überschuss von Ammoniumsulfid unter Bildung von Thioarseniten bzw. Thioarsenaten wieder auf:

$$As_2S_3 + 3\,S^{2-} \rightleftharpoons 2\,AsS_3^{3-}$$

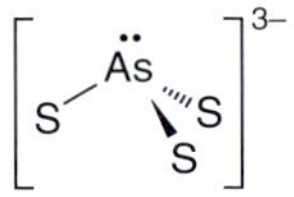

$$As_2S_5 + 3\,S^{2-} \rightleftharpoons 2\,AsS_4^{3-}$$

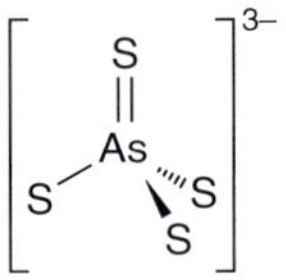

Die dabei entstehenden Thiokomplexe sind **isoster** (strukturanalog) zu den Salzen der Arsenigen Säure bzw. der Arsensäure.

Arsen – Bedeutung in Biologie und Medizin

Ähnlich wie beim Element Blei liegt die Bedeutung des Elements Arsen für die belebte Natur in seiner Giftigkeit. Dabei ist die am stärksten toxische Arsenverbindung die Arsenige Säure ($As(OH)_3$), die sich aus Arsen(III)-oxid (As_2O_3, Arsenik) bildet. As_2O_3 wird gelegentlich als Rattengift eingesetzt. Die meisten anderen Arsenverbindungen, wie Arsensäure oder eingeatmeter Arsenwasserstoff, werden im Körper mehr oder weniger schnell in Arsenige Säure überführt.

Arsenige Säure verdrängt Zink-Ionen an vielen wichtigen Enzymen und bildet Komplexe mit den R–SH-Gruppen der Aminosäure Cystein (▶Kap. 5.6.4, Schwefel – Bedeutung in Biologie und Medizin). Dadurch wird die Gestalt der Enzyme verändert und ihre Funktion gestört (○Abb. 5.31). Betroffen sind u. a. Enzyme, die an der Blutbildung und am Energiestoffwechsel beteiligt sind. Ein Beispiel hierfür ist die Pyruvatdehydrogenase, die von der Brenztraubensäure CO_2 abspaltet und das Molekül auf diese Weise zum weiteren Abbau im Zuckerstoffwechsel vorbereitet (▶Kap. 5.6.1, Sauerstoff – Bedeutung in Biologie und Medizin von Sauerstoff). Arsen(III)-oxid führt bei langsamer Aufnahme zu schweren wässrigen Durchfallerscheinungen, die durch den Elektrolytverlust eine Bluteindickung und Nierenversagen nach sich ziehen kann. Es wird vermutet, dass $As(OH)_3$ in der Zelle mit Phosphorsäure verstoffwechselt und anstelle von Phosphat in ATP eingebaut wird. Dies macht Fehlfunktionen in verschiedensten Prozessen des Energiestoffwechsels plausibel. Die Bedeutung dieses Effekts ist jedoch noch Gegenstand der Diskussion.

Arsen unterliegt wie Thallium dem enterohepatischen Kreislauf.

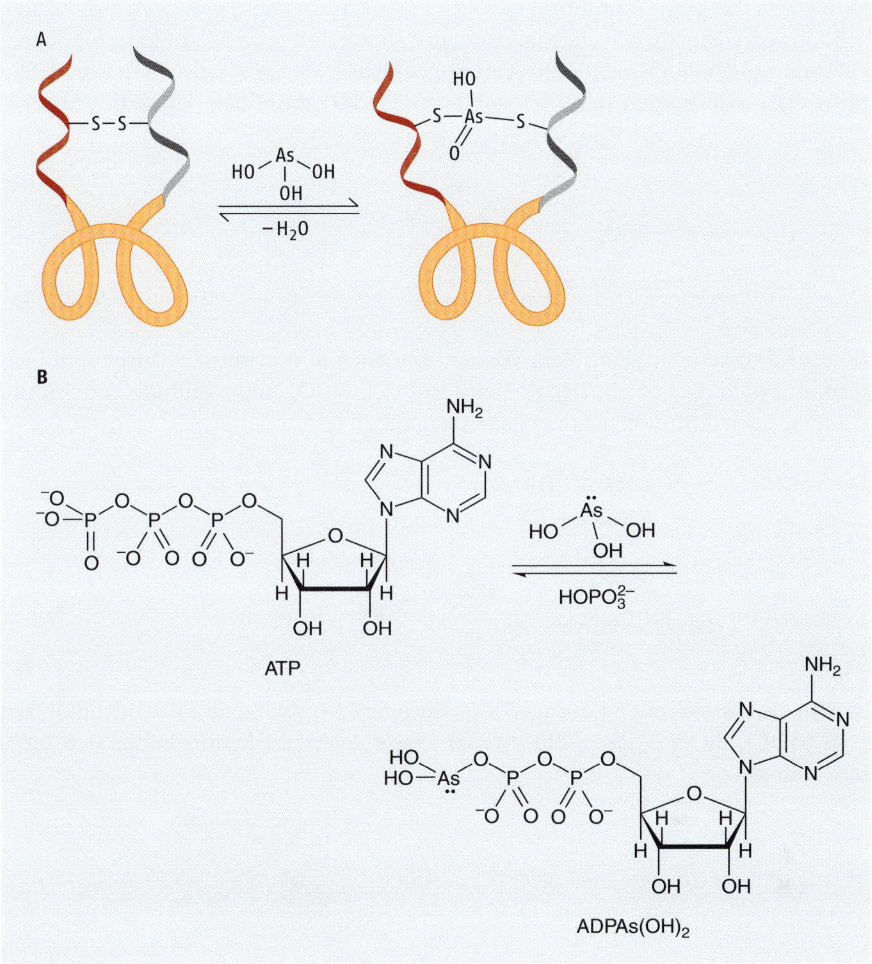

Abb. 5.31 Mögliche Störung der Eiweißstruktur (A) und Blockierung von ATP (B) durch Arsenige Säure

5.5.4 Antimon

Antimon und Arsen ähneln sich stark in ihren phänomenologischen Eigenschaften, sie unterscheiden sich aber in ihren Eigenschaften auf molekularer Ebene. So liegt Arsen (As) in seiner stabilsten Modifikation als Metall vor. In den Eigenschaften seiner chemischen Verbindungen zeigt es aber die typischen Eigenschaften eines Nichtmetalls: Nach Hydrolyse entstehen wie bei anderen Nichtmetallelementoxiden Sauerstoffsäuren. Eine typische Metalleigenschaft besteht ja darin, dass die Elementoxide nach Hydrolyse entweder basische Lösungen von Metallhydroxiden bilden (wie im Falle von $Na_2O \rightarrow NaOH$) oder in alkalischer Lösung Hydroxidokomplexe entstehen (wie im Falle von $Al_2O_3 \rightarrow$ $[Al(OH)_4]^-$.

Bei elementarem Antimon (Sb) treten die Metalleigenschaften deutlicher hervor. Es kommt in mehreren Modifikationen vor, von denen aber nur die stabile metallische

Modifikation, das graue Antimon bedeutsam ist. Schmilzt man graues Antimon, so entstehen tetraedrische Sb_4-Clustermoleküle, die aber keine feste Modifikation bilden. Bei der Verbrennung von elementarem Antimon, entsteht analog Arsen Sb(III)-oxid, Sb_2O_3. Antimon(III)-oxid besteht in seiner stabileren Modifikation, dem kubischen Sb_2O_3, aus Sb_4O_6-Molekülen, die wie P_4O_6 und As_4O_6 strukturiert sind:

$$4\,Sb + 3\,O_2 \longrightarrow Sb_4O_6$$

Antimon(III)-oxid

Antimon(III)-oxid ist in neutralem Wasser, aber auch in verdünnten Säuren und Laugen nahezu unlöslich. In konzentrierter Säure löst sich Sb_2O_3 unter Bildung von Antimonoxid-Ionen, auch Antimonyl-Ionen genannt, auf:

$$Sb_2O_3 + 2\,H^+ \longrightarrow 2\,SbO^+ + H_2O$$

Antimonyl

$$SbO^+ + H_2O \rightleftharpoons [Sb(OH)_2]^+$$

Dihydroxidoantimon(III)

Lässt man die entstehenden Lösungen kristallisieren, so erhält man Salze mit SbO^+-Kationen wie SbOCl, $SbONO_3$ und $(SbO)_2SO_4$. In konzentrierter Salzsäure bilden sich Tetrachloridokomplexe:

$$SbO^+ + 2\,H^+ + 4\,Cl^- \longrightarrow [SbCl_4]^- + H_2O$$

Tetrachloridoantimonat(III)
C_{2v}

Tetrachloridoantimonat(III) ist nach *Gillespie* ein AX_4E-System. Nach den erweiterten Gillespie-Regeln sollte das freie Elektronenpaar in der Ebene einer trigonalen Bipyramide liegen, da es einen höheren Raumbedarf als die Bindungspartner hat. In der Idealstruktur bildet eine C_2 die Hauptachse des Moleküls, horizontale Spiegelebenen und Drehachsen fehlen (→ v-Gruppe; → C-Gruppe), zwei vertikale Spiegelebenen sind vorhanden. Das Molekül hat dann C_{2v}-Symmetrie. Die wirkliche Struktur ist jedoch verzerrt; sie nähert sich einem Tetraeder an, ohne die Tetraedersymmetrie zu erreichen.

In stark alkalischer Lösung löst sich Sb_2O_3 unter Bildung von Tetrahydroxidoantimonat(III) auf:

$$Sb_2O_3 + 3\,H_2O + 2\,OH^- \longrightarrow 2\,[Sb(OH)_4]^-$$

Tetrahydroxidoantimonat(III)
C_{2v}

Sb_2O_3 zeigt damit deutlich amphoteres Verhalten. Versucht man Metallsalze, z. B. Natriumsalze, von Tetrahydroxidoantimonat(III)-Ionen zu gewinnen, erhält man mehr oder weniger wasserreiche Formen von Mischoxiden der Zusammensetzung $NaSbO_2 \cdot n\,H_2O$. Der Wassergehalt hängt dann oft von der Trocknungstemperatur ab. Man spricht von Natriumantimonit. Auf analoge Weise lassen sich Antimonite verschiedenster Metalle darstellen.

Reduziert man Sb_2O_3 mit Zink in salzsaurem Milieu, so erhält man – analog zu Arsen – Antimonwasserstoff (SbH_3, Stibin):

$$Sb_2O_3 + 12\,H^+ + 12\,e^- \longrightarrow 2\,SbH_3 + 3\,H_2O$$

$$6\,Zn \longrightarrow 6\,Zn^{2+} + 12\,e^-$$

$$Sb_2O_3 + 12\,H^+ + 6\,Zn \longrightarrow 2\,SbH_3 + 6\,Zn^{2+} + 3\,H_2O$$

Stibin ist wie Arsin eine endotherme Verbindung und zersetzt sich in der Hitze in seine Elemente:

$$2\,SbH_3 \longrightarrow 2\,Sb + 3\,H_2$$

Oxidiert man elementares Antimon in konzentrierter Salpetersäure, so erhält man wasserhaltiges Antimon(V)-oxid (Sb_2O_5). Enthält Antimon(V)-oxid genau sieben Wassermoleküle pro Formeleinheit, kann es als Antimon(V)-säure bezeichnet werden:

$$Sb + 6\,H_2O \longrightarrow H_7SbO_6 + 5\,e^- + 5\,H^+$$

$$HNO_3 + 3\,e^- + 3\,H^+ \longrightarrow NO + 2\,H_2O$$

$$3\,Sb + 18\,H_2O \longrightarrow 3\,H_7SbO_6 + 15\,e^- + 15\,H^+$$

$$5\,HNO_3 + 15\,e^- + 15\,H^+ \longrightarrow 5\,NO + 10\,H_2O$$

$$3\,Sb + 5\,HNO_3 + 8\,H_2O \longrightarrow 3\,H_7SbO_6 + 5\,NO$$

Antimon(V)-säure ist nur sehr geringfügig wasserlöslich. Sie lässt sich aber zu stöchiometrisch reinem Sb_2O_5 entwässern. In alkalischem Milieu löst sich Sb_2O_5 unter Bildung von Hexahydroxidoantimonat(V)-Komplexionen $[Sb(OH)_6]^-$:

$$Sb_2O_5 + 5\,H_2O + 2\,OH^- \longrightarrow 2\,[Sb(OH)_6]^-$$

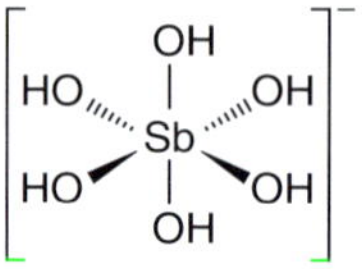

Hexahydroxidoantimonat(V)

Hexahydroxidoantimonat(V) bildet nach *Gillespie* ein AX_6-System. Das Antimonatom ist d^2sp^3-hybridisiert und oktaedrisch koordiniert. Es gehört zu den ganz wenigen Fällungsmitteln für Natrium-Ionen:

$$Na^+ + [Sb(OH)_6]^- \longrightarrow Na[Sb(OH)_6]\downarrow$$

Versetzt man wässrige Lösungen von SbO^+-Salzen oder $[Sb(OH)_6]^-$ mit H_2S, so bildet sich schwerlösliches Sb_2S_3 bzw. Sb_2S_5:

$$2\,SbO^+ + 3\,H_2S \longrightarrow Sb_2S_3\downarrow + 2\,H_2O + 2\,H^+$$

Antimon(III)-sulfid

$$2\,[Sb(OH)_6]^- + 5\,H_2S \longrightarrow Sb_2S_5\downarrow + 10\,H_2O + 2\,OH^-$$

Antimon(V)-sulfid

Sowohl Antimon(III)- als auch Antimon(V)-sulfid bilden bei Überschuss von S^{2-}-Ionen lösliche Thiokomplexe:

$$Sb_2S_3 + 3\,S^{2-} \rightleftharpoons 2\,SbS_3^{3-}$$

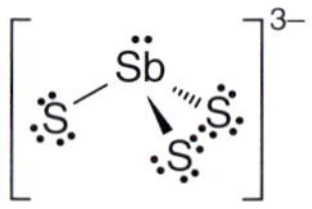

Thioantimonit

$$Sb_2S_5 + 3\,S^{2-} \rightleftharpoons 2\,SbS_4^{3-}$$

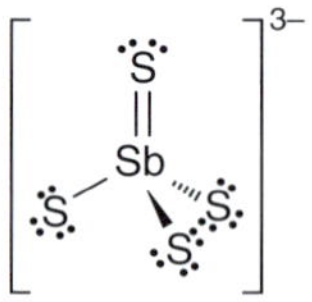

Thioantimonat

Antimon – Bedeutung in Biologie und Medizin

Die Salze der Weinsäure werden Tartrate genannt. Kalium-Natriumtartrat kann an Weinkorken auskristallisieren und wird Weinstein genannt. Ein Antimonderivat von Weinstein ist Kaliumantimonyltartrat, auch als Brechweinstein bekannt. Es wurde früher als Brechmittel eingesetzt und ist heute in der Humanmedizin durch verträglichere Mittel ersetzt. In der Tiermedizin ist es nach wie vor in Gebrauch:

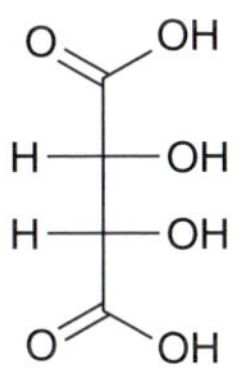

Weinsäure 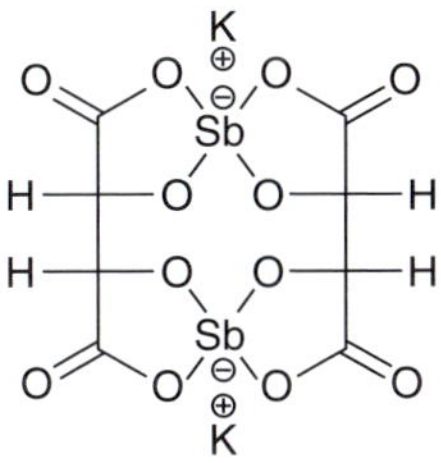   Brechweinstein

Antimon(III)-Verbindungen verbinden sich mit Rezeptorproteinen an der Membran von enterochromaffinen Zellen. Das sind Zellen im Verdauungstrakt, die Neurotransmitter wie Serotonin produzieren und damit das nahezu autonom arbeitende Nervensystem des Magen-Darm-Trakts stimulieren. Die Manipulation durch Antimon(III) reizt dieses Nervensystem und führt dadurch zum Brechreiz.
Antimonwasserstoff (SbH_3, Stibin) wird als schwach polares Gas von der Lunge leicht aufgenommen und ist stark giftig. Seine Oxidationsprodukte zerstören die Pyruvatdehydrogenase. Dies führt zu ATP-Mangel und zur Hämolyse.
Alle vom Körper aufgenommenen Antimon(III)-Verbindungen unterliegen dem enterohepatischen Kreislauf.

5.5.5 Bismut

Bismut (Bi) ist ein sprödes, weiß glänzendes Metall. Es ist gegen Luft und Wasser beständig, verbrennt aber bei höheren Temperaturen zu Bismut(III)-oxid (Bi_2O_3):

$$4\,Bi + 3\,O_2 \longrightarrow 2\,Bi_2O_3$$

Bismut(III)-oxid

Behandelt man Bi_2O_3 mit Wasser, so bildet es BiOOH oder $Bi(OH)_3$. Es löst sich aber auch in alkalischer Lösung nicht auf. In Säure lässt sich Bi_2O_3 lösen und man erhält Bi^{3+}-Salze. In wässriger Lösung liegen Bi^{3+}-Ionen in unterschiedlicher Form vor. Die verschiedenen hydratisieren Formen sind durch Gleichgewichtsreaktionen untereinander verknüpft:

$$Bi_2O_3 + 6\,H^+ \longrightarrow 2\,Bi^{3+} + 3\,H_2O$$

In hoch verdünnter Lösung stehen folgende Komplexe untereinander im Gleichgewicht, wobei Tetraaquabismut(III) in konzentrierter Säure dominiert, während in schwach alkalischer Lösung der Hauptanteil des Bismuts als $Bi(OH)_3$ ausfällt:

$$[Bi(OH_2)_4]^{3+} \underset{+H^+}{\overset{-H^+}{\rightleftharpoons}} [Bi(OH)(OH_2)_3]^{2+} \underset{+H^+}{\overset{-H^+}{\rightleftharpoons}} [Bi(OH)_2(OH_2)_2]^{+} \underset{+H^+}{\overset{-H^+}{\rightleftharpoons}} [Bi(OH)_3(OH_2)] = Bi(OH)_3$$

Ähnlich dem Blei treten bei höherer Konzentration die hydratisierten Bi-Ionen zu mehrkernigen Clustern zusammen, wobei in mäßig saurer Lösung ein Komplex aus sechs Bi^{3+}- und 12 OH^--Ionen dominiert:

$$6\,[Bi(OH)_2(H_2O)]^+ \rightleftharpoons [Bi_6(OH)_{12}]^{6+} + 6\,H_2O$$

Lässt man aus Bi^{3+}-Lösungen Salze auskristallisieren, erhält man Verbindungen, die sowohl Bi^{3+}-Ionen als auch BiO^+-Ionen enthalten. So existiert sowohl $Bi(NO_3)_3$ als auch $BiO(NO_3)$. Versetzt man eine saure Bi^{3+}-Lösung mit etwas Kaliumiodid (KI), so fällt schwerlösliches BiI_3 aus. Da Bi^{3+} trotz seiner dreifachen Ladung wegen seines hohen Ionenradius ein relativ weiches Ion ist, bildet es mit dem weichen Iodid sowohl ein stabiles schwerlösliches Salz als auch einen löslichen Komplex. Behandelt man schwerlösliches BiI_3 mit konzentrierter KI-Lösung, so geht der Niederschlag in Lösung:

$$BiI_3 + I^- \rightleftharpoons [BiI_4]^-$$

Tetraiodidobismutat

$[BiI_4]^-$

In Tetraiodidobismutat liegen keine tetraedrischen Komplex-Ionen vor. Es bilden sich polymere Ketten aus oktaedrisch koordinierten Bi-Ionen. Die Bi-Atome sind d^2sp^3-hybridisiert, und zwar findet die Hybridisierung mit dem 7*s*-Orbital statt. Das doppelt besetzte $6s^2$-Orbital bleibt sterisch inaktiv.

Aus mäßig saurer Lösung fällt H_2S schwerlösliches Bi(III)-sulfid (Bi_2S_3) aus, das sich nicht im Überschuss von S^{2-} löst:

$$2\,BiO^+ + 3\,H_2S \rightleftharpoons Bi_2S_3 + 2\,H^+ + 2\,H_2O$$

Beim Zusammenschmelzen von Alkalioxiden mit Bi_2O_3 an der Luft erhält man Bismutate, die einzigen Vertreter des Bismuts in der Oxidationsstufe +V:

$$Bi_2O_3 + Na_2O + O_2 \rightleftharpoons 2\,NaBiO_3 \qquad NaBiO_3 + 3\,H_2O \longrightarrow Na^+ + [Bi(OH)_6]^-$$

Natriumbismutat(V) — Hexahydroxidobismutat(V)

Diese Bismutate lösen sich in halbkonzentrierter Säure und stellen dann starke Oxidationsmittel dar.

Bismut – Bedeutung in Biologie und Medizin

$BiO(NO_3)$ wird als Antibiotikum gegen *Helicobacter pylori* eingesetzt, ein Bakterium, das Geschwüre im Magen und im Zwölffingerdarm verursacht.

Die Bismutverbindung Bibrocathol ist als Antiseptikum in Augensalben enthalten:

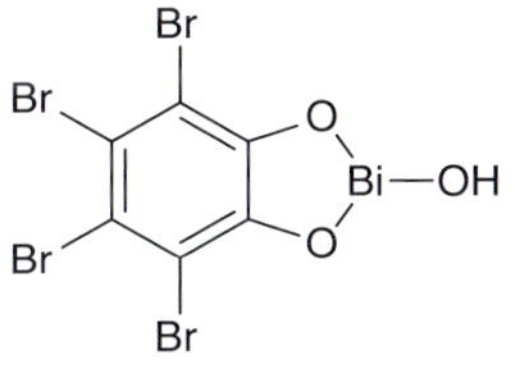

Bibrocathol

5.6 Elemente der 6. Hauptgruppe: Chalkogene

Je höher die Hauptgruppennummer der Elemente im PSE, umso mehr dominiert der Nichtmetallcharakter. Zu den Chalkogenen (Erzbildnern) gehören die Elemente der sechsten Hauptgruppe. Die stabilen Vertreter sind Sauerstoff (O), Schwefel (S), Selen (Se) und Tellur (Te) mit der maximalen Oxidationsstufe +VI, die minimale Oxidationsstufe ist –II (= VI–VIII). Dies ergibt für die Oxidationsstufen folgende Reihe: –II, 0, +II, +IV bis +VI. Alle Chalkogene besitzen die Elektronenkonfiguration ns^2np^4. Sie erreichen ein Elektronenoktett leichter durch die Aufnahme von zwei Elektronen als durch die Abgabe von sechs Elektronen. Die maximale Oxidationsstufe wird wie bei Stickstoff und Phosphor dadurch erreicht, dass kovalente Bindungen zu elektronegativeren Elementen eingegangen werden. Da Sauerstoff aber mit einer Elektronegativität von 3,4 das zweitelektronegativste Element in der Natur ist, kommen Sauerstoffverbindungen in der Oxidationsstufe +VI nicht vor. Ab Schwefel stehen *d*-Orbitale für Oktettaufweitungen zur Verfügung, die eine Erhöhung der Bindigkeit erlauben. Schwefel kann daher als Beispiel für ein vielseitiges Nichtmetall diskutiert werden. Erst die schweren Elementen Selen und Tellur zeigen ansatzweise Metalleigenschaften.

5.6.1 Sauerstoff

Etwa 20 % der Atemluft bestehen aus dem Elementgas Sauerstoff. Es ist ein starkes und aggressives Oxidationsmittel. Bei Normaltemperatur sind die meisten Redoxreaktionen jedoch kinetisch gehemmt, sodass in der Natur viele metastabile Materialien vorkommen (z. B. Holz, Kohle, Lebewesen). Elementar kommt Sauerstoff (O) in zwei Modifikationen vor, als stabiles O_2 und als metastabiles O_3 (Ozon). Ozon bildet sich aus Sauerstoff unter dem Einfluss kosmischer UV-Strahlung. Dadurch entsteht in den oberen Schichten der Atmosphäre eine Ozonschicht, die vor energiereichem Licht aus dem Weltall schützt. In Bodennähe stellt Ozon ein aggressives Gift dar:

$$3\,O_2 \xrightarrow{h\nu} 2\,O_3$$

Ozon

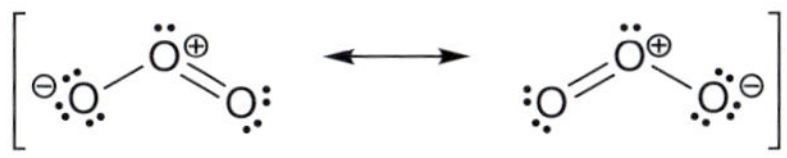

$$\left[\,{}^{\ominus}\!:\!\ddot{\underset{..}{O}}\!-\!\ddot{O}^{\oplus}\!=\!\ddot{O}\!: \;\longleftrightarrow\; :\!\ddot{O}\!=\!\ddot{O}^{\oplus}\!-\!\ddot{\underset{..}{O}}\!:^{\ominus}\right]$$

In Ozon bildet der zentrale Sauerstoff ein AX_2E-System. Damit ist er sp^2-hybridisiert und das Molekül ist gewinkelt gebaut sowie mesomeriestabilisiert. Ozon ist zum Nitrit-Ion isoelektronisch.

Luftsauerstoff reagiert an der Oberfläche von Alkalimetallen zu Hyperoxiden. Vervollständigt man die Reaktion, entstehen Peroxide:

$$Na + O_2 \longrightarrow NaO_2$$

Natriumhyperoxid

$$Na + NaO_2 \longrightarrow Na_2O_2$$

Natriumperoxid

$$Na_2O_2 + 2\,H_2O \longrightarrow 2\,Na^+ + 2\,OH^- + H_2O_2$$

Wasserstoffperoxid

Natriumperoxid ist eine starke Base und hydrolysiert in Wasser zu Natronlauge und Wasserstoffperoxid. In Hyperoxid und in Peroxid liegen Sauerstoffatome mit der Oxidationsstufe –I vor. Sauerstoff, Hyperoxid und Peroxid sind zweiatomige Teilchen. Die Bindungsverhältnisse aller drei Teilchen lassen sich durch ein einheitliches MO-Schema (Abb. 5.32) darstellen.

Sauerstoff ist ein paramagnetisches Biradikal. Daraus erklärt sich auch seine Reaktionsfähigkeit bei erhöhter Temperatur. Hyperoxid ist ein paramagnetisches Radikal-Anion. Das Peroxid-Ion ist isoelektronisch zum Fluormolekül. Die korrespondierende Säure ist Wasserstoffperoxid (H_2O_2). Wasserstoffperoxid ist nur in wässriger Lösung bis zu einem Massegehalt von 30 % stabil. Bei einer weiteren Konzentrierung reagiert es explosionsartig zu Sauerstoff und Wasser:

$$2\,H_2O_2 \longrightarrow 2\,H_2O + O_2$$

In H_2O_2 bilden beide Sauerstoffatome ein AX_2E_2-System. Sie sind sp^3-hybridisiert und tetraedrisch koordiniert. Wasserstoffperoxid kann Elektronen abgeben und es entsteht Sauerstoff. Der H_2O_2-Sauerstoff kann aber auch Elektronen aufnehmen und zu OH^- reagieren. Ein solches Verhalten bezeichnet man als redoxamphoter:

$$H_2O_2 + 2\,H^+ + 2\,e^- \longrightarrow 2\,H_2O$$

$E^0 = 1{,}77\ V$

$$H_2O_2 \longrightarrow O_2 + 2\,e^- + 2\,H^+$$

$-E^0 = -0{,}68\ V$

Ein Vergleich beider Redoxhalbreaktionen zeigt, dass mit steigendem Säuregehalt die Wirkung von Wasserstoffperoxid als Oxidationsmittel erhöht und die Wirkung als Reduktionsmittel vermindert wird. In alkalischem Milieu steigt die Reaktivität von H_2O_2 als Reduktionsmittel.

Wenn elementarer Sauerstoff auf Metalle einwirkt, so erhält man bei Verbrennung Metalloxide. Im Oxid-Ion hat Sauerstoff seine minimale Oxidationsstufe –II. Metalloxide

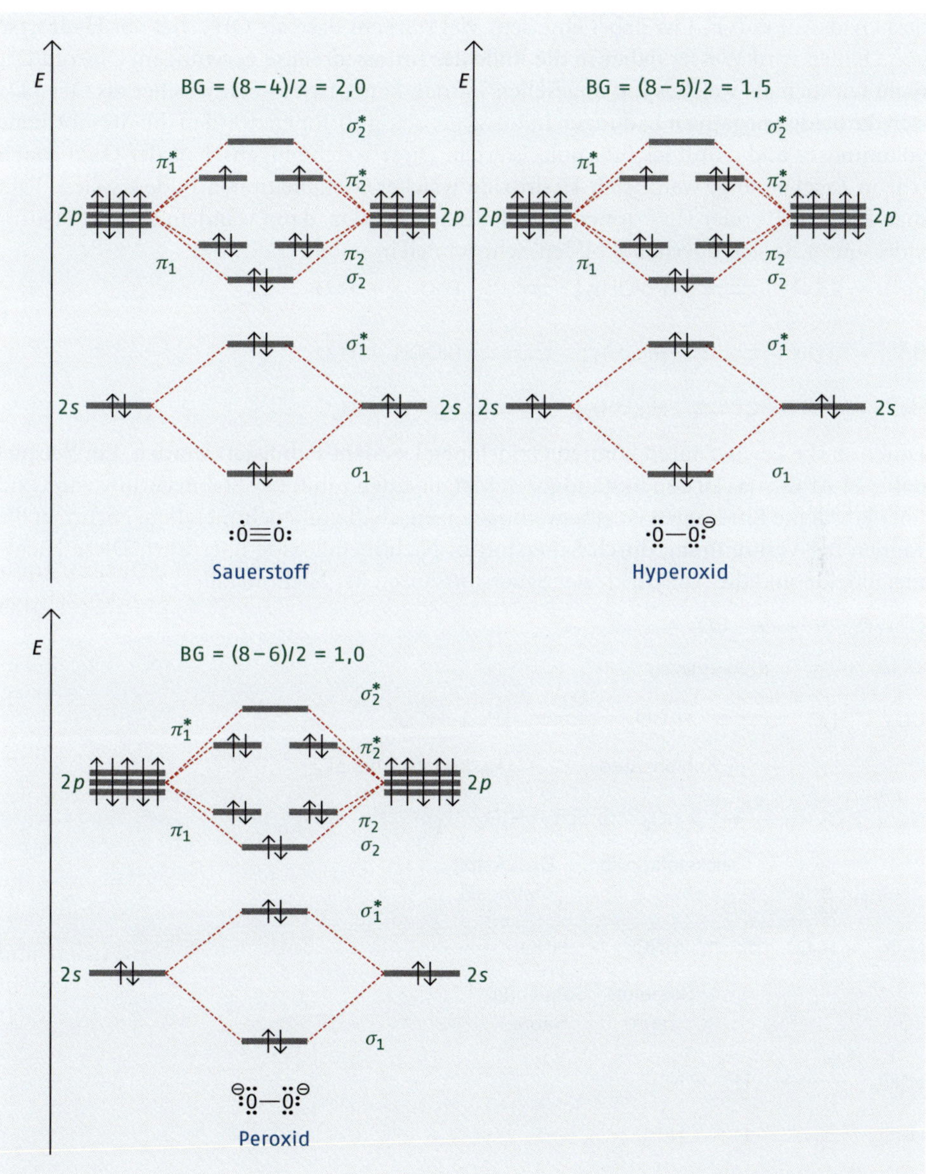

o Abb. 5.32 Vergleich der Bindungsverhältnisse von Sauerstoff (O_2), Hyperoxid (O_2^-) und Peroxid (O_2^{2-})

werden zu Metallhydroxiden hydrolysiert. Diese reagieren in Wasser als starke Basen, sofern die Metallhydroxide ausreichend wasserlöslich sind:

$$4\,Na + O_2 \longrightarrow \underset{\text{Natriumoxid}}{2\,Na_2O} \qquad Na_2O + H_2O \longrightarrow \underset{\text{Natronlauge}}{2\,Na^+ + 2\,OH^-}$$

$$2\,Ca + O_2 \longrightarrow \underset{\text{Calciumoxid}}{2\,CaO} \qquad CaO + H_2O \rightleftharpoons \underset{\text{Calciumhydroxid}}{Ca^{2+} + 2\,OH^-}$$

Das Oxid-Anion (O^{2-}) ist dabei eine sehr viel stärkere Base als OH^-. Bei der Hydrolyse von Oxiden wird Wasser daher in die Rolle der Brönsted-Säure gezwungen. Obwohl O^{2-} nicht wirklich als weiches Ion angesehen werden kann, ist es doch weicher als OH^-. Da sich die beiden negativen Ladungen in Ion gegenseitig abstoßen, werden die Atomorbitale voluminöser und damit leichter polarisierbar. Diese weiche Eigenschaft der Oxid-Ionen tritt in Erscheinung, wenn sich Hydroxide weicher Metallkationen bilden sollen. Fällt man Pb^{2+}-, Bi^{3+}- oder Hg^{2+}-Ionen aus alkalischer Lösung, dann wandeln sich die Hydroxide, sofern sie sich überhaupt bilden, sehr schnell in stabile Oxide um:

$$Pb^{2+} + 2\,OH^- \rightleftharpoons Pb(OH)_2\downarrow \rightleftharpoons PbO + H_2O$$

$$Bi^{3+} + 3\,OH^- \rightleftharpoons Bi(OH)_3\downarrow \rightleftharpoons BiOOH + H_2O$$

$$Hg^{2+} + 2\,OH^- \rightleftharpoons Hg(OH)_2\downarrow \rightleftharpoons HgO + H_2O$$

Durch starke Lewis-Säuren können Oxid-Ionen kovalent stabilisiert werden. Ein Beispiel dafür ist Al_2O_3, das zu den beständigsten Metalloxiden zählt. Die Stabilisierung von Oxid über kovalente Bindungen ist eine wichtige Eigenschaft von Nichtmetallen. Nichtmetalle werden bei Verbrennung durch Sauerstoff in Nichtmetalloxide überführt. Diese Nichtmetalloxide sind die Anhydride der Sauerstoffsäuren der Nichtmetalle:

$$C + O_2 \longrightarrow CO_2$$

Kohlendioxid

$$CO_2 + H_2O \rightleftharpoons H_2CO_3 \rightleftharpoons H^+ + HCO_3^-$$

Kohlensäure Hydrogencarbonat

$$N_2 + 2\,O_2 \longrightarrow 2\,NO_2 \rightleftharpoons N_2O_4$$

Stickstoffdioxid Distickstoff-tetraoxid

$$N_2O_4 + H_2O \rightleftharpoons HNO_3 + HNO_2$$

Salpetersäure Salpetrige Säure

$$HNO_3 \longrightarrow H^+ + NO_3^-$$

$$HNO_2 \rightleftharpoons H^+ + NO_2^-$$

Die Neutralisation der Metallhydroxide durch Säuren der Nichtmetalle erzeugt dann alle bekannten Salze:

$$Ca^{2+} + 2\,OH^- + H_2CO_3 \longrightarrow CaCO_3 + 2\,H_2O$$

Calciumcarbonat

$$Na^+ + OH^- + HNO_3 \longrightarrow NaNO_3 + H_2O$$

Natriumnitrat

Das bei jeder Neutralisation entstehende Dihydrogenmonoxid, besser bekannt unter der Bezeichnung Wasser, ist die Verbindung, die die größte auf der Erde vorkommende Sauerstoffmenge enthält. Im Wassermolekül bildet der Sauerstoff als Zentralatom ein

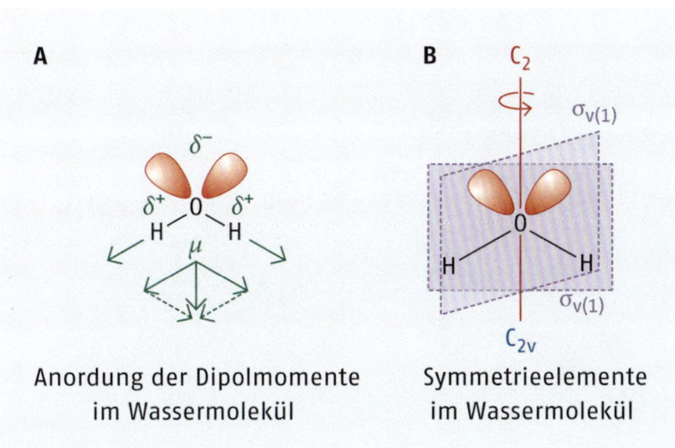

o Abb. 5.33 Anordnung der Dipolmomente (A) sowie Symmetrieelemente (B) im Wassermolekül

AX_2E_2-System, es ist daher sp^3-hybridisiert, tetraedrisch koordiniert und hat einen idealen Bindungswinkel von 109°. Damit ist das Wassermolekül gewinkelt und hat ein ausgeprägtes Dipolmoment. o Abb. 5.33 zeigt die Anordnung der Dipolmomente und die Orientierung der Resultierenden im Wassermolekül.

Die Hauptachse des Wassermoleküls ist eine zweizählige Drehachse C_2. Es existiert keine horizontale Spiegelebene (→ v-Gruppe) und es existieren keine horizontalen zweizähligen Drehachsen (→ C-Gruppe). Das Molekül hat damit C_{2v}-Symmetrie. Die daraus resultierende Polarität des Wassermoleküls hat weitreichende Folgen für die Eigenschaften des Wassers als Lösemittel. Im Gegensatz zum Ammoniakmolekül hat Wasser zwei Wasserstoffbrücken-Donatoren (die O–H-Bindungen) und zwei Wasserstoffbrücken-Akzeptoren (die beiden freien Elektronenpaare). Auf jeden Donator kommt ein Akzeptor, sodass die Möglichkeiten zur Wasserstoffbrückenbindung bestmöglich ausgenutzt werden können. Wasser hat damit nicht nur – relativ zu seiner kleinen Molmasse von 18 g/mol – einen sehr hohen Schmelz- und Siedepunkt, sondern ist auch als Lösemittel für Salze und polare organische Stoffe sehr gut geeignet. Wasser ist in einem sehr großen Temperaturbereich von 0–100 °C flüssig. Es ist der Temperaturbereich, in dem auch komplexe organische Strukturen wie Proteine und Fette als Bestandteil von Membranen existenzfähig sind. Aus diesem Grund konnte Leben in wässriger Umgebung entstehen. Normalerweise nimmt die Dichte eines Stoffs mit steigender Temperatur ab, da die Teilchen durch ihre heftigere Bewegung mehr Volumen beanspruchen, ohne dass sich ihr Gewicht dabei ändert. Daher sind Feststoffe dichter als Flüssigkeiten und Flüssigkeiten dichter als Gase. Wasser zeigt hier eine bekannte **Anomalität**. Flüssiges Wasser erreicht seine maximale Dichte bei +4 °C. Kristallisiert es zu Eis, dann nimmt die Dichte deutlich ab. Eis hat immer eine geringere Dichte als flüssiges Wasser. Dies liegt daran, dass im Eiskristall die Wassermoleküle nicht dicht gepackt sind, sondern über Wasserstoffbrücken in Positionen gehalten werden, die ein weitläufiges hexagonales Gitter bilden. Die kleinste Struktureinheit (die Elementarzelle) im Eiskristall bildet ein regelmäßiges Sechseck und daraus resultiert die hexagonale Symmetrie der Eiskristalle. Eiskristalle, insbesondere Schneeflocken, kristallisieren immer in Form von sechsstrahligen Sternen. Schneeflocken in Form fünfstrahliger Sterne, wie sie in manchen Weihnachtsdekorationen zu finden sind, werden in der Natur nicht realisiert. o Abb. 5.34 zeigt die Anordnung der Wassermoleküle in einem Eiskristall. Die Wasserstoffbrückenbindung wird oft als Fall einer besonders starken Dipol-Dipol-Wechselwirkung diskutiert. Man fasst sie aber besser als kovalente Dreizentrenbindung auf. Eine Dreizentrenbindung wurde schon im Fall des dimeren B_2H_6-Moleküls (▸ Kap. 5.3.1) beschrieben. Bei einer Wasserstoffbrückenbindung zwi-

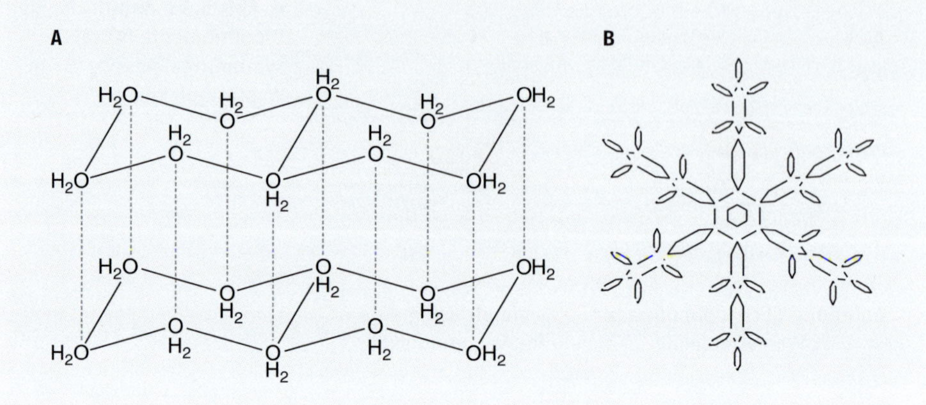

Abb. 5.34 Hexagonale Anordnung von Wassermolekülen (A) in einem Eiskristall (B)

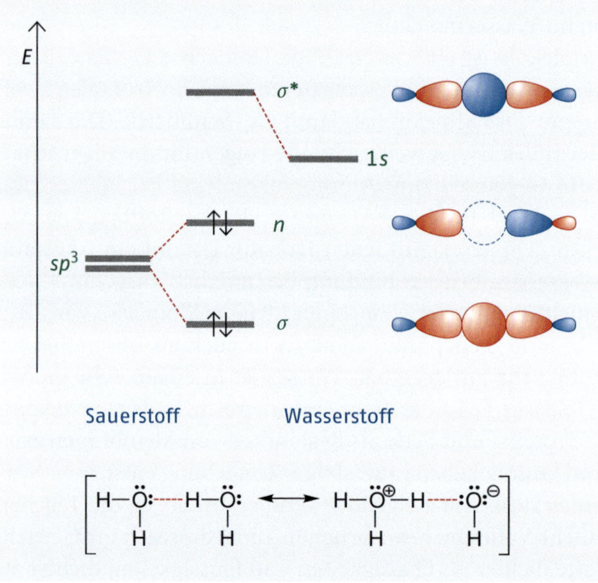

Abb. 5.35 Molekülorbitalschema einer Wasserstoffbrückenbindung

schen zwei Wassermolekülen kombiniert man zwei sp^3-Hybridorbitale des Sauerstoffs mit einem 1 *s*-Orbital des Wasserstoffs zu drei Molekülorbitalen: Dies ergibt ein bindendes, ein nichtbindendes und ein antibindendes Orbital. Mit vier Elektronen besetzt, beträgt der Bindungsgrad 1. Abb. 5.35 zeigt das MO-Schema.

In höheren Oxidationsstufen geht Sauerstoff nur Verbindung mit Fluor ein, da Fluor mit einer Elektronegativität von 4,0 das elektronegativste Element und Sauerstoff mit *EN* = 3,4 das zweitelektronegativste Element im PSE ist. Mit Fluor bildet Sauerstoff Sauerstofffluorid (OF_2) mit der Oxidationsstufe +II. Dies ist die höchste Oxidationsstufe, die man für Sauerstoff findet. Sauerstofffluorid bildet sich beim Einleiten von F_2 in konzentrierte NaOH:

$$2\,F_2 + 2\,NaOH \longrightarrow 2\,NaF + H_2O + F_2O$$

Sauerstofffluorid ist wie Wasser nach *Gillespie* ein AX_2E_2-System. Damit ist der Sauerstoff *sp*^{3}-hybridisiert und tetraedrisch koordiniert. Das Molekül ist wie Wasser gewinkelt. OF_2 ist eine metastabile und sehr reaktive gasförmige Verbindung.

Sauerstoff – Bedeutung in Biologie und Medizin

Wie bereits beim Element Wasserstoff erwähnt, bestreiten Lebewesen ihren Energiebedarf hauptsächlich aus dem Abbau von Zuckermolekülen. Dies war vermutlich auch bei den frühesten Lebensformen der Fall, doch konnten diese mangels Sauerstoffs die im Zucker enthaltene Energie nur in geringem Maße nutzen. Beim Zuckerabbau wird der Zucker zuerst in zwei Teile gespalten und dehydriert. Dabei entsteht ein Zwischenprodukt, Brenztraubensäure. Ohne Sauerstoff muss die Zelle den entstandenen Wasserstoff „entsorgen" und hydriert Brenztraubensäure zur Milchsäure. Der Abbau ist in diesem Fall dann beendet. Diesen Prozess bezeichnet man auch als Gärung. Anaerobe Mikroorganismen, beispielsweise die archaischen Archaebakterien, manche Eubakterien und Hefen, machen sich den Prozess der Gärung zunutze, um ihren Energiebedarf zu decken. Für diese Organismen ist Sauerstoff wegen seines Radikalcharakters giftig. Im Laufe der Evolution erwarben andere Bakterien die Fähigkeit, Sauerstoff für die weitere Energiegewinnung zu nutzen. Sie entwickelten eine Reaktionskette, die noch heute typisch für alle **aeroben** Lebewesen ist und die als „Atmung" bezeichnet wird. Die Stoffwechselprozesse beim aeroben und anaeroben Zuckerabbau sind in Abb. 5.36 skizziert.

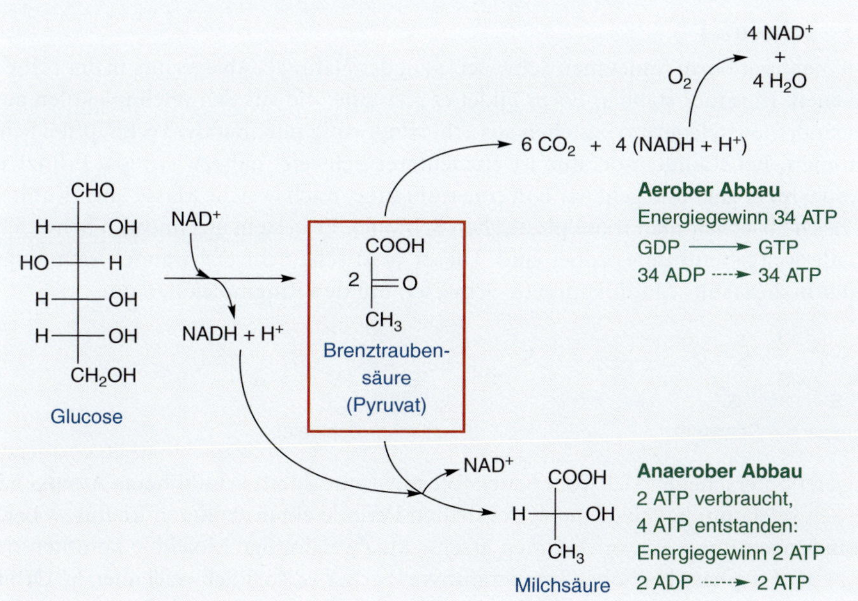

Abb. 5.36 Vergleich von aerobem und anaerobem Abbau von Zucker

Einige anaerobe Archaea-Zellen ließen sich von aeroben Bakterien besiedeln (Abb. 5.37, Endosymbiontentheorie). Die anaeroben Wirtszellen versorgten die aeroben Bakterien mit verschiedenen Nährstoffen, im Gegenzug hielten diese den Zellkörper ihrer Wirte arm an Sauerstoff. Von den aeroben Bakterien im Überfluss produziertes ATP wurde an die

Wirtszelle abgegeben. So entwickelten sich neue Lebensformen, die Eukaryoten. Die aeroben Bakterien wurden zu Zellorganellen, wie den sogenannten Mitochondrien, die in der Folge fast ausschließlich zur Energiegewinnung aus dem Zuckerabbau dienten.

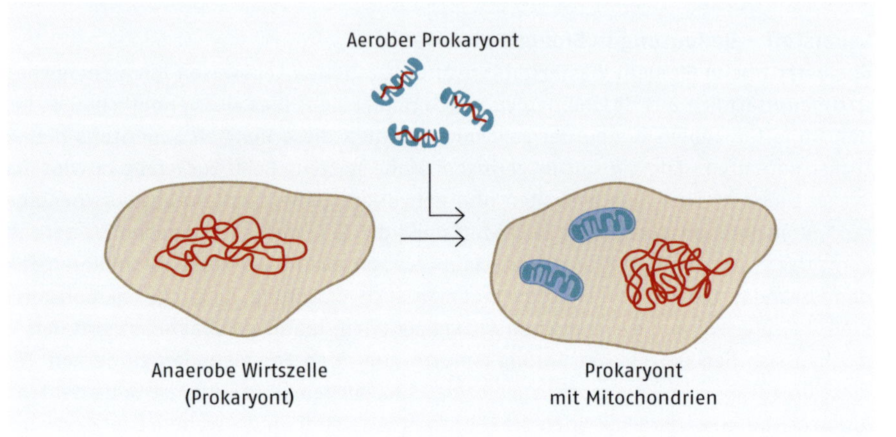

Abb. 5.37 Illustration zur Endosymbiontentheorie

5.6.2 Schwefel

In elementarer Form findet man Schwefel (S) in der Natur als Ablagerung in der Nähe von Vulkanen. In seiner stabilen Form bildet er Kristalle, die aus Schwefelmolekülen aufgebaut sind; diese wiederum bestehen aus acht ringförmig miteinander verknüpften Schwefelatomen. Bei Raumtemperatur ist elementarer Schwefel nahezu farblos. Erhitzt man ihn, so wird er gelb und geht dann in eine rotbraune, wachsweiche Masse über. Kühlt man ihn rasch ab, erhält man roten plastischen Schwefel. Er besteht aus linearen Schwefelketten, die weitgehend ungeordnet sind. Dieser plastische Schwefel wandelt sich langsam wieder in die stabile Modifikation (α-Schwefel) mit den Ringmolekülen um:

Rhombischer Schwefel $\rightleftharpoons$ Plastischer Schwefel

Schwefel unterscheidet sich vom Sauerstoff nicht nur durch sein höheres Atomgewicht. Das Schwefelatom hat als Element der dritten Periode einen größeren Radius, was Doppelbindungen unter Schwefelatomen erschwert. Zweiatomige Moleküle kommen daher nur in der Gasphase bei hoher Temperatur vor. Ferner verfügt Schwefel über 3*d*-Orbitale, die es dem Element ermöglichen, als Lewis-Säure zu reagieren. Im Unterschied zu Sauerstoff kann er sein Oktett aufweiten und dadurch sechsbindig werden. Da die Elektronegativität des Schwefels mit einem Wert von 2,6 deutlich kleiner ist als die von Sauerstoff und Fluor, kennt man eine große Anzahl von Verbindungen, in denen Schwefel in hoher Oxidationsstufe vorkommt. Die Normalreihe –II, 0, +II, +IV und +VI kommt häufig vor, lediglich Verbindungen mit der Oxidationsstufe +II sind selten.

Hydriert man elementaren Schwefel mit Wasserstoff, so erhält man Schwefelwasserstoff (H_2S), ein gasförmiges Produkt, das durch seinen „Duft" nach faulen Eiern bekannt geworden ist:

$$S_8 + 8\,H_2 \longrightarrow 8\,H_2S$$

Schwefelwasserstoff

Im Schwefelwasserstoff bildet Schwefel nach *Gillespie* wie Wasser ein AX_2E_2-System, ist sp^3-hybridisiert und gewinkelt gebaut. Sein Bindungswinkel ist aber deutlich kleiner als beim Wassermolekül, da Schwefel mit seinem großen Atomradius den Wasserstoffatomen erheblich mehr Raum anbieten kann. Die S–H-Bindungen sind nur schwach polar, dennoch besitzt das H_2S-Molekül aufgrund seiner C_{2V}-Symmetrie (H_2S hat dieselben Symmetrieelemente wie Wasser) ein permanentes Dipolmoment. H_2S ist wasserlöslich. Bei einem H_2S-Druck von 1 atm über der Lösung nimmt Wasser 0,1 mol/L Schwefelwasserstoff auf. Eine solche Lösung bezeichnet man als H_2S-Wasser. Die sp^3-Hybridorbitale des Schwefels werden im dritten Hauptquantenzustand gebildet und überlappen nur schlecht mit den 1 *s*-Orbitalen des Wasserstoffs. Daher sind die Wasserstoffatome nicht besonders fest an den Schwefel gebunden. Die heterolytische Bindungsspaltung geht jedoch erheblich leichter vonstatten als die homolytische, und daher ist H_2S eine schwache Säure:

$$H_2S + H_2O \xrightleftharpoons{pK_{S1} = 6{,}9} H_2O^+ + HS^- \qquad HS^- + H_2O \xrightleftharpoons{pK_{S2} = 13{,}0} H_3O^+ + S^{2-}$$

Hydrogensulfid Sulfid

Beide Anionen bilden Salze mit den unterschiedlichsten Metallen. Die Alkalisalze sind dabei alle wasserlöslich. Eine wässrige Lösung von NaHS (Natriumhydrogensulfid) reagiert schwach basisch, eine wässrige Lösung von Na_2S (Natriumsulfid) reagiert stark alkalisch. Sulfid-Ionen sind Fällungsmittel für viele Schwermetalle (Übergangsmetalle, ▸ Kap. 6).

Die Löslichkeit eines Schwermetalls in einer wässrigen H_2S-Lösung ist stark vom pH-Wert der Lösung abhängig. Wird z. B. H_2S bis zur Sättigung in eine Sn^{2+}-Lösung eingeleitet, wird sich folgendes Löslichkeitsgleichgewicht einstellen:

$$Sn^{2+} + S^{2-} \xrightleftharpoons{pK_L = 28{,}0} SnS$$

Das Löslichkeitsgleichgewicht wird durch das Löslichkeitsprodukt beschrieben (○ Gleichung 4.112, ▸ Kap. 4.11):

$$K_L = a_{(Sn^{2+})} \cdot a_{(S^{2-})} \qquad \text{Gleichung 5.7}$$

Auflösung von Gleichung 5.7 nach der Sn^{2+}-Aktivität gibt:

$$a_{(Sn^{2+})} = \frac{K_L}{a_{(S^{2-})}} \qquad \text{Gleichung 5.8}$$

Die Sulfid-Ionenaktivität im Gleichgewicht ist mit dem Protonengehalt in der Lösung über die Protolysegleichgewichte von H_2S und HS^- korreliert. Man addiert beide Protolysereaktionen und erhält für die Gesamtprotolyse:

$$H_2S + H_2O \rightleftharpoons H_3O^+ + HS^- \quad K_{S1} = 10^{-6,9}$$

$$HS^- + H_2O \rightleftharpoons H_3O^+ + S^{2-} \quad K_{S2} = 10^{-13,0}$$

$$H_2S + 2\,H_2O \rightleftharpoons 2\,H_3O^+ + S^{2-} \quad K_S = K_{S1} \cdot K_{S2} = 10^{-19,9}$$

Für die Gesamtprotolyse gilt nach dem Massenwirkungsgesetz:

$$K_S = \frac{a^2_{(H_3O^+)} \cdot a_{(S^{2-})}}{a_{(H_2S)}} \qquad \text{Gleichung 5.9}$$

Nach der Sulfid-Ionenaktivität aufgelöst, ergibt sich:

$$a_{(S^{2-})} = K_S \cdot \frac{a_{(H_2S)}}{a^2_{(H_3O^+)}} \qquad \text{Gleichung 5.10}$$

Gleichung 5.10 zeigt, dass die Sulfid-Ionenaktivität stark abnimmt, wenn die Säureaktivität in der Lösung steigt. Durch Einsetzen von Gleichung 5.10 in Gleichung 5.8 erhält man die Korrelation zwischen Metall- und Sulfid-Ionenaktivität:

$$a_{(Sn^{2+})} = \frac{K_L}{K_S} \cdot \frac{a^2_{(H_3O^+)}}{a_{(H_2S)}} \qquad \text{Gleichung 5.11}$$

Die H_3O^+-Aktivität in Gleichung 5.11 ist nicht notwendigerweise durch H_2S bestimmt, sondern abhängig von jeder Zugabe einer starken Säure oder eines Puffergemischs. Die Metall-Ionenkonzentration steigt überproportional an, wenn die Säureaktivität zu- bzw. der pH-Wert abnimmt.

Eine praktische Anwendung für Gleichung 5.11: Im Boden und in Gesteinen kommen oft sulfidische Erze wie PbS, ZnS oder $CuFeS_2$ vor. Durch sauren Regen oder Eintrag von Säure, u. a. durch Industrie und Landwirtschaft, in den Boden oder in die Oberflächengewässer sinkt der pH-Wert des Grundwassers. Als Folge steigt die Konzentration giftiger Schwermetalle im Grundwasser an. Zusammenhänge zwischen der Löslichkeit von Schwermetallen und der Säurekonzentration in der Umgebung lassen sich auf ganz ähnliche Weise auch für Metallcarbonate, Metallhydroxide und Oxide formulieren.

Beim Zusammenschmelzen von Natriumcyanid und Schwefel entsteht Natriumthiocyanat (NaSCN). Bei einem Säure-Überschuss kann Thiocyanat in gasförmige Rhodansäure (HSCN) überführt werden:

$$CN^- + S \longrightarrow SCN^-$$

Thiocyanat
Rhodanid

$$[\ {}^{\ominus}\!:\!\ddot{S}\!-\!C\!\equiv\!N\!: \longleftrightarrow \ :\!\ddot{S}\!=\!C\!=\!\ddot{N}\!:^{\ominus}\ ]$$

$$SCN^- + H^+ \overset{pK_S = 4{,}0}{\rightleftharpoons} HS\text{—}CN$$

Rhodansäure

Das Thiocyanat-Ion ist linear gebaut. Es ist ein wichtiges Fällungsmittel und ein wichtiger Komplexligand. Rhodansäure ist eine stärkere Säure als Blausäure, da durch die schlechtere Überlappung der beteiligten Orbitale die S–H-Bindung erheblich lockerer ausfällt.

Folgende Redoxprozesse spielen sich nach Zugabe geringer Stoffmengen H_2O_2 zu einer Lösung aus Na_2S oder $(NH_4)_2S$ ab:

$$S^{2-} + S^{2-} + H_2O_2 \longrightarrow 2\,OH^- + {}^-S\text{—}S^-$$

Disulfid

$$S_2^{2-} + S^{2-} + H_2O_2 \longrightarrow 2\,OH^- + S_3^{2-}$$

Trisulfid

$${}^{\ominus}S^{-I}\text{—}S\text{—}S\text{—}S\text{—}S\text{—}S\text{—}S\text{—}S\text{—}S^{-I\,\ominus}$$

Polysulfid

Zuerst entsteht Disulfid S_2^{2-}: Beide Schwefelatome liegen in der Oxidationsstufe –I vor. Ein in der Natur vorkommendes Disulfid ist Pyrit (FeS_2). Dabei handelt es sich um ein wichtiges mineralisches Erz, das wegen seiner goldgelben Farbe von Goldsuchern oft mit Gold verwechselt wurde (Katzengold).

Die Oxidation von Sulfid bleibt aber nicht auf der Stufe von Disulfid stehen. Es bilden sich unterschiedlich lange Schwefelketten mit Schwefelatomen der Oxidationsstufe 0 im Zentrum und mit der Oxidationsstufe –I an den Enden. Solche Lösungen werden Polysulfidlösungen genannt. Behandelt man beispielsweise SnS mit einer solchen Polysulfidlösung, so bildet sich lösliches Thiostannat(IV). In monomeren Na_2S- oder $(NH_4)_2S$-Lösung wird SnS keine löslichen Thiokomplexe bilden:

$$SnS + {}^-S\text{—}S^- \longrightarrow SnS_3^{2-} \longleftarrow SnS_2 + S^{2-}$$

In SnS_3^{2-} kommt Schwefel in der Oxidationsstufe –II vor. Sn^{2+} wurde durch Polysulfid zu Sn^{4+} oxidiert. Ähnliches passiert auch mit den schwerlöslichen Sulfiden von As(III) und Sb(III):

$$As_2S_3 + 2\,S_2^{2-} + S^{2-} \longrightarrow 2\,AsS_4^{3-}$$

Thioarsenat(V)

$$Sb_2S_3 + 2\,S_2^{2-} + S^{2-} \longrightarrow 2\,SbS_4^{3-}$$

Thioantimonat(V)

Verbrennt Schwefel an der Luft, so entsteht Schwefeldioxid (SO_2). SO_2 ist ein stechend riechendes Gas, das sich ausgezeichnet in Wasser löst und als Säure reagiert:

$$S + O_2 \longrightarrow SO_2$$

Schwefeldioxid

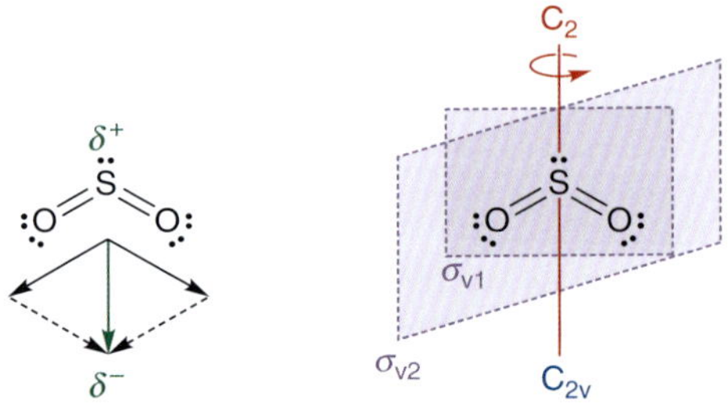

δ^+ δ^- C_2 σ_{v1} σ_{v2} C_{2v}

In SO_2 hat Schwefel die Oxidationsstufe +IV. Diese ist kleiner als die maximal mögliche Oxidationsstufe +VI, steht aber in der Normalreihe der Oxidationsstufen. Nach *Gillespie* bildet Schwefel ein AX_2E-System. Er ist daher *sp*²-hybridisiert und trigonal-planar koordiniert. Folglich ist das Molekül gewinkelt. Die Hauptsymmetrieachse ist eine zweizählige Drehachse C_2. Es fehlen eine horizontale Spiegelebene (→ v-Gruppe) und eine horizontale C_2 (→ C-Gruppe). Zwei Spiegelebenen existieren vertikal zur Hauptachse. Das SO_2-Molekül hat wie Wasser C_{2v}-Symmetrie. Durch den gewinkelten Bau besitzt SO_2 ein starkes Dipolmoment. Es verfügt jedoch lediglich über Wasserstoffbrücken-Akzeptoren, nicht über Wasserstoffbrücken-Donatoren. Daher fallen die zwischenmolekularen Kräfte deutlich schwächer aus als beim Wasser. SO_2 ist deshalb nicht flüssig, sondern gasförmig. Das Molekül kann aber in wässriger Umgebung über Wasserstoffbrücken stabilisiert werden. Dadurch erklärt sich die gute Wasserlöslichkeit.

In wässriger Lösung hydrolysiert SO_2 zu Schwefliger Säure (H_2SO_3). Es ist die Sauerstoffsäure des Schwefels mit mittlerer Oxidationsstufe. Schweflige Säure ist eine starke Säure, obwohl ihre Existenz strenggenommen nicht nachgewiesen werden kann. Der pK_S-Wert kann aber für das Gleichgewicht zwischen gelöstem SO_2 und Hydrogensulfit leicht bestimmt werden:

$$SO_2 + H_2O \rightleftharpoons [H_2SO_3] \xrightarrow{pK_{S1} = 2,0} H^+ + HSO_3^-$$

Hydrogensulfit

$$HSO_3^- \xrightleftharpoons{pK_{S2} = 7,0} H^+ + SO_3^{2-}$$

Sulfit

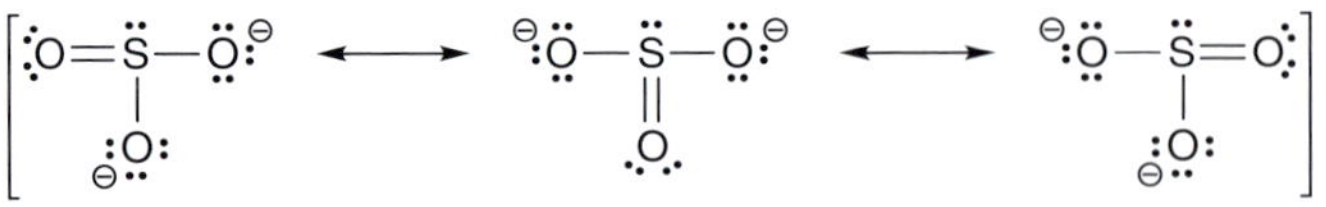

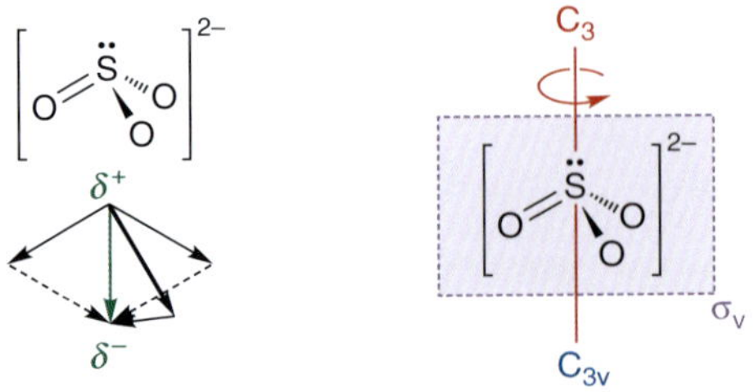

δ^+ δ^- C_3 σ_v C_{3v}

Hydrogensulfit ist eine schwache Säure und protolysiert zum Sulfit-Ion. Dieses ist nach *Gillespie* ein AX_3E-System. Daher ist Schwefel sp^3-hybridisiert und tetraedrisch koordiniert. Die Molekülgeometrie ist trigonal-pyramidal. Durch Mesomeriestabilisierung sind alle drei S–O-Bindungen gleichwertig. Das Molekül hat damit eine C_3 als Hauptachse und nur vertikale Spiegelebenen (→ C_{3v}-Symmetrie). Da eine Ecke des Tetraeders nicht besetzt ist, ist das Sulfit-Ion wie SO_2 polar und über Wasserstoffbrücken in wässriger Lösung stabilisiert. Viele Metalle bilden mit Sulfit wasserlösliche Salze, die in wässriger Lösung alkalisch reagieren. Ein äquimolares Gemisch aus Sulfit (SO_3^{2-}) und Hydrogensulfit (HSO_3^-) reagiert neutral (äquimolarer Puffer). Sulfite werden als schwache Reduktionsmittel eingesetzt. Da Schwefel mittlere Oxidationsstufe besitzt, kann Sulfit auch selbst reduziert werden. Es verhält sich wie H_2O_2 redoxamphoter.

Bei der Umsetzung einer Natriumsulfitlösung mit Hydrazin, bilden sich H_2S und Stickstoff:

$$SO_3^{2-} + 6\,e^- + 8\,H^+ \longrightarrow H_2S + 3\,H_2O \quad \times 2$$

$$H_2NNH_2 \longrightarrow N_2 + 4\,H^+ + 4\,e^- \quad \times 3$$

$$2\,SO_3^{2-} + 12\,e^- + 16\,H^+ \longrightarrow 2\,H_2S + 6\,H_2O$$

$$3\,H_2NNH_2 \longrightarrow 3\,N_2 + 12\,H^+ + 12\,e^-$$

$$2\,SO_3^{2-} + 3\,H_2NNH_2 + 4\,H^+ \longrightarrow 2\,H_2S + 3\,N_2 + 6\,H_2O$$

Bei der Umsetzung einer Natriumsulfitlösung mit Wasserstoffperoxid, wird Sulfit zu Sulfat oxidiert:

$$SO_3^{2-} + H_2O_2 \longrightarrow SO_4^{2-} + H_2O$$

Bei der Umsetzung einer HSO_3^--Lösung in Wasser (pH = 7) mit Zinkpulver, bildet sich Dithionige Säure (Zinkstaub wirkt in neutralem Milieu als außerordentlich mildes Reduktionsmittel):

$$HO{-}S({=}O){-}OH + e^- \longrightarrow HO{-}S^{\bullet}({=}O) + OH^-$$

$$HO{-}S^{\bullet}({=}O) + {}^{\bullet}S({=}O){-}OH \longrightarrow HO{-}S({=}O){-}S({=}O){-}OH$$

$$2\,H_2SO_3 + Zn \longrightarrow Zn(OH)_2 + HO{-}SO{-}SO{-}OH$$

Dithionige Säure

In Dithioniger Säure liegt Schwefel in der Oxidationsstufe +III vor. Er bildet nach *Gillespie* ein AX_3E-System und ist daher sp^3-hybridisiert, tetraedrisch koordiniert mit trigonal pyramidaler Molekülgeometrie. Die Salze der Dithionigen Säure werden als Dithionite bezeichnet. Vor allem in alkalischer Lösung sind Dithionite starke Reduktionsmittel. So wird Natriumdithionit als Absorptionsmittel für Sauerstoff eingesetzt:

$$H_2S_2O_4 \longrightarrow 2\,H^+ + 2\,e^- + 2\,SO_2$$

Oxidiert man die schweflige Säure mit milden Oxidationsmitteln, beispielsweise mit MnO_2, erhält man Dithionsäure ($H_2S_2O_6$):

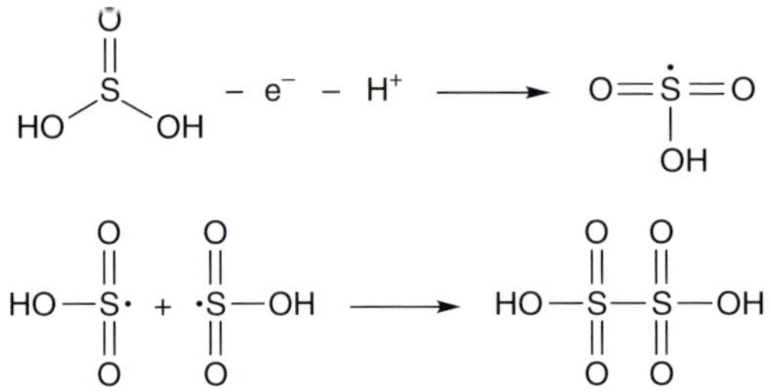

$$\text{HO–S(=O)–OH} - e^- - H^+ \longrightarrow \text{O=}\dot{\text{S}}\text{=O (–OH)}$$

$$\text{HO–S(=O)}_2\cdot + \cdot\text{S(=O)}_2\text{–OH} \longrightarrow \text{HO–S(=O)}_2\text{–S(=O)}_2\text{–OH}$$

In Dithionsäure liegt Schwefel in der Oxidationsstufe +V vor. Nach *Gillespie* handelt es sich um ein AX_4-System mit sp^3-hybridisiertem Schwefel, der tetraedrisch koordiniert ist. Dithionsäure ist eine starke Säure und ihre Salze werden als Dithionate bezeichnet. Auch die Dithionate sind starke Oxidationsmittel und neigen in konzentrierter Lösung dazu, in Sulfate und SO_2 zu disproportionieren:

$$S_2O_6^{2-} \rightleftharpoons SO_4^{2-} + SO_2$$

Das Sulfit-Ion ist für viele Schwermetalle, darunter auch die Erdalkalimetalle Ca^{2+}, Sr^{2+} und Ba^{2+}, ein Fällungsmittel:

$$Ba^{2+} + SO_3^{2-} \xrightarrow{pK_L = 9{,}3} BaSO_3\downarrow \qquad BaSO_3 + H^+ \rightleftharpoons Ba^{2+} + HSO_3^-$$

Schwerlösliche Sulfite lösen sich im Überschuss von Mineralsäure auf, da SO_3^{2-} eine schwache Base und das Hydrogensulfit-Ion nicht als Fällungsmittel fungiert.

Thyonylchlorid ($SOCl_2$) ist das Säurechlorid der Schwefligen Säure. Es lässt sich aus SO_2 und PCl_5 gewinnen:

$$SO_2 + PCl_5 \longrightarrow POCl_3 + SOCl_2$$

Thionylchlorid

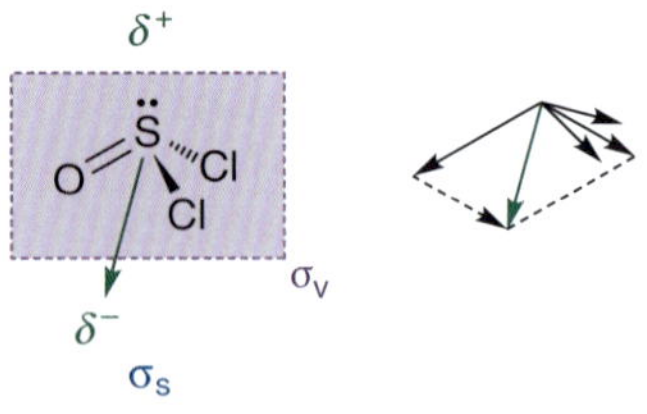

δ^+ δ^- σ_v σ_s

Das Thionylchloridmolekül ist ein AX_3E-System. Der Schwefel ist sp^3-hybridisiert und tetraedrisch koordiniert mit trigonal-pyramidaler Molekülgeometrie. Da die Ecken der Pyramide von zwei verschiedenen Substituenten gebildet werden, existiert im Molekül keine Drehachse. Das einzige Symmetrieelement ist eine Spiegelebene, in der das Schwefel- und das Sauerstoffatom liegen. Die Punktgruppe ist daher σ_s. Sowohl die S=O-

Bindung als auch die S–Cl-Bindungen sind polar. Die lokalen Dipolmomente addieren sich zu einem permanenten Molekül-Dipolmoment, aus dem jedoch keine starken Wasserstoffbrücken entstehen können. Aufgrund seiner hohen Molmasse ist Thionylchlorid flüssig, aber sehr leicht verdampfbar. Es wird, wie die Phosphorsäurechloride, als starkes Chlorierungsmittel eingesetzt. Beispielsweise überführt Thionylchlorid Carbonsäuren in Carbonsäurechloride und Alkohole in Halogenalkane:

$$CH_3COOH + SOCl_2 \longrightarrow CH_3COCl + SO_2 + HCl$$

$$CH_3OH + SOCl_2 \longrightarrow CH_3Cl + SO_2 + HCl$$

Setzt man elementaren Schwefel mit Fluor um, so erhält man das Säurefluorid der Schwefligen Säure, Schwefeltetrafluorid (SF_4):

$$S + 2\,F_4 \longrightarrow SF_4$$

Schwefeltetrafluorid

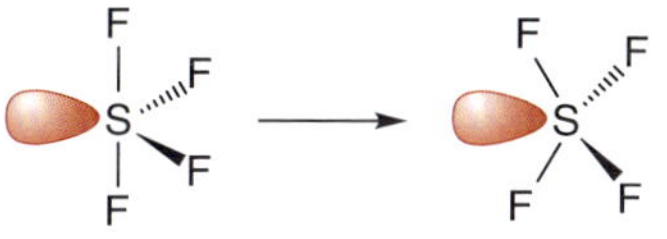

Im SF_4-Molekül bildet der Schwefel nach *Gillespie* ein AX_4E-System und ist daher *dsp*^{3}-hybridisiert. Für diese Hybridisierung sind zwei Koordinationspolyeder möglich, die trigonale Bipyramide oder die tetragonale Pyramide. Das freie Elektronenpaar macht seinen sterischen Anspruch nicht in vollem Umfang geltend. Dadurch entsteht eine Molekülstruktur, die oft als verzerrtes Tetraeder bezeichnet wird. Man sollte die Struktur aber besser als verzerrte trigonale Bipyramide auffassen. In Richtung auf das freie Elektronenpaar bleibt ein kleines Dipolmoment übrig. Das Molekül ist gasförmig, zerfällt an feuchter Luft aber schnell in SO_2 und HF. Durch SF_4 werden Alkohole und Ketone in Fluoralkane überführt.

Erhitzt man Natriumsulfit mit elementarem Schwefel, so entsteht Natriumthiosulfat ($Na_2S_2O_3$):

$$Na_2SO_3 + S \longrightarrow Na_2S_2O_3$$

Natriumthiosulfat

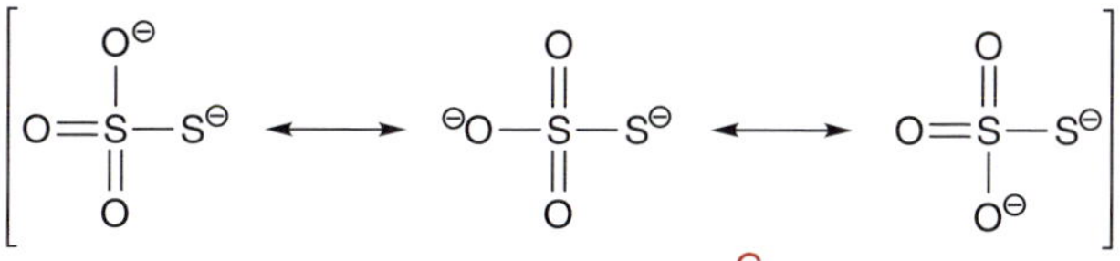

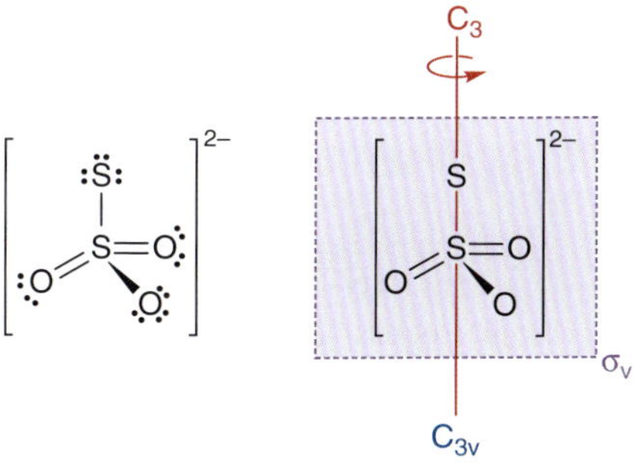

C3

2–

2–

σv

C3v

Im Thiosulfat-Ion hat der zentrale Schwefel die Oxidationsstufe +V, der terminale Schwefel die Oxidationsstufe –I. Im Mittel ergibt dies die Oxidationsstufe +II. Der zentrale Schwefel ist nach *Gillespie* ein AX_4-System, sp^3-hybridisiert und tetraedrisch koordiniert. Das Molekül-Ion hat aber keine Tetraedersymmetrie, da die Koordinationssphäre aus zwei verschiedenen Liganden O und S gebildet wird. Durch Mesomeriestabilisierung sind die drei SO-Bindungen gleichwertig. Dadurch ist die Hauptachse eine C_3, es fehlen σ_h (→ v-Gruppe) und C_2 senkrecht zur Hauptachse (→ C-Gruppe). Das Thiosulfat-Ion hat also C_{3v}-Symmetrie. Die Thioschwefelsäure ist eine starke Säure, die sich aber nur in nichtwässrigen Lösemitteln bei sehr tiefer Temperatur darstellen lässt. Säuert man wässrige Thiosulfatlösungen an, so zerfällt die Thioschwefelsäure in Schwefeldioxid und Schwefel:

$$S_2O_3^{2-} + 2\,H^+ \longrightarrow H_2S_2O_3 \longrightarrow SO_2 + S + H_2O$$

Thiosulfat ist ein wichtiger Ligand in der Komplexchemie. Ferner ist Thiosulfat auch ein schwaches Reduktionsmittel. Iod wird zu Iodid reduziert, wobei Tetrathionat ($S_4O_6^{2-}$) entsteht:

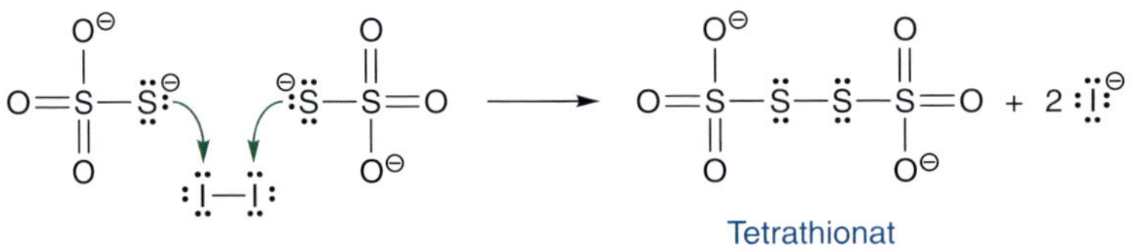

Tetrathionat

Will man SO_2 zu SO_3 oxidieren, so ist dies nur durch Einsatz von Katalysatoren möglich. Die im industriellen Maßstab übliche Methode nutzt V_2O_5 als Oxidationsmittel. Dabei entstehendes VO_2 kann dann an der Luft wieder zu V_2O_5 verbrannt werden:

$$SO_2 + V_2O_5 \longrightarrow SO_3 + 2\,VO_2 \qquad 4\,VO_2 + O_2 \longrightarrow 2\,V_2O_5$$

Etwas unfreiwillig steht auch eine alternative Methode zur SO_3-Gewinnung zur Verfügung. In Verbrennungsmotoren von Automobilen, mehr aber noch bei der Verbrennung von Kohle in großen Kraftwerken, entstehen aus Luftstickstoff Stickoxide und aus der Verbrennung des in der Kohle enthaltenen Schwefels ensteht SO_2. Dann sind folgende Prozesse möglich:

$$SO_2 + N_2O_3 \longrightarrow SO_3 + 2\,NO \qquad 4\,NO + O_2 \longrightarrow 2\,N_2O_3$$

Ist das Kraftwerk nicht mit einer Gas-Entschwefelungsanlage ausgerüstet, dann verlässt ein Gemisch aus SO_2 und SO_3 den Schornstein. Mit Luftfeuchtigkeit reagieren die Schwefeloxide dann unter Hydrolyse:

$$SO_2 + H_2O \longrightarrow H_2SO_3 \qquad SO_3 + H_2O \longrightarrow H_2SO_4$$

Schweflige Säure Schwefelsäure

Beide Säuren sind Hauptverursacher des sauren Regens. Im Schwefeltrioxid (SO_3) liegt Schwefel in der maximal möglichen Oxidationsstufe +VI vor. Gasförmiges SO_3 besteht aus monomeren Molekülen. Schwefel bildet ein AX_3-System. Er ist daher sp^2-hybridisiert und hat eine trigonal-planare Molekülgeometrie. Senkrecht zur Molekülebene befindet sich eine C_3 als Molekülhauptachse. Die Molekülebene ist eine horizontale Spiegelebene σ_h (→ h-Gruppe). Durch jede SO-Bindung verläuft eine C_2, die senkrecht zur C_3 steht (→ D-Gruppe). Das Molekül hat daher D_{3h}-Symmetrie. Kühlt man SO_3-Gas auf sehr tiefe Temeraturen (< –80 °C) ab, so bildet sich eisartiges SO_3. Dieses schmilzt bei 17 °C und siedet bei 45 °C. Eisartiges SO_3 besteht aus SO_3-Trimeren. Kühlt man SO_3 lange Zeit, so wandelt es sich langsam in asbestartiges SO_3 um. Dieses besteht aus polymeren SO_3-Ketten und ist erheblich stabiler. Es schmilzt bei einer Temperatur von 62 °C. Sowohl in eisartigem als auch in asbestartigem SO_3 ist Schwefel als AX_4-System sp^3-hybridisiet und tetraedrisch koordiniert:

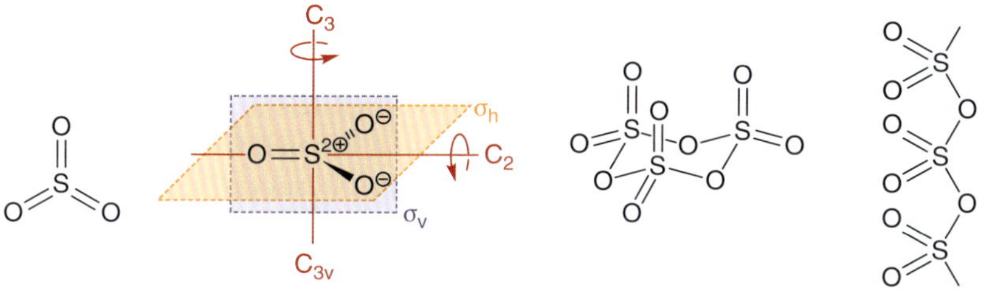

SO_3 D_{3h} (Gasförmig) — SO_3 (Eisartig) — SO_3 (Asbestartig)

Schüttet man Wasser auf festes SO_3, so hydrolysiert es explosionsartig zu Schwefelsäure. Will man Schwefelsäure kontrolliert herstellen, dann mischt man SO_3 in schon bestehende Schwefelsäure. Diese Mischung wird Oleum genannt. Hier steht gelöstes SO_3 mit Dischwefelsäure im Gleichgewicht. Durch vorsichtige kontrollierte Zugabe von Wasser in berechneter Stoffmenge kann die Dischwefelsäure dann zu Schwefelsäure hydrolysiert werden:

$$H_2SO_4 + SO_2 \longrightarrow H_2S_2O_7 \qquad H_2S_2O_7 + H_2O \longrightarrow 2\,H_2SO_4$$

Oleum

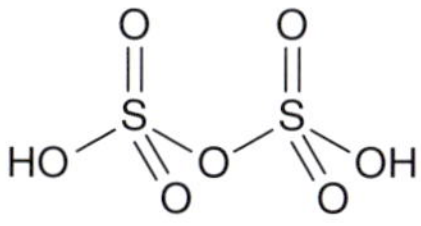

Dischwefelsäure

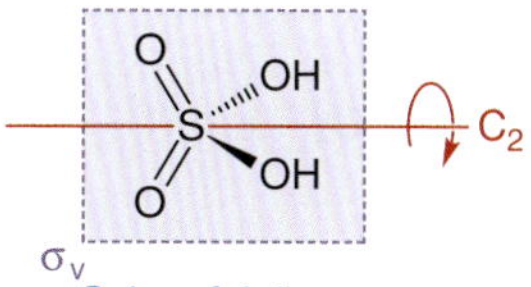

Schwefelsäure C_{2v}

Im nicht dissoziierten Schwefelsäuremolekül bildet Schwefel ein AX_4-System. Er ist sp^3-hybridisiert und tetraedrisch koordiniert. Da zwei Sauerstoffe mit Wasserstoff verbunden sind, wird die Tetraedersymmetrie erniedrigt. Die Hauptachse ist eine C_2. Eine horizontale Spiegelebene fehlt (→ v-Gruppe), ebenso existieren keine C_2 senkrecht zur Hauptachse (→ C-Gruppe). Das Schwefelsäuremolekül hat C_{2v}-Symmetrie. Es ist stark polar und die Schwefelsäuremoleküle können untereinander Wasserstoffbrücken bilden. Dabei existieren pro Molekül zwei Wasserstoffbrücken-Donatoren und vier Wasserstoffbrücken-Akzeptoren. Die möglichen H-Brücken können problemlos gebildet werden. Schwefelsäure ist daher eine schwere, ölige Flüssigkeit mit sehr hohem Siedepunkt. Konzentrierte Schwefelsäure ist stark hygroskopisch. Bringt man konzentrierte H_2SO_4 auf die

Haut, so entzieht sie dem Gewebe Wasser und es kommt zu Verletzungen, die Verbrennungen sehr ähnlich sind. In Wasser protolysiert die Schwefelsäure in zwei Stufen:

$$H_2SO_4 \xrightarrow{pK_{S1} \ll 0} H^+ + HSO_4^- \qquad HSO_4^- \xrightarrow{pK_{S2} = 2{,}0} H^+ + SO_4^{2-}$$

Hydrogensulfat   Sulfat

In der ersten Protolysestufe ist die Schwefelsäure eine starke Säure, die in Wasser vollständig nivelliert wird. Hydrogensulfat ist eine schwache Säure, besitzt aber einen relativ großen K_S-Wert. In verdünnter Lösung ist sie in beiden Stufen nahezu vollständig dissoziiert. Natriumhydrogensulfat ($NaHSO_4$) ist ein wasserlösliches Salz, das in wässriger Lösung sauer reagiert. Das Sulfat-Ion ist mesomeriestabilisiert und hat perfekte Tetraedersymmetrie. Glaubersalz (Na_2SO_4) ist wasserlöslich; die wässrigen Lösungen reagieren kaum basisch.

Sulfat ist ein Fällungsmittel für einige Schwermetalle, vor allem für die Erdalkalimetall-Ionen Ca^{2+}, Sr^{2+} und Ba^{2+} sowie Pb^{2+}:

$$Ca^{2+} + SO_4^{2-} \xrightleftharpoons{pK_L = 4{,}3} CaSO_4\downarrow \qquad Sr^{2+} + SO_4^{2-} \xrightleftharpoons{pK_L = 6{,}3} SrSO_4\downarrow$$

Gips

$$Ba^{2+} + SO_4^{2-} \xrightleftharpoons{pK_L = 10{,}0} BaSO_4\downarrow \qquad Pb^{2+} + SO_4^{2-} \xrightleftharpoons{pK_L = 8{,}0} PbSO_4\downarrow$$

Sulfat ist nur eine sehr schwache Base: $pK_B = 14 - pK_S(HSO_4^-) = 12$. Aus diesem Grund sind die Sulfatniederschläge beständig gegen einen moderaten Überschuss von Mineralsäure. Verdünnte Schwefelsäure kann daher als wirksames Fällungsmittel eingesetzt werden. Eine Ausnahme bildet Bi^{3+}. Hier bildet sich nur in alkalischer Lösung ein Niederschlag von Bismuthydroxysulfat ($BiOHSO_4$):

$$Bi^{3+} + SO_4^{2-} + OH^- \rightleftharpoons BiOHSO_4$$

Alkalisches Bismutsulfat löst sich schon in verdünnten Säuren. Wie die Kohlensäure kennt auch die Schwefelsäure ein Sortiment von Säurederivaten. Das Säurechlorid der Schwefelsäure ist Sulforylchlorid (SO_2Cl_2):

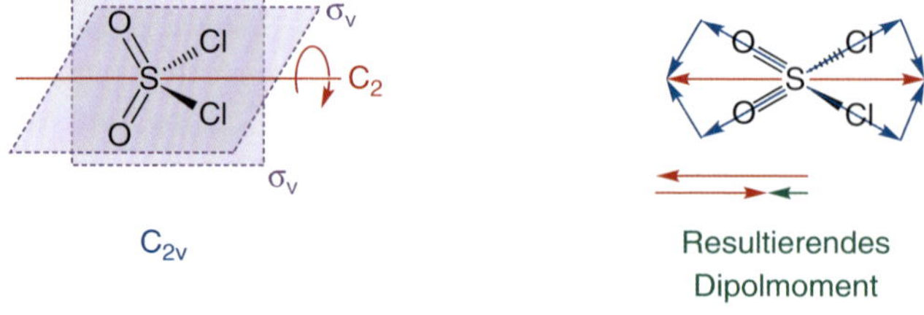

In Sulforylchlorid ist Schwefel nach *Gillespie* ein AX_4-System, daher sp^3-hybridisiert und tetraedrisch koordiniert. Die Tetraedersymmetrie wird durch die beiden verschiedenen Substituenten O und Cl auf C_{2v} erniedrigt. Da eine S–Cl-Bindung ein schwächeres Dipolmoment erzeugt als eine S=O-Bindung, besitzt das Molekül ein schwaches Dipolmoment. Aufgrund seiner hohen Masse ist Sulforylchlorid eine ölige Flüssigkeit, die an feuchter Luft schnell zu Schwefelsäure und HCl hydrolysiet. In der Organischen Chemie wird SO_2Cl_2 als Chlorierungsmittel für radikalische Chlorierungen eingesetzt.

Das Säureamid der Schwefelsäure ist die Amidoschwefelsäure (SO_2OHNH_2). Bei der Amidoschwefelsäure ist eine Hydroxylgruppe der Schwefelsäure durch eine Aminogruppe ersetzt. Amidoschwefelsäure wird dazu verwendet, aus wässrigen Lösungen Nitrit zu entfernen:

$$NO_2^- + 2\,H^+ \longrightarrow NO^+ + H_2O \qquad SO_2(OH)(NH_2) + NO^+ \longrightarrow SO_2(OH)(OH) + N_2 + H^+$$

Amido-
schwefelsäure

Elektrolysiert man konzentrierte Schwefelsäure bei hohen Spannungen, dann erhält man Peroxodischwefelsäure ($H_2S_2O_8$), die zur Tetrathionsäure strukturanalog ist:

$$HO{-}SO_2{-}OH + HO{-}SO_2{-}OH \longrightarrow HO{-}SO_2{-}O{-}O{-}SO_2{-}OH + 2\,H^+ + 2\,e^-$$

Peroxodischwefelsäure

Peroxodischwefelsäure ist eine starke Säure und in saurer wässriger Lösung hydrolyseempfindlich. Sie zerfällt zu Schwefelsäure und Wasserstoffperoxid. In alkalischer Lösung sind ihre Salze, die Peroxodisulfate hydrolysebeständig und starke Oxidationsmittel. Sie werden ähnlich wie Wasserstoffperoxid eingesetzt, reagieren aber langsamer. Dies hat Vorteile, wenn in einem Gemisch von oxidierbaren Substanzen die reaktivste Komponente selektiv angegriffen werden soll.

Fluoriert man Schwefel mit einem Überschuss von F_2, so entsteht SF_6. Als Säurefluorid der Schwefelsäure ist das Molekül bemerkenswert reaktionsträge:

$$S + 3\,F_2 \longrightarrow SF_6$$

Schwefelhexafluorid

Schwefel bildet ein AX_6-System und ist d^2sp^3-hybridisiert. Dadurch ist er oktaedrisch koordiniert. Mit dem einheitlichen Liganden hat das Molekül ideale Oktaedersymmetrie. Da sich alle Dipolmomente kompensieren, ist das Molekül völlig unpolar. Als Konsequenz ist es gasförmig. Die hohe Symmetrie des Moleküls macht es für potenzielle Reaktionspartner schwer angreifbar. Seine hohe Stabilität ist kinetisch bedingt. Thermodynamisch sollte es durch Wasser hydrolysiert werden, aber selbst im Gemisch mit überhitztem Wasserdampf reagiert es nicht.

Schwefel – Bedeutung in Biologie und Medizin

In Naturstoffen findet man das Element Schwefel sehr häufig. Es liegt dann vor allem in der Oxidationsstufe −II als Sulfhydrylgruppe (−SH) vor. Eine sehr wichtige Bedeutung kommt den beiden schwefelhaltigen Aminosäuren Cystein und Methionin zu (Abb. 5.38).

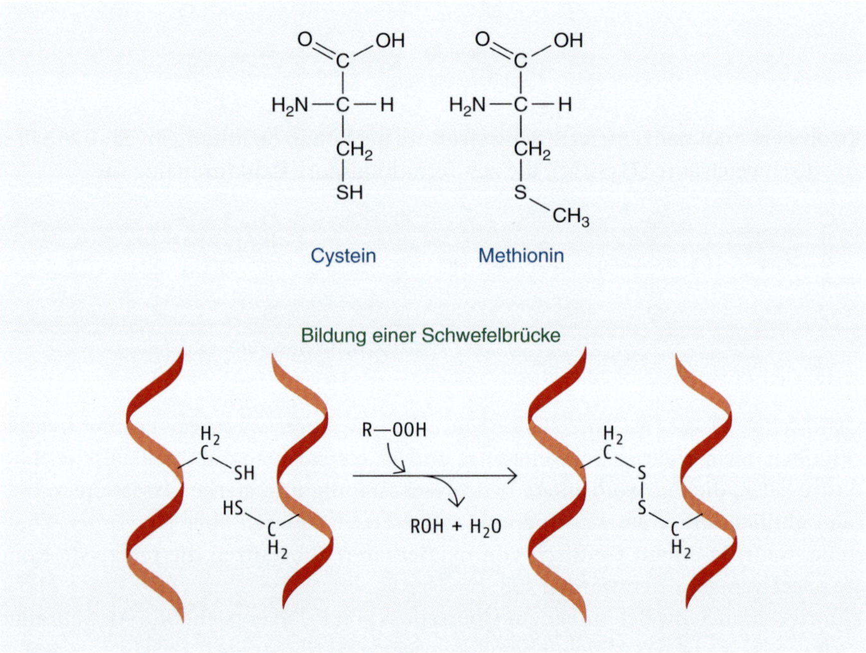

Abb. 5.38 Bildung von Schwefelbrücken in cysteinhaltigen Polypeptidketten

Die Reihenfolge der Aminosäuren in einer Polypeptidkette bestimmt die räumliche Gestalt und damit auch die Funktion des entstehenden Proteins (▸Kap. 5.5.1, Stickstoff – Bedeutung in Biologie und Medizin). Die lineare Polypeptidkette kann drei Strukturtypen ausbilden: eine Spirale (α-Helix), eine Faltblattstruktur (β-Faltblatt) oder ungeordnete Schleifen. Die Position von Cystein-Resten in den Polypeptidketten ermöglicht über die Bildung von Schwefelbrücken die Anordnung dieser Substrukturen zu einem finalen räumlichen Gebilde (Abb. 5.39).

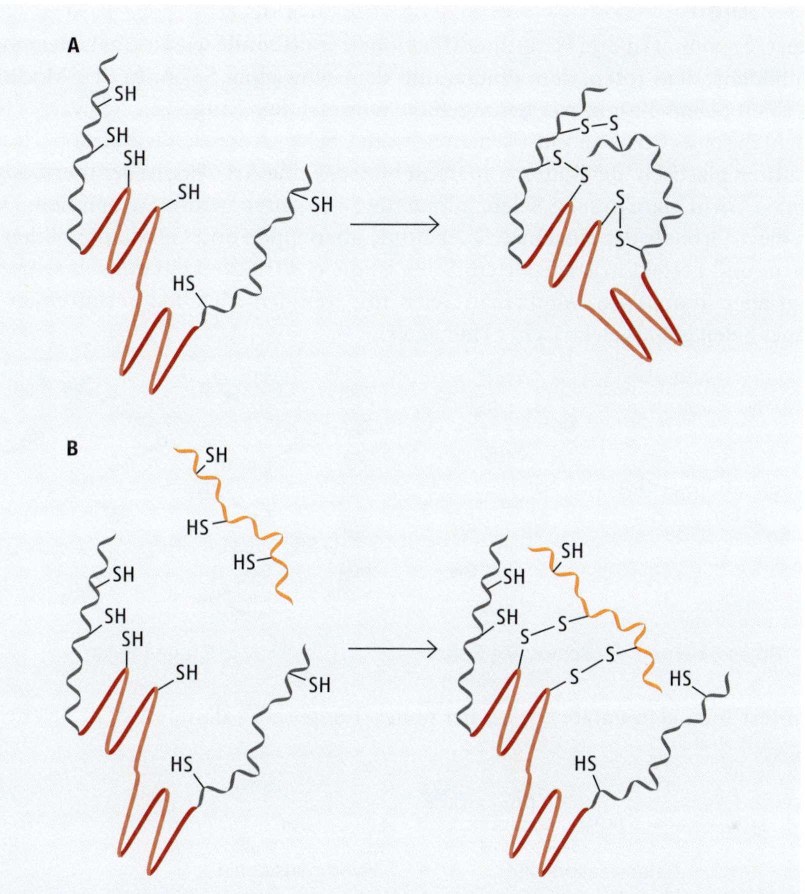

Abb. 5.39 Entstehung der räumlichen Struktur eines Proteins z. B. durch Ausbildung von Schwefelbrücken zwischen Cystein-Resten der Polypeptidkette: innerhalb (A) sowie außerhalb der Proteinkette (B)

Die Bildung von Schwefelbrücken zwischen zwei Cystein-Resten ist vergleichbar der Bildung von Tetrathionsäure aus Thiosulfat. Sulfhydrylgruppen kommen auch in manchen Coenzymen vor, beispielsweise im Glutathion, das die Cystein-SH-Funktionen offenhält und giftige Schwermetall-Ionen komplexiert, oder im Coenzym A, das in der Atmungskette eine wichtige Rolle spielt. Reduzierter Schwefel findet sich auch in den aktiven Zentren von redoxaktiven Enzymen wie den Cytochromen, die ebenfalls zur Atmungskette gehören. Zersetzen sich abgestorbene Organismen, so entweicht der in den Proteinen enthaltene Schwefel als H_2S (Geruch nach faulen Eiern).

5

5.6.3 Selen

Selen (Se) kommt in drei Hauptmodifikationen vor (die alle wiederum Untermodifikationen bilden), dem roten, dem grauen und dem schwarzen Selen. In den Modifikationen des roten Selens liegen, wie beim gelben Schwefel, Se_8-Ringe vor. Schwarzes Selen entspricht in seiner Struktur plastischem Schwefel. Schwarzes Selen wird erst bei hohen Temperaturen plastisch. Bei Raumtemperatur bildet es eine Art Glas. In der thermodynamisch stabilen Form, dem grauen Selen, bilden die Selenketten geordnete Spiralen. Dabei können die *d*-Orbitale der einzelnen Selenatome überlappen und Leitbänder bilden. In hochreinem und perfekt kristallisiertem Selen ist die elektrische Leitfähigkeit sehr gering. Sie steigt aber dramatisch, wenn man Selen mit fremden Metallen verunreinigt (dotiert). Graues Selen gilt als elektrischer Halbleiter:

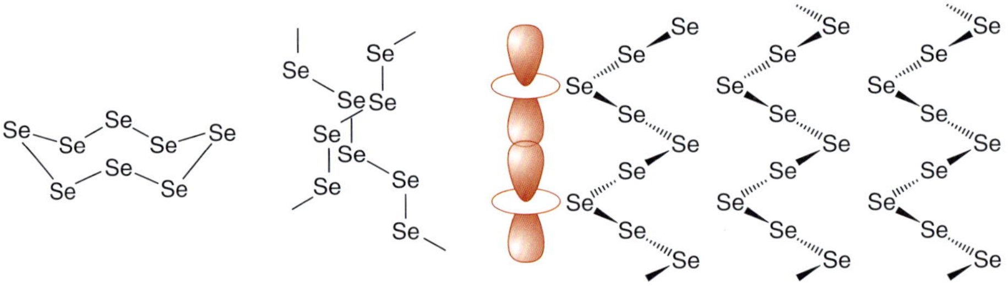

Rotes Selen Schwarzes Selen Graues Selen

Hydriert man elementares Selen bei hoher Temperatur, dann entsteht Selenwasserstoff (H_2Se):

$$Se + H_2 \longrightarrow H_2Se \xrightleftharpoons{pK_{S1} = 3{,}72} H^+ + HSe^-$$

Selenwasserstoff Hydrogenselenid

$$HSe^- \xrightleftharpoons{pK_{S2} = 11{,}0} H^+ + Se^{2-}$$

Selenid

Selenwasserstoff ist ein außerordentlich giftiges Gas, das sich durch seinen intensiven „Duft“ nach verfaultem Rettich verrät. Es ist saurer als Schwefelwasserstoff und bildet Salze, die sogenannten Selenide. Viele Selenide sind schwerlöslich, doch oft instabil, weil Se^{2-} ein starkes Reduktionsmittel ist.

Verbrennt man Selen an der Luft, so erhält man Selendioxid (SeO_2). Im Gegensatz zu Schwefeldioxid ist Selendioxid nicht molekular aufgebaut und besteht aus polymeren Ketten:

$$Se + O_2 \longrightarrow SeO_2$$

Selendioxid

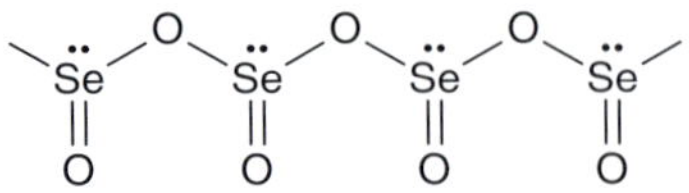

Selendioxid bildet ein AX_3E-System, ist sp^3-hybridisiert und tetraedrisch koordiniert mit trigonal-pyramidaler Struktur in der ersten Koordinationssphäre. Selendioxid ist ein

Feststoff mit hohem Schmelzpunkt. Es löst sich in Wasser unter Bildung der Selenigen Säure:

$$SeO_2 + H_2O \longrightarrow H_2SeO_3 \xrightleftharpoons{pK_{S1} = 2{,}6} H^+ + HSeO_3^-$$

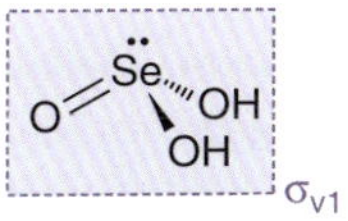

Selenige Säure

σ_s

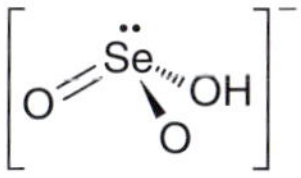

Hydrogenselenit

$$HSeO_3^- \xrightleftharpoons{pK_{S1} = 8{,}3} H^+ + SeO_3^{2-}$$

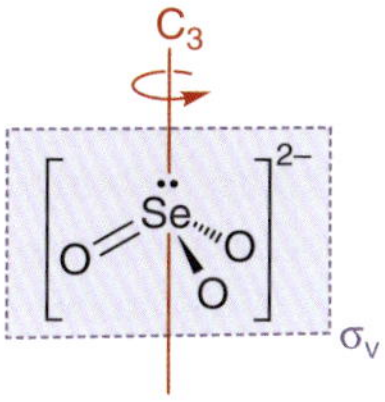

Selenit

C_{3v}

Im Gegensatz zur schwefligen Säure ist die Selenige Säure als Molekül existent. Sie kann auch bei tiefer Temperatur durch Eindampfen des Wassers als kristalliner Feststoff gewonnen werden, jedoch verwittern die Kristalle nach einiger Zeit unter Abspaltung von Wasser und Rückbildung des Anhydrids SeO_2. Die Selenige Säure bildet ein AX_3E-System mit sp^3-hybridisiertem Selen und trigonal-pyramidaler Struktur. Im Molekül existiert nur eine Spiegelebene als einziges Symmetrieelement. In Selenit sind alle drei Sauerstoffatome durch Mesomeriestabilisierung gleichwertig. Die Hauptachse ist eine C_3, es fehlen jedoch horizontale Spiegelebene (→ v-Gruppe) und C_2 senkrecht zur Hauptachse (→ C-Gruppe). Das Molekül hat daher C_{3v}-Symmetrie. Die Selenite sind in alkalischer Lösung nur sehr schwache Reduktionsmittel, dagegen ist die Selenige Säure im Überschuss an Mineralsäure ein gutes Oxidationsmittel. Dabei wird metallisches Selen als Produkt angestrebt. Oxidiert man Selenige Säure mit Wasserstoffperoxid, erhält man Selensäure:

$$H_2SeO_3 + H_2O_2 \longrightarrow H_2SeO_4 + H_2O$$

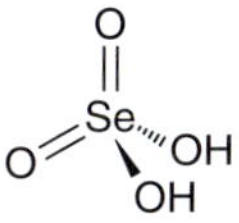

Selensäure

Selensäure ist eine starke Säure, die im reinen Zustand fest, jedoch sehr hygroskopisch und damit ebenso ätzend wie Schwefelsäure ist. In wässriger Lösung ist die Selensäure ein starkes Oxidationsmittel, mit der man aus Kochsalz Chlor entwickeln kann. Ein Gemisch aus Selensäure und Salzsäure hat ähnliche Eigenschaften wie Königswasser und kann Gold sowie Platin auflösen:

$$H_2SeO_4 + 2\,HCl \longrightarrow H_2SeO_3 + H_2O + Cl_2$$

Selen – Bedeutung in Biologie und Medizin

Obwohl man dem Element Selen in der Alltagschemie nicht oft begegnet, ist seine Bedeutung als Spurenelement beachtlich.

Zunächst ist jedoch die sehr hohe Giftigkeit von reduziertem Selen zu betonen. Wird Selenwasserstoff vom Körper aufgenommen, so kann Cystein in Selenocystein umgewandelt werden, was zu schwerwiegenden Funktionsstörungen verschiedener Enzyme führt. Selenocystein ist eine exotische Aminosäure. Sie zählt nicht zu den 20 unmittelbar in der DNA kodierten Aminosäuren (▸Kap. 5.5.2, Stickstoff – Bedeutung in Biologie und Medizin), wird aber dennoch vom Körper gebraucht. Die Zahl der Proteine, die Selenocystein benötigen, ist zwar außerordentlich gering, es gibt jedoch einen wichtigen Vertreter: die Glutathionperoxidase (○Abb. 5.40). Glutathion enthält eine SH-Gruppe, die die Aufgabe hat, Cystein im reduzierten Zustand zu halten. Sollen Schwefelbrücken gebildet werden, so oxidiert die Glutathionperoxidase Glutathion zu Glutathiondisulfid und verringert damit seine Wirkung. Dieses bedeutsame Enzym ist auf Selenocystein angewiesen. Selen gehört damit zu den Spurenelementen. Die notwendige Tagesdosis liegt bei 70 µg Selen. Ein Mangel an Selen führt zu Herzmuskelinsuffizienz.

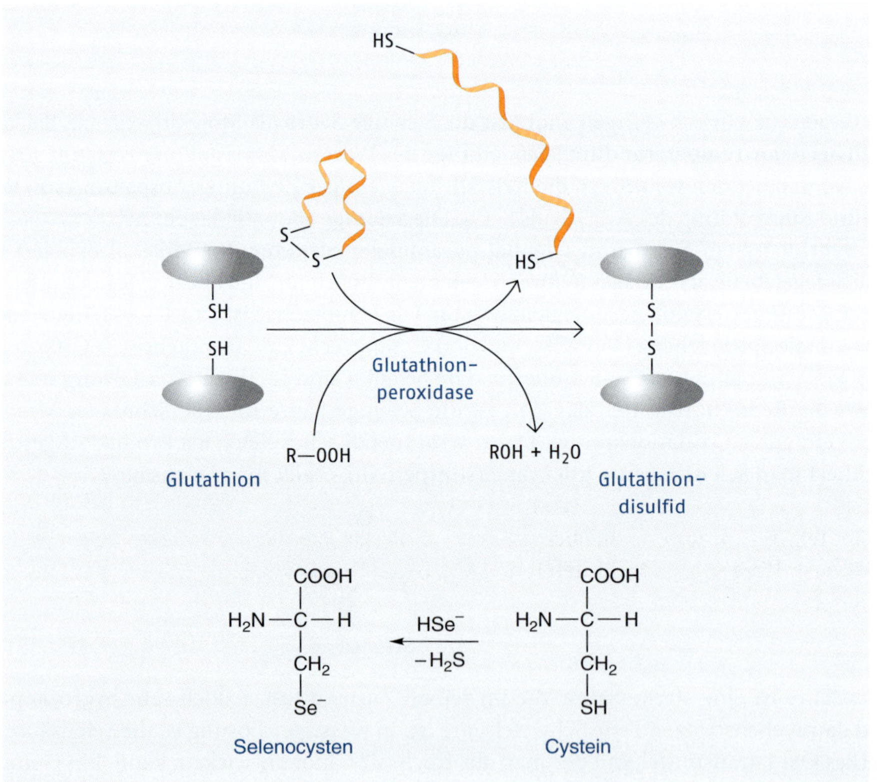

○ **Abb. 5.40** Glutathionperoxidase ist ein selenocysteinhaltiges Enzym: Wirkungsweise

5.6.4 Tellur

Elementares Tellur (Te) kommt nur in der „metallischen Modifikation“ vor, deren Struktur der des grauen Selens analog ist. Es leitet den elektrischen Strom jedoch deutlich schlechter als graues Selen. Erhitzt man Tellur mit Wasserstoff auf hohe Temperaturen, so erhält man Tellurwasserstoff (H_2Te) als stark endotherme Verbindung:

$$Te + H_2 \longrightarrow H_2Te$$

Tellurwasserstoff

Tellurwasserstoff ist ein wasserlösliches Gas und reagiert dort sauer. An der Luft scheidet sich aus wässrigen H_2Te-Lösungen aber in kurzer Zeit elementares Tellur aus. Salze von H_2Te existieren in Form der Alkalitelluride Na_2Te und K_2Te.

Verbrennt man Tellur an der Luft so entsteht Tellurdioxid (TeO_2). In Tellurdioxid liegen Te^{4+} und O^{2-} in einem salzartigen Ionengitter vor:

$$Te + O_2 \longrightarrow TeO_2$$

Tellurdioxid

$$TeO_2 + 2\,OH^- \longrightarrow TeO_3^{2-} + H_2O$$

$$TeO_2 + 4\,H^+ \longrightarrow Te^{4+} + 2\,H_2O$$

Tellurdioxid löst sich in Wasser sehr schlecht. Es verhält sich aber amphoter, in alkalischem Milieu löst sich TeO_2 und es bilden sich Tellurite (TeO_3^{2-}), in Säure löst sich TeO_2 unter Bildung von Te^{4+}-Ionen. Das schwere Tellur zeigt in seinen chemischen Eigenschaften deutlichere Eigenschaften eines Metalls.

Oxidiert man elementares Tellur mit starken Oxidationsmitteln wie beispielsweise Na_2O_2, dann bildet sich die *ortho*-Tellursäure, die als Reinstoff in Form von glasklaren Kristallen anfällt:

$$Te + 6\,OH^- \longrightarrow Te(OH)_6 + 6\,e^-$$

$$3\,Na_2O_2 + 6\,e^- + 6\,H_2O \longrightarrow 6\,Na^+ + 12\,OH^-$$

$$Te + 3\,Na_2O_2 + 6\,H_2O \longrightarrow Te(OH)_6 + 6\,Na^+ + 6\,OH^-$$

ortho-Tellursäure ist eine sechsbasige Säure, die saure Salze wie Natriumpentahydrogentellurat (NaH_5TeO_6) sowie alkalische Salze wie Natriumtellurat (Na_6TeO_6) bildet. *ortho*-Tellursäure wirkt erheblich stärker oxidierend als Schwefelsäure. Beim Erhitzen spaltet sie Wasser ab und bildet Tellur(VI)-oxid. Dieses spaltet beim weiteren Erhitzen Sauerstoff ab und bildet TeO_2:

$$Te(OH)_6 \longrightarrow TeO_3 + 3\,H_2O \qquad 2\,TeO_3 \longrightarrow 2\,TeO_2 + O_2$$

Tellur – Bedeutung in Biologie und Medizin

Tellur und seine Verbindungen wirken nicht ganz so toxisch wie Selen und dessen Verbindungen. Nach der Aufnahme von Tellurverbindungen in den Körper bildet sich das stark toxische Dimethyltellurid, $Te(CH_3)_2$. Tellurvergiftungen machen sich durch einen intensiven Knoblauchgeruch der Atemluft bemerkbar, der durch das Dimethyltellurid hervorgerufen wird.

5.7 Elemente der 7. Hauptgruppe: Halogene

Die Elemente der siebten Hauptgruppe werden Halogene (Salzbildner) genannt. In diese Gruppe gehören die Elemente Fluor (F), Chlor (Cl), Brom (Br) und Iod (I). Ihre gemeinsame Elektronenkonfiguration ist ns^2np^5. Zum Elektronenoktett und damit zum Edelgaszustand fehlt ihnen ein einziges Elektron. In den Verbindungen aller Halogene dominiert daher die Oxidationsstufe –I. Die Atome bilden einwertige Anionen, die Halogenide Fluorid (F^-), Chlorid (Cl^-), Bromid (Br^-) und Iodid (I^-). In Verbindung mit Metallkationen bilden sie in der Regel wasserlösliche Salze. Das Element Fluor ist mit einer Elektronegativität von 4,0 das elektronegativste Element im PSE und nimmt daher unter den Halogenen eine Sonderstellung ein. Fluor kommt eigentlich nur in den Oxidationsstufen –I und 0 vor. Die anderen Halogene bilden mit Nichtmetallen viele molekular aufgebaute Verbindungen. Mit elektronegativeren Bindungspartnern, vor allem mit Sauerstoff und Fluor, entstehen Moleküle, in denen die Halogene in höheren Oxidationsstufen vorkommen. Dabei sind sich die verschiedenen Elemente einander so ähnlich, dass sie gemeinsam und vergleichend diskutiert werden können.

5.7.1 Fluor

Elementares Fluor (F) ist ein zweiatomiges Elementgas und gilt als stärkstes chemisches Oxidationsmittel. Es kann daher nur durch Elektrolyse aus Fluorverbindungen hergestellt werden. In seinem Molekülorbitalschema (○ Abb. 5.41) ist der Energieunterschied zwischen $\sigma^*_{(1)}$ und $\sigma_{(2)}$ so groß, dass eine Konfigurationswechselwirkung keine Auswirkung auf die qualitative Anordnung der Zustände hat. Das Fluormolekül ist isoelektronisch zum Peroxid-Ion.

Fluor reagiert mit Wasserstoff explosionsartig zu Fluorwasserstoffgas (HF). Dieses Gas löst sich außerordentlich gut in Wasser und bildet dort Flusssäure:

$$F_2 + H_2 \longrightarrow 2\,HF \qquad HF + H_2O \underset{}{\overset{pK_S = 3{,}15}{\rightleftharpoons}} H_3O^+ + F^-$$

$$\delta^+\ H\!-\!\ddot{\underset{..}{F}}\!:\ \delta^-$$

Fluorwasserstoff

Das Fluorwasserstoffmolekül ist aufgrund des hohen *EN*-Unterschieds von $\Delta EN = 4 - 2{,}2 = 1{,}8$ zwischen Fluor und Wasserstoff stark polar. HF kann daher sehr stabile Wasserstoffbrückenbindungen zu Wassermolekülen ausbilden. Dennoch ist das Proton im HF-Molekül relativ stark gebunden, da die kleinen Orbitale des Fluors ($n = 2$) mit dem 1 *s*-Orbital des Wasserstoffs recht gut überlappen können. HF ist daher eine schwache Säure und das korrespondierende Anion F^- reagiert schwach basisch.

Die Flusssäure gehört zu den gefährlichsten und aggressivsten, nicht aber zu den stärksten Mineralsäuren. Alkalifluoride sind in der Regel wasserlöslich, für Erdalkali-Ionen ist Fluorid Fällungsmittel. Das stabilste Fluorid ist dabei CaF_2. Da normales Glas $CaSiO_3$ enthält, dringt HF in Glas ein und bildet dort CaF_2. Ferner greift HF Kieselsäure an und bildet Hexafluoridosilicat:

$$\underset{\text{Polymer}}{CaSiO_3} + 2\,HF \longrightarrow CaF_2 + \underset{\text{Polymer}}{H_2SiO_3} \qquad SiO_2 + 6\,HF \longrightarrow 2\,H_3O^+ + \underset{\text{Hexafluoridosilicat}}{SiF_6^{2-}}$$

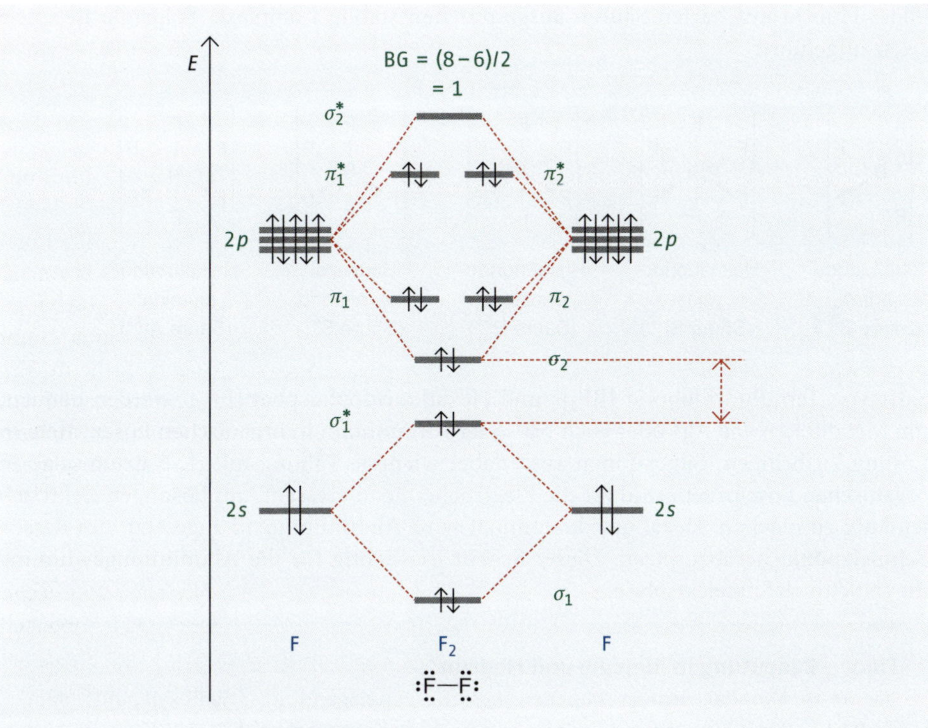

Abb. 5.41 Molekülorbitalschema von Fluor (F_2)

Glasoberflächen werden geätzt und stumpf. Konzentrierte Flusssäure würde Glasgefäße komplett auflösen. Daher muss Flusssäure in Kunststoffflaschen aufbewahrt werden. Im gasförmigen Zustand ist HF ein sehr leichtes Molekül und kann sich auch bei moderater Temperatur recht schnell bewegen. Aus diesem Grund dringt es sehr leicht in andere Stoffe, u. a. auch in menschliches Gewebe, ein. Knochen bestehen zu einem großen Teil aus Hydroxylapatit ($Ca_2(PO_4)OH$), das durch Flusssäure angegriffen wird. Verätzungen mit Flusssäure führen zu tiefen Wunden, die sehr schlecht heilen:

$$Ca_2(PO_4)OH + 4\,HF \longrightarrow 2\,CaF_2 + H_3PO_4 + H_2O$$

Flusssäure bildet mit Alkalifluoriden sogenannte **saure Fluoride**. Dabei wird pro Formeleinheit ein HF-Molekül ähnlich dem Kristallwasser in die Kristallstruktur eingebaut:

$$KF + HF \longrightarrow KHF_2 \qquad \left[{}^{\ominus}\!:\!\ddot{\underset{..}{F}}\cdots H\!-\!\ddot{\underset{..}{F}}\!: \longleftrightarrow :\!\ddot{\underset{..}{F}}\!-\!H\cdots\ddot{\underset{..}{F}}\!:^{\ominus}\right]$$

Dabei existieren Anionen $[F–H–F]^-$ mit völlig symmetrischen und gleichwertigen H–F-Abständen. Hier kann zwischen kovalenter Dreizentrenbindung und Wasserstoffbrücke nicht mehr unterschieden werden.

Fluorid ist nicht nur eine schwache Brönsted-Base und ein Fällungsmittel für verschiedene Metalle, sondern auch die härteste Lewis-Base, die in der Natur vorkommt. Daher bildet Fluorid mit harten Säuren ausgesprochen stabile Komplexe. Folgende Beispiele seien aufgeführt:

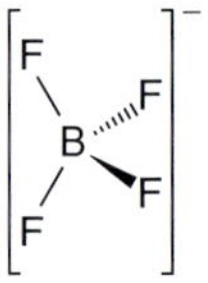

$[BF_4]^-$	$[SiF_6]^{2-}$	$[PF_6]^-$	SF_6	$[AlF_6]^{3-}$
Tetrafluorido-borat (Säure B^{3+})	Hexafluorido-silicat (Säure Si^{4+})	Hexafluorido-phosphat (Säure P^{5+})	Schwefel-hexafluorid (Säure S^{6+})	Hexafluorido-aluminat (Säure Al^{3+})

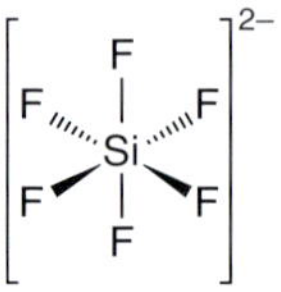

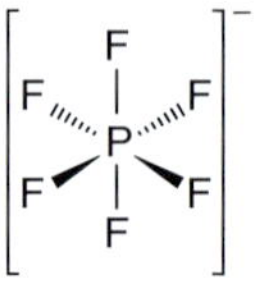

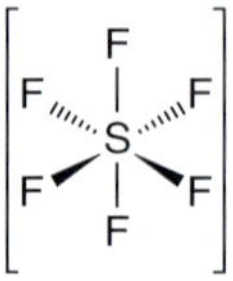

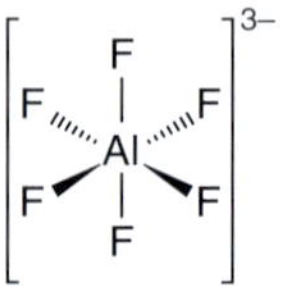

Salze von Tetrafluoridoborat $[BF_4]^-$ und Hexafluoridophosphat $[PF_6]^-$ werden benutzt, um Metallionen wie Ag^+ oder auch Na^+ oder Ammonium in organischen Lösemitteln in Lösung zu bringen. Silber-Ionen sind dabei wichtige Fällungsmittel. Natriumsalze in organischen Lösemitteln sind für die Elektrochemie interessant, um Lösungen elektrisch leitfähig zu machen. Hexafluoridoaluminat wird Aluminiumoxid zugesetzt, um dessen Schmelzpunkt herabzusetzen. Dieser Schritt ist wichtig für die Aluminiumgewinnung durch Schmelzflusselektrolyse.

Fluor – Bedeutung in Biologie und Medizin

Das feste Material unserer Knochen besteht vorwiegend aus Hydroxylapatit, dem Ca_2PO_4OH. Hydroxylapatit kann mit Fluorid zu Fluorapatit reagieren:

$$\underset{\text{Hydroxylapatit}}{Ca_2(PO_4)OH} + F^- \longrightarrow \underset{\text{Fluorapatit}}{Ca_2(PO_4)F} + OH^-$$

Der Fluorapatit bildet die Oberfläche unserer Zähne. Seine Oberfläche ist sehr dicht und kann durch Säure schlecht angegriffen werden. Auf diese Weise schützt der Zahnschmelz vor organischen Säuren, wie sie in Früchten, aber auch bei bakterieller Zersetzung von Speiseresten vorkommen. Zu einem geringen Teil bestehen auch unsere Knochen aus Fluorapatit. Die Zufuhr einer geringen Stoffmenge Fluorid beugt somit Karies vor, regt das Knochenwachstum an und hilft bei Osteoporose. Die empfohlene Tagesdosis für NaF liegt bei 0,25–1 mg.

5.7.2 Chlor, Brom und Iod

Im Unterschied zum Element Fluor verfügen die schwereren Halogene alle über vollständig unbesetzte *d*-Orbitale, die es ihnen ermöglichen, als Lewis-Säure zu reagieren. In ihren chemischen Eigenschaften und der Art von Verbindungen, die aus ihnen hervorgehen, sind sich die drei Elemente außerordentlich ähnlich. In der Hauptsache unterscheiden sie sich in ihrer Reaktivität.

Das Element **Chlor (Cl)** ist ein typisches zweiatomiges Elementgas. Es wird durch Elektrolyse konzentrierter Kochsalzlösungen hergestellt (Chloralkali-Elektrolyse,

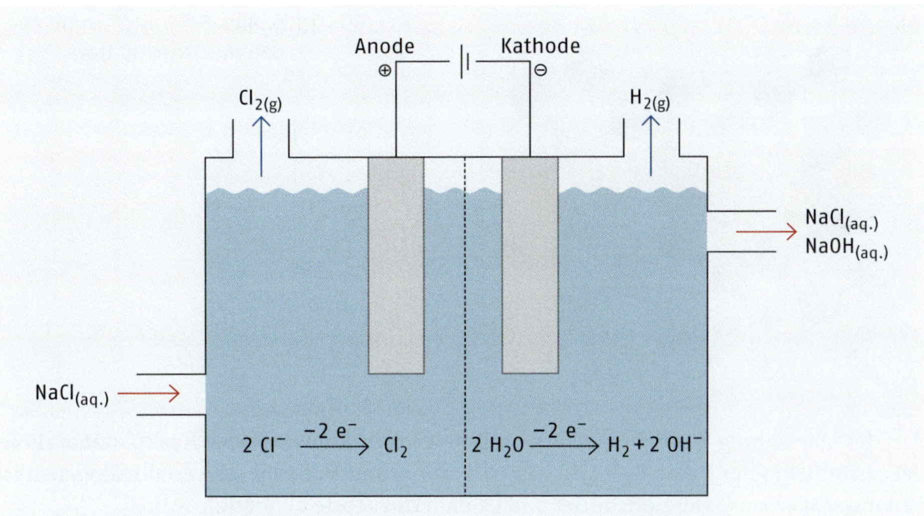

Abb. 5.42 Darstellung von Chlorgas durch Chloralkali-Elektrolyse

Abb. 5.42). An der Anode werden dabei Chlorid-Ionen zu Chlormolekülen oxidiert, an der Kathode wird Wasser zu Wasserstoff zersetzt.

Chlor ist giftig, gasförmig, aber relativ gut wasserlöslich. Eine gesättigte Lösung von Chlorgas in Wasser mit einer Sättigungskonzentration von knapp 0,1 mol/L wird Chlorwasser genannt und als Oxidationsmittel verwendet.

Brom (Br) ist wie Chlor aus zweiatomigen Molekülen aufgebaut. Durch sein hohes Molekulargewicht ist es bei Raumtemperatur bereits flüssig. Es verdampft aber sehr leicht. Brom kann aus Bromiden durch Oxidation mit Chlor dargestellt werden:

$$Cl_2 + 2\,Br^- \longrightarrow Br_2 + Cl^- \qquad :\ddot{\underset{..}{Br}}-\ddot{\underset{..}{Br}}:$$

Flüssigkeit und Dämpfe haben eine intensiv braungelbe Eigenfarbe. Seine Löslichkeit in Wasser ist etwa doppelt so gut wie die des Chlors. Die wässrige Lösung wird Bromwasser genannt. Behandelt man Iodide mit Bromwasser, so scheidet sich Iod ab:

$$Br_2 + 2\,I^- \longrightarrow I_2 + 2\,Br^- \qquad :\ddot{\underset{..}{I}}-\ddot{\underset{..}{I}}:$$

Elementares **Iod (I)** ist bei Raumtemperatur fest. Es verdampft sehr leicht, hat aber einen relativ hohen Schmelz- (114 °C) und Siedepunkt (185 °C). Elementares Iod bildet schwarzviolette, glänzende Kristalle, die Halbleitereigenschaften haben. Im Iodkristall sind die Iodmoleküle in einem Schichtgitter angeordnet (Abb. 5.43). Zwischen den Schichten überlappen die leeren *d*-Orbitale und bilden ein Leitband. In dieses können Elektronen durch hohe Temperatur oder Bestrahlung mit Licht angeregt werden. Geschmolzenes Iod leitet den elektrischen Strom.

5

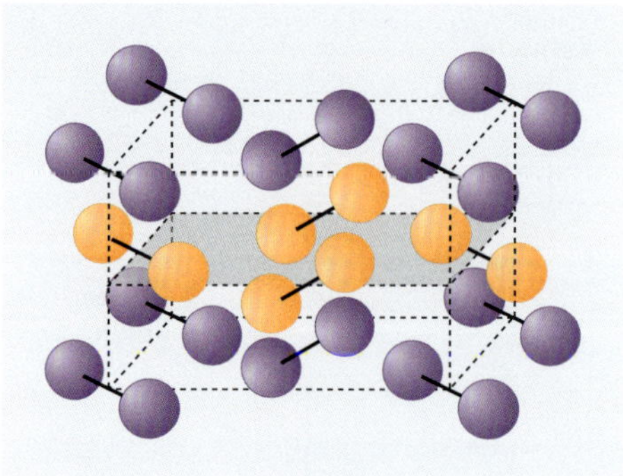

Abb. 5.43 Iodkristall: Aufbau des Schichtgitters

Aus der Darstellung der Elemente erkennt man relativ klar, dass ihre Reaktivität als Oxidationsmittel in der Reihe $F_2 > Cl_2 > Br_2 > I_2$ abnimmt. Von den schweren Halogenen ist Chlor das stärkste Oxidationsmittel, Iod ist das schwächste Oxidationsmittel:

$$Cl_2 + 2\,e^- \rightleftharpoons 2\,Cl^- \qquad E^0 = 1{,}36\ V$$

$$Br_2 + 2\,e^- \rightleftharpoons 2\,Br^- \qquad E^0 = 1{,}07\ V$$

$$I_2 + 2\,e^- \rightleftharpoons 2\,I^- \qquad E^0 = 0{,}54\ V$$

Mischt man Chlorgas mit Wasserstoffgas, erhält man Chlorknallgas. Bromdampf reagiert mit Wasserstoff erheblich langsamer. Ioddampf reagiert mit Wasserstoffgas nur noch unvollständig. In allen drei Fällen entstehen gasförmige Halogenwasserstoffe, die wasserlöslich sind und in wässriger Lösung als starke Säuren reagieren. In wässrigen Lösungen bilden sich Halogenwasserstoffsäuren:

$$Cl_2 + H_2 \longrightarrow 2\,HCl$$
Chlorwasserstoff

$$HCl + H_2O \longrightarrow H_3O^+ + Cl^-$$
Salzsäure

$$Br_2 + H_2 \xrightarrow{\text{PdC -Kat}} 2\,HBr$$
Bromwasserstoff

$$HBr + H_2O \longrightarrow H_3O^+ + Br^-$$
Bromwasserstoffsäure

$$I_2 + H_2 \rightleftharpoons 2\,HI$$
Iodwasserstoff

$$HI + H_2O \longrightarrow H_3O^+ + I^-$$
Iodwasserstoffsäure

In den Halogenwasserstoffsäuren liegen die Halogene in ihrer minimalen und stabilsten Oxidationsstufe –I vor. Alle Halogenwasserstoffe werden in wässriger Lösung vollständig nivelliert, sind also stärkere Säuren als H_3O^+. Unter konzentrierter Salzsäure versteht man eine gesättigte Lösung von HCl in Wasser, die eine Konzentration von 12 mol/L hat. Unter den Halogenwasserstoffsäuren ist Iodwasserstoff die stärkste Säure. Man erkennt dies daran, dass HI-Gas aus NaBr Bromwasserstoff und Chlorwasserstoff aus NaCl freisetzt:

$$HI + NaBr \longrightarrow NaI + HBr$$

$$HI + NaCl \longrightarrow NaI + HCl$$

$$HBr + NaCl \longrightarrow NaBr + HCl$$

Obwohl die *EN*-Differenz zwischen Iod und Wasserstoff verschwindend klein ist, sind die Protonen in Iodwasserstoff am lockersten gebunden, weil die großen Valenzorbitale des Iods mit dem kleinen 1 *s*-Orbital des Wasserstoffs außerordentlich schlecht wechselwirken. Daher gilt für die Säurestärke: HI > HBr > HCl > HF. Halogenwasserstoffsäuren können durch Metallhydroxide neutralisiert werden; es entstehen dann meist wasserlösliche Salze:

$$HCl + Na^+ + OH^- \longrightarrow \underset{\text{Natriumchlorid}}{NaCl} + H_2O \qquad HBr + Na^+ + OH^- \longrightarrow \underset{\text{Natriumbromid}}{NaBr} + H_2O$$

$$HI + Na^+ + OH^- \longrightarrow \underset{\text{Natriumiodid}}{NaI} + H_2O$$

Bekannte schwerlösliche Halogenide werden von Pb^{2+}, Ag^+ und Hg_2^{2+} gebildet:

$$Pb^{2+} + 2\,Cl^- \xrightleftharpoons{pK_L = 4{,}8} PbCl_2\downarrow \qquad Ag^+ + Cl^- \xrightleftharpoons{pK_L = 10{,}0} AgCl\downarrow$$

$$Pb^{2+} + 2\,Br^- \xrightleftharpoons{pK_L = 5{,}3} PbBr_2\downarrow \qquad Ag^+ + Br^- \xrightleftharpoons{pK_L = 12{,}3} AgBr\downarrow$$

$$Pb^{2+} + 2\,I^- \xrightleftharpoons{pK_L = 8{,}1} PbI_2\downarrow \qquad Ag^+ + I^- \xrightleftharpoons{pK_L = 16{,}0} AgI\downarrow$$

Die pK_L-Werte lassen sich sehr gut aufgrund einer Pearson-analogen Betrachtung verstehen. Sowohl Silber als auch Blei sind sehr weiche Ionen. Von Cl^- bis I^- werden die Halogenide als Fällungsmittel immer weicher. Da sich in den Kristallen die Ionen gegenseitig immer weniger polarisieren, nimmt die Stabilität der Niederschläge von Cl^- bis zu I^- zu. Allerdings hat PbF_2 mit $pK_L = 7{,}5$ den zweithöchsten Wert unter den Bleihalogeniden. Hier muss also noch ein anderer Einfluss wirksam sein.

Wie Fluorid sind auch die schwereren Halogenide Lewis-Basen und als Komplexbildungsliganden aktiv. Chlorid komplexiert dabei die härteren Lewis-Säuren, wie Sb^{3+}, Sb^{5+} und Sn^{4+}:

$[SbCl_4]^-$ — Tetrachloridoantimonat(III)

$[SbCl_6]^-$ — Hexachloridoantimonat(V)

$[SnCl_6]^{2-}$ — Hexachloridostannat(IV)

Das weiche Iodid bevorzugt große schwere Kationen wie Pb^{2+}, Bi^{3+} und Hg^{2+} als Reaktionspartner:

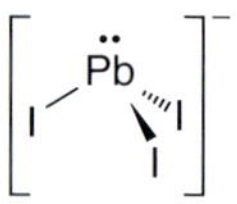

$[PbI_3]^-$ Triiodidoplumbat

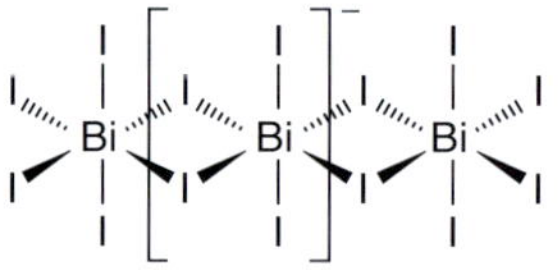

$[BiI_4]^-$ Tetraiodidobismutat

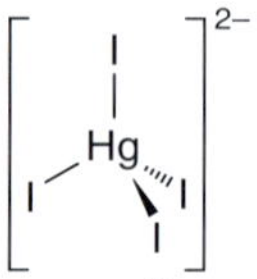

$[HgI_4]^{2-}$ Tetraiodidomercurat

Um einen z. B. einen Abflussreiniger herzustellen, löst man elementares Chlor in Wasser. In der Lösung spielt sich folgendes Gleichgewicht ab:

$$Cl_2 + H_2O \rightleftharpoons H^+ + Cl^- + HOCl$$

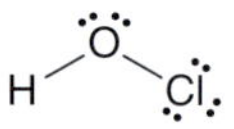

Hypochlorige Säure

In Hypochloriger Säure liegt Chlor in der Oxidationsstufe +I vor. Das Gleichgewicht liegt aber in saurer oder neutraler Lösung weit auf der Seite der Edukte, sodass Hypochlorige Säure in freier Form kaum vorkommt. Leitet man Chlor aber in konzentrierte Natronlauge ein, so werden die Protonen der ebenfalls entstehenden Salzsäure aus dem Gleichgewicht entfernt. Es entsteht das Salz der Hypochlorigen Säure, Natriumhypochlorit, nahezu quantitativ:

$$Cl_2 + 2\,OH^- \rightleftharpoons Cl^- + ClO^- + H_2O$$

Hypochlorit

Hypochlorite sind starke Oxidationsmittel, die auch kinetisch sehr reaktiv sind. In der Regel handelt es sich dabei um wasserlösliche Salze. Kommerziell verfügbar ist $Ca(OCl)_2$ (Calciumhypochlorit, Chlorkalk), das wegen seiner stark oxidierenden Wirkung in vielen Abflussreinigern enthalten ist:

$$ClO^- + 2\,e^- + 2\,H^+ \rightleftharpoons Cl^- + H_2O$$

$E^0 = 1{,}49$ V

Verwendet man einen hypochlorithaltigen Abflussreiniger, um einen verstopften Abfluss frei zu bekommen, dann findet die oben dargestellte Halbreaktion durch Oxidation der im Abfluss enthaltenen Verunreinigungen statt. Dabei entsteht ein Gemisch aus Hypochlorit und Chlorid. Dieses bleibt im Alkalischen Milieu stabil. Setzt man zusätzlich ein säurehaltiges Reinigungsmittel ein, wird bei niedrigem pH-Wert folgende Reaktion stattfinden:

$$Cl^- + ClO^- + 2\,H^+ \rightleftharpoons Cl_2\uparrow + H_2O$$

Es entsteht giftiges Chlorgas. Daher darf man hypochlorithaltige Abflussreiniger niemals zusammen mit anderen Reinigungsmitteln, wie Essigreiniger verwenden.

Hypohalogenite entstehen auch aus Brom und Iod, wenn man die Elemente einer alkalischen Lösung aussetzt:

$$Br_2 + 2\,OH^- \rightleftharpoons Br^- + BrO^- + H_2O \qquad I_2 + 2\,OH^- \rightleftharpoons I^- + IO^- + H_2O$$

Hypobromit Hypoiodit

In der organischen Chemie werden sie zur Addition an Alkene und zur Oxidation von Methylcarbonylen (Haloformreaktion) verwendet. Lässt man Chlor oder Brom auf Quecksilberoxid einwirken, entstehen die Anhydride der Hypohalogenigen Säuren:

$$2\,Cl_2 + HgO \longrightarrow HgCl_2 + OCl_2 \qquad 2\,Br_2 + HgO \longrightarrow HgBr_2 + OBr_2$$

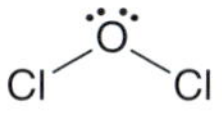

Chlor(I)-oxid 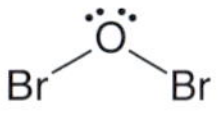 Brom(I)-oxid

Die Halogenoxide Cl_2O und Br_2O enthalten Sauerstoff als Zentralatom, sie sind AX_2E_2-Systeme. Der Sauerstoff ist sp^3-hybridisiert und tetraedrisch koordiniert. Daher sind die Moleküle, wie Wasser, gewinkelt gebaut. Beide Oxide werden in alkalischem Wasser zu Hypohalogeniten hydrolysiert. Br_2O ist aber nur bei sehr tiefen Temperaturen beständig; ein analoges I_2O ist unbekannt:

$$Cl_2O + 2\,OH^- \longrightarrow 2\,ClO^- + H_2O \qquad Br_2O + 2\,OH^- \longrightarrow 2\,BrO^- + H_2O$$

Durch Elektrolyse von gesättigter Kochsalzlösung entsteht Clorat (ClO_3^-). Durch Ansäuren der erhaltenen Chloratlösung erhält man Chlorsäure ($HClO_3$):

$$Cl^- + 3\,H_2O \longrightarrow ClO_3^- + 6\,H^+ + 6\,e^-$$

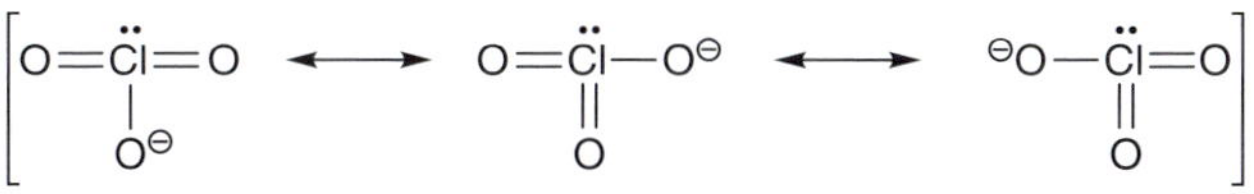

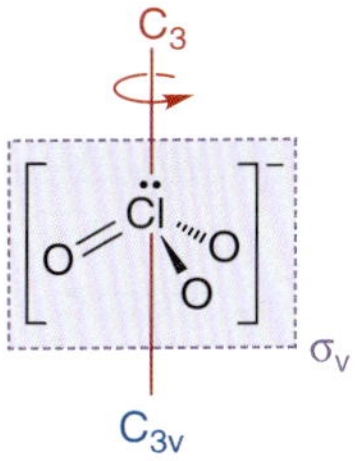

C3 σv C3v

Chlorsäure ist eine starke Säure und in Wasser vollständig nivelliert. Ihre Salze, die Chlorate, sind ausnahmslos wasserlöslich. Mit der Oxidationsstufe +V für das Halogen sind sie aber starke Oxidationsmittel und damit nur begrenzt stabil. Im Chlorat-Ion steht das Chloratom im Zentrum und bildet nach *Gillespie* ein AX_3E-System. Es ist daher sp^3-hybridisiert, tetraedrisch koordiniert und bildet eine trigonale Pyramide als Molekülstruktur. Aufgrund von Mesomeriestabilisierung sind alle drei ClO-Bindungen gleichwertig. Die Hauptachse im Molekül ist eine C_3. Es fehlen eine horizontale Spiegelebene (→ v-Gruppe) sowie C_2 senkrecht zur Hauptachse (→ C-Gruppe). Das Chlorat-Ion hat also wie das Ammoniakmolekül C_{3v}-Symmetrie. Sein permanentes Dipolmoment macht die gute Wasserlöslichkeit von Chloraten verständlich.

Bei der Oxidation von Brom oder Iod mit Chlor, entstehen die Sauerstoffsäuren von Brom (Bromsäure $HBrO_3$), von Iod (Iodsäure, HIO_3). Die Halogene liegen hier in der

Oxidationsstufe +V vor. Ihre Salze werden als Bromate (BrO_3^-) bzw. Iodate (IO_3^-) bezeichnet:

$$Br_2 + 5\,Cl_2 + 6\,H_2O \longrightarrow 2\,HBrO_3 + 10\,H^+ + 10\,Cl^-$$

$$HBrO_3 \xrightarrow{pK_S = 0} BrO_3^- + H^+$$

Bromat

$$I_2 + 5\,Cl_2 + 6\,H_2O \longrightarrow 2\,HIO_3 + 10\,H^+ + 10\,Cl^-$$

$$HIO_3 \underset{}{\overset{pK_S = 0{,}8}{\rightleftharpoons}} IO_3^- + H^+$$

Iodat

Bromate und Iodate haben für die Lagerung von Brom und Iod Bedeutung. Setzt man Bromat oder Iodat mit dem korrespondierenden Halogenid im Überschuss in saurem Milieu um, so synproportionieren beide Edukte zum elementaren Halogen:

$$HBrO_3 + 5\,Br^- + 6\,H^+ \longrightarrow 3\,Br_2 + 3\,H_2O$$

$$HIO_3 + 5\,I^- + 6\,H^+ \longrightarrow 3\,I_2 + 3\,H_2O$$

Bei der Reaktion von Chlorsäure mit SO_2 als Reduktionsmittel erhält man ein Gas, Chlordioxid (ClO_2):

$$2\,HClO_3 + SO_2 \longrightarrow 2\,ClO_2 + H_2SO_4$$

Chlordioxid

Chlordioxid ist ein paramagnetisches Gas, das bei leicht erhöhter Temperatur in Chlor und Sauerstoff zerfällt. Leitet man dieses Gas in alkalisches Wasserstoffperoxid ein, so erhält man die Salze der Chlorigen Säure ($HClO_2$), die Chlorite (ClO_2^-):

$$ClO_2 + 2\,NaOH + H_2O_2 \longrightarrow NaClO_2 + O_2 + H_2O$$

Natriumchlorit

$$\left[O{=}Cl{-}O^{\ominus} \longleftrightarrow {}^{\ominus}O{-}Cl{=}O\right]$$

Im Chlorit liegt Chlor in der Oxidationsstufe +III vor. Nach *Gillespie* entsteht ein AX_2E_2-System, mit sp^3-hybridisiertem Chlor und gewinkeltem Bau. Chlorite sind starke Oxidationsmittel und werden in der Textilindustrie als Bleichmittel verwendet. Das analoge

Salz der Bromigen Säure („$HBrO_2$") entsteht, wenn man Hypobromit in stark alkalischer Lösung mit Hypochlorit oxidiert:

$$BrO^- + ClO^- \longrightarrow \underset{\text{Bromit}}{BrO_2^-} + Cl^-$$

In saurer Lösung zersetzt sich die Bromige Säure mehr oder weniger unkontrolliert zu Brom.

Für Iod existiert in der Oxidationsstufe +III weder eine beständige Sauerstoffsäure noch ihr Salz.

Erhitzt man Chlorate, dann disproportionieren sie zu Perchloraten und Chloriden: Im Falle von Kaliumchlorat entsteht schwerlösliches Kaliumperchlorat im Gemisch mit wasserlöslichem KCl. Beide Produkte lassen sich leicht trennen. Mit konzentrierter Schwefelsäure entsteht Perchlorsäure, die durch Destillation isoliert werden kann:

$$4\,KClO_3 \longrightarrow KCl + \underset{\text{Kalium-perchlorat}}{3\,KClO_4} \qquad KClO_4 + H_2SO_4 \rightleftharpoons KHSO_4 + \underset{\text{Perchlor-säure}}{HClO_4}$$

$$\left[O{=}Cl(O^{\ominus})({=}O){=}O \longleftrightarrow O{=}Cl({=}O)({=}O){-}O^{\ominus} \longleftrightarrow O{=}Cl({=}O)(O^{\ominus}){=}O \longleftrightarrow {}^{\ominus}O{-}Cl({=}O)({=}O){=}O \right]$$

In Perchlorat liegt Chlor in seiner höchsten Oxidationsstufe +VII vor. Nach *Gillespie* ist es ein AX_4-System, sp^3-hybridisiert mit tetraedrischer Koordinationsgeometrie. Durch die Mesomeriestabilisierung hat das Ion Tetraedersymmetrie. Perchlorsäure ist die stärkste Mineralsäure. Sie lässt sich nahezu wasserfrei als Reinstoff gewinnen. Dabei handelt es sich um eine klare Flüssigkeit mit einer Dichte von 1,76 g/mL. Obwohl Chlor in Perchlorsäure oder in Perchloraten eine höhere Oxidationsstufe als in Chlorsäure oder Chloriten hat, wirken sie erheblich weniger oxidierend. Dies hat kinetische Gründe. Reduktionsmittel finden aufgrund der hohen Symmetrie des Perchlorat-Ions kaum einen Angriffspunkt für einen Elektronentransfer. Ebenso finden Brönsted-Säuren nur schwer einen Angriffspunkt für einen Protonentransfer, so erklärt sich auch die hohe Säurestärke.

Perchlorsäure ist ein Fällungsmittel für K^+-Ionen. Da Perchlorsäure eine so starke Säure ist, sind Niederschläge von $KClO_4$ auch im Überschuss an Mineralsäure schwerlöslich:

$$K^+ + ClO_4^- \xrightleftharpoons{pK_L = 2{,}05} KClO_4$$

Durch elektrolytische Oxidation von Bromaten lassen sich die analogen Perbromate mit Br in der Oxidationsstufe +VII darstellen. Auch Perbromate sind kinetisch deaktiviert und nur träge Oxidationsmittel:

$$BrO_3^- + H_2O \longrightarrow \underset{\text{Perbromat}}{BrO_4^-} + 2\,e^- + 2\,H^+$$

Oxidiert man Iodsäure elektrolytisch, so erhält man Periodsäure. Aus wässriger Lösung lässt sie sich nach Eindampfen von Wasser in Form von glasklaren Kristallen gewinnen. Ihre Zusammensetzung entspricht aber nicht der Formel HIO_4, sondern der wasserreicheren Form H_5IO_6, der *ortho*-Periodsäure:

$$HIO_3 + 3\,H_2O \longrightarrow H_5IO_6 + 2\,H^+ + 2\,e^- \qquad H_5IO_6 \longrightarrow HIO_4 + 2\,H_2O$$

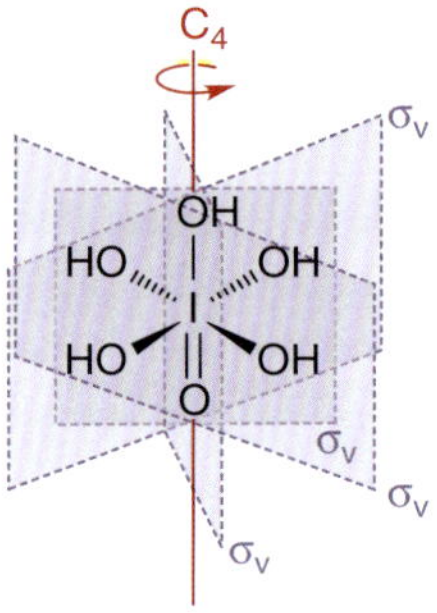

ortho-Periodsäure
C_{4v}

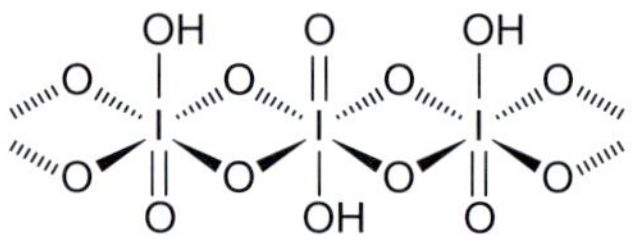

meta-Periodsäure

In *ortho*-Periodsäure bildet das Iodatom ein AX_6-System. Es ist daher d^2sp^3-hybridisiert und oktaedrisch koordiniert. Da aber der doppelt gebundene Sauerstoff nicht symmetrieäquivalent zu den Hydroxylgruppen ist, werden die horizontale Spiegelebene, das Inversionszentrum und die dreizähligen Drehachsen des Oktaeders zerstört. Es verbleibt eine C_4 als Hauptachse des Moleküls und vier vertikale Spiegelebenen σ_v. Das Molekül hat nur C_{4v}-Symmetrie. Daher ist *ortho*-Periodsäure sehr starkes Oxidationsmittel. Sie oxidiert Mn^{2+} zu MnO_4^- und wird in der Organischen Chemie zur Spaltung von Glykolen (Malaprade-Reaktion) eingesetzt.

Beim Entwässern von *ortho*-Periodsäure entsteht eine wasserärmere Form der Zusammensetzung HIO_4, *meta*-Periodsäure. Diese ist jedoch nicht strukturanalog zu Perchlorsäure und zu Perbromsäure. In HIO_4 schließen sich die Periodsäuremoleküle unter Kondensation zu langen polymeren Ketten zusammen.

5.7.3 Interhalogenverbindungen

Reagieren Fluor und Iod miteinander, dann können je nach Verhältnis der eingesetzten Halogenkonzentrationen verschiedene Interhalogenverbindungen entstehen. Wird Iod im Überschuss gegenüber Fluor eingesetzt, entsteht Iodfluorid (IF):

$$I_2 + F_2 \longrightarrow 2\,IF$$

Iodfluorid

Iodfluorid ist nur bei tiefer Temperatur darstellbar. Es handelt sich um ein weißes Pulver, das sich oberhalb von −12 °C zersetzt. Eine weitere Fluorierung führt zu Iodtrifluorid (IF_3):

$$IF + F_2 \longrightarrow IF_3$$

Iodtrifluorid

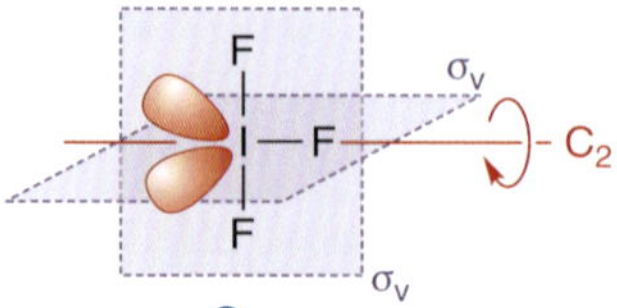

C_{2v}

Iodtrifluorid ist ein gelbes Pulver, das sich bei Temperaturen über –30 °C zersetzt. Das Iodatom bildet nach *Gillespie* ein AX_3E_2-System und ist damit dsp^3-hybridisiert. Als *d*-Orbital wird das d_{z^2}-Orbital benutzt, was zu einer trigonal-bipyramidalen Koordination führt. Nach den erweiterten Gillespie-Regeln besetzen die freien Elektronenpaare des Iodatoms sehr große Orbitale, die einen größeren Raumbedarf als die Fluor-Substituenten haben. Daher positionieren sich beide freien Elektronenpaare in der trigonalen Ebene des Koordinationspolyeders. Es resultiert ein Molekül mit T-Gestalt. Die Hauptachse des Moleküls ist eine C_2-Achse. Es gibt keine σ_h- (→ v-Gruppe) bzw. zwei weitere C_2-Achsen senkrecht zur Hauptachse (→ C-Gruppe). Damit hat das Molekül C_{2v}-Symmetrie. Die Iod-Fluor-Bindungen sind wie bei IF polar. Erneute Fluorierung führt zu Iodpentafluorid (IF_5):

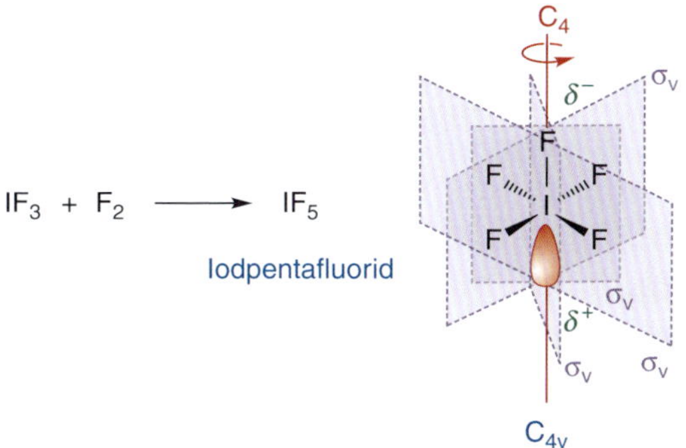

Bei Iodpentafluorid handelt es sich um eine stabile Verbindung. Nach *Gillespie* ist Iod ein AX_5E-System, d^2sp^3-hybridisiert und oktaedrisch koordiniert. Da aber eine Spitze des Oktaeders durch ein freies Elektronenpaar ersetzt ist, gibt es keine horizontale Spiegelebene und keine C_3-Achsen. Es verbleibt eine C_4 als Hauptachse mit vier vertikalen Spiegelebenen σ_v. Das Molekül hat damit C_{4v}-Symmetrie. Entlang der Hauptachse des Moleküls besitzt das Molekül ein starkes Dipolmoment: IF_5 ist eine farblose Flüssigkeit mit einem Siedepunkt von über 100 °C. IF und IF_3 haben möglicherweise ähnlich hohe Schmelz- und Siedepunkte, sie zersetzen sich aber vorher durch Disproportionierung:

$$\begin{array}{llll} IF + 4\,F^- \longrightarrow IF_5 + 4\,e^- & & 3\,IF_3 + 6\,F^- \longrightarrow 3\,IF_5 + 6\,e^- \\ 4\,IF + 4\,e^- \longrightarrow 2\,I_2 + 4\,F^- & & 2\,IF_3 + 6\,e^- \longrightarrow I_2 + 6\,F^- \\ \hline 5\,IF \longrightarrow IF_5 + 2\,I_2 & & 5\,IF_3 \longrightarrow 3\,IF_5 + I_2 \end{array}$$

Erschöpfende Fluorierung von Iod führt zu Iodheptafluorid (IF_7). Nach *Gillespie* handelt es sich hier um ein AX_7-System. Das Iodatom ist also d^3sp^3-hybridisiert. Welches Koordinationspolyeder ergibt eine solche Orbitalkombination? Die Hybridisierung lässt sich in folgender Weise darstellen:

$$d^3sp^3 = sp^2 + d_{x^2-y^2} + d_{xy} + d_{z^2} + p_z$$

Die d_{z^2}- und p_z-Orbitale sind entlang der Hauptachse des Moleküls orientiert. Es verbleiben die Kombinationen $sp^2 + d_{x^2-y^2} + d_{xy}$. Das sind fünf Orbitale, die in der Hauptebene des Moleküls orientiert liegen. Ordnen sich die Fluoratome so an, dass sie untereinander den größtmöglichen Abstand einnehmen, resultiert eine pentagonale Bipyramide:

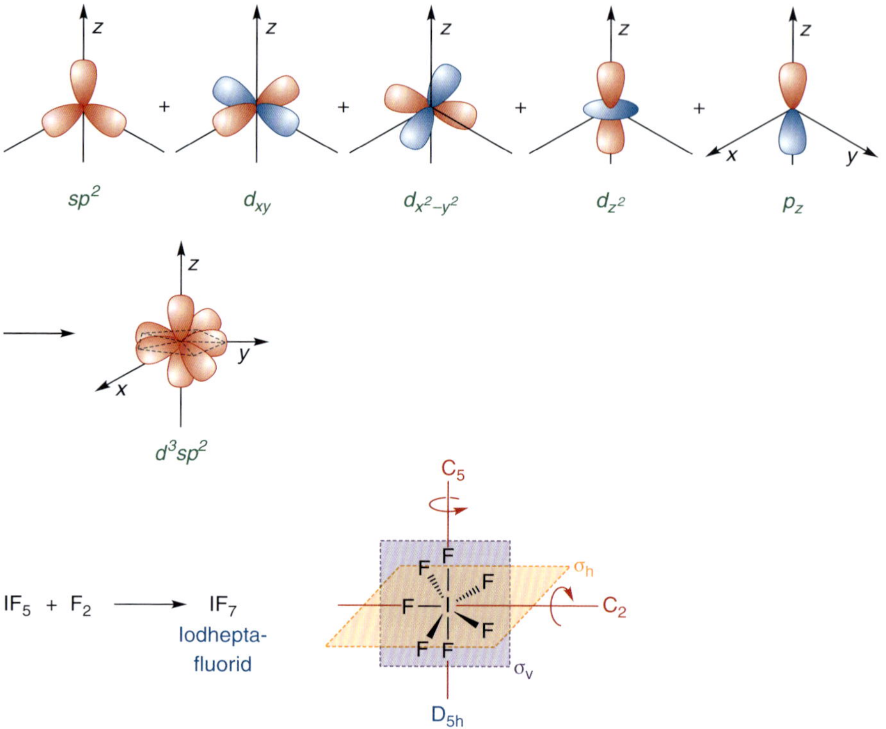

Die Hauptachse des Moleküls ist eine fünfzählige Drehachse C_5. Das Molekül verfügt über eine horizontale Spiegelebene σ_h (→ h-Gruppe) und über fünf C_2 senkrecht zur Hauptachse (→ D-Gruppe). Die Molekülsymmetrie ist D_{5h}. Eine Konsequenz aus der relativ hohen Symmetrie von IF_7 ist, dass sich alle Dipolmomente im Molekül weitgehend kompensieren. Das Molekül ist daher gasförmig, obwohl es schwerer ist als IF_5.

Von Brom existieren BrF, BrF_3 und BrF_5, aber kein BrF_7, da der geringe Radius von Brom im Vergleich zu Iod eine Anordnung von fünf Liganden in einer Ebene nicht mehr zulässt. Beim Element Chlor existieren ClF, ClF_3 und ClF_5. ClF ist ein farbloses Gas und gegenüber Disproportionierung stabil. BrF siedet bei 20 °C und disproportioniert in der Gasphase. Die Trifluoride BrF_3 und ClF_3 sind stabile Verbindungen, BrF_3 ist eine farblose Flüssigkeit die Autosolvolyse zeigt:

$$BrF_3 + BrF_3 \rightleftharpoons BrF_2^+ + BrF_4^-$$

Difluorido-brom(III) · Tetrafluorido-bromat(III)

C_2, σ_h, σ_v, C_{2v} (BrF_2^+); C_4, C_2, σ_h, σ_v, D_{4h} (BrF_4^-)

Die Autosolvolyseprodukten BrF_2^+ (Difluoridobrom(III)) und BrF_4^- (Tetrafluoridobromat(III)) sind Beispiele für **Interhalogenkomplexe.** Das Bromatom ist im BrF_2^+ als AX_2E_2-System sp^3-hybridisiert und strukturanalog zum Wassermolekül. Es hat daher C_{2v}-Symmetrie. In BrF_4^- ist das Bromatom ein AX_4E_2-System, d^2sp^3-hybridisiert mit oktaedrischem Koordinationspolyeder. Die beiden freien Elektronenpaare nehmen den größtmöglichen Abstand ein und sind daher in *trans*-Stellung positioniert. Es entsteht ein quadratisch-planares Molekül. Die Hauptachse ist eine C_4-Achse. Weiterhin gibt es eine horizontale Spiegelebene σ_h (→ h-Gruppe) und vier C_2-Achsen senkrecht zur Hauptachse (→ D-Gruppe). Die Molekülsymmetrie ist daher D_{4h}. BrF_3 ist im begrenzten Umfang als nichtwässriges Lösemittel für Salze geeignet.

ClF_3 ist gasförmig und hat einen Siedepunkt von 12 °C. Weitere Interhalogenkomplexe erhält man, wenn Iod mit dem nächstschwereren Halogen Chlor kombiniert wird. Setzt man Iod mit einer geringen Stoffmenge Chlor um, dann erhält man ICl. Iod kann auch in konzentrierter Salzsäure mit schwachen Oxidationsmitteln behandelt werden. Sind Cl^--Ionen im Überschuss zugegen, dann bildet sich ein einfacher Interhalogenkomplex ICl_2^-:

$$I_2 + Cl_2 \longrightarrow 2\,ICl$$

$$ICl + Cl^- \longrightarrow [ICl_2]^-$$

ICl_2^- bildet sich, weil ein freies Elektronenpaar des Chlorid-Ions als Lewis-Base ein unbesetztes *d*-Orbital des Iods, mit dem es als Lewis-Säure reagieren kann, auffüllt. Das Iodatom ist nach *Gillespie* ein AX_2E_3-System und damit dsp^3-hybridisiert. Im Hybridisierungszustand wird das d_{z^2}-Orbital verwendet und man erhält ein trigonal-bipyramidales Koordinationspolyeder. Da nach den erweiterten Gillespie-Regeln die freien Elektronenpaare von Iod einen größeren Raumbedarf haben als der Substituent Chlor, sind alle drei Elektronenpaare in der trigonalen Ebene der Bipyramide angeordnet. Es resultiert ein lineares Molekül mit Zylindersymmetrie $D_{\infty h}$.

Elementares Iod ist in reinem Wasser so gut wie unlöslich. In konzentriertem KI steigt die Löslichkeit von Iod beträchtlich. Dies liegt an der Komplexbildungsreaktion, die zu I_3^- führt:

$$I_2 + I^- \rightleftharpoons [I_3]^-$$

I_3^- ist isoster und isoelektronisch zu ICl_2^-. Behandelt man Iod mit einem geringen Überschuss Chlor, so bildet sich ICl_3, das spontan zu I_2Cl_6 dimerisiert:

$$ICl + Cl_2 \longrightarrow ICl_3 \qquad 2\,ICl_3 \longrightarrow I_2Cl_6$$

Die freien Elektronenpaare der Cl^--Liganden reagieren beim ICl_3-Molekül als Lewis-Base, während die Iod-Zentralatome mit ihren leeren *d*-Orbitalen als Lewis-Säure agieren. Es resultiert ein planares Molekül mit d^2sp^3-hybridisiertem Iod (AX_4E_2-System). Mit einem Überschuss an Cl^- entsteht schließlich der Interhalogenkomplex ICl_4^-, der isoster zum BrF_4^--Ion ist:

$$ICl_3 + Cl^- \longrightarrow [ICl_4]^-$$

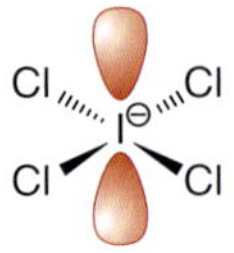

IBr_3 oder $BrCl_3$ können nicht dargestellt werden. Bei Interhalogenverbindungen existieren nur zweiatomige X–Y-Moleküle.

Chlor, Brom, Iod – Bedeutung in Biologie und Medizin

Das Chlorid-Ion spielt für den Elektrolythaushalt innerhalb und außerhalb lebender Zellen eine zentrale Rolle. An der Entstehung von Membranpotenzialen in Sinnes- und Nervenzellen ist es ebenso beteiligt wie die unter den Alkalimetallen bereits besprochenen Na^+- und K^+-Ionen (▸Kap. 5.1.2, Alkalimetalle – Bedeutung in Biologie und Medizin).

Die Dämpfe von Cl_2, Br_2 und in geringerem Maße auch von I_2 sind wegen der oxidativen Wirkung der Halogene außerordentlich giftig. Ebenso giftig sind Halogenkohlenwasserstoffe wie beispielsweise Tetrachlormethan (CCl_4) oder Chlorbenzol (C_6H_5Cl). Nichtsubstituierte Kohlenwasserstoffe wie Benzin oder Toluol sind schwerlöslich in Wasser und führen zu einer schleichenden Schädigung von Mensch und Tier. Sie reichern sich in Membranen und hydrophoben (wasserabweisenden) Zonen an, von wo sie schwer wieder entfernt werden können. Aus diesem Grund existieren in der Leber bestimmte Enzyme, sogenannte Oxygenasen (z. B. Cytochrom-P-450), die solche Kohlenwasserstoffe mit Luftsauerstoff in Alkohole verwandeln, dadurch ihre Wasserlöslichkeit erhöhen und somit ihre Ausscheidung über die Niere ermöglichen:

$$RH + O_2 + NADH + H^+ \xrightarrow{\text{Cytochrom-P}_{450}} ROH + NAD^+ + H_2O$$

$$RCl + O_2 + NADH + H^+ \xrightarrow{\text{Cytochrom-P}_{450}} ROH + NAD^+ + OH^{\bullet} + Cl^{\bullet}$$

Geschieht dies mit Chlorkohlenwasserstoffen (RCl), dann entstehen Hydroxyl- und Chlorradikale, die in der Umgebung des Stoffwechselgeschehens großen Schaden anrichten. Daher wirken Chloroform und CCl_4 vor allem leberschädigend.

Iod ist in der Natur ein sehr seltenes Element. Es wird sowohl in Form von Iodid (I^-) als auch in Form von Iodat (IO_3^-) mit der Nahrung aufgenommen und von der Schilddrüse mit hoher Effizienz aus dem Blut gefiltert. In der Schilddrüse wird es benötigt, um das Stoffwechselhormon Thyroxin, ein Derivat der Aminosäure Tyrosin aufzubauen:

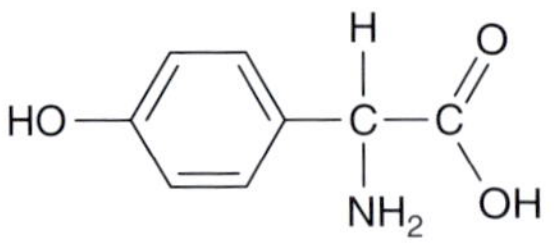

Thyrosin

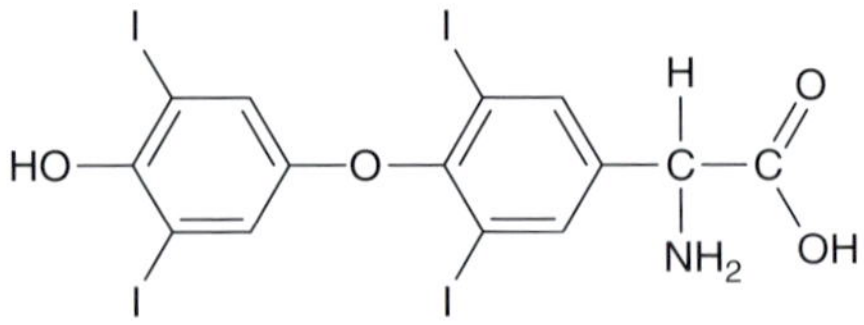

Thyroxin

Thyroxin steigert alle oxidativen Prozesse innerhalb der Zelle und führt zu einer Erhöhung des Energieumsatzes eines Lebewesens. Patienten mit einer Schilddrüsenunterfunktion (Hypothyreose) benötigen in der Regel eine lebenslange Hormonersatztherapie.

5.8 Elemente der 8. Hauptgruppe: Edelgase

Zu den Edelgasen gehören die Elemente Helium (He) mit der Elektronenkonfiguration $1s^2$, Neon (Ne), Argon (Ar), Krypton (Kr) und Xenon (Xe) mit den Elektronenkonfigurationen $ns^2\,np^6$. Im PSE stehen sie in der achten Hauptgruppe, daher ist ihre maximale Oxidationsstufe +VIII und ihre minimale Oxidationsstufe 0. Edelgase sind reaktionsträge und gehen zunächst keine chemischen Reaktionen ein. Sie bestehen aus isolierten Atomen ohne Dipolmoment. Ihre Elektronenorbitale sind entweder vollbesetzt oder leer. Daher verteilt sich bei den Edelgasen die Elektronendichte immer kugelsymmetrisch um den Atomkern. Dieser Zustand ermöglicht eine maximale Kompensation des ebenfalls kugelsymmetrischen Kernfelds. Zwischen den Edelgasatomen herrschen nur die sehr schwachen Dispersionskräfte. Alle Edelgase sind deshalb bei Standardbedingungen gasförmig. Man findet Edelgase als Bestandteile der Luft ($\approx 1\,\%$), aus der sie nach Luftverflüssigung durch Destillation gewonnen werden können. Bestimmte Vulkangase enthalten einen hohen Anteil an Helium, das technisch daraus gewonnen werden kann. Helium ist leichter als Luft und wird daher als Füllgas für Gasballons und Luftschiffe eingesetzt. Neon strahlt bei elektrischer Funkenentladung Licht von angenehmer Farbe ab und findet daher in Leuchtstoffröhren Verwendung. Argon ist schwerer als Luft und wird deshalb im chemischen Labor als Schutzgas verwendet, wenn gereinigter Stickstoff hohen Ansprüchen nicht mehr genügt.

Lange Zeit war man der Überzeugung, dass Edelgase nicht in der Lage sind, chemische Verbindungen mit anderen Elementen einzugehen. Ab dem Jahr 1962 wurden jedoch die ersten Edelgasverbindungen hergestellt. Argon ist das erste Edelgas, das über unbesetzte *d*-Valenzorbitale verfügt und damit grundsätzlich in der Lage ist, als Lewis-Säure zu reagieren. Diese Elektronenlücken sind jedoch so wenig reaktiv, dass keine beständigen Verbindungen daraus hervorgehen. Das nächste Homologe, Krypton zeigt die ersten isolierbaren Verbindungen. Vom Element Xenon existieren eine Reihe von Verbindungen, die sich für eine exemplarische Diskussion am besten eignen.

Da Edelgase trotz allem sehr reaktionsträge sind, erhält man Edelgasverbindungen am leichtesten, wenn man das Edelgas mit einem möglichst reaktiven Reaktionspartner umsetzt. Das reaktivste Element mit Lewis-Basen-Eigenschaften ist Fluor. Fluoriert man Xenongas, so erhält man zunächst nach folgendem hypothetischen Mechanismus Xenondifluorid (XeF_2):

$$Xe + F_2 \longrightarrow XeF_2 \qquad F{-}Xe{-}F$$

Xenondifluorid

$$:Xe: \;+\; :F{-}F: \longrightarrow \ominus Xe{-}F:\;\; F:^{\oplus} \longrightarrow F{-}Xe{-}F$$

Die Reaktionsfähigkeit des Xenonatoms beruht auf seinen unbesetzten *d*-Orbitalen, die dem Xenonatom die Eigenschaft einer Lewis-Säure verleihen. Das Fluormolekül kann entweder nach heterolytischer Bindungsspaltung als Fluorid mit einem leeren *d*-Orbital des Xenons wechselwirken, wobei dann F^+ als Lewis-Säure ein freies Elektronenpaar des Xenons übernimmt. Xenon kann aber auch ein Elektron in ein *d*-Niveau anregen und dann aus dem angeregten Zustand heraus mit Fluorradikalen reagieren:

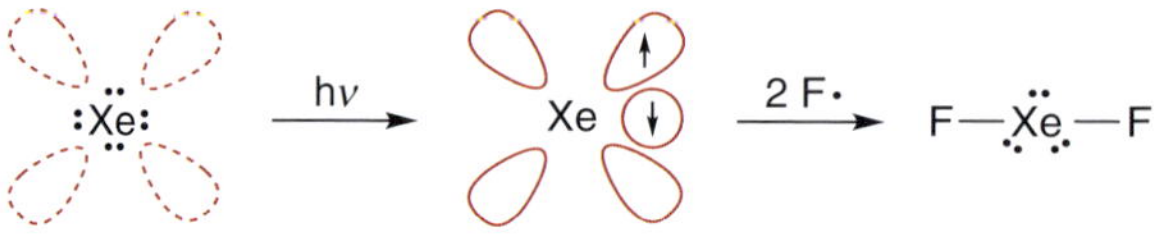

$$:\ddot{\underset{..}{Xe}}: \xrightarrow{h\nu} Xe \xrightarrow{2\,F\cdot} F-Xe-F$$

Auf diese Weise kann jedes Elektronenpaar des Xenons die Bindigkeit des Atoms um 2 erhöhen. Bei Aufnahme eines Fluormoleküls entsteht ein AX_2E_3-System mit dsp^3-hybridisiertem Xenon. Das Koordinationspolyeder ist eine trigonale Bipyramide. Da die freien Orbitale des Xenons die trigonale Ebene des Moleküls besetzen, resultiert ein lineares Molekül. XeF_2 ist isoster zu ICl_2^- oder I_3^-. XeF_2 bildet farblose Kristalle, die bei 120 °C sublimieren (verdampfen). XeF_2 löst sich gut in Wasser. In alkalischer Lösung wirkt es als Oxidationsmittel und überführt OH^- in H_2O_2:

$$XeF_2 + 2\,OH^- \longrightarrow Xe + H_2O_2 + 2\,F^-$$

Xenondifluorid kann weiter zu Xenon(IV)-fluorid fluoriert werden. XeF_4 entsteht auch, wenn Xenon mit einem Überschuss an Fluor gemischt wird:

$$XeF_2 + F_2 \longrightarrow XeF_4 \qquad Xe + 2\,F_2 \longrightarrow XeF_4$$

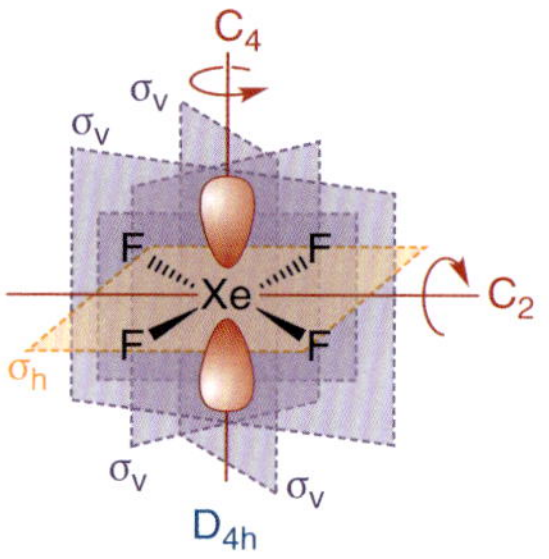

Xenon(IV)-fluorid bildet farblose Kristalle. Als AX_4E_2-System ist Xenon d^2sp^3-hybridisiert und oktaedrisch koordiniert. Die freien Elektronenpaare nehmen untereinander den größten Abstand ein und positionieren sich daher auf der Hauptsymmetrieachse des Moleküls. Dadurch bekommt das Molekül eine quadratisch-planare Geometrie. Die Hauptachse ist eine C_4-Achse. Es existiert eine horizontale Spiegelebene σ_h (→ h-Gruppe) und vier C_2-Achsen senkrecht zur Hauptachse (→ D-Gruppe). Das Molekül hat D_{4h}-Symmetrie und ist isoster zu ICl_4^-. Da sich alle Dipolmomente im Molekül aufheben, ist XeF_4 völlig unpolar. Es löst sich jedoch in Wasser unter Hydrolyse und Oxidation des Wassers zu Sauerstoff:

$$XeF_4 + 2\,H_2O \longrightarrow Xe + 4\,HF + O_2$$

Die erneute Fluorierung von XeF_4 lässt sich durch Fluorüberschuss und Druck erzwingen. Es entsteht Xenonhexafluorid (XeF_6):

$$XeF_4 + F_2 \longrightarrow XeF_6$$

Xenon-hexafluorid Gas Kristall

$F^{\ominus}$

Xenonhexafluorid kristallisiert in farblosen Kristallen, die einen Schmelzpunkt von 50 °C und einen Siedepunkt von 76 °C haben. Im Gaszustand liegen XeF_6-Moleküle vor. Das Xe-Atom bildet ein AX_6E-System und ist damit d^3sp^3-hybridisiert. Das Koordinationspolyeder ist wie beim IF_7 eine pentagonale Bipyramide. Nach den erweiterten Gillespie-Regeln müsste das freie Elektronenpaar eigentlich axial positioniert sein. Es ordnet sich aber in die pentagonale Ebene ein, sodass eine Struktur resultiert, die oft als „verzerrter Oktaeder" bezeichnet wird. Das freie Elektronenpaar besetzt ein Hybridorbital, mit einem höheren *s*-Anteil als die anderen Orbitale, und ist so sterisch weniger aktiv. Im Kristall weicht das System dieser symmetrisch ungünstigen Struktur dadurch aus, dass es in XeF_5^+ - und F^--Ionen zerfällt und ein Salzgitter aufbaut. Beim XeF_5^+-Ion handelt es sich um ein AX_5E-System, d^2sp^3-hybridisiert und oktaedrisch koordiniert. Da eine Oktaederecke durch ein freies Elektronenpaar besetzt ist, resultiert eine tetragonal-pyramidale Struktur mit C_{4v}-Symmetrie (vgl. oben, IF_5).

Hydrolysiert man XeF_6 vorsichtig durch kontrollierte Zugabe von Wasser, so erhält man folgende Produkte:

$$XeF_6 + H_2O \longrightarrow XeOF_4 + 2\,HF \qquad XeOF_4 + H_2O \longrightarrow XeO_2F_2 + 2\,HF$$

$$XeO_2F_2 + H_2O \longrightarrow XeO_3 + 2\,HF$$

Xenontrioxid

Es entsteht Xenontrioxid (XeO_3). Dabei handelt es sich um eine kristalline Verbindung mit isolierten XeO_3-Molekülen. Sie bilden ein AX_3E-System mit sp^3-hybridisiertem Xenon, tetraedrischer Koordinationsgeometrie und trigonal-pyramidalem Aufbau. Die Substanz ist aber bei höherer Temperatur explosiv:

$$2\,XeO_3 \longrightarrow 2\,Xe + 3\,O_2$$

Aufgrund des trigonal-pyramidalen Aufbaus besitzt das Molekül ein starkes permanentes Dipolmoment. Die Sauerstoffatome können als Wasserstoffbrücken-Akzeptoren wirken. XeO_3 löst sich daher zu einem beträchtlichen Teil in Wasser und liegt dort vorwiegend in Form neutraler Moleküle vor. Ein Teil reagiert jedoch zur Xenon(VI)-säure:

$$XeO_3 + H_2O \rightleftharpoons H_2XeO_4 \xrightleftharpoons{pK_S = 10,5} H^+ + HXeO_4^-$$

Xenon(VI)-säure Xenat(VI)

In alkalischer Lösung bildet sich überwiegend Xenat(VI) XeO_4^-. In stark alkalischer Lösung disproportioniert Xenat(VI) in Xenon und Perxenat(VIII):

$$2\ HXeO_4^- \longrightarrow XeO_6^{4-} + Xe + O_2 + 2\ H^+$$

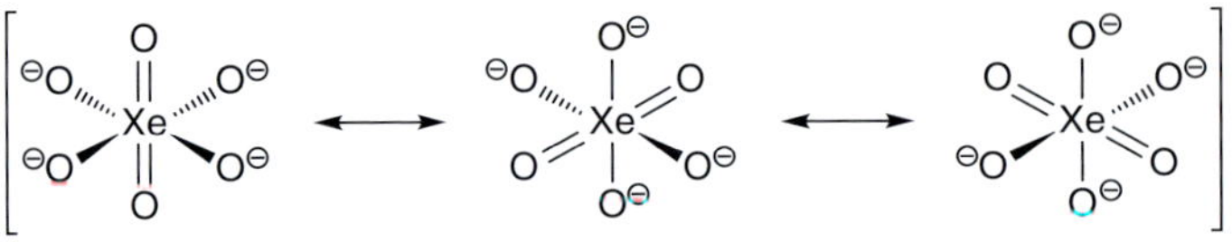

Perxenat(VIII)

Da Perxenat(VIII) mesomeriestabilisiert ist, besitzt es perfekte Oktaedersymmetrie. Mit konzentrierter Schwefelsäure gewinnt man das Anhydrid, XeO_4:

$$H_4XeO_6 \longrightarrow XeO_4 + 2\ H_2O$$

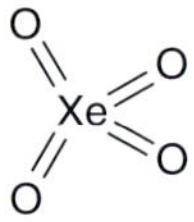

XeO_4 ist perfekt tetraedrisch. Daher ist das Molekül unpolar und gasförmig; es explodiert bei Temperaturen über –40 °C:

$$XeO_4 \longrightarrow Xe + 2\ O_2$$

Bei Xenon existieren Verbindungen für jede Oxidationsstufe. Von Krypton sind ebenfalls Verbindungen bekannt. Bedeutend ist jedoch nur Kryptondifluorid (KrF_2).

6 Chemie der Komplexverbindungen

Komplexverbindungen kommen sowohl bei den Hauptgruppen- (▸ Kap. 5) als auch bei den Nebengruppenelementen (▸ Kap. 7) vor. Bei den Hauptgruppenelementen konnten ihre Strukturen jedoch stets mit dem Konzept nach *Gillespie-Nyholm* diskutiert werden. Atome der Hauptgruppenelemente haben entweder nur vollbesetzte oder leere *d*-Orbitale. Ihre Bindigkeit leitet sich von den Valenzelektronen in den teilweise besetzten *s*- und *p*-Orbitalen her. Die leeren *d*-Orbitale können zur Reaktion als Lewis-Säure benutzt werden. Damit dienen sie zur Erweiterung der Bindigkeit von maximal vier auf maximal sechs Bindungen, in seltenen Fällen auch auf sieben Bindungen pro Atom.

Im Unterschied dazu befinden sich die Valenzelektronen der Nebengruppenelemente, die *s*- und *p*-Orbitale sind leer, in teilweise besetzten *d*-Orbitalen. Diese Elektronen sind nicht in derselben Weise sterisch aktiv wie die freien Elektronenpaare der Hauptgruppenelemente.

Um bei Übergangsmetallkomplexen Struktur und Stabilität diskutieren und verstehen zu können, müssen neue Konzepte entwickelt werden. Dies soll in diesem Kapitel geschehen, damit im nächsten Schritt mit einer leistungsfähigen theoretischen Ausstattung die Chemie der Übergangskomplexe bei der Diskussion der Nebengruppenelemente verstanden werden kann (▸ Kap. 7). Nebengruppenelemente kommen ab der vierten Periode vor. Es handelt sich ausnahmslos um Metalle, und sie werden daher auch als Übergangsmetalle bezeichnet.

Welche Auswirkungen haben diese teilweise besetzten *d*-Orbitale auf die Eigenschaften der Übergangsmetalle? Übergangsmetalle bilden Salze wie die Hauptgruppenmetalle. Sie wechseln ihre Oxidationsstufen aber leichter. Weiterhin beobachtet man bei Übergangsmetallen eine deutliche Neigung zur Bildung von Komplexverbindungen.

6.1 Herleitung von Komplexstrukturen mithilfe des Kästchenmodells

Ein typisches und bekanntes Übergangsmetall ist Eisen (Fe). Eisen bildet verschiedene Salze, z. B. Eisen(II)-sulfat ($FeSO_4$). Dazu löst man ein wenig $FeSO_4$ in Wasser auf und beobachtet, was passiert. Genaugenommen bildet sich Hexaaquaeisen(II) und solvatisiertes Sulfat:

$$FeSO_4 + 6\,H_2O \rightleftharpoons \underset{\text{Hexaaquaeisen(II)}}{[Fe(H_2O)_6]^{2+}} + SO_4^{2-}$$

Neutrales Eisen steht als achtes Element in der vierten Periode und hat daher aufgrund seiner Stellung im PSE acht Valenzelektronen. In der Oxidationsstufe +II hat das Eisenatom zwei Elektronen verloren. Daher besitzt Fe^{2+} noch sechs Valenzelektronen. Nach dem Energieniveauschema (○ Abb. 2.27, ▸ Kap. 2.4.2) erwartet man für Fe^{2+} folgende Elektronenkonfiguration: Ar + $4s^2 3d^4 4p^0$

Dies ist aber nicht ganz richtig. Man muss bedenken, dass das Fe^{2+}-Ion im solvatisierten Zustand vollkommen von Wassermolekülen umgeben ist, die mit ihren Dipolmomenten auf die Elektronenhülle des Eisen-Ions einwirken. Die Wassermoleküle zeigen mit ihrem negativen Pol zum positiv geladenen Fe^{2+} und destabilisieren somit die Valenzelektronen durch elektrostatische Abstoßung. Das kugelförmige 4*s*-Orbital wird dabei von allen Seiten gestört. Ein *d*-Orbital hat aber stets eine Vorzugsrichtung und wird nur von Wassermolekülen gestört, die in dieser Richtung positioniert sind. ○ Abb. 6.1 veranschaulicht die Auswirkungen dieses Zustands. Für gelöste Metall-Kationen erhält man ebenso wie für Metall-Ionen in einem Kristallfeld die energetische Reihenfolge $(n-1)dnsnp$. Das Fe^{2+}-Ion hat damit laut dem Energieprinzip die Elektronenkonfiguration $3d^6 4s^0 4p^0$.

Zur Beschreibung der Bindungsverhältnisse und zur Ermittlung der Komplexstruktur von $[Fe(H_2O)_6]^{2+}$ bedient man sich zunächst des Kästchenschemas (○ Abb. 2.28, ▸ Kap. 2.4.2). Dazu trägt man die sechs Elektronen von Eisen entsprechend dem Energieprinzip und der Hundschen Regel in die Kästchen der fünf *d*-Orbitale ein. Die 4*s*-, 4*p*- und die 4*d*-Orbitale bleiben zunächst unbesetzt und können als Lewis-Säure wirken. Sie nehmen je ein freies Elektronenpaar von sechs Wassermolekülen auf. Es werden nur sechs Wassermoleküle gebunden, weil der Ionenradius von Fe^{2+} nicht groß genug ist, um mehr Liganden um sich herum zu positionieren. Die Bindungsverhältnisse im Hexaaquaeisen(II)-Komplex sind in ○ Abb. 6.2 dargestellt.

Wassermoleküle sind zwar harte, aber keine besonders starken Lewis-Basen. Das elektronegative Sauerstoffatom hält seine freien Elektronenpaare fest gebunden und begrenzt damit die Wechselwirkung zu anderen Bindungspartnern. Daher können die freien Elektronenpaare der Wassermoleküle keine Elektronen aus dem 3*d*-Orbital des Eisen-Ions verdrängen. Sie besetzen die leeren Orbitale, die das Eisen-Ion übrig hat. Dies sind das 4*s*-, die drei 4*p*- und die beiden 4*d*-Orbitale ($4d_{z^2}$ und $4d_{x^2-y^2}$). Daraus folgt eine d^2sp^3-Hybridisierung, die eine oktaedrische Koordinationsgeometrie verursacht. Die Elektronen der 4*d*-Orbitale werden nicht der Hundschen Regel entsprechend auf die restlichen *d*-Orbitale verteilt, weil sie von den Sauerstoffkernen in ihren Orbitalpositionen gehalten werden. Die Elektronen der 3*d*-Orbitale werden aber nach der Hundschen Regel verteilt, und so sind Eisen(II)-Salzlösungen paramagnetisch mit dem Spin von vier ungepaarten

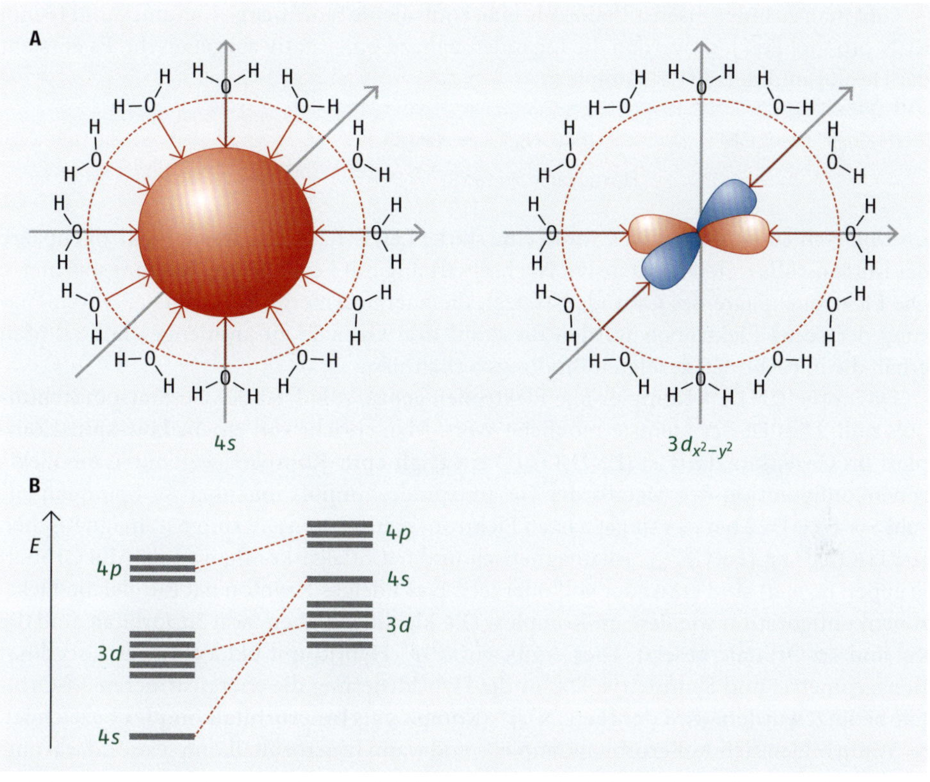

Abb. 6.1 Störung des *s*- und eines *d*-Orbitals eines solvatisierten Metallions durch Wassermoleküle (A); energetische Reihenfolge der Orbitale (B)

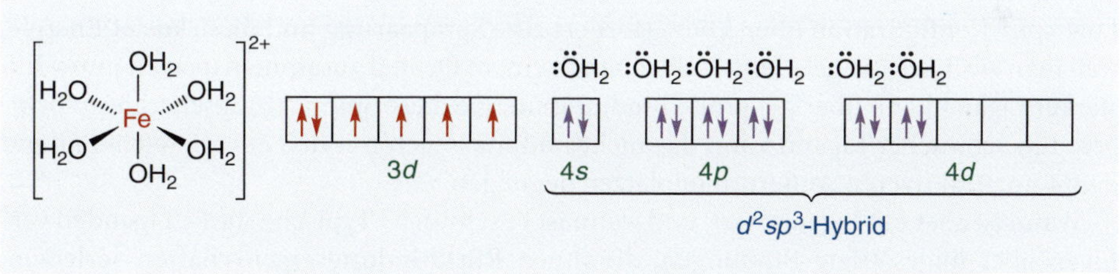

Abb. 6.2 Bindungsverhältnisse von Hexaaquaeisen(II) nach dem Kästchenmodell

Elektronen (vgl. hierzu ▸Kap. 2, Abb. 2.41). Der Hexaaquaeisen(II)-Komplex hat keine Edelgaskonfiguration, weil beide *d*-Orbitale nur teilweise mit Elektronen besetzt sind. Da die *d*-Orbitale des Valenzniveaus mitbenutzt wurden, hier also die 4*d*-Orbitale, bezeichnet man $[Fe(H_2O)_6]^{2+}$ als **Außerorbitalkomplex**.

Gibt man zu einer Eisensulfatlösung eine äquivalente Stoffmenge Kaliumcyanid (6 mol KCN pro mol Fe^{2+}), so werden die Liganden nahezu quantitativ ausgetauscht. Es entsteht der Hexacyanidoferrat(II)-Komplex:

$$[Fe(H_2O)_6]^{2+} + 6\,CN^- \rightleftharpoons \underset{\text{Hexacyanidoferrat(II)}}{[Fe(CN)_6]^{4-}} + 6\,H_2O$$

Im Unterschied zu Wasser ist Cyanid eine starke Lewis-Base. Die freien Elektronenpaare des Kohlenstoffs treten in intensive Wechselwirkung mit Lewis-Säure-Bindungspartnern: Die Elektronenpaare des Cyanids besetzen die energieärmeren 3*d*-Orbitale. Durch Paarung der sechs Elektronen werden diese auf drei Orbitale zusammengeschoben. Man erhält die in ○ Abb. 6.3 gezeigten Bindungsverhältnisse.

Da im $[Fe(CN)_6]^{4-}$-Komplex alle Elektronen gepaart sind, ist der Gesamtspindrehimpuls null. Dies ist der kleinste mögliche Wert. Man spricht von einem **Low-spin-Komplex**. Im Gegensatz dazu ist $[Fe(H_2O)_6]^{2+}$ ein **High-spin-Komplex**, weil durch die Elektronenkonfiguration des Metalls der Gesamtspindrehimpuls maximal ist: Spinquantenzahl $S = 4 \cdot (1/2) = 2$ bei vier ungepaarten Elektronen. Im Gegensatz zum paramagnetischen $[Fe(H_2O)_6]^{2+}$ ist $[Fe(CN)_6]^{4-}$ diamagnetisch und hat Edelgaskonfiguration. Alle Orbitalgruppen (*s*, *p*, *d*) sind entweder voll oder leer. Das Edelgas Krypton hat die gleiche Elektronenkonfiguration wie Fe^{2+} im Komplex. Die Liganden haben zwei 3*d*-Orbitale und die 4*s*- und 4*p*-Orbitale besetzt. Dies ergibt ein d^2sp^3-Hybrid mit oktaedrischer Koordinationsgeometrie und Symmetrie. Da für die Hybridisierung die energieärmeren 3*d*-Orbitale benutzt wurden, wird der $[Fe(CN)_6]^{4-}$-Komplex als **Innerorbitalkomplex** bezeichnet.

Wann bilden sich Außerorbitalkomplexe und wann Innerorbitalkomplexe und warum? Für einen Innerorbitalkomplex benötigt man **starke Liganden**. Ein starker Ligand tritt in intensive Wechselwirkung mit dem Metall-Ion und bildet außerordentlich starke kovalente Bindungen zum Zentralatom aus. Wenn ein Außerorbitalzustand in einen Innerorbitalzustand überführt werden soll, dann geht immer eine High-spin- in eine Low-spin-Konfiguration über. Dies erfordert eine Spinpaarung und diese kostet Energie, weil man zwei negativ geladene Elektronen in einem Orbital zusammensperren muss. Ein starker Ligand kann über die große Bindungsenergie diese Spinpaarungsenergie aufbringen. Ein schwacher Ligand kann das nicht und muss sich mit den energiereicheren und damit unattraktiveren Außerorbitalplätzen begnügen.

Wann ist aber ein Ligand stark und wann ist er schwach? Typische starke Liganden verfügen über ungesättigte Bindungen, die ihnen **Rückbindungseigenschaften** verleihen. Um das zu verstehen, betrachtet man noch einmal das MO-Schema des Cyanid-Ions in ○ Abb. 2.45 (▸ Kap. 2.4.2). Das σ_2-Orbital ist das höchste besetzte Molekülorbital. Damit reagiert das Cyanid als Lewis-Base und besetzt ein d^2sp^3-Hybrid-Orbital des Metalls. Dieser Prozess gehört zu jeder Komplexbildungsreaktion, egal ob der Ligand stark oder schwach ist. Aus der Wechselwirkung zwischen σ_2-d^2sp^3 bildet sich die **σ-Donor-Bindung**.

Jeder Ligand, der über Mehrfachbindungen verfügt, hat bindende π-Orbitale. Folglich müssen im Ligand auch antibindende π^*-Orbitale vorhanden sein. Diese sind nicht mit Elektronen besetzt und können dem Ligand Lewis-Säure-Eigenschaften verleihen. Die π^*-Orbitale des Liganden können sehr gut mit dem d_{xz}-Orbital des Metalls überlappen, wenn man die *x*-Achse als Kernverbindungslinie sieht. Sind diese d_{xz}-Orbitale mit Elektronen besetzt, wie im Falle des Fe^{2+}-Ions, dann wird das Metall zur Lewis-Base und es kommt zum Elektronenübertritt aus dem d_{xz}-Orbital des Metalls zum π^*-Orbital des

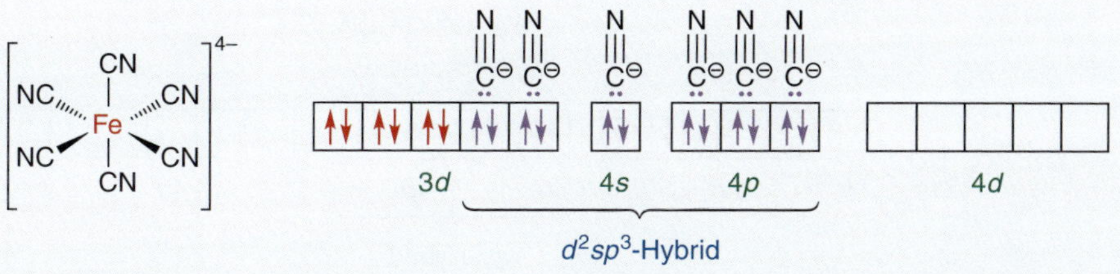

Abb. 6.3 Bindungsverhältnisse von Hexacyanidoferrat(II) nach dem Kästchenmodell

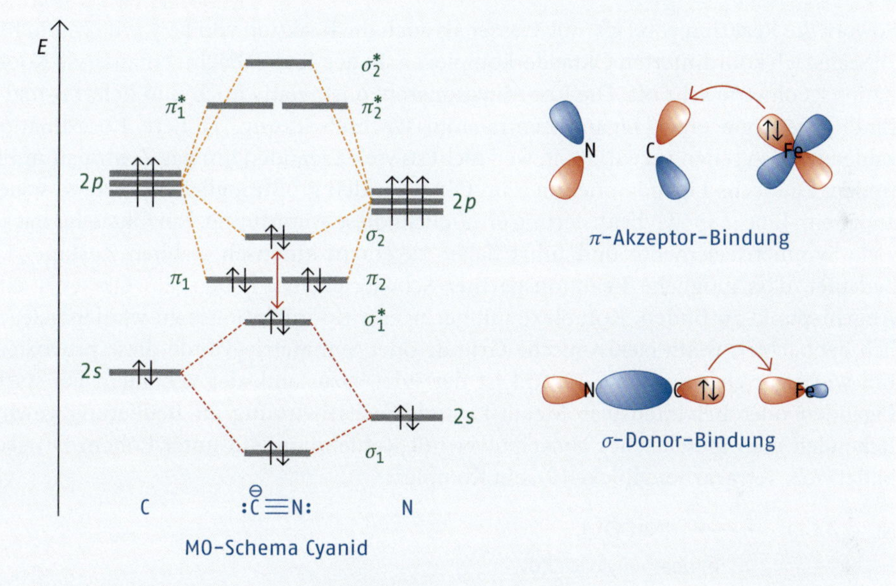

Abb. 6.4 Wechselwirkung der Molekülorbitale von Ligand und Atomorbitalen des Metalls bei starken Liganden mit σ-Donor- und π-Akzeptor-Bindung

Liganden. Diese Bindung hat Doppelbindungscharakter und wird **Rückbindung** oder **π-Akzeptor-Bindung** genannt. Die Bindungsverhältnisse einer Rückbindung zwischen Metall und Cyanid zeigt Abb. 6.4. Solche rückbindungsfähigen Liganden sind neben CN^- auch Kohlenmonoxid (CO), Carbid (C_2^{2-}), das Nitrosylkation (NO^+) sowie Anionen wie SCN^- und OCN^-. In schwächerem Ausmaß sind auch Liganden wie NO_2^- oder Acetat zu solchen Rückbindungen fähig. Diese Liganden erzeugen ein **starkes elektrisches Ligandenfeld** und zwingen die beteiligten Metalle in aller Regel in einen Low-spin-Zustand. Es bilden sich, wann immer möglich, Innerorbitalkomplexe. Zu den Liganden, die nur als Lewis-Basen reagieren können, weil sie keine Akzeptor-Orbitale haben, zählen NH_3, H_2O, OH^- und F^-. Diese erzeugen im Regelfall nur schwache elektrostatische Ligandenfelder und neigen dazu, Außerorbitalkomplexe zu bilden und die Metalle im High-spin-Zustand zu belassen. Diese schwachen Liganden sind aber oft harte Lewis-Basen. In Kombination mit harten Lewis-Säuren können sie auch zu starken Liganden werden und Innerorbitalkomplexe bilden.

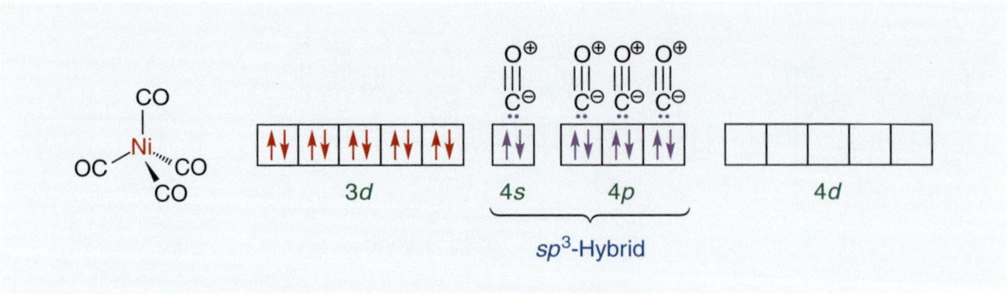

Abb. 6.5 Bindungsverhältnisse im Tetracarbonylnickel(0)

Sowohl die Reaktion von Fe^{2+} mit Wasser als auch die Reaktion von Fe^{2+} mit Cyanid führt zu sechsfach koordinierten Oktaederkomplexen. In der Tat beobachtet man diese Koordinationsgeometrie sehr oft. Die Koordinationszahl 6 ist relativ hoch und liefert 6-mal die Bindungsenergie einer Ligand-Zentralatom-Wechselwirkung. Höhere Koordinationszahlen werden selten verwirklicht, weil nicht so viele Liganden um das Zentralatom Platz finden. Die sechs Liganden nehmen im Oktaeder den größtmöglichen Abstand voneinander ein. Eine d^2sp^3-Hybridisierung ermöglicht diese Anordnung. Ein Oktaeder hat sehr viele Symmetrieelemente und führt daher zu einem kinetisch stabilen Zustand. Dies bedeutet, dass mögliche Reaktionspartner Schwierigkeiten haben, am Oktaeder einen Angriffspunkt zu finden. Komplexe mit geringerer Koordinationszahl werden gelegentlich beobachtet, wenn elektronische Gründe oder Symmetriegründe diese provozieren. Ein wichtiger elektronischer Grund ist der Edelgaszustand, der vor allem bei starken Liganden oder bei intensiver Metall-Ligand-Wechselwirkung an Bedeutung gewinnt. Behandelt man metallisches Nickelpulver mit Kohlenmonoxid unter hohem Druck, so bildet sich, Tetracarbonylnickel(0), ein Komplex:

$$\text{Ni} + 4\,\text{CO} \longrightarrow [\text{Ni(CO)}_4]$$

Tetracarbonylnickel(0)

Nickel steht in der dritten Periode an zehnter Stelle und hat im Komplex $3d^{10}4s^04p^0$-Konfiguration (Abb. 6.5). Die zehn Elektronen des Nickelatoms füllen die $3d$-Orbitale komplett. Den Kohlenmonoxidliganden bleiben noch das $4s$- und die drei $4p$-Orbitale. Diese bilden zusammen ein sp^3-Hybrid. Der Komplex hat daher eine tetraedrische Koordinationsgeometrie und mit einheitlichen Liganden auch eine Tetraedersymmetrie. Warum bildet sich aber kein Hexacarbonylnickel(0)-Komplex? Er würde Oktaedersymmetrie haben und bei der Synthese würde mehr Energie (zweimal die Bindungsenergien der Carbonyl-Nickel-Wechselwirkung) freigesetzt werden. Bei Bindung von sechs Carbonylliganden würde ein Außerorbitalkomplex entstehen, der keine Edelgaskonfiguration mehr hätte. Kohlenmonoxid ist aber ein sehr starker Ligand und die Tendenz zum Edelgaszustand ist entsprechend groß. Im Tetracarbonylnickel(0) hat das Nickelatom Kryptonkonfiguration.

Setzt man Eisenpulver einem hohen Kohlenmonoxiddruck aus, so bildet sich Pentacarbonyleisen(0):

$$\text{Fe} + 5\,\text{CO} \longrightarrow [\text{Fe(CO)}_5]$$

Pentacarbonyleisen(0)

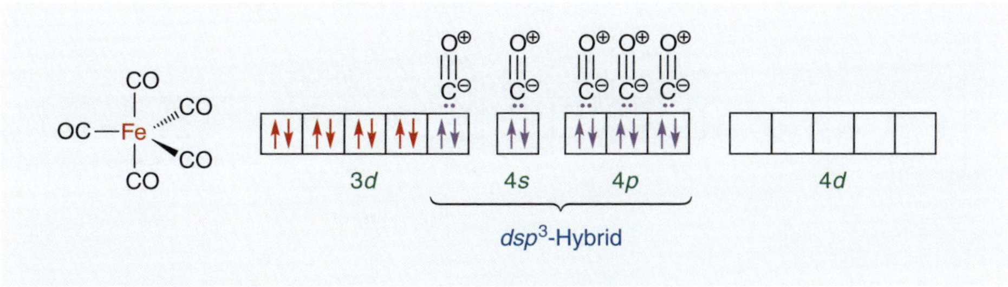

Abb. 6.6 Bindungsverhältnisse von Pentacarbonyleisen(0)

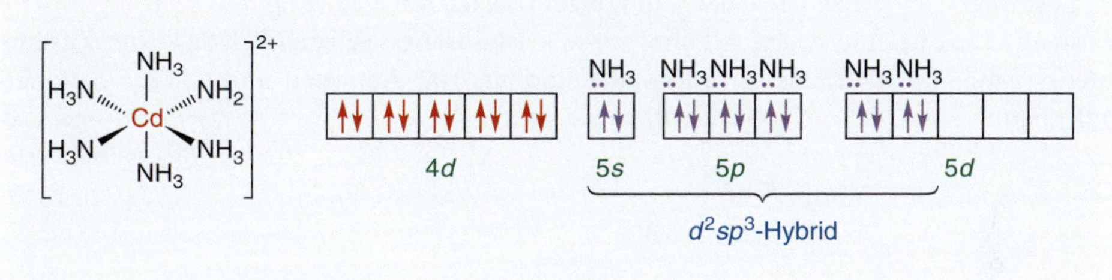

Abb. 6.7 Bindungsverhältnisse von Hexaammincadmium(II) (schwacher Außerorbitalkomplex)

Die Bindungsverhälnisse im Komplex können mithilfe des Kästchenmodells erklärt werden (Abb. 6.6). Eisen hat im Neutralzustand acht Elektronen, die sich im Komplex auf die 3*d*-Orbitale verteilen. Da Kohlenmonoxid ein starker Ligand ist, erzwingt er eine Low-spin-Konfiguration und bildet einen Innerorbitalkomplex. Bis zum Kryptonzustand werden dann ein 3*d*- und die sp^3-Orbitale belegt. Man erhält ein dsp^3-hybridisiertes Eisen. Der Komplex ist leicht flüchtig und im Gaszustand trigonal-bipyramidal koordiniert.

Löst man Cadmiumchlorid in konzentriertem Ammoniak, dann bildet sich ein Hexaaminkomplex:

$$Cd^{2+} + 6\,NH_3 \rightleftharpoons [Cd(NH_3)_6]^{2+}$$

Hexaammincadmium(II)

Cadmium ist das zwölfte Element der fünften Periode im PSE. Mit der Oxidationsstufe +II besitzt es zehn Valenzelektronen, die die 4*d*-Orbitale voll besetzen. Bis zur Xenonkonfiguration müssen noch die 5*s*- und die 5*p*-Orbitale gefüllt werden. Man erwartet einen Tetraamminkomplex. Es werden aber sechs Ammoniakmoleküle gebunden. Ammoniak ist eine harte Lewis-Base, Cd^{2+} bereits eine weiche Lewis-Säure. Die koordinative Bindung zwischen NH_3 und Cd^{2+} liefert nicht viel Bindungsenergie. In solchen Fällen wird ein Edelgaszustand in deutlich geringerem Maße angestrebt, als wenn sich stabilere Bindungen bilden können. Dafür werden zwei Bindungen mehr gebildet, wodurch ein wenig mehr Energie freigesetzt werden kann. Man erhält einen schwachen Außerorbitalkomplex mit oktaedrischer Koordination (Abb. 6.7).

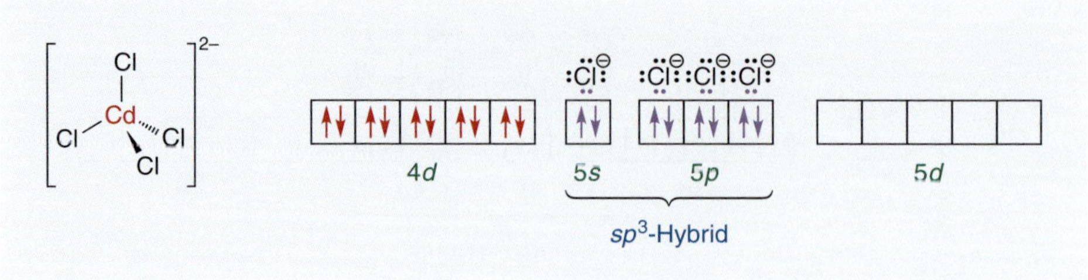

Abb. 6.8 Bindungsverhältnisse von Tetrachloridocadmat(II) (schwacher Komplex)

Löst man Cd^{2+}-Salze wie $CdSO_4$ in konzentrierter NaCl-Lösung und setzt organische Lösemittel wie beispielsweise Alkohol zu, so kristallisieren gelegentlich Salze der Zusammensetzung Na_2CdCl_4 aus. Ihre Kristalle sind aus Na^+-Kationen und $CdCl_4^{2-}$-Anionen aufgebaut:

$$Cd^{2+} + 4\,Cl^- \rightleftharpoons [CdCl_4]^{2-}$$

Tetrachloridocadmat

Das Tetrachloridocadmat(II)-Anion ($CdCl_4^{2-}$) ist ein Komplex-Anion. Die Bindungsverhältnisse sind in Abb. 6.8 dargestellt. Das Cd^{2+}-Ion hat nach wie vor d^{10}-Konfiguration. Die Liganden besetzen das 5*s*- und die drei 5*p*-Orbitale und bilden ein sp^3-Hybrid mit tetraedrischer Koordinationsgeometrie und Tetraedersymmetrie. Tetrachloridocadmat(II) weist Xenonkonfiguration auf. Dies ist aber nicht entscheidend dafür, dass nur vier und nicht sechs Liganden gebunden werden. Chlorid ist ein sehr schwacher Ligand und eine kovalente Bindung zwischen Cd^{2+} und einem Cl^--Ion ist außerordentlich schwach. Das Streben nach einem Edelgaszustand hat hier nur geringe Bedeutung. Cd^{2+} könnte noch zwei weitere Liganden binden, dann würde aber ein Komplex mit vier negativen Ladungen entstehen. Die daraus entstehende elektrostatische Abstoßung kann durch die schwache Wechselwirkung zwischen Metall-Ion und Ligand nicht überwunden werden.

Löst man $CuSO_4$ in verdünnter Ammoniaklösung, dann bildet sich ein dunkelvioletter Tetraamminkupfer(II)-Komplex:

$$Cd^{2+} + 4\,NH_3 \rightleftharpoons [Cu(NH_3)_4]^{2+}$$

Tetraamminkupfer(II)

Kupfer ist das elfte Element der vierten Periode des PSE. In der Oxidationsstufe +II fehlen ihm zwei Elektronen. Ein Cu^{2+}-Ion besitzt neun Valenzelektronen, die sich auf die 3*d*-Orbitale verteilen. Cu^{2+} könnte in einem Außerorbitalkomplex einen Hexaamminkupfer(II)-Komplex bilden. Kupfer(II)-Ionen sind aber bereits sehr harte Lewis-Säuren, die mit der harten Base Ammoniak in eine starke Wechselwirkung treten. Daher entsteht ein Innerorbitalkomplex, wobei ein Elektron des Kupfers in das 4*p*-Orbital verdrängt wird (Abb. 6.9). Die Ammoniakmoleküle besetzen das $3d_{x^2-y^2}$-Orbital, das 4*s*-Orbital, das $4p_x$- sowie das $4p_y$-Orbital. Alle vier Orbitale sind in der *xy*-Ebene orientiert. Sie ergeben vier Hybridorbitale, die ebenfalls in der *xy*-Ebene liegen und einen Winkel von 90° zueinander bilden (Abb. 6.10). Man erhält einen **quadratisch-planaren Komplex**. Tetraamminkupfer(II) ist paramagnetisch (ein ungepaartes Elektron).

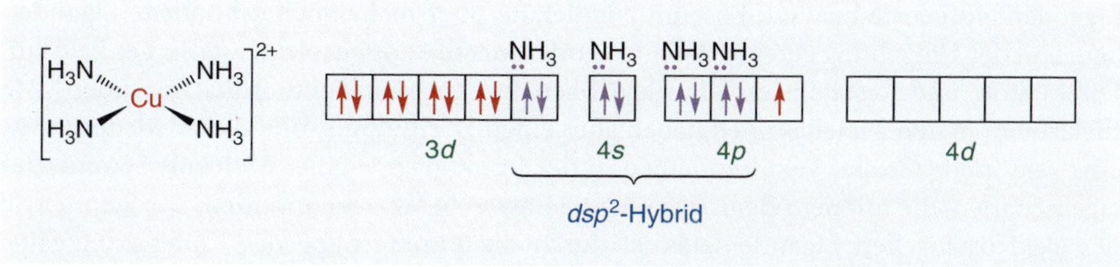

$[Cu(NH_3)_4]^{2+}$

NH3 NH3 NH3 NH3

3d 4s 4p 4d

dsp^2-Hybrid

○ Abb. 6.9 Bindungsverhältnisse von Tetraamminkupfer(II) (starker Komplex)

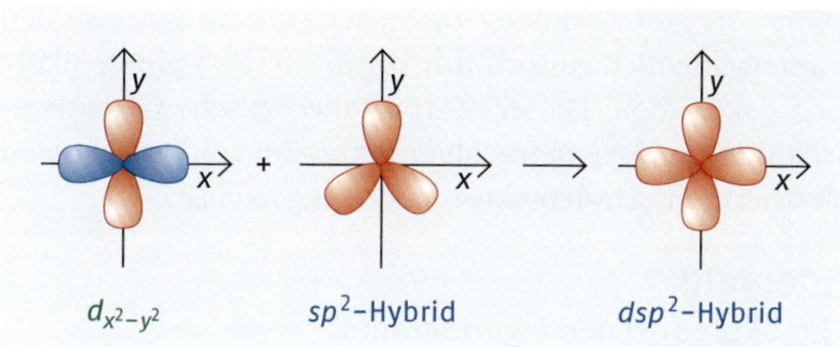

○ Abb. 6.10 Linearkombination von Atomorbitalen zum dsp^2-Hybrid

Auch wenn an dieser Stelle einige Verbindungen von Übergangsmetallen diskutiert wurden, so stehen nicht die Eigenschaften der verschiedenen Elemente im Mittelpunkt des Interesses. Mithilfe des Kästchenmodells der Atomzustände werden die Bindungsverhältnisse in Komplexmolekülen beschrieben, um zu erkennen, welche Stabilitätsargumente eine Rolle spielen.

■ **MERKE** In Komplexverbindungen ist die oktaedrische Koordinationsgeometrie am häufigsten vertreten. Sowohl die quadratische Pyramide, die quadratisch-planare und die lineare Struktur können als symmetrieerniedrigte Formen des Oktaeders aufgefasst werden. In echter Konkurrenz zum Oktaeder stehen das Tetraeder und die trigonale Bipyramide. Letztere wird nur in sehr wenigen Verbindungen realisiert.

Lineare und quadratisch-planare Komplexe können zumindest in wässriger Lösung als symmetrieerniedrigte Oktaeder aufgefasst werden.

Nachfolgend soll ein weiteres, theoretisch anspruchsvolleres Konzept zur Beschreibung von Bindungszuständen in Komplexen vorgestellt werden. Es hat die Wechselwirkung der Metall-*d*-Elektronen mit dem elektrostatischen Feld der Liganden zur Grundlage: die **Ligandenfeldtheorie**. Sie ist, wenn auch anspruchsvoller, doch sehr viel anschaulicher als das Kästchenmodell und verdeutlicht eindrucksvoll die Rolle von Symmetrieargumenten für die Stabilität der verschiedenen Strukturmöglichkeiten.

6.2 Ligandenfeldtheorie

Betrachtet man ein Atom im wechselwirkungsfreien Vakuum, dann sind die Atomorbitalenergien laut dem Energiediagramm in ○ Abb. 2.27 (▸ Kap. 2.4.2) in der Reihenfolge $4s < 3d < 4p$ angeordnet. In Komplexmolekülen folgen die Orbitalenergien der Reihenfolge $3d < 4s < 4p$. Um dies zu erklären, wurde in ▸ Kap. 6.1 bereits der Grundgedanken der

Ligandenfeldtheorie benutzt: Lösemittelmoleküle, aber mehr noch gebundene Liganden bauen in der Umgebung eines Metallatoms oder Metall-Ions ein elektrostatisches Feld auf. Dieses stört und destabilisiert die Elektronen in den Metallatomorbitalzuständen. Die Elektronen in den Metallatomen haben aber einen Drehimpuls, und dieser wiederum ist eine vektorielle Größe. Vektoren haben in der Punktgruppe eines Moleküls Symmetrieeigenschaften, die mit dem Begriff Symmetrierassen beschrieben werden. Die Symmetrie des elektrostatischen Ligandenfelds ist durch die Punktgruppe des Komplexmoleküls gegeben. Die Symmetrie des Elektronendrehimpulses ist von der Gestalt des Atomorbitals abhängig. Haben zwei Elektronen im Ligandenfeld des Komplexmoleküls unterschiedliche Symmetrieeigenschaften, gehören sie also zu unterschiedlichen Rassen, dann werden sie durch das Ligandenfeld auch unterschiedlich gestört. Ihre Atomorbitale werden relativ zueinander verschiedene Energien bekommen. Dieser abstrakt theoretische Gedankengang lässt sich sehr leicht veranschaulichen. Dazu betrachtet man ein Metallatom, das von sechs negativ geladenen oder polarisierten Liganden oktaedrisch umgeben ist.

6.2.1 Oktaedrisches Ligandenfeld

Wichtige Symmetrieelemente im oktaedrischen Ligandenfeld

Im Oktaeder (Abb. 6.11) existiert entlang jeder Koordinatenachse x, y und z eine vierzählige Hauptdrehachse C_4. Mehrere Drehachsen größter Zähligkeit gibt es nur in Polyedergruppen, also dem Oktaeder, dem Tetraeder und dem Ikosaeder, der aber nur in Clustermolekülen gelegentlich vorkommt. Im Oktaeder finden sich auch dreizählige Drehachsen C_3 schräg zu den Koordinatenachsen, ferner existieren horizontale (σ_h) und vertikale (σ_v) Spiegelebenen zu den C_4-Hauptachsen. Ein wichtiges Symmetrieelement im Oktaeder ist das Inversionszentrum i im Ursprung des Koordinatensystems.

Diese Symmetrieelemente gehören nicht nur zum Molekül, sondern auch zur Struktur des elektrostatischen Felds, das von den sechs oktaedrisch angeordneten Liganden erzeugt wird. Dieses elektrostatische Feld stört die Elektronen im Metall. Dadurch werden alle Atomorbitale im Zentralatom energetisch angehoben. Die den Atomorbitalen zugeordneten Drehimpulsvektoren haben im Oktaeder Symmetrierassen. Sie können ermittelt werden, wenn man untersucht, wie sich Gestalt und Orientierung eines Orbitals ändert, wenn die einzelnen Symmetrieoperationen des Oktaeders auf das Orbital angewendet werden (Abb. 3.30, ▸Kap. 3.6.2). Man stellt sich beispielsweise das 4*s*-Orbital in der Mitte des Oktaeders vor: Zum einen bleibt das Orbital bei Anwendung aller Symmetrieoperationen unverändert. Es gehört damit zur totalsymmetrischen Rasse A_{1g}. Es wird von allen sechs Liganden in gleichem Ausmaß gestört. Daher ist die Beeinträchtigung maximal und das 4*s*-Orbital wird energetisch durch die Liganden am stärksten destabilisiert. Betrachtet man dagegen die *p*-Orbitale p_x, p_y, und p_z, so zeigt sich, dass durch die vierzähligen Drehachsen des Oktaeders die Orbitale ineinander überführt werden können. Die Symmetrieoperation $C_{4z}^{(1)}$ dreht das Molekül in Richtung der z-Achse um 90°. Das p_x-Orbital wird in das p_y-Orbital überführt. Auf ähnliche Weise lassen sich alle *p*-Orbitale aufeinander abbilden. Daher sind die *p*-Orbitale untereinander entartet. Dreifach entartete Zustände kommen nur in Polyedergruppen vor und werden nach *Mulliken* als T-Zustände bezeichnet. Das Inversionszentrum des Oktaeders bildet jeden positiven Orbitallappen auf einen negativen ab und umgekehrt. Die Inversion ändert damit alle Schwingungsphasen der Elektronenwellenfunktionen. Die *p*-Orbitale sind also antisymmetrisch gegen die Inversion. Man sagt auch, sie sind **ungerade gegen die Inversion**, und daher kommt es zur Bezeichnung „u" in den Mulliken-Symbolen. Sie gehören damit zur Rasse

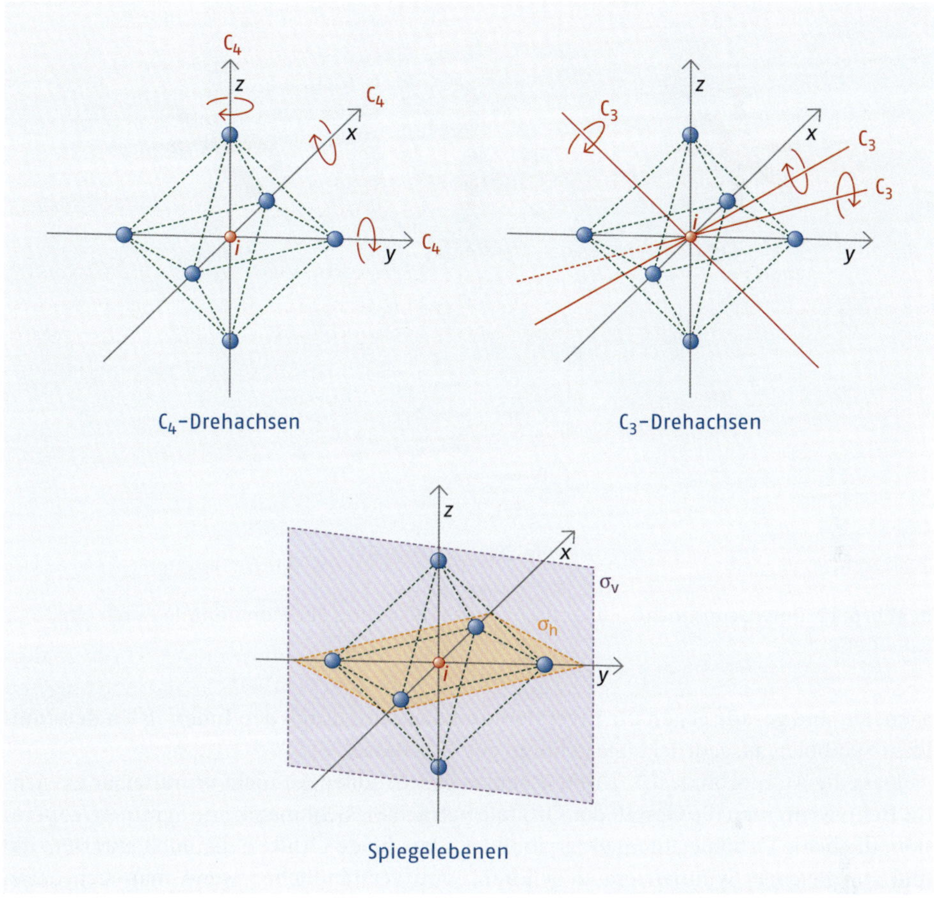

Abb. 6.11 Oktaeder: wichtige Symmetrieelemente (Auswahl)

T_{1u}. Da die drei p-Orbitale die gleiche Symmetrierasse haben, sind sie entartet und haben auch im Oktaeder die gleiche Energie. Jedes p-Orbital wird von zwei Liganden maximal gestört, während vier Liganden dem Orbital ausweichen und es kaum beeinträchtigen. Die p-Orbitale werden also im Vergleich zum s-Orbital durch das Ligandenfeld nur gering gestört (Abb. 6.12).

Bei den d-Orbitalen sind die Verhältnisse nicht einheitlich (Abb. 6.12 und Abb. 6.13). Die d-Orbitale werden durch maximal vier Liganden stark gestört, während mindestens zwei Liganden einen geringen Einfluss ausüben. Daher liegt ihre Beeinträchtigung zwischen der von s- und p-Orbitalen. Die fünf d-Orbitale können nicht zur selben Symmetrierasse gehören, da es fünffach entartete Zustände im Oktaeder nicht gibt. Sie spalten in zwei symmetrieverschiedene Orbitalgruppen auf (Abb. 6.13). Das $d_{x^2-y^2}$-Orbital und das d_{z^2}-Orbital sind beide auf den Koordinatenachsen positioniert und werden von den Liganden direkt gestört. Die Orbitale d_{xy}, d_{xz} und d_{yz} liegen zwischen den Orbitalachsen und weichen damit der Störung durch die Liganden aus. Diese Orbitale können durch eine der vierzähligen Drehachsen des Oktaeders ineinander überführt werden. Sie sind untereinander entartet und gehören daher zu einem T-Zustand. Die Inversion des Oktaeders ändert die d-Orbitale nicht. Sie sind also symmetrisch gegen die Inversion. Man sagt

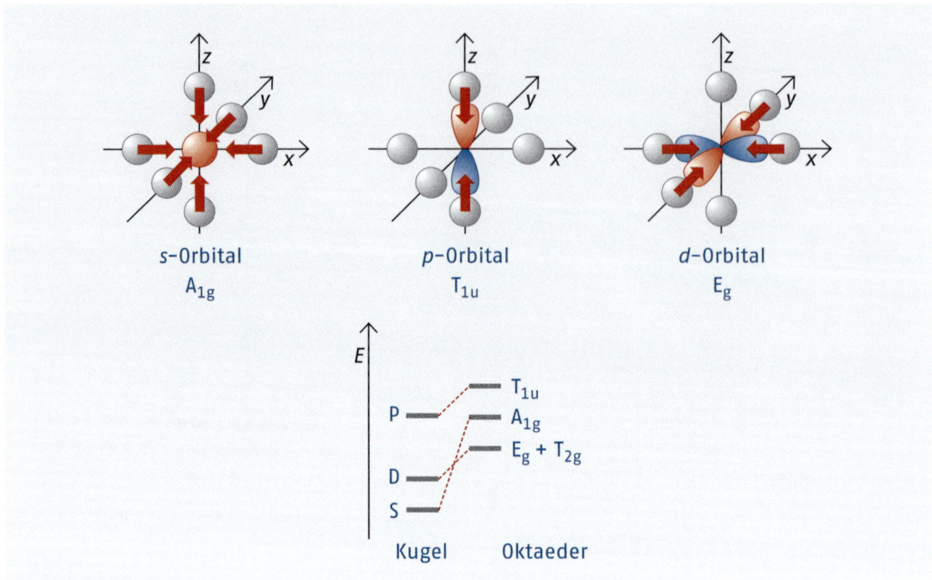

Abb. 6.12 Durchschnittliche energetische Destabilisierung der Atomorbitale durch ein Oktaederfeld

auch: Sie sind **gerade gegen die Inversion** und dies wird durch den Index „g" in den Mulliken Symbolen ausgedrückt. Sie gehören zur T_{2g}-Rasse.

Dass die Atomorbitale $d_{x^2-y^2}$ und d_{z^2} entartet sein sollen, ist nicht unmittelbar einsichtig, denn wenn man die Gestalt der Orbitale betrachtet, sieht man keine Symmetrieoperation, die beide Orbitale aufeinander abbildet. Dass beide Orbitale dennoch entartet sind und zur gleichen Symmetrierasse gehören, wird verständlicher, wenn man sich daran erinnert, wie die Gestalt des d_{z^2}-Orbitals zustande kommt. Dazu betrachtet man noch einmal Abb. 2.24 (▸Kap. 2.4.1). Den „Kragen" des d_{z^2}-Orbitals kann man sich als das Ergebnis der Überlagerung eines virtuellen $d_{y^2-z^2}$-Orbitals mit einem virtuellen $d_{x^2-z^2}$-Orbital vorstellen. Die Symmetrieoperation C_4 entlang der y-Achse überführt das d_{z^2}-Orbital mithilfe eines Hybridisierungsschritts in das $d_{x^2-y^2}$-Orbital, wenn gleichzeitig das $d_{x^2-y^2}$-Orbital in das d_{z^2}-Orbital überführt wird. Da beide Orbitale zweifach entartet sind, gehören sie zu einem E-Zustand. Sie verhalten sich symmetrisch gegenüber Inversion und gehören daher zur Rasse E_g. Da die beiden E_g-Orbitale direkt auf die Liganden weisen, werden sie von ihnen stärker gestört als die T_{2g}-Zustände, die den Liganden ausweichen. Die E_g-Zustände gewinnen relativ zum Energieschwerpunkt an Energie und die Elektronen darin werden instabiler. Die T_{2g}-Zustände verlieren relativ zum Energieschwerpunkt an Energie und die Elektronen in den Orbitalen werden stabilisiert. Man erhält das in Abb. 6.13 dargestellte Energieniveaudiagramm für die d-Zustände im oktaedrischen Ligandenfeld.

Oktaedrische Eisenkomplexe $[Fe(H_2O)_6]^{2+}$ und $[Fe(CN)_6]^{4-}$

Der Energieunterschied $\Delta = 10\,Dq$ zwischen den E_g- und T_{2g}-Zuständen hängt von der Stärke des elektrostatischen Ligandenfelds ab. Liganden, die nur eine schwache Wechselwirkung mit dem Metall eingehen, werden keinen großen Energieunterschied zwischen

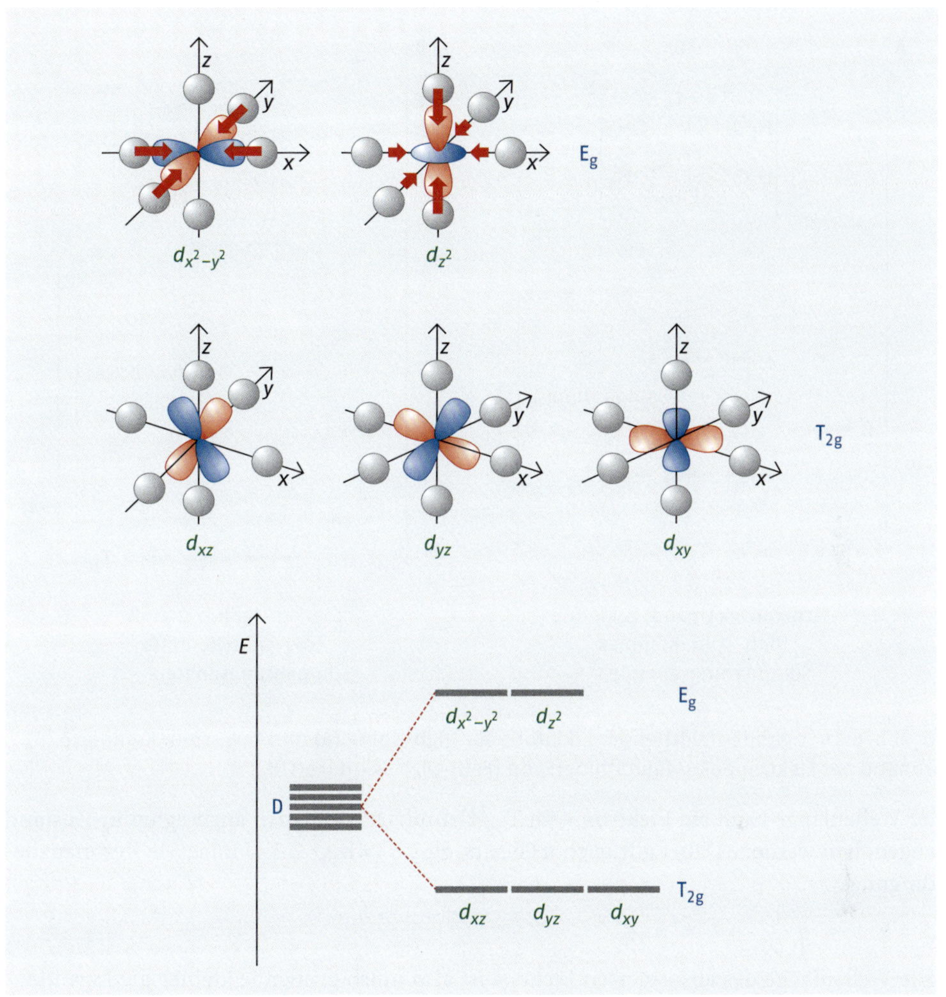

Abb. 6.13 Aufspaltung der *d*-Orbital-Energien im oktaedrischen Ligandenfeld

beiden Orbitalgruppen erzeugen. Die Aufspaltung Δ wird kleiner als die Spinpaarungsenergie sein. Die Elektronen verteilen sich dann der Hundschen Regel entsprechend auf alle fünf Zustände und man erhält einen High-spin-Komplex. Diese Verhältnisse sind typisch für den schwachen Liganden Wasser. $[Fe(H_2O)_6]^{2+}$ ist ein High-spin-Komplex, paramagnetisch mit dem Spin von vier ungepaarten Elektronen. Starke Liganden wie CN^- treten mit dem Metall aber in eine intensive Wechselwirkung. Entsprechend stark wird das Ligandenfeld sein und entsprechend stark wird damit die Störung auf die *d*-Elektronen ausfallen. Die Energieaufspaltung Δ übertrifft die Spinpaarungsenergie und die Elektronen werden zuerst die T_{2g}-Zustände nach der Hundschen Regel besetzen, bevor die E_g-Zustände mit Elektronen aufgefüllt werden. Es entstehen Low-spin-Komplexe. Im Falle von $[Fe(CN)_6]^{4-}$ werden die T_{2g}-Orbitale mit sechs Elektronen jeweils doppelt besetzt. Man erhält einen diamagnetischen Komplex (Abb. 6.14).

Die Ligandenfeldaufspaltung Δ beeinflusst nicht nur die magnetischen Eigenschaften, sondern auch die Farbe einer Komplexverbindung. Durch Bestrahlung von Licht geeigne-

6

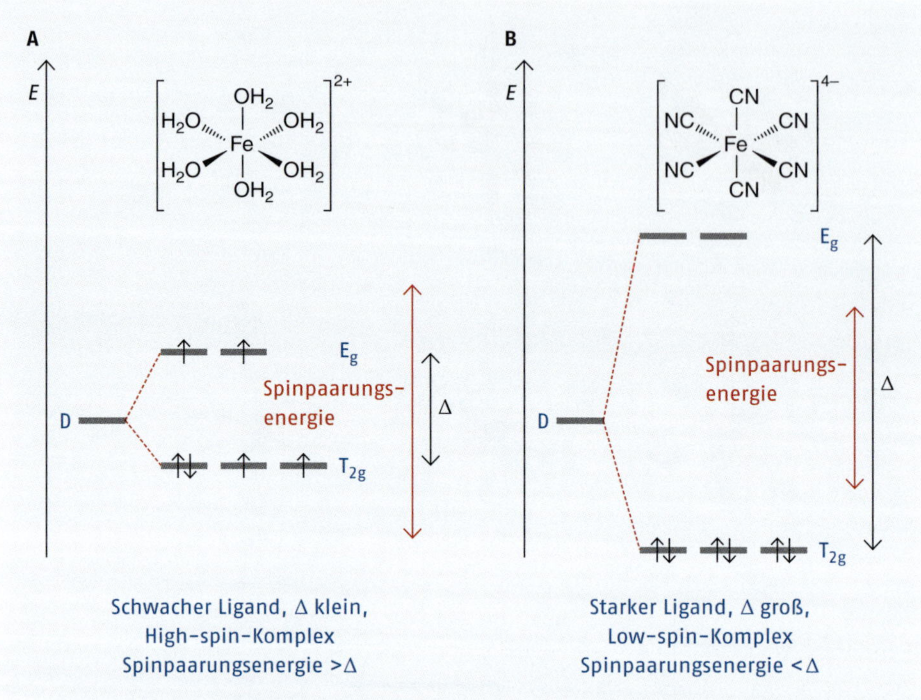

o Abb. 6.14 Ligandenfeldtheorie: Erklärung für High-spin- (A) und Low-spin-Komplexe (B) anhand der Elektronenkonfigurationen von $[Fe(H_2O)_6]^{2+}$ und $[Fe(CN)_6]^{4-}$

ter Wellenlänge kann ein Elektron vom T_{2g}-Grundzustand in den angeregten E_g-Zustand angehoben werden. Dabei gilt nach o Gleichung 2.5 (▸ Kap. 2.2.4) folgende Resonanzbedingung:

$$\Delta = h \cdot \nu = h \cdot \frac{c}{\lambda} \rightarrow \lambda = h \cdot \frac{c}{\Delta}$$

Die Wellenlänge des absorbierten Lichts λ ist also umso größer, je kleiner die Ligandenfeldaufspaltung Δ, also je schwächer der Ligand ist. Die längsten Wellenlängen im sichtbaren Bereich finden sich im roten Licht ($\lambda \approx 900\,\text{nm}$), die kürzesten Wellenlängen im blauen Bereich ($\lambda \approx 400\,\text{nm}$). Sehr schwache Liganden verursachen Lichtabsorptionen bei Wellenlängen im roten Bereich. Die Farbe der Komplexe wird dann in Richtung Blau verschoben. Tauscht man in einem Komplex einen starken Liganden gegen einen schwachen Liganden aus, so beobachtet man in der Regel eine Farbvertiefung. Starke Liganden verursachen Absorptionen bei Wellenlängen im blauen Bereich. Die Komplexfarbe wird nach Rot verschoben. Werden schwache Liganden gegen starke Liganden ausgetauscht, ist in der Regel eine Farbaufhellung beobachtbar.

Diese Zusammenhänge können genutzt werden, um die Ligandenfeldstärke direkt zu messen. Nimmt man ein Metall und tauscht einen Liganden gegen den anderen aus, so wird der stärkere Ligand eine Lichtabsorption bei höheren Frequenzen verursachen. Man erhält die spektrochemische Reihe, in der die Liganden nach ihrer Stärke angeordnet sind. Ein typisches Resultat zeigt nachstehende Anordnung:

$$I^- < Br^- < Cl^- < F^- < OH^- < H_2O < NH_3 < NO_2^- < CN^- < CO$$

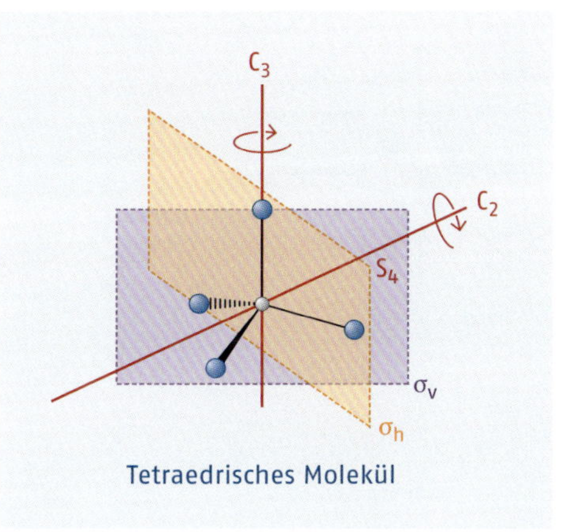

Abb. 6.15 Tetraedrisch gebautes Molekül: Symmetrieelemente (Auswahl)

Die Abstufung bleibt aber qualitativ, da die Art des Metalls die Stärke der Ligand-Zentralatom-Wechselwirkung mitbestimmt.

6.2.2 Tetraedrisches Ligandenfeld

Wichtige Symmetrieelemente im tetraedrischen Ligandenfeld

Um zu ermitteln wie Elektronen in den *d*-Orbitalzuständen eines Metallatoms gestört werden, wenn es von tetraedrisch angeordneten Liganden umgeben ist, muss man zuerst die Symmetrieelemente, die in einem tetraedrisch gebauten Molekül vorkommen (Abb. 6.15), betrachten.

Die Hauptachsen in einem Tetraeder sind vier dreizählige Drehachsen, die jeweils entlang einer Zentralatom-Liganden-Bindung liegen. Auch hier existieren mehrere Hauptachsen höchster Zähligkeit; dies ist eine typische Polyedereigenschaft. Genau in der Winkelhalbierenden zwischen zwei C_3-Drehachsen liegt eine zweizählige Nebendrehachse. Weiterhin gibt es vier Nebenachsen im Polyeder. Vertikal zu jeder Hauptachse existiert eine Spiegelebene σ_v. Horizontale Spiegelebenen, ein Inversionszentrum und vierzählige Drehachsen fehlen im Tetraeder. Auf jeder zweizähligen Drehachse liegt aber eine vierzählige **Drehspiegelachse** S_4. Für die ihr zugrundeliegende erste Symmetrieoperation gilt:

$$S_4^{(1)} = C_4^{(1)} \cdot \sigma_h \quad \text{Gleichung 6.1}$$

Die einfache Drehspiegelung $S_4^{(1)}$ erhält man, wenn man das Molekül um 90° dreht ($C_4^{(1)}$) und anschließend an einer horizontalen Spiegelebene σ_h spiegelt. Weder hat das Tetraeder eine vierzählige Drehachse noch eine horizontale Spiegelebene. Die Kombination beider Symmetrieelemente ergibt eine Drehspiegelachse S und diese ist im Tetraeder möglich. Die S_4-Drehspielung ist wichtig, denn sie bildet die beiden symmetrieverschiedenen *d*-Orbitalgruppen aufeinander ab. Bei einer S_4-Spiegelung bei einem Tetraedermolekül werden die d_{xy}-, d_{xz}- und d_{yz}-Orbitale aufeinander abgebildet. Sie sind daher entartet. Da sie dreifache entartet sind, gehören sie zur T-Rasse an, und zwar zur T_2-Rasse. Die Symbole „g" und „u" verlieren ihren Sinn, da ein Tetraeder kein Inversionszentrum hat. Die Drehspiegelung $S_4^{(1)}$ überführt auch die $d_{x^2-y^2}$- und d_{z^2}-Orbitale ineinander, wenn die Symmetrieoperationen auf beide Orbitale gleichzeitig angewendet werden. Da man in diesem Fall nur zwei entartete Orbitale hat, gehören diese zu einer E-Rasse. Im Tetraeder

6

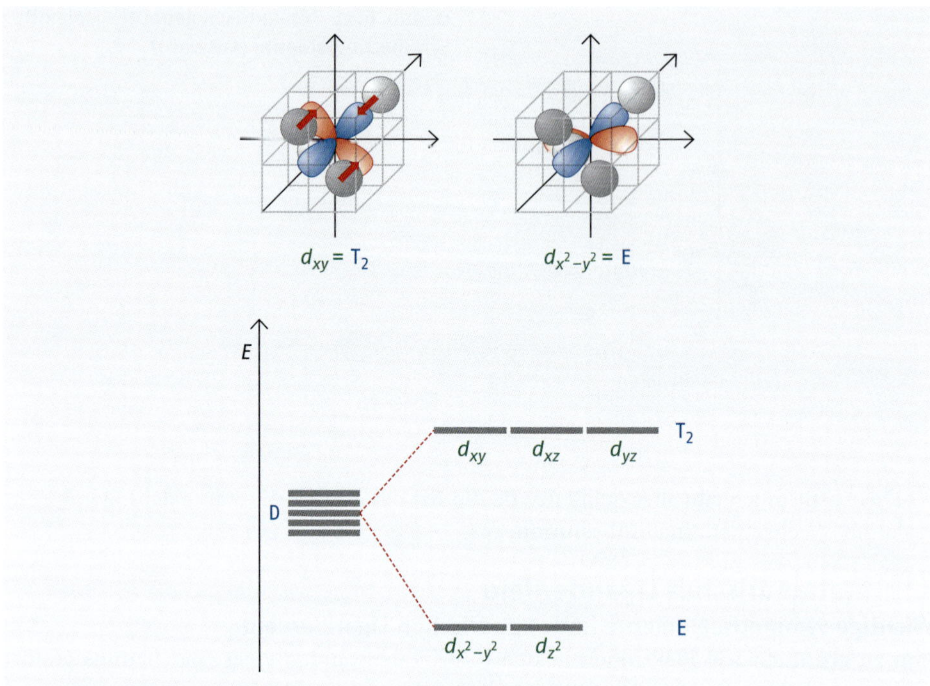

Abb. 6.16 Störung der T_2- und der E-Zustände im tetraedrischen Ligandenfeld

gibt es nur eine Rasse E. Die Gruppentheorie sagt bereits, dass sich die *d*-Atomorbitale in zwei energieverschiedene Untergruppen aufspalten und dass sowohl die drei T_2- als auch die beiden E-Orbitale untereinander gleiche Energie haben werden. Um zu ermitteln, welcher Zustand die niedrigere und welcher Zustand die höhere Energie erwarten lässt, eignet sich Abb. 6.16. Dargestellt sind d_{xy}- (T_2-Zustand) und $d_{x^2-y^2}$-Orbital (E-Zustand). Man erkennt, dass im Tetraeder die Liganden nicht auf den Koordinatenachsen liegen. Das Koordinatensystem teilt den Raum in acht Oktanden. Vier Oktanden sind alternierend mit Liganden besetzt. Da die E-Orbitale auf den Koordinatenachsen liegen, werden sie durch das Ligandenfeld nur gering gestört. Die T_2-Orbitale liegen jedoch zwischen den Koordinatenachsen und kommen den Liganden daher sehr viel näher. Aus diesem Grund werden im Tetraeder die T_2-Zustände im Vergleich zu den E-Zuständen destabilisiert.

Tetraiodidochromat(III)-Komplex CrI_4^-

Chrom ist das sechste Element in der vierten Periode. Damit hat neutrales Chrom sechs Valenzelektronen. Geht es in die Oxidationsstufe +III über, dann verliert es drei Elektronen und es verbleiben noch drei Elektronen in den 3*d*-Orbitalen. CrI_4^- hat die Elektronenkonfiguration $3d^3\,4s^0\,4p^0$. Abb. 6.17 zeigt das Kästchenmodell für den Komplex.

Warum kann dieser Komplex in dieser Struktur überhaupt entstehen? Nach dem Energieprinzip müsste man hier eine d^2sp-Hybridisierung erwarten. Eine solche Hybridisierung führt aber zu keinem Koordinationspolyeder, in dem die Liganden akzeptable Abstände voneinander einnehmen könnten, gleichgültig welche *d*- und *p*-Orbitale dafür eingesetzt werden. Warum bildet sich aber kein oktaedrischer CrI_6^{3-}-Komplex? Diese

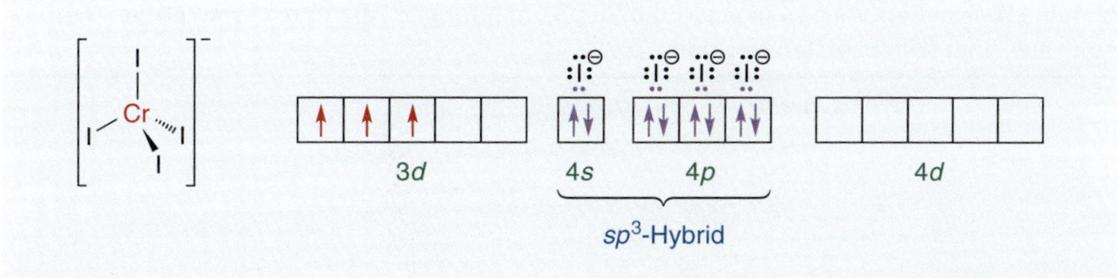

Abb. 6.17 Tetraedrisches Tetraiodidochromat(III): Elektronenkonfiguration nach dem Kästchenmodell

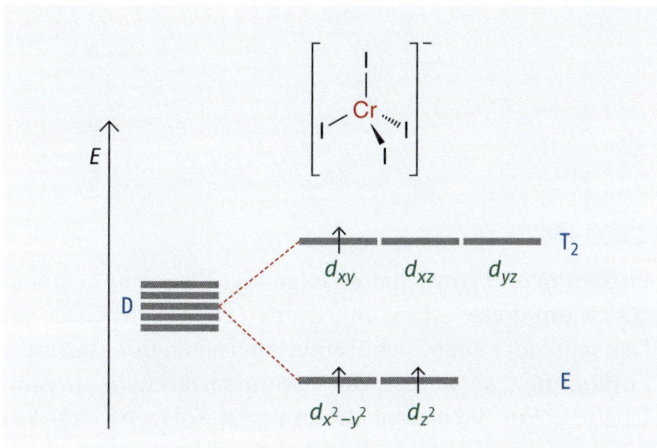

Abb. 6.18 Tetraiodidochromat(III): Energieniveauschema für die *d*-Elektronen

Frage stellt sich noch viel dringender, da ein Innerorbitalkomplex ohne Spinpaarungsaufwand möglich wäre. Sechs große Iodid-Ionen passen aber nicht mehr um das kleine Cr^{3+}-Ion. Daher bildet sich ein paramagnetischer Tetraederkomplex mit dem Spin von drei ungepaarten Elektronen. Da es sich bei Iodid um einen sehr schwachen Liganden handelt, erhält man im Ligandenfeld einen High-spin-Komplex, obwohl ein Low-spin-Komplex im Tetraederfeld **theoretisch** möglich ist. Die energetische Aufspaltung der *d*-Elektronenzustände wird in Abb. 6.18 gezeigt.

Für das Tetraeder beobachtet man nur High-spin-Komplexe. In Bezug auf die Ligandenfeldstärke ist das Tetraeder dem Oktaeder stets unterlegen, da vier Liganden niemals ein so starkes Feld erzeugen können wie sechs Liganden. Die Spinpaarungsenergie kann daher nur bei sehr starken Liganden wie CN^- oder CO überwunden werden. Mit starken Liganden bilden sich Tetraederkomplexe aber nur, wenn dadurch Edelgaskonfiguration erreicht werden kann. Im Edelgaszustand sind die *d*-Orbitale aber stets voll besetzt und die Unterscheidung zwischen High-spin- und Low-spin-Zustand daher sinnlos.

6.2.3 Quadratisch-planares Ligandenfeld

Zu den quadratisch-planaren Komplexmolekülen zählen Tetraamminkupfer(II), aber auch Komplexe anderer Elemente wie Nickel, Palladium, Platin und Gold. Um die energetische Aufspaltung der *d*-Elektronen im Zentralatom für den quadratisch-planaren Zustand zu ermitteln, hilft ein Konzept aus der Gruppentheorie, das Konzept der Symmetrieerniedrigung. Betrachtet man ein Atom oder Ion, so hat dieser Körper Kugelsym-

■ **Tab. 6.1** Symmetrierassen in verschiedenen Punktgruppen, die durch Symmetrieerniedrigung aus einer Kugel entstanden sind

Kugel K_h	Oktaeder O_h	Tetraeder T_d	D_{4h}	C_{2v}
S	A_{1g}	A_1	A_{1g}	A_1
P	T_{1u}	T_1	A_{2u}	A_2
			E_u	$B_1 + B_2$
D	E_g	E	$A_{1g} + B_{1g}$	$A_1 + A_2$
	T_{2g}	T_2	$B_{2g} + E_g$	$A_1 + B_2 + B_1$
F	A_{2u}	A_2	B_{1u}	A_2
	T_{1u}	T_1	$A_{2u} + E_u$	$A_2 + B_1 + B_2$
	T_{2u}	T_2	$B_{2u} + E_u$	$A_1 + B_2 + B_1$

metrie und die Elektronen können Symmetrieeigenschaften folgender Rassen annehmen: S, P, D, F usw. Werden nun Liganden um dieses Atom angeordnet, sodass entweder ein völlig unsymmetrisches Molekül entsteht oder ein Molekül einer Abelschen Punktgruppe, in der nur nichtentarte Rassen vorkommen, so werden diese Atomzustände in energieverschiedene Folgezustände aufspalten. Ein S-Zustand liefert einen Folgezustand. Ein P-Zustand liefert drei und ein D-Zustand fünf energieverschiedene Folgezustände. Mithilfe der Gruppentheorie kann man ermitteln, welche Entartungen aus einem Atomzustand erhalten und welche vernichtet werden. ■ Tab. 6.1 zeigt diesen Zusammenhang.

Einen quadratisch-planaren Komplex erhält man aus einem oktaedrischen, indem man zwei axiale Liganden aus dem Oktaeder entfernt (● Abb. 6.19). Dadurch gehen zwar zwei C_4-Achsen verloren, aber eine C_4-Drehachse bleibt als Hauptachse erhalten sowie die horizontale Spiegelebene σ_h (→ h-Gruppe) und die horizontalen zweizähligen Nebendrehachsen (→ D-Gruppe). Ein quadratisch-planarer Komplex weist also D_{4h}-Symmetrie auf. Das Inversionszentrum bleibt ebenfalls erhalten, sodass die Symmetrierassen die Bezeichnungen g, u behalten.

Aus ■ Tab. 6.1 kann man entnehmen, dass die Entartung der beiden E_g-Zustände, also des $d_{x^2-y^2}$- und des d_{z^2}-Orbitals aufgehoben wird, weil E_g in A_{1g} und B_{1g} übergeht und A- und B-Rassen nicht entartet sind. Die Entartung des T_{2g}-Zustands wird nur zum Teil aufgehoben. Vom dreifach entarteten T_{2g}-Zustand spaltet sich ein nichtentarteter B_{2g}-Zustand ab; es verbleibt ein zweifach entarteter E_g-Zustand. Diese Aussagen können ohne jede Anschauung aus der mathematischen Gruppentheorie heraus erhalten werden. Will man die Symmetrierassen einzelnen Orbitalen zuordnen und diese in einem Energiediagramm anordnen, dann muss man sich die Wechselwirkung der einzelnen Orbitale mit den Liganden veranschaulichen. Zunächst legt man fest, dass die Achse, aus der die Liganden entfernt wurden, die z-Achse sein soll und die Molekülebene in der xy-Ebene liegt. Ferner sollen die Liganden auf den Koordinatenachsen positioniert sein. Die Anordnung der Orbitale zu den Liganden ist in ● Abb. 6.20 dargestellt.

Als erstes muss die Zuordnung der Symmetrierassen zu den Orbitalen geklärt werden. E_g-Zustände spalten in zwei nichtentartete Rassen auf. Eine davon ist totalsymmetrisch

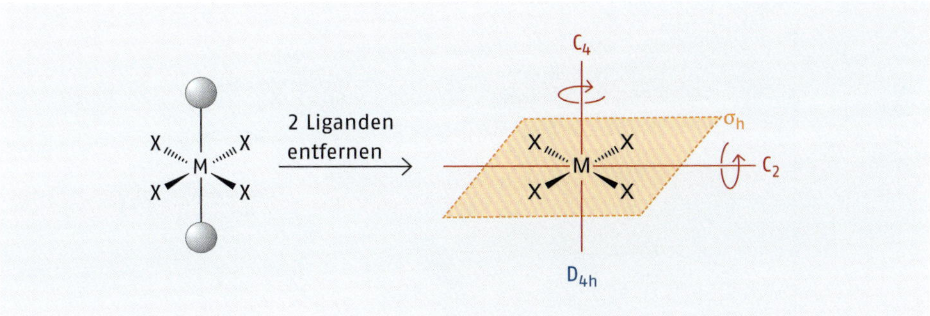

2 Liganden entfernen

C_4 σ_h C_2 D_{4h}

Abb. 6.19 Symmetrieelemente im quadratisch-planaren Komplex

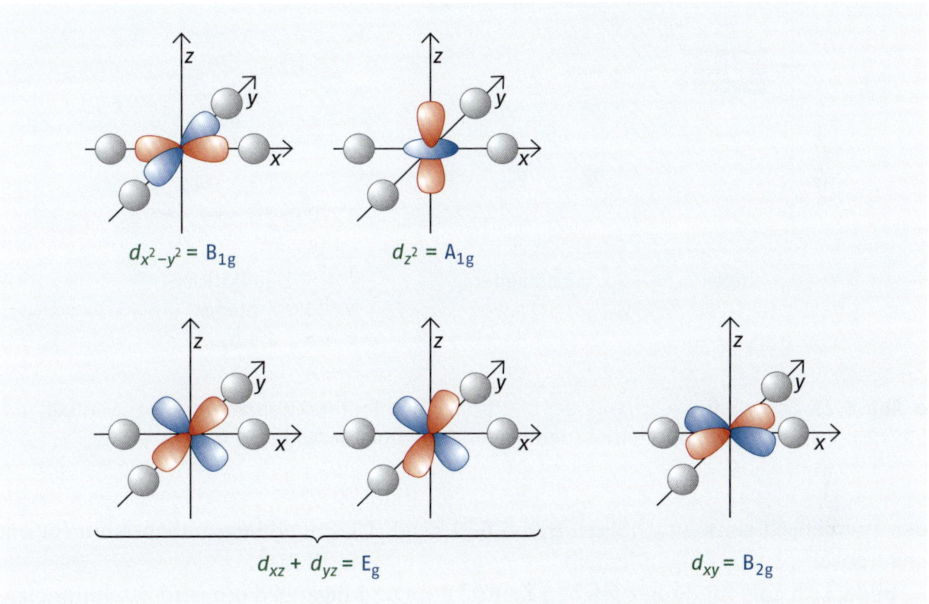

Abb. 6.20 Anordnung der *d*-Orbitale im quadratisch-planaren Ligandenfeld

mit der Rasse A_{1g}. Dabei kann es sich nur um das d_{z^2}-Orbital handeln, denn jede Symmetrieoperation (C_4, C_2 oder eine der Spiegelungen) lässt das Orbital unverändert, während das $d_{x^2-y^2}$-Orbital antisymmetrisch zur Hauptachse ist. Dies muss daher der B_{1g}-Zustand sein. Bei den T_{2g}-Zuständen bildet die C_4-Hauptachse das d_{xz}-Orbital auf das d_{yz}-Orbital ab und umgekehrt. Daher müssen diese beiden Orbitale zur entarteten Rasse E_g gehören. Folglich muss das d_{xy}-Orbital ein B_{2g}-Zustand sein.

Im nächsten Schritt muss die energetische Anordnung der Orbitalenergien überlegt werden. Dazu geht man zunächst von dem Energieniveaudiagramm der *d*-Orbitale im oktaedrischen Ligandenfeld aus. Entfernt man in *z*-Richtung die Liganden, dann werden alle Orbitale, die eine signifikante Ausdehnung in *z*-Richtung haben, relativ zum ursprünglichen Fall an Energie verlieren; dagegen werden alle Orbitale instabiler, die vorwiegend in *xy*-Richtung orientiert sind. Die E_g-Orbitale (d_{xz} und d_{yz}) verlieren wenig, das A_{1g}-Orbital (d_{z^2}) verliert sehr viel an Energie. Die Orbitale B_{1g} ($d_{x^2-y^2}$) und B_{2g} (d_{xy}) wer-

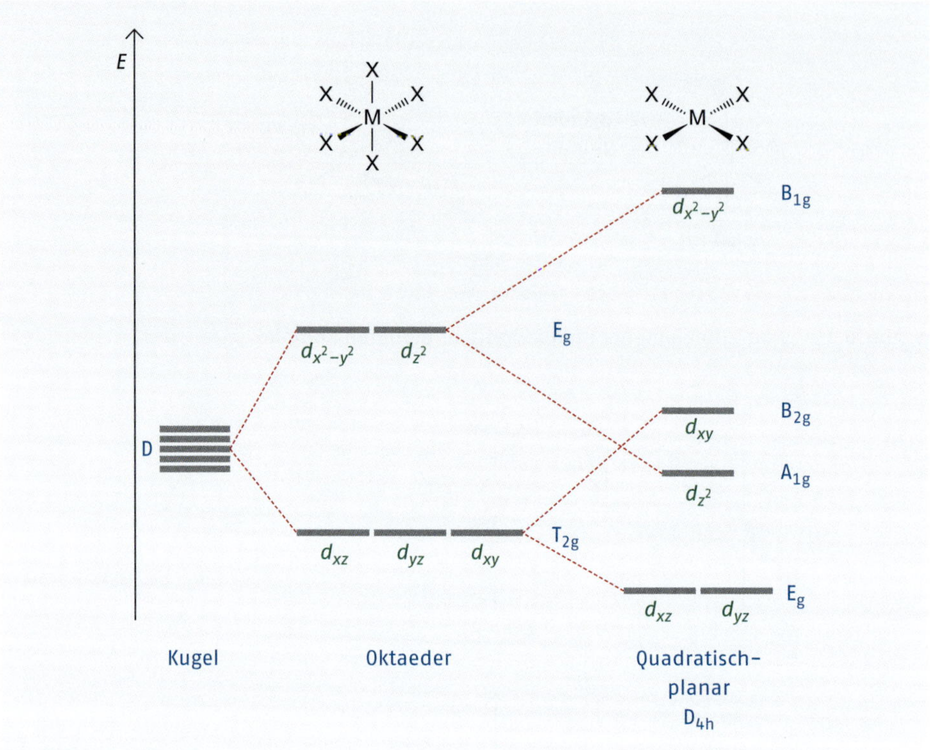

○ Abb. 6.21 Energieniveauschema der *d*-Orbitale im quadratisch-planaren Ligandenfeld (Ableitung aus der Symmetrieerniedrigung von Kugel über Oktaeder zu D_{4h})

den energetisch stark angehoben. ○ Abb. 6.21 zeigt das Energieniveaudiagramm für ein quadratisch-planares Ligandenfeld.

Bildet sich eine Bindung zwischen Zentralatom und Ligand, dann wird Bindungsenergie an die Umgebung abgegeben. Diese Bindungsenergie ist ein Maß für die Stärke der Bindung. Im Vergleich zum oktaedrisch koordinierten Molekül setzt das quadratisch-planare Molekül die Bindungsenergie von zwei Bindungen weniger frei. Dies wirkt sich auf die quadratisch-planare Struktur im Vergleich zum Oktaeder eindeutig nachteilig aus. Quadratisch-planare Komplexe beobachtet man daher nur bei starken Liganden und Metallen, deren *d*-Orbitale schon mit Elektronen gefüllt sind. Das energetisch ungünstige B_{1g}-Orbital kann dabei aber unbesetzt bleiben. Dann liegen im Vergleich zum Oktaeder alle anderen Orbitale energetisch günstiger. Ein Beispiel ist Tetracyanidoniccolat(II), $[Ni(CN)_4]^{2-}$. Nickel ist das zehnte Element in der vierten Periode des PSE. Es hat daher zehn Valenzelektronen. In der Oxidationsstufe +II verbleiben noch acht Valenzelektronen, die im 3*d*-Orbital untergebracht werden. ○ Abb. 6.22 zeigt den Bindungszustand mithilfe des Kästchenschemas.

Es stellt sich die berechtigte Frage, warum kein pentakoordinierter Komplex mit Edelgaskonfiguration entsteht. Beantwortet wird diese Frage in ▸ Kap. 6.2.4. Das Energieniveauschema in ○ Abb. 6.21 liefert jedoch ein überzeugendes Argument dafür, warum kein Oktaederkomplex im gemischten Innerorbital- und Außerorbitalzustand entsteht.

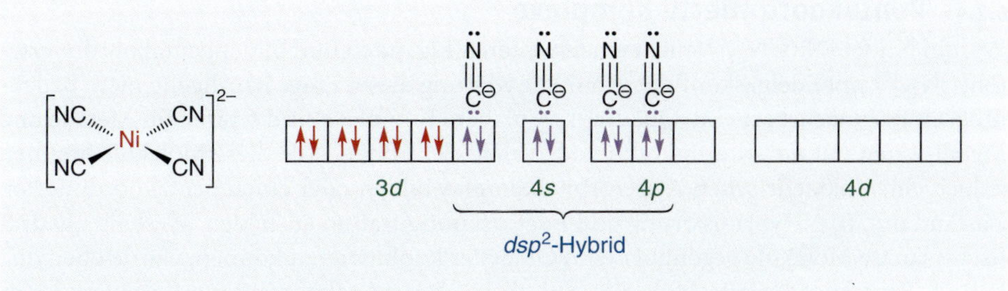

Abb. 6.22 Bindungsverhältnisse von Tetracyanidoniccolat(II) $[Ni(CN)_4]^{2-}$

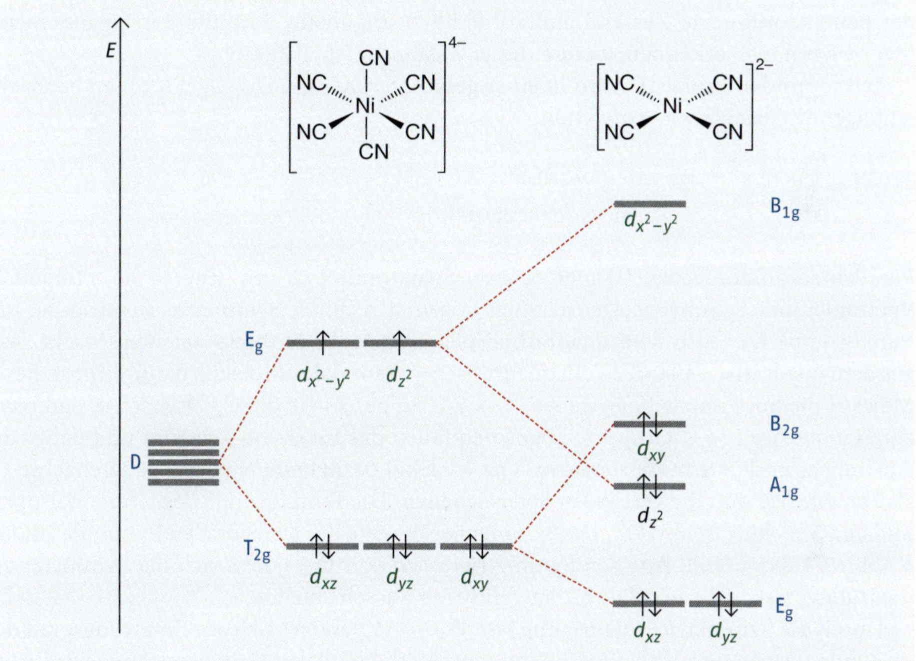

Abb. 6.23 Vergleich der Elektronenzustände von oktaedrischem $[Ni(CN)_6]^{4-}$ und quadratisch planaren $[Ni(CN)_4]^{2-}$

Dazu trägt man die acht Elektronen in die jeweiligen Energieniveaudiagramme ein (Abb. 6.23). Der quadratisch-planare Komplex hat bei seiner Entstehung die Bindungsenergie von zwei Bindungen weniger freigesetzt als der Oktaederkomplex. Dafür muss im quadratisch-planaren Komplex die Abstoßung von nur zwei negativen Ladungen überwunden werden, wohingegen sich im Oktaederkomplex vier negative Ladungen gegenseitig abstoßen. Ein Blick in die Energieniveauschemata in Abb. 6.23 zeigt, dass im quadratisch-planaren Komplex drei Elektronenpaare im Vergleich zum Oktaeder an Energie verloren haben, wobei nur ein Elektronenpaar destabilisiert wurde. Die *d*-Elektronen sind im quadratisch-planaren Komplex also in einem deutlich stabileren Zustand als im konkurrierenden Oktaeder. Beide Erklärungen machen verständlich, warum bei Nickel(II) nur selten Oktaederkomplexe verwirklicht werden, sondern meist die quadratisch-planare Anordnung.

6.2.4 Pentakoordinierte Komplexe

Warum bindet $[Ni(CN)_4]^{2-}$ nicht einen weiteren Liganden und bildet pentakoordiniertes $[Ni(CN)_5]^{3-}$ mit Edelgaskonfiguration? Die Klärung dieser Frage hat allgemeinere Bedeutung, als es zunächst scheint. Quadratisch-planare Komplexe sind typisch für Metalle und Metall-Ionen mit nd^8-Konfiguration der Valenzelektronen. Alle diese Moleküle könnten jedoch einen oktaedrischen Außerorbitalkomplex bilden oder einen pentakoordinierten Zustand mit dsp^3-Hybridisierung und Edelgaskonfiguration ausbilden. Weshalb quadratisch-planare Moleküle gegenüber dem Oktaeder konkurrieren können, wurde oben diskutiert. Pentakoordinierte Moleküle, vor allem aber pentakoordinierte Komplexe kommen nur sehr selten vor: z. B. gelegentlich in Lösung und in der Gasphase. In Kristallen zerfallen diese sehr oft in Tetraeder-Kationen und Oktaeder-Anionen. Offensichtlich ist der pentakoordinierte Zustand außerordentlich ungünstig. Mithilfe der Ligandenfeldtheorie kann man erkennen, warum dieser Zustand so unattraktiv ist.

Tetracyanidoniccolat(II) wird in einer gesättigten KCN-Lösung gelöst; man beobachtet folgende Gleichgewichtsreaktion:

$$[Ni(CN)_4]^{2-} + CN^- \rightleftharpoons [Ni(CN)_5]^{3-}$$

Pentacyanidoniccolat(II)

Für Pentacyanidoniccolat(II) gibt es zwei Strukturalternativen. Zuerst die tetragonale Pyramide; ihre Symmetrieeigenschaften lassen sich durch Symmetrieerniedrigung der Punktgruppe D_{4h}, also dem quadratisch-planaren Molekül direkt ableiten. Macht man aus dem quadratisch-planaren ein quadratisch-pyramidales Molekül, dann verliert dieses Molekül die horizontale Spiegelebene (→ v-Gruppe) sowie die C_2-Drehachse senkrecht zur Hauptachse (→ C-Gruppe). Ebenso entfallen das Inversionszentrum und daher die g,u-Indices in den Symmetrierassen. Das Molekül besitzt eine vierzählige Drehachse C_4 als Hauptachse und die vertikalen Spiegelebenen. Die Punktgruppe des tetragonal-pyramidalen Moleküls ist also C_{4v}. Die Symmetrieelemente der tetragonalen Pyramide sind in ○ Abb. 6.24 dargestellt. Aus den Symmetrierassen von D_{4h} lassen sich bei Symmetrieerniedrigung zu C_{4v} die in □ Tab. 6.2 aufgeführten Rassen ableiten.

Durch die Symmetrieerniedrigung von $D_{4h} \rightarrow C_{4v}$ ändert sich am Entartungsgrad der Zustände überhaupt nichts. Das Energieniveauschema der *d*-Orbitalzustände wird nach wie vor zwei entartete und drei nichtentartete Zustände aufweisen. Auswirkungen ergeben sich aber in der energetischen Anordnung der Zustände. Alle Orbitale, die in *z*-Richtung orientiert sind, verlieren durch den zusätzlichen Liganden an Stabilität. Vor allem das d_{z^2}-Orbital mit A_1-Symmetrie ist davon betroffen. Es erhält eine höhere Energie als das B_2-Orbital (○ Abb. 6.25).

Eine quadratisch-pyramidale Struktur kann nur realisiert werden, wenn sie günstigere Bedingungen als ein Außerorbitaloktaeder aufweist. Im Vergleich zur D_{4h}-Struktur gewinnt man aber nur eine Bindungsenergie statt zwei wie im Falle des Oktaeders. Gleichzeitig verliert man gegenüber der D_{4h}-Struktur den größten Teil der *d*-Elektronenstabilisierung. Die tetragonale Pyramide erweist sich daher als ungünstigste Lösung.

Eine weitere Möglichkeit ist die Realisierung der trigonalen Bipyramide als Molekülstruktur. Als Hauptsymmetrieachse findet man eine dreizählige Drehachse C_3 und definiert diese als die *z*-Achse des Koordinatensystems. In der *xy*-Ebene befindet sich dann eine horizontale Spiegelebene σ_h (→ h-Gruppe). Jede Ni–CN-Bindung, die in der *xy*-Ebene liegt, weist eine zweizählige Drehachse C_2 horizontal zur Hauptachse auf

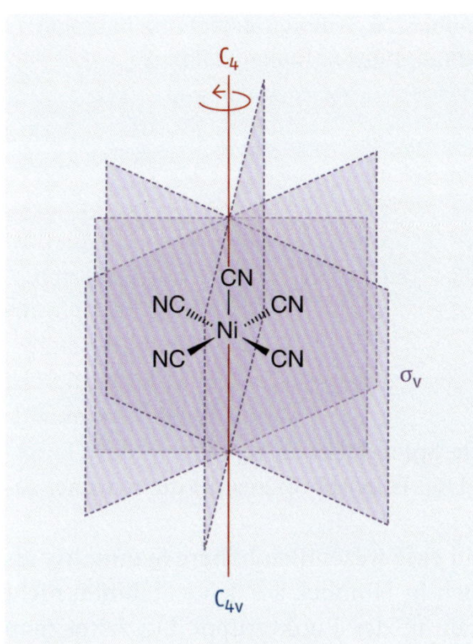

Abb. 6.24 Symmetrieelemente im quadratisch-pyramidalen Molekül

Tab. 6.2 Zusammenhang zwischen den Symmetrierassen von D_{4h} und C_{4v}

Kugel	D_{4h}	C_{4v}
$d_{x^2-y^2}$	B_{1g}	B_1
d_{xy}	B_{2g}	B_2
d_{z^2}	A_{1g}	A_1
d_{xz}; d_{yz}	E_g	E

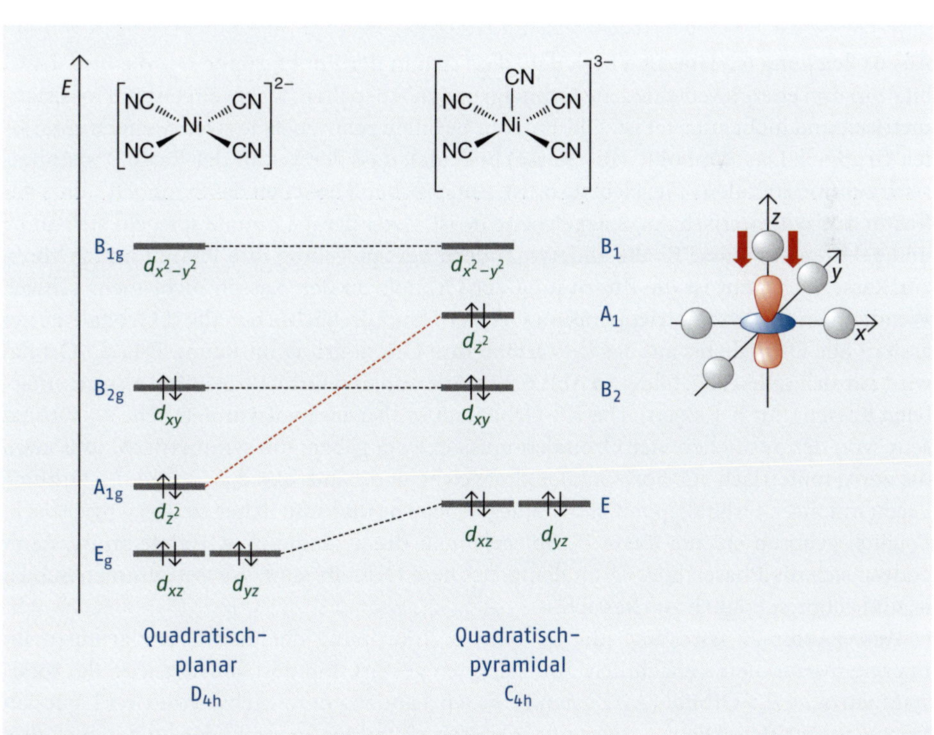

Abb. 6.25 Energieniveauschema für die *d*-Orbitale im quadratisch-pyramidalen Komplex (Ableitung vom quadratisch-planaren Komplex)

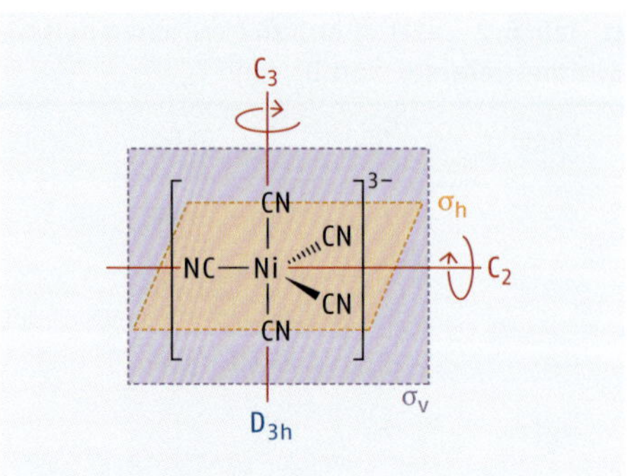

o Abb. 6.26 Symmetrieelemente in einem trigonal-bipyramidalen Komplex

(→ D-Gruppe). Es existieren noch drei vertikale Spiegelebenen σ_v entlang der Hauptachse. Die Punktgruppe des Moleküls ist damit D_{3h}. In o Abb. 6.26 sind die Symmetrieelemente der trigonalen Bipyramide dargestellt.

Mit D_{3h} hat das trigonal-bipyramidale Molekül eine wesentlich höhere Symmetrie als die quadratische Pyramide mit C_{4v}. Dies ist jedoch in Hinblick auf seine Stabilität nicht sehr von Nutzen. Die Aufspaltung der *d*-Orbitale in der Punktgruppe D_{3h} leitet man direkt aus der Kugelsymmetrie ab; mathematisch ausgedrückt:

$$D \rightarrow A_1' + E' + E'' \qquad \text{Gleichung 6.2}$$

Aus o Gleichung 6.2 lässt sich herleiten, dass sich in der Punktgruppe D_{3h} die fünf d-Orbitale in drei energieverschiedene Orbitalgruppen aufspalten, wobei ein Orbital totalsymmetrisch und nicht entartet ist. Die anderen Orbitale gehören zu je zwei zweifach entarteten Gruppen. Das Symbol R' (R = Rasse) bedeutet, dass der Vektor der Rasse R' symmetrisch zur horizontalen Spiegelebene σ_h ist. Entsprechend bedeutet das Symbol R'', dass der Vektor antisymmetrisch zur Spiegelebene σ_h ist. Zwei der *d*-Orbitale spiegeln sich an σ_h und gehören zur Rasse E', die anderen ändern bei Spiegelung ihre Phasen und gehören zur Rasse E''. Damit ist die Zuordnung der Orbitale zu den Rassen nicht mehr schwer. Wendet man die Symmetrieoperation $C_3^{(1)}$ der Hauptdrehachse auf alle *d*-Orbitale an, so ändern alle Orbitale bis auf das d_{z^2}-Orbital ihre Orientierung im Raum. Das d_{z^2}-Orbital wird auf sich selbst abgebildet (o Abb. 6.27). Alle anderen Orbitale gehören also zu entarteten Rassen (nur E-Rassen). Das d_{z^2}-Orbital muss also das totalsymmetrische A_1'-Orbital sein. Von den restlichen vier Orbitalen muss es zwei geben, die symmetrisch, und zwei, die antisymmetrisch zur horizontalen Spiegelebene σ_h sind. Die $d_{x^2-y^2}$- und d_{xy}-Orbitale liegen mit ihren Orbitallappen in der Spiegelebene σ_h und sind daher zu ihr symmetrisch. Folglich gehören sie zur Rasse E'. Spiegelt man die d_{xz}- und d_{yz}-Orbitale an σ_h, dann ändern sich die Phasen aller Orbitallappen. Diese Orbitale sind also antisymmetrisch zu σ_h und gehören folglich zur Rasse E''.

Aus o Abb. 6.27 wird auch die qualitative Anordnung der drei Orbitalgruppen im Energieniveauschema ersichtlich. Am stärksten gestört und destabilisiert wird das totalsymmetrische d_{z^2}-Orbital (A_1'-Zustand). Es wird entlang der *z*-Achse von zwei Liganden frontal angegriffen. Die $d_{x^2-y^2}$- und d_{xy}-Orbitale (E') liegen in der Ebene, in der auch drei Liganden liegen. Jedes Orbital wird von mindestens einem Liganden frontal und von zwei Liganden seitlich angegriffen. Die Störung ist nur unwesentlich geringer als die des A_1'-Orbitals. Am stabilsten sind die d_{xz}- und d_{yz}-Orbitale (E''). Sie weichen den Liganden

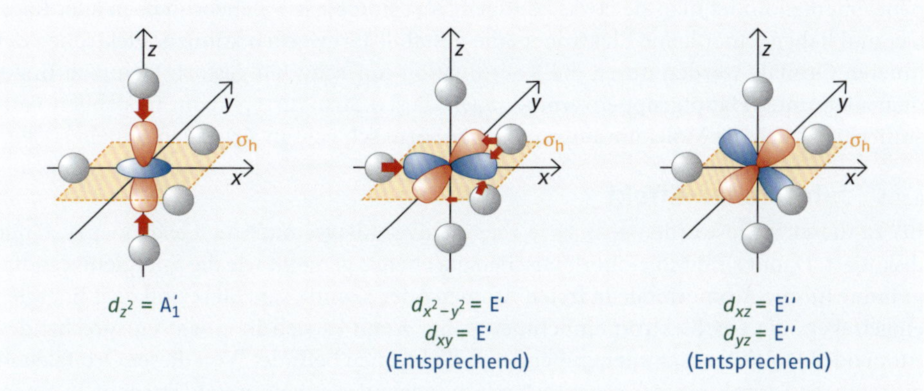

Abb. 6.27 Zuordnung der *d*-Orbitale zu den Symmetrierassen von D_{3h}: Gezeigt wird die Störung der Orbitale durch das Ligandenfeld.

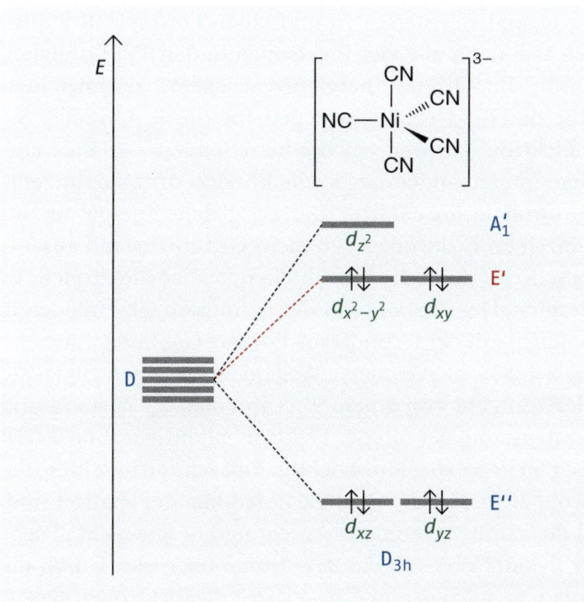

Abb. 6.28 Energieniveauschema der *d*-Orbitale im trigonal-bipyramidalen Ligandenfeld

aus, sind aber nur unwesentlich stabiler als die T_{2g}-Zustände des Oktaeders. Sie sehen in der Ferne nur fünf Liganden, während die T_{2g}-Zustände des Oktaeders in der Ferne sechs Liganden sehen. Es ergibt sich folgendes Energieniveauschema (vielleicht etwas übertrieben, Abb. 6.28).

Gegenüber keiner der alternativen Strukturen, weder Außerorbital-Oktaeder noch quadratisch-planarer Struktur, ergibt sich ein entscheidender Vorteil. Die Hälfte der Elektronen muss in energetisch sehr ungünstigen Zuständen untergebracht werden. Dadurch geht die Stabilisierung der *d*-Elektronen, wie sie die quadratisch-planare Struktur leisten kann, weitgehend verloren. Die fünf *d*-Orbitale haben Symmetrieeigenschaften, die keine gute Anpassung an eine Störung durch Liganden aus fünf Raumrichtungen ermöglichen. Daher sind pentakoordinierte Komplexe selten. Bei Verbindungen zwischen Hauptgruppenelementen findet man sie etwas häufiger. Dort sind die *d*-Valenzorbitale in aller Regel leer und haben daher keine Elektronen, die destabilisiert werden können. Elektronen der inneren Orbitale werden durch die Koordination nur schwach gestört. Dennoch findet man auch unter Hauptgruppenverbindungen diesen Strukturtyp kaum in stabilen Feststoffen, weil sich die Moleküle aufgrund ihrer Form schlecht in Kristallen stapeln lassen.

6.2.5 Jahn-Teller-Effekt

Bis zu dieser Stelle wurden sehr viele Energieniveaudiagramme für Elektronenzustände diskutiert. Damit sind Molekülorbitalschemata ebenso gemeint wie die Energieniveaudiagramme für die Atomorbitale in freien Atomen oder Komplexen. Stets sind dort Energien eingetragen, die **ein** Elektron einnehmen kann, wenn es sich in einem entsprechenden Atom oder Molekül zusammen mit anderen Elektronen befindet. Von dieser Orbitalenergie muss die Energie eines Gesamtzustands, bestehend aus mehreren Elektronen in einem Atom oder Molekül, streng unterschieden werden. Ein solcher Gesamtzustand wird **Term** genannt. Seine Energie, die Term-Energie, wird in einem Term-Schema dargestellt.

Man betrachtet zum Beispiel einen Oktaederkomplex mit vier Elektronen in den fünf *d*-Orbitalen des Metallatoms. Der Ligand soll stark sein und einen Low-spin-Komplex bilden. Im Grundzustand befinden sich dann alle vier Elektronen in den T_{2g}-Orbitalen. Dies ergibt die $T_{2g}^4 E_g^0$-Konfiguration. Im Orbital-Energieniveauschema zeichnet man zwei Energiezustände ein, den für die T_{2g}-Orbitale und den für die E_g-Orbitale. Sie beschreiben die Energie, die ein Elektron hat, wenn es die betreffenden Zustände einnimmt. Die drei T_{2g}-Orbitale haben untereinander die gleiche Energie, d. h., sie sind entartet. Ebenso weisen die beiden E_g-Orbitale, die entartet sind, die gleiche Energie auf. Im Term werden die Zustände der einzelnen Elektronen zu einem Gesamtzustand zusammengefasst. Eine Term-Energie beschreibt dann die Gesamtenergie aller Elektronen. Es ist die Summe aller Elektronenenergien. Der Zustand mit der geringsten Gesamtenergie wird als Grundzustand oder Grundterm mit der Grundterm-Energie $G_{(0)}$ bezeichnet.

Durch Bestrahlen eines Moleküls mit Licht geeigneter Wellenlänge können angeregte Zustände erzeugt werden. Ein Elektron geht von einem T_{2g}- in einen E_g-Zustand und man erhält einen angeregten Gesamtzustand, der mit der Elektronenkonfiguration $T_{2g}^3 E_g^1$ beschrieben werden kann. An dieser Stelle ist aber eine wichtige Tatsache zu beachten, die oft nicht berücksichtigt wird. Obwohl die beiden E_g-Orbitale untereinander entartet sind, ist es für den Gesamtzustand und die damit verbundene Anregungsenergie nicht gleichgültig, ob das Elektron in das $d_{x^2-y^2}$- oder ob es in das d_{z^2}-Orbital übergeht. Durch die Anregung werden die Orbitalenergien nämlich verändert, weil sich die Elektronen gegenseitig abstoßen. Diese Abstoßung hat für alle drei Terme (**o** Abb. 6.29) ein anderes Ausmaß. Daher kennt die Elektronenkonfiguration des angeregten Zustands $T_{2g}^3 E_g^1$ zwei energieverschiedene Gesamtzustände, die mit den Termen $A_{(1)}$ und $A_{(2)}$ bezeichnet werden. In einem spektroskopischen Experiment beobachtet man für das aufgenommene Licht zwei Absorptionsfrequenzen ν_1 und ν_2, die beide auf dem Elektronenübergang $T_{2g} \rightarrow E_g$ beruhen. Dass die Elektronenkonfiguration $T_{2g}^3 E_g^1$ zu zwei energieverschiedenen Termen führt, lässt aus einem einzigen Orbitalenergieniveauschema heraus nicht verständlich darstellen. Dazu müssen Termschemata formuliert werden. Terme haben wie Orbitale Symmetrieeigenschaften. Die Symmetrie eines Terms lässt sich aus den Rassen der beteiligten und mit Elektronen besetzten Orbitale berechnen. Im Folgenden soll nur die partielle Symmetrie der Grundterme diskutiert werden. Diese beeinflussen die bevorzugte Struktur und dic bevorzugten Oxidationsstufen der Komplexmoleküle.

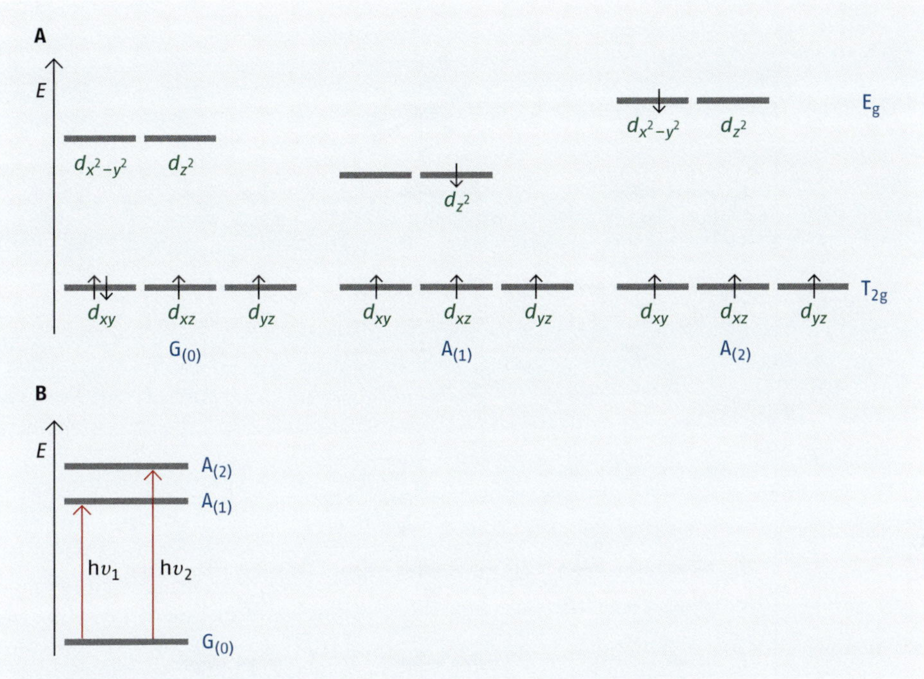

Abb. 6.29 Zusammenhang zwischen Orbital-Energieniveau- (**A**) und Term-Schema (**B**)

In ▸Kap. 2.4 (z. B. Gleichung 2.9 und folgende Ausführungen) wurde bereits dargelegt, dass die Überlagerung aller Orbitale (der gleichen Hauptquantenzahl), also beispielsweise die Addition der drei *p*-Orbitale oder die Addition der fünf *d*-Orbitale, eine kugelsymmetrische Ladungsverteilung um den Kern erzeugt. In einem Übergangsmetallkomplex tritt eine solche kugelsymmetrische Elektronenverteilung für das Zentralatom immer dann auf, wenn alle *d*-Orbitale entweder leer, halbbesetzt oder vollbesetzt sind. Das ist bei den Elektronenkonfigurationen d^0, d^5 (High spin) oder d^{10} der Fall. Solche kugelsymmetrischen Elektronenverteilungen werden durch alle Symmetrieoperationen in Oktaeder und Tetraeder auf sich selbst abgebildet. Der Grundterm ist totalsymmetrisch und hat A_1-Symmetrie. Hier soll nur auf die partielle Symmetrie der Grundterme eingegangen werden, da die Aussagen sowohl für Tetraeder- als auch für Oktaederkomplexe gelten sollen und nicht z. B. zwischen A_1 und A_{1g} unterschieden werden soll. Komplexe mit A_1-Grundtermen haben eine ausgesprochen hohe und damit günstige Symmetrie und werden daher bevorzugt verwirklicht (Abb. 6.30).

Eine weitere Möglichkeit besteht darin, dass sowohl die T_{2g}-Unterzustände als auch die E_g-Unterzustände für sich betrachtet entweder leer, halbbesetzt oder vollbesetzt sind. Ist die Besetzung in beiden Unterzuständen dabei unterschiedlich, so kommt man im Regelfall zu hochsymmetrischen A_2-Grundzuständen. In A_2-Zuständen gibt es für das Polyeder ein Symmetrieelement, für dessen Symmetrieoperation sich der Term antisymmetrisch verhält. Daher sind A_2-Grundzustände nicht ganz so günstig wie totalsymmetrische A_1-Grundzustände. Dennoch werden Komplexe mit A_2-Grundzuständen angestrebt. Abb. 6.31 zeigt die Elektronenkonfigurationen in Oktaeder und Tetraeder, die zu A_2-Grundtermen führt. Ein d^4-Low-spin-Komplex kommt beim Tetraeder nicht vor.

Weit weniger günstig sind Elektronenbesetzungen der *d*-Orbitale, die zu entarteten Grundtermen führen: z. B. ein Oktaederkomplex mit einem einzigen Elektron in einem

6

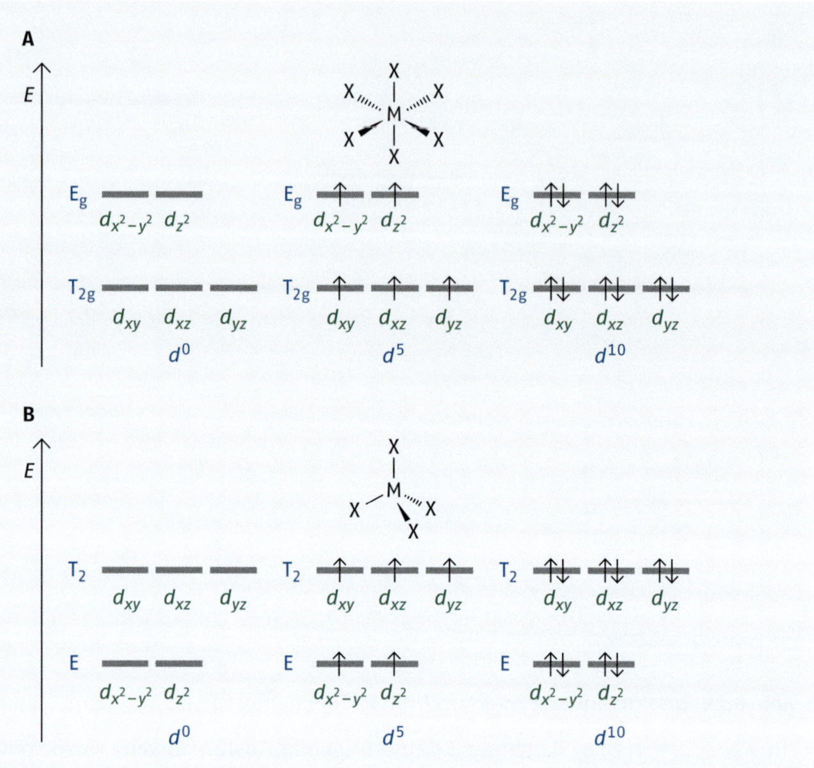

Abb. 6.30 Elektronenzustände mit totalsymmetrischem A_1-Grundzustand: Oktaeder (A) und Tetraeder (B)

d-Orbital. Dieses Elektron wird einen T_{2g}-Zustand besetzen. Davon gibt es aber drei energiegleiche Zustände und man kann nicht wissen, welches Orbital mit diesem Elektron besetzt wird und welche Orbitale nicht besetzt sind. Da es drei energiegleiche Orbitale gibt, die das Elektron aufnehmen können, ist der Grundzustand dreifach entartet. Er hat daher T-Symmetrie. Besetzt man das *d*-Orbital des Zentralatoms eines Oktaedermoleküls mit zwei Elektronen, so sind zwei T_{2g}-Orbitale mit Elektronen besetzt, eines ist leer. Auch in diesem Fall ist nicht bekannt, welche Orbitale besetzt werden und welches Orbital nicht besetzt wird. Da dafür drei energiegleiche Möglichkeiten existieren, ist auch dieser Grundzustand dreifach entartet und hat T-Symmetrie. Abb. 6.32 zeigt alle Elektronenkonfigurationen in Oktaeder und Tetraeder, die T-Grundterme besitzen.

Für die Besetzung der *d*-Orbitale eines Zentralatoms in einem Tetraederkomplex mit einem Elektron, gibt es zwei energiegleiche Orbitale, die das Elektron aufnehmen können. Es entsteht wieder ein entarteter Grundzustand. Da er aber nur zweifach entartet ist, besitzt er E-Symmetrie. Die Elektronenbesetzungen in Tetraeder und Oktaeder, die zu E-Grundtermen führen, sind in Abb. 6.33 dargestellt.

Auch Moleküle mit E-Grundtermen sind vom Symmetrie-Gesichtspunkt her ungünstig und kommen daher selten vor. Aber warum führen entartete Grundzustände zu instabilen Verbindungen? Ein Molekül mit einem entarteten Elektronen-Grundterm ist nicht unvorstellbar. Es gibt mehrere gleichwertige Zustände, die dann statistisch gleich wahrscheinlich sind: In einem oktaedrischen Komplex mit d^1-Konfiguration wäre ein Drittel

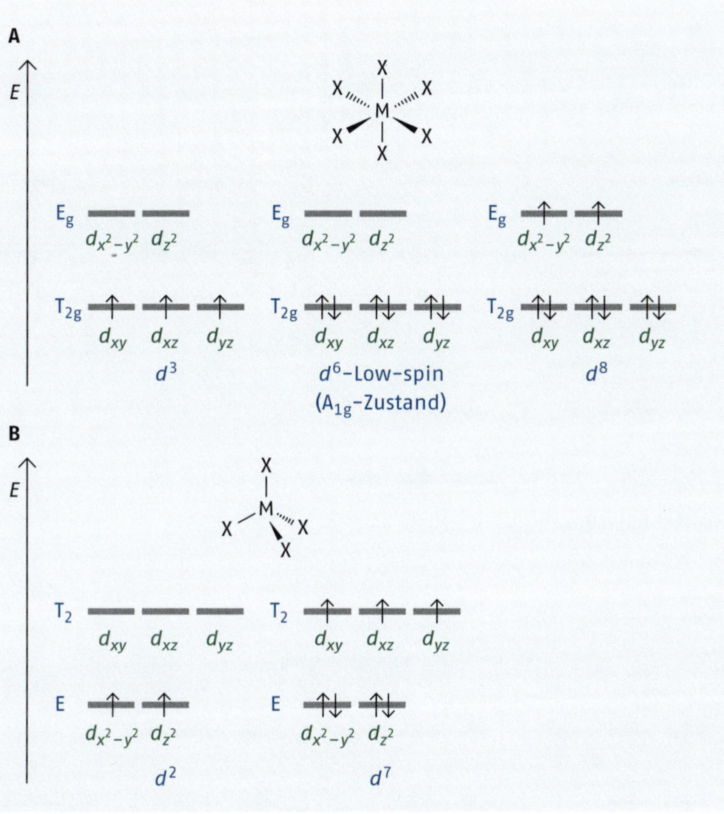

Abb. 6.31 Elektronenzustände mit hochsymmetrischem A_2-Grundzustand: (A) Oktaeder, (B) Tetraeder. Die d^6-Konfiguration im Low-spin-Oktaeder hat einen A_{1g}-Grundzustand. Dieser Ausnahme soll hier jedoch keine weitere Bedeutung geschenkt werden.

der Elektronen im d_{xy}-Orbital, ein Drittel im d_{xz}-Orbital und ein Drittel im d_{yz}-Orbital. Bietet sich jedoch eine Möglichkeit, die zu einem eindeutigen Zustand führt, dann wird dieser auch eingenommen, in diesem Fall durch Deformation der idealen Polyederstruktur. Diese symmetriebedingte Verzerrung ist unter dem Begriff **Jahn-Teller-Effekt** bekannt. Dabei kann ein Oktaeder sowohl gestreckt als auch gestaucht werden. In beiden Fällen erfährt das Molekül eine Symmetrieerniedrigung auf die Punktgruppe D_{4h}. Man kann daher das Energieniveauschema des quadratisch planaren Komplexes qualitativ übernehmen. Da die resultierenden Jahn-Teller-Verzerrungen nicht groß sind, ist die Aufspaltung der Oktaederzustände in beiden Fällen wesentlich geringer als im quadratisch planaren Ligandenfeld. Abb. 6.34 veranschaulicht den Effekt.

Aus Abb. 6.34 geht hervor, dass bei Symmetrieerniedrigung des Oktaeders auf D_{4h} die Entartung der T_{2g}-Zustände teilweise aufgehoben wird. Durch die Absenkung eines der entarteten Niveaus gewinnt die verzerrte Struktur relativ zur entarteten, nicht verzerrten Struktur an Stabilität. Da die Verzerrung aber stets auch Energie kostet, ist ein Jahn-Teller-verzerrter Komplex immer instabiler als ein nichtentarteter, nicht verzerrter Zustand. Bei der Konfiguration d^1 und d^4 (Low spin) führt nur der gestauchte Oktaeder zu einem nichtentarteten Grundterm, dagegen liefert bei der Konfiguration d^3 und d^5 (Low spin) nur der gestreckte Oktaeder einen nichtentarteten Grundterm. Eine zuverläs-

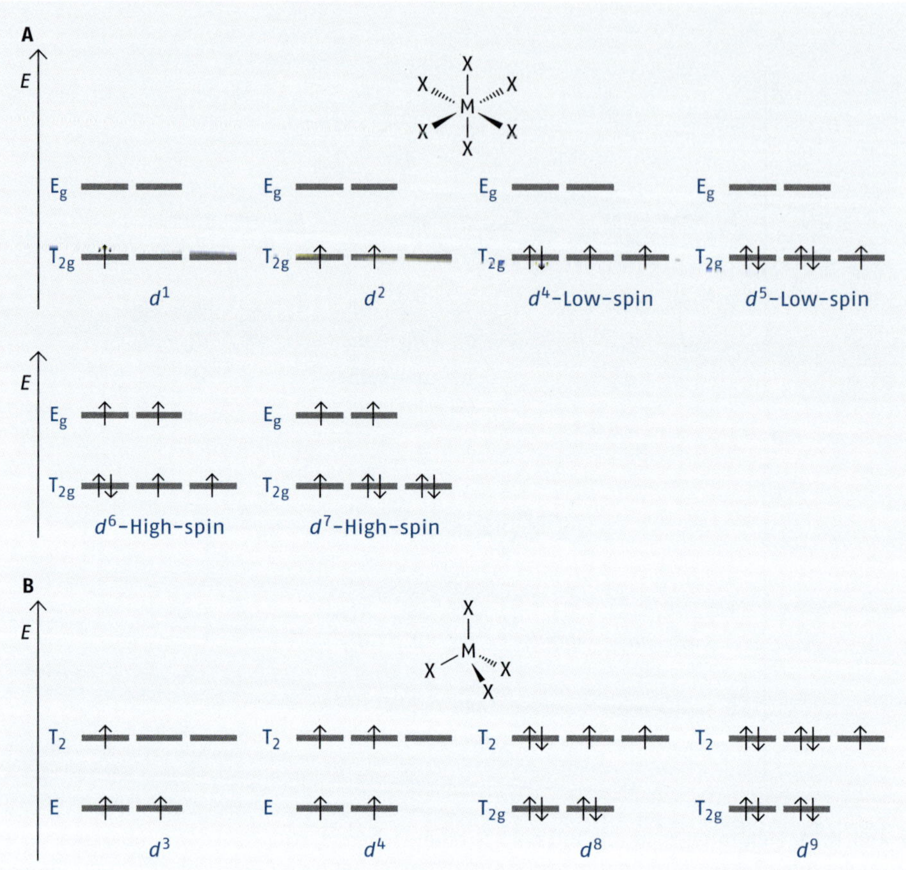

Abb. 6.32 Elektronenbesetzungen der *d*-Orbitale: Sie führt zu dreifach entarteten T-Grundtermen: (A) Oktaeder, (B) Tetraeder

sige Voraussage über die Auswirkungen der Jahn-Teller-Verzerrung ist jedoch problematisch, da es noch weitere Verzerrungsoptionen gibt. So können z. B. auch Bindungswinkel deformiert oder Bindungen ungleichmäßig gestaucht oder gestreckt werden. Auch bei Tetraederkomplexen mit entartetem Grundterm wird durch die Jahn-Teller-Verzerrung die Symmetrie (oft auf C_{2v}) erniedrigt, um die Entartung aufzuheben.

MERKE Hat ein Komplex einen nichtentarteten Grundterm mit einer totalsymmetrischen A_1- oder einer hochsymmetrischen A_2-Symmetrie, so bildet sich ein stabiles, perfektes Polyeder. Die Elektronenkonfiguration des Komplexes ist aus Symmetriegründen günstig und wird daher angestrebt. Hat ein Komplex dagegen einen entarteten Grundterm mit E- oder T-Symmetrie, so ist dieser Zustand aus Symmetriegründen ungünstig. Der Komplex stabilisiert sich, in dem er durch Deformation seine Symmetrie erniedrigt und die Entartung des Grundzustands dadurch aufhebt. Diesen Effekt bezeichnet man als Jahn-Teller-Verzerrung. Jahn-Teller-Verzerrungen führen zu einem Verlust an Stabilität und und treten daher nur auf, wenn andere Einflüsse auf die Stabilität, wie höhere Bindungsenergien zwischen Liganden und Metall, sich stärker auswirken und den Stabilitätsverlust kompensieren.

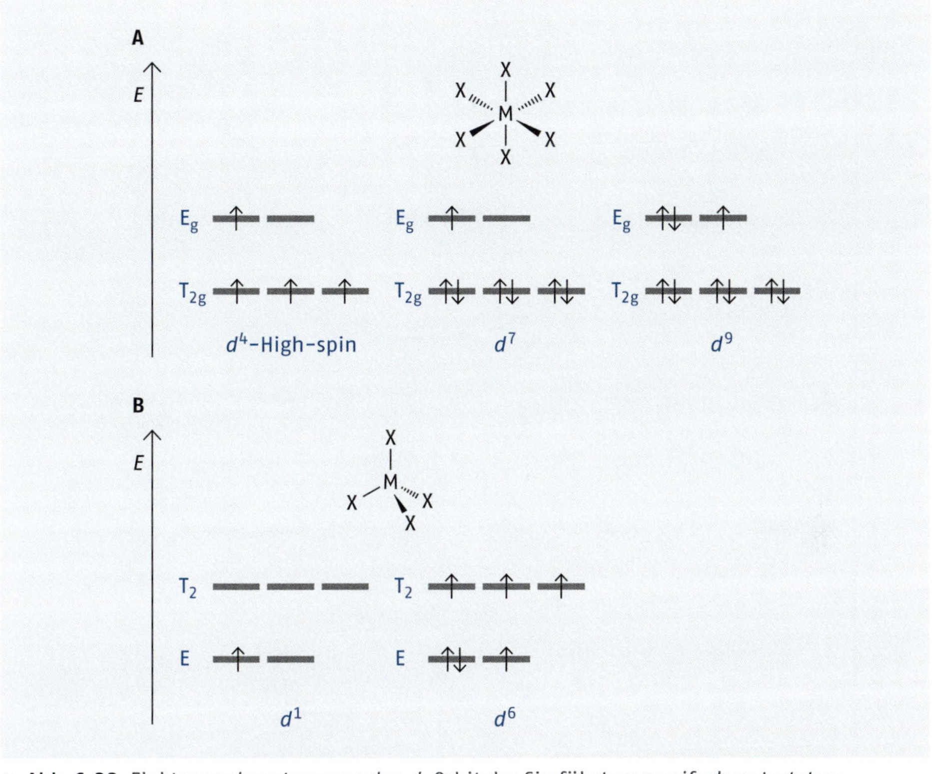

Abb. 6.33 Elektronenbesetzungen der *d*-Orbitale: Sie führt zu zweifach entarteten E-Grundtermen: (A) Oktaeder, (B) Tetraeder

6.2.6 Vergleich von Kästchenschema und Ligandenfeldtheorie

Das in ▸ Kap. 6.1 behandelte Kästchenmodell und die Ligandenfeldtheorie sind zwei theoretische Konzepte, die sich unterschiedlicher Beschreibungen bedienen, aber stets zum gleichen Endresultat führen. Bei der Beschreibung von Komplexen mit schwachen Liganden, die zu High-spin-Außerorbitalzuständen führen, existieren zwischen beiden Konzepten keine Widersprüche. Bei Innerorbitalkomplexen jedoch geraten beide Konzepte miteinander in Konflikt: z. B. Hexacyanidoferrat(II) (Abb. 6.35).

Im Kästchenschema (Abb. 6.35, rechts) sind die T_{2g}-Orbitale mit Liganden-Elektronenpaaren gefüllt. Im Orbitalenergiediagramm der Ligandenfeldtheorie (Abb. 6.35) sind sie leer und unbesetzt. Dies müssen sie dort auch sein, denn für die Messung der Ligandenfeldstärke der CN^--Liganden wurde der Komplex mit Licht bestrahlt und ein Elektron aus dem T_{2g}-Zustand in den E_g-Zustand angehoben. Je größer die Frequenz des dazu nötigen Lichts, umso größer ist der Energiebetrag Δ und umso größer die Stärke des Cyanidliganden. Ein solches Experiment lässt aber kaum diese Schlussfolgerung zu, wenn die E_g-Orbitale zur koordinativen Bindung von Eisen und Cyanid benutzt werden. Im Kästchenschema sind diese Orbitale aber Teil des Hybridisierungszustands, mit dem die oktaedrische Struktur des Komplexmoleküls erklärt werden soll. Wie kann man mit diesem Widerspruch umgehen? Eine Lösung liefert die Molekülorbitaltheorie.

Beispielsweise das Molekülorbitalschema eines oktaedrischen Innerorbitalkomplexes: Das Metall stellt die Orbitale, die keine Valenzelektronen enthält, für die koordinative

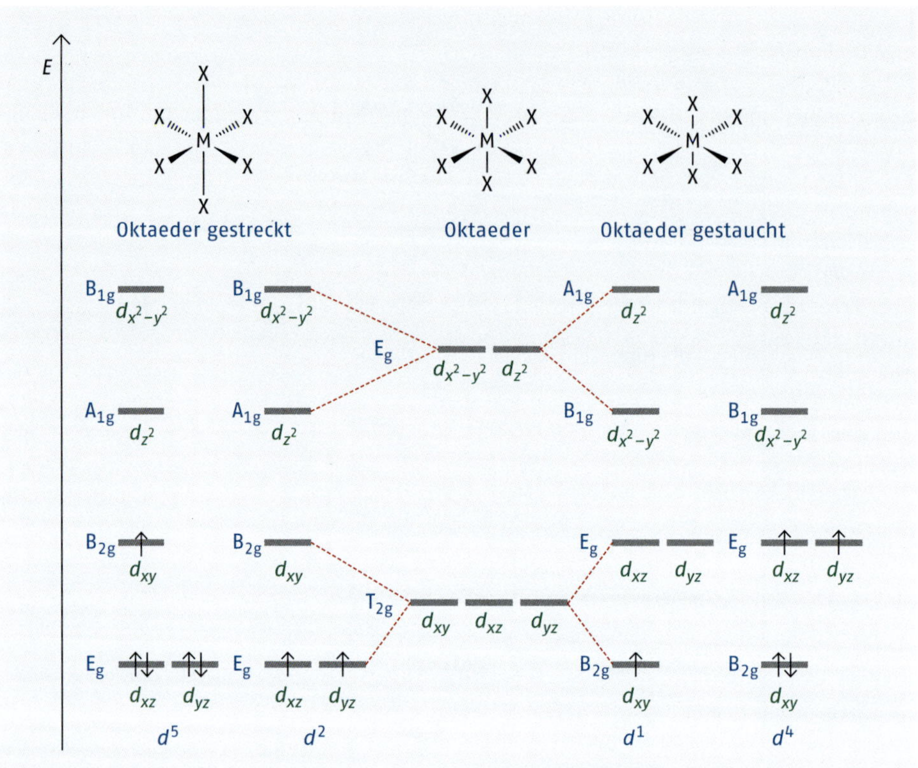

Abb. 6.34 Auswirkung der Jahn-Teller-Verzerrung auf die Orbitalenergien bei Streckung und Stauchung eines Oktaeders

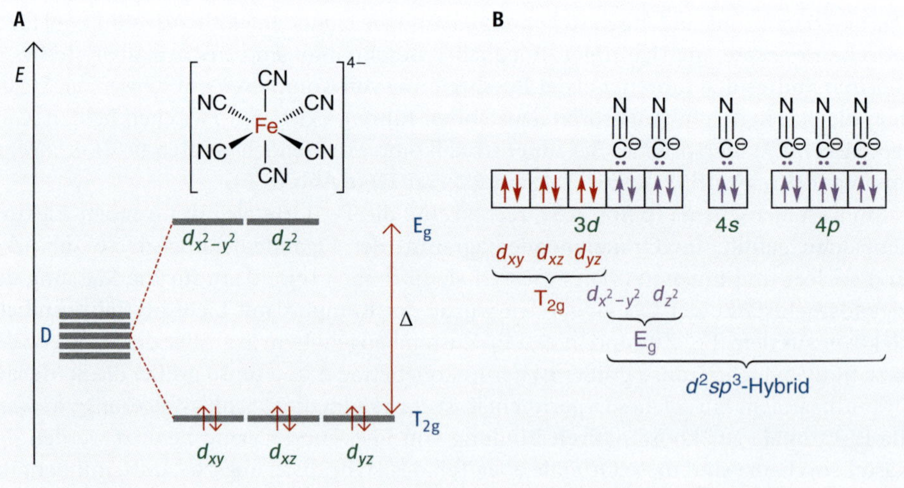

Abb. 6.35 Vergleich von Ligandenfeld- (A) und Kästchenmodell (B) für $[Fe(CN)_6]^{4-}$

Bindung zur Verfügung. In diesem Fall sind dies zwei *d*-Orbitale (E_g), das *s*-Orbital (A_{1g}) und drei *p*-Orbitale (T_{1u}). Das Metall reagiert als Lewis-Säure. Jeder Ligand stellt ein doppelt besetztes Orbital, ein Elektronenpaar, zur Verfügung: Im Cyanid ist dies das bindende σ_2-Orbital, in einem einfachen Donor-Liganden kann es sich dabei um ein beliebiges Hybridorbital handeln. Man erhält somit sechs Ligandenorbitale, die den Liganden als Lewis-Base reagieren lassen. Jede Kombination eines Ligandenorbitals mit einem Metallorbital ergibt ein bindendes und ein antibindendes Molekülorbital für den Komplex (MO-Schema in ○ Abb. 6.36).

Im Molekülorbitalschema (○ Abb. 6.36) ist nur die Wechselwirkung von CN^- als Lewis-Base (Donor-Wechselwirkung) berücksichtigt. Tatsächlich entstehen noch weitere Molekülorbitale durch Überlappung der π^*-Orbitale des Cyanids mit den T_{2g}-Zuständen von Eisen. Der Übersichtlichkeit halber sollen diese hier ignoriert werden. Man erkennt, dass die Ligandenfeldaufspaltung Δ zwischen den nichtbindenden T_{2g}-Orbitalen des Metalls und den antibindenden E_g^*-Orbitalen des Komplexes besteht. Betrachtet man die Gestalt der antibindenden E_g^*-Orbitale, so sind sie identisch mit den unbeeinflussten $d_{x^2-y^2}$- und d_{z^2}-Orbitalen des Metalls, umgeben von den auf sie abstoßend wirkenden Orbitalen der Liganden. Dies entspricht genau der Situation, die in der Ligandenfeldtheorie diskutiert wurde. Im Kästchenschema sind die E_g-Orbitale des Metalls mit Ligandenelektronen gefüllt. Dafür entstehen leere antibindende E_g^*-Orbitale, die die Funktion in den Orbitalenergiediagrammen der Ligandenfeldtheorie übernehmen.

6.3 Isomerie von Komplexmolekülen

6.3.1 Isomeriebegriff

Zwei Substanzen sind zueinander isomer, wenn sie die gleiche Summenformel, aber unterschiedliche Strukturen haben. Im 19. Jahrhundert des letzten Jahrtausends hielt man lange Zeit eine chemische Verbindung durch ihre Summenformel für ausreichend charakterisiert. Die Chemiker *Liebig* und *Wöhler* entdeckten jedoch zwei verschiedene Verbindungen mit der gleichen Summenformel, HCNO, mit völlig unterschiedlichen Eigenschaften:

$H-C\equiv \overset{\oplus}{N}-\overset{\ominus}{O}$ Fulminsäure $H-N=C=O$ Isocyansäure

Unterschiedliche Strukturen können entstehen, wenn (wie im obigen Beispiel) in beiden Isomeren die Atome in unterschiedlicher Weise durch Bindungen miteinander verknüpft sind. Diese Art der Isomerie wird **Konstitutionsisomerie** genannt. Eine weitere Möglichkeit, isomere Verbindungen zu realisieren, wird als **Konfigurationsisomerie** bezeichnet. In zwei Konfigurationsisomeren sind die Atome untereinander in der gleichen Art und Weise miteinander verbunden. Sie sind aber im Raum unterschiedlich orientiert. Beide Formen der Isomerie werden in weitere Untergruppen aufgeteilt.

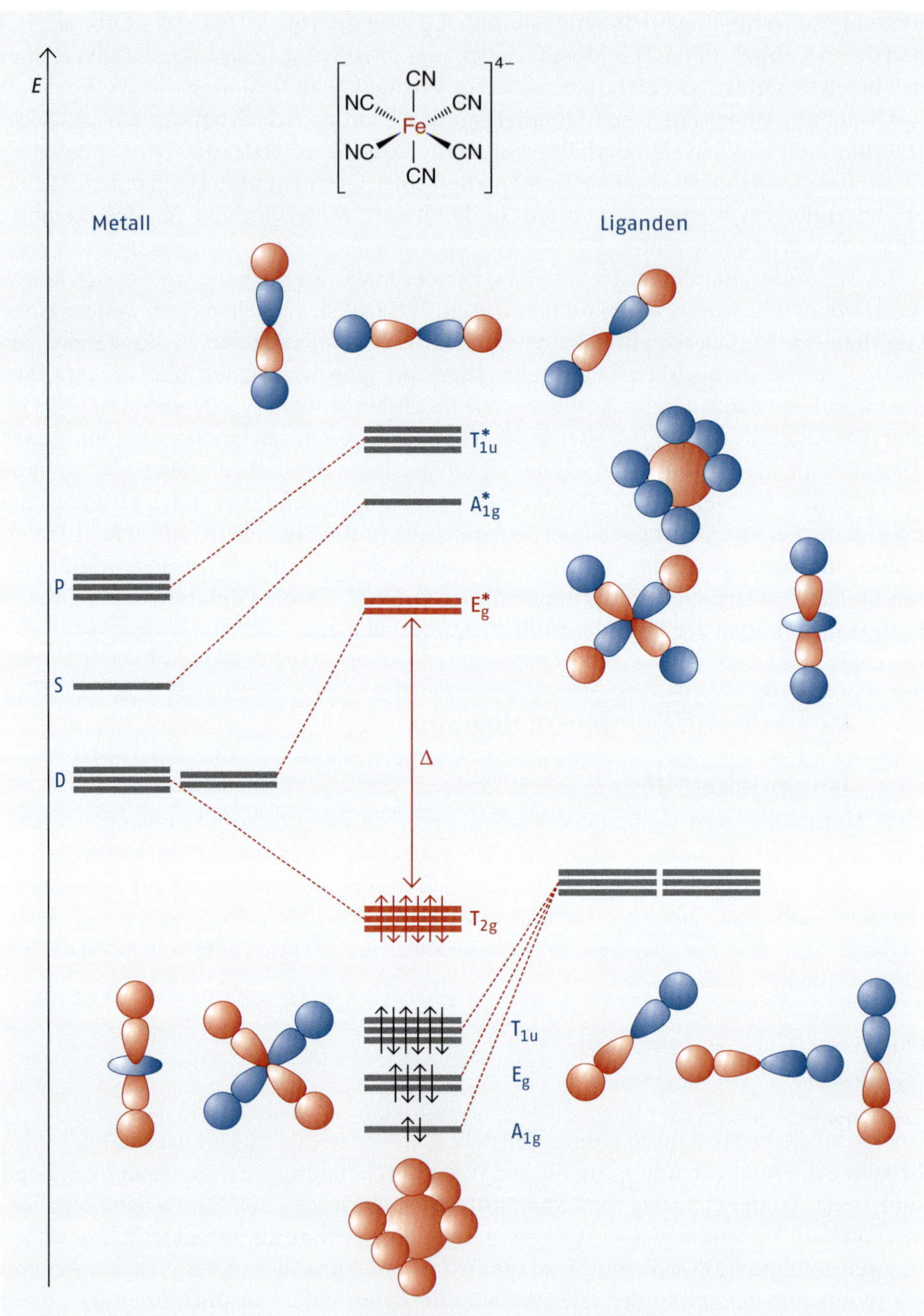

Abb. 6.36 Molekülorbitalschema eines oktaedrischen Komplexmoleküls mit Donor-Liganden

6.3.2 Konstitutionsisomerie

Konstitutionsisomere kommen häufig in der Organischen Chemie vor:

$C_6H_5-OCH_3$ Anisol

$C_6H_5-CH_2OH$ Benzylalkohol

$CH_3-CH_2-CH_2-CH_3$ Butan

$CH_3-CH(CH_3)-CH_3$ Isobutan

Ein Spezialfall der Konstitutionsisomerie ist die **Tautomerie**. Darunter versteht man, dass beispielsweise ein Wasserstoffatom seine Position im Molekül verändert. Sowohl Isocyansäure als auch Fulminsäure kommen in zwei tautomeren Formen vor:

$:N{\equiv}C-OH$ Cyansäure

$H-\ddot{N}{=}C{=}\ddot{O}:$ Isocyansäure

$H-C{\equiv}N^{\oplus}-\ddot{O}:^{\ominus}$ Fulminsäure

$^{-}:C{\equiv}N^{\oplus}-\ddot{O}H$ Isofulminsäure

Besonders für Komplexmoleküle gibt es noch weitere und sehr spezielle Formen der Konstitutionsisomerie.

Ionisationsisomerie

Bei einem Komplexsalz, bestehend aus einem Komplex-Kation und einem einfachen Anion, ist in manchen Fällen ein Austausch von Ligand und Gegen-Ion möglich. Zu den **Ionisationsisomeren** zählen beispielsweise die Verbindungen Tetraammindichloridocobalt(II)-bromid und Tetraamminbromidochloridocobalt(II)-chlorid:

$[CoCl_2(NH_3)_4]Br$ Tetraammindichloridocobalt(III)-**bromid**	$[CoBrCl(NH_3)_4]Cl$ Tetraamminbromidochloridocobalt(III)-**chlorid**

Weitere Beispiele für Ionisationsisomere sind:

$[Fe(CN)_2(H_2O)_4]F$ Tetraaquadicyanidoeisen(III)-**fluorid**	$[Fe(CN)F(H_2O)_4]CN$ Tetraaquacyanidofluoridoeisen(III)-**cyanid**

Oder:

$[SnC_2O_4(H_2O)_4]SO_4$ Tetraaquaoxalatozinn(IV)-**sulfat**	$[SnSO_4(H_2O)_4]C_2O_4$ Tetraaquasulfatozinn(IV)-**oxalat**

Koordinationsisomerie

Eine weitere Form der Konstitutionsisomerie ist die **Koordinationsisomerie**. Zwei Verbindungen sind Koordinationsisomere, wenn beide durch Austausch des Zentralatoms von Komplex-Kation und Komplex-Anion ineinander überführt werden können, zum Beispiel:

$[Cr(NH_3)_6][Fe(CN)_6]$ Hexaamminchrom(III)-hexacyanidoferrat(III)	$[Fe(NH_3)_6][Cr(CN)_6]$ Hexaammineisen(III)-hexacyanidochromat(III)

Oder:

$[Ni(NH_3)_6][Zn(CN)_4]$ Hexaamminnickel(II)-tetracyanido-zinkat(II)	$[Zn(NH_3)_6][Ni(CN)_4]$ Hexaamminzink(II)-tetracyanido-niccolat(II)

Bindungsisomerie

Die dritte Form der Konstitutionsisomerie, die bei Komplexverbindungen wichtig ist, ist die **Bindungsisomerie**. Bindungsisomerie kann auftreten, wenn der Komplex bifunktionelle Liganden enthält. Ein typisches Beispiel für einen bifunktionellen Liganden ist Cyanid. Sowohl Stickstoffatom als auch Kohlenstoff enthalten ein freies Elektronenpaar. Beide Atome können als Lewis-Base reagieren. Wird das Metall über Kohlenstoff koordiniert, entsteht ein Cyanidokomplex; wird das Metall über Stickstoff koordiniert, ein Isocyanidokomplex. Weitere bifunktionelle Liganden sind SCN^-, OCN^- und NO_2^-. ○ Abb. 6.37 zeigt Beispiele bindungsisomerer Komplexe.

6.3.3 Konfigurationsisomerie

Neben der Konstitutionsisomerie existiert die Konfigurationsisomerie als zweite wichtige Form der Isomerie. Konfigurationsisomere haben nicht nur die gleiche Summenformel, sondern die Atome sind in den isomeren Molekülen auch auf gleiche Art und Weise untereinander verknüpft. In Konfigurationsisomeren sind jedoch unterschiedliche Atome oder Atomgruppen im Raum unterschiedlich orientiert. Bei der Konfigurationsisomerie unterscheidet man zwei Untergruppen: die *cis-trans*-Isomerie, auch als (*E/Z*)-Isomerie bezeichnet, und die Chiralität. Sie sollen im Folgenden einzeln diskutiert werden.

cis-trans-Isomerie

Die *cis-trans*-Isomerie spielt in der organischen Chemie bei der Stoffklasse der Alkene eine wichtige Rolle.

Platin(II) bildet mit Halogeniden quadratisch-planare Komplexe, zum Beispiel Tetrachloridoplatinat(II), $[PtCl_4]^{2-}$. Als quadratisch planarer Komplex mit gleichen Liganden besitzt das Molekül D_{4h}-Symmetrie. Ersetzt man einen Cl^--Liganden gegen ein Ammoniakmolekül, entsteht Ammintrichloridoplatinat(II), $[PtCl_3(NH_3)]^-$:

$$[PtCl_4]^{2-} + NH_3 \longrightarrow Cl^- + \underset{\text{Ammintrichloridoplatinat(II)}}{[PtCl_3(NH_3)]^-}$$

Diese Verbindung hat eine erniedrigte Symmetrie. Von den ursprünglich vorhandenen Symmetrieelementen verbleibt nur eine C_2-Achse, die vorher senkrecht zur Hauptachse des Edukts stand, mit ihren vertikalen Spiegelebenen. Ammintrichloridoplatinat(II) besitzt damit C_{2v}-Symmetrie. Vertauscht man die Position des Amminliganden mit einem der drei verbliebenen Cl^--Liganden, dann bleibt die C_{2v}-Symmetrie erhalten. Jeder Tausch kann durch eine im Koordinationspolyeder (D_{4h}-Molekül) mögliche Drehung um eine der dort vorhandenen C_2-Achsen realisiert werden. Alle durch Vertauschen hervorgegangenen Komplexmoleküle sind damit untereinander nicht unterscheidbar.

Ersetzt man einen weiteren Chloridliganden gegen ein Ammoniakmolekül, erhält man Diammindichloridoplatin(II), $[PtCl_2(NH_3)_2]$:

$$[PtCl_3(NH_3)]^- + NH_3 \longrightarrow Cl^- + \underset{\text{Diammindichloridoplatin(II)}}{[PtCl_2(NH_3)_2]}$$

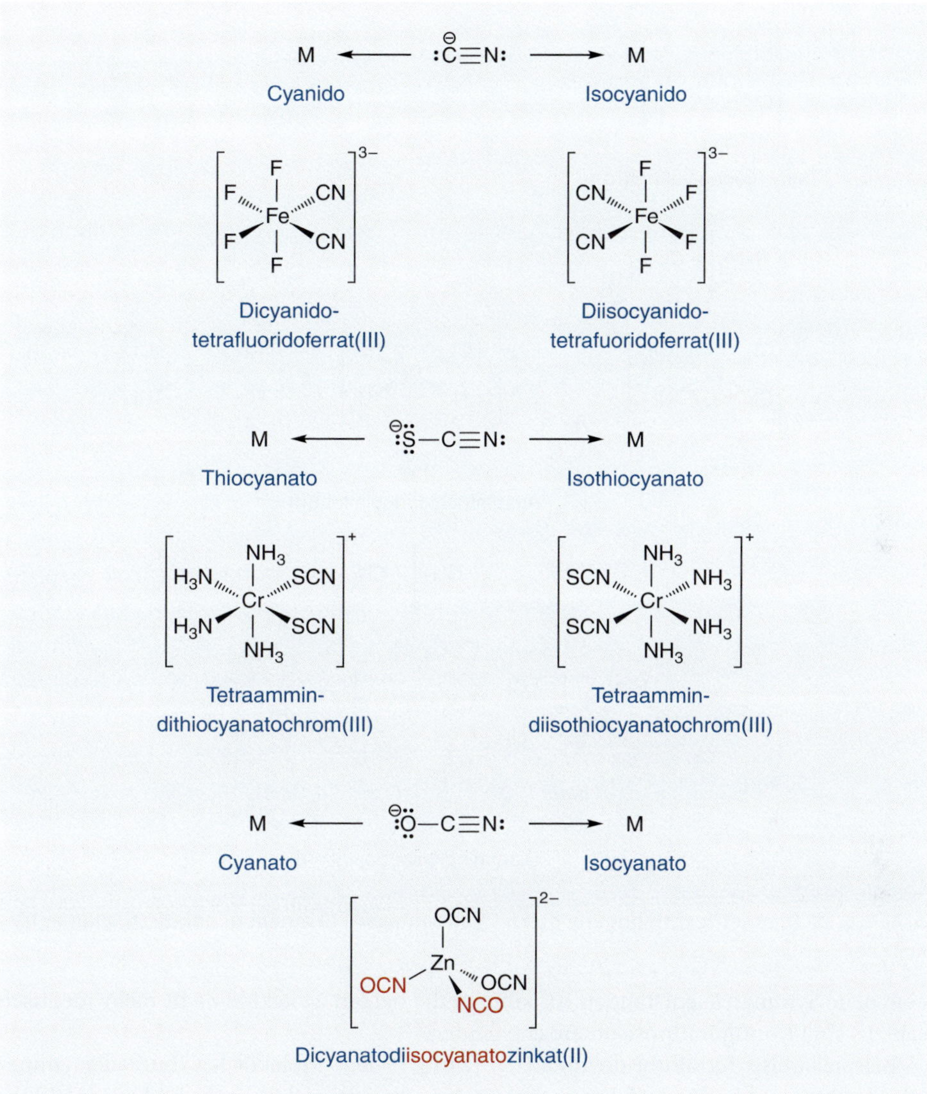

Abb. 6.37 Beispiele bindungsisomerer Komplexe

Um die Struktur des Komplexes zu diskutieren, werden die Liganden so positioniert, dass gleiche Liganden möglichst weit voneinander entfernt sind. Dabei entstehen neue zweizählige Drehachsen und eine horizontale Spiegelebene, die auch im D_{4h}-Zustand schon vorhanden war. Man bekommt das *trans-* oder (*E*)-Isomer mit D_{2h}-Symmetrie. Vertauscht man jetzt einen NH_3-Liganden mit einem Cl^--Liganden des *trans*-Moleküls, dann kommen sowohl die NH_3-Liganden als auch die Cl^--Liganden sich nahe. Dabei gehen alle C_2-Achsen, mit Ausnahme einer Hauptachse, und die horizontale Spiegelebene verloren. Das Molekül (*cis-* oder (*Z*)-Isomer) besitzt die viel geringere Symmetrie C_{2v}.

Abb. 6.38 zeigt die Symmetrieerniedrigung eines quadratisch-planaren Komplexes durch Substitution von zwei Liganden. Da nach dem Tausch der Liganden im Molekül

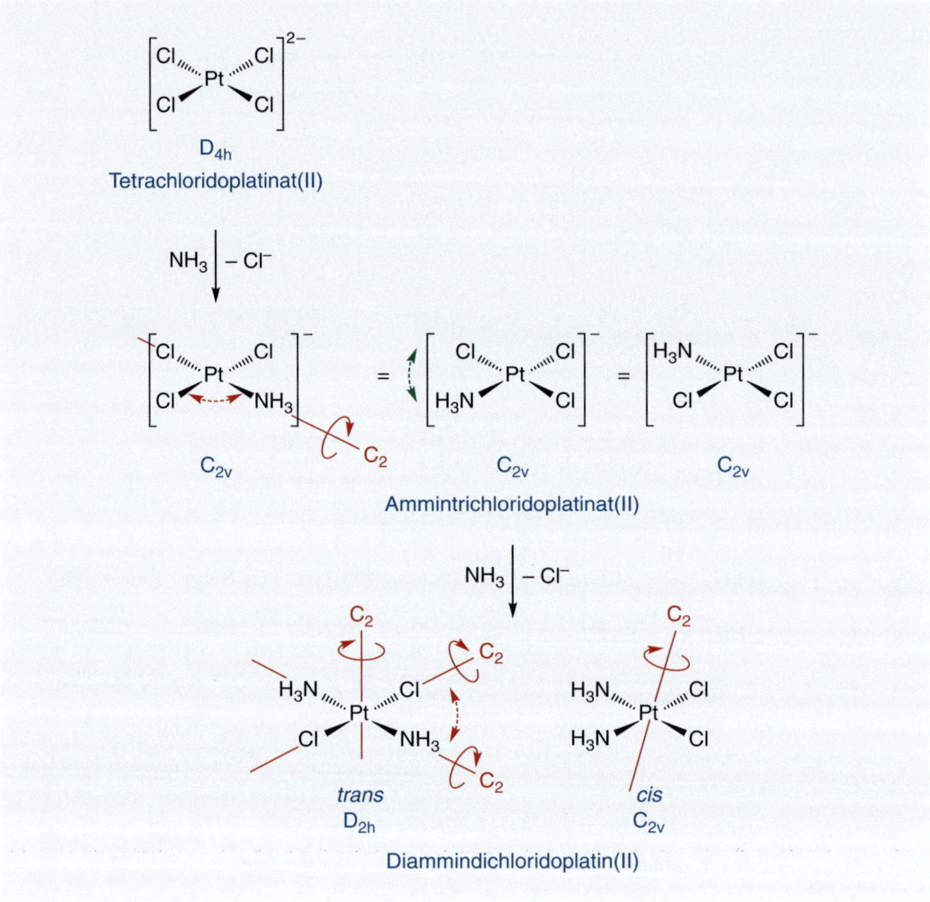

o Abb. 6.38 Symmetrieerniedrigung durch Ligandentausch in einem quadratisch-planaren Komplex

eine neue Symmetrie entstanden ist, können die beiden Moleküle nicht mehr identisch sein. Es sind Konfigurationsisomere entstanden.

Beispielsweise Tetrafluoridozinkat(II), $[ZnF_4]^{2-}$: Das Molekül hat Tetraedersymmetrie. Ersetzt man ein Fluorid-Ion gegen ein Ammoniakmolekül, entsteht Ammintrifluoridozinkat(II), $[ZnF_3(NH_3)]^-$:

$$[ZnF_4]^{2-} + NH_3 \longrightarrow F^- + [ZnF_3(NH_3)]^-$$

Ammintrifluoridozinkat(II)

Dieser Komplex hat ebenfalls eine im Vergleich zu $[ZnF_4]^{2-}$ erniedrigte Symmetrie. Alle Drehachsen des Tetraeders gehen bis auf eine dreizählige Hauptachse verloren. Es verbleiben drei vertikale Spiegelebenen und es ergibt sich die Symmetrie C_{3v}. Tauscht man im Molekül einen F^--Liganden gegen einen NH_3-Liganden, dann bleibt die C_{3v}-Symmetrie erhalten. Jeder Austausch kann durch eine Drehung um die C_3-Achse des Tetraeders verwirklicht werden. Daher sind alle C_{3v}-Formen untereinander nicht unterscheidbar

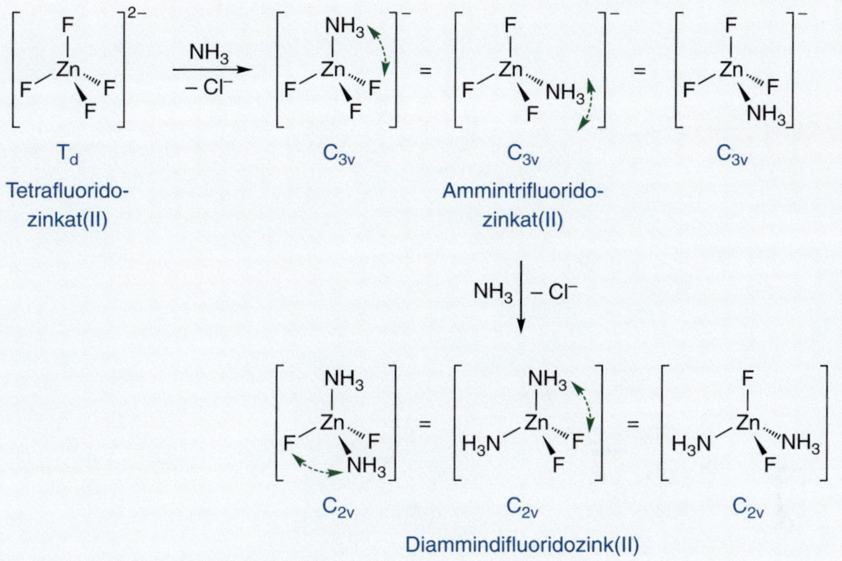

T_d Tetrafluorido-zinkat(II) C_{3v} C_{3v} Ammintrifluorido-zinkat(II) C_{3v}

C_{2v} C_{2v} Diammindifluoridozink(II) C_{2v}

Abb. 6.39 Symmetrieerniedrigung durch Ligandenaustausch in einem Tetraederkomplex

und somit identisch. Ersetzt man einen weiteren F^--Liganden durch ein NH_3-Molekül, dann entsteht der Neutralkomplex Diammindifluoridozink(II):

$$[ZnF_3(NH_3)]^- + NH_3 \longrightarrow \underset{\text{Diammindifluoridozink(II)}}{F^- + [ZnF_2(NH_3)_2]}$$

Dieser Komplex hat die noch niedrigere Symmetrie C_{2v}. Jedes Vertauschen von F^- und NH_3 im Molekül lässt sich durch eine Drehung um eine zweizählige Drehachse des Tetraeders realisieren. Damit sind alle Komplexe untereinander identisch. *cis-trans*-Isomere kommen bei tetraedrischer Koordinationsgeometrie damit nicht vor. Abb. 6.39 veranschaulicht die Symmetrieerniedrigung durch Ligandenaustausch in einem Tetraedermolekül.

MERKE Um zu erkennen, ob ein Komplex der Zusammensetzung MA_nB_m Konfigurationsisomere hat oder nicht, muss das Koordinationspolyeder und die Symmetrie des reinen Polyederkomplexes $ML_{(n+m)}$ bestimmt werden. Anschließend betrachtet man eine Konfiguration des MA_nB_m-Moleküls und ermitteln dessen Symmetrie. Man vertauscht A und B im Komplexmolekül. Ändert sich die Symmetrie, dann sind beide Konfigurationen nicht identisch und es handelt sich um Konfigurationsisomere. Bleibt die Symmetrie nach dem Tausch unverändert, dann muss überprüft werden, ob im Ursprungspolyeder $ML_{(n+m)}$ durch eine Drehoperation der Tausch von A und B ermöglich wird. Ist dies der Fall, dann sind die beiden durch Austausch hervorgegangenen Komplexe nicht unterscheidbar und somit identisch.

6

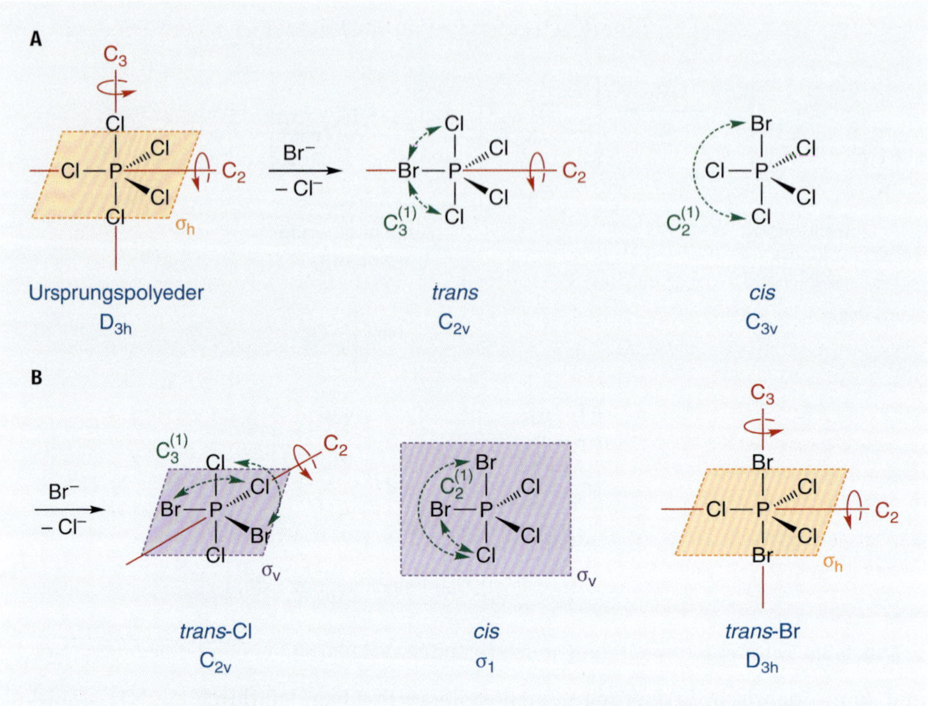

○ Abb. 6.40 Konfigurationsisomere von substituierten trigonalen Bipyramiden: $PBrCl_4$ (A) und PBr_2Cl_3 (B). Die Symmetrieoperationen $C_2^{(1)}$ und $C_3^{(1)}$ sind im Ursprungspolyeder möglich und führen daher zu keinen neuen Isomeren.

Als nächstes Beispiel sollen die Konfigurationsisomere eines pentakoordinierten Komplexes besprochen werden. Für diesen Fall gibt eigentlich nur zwei bedeutsame Beispiele: Phosphorpentachlorid und Pentacarbonyleisen(0).

Im gasförmigen Phosphorpentachlorid (PCl_5) ist das Phosphoratom trigonal-bipyramidal koordiniert. Das perfekte Koordinationspolyeder hat D_{3h}-Symmetrie. Ersetzt man nun im Phosphorpentachloridmolekül einen Cl^--Liganden durch einen Br^--Liganden und erhält man $PBrCl_4$:

$$PCl_5 + Br^- \longrightarrow PBrCl_4 + Cl^-$$

Durch diesen Ligandenaustausch entstehen die in ○ Abb. 6.40 aufgeführten Komplexe. Zuerst wird nur ein Substituent (○ Abb. 6.40 A) ersetzt. Dadurch wurden die Hauptachse und zwei C_2-Drehachsen des Edukt-Polyeders eliminiert und die Symmetrie auf C_{2v} erniedrigt. Jeder Austausch von Brom und Chlor innerhalb der Molekülebene kann durch eine Drehung um C_3 im PCl_5 realisiert werden. Die daraus resultierenden Konfigurationen sind untereinander identisch. Tauscht man aber Brom und Chlor zwischen Ebene und Achse aus, dann wird die in PCl_5 ursprünglich vorhandene C_3 wieder hergestellt. Die Symmetrie erhöht sich auf C_{3v}. Beide Moleküle sind nicht identisch und daher Konfigurationsisomere. Da sich im C_{2v}-Molekül zwei Cl-Substituenten gegenüberstehen, ist dies die *trans*-Form. Im C_{3v}-Molekül sind alle Cl-Substituenten einander benachbart. Daher handelt es sich beim C_{3v}-Molekül um die *cis*-Konfiguration.

Ersetzt man ein weiteres Chlor durch einen Brom-Substituenten, entsteht PBr_2Cl_3:

$$PBrCl_4 + Br^- \longrightarrow PBr_2Cl_3 + Cl^-$$

Die Substitution wird wieder zuerst in der Ebene ausgeführt, man bekommt ein Molekül mit C_{2v}-Symmetrie (○ Abb. 6.40 B). Alle Tauschprozesse von Br gegen Cl innerhalb einer trigonalen Ebene können durch die C_3-Drehung im PCl_5 geleistet werden und führen daher zu keinen neuen Konfigurationsisomeren. Tauscht man aber Br und Cl zwischen Achse und Ebene aus, dann entsteht ein Molekül, das keine Drehachsen, sondern nur noch eine Spiegelebene hat. Es gehört zur Punktgruppe σ_1. Dieses Molekül ist konfigurationsisomer zum Molekül mit C_{2v}-Symmetrie. Wird der Austausch von Br und Cl zwischen Achse und Ebene wiederholt, dann erhält man ein Molekül mit allen Symmetrieelementen des Urspungspolyeders mit D_{3h}-Symmetrie: zwei *trans*-Formen mit D_{3h}- und C_{2v}-Symmetrie und eine *cis*-Form mit σ_1-Symmetrie. Es gibt also insgesamt drei Konfigurationsisomere für jedes MA_2B_3-Molekül mit trigonal-bipyramidaler Struktur.

Beispiele von *cis-trans*-isomeren Komplexe findet man mit oktaedrischer Koordinationsgeometrie, z. B. bei Hexafluoridoferrat(III), $[FeF_6]^{3-}$ (○ Abb. 6.41).

Ersetzt man im $[FeF_6]^{3-}$-Komplex einen F^--Liganden durch einen Cyanidoliganden, erhält man Cyanidopentafluoridoferrat(III), $[FeCNF_6]^{3-}$:

$$[FeF_6]^{3-} + CN^- \longrightarrow F^- + \underset{\text{Cyanidopentafluoridoferrat(III)}}{[Fe(CN)F_5]^{3-}}$$

Dieses Molekül hat immer noch eine oktaedrische Koordinationsgeometrie, aber mit erniedrigter Symmetrie C_{4v}. Tauscht man die CN-Position im Komplex mit beliebigen F-Positionen, erhält man immer wieder Komplex-Konfigurationen mit C_{4v}-Symmetrie. Jede Konfiguration mit vertauschter CN/F-Position kann durch eine Drehung um C_4 des idealen Oktaeders gebildet werden. Daher repräsentieren die Konfigurationen 1 bis 6 in ○ Abb. 6.41 identische Moleküle. Ein MXY_5-Molekül mit oktaedrischer Koordinationsgeometrie hat keine Konfigurationsisomere. Ersetzt man ein zweites F^--Ion durch ein CN^--Liganden, bekommt man Dicyanidotetrafluoridoferrat(III), $[Fe(CN)_2F_4]^{3-}$, ein Beispiel für ein MX_2Y_4-Molekül mit oktaedrischer Koordinationgeometrie:

$$[Fe(CN)F_5]^{3-} + CN^- \longrightarrow \underset{\text{Dicyanidotetrafluoridoferrat(III)}}{[Fe(CN)_2F_4]^{3-}} + F^-$$

Sind die CN^--Liganden entlang einer Achse des Moleküls positioniert, dann handelt es sich um eine *trans*-Konfiguration mit D_{4h}-Symmetrie. Jede Drehung um eine C_4-Achse des Oktaeders erzeugt eine Konfiguration mit D_{4h}-Symmetrie. Die Konfigurationen 7, 8 und 9 (○ Abb. 6.41) sowie alle weiteren durch C_4 erhaltenen Konfigurationen sind untereinander identisch. Vertauscht man aber nur ein CN^- mit einem unmittelbar benachbarten F^-, so bekommt man eine Konfiguration, die nicht durch Drehung der *trans*-Form erzeugt werden konnte. Sie hat die niedrigere C_{2v}-Symmetrie; es handelt sich dabei um ein Konfigurationsisomer, die *cis*-Form. Auch die *cis*-Form kann durch Drehung um die C_4-Achse eines Oktaeders in identische Konfigurationen überführt werden. Beispiele sind die Konfigurationen 11 bis 14 in ○ Abb. 6.41.

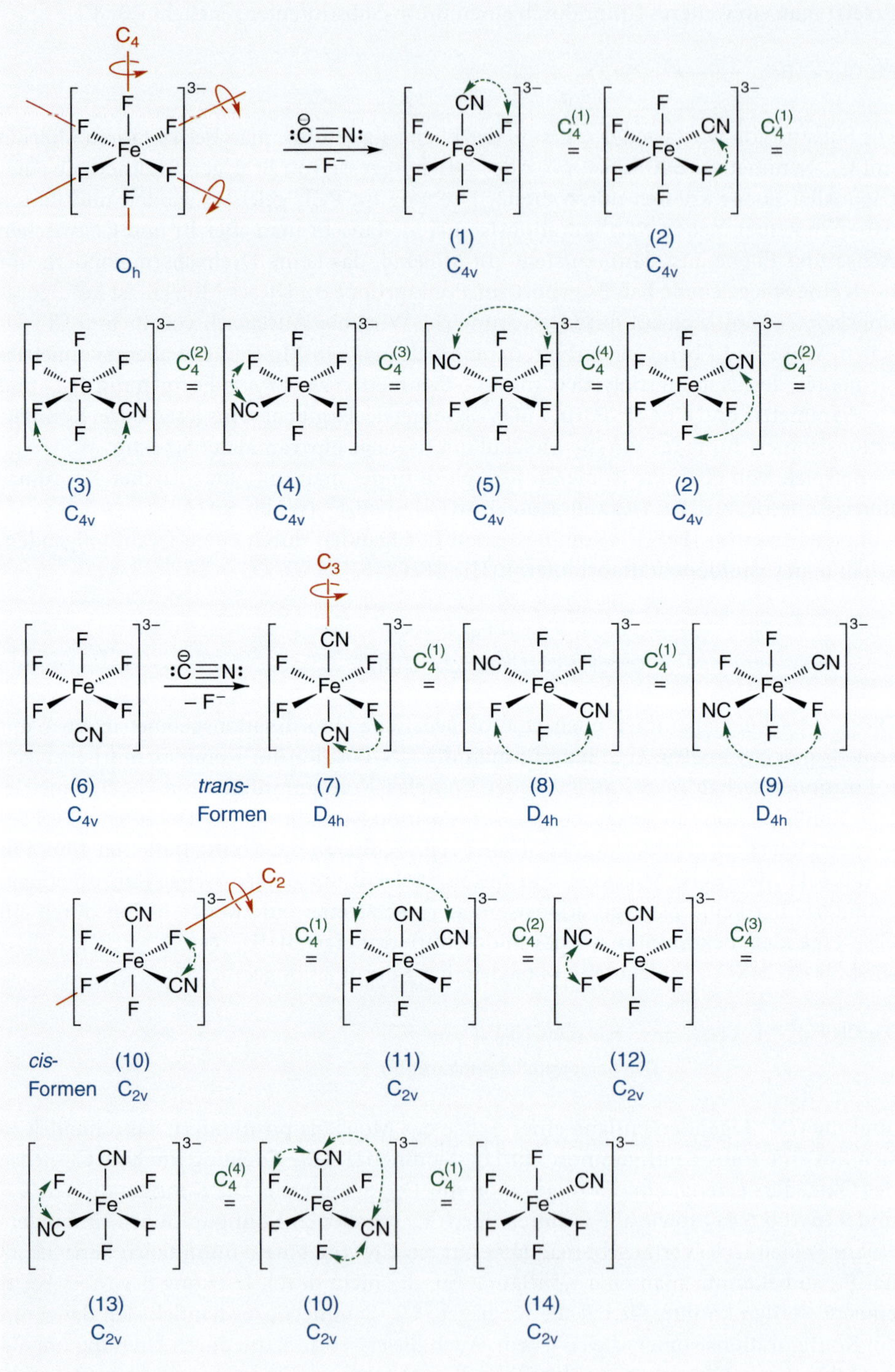

Abb. 6.41 Konfigurationsisomere bei oktaedrischer Koordinationsgeometrie

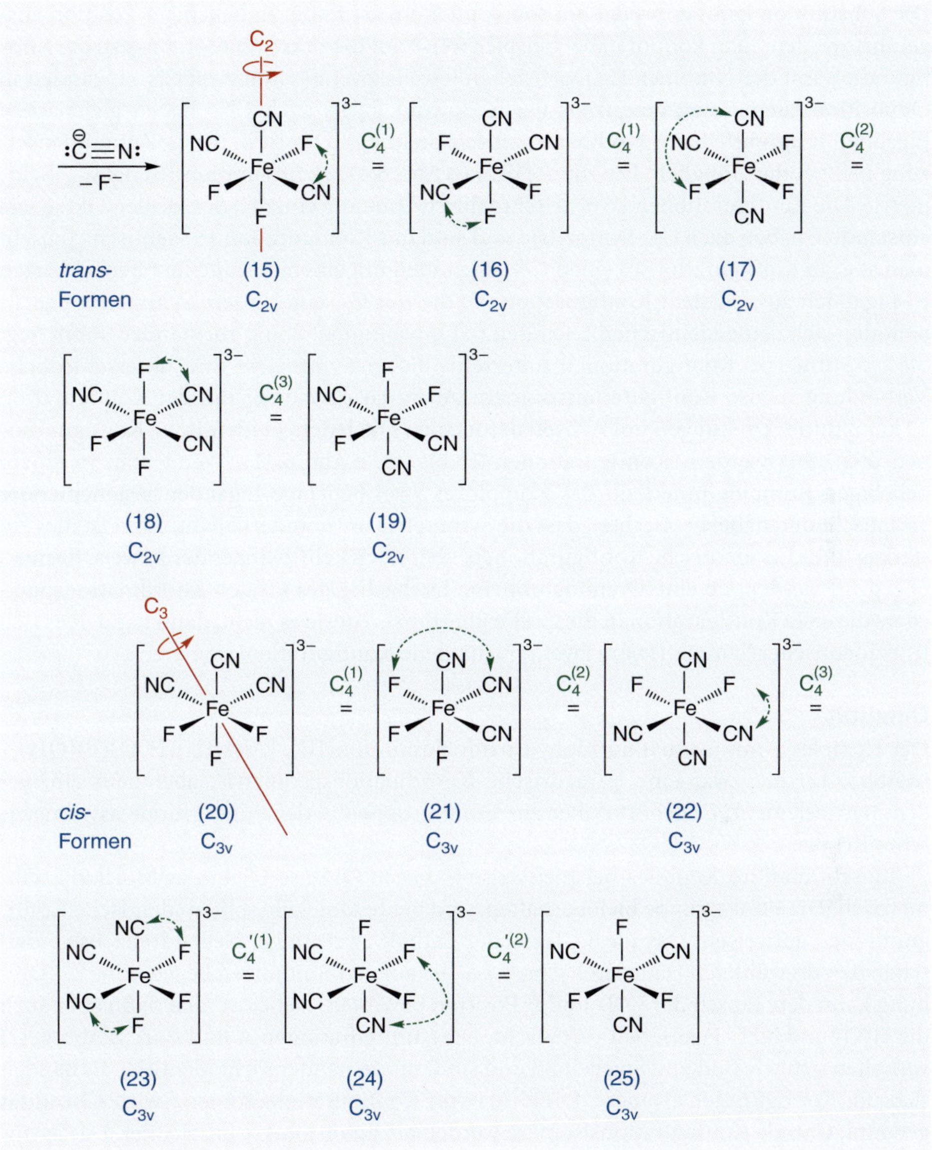

○ Abb. 6.41 Konfigurationsisomere bei oktaedrischer Koordinationsgeometrie (Fortsetzung)

Ein Beispiel für einen MX_3Y_3-Komplex mit oktaedrischer Koordinationsgeometrie ist Tricyanidotrifluoridoferrat(III), $[Fe(CN)_3F_3]^{3-}$. Hier wurde ein weiteres F^--Ion durch einen CN^--Liganden ersetzt:

$$[Fe(CN)_2F_4]^{3-} + CN^- \longrightarrow [Fe(CN)_3F_3]^{3-} + F^-$$

Triicyanidotrifluoridoferrat(III)

Die Substitution kann entweder am *trans*- oder am *cis*-Edukt in beliebiger Position ausgeführt werden; man kommt dabei beispielsweise auf die in ⭘ Abb. 6.41 dargestellte Konfiguration mit der Nummer 15. Dort stehen jeweils zwei F^-- und zwei CN^--Liganden in Opposition zueinander: eine *trans*-Form. Sowohl F^- als auch CN^- haben gleichartige Liganden in unmittelbarer Nachbarschaft (*cis*-Stellung). Das ist in dieser Zusammensetzung nicht anders möglich. Die *trans*-Form (⭘ Abb. 6.41, Konfiguration 15) hat C_{2v}-Symmetrie. Die Konfigurationen 16 bis 19 sind durch Drehung einer C_4 des idealen Oktaeders entstanden, haben auch C_{2v}-Symmetrie und sind mit Konfiguration 15 identisch. Tauscht man aber in Konfiguration 15 einen CN^--Liganden mit einem unmittelbar benachbarten F^--Liganden aus, entsteht Konfiguration 20, die mit C_{3v} eine andere Symmetrie hat. Es befinden sich keine identischen Liganden in Oppositionsstellung zueinander, somit liegt die *cis*-Form vor. Konfigurationen unterschiedlicher Symmetrie sind unterschiedliche Verbindungen, also Konfigurationsisomere. Auch das *cis*-Isomer mit der Konfiguration 20 kann durch Drehungen um Achsen des idealen Oktaeders in identische Konfigurationen überführt werden (Konfigurationen 21 bis 25, ⭘ Abb. 6.41). Wenn man in einem beliebigen Komplex innerhalb des Komplexes zwei beliebige Liganden gegeneinander austauscht und dabei beobachtet, dass die Symmetrie unverändert bleibt, dann ist dies ein starkes Indiz für identische Konfigurationen, aber noch kein zwingender Beweis. Es muss überprüft werden, ob eine Drehung um eine Drehachse des idealen Koordinationspolyeders die erste Konfiguration in die zweite überführt. Tut sie es nicht, dann handelt es sich trotz identischer Symmetrie um zwei verschiedene Konfigurationsisomere.

Chiralität

Der Komplex Amminaquafluoridohydroxidoaluminium(III), $[Al(NH_3)(H_2O)(F)(OH)]^+$ (⭘ Abb. 6.42) hat zwar eine tetraedrische Koordinationsgeometrie, aber kein einziges Symmetrieelement. Er gehört daher zur Punktgruppe C_1, der Punktgruppe asymmetrischer Körper.

Tauscht man im Komplex beispielsweise F^- gegen OH^-, so bleibt das Molekül asymmetrisch. Die Punktgruppe bleibt erhalten, und beide Moleküle sollten identische Konfigurationen aufweisen. Das ideale Tetraeder enthält zweizählige Nebendrehachsen zwischen den dreizähligen Hauptdrehachsen C_3, die auf den Bindungen liegen. Eine C_2-Drehung kann den Tausch der OH- und F-Position bewirken. Dabei werden dann aber auch die H_2O- und NH_3-Positionen vertauscht. Die Konfigurationen A und B in (⭘ Abb. 6.42) verhalten sich wie Bild und Spiegelbild und sind untereinander nicht identisch. Es handelt sich um Konfigurationsisomere. Diese Art von Konfigurationsisomerie wird **Chiralität** genannt. Chirale Konfigurationsisomere werden als **Enantiomere** bezeichnet. Das asymmetrische Tetraeder ist das mit Abstand wichtigste Beispiel chiraler Konfigurationsisomerie und spielt in der organischen Chemie eine herausragende Rolle. Chiralität ist aber nicht auf asymmetrische Kohlenstoffatome oder asymmetrische Tetraederkomplexe beschränkt.

Eigenschaften und Benennung von Enantiomeren

Stellt man ein chirales Molekül mit einer geeigneten Synthese her, dann erhält man im Normalfall ein Isomerengemisch. Ein Gemisch, das aus 50 % des einen Enantiomers (dem Bildmolekül) und 50 % des anderen Enantiomers (dem Spiegelbildmolekül) besteht, wird **Racemat** genannt. Die Trennung beider Isomere, die **Racematspaltung**, gelingt in der Regel nur durch chirale Hilfsstoffe, wie Reagenzien oder Lösemittel. Dies ist so, weil die

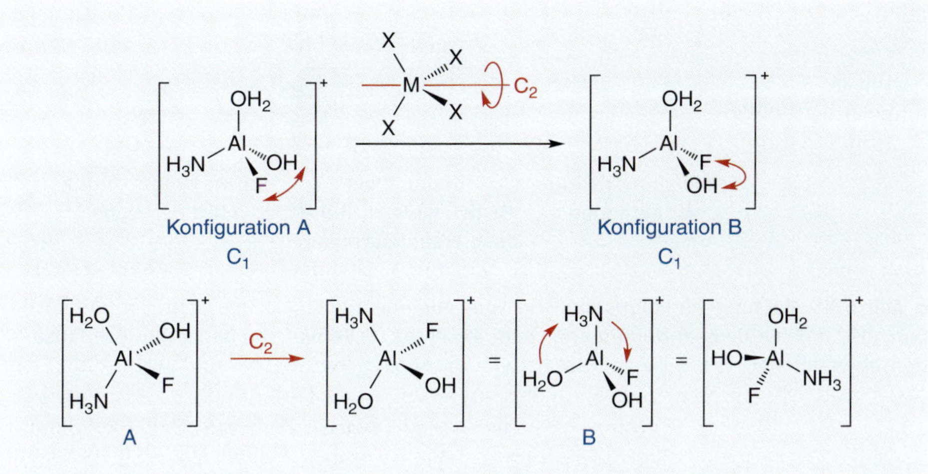

○ Abb. 6.42 Konfigurationsisomerie bei asymmetrischen Molekülen

physikalischen Eigenschaften (z. B. Schmelzpunkt, Siedepunkt, Löslichkeit) in einem achiralen Lösemittel und die Reaktivität gegenüber achiralen Reagenzien bei zwei Enantiomeren exakt identisch sind. Es gibt nur eine physikalische Eigenschaft, in der sich zwei Enantiomere signifikant voneinander unterscheiden: die Drehung der Schwingungsebene von linear polarisiertem Licht. Licht besteht bekanntlich aus gegeneinander schwingenden elektrischen und magnetischen Feldern (▸Kap. 2.2, ○Abb. 2.11 und ○Abb. 2.12). Beide Feldstärkevektoren stehen dabei immer senkrecht aufeinander. Beobachtet man den elektrischen Feldstärkevektor in natürlichem Licht, so findet man dort stets Photonen und Wellenzüge mit statistisch in alle Raumrichtungen orientierten Feldstärkevektoren. Polarisationsfolien lassen den Feldstärkevektor in einer Raumrichtung durch. Man erhält linear polarisiertes Licht. Beobachtet man linear polarisiertes Licht durch eine Polarisationsfolie, deren Durchlassrichtung senkrecht zur Polarisationsrichtung des einfallenden Lichts steht, so lässt diese Folie kein Licht durch. Auf diese Weise lässt sich die Polarisationsrichtung von linear polarisiertem Licht messen. Das Messprinzip ist in ○Abb. 6.43 dargestellt.

Eine enantiomerenreine Probe einer chiralen Verbindung dreht die Polarisationsebene von linear polarisiertem Licht um einen bestimmten Winkel α (der aber auch von der Länge der Küvette abhängt). Dreht ein Enantiomer das Licht um den Winkel α nach rechts (+), dann dreht das Spiegelbildisomer das Licht um den Winkel α nach links (–). Chirale Verbindungen nennt man daher auch „optisch aktiv“. Die einfachste Bezeichnung optisch aktiver Verbindungen besteht somit in der Angabe ihrer Drehrichtung (+) oder (–). Die Bezeichnung (+) und (–) hat den Vorteil, dass man so Enantiomere auch dann charakterisieren und benennen kann, wenn ihre absolute Konfiguration noch unbekannt ist. Sie hat aber den Nachteil, dass man die Drehrichtung experimentell bestimmen muss und sie nicht aus der Struktur ableiten kann. Die Bezeichnung der Enantiomere erfolgt durch die Symbole (*R*) (= Bild) und (*S*) (= Spiegelbild) nach der Methode von *Cahn*, *Ingold* und *Prelog*. Dabei werden zuerst die Substituenten am Zentralatom nach Prioritäten geordnet.

Man betrachtet die Atome der ersten Koordinationssphäre. Die höchste Priorität hat dabei der Substituent mit dem schwersten Atom in der ersten Koordinationssphäre. Sind

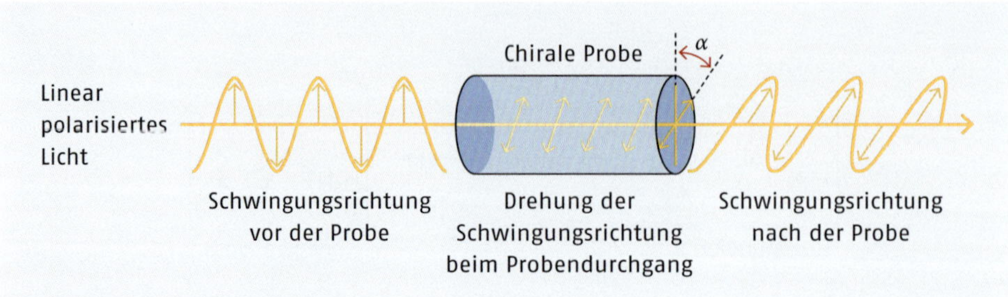

Abb. 6.43 Messung der Polarisationsrichtung von linear polarisiertem Licht, vor und nach Durchtritt durch eine enantiomerenreine chirale Probe (α: Winkel, um den sich die Polarisationsebene dreht)

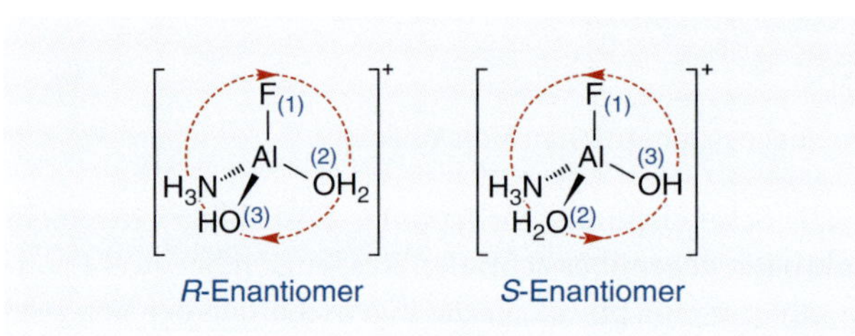

Abb. 6.44 Benennung chiraler Enantiomere nach der Regel von *Chan*, *Ingold* und *Prelog*

zwei Atome gleich, dann entscheidet die zweite Koordinationssphäre über die Priorität. Im Komplex $[Al(NH_3)(H_2O)(F)(OH)]^+$ (Abb. 6.44) ist das Aluminiumatom in der ersten Koordinationssphäre von einem F-Atom, einem N-Atom und zwei O-Atomen umgeben. F hat damit die Priorität (1), NH_3 die Priorität (4). H_2O und OH^- haben in der ersten Koordinationssphäre die gleiche Priorität. In der zweiten Koordinationssphäre hat H_2O zwei H, OH^- nur ein H. Da H eine höhere Molmasse als ein Elektron hat, gehört Wasser die Priorität (2) und OH hat die Priorität (3). Nun werden beide Enantiomere so aufgestellt, dass der Substituent mit der kleinsten Priorität (in diesem Fall NH_3) nach hinten weist (Abb. 6.44). Ordnen sich dann die restlichen Substituenten mit ihren Prioritäten im Uhrzeigersinn an, liegt die (*R*)-Konfiguration, im Gegenuhrzeigersinn die (*S*)-Konfiguration vor.

Wie kann man überprüfen, ob ein Molekül chiral ist oder nicht? Eine Möglichkeit ist die Prüfung, ob Bild und Spiegelbild des Moleküls zur Deckung gebracht werden können. Sind Bild und Spiegelbild identisch, dann bezeichnet man das Molekül als achiral. Sind sie es nicht, repräsentieren beide Konfigurationen ein Enantiomerenpaar. Ohne Modelle ist dies oft nicht leicht zu entscheiden. Auch hier ist etwas Übung im Umgang mit Symmetriebetrachtungen nützlich. Chiral ist jedes Molekül, das keine Drehspiegelachse enthält. Dabei gelten Spiegelebenen als einzählige Drehspiegelachsen. Hat ein Molekül eine Spiegelebene, dann ist es auf jeden Fall achiral. Hat es keine Spiegelebene, dann ist dies ein starkes Indiz für Chiralität. Jetzt muss nur noch überprüft werden, ob die Kombination einer Drehung mit einer Spiegelung das Molekül auf sich selbst abbildet. Ist dies nicht der Fall, dann ist das Molekül chiral. Chiral sind alle Moleküle der Punktgruppe C_1 (asymmetrische Moleküle). Diese Moleküle haben außer der identischen Operation keine Symmetrieelemente. Daneben gibt es Moleküle, die als einzige Symmetrieelemente nur Drehachsen haben. Sie haben keine Spiegelebenen oder Drehspiegelachsen. Solche Moleküle

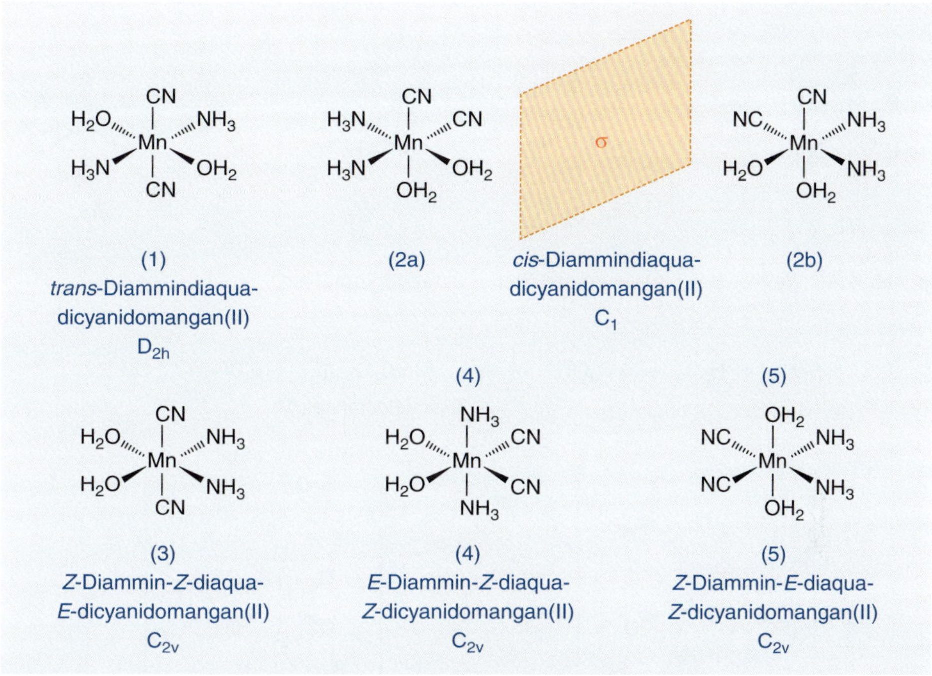

(1) *trans*-Diammindiaqua-dicyanidomangan(II) D_{2h}

(2a) *cis*-Diammindiaqua-dicyanidomangan(II) C_1 (2b)

(3) *Z*-Diammin-*Z*-diaqua-*E*-dicyanidomangan(II) C_{2v}

(4) *E*-Diammin-*Z*-diaqua-*Z*-dicyanidomangan(II) C_{2v}

(5) *Z*-Diammin-*E*-diaqua-*Z*-dicyanidomangan(II) C_{2v}

Abb. 6.45 Isomere des Diammindiaquadicyanidomangan(II)-Komplexes $[Mn(CN)_2(NH_3)_2(H_2O)_2]$ mit oktaedrischer Koordinationsgeometrie

gehören zu Punktgruppen C_n. Sie sind dissymmetrisch und ebenfalls chiral. Dies soll an wichtigen Beispielen hexakoordinierter Komplexe mit oktaedrischer Koordinationsgeometrie demonstriert werden.

Beispielsweise die Isomere des Diammindiaquadicyanidomangan(II)-Komplexes, $[Mn(CN)_2(NH_3)_2(H_2O)_2]$ (Abb. 6.45): Komplex (1) hat oktaedrische Koordinationsgeometrie und es handelt sich um einen $MA_2B_2C_2$-Komplex. Die Konfigurationsisomere können ermittelt werden, in dem man mit der einfachsten Struktur startet. Dies ist die *trans*-Form, in der sich alle gleichartigen Substituenten in Oppositionsstellung befinden. Alle durch Drehung des Moleküls erzeugten Konfigurationen sind mit dieser all-*trans*-Form identisch. Ihre Punktgruppe ist D_{2h}. Man vertauscht einen Liganden gegen einen anderen und bestimmen die Punktgruppe erneut. Auf diese Weise findet man fünf symmetrieverschiedene *cis-trans*-Isomere (Abb. 6.45). Es existieren drei gemischte *cis-trans*-Isomere, die alle C_{2v}-Symmetrie besitzen. Hier liegt der seltene Fall vor, dass nichtidentische Isomere zur selben Punktgruppe gehören. Die drei verschiedenen Isomere (3), (4) und (5) können nicht durch Drehung der Moleküle ineinander überführt werden. Daher handelt es sich um verschiedene Konfigurationsisomere. Die all-*cis*-Form (2) besitzt kein Symmetrieelement. Sie gehört zur Punktgruppe C_1 und ist als asymmetrisches Molekül daher chiral. Bild Abb. 6.45 (2a) und Spiegelbild Abb. 6.45 (2b) sind unterschiedliche Moleküle und bilden ein Enantiomerenpaar.

In Komplexen mit Oktaedergeometrie finden sich asymmetrische Anordnungen noch bei den Zusammensetzungen [MABCDEF] und *cis*-$[MA_3BCD]$. Sie sind in Abb. 6.46 dargestellt.

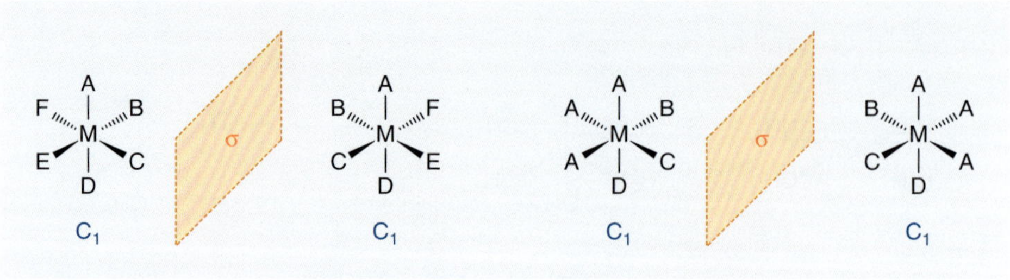

Abb. 6.46 Weitere Beispiele asymmetrischer Oktaederkomplexe

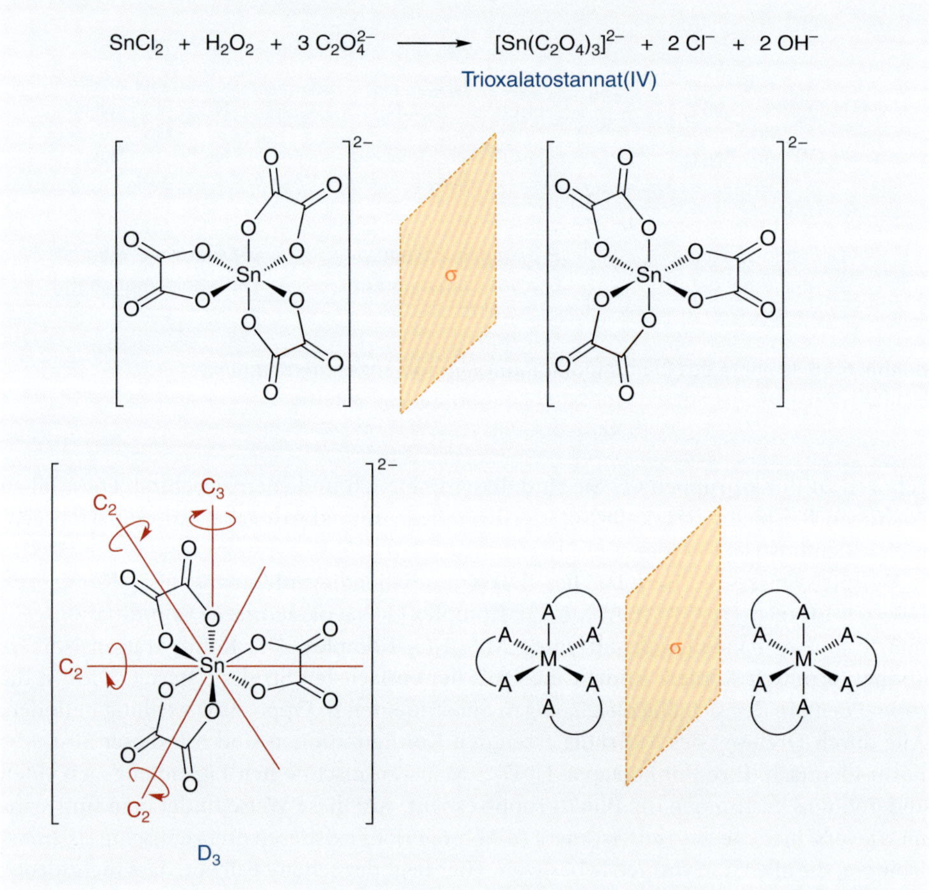

$$SnCl_2 + H_2O_2 + 3\,C_2O_4^{2-} \longrightarrow [Sn(C_2O_4)_3]^{2-} + 2\,Cl^- + 2\,OH^-$$

Trioxalatostannat(IV)

Abb. 6.47 Dissymmetrischer Oktaederkomplex mit drei zweizähnigen identischen Liganden

Oxidiert man $SnCl_2$ in einer konzentrierten Lösung von Oxalat, so erhält man nahezu quantitativ Trisoxalatostannat(IV)-Anionen (Abb. 6.47).

Bei Oxalat handelt es sich um einen zweizähnigen Komplexliganden. Der Komplex hat oktaedrische Koordinationsgeometrie, aber keine Oktaedersymmetrie, da die Oxalatbrücken die vierzähligen Drehachsen und das Inversionszentrum des Oktaeders zerstören. Es existiert eine dreizählige Drehachse als Hauptachse des Moleküls und drei senkrecht

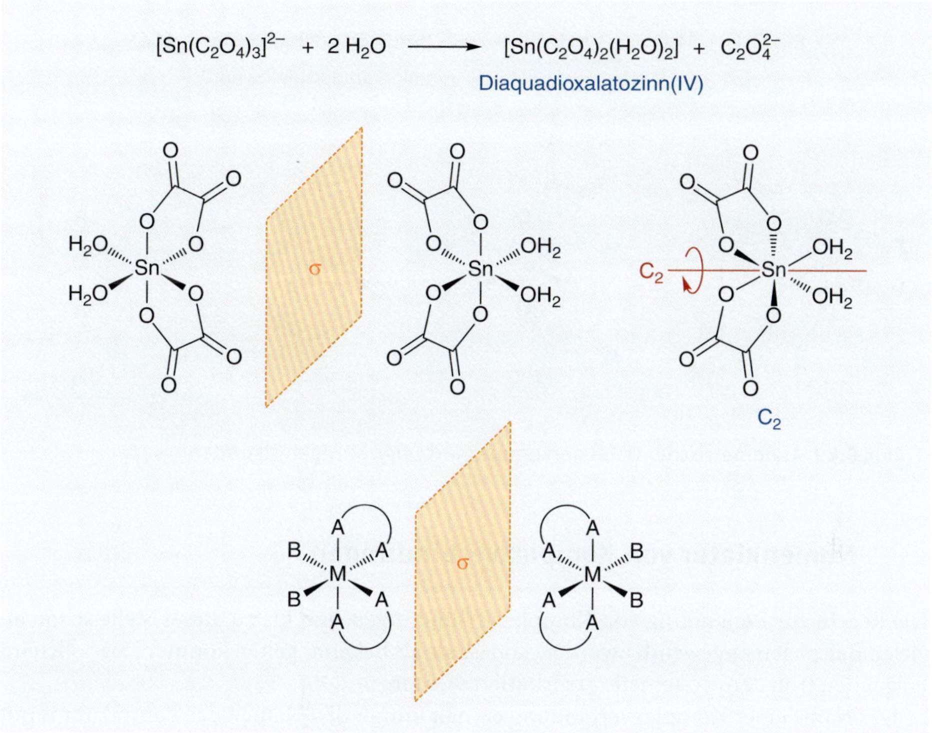

$[Sn(C_2O_4)_3]^{2-} + 2\,H_2O \longrightarrow [Sn(C_2O_4)_2(H_2O)_2] + C_2O_4^{2-}$

Diaquadioxalatozinn(IV)

o Abb. 6.48 Dissymmetrischer Oktaederkomplex mit C_2-Symmetrie

dazu stehende zweizählige Nebendrehachsen C_2. Das Molekül hat keine Spiegelebene und weist damit D_3-Symmetrie auf. Als Molekül mit Drehachsen, aber ohne Drehspiegelachse, ist es somit dissymmetrisch und damit chiral (o Abb. 6.47).

Dissymmetrische Komplexe entstehen auch mit anderen zweizähnigen Liganden, wie Ethylendiamin ($H_2NCH_2CH_2NH_2$ = en), Phosphat, Sulfat, Glycol u. a. Ersetzt man einen Oxalatoliganden durch zwei einzähnige Liganden, z. B. Wasser, dann gibt es keine C_3-Achse mehr, eine zweizählige Drehachse bleibt aber erhalten. Man erhält ein dissymmetrisches Komplexmolekül mit C_2-Symmetrie (o Abb. 6.48).

Ersetzt man in diesem Komplex ein Wassermolekül durch beispielsweise ein Ammoniakmolekül, dann geht auch die verbliebene C_2-Achse verloren und der Komplex wird asymmetrisch. Er bleibt aber selbstverständlich chiral (o Abb. 6.49).

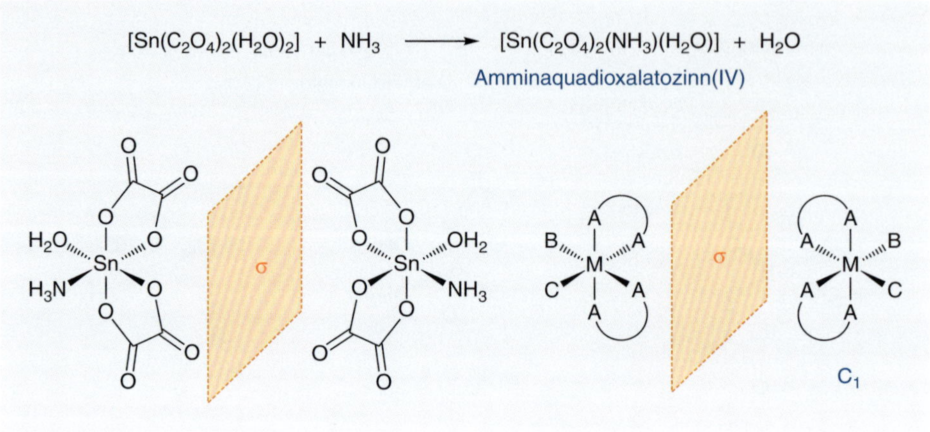

$$[Sn(C_2O_4)_2(H_2O)_2] + NH_3 \longrightarrow [Sn(C_2O_4)_2(NH_3)(H_2O)] + H_2O$$

Amminaquadioxalatozinn(IV)

Abb. 6.49 Asymmetrischer Oktaederkomplex mit zweizähnigen Liganden

6.4 Nomenklatur von Komplexverbindungen

Die Regeln zur Benennung von Komplexverbindungen sind bis zu dieser Stelle schon an vielen Beispielen angewendet worden, sodass sie als bekannt gelten könnten. Sie sollen im Folgenden trotzdem systematisch diskutiert werden.

Der Name einer Komplexverbindung enthält immer den Namen des Zentralatoms mit Angabe seiner Oxidationsstufe und die Namen aller in ihm vorkommenden Liganden mit Angabe ihrer Zahl durch griechische Zahlwörter. Dabei gilt:

Zahlwort (griech.)	Anzahl Liganden	Zahlwort (griech.)	Anzahl Liganden	Zahlwort (griech.)	Anzahl Liganden
Mono	1	Penta	5	Nona	9
Di	2	Hexa	6	Deca	10
Tri	3	Hepta	7		
Tetra	4	Octa	8		

Sind die Liganden Neutralmoleküle oder Kationen, dann werden sie ohne besondere Vor- oder Nachsilben benannt. Die wichtigsten Liganden sind:

Ligand	Bezeichnung	Ligand	Bezeichnung
H_2O	Aqua	$H_2NCH_2CH_2NH_2$	Ethylendiamin (= en)
NH_3	Ammin	NO^+	Nitrosyl
CO	Carbonyl	C_5H_5N	Pyridin (= Py)

Anionische Liganden erhalten die Nachsilbe „-ido“, in Molekül-Ionen manchmal auch nur „-o“. Die wichtigsten anionischen Liganden sind:

Ligand	Bezeichnung	Ligand	Bezeichnung
Br^-	Bromido	OH^-	Hydroxido
Cl^-	Chlorido	O^{2-}	Oxido
F^-	Fluorido	OCl^-	Hypochlorito
H^-	Hydrido	CN^-	Cyanido
I^-	Iodido	SCN^-	Thiocyanato
NO_2^-	Nitrito	OCN^-	Cyanato
NO_3^-	Nitrato	SO_4^{2-}	Sulfato
$C_2O_4^{2-}$	Oxalato		

Sind die Komplexe neutral oder kationisch, wird das Metallatom mit seinem üblichen Namen und der Oxidationsstufe am Schluss der Bezeichnung berücksichtigt, für einfache Komplexe gilt:

Komplex (neutral oder kationisch)	Bezeichnung	Komplex (neutral oder kationisch)	Bezeichnung
$[Fe(H_2O)_6]^{3+}$	Hexaaquaeisen(III)	$[Fe(CO)_5]$	Pentacarbonyleisen(0)
$[Zn(NH_3)_6]^{2+}$	Hexaamminzink(II)	$[Ni(CO)_4]$	Tetracarbonylnickel(0)
$[Li(H_2O)_4]^+$	Tetraaqualithium(I)	$[Co(en)_3]^{3+}$	Triethylendiamincobalt(III)

In einem Komplexmolekül werden in der Summenformel zuerst die anionischen Liganden, dann die Neutral- oder kationischen Liganden aufgeführt. Im Namen werden die Liganden unabhängig von ihrer Ladung in alphabetischer Reihenfolge angegeben:

Komplex (neutral oder kationisch)	Bezeichnung
$[FeBr_2(H_2O)_4]$	Tetraaquadi**b**romidoeisen(II)
$[Fe(CN)_2(CO)_4]$	Tetra**c**arbonyldi**c**yanidoeisen(II)
$[Zn(OH)(NH_3)_5]^+$	Penta**a**mmin**h**ydroxidozink(II)
$[PtCl_2(NH_3)_2]$	Di**a**mmindi**c**hloridoplatin(II)
$[CoCl_2(en)_2]^+$	Di**c**hloridodi**e**thylendiamincobalt(III)
$[Cr(OH)_2(H_2O)_4]^+$	Tetra**a**quadi**h**ydroxidochrom(III)

Ist das Komplexteilchen ein Anion, so wird das Zentralatom mit seinem lateinischen Namen bezeichnet und erhält die Endung „-at“:

Zentralatom	Bezeichnung (anionischer Komplex)	Zentralatom	Bezeichnung (anionischer Komplex)	Zentralatom	Bezeichnung (anionischer Komplex)
B	Borat	Co	Cobaltat	Sn	Stannat
C	Carbonat	Ni	Niccolat	Sb	Antimonat
N	Nitrat	Cu	Cuprat	Te	Tellurat
Al	Aluminat	Zn	Zinkat	I	Iodat
Si	Silicat	Ge	Germanat	Xe	Xennat
P	Phosphat	As	Arsenat	W	Wolframat
S	Sulphat	Se	Selenat	Pt	Platinat
Cl	Chlorat	Br	Bromat	Au	Aurat
Ti	Titanat	Kr	Kryptat	Hg	Mercurat
V	Vanadat	Zr	Zirkonat	Pb	Plumbat
Cr	Chromat	Mo	Molybdat	Bi	Bismutat
Mn	Manganat	Ag	Argentat		
Fe	Ferrat	Cd	Cadmat		

Nach den herrschenden Nomenklaturregeln müssten die bereits vertrauten Ionen Carbonat, Nitrat, Phosphat und Sulfat dann folgendermaßen heißen:

Carbonat (CO_3^{2-}): Trioxidocarbonat(IV)
Nitrat (NO_3^-): Trioxidonitrat(V)
Phosphat (PO_4^{3-}): Tetraoxidophosphat(V)
Sulfat (SO_4^{2-}): Tetraoxidosulfat(VI)

Auch die Benennung anionischer Komplexe folgt den oben angeführten Regeln:

Komplex (anionisch)	Bezeichnung	Komplex	Bezeichnung
$[AlF_6]^{3-}$	Hexafluoridoaluminat(III)	$[Fe(CN)_5NO]^{2-}$	Pentacyanidonitrosylferrat(II)
$[BH_4]^-$	Tetrahydridoborat(III)	$[CoF_4(NH_3)_2]^-$	Diammintetrafluoridocobaltat(III)
$[Zn(OH)_4]^{2-}$	Tetrahydroxidozinkat(II)	$[Cr(SCN)_4(NH_3)_2]^-$	Diammintetrathiocyanatochromat(III)
$[Co(NO_2)_6]^{3-}$	Hexanitritocobaltat(III)	$[Fe(PO_4)_2(H_2O)_2]^{3-}$	Diaquadiphosphatoferrat(III)

Nachfolgend soll in die Benennung vollständiger **Komplexsalze** eingeführt werden. Kombiniert man kationische Komplexe mit normalen Anionen, so wird lediglich die Anionenbezeichnung hinter den Komplexnamen gestellt. Soll ein Salz aus einem gewöhnlichen Kation und einem anionischen Komplex benannt werden, dann wird der Name des Kations dem Komplexnamen vorangestellt. In beiden Fällen tauchen die stöchiometrischen Koeffizienten von Kation und Anion im Namen nicht auf. Sie erschließen sich aus den Oxidationsstufen der Zentralatome beider Ionen:

Komplexsalz	Bezeichnung	Komplexsalz	Bezeichnung
$[Cu(NH_3)_4]Cl_2$	Tetraamminkupfer(II)-chlorid	$Na_2[ZnF_4]$	Natrium(I)-tetrafluoridozinkat(II)
$[Co(NH_3)_4(H_2O)_2](NO_3)_3$	Tetraammindiaqua cobalt(III)-nitrat	$Li[AlH_4]$	Lithium(I)-tetrahydridoaluminat(III)
$[Zn(H_2O)_6]SO_4$	Hexaaquazink(II)-sulfat	$K_3[Cr(PO_4)_2(H_2O)_2]$	Kalium(I)-diaquadiphosphatochromat(III)
$[Coen_2Cl(H_2O)]F$	Aquachloridodiethylendiamincobalt(III)-fluorid	$Na[Ag(CN)_2]$	Natrium(I)-dicyanidoargentat(I)

Die gleichen Regeln finden Anwendung, wenn Kation **und** Anion eines Salzes aus Komplexteilchen bestehen:

Komplexsalz	Bezeichnung
$[Cu(NH_3)_4]_2[Fe(CN)_6]$	Tetraamminkupfer(II)-hexacyanidoferrat(II)
$[Cd(NH_3)_6]_3[Cu(CN)_4]_2$	Hexaammincadmium(II)-tetracyanidocuprat(I)
$[CoCl(NH_3)_2(H_2O)_3][ICl_2]_2$	Diammintriaquachloridocobalt(III)-dichloridoiodat(I)
$[CrCl(H_2O)_5][FeF_4]$	Pentaaquachloridochrom(III)-tetrafluoridoferrat(II)
$[Ag(NH_3)_2]_2[Ni(CN)_4]$	Diamminsilber(I)-tetracyanidoniccolat(II)
$[Mg(H_2O)_4]_3[AsS_4]_2$	Tetraaquamagnesium(II)-tetrasulfidoarsenat(V)
$[Fe(SCN)_2(H_2O)_4]_2[Mn(SO_4)_2(NH_3)_2]$	Tetraaquadithiocyanatoeisen(III)-diammindisulfatomanganat(II)
$[Hg(NH_3)_2][HgI_4]$	Diamminquecksilber(II)-tetraiodidomercurat(II)
$[Mn(H_2O)_6][PbI_4]$	Hexaaquamangan(II)-tetraiodidoplumbat(II)
$[Na(H_2O)_4][Sb(OH)_6]$	Tetraaquanatrium(I)-hexahydroxidoantimonat(V)

7 Chemie der Nebengruppenelemente

Nebengruppenelemente findet man in der vierten Periode des PSE hinter dem Element Calcium. Sie bilden zehn **Triaden** (Gruppen von drei Elementen, die im PSE untereinanderstehen). Bei diesen Elementen handelt es sich ausnahmslos um Metalle, daher bezeichnet man diese auch oft als **Übergangsmetalle**, deren Atome ein nur teilweise gefülltes *d*-Niveau haben, oder die ein oder mehrere Kationen mit unvollständig gefülltem *d*-Niveau bilden können. Die Besetzung der *d*-Niveaus beeinflusst die Eigenschaften dieser Metalle sehr. Übergangsmetalle neigen zur Bildung von Komplexverbindungen. Auch ändern sie ihre Oxidationsstufen sehr viel leichter als Hauptgruppenelemente. Sowohl in der Beschreibung der Strukturen dieser Komplexverbindungen als auch im Verständnis der Redoxreaktionen der Nebengruppenmetalle erweisen sich Symmetrieargumente als sehr nützlich.

Ähnlich wie die Erdalkalimetalle geben die Übergangsmetalle zunächst (mindestens) zwei Elektronen ab und bilden typischerweise zweiwertige Kationen. ⚬ Abb. 7.1).

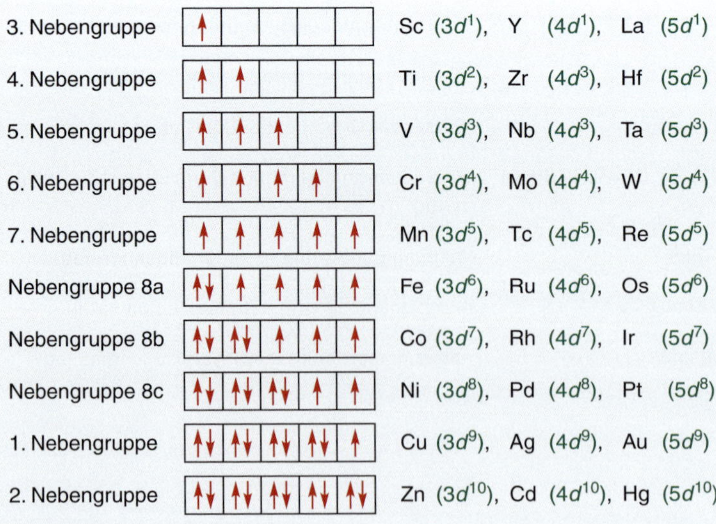

⚬ **Abb. 7.1** Übergangsmetalle: Elektronenkonfigurationen der zweiwertigen Kationen

Es fällt auf, dass die Nebengruppenelemente mit der dritten Nebengruppe beginnen und mit der zweiten Nebengruppe enden. Woher kommt diese merkwürdige Zählweise? Wie alle Gruppen im PSE orientiert sich die Gruppennummer an der maximalen Oxidationsstufe der betreffenden Elemente. Bis zur siebten Nebengruppe ist dieses Prinzip streng gültig und die maximalen Oxidationsstufen werden auch gebildet. In den drei Triaden der achten Nebengruppe wird dieses Prinzip zwar nicht verletzt, Ruthenium und Osmium sind aber die beiden einzigen Beispiele, in denen die Oxidationsstufe +VIII auch verwirklicht wird. Eine neunte und zehnte Nebengruppe gibt es nicht, denn neun- und zehnwertige Kationen werden nicht mehr gebildet. In der ersten Nebengruppe tritt die Oxidationsstufe +I bei allen drei Elementen auf, bei Kupfer ist aber die Oxidationsstufe +II nicht nur existent, sondern sogar stabiler, bei Gold kommen Verbindungen der Oxidationsstufe +III vor. In der zweiten Nebengruppe ist die Oxidationsstufe +II typisch für alle Verbindungen. Verbindungen mit höheren Oxidationsstufen sind unbekannt. Viele Übergangsmetalle, vor allem die Elemente mit einer *d*-Elektronenzahl ≥ 5, bilden zweiwertige Kationen.

Beim Auflösen eines typischen (hypothetischen) Übergangsmetallnitrats $M(NO_3)_2$ in Wasser bildet sich ein oktaedrisch koordinierter Hexaaquakomplex. Diese Lösung wird mit Ammoniak behandelt und es bilden sich Hexaamminkomplexe. Werden nur geringe Mengen Cyanid hinzugesetzt, dann bildet sich ein schwerlösliches Übergangsmetallcyanid, das sich im Cyanid-Überschuss als Hexacyanidokomplex wieder löst:

$$M(NO_3)_2 + 6\,H_2O \longrightarrow [M(H_2O)_6]^{2+} + 2\,NO_3^-$$

$$[M(H_2O)_6]^{2+} + 6\,NH_3 \rightleftharpoons [M(NH_3)_6]^{2+} + 6\,H_2O$$

$$[M(H_2O)_6]^{2+} + 2\,CN^- \rightleftharpoons M(CN)_2\downarrow + H_2O$$

$$M(CN)_2 + 4\,CN^- \rightleftharpoons [M(CN)_6]^{4-}$$

Bei Zugabe von Natronlauge bildet sich schwerlösliches Hydroxid. Bei Zugabe von Soda, entsteht schwerlösliches Carbonat, bei der Zugabe von Natriumphosphat entsteht schwerlösliches Phosphat. Natriumsulfid überführt das Übergangsmetallsalz in ein schwerlösliches Sulfid:

$$[M(H_2O)_6]^{2+} + 2\,OH^- \rightleftharpoons M(OH)_2\downarrow + 6\,H_2O$$

$$[M(H_2O)_6]^{2+} + CO_3^{2-} \rightleftharpoons MCO_3\downarrow + 6\,H_2O$$

$$3\,[M(H_2O)_6]^{2+} + 2\,PO_4^{3-} \rightleftharpoons M_3(PO_4)_2\downarrow + 18\,H_2O$$

$$[M(H_2O)_6]^{2+} + S^{2-} \rightleftharpoons MS\downarrow + 6\,H_2O$$

Metallhalogenide, Metallnitrite und Metallperchlorate sind wasserlöslich:

$$MCl_2 + 6\,H_2O \longrightarrow [M(H_2O)_6]^{2+} + 2\,Cl^-$$

$$M(NO_2)_2 + 6\,H_2O \longrightarrow [M(H_2O)_6]^{2+} + 2\,NO_2^-$$

$$M(ClO_4)_2 + 6\,H_2O \longrightarrow [M(H_2O)_6]^{2+} + 2\,ClO_4^-$$

Dieses Verhalten ist das „normale Verhalten" eines Übergangsmetalls. Mangan kommt diesem Modellverhalten schon sehr nahe. Dennoch gibt es kein einziges Übergangsmetall, das sich streng daran hält. Jedes Übergangsmetall besitzt individuelle Eigenheiten: Bei Mangan sind es beispielsweise die vielfältigen Redoxreaktionen, die typisch für dieses Element sind. Dennoch ist es sinnvoll, sich an dem angenommenen Modellverhalten zu orientieren und bei jedem Element die Abweichungen zu betrachten. Dies ist vor allem dann spannend, wenn sich die Abweichungen aus einsichtigen Stabilitätsargumenten heraus erklären.

7.1 Elemente der 3. Nebengruppe

Zur dritten Nebengruppe gehören die Elemente Scandium (Sc), Yttrium (Y) und Lanthan (La). Im elementaren Zustand besitzen ihre Atome die Elektronenkonfiguration ns^2 $(n{-}1)d^1$. Die kugelsymmetrische Ladungsverteilung im Atom wird nur durch das eine *d*-Elektron gestört. Die Elemente der dritten Nebengruppe neigen daher ausnahmslos dazu, alle drei Valenzelektronen abzugeben. Es bilden sich daher keine zweiwertigen Ionen, wie zu erwarten wäre, sondern ausschließlich dreiwertige Kationen. Die leeren *d*-Orbitale führen in Oktaeder- und Tetraederkomplexen zu der sehr stabilen A_1-Symmetrie im Grundzustand. Das leichte Scandium kann als relativ harte Lewis-Säure gelten. Mit steigendem Atomgewicht werden die Kationen weicher. Alle drei Elemente ähneln in ihren physikalischen und chemischen Eigenschaften dem Hauptgruppenmetall Aluminium. Sie sind aber unedler als Aluminium und ihre Redoxpotenziale liegen zwischen denen von Aluminium und denen der Erdalkalimetalle. Alle drei Elemente sind in der Natur relativ häufig. Sie sind jedoch schwer zu gewinnen, weil sie in fein verteilter Form vorliegen.

7.1.1 Scandium

Scandium (Sc) ist ein silberweißes, sehr weiches Metall, das sich trotz seiner hohen Reaktivität bei Zimmertemperatur an der Luft aufbewahren lässt. Es wird, ähnlich wie Aluminium, durch Schmelzflusselektrolyse gewonnen. Beim Lösen von Scandium in konzentrierter Salpetersäure erhält man wasserlösliches Scandiumnitrat:

$$Sc + HNO_3 + 3\,H^+ + 4\,H_2O \longrightarrow \underset{\text{Hexaaquascandium(III)}}{[Sc(H_2O)_6]^{3+}} + NO$$

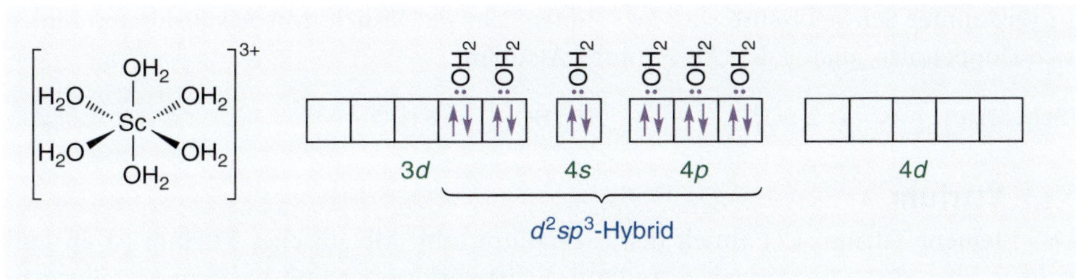

$$\left[\begin{array}{c} OH_2 \\ H_2O,,,,\;|\;,,,OH_2 \\ Sc \\ H_2O \blacktriangleleft \;|\; \blacktriangleright OH_2 \\ OH_2 \end{array}\right]^{3+}$$

3d 4s 4p 4d

d^2sp^3-Hybrid

Abb. 7.2 Hexaaquascandium(III): Struktur und Bindungsverhältnisse

Dreiwertige Metallkationen sind harte und starke Lewis-Säuren, daher bilden sich in wässriger Lösung Protolysegleichgewichte aus:

$$[Sc(H_2O)_6]^{3+} \rightleftharpoons [ScOH(H_2O)_5]^{2+} + H^+$$

Pentaaquahydroxidoscandium(III)

$$[ScOH(H_2O)_5]^{2+} \rightleftharpoons [Sc(OH)_2(H_2O)_4]^{+} + H^+$$

Tetraaquadihydroxidoscandium(III)

Abb. 7.2 zeigt das Kästchenschema für den Hexaaquakomplex von Scandium.

Leere *d*-Orbitale führen zu einem symmetrisch günstigen A_1-Grundzustand. Ohne Energieaufwand lässt sich ein oktaedrisch koordinierter Innerorbitalkomplex verwirklichen. Die T_{2g}-Zustände bleiben unbesetzt. Wären sie an der Hybridisierung beteiligt, dann kämen ungünstigere Koordinationsgeometrien zustande.

Gibt man Natronlauge zu einer Scandiumnitratlösung, dann bildet sich schwerlösliches Scandiumhydroxid:

$$[Sc(OH)_2(H_2O)_4]^{+} + OH^- \longrightarrow Sc(OH_3)\downarrow + 4\,H_2O$$

Scandiumhydroxid

Scandiumhydroxid ist wie $Al(OH)_3$ amphoter, es sind aber viel höhere OHKonzentrationen notwendig um lösliche Hydroxidokomplexe zu bilden:

$$Sc(OH)_3 + 3\,OH^- \rightleftharpoons [Sc(OH)_6]^{3-}$$

Hexahydroxidoscandat(III)

Beim Erhitzen von $Sc(OH)_3$ spaltet sich Wasser ab und man erhält Scandium(III)-oxid:

$$2\,Sc(OH)_3 \longrightarrow Sc_2O_3 + 3\,H_2O$$

Scandium(III)-oxid

Scandium(III)-oxid ist nur relativ schwach basisch. Bei Kontakt mit Wasser bildet sich wieder schwerlösliches $Sc(OH)_3$. Lösungen von $Sc(NO_3)_3$ ergeben mit Halogeniden, vor allem mit Fund Cl^-, Hexahalogenidokomplexe:

$$[Sc(H_2O)_6]^{3+} + 6\,Cl^- \rightleftharpoons [ScCl_6]^{3-} + 6\,H_2O$$

Hexachloridoscandat(III)

In verdünnter Schwefelsäure sind Sc^{3+}-Ionen sehr gut löslich. Mit Alkalisulfaten bilden sich Doppelsalze, analog den Aluminium-Alaunen:

$$[Sc(H_2O)_6]^{3+} + K^+ + 2\,SO_4^{2-} \longrightarrow KSc(SO_4)_2 + 6\,H_2O$$

7.1.2 Yttrium

Das Element Yttrium (Y) ähnelt dem Scandium sehr. Metallisches Yttrium ist an Luft haltbar, aber etwas unedler als Scandium. Es ist verformbar und kann zu Metallgegenständen verarbeitet werden. Yttrium bildet dreiwertige Kationen, die in verdünnten Mineralsäuren sehr gut wasserlöslich sind. Verbrennt man Yttrium an Luft, dann bildet sich Yttrium(III)-oxid:

$$4\,Y + 3\,O_2 \longrightarrow \underset{\text{Yttrium(III)-oxid}}{2\,Y_2O_3}$$

Yttrium(III)-oxid wird mit Wasser zu Yttriumhydroxid hydrolysiert. Dieses ist stärker basisch und schwächer amphoter als Scandiumhydroxid:

$$Y_2O_3 + 3\,H_2O \longrightarrow 2\,Y(OH)_3\downarrow$$

$$Y(OH)_3 + 4\,H_2O \rightleftharpoons \underset{\text{Tetraaquadihydroxido-yttrium(III)}}{[Y(OH)_2(H_2O)_4]^+} + OH^-$$

Hier zeigt sich, dass das schwerere Yttrium eine weichere Lewis-Säure als das leichtere Scandium ist. Wie Scandium bildet auch Yttrium mit Alkalisulfaten Doppelsalze. Yttrium steht in seinen Eigenschaften zwischen Scandium und Lanthan.

7.1.3 Lanthan

Lanthan (La) ist ein unedles Metall, das an der Luft schnell anläuft. Sein Redoxpotenzial ist das negativste in der Triade. Verbrennt man Lanthan an der Luft, so bildet sich in stark exothermer Reaktion Lanthan(III)-oxid:

$$4\,La + 3\,O_2 \longrightarrow \underset{\text{Lanthan(III)-oxid}}{2\,La_2O_3}$$

Lanthan(III)-oxid reagiert heftig mit Wasser und bildet ein begrenzt wasserlösliches Hydroxid:

$$La_2O_3 + 3\,H_2O \longrightarrow 2\,La(OH)_3\downarrow$$

$$La(OH)_3 + 4\,H_2O \rightleftharpoons \underset{\text{Tetraaquadihydroxido-lanthan(III)}}{[La(OH)_2(H_2O)_4]^+} + OH^-$$

Neutralisiert man alkalische Lanthanoxidlösungen, dann erhält man wasserlösliche Salze; mit Halogeniden bilden sich Halogenidokomplexe:

$$[La(OH)_2(H_2O)_4]^+ + 2\,H^+ \longrightarrow \underset{\text{Hexaaqualanthan(III)}}{[La(H_2O)_6]^{3+}}$$

$$[La(H_2O)_6]^{3+} + 6\,Cl^- \rightleftharpoons 6\,H_2O + \underset{\text{Hexachloridolanthanat(III)}}{[LaCl_6]^{3-}}$$

Scandium, Yttrium, Lanthan – Bedeutung in Biologie und Medizin

Für Scandium und Yttrium ist keine physiologische Rolle bekannt. Das Einatmen von Metallstäuben ist unbedingt zu vermeiden, da sowohl Scandium als auch Yttrium in fein verteiltem Zustand sehr reaktionsfähig sind und schnell zu Lungenembolien führen können.

Lanthan-Salze haben sowohl eine biologische Bedeutung als auch medizinische Anwendungsbereiche. Lanthancarbonat ($La_2(CO_3)_3$) wirkt als Phosphatbinder. Es reduziert den Phosphatgehalt im Blut und wird bei chronischen Nierenleiden eingesetzt. γ-Aminobuttersäure ($H_2N-CH_2-CH_2-CH_2-COOH$, GABA) ist ein wichtiger Neurotransmitter, der die Signalübertragung zwischen Nervenzellen hemmt und damit die Nervenaktivität reduziert. La^{3+}-Ionen blockieren die GABA-Rezeptoren und stimulieren damit die neuronale Aktivität in dieser Hinsicht ein einzigartiger Effekt unter den dreiwertigen Metallkationen.

7.1.4 Lanthanoiden-Elemente

Im Periodensystem folgen auf das Element Lanthan 14 Metalle, die man als Lanthanoiden bezeichnet. Das Element Lanthan verfügt über Valenzelektronen des sechsten Hauptquantenniveaus. Bei den Lanthanoiden-Elementen beginnt mit dem vierten Hauptquantenniveau die Besetzung der *f*-Orbitale ($l = 3$) mit Elektronen. Es gibt sieben *f*-Orbitale, die 14 Elektronen aufnehmen können. Auch für die *f*-Elektronen gilt, dass nicht besetzte *f*-Zustände mit f^0-, einfach besetzte *f*-Zustände mit f^7-, und vollbesetzte *f*-Zustände mit f^{14}-Konfiguration kugelsymmetrische Elektronenhüllen um den Kern aufbauen und damit das System einen symmetrisch günstigen Zustand einnimmt. Die 4*f*-Orbitale liegen bei den Elementen der sechsten Periode aber näher am Atomkern und können daher nicht zu den Valenzorbitalen gezählt werden. Aus diesem Grund ähneln sich Lanthanide und das Element Lanthan in ihren chemischen Eigenschaften. Dies hat dazu geführt, dass sich in der ersten Hälfte des 20. Jahrhunderts die Chemiker kaum für Lanthanoiden interessiert haben. Mit der Entwicklung der Computertechnologie und der mit ihr verbundenen Elektronik hat sich dies jedoch geändert. Lanthanide sind nicht wirklich selten, es gibt aber kaum ergiebige Lagerstätten. Dort, wo sie vorkommen, stellen sie heute sehr wichtige Ressourcen dar.

▫ Tab. 7.1 zeigt die Lanthanide mit ihren *f*-Elektronenbesetzungen. Alle Lanthanide kommen, wie Lanthan selbst, in der Oxidationsstufe III vor. Der Besetzungszustand der *f*-Orbitale beeinflusst jedoch die möglichen Oxidationsstufen, die Farbigkeit der Ionen und vor allem den Ionenradius. In der Lanthanoiden-Reihe nimmt die Kernladung zu, der Ionenradius jedoch ab. Durch die Zunahme der Kernladung verringert sich der Ionenradius der Metalle, da die Elektronen immer stärker angezogen werden. Man spricht von der **Lanthanoidenkontraktion**. Die Metallionen werden dadurch zu härteren Lewis-Säuren. Diese Kontraktion führt auch dazu, dass sich die Nebengruppenmetalle der fünften und sechsten Periode in ihren Ionenradien kaum noch unterscheiden.

Ein Blick in ▫ Tab. 7.1 zeigt die periodischen Abweichungen zum Modellverhalten von Lanthan in der Lanthanoiden-Reihe. Das Ce^{3+}-Ion besitzt eine f^1-, das Tb^{3+}-Ion f^8-Konfiguration. Beide Ionen haben in ihren *f*-Orbitalen ein Elektron mehr, als eine kugelsymmetrische Ladungsverteilung erfordert. Daher können beide Elemente Verbindungen in der Oxidationsstufe +IV bilden:

Tab. 7.1 Dreiwertige Lanthanioden-Kationen mit Elektronenbesetzung der *f*-Orbitale: Die Farben beziehen sich auf die dreiwertigen Ionen in wässriger Lösung.

Element	Ion	Elektronenbesetzung [Farbe]	Element	Ion	Elektronenbesetzung [Farbe]
Cer	Ce^{3+} (Ce^{4+})	Xe + $4f^1$ (f^0) [Farblos]	Terbium	Tb^{3+} (Tb^{4+})	Xe + $4f^8$ (f^7) [Farblos]
Praseodym	Pr^{3+} (Pr^{4+})	Xe + $4f^2$ [Gelbgrün]	Dysprosium	Dy^{3+} (Dy^{4+})	Xe + $4f^9$ [Gelbgrün]
Neodym	Nd^{3+} (Nd^{4+})	Xe + $4f^3$ [Violett]	Holmium	Ho^{3+}	Xe + $4f^{10}$ [Gelb]
Promethium	Pm^{3+}	Xe + $4f^4$ [Rosa]	Erbium	Er^{3+}	Xe + $4f^{11}$ [Rosa]
Samarium	Sm^{3+} (Sm^{2+})	Xe + $4f^5$ [Gelb]	Thulium	Tm^{3+} (Tm^{2+})	Xe + $4f^{12}$ [Grün]
Europium	Eu^{3+} (Eu^{2+})	Xe + $4f^6$ (f^7) [Farblos]	Ytterbium	Yb^{3+} (Yb^{2+})	Xe + $4f^{13}$ (f^{14}) [Farblos]

$$\underset{(f^1)}{Ce^{3+}} \rightleftharpoons \underset{(f^0)}{Ce^{4+}} + e^- \qquad \underset{(f^8)}{Tb^{3+}} \rightleftharpoons \underset{(f^7)}{Tb^{4+}} + e^-$$

Sowohl Ce^{4+}- als auch Tb^{4+}-Ionen sind sehr starke Oxidationsmittel. Die Kerne der Lanthanioden-Metalle sind so stark geladen, dass sie eine Erhöhung der Oxidationsstufe nur schwer tolerieren. Aus diesem Grunde gibt es keine Pr^{5+}-, Dy^{5+}-, Ny^{6+}- oder Ho^{6+}-Ionen. Tb^{4+} ist ein so starkes Oxidationsmittel, dass es Wasser zersetzt. Ce^{4+} ist in wässriger Lösung stabil und spielt in der analytischen Chemie als starkes Oxidationsmittel eine wichtige Rolle, und zwar bei der sogenannten **Cerimetrie** in der maßanalytischen Bestimmung von Reduktionsmitteln.

Andererseits sind die Kerne der Lanthanoiden-Metalle als unedle Metalle auch nicht elektronenaffin genug, um niedrige Oxidationsstufen anzustreben. So kann Eu^{3+} ein Elektron aufnehmen und Eu^{2+} bilden. Dadurch wird einfach besetzte *f*-Elektronenorbitale erreicht. Analog kann Ytterbium von Yb^{3+} zu Yb^{2+} reduziert werden. In diesem Fall sind alle *f*-Orbitale vollbesetzt. Diese Reduktionsprozesse beobachtet man vor allem, wenn man kristalline Lanthanid(III)-chloride mit Wasserstoffgas hydriert:

$$\underset{(f^6)}{Eu^{3+}} + e^- \rightleftharpoons \underset{(f^7)}{Eu^{2+}} \qquad \underset{(f^{13})}{Yb^{3+}} + e^- \rightleftharpoons \underset{(f^{14})}{Yb^{2+}}$$

$$2\,EuCl_3 + H_2 \rightleftharpoons 2\,EuCl_2 + 2\,HCl \qquad 2\,YbCl_3 + H_2 \rightleftharpoons 2\,YbCl_2 + 2\,HCl$$

Die Symmetrie der *f*-Elektronenorbitale ist ein wichtiges Stabilitätsargument und bestimmt die möglichen Oxidationsstufen der Lanthanoiden-Metalle maßgeblich, aber nicht ausschließlich, mit. Aus dem gleichen Grund, warum es keine Pr^{5+}- oder Ho^{6+}-Ionen gibt, existieren auch keine Sm^+- oder Tm^+-Ionen. Die Elektronenaffinität der Kerne reicht für diese niedrigen Oxidationsstufen nicht aus. Stattdessen findet man aber Sm^{2+}(f^6)- und Tm^{2+}(f^{13})-Verbindungen sowie Pr^{4+}(f^1)-, Nd^{4+}(f^2)- und Dy^{4+}(f^8)-Verbindungen. In allen Beispielen weisen die Lanthanoiden-Ionen äußerst ungünstige Elektronenkonfigurationen auf. Zunächst muss noch erwähnt werden, dass es zwar Beispiele für diese Oxidationsstufen gibt, dass sie aber mit einem größeren Energieaufwand zustande kommen als im Falle der Ionen mit günstiger *f*-Elektronensymmetrie. Die entstandenen Produkte sind dementsprechend unbeständig. Die Beispiele zeigen, dass die *f*-Orbitale mit den Valenzorbitalen korrespondieren kann. Sie kann Elektronen an die Valenzorbitale ab- oder von ihr aufnehmen und so auf den Einfluss starker Oxidations- oder Reduktionsmittel reagieren.

Eine weitere periodische Eigenschaft in den Lanthanoiden ist die Farbigkeit ihrer Ionen. Die Farbwirkung kommt immer dann zustande, wenn ein mit Elektronen besetztem Grundzustand G durch Bestrahlung mit Licht in einen unbesetzten angeregten Elektronenterm T* übergeht. Das Licht muss dabei Photonen der Energie ΔE besitzen. Nach ○ Gleichung 2.5 (▸ Kap. 2.2.4) gilt folgende Resonanzbedingung:

$$\Delta E = E_{(\mathrm{T}^*)} - E_{(\mathrm{G})} = h \cdot \upsilon = h \cdot \frac{c}{\lambda} \quad \text{mit} \quad c = \text{Lichtgeschwindigkeit}$$

Die Anregung vom Zustand G zu T* erfordert Photonen einer ganz bestimmten Frequenz υ oder Wellenlänge λ, denn nur diese Photonen werden beim Prozess absorbiert. Die Photonen mit geeigneter Wellenlänge werden dann im reflektierten Licht fehlen, wodurch sich dessen Farbe ändern kann.

In ◻ Tab. 7.1 sind die Farben dreiwertiger Lanthanoiden-Ionen aufgeführt. Alle Ionen mit günstiger Symmetrie (f^0, f^7 und f^{14}) sind farblos. Dies gilt auch für Ionen mit f^1-, f^6-, f^8 und f^{13}-Symmetrie. Alle anderen zeigen mehr oder weniger intensive Farben mit deutlicher Farbvertiefung bei f^3-, f^4-, f^{10}- und f^{12}-Konfigurationen. Sind die Ionen farblos, dann absorbieren sie Licht im ultravioletten Frequenzbereich. Die Frequenz ν ist groß und die Wellenlänge λ klein. Die Energie ΔE ist damit groß und die Terme G und T* liegen energetisch weit auseinander. Diese Situation liegt bei symmetrisch günstigen Elektronenkonfigurationen vor. Diese haben einen stabilen, d. h. energiearmen Grundzustand. Der dem Grundzustand benachbarte angeregte Zustand wird eine viel ungünstigere Symmetrie haben und damit energetisch weit vom Grundzustand entfernt liegen. In diesem Fall erfordert es viel Arbeit, Elektronen anzuregen. Entsprechend energiereich müssen die Photonen sein. Liegen sie im unsichtbaren UV-Bereich, dann werden menschliche Beobachter am Licht keine Veränderung feststellen können. Hat der Grundterm G aber eine ungünstige Symmetrie, dann ist der Elektronenzustand instabiler und hat eine viel höhere Energie. Im Vergleich dazu wird der benachbarte angeregte Term eine günstigere Symmetrie aufweisen; der Energieunterschied zwischen beiden Termen ist geringer. Die zur Anregung notwendige Photonenenergie ist dann ebenfalls gering. Die dazugehörigen Wellenlängen liegen im sichtbaren Frequenzbereich, z. B. im Bereich von rotem Licht. Das rote Licht wird im reflektierten Licht dann fehlen und dieses erscheint somit Blau. Die Bedeutung der Informationen aus ◻ Tab. 7.1 kann an einem Term-Diagramm (qualitativ) veranschaulicht werden (○ Abb. 7.3).

Farbige Lanthanoiden-Salze finden in farbigen Gläsern und in der Herstellung von fluoreszierenden Leuchtstoffkristallen ($YEuO_2S$) Verwendung.

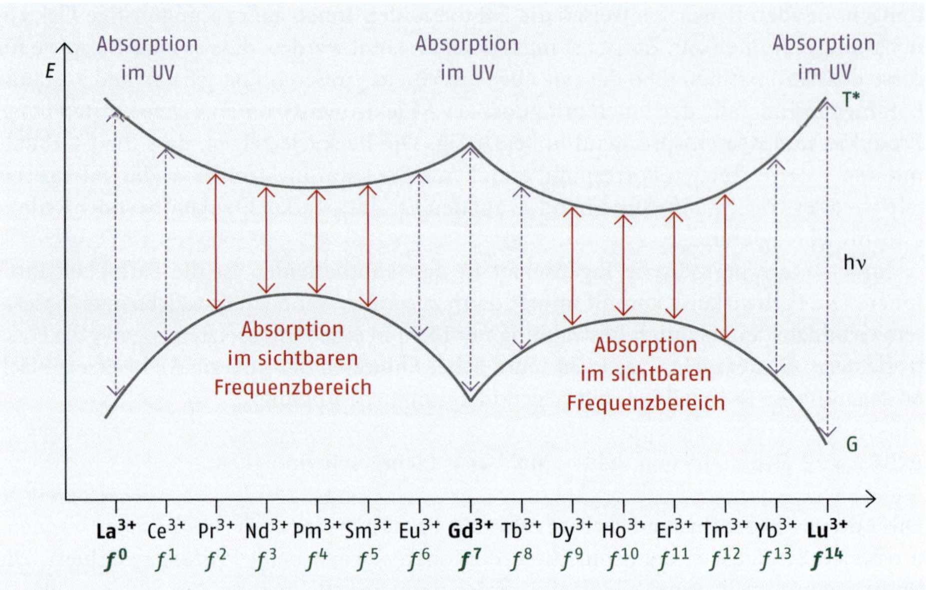

Abb. 7.3 Term-Diagramm: Farbigkeit der dreiwertigen Lanthanoiden-Ionen

7.2 Elemente der 4. Nebengruppe

Zu den Elementen der vierten Nebengruppe zählen Titan (Ti), Zirkonium (Zr) und Hafnium (Hf). In dieser Nebengruppe beträgt die maximale Oxidationsstufe +IV. Diese wird in allen drei Fällen realisiert und stellt auch die stabilste Form dieser Elemente dar. Damit ergibt sich eine chemische Verwandtschaft zu den Elementen der vierten Hauptgruppe. Im vierwertigen Zustand sind alle drei Elemente harte Lewis-Säuren. Das Element Hafnium schließt sich unmittelbar an die Lanthanoiden-Reihe an. Durch die Lanthanoidenkontraktion haben Zirkonium- und Hafnium-Ionen nahezu den gleichen Ionenradius und fast gleiche chemische Eigenschaften. Durch das höhere Molekulargewicht von Hf im Vergleich zu Zr haben Hafniumverbindungen eine deutlich größere Dichte als Zirkoniumverbindungen.

7.2.1 Titan

Das Element Titan (Ti) kommt in der Natur relativ häufig vor, jedoch nur selten in hoher Konzentration. Man findet es vor allem als Perowskit ($CaTiO_3$), ein Mischoxid aus Calciumoxid und Titan(IV)-oxid. Die Darstellung von elementarem Titan ist nicht durch direkte Reduktion mit Kohlenstoff möglich, da man auf diesem Wege Titancarbid (TiC) erhält. Die Darstellung erfolgt über zwei Stufen. Zunächst wird das Titanerz mit Kohlenstoff und Chlorgas behandelt. Dabei entsteht flüchtiges $TiCl_4$, das durch Destillation abgetrennt werden kann. Titan(IV)-chlorid ist bei Standardbedingungen flüssig. Es wird mit metallischem Magnesium zu elementarem Titan reduziert:

$$CaTiO_3 + C + 2\,Cl_2 \longrightarrow CaCO_3 + TiCl_4\uparrow \qquad TiCl_4 + 2\,Mg \longrightarrow Ti + 2\,MgCl_2$$

Titan ist ein sehr stabiles, leicht verformbares, silberglänzendes Metall. Vor allem als Legierungsbestandteil für Stahl ist das Element von Bedeutung. Titanstahl ist sehr korrosionsbeständig und hart.

Titan(IV)-Verbindungen

Verbrennt man Titan an der Luft, entsteht Titandioxid. Ebenso bildet sich schwerlösliches Titandioxid, wenn elementares Titan in konzentrierter Salpetersäure aufgelöst wird:

$$Ti + O_2 \longrightarrow TiO_2 \qquad 3\,Ti + 4\,HNO_3 \longrightarrow 3\,TiO_2 + 2\,H_2O + 4\,NO\uparrow$$

Man erhält das sehr stabile, leuchtend weiße Titandioxid (TiO_2) als Niederschlag. Titandioxid wird als Ölfarbe (Titanweiß) und als Aquarellfarbe (Deckweiß) in der Kunstmalerei verwendet. TiO_2 ist in wässrigen Mineralsäuren schwerlöslich. Ti^{4+} hat d^0-Konfiguration und damit einen Grundterm mit günstiger A_1-Symmetrie. Diese günstige Symmetrie wird allerdings mit einer sehr hohen Lewis-Säurehärte erkauft. Sehr harte Lewis-Säuren sind instabil, da sie stets versuchen, sich mit sehr harten Lewis-Basen zu verbinden. Ti^{4+}-Ionen werden in wässriger Lösung keine Hexaaqua-Ionen bilden können, weil diese deprotoniert und in schwerlösliches TiO_2 überführt werden. Die stabilste Modifikation von TiO_2 ist *Rutil*, in dem jedes Ti^{4+}-Ion oktaedrisch von sechs Oxid-Ionen umgeben ist. Die TiO_6^{8}Oktaeder sind dabei über Kanten miteinander verknüpft. Löst man TiO_2 in konzentrierter Schwefelsäure, erhält man hygroskopisches Titan(IV)-sulfat:

$$TiO_2 + 2\,H_2SO_4 \longrightarrow Ti(SO_4)_2 + 2\,H_2O$$

In halbkonzentrierter H_2SO_4, oder HNO_3 bilden sich hydratisierte Titan(IV)-Ionen, die vermutlich folgende Struktur aufweisen:

$$Ti(SO_4)_2 + 6\,H_2O \longrightarrow [Ti(OH)_2(H_2O)_4]^{2+} + 2\,H^+ + 2\,SO_4^{2-}$$

$$[Ti(OH)_2(H_2O)_4]^{2+} \rightleftharpoons [Ti(OH)_3(H_2O)_3]^+ + H^+$$

Engt man die Lösungen ein, so erhält man Titanylsulfat, ein Beispiel für viele Titanyl-Salze mit dem Titanyl-Kationen TiO^{2+}:

$$[Ti(OH)_2(H_2O)_4]^{2+} + SO_4^{2-} \rightleftharpoons TiOSO_4 + 5\,H_2O$$

Titan(IV)-chlorid ($TiCl_4$) ist eine an feuchter Luft rauchende Flüssigkeit. Da die leeren *d*-Orbitale keinen sterischen Anspruch stellen, lassen sich die Gillespie-Regeln anwenden. Danach ist $TiCl_4$ als AX_4-System sp^3-hybridisiert und tetraedrisch gebaut. Mischt man $TiCl_4$ mit Wasser, so beobachtet man eine heftige Hydrolyse zu TiO_2. Löst man Kochsalz in flüssigem $TiCl_4$, dann bildet sich Hexachloridotitanat(IV) ein oktaedrischer Ti(IV)-Komplex:

7

$$TiCl_4 + 2\,H_2O \longrightarrow 4\,HCl + TiO_2\downarrow$$

$$TiCl_4 + 2\,Na^+ + 2\,Cl^- \longrightarrow Na_2[TiCl_6]$$

Natrium-hexachlorido-titanat(IV)

Titan(IV)-chlorid

Löst man TiO_2 in flüssigem Fluorwasserstoff, dann bildet sich sehr stabiles Hexafluorido-titanat(IV) mit oktaedrischer Geometrie und Symmetrie (AX_6-Systeme):

$$TiO_2 + 6\,HF \longrightarrow 2\,H^+ + [TiF_6]^{2-} + 2\,H_2O$$

Hexafluoridotitanat(IV)

■ **MERKE** Titan neigt zur Bildung von Verbindungen mit der Oxidationsstufe + IV. Diese ist günstig, weil die leeren *d*-orbitale (Konfiguration d^0) eine A_1-Symmetrie im Grundzustand erlaubt. Die stabilste Verbindung ist Titandioxid (TiO_2). Ausgehend von TiO_2 lassen sich Mischoxide herstellen:

$$TiO_2 + Na_2O \longrightarrow Na_2TiO_3$$

Natriumtitanoxid

$$TiO_2 + CaO \longrightarrow CaTiO_3$$

Perowskit

Durch Reduktion von TiO_2 mit Kohlenstoff bei gleichzeitiger Chlorierung lässt sich flüssiges Titantetrachlorid ($TiCl_4$) herstellen. $TiCl_4$ kann oktaedrische Titan-IV-Komplexe bilden. Diese sind stabil, wenn ausreichend harte Basen als Liganden verwendet werden.

Titan(III)-Verbindungen

Erhitzt man ein Gemisch von gasförmigem $TiCl_4$ mit Wasserstoff, so entstehen dunkelviolette Kristalle. Sie bestehen aus $TiCl_3$. Titan(III)-chlorid ist ein wasserlösliches Salz. In wässriger Lösung bilden sich Hexaaquatitan(III)-Kationen mit intensiv violetter Farbe:

$$2\,TiCl_4 + H_2 \longrightarrow 2\,TiCl_3 + 2\,HCl$$

$$TiCl_3 + 6\,H_2O \longrightarrow [Ti(H_2O)_6]^{3+} + 3\,Cl^-$$

Hexaaquatitan(III)

In Hexaaquatitan(III) liegt das Titan-Ion in der Oxidationsstufe +III vor und hat d^1-Konfiguration. ○ Abb. 7.4 zeigt das Komplex-Ion in der Kästchenschreibweise und das Ligandenfeld-Diagramm. Man sieht, dass Ti^{3+} mit der d^1-Konfiguration einen entarteten T-Grundzustand hat, weil die T_{2g}-Orbitale nicht zu unterscheiden sind. Damit ist die Symmetrie im Grundzustand ungünstig. Das Komplexmolekül wird aufgrund der Jahn-Teller-Verzerrung keine ideale Oktaedergestalt haben. Andererseits ist das Ti^{3+}-Ion eine erheblich schwächere Säure als das Ti^{4+}-Ion und damit weniger reaktiv und stabiler.

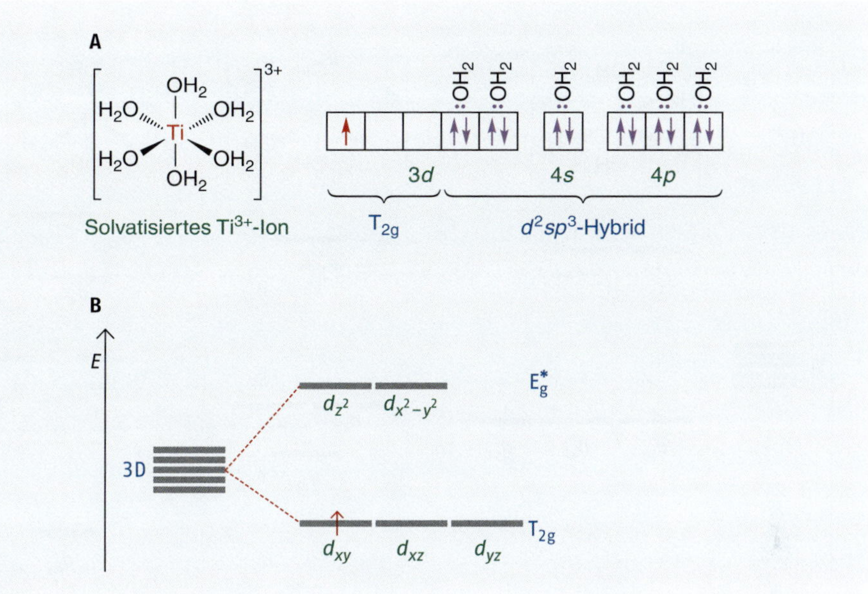

Abb. 7.4 Bindungsverhältnisse der solvatisierten Ti^{3+}-Ionen: Kästchenmodell (A) und Ligandenfeld-Diagramm (B)

Die Säurestärke des Ti^{3+}-Ions ist so weit reduziert, dass es in wässriger Lösung stabil vorliegen kann. Dennoch ist Ti^{3+} immer noch eine stärkere Säure als Essigsäure (pK_S = 4,75):

$$[Ti(H_2O)_6]^{3+} \xrightleftharpoons{pK_S = 2{,}3} [TiOH(H_2O)_5]^{2+} + H^+$$

Pentaaquahydroxidotitan(III)

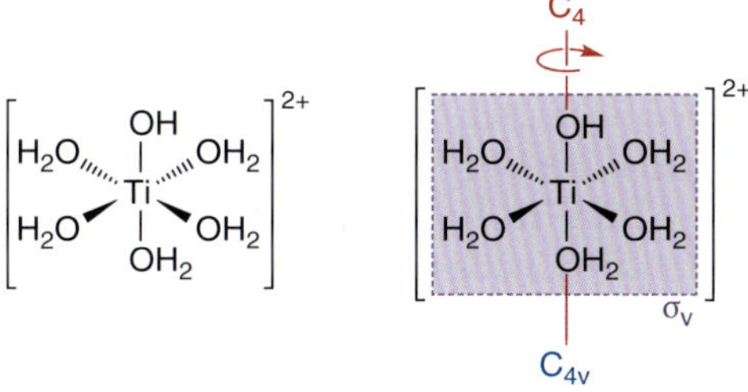

Eine 0,1-molare TiCl$_3$-Lösung in Wasser hat somit nach Gleichung 4.91 (▸ Kap. 4.10) einen pH-Wert von:

$$[a_{(H_3O^+)}] = -\frac{K_S}{2} + \sqrt{\left(\frac{K_S}{2}\right)^2 + K_S \cdot a^0_{(HA)}} = -\frac{10^{-2,3}}{2} + \sqrt{\frac{10^{-4,6}}{4} + 10^{-2,3} \cdot 10^{-1}} = 0{,}02$$

Nach Gleichung 4.75 (▸ Kap. 4.10) gilt dann:

$$pH = -\log a_{(H_3O^+)} = -\log 0{,}02 = 1{,}7$$

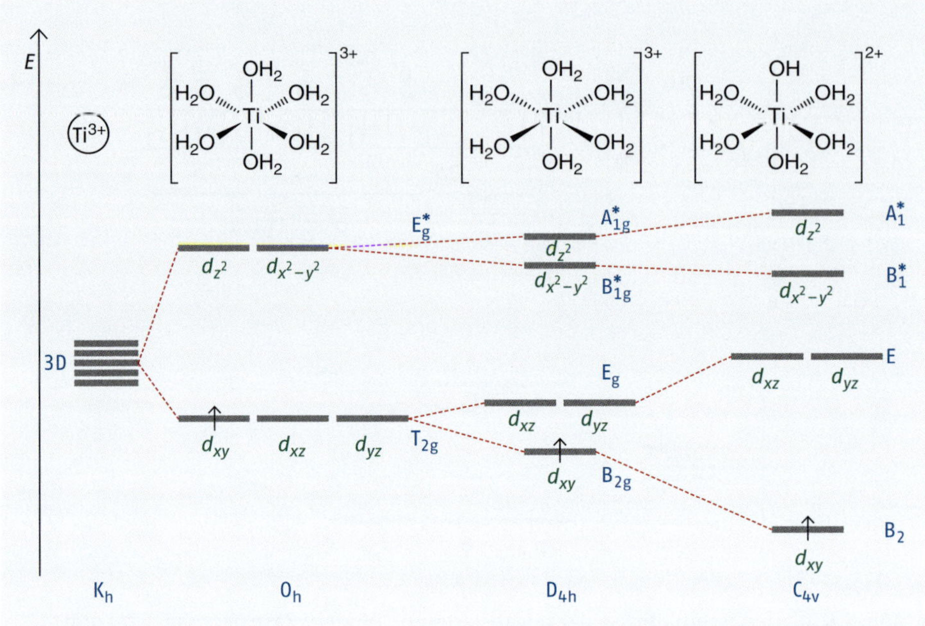

Abb. 7.5 Symmetrieerniedrigung bei der Protolyse hydratisierter Ti^{3+}-Ionen von K_h (Kugel), O_h (Oktaeder) über D_{4h} nach C_{4v}

Das Pentaaquahydroxidotitan(III)-Komplex-Ion, $[TiOH(H_2O)_5]^{2+}$, ist gegenüber dem Oktaeder symmetrieerniedrigt. Im Molekül verbleibt eine vierzählige Drehachse als Hauptachse des Moleküls. Inversionszentrum und alle C_2-Achsen sind verlorengegangen (→ C-Gruppe). Es verbleiben noch vier Spiegelebenen vertikal zur Hauptachse. Eine horizontale Spiegelebene fehlt (→ v-Gruppe). Das Molekül hat C_{4v}-Symmetrie. Da OHein stärkerer Ligand als Wasser ist (vgl. ▸ Kap. 6.2.1, spektrochemische Reihe) wird das Ligandenfeld in *z*-Richtung verstärkt. Damit werden alle *d*-Orbitale, die eine Ausdehnung in *z*-Richtung haben, relativ zu den in der *xy*-Ebene orientierten *d*-Orbitalen instabiler. Das $[TiOH(H_2O)_5]^{2+}$-Ion mit seiner d^1-Konfiguration weist also einen nichtentarteten Grundterm auf. Aufgrund von Konstitution und Geometrie erwartet man keine Jahn-Teller-Verzerrung. Die Auswirkung der Symmetrieerniedrigung auf die *d*-Orbitalenergien zeigt ○ Abb. 7.5. Die Aufhebung der Grundterm-Entartung bei der Bildung von $[TiOH(H_2O)_5]^{2+}$ trägt zusätzlich zur Säurestärke hydratisierter Ti^{3+}-Ionen bei.

Titan(III)-Ionen geben mit Alkalisulfaten Titanalaune, wobei die Titan-Ionen als Hexaaquakomplexe auskristallisieren:

$$[Ti(H_2O)_6]^{3+} + Cs^+ + 2\,SO_4^{2-} \rightleftharpoons CsTi(SO_4)_2 \times 6\,H_2O$$

In der Oxidationsstufe +III bildet Titan einen weniger stabilen Kompromiss zwischen Säurestärke und Molekülsymmetrie als in der Oxidationsstufe +IV. Ti^{3+}-Ionen sind starke Reduktionsmittel. Wässrige Lösungen müssen unter Stickstoff oder Wasserstoffatmosphäre gehalten werden, da Ti^{3+} Sauerstoff reduziert:

$$2\,[Ti(H_2O)_6]^{3+} + O_2 \longrightarrow 2\,TiO_2 + H_2O_2 + 6\,H^+ + 8\,H_2O$$

Titan(II)-Verbindungen

$TiCl_3$ disproportioniert bei hoher Temperatur zu $TiCl_2$ und $TiCl_4$. $TiCl_2$ bildet schwarze Kristalle. Die Ti^{2+}-Ionen sind im Kristall oktaedrisch koordiniert und sind mit ihrer d^2-Konfiguration paramagnetisch. TiO lässt sich aus Ti und TiO_2 herstellen:

$$2\,TiCl_3 \longrightarrow TiCl_2 + TiCl_4 \qquad Ti + TiO_2 \longrightarrow 2\,TiO$$

In der Oxidationsstufe +II sind die Titanverbindungen jedoch außerordentlich starke Reduktionsmittel. Bei Kontakt mit Wasser bilden sie unter Oxidation Wasserstoff. Für Ti^{2+} existiert daher keine Chemie in wässriger Lösung:

$$Ti^{2+} + 2\,H_2O \longrightarrow TiO_2 + H_2 + 2\,H^+$$

Magnetische Eigenschaften von Titanverbindungen

Liegt Titan in der Oxidationsstufe +IV vor, so hat das Metallatom eine d^0-Konfiguration. Folglich sind Ti(IV)-Verbindungen diamagnetisch, sofern die Bindungspartner keine ungepaarten Elektronen haben. Die $Ti^{3+}(d^1)$- und die $Ti^{2+}(d^2)$-Ionen sind aufgrund ihrer ungepaarten Elektronen paramagnetisch (▸ Kap. 2.6.2). Die Stärke des paramagnetischen Effekts einer chemischen Verbindung hängt in komplizierter Weise von der Zahl der ungepaarten Elektronen in ihren Molekülen ab. Qualitativ wird der paramagnetische Effekt aber immer stärker, je mehr ungepaarte Elektronen in einem Molekül vorhanden sind, da der Magnetismus der Moleküle in erster Linie vom Gesamtspindrehimpuls der Elektronen abhängt. Bei geeigneter Auswertung kann man aus der Stärke des paramagnetischen Effekts, den man an der Magnetwaage (○ Abb. 2.40, ▸ Kap. 2.6.2) beobachten kann, auf die Zahl der ungepaarten Elektronen in den Molekülen schließen. Ti^{3+}-Ionen sind paramagnetisch (1 ungepaartes Elektron pro Metallion) und Ti^{2+}-Ionen sind paramagnetisch (2 ungepaarte Elektronen pro Metallion).

Titan – Bedeutung in Biologie und Medizin

Über eine physiologische Bedeutung von Titansalzen wird kaum berichtet. Die medizinische Bedeutung von elementarem Titan ist jedoch erheblich. Metallisches Titan hat ausgezeichnete mechanische Eigenschaften. Titan ist sehr hart, aber verformbar; es ist korrosionsbeständig und ändert sein Volumen bei wechselnden Temperaturen kaum. Damit ist es ein ausgezeichnetes Metall für Prothesen und medizinische Implantate. Vor allem künstliche Hüftgelenke und Zahnprothesen werden aus Titan hergestellt. Abstoßungsreaktionen des Immunsystems sollen vorgekommen sein, sind aber vergleichsweise selten.

7.2.2 Zirkonium

Das Element Zirkonium kommt in der Natur vor allem als Zirkoniumsilicat ($ZrSiO_4$, Zirkon) und als Zirkoniumdioxid (ZrO_2, Zirkonerde) vor. Jedes zirkoniumhaltige Mineral enthält 0,1–1 % Hafnium. Beide Elemente haben aufgrund der Lanthanoidenkontraktion nahezu identische Ionenradien. Sie zeigen daher sehr ähnliche Eigenschaften und ihre Trennung ist somit schwierig. Sie gelingt heute aber gut durch Ionenaustauschverfahren.

Elementares Zirkonium ist ein glänzendes, weiches, sehr korrosionsbeständiges Metall. Man erhält es wie, bei Titan, durch Herstellung von $ZrCl_4$ aus ZrO_2:

$$ZrO_2 + 2\,C + 2\,Cl_2 \longrightarrow ZrCl_4 + 2\,CO \qquad ZrCl_4 + 4\,Na \longrightarrow Zr + 4\,NaCl$$

Im Gegensatz zu Titan ist $ZrCl_4$ ein Feststoff. Im Kristall sind die Metall-Ionen oktaedrisch von den Halogenid-Ionen umgeben. Bei hohen Temperaturen kann man das Halogenid verdampfen. In der Gasphase existiert es als tetraedrisch gebautes Molekül. $ZrCl_4$ hydrolysiert an feuchter Luft. Die Hydrolyse erfolgt jedoch nur bis zur Stufe des stabilen Oxidochlorids:

$$ZrCl_4 + H_2O \longrightarrow \underset{\text{Zirkonylchlorid}}{ZrOCl_2} + 2\,HCl$$

Zirkonylchlorid ist eine preisgünstige Synthesechemikalie und wird häufig als Ausgangsstoff verwendet, wenn in der Forschung Zirkoniumverbindungen hergestellt werden sollen. Löst man Zirkoniumchlorid in konzentrierter Salzsäure und sättigt die Lösung mit Cäsiumchlorid, so erhält man kristallines Chloridozirkonat:

$$ZrCl_4 + 2\,Cl^- + 2\,Cs^+ \longrightarrow Cs_2[ZrCl_6]$$

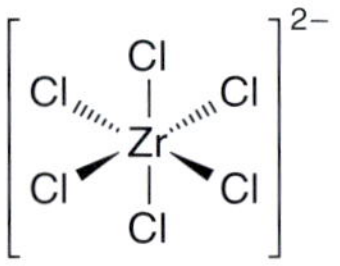

Cäsiumhexachloridozirkonat(IV)

Zr^{4+}-Ionen weisen wie Ti^{4+} d^0-Konfiguration auf und können nach *Gillespie* als AX_6-System betrachtet werden. Das Ion ist d^2sp^3-hybridisiert und daher oktaedrisch gebaut. In wässriger Lösung sind die Ionen nur begrenzt stabil, es laufen Gleichgewichtsreaktionen zu Hydroxidokomplexen ab:

$$[ZrCl_6]^{2-} + H_2O \rightleftharpoons \underset{\text{Pentachloridohydroxidozirkonat(IV)}}{[Zr(OH)Cl_5]^{2-}} + H^+ + Cl^-$$

Löst man Zirkonylchlorid ($ZrOCl_2$) in halbkonzentrierter Perchlorsäure oder Schwefelsäure, so bilden sich Lösungen vierwertiger Kationen, die aber komplizierte polymere, zumindest mehrkernige Strukturen aufweisen. Es werden Kationen der Zusammensetzung $[Zr_4(OH)_8]^{8+}$ diskutiert, in denen die Zirkonium-Ionen in einem Quadrat angeordnet und über Hydroxidobrücken miteinander verknüpft sind. Komplexe mit einfacher Polyederstruktur bilden sich nicht oder nur in geringem Ausmaß. Neutralisiert man solche Lösungen mit Natronlauge, so fällt leuchtend weißes ZrO_2 (mit wechselndem Wassergehalt) aus, das nur noch schwer in Lösung gebracht werden kann:

$$ZrOCl_2 + 2\,OH^- \longrightarrow ZrO(OH)_2 \equiv ZrO_2 \cdot H_2O + 2\,Cl^-$$

Schmilzt man ZrO_2 mit anderen Metalloxiden zusammen, so erhält man Mischoxide, die als Zirkonate bezeichnet werden:

$$ZrO_2 + Na_2O \longrightarrow \underset{\text{Natriumzirkonat}}{Na_2ZrO_3} \qquad ZrO_2 + CaO \longrightarrow \underset{\text{Calciumzirkonat}}{CaZrO_3}$$

Zirkonylchlorid ($ZrOCl_2$) bildet sowohl mit Phosphat als auch mit Hydrogenphosphat sehr stabile schwerlösliche Salze:

$$ZrOCl_2 + 2\,H_2PO_4^- \longrightarrow Zr(HPO_4)_2 + H_2O + 2\,Cl^-$$

$$3\,ZrOCl_2 + 4\,PO_4^{3-} + 6\,H^+ \longrightarrow Zr_3(PO_4)_4 + 3\,H_2O + 6\,Cl^-$$

Diese Reaktionen spielen eine große Rolle in der Analytik. Sie dienen zur Entfernung von Phosphat in analytischen Proben beim Kationentrennungsgang. Besonders interessant ist dabei Zirkoniumhydrogenphosphat, $Zr(HOPO_3)_2$. Es kristallisiert in einem Schichtgitter, das aus Zr^{4+}-Schichten und wasserhaltigen HPO_4^{2-}Schichten aufgebaut ist. Zwischen die wasserhaltigen Hydrogenphosphatschichten können Kationen aus der umgebenden Lösung eindringen und der ganze Kristall reagiert somit als reversibler Kationenaustauscher:

$$Zr(HPO_4)_2 + x\,Na^+ \rightleftharpoons Zr(HPO_4)_{2-x}(NaPO_4)_x + x\,H^+$$

7.2.3 Hafnium

Das Element Hafnium verhält sich nahezu gleich dem Zirkonium. Hafniumverbindungen unterscheiden sich von denen des Zirkoniums im Wesentlichen nur durch die quantitativen Werte von Löslichkeit und Flüchtigkeit. Es bilden sich die zu $ZrCl_4$ und $ZrOCl_2$ analogen Hafniumverbindungen:

$$HfO_2 + 2\,C + 2\,Cl_2 \longrightarrow HfCl_4 + 2\,CO$$

$$HfCl_4 + H_2O \longrightarrow \underset{\text{Hafnium-dichloridooxid}}{HfOCl_2} + 2\,HCl$$

Im Gegensatz zu Titan existieren keine Zirkonium(III)- oder Hafnium(III)-Salze, die sich in wässriger Lösung untersuchen ließen. Durch Reduktion von $ZrCl_4$ oder $HfCl_4$ mit Aluminium lassen sich $ZrCl_3$ und $HfCl_3$ erhalten. Es handelt sich aber um nichtstöchiometrische Verbindungen, die nur noch wenige Zr^{4+}- oder Hf^{4+}-Ionen in den Kristallgittern enthalten. Analog lassen sich auch die entsprechenden Bromide und Iodide gewinnen.

7.2.4 Schlussbetrachtungen

Weder bei den Elementen der dritten Nebengruppe (Sc, Y, La) noch bei den Elementen der vierten Nebengruppe (Ti, Zr, Hf) ist das in der Einleitung zu ▸Kap. 7 postulierte Modellverhalten von Übergangsmetall-Ionen zu erkennen. Man beobachtet keine stabilen, zweiwertigen Kationen und nur wenige der für sie typischen Fällungsreaktionen. Stattdessen zeigen die Elemente der dritten Nebengruppe in wässriger Lösung eine Aluminium-ähnliche Chemie und die Elemente der vierten Nebengruppe tendieren zu wenigen stabilen Verbindungen, vor allem zu M(IV)-Oxiden und den aus ihnen hervorgegan-

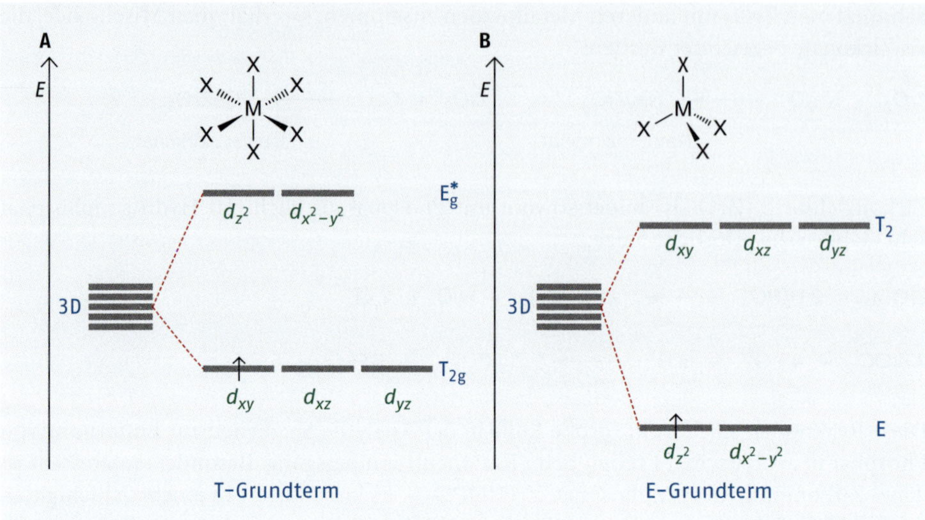

Abb. 7.6 Ligandenfeldaufspaltung bei Oktaeder- (A) und Tetraederkomplexen (B) bei einer d^1-Konfiguration

genen Mischoxiden (z. B. mit Alkali- und Erdalkalimetallen). Sie zeigen in allen Formen eine nur eingeschränkte Chemie in wässriger Lösung. Warum ist das so?

Bei der Diskussion von Elementen einer neuen Nebengruppe, stellt man die Elektronenkonfiguration für die Oxidationsstufe +II und den Ladungszustand der maximalen Oxidationsstufe mit der Elektronenkonfiguration d^0 auf. Anschließend müssen die Symmetrie des M^{2+}-Ions und die Reaktivität als Lewis-Säure für das Ion mit maximaler Oxidationsstufe betrachtet werden. Oft versteht man das chemische Verhalten des betreffenden Elements dann besser.

Bei den Elementen der dritten Nebengruppe besitzen die zweiwertigen M^{2+}-Ionen die Elektronenkonfiguration d^1. Diese hat sowohl im Tetraeder als auch im Oktaeder einen entarteten Grundzustand und ist daher vom Symmetrieargument her ungünstig (Abb. 7.6).

Die Nebengruppenelemente haben zu Beginn ihrer Periode relativ kleine Kernladungen. Ihre Atomkerne ziehen die *d*-Elektronen nicht stark an. Dadurch wird die Bildung hoher Oxidationsstufen erleichtert und geringe Oxidationsstufen destabilisiert. Für Sc, Y und La ist die Konsequenz eindeutig: Sie bilden dreiwertige Kationen und zeigen ein dem Element Aluminium ähnliches, chemisches Verhalten. Dreiwertige Kationen sind zwar hoch, aber nicht sehr hoch geladen und können in der Regel in wässriger Lösung existieren. Betrachtet man die Elemente der vierten Nebengruppe Ti, Zr und Hf, so sind deren Atome nur geringfügig härter und die Kerne nur wenig stärker geladen. Auch sie stehen noch weit am Anfang ihrer Perioden. Die zweiwertigen Kationen haben d^2-Konfiguration, die maximale Oxidationsstufe ist +IV. Diskutiert man hypothetische Tetraeder- und Oktaederkomplexe in der Oxidationsstufe M^{2+}, erhält man die in Abb. 7.7 gezeigte Ligandenfeldaufspaltung.

Der Oktaederkomplex hat mit dem T-Grundterm eine ungünstige Symmetrie. Der T_{2g}-Zustand ist entartet. Der Tetraederkomplex dagegen besitzt eine günstige A_2-Symmetrie. Der E-Zustand ist halb besetzt, der T_2-Zustand ist leer. Dies ergibt einen nichtent-

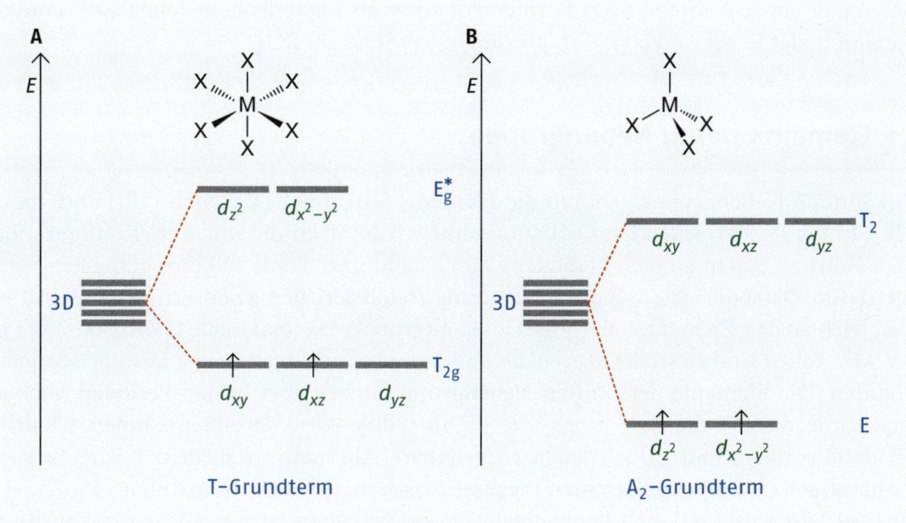

o Abb. 7.7 Ligandenfeldaufspaltung bei Oktaeder- (A) und Tetraederkomplexen (B) bei einer d^2-Konfiguration

arteten Grundzustand. Dennoch ist es durch eine tetraedrische Anordnung nicht möglich, Ti^{2+}, Zr^{2+} und Hf^{2+} in ihren Oxidationsstufen zu stabilisieren. Die Metalle sind dafür zu unedel. Bei den M^{2+}-Kationen sind die Elektronen viel zu locker gebunden. Sie reduzieren daher Wasser zu OHsowie Wasserstoff und kommen in wässriger Lösung nicht vor. Dies gilt übrigens in verstärktem Maße auch für die Oxidationsstufe 0. Isolierte, neutrale Atome von Ti, Zr und Hf reagieren in wässriger Lösung sofort unter Wasserstoffentwicklung mit Wasser und im Gaszustand, mit Sauerstoff gemischt, reduzieren sie sofort Sauerstoff zu Oxid. Dass die Elemente in metallischer Form vorkommen, ist der stabilisierenden Wirkung des Elektronengases zuzurechnen sowie der Oberflächenpassivierung (▸ Kap. 5.2, o Abb. 5.5). Da die Metallatome am Anfang der Periode sehr groß und weich sind, kommen auch ungewöhnlich hohe Oxidationsstufen ohne besondere Formen der Stabilisierung vor. In der maximalen Oxidationsstufe +IV haben die Ionen mit d^0-Konfiguration eine außerordentlich günstige A_1-Symmetrie. Dafür sind sie aber sehr starke Lewis-Säuren. Die hohe Säurestärke erlaubt in wässriger Lösung keine Bildung von Hexaaquametall(IV)-Ionen $[M(H_2O)_6]^{4+}$. Bei Titan dominieren immerhin noch einkernige Verbindungen, wobei auch Komplexstrukturen der Art $[TiO(H_2O)_5]^{2+}$ (TiO^{2+} = Titanyl-Ionen) und $[TiO(OH)(H_2O)_4]^+$ diskutiert werden. Zirkonium und Hafnium bilden in wässriger Lösung vorwiegend mehrkernige und oligomere Strukturen, ähnlich Pb^{2+} mit $[Pb_4(OH)_4]^{4+}$. In wässriger Lösung existieren daher keine wirklich günstigen Zustände. Die Elemente bilden dagegen stabile Feststoffe mit sehr hohen Gitterenergien.

Bewegt man sich nun innerhalb der Perioden in den Reihen der Übergangsmetalle nach unten, dann wird die Anziehung der d-Elektronen durch die steigenden Kernladungen schrittweise erhöht. Als Folge davon werden die niedrigeren Oxidationsstufen stabiler und bei Ionen in den maximalen Oxidationsstufen erhöht sich die Säurestärke weiter. Sie können daher nicht mehr in Form von Aqua- oder Hydroxidokomplexen existieren. Vielmehr bilden sie in zunehmendem Ausmaß Oxidokomplexe der Form MO_3^x oder MO_4^{x-}. MO_3^x-Formen existieren bei Übergangsmetallen vorwiegend im Feststoff oder in polymerer Form, während MO_4^xFormen vor allem als wasserlösliche Ionen vorkommen. Sie sind in der Regel isotyp zu Komplexionen wie SO_4^2oder PO_4^{3-}.

7.3 Elemente der 5. Nebengruppe

Zur fünften Nebengruppe gehören die Elemente Vanadium (V), Niob (Nb) und Tantal (Ta). In der vorherrschenden Oxidationsstufe +II besitzen die Ionen d^3-Konfiguration. Dies führt zu einem einfach besetztem T_2-Zustand und damit zu einer günstigen Symmetrie im Oktaeder. Die höhere Kernladung stabilisiert den zweiwertigen Zustand im Vergleich zu den Elementen der vierten Hauptgruppe. Die maximale Oxidationsstufe ist +V. M^{5+}-Ionen sind zu starke Säuren, als dass Hexahydrate in wässriger Lösung existieren könnten. Die Elemente der fünften Nebengruppe stehen aber in den Perioden noch so weit vorne, dass sie die Oxidationsstufe +V als stabile Form ausbilden können. Niedrige Oxidationsstufen sind jedoch leicht realisierbare Alternativen zu dem hochgeladenen Zustand, sodass man einen leichten Wechsel zwischen den Oxidationsstufen +V (d^0), +IV (d^1), +III (d^2) und +II (d^3) beobachtet. Dieses Verhalten ist vor allem für Vanadium typisch, kann aber auch bei seinen Homologen beobachtet werden.

7.3.1 Vanadium

Elementares Vanadium (V) ist zwar ein sehr unedles, aber wie Aluminium ein wirksam oberflächenpassiviertes Metall. Es ist kompakt, verformbar und wird durch verdünnte Mineralsäuren nicht angegriffen. Es löst sich jedoch in heißer konzentrierter Salpetersäure.

Der leichte Wechsel der Oxidationsstufen in den Vanadiumverbindungen ermöglicht ihre Verwendung als **Katalysatoren für Redoxreaktionen**. Ein wichtiges Beispiel ist die Oxidation von SO_2 zu SO_3 (▸ Kap. 5.7.3) zum Zweck der Schwefelsäureherstellung:

$$SO_2 + V_2O_5 \longrightarrow SO_3 + 2\,VO_2 \qquad 4\,VO_2 + O_2 \longrightarrow 2\,V_2O_5$$

$$SO_3 + H_2SO_4 \longrightarrow H_2S_2O_7 \qquad H_2S_2O_7 + H_2O \longrightarrow 2\,H_2SO_4$$

Vanadium(V)-Verbindungen

Verbrennt man Vanadiumpulver in reinem Sauerstoff, so entsteht das Oxid mit höchster Oxidationsstufe, Vanadium(V)-oxid:

$$4\,V + 5\,O_2 \longrightarrow 2\,V_2O_5$$

Vanadium(V)-oxid

Vanadium(V)-oxid ist in Wasser unlöslich, löst sich aber in Alkalihydroxiden unter Bildung von Oxidokomplex-Anionen:

$$V_2O_5 + 6\,OH^- \longrightarrow 2\,[VO_4]^{3-} + 3\,H_2O$$

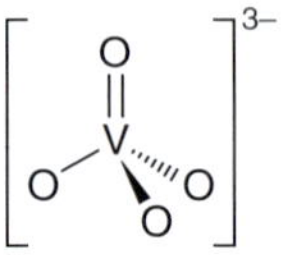

Vanadat(V)

Vanadate (z. B. Natriumvanadat, Na_3VO_4), kristallisieren auch als Salze aus. Da Vanadium(V)-Ionen d^0-Konfiguration aufweisen, gibt es auch keine *d*-Elektronen, die die Molekülgeometrie beeinträchtigen können. Daher können die Gillespie-Regeln angewendet werden. Das Vanadat-Ion ist ein AX_4-System und besitzt perfekte Tetraedergeometrie und -symmetrie. Vanadium ist sp^3-hybridisiert. Die V–O-Bindungen sind mesomeriestabilisiert und einheitlich. Gibt man Vanadat(V)-Lösungen Säure zu, so stellt sich zuerst ein Protolysegleichgewicht, dann ein Kondensationsgleichgewicht ein:

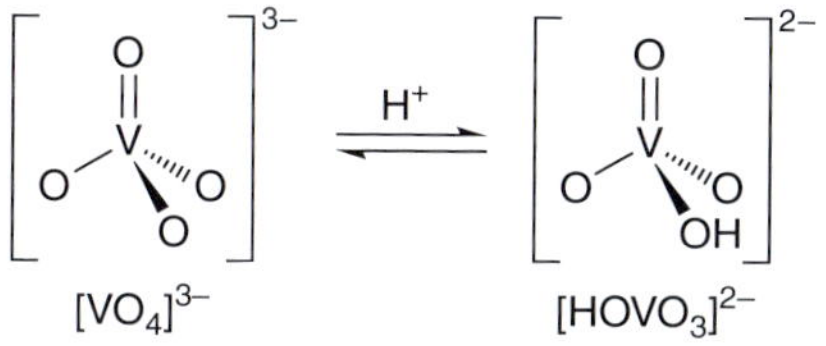

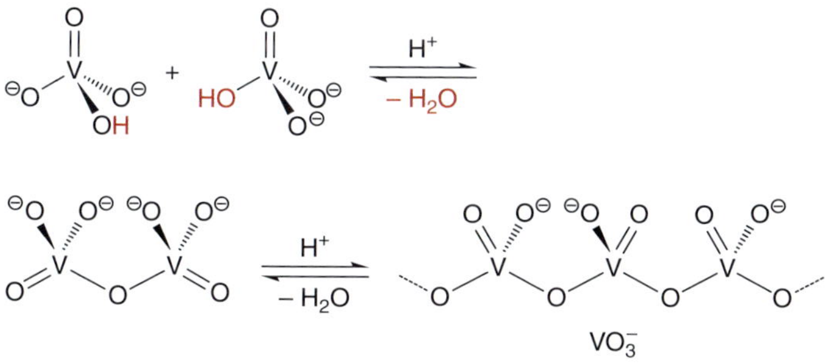

$$[VO_4]^{3-} \xrightleftharpoons{H^+} [HOVO_3]^{2-}$$

$$\text{Kondensation:} \quad 2\,[HOVO_3]^{2-} \xrightleftharpoons[-H_2O]{H^+} \ldots \xrightleftharpoons[-H_2O]{H^+} VO_3^-$$

Man erhält oligomere und polymere Formen, die als *meta*-Vanadate bezeichnet werden und durch die Summenformel $[VO_3]$beschrieben werden können. Bei pH-Werten kleiner als 2 beobachtet man Gleichgewichtskonzentrationen einkerniger, sogenannter Vanadyl-Kationen:

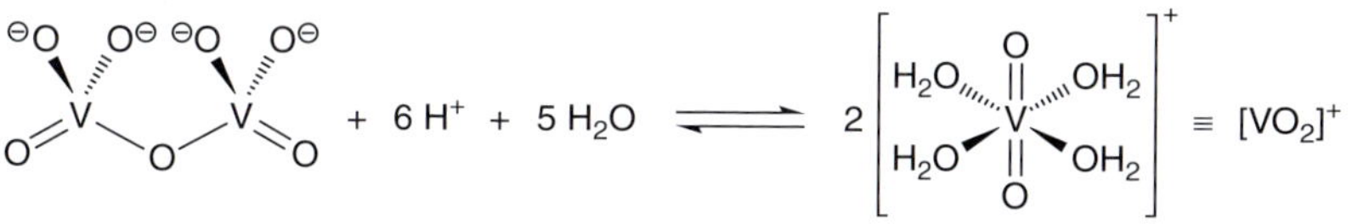

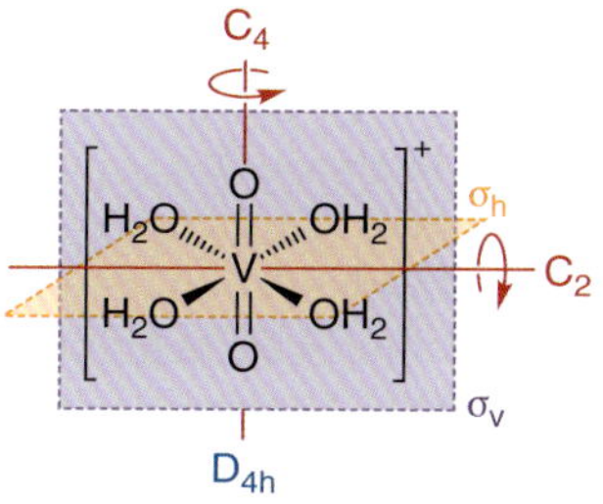

$$[V_2O_7]^{4-} + 6\,H^+ + 5\,H_2O \rightleftharpoons 2\,[VO_2(H_2O)_4]^+ \equiv [VO_2]^+$$

C4, σh, C2, σv, D4h

Vanadyl-Kationen stellen Übergangsstufen von Hexaaquakomplexen zu Oxidokomplexen dar. Man findet eine vierzählige Hauptachse C_4, eine horizontale Spiegelebene σ_h (→ h-Gruppe) und vier zweizählige Drehachsen C_2 senkrecht zur Hauptachse (→ D-Gruppe). Das Komplexmolekül hat damit D_{4h}-Symmetrie. Reagiert elementares

Vanadium mit Fluor bei hohen Temperaturen, so bildet sich VF_5. Es ist bei tiefer Temperatur fest, bei Raumtemperatur flüssig und siedet bei 50 °C. Im Gaszustand besitzt es eine trigonal-bipyramidale Struktur und bildet mit Alkalifluoriden hydrolyseempfindliche Komplexsalze wie $Na[VF_6]$. Die Komplexanionen sind oktaedrisch gebaut. In Wasser zerfallen sie in lösliches VF_5 und HF:

$$2\,V + 5\,F_2 \longrightarrow 2\,VF_5 \qquad VF_5 + F^- \longrightarrow [VF_6]^-$$

Vanadiumpentafluorid Hexafluoridovanadat(V)

Vanadium(IV)-Verbindungen

V_2O_5 ist ein Oxidationsmittel. Bei der Reaktion mit konzentrierter Salzsäure entwickelt sich Chlorgas und es entstehen wasserlösliche, tiefblaue Pentaaquaoxidovanadium(IV)-Ionen, $[VO(H_2O)_5]^{2+}$:

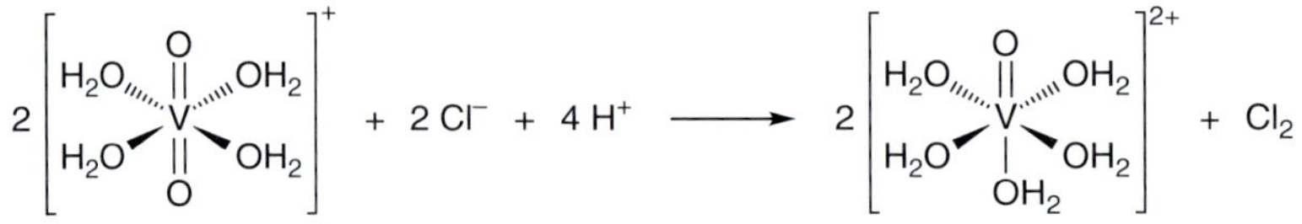

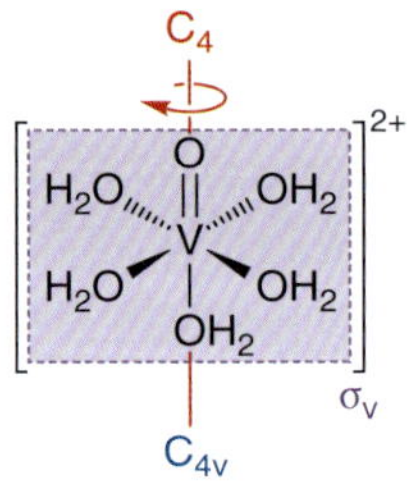

$$2\,[VO_2(H_2O)_4]^+ + 2\,Cl^- + 4\,H^+ \longrightarrow 2\,[VO(H_2O)_5]^{2+} + Cl_2$$

C_4, σ_v, C_{4v}

In Pentaaquaoxidovanadium(IV) hat Vanadium d^1-Konfiguration. Diese ist vom Symmetrieargument her sowohl für Oktaeder- als auch für Tetraederkomplexe ungünstig, weil sie zu entarteten Grundzuständen führt. Nun wird die Komplexsymmetrie aber durch den einen Oxidoliganden erniedrigt. Das Molekül behält eine vierzählige Drehachse und vier vertikale Spiegelebenen σ_v, verliert aber die horizontale Spiegelebene σ_h und die zweizähligen Drehachsen C_2; dies ergibt eine C_{4v}-Symmetrie. Die Punktgruppe C_{4v} hat eine viel geringere Symmetrie als D_{4h} oder das Oktaeder. Folglich spalten die im Oktaeder entarteten *d*-Orbitalzustände weiter auf: Der Komplex besitzt einen nichtentarteten Grundzustand (vgl. auch ○ Abb. 6.25, ▸ Kap. 6.2.4). Bei dieser Komplexkonstitution tritt keine Jahn-Teller-Verzerrung auf. Dies und die hohe Säurestärke des vierwertigen Kations begünstigen den Oxidokomplex gegenüber dem Hexaaquakomplex. In ○ Abb. 7.8 ist die Auswirkung eines Ligandenfelds mit C_{4v}-Symmetrie auf die *d*-Orbitalenergien gezeigt. Da der Oxidoligand ein stärkerer Ligand als Wasser ist, wird er eine höhere Ligandenfeldstärke verursachen. Alle Orbitale, die in *z*-Richtung ausgerichtet sind, werden relativ zu den Orbitalen in *xy*-Ausrichtung an Energie gewinnen und instabiler werden. Man bekommt also ein zur Situation in ○ Abb. 6.25 inverses Bild.

Das Oxidovanadium(IV)-Ion findet sich auch in Salzen wie $VO(SO_4) \cdot 5\,H_2O$ oder $VO(MoO_4) \cdot 5\,H_2O$, die besser als $[VO(H_2O)_5]SO_4$ und $[VO(H_2O)_5]MoO_4$ formuliert werden sollten. Sowohl die wässrigen Lösungen als auch die oben zitierten Salze sind paramagnetisch (1 ungepaartes Elektron pro Metallion).

Erhitzt man V_2O_5 in Gegenwart von Reduktionsmitteln, z. B. Oxalsäure, so entsteht dunkelblaues VO_2. VO_2 ist amphoter und löst sich in Säuren unter Bildung der oben beschriebenen Oxidovanadium-Ionen, in Basen bilden sich oligomere Cluster mit komplizierter Struktur.

Vanadium(III)-Verbindungen

Erhitzt man VO_2 unter Wasserstoffatmosphäre, dann bilden sich sukzessive V_2O_3 und VO. Reduziert man Oxidovanadium(IV)-Ionen in wässriger Lösung, dann erhält man grüne Hexaaquavanadium(III)-Komplexe, $[V(H_2O)_6]^{3+}$. In der Oxidationsstufe +III hat Vanadium d^2-Konfiguration. Bei dieser Konfiguration ist das Tetraeder (mit A_2-Grundterm) vor dem Oktaeder (mit T-Grundterm) energetisch begünstigt (Abb. 7.7). Dennoch bilden sich in wässriger Lösung Hexaaquakomplexe mit Jahn-Teller-verzerrter Oktaederstruktur. Der Grund hierfür ist, dass V^{3+}-Ionen noch relativ harte Säuren sind, und die Bindungsenergien der beiden zusätzlich koordinierten (harten) Wassermoleküle den Nachteil der ungünstigen Symmetrie kompensieren. Enthält die Lösung Chlorid-Ionen, so stellen sich folgende Gleichgewichtsreaktionen ein:

$$[VO(H_2O)_5]^{2+} + e^- + 2\,H^+ \longrightarrow$$

$$[V(H_2O)_6]^{3+} \underset{-\,2\,H_2O}{\overset{2\,Cl^-}{\rightleftharpoons}} [VCl_2(H_2O)_4]^{+}$$

Hexaaqua-vanadium(III)

Tetraaquadichlorido-vanadium(III) (D_{4h})

Nach einer im Vergleich zu Tetraaquadioxidovanadium(V), $[VO_2(H_2O)_4]^+$, analogen Argumentation hat Tetraaquadichloridovanadium(III), $[VCl_2(H_2O)_4]^+$, eine D_{4h}-Symmetrie. Die Symmetrie ist gegenüber dem Oktaeder erniedrigt, woraus ein nichtentarteter Grundzustand resultiert. Aufgrund der durch die Konstitution resultierende Symmetrieerniedrigung gibt es keine Jahn-Teller-Verzerrung. In Abb. 7.9 ist die Auswirkung der Symmetrieerniedrigung von $O_h \rightarrow D_{4h}$ für die d^2-Konfiguration in V^{3+} illustriert. Da Clein schwächerer Ligand als H_2O ist (vgl. ▸ Kap. 6.2.1, spektrochemische Reihe) wird das Ligandenfeld durch die Substitution in z-Richtung geschwächt. Alle Orbitale mit Ausdehnung in z-Richtung werden daher relativ zu den in xy-Richtung orientierten Orbitalen energetisch günstiger und stabiler werden.

Das Tetraaquadichloridovanadium(III)-Ion findet sich auch in festem, wasserhaltigem $VCl_3 \cdot 6\,H_2O$, das besser als $[VCl_2(H_2O)_4]Cl \cdot 2\,H_2O$ beschrieben werden sollte. VCl_3 nimmt ClIonen auf und bildet sowohl tetraedrische Tetrachloridovanadat(III)-Ionen, $[VCl_4]^-$, als auch verzerrt oktaedrische Hexachloridovanadat(III)-Ionen, $[VCl_6]^{3-}$. Das tet-

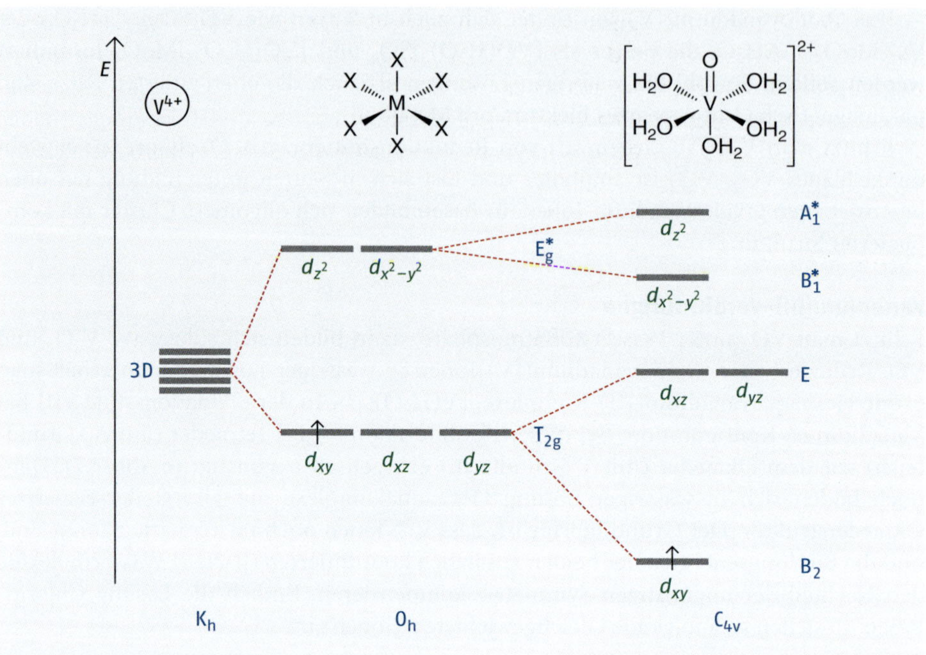

Abb. 7.8 Auswirkung der Symmetrieerniedrigung von K_h (Kugel) über O_h (Oktaeder) auf C_{4v} im Ligandenfeld auf die *d*-Orbitalenergien

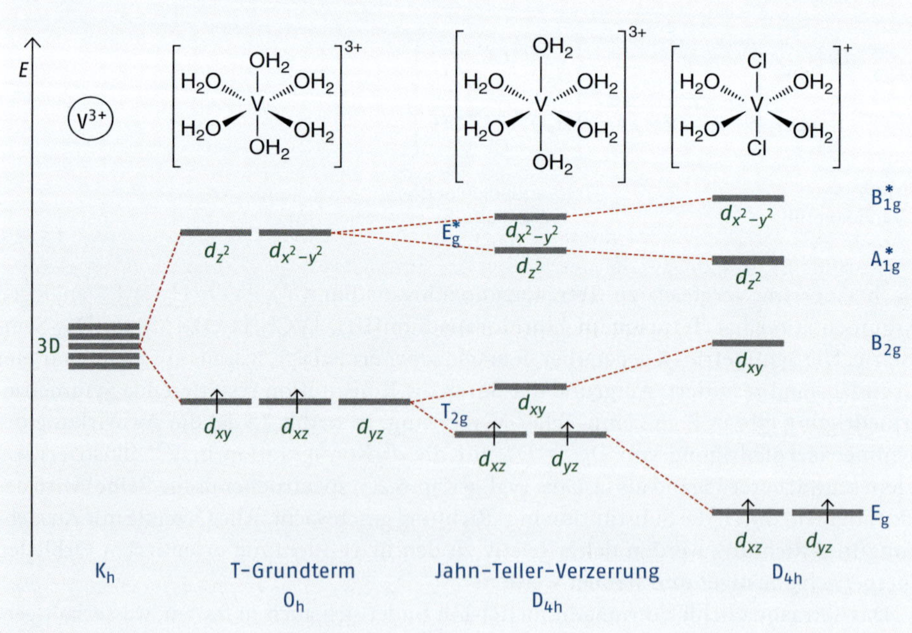

Abb. 7.9 Ligandenfeldaufspaltung bei hexakoordinierten V^{3+}-Komplexen mit d^2-Konfiguration

raedrische $[VCl_4]^-$ hat eine günstige A_2-Symmetrie im Grundzustand. $[VCl_6]^{3-}$ hat einen ungünstigen T-Grundzustand (Abb. 7.7), ist Jahn-Teller-verzerrt, hat dafür aber zwei Bindungen mehr ausgebildet und mehr Bindungsenergie freigesetzt. Beide Komplex-Ionen findet man in festen Vanadium(III)-Komplex-Salzen. Alle V^{3+}-Verbindungen haben d^2-Konfiguration und sind paramagnetisch (zwei ungepaarte Elektronen pro Metallion):

$$VCl_3 + Cl^- \longrightarrow [VCl_4]^-$$

Tetrachloridovanadat(III)

$$[VCl_4]^- + 2\,Cl^- \longrightarrow [VCl_6]^{3-}$$

Hexachloridovanadat(III)

Vanadium(II)-Verbindungen

Reduziert man Hexaaquavanadium(III)-Ionen (grün), so erhält man Hexaaquavanadium(II)-Ionen (violett):

$$[V(H_2O)_6]^{3+} + e^- \rightleftharpoons [V(H_2O)_6]^{2+}$$

Hexaaquavanadium(III) (Grün) Hexaaquavanadium(II) (Violett)

Die violetten, wässrigen Lösungen von $[V(H_2O)_6]^{2+}$ sind nicht stabil. Die Farbe schlägt nach einiger Zeit wieder in grün um. $[V(H_2O)_6]^{2+}$ reagiert mit Wasser unter Bildung von Wasserstoff und Hydroxid. In der Oxidationsstufe +II sind die *d*-Elektronen im Vanadium zu locker gebunden. V^{2+} wird zu einem starken Reduktionsmittel. Dennoch sind die Hexaaquavanadium(II)-Ionen in Salzen stabil, z. B. kennt man die Tuttonschen Salze wie $(NH_4)_2[V(H_2O)_6](SO_4)_2$, $Na_2[V(H_2O)_6](SO_4)_2$ und $K_2[V(H_2O)_6](SO_4)_2$. Dieses Paradoxon deutet darauf hin, dass die $[V(H_2O)_6]^{2+}$-Ionen nicht mit H_2O-Molekülen, sondern mit dem im Wasser durch Autoprotolyse gebildeten H_3O^+-Ionen reagieren:

$$2\,[V(H_2O)_6]^{2+} + 2\,H_3O^+ \longrightarrow [V(H_2O)_6]^{3+} + H_2 + 2\,H_2O$$

Des Weiteren existieren stabile Komplexe mit Ethylendiamin: $[V(H_2NCH_2CH_2NH_2)_3]^{2+}$. In der Oxidationsstufe +II hat Vanadium d^3-Konfiguration. Diese erlaubt einen symmetrisch günstigen A_2-Grundzustand in oktaedrischen Komplexen. Abb. 7.10 zeigt den Bindungszustand in oktaedrisch koordinierten V^{2+}-Komplexen.

Die d^3-Konfiguration ermöglicht im Oktaederfeld die Bildung von Innerorbitalkomplexen ohne jeden Aufwand an Spinpaarungsenergie. Auch schwache Liganden können

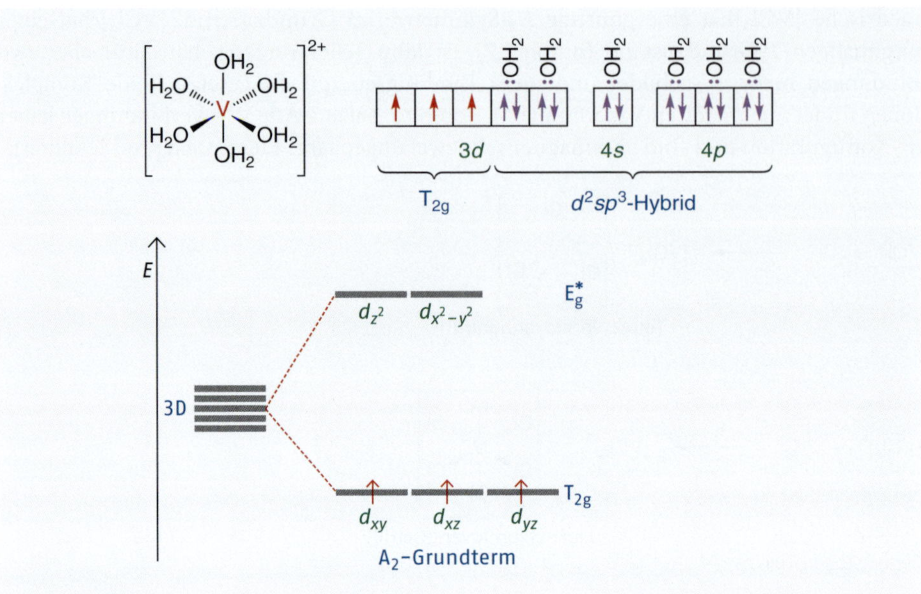

Abb. 7.10 $[V(H_2O)_6]^{2+}$: Kästchenschema (A) und Ligandenfeld-Diagramm (B)

diese Innerorbitalkomplexe bilden. Die Salze sind paramagnetisch (drei ungepaarte Elektronen pro Metallion).

Vanadium – Bedeutung in Biologie und Medizin

Tetraoxidovanadat(V) (VO_4^{3-}) und Phosphat (PO_4^{3-}) sind isotyp zueinander. Vanadat kann daher im Organismus anstelle von Phosphat reagieren und bindet dabei häufig fester als Phosphat. Dadurch werden Enzyme, die Phosphatgruppen von ATP auf Proteine übertragen (Kinasen) gehemmt. Vanadat stimuliert den Traubenzuckerabbau in der Leber und senkt damit den Blutzuckergehalt. An einem medizinischen Einsatz bei Diabetes wird geforscht. Die dazu nötigen Dosen scheinen aber toxisch zu sein.

7.3.2 Niob und Tantal

Die Elemente Niob (Nb) und Tantal (Ta) bilden Verbindungen in den Oxidationsstufen V, IV und III. Die Oxidationsstufe +V ist dabei die beständigste. Man kann die Metalle aus den Pentafluoriden durch Reduktion mit Natrium gewinnen oder Tantal durch Reduktion mit Kohlenstoff herstellen:

$$NbF_5 + 5\,Na \longrightarrow Nb + 5\,NaF \qquad Ta_2O_5 + 5\,C \longrightarrow 2\,Ta + 5\,CO$$

Beide Metalle sind sehr hart, beständig und lösen sich weder in Mineralsäuren noch Königswasser. Sie haben einen sehr hohen Schmelzpunkt, weshalb sie früher zur Herstellung von Glühlampen verwendet wurden. Aufgrund der Lanthanoidenkontraktion haben beide Atome oder Ionen in einheitlicher Oxidationsstufe ähnliche Ionenradien. Die chemischen Verbindungen beider Elemente entsprechen sich weitgehend. Eine auffällige Besonderheit beider Elemente ist, dass ihre Oxide Nb_2O_5 und Ta_2O_5 schwerlöslich in Wasser sind und nicht mit Säure reagieren. Um die Elemente in wässriger Lösung untersuchen zu können, muss man zuerst eine Alkalischmelze entweder in KOH oder besser in Na_2CO_3 herstellen:

$$Nb_2O_5 + 3\,CO_3^{2-} \longrightarrow 2\,NbO_4^{3-} + 3\,CO_2$$

$$Ta_2O_5 + 3\,CO_3^{2-} \longrightarrow 2\,TaO_4^{3-} + 3\,CO_2$$

Beim Lösen in Wasser bilden sich alkalische Niobate und Tantalate. In Salzen existieren diese Ionen als selbstständige tetraedrisch gebaute Einheiten. Man kennt vor allem die Niobate und Tantalate von Lanthan ($LaNbO_4$, $LaTaO_4$) und anderen Lanthanoiden. In wässriger Lösung bilden sich jedoch mehrkernige Clustermoleküle der Zusammensetzung $[Nb_6O_{19}]^{8}$und $[Ta_6O_{19}]^{8}$sowie ihre protonierten Formen. Bei Ansäuern über den Neutralpunkt fallen dann wasserhaltige Formen von $Nb_2O_5 \cdot (H_2O)_n$ und $Ta_2O_5 \cdot (H_2O)_n$ aus. Durch Abrauchen mit konzentrierter Schwefelsäure und Flusssäure kann man die Oxide teilweise wieder in Lösung bringen. Es bilden sich dann jedoch polymere Ketten komplizierter Zusammensetzung. Es gibt also keine einfache, übersichtliche Chemie in wässriger Lösung.

Niob und Tantal reagieren mit allen vier Halogenen zu Pentahalogeniden. Diese sind durch direkte Umsetzung aus den Elementen darstellbar:

$$4\,Nb + 10\,F_2 \longrightarrow Nb_4F_{20} \qquad 2\,Ta + 5\,Cl_2 \longrightarrow Ta_2Cl_{10}$$

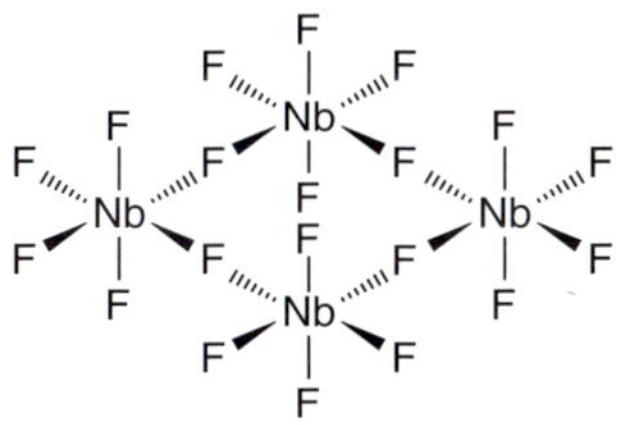

Tetramer

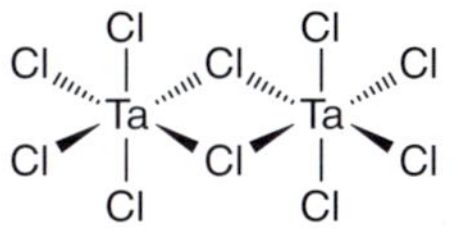

Dimer

Die Fluoride bilden dabei tetramere, die Chloride dimere Moleküle. Schmilzt man NbF_5 oder TaF_5 mit NaF zusammen, so erhält man die Komplexsalze $Na[NbF_6]$ und $Na[TaF_6]$. Nb_2O_5 und Ta_2O_5 sind schwerer zu reduzieren als V_2O_5. Man erhält NbO_2 und TaO_2 sowie Nb_2O_3 und Ta_2O_3, wobei diese Oxide aber keine perfekte stöchiometrische Zusammensetzung haben. Als definierte Verbindungen existieren alle Tetrahalogenide NbX_4 und TaX_4 sowie die Trihalogenide NbX_3 und TaX_3. Darüber hinaus kennt man Mischformen der unterschiedlichen Halogenide in komplizierter Zusammensetzung.

■ **MERKE** Bewegt man sich innerhalb einer Periode von Nebengruppenelementen von den leichteren zu den schweren Elementen, so wird die erhöhte Kernladung niedrige Oxidationsstufen immer deutlicher stabilisieren. Dabei hängt die Stabilität eines Oxidationszustands von der Säurestärke des Ions, aber auch von der Symmetrie des *d*-Elektronenzustands ab. Wenn beide Einflüsse in einer Oxidationsstufe günstig sind, wird diese die Chemie des Elements zumindest in wässriger Lösung dominieren. Sind beide Einflüsse in unterschiedlichen Oxidationsstufen günstig, so werden Kompromisse realisiert. Im Falle der weichen Elemente Niob und Tantal wird die höchste Oxidationsstufe +V angestrebt

und in allen Zustandsformen laufen Prozesse in Richtung der stabilen Metall(V)-oxide ab. Da diese auch noch schwerlöslich sind, bleibt die Chemie in wässriger Lösung eingeschränkt.
Im Falle von Vanadium zeigt die Oxidationsstufe +II eine stabile d^3-Konfiguration. Sie erlaubt eine günstige Symmetrie im Oktaeder. Das Vanadium-Atom ist aber noch zu elektropositiv, um als Hexaaquavanadium(II) in wässriger Lösung zu existieren. Es kommt jedoch in festen Komplexsalzen vor. In der Oxidationsstufe +III hat Vanadium eine moderate Säurestärke, aber durch die d^2-Konfiguration eine für ein Oktaeder ungünstige Symmetrie. Daher zeigen die Moleküle D_{4h}- und C_{4v}-Symmetrie, um die Entartung im Grundterm aufzuheben. In den Oxidationstufen +IV und +V ist das Vanadium-Ion eine zu starke Säure, daher werden keine Hexaaqua-Ionen sondern Oxidokomplexe gebildet. Die günstige Symmetrie und eine moderate Säurestärke führen zu ähnlich stabilen Verbindungen in den unterschiedlichen Oxidationsstufen. Vanadiumverbindungen sind daher als Katalysatoren für Redoxreaktionen interessant (z. B. bei der Schwefelsäuregewinnung aus Schwefeltrioxid, ▸Kap. 5.7.3).

7.4 Elemente der 6. Nebengruppe

Zu den Elementen der sechsten Nebengruppe gehören die Elemente Chrom (Cr), Molybdän (Mo) und Wolfram (W). Im Vergleich zu den Elementen Vanadium, Niob und Tantal haben die Vertreter der sechsten Nebengruppe höhere Kernladungen und damit kleinere Ionenradien. Die Anziehung des Kerns auf die *d*-Elektronen nimmt zu. Ihre maximale Oxidationsstufe ist +VI. Als sechswertige Kationen sind sie zu stark sauer, um Aquakomplexe zu bilden. Es wird daher interessant sein zu sehen, ob vor allem die schweren Elemente in der Oxidationsstufe +VI so stabile Oxidokomplexe bilden können, dass sie über das Oxid zu einfachen wasserlöslichen Komplexanionen werden können. In der Oxidationsstufe +II (d^4-Konfiguration) weisen weder Oktaeder noch Tetraeder eine günstige Symmetrie auf. **o** Abb. 7.11 zeigt die drei möglichen d^4-Konfigurationen.

Tetraeder bilden üblicherweise nur High-spin-Komplexe, weil das elektrostatische Feld von vier Liganden nicht stark genug ist, um eine Spinpaarung zu erzwingen. Alle drei Alternativen führen zu entarteten Grundtermen und einer Jahn-Teller-Verzerrung.

Dreiwertige Kationen besitzen d^3-Konfiguration, die für oktaedrische Komplexe nahezu „wie geschaffen" ist. Man erhält einen symmetrisch günstigen A_2-Grundterm mit einfach besetzten T_{2g}- und leeren E_g-Orbitalen. Die leeren E_g-Zustände ermöglichen auch schwachen Liganden, energetisch günstige Innerorbitalkomplexe zu bilden. Man erwartet eine vielseitige und einfach verständliche Chemie der Oxidationsstufe +III in wässriger Lösung.

7.4.1 Chrom

Bei elementarem Chrom (Cr) handelt es sich um ein silberglänzendes Metall, das sehr hart, aber verformbar ist. Es wird entweder durch Reduktion mit Aluminium aus seinen Oxiden (**aluminothermische Metalldarstellung**) oder elektrolytisch gewonnen. Reines Chrom wird selten verwendet. Man benutzt es als Legierungsbestandteil für Stahl oder als Metallüberzug zum Korrosionsschutz. Dabei zeigt reines Chrom interessante Eigenschaften. Versucht man nämlich reines Chromblech in verdünnten Säuren zu lösen, so ergeben

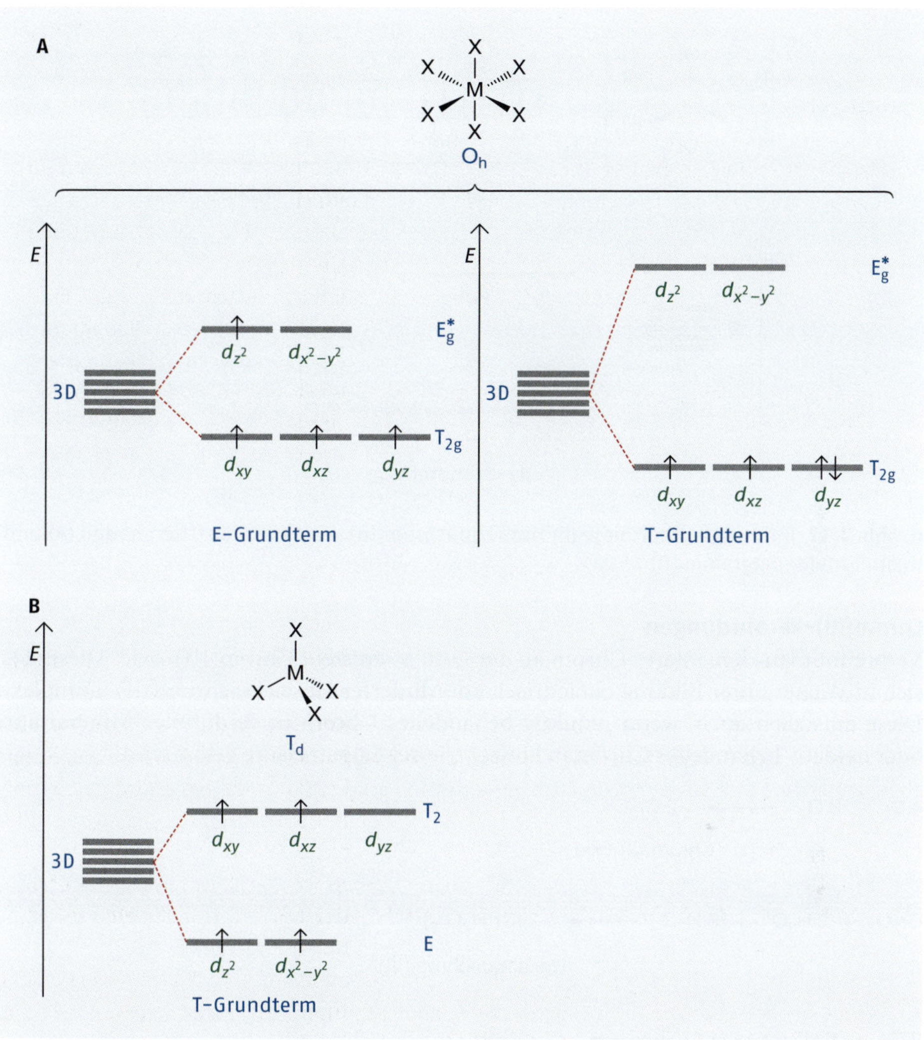

Abb. 7.11 Grundterm-Symmetrien für eine d^4-Konfiguration bei Oktaeder- (A) und Tetraederkomplexen (B)

sich höchst unterschiedliche Beobachtungen. Wird Chromblech unter positiver Spannung (also als Anode) in Wasser getaucht, überzieht es sich mit einer Schicht aus Chromoxid. Auf diese Weise passiviertes Chrom löst sich nicht in verdünnten Mineralsäuren. Das Redoxpotenzial ist dann mit $E^0 = +\ 1{,}5\,V$ positiver als von Wasserstoff. Passiviertes Chrom kann nur in heißen, konzentrierten, oxidierenden Säuren wie z. B. HNO_3 aufgelöst werden. Legt man jedoch ein negatives Potenzial an das Chromblech an (und macht es zur Kathode), dann wird die Oxidschicht reduktiv zerstört und Chrom löst sich unter Bildung von Wasserstoff schon in verdünnter HCl ($E^0 = -0{,}7\,V$). Stahl kann auf diese Weise elektrolytisch verchromt werden: Man taucht einen Stahlgegenstand in eine Chromsalzlösung und scheidet kathodisch Chrom ab. Zum Schluss wird ein positives Potenzial angelegt und die Chromoberfläche passiviert. Man erhält dadurch verchromten Stahl, der einen kalten, blauen Glanz besitzt und außerordentlich korrosionsbeständig ist.

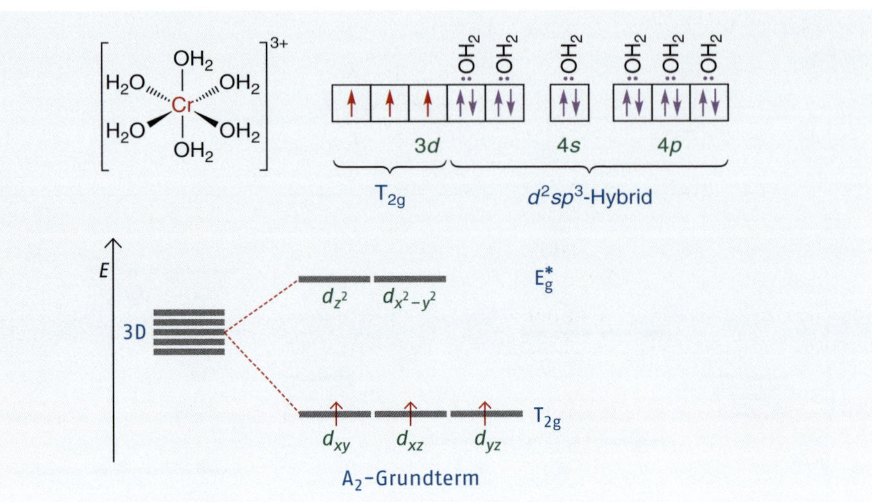

o Abb. 7.12 Bindungsverhältnisse im Hexaaquachrom(III)-Komplex: Kästchenmodell (A) und Ligandenfeld-Diagramm (B)

Chrom(III)-Verbindungen

Verbrennt man elementares Chrom an der Luft, so entsteht Chrom(III)-oxid. Dieses löst sich in Wasser unter Bildung oktaedrisch koordinierter Hexaaquachrom(III)-Komplexe. Diese entstehen auch, wenn reduktiv behandeltes Chrom in verdünnter Mineralsäure oder oxidativ behandeltes Chrom in konzentrierter Salpetersäure gelöst wird:

$$4\,Cr + 3\,O_2 \longrightarrow 2\,Cr_2O_3$$

Chrom(III)-oxid

$$Cr_2O_3 + 6\,H_3O^+ + 3\,H_2O \longrightarrow 2\,[Cr(H_2O)_6]^{3+}$$

Hexaaquachrom(III)

$$2\,Cr + 6\,H^+ + 12\,H_2O \longrightarrow 2\,[Cr(H_2O)_6]^{3+} + 3\,H_2$$

Reduktiv behandelt

$$Cr + HNO_3 + 4\,H_2O + 3\,H^+ \longrightarrow [Cr(H_2O)_6]^{3+} + NO$$

Oxidativ behandelt

Wie erwartet, erhält man Chromverbindungen in der Oxidationsstufe (+III) mit d^3-Konfiguration der Cr^{3+}-Kationen. o Abb. 7.12 zeigt die Bindungsverhältnisse im entstehenden Hexaaquachrom(III)-Komplex-Ion, $[Cr(H_2O)_6]^{3+}$.

Die Bindungsverhältnisse im $[Cr(H_2O)_6]^{3+}$ entsprechen denen im Hexaaquavanadium(II), $[V(H_2O)_6]^{2+}$ (o Abb. 7.10). Es gibt jedoch einen Unterschied: Die erhöhte Anziehung des Cr^{3+}-Atomkerns auf die *d*-Elektronen $[Cr(H_2O)_6]^{3+}$ bewirkt, dass die Verbindung kein starkes Reduktionsmittel ist. Es reagiert stattdessen als schwache Säure:

$$[Cr(H_2O)_6]^{3+} + H_2O \xrightleftharpoons{pK_S = 4{,}0} [Cr(OH)(H_2O)_5]^{2+} + H_3O^+$$

Pentaaquahydroxidochrom(III)

Eine 0,1-molare Chromsalzlösung hat nach Gleichung 4.91 (▸ Kap. 4.10) einen pH-Wert von:

$$\left[a_{(H_3O^+)}\right] = -\frac{K_S}{2} + \sqrt{\left(\frac{K_S}{2}\right)^2 + K_S \cdot a^0_{(HA)}} = -\frac{10^{-4}}{2} + \sqrt{\frac{10^{-8}}{4} + 10^{-4} \cdot 10^{-1}} = 0{,}00311$$

Nach Gleichung 4.75 (▸ Kap. 4.10) gilt:

$$\text{pH} = -\log\left[a_{(H_3O^+)}\right] = -\log 0{,}00311 = 2{,}507$$

Das Hexaaquachrom(III)-Ion hat eine violette Eigenfarbe. In Gegenwart von Halogeniden oder Sulfaten stellen sich Ligandenaustauschgleichgewichte ein:

$$[Cr(H_2O)_6]^{3+} + Cl^- \rightleftharpoons [CrCl(H_2O)_5]^{2+} + H_2O$$

Pentaquachloridochrom(III)
(Grün)

Durch diese Ligandenaustauschgleichgewichte erhalten Chrom(III)-Salzlösungen ihre charakteristische grüne Farbe. Gibt man vorsichtig verdünnte Lauge hinzu, dann bildet die konjugierte Base Pentaaquahydroxidochrom(III) mehrkernige Komplexe, die schließlich zur Bildung von schwerlöslichem $Cr(OH)_3$ führen:

$$[Cr(OH)(H_2O)_5]^{2+} + [Cr(OH)(H_2O)_5]^{2+} \xrightleftharpoons[]{-2\,H_2O} [(H_2O)_4Cr(\mu\text{-}OH)_2Cr(H_2O)_4]^{4+} \xrightleftharpoons[-8\,H_2O]{4\,OH^-} Cr(OH)_3\downarrow$$

Frisch gefälltes $Cr(OH)_3$ ist in konzentrierter Natronlauge begrenzt löslich. Dabei bilden sich Hydroxidokomplexe, die sogenannten Chromite:

$$Cr(OH)_3 + OH^- + 2\,H_2O \longrightarrow [Cr(OH)_4(H_2O)_2]^-$$

Diaquatetrahydroxidochromat(III)

Cr^{3+} gehört jedoch nicht zu den klassischen amphoteren Ionen. Die Löslichkeit der Chromite ist gering, die Lösungen sind metastabil. Sie altern unter Rückbildung von schwerlöslichem, wasserhaltigem Cr_2O_3. Behandelt man Chrom(III)-Salzlösungen mit Ammoniak, Carbonat, Sulfid oder Phosphat, dann bildet sich mit allen basischen Fällungsmitteln gallertartiges grünes $Cr(OH)_3$. Lediglich in schwach alkalischer Lösung bildet sich mit Hydrogenphosphat ein weißer voluminöser Niederschlag von Chromphosphat:

$$[Cr(H_2O)_6]^{3+} + HPO_4^{2-} \longrightarrow 6\,H_2O + H^+ + CrPO_4\downarrow$$

Versetzt man eine grüne Chrom(III)-Salzlösung mit einem Überschuss an Cyanid, so tritt eine deutliche Farbaufhellung ein. Es bildet sich Hexacyanidochromat(III):

$$[Cr(H_2O)_6]^{3+} + 6\,CN^- \longrightarrow \underset{\text{Hexacyanidochromat(III)}}{[Cr(CN)_6]^{3-}} + 6\,H_2O$$

Das Cyanid-Ion ist ein starker Ligand. Im Komplex wird sich aber lediglich der Energieunterschied zwischen T_{2g}- und E_g^*-Orbitalen vergrößern. Da die d^3-Konfiguration Innerorbitalkomplexe auch mit sehr schwachen Liganden erlaubt, ändern sich weder Koordinationsgeometrie noch magnetische Eigenschaften der Komplexe. Sowohl der Hexaaqua- als auch der Hexacyanidokomplex sind aufgrund der drei ungepaarten Elektronen pro Komplexmolekül paramagnetisch.

Aluminiumoxid (Al_2O_3) (▸ Kap. 5.3.2) besitzt ein sehr kompaktes Kristallgitter. Eine Modifikation ist der Korund, ein Halbedelstein. Im Kristallgitter des Korunds sind die Aluminium-Ionen oktaedrisch von Sauerstoff-Ionen umgeben. Ersetzt man im Kristallgitter des Korunds einen kleinen Teil der Al^{3+} Ionen durch Cr^{3+} Ionen, so nimmt der Kristall eine tiefrote Farbe an (○ Abb. 7.13, B). Man erhält den Edelstein Rubin. Da die Cr^{3+}-Ionen größer als die Al^{3+}-Ionen sind, werden die Cr^{3+}-Ionen im Kristall zusammengerückt. Die Ligandenfeldstärke des Oxids wird dadurch erhöht und das Cr^{3+}-Ion absorbiert nicht rotes Licht wie im $[Cr(H_2O)_6]^{3+}$, sondern blaues Licht. Dadurch fehlt Blau im reflektierten Licht und der Kristall erscheint rot.

Löst man Hexacyanidochromat(III) in konzentriertem Ammoniak, so kommt es zu einem partiellen Ligandenaustausch von CNund NH_3:

$$[Cr(CN)_6]^{3-} + 2\,NH_3 \longrightarrow \underset{\text{Diammintetracyanidchromat(III)}}{[Cr(CN)_4(NH_3)_2]^-} + 2\,CN^-$$

Man erhält Ammin-Mischkomplexe, für die es bei Cr^{3+} sehr viele Beispiele gibt. Das bekannteste und wichtigste Beispiel ist das Reinecke-Salz, $NH_4[Cr(NCS)_4(NH_3)_2]$ (○ Abb. 7.14), das zur Kristallisation großer Kationen benutzt wird. Die Oktaedersymmetrie ist durch die beiden *trans*-ständigen Amminliganden erniedrigt. Das Molekül besitzt eine C_4-Achse als Hauptachse, eine horizontale Spiegelebene (→ h-Gruppe) und vier zweizählige Drehachsen senkrecht zur Hauptachse (→ D-Gruppe). Daher hat das Molekül D_{4h}-Symmetrie. Das Thiocyanat-Ion ist ein bifunktioneller Ligand. Die Elektronenpaare von Schwefel und Stickstoff verhalten sich als Lewis-Basen. Da Cr^{3+} aufgrund seiner dreifach positiven Ladung ein relativ hartes Ion darstellt, erfolgt die Koordination am härteren Stickstoff und nicht am weicheren Schwefel.

Chrom(II)-Verbindungen

Reduziert man violettes $[Cr(H_2O)_6]^{3+}$ mit Zink, so bildet sich blaues $[Cr(H_2O)_6]^{2+}$:

$$[Cr(H_2O)_6]^{3+} + e^- \longrightarrow [Cr(H_2O)_6]^{2+}$$

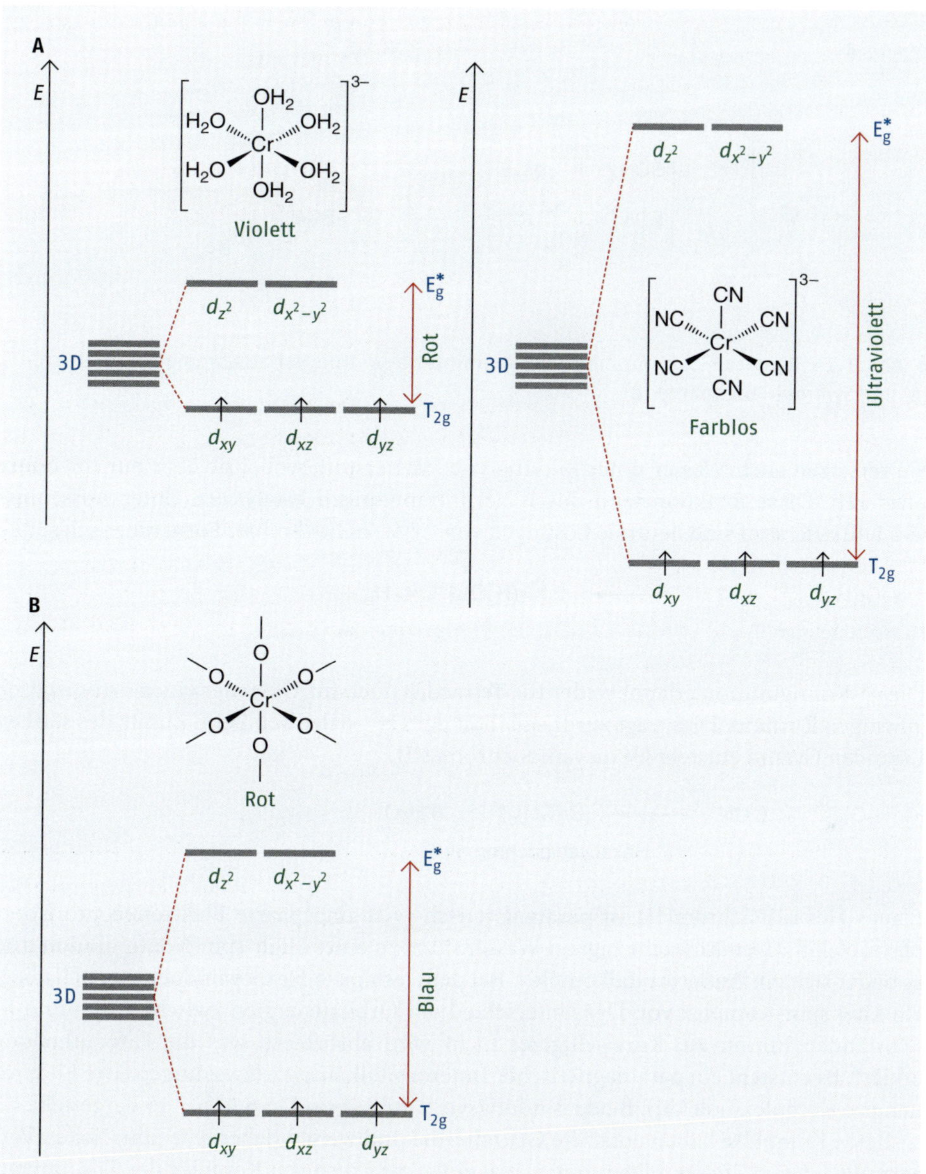

Abb. 7.13 Erklärung für die Farbeffekte beim Ligandenaustausch von Wasser gegen Cyanid (A) und bei Einlagerung von Cr^{3+} in Al_2O_3 (B)

Chrom liegt hier in der Oxidationsstufe +II vor. Cr^{2+} weist d^4-Konfiguration auf und ist ein starkes Reduktionsmittel. Lösungen von Cr(II)-Salzen sind an der Luft instabil. Sie absorbieren Luftsauerstoff und überführen diesen in Hydroxid:

$$4\,[Cr(H_2O)_6]^{2+} + O_2 + 4\,H^+ \longrightarrow 4\,[Cr(H_2O)_6]^{3+} + 2\,H_2O$$

7

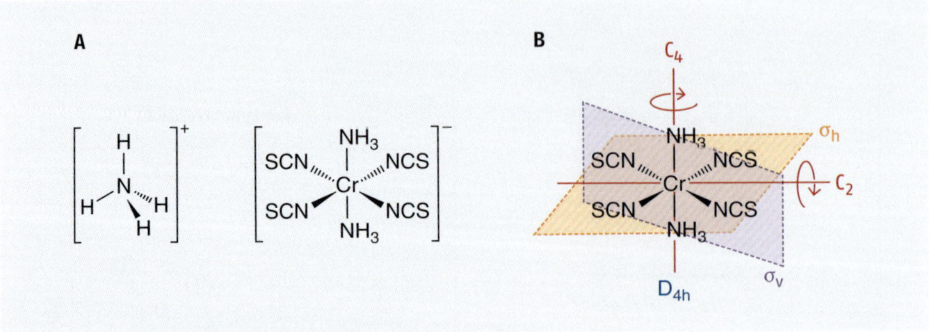

o Abb. 7.14 Reinecke-Salz (Ammoniumdiammintetra-*N*-thiocyanatochromat(III)): Struktur (A) und Symmetrieelemente (B)

Sie zersetzen auch Wasser unter Bildung von Wasserstoff, wobei sie aber nur mit Säure reagieren. Diese Reaktion wird durch Verunreinigungen katalysiert. Unter Ausschluss von Luftsauerstoff sind neutrale Lösungen von Cr(II) in hochreiner Form kinetisch stabil:

$$2\,[Cr(H_2O)_6]^{2+} + 2\,H^+ \longrightarrow 2\,[Cr(H_2O)_6]^{3+} + H_2$$

Hexaaquachrom(II)

Die d^4-Konfiguration erlaubt weder für Tetraeder noch für Oktaeder einen symmetrisch günstigen Zustand. Dies trägt zur Instabilität der Cr^{2+}-Salze bei. Beim Zusatz des starken Liganden Cyanid entsteht Hexacyanidochromat(II):

$$[Cr(H_2O)_6]^{2+} + 6\,CN^- \longrightarrow [Cr(CN)_6]^{4-} + 6\,H_2O$$

Hexacyanidochromat(II)

Blaues Hexaaquachrom(II) ist paramagnetisch (vier ungepaarte Elektronen pro Komplexmolekül). Der schwache Ligand Wasser führt zu einer High-spin-Konfiguration und es bildet sich ein Außerorbitalkomplex. Bei dem farblosen Hexacyanidochromat(II) liegt ein Low-spin-Komplex vor. Der Unterschied der Orbitalenergien zwischen T_{2g}- und E_g^* -Zuständen nimmt zu. Kurzwelligeres Licht wird absorbiert, was die Farbaufhellung erklärt. Es entsteht ein paramagnetischer Innerorbitalkomplex (zwei ungepaarte Elektronen pro Komplexmolekül). Beide Bindungsverhältnisse sind in o Abb. 7.15 dargestellt.

Beide Komplexe haben entartete Grundterme und weisen daher eine Jahn-Teller-Verzerrung auf. Cr^{2+}-Ionen bilden mit Acetat einen zweikernigen Komplex der Zusammensetzung $[Cr_2(OAc)_4(H_2O)_2]$ (o Abb. 7.16), der überraschenderweise diamagnetisch ist. Die diamagnetische Eigenschaft der Verbindung lässt sich durch eine Vierfachbindung zwischen beiden Chrom-Ionen erklären. o Abb. 7.16 zeigt die Orientierung der *d*-Orbitale, die die Überlappung und Bildung von vier bindenden Elektronenpaaren zwischen beiden Chromeinheiten ermöglicht. Der Komplex ist jedoch luftempfindlich und kann nur unter Schutzgas aufbewahrt werden.

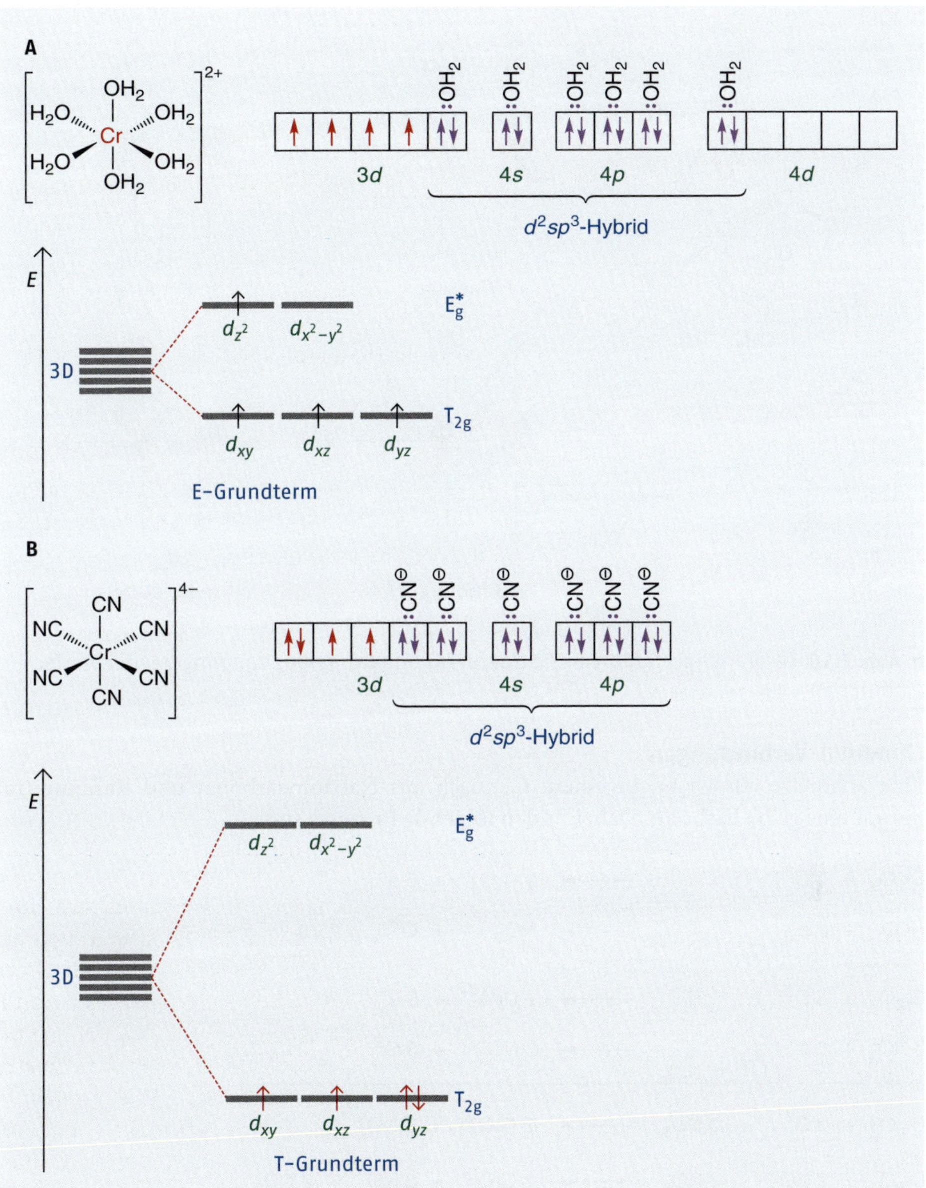

Abb. 7.15 Bindungsverhältnisse von $[Cr(H_2O)_6]^{2+}$ (A) und $[Cr(CN)_6]^{4-}$ (B): jeweils Kästchenmodell und Ligandenfeld-Diagramm

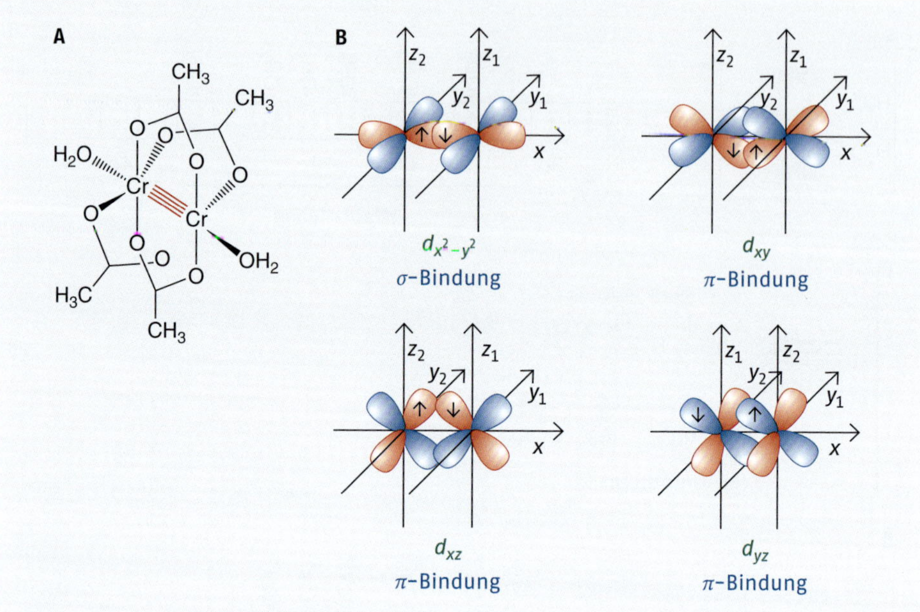

Abb. 7.16 Chrom(II)-acetatdihydrat: Struktur (A) und Orbitalüberlappung bei der Vierfachbindung (B)

Chrom(VI)-Verbindungen

Eine Schmelze aus Cr_2O_3 in einem Gemisch aus Natriumcarbonat und Kaliumnitrat nimmt eine gelbe Farbe an. Dabei finden folgende Prozesse statt:

$$Cr_2O_3 + 5\,O^{2-} \longrightarrow 2\,CrO_4^{2-} + 6\,e^-$$

$$NO_3^- + 2\,e^- \longrightarrow NO_2^- + O^{2-} \quad | \times 3$$

$$Cr_2O_3 + 5\,O^{2-} \longrightarrow 2\,CrO_4^{2-} + 6\,e^-$$

$$3\,NO_3^- + 6\,e^- \longrightarrow 3\,NO_2^- + 3\,O^{2-}$$

$$Cr_2O_3 + 2\,O^{2-} + 3\,NO_3^- \longrightarrow 2\,CrO_4^{2-} + 3\,NO_2^-$$

$$Cr_2O_3 + 2\,CO_3^{2-} + 3\,NO_3^- \longrightarrow 2\,CrO_4^{2-} + 3\,NO_2^- + 2\,CO_2$$

Dieser Prozess ist als Oxidationsschmelze bekannt und überführt Chromverbindungen der Oxidationsstufe +III in Chromat(VI) (CrO_4^{2-}). Im Chromat(VI)-Ion, korrekt Tetraoxidochromat(VI), besitzt das Chrom-Ion d^0-Konfiguration. Da die *d*-Orbitale leer sind, gelten die Gillespie-Regeln: Bei Chromat(VI) handelt es sich um ein AX_4-System, das Chrom-Ion ist sp^3-hybridisiert und damit tetraedrisch gebaut. Der totalsymmetrische Grundzustand besitzt A_1-Symmetrie. Löst man die Schmelze in Wasser, so erhält man eine gelbe Lösung. Das Chromat(VI)-Ion ist wasserlöslich, isotyp zu Sulfat und wie dieses mesomeriestabilisiert:

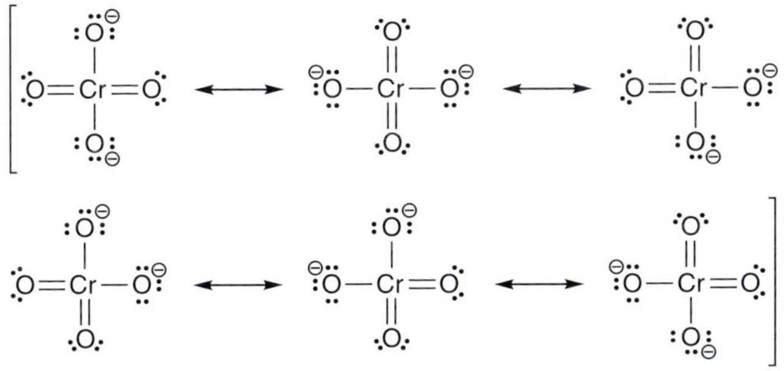

Chromat (VI)

Das Cr^{6+}-Ion ist eine so starke Lewis-Säure, sodass Aquakomplexe auch partiell nicht mehr gebildet werden. Es entsteht ein MO_4^{x}Ion, eine häufige Form löslicher Übergangsmetallverbindungen in der höchsten Oxidationsstufe. Aus alkalischer Lösung lassen sich die Chromate als Salze kristallisieren: Natriumchromat (Na_2CrO_4) und Kaliumchromat (K_2CrO_4). Chromat(VI) ist ein wichtiges Fällungsmittel für Erdalkali- und Blei(II)-Ionen:

$$Sr^{2+} + CrO_4^{2-} \xrightleftharpoons{pK_L = 4,5} SrCrO_4\downarrow$$

$$Ba^{2+} + CrO_4^{2-} \xrightleftharpoons{pK_L = 9,7} BaCrO_4\downarrow \qquad Pb^{2+} + CrO_4^{2-} \xrightleftharpoons{pK_L = 18,8} PbCrO_4\downarrow$$

Diskutiert man Löslichkeiten im Sinne der erweiterten Pearson-Theorie, so muss man den Chromat-Ionen als Ganzes weiche Eigenschaften zusprechen. Da die Erdalkali-Ionen von Magnesium zu Barium immer weicher werden, handelt es sich bei Bariumchromat um die schwerlöslichste Verbindung der Erdalkalichromate. Im Widerspruch dazu steht die deutlich geringere Löslichkeit von $PbCrO_4$, da Pb^{2+}-Ionen aufgrund der Lanthanoidenkontraktion und der deutlich höheren Kernladung bei gleichem Quantenniveau der Valenzorbitale härter als Ba^{2+}-Ionen sind. Wie jedoch bereits in ▸Kap. 5.4.5 erörtert, liegen Pb^{2+}- und Ba^{2+}-Ionen in wässriger Lösung nicht gleicher Form vor. Pb^{2+}-Ionen bilden in wässriger Lösung keine vollständig solvatisierten, einkernigen Ionen, sondern mehrkernige Clustermoleküle. Dadurch befinden sich die gelösten Pb^{2+}-Ionen als mehrkernige Komplexe im Vergleich zu den einkernigen Ba^{2+}-Ionen in einem Zustand mit geringerer und damit ungünstiger Entropie.

Gibt man Säure zu einer wässrigen Kaliumchromatlösung, wird das Chromat-Ion zu Hydrogenchromat ($HCrO_4^-$) protoniert. Hydrogenchromat ist eine schwache Säure (pK_S = 6,5). Eine weitere Protonierung zu Chromsäure (H_2CrO_4) kann nicht stattfinden, weil sich vorher ein Kondensationsgleichgewicht einstellt (Chromat-Dichromat-Gleichgewicht):

$$CrO_4^{2-} + H^+ \xrightleftharpoons{K_S^{-1} = 10^{6,5}} HCrO_4^-$$

$$2\,CrO_4^{2-} + 2\,H^+ \xrightleftharpoons{K_S^{-2} = 10^{13,0}} 2\,HCrO_4^-$$

$$2\,HCrO_4^{2-} \xrightleftharpoons{K = 10^{1,6}} Cr_2O_7^{2-} + H_2O$$

$$2\,CrO_4^{2-} + 2\,H^+ \xrightleftharpoons{K_{Gesamt} = K_S^{-2} \times K = 10^{14,6}} Cr_2O_7^{2-} + H_2O$$

$$^{\ominus}O{-}Cr(=O)_2{-}OH + HO{-}Cr(=O)_2{-}O^{\ominus} \rightleftharpoons {}^{\ominus}O{-}Cr(=O)(O^{\ominus}){-}O{-}Cr(=O)(O^{\ominus}){-}O^{\ominus} + H_2O$$

Dichromat

Erhöht man die Säurekonzentration weiter, dann polymerisiert Dichromat sehr rasch zu CrO_3, Chrom(VI)-oxid. Aus der Reaktionsgleichung des Chromat-Dichromat-Gleichgewichts ist ersichtlich, dass in alkalischem Milieu Chromat(VI) dominiert, während im Sauren Dichromat vorherrscht. Reduziert man die Protonenaktivität, dann verschiebt sich das Kondensationsgleichgewicht auf die Seite des Chromats. In saurer Lösung ist Dichromat ein starkes Oxidationsmittel und wird als solches häufig eingesetzt; die Reduktion von Dichromat kann man durch folgende Halbreaktion formulieren:

$$Cr_2O_7^{2-} + 6\,e^- + 14\,H^+ \xrightleftharpoons{E^0 = 1{,}36\,V} 2\,Cr^{3+} + 7\,H_2O$$

Nach *Nernst* (○ Gleichung 4.130, ▸ Kap. 4.12.2) gilt für das Normalpotenzial einer Lösung aus Dichromat und Cr^{3+}-Ionen:

$$E = E^0_{(Cr^{3+};Cr_2O_7^{2-})} - \frac{14}{6} \cdot 0{,}059\,pH + \frac{0{,}059}{6} \log \frac{a_{(Cr_2O_7^{2-})}}{a^2_{(Cr^{3+})}}$$

Eine Lösung von 1 mol/L Dichromat ($Cr_2O_7{}^{2-}$) und 1 mol/L Cr^{3+} hat in 1 M Säure ein Potenzial von $E = E^0 = 1{,}36$ V. Die Gleichung zeigt, dass das Redoxpotenzial dieser Lösung mit steigendem pH-Wert, also in zunehmend alkalischem Milieu, abnimmt. Dies ist auch, jedoch in geringerem Ausmaß, für die Reduktion des sich bildenden CrO_4^2Ions der Fall. In alkalischer Lösung ist CrO_4^2dann nur noch ein schwaches Oxidationsmittel. CrO_4^2ist vor allem als Fällungsmittel bedeutsam. Eine Lösung von 1 mol/L Dichromat und 1 mol/L Cr^{3+} in einem Essigsäure-Acetat-Puffer mit pH = 5 besitzt dagegen ein Redoxpotenzial von:

$$E = E^0\ 0{,}1377\,pH = 0{,}672\ V$$

Man verdünnt die Lösung, sodass gilt:

$$a_{(Cr_2O_7^{2-})} = a_{(Cr^{3+})} = 0{,}1$$

Für das Potenzial nach *Nernst* ergibt sich dadurch:

$$E = E^0_{(Cr^{3+};Cr_2O_7^{2-})} - \frac{14}{6} \cdot 0{,}059\,pH + \frac{0{,}059}{6} \log \frac{a_{(Cr_2O_7^{2-})}}{a^2_{(Cr^{3+})}} = 0{,}672\,V + \frac{0{,}059}{6} \log \frac{10^{-1}}{10^{-2}} = 0{,}682\,V$$

Das Redoxpotenzial ist von der Gesamtkonzentration der Elektrolyte abhängig, die reduzierte Form ist im Quadrat zu berücksichtigen.

Eine Lösung von Kaliumdichromat in verdünnter Schwefelsäure wird als **Jones-Reagenz** bezeichnet und in der organischen Chemie eingesetzt, um Alkohole zu oxidieren. Sekundäre Alkohole wie Isopropanol werden zu Ketonen, primäre Alkohole werden zu Carbonsäuren oxidiert:

$$R_2CH{-}OH \rightleftharpoons R_2C{=}O + 2\,e^- + 2\,H^+$$

Sekundärer Alkohol — Keton

$$RCH(OH)_2 + H_2O \rightleftharpoons RC(=O)OH + 4\,e^- + 4\,H^+$$

Primärer Alkohol — Säure

Mischt man Dichromat mit Kochsalz und erhitzt die Mischung zusammen mit konzentrierter Schwefelsäure, so destilliert eine grüne, flüchtige Flüssigkeit ab. Diese wird in alkalischer Lösung spontan zu gelbem Chromat hydrolysiert. Bei der grünen Flüssigkeit handelt es sich um das Säurechlorid der Chromsäure, Chromylchlorid:

$$Cr_2O_7^{2-} + 4\,Cl^- + 9\,H^+ \xrightarrow{H_2SO_4} 3\,H_3O^+ + 2\,CrO_2Cl_2$$

Chromylchlorid

Chromylclorid lässt sich, mangels *d*-Elektronen, nach den Gillespie-Regeln diskutieren. Es handelt sich um ein AX_4-System, sp^3-hybridisiert mit tetraedrischer Koordinationsgeometrie. Da das Molekül aber zwei verschiedene Substituenten hat, ist seine Symmetrie erniedrigt. Die Hauptachse ist eine zweizählige Drehachse C_2. Es fehlen die dazu senkrechten C_2-Drehachsen (→ C-Gruppe) ebenso wie eine horizontale Spiegelebene (→ v-Gruppe). Das Molekül hat wie Wasser C_{2v}-Symmetrie und ein Dipolmoment mit negativem Pol auf der Sauerstoffseite.

Behandelt man eine saure, kalte Lösung von Dichromat mit Wasserstoffperoxid, so färbt sich die Lösung blau. Extrahiert man die blaue Lösung mit Ether, dann erhält man Chromperoxide, etwas sonderbar gestaltete Komplexmoleküle:

$$Cr_2O_7^{2-} + 4\,H_2O_2 + 2\,H^+ \longrightarrow 2\,CrO_5 + 5\,H_2O$$

Chromperoxid

7

Trotz der Summenformel CrO_5 darf man auf keinen Fall Chrom die Oxidationsstufe +X zuordnen. Chrom hat weiterhin die Oxidationsstufe +VI. Die Bildung von Chromperoxid ist keine Redox-, sondern eine Lewis-Säure-Base-Reaktion. Am besten formuliert man Chromperoxid nicht als CrO_5, sondern als $Cr\overset{-II}{O}(\overset{-I}{O}_2)_2$:

$$Cr_2O_7^{2-} + 4\,H_2O_2 + 2\,H^+ \longrightarrow 2\,CrO(O_2)_2 + 5\,H_2O$$

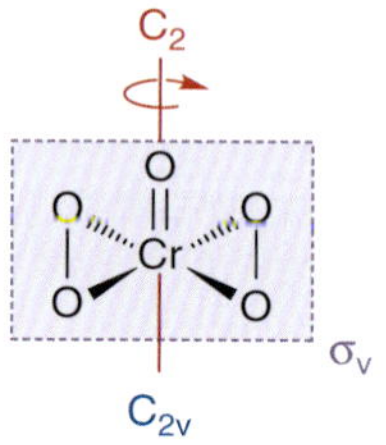

C_2

σ_v

C_{2v}

Chromperoxid wird wegen seiner tetragonal-pyramidalen Struktur, bestehend aus nur drei Liganden, auch als Schmetterlingsmolekül bezeichnet. In seiner idealen Koordinationsgeometrie weist es C_{2v}-Symmetrie auf. Die Punktgruppe ist aber nicht ganz korrekt, da die Molekülstruktur verzerrt ist. Im pentakoordinierten Komplex ist Chrom nämlich nicht gesättigt. Schüttelt man Chromperoxid mit Ether aus, dann wird eine sechste Koordinationsstelle besetzt. Überraschenderweise führt dies aber nicht zu einer oktaedrischen Koordinationsgeometrie, sondern zu einer pentagonalen Pyramide:

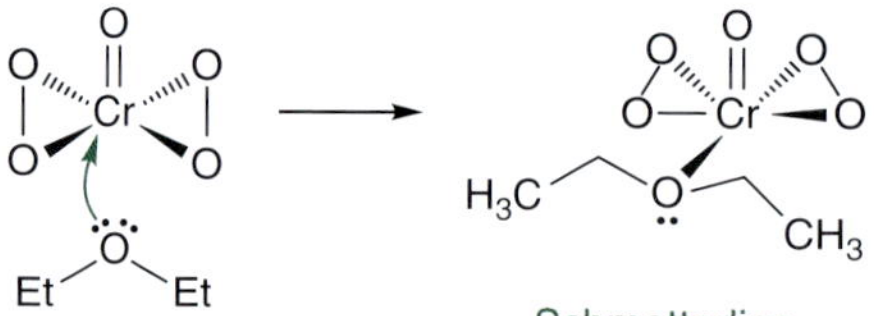

Schmetterling

Wie es zu dieser pentagonal-pyramidalen Struktur kommt, kann man sich anhand des Kästchenschemas verdeutlichen. ○ Abb. 7.17 zeigt die Bindungsverhältnisse in einem hypothetischen Komplex mit oktaedrischer Koordinationsgeometrie im Vergleich mit der experimentell gefundenen Struktur. In einer oktaedrischen Koordinationsgeometrie werden die Bindungen zu den Liganden von einem d^2sp^3-Hybridzustand gebildet. Die drei T_{2g}-Orbitale (in der lokalen Oktaedersymmetrie) bleiben leer und unbesetzt. Durch die sehr hohe Ladungsdichte des Cr^{6+}-Ions werden die Bindungselektronen in diese energetisch günstigeren Zustände nahezu gewaltsam hineingezogen. Dadurch entsteht ein d^3sp^2-Hybrid, das aber ein viel ungünstigeres Koordinationspolyeder erzeugt. Das dz^2-Orbital ist das einzige Orbital in der Hybridisierungsgruppe, das sich in z-Richtung ausdehnt. Es bindet das Oxido-Ion. d_{xy}- und $d_{x^2-y^2}$-Orbitale mischen sich mit dem verbleibenden sp^2-Hybridzustand und es entstehen fünf Hybridorbitale, die alle in xy-Richtung orientiert sind.

Die entstandene pentagonale Pyramide ist sterisch außerordentlich ungünstig, da sich die Liganden darin sehr viel näher kommen als in einem (pseudo-)oktaedrischen Zustand. Deshalb finden solche Prozesse in Oktaedermolekülen (Hexaaqua- oder Hexacyanidokomplexen) mit d^1- oder d^2-Konfiguration, wo sie theoretisch denkbar wären, auch nicht statt: Einerseits ist das Cr^{6+}-Ion hochgeladen. Dadurch wird der Energieunterschied zwischen d- und sp^x-Niveau größer und die Tendenz, die d-Orbitale zu besetzen, wird folglich verstärkt. Andererseits scheitert die Besetzung der d-Orbitale über die E_g-Zustände hinaus in der Regel daran, dass hochgeladene Ionen klein sind und fünf Liganden in einer Ebene darum keinen Platz finden. Der Abstand zwischen den Sauerstoffatomen ist jedoch

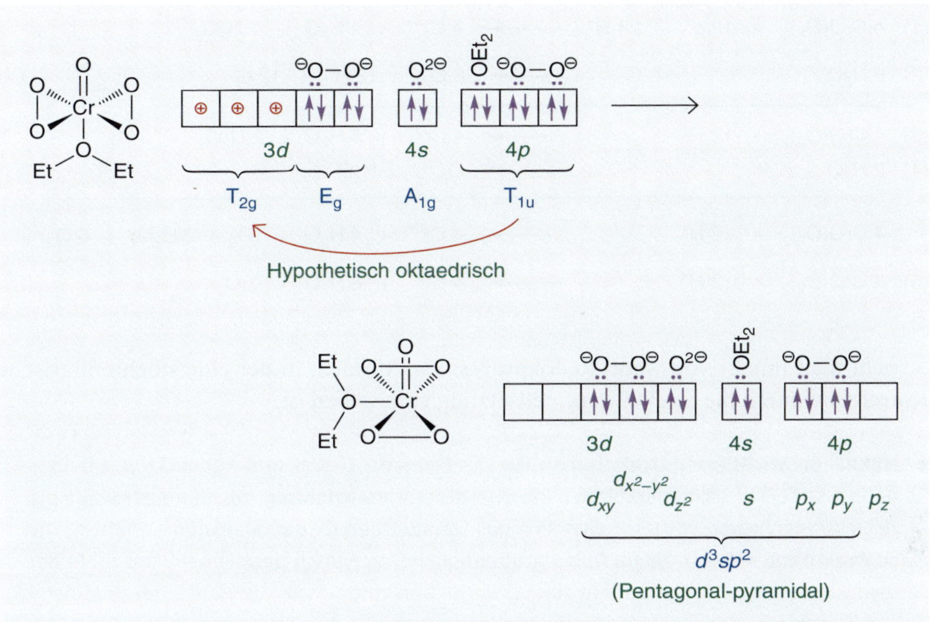

Abb. 7.17 Chromperoxid: Bindungsverhältnisse in einem hypothetischen Oktaeder (**A**) und der experimentell gefundenen pentagonalen Pyramide (**B**)

durch die Bindungen im Peroxid-Ion künstlich verkürzt, sodass die Anordnung von fünf Liganden um das kleine Cr^{6+}-Ion gerade eben noch möglich wird.

Erhitzt man die blauen Lösungen (Chromperoxid), so beobachtet man einen Farbumschlag nach Grün. Als Zersetzungsprodukt entsteht eine Lösung von Cr^{3+}-Salzen: Im Gegensatz zur Bildung ist die Zersetzung von Chromperoxid eine Redoxreaktion. Diese Redoxreaktion hat aber die Besonderheit, dass Chromperoxid sowohl Oxidationsmittel als auch Reduktionsmittel ist. Unglücklicherweise stimmt die stöchiometrische Korrelation der Redoxreaktionspartner nicht mit dem Reaktanden-Verhältnis im Molekül überein. Reagiert ein Cr^{6+}-Ion mit einem Peroxid im Komplex, so bleibt formal ein „halbes" Peroxid pro Cr^{6+} übrig. Den Prozess kann man wie folgt formulieren:

1. Die Halbreaktion für $Cr^{6+} \rightarrow Cr^{3+}$: Dabei entsteht Peroxid.
2. Die Halbreaktion von $H_2O_2 \rightarrow O_2$
3. Man vergleicht beide Halbreaktionen über die Elektronenbilanz: Es bleibt H_2O_2 übrig.
4. Die Zersetzung von H_2O_2 zu O_2
5. Man setzt Gleichung 4 in Gleichung 3 ein und kürzt die stöchiometrischen Koeffizienten auf das ganzzahlige Minimum.

$$
\begin{array}{llcl}
(1) & 4\,CrO(O_2)_2 + 12\,e^- + 24\,H^+ & \longrightarrow & 4\,Cr^{3+} + 4\,H_2O + 2\,H_2O_2 \\
(2) & 6\,H_2O_2 & \longrightarrow & 6\,O_2 + 12\,H^+ + 12\,e^- \\
\hline
(3) & 4\,CrO(O_2)_2 + 12\,H^+ & \longrightarrow & 4\,Cr^{3+} + 4\,H_2O + 2\,H_2O_2 + 6\,O_2 \\
(4) & 2\,H_2O_2 & \longrightarrow & O_2 + 2\,H_2O \\
\hline
 & 4\,CrO(O_2)_2 + 12\,H^+ & \longrightarrow & 4\,Cr^{3+} + 4\,H_2O + (O_2 + 2\,H_2O) + 6\,O_2 \\
(5) & 4\,CrO(O_2)_2 + 12\,H^+ & \longrightarrow & 4\,Cr^{3+} + 6\,H_2O + 7\,O_2
\end{array}
$$

So geht man immer vor, wenn Redoxprozesse stattfinden, in der eine stöchiometrische Korrelation durch die Eduktzusammensetzung vorgegeben ist.

■ **MERKE** Die wichtigsten Oxidationsstufen des Elements Chrom sind +III und +VI. Die Oxidationsstufe +III ist die stabilere. Bei Chrom ist die Anziehung des Atomkerns auf die *d*-Elektronen schon so stark, dass sich das Element den Oxidationsstufen annähert, die zu Beginn von ▶Kap. 7 als für Nebengruppenelemente typisch bezeichnet wurden. In der Oxidationsstufe +II ist Chrom ein starkes Reduktionsmittel, was aber auch der ungünstigen Symmetrie der d^4-Zustände zuzuschreiben ist. Die Oxidationsstufe +VI wird durch tetraedrisch gebaute und mesomeriestabilisierte Oxidokomplexe, Chromat(VI), stabilisiert. In saurer Lösung polymerisieren Chromat-Ionen, wobei dimeres Dichromat(VI) in einem weiten pH-Bereich die vorherrschende Form darstellt. Das in saurer Lösung stabile Dichromat ist ein starkes Oxidationsmittel. Das in alkalischer Lösung stabile Chromat eignet sich als Fällungsmittel für schwere Erdalkali-Ionen, Blei und einige andere Schwermetalle.

Chrom – Bedeutung in Biologie und Medizin

Ob Cr^{3+}-Salze überhaupt eine biologische Bedeutung als Spurenelement für unsere Ernährung haben, ist umstritten. Gesundheitliche Beeinträchtigungen aufgrund von Chrommangel wurden vermutet, konnten jedoch bislang nicht sicher nachgewiesen werden. $Cr(OH)_3$ ist schwerlöslich. Da im Darm kein saures Milieu wie im Magen herrscht, wird Cr^{3+} nach seiner Aufnahme mit der Nahrung kaum resorbiert. Dies gilt nicht mehr für die löslichen Chromat(VI)- und Dichromat(VI)-Ionen. Diese gelangen in die Blutbahn und wirken dort als aggressive Oxidations- und Fällungsmittel. Durch Schädigung der DNA wirken sie stark mutagen und karzinogen.

7.4.2 Molybdän

Molybdän (Mo) kommt in vielen sulfidischen und oxidischen Erzen vor. Beim Rösten dieser Erze (= starkes Erhitzen) bleibt in der Regel MoO_3 im Gemisch mit anderen Salzen übrig. Durch Hydrierung mit Wasserstoff lässt sich daraus elementares Molybdän gewinnen:

$$2\,MoS_2 + 7\,O_2 \xrightarrow{\Delta} 2\,MoO_3 + 4\,SO_2 \qquad MoO_3 + 3\,H_2 \longrightarrow Mo + 3\,H_2O\uparrow$$

Molybdän ist ein sprödes, weißes Metall und aufgrund von Oberflächenpassivierung gegenüber Luftsauerstoff und verdünnten Mineralsäuren stabil. An der Luft verbrennt es zu MoO_3. Im Gegensatz zu Chrom ist die Oxidationsstufe +VI bei Molybdän die stabilste. Molybdän steht eine Periode unter dem Chrom, hat einen größeren Atomradius und bildet daher weichere Ionen als das über ihm stehende Homologe Chrom. Da die Anziehung des Atomkerns auf die Elektronen bei Molybdän nicht so groß wie bei Chrom ist, wird die Oxidationsstufe +VI stabilisiert, während die geringeren Oxidationsstufen instabiler sind:

$$2\,Mo + 3\,O_2 \longrightarrow 2\,MoO_3 \qquad 2\,MoO_3 + 2\,OH^- \longrightarrow \underset{\text{Molybdat}}{MoO_4^{2-}} + H_2O$$

Die Eigenschaften von MoO_3 erinnern an die Eigenschaften der Oxide von Niob und Tantal. Bei MoO_3 handelt es sich um ein wasserunlösliches, weißes Pulver, das sich im Gegensatz zu Niob und Tantal nicht erst in der Alkalischmelze, sondern schon in wässriger Alkalilauge unter Bildung von Molybdaten löst. Die Molybdat-Ionen (MoO_4^{2-}) sind tetraedrisch gebaut und isotyp zu Chromat, aber weit schwächere Oxidationsmittel. Beim Ansäuern bilden sich Oligomere, die jedoch viel rascher vom Dimer zu längeren Ketten weiterreagieren. In schwach sauren Lösungen entstehen hauptsächlich Heptamere (Mo_7O^{6-} $_{24}$), in stärker sauren Lösungen Oktamere ($Mo_8O_{26}^{4-}$). Es handelt sich hier nicht um lineare Ketten, sondern um Cluster mit über die Kanten verknüpften Oktaedern. Bei niedrigen pH-Werten fällt wasserhaltiges MoO_3 aus, das sich in halbkonzentrierter Säure unter Bildung von MoO_2^{2+}-Ionen löst. Hierbei handelt es sich um oktaedrisch koordinierte Aquakomplexe mit *cis*-ständigen Oxidogruppen. In halbkonzentrierter Salzsäure bilden sich Aquachloridooxido-Neutralkomplexe:

$$[MoO_2(OH_2)_4]^{2+} + 2\,Cl^- \rightleftharpoons MoO_2Cl_2(OH_2)_2 + 2\,H_2O$$

Diaaquadichloridodioxidomolybdän(VI)

Im Gegensatz zu Niob und Tantal existiert eine einfache Komplexchemie in saurer, wässriger Lösung, auch wenn die Tendenz zur Bildung von schwerlöslichem MoO_3 immer spürbar ist. Saure Lösungen von Phosphorsäure, Kieselsäure oder Arsensäure ergeben mit Ammoniummolybdat voluminöse gelbe Niederschläge. Dabei bilden sich Kondensate, bei denen das Hauptgruppenatom vier tetramere Molybdato-Ketten gebunden enthält:

$$Si(OH)_4 + 16\ MoO_4^{2-} + 32\ NH_4^+ \longrightarrow [Si(O{-}Mo_4O_{12})_4]^{4-} + 4\ NH_4^+ + 16\ H_2O + 28\ NH_3$$

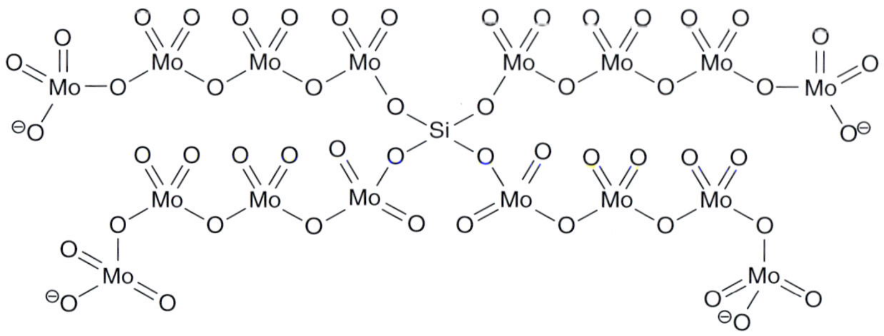

$[Si(O{-}MoO_3{-}MoO_3{-}MoO_3{-}MoO_3)_4]^{4-}$

Molybdatosilicat

$$H_3PO_4 + 16\ MoO_4^{2-} + 32\ NH_4^+ \longrightarrow [P(O{-}Mo_4O_{12})_4]^{3-} + 3\ NH_4^+ + 16\ H_2O + 29\ NH_3$$

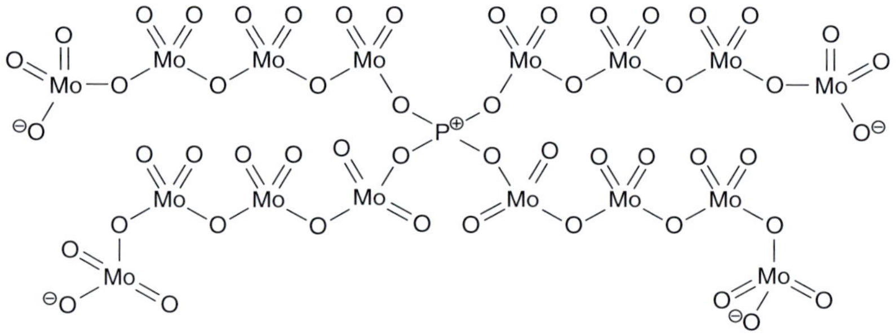

$[P(O{-}MoO_3{-}MoO_3{-}MoO_3{-}MoO_3)_4]^{3-}$

Molybdatophosphat

Elektrolysiert man eine MoO_3-Suspension in konzentrierter HCl, so lassen sich hydratisierte Mo^{3+}-Ionen erzeugen. Zunächst entsteht dabei ein Hexachloridomolybat(III)-Komplex:

$$[MoO_2(H_2O)_4]^{2+} + 3\ e^- + 4\ H^+ + 6\ Cl^- \longrightarrow [MoCl_6]^{3-} + 6\ H_2O$$

Hexachlorido-molybdat(III) (Dunkelrot)

$$[MoCl_6]^{3-} + 6\ H_2O \rightleftharpoons [Mo(H_2O)_6]^{3+} + 6\ Cl^-$$

Hexaaqua-molybdän(III) (Blaßgelb)

Der Komplex $[MoCl_6]^3$hat eine rote Eigenfarbe und hydrolysiert beim Verdünnen in den blaßgelben Komplex Hexaaquamolybdän(III), $[Mo(H_2O)_6]^{3+}$. Beide Komplexe haben

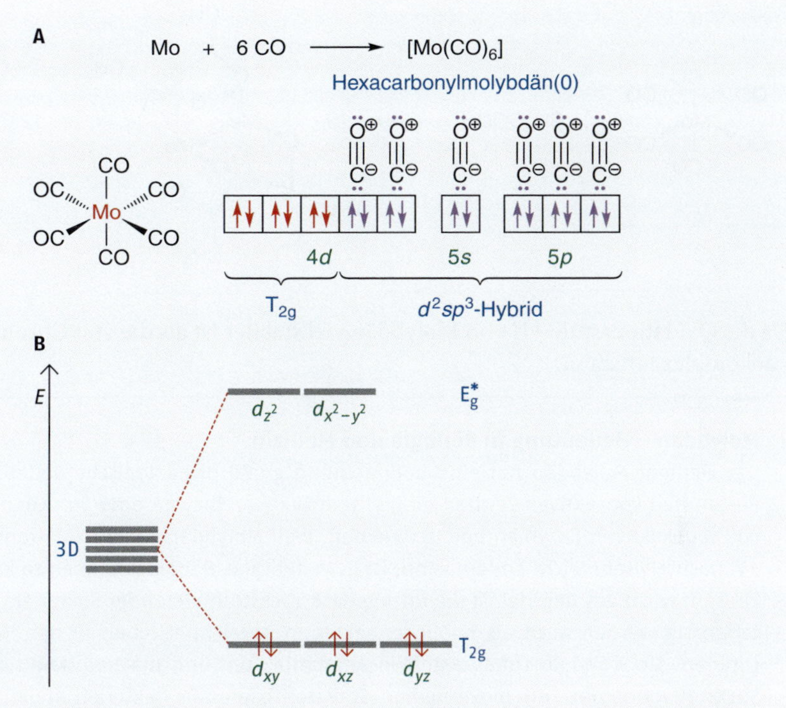

Abb. 7.18 Bindungsverhältnisse von Hexacarbonylmolybdän(0): Kästchenmodell (A) und Ligandenfeld-Diagramm (B)

d^3-Konfiguration, sind oktaedrisch koordiniert und haben einen Grundterm mit günstiger A_2-Symmetrie. Dennoch ist ihre Stabilität nicht mit der von Cr^{3+}-Verbindungen zu vergleichen. In Trifluormethylsulfonsäurelösungen ist $[Mo(H_2O)_6]^{3+}$ beständig, ansonsten wirkt es als starkes Reduktionsmittel. Der Molybdän-Kern übt eine wesentlich geringere Anziehung auf die d-Elektronen aus, sodass die Stabilität höherer Oxidationsstufen zunimmt. Es gibt jedoch auch andere Beispiele: Behandelt man elementares Molybdän unter hohem Druck mit Kohlenmonoxid, so bildet sich ein sehr stabiler Carbonylkomplex, Hexacarbonylmolybdän(0), $[Mo(CO)_6]$. Elementares Molybdän hat sechs Valenzelektronen. Unter Einfluss der Komplexliganden werden die $4d$-Elektronenniveaus stabiler als die $5s$- und $5p$-Orbitale. In Komplexen hat Molybdän daher d^6-Konfiguration. Abb. 7.18 zeigt die Bindungsverhältnisse von Hexacarbonylmolybdän sowohl mit dem Kästchenschema als auch mit dem Energiediagramm der d-Elektronen im Ligandenfeld.

Der Komplex ist diamagnetisch und hat Xenonkonfiguration. Es handelt sich um eine Low-spin-Elektronenkonfiguration mit stabiler A-Symmetrie des Grundterms. Der starke CO-Ligand kann die sechs d-Elektronen des Molybdäns auf seine antibindenden π^*-Orbitale verteilen. Dadurch wird die Ligandenfeldstärke erheblich erhöht. Man spricht von einem Rückbindungseffekt (Abb. 6.4, ▸ Kap. 6.1). Kohlenmonoxid kann also das elektropositive Molybdän als isoliertes Molekül in der Oxidationsstufe 0 stabilisieren. Löst man Hexacarbonylmolybdän in einem Gemisch aus Essigsäure und Diethylenglycol-dimethylether ($CH_3O–CH_2CH_2–O–CH_2CH_2–OCH_3$), dann bildet sich ein zweikerniger Acetatokomplex mit Molybdän in der Oxidationsstufe +II und einer Mo–Mo-Vierfachbindung wie bei Cr^{2+} (Abb. 7.16):

7

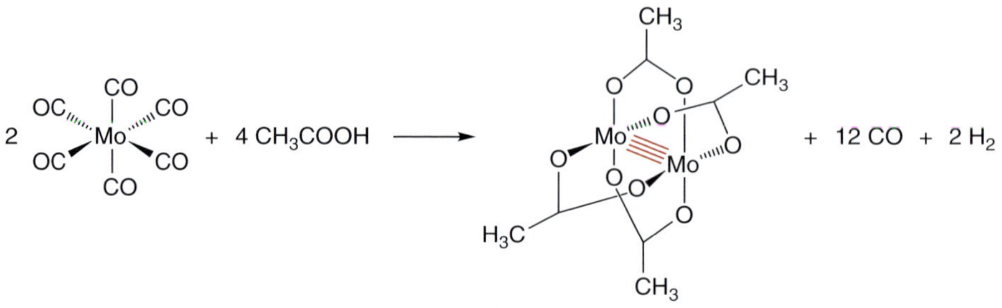

$$2\ Mo(CO)_6 + 4\ CH_3COOH \longrightarrow Mo_2(CH_3COO)_4 + 12\ CO + 2\ H_2$$

Da die Oxidationsstufe +II von Molybdän viel stabiler ist als die von Chrom, ist der Acetatokomplex luftstabil.

Molybdän – Bedeutung in Biologie und Medizin

Das Element Molybdän hat eine überraschend große physiologische Bedeutung. Es ist Bestandteil von aktiven Zentren einiger redoxaktiver Enzyme oder von Coenzymen, die von redoxaktiven Enzymen benutzt werden. Weil Molybdän seine Oxidationsstufen von +VI nach +IV sehr leicht ändern kann, ist es in der Lage, Redoxreaktionen zu katalysieren. Ein sehr wichtiges Beispiel ist die **Nitrogenase** stickstofffixierender Bakterien. Diese Bakterien sie werden auch als Knöllchenbakterien bezeichnet leben in den Wurzeln von Lupinen. Sie wandeln Luftstickstoff in Ammoniak um und machen damit den großen Stickstoffvorrat der Luft bioverfügbar. Stickstofffixierende Bakterien stellen somit die wichtigsten natürlichen Stickstoffdüngemittelproduzenten dar. In den Knöllchenbakterien wirkt ein kompliziert gebauter Fe-Mo-Cofaktor. **o** Abb. 7.19 zeigt einen Teil seiner Struktur mit der ersten Koordinationssphäre um das Molybdänatom.

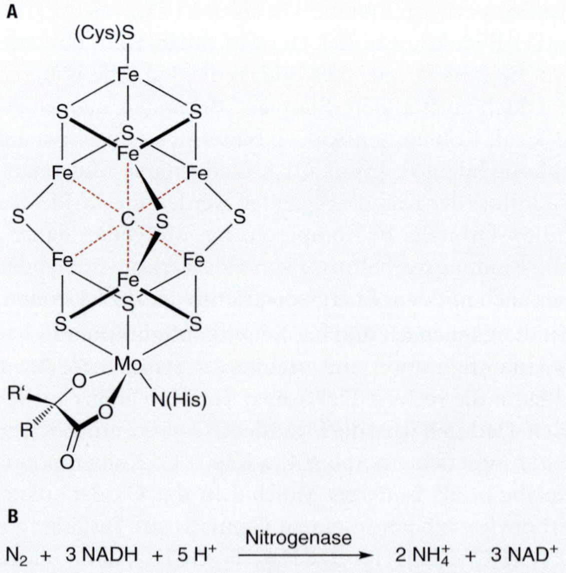

A

B

$$N_2 + 3\ NADH + 5\ H^+ \xrightarrow{\text{Nitrogenase}} 2\ NH_4^+ + 3\ NAD^+$$

o Abb. 7.19 Nitrogenase-Fe-Mo-Cofaktor: Struktur (A) und Stickstoffreduktion (B). Laut Röntgenstrukturanalyse handelt es sich beim Zentralatom um ein Kohlenstoffatom.

Ein ebenfalls wichtiges molybdänhaltiges redoxaktives Enzym ist die **Sulfitoxidase**. Sie kommt in allen eukaryotischen (höher organisierten) Lebewesen vor und spielt bei der Entgiftung von mit der Nahrung aufgenommenem Sulfit eine wichtige Rolle. Beim Menschen kommt die Sulftioxidase vor allem in der Leber vor. Sie oxidiert Sulfit zu Sulfat und die dabei freigesetzten Elektronen werden in die Elektronentransportkette der Atmung eingespeist. Die Struktur des Cofaktors der Sulfitoxidase ist in Abb. 7.20 dargestellt.

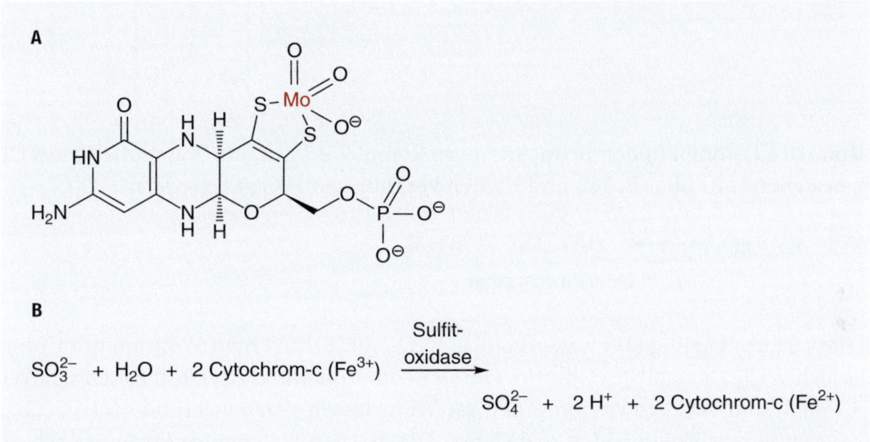

A

B

$$SO_3^{2-} + H_2O + 2\ \text{Cytochrom-c}\ (Fe^{3+}) \xrightarrow{\text{Sulfit-oxidase}} SO_4^{2-} + 2\ H^+ + 2\ \text{Cytochrom-c}\ (Fe^{2+})$$

Abb. 7.20 Sulfitoxidase-Cofaktor: Struktur (A) des Molybdän-Cofaktors und katalysierte Reaktion (B)

Molybdän wird über die Nahrung vor allem als Molybdat (MoO_4^{2-}) aufgenommen. Molybdänmangel führt zu schweren gesundheitlichen Problemen. Die empfohlene Tagesdosis beträgt 50–100 µg.

7.4.3 Wolfram

Wolfram (W) kommt in der Natur vor allem in Form von Wolframaten, d. h. Salzen von Tetraoxidowolframat(VI) mit Kationen zweiwertiger Metalle, vor. In verschiedenen natürlich vorkommenden Erzen findet man $FeWO_4$, $MnWO_4$, $CaWO_4$ und $PbWO_4$. Die Darstellung von reinem Wolfram erfolgt durch Reduktion mit Wasserstoff:

$$WO_3 + 3\ H_2 \longrightarrow W + 3\ H_2O \uparrow$$

Bei elementarem Wolfram handelt es sich um ein hartes, unedles Metall, das aber wirksam oberflächenpassiviert ist und daher kaum mit Säuren reagiert. Eine herausragende Eigenschaft von Wolfram ist seine hohe Temperaturbeständigkeit: Es schmilzt erst oberhalb 3 400 °C. Daher wird es vor allem dort eingesetzt, wo Metallgegenstände hohen Temperaturen ausgesetzt sind. Die wichtigste Anwendung war die Herstellung von Glühdrähten in Glühbirnen. Diese werden jedoch heute aufgrund ihrer geringen Lichtausbeute durch andere Lumineszenz-Systeme wie Leuchtstoffröhren oder LED ersetzt.

Verbrennt man Wolfram an der Luft, so entsteht gelbes Wolfram(VI)-oxid, das sich wie MoO_3 weder in Wasser noch in Mineralsäuren löst. In Natronlauge löst es sich unter Bildung von tetraedrisch gebautem WO_4^{2-}:

$$2\,W + 3\,O_2 \longrightarrow 2\,WO_3 \quad \text{(Wolfram(VI)-oxid)} \qquad WO_3 + 2\,OH^- \longrightarrow WO_4^{2-} + H_2O \quad \text{(Wolframat(VI))}$$

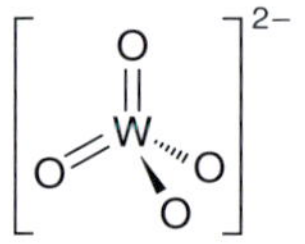

Wolframat(VI)-Ionen bilden beim Ansäuern kompliziert gebaute Polymerisate aus Clustern, bestehend aus über Ecken und Kanten verknüpften WO_6-Oktaedern:

$$12\,WO_4^{2-} + 18\,H^+ \longrightarrow H_2W_{12}O_{40}^{6-} + 8\,H_2O \quad \text{(Dodecawolframat)}$$

Aus stark saurer Lösung fällt wasserhaltiges WO_3 aus. Erhitzt man Wolfram mit Chlor, so bildet sich WCl_6 als stabilstes Chlorid. Durch Reduktion mit Wasserstoff lassen sich WCl_5, WCl_4, WCl_3 und WCl_2 gewinnen. Auf diese Weise lassen sich von +II bis +VI alle Oxidationsstufen in den Halogeniden realisieren. Die meisten Halogenide liegen jedoch nicht als monomere Moleküle, sondern als dimere oder oligomere Cluster vor:

$$W + 3\,Cl_2 \longrightarrow WCl_6 \qquad 2\,WCl_6 + H_2 \longrightarrow W_2Cl_{10} + 2\,HCl \quad (= „WCl_5“)$$

$$W_2Cl_{10} + H_2 \longrightarrow 2\,WCl_4 + 2\,HCl$$

$$3\,WCl_4 \rightleftharpoons „WCl_2“ + W_2Cl_{10} \quad („WCl_2“ = W_6Cl_{12}) \qquad W_2Cl_{12} + 3\,Cl_2 \longrightarrow 6\,„WCl_3“ \quad (6\,„WCl_3“ = [W_6Cl_{12}]Cl_6)$$

Die beiden Verbindungen WCl_6 und WCl_4 sind monomer. WCl_5 kommt wie $MoCl_5$ auch dimer vor, während WCl_2 und WCl_3 hexamere Strukturen bilden. In WCl_3 existieren $[W_6Cl_{12}]^{6+}$-Kationen, die mit Clzu einem Salz reagieren. In wässriger Lösung bilden aber alle Verbindungen in den verschiedenen Oxidationsstufen wieder Verbindungen der Oxidationsstufe +VI. Wolfram reagiert analog zu Molybdän mit Kohlenmonoxid zu Hexacarbonyl $W(CO)_6$, das aber in Essigsäure keinen zweikernigen W(II)-Komplex bildet. Es gibt jedoch eine metallorganische Wolframverbindung mit einer zu Chrom(II)- und Molybdän(II)-acetat analogen Vierfachbindung:

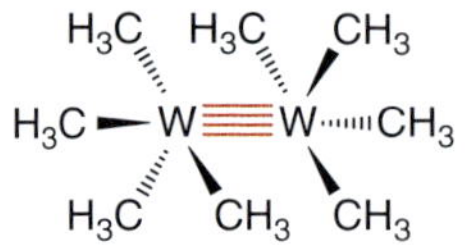

$$(H_3C)_3W \equiv W(CH_3)_3$$

Wolfram – Bedeutung in Biologie und Medizin

Sowohl beim Menschen als auch bei anderen höher entwickelten Lebewesen kommen Stoffwechselenzyme vor, die Wolfram anstelle von Molybdän als Elektronentransfer-Katalysator verwenden. Am Meeresboden und in der Nähe von Vulkanschloten lebt ein anaerobes Bakterium, *Eubacterium acidaminophilum*, bei dem in der Formiatdehydrogenase Molybdän durch Wolfram ersetzt wurde. In dieser besonderen Umgebung ist die Wolframkonzentration um einiges höher als die Konzentration von Molybdän.

7.5 Elemente der 7. Nebengruppe

Zur siebten Nebengruppe gehören die Elemente Mangan (Mn), Technetium (Tc) und Rhenium (Re). Von diesen drei Elementen hat Mangan mit Abstand die größte Bedeutung. Das Element Technetium kommt in der Natur nicht vor. Es lässt sich aber bei Kernreaktionen gewinnen und es gibt ein Isotop, das stabil genug ist, um eine sorgfältige Untersuchung seiner chemischen Eigenschaften zu ermöglichen. Rhenium ist in der Natur nicht wirklich selten, aber es existieren keine ergiebigen Lagerstätten. Das Element kommt in der Natur nur in hoher Verdünnung vor und ist daher teuer.

Entsprechend ihrer Stellung im PSE liegt die maximale Oxidationsstufe von Mangan, Technetium und Rhenium bei +VII. Die Stabilität der +VII-Verbindungen steigt in der Reihe Mn < Tc < Re. Der Atomkern von Mangan ist so stark geladen, dass er die *d*-Elektronen des Elements gut halten kann. Daher ist Mangan in der Oxidationsstufe +II stabil. Es sind sehr viele Mn(II)-Verbindungen bekannt, die in wässriger Lösung existieren und untereinander reagieren. Mangan zeigt das typische Verhalten eines allgemeinen Übergangsmetalls, wie es in der Einleitung zu ▸Kap. 7 vorgestellt wurde. Mn^{2+}-Salze können oxidiert werden. Stabilität der dabei entstandenen Produkte ist abhängig von der Symmetrie und Säurestärke. Bei den schwereren Homologen verschiebt sich die Stabilität der Verbindungen zu höheren Oxidationsstufen, da die Valenzelektronen weiter vom Atomkern entfernt sind und von diesem nicht mehr so stark angezogen werden.

7.5.1 Mangan

Mangan (Mn) kommt in der Natur häufig vor, z. B. als MnO_2 (Braunstein) oder $MnCO_3$ (Manganspat) in Indien, Brasilien und Südafrika. Knollen von elementarem Mangan wurden außerdem in der Tiefsee gefunden. Mangan kann nicht durch Reduktion mit Kohlenstoff gewonnen werden. Man erhält nur Mangancarbid. Es ist jedoch auf elektrolytischem oder aluminothermischem Wege zugänglich:

$$3\,MnO_2 + 4\,Al \longrightarrow 3\,Mn + 2\,Al_2O_3$$

Metallisches Mangan ist ein hartes, sehr sprödes und unedles Metall. Seine Oxidschicht passiviert das Metall nur unvollständig. Daher löst es sich in verdünnten Mineralsäuren unter Wasserstoffentwicklung.

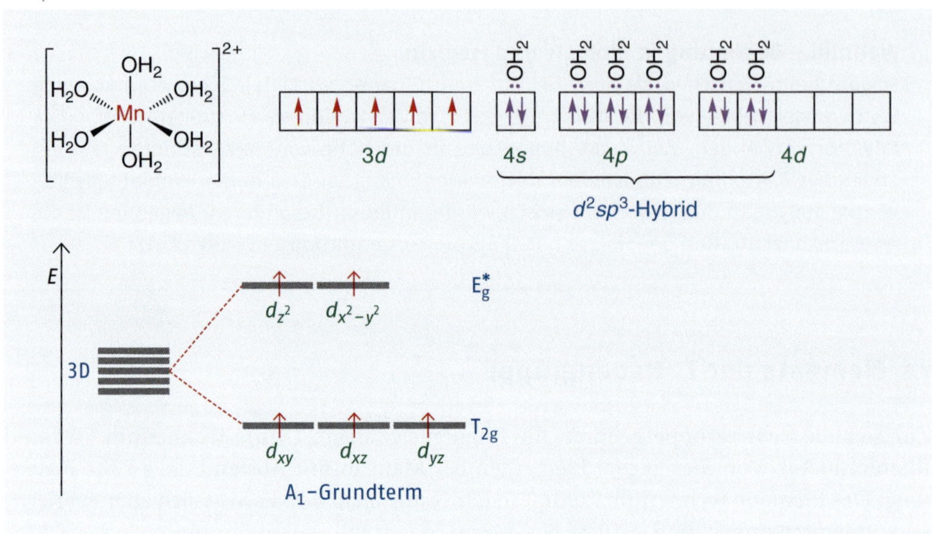

Abb. 7.21 Bindungsverhältnisse von Hexaaquamanganat(II) als Beispiel für einen High-spin-d^5-Komplex: Kästchenschema (A) und Ligandenfeld-Diagramm (B)

Mangan(II)-Verbindungen

Löst man elementares Mangan in verdünnten Mineralsäuren, so bilden sich zweiwertige Metallkationen unter Wasserstoffentwicklung:

$$Mn + 6\,H_2O + 2\,H^+ \longrightarrow [Mn(H_2O)_6]^{2+} + H_2$$

$[Mn(H_2O)_6]^{2+}$

Hexaaquamangan(II)

Es entsteht ein Manganhexaaquakomplex mit der Oxidationsstufe +II. Darin hat Mangan eine d^5-Konfiguration. Das führt bei schwachen Liganden zu High-spin-Komplexen mit oktaedrischer oder tetraedrischer Koordinationsgeometrie mit halbbesetzten d-Orbitalen und sehr günstiger A_1-Symmetrie für den elektronischen Grundterm. Abb. 7.21 veranschaulicht die Bindungsverhältnisse.

Wasser ist ein schwacher Ligand und kann daher keine Koordination in die energetisch günstigeren $3d$-Orbitale erzwingen. Es werden daher zwei Orbitale der erheblich unattraktiveren $4d$-Orbitale besetzt. Man erhält dennoch eine d^2sp^3-Hybridisierung, die zu einer oktaedrischen Geometrie und Symmetrie führt. Es bildet sich ein klassischer Außerorbitalkomplex. Die fünf d-Elektronen des Mangans bilden einen Grundterm mit sehr günstiger A_1-Symmetrie. Die Spinpaarungsenergie ist dementsprechend groß und es bedarf sehr starker Liganden, um dieses Elektronenquintett zu zerstören. Der Komplex ist paramagnetisch durch fünf ungepaarte Elektronen pro Komplexmolekül. Mn^{2+} bildet viele wasserlösliche Salze. So sind die Salze $MnSO_4$, $Mn(NO_3)_2$ und $MnCl_2$ wie alle Mn(II)-Halogenide wasserlöslich. Mit Ammoniak bildet sich Hexaamminmangan(II):

$$[Mn(H_2O)_6]^{2+} + 6\,NH_3 \rightleftharpoons [Mn(NH_3)_6]^{2+} + 6\,H_2O$$

Hexaamminmangan(II)

Ammoniak ist ein deutlich stärkerer Ligand als Wasser. Der Komplex bleibt aber paramagnetisch (fünf ungepaarte Elektronen pro Molekül). Der Grundzustand mit A_1-Symmetrie behauptet sich.

Gibt man Cyanid zu einer wässrigen Mn^{2+}-Lösung, so werden die Liganden ausgetauscht:

$$[Mn(H_2O)_6]^{2+} + 6\,CN^- \rightleftharpoons [Mn(CN)_6]^{4-} + 6\,H_2O$$

Hexacyanidomanganat(II)

Hexacyanidomanganat(II)-Lösungen sind paramagnetisch (ein ungepaartes Elektron pro Komplexmolekül). Das Cyanid-Ion ist als Ligand stark genug, um eine Spinpaarung zu erzwingen. Es bildet sich ein Low-spin-Innerorbitalkomplex (○ Abb. 7.22).

Der Grundzustand ist dreifach entartet, weil das einfach besetzte Orbital im Oktaeder drei energiegleiche Besetzungsalternativen hat. Das führt zur Jahn-Teller-Verzerrung, die die d_{xz}- und d_{yz}-Orbitale relativ zum d_{xy}-Orbital energetisch leicht absenkt. Die Verzerrung liefert damit einen eindeutigen Grundzustand, kostet aber Energie. Daher sind entartete Grundterme von der Symmetrie her ungünstig.

Setzt man Mn^{2+}-Salzlösungen mit Natronlauge, mit Natriumcarbonat, mit Ammonium-phosphat oder mit Ammoniumsulfid um, entstehen stets Niederschläge schwerlöslicher Produkte. Mit Natronlauge bildet sich farbloses, gallertartiges Mangan(II)-hydroxid, das sich an der Luft langsam braun färbt. Es findet Oxidation zu Mangan(IV)-Salzen statt: Mit Natrium- und Ammoniumcarbonat bilden sich schwerlösliche Carbonate, mit Ammoniumphosphat ein sehr stabiler Niederschlag von Ammoniummanganphosphat und mit Ammoniumsulfid schließlich zartrosafarbenes Mangansulfid:

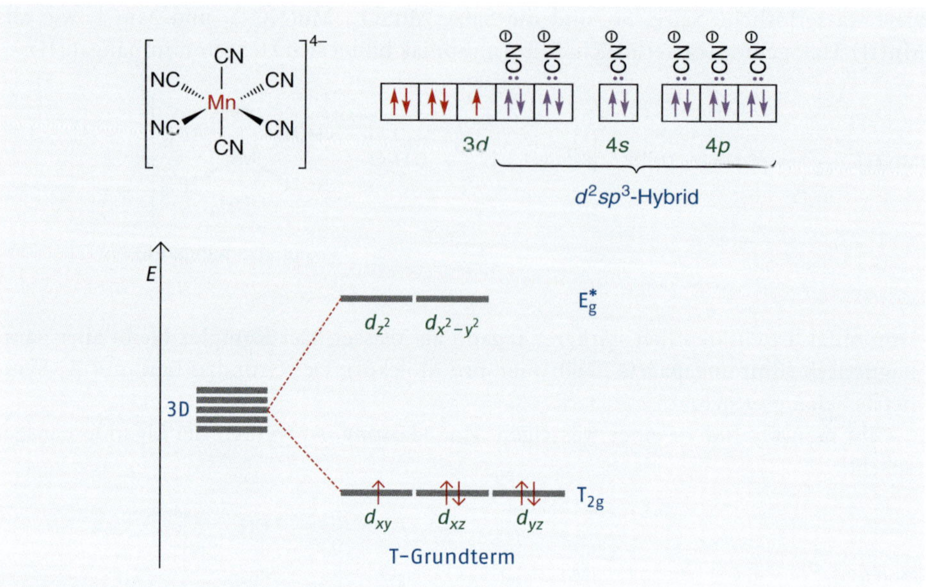

Abb. 7.22 Bindungsverhältnisse im Hexacyanidomanganat(II) als Beispiel für einen Low-spin-Innerorbitalkomplex mit d^5-Konfiguration

$$[Mn(H_2O)_6]^{2+} + 2\,OH^- \xrightleftharpoons{pK_L = 14{,}15} 6\,H_2O + Mn(OH)_2\downarrow$$

Manganhydroxid

$$2\,Mn(OH)_2 + O_2 \longrightarrow 2\,MnO(OH)_2$$

Braunstein

$$[Mn(H_2O)_6]^{2+} + CO_3^{2-} \xrightleftharpoons{pK_L = 10{,}1} 6\,H_2O + MnCO_3\downarrow$$

Mangancarbonat

$$NH_4^+ + [Mn(H_2O)_6]^{2+} + PO_4^{3-} \rightleftharpoons 6\,H_2O + NH_4MnPO_4\downarrow$$

Ammoniummanganphosphat

$$[Mn(H_2O)_6]^{2+} + S^{2-} \xrightleftharpoons{pK_L = 15{,}0} 6\,H_2O + MnS\downarrow$$

Mangansulfid

Dies entspricht fast dem Modellverhalten, das zu Beginn von ▸ Kap. 7 beschrieben wurde.

Manganverbindungen in höheren Oxidationsstufen

Nicht jedes Übergangsmetall zeigt so vielseitige Redoxreaktionen wie Mangan. Mangan bildet Verbindungen in allen Oxidationsstufen von +II bis +VII, wobei die wichtigsten Oxidationsstufen +II, +IV und +VII sind. Manganverbindungen in den Oxidationsstufen +III, +V und +VI müssen entweder in besonderer Weise stabilisiert werden oder spielen als Intermediate bei Redoxreaktionen eine besondere Rolle. Ein farbloser, gallertartiger Niederschlag von $Mn(OH)_2$ ist nur unter Ausschluss von Luftsauerstoff haltbar. An der Luft oxidiert er zu wasserhaltigem MnO_2, auch Braunstein genannt. In der Oxidationsstufe +IV

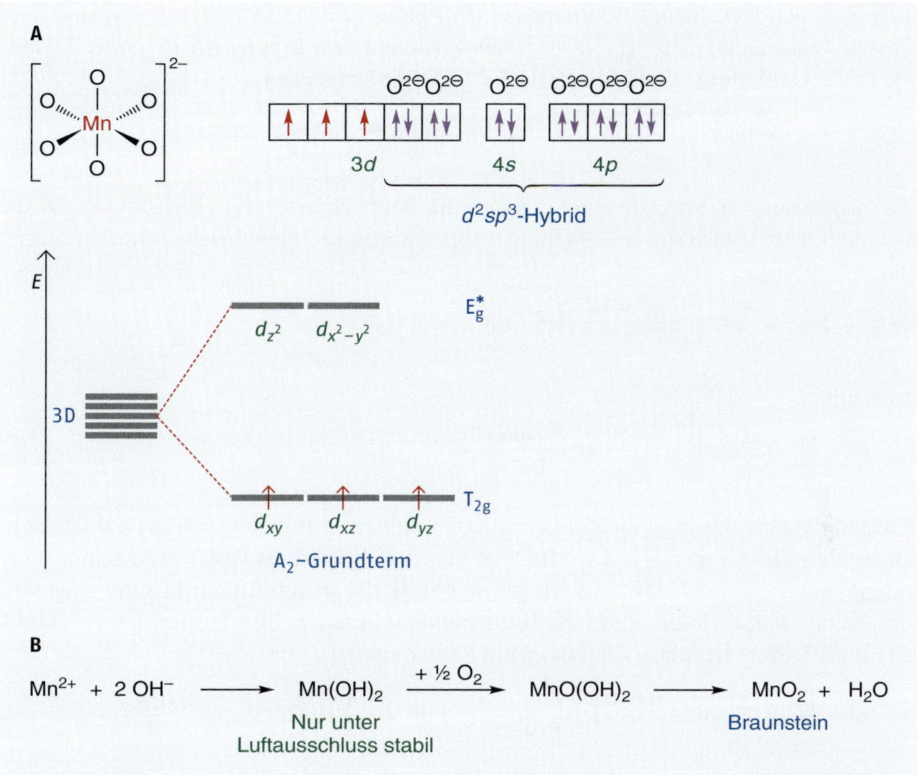

○ Abb. 7.23 Energieniveauschema der *d*-Elektronen von Mn^{4+} in MnO_2 (**A**) und Reaktion von Mn^{2+} zu MnO_2 (**B**)

hat das Mangan-Ion d^3-Konfiguration. Braunstein ist die beständigste Mn(IV)-Verbindung, wobei im Kristall jedes Manganatom oktaedrisch von sechs Sauerstoffatomen umgeben ist. Die Oktaeder sind über die Kanten miteinander verknüpft (Rutil-Struktur). In oktaedrischer Koordination hat das Mangan-Ion einen nichtentarteten Grundzustand mit A_2-Symmetrie. Die T_{2g}- sind einfach besetzt, die E_g^*-Orbitale sind leer (○ Abb. 7.23).

Wasserhaltiger Braunstein $MnO(OH)_2$ kann als „Manganige Säure" aufgefasst werden. In der Tat kann man Salze dieser hypothetischen Säure gewinnen, wenn man Metalloxide mit Braunstein zusammenschmilzt:

$$Ca(OH)_2 + MnO_2 \longrightarrow CaMnO_3 + H_2O$$

Die Halogenide MnF_4 und $MnCl_4$ sind sehr instabil. Als Komplexsalze lassen sie sich jedoch stabilisieren:

$$MnF_4 + 2\,KF \longrightarrow K_2MnF_6 \qquad MCl_4 + 2\,KCl \longrightarrow K_2MnCl_6$$

$[MnF_6]^{2-}$ Hexafluoridomanganat(IV)

$[MnCl_6]^{2-}$ Hexachloridomanganat(IV)

Auch in diesen Hexahalogenidomanganat(IV)-Salzen ist Mn(IV) über die symmetrisch günstige Oktaederstruktur stabilisiert. Suspensionen von Braunstein in saurer Lösung sind starke Oxidationsmittel. Mit HCl wird Chlorgas entwickelt:

$$MnO_2 + 4\,H^+ + 2\,Cl^- + 4\,H_2O \longrightarrow [Mn(H_2O)_6]^{2+} + Cl_2$$

Eine Suspension von MnO_2 in einer Lösung eines Mn^{2+}-Salzes hat ein Redoxpotenzial, das über die Nernst-Gleichung (○ Gleichung 4.130, ▸ Kap. 4.12.2) beschrieben werden kann:

$$MnO_2 + 2\,e^- + 4\,H^+ \xrightleftharpoons{E^0 = 1{,}35\,V} Mn^{2+} + 2\,H_2O$$

Dabei gilt:

$$E = E^0 - \frac{m}{z} \cdot 0{,}059\,\mathrm{pH} + \frac{0{,}059}{z} \log \frac{a_{(MnO_2)}}{a_{(Mn^{2+})}}$$

In unserer Halbreaktion ist die Zahl der ausgetauschten Protonen $m = 4$, die Zahl der ausgetauschten Elektonen $z = 2$. Da MnO_2 in unserem System als Feststoff in reiner Form vorliegt, gilt $a_{(MnO_2)} = 1$. Mn^{2+} ist ein gelöster Stoff, der in verdünnter Lösung eingesetzt wird. Seine Aktivität ist auf den 1-molaren Standard bezogen. Eine Suspension von MnO_2 in 1 mmol/L Mn^{2+} bei pH = 7 hat dann ein Redoxpotenzial von:

$$E = E^0 - \frac{m}{z} \cdot 0{,}059\,\mathrm{pH} + \frac{0{,}059}{z} \log \frac{1}{a_{(Mn^{2+})}} = 1{,}36\,V - \frac{4}{2} \cdot 0{,}059\,V \cdot 7 - \frac{0{,}059\,V}{2} \cdot$$

$$(-3) = 0{,}6225\,V$$

Schmilzt man ein Mangan(II)- oder ein Mangan(IV)-Salz in einem Gemisch aus Natriumnitrat und Natriumcarbonat, so erhält man Salze der Mangansäure, die Manganat(VI)-Ionen (○ Abb. 7.24), einem analogen Prozess wie bei Oxidationsschmelze von Cr^{3+}-Salzen.

Löst man die Schmelze in Wasser, erhält man tiefgrüne Lösungen. Die Lösungen sind paramagnetisch (ein ungepaartes Elektron pro Komplexmolekül). Sechsfach positiv geladene Mn^{6+}-Ionen sind zu starke Lewis-Säuren, um stabile Hexaaqua-Ionen in wässriger Lösung zu bilden: Es entstehen tetraedrische Oxidokomplexe. Da der Grundterm mit E-Symmetrie zweifach entartet ist, ist das Tetraeder Jahn-Teller-verzerrt. Aufgrund dieses ungünstigen Zustands sind Manganat(VI)-Ionen instabil und reaktiv. In alkalischer Lösung disproportioniert Manganat(VI) langsam, in saurer Lösung sehr schnell in Braunstein und Permanganat:

$$MnO_4^{2-} + 2\,e^- + 4\,H^+ \longrightarrow MnO_2 + 2\,H_2O$$

$$2\,MnO_4^{2-} \longrightarrow 2\,MnO_4^- + 2\,e^-$$

$$3\,MnO_4^{2-} + 4\,H^+ \longrightarrow MnO_2 + 2\,MnO_4^- + 2\,H_2O$$

Permanganat(VII)

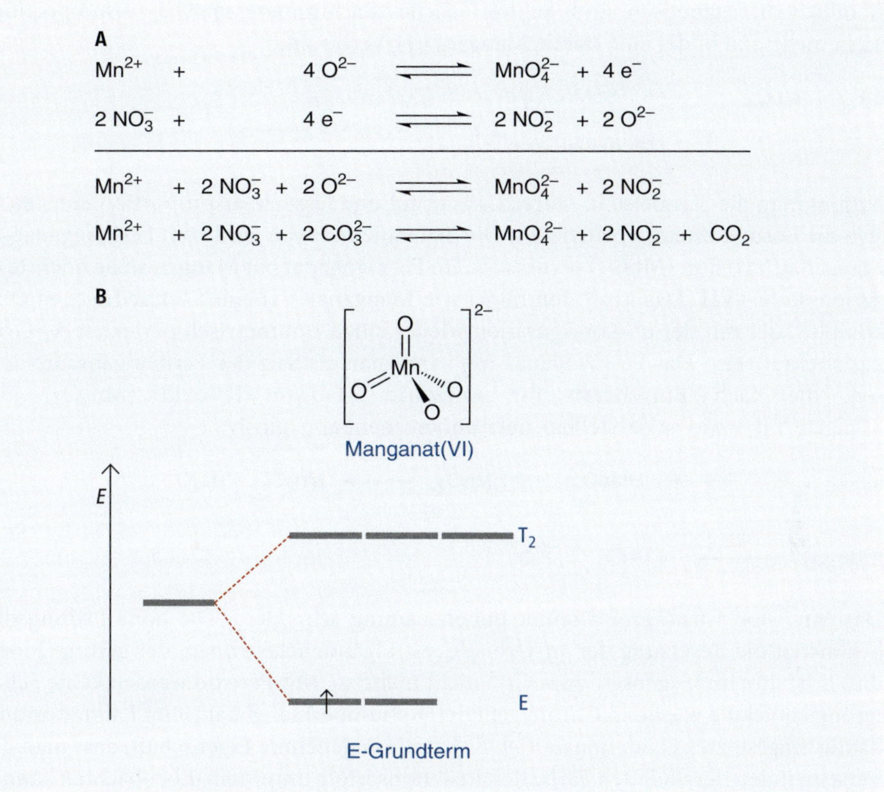

Abb. 7.24 Darstellung von Mn(VI)-Verbindungen (A) und Energieniveauschema von Mn(VI) (B)

Man kann den Prozess verhindern, indem man die Schmelze in einer Bariumchloridlösung aufnimmt. Es entsteht dann schwerlösliches Bariummanganat(VI). Das Manganat(VI)-Ion gleicht in Konstitution, Volumen und Ladung sowohl dem Chromat- als auch dem Sulfat-Ion. Es ist auch wie diese mesomeriestabilisiert. Es können sechs energiegleiche Grenzstrukturen formuliert werden:

Manganat(VI)

Im Gegensatz zu den isotypen Chromat- und Sulfat-Ionen ist das Manganat(VI)-Ion als d^1-Konfiguration paramagnetisch, während Sulfat und Chromat als d^0-Ionen selbstverständlich diamagnetisch sind. Schwerlösliches Bariummanganat(VI) disproportioniert nicht mehr und bildet eine stabile Mangan(VI)-Verbindung:

$$Ba^{2-} + MnO_4^{2+} \longrightarrow BaMnO_4\downarrow$$

Bariummanganat(VI)

Nimmt man die Schmelze in saurer Lösung auf und lässt sie disproportionieren, so färbt sich die Lösung intensiv blauviolett. Die blauviolette Farbe wird vom Permanganat- bzw. Manganat(VII)-Ion (MnO_4^-) verursacht. Im Permanganat hat Mangan seine höchste Oxidationsstufe +VII. Das Mn^{7+}-Ion bildet wie Manganat(VI) einen tetraedrischen Oxidokomplex, der mit der d^0-Konfiguration wieder einen symmetrisch perfekten A_1-Grundzustand aufweist. Das Permanganat-Ion kann man als Salz der Permangansäure auffassen, die nach Entwässern ihr Anhydrid Mangan(VII)-oxid (Mn_2O_7) bildet. Mangan(VII)-oxid ist darstellbar, aber unberechenbar explosiv:

$$MnO_4^- + H^+ \longrightarrow HMnO_4 \qquad 2\,HMnO_4 \longrightarrow Mn_2O_7 + H_2O$$

$$2\,Mn_2O_7 \longrightarrow 4\,MnO_2 + 3\,O_2$$

Das Mn^{7+}-Ion ist aufgrund seiner hohen Ladung sehr klein. Die hohe Ladungsdichte begünstigt die Besetzung der $3d$-Orbitale mit Ligandenelektronen, der geringe Ionenradius lässt dies im Gegensatz zum Cr^{6+} nicht mehr zu. Mit Peroxid werden keine Schmetterlingsmoleküle wie beim Chrom gebildet. Kaliumpermanganat ist im Laboratorium ein häufig eingesetztes Oxidationsmittel. Es hat die angenehme Eigenschaft, dass man durch Verschwinden der violetten Farbe den Reaktionserfolg unmittelbar beobachten kann. Die Redoxhalbreaktionen sind dabei stark vom pH-Wert abhängig. In saurer Lösung (pH < 7) beobachtet man:

$$MnO_4^- + 5\,e^- + 8\,H^+ \xrightleftharpoons{E^0 = 1{,}52\,V} Mn^{2+} + 4\,H_2O$$

Dabei gilt:

$$E = E^0 - \frac{8}{5}\cdot 0{,}059\,\mathrm{pH} + \frac{0{,}059}{5}\log\frac{a_{(MnO_4^-)}}{a_{(Mn^{2+})}}$$

In neutraler oder schwach alkalischer Lösung (pH ≈ 7) wird Permanganat nur noch zu Braunstein reduziert:

$$MnO_4^- + 3\,e^- + 4\,H^+ \xrightleftharpoons{E^0 = 1{,}63\,V} MnO_2 + 2\,H_2O$$

Dabei gilt:

$$E = E^0 - \frac{4}{3}\cdot 0{,}059\,\mathrm{pH} + \frac{0{,}059}{3}\log\frac{a_{(MnO_4^-)}}{1}$$

Der Wert des Redoxpotenzials ist hoch, da $E^0_{(MnO_2;\, MnO_4^-)}$ wie üblich auf pH = 0 extrapoliert wird. An diesem Punkt findet dieser Prozess aber nicht mehr statt, weil er vorher bereits durch die Reduktion zu Mn^{2+} abgelöst wird. Die Reduktion von Permanganat zu Braunstein verbraucht nur halb so viele Protonen wie die Reduktion von Permanganat zu Mn^{2+}. Daher ist die Reduktion zu Braunstein bei Protonenmangel günstiger. In stark alkalischer Lösung (pH >> 7) findet dagegen zunächst nur noch die Reduktion zu Manganat(VI) statt:

$$MnO_4^- + e^- \xrightleftharpoons{E^0 = 0{,}56\ V} MnO_4^{2-}$$

Dabei gilt:

$$E = E^0 + \frac{0{,}059}{1} \log \frac{a_{(MnO_4^-)}}{a_{(MnO_4^{2-})}}$$

Auch in stark alkalischer Lösung findet die Disproportionierung zu Permanganat und Braunstein langsam statt, sodass man wieder zur Halbreaktion $MnO_4 \rightarrow MnO_2$ kommt. Daher wird der letztere Fall in manchen Lehrbüchern nicht mehr erwähnt.

Tropft man eine Kaliumpermanganatlösung zu einer sauren Oxalsäurelösung, dann entfärbt sich die Permanganatlösung und Oxalsäure wird zu Kohlendioxid oxidiert. Für die Redoxreaktion gilt:

$$MnO_4^- + 5\,e^- + 8\,H^+ \rightleftharpoons Mn^{2+} + 4\,H_2O \qquad \times 2$$
$$H_2C_2O_4 \rightleftharpoons 2\,CO_2 + 2\,H^+ + 2\,e^- \qquad \times 5$$

$$2\,MnO_4^- + 10\,e^- + 16\,H^+ \rightleftharpoons 2\,Mn^{2+} + 8\,H_2O$$
$$5\,H_2C_2O_4 \rightleftharpoons 10\,CO_2 + 10\,H^+ + 10\,e^-$$

$$2\,MnO_4^- + 5\,H_2C_2O_4 + 6\,H^+ \rightleftharpoons 2\,Mn^{2+} + 10\,CO_2 + 8\,H_2O$$

In der Regel dauert es relativ lange, bis die Permanganatlösung beginnt sich zu entfärben. Ist dies jedoch geschehen, dann wird jeder weitere Tropfen schnell zu einer weiteren Entfärbung führen. Die Reaktion verläuft kinetisch gehemmt. Diese Hemmung ist im Mechanismus der Redoxreaktion begründet. Das tetraedrisch gebaute Permanganat-Ion ist zwar ein sehr starkes Oxidationsmittel, es reagiert aber relativ langsam. Enthält die Lösung aber bereits Mn^{2+}-Ionen, so findet eine **Komproportionierungsreaktion** statt (○ Abb. 7.25).

Bei der Komproportionierung entsteht das Hexaaquamangan(III)-Ion, $[Mn(H_2O)_6]^{3+}$. Es ist paramagnetisch (vier ungepaarte Elektronen pro Komplex-Ion) und hat einen entarteten E-Grundterm. Das Oktaeder ist Jahn-Teller-verzerrt. Aufgrund seiner ungünstigen Symmetrie sind hydratisierte Mn^{3+}-Ionen sehr reaktiv. Sie sind die eigentlichen Reaktanden der Redoxreaktion und greifen die Oxalsäure an:

$$H_2C_2O_4 + 2\,[Mn(H_2O)_6]^{3+} \longrightarrow 2\,CO_2 + 2\,H^+ + 2\,[Mn(H_2O)_6]^{2+}$$

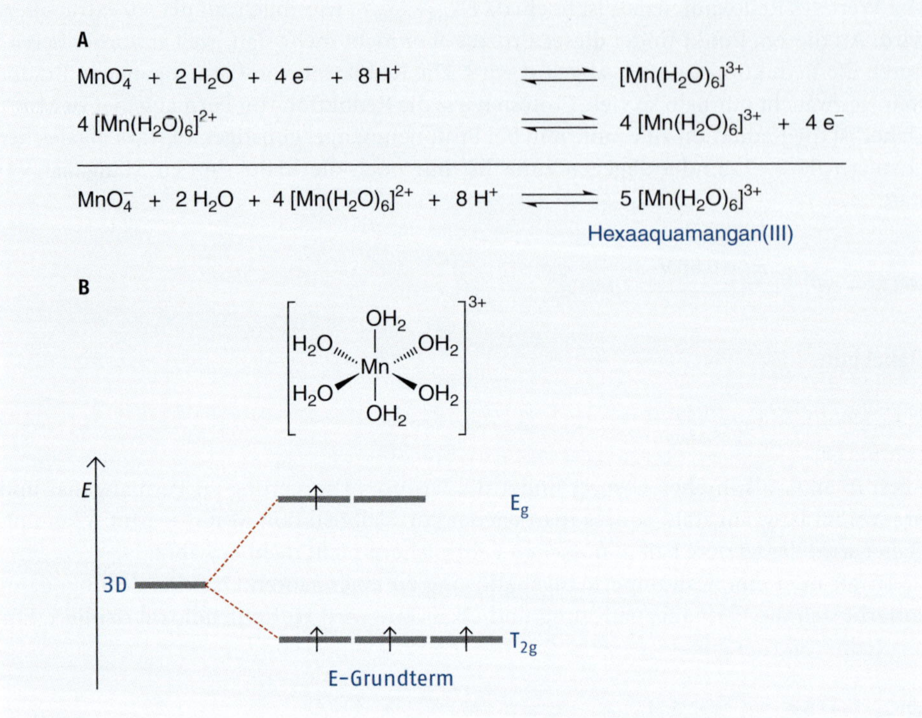

Abb. 7.25 Komproportionierungsreaktion zu Mn(III) (A) sowie Energieniveauschema von Mn(III) (B)

Das so entstandene Mn^{2+} ist zu einer schnellen Redoxreaktion mit Permanganat fähig. Kaliumpermanganat ist in der Lage, Chlorid zu Chlor zu oxidieren. Setzt man $KMnO_4$ als Oxidationsmittel in kochsalzhaltigen Lösungen ein, so kann diese Nebenreaktion durchaus stören. Um sie zu unterdrücken, hilft der Zusatz von **Reinhardt-Zimmermann-Lösung**. Darunter versteht man eine Lösung von $MnSO_4$ in verdünnter H_2SO_4 und H_3PO_4. Entscheidend für das Redoxpotenzial und damit für die Oxidationskraft der Lösung ist die Halbreaktion Mn^{2+}/Mn^{3+}:

$$[Mn(H_2O)_6]^{3+} + e^- \underset{}{\overset{E^0}{\rightleftharpoons}} [Mn(H_2O)_6]^{2+}$$

Dabei gilt:

$$E = E^0 + \frac{0{,}059}{1} \log \frac{a_{(Mn^{3+})}}{a_{(Mn^{2+})}}$$

Einerseits hebt der Zusatz von Mn^{2+} zur Reaktionslösung die kinetische Hemmung der MnO_4Reduktion auf, andererseits vermindert er über eine große Mn^{2+}-Aktivität in der oben dargestellten Gleichung das Redoxpotenzial der Lösung, sodass die Reaktion von Clzu Cl_2 erschwert wird. Phosphorsäure komplexiert das Mn^{3+}-Ion auf folgende Weise:

$$[Mn(H_2O)_6]^{3+} + 3\,H_3PO_4 \rightleftharpoons [Mn(H_2PO_4)_3]^{3-} + 6\,H^+$$

Trihydrogenphosphatomanganat(III)

Durch die Bildung des Phosphatokomplexes verringert sich die Aktivität $a_{(Mn^{3+})}$ und damit das Redoxpotenzial in der obigen Gleichung. Dadurch reicht die Oxidationskraft der Lösung nicht mehr aus, um Chlorid zu oxidieren.

Verbrennt man Mangan bei sehr hohen Temperaturen (500–600 °C), so bildet sich Mangan(III)-oxid (Mn_2O_3). Dieses kann man mit Alkalioxiden zusammenschmelzen, wobei stabile Mischoxide der Form $MMnO_2$ entstehen:

$$4\,Mn + 3\,O_2 \longrightarrow 2\,Mn_2O_3 \qquad 2\,Mn_2O_3 + Li_2O \longrightarrow Li_2Mn_2O_4 = 2\,LiMnO_2$$

Der leichte Übergang des Mangans in verschiedene Oxidationsstufen hat in den vergangenen Jahrzehnten eine wichtige Bedeutung in unserer Alltagswelt erfahren. Er ist Bestandteil der elektrochemischen Prozesse in verschiedenen Batteriesystemen: z. B. im Lithium-Ionen-Akkumulator (○ Abb. 7.26). Bei diesem Akkumulator handelt es sich eine wiederaufladbare Batterie, die eine hohe Spannung erzeugt und das Arbeiten mit hoher Stromdichte erlaubt. Ihr liegt folgende Redoxhalbreaktion zugrunde:

$$Li^+ + e^- \xrightleftharpoons{E^0 = -3{,}02\,V} Li$$

Es gilt:

$$E = E^0 + 0{,}059 \log a_{(Li^+)}$$

Bei dieser Reaktion kann jedoch kein Lithium-Metallblech in eine wässrige Lithiumsalzlösung eingetaucht werden, da Lithium unter diesen Bedingungen sofort mit Wasser unter Wasserstoffentwicklung reagieren würde.

Im Lithium-Ionen-Akkumulator müssen daher Modifikationen vorgenommen werden. Der Elektrolyt besteht aus einer Lithiumsalzlösung, etwa Lithiumhexafluoridophosphat ($LiPF_6$) in einem nichtwässrigen Lösemittel. Man benutzt dafür in der Regel Propylencarbonat. Die Lithium-Ionen liegen dort solvatisiert als relativ voluminöse Teilchen vor:

$$LiPF_6 + 4\ OCO_2(CH_2)_3 \longrightarrow [Li(OCO_2(CH_2)_3)_4]^+ + PF_6^-$$

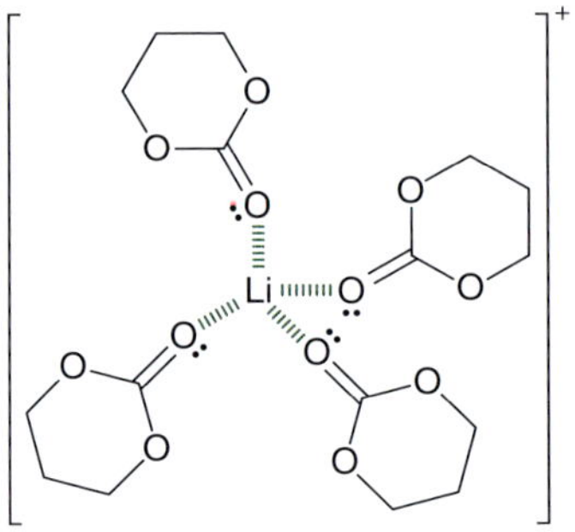

Lithiumblech kann ebenfalls nicht verwendet werden, da dieses beim Wiederaufladen eine andere Form als zu Beginn seiner Verwendung annehmen würde. Eine wiederaufladbare Elektrode muss aber formstabil sein, da sie sonst durch Änderung ihrer Form empfindliche Teile in der Konstruktion zerstören kann. Man löst das Problem dadurch, indem man Graphit-Elektroden einsetzt, in die Lithium-Ionen eindringen können. Lithium-Ionen sind im nicht solvatisierten Zustand sehr klein. Sie können zwischen die Schichten im Kohlenstoffgitter eingelagert werden. Wird die Graphit-Elektrode mit über 3V-Spannung aufgeladen, dann entstehen aus den eingedrungenen Lithium-Ionen Lithiumatome. Diese können ihre Elektronen wieder an das Elektronengas des Graphits abgeben. Die so entstandenen Li^+-Ionen wandern dann aus der Elektrode heraus in den Elektrolyten. Der Austausch von Li^+-Ionen zwischen dem Graphit und dem Elektrolyten geschieht durch eine poröse Folie (**Diaphragma**). Die Poren in der Folie sind so groß, dass nackte Li^+-Ionen durchtreten können, Lösemittelmoleküle und solvatisierte Ionen jedoch nicht. Dadurch wird der Graphit vor dem Lösemittel geschützt. Die mit Li^+ besetzte Graphit-Elektrode bildet den Minuspol der Batterie. Der Pluspol besteht aus Braunstein (MnO_2), das mit $Li\overset{III}{Mn}O_2$ durchsetzt ist. Dort findet folgende Halbreaktion statt:

$$\overset{IV}{MnO_2} + e^- + Li^+ \rightleftharpoons Li\overset{III}{Mn}O_2$$

Es gilt:

$$E = E^0 + 0{,}059 \log \frac{a_{(MnO_2)} \cdot a_{(Li^+)}}{a_{(LiMnO_2)}}$$

Das Bau- und Arbeitsprinzip eines Lithium-Ionen-Akkumulators zeigt Abb. 7.26. Um den Akkumulator aufzuladen, legt man an der Graphit-Elektrode eine hohe negative, an der $LiMnO_2$-Elektrode eine hohe positive Ladung an. Aus dem Elektrolyten wandern Li^+-Ionen in den Graphit und werden dort zu Li-Atomen. $LiMnO_2$ wird zu MnO_2 oxidiert, dabei wandern Li^+-Ionen in den Elektrolyten. Im Elektrolyten bleibt die Lithium-Ionenaktivität daher nahezu konstant. Bei maximaler Aufladung sind alle Graphitschichten mit Lithium voll besetzt, und die Gegenelektrode besteht fast nur noch aus MnO_2. Schließt man jetzt einen Stromverbraucher an, dann wird Li zu Li^+ oxidiert und

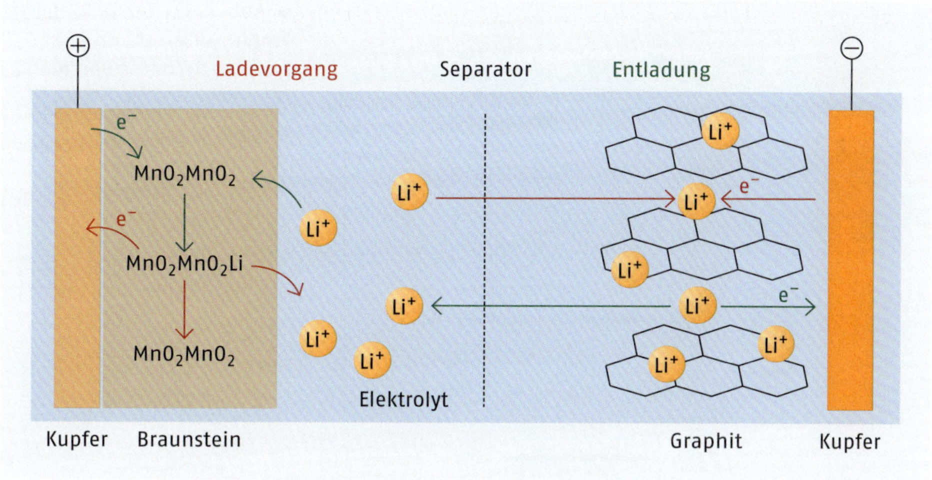

Abb. 7.26 Lithium-Ionen-Akkumulator: Laden und Entladen

die Graphit-Elektrode gibt Elektronen an den Stromkreis ab. Li^+-Ionen wandern in den Elektrolyten. Die Braunstein-Elektrode nimmt Elektronen aus dem Stromkreis auf. Dabei wird Mn(IV) zu Mn(III) und Li^+ wandert aus dem Elektrolyten in die Oxidphase ein. Die Li^+-Aktivität bleibt im Elektrolyten konstant. Da sowohl MnO_2 als auch $LiMnO_2$ im polykristallinen Gemisch nebeneinander vorliegen, können beide als reine Stoffe betrachtet werden. Es gilt daher $a_{(MnO_2)} = a_{(LiMnO_2)} = 1$. Mit $a_{(Li^+)}$ = const. besitzt der Akkumulator entsprechend den oben aufgeführten Gleichungen immer ein konstantes Redoxpotenzial, und zwar so lange, bis im Graphit kein Lithium mehr enthalten oder Mn(IV) vollständig zu Mn(III) umgesetzt worden ist. Dann ist der Akkumulator entladen und die Spannung bricht zusammen. Ein MnO_2-$LiMnO_2$-Akkumulator hat eine konstante Spannung von 3,8 V.

Bei der Oxidationsschmelze von Mn^{2+} in Natriumcarbonat und Kaliumnitrit entstehen Manganat(V)-Salze als Intermediate. Manganat(V)-Salze lassen sich auch durch vorsichtige Reduktion von Permanganat oder Manganat(VI)-Ionen gewinnen (Abb. 7.27).

$Ba_3(MnO_4)_2$ lässt sich durch Reduktion von $KMnO_4$ mit Alkohol in konzentrierter $Ba(OH)_2$-Lösung herstellen. Das Manganat(V)-Ion ist tetraedrisch gebaut und Mangan hat in der Oxidationsstufe +V eine d^2-Konfiguration. Man erhält einfach besetzte E- und leere T_2-Orbitale, was zu einem nichtentarteten A_2-Grundzustand im Molekül führt. Dieser ist symmetrisch günstig, wodurch das Molekül stabilisiert wird. Im Gegensatz zum symmetrisch viel ungünstigeren Manganat(VI) ist das Molekül aber nur durch vier mesomere Grenzstrukturen stabilisiert:

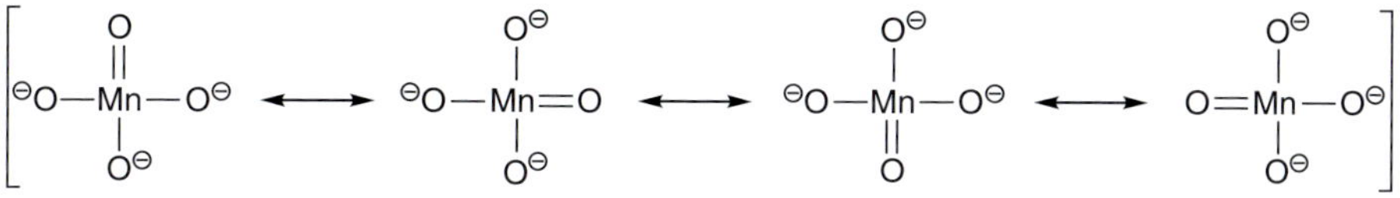

Manganat(V)

7

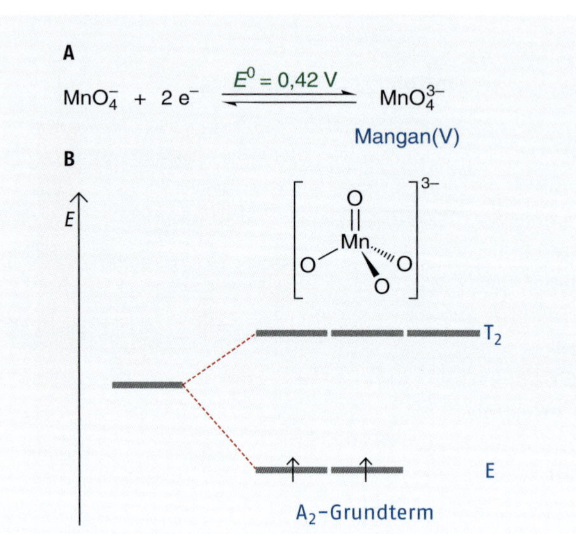

Abb. 7.27 Darstellung von Mn(V)-Salzen (A) und Energieniveauschema von Mn(V) (B)

Manganat(V) ist daher reaktiver als Manganat(VI) und neigt vor allem bei Verdünnung oder bei Erniedrigung des pH-Werts zu Disproportionierung in MnO_2 und MnO_4^{2-}. Dies führt schließlich zu einer Disproportionierung von MnO_4^{3-}zu MnO_2 und MnO_4^-.

■ **MERKE** Das Element Mangan erzeugt stabile Verbindungen in den Oxidationsstufen +II als $[Mn(H_2O)_6]^{2+}$, +IV als MnO_2 und +VII als MnO_4^-. Mn^{2+} zeigt als Übergangsmetall das zu Beginn von ▸Kap. 7 beschriebene Verhalten eines Modellmetalls. Mit schwachen Liganden bildet Mn^{2+} Oktaederkomplexe mit einfach besetzten *d*-Orbitalen und sehr günstiger A_1-Symmetrie. In der Oxidationsstufe +IV dominiert MnO_2, aber auch Mischoxide mit anderen Metalloxiden wie $M^{II}MnO_3$ oder $M^I_2MnO_3$. In der Oxidationsstufe +IV ist das oktaedrisch koordinierte Mangan-Ion fast ausschließlich in festen Verbindungen stabil. Mit der Elektronenkonfiguration d^3 entsteht dadurch ein günstiger, weil nichtentarteter A_2-Zustand. In der Oxidationsstufe +VII sind die *d*-Orbitale des Mangans leer. Es entsteht der symmetrische A_1-Grundzustand. Der Elektronenmangel macht Mangan sowohl zu einer sehr starken Lewis-Säure als auch zu einem starken Oxidationsmittel. Mn(+VII) bildet tetraedrisch koordinierte Oxidokomplexe. Die violett farbigen Permanganat-Ionen sind wasserlöslich; $KMnO_4$ ist daher ein häufig verwendetes Oxidationsmittel. Mn^{3+}, Mn^{5+} und Mn^{6+} spielen vor allem als reaktive Intermediate eine Rolle. Mn^{3+} bildet symmetrisch ungünstige und daher sehr reaktive Aquakomplexe. Ihr Auftreten als Komproportionierungsprodukt von Mn^{2+} und MnO_4^- beschleunigt die Reduktion von MnO_4^- erheblich. Manganat(V) und Manganat(VI) kommen in tetraedrischen Oxidokomplexen vor, sind als Oxidationsmittel sehr reaktiv und lassen sich in Form schwerlöslicher Bariumsalze stabilisieren.

Mangan – Bedeutung in Biologie und Medizin

Mangan ist ein wichtiges Spurenelement. Die Funktion einiger wichtiger Enzyme ist abhängig von diesem Element. Mangan-Ionen können sowohl aufgrund ihrer Eigenschaft als Lewis-Säure als auch durch den leichten Wechsel ihrer Oxidationsstufen als Elektronenüberträger wirksam werden. Enzyme, die Phosphatgruppen von ATP auf andere Enzyme übertragen, werden als **Kinasen** bezeichnet. Diese enthalten in ihren aktiven Zentren oder in ihren Coenzymen zum Teil Metallatome, die als Lewis-Säuren wirken. In der Atmungskette oder in der Reaktionskette der Photosynthese grüner Pflanzen findet man redoxaktive Enzyme, die Elektronen von einer Substanz zur anderen weiterreichen. Auch die **Oxigenasen** gehören zu den redoxaktiven Enzymen. Sie benutzen Luftsauerstoff, um unpolare Moleküle mit Alkohol oder Säuregruppen zu versehen und diese dadurch wasserlöslich zu machen. Dadurch können mit der Nahrung aufgenommene unbrauchbare Substanzen besser ausgeschieden werden. Diese Oxigenierungen finden vor allem in der Leber statt. Oxigenasen, Kinasen und **Transferasen** arbeiten meist mit Eisen als Metallbestandteil. In manchen Fällen ist Eisen aber auch durch Mangan ersetzt, vor allem dann, wenn das Metall in der höheren Oxidationsstufe reaktiv sein soll. Bei der Photosynthese gibt es zwei durch Lichtenergie angetriebene Reaktionsketten, die letztendlich zur Spaltung von Wasser führen, das Photosystem I und das Photosystem II:

$$4\,[\text{Enzymsystem}]^- + 4\,NAD^+ + 4\,H^+ \xrightarrow[\text{Photosystem I}]{h\nu} 4\,[\text{Enzymsystem}] + 4\,(NADH + H^+)$$

$$2\,H_2O \xrightarrow[\text{Photosystem II}]{h\nu} O_2 + 4\,H^+ + 4\,[\text{Enzymsystem}]^-$$

Hinter dem Begriff „Enzymsystem" verbirgt sich hier jedoch eine Elektronentransportkette aus vielen redoxaktiven Enzymen. Das Photosystem II enthält dabei ein Enzym, das mit einem Calcium-Mangan-Cluster der Zusammensetzung Mn_4CaO_5 arbeitet.

Ein wichtiges Beispiel für die medizinische Bedeutung von Mangan ist die **Hyperoxiddismutase**. Beim oxidativen Abbau von Nahrungsmittelmolekülen entstehen durch Einwirkung von Luftsauerstoff häufig Wasserstoffhyperoxidradikale ($HOO^\cdot$). Ihre Konzentration im Organismus muss unbedingt niedrig gehalten werden, da die Radikale Zellstrukturen angreifen und mutagen wirken. Der Körper verfügt über verschiedene Mechanismen, um sich vor den Angriffen der freien Radikale zu schützen. Eine Möglichkeit ist der Einsatz von Antioxidanzien wie Melatonin oder Vitamin C, eine andere die katalytische Disproportionierung zu Sauerstoff und Wasserstoffperoxid. Dies geschieht durch die Hyperoxiddismutase, die ein Mn^{2+}/Mn^{3+}-Ion im aktiven Zentrum enthält. Der katalytische Prozessverlauf lässt sich folgendermaßen skizzieren:

$$Mn^{3+} + HO_2 \longrightarrow Mn^{2+} + O_2 + H^+ \qquad Mn^{2+} + HO_2 + H^+ \longrightarrow Mn^{3+} + H_2O_2$$

Mangan wird vor allem in Form löslicher Mn(II)-Salze vom Dünndarm aufgenommen und in Leber und Knochen gespeichert. Ein erwachsener Mensch hat einen Körperbestand von durchschnittlich etwa 40 mg Mangan. Die empfohlene Tagesdosis für die Manganaufnahme beträgt etwa 1 mg. Manganmangelerscheinungen kommen in Europa kaum vor, da über die Nahrung täglich etwa 2–3 mg Mangan aufgenommen werden.

7

7.5.2 Technetium und Rhenium

Das Element Technetium (Tc) kommt in der Natur nicht vor. Es lässt sich aus den Produkten der Urankernspaltung isolieren. Alle Isotope (Formen) des Technetiums sind radioaktiv. Ein Isotop mit der Molmasse 99 g/mol hat eine Halbwertszeit von 210 000 Jahren und eignet sich zur Untersuchung der chemischen Eigenschaften dieses Elements. Erhitzt man Technetium an der Luft, so erhält man je nach Temperatur und Sauerstoffkonzentration Oxide in verschiedenen Oxidationsstufen:

$$Tc + O_2 \longrightarrow TcO_2$$
Technetium(IV)-oxid

$$2\,TcO_2 + O_2 \longrightarrow 2\,TcO_3$$
Technetium(VI)-oxid

$$4\,TcO_3 + O_2 \longrightarrow 2\,Tc_2O_7$$
Technetium(VII)-oxid

Wie bei Rhenium ist die Oxidationsstufe +II instabil. Der Atomkern ist nicht stark genug geladen, um die weiter entfernten *d*-Elektronen in dieser Zahl zu halten. Die stabilste Oxidationsstufe ist die Oxidationsstufe +VII. In wasserlöslicher Form existieren Pertechnetate wie NH_4TcO_4 und $KTcO_4$. Sie enthalten tetraedrisch gebaute TeO_4Ionen. Diese sind erheblich schwächere Oxidationsmittel als das strukturanaloge Permanganat.

Das Element Rhenium (Re) kommt in der Natur vor allem in molybdänhaltigen Erzen vor und ist kaum mit Mangan vergesellschaftet. Daher wurde es erst spät (1925) entdeckt. Man gewinnt reines Rhenium vor allem durch Reduktion von ReO_3 mit Wasserstoff:

$$ReO_3 + 3\,H_2 \longrightarrow Re + 3\,H_2O$$

Metallisches Rhenium ist ein sehr hartes, glänzendes Metall, luftstabil und beständig gegen verdünnte Mineralsäuren. In konzentrierter Salpetersäure löst es sich unter Bildung von Perrhenat-Anionen:

$$Re + 4\,H_2O \longrightarrow ReO_4^- + 8\,H^+ + 7\,e^- \quad |\times 3$$

$$HNO_3 + 3\,e^- + 3\,H^+ \longrightarrow NO + 2\,H_2O \quad |\times 7$$

$$3\,Re + 12\,H_2O \longrightarrow 3\,ReO_4^- + 24\,H^+ + 21\,e^-$$

$$7\,HNO_3 + 21\,e^- + 21\,H^+ \longrightarrow 7\,NO + 14\,H_2O$$

$$3\,Re + 7\,HNO_3 \longrightarrow 3\,ReO_4^- + 7\,NO + 3\,H^+ + 2\,H_2O$$

Verbrennt man metallisches Rhenium in reinem Sauerstoff bei Temperaturen über 400 °C, so entsteht Rhenium(VII)-oxid (Re_2O_7). Es ist sehr hygroskopisch und löst sich in Wasser unter Bildung von Perrheniumsäure:

$$4\,Re + 7\,O_2 \longrightarrow 2\,Re_2O_7 \qquad Re_2O_7 + H_2O \longrightarrow 2\,HReO_4$$

$$HReO_4 \longrightarrow H^+ + ReO_4^-$$

Perrheniumsäure wirkt kaum noch oxidierend. Entfernt man das Wasser und trocknet den Rückstand über P_2O_5, so erhält man Kristalle der Zusammensetzung $H_4Re_2O_9 = 2\,(HReO_4) \cdot H_2O$. In alkalischer Lösung bilden sich Tetraoxidodihydroxidorhenat(VII)-Ionen. Das Perrhenat-Ion (ReO_4^-) ist tetraedrisch koordiniert und hat Tetraedersymmetrie, da die Ladung durch Mesomerie auf alle Sauerstoffatome gleichmäßig verteilt ist. Dadurch sind alle Rhenium-Sauerstoff-Bindungen gleichwertig. Die Aufnahme von Hydroxid-Ionen in das Komplexmolekül zeigt, dass Rhenium(VII) keine so starke Lewis-Säure mehr ist wie das Mn^{7+}-Ion. Durch den größeren Atomradius von Rhenium im Vergleich zu Mangan, wird die Aufnahme von sechs Liganden in Oktaederkoordination begünstigt:

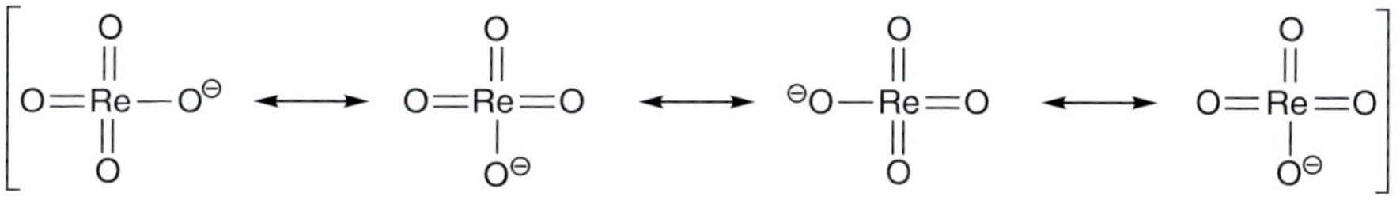

Perrhenat

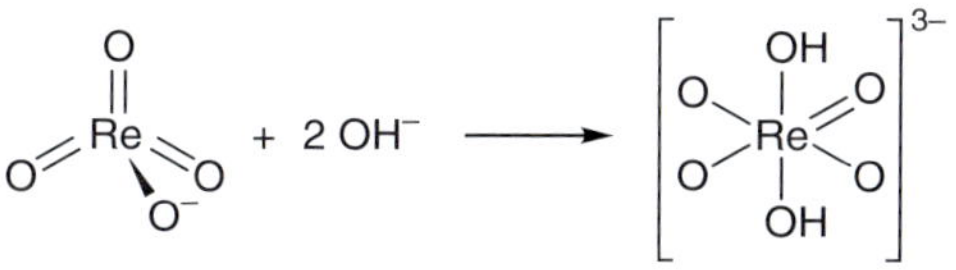

Orthoperrhenat

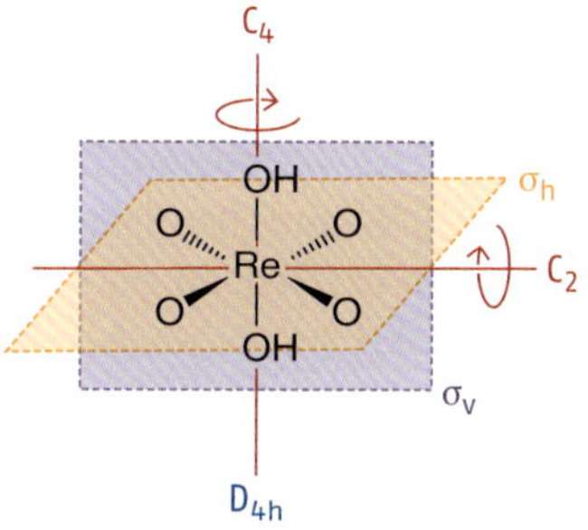

C_4 σ_h C_2 σ_v D_{4h}

Vermutlich werden die Hydroxid-Ionen im Komplex in *trans*-Stellung positioniert. Dann erhält das Molekül eine vierzählige Hauptachse C_4, da die Re–O-Bindungen aufgrund mesomerer Elektronenverteilung immer noch gleichwertig sind. In der Ebene der Re–O-Atome findet man eine horizontale Spiegelebene (→ h-Gruppe) und vier zweizählige Drehachsen horizontal zur Hauptachse (→ D-Gruppe). Das Molekül hat damit D_{4h}-Symmetrie.

Setzt man Rhenium(VII)-oxid bei 500 °C mit metallischem Rhenium um, so erhält man das zu Braunstein analoge ReO_2:

$$2\,Re_2O_7 + 3\,Re \longrightarrow 7\,ReO_2$$

Rheniumdioxid ist wasserunlöslich. Im Kristall sind die Rheniumatome oktaedrisch von Sauerstoff umgeben. So entsteht aufgrund der d^3-Konfiguration bei Rhenium ein nichtentarteter Grundzustand mit A_2-Symmetrie. Schmilzt man Rhenium(IV)-oxid mit anderen Metalloxiden zusammen, dann erhält man Doppeloxide, die man als Salze der Rhenigen Säure auffassen kann:

$$ReO_2 + CaO \longrightarrow \underset{\text{Calciumrhenit}}{CaReO_3} \qquad ReO_2 + Na_2O \longrightarrow \underset{\text{Natriumrhenit}}{Na_2ReO_3}$$

7

7.6 Elemente der 8. Nebengruppe

Die achte Nebengruppe des Periodensystems stellt ein etwas künstliches Ordnungselement dar. Es wurde geschaffen, um das Prinzip „Gruppennummer = maximal denkbare Oxidationsstufe“ weitgehend zu erhalten.

Vergleicht man die Stabilitäten der Oxidationsstufe +II mit der der maximalen Oxidationsstufe bei einem beliebigen Nebengruppenelement, fällt Folgendes auf: Je weiter man sich in einer Elementen-Gruppe nach unten bewegen, umso stabiler werden die Ionen in der Oxidationsstufe +II, während Ionen in der maximalen Oxidationsstufe zu immer stärkeren Oxidationsmitteln werden. Dies ist verständlich, da die Anziehungskraft des Atomkerns auf die *d*-Elektronen ansteigt, wenn die Kernladung bei einheitlichem Quantenniveau zunimmt. In der achten Nebengruppe haben die Atomkerne der Elemente einen Ladungszustand erreicht, in dem die Oxidationstufen +II/+III sehr leicht realisierbar sind, die maximale Oxidationsstufen VIII, IX und X aber kaum noch erreicht werden können.

Auch fällt der recht große Unterschied im chemischen Verhalten der leichten Elemente einer Nebengruppe (Elemente der vierten Periode) einerseits und den schwereren Elementen der Nebengruppe (fünfte und sechste Periode) andererseits auf. Diese Aufspaltung wird ebenfalls aus dem Zusammenspiel von Kernanziehung und Elektronenenergie verständlich. Die Atome und Ionen der schwereren Elemente haben einen größeren Radius. Folglich sind die Elektronen weiter vom Kern entfernt. Atom- und Ionenradien unterscheiden sich jedoch gar nicht so dramatisch, obwohl die *d*-Elektronen im höheren Quantenzustand beträchtlich mehr Energie haben und daher lockerer an den Kern gebunden sind. Die Atomkerne können die Elektronen in der *d*-Orbitale nicht mehr so stark anziehen. Daher sind die Oxidationsstufen +II und +III bei den schweren Übergangsmetallen außerordentlich instabil, während die maximale Oxidationsstufe bevorzugt gebildet wird. Da diese immer höher wird, werden die Ionen zu immer stärkeren Lewis-Säuren, und in wässriger Lösung werden dann bevorzugt sowohl im sauren wie auch im alkalischen Milieu tetraedrische Oxidokomplex-Ionen gebildet. Bei den schweren Übergangselementen beobachtet man aber insgesamt keine so große Vielfalt in der Zahl der Verbindungen und der chemischen Reaktionen in wässriger Lösung. Eine große Zahl an Verbindungen findet man bei den schwerlöslichen Salzen oder den Halogenverbindungen. Die auffallende Ähnlichkeit der Elemente der fünften und sechsten Periode im Unterschied zu den Elementen der vierten Periode ist in der Lanthanoidenkontraktion begründet. Durch die Besetzung der 4*f*-Niveaus mit Elektronen steigt die Kernladung, ohne dass der Atomradius durch Erhöhung des Quantenzustands zunimmt. Damit bekommen die Elemente der fünften und sechsten Periode sehr ähnliche Atom- und Ionenradien und damit ähnliche Redoxpotenziale und Lewis-Säure-Stärken. Die leichten Nebengruppenelemente der vierten Periode waren in den Oxidationsstufen +II/+III zu Beginn der Periode starke Reduktionsmittel, während sie mit fortschreitender Gruppennummer in diesen Oxidationsstufen dank der zunehmenden Kernladung immer stabiler werden. Sie zeigen jetzt eine vielseitige Komplexchemie in wässriger Lösung und nähern sich dem bereits mehrfach beschriebenen Modellverhalten an. In den maximalen Oxidationsstufen sind sie starke Lewis-Säuren und starke Oxidationsmittel.

Die achte Nebengruppe stellt eine Ausnahme dar. Sie besteht nicht nur aus **einer** Triade, sondern aus **drei** Triaden. Man spricht von

- der **Eisentriade**, bestehend aus den Elementen Eisen (Fe), Ruthenium (Ru) und Osmium (Os),

- der **Cobalttriade**, bestehend aus den Elementen Cobalt (Co), Rhodium (Rh) und Iridium (Ir), und
- der **Nickeltriade**, bestehend aus den Elementen Nickel (Ni), Palladium (Pd) und Platin (Pt).

Die leichten Elemente der achten Nebengruppe Fe, Co und Ni sind bekannte und sehr wichtige Vertreter der Übergangsmetalle. Sie werden oft als Eisengruppe bezeichnet. Um Verwechslungen mit der Eisentriade zu vermeiden, wird in diesem Buch dieser Begriff jedoch nicht verwendet.

Die Elemente Eisen, Cobalt und Nickel haben große Bedeutung in der technischen Anwendung als Werkstoffe, Farbstoffe und Katalysatoren und im Alltagsleben stets präsent. Mit den Oxidationsstufen +II und +III ist bei diesen Elementen eine vielseitige Chemie in wässriger Lösung möglich und sie kommen dem zu Beginn von ▸ Kap. 7 formulierten Modellverhalten sehr nahe. Es handelt sich im Wesentlichen um unedle Metalle. Die Art und die Stabilität der von ihren Ionen gebildeten Komplexverbindungen können durch die Diskussion von Säurestärke und Grundzustandssymmetrie gut verstanden werden. In höheren Oxidationsstufen bilden diese Metalle instabile Verbindungen, die kaum noch realisiert werden. Keines der Metalle kommt in der maximal denkbaren Oxidationsstufe +VIII vor.

Die schwereren Elemente Ruthenium, Osmium, Rhodium, Iridium, Palladium und Platin sind alle Edelmetalle und werden als **Platinmetalle** bezeichnet. Als Elemente lösen sie sich weder in konzentrierten Mineralsäuren noch in oxidierenden Säuren. Sie unterscheiden sich in ihren chemischen Eigenschaften noch immer deutlich von ihren leichten Homologen. Dennoch findet man vor allem in der Komplexchemie Ähnlichkeiten. Die maximale Oxidationsstufe +VIII tritt nur noch bei den Elementen Ruthenium und Osmium auf. Dort ist sie aber weitgehend auf die Oxide beschränkt. RuO_4 ist sehr instabil und OsO_4 ist ein starkes Oxidationsmittel. Rechts der Eisentriade wird die Oxidationsstufe +VIII bei keinem Element mehr erreicht. Niedrigere Oxidationsstufen werden stabiler. Der Edelmetallcharakter dieser Elemente schränkt allerdings die Vielseitigkeit der Chemie in wässriger Lösung ein. Auch ihre biologische Bedeutung ist begrenzt.

Elemente der Eisentriade

Zur Eisentriade gehören die Elemente Eisen (Fe), Ruthenium (Ru) und Osmium (Os). Ihre Elektronenkonfiguration im isolierten Atom ist $ns^2(n{-}1)d^6$. Als zweiwertige Kationen diese finden sich bei allen drei Elementen haben sie d^6-Konfiguration. Diese führt im Oktaeder im Low-spin-Fall, also bei Kombination mit starken Liganden, zu einer günstigen Symmetrie im Grundzustand, nicht aber im High-spin-Fall. Dort führt die d^6-Konfiguaration zu einem entarteten Grundzustand. Bei tetraedrischer Koordination existieren nur High-spin-Komplexe und diese werden durch d^6-Besetzung in der Symmetrie nicht gefördert (entarteter Grundzustand mit E-Symmetrie). In der Oxidationsstufe +III haben die Elemente d^5-Konfiguration. Alle drei Elemente bilden Verbindungen mit M^{3+}-Kationen. Im High-spin-Fall, also bei Kombination mit schwachen Liganden, führt diese Konfiguration sowohl beim Oktaeder als auch beim Tetraeder zu einem günstigen A_1-Grundzustand mit einfach besetzten d-Orbitalen. Dabei ist das Oktaeder wegen seiner höheren Koordinationszahl dem Tetraeder weit überlegen. Höhere Oxidationsstufen kommen beim Eisen zwar vor, haben dort aber nur eine geringe Bedeutung. Bei Ruthenium und Osmium existieren eine Reihe von Verbindungen bis zur Oxidationsstufe +VIII.

Elemente der Cobalttriade

Zur Cobalttriade zählen die Elemente Cobalt (Co), Rhodium (Rh) und Iridium (Ir). In der Oxidationsstufe +II haben die Elemente d^7-Konfiguration. Mit steigender Kernladung nimmt die Anziehung des Kerns auf die Elektronen zu. In der vierten Periode, also bei Cobalt, ist sie so stark, dass die Oxidationsstufe +II in vielen stabilen Verbindungen vorkommt. Komplexe mit schwachen Liganden neigen aus Symmetriegründen zuweilen zur Tetraederkoordination. Mit starken Liganden dominiert aus Symmetriegründen die Oxidationsstufe +III mit d^6-Konfiguration. Bei den schweren Elementen Rhodium und Iridium ist die Kernanziehung auf die d-Elektronen reduziert. Ferner werden auch mit schwachen Liganden Low-spin-Komplexe gebildet, sodass dort die Oxidationsstufe +III dominiert. Cobalt ist wie Eisen ein unedles Metall, das an Luft durch Oberflächenpassivierung oxidationsbeständiger ist. Rhodium und Iridium sind beständig gegen Mineralsäuren und werden zu den Edelmetallen gezählt.

Elemente der Nickeltriade

Zur Nickeltriade gehören die Elemente Nickel (Ni), Palladium (Pd) und Platin (Pt). Mit fortschreitender Gruppennummer innerhalb einer Periode nehmen sowohl die Kernladung als auch die Zahl der d-Elektronen kontinuierlich zu. Die erhöhte Kernladung macht die Realisierung hoher Oxidationsstufen immer schwerer. Die erhöhte Zahl von d-Elektronen erschwert hohe Koordinationszahlen in Innerorbitalkomplexen, da immer weniger leere d-Orbitale zur Verfügung stehen. In der Nickeltriade ist jetzt eine Situation erreicht, in der die d-Orbitale so stark mit Elektronen gefüllt sind, dass sich in den Oxidationsstufen +II (d^8) und +III (d^7) hexakoordinierte Innerorbitalkomplexe nur bilden können, wenn Elektronen auf die 4d-Niveaus ausweichen; dort werden sie aber zu sehr starken Reduktionsmitteln (vgl. $[Co(CN)_6]^{4-}$, ▸Kap. 7.6.4). Konnten die Elemente der Cobalttriade noch hexakoordinierte Low-spin-Komplexe in der Oxidationsstufe +III bilden, so ist dies den Elementen der Nickeltriade nicht mehr möglich. Außerorbitalkomplexe der Oxidationsstufe +II können ohne Weiteres gebildet werden. Für die Bildung von Innerorbitalkomplexen dieser Oxidationsstufe mit starken Liganden ist es schwierig stabile Koordinationszahlen und Geometrien zu finden.

7.6.1 Eisen

Eisen (Fe) findet sich in der Natur in Form von oxidischen, aber auch sulfidischen Erzen. Für die Eisengewinnung sind die oxidischen Erze von größerer Bedeutung. Diese enthalten hauptsächlich Hämatit (Fe_2O_3, Eisen(III)-oxid) und Magnetit (Fe_3O_4). Letzteres stellt ein Mischoxid aus FeO und Fe_2O_3 dar und gehört zur Spinell-Gruppe. Eisen kommt vor allen in den Oxidationsstufen +II und +III vor.

Eisen wird durch Reduktion mittels Kohlenstoff gewonnen. Im Hochofen sickert das Eisenerz, meistens als Fe_2O_3 eingesetzt, in einem kontinuierlichen Prozess von oben nach unten. Im oberen Teil wird Eisen(III)-oxid durch Kohlenmonoxid zu Eisen(II)-oxid reduziert. Im heißeren unteren Teil wird Eisen(II)-oxid dann durch Kohlenmonoxid in Eisen und Kohlendioxid überführt. Kohlenmonoxid stammt dabei aus der Reaktion von Kohlenstoff (eingesetzt als Koks) mit vorgeheizter Pressluft:

Hochofen (oben) $Fe_2O_3 + CO \longrightarrow 2\,FeO + CO_2$

Hochofen (unten) $2\,C + O_2 \longrightarrow 2\,CO \qquad FeO + CO \longrightarrow Fe + CO_2$

Man erhält sehr stark mit Kohlenstoff verunreinigtes Eisen. Kohlenstoff kann bis zu einem Gehalt von 2 %, abhängig von der Modifikation, wie ein Legierungsbestandteil in das Metallgitter des Eisens eingebaut werden. Er beeinflusst dabei die mechanischen Eigenschaften des Eisens positiv. Eisen mit einem geringen Kohlenstoffgehalt wird als Stahl bezeichnet. Aus dem Hochofen kommt aber ein Eisen-Kohlenstoff-Gemisch, das mit Graphitkristallen durchsetzt ist und das als Gusseisen bezeichnet wird. Es ist sehr hart, aber spröde. Aus Gusseisen kann man z. B. Kanaldeckel, Gartentore und ähnliche Gegenstände herstellen. Wo aber biegsames, belastbares Material benötigt wird, muss der Kohlenstoffgehalt künstlich reduziert werden. Dazu bläst man entweder Sauerstoff (früher Pressluft) durch flüssiges Gusseisen (Thomas-Verfahren) und verbrennt so Kohlenstoff unter Wärmeentwicklung, oder man setzt Eisenoxid oder Schrott zu und erhitzt die Schmelze (Siemens-Martin-Verfahren), wobei Kohlenstoff Eisenoxid reduziert:

Thomas-Verfahren $$FeC + O_2 \longrightarrow Fe + CO_2$$

Siemens-Verfahren $$3\,FeC + Fe_2O_3 \longrightarrow 5\,Fe + 3\,CO$$

Diesem Stahl kann man je nach Verwendungszweck noch andere Metalle (Titan, Chrom, Cobalt u. a.) beimischen oder besser zulegieren. Auf diese Weise entstehen Spezialstähle, die dann zu Eisenbahnschienen, Draht, Bauträgern oder Blechen für den Karosseriebau ausgewalzt oder gehämmert werden. Bis Anfang der 1970er-Jahre war die Menge an produziertem Eisen und Stahl die wichtigste statistische Kennzahl, mit der die Leistungskraft einer Volkswirtschaft beurteilt wurde. Heute arbeiten Volkswirtschaften wesentlich vielseitiger und die Bedeutung der Schwerindustrie hat stark abgenommen.

Fein verteiltes Eisen ist pyrophor, es entzündet sich an der Luft von selbst. Es handelt sich um ein unedles Metall, das aber aufgrund von Oberflächenpassivierung gegen Wasser und konzentrierte Säuren relativ stabil ist. Jeder der sein Fahrrad, sein Motorrad oder sein Auto einmal zu lange feuchter CO_2-haltiger Luft, dem sauren Regen, ausgesetzt ließ, weiß, dass man Eisen nicht an der Luft verbrennen muss, um Eisenoxid zu erhalten. Kohlendioxid reagiert mit Eisenoxid zu Eisencarbonat, das weiter zu wasserhaltigem Eisen(III)-oxid reagiert. Die entstandene Oxidschicht ist porös und schützt die Metalloberfläche nicht, das Eisen rostet:

$$FeO + CO_2 \longrightarrow FeCO_3$$

$$4\,FeCO_3 + O_2 + 2\,H_2O \longrightarrow 2\,[Fe_2O_3 \times H_2O] + 4\,CO_2$$

(= 4 FeOOH, Rost)

Eisen(II)-Verbindungen

In verdünnten Mineralsäuren löst sich Eisen unter Bildung von wasserlöslichen Eisen(II)-Salzen:

$$Fe + 2\,H^+ + 6\,H_2O \longrightarrow [Fe(H_2O)_6]^{2+} + H_2$$

Hexaaquaeisen(II)

Eisen der Oxidationsstufe +II bildet eine große Anzahl wasserlöslicher Salze. So sind $FeCl_2$ und $Fe(NO_3)_2$, aber auch $FeSO_4$ gut wasserlöslich. In Wasser bildet sich das Hexa-

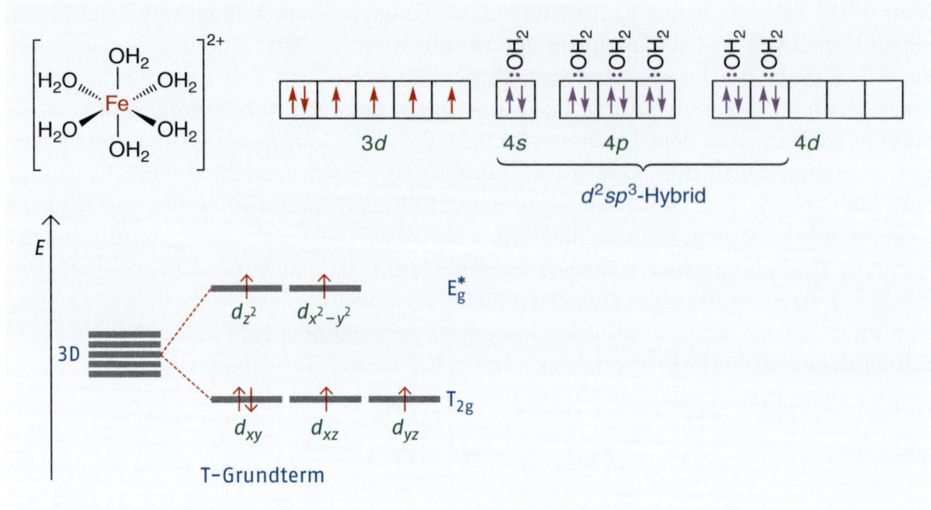

Abb. 7.28 Bindungsverhältnisse und Grundzustandssymmetrie von Hexaaquaeisen(II)

aquaeisen(II)-Ion mit schwach grüner Eigenfarbe. Die Bindungsverhältnisse solvatisierter Fe^{2+}-Ionen sind in Abb. 7.28 dargestellt.

Das Fe^{2+}-Ion hat eine d^6-Konfiguration. Wasser ist ein schwacher Ligand und kann keinen Innerorbitalkomplex mit Low-spin-Konfiguration erzwingen. Es entsteht daher ein Außerorbitalkomplex mit d^2sp^3-Hybridisierung und oktaedrischer Koordination. Die Fe^{2+}-Salzlösungen sind paramagnetisch (vier ungepaarte Elektronen pro Eisen-Ion). Da ein T_{2g}-Zustand mit einem Elektronenpaar besetzt ist, gibt es für die bestehende Konfiguration drei energiegleiche Zustände. Der Grundzustand ist also dreifach entartet und hat eine ungünstige T-Symmetrie. Folglich ist die Struktur des Komplexes Jahn-Teller-verzerrt. Gibt man Natronlauge zu einer Eisen(II)-Salzlösung, dann entsteht zunächst ein Niederschlag von farblosem, gallertartigem $Fe(OH)_2$. Dieses färbt sich aber rasch aufgrund einsetzender Oxidation durch Luftsauerstoff braun. Arbeitet man jedoch unter Schutzgasatmosphäre, also unter strengem Ausschluss von Luftsauerstoff, dann fällt farbloses Fe(II)-hydroxid aus, das sich zu Fe(II)-oxid (FeO) entwässern lässt:

$$[Fe(H_2O)_6]^{2+} + 2\,OH^- \xrightleftharpoons{pK_L = 14{,}75} 6\,H_2O + Fe(OH)_2\downarrow$$

$$Fe(OH)_2 \xrightarrow{\Delta} FeO + H_2O$$

Mit Na_2CO_3 reagiert Eisen zu grünem Eisencarbonat ($FeCO_3$) und mit $(NH_4)_2S$ zu schwarzem Eisensulfid (FeS):

$$[Fe(H_2O)_6]^{2+} + CO_3^{2-} \rightleftharpoons 6\,H_2O + FeCO_3\downarrow$$

$$[Fe(H_2O)_6]^{2+} + S^{2-} \rightleftharpoons 6\,H_2O + FeS\downarrow$$

Behandelt man eine Eisen(II)-Salzlösung mit Ammoniak, dann fällt kein Eisen(II)-hydroxid aus, sondern es bildet sich ein Hexaaminkomplex:

$$[Fe(H_2O)_6]^{2+} + 6\,NH_3 \rightleftharpoons [Fe(NH_3)_6]^{2+} + 6\,H_2O$$

Hexaammineisen(II)

$$\left[Fe(NH_3)_6 \right]^{2+}$$

Der Hexaammineisen(II)-Komplex hat dieselbe Elektronenkonfiguration wie der Hexaaquaeisen(II)-Komplex: Er hat High-spin-Konfiguration und ist paramagnetisch (vier ungepaarte Elektronen pro Komplexmolekül). Der T-Grundterm führt zu Jahn-Teller-Verzerrung. Der Hexaamminkomplex ist nur unter strengem Ausschluss von Luftsauerstoff stabil. An Luft findet eine rasche Oxidation zu Fe^{3+} statt. Eisen(II) verhält sich wie das zu Beginn von ▸Kap. 7 beschriebene Modell-Übergangsmetall. Alle Prozesse müssen unter Ausschluss auch von schwachen Oxidationsmitteln durchgeführt werden, weil sonst die Oxidation zu Eisen(III) stattfindet. In alkalischer Umgebung geschieht dies schon durch Luftsauerstoff. Fe^{2+} kann durch die Zugabe von starken Liganden jedoch stabilisiert werden. Bei Zugabe von Cyanidlösung bildet sich Hexacyanidoferrat(II):

$$[Fe(H_2O)_6]^{2+} + 6\,CN^- \rightleftharpoons [Fe(CN)_6]^{4-} + 6\,H_2O$$

Hexacyanidoferrat(II)

Hexacyanidoferrat(II)-Lösungen sind diamagnetisch und der Komplex kann als Kaliumsalz auskristallisieren: Man erhält Kaliumhexacyanidoferrat, $K_4[Fe(CN)_6]$, das auch als gelbes Blutlaugensalz bekannt ist. Als starker rückbindungsfähiger Ligand erzwingt Cyanid die Koordination auf inneren *d*-Orbital-Plätzen. Mit einer d^2sp^3-Hybridisierung ist er oktaedrisch koordiniert. Es entsteht ein typischer Innerorbitalkomplex. Die drei T_{2g}-Zustände nehmen die sechs restlichen Eisenelektronen auf. Man erhält vollbesetzte T_{2g}- und leere E_g^*-Orbitale. Dies ergibt einen nichtentarteten, symmetrisch günstigen A-Grundzustand. Der Komplex hat also nicht nur eine oktaedrische Koordinationsgeometrie, sondern auch Oktaedersymmetrie, ohne Jahn-Teller-Verzerrung. Die Komplexkonfiguration repräsentiert damit einen Edelgaszustand (Krypton). ▫ Abb. 7.29 zeigt den Bindungszustand von Hexacyanidoferrat(II) sowohl über das Kästchenschema als auch über das Energieniveauschema der *d*-Orbitale.

Das Bildungsgleichgewicht von Hexacyanidoferrat liegt so weit auf der Produktseite, dass alle für $[Fe(H_2O)_6]^{2+}$ oder CNtypischen Nachweisreaktionen versagen. In alkalischer Lösung bildet sich weder $FeCO_3$ noch FeS noch $Fe(OH)_2$. Aus salzsaurer Lösung lässt sich sogar die freie Säure $H_4[Fe(CN)_6]$ mit Ether ausschütteln und nach Entfernen des Lösemittels als blauweißes Pulver isolieren.

Entfernt man aus dem Hexacyanidoferrat(II)-Komplex einen Cyanidliganden, so erhält man ein Pentacyanidoferrat(II)-Komplexfragment mit einer Elektronenlücke. Diese lässt sich dann mit beliebigen Lewis-Basen auffüllen. Es entsteht eine neue Klasse von Verbindungen, die man als Prussiate bezeichnet (▫ Abb. 7.30).

Die Darstellung der Prussiate ist in der Praxis etwas komplizierter als in ▫ Abb. 7.30 dargestellt, da sich Cyanid nur schwer durch schwächere Liganden ersetzen lässt. Dies soll aber an dieser Stelle nicht vertieft werden. Das wichtigste Prussiat ist Nitroprussid oder Pentacyanidonitrosylferrat(II), das als Natriumsalz, $Na_2[Fe(CN)_5NO]$, im Handel ist.

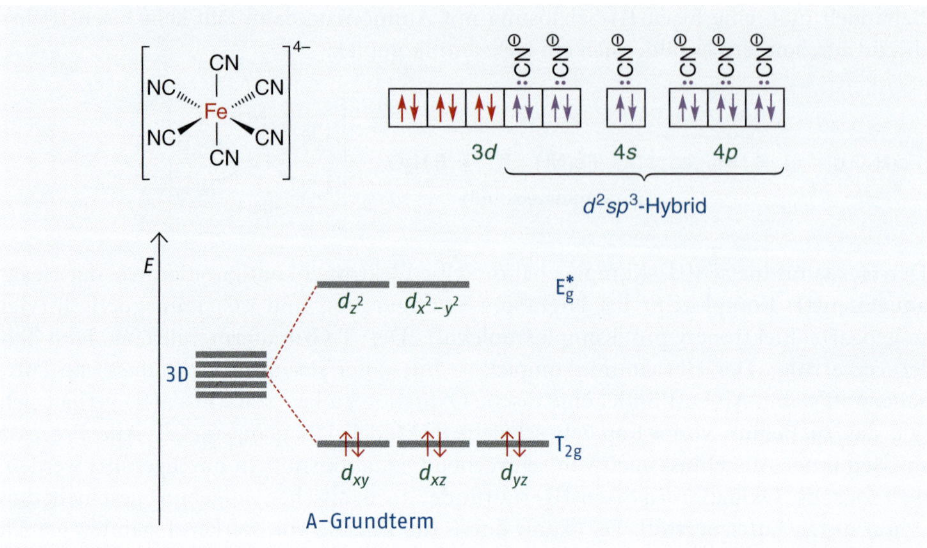

Abb. 7.29 Bindungsverhältnisse von Hexacyanidoferrat(II) einem Beispiel für einen Low-spin-Komplex von Fe^{2+} mit einem starken Liganden

Pentacyanidonitrosylferrat(II) dient als Nachweisreagenz für Sulfid-Ionen. Dabei werden S^2Ionen in den Komplex eingebaut. Dies führt zu einem Farbumschlag von Rot nach Violett:

$$[Fe(CN)_5(NO)]^{2-} \xrightarrow{S^{2-}} [Fe(CN)_5(SNO)]^{4-}$$

(Rot) (Violett)

Cyanidoferrate – Bedeutung in Biologie und Medizin

Nitroprussid-Natrium wird in der Pharmazie als blutdrucksenkendes Mittel eingesetzt. Eine veränderte NO-Konzentration bewirkt in manchen Muskeln eine Erweiterung der Blutgefäße. Die Anwendung ist jedoch auf die Intensivmedizin beschränkt, da die Wirkdauer sehr gering ist und der Arzneistoff daher über eine Infusion kontinuierlich verabreicht werden muss.

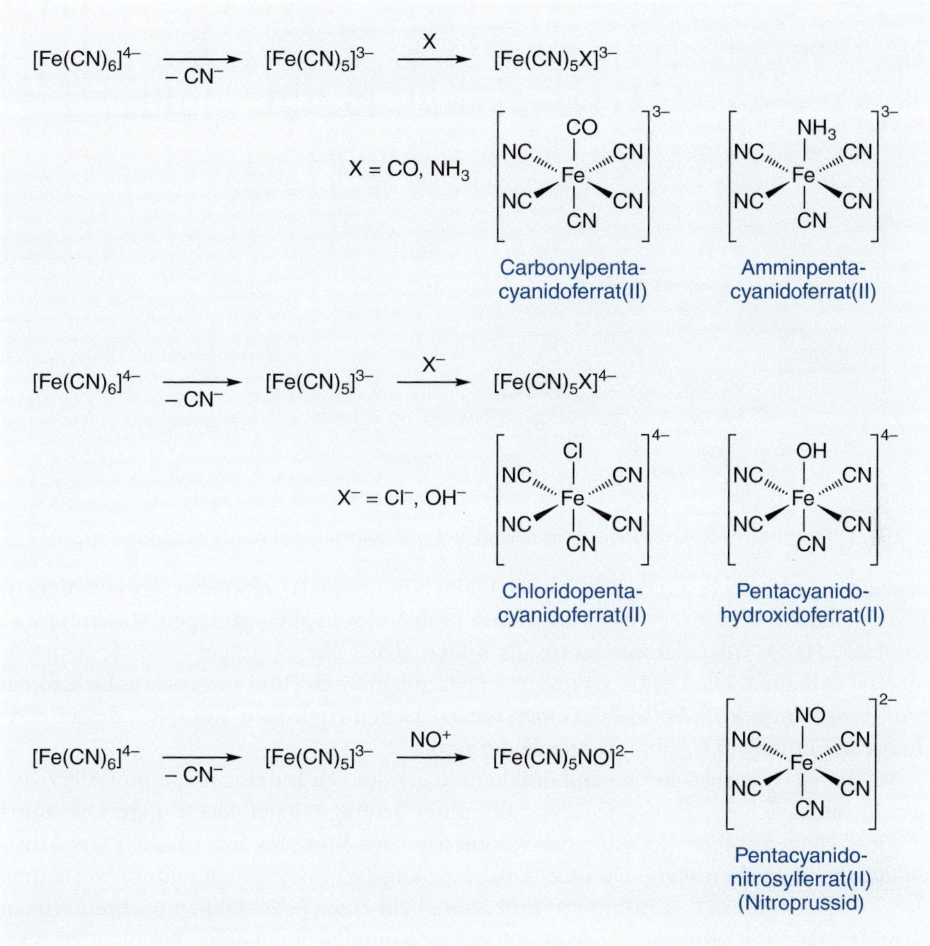

$$[Fe(CN)_6]^{4-} \xrightarrow[-\,CN^-]{} [Fe(CN)_5]^{3-} \xrightarrow{X} [Fe(CN)_5X]^{3-}$$

$X = CO, NH_3$

$[Fe(CN)_5(CO)]^{3-}$ Carbonylpenta-cyanidoferrat(II)

$[Fe(CN)_5(NH_3)]^{3-}$ Amminpenta-cyanidoferrat(II)

$$[Fe(CN)_6]^{4-} \xrightarrow[-\,CN^-]{} [Fe(CN)_5]^{3-} \xrightarrow{X^-} [Fe(CN)_5X]^{4-}$$

$X^- = Cl^-, OH^-$

$[Fe(CN)_5Cl]^{4-}$ Chloridopenta-cyanidoferrat(II)

$[Fe(CN)_5(OH)]^{4-}$ Pentacyanido-hydroxidoferrat(II)

$$[Fe(CN)_6]^{4-} \xrightarrow[-\,CN^-]{} [Fe(CN)_5]^{3-} \xrightarrow{NO^+} [Fe(CN)_5NO]^{2-}$$

$[Fe(CN)_5(NO)]^{2-}$ Pentacyanido-nitrosylferrat(II) (Nitroprussid)

Abb. 7.30 Darstellung von Cyanidoferraten(II)

Eisen(III)-Verbindungen

Fällt man eine Fe^{2+}-Salzlösung mit Natronlauge an der Luft, dann wird sich das gebildete $Fe(OH)_2$ sehr bald braun färben. Es findet folgende Oxidationsreaktion statt:

$$4\,Fe(OH)_2 + O_2 + 2\,H_2O \longrightarrow 4\,Fe(OH)_3$$

Eisen(III)-hydroxid

$$Fe(OH)_3 + 6\,H_2O \xrightleftharpoons{pK_L = 37{,}2} [Fe(H_2O)_6]^{3+} + 3\,OH^-$$

$$2\,Fe(OH)_3 \xrightarrow{\Delta} Fe_2O_3 + 3\,H_2O$$

Eisen(III)-oxid

$$Fe(OH)_3 + 3\,H^+ + 3\,H_2O \longrightarrow [Fe(H_2O)_6]^{3+}$$

Hexaaqua-eisen(III)

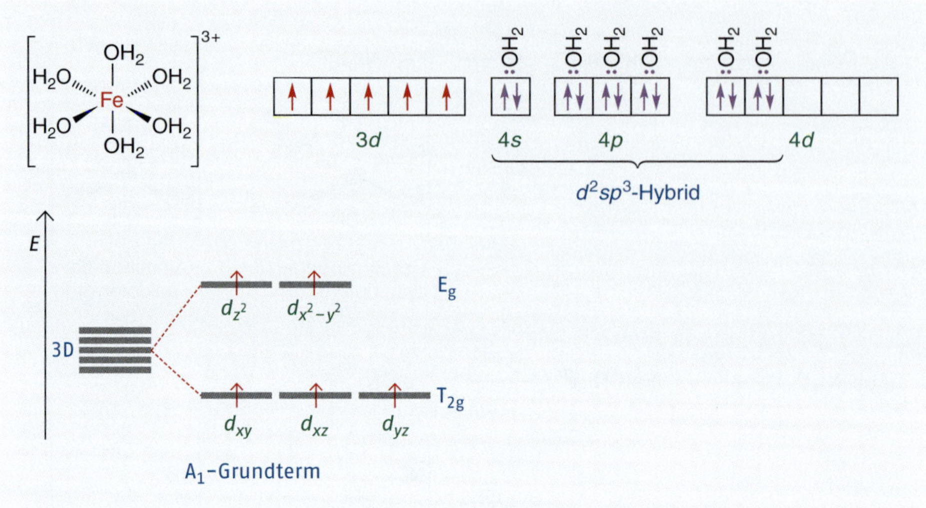

Abb. 7.31 Bindungsverhältnisse und Grundzustandssymmetrie von Hexaaquaeisen(III)

Eisen(III)-hydroxid $Fe(OH)_3$ kann durch Glühen in Eisen(III)-oxid überführt werden. In frisch gefällter Form löst es sich schnell und problemlos in allen gängigen Mineralsäuren wie HCl, HNO_3 oder Schwefelsäure. Es bilden sich gelbe Lösungen, die Hexaaquaeisen(III) enthalten. Die Lösungen reagieren paramagnetisch (fünf ungepaarte Elektronen pro Komplexmolekül). Fe^{3+} bildet einen oktaedrischen High-spin-Komplex, dessen Bindungsverhältnisse in Abb. 7.31 abgebildet sind.

Wasser ist ein schwacher Ligand und kann daher keinen Innerorbitalkomplex erzwingen. Es bildet sich ein d^2sp^3-Hybridzustand unter Beteiligung der 4*d*-Orbitale. Dies führt zu einer oktaedrischen Koordinationsgeometrie. Der Komplex hat, ähnlich wie Mn^{2+}, einfach besetzte *d*-Orbitale: Dies führt zu einer kugelsymmetrischen Ladungsverteilung der *d*-Elektronen um den Atomkern und ermöglicht einen sehr stabilen, nichtentarteten Grundzustand mit günstiger A_1-Symmetrie. Der Komplex bildet daher ein nicht verzerrtes Oktaeder. Erkauft wird dieser symmetrisch günstige Zustand aber mit einer erhöhten Reaktivität als Lewis-Säure. Die Salze $FeCl_3$, $Fe(NO_3)_3$ und $Fe_2(SO_4)_3$ sind grundsätzlich wasserlöslich. Löst man diese Salze aber in neutralem Wasser, dann werden zumindest geringe Mengen an braunem $Fe(OH)_3$ ausgeschieden. In verdünnter Lösung reagiert das Fe^{3+}-Ion als Brönsted-Säure und es bilden sich folgende Gleichgewichte aus:

$$[Fe(H_2O)_6]^{3+} \xrightleftharpoons{pK_{S1} = 2,8} [FeOH(H_2O)_5]^{2+} + H^+$$

Pentaaquahydroxidoeisen(III)

$$[FeOH(H_2O)_5]^{2+} \xrightleftharpoons{pK_{S2} = 4,6} [Fe(OH)_2(H_2O)_4]^{+} + H^+$$

Tetraaquahydroxidoeisen(III)

$$[Fe(OH)_2(H_2O)_4]^{+} \rightleftharpoons H^+ + [Fe(OH)_3(H_2O)_3]\downarrow$$

$(= Fe(OH)_3 \times 3\ H_2O)$

Selbst in der zweiten Protolysestufe sind Fe^{3+}-Ionen noch saurer als Essigsäure (pK_S = 4,75). Eine 1-mmolare Lösung von $FeCl_3$ in Wasser hat nach Gleichung 4.91 (▶ Kap. 4.10.2) einen pH-Wert von: 3,158

$$\left[a_{(H_3O^+)}\right] = -\frac{K_S}{2}+\sqrt{\left(\frac{K_S}{2}\right)^2 + K_S \cdot a^0_{(Fe^{3+})}} = -\frac{10^{-2,8}}{2}+\sqrt{\frac{10^{-5,6}}{4} + 10^{-2,8} \cdot 10^{-3}} = 10^{-3,158}$$

Der oben dargestellte Fällungsprozess ist aber nur in sehr verdünnter Lösung realitätsnah beschrieben. Schon bei etwas höheren Konzentrationen findet er vorwiegend über mehrkernige Zwischenstufen bis hin zu polymeren Komplexaggregaten statt:

$$[Fe(OH)(H_2O)_5]^{2+} + [Fe(OH)(H_2O)_5]^{2+} \rightleftharpoons [(H_2O)_4Fe(\mu\text{-}O)_2Fe(H_2O)_4]^{2+} + 2\,H_3O^+$$

Neutralisiert man eine saure Eisen(III)-Salzlösung, dann fällt rotbraunes, gallertartiges Eisen(III)-hydroxid aus. Dies geschieht auch, wenn Natriumcarbonat zu gelöstem Fe^{3+} hinzugefügt wird. Auch die Zugabe von Ammoniumsulfid und Ammoniak führt zur unmittelbaren Bildung von $Fe(OH)_3$:

$$CO_3^{2-} + H_2O \rightleftharpoons HCO_3^- + OH^- \qquad [Fe(H_2O)_6]^{3+} + 3\,OH^- \longrightarrow Fe(OH)_3\downarrow + 6\,H_2O$$

$$S^{2-} + H_2O \rightleftharpoons HS^- + OH^- \qquad [Fe(H_2O)_6]^{3+} + 3\,OH^- \longrightarrow Fe(OH)_3\downarrow + 6\,H_2O$$

$$NH_3 + H_2O \rightleftharpoons NH_4^+ + OH^- \qquad [Fe(H_2O)_6]^{3+} + 3\,OH^- \longrightarrow Fe(OH)_3\downarrow + 6\,H_2O$$

Im Verhalten gegenüber basischen Fällungsmitteln ähneln sich Fe^{3+}- und Cr^{3+}-Ionen sehr. Da $Fe(OH)_3$ sehr schwerlöslich ist, wird es anstelle der Carbonate, Sulfide oder des Hexaamminkomplexes gebildet. Dies erklärt auch, warum man die Reaktion von Fe^{2+}-Ionen mit basischen Fällungsmitteln nur unter Ausschluss von Luftsauerstoff ungestört beobachten kann. Die große Stabilität von $Fe(OH)_3$ fördert die Oxidation von Fe^{2+} durch Luftsauerstoff in alkalischer Umgebung außerordentlich:

$$4\,[Fe(NH_3)_6]^{2+} + 10\,H_2O + O_2 \longrightarrow 4\,Fe(OH)_3\downarrow + 8\,NH_4^+ + 16\,NH_3$$

Eine Ausnahme ist die Fällung mit Phosphat. In alkalischer Lösung bildet sich $FePO_4$ statt $Fe(OH)_3$, weil die Sättigungskonzentration von Fe^{3+} in einer $FePO_4$-Suspension erheblich kleiner ist als die in einer $Fe(OH)_3$-Suspension. In saurer Lösung entsteht ein löslicher Trihydrogenphosphatoferrat(III)-Komplex:

$$[Fe(H_2O)_6]^{3+} + PO_4^{3-} \longrightarrow 6\,H_2O + FePO_4 \downarrow$$

$$[Fe(H_2O)_6]^{3+} + 3\,HPO_4^{2-} \rightleftharpoons [Fe(HPO_4)_3]^{3-} + 6\,H_2O$$

Trihydrogenphosphatoferrat(III)

Trihydrogenphosphatoferrat(III)
(Chiral)

Trihydrogenphosphatoferrat(III) ist farblos, dissymmetrisch und chiral. Gibt man zu einer Eisen(III)-Salzlösung Ammoniumthiocyanat, dann beobachtet man eine spontane Rotfärbung. Es stellen sich folgende Gleichgewichte ein:

$$[Fe(H_2O)_6]^{3+} + SCN^- \xrightleftharpoons{pK_1 = 2{,}9} [FeSCN(H_2O)_5]^{2+} + H_2O$$

Hexaaquaeisen(III) Pentaaquathiocyanatoeisen(III)

$$[FeSCN(H_2O)_5]^{2+} + 2\,SCN^- \xrightleftharpoons{pK_2 = 5{,}4} [Fe(SCN)_3(H_2O)_3] + 2\,H_2O$$

$$[Fe(H_2O)_6]^{3+} + 3\,SCN^- \xrightleftharpoons{pK = 8{,}3} [FeSCN_3(H_2O)_3] + 3\,H_2O$$

Triaquatrithiocyanotoeisen(III)

Der Triaquatrithiocyanatoeisen(III)-Komplex ist im Vergleich zu anderen ähnlichen Komplexen nicht sonderlich stabil, da Eisen(III) eine harte Lewis-Säure ist, der Schwefel aber eine relativ weiche Lewis-Base darstellt. Dennoch ist der Komplex bedeutsam. Schon Spuren davon verraten sich durch seine intensiv rote Eigenfarbe. Daher gilt er als empfindlicher Nachweis für Fe^{3+}. Die rote Farbe verschwindet aber, wenn man eine zu Thiocyanat äquivalente Menge an Fluorid zugibt:

$$[Fe(SCN)_3(H_2O)_3] + 6\,F^- \rightleftharpoons [FeF_6]^{3-} + 3\,SCN^- + 3\,H_2O$$

Triaquatrithio-cyanatoeisen(III) Hexafluorido-ferrat(III)

$$[Fe(H_2O)_6]^{3+} + 6\,F^- \xrightleftharpoons{pK = 18{,}0} [FeF_6]^{3-} + 6\,H_2O$$

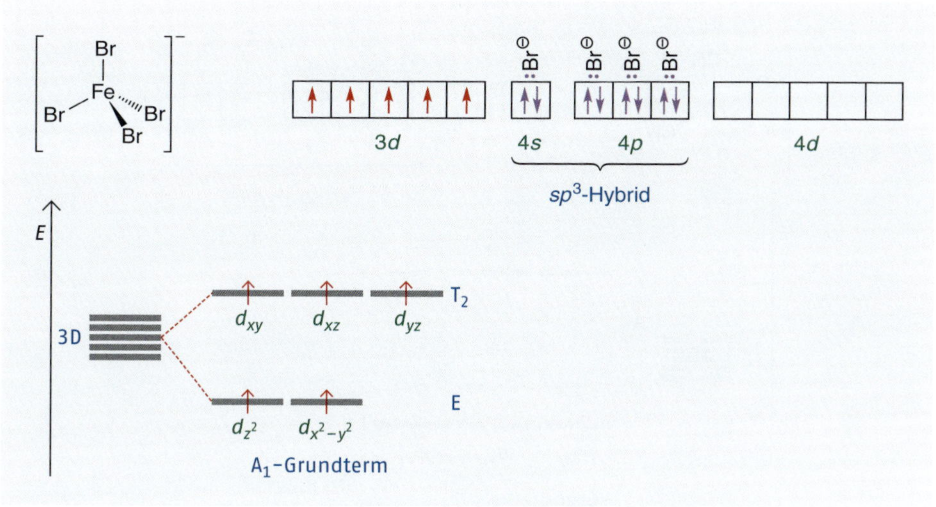

Abb. 7.32 Bindungsverhältnisse von tetraedrischem Tetrabromidoferrat(III)

Fluorid kann als harte Lewis-Base das sehr viel weichere Thiocyanat leicht vom harten Fe^{3+} verdrängen. Auch diese Reaktion kann als Nachweis für Fluorid herangezogen werden. In halbkonzentrierter HCl oder in konzentrierter Kochsalzlösung bildet $FeCl_3$ folgende Komplexformen, die miteinander im Gleichgewicht stehen:

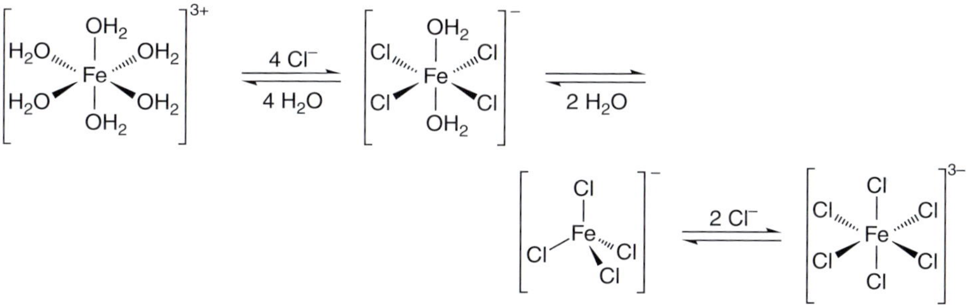

$$[Fe(H_2O)_6]^{3+} \underset{4\,H_2O}{\overset{4\,Cl^-}{\rightleftharpoons}} [FeCl_4(H_2O)_2]^- \underset{2\,H_2O}{\rightleftharpoons} [FeCl_4]^- \overset{2\,Cl^-}{\rightleftharpoons} [FeCl_6]^{3-}$$

Chlorid ist weicher als Fluorid und ein größerer Ligand. Einerseits sinkt die Bindungsenergie pro Eisen-Halogen-Koordination, andererseits wird es für das kleine Fe^{3+}-Ion schwieriger, sechs große Liganden in oktaedrischer Anordnung zu halten. Es treten daher tetraedrische Tetrachloridoferrat(III)-Ionen im Gleichgewicht auf. In konzentrierter Bromidlösung dominieren diese (Abb. 7.32).

Die tetraedrischen Komplexe können sich auch deshalb bilden, weil die günstige A_1-Symmetrie im Grundterm erhalten bleibt. Werden Fe^{3+}-Salze Cyanidlösungen ausgesetzt, dann bildet sich quantitativ Hexacyanidoferrat(III):

$$[Fe(H_2O)_6]^{3+} + 6\,CN^- \rightleftharpoons [Fe(CN)_6]^{3-} + 6\,H_2O$$

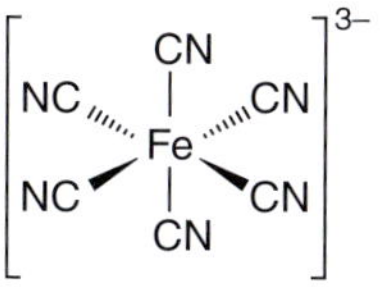

$$[Fe(CN)_6]^{3-}$$

Hexacyanidoferrat(III)

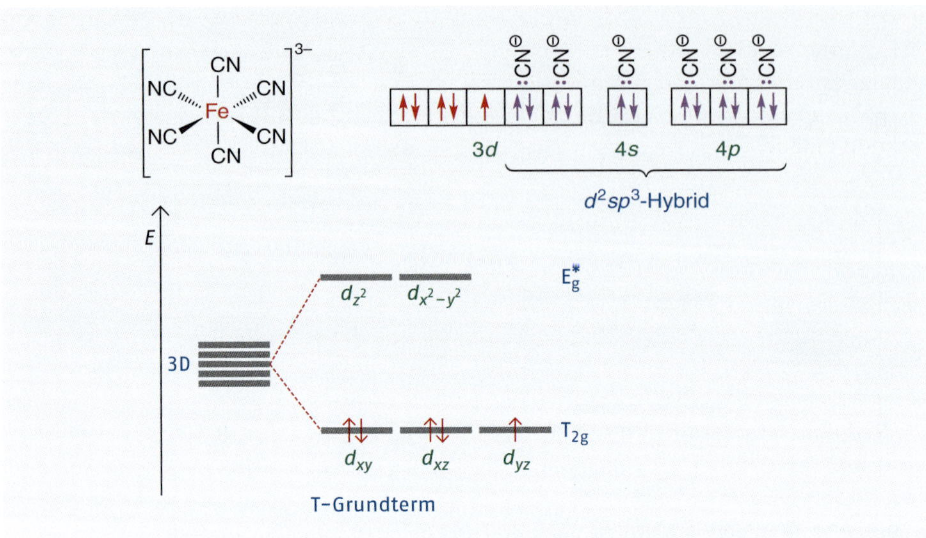

Abb. 7.33 Bindungsverhältnisse von oktaedrischem Hexacyanidoferrat(III)

Man erhält eine paramagnetische Lösung (ein ungepaartes Elektron pro Komplexmolekül). Cyanid erzwingt als starker, rückbindungsfähiger Ligand die Koordination in den 3*d*-Zuständen, was zu einem Innerorbitalkomplex mit Low-spin-Konfiguration führt. Die fünf Elektronen des Eisens verteilen sich auf die drei T_{2g}-Zustände wobei sich zwei Elektronenpaare und ein ungepaartes Elektron bilden. Dies führt zu einem Grundterm mit ungünstiger T-Symmetrie. Die Liganden besetzen neben den 4*s*- und 4*p*-Orbitalen noch die zwei E_g-Zustände ($3d_{z^2}$- und $3d_{x^2-y^2}$-Orbitale), wodurch ein d^2sp^3-Hybrid mit oktaedrischer Koordinationsgeometrie entsteht. Die T-Symmetrie des Grundterms erzwingt eine Jahn-Teller-Verzerrung des Moleküls. Abb. 7.33 zeigt die Bindungsverhältnisse im Hexacyanidoferrat(III). Das Kaliumsalz des Hexacyanidoferrat(III)-Komplexes wird als rotes Blutlaugensalz bezeichnet.

Prozesse mit Beteiligung von Fe(II) und Fe(III)

Nachdem die Eigenschaften von Eisen(II)- und Eisen(III)-Verbindungen getrennt beschrieben wurden, gibt es eine Reihe von interessanten Verbindungen und Prozessen, in denen die Kombination beider Oxidationsstufen oder der Übergang von einer Oxidationsstufe in die andere eine zentrale Rolle spielen. Die Reduktion von Eisen(III) zu Eisen(II) ist eine Gleichgewichtsreaktion, die man über ihr Redoxpotenzial beschreiben kann:

$$[Fe(H_2O)_6]^{3+} + e^- \xrightleftharpoons{E^0 = 0{,}77\,V} [Fe(H_2O)_6]^{2+}$$

Nach Gleichung 4.133 (▸ Kap. 4.12.2) gilt:

$$E_{(Fe^{2+};Fe^{3+})} = E^0_{(Fe^{2+};Fe^{3+})} + \frac{0{,}059}{1} \log \frac{[a_{(Fe^{3+})}]}{[a_{(Fe^{2+})}]}$$

Löst man 1 mmol $FeCl_2$ zusammen mit 1 mmol $FeCl_3$ in 0,01 M HCl, so hat die Lösung ein Redoxpotenzial von E = 0,77 V. Das Redoxpotenzial kann erhöht werden, wenn $a_{(Fe^{3+})}$

erhöht wird. Vergrößert man die Menge an Fe^{2+}, so wird das Redoxpotenzial der Lösung sinken. Das Redoxpotenzial einer solchen Lösung ist zumindest theoretisch pH-unabhängig, es sei denn, man verändert die Aktivitäten von Fe^{3+} und oder Fe^{2+} über eine pH-abhängige Reaktion. So ist eine Oxidation durch Luftsauerstoff nach folgender Halbreaktion möglich:

$$O_2 + 4\,e^- + 4\,H^+ \xrightleftharpoons{E^0 = 1{,}23\,V} 2\,H_2O$$

Nach Gleichung 4.146 (▸ Kap. 4.12.2) gilt:

$$E_{(H_2O;O_2)} = E^0_{(H_2O;O_2)} - 0{,}059\,\text{pH} + \frac{0{,}059}{4}\log\frac{a_{(p;O_2)}}{1}$$

Die Reduktion des Sauerstoffs ist pH-abhängig. Der pH-Wert einer 0,01 M HCl liegt bei 2. Atmosphärische Luft hat einen Sauerstoffgehalt von 21 Volumenprozent. Für den Relativdruck des Sauerstoffs in der Atmosphäre gilt daher $a_{(p;O_2)} = 0{,}21$. Mit Gleichung 4.146 errechnet sich für den Sauerstoff daher folgendes Potenzial:

$$E_{(H_2O;O_2)} = 1{,}23\,\text{V} - 0{,}059 \cdot 2 + \frac{0{,}059}{4}\log 0{,}21 = 1{,}10\,\text{V}$$

Das Redoxgleichgewicht lässt sich wie folgt darstellen:

$$O_2 + 4\,e^- + 4\,H^+ \rightleftharpoons 2\,H_2O \quad |\ E = 1{,}1\,V$$

$$4\,[Fe(H_2O)_6]^{2+} \rightleftharpoons 4\,[Fe(H_2O)_6]^{3+} + 4\,e^- \quad |\ E^0 = 0{,}77\,V$$

$$O_2 + 4\,H^+ + 4\,[Fe(H_2O)_6]^{2+} \rightleftharpoons 4\,[Fe(H_2O)_6]^{3+} + 2\,H_2O \quad |\ \Delta E = 0{,}33\,V$$

Das Gleichgewicht liegt auf der Seite der oxidierten Form. Luftsauerstoff kann eine solche Lösung angreifen und Fe^{2+} in Fe^{3+} überführen. In der Regel geschieht diese Oxidation aber ähnlich langsam wie das Verrosten z. B. von einem Auto. Gibt man der Lösung aber so viel NaOH hinzu, dass die OHKonzentration 0,1 mol/L beträgt, dann gilt: $a_{OH^-} = 0{,}1$. Man erhält eine $Fe(OH)_2$-/$Fe(OH)_3$-Suspension, in der sich folgende Löslichkeitsgleichgewichte einstellen:

$$Fe(OH)_2 \xrightleftharpoons{K_L = 10^{-14{,}75}} Fe^{2+} + 2\,OH^- \qquad Fe(OH)_3 \xrightleftharpoons{K_L = 10^{-37{,}2}} Fe^{3+} + 3\,OH^-$$

Die Gleichgewichtsaktivitäten von Fe^{2+} (Gleichung 7.1) und Fe^{3+} (Gleichung 7.2) können aus dem Löslichkeitsprodukt errechnet werden:

$$K_L = a_{(Fe^{2+})} \cdot a^2_{(OH^-)} \rightarrow a_{(Fe^{2+})} = \frac{K_L}{a^2_{(OH^-)}} = \frac{10^{-14{,}75}}{10^{-2}} = 10^{-12{,}75}$$ Gleichung 7.1

$$K_L = a_{(Fe^{3+})} \cdot a^3_{(OH^-)} \rightarrow a_{(Fe^{3+})} = \frac{K_L}{a^3_{(OH^-)}} = \frac{10^{-37{,}2}}{10^{-3}} = 10^{-34{,}2}$$ Gleichung 7.2

7

Nach Gleichung 4.133 (▶Kap. 4.12.2) gilt für das Redoxpotenzial der Lösung:

$$E_{(Fe^{2+};Fe^{3+})} = E^0_{(Fe^{2+};Fe^{3+})} + \frac{0{,}059}{1}\log\frac{[a_{(Fe^{3+})}]}{[a_{(Fe^{2+})}]} = 0{,}77 + 0{,}059 \cdot (12{,}75 - 34{,}2) = -0{,}496\text{ V}$$

Man sieht, dass das Redoxpotenzial der Lösung dramatisch gesunken ist, weil die Fe^{3+}-Aktivität durch die Hydroxidfällung erheblich stärker abgenommen hat als die Fe^{2+}-Aktivität. Dadurch wird die Oxidation von Fe^{2+} deutlich erleichtert. Allerdings ist auch die Sauerstoffhalbreaktion durch die pH-Änderung betroffen. Eine 0,1 M NaOH hat einen pH-Wert von 13. Damit errechnet sich aus Gleichung 4.146 für das Sauerstoffpotenzial:

$$E_{(H_2O;O_2)} = 1{,}23\text{ V} - 0{,}059 \cdot 13 + \frac{0{,}059}{4}\log 0{,}21 = 0{,}453\text{ V}$$

Auch das Sauerstoffpotenzial hat abgenommen; für die Potenzialdifferenz gilt aber:

$$\Delta E = E_{(Red)} - E_{(Ox)} = E_{(H_2O;O_2)} - E_{(Fe^{2+};Fe^{3+})} = 0{,}453\text{ V} - (-0{,}496\text{ V}) = 0{,}949\text{ V}$$

Damit hat die Potenzialdifferenz (Triebkraft) der Fe^{2+}-Oxidation in alkalischer Lösung deutlich zugenommen. Es wird verständlich, warum man vor allem in alkalischer Lösung eine schnelle Oxidation von Eisen(II)-Salzen durch Luftsauerstoff befürchten muss, obwohl $E_{(Fe^{2+};Fe^{3+})}$ pH unabhängig ist und der Luftsauerstoff in alkalischem Milieu an Oxidationskraft verliert. Die Ursache ist die Bildung von stabilem $Fe(OH)_3$.

Setzt man der ursprünglichen Lösung aus 1 mmol $FeCl_2$ und 1 mmol $FeCl_3$ in schwach saurer Lösung einen Überschuss von Cyanid zu, dann verkleinert sich das Redoxpotenzial von $E^0_{(Fe^{2+};Fe^{3+})} = 0{,}77$ V auf $E^0_{(Fe(CN)_6^{4-};Fe(CN)_6^{3-})} = 0{,}36$ V. Mit dieser Messung ist quantitativ bestimmbar, welcher der beiden Cyanidokomplexe stabiler ist:

$$Fe^{2+} + 6\,CN^- \underset{}{\overset{K_{II}}{\rightleftharpoons}} [Fe(CN)_6]^{4-} \qquad Fe^{3+} + 6\,CN^- \overset{K_{III}}{\rightleftharpoons} [Fe(CN)_6]^{3-}$$

Hexacyanidoferrat(II) Hexacyanidoferrat(III)

Für beide Reaktionen gilt nach dem Massenwirkungsgesetz:

$$K^{II} = \frac{[a_{(Fe(CN)_6^{4-})}]}{[a_{(Fe^{2+})}]\,[a_{(CN^-)}]^6} \rightarrow [a_{(Fe^{2+})}] = \frac{[a_{(Fe(CN)_6^{4-})}]}{K^{II}\,[a_{(CN^-)}]^6}$$ Gleichung 7.3

$$K^{III} = \frac{[a_{(Fe(CN)_6^{3-})}]}{[a_{(Fe^{3+})}]\,[a_{(CN^-)}]^6} \rightarrow [a_{(Fe^{3+})}] = \frac{[a_{(Fe(CN)_6^{3-})}]}{K^{III}\,[a_{(CN^-)}]^6}$$ Gleichung 7.4

Eingesetzt in die Nernst-Gleichung (Gleichung 4.133, ▶Kap. 4.12.2) erhält man:

$$E_{(Fe^{2+};Fe^{3+})} = E^0_{(Fe^{2+};Fe^{3+})} + \frac{0{,}059}{1}\log\frac{[a_{(Fe^{3+})}]}{[a_{(Fe^{2+})}]} =$$

$$E^0_{(Fe^{2+};Fe^{3+})} + \frac{0{,}059}{1}\log\frac{[a_{(Fe(CN)_6^{3-})}]}{K^{III}\cdot[a_{(CN^-)}]^6}\cdot\frac{K^{II}\cdot[a_{(CN^-)}]^6}{[a_{(Fe(CN)_6^{4-})}]}$$

$$E^0_{(Fe(CN)_3^{3-};Fe(CN)_6^{4-})} = E^0_{(Fe^{2+};Fe^{3+})} + \frac{0{,}059}{1}\log\frac{K^{II}}{K^{III}}$$

$FeCl_2$ und $FeCl_3$ werden im gleichen Stoffmengenverhältnis 1:1 eingesetzt und Cyanid im Überschuss zugegeben. Man kann daher von nahezu quantitativer Komplexbildung in beiden Oxidationsstufen ausgehen:

$a_{(Fe(CN)_6^{3-})} = a_{(Fe(CN)_6^{4-})} = 0{,}001$

Dadurch vereinfacht sich die Nernst-Gleichung zu:

$$E_{(Fe^{2+};Fe^{3+})} = E^0_{(Fe^{2+};Fe^{3+})} + \frac{0{,}059}{1} \log \frac{K^{II}}{K^{III}} \quad \longrightarrow \quad \log \frac{K^{III}}{K^{II}} = \frac{\left(E^0_{(Fe^{2+};Fe^{3+})} - E_{(Fe^{2+};Fe^{3+})}\right)}{0{,}059\ V}$$

$$= \frac{(0{,}77\ V - 0{,}36\ V)}{0{,}059\ V} = 6{,}95$$

Die Komplexbildungskonstante ist bei $[Fe(CN)_6]^3$um fast sieben Zehnerpotenzen größer als bei $[Fe(CN)_6]^{4-}$, obwohl der Eisen(III)-Komplex mit seiner d^5-Konfiguration paramagnetisch und Jahn-Teller-verzerrt ist, während der Eisen(II)-Komplex eine Edelgaskonfiguration hat. Fe^{3+} ist im Vergleich zu Fe^{2+} die stärke Lewis-Säure. Beim Fe^{3+}-Komplex wird für jede Fe–CN-Koordination ein höherer Betrag an Bindungsenergie freisetzt. Dennoch ist das rote Blutlaugensalz, $K_3[Fe(CN)_6]$, im Gegensatz zum gelben Blutlaugensalz, $K_3[Fe(CN)_6]$, in saurer Lösung schwach giftig. Es setzt durch Protonierung des Cyanidoliganden Blausäure frei. Diese Eigenschaft ist kinetisch begründet. Hexacyanidoferrat(II) gibt Cyanid zwar leichter, aber aufgrund seiner günstigen Symmetrie sehr viel langsamer ab als Hexacyandidoferrat(III). Daher werden Eisen(II)-Ionen oft eingesetzt, um überschüssiges Cyanid komplex zu binden und cyanidhaltige Lösungen damit zu entgiften.

Gibt man eine $FeCl_3$-Lösung zu einer Lösung von $K_4[Fe(CN)_6]$, so färbt sich die entstandene Lösung sofort Blau. Werden beide Reaktanden in einem stöchiometrisch günstigen Verhältnis (4:3–3:2) eingesetzt, erhält man einen blauen Niederschlag:

$$Fe^{3+} + [Fe(CN)_6]^{4-} \rightleftharpoons [\overset{+III}{Fe}\overset{+II}{Fe}(CN)_6]^-$$

Berliner Blau
(Löslich)

$$4\ Fe^{3+} + 3\ [Fe(CN)_6]^{4-} \rightleftharpoons \overset{+III}{Fe_4}[\overset{+II}{Fe}(CN)_6]_3 = \overset{+III}{Fe}[\overset{+III}{Fe}\overset{+II}{Fe}(CN)_6]_3 \downarrow$$

Berliner Blau
(Niederschlag)

Hinter dem Formelausdruck $[Fe^{III}Fe^{II}(CN)_6]$verbirgt sich eine definierte Struktur. Sie setzt sich aus über Ecken verknüpften Hexacyanidoferrat(II)- und Hexacyanidoferrat(III)-Oktaedermolekülen zusammen. In der löslichen Form bilden sich elektrisch negativ geladene räumliche Polymerkolloide, die von den K^+-Ionen (Gegenionen des Blutlaugensalzes) in Lösung gehalten werden. Bildet sich der Niederschlag, dann wird die negative Ladung pro Formeleinheit durch Gitterfehlstellen ausgeglichen. Ein Teil der Plätze im Gitter, auf denen sich Fe^{2+} befinden sollte, wird mit Fe^{3+} besetzt. Auch bleibt ein Teil der CNPlätze unbesetzt. ○ Abb. 7.34 zeigt Strukturen von löslichem und festem Berliner Blau.

Jedes Eisen-Ion ist oktaedrisch von Cyanid umgeben. Die Fe^{2+}-Ionen sind dabei über Kohlenstoff, die Fe^{3+}-Ionen über Stickstoff koordiniert. Das Cyanid-Ion ist ein bifunktioneller Ligand. Das freie Elektronenpaar am Kohlenstoff wirkt als weiche Lewis-Base und koordiniert bevorzugt am weichen Fe^{2+}-Ion. Das freie Elektronenpaar am Stickstoff wirkt

7

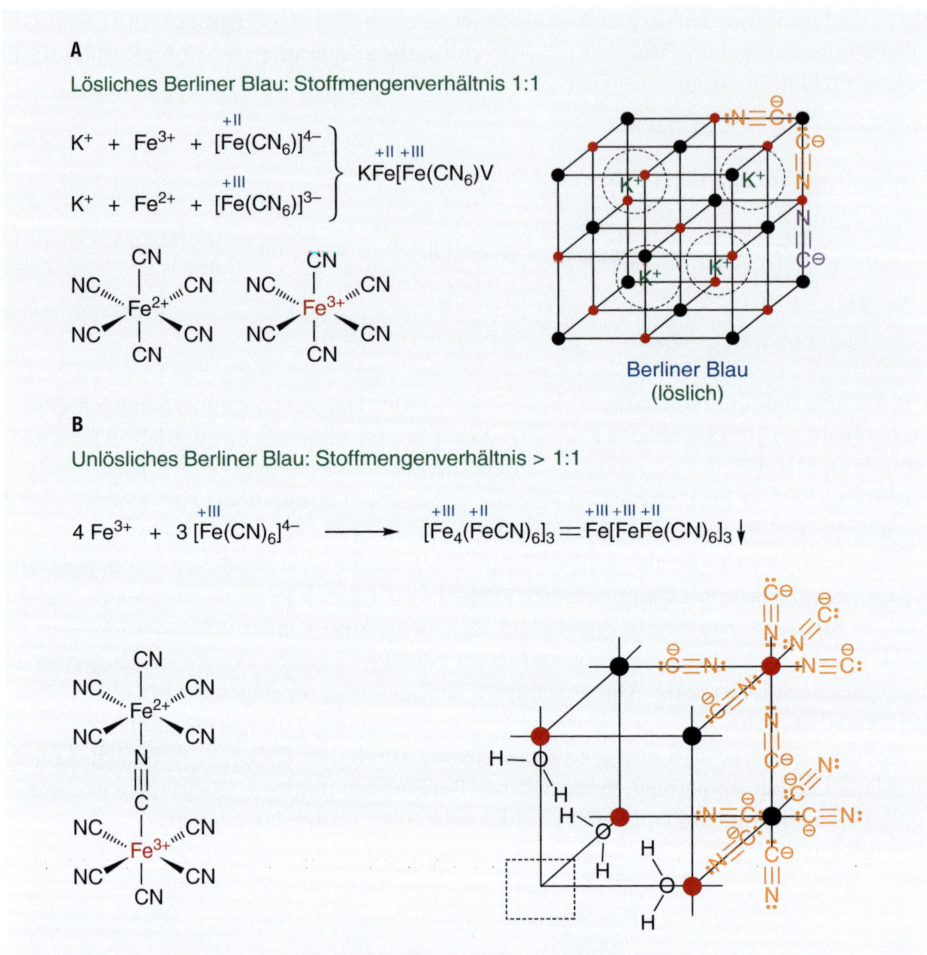

Abb. 7.34 Berliner Blau: negativ geladene Kolloide bei löslichem Berliner Blau (Fe^{3+}- und Fe^{2+}-Verteilung) (**A**), unlösliches Berliner Blau (**B**)

als harte Lewis-Base und koordiniert bevorzugt am harten Fe^{3+}-Ion: Die Struktur wird durch $[Fe^{III}Fe^{II}(CN)_6]^-$ausgedrückt. Bei einem Unterschuss an Fe^{3+} bildet sich lösliches Berliner Blau und die negative Ladung pro Formeleinheit wird durch K^+ kompensiert. Übersteigt das Verhältnis von Fe^{3+}/Fe^{2+} den Wert 1,3, so bildet sich ein Niederschlag. Das Gleiche beobachtet man, wenn $FeCl_2$ zu einer Lösung von $K_3[Fe(CN)_6]$ zugegeben wird. In diesem Fall spielen sich folgende Reaktionen ab:

$$Fe^{2+} + [Fe(CN)_6]^{3-} \rightleftharpoons \overset{+III\ +II}{[FeFe(CN)_6]^-}$$

Turnbulls Blau (löslich)

$$3\,Fe^{2+} + 2\,[Fe(CN)_6]^{3-} \rightleftharpoons \overset{+III\ \ +II}{Fe_3[Fe(CN)_6]_2} = \overset{+III\ +III\ +II}{Fe[FeFe(CN)_6]_2}\downarrow$$

Turnbulls Blau (Niederschlag)

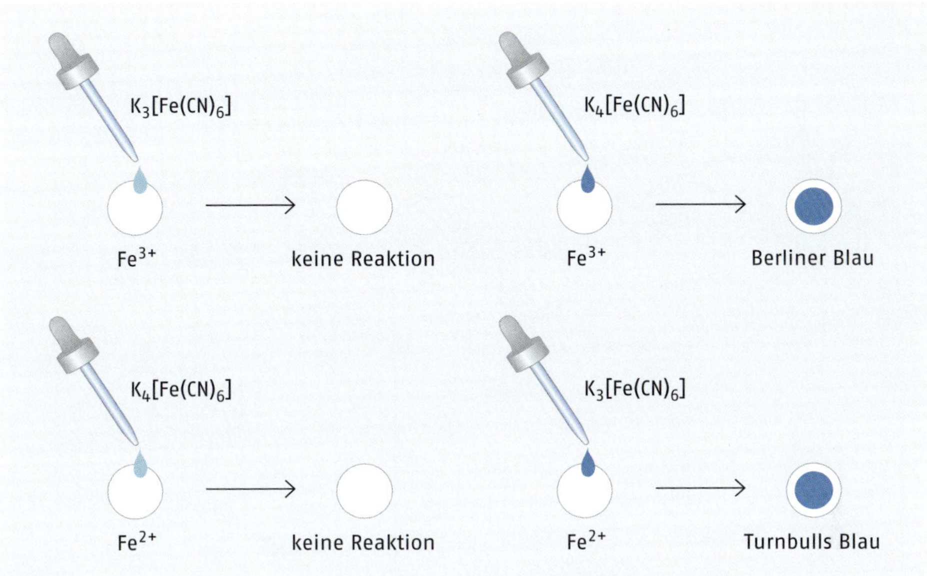

Abb. 7.35 Berliner-Blau-Reaktion zur Unterscheidung von Fe^{2+} und Fe^{3+}

Man erhält lösliches und schwerlösliches Turnbulls Blau. Die lösliche Form des Turnbulls Blau kann nicht von der löslichen Form des Berliner Blaus unterschieden werden. Die schwerlösliche Form des Turnbulls Blau hat eine etwas andere stöchiometrische Zusammensetzung als die schwerlösliche Form des Berliner Blau. In der Praxis kann man beide Formen nie eindeutig voneinander unterscheiden, da sich bereits bei der Niederschlagsbildung ein Gleichgewicht zwischen Hexacyanidoferrat(II) und Hexacyanidoferrat(III) einstellt:

$$Fe^{3+} + [Fe(CN)_6]^{4-} \rightleftharpoons Fe^{2+} + [Fe(CN)_6]^{3-}$$

Die Zusammensetzung des blauen Niederschlags liegt immer zwischen den beiden Idealformeln von Berliner Blau oder Turnbulls Blau. Die Berliner-Blau-Reaktion spielt in der Analytik eine wichtige Rolle, wenn es darum geht zu klären, ob eine Lösung Fe^{2+}- oder Fe^{3+}-Ionen enthält. Abb. 7.35 veranschaulicht das Vorgehen, das man sehr leicht im Mikromaßstab auf einer Tüpfelplatte ausführen kann.

Gibt man rotes Blutlaugensalz zu einer Fe^{3+}-Lösung oder gelbes Blutlaugensalz zu einer Fe^{2+}-Lösung, so wird man keine spontane Reaktion beobachten. (Im letzteren Falle kann sich die Lösung langsam blau färben, wenn Fe^{2+} an der Luft zu Fe^{3+} oxidiert wird.) Wird jedoch rotes Blutlaugensalz zu einer Fe^{2+}-Lösung oder gelbes Blutlaugensalz zu einer Fe^{3+}-Lösung zugesetzt, dann tritt spontan eine blaue Farbreaktion auf.

Eisen-Chelat-Komplexe

Das Benzolmolekül (C_6H_6) bildet einen Grundkörper, von dem sich eine sehr wichtige Stoffklasse der organischen Chemie, nämlich die **aromatischen Kohlenwasserstoffe**, ableitet. Verknüpft man mehrere Benzolmoleküle über ihre Molekülkanten, so erhält man die **benzokondensierten Aromaten**. Zu den einfachsten Vertretern zählen Naphtalin

Abb. 7.36 Ferroin-Darstellung

($C_{10}H_8$) sowie Anthracen und Phenanthren (jeweils $C_{14}H_{10}$). Ersetzt man bei Phenanthren zwei CH-Einheiten an geeigneter Stelle durch jeweils ein Stickstoffatom, erhält man Phenanthrolin:

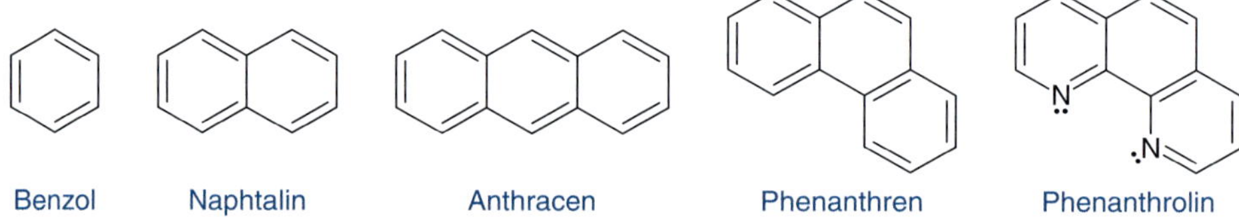

Phenanthrolin ist wie alle benzokondensierten Aromaten ein flaches Molekül. Alle Kohlenstoff- und Stickstoffatome sind sp^2-hybridisiert. Die Stickstoffatome verleihen dem Molekül sowohl Brönsted- als auch Lewis-basische Eigenschaften. Die freien Elektronenpaare am Stickstoff sind so angeordnet, dass sie sich hervorragend zur Koordination an Metallatome eignen. Die antibindenden π-Orbitale des aromatischen Systems verleihen dem Molekül Rückbindungseigenschaften, ähnlich wie Carbonyl- oder Cyanidgruppen. Phenanthrolin ist daher ein starker Komplexbildungsligand (Abb. 7.36).

Gibt man Phenanthrolin zu einer Lösung von $[Fe(H_2O)_6]^{2+}$, so bildet sich ein intensiv roter Komplex: Triphenanthrolineisen(II) bzw. Ferroin (Abb. 7.36). Unter dem Einfluss starker Oxidationsmittel wird Ferroin zu blauem Ferrin oxidiert. Dabei ändert das zentrale Eisen-Ion seine Oxidationsstufe von +II nach +III:

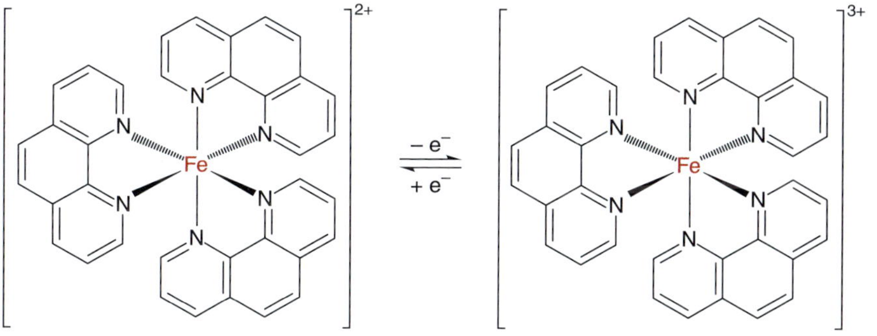

Ferroin, Fe^{2+}
(Rot)

$\underset{+\,e^-}{\overset{-\,e^-}{\rightleftharpoons}}$

Ferrin, Fe^{3+}
(Blau)

Das Ferroin-Ferrin-System hat Bedeutung als Redoxindikator. Angenommen man will ein Substrat unbekannter Menge mit einem starken Oxidationsmittel umsetzen und man weiß nicht, wie viel Oxidationsmittel man für einen quantitativen Umsatz benötigt. Wird zu viel Oxidationsmittel eingesetzt, dann wird möglicherweise das gewünschte Produkt zerstört. Man setzt eine geringe Menge Ferroin ein und erhält eine rote Lösung. Dann wird das Oxidationsmittel in kleinen Portionen zugegeben. Wird das Substrat leichter als Ferroin oxidiert, dann wird zuerst das Substrat reagieren. Ist es verbraucht und man erzeugt einen kleinen Überschuss an Oxidationsmittel, dann wird Ferroin zu Ferrin oxidiert und man beobachtet bei der Lösung einen Farbumschlag von Rot nach Blau.

Ein physiologisch wirksamer Komplexbildungsligand ist Porphyrin, das bereits in ▸ Kap. 5.26 (Magnesium – Bedeutung in Biologie und Medizin) vorgestellt wurde. Es bildet ein zentrales Strukturelement des Chlorophyllmoleküls, das in grünen Pflanzen die Lichtenergie für die Photosynthese absorbiert. Wird Magnesium durch Eisen ersetzt, erhält man Eisenporphyrine, die für den Stoffwechsel eine wichtige Rolle spielen.

Dazu zählt Hämin (○ Abb. 7.37): Das Zentrum des Porphyrinmoleküls wird von einem Fe^{2+}-Ion besetzt. Axial zur Porphyrinebene binden ein Imidazolderivat und ein Wassermolekül. Es entsteht eine oktaedrische Koordinationssphäre. Der Komplex erscheint in dunkelroter Farbe. Das Wassermolekül kann jetzt sehr leicht durch ein Sauerstoffmolekül ausgetauscht werden. Man kann sich das Eisen-Ion im Zentrum nach wie vor als Fe^{2+} vorstellen, an das ein Sauerstoffmolekül locker assoziiert ist. Der Prozess kann aber auch als Redoxreaktion aufgefasst werden, bei dem das Fe^{2+}-Ion ein Elektron an den Sauerstoff abgegeben hat. Fe^{2+} wird dann zu Fe^{3+} und das Sauerstoffmolekül zu einem Hyperoxyl-Radikal-Anion. Wichtig ist, dass dieser Ligandenaustausch schnell und reversibel vor sich geht.

Baut man an einen Kohlenwasserstoffrest R = $C_nH_{(2n+1)}$eine Hydroxylgruppe (–OH) an, so erhält man einen Alkohol: $C_nH_{(2n+1)}$–OH (ROH). Alkohole sind eine wichtige Stoffklasse in der organischen Chemie. Sie werden sowohl als Lösemittel als auch als Synthesechemikalien verwendet. Tauscht man in einem Alkohol die Hydroxylgruppe durch eine Sulhydrylgruppe (–SH) aus, dann erhält man Thiole bzw. Mercaptane (RSH). Thiole werden in der organischen Chemie nicht so häufig eingesetzt wie Alkohole. Es handelt

7

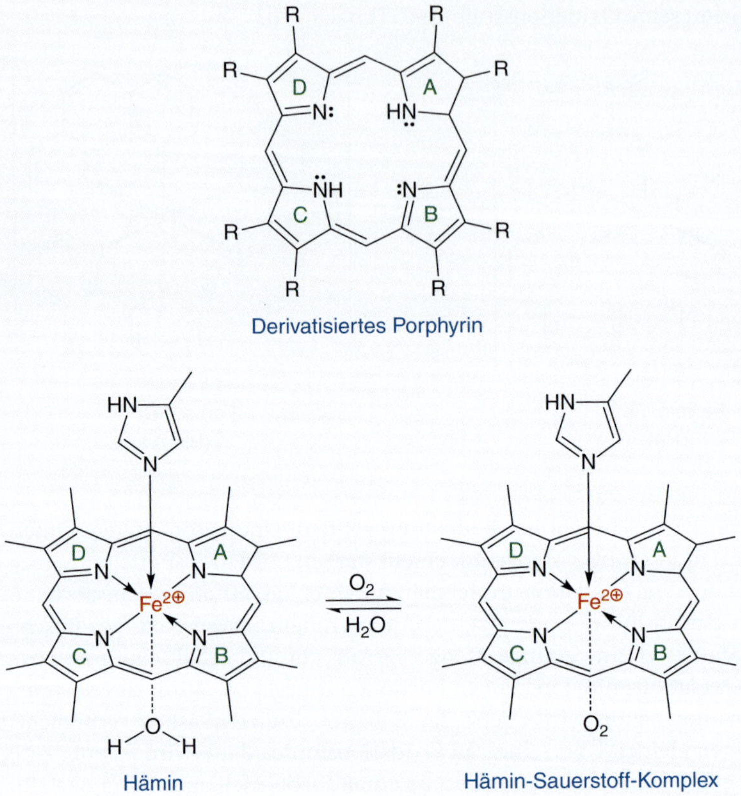

Derivatisiertes Porphyrin

Hämin

Hämin-Sauerstoff-Komplex

○ Abb. 7.37 Hämin wirkt als reversibler Sauerstoffspeicher.

sich um leicht verdampfbare Verbindungen, die meist einen sehr unangenehmen Geruch haben. Thiole sind weiche Lewis-Basen, die auch in saurer Lösung noch gut wirksam sind. Setzt man $FeCl_2$ mit $(NH_4)_2S$ und Thiolen um, so erhält man Eisen-Schwefel-Cluster-Komplexe (○ Abb. 7.38) von denen zwei Typen besonders bedeutsam sind: zweikernige Komplexe vom 2-Fe-Typ und kubische Cluster vom 4-Fe-Typ. Beide Arten von Eisen-Schwefel-Cluster können sehr leicht mit Reaktionspartnern Elektronen austauschen. Sie wirken fast wie „Elektronenflaschen", wobei das „Fassungsvermögen" des 2-Fe-Typ-Clusters zwei Elektronen und das „Fassungsvermögen" des 4-Fe-Typ-Clusters vier Elektronen beträgt. Die Eisen-Schwefel-Cluster werden damit zu idealen Elektronentransferkatalysatoren.

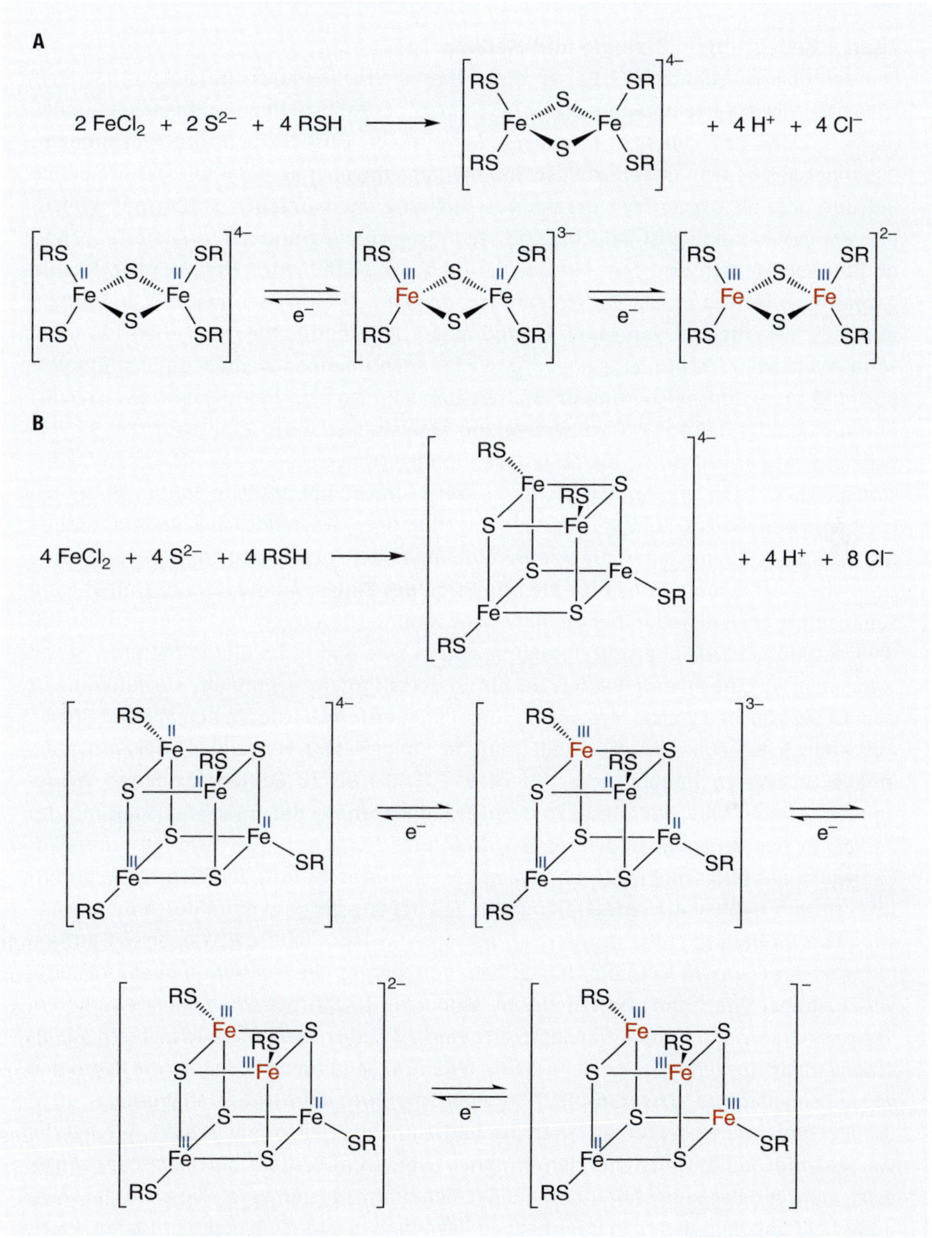

A

$2\,FeCl_2 + 2\,S^{2-} + 4\,RSH \longrightarrow$ $[\ldots]^{4-}$ $+ 4\,H^+ + 4\,Cl^-$

$[\ldots]^{4-} \rightleftharpoons (e^-) [\ldots]^{3-} \rightleftharpoons (e^-) [\ldots]^{2-}$

B

$4\,FeCl_2 + 4\,S^{2-} + 4\,RSH \longrightarrow$ $[\ldots]^{4-}$ $+ 4\,H^+ + 8\,Cl^-$

$[\ldots]^{4-} \rightleftharpoons (e^-) [\ldots]^{3-} \rightleftharpoons (e^-)$

$[\ldots]^{2-} \rightleftharpoons (e^-) [\ldots]^{-}$

Abb. 7.38 Eisen-Schwefel-Cluster des 2-Fe- (A) und des 4-Fe-Typs (B) wirken als Elektronentransferkatalysatoren.

Eisen – Bedeutung in Biologie und Medizin

Von den Übergangsmetallen ist Eisen durch das Fe^{2+}/Fe^{3+}-System mit Abstand das physiologisch vielseitigste und bedeutsamste Element. Es zählt zu den wichtigen Spurenelementen. Eisen befindet sich im aktiven Zentrum von Ferredoxinen und Cytochromen. Dabei handelt es sich um redoxaktive Enzyme, die entweder an der Atmungskette beteiligt sind oder als Oxygenasen bei der Ausscheidung unerwünschter Substanzen helfen. Die wichtigste Funktion ist jedoch die Sauerstoffspeicherung und der Sauerstofftransport im Blut von Mensch und Tier. Mit der Nahrung aufgenommenes Eisen wird in Ferritin gespeichert. Ferritin ist ein Proteinkomplex, das im Kern aus Eisenhydroxid und Eisenphosphat besteht und von einer kugelförmigen Polypeptidschale umgeben ist. Eisen kann reversibel in Ferritin eingelagert und wieder entnommen werden. Sauerstofftransport und Sauerstoffspeicherung im Blut werden vom Molekül Hämoglobin geleistet. Da Blut zum größten Teil aus Wasser besteht und Sauerstoff bei einer Temperatur von 37 °C in Wasser nicht gut löslich ist, benötigen warmblütige Lebewesen einen effektiven Sauerstoffspeicher. Dazu werden mehrere, in Wasser nicht gut lösliche Hämin-Einheiten (s. oben, Eisen-Chelat-Komplexe) an ein kugelförmiges, wasserlösliches Protein (Globulin) gebunden. So entstehen die Hämin-Globuline oder kurz Hämoglobin. Die rote Farbe des Hämins ist verantwortlich für die rote Farbe des Blutes. An die Hämin-Einheit kann Sauerstoff reversibel gebunden werden. Sehr vereinfacht ausgedrückt kann man sagen, dass das Blut so viel Sauerstoff aufnehmen kann, wie Hämin im Blut vorhanden ist. Im Myoglobin ist eine Hämin-Einheit an ein anderes Protein gebunden, sie funktioniert aber in der gleichen Weise. Myoglobin wirkt als Sauerstoffspeicher in den Muskelzellen.

Aus ▸Kap. 5.1.1 (Wasserstoff – Bedeutung in Biologie und Medizin) ist bekannt, dass aerobe Lebewesen Traubenzucker (Glucose, $C_6H_{12}O_6$) bis zu Kohlendioxid und Wasser abbauen. Dabei wird der Zucker in zwei Reaktionsketten, der Glykolyse (Spaltung des Zuckers in zwei Moleküle aktivierte Essigsäure und 2 CO_2) und dem Citronensäurezyklus (Zerlegung der Essigsäure in CO_2 und wasserlöslichen Wasserstoff), letztlich zu CO_2 und H_2 (in Form von NADH + H^+) zerlegt. Der größte Teil der Energie wird dann durch die Umsetzung von NADH + H^+ mit Luftsauerstoff gewonnen. Dabei wird der Wasserstoff auf ein redoxaktives Coenzym (CoQ) übertragen; von dort werden die Elektronen über eine Kette verschiedener Cytochrome weitergereicht, wodurch sie schrittweise an Energie verlieren. Diese sogenannte Elektronentransportkette wird als **Endoxidation** bezeichnet und gilt als einer der wichtigsten Prozesse der gesamten Atmung. An ihrem Ende steht die Reduktion von Luftsauerstoff zu Wasser. ○Abb. 7.39 veranschaulicht die wichtigsten Prozesse.

Der Elektronentransport findet innerhalb und entlang einer Membran statt. Die bei der Wasserstoffoxidation entstehenden Protonen werden außerhalb der Membran freigesetzt, während der Sauerstoff innerhalb der Membran reduziert wird. Zwischen der Säure außerhalb und dem Hydroxid innerhalb der Membran entsteht ein elektrisches Potenzial. Die Membran wirkt dabei wie eine aufgeladene Batterie. Die Protonen werden dann durch einen Kanal geschleust. Der so entstehende elektrische Protonenstrom treibt durch Deformation benachbarter Proteine einen Enzymkomplex an, der kontinuierlich ATP (Adenosintriphosphat), einen universellen Energieträger, synthetisiert („ATP-Synthesemaschine").

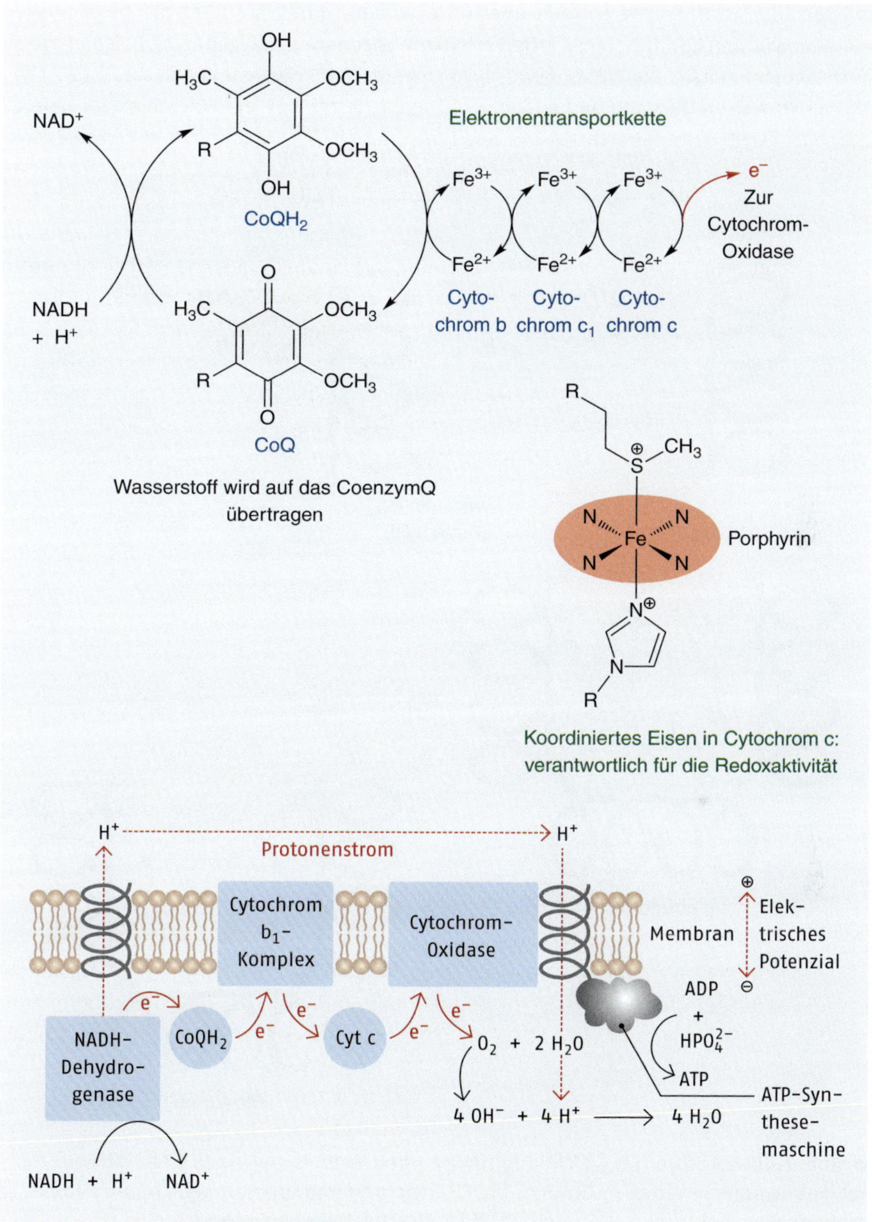

○ Abb. 7.39 Elektronentransportkette der Endoxidation (Ausschnitt): Die ATP-Synthese wird durch den Protonenstrom angetrieben.

Die Cytochrome sind Eisen-Porphyrin-Komplexe und im Aufbau dem Hämin sehr ähnlich. Zur Enzymgruppe der Cytochrome gehört auch Cytochrom P_{450}, ein Enzym, das Sauerstoff auf unpolare Moleküle überträgt. Werden zum Beispiel unpolare Kohlenwasserstoffe RH über die Nahrung aufgenommen, so lagern sich diese in den unpolaren Membranen ab. Ihre Anreicherung kann zu einer Schädigung von Zellstrukturen führen. Solche Moleküle müssen in wasserlösliche Formen überführt werden, damit sie über die Niere ausgeschieden werden können. Diese Arbeit erledigen sogenannte Oxygenasen, beispielsweise auch Cytochrom P_{450}. Die Wirkungsweise ist in Abb. 7.40 dargestellt.

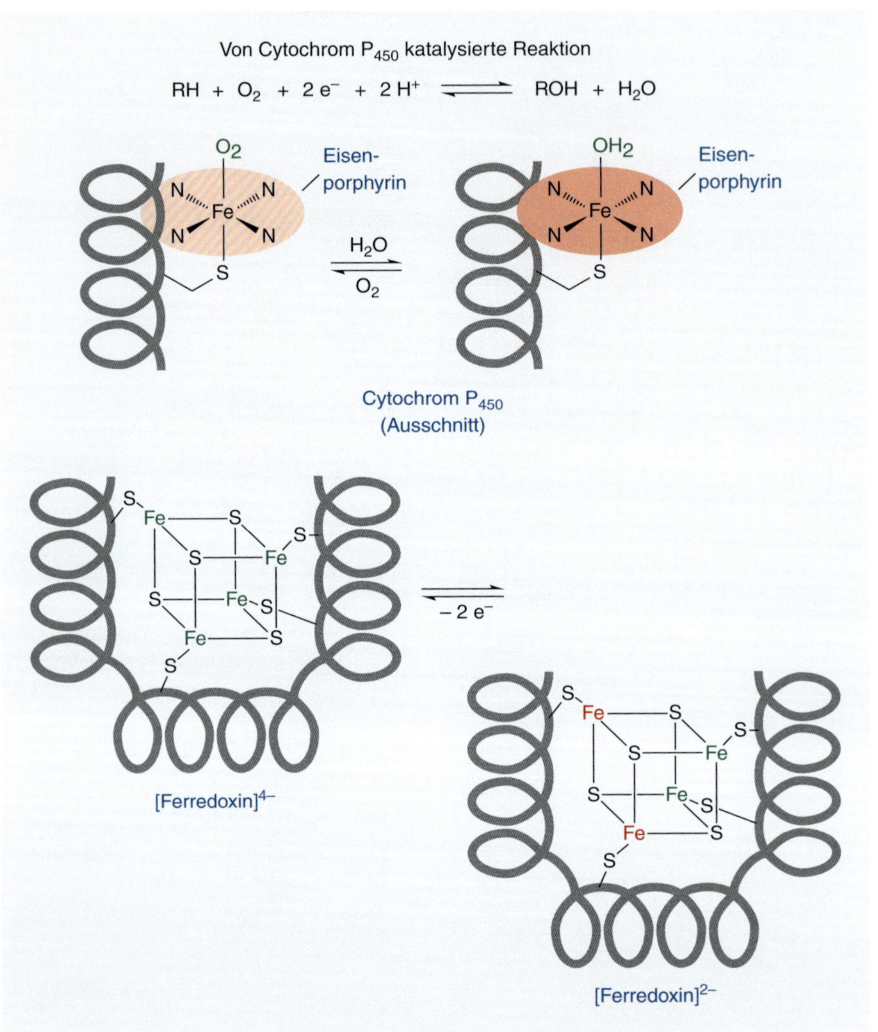

Abb. 7.40 Cytochrom P_{450}: Wirkungsweise unter Beteiligung eines Eisen-Schwefel-Enzyms der Ferredoxin-Gruppe. Die Eisenporphyringruppe ermöglicht die Redoxreaktion. Die Elektronen stammen aus dem Eisen-Schwefel-Cluster.

Für den Redoxprozess sind noch zwei Elektronen nötig, die aus Eisen-Schwefel-Cluster-Enzymen stammen. Sie weisen die Strukturen auf, die bereits bei den Eisen-Chelat-Komplexen besprochen wurden. Solche redoxaktiven Eisen-Schwefel-Enzyme werden Ferredoxine genannt. Zu diesem Typ gehört auch die Aconitase, die im Citronensäurezyklus die Isomerisierung von Citronensäure zu Isocitronensäure katalysiert. Sie enthält einen Eisen-Schwefel-Cluster vom 4-Fe-Typ. Die Eisen-Ionen wirken bei diesem Prozess jedoch nicht als Reduktionsmittel, sondern als Lewis-Säure.

7.6.2 Ruthenium

Elementares Ruthenium (Ru) ist ein glänzendes Metall, es ist sehr hart aber spröde. Ruthenium gehört zu den Edelmetallen. Es wird bei Raumtemperatur weder durch Luftsauerstoff noch durch Mineralsäuren angegriffen. Bei Temperaturen über 700 °C wird es zu Ruthenium(VIII)-oxid oxidiert:

$$Ru + 2\,O_2 \longrightarrow RuO_4$$

Ruthenium(VIII)-oxid (T_d)

Ruthenium(VIII)-oxid ist eine flüchtige, molekular aufgebaute Verbindung. Die Moleküle haben Tetraedersymmetrie. Ruthenium liegt in d^0-Konfiguration vor, daher sind die Gillespie-Regeln anwendbar. Es handelt sich um ein AX_4-System und alle Ru–O-Bindungen sind gleichwertig. RuO_4 löst sich in verdünnter Schwefelsäure und in CCl_4. In 0,1 M Natronlauge bilden sich Ruthenat(VII)-Ionen, in konzentrierter Natronlauge Ruthenat(VI)-Ionen (Abb. 7.41). Dabei werden die Oxidoliganden zu Sauerstoff oxidiert. Ruthenat(VII) ist paramagnetisch (ein ungepaartes Elektron pro Komplexmolekül). Im tetraedrischen Ligandenfeld ergibt sich ein entarteter E-Grundterm. Das Molekül ist daher Jahn-Teller-verzerrt. Ruthenat(VI) ist paramagnetisch; es besitzt zwei ungepaarte Elektronen pro Komplexmolekül. Das Molekül hat perfekte Tetraedersymmetrie, da die d^2-Konfiguration im tetraedrischen Ligandenfeld einen Grundterm mit günstiger A_2-Symmetrie zulässt.

Erhitzt man metallisches Ruthenium auf 1000 °C in verdünnter Sauerstoffatmosphäre, so erhält man säureunlösliches Rutheniumdioxid:

$$Ru + O_2 \longrightarrow RuO_2$$

Setzt man metallisches Ruthenium mit Chlorgas um, dann erhält man rotes Rutheniumtrichlorid ($RuCl_3$). Dieses ist wasserlöslich und hydrolysiert langsam zu gelben und grünen Aquakomplexen:

$$2\,Ru + 3\,Cl_2 \longrightarrow 2\,RuCl_3$$

$$RuCl_3 + 3\,H_2O \rightleftharpoons [RuCl_3(H_2O)_3] \underset{-\,Cl^-}{\overset{H_2O}{\rightleftharpoons}} [RuCl_2(H_2O)_4]^+ \underset{-\,2\,Cl^-}{\overset{2\,H_2O}{\rightleftharpoons}} [Ru(H_2O)_6]^{3+}$$

Triaquatrichlorido-ruthenium(III) — Tetraaquadichlorido-ruthenium(III) — Hexaaqua-ruthenium(III)

Diese Komplexe sind oktaedrisch koordiniert und haben d^5-Low-spin-Konfiguration. Die Lösungen sind daher paramagnetisch (ein ungepaartes Elektron). Die Low-spin-Konfiguration überrascht zunächst, da weder starke Liganden eingesetzt, noch eine günstigere Symmetrie erreicht wurden. Die 4*d*- und 5*d*-Orbitale sind jedoch deutlich größer als die 3*d*-Orbitale. Damit wird es leichter, zwei Elektronen in dem großen Aufenthaltsraum unterzubringen, und die Spinpaarungsenergie sinkt (Abb. 7.42).

Der Tetraaquadichloridoruthenium(III)-Komplex hat D_{4h}-Symmetrie. Da Wasser der spektrochemischen Reihe entsprechend ein stärkerer Ligand als Chlorid ist (▸ Kap. 6.2.1),

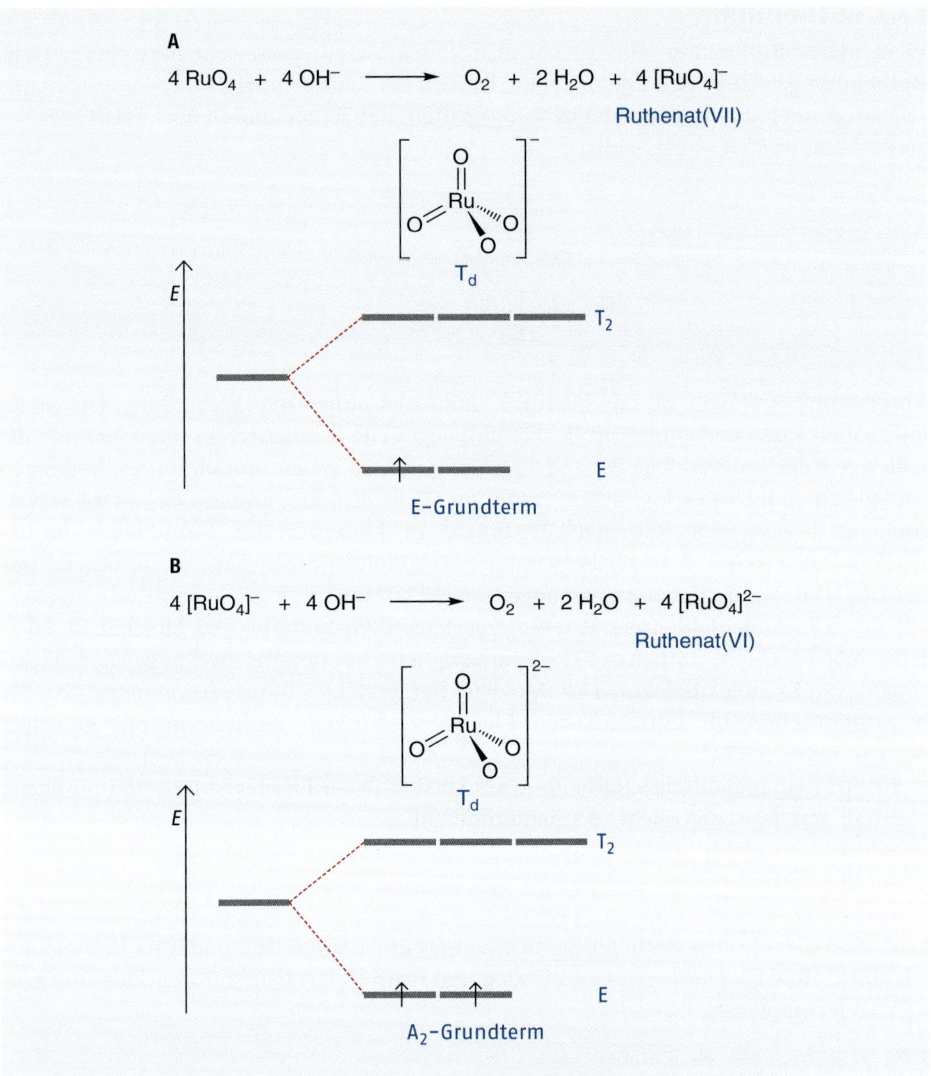

Abb. 7.41 Energieniveauschemata von Ruthenat(VI) (A) und Ruthenat(VII) (B)

werden alle Orbitale mit Orientierung in *z*-Ebene energetisch abgesenkt. Der Komplex erreicht somit in der D_{4h}-Symmetrie einen nichtentarteten Grundzustand. Daher dominiert der Jahn-Teller-verzerrte Hexaaquakomplex nur in sehr verdünnter Lösung.

Die Hexaaqua- oder Aquachloridoruthenium(III)-Komplexe lassen sich chemisch oder elektrochemisch zu Hexaaquaruthenim(II) reduzieren. Man erhält tiefblaue, diamagnetische Lösungen, die aber schnell von Luftsauerstoff angegriffen werden:

$$[Ru(H_2O)_6]^{3+} + e^- \xrightleftharpoons{E^0 = 0{,}23\ V} [Ru(H_2O)_6]^{2+}$$

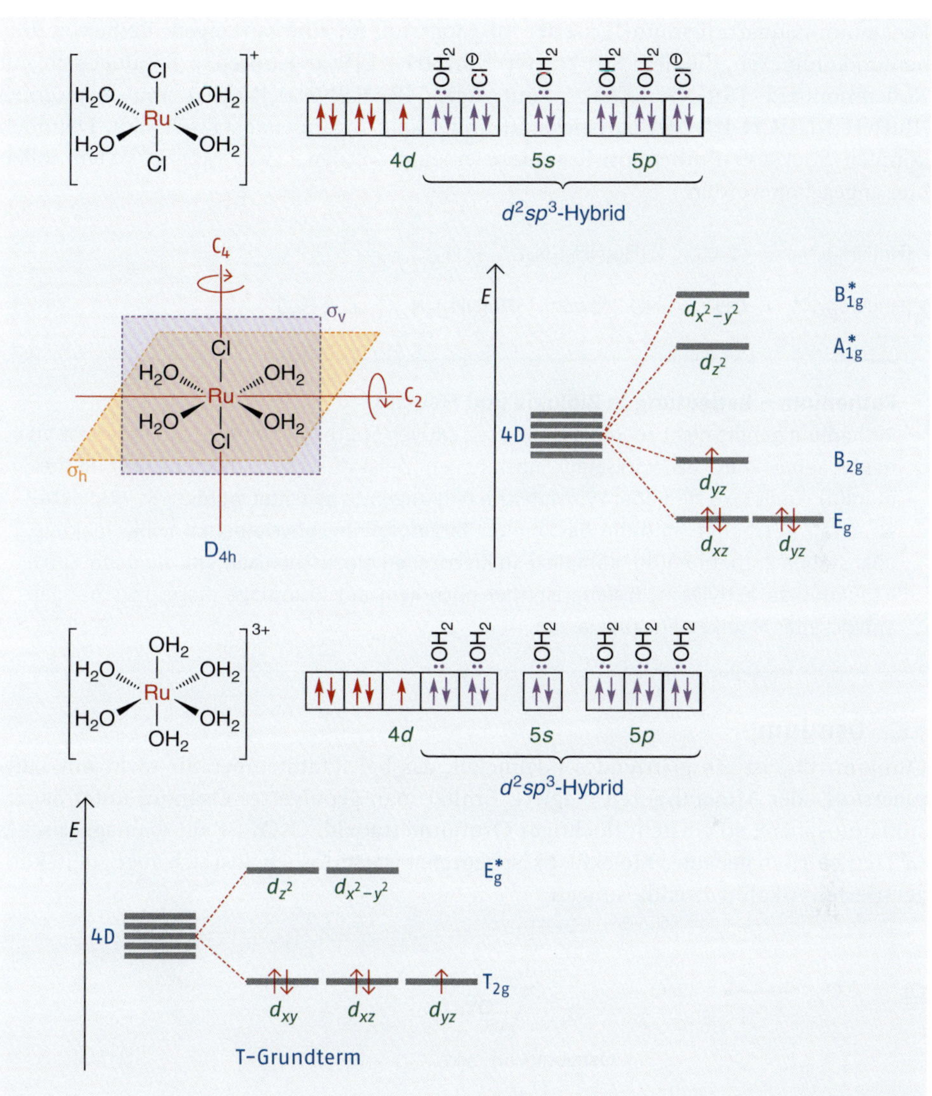

o Abb. 7.42 Bindungsverhältnisse in Tetraaquadichloridoruthenium(III) (A) und Hexaaqua-ruthenium(III) (B)

Das Redoxpotenzial des Übergangs von Ru^{3+} zu Ru^{2+} ist mit 0,23 V erheblich kleiner als das des Fe^{3+}/Fe^{2+}-Übergangs mit 0,77 V. Mit Ammoniak bildet sich der $[Ru(NH_3)_6]^{2+}$-Komplex, der in wässriger Lösung allerdings dazu neigt, einen NH_3-Liganden gegen Wasser auszutauschen:

$$[Ru(NH_3)_6]^{2+} + H_2O \rightleftharpoons [Ru(NH_3)_5(H_2O)]^{2+} + NH_3$$

Pentaamminaqua-ruthenium(II)

Pentaamminaquaruthenium(II) ist der Ausgangsstoff für eine ganz eigene Reihe von Rutheniumkomplexen, die dem Strukturtyp $[Ru(NH_3)_5L]^{x+}$ angehören, z. B. bildet sich mit Kohenmonoxid $[Ru(NH_3)_5CO]^{2+}$, mit Azid $[RuN_3(NH_3)_5]^+$ und mit Acetonitril $[Ru(NH_3)_5NCCH_3]^{2+}$. Mit Luftstickstoff findet kein Ligandenaustausch statt. Dennoch konnten Stickstoff-Ruthenium-Komplexe erzeugt werden. Zwei Möglichkeiten sollen hier angegeben werden:

$$2\,[Ru(NH_3)_5N_3]^{2+} \rightleftharpoons 2\,[Ru(NH_3)_5N_2]^{2+} + N_2$$

$$2\,[Ru(NH_3)_6]^{3+} + OH^- + NO \rightleftharpoons [Ru(NH_3)_5N_2]^{2+} + 2\,H_2O$$

Ruthenium – Bedeutung in Biologie und Medizin

Ruthenium gehört nicht zu den pysiologisch aktiven Spurenelementen. Zumindest ist bis heute keine Rolle als wirksame Substanz im Zellstoffwechsel bekannt. Für Ruthenium(II)-Komplexe sind aber zytostatische Wirkungen beobachtet worden. Es wird aktuell daran gearbeitet, mithilfe bestimmter Targetproteine physiologisch völlig inaktive, aber stabile Ruthenium(III)-Komplexe in Krebszellen einzuschleusen und sie dann durch Reduktion zu aktivieren. Bislang ist aber noch kein auf Grundlage dieser Forschungen entwickeltes Medikament zugelassen.

7.6.3 Osmium

Osmium (Os) ist ein glänzendes Edelmetall, das bei Raumtemperatur nicht mit Luftsauerstoff oder Mineralsäuren reagiert. Erhitzt man gepulvertes Osmium unter Sauerstoffatmosphäre, so entsteht flüchtiges Osmiumtetraoxid. OsO_4 ist ein diamagnetisches (d^0) tetraedrisch gebautes Molekül. Es ist begrenzt wasserlöslich, löst sich aber gut in konzentrierten Alkalihydroxidlösungen:

$$Os + 2\,O_2 \longrightarrow OsO_4$$

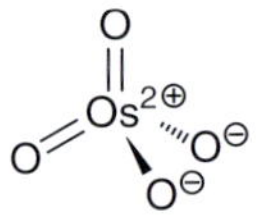

O, ‖, $Os^{2\oplus}$, O, $O^{\ominus}$, $O^{\ominus}$

Osmium(VIII)-oxid (T_d)

Mit Kalium-Ionen erhält man rote $K_2[Os(OH)_2O_4]$-Kristalle:

$$OsO_4 + 2\,OH^- \rightleftharpoons [Os(OH)_2O_4]^{2-} \qquad 2\,K^+ + [Os(OH)_2O_4]^{2-} \longrightarrow K_2[Os(OH)_2O_4]$$

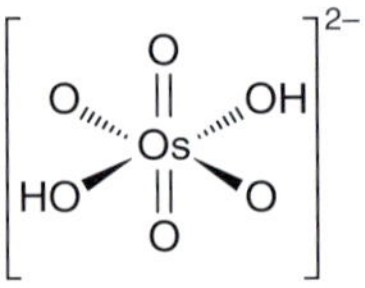

$[$O, OH, Os, HO, O, O, O$]^{2-}$

(D_{4h})

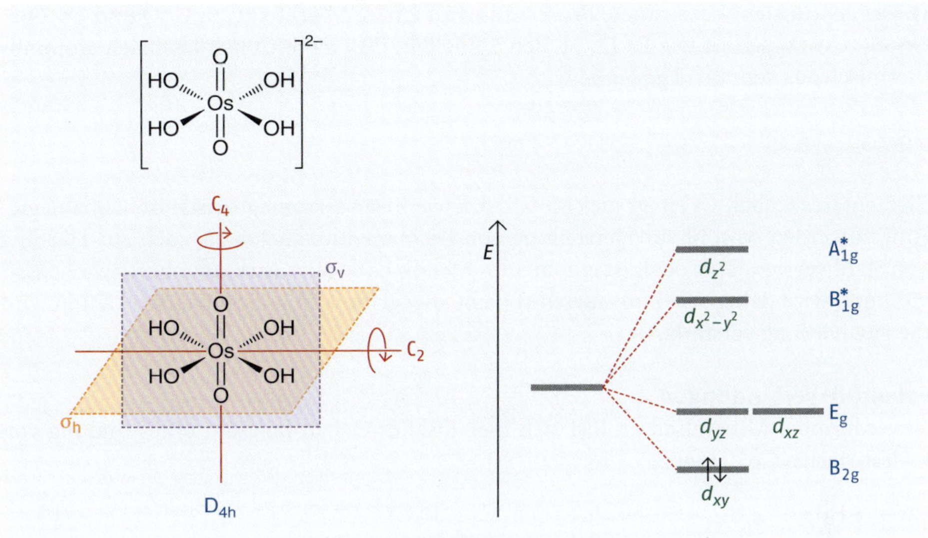

Abb. 7.43 Energieniveauschema von Osmat(VI)

Im Gegensatz zu Ruthenium zeigt sich hier die Wirkung des größeren Ionenradius, der eine Hexakoordination erleichtert. Osmiumtetraoxid dient in der Organischen Chemie zur Oxidation von Alkenen zu Glycolen:

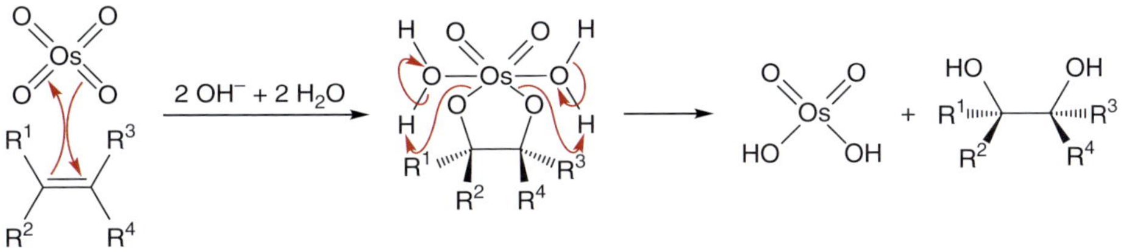

$$\xrightarrow{2\,OH^- + 2\,H_2O}$$

Man erhält neben *cis*-Glycolen auch Osmat(VI)-Ionen. Diese haben d^2-Konfiguration, sind oktaedrisch koordiniert, haben D_{4h}-Symmetrie und sind diamagnetisch. Die Orbitalenergien im Ligandenfeld erlauben im Osmat(VI)-Komplex eine Low-spin-Konfiguration (Abb. 7.43).

Osmium(III)- und Osmium(II)-Komplexe sind bekannt, aber wesentlich weniger zahlreich als bei Ruthenium oder Eisen.

7.6.4 Cobalt

Im Mittelalter fanden Erzsucher im sächsischen Erzgebirge Steine mit schönen, glänzenden Kristallen im Inneren. Voller Erwartung auf interessante neue Metalle warfen sie die Erze in ihre Schmelzöfen. Was sie erhielten war ein beißender Gestank nach SO_2, Knoblauch und Rettich sowie ein Metallklumpen, mit dem nichts anzufangen war. Für diese Beobachtung war damals keine andere Ursache vorstellbar, als dass die bösen Berggeister *Kobold* und *Nickel* ihr Unwesen mit ihnen trieben. Der Chemiker *Georg Brand* erkannte im 18. Jahrhundert, dass es sich bei dem geisterhaften Metall um ein neues chemisches Element handelte. Aus Gründen der Kontinuität wurde der Name Cobalt beibehalten. Aus sulfidischen Erzen wird der Schwefel durch Erhitzen an der Luft zu SO_2 verbrannt.

Dieser als „Rösten“ bezeichnete Prozess führt zu einem Mischoxid aus CoO und $Co_2O_3 = Co_3O_4$. Co_3O_4 gehört wie Fe_3O_4 zu den Spinellen. Das reine Cobalt lässt sich aluminothermisch aus dem Oxid gewinnen:

$$3\,Co_3O_4 + 8\,Al \longrightarrow 9\,Co + 4\,Al_2O_3$$

Elementares Cobalt ist ein graues Metall, das wie Eisen ferromagnetisch ist. Cobaltlegierungen werden sowohl zur Herstellung von Permanentmagneten als auch zur Härtung von Stahl verwendet. Cobalt ist ein unedles Metall. Es ist aber wirksam oberflächenpassiviert und wird daher von Luftsauerstoff nicht angegriffen. In konzentrierten Säuren wird die Passivierung verstärkt.

Cobalt(II)-Verbindungen

In verdünnten Mineralsäuren löst sich metallisches Cobalt langsam unter Bildung von hydratisierten Co^{2+}-Ionen:

$$Co + 6\,H_2O + 2\,H^+ \longrightarrow [Co(H_2O)_6]^{2+} + H_2$$

Hexaaquacobalt(II)

$$[Co(H_2O)_6]^{2+} + 2\,e^- \overset{E^0 = -0{,}28\,V}{\rightleftharpoons} Co + 6\,H_2O$$

$$[Co(H_2O)_6]^{2+} \rightleftharpoons [Co(H_2O)_4]^{2+} + 2\,H_2O$$

Tetraaquacobalt(II)

In der Oxidationsstufe +II hat das Cobalt-Ion eine d^7-Konfiguration. Im Oktaeder erlaubt diese weder in High-spin-Komplexen (drei ungepaarte Elektronen, entarteter Grundterm mit T-Symmetrie) noch in Low-spin-Komplexen (ein ungepaartes Elektron, entarteter Grundterm mit E-Symmetrie) einen symmetrisch bevorzugten Zustand. Durch den hohen Lösemittelüberschuss von H_2O wird die oktaedrische Koordination im rosafarbigen Hexaaquacobalt(II) erzwungen. In wässriger Lösung stellt sich jedoch ein Gleichgewicht zwischen dem oktaedrischen Hexaaquacobalt(II) und dem tetraedrischen Tetraaquacobalt(II) ein. ○ Abb. 7.44 vergleicht die Bindungszustände in den beiden Komplexen.

Cobalt(II) bildet in Wasser paramagnetische Lösungen (drei ungepaarte Elektronen). Wasser ist ein schwacher Ligand und kann keine Spinpaarung erzwingen. Durch den hohen Lösemittelüberschuss wird eine Hexakoordination erzwungen. Es bilden sich Außerorbitalkomplexe mit d^2sp^3-Hybridisierung und oktaedrischer Koordinationsgeometrie. Die Symmetrie wird aber nicht oktaedrisch sein, da sich ein entarteter Grundterm mit T-Symmetrie bildet. Das T_{2g}-Niveau ist mit fünf Elektronen besetzt, diese bilden zwei Elektronenpaare und ein einsames Elektron. Letzteres kann sich auf drei energiegleiche Orbitale verteilen. $[Co(H_2O)_6]^{2+}$ ist daher Jahn-Teller-verzerrt. Ein kleiner Teil der Cobalt-Ionen wird daher zwei Wassermoleküle abspalten und einen Tetraaquakomplex bilden. Hier besetzen die Wassermoleküle die $4s$- und die drei $4p$-Orbitale. Sie bilden ein

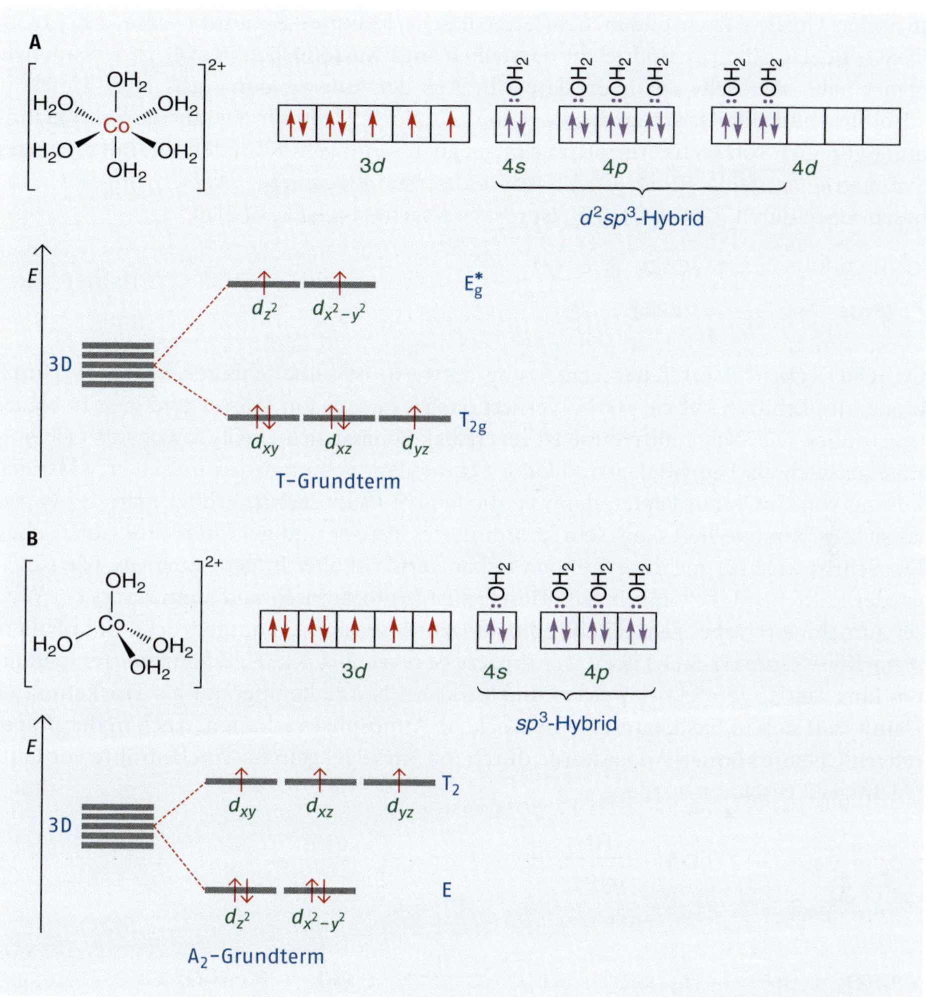

Abb. 7.44 Vergleich der Bindungszustände von Hexaaquacobalt(II) (A) und Tetraaquacobalt(II) (B)

sp^3-Hybrid, woraus eine tetraedrische Koordinationsgeometrie folgt. Die E-Orbitale sind mit zwei Elektronenpaaren voll besetzt, die T_2-Orbitale mit drei Elektronen nur jeweils einfach besetzt. Es resultiert ein nichtentarteter Grundzustand mit günstiger A-Symmetrie. Das Molekül wird ein reguläres, unverzerrtes Tetraeder bilden. Der günstige Zustand wird durch den hohen Lösemittelüberschuss beeinträchtigt. Dennoch bilden sich bei höherer Konzentration von Chlorid-Ionen blaue Tetrachloridocobaltat(II)-Ionen:

$$[Co(H_2O)_6]^{2+} + 4\,Cl^- \rightleftharpoons [CoCl_4]^{2-} + 6\,H_2O$$

Hexaaquacobalt(II)

$[CoCl_4]^{2-}$ (Cl, Co, Cl, Cl, Cl)

Tetrachloridocobaltat(II)

In vielen Co(II)-Salzen bilden sich tetraedrische Komplex-Kationen. Salze wie $CoCl_2$, $CoSO_4$ oder $Co(NO_3)_2$ sind leicht darstellbar und wasserlöslich. $CoCl_2$ ist ein intensiv blaues Salz, aber schwach hygroskopisch. Aus der Luft werden sechs H_2O-Moleküle adsorbiert und oktaedrisch an das Co^{2+}-Ion gebunden. Dadurch gewinnt das Salz die Bindungsenergien von sechs Wassermolekülen, auch wenn kein Komplex-Ion mit günstiger Symmetrie entsteht. $[Co(H_2O)_6]^{2+}$ hat eine rosa Eigenfarbe. Wasserhaltiges $CoCl_2$, beschrieben durch $[Co(H_2O)_6]Cl_2$, ist rosa, wasserfreies $CoCl_2$ ist blau:

$$\underset{\text{(Rosa)}}{[Co(H_2O)_6]Cl_2} \rightleftharpoons \underset{\text{(Blau)}}{CoCl_2} + 6\,H_2O$$

Da $[Co(H_2O)_6]^{2+}$ Jahn-Teller-Verzerrung aufweist, ist seine Stabilität begrenzt. Durch moderates Erhitzen auf ca. 100 °C verliert das Hexaaqua-Ion Wasser und geht in blaues $CoCl_2$ über. Die Wasseraufnahme ist reversibel. So lässt sich $CoCl_2$ sowohl als Geheimtinte als auch als Feuchtigkeitsindikator verwenden. Schreibt man mit einer wässrigen Lösung von $CoCl_2$ auf Papier, dann ist die Schrift kaum lesbar. Erhitzt man das Papier vorsichtig, dann verliert Co^{2+} sein koordiniertes Wasser und geht in blaues $CoCl_2$ über. Die Schrift wird für mehrere Stunden lesbar, verblasst aber in dem Ausmaß, wie $CoCl_2$ wieder Luftfeuchtigkeit aufnimmt. Kieselgel ist hygroskopisch und kann reversibel Wasser aufnehmen. Dabei geht Siliciumdioxid (SiO_2), vereinfacht ausgedrückt, in polymere *meta*-Kieselsäure (H_2SiO_3) über. Der Prozess ist reversibel. Kieselgel kann bei Temperaturen über 100 °C getrocknet werden und wirkt bei Normaltemperatur als Trockenmittel. Damit lässt sich in Exsikkatoren eine trockene Atmosphäre schaffen. Auch in der präparativen Chemie können Apparaturen durch mit Kieselgel gefüllte Trockenrohre vor Luftfeuchtigkeit geschützt werden:

$$SiO_2 + \underset{\text{(Blau)}}{CoCl_2} + 7\,H_2O\uparrow \underset{100\,°C}{\overset{RT}{\rightleftharpoons}}$$

$$x\,H_2SiO_3 + \underset{\text{(Blau)}}{CoCl_2} + (1-x)SiO_2 + 6\,H_2O \underset{100\,°C}{\overset{RT}{\rightleftharpoons}} H_2SiO_3 + \underset{\text{(Rosa)}}{[Co(H_2O)_6]Cl_2}$$

Kieselgel wird dabei häufig mit $CoCl_2$ versetzt. Trockenes Kieselgel erscheint dann blau. Nimmt es Wasser aus der Umgebung auf, so wird es an Kieselgel stabiler als an $CoCl_2$ gebunden. $CoCl_2$ entfärbt sich erst, wenn die Aufnahmefähigkeit des Kieselgels erschöpft ist.

Gibt man NH_4SCN zu einer Lösung eines Co(II)-Salzes, so bildet sich zuerst ein schwerlöslicher Niederschlag, der sich im Überschuss von Fällungsmittel wieder löst:

$$[Co(H_2O)_6]^{2+} + 2\,SCN^- \rightleftharpoons 6\,H_2O + Co(SCN)_2\downarrow$$

$$Co(SCN)_2 + 2\,SCN^- \rightleftharpoons [Co(SCN)_4]^{2-}$$

$$\left[Co(SCN)_4\right]^{2-}$$

Tetrathiocyanatocobaltat(II)

Tetrathiocyanatocobaltat hat eine tiefblaue Eigenfarbe und ist als freie Säure $H_2[Co(SCN)_4]$ in organischen Lösemitteln wie Chloroform oder Ether sehr gut löslich. Die Reaktion eignet sich daher als Nachweis für Cobalt(II).

Behandelt man eine wässrige Lösung von Co^{2+} mit Hydroxid, Carbonat, Phosphat, Ammoniak, Ammoniumsulfid oder Cyanid, dann spielen sich folgende Prozesse ab:

$$Co^{2+} + 2\,OH^- \xrightleftharpoons{pK_L = 15{,}7} Co(OH)_2$$

$$4\,Co(OH)_2 + O_2 + 2\,H_2O \longrightarrow 4\,Co(OH)_3\downarrow$$

$$Co^{2+} + CO_3^{2-} \xrightleftharpoons{pK_L = 12{,}0} CoCO_3\downarrow$$

$$3\,Co^{2+} + 2\,PO_4^{3-} \rightleftharpoons Co_3(PO_4)_2\downarrow$$

$$Co^{2+} + S^{2-} \xrightleftharpoons{pK_L = 22{,}0} CoS\downarrow$$

$$4\,CoS + O_2 + 2\,H_2O + 2\,S^{2-} \longrightarrow 2\,Co_2S_3 + 4\,OH^-$$

$$Co^{2+} + 2\,CN^- \rightleftharpoons Co(CN)_2\downarrow$$

$$Co(CN)_2 + 4\,CN^- \rightleftharpoons [Co(CN)_6]^{4-}$$

$$4\,[Co(CN)_6]^{4-} + O_2 + 2\,H_2O \longrightarrow 4\,[Co(CN)_6]^{3-} + 4\,OH^-$$

$$Co^{2+} + 6\,NH_3 \rightleftharpoons [Co(NH_3)_6]^{2+}$$

$$4\,[Co(NH_3)_6]^{2+} + O_2 + 2\,H_2O \longrightarrow 4\,[Co(NH_3)_6]^{3+} + 4\,OH^-$$

Damit zeigt Co^{2+} das Verhalten eines typischen Modellübergangsmetalls, mit der Einschränkung, dass vor allem in alkalischem Milieu eine Oxidation zu Co^{3+} schon unter Einfluss von Luftsauerstoff möglich ist.

Cobalt(III)-Verbindungen

In der Oxidationsstufe +III hat Cobalt d^6-Konfiguration. Die d^6-Konfiguration liefert in oktaedrischen Low-spin-Komplexen einen nichtentarteten Grundzustand mit A-Symmetrie (vollbesetzte T_{2g}-, leere E_g-Orbitale). Die Oxidationsstufe +III ist für Cobalt dann attraktiv, wenn starke Komplexliganden zur Verfügung stehen, die die Bildung von Innerorbitalkomplexen erzwingen. Aufgrund der gestiegenen Kernladung ist Co^{3+} aber eine stärkere und eine härtere Lewis-Säure als das Fe^{3+}-Ion. $[Co(H_2O)_6]^{3+}$ ist ein starker Protolyt und das gebildete $[CoOH(H_2O)_5]^{2+}$ oxidiert Wasser langsam zu Sauerstoff, wobei es selbst wieder zu $[Co(H_2O)_6]^{2+}$ wird. Mit schwachen Liganden ist Co^{3+} also instabil. Die gestiegene Säure-Härte bewirkt aber, dass z. B. die harten Basen Ammoniak und OHzu starken Liganden werden. So bildet Co^{3+} mit Ammoniak einen diamagnetischen Hexaamminkomplex mit Kryptonkonfiguration. Auch $[CoOH(H_2O)_5]^{2+}$ ist diamagnetisch. Die stabilisierende Wirkung einzelner Liganden lässt sich sehr leicht am Redoxpotenzial ablesen:

$$[Co(H_2O)_6]^{3+} + e^- \xrightleftharpoons{E^0 = 1{,}81\ V} [Co(H_2O)_6]^{2+}$$

$$[Co(H_2O)_6]^{3+} \xrightarrow{pK_S = 4{,}8} [CoOH(H_2O)_5]^{2+} + H^+$$

$$[Co(OH)(H_2O)_5]^{2+}$$

$$[Co(NH_3)_6]^{3+} + e^- \xrightleftharpoons{E^0 = 0{,}11\ V} [Co(NH_3)_6]^{2+}$$

$$[Co(CN_3)_6]^{3-} + e^- \xrightleftharpoons{E^0 = -\,0{,}83\ V} [Co(CN)_6]^{4-} \rightleftharpoons [Co(CN)_5]^{3-} + CN^-$$

$$2\,[Co(CN)_5]^{3-} \rightleftharpoons [Co_2(CN)_6]^{6-}$$

$$[(NC)_5Co{-}OH_2]^{3-} + [H_2O{-}Co(CN)_5]^{3-} \rightleftharpoons [(NC)_5Co{-}Co(CN)_5]^{6-} + 2\,H_2O$$

Mit dem schwachen Liganden Wasser ist $[Co(H_2O)_6]^{3+}$ instabil, auch das durch Protolyse gebildete Pentaaquahydroxydocobalt(III) ist als Oxidationsmittel so reaktiv, dass es Wasser zerlegt. Beim Hexaamminkomplex liegen die Verhältnisse umgekehrt. Luftsauerstoff oxidiert den Hexaammincobalt(II) quantitativ zu Hexaamincobalt(III). Die Bindungsverhältnisse für $[Co(NH_3)_6]^{2+}$ sind in ○ Abb. 7.45 illustriert.

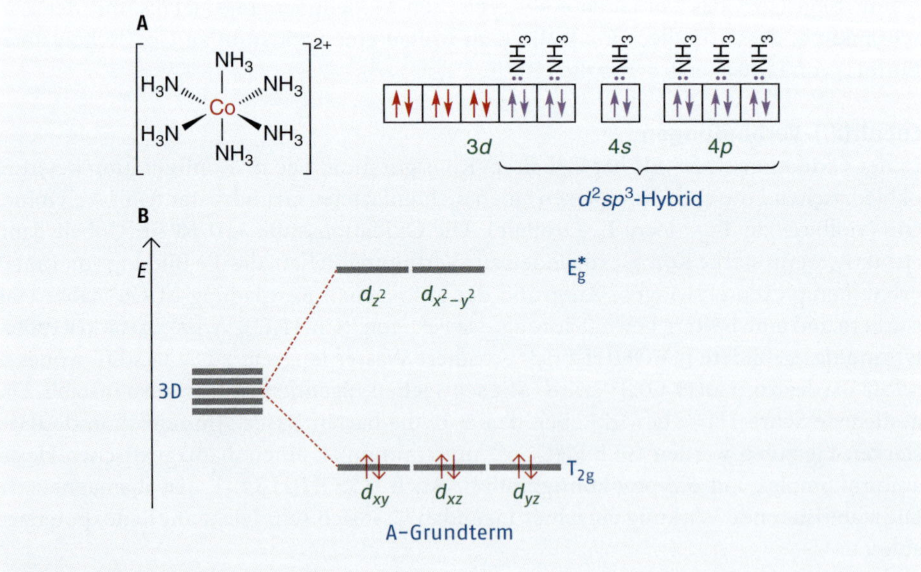

○ **Abb. 7.45** Bindungsverhältnisse von Hexaammincobalt(III): Kästchenschema (A) und Ligandenfeld-Diagramm (B)

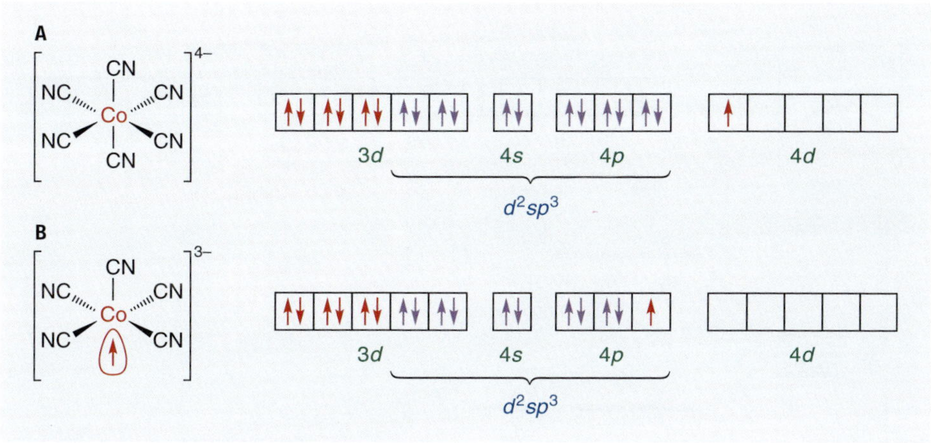

Abb. 7.46 Kästchenschema: Bindungsverhältnisse von Hexacyanidocobaltat(II) (A) und dem Komplexfragment Pentacyanidocobaltat(II) (B)

Gegenüber der harten Säure Co^{3+} wird Ammoniak zu einem starken Liganden und erzwingt einen Innerorbitalkomplex mit Spinpaarung. Lösungen von Hexaammincobalt(III) sind diamagnetisch, der Komplex hat Edelgaskonfiguration. Der Amminligand kann gegen andere Liganden ausgetauscht werden. Man erhält mehr als 2 000 verschiedene Cobalt-Ammin-Komplexe. Sie werden als Cobaltiake bezeichnet und erscheinen in den unterschiedlichsten Farbtönen:

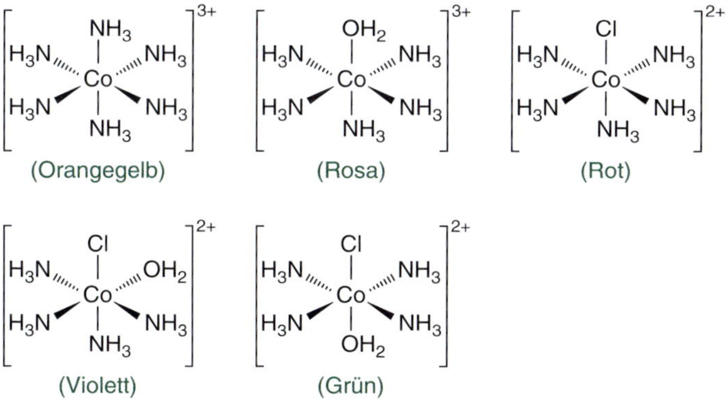

Behandelt man $Co(CN)_2$ mit einem Überschuss an CN^-, so bilden sich zunächst grüne Lösungen, in denen unter strengem Ausschluss von Luftsauerstoff und Abwesenheit jeglicher Oxidationsmittel komplizierte Bedingungen herrschen. Betrachtet man die Bindungsverhältnisse in $[Co(CN)_6]^4$mithilfe des Kästchenschemas (Abb. 7.46), so wird verständlich, warum Cobalt die Oxidationsstufe +III einnimmt.

Im $[Co(CN)_6]^4$ist ein Elektron in einem 4*d*-Orbital untergebracht, entsprechend instabil ist es dort (E^0 = –0,83 V). Es erfährt eine gewisse Stabilisierung, indem der Komplex einen CNLiganden an die Lösung abgibt. Das Komplexfragment $[Co(CN)_5]^3$dimerisiert und das dimere Anion kann als schwerlösliche Kalium- und Bariumsalze, $K_6[Co_2(CN)_{10}]$ und $Ba_2[Co_2(CN)_{10}]$, isoliert werden. Versetzt man eine Co^{2+}-Lösung in überschüssigem

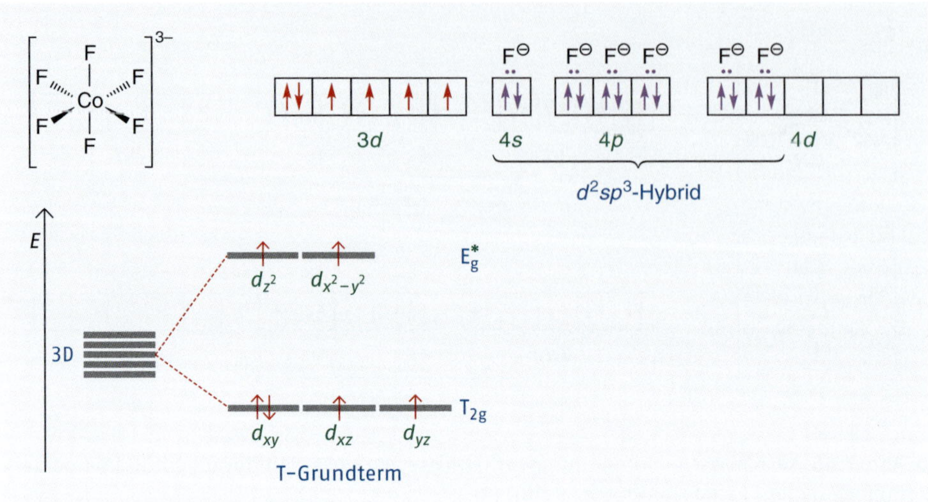

○ Abb. 7.47 Bindungsverhältnisse von Hexafluoridocobaltat(III) (High-spin-Komplex)

CNmit einem beliebigen Oxidationsmittel, gebräuchlich ist Br_2, dann bildet sich spontan in Alkali stabiles $[Co(CN)_6]^{3-}$. Hexacyanidocobaltat(III) ist ein diamagnetischer Komplex mit Edelgaskonfiguration. Die Bindungsverhältnisse entsprechen denen von Hexaammincobalt(III) (○ Abb. 7.45).

Erwärmt man eine Lösung von $CoCl_2$ in Wasser nach Zusatz von Natriumnitrit, so erhält man einen stabilen Hexanitritocobaltat(III)-Komplex (früher Hexanitrocobaltat(III)). Dieser bildet mit Kalium-Ionen einen zitronengelben Niederschlag. Der Komplex bildet sich nach einer Redoxreaktion, bei der Nitrit zu Stickstoffmonoxid reduziert wird:

$$[Co(H_2O)_6]^{2+} + 6\,NO_2^- \rightleftharpoons [Co(NO_2)_6]^{3-} + 6\,H_2O + e^-$$

$$NO_2^- + H^+ + e^- \rightleftharpoons NO + H_2O$$

$$[Co(H_2O)_6]^{2+} + 7\,NO_2^- + 2\,H^+ \rightleftharpoons [Co(NO_2)_6]^{3-} + 7\,H_2O + NO$$

Hexanitrocobalt(III)

$$[Co(NO_2)_6]^{3-} + 2\,K^+ + Na^+ \rightleftharpoons NaK_2[Co(NO_2)_6]\downarrow$$

$$[Co(NO_2)_6]^{3-} + K^+ + 2\,Na^+ \rightleftharpoons Na_2K[Co(NO_2)_6]\downarrow$$

Die einzigen Co^{3+}-Komplexe mit High-spin-Konfiguration werden mit dem sehr schwachen Liganden Fgebildet. Die Komplexe $[CoF_3(H_2O)_3]$ und $[CoF_6]^3$sind paramagnetisch (vier ungepaarte Elektronen). ○ Abb. 7.47 illustriert die Bindungsverhältnisse. Fluorid ist in der spektrochemischen Reihe (▸ Kap. 6.2.1) ein schwächerer Ligand als OHoder H_2O, obwohl er als ausgesprochen hart gilt. Da Fluor die höchste Elektronegativität im Periodensystem hat, stellt Fluorid seine Elektronenpaare nicht gerne für Bindungen zur Verfügung. Mit Co^{3+} bildet sich daher nur ein Außerorbitalkomplex mit d^2sp^3-Hybridisierung und oktaedrischer Koordinationsgeometrie. In der High-spin-Konfiguration sind die T_{2g}-Orbitale mit vier Elektronen besetzt, dies ergibt ein Elektronenpaar und zwei einfach besetzte Zustände. Das Elektronenpaar hat drei energiegleiche Orbitale zur Auswahl. Das perfekte Oktaeder erzeugt damit einen entarteten Grundzustand mit ungünstiger T-Symmetrie. Der Komplex ist daher Jahn-Teller-verzerrt.

Eine Lösung von Co^{2+} bildet mit Ammoniumsulfid schwerlösliches, schwarzes CoS. Frisch gefälltes CoS löst sich in verdünnter Salzsäure sofort wieder auf. In alkalischer Suspension wird es aber von Luftsauerstoff angegriffen und zu Co_2S_3 oxidiert. Cobalt(III)-sulfid ist in Säure schwerlöslich. Man kann es mit H_2O_2 in verdünnter Essigsäure wieder auflösen, wobei das Sulfid oxidativ zerstört wird. Man erhält Sulfat, gleichzeitig wird Co^{3+} wieder zu wasserlöslichem Co^{2+} reduziert. Hier liegt eine Redoxreaktion vor, bei der bei einer Halbreaktion eine stöchiometrisch gekoppelte Oxidation und Reduktion parallel zueinander ablaufen. Zuerst der Übergang von Co_2S_3 zu Sulfat und Co^{2+}:

$$2\,Co^{3+} + 2\,e^- \rightleftharpoons 2\,Co^{2+}$$
$$3\,S^{2-} + 12\,H_2O \rightleftharpoons 3\,SO_4^{2-} + 24\,e^- + 24\,H^+$$
$$Co_2S_3 + 12\,H_2O \rightleftharpoons 2\,Co^{2+} + 3\,SO_4^{2-} + 22\,e^- + 24\,H^+$$

Man darf nicht den Fehler machen, die Reduktion mit der Oxidation zu verrechnen, da beide Prozesse durch die Co_2S_3-Formel stöchiometrisch korreliert sind. Man muss beide Prozesse zu einem Gesamtprozess addieren und erhält so eine Oxidationreaktion. Die Gegenreaktion ist die Reduktion von Wasserstoffperoxid zu Wasser:

$$Co_2S_3 + 12\,H_2O \rightleftharpoons 2\,Co^{2+} + 3\,SO_4^{2-} + 22\,e^- + 24\,H^+$$
$$11\,H_2O_2 + 22\,e^- + 22\,H^+ \rightleftharpoons 22\,H_2O$$
$$Co_2S_3 + 11\,H_2O_2 \rightleftharpoons 2\,Co^{2+} + 3\,SO_4^{2-} + 10\,H_2O + 2\,H^+$$

Die Verrechnung der beiden Prozesse führt zur endgültigen Reaktionsgleichung. Erhitzt man $Co(OH)_2$, so entsteht Cobalt(II)-oxid (CoO); beim Erhitzen von $Co(NO_3)_2$ entsteht Cobalt(III)-oxid (Co_2O_3):

$$Co(OH)_2 \xrightarrow{\Delta} CoO + H_2O \qquad 4\,Co(NO_3)_2 \xrightarrow{\Delta} 2\,Co_2O_3 + 8\,NO_2 + O_2$$

Beim Zusammenschmelzen von Cobalt(II)-oxid und Cobalt(III)-oxid entsteht Co_3O_4, ein Spinell (Aluminium-Spinelle ▸Kap. 5.3.2). Hier sind die zweiwertigen Metall-Ionen tetraedrisch, die dreiwertigen Metall-Ionen oktaedrisch von Oxid-Ionen umgeben:

$$CoO + Co_2O_3 \longrightarrow Co_3O_4 \qquad CoO + Al_2O_3 \longrightarrow \underset{\text{Thenards Blau}}{CoAl_2O_4}$$

Der Spinell aus CoO und Al_2O_3 ist als Thénards Blau bekannt. Die Reaktion wird zum Nachweis von Aluminium verwendet.

Cobalt – Bedeutung in Biologie und Medizin

Die Bedeutung von Cobalt für die belebte Natur konzentriert sich auf die Rolle des Vitamin B_{12}. Vitamin B_{12} (○Abb. 7.48 A) ist ein Nucleotid mit oktaedrisch koordiniertem Co^{3+} als Zentral-Ion. Das Zentral-Ion ist in der Mitte eines Corrin-Grundgerüsts positioniert (○Abb. 7.48 B). Corrin ist dem Porhyrin sehr ähnlich, die Pyrrolgruppen sind aber teilweise hydriert und eine Kohlenstoffbrücke fehlt.

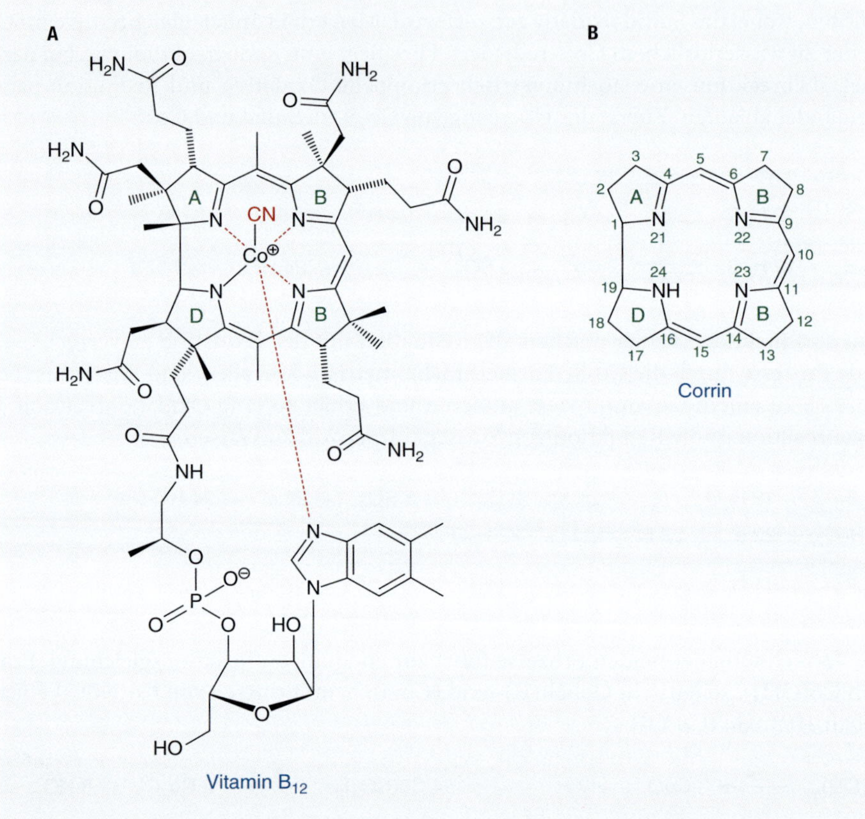

○ **Abb. 7.48** Struktur von Vitamin B_{12} (A) sowie Corrin-Grundgerüst (B)

Bei Cyanocobalamin (○Abb. 7.48 A) handelt es sich um physiologisch inaktives Vitamin B_{12}. Als Speicherform dient Hydroxycobalamin, bei dem ein CN–Ligand durch eine OH–Gruppe ersetzt ist. Diese wird im lebenden Organismus durch die Purinbase Adenin ersetzt. Dadurch entsteht Adenosylcobalamin, das auch als Coenzym B_{12} bezeichnet wird, die physiologisch wirksame Form. Vitamin B_{12} kann weder von Tieren noch von Pflanzen selbst hergestellt werden. Die Versorgung mit dieser wichtigen Substanz geschieht mithilfe symbiotischer Bakterien, die sowohl im Verdauungstrakt von Tieren als auch auf der Oberfläche pflanzlicher Wirte vorkommen.

Coenzym B_{12} unterstützt im menschlichen Körper nur zwei Enzyme, die Methionin-Synthase und die Methylmalonyl-CoA-Mutase. Die Methionin-Synthase katalysiert die Synthese von Methionin ($HOOC-CH(NH_2)-(CH_2)_2-SCH_3$) aus der Aminosäure Homocystein

($HOOC-CH(NH_2)-(CH_2)_2-SH$). Aus Methionin wird wiederum *S*-Adenosylmethionin gebildet, das im Zellstoffwechsel als wichtiges Methylierungsmittel fungiert. *S*-Adenosylmethionin spielt indirekt u. a. eine wichtige Rolle für den Aufbau der Nucleotidbasen Adenin und Guanin sowie für die Herstellung von DNA-Nucleotiden aus RNA-Nucleotiden. Ein Vitamin-B_{12}-Mangel behindert somit alle Zellteilungsprozesse. Am frühesten äußert sich dies in einer schweren Anämie (Blutarmut). Die von der Methylmalonyl-CoA-Mutase katalysierte Stoffwechselreaktion, nämlich die Umwandlung von L-Methylmalonyl-CoA zu Succinyl-CoA, beeinflusst letztlich auch die Fettsäuresynthese im Organismus. Fettsäuren werden bei der Herstellung der Myelinscheide von Nervenzellen benötigt. Ein Vitamin-B_{12}-Mangel führt daher zur Schädigung des Zentralen Nervensystems und damit zu neurologischen Ausfallerscheinungen.

7.6.5 Rhodium

Rhodium (Rh) ist ein gegen Luftsauerstoff und Mineralsäuren sehr beständiges Edelmetall. Mit Fluor reagiert es bei hoher Temperatur zu Rhodiumhexafluorid (○ Abb. 7.49).

RhF_6 ist die einzige Verbindung, in der Rhodium in der Oxidationsstufe +VI vorkommt; eine höhere wird nicht erreicht. Die Verbindung schmilzt bei 70 °C und besteht aus paramagnetischen Molekülen (drei ungepaarte Elektronen). Die d^3-Konfiguration bildet im Oktaeder einen nichtentarteten Grundzustand mit günstiger A_2-Symmetrie. RhF_6 ist eine sehr reaktive Verbindung. Mit Wasser reagiert sie unter Hydrolyse und Reduktion zu Rh^{3+}, wobei Wasser zu Sauerstoff oxidiert wird:

$$4\,RhF_6 + 12\,e^- + 24\,H_2O \rightleftharpoons 4\,[Rh(H_2O)_6]^{3+} + 24\,F^-$$
$$6\,H_2O \rightleftharpoons 3\,O_2 + 12\,H^+ + 12\,e^-$$
$$4\,RhF_6 + 30\,H_2O \rightleftharpoons 4\,[Rh(H_2O)_6]^{3+} + 12\,F^- + 12\,HF + 3\,O_2$$

In der Oxidationsstufe +III existieren die meisten stabilen Rhodium-Verbindungen. Erhöht man den pH-Wert einer wässrigen von Rh^{3+}-Lösung, dann fällt zunächst Rhodiumhydroxid aus, das zu Rhodium(III)-oxid altert. Rh_2O_3 kann niemals ganz wasserfrei hergestellt werden:

$$[Rh(H_2O)_6]^{3+} + 3\,OH^- \rightleftharpoons 6\,H_2O + Rh(OH)_3\downarrow \qquad 2\,Rh(OH)_3 \longrightarrow Rh_2O_3 \times 3\,H_2O$$

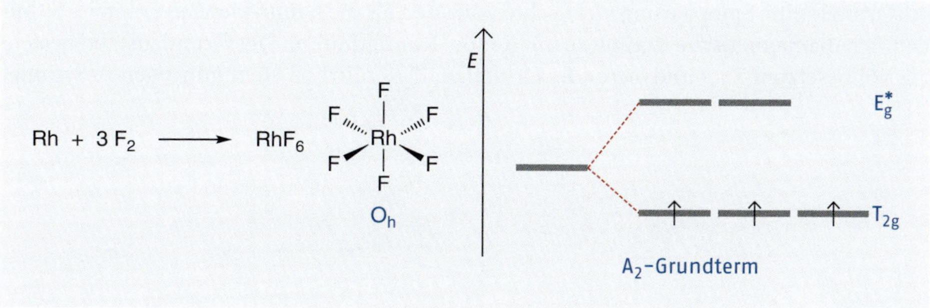

$$Rh + 3\,F_2 \longrightarrow RhF_6$$

○ Abb. 7.49 Energieniveauschema von Rhodiumhexafluorid

Erhitzt man Rhodium im Chlorgasstrom, so erhält man wasserfreies $RhCl_3$, das sich in Wasser nicht löst. Behandelt man aber Rh_2O_3 mit Salzsäure, so erhält man je nach Chloridkonzentration Komplexe mit wechselndem Chloridgehalt:

$$Rh_2O_3 \times 3\,(H_2O) + 6\,HCl \longrightarrow 2\,[RhCl_3(H_2O)_3]$$

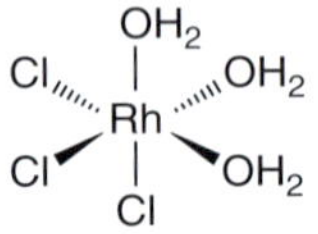

Triaquatrichloridorhodium(III)

$$[RhCl_3(H_2O)_3] + 3\,Cl^- \rightleftharpoons [RhCl_6]^{3-} + 3\,H_2O$$

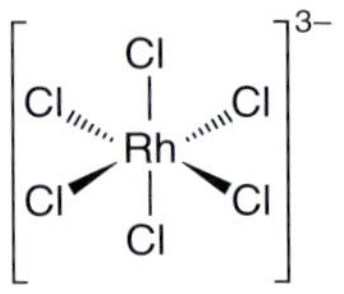

Hexachloridorhodat(III)

Das gelbe Hexaaquarhodium(III) ist eine schwache Brönsted-Säure und dissoziiert nach folgender Protolysegleichung:

$$[Rh(H_2O)_6]^{3+} \xrightleftharpoons{pK_S = 3{,}3} [RhOH(H_2O)_5]^{2+} + H^+$$

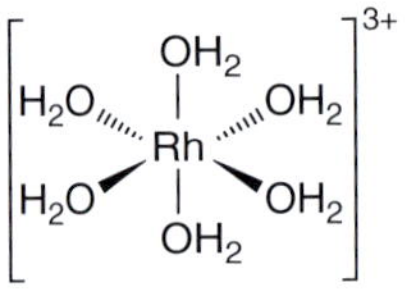

Hexaaquarhodium(III) 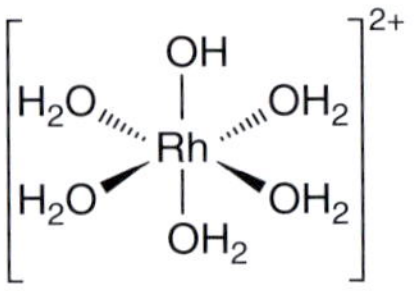 Pentaaquahydroxidorhodium(III)

Das Rh^{3+}-Ion ist damit eine deutlich schwächere Säure als Co^{3+} und auch schwächer als Fe^{3+}. Diese Eigenschaft ist durch den größeren Ionenradius und die damit verbundene geringere Ladungsdichte verursacht. Alle oktaedrischen Rhodium(III)-Komplexe sind diamagnetisch und haben damit Low-spin-Konfiguration. ○ Abb. 7.50 zeigt exemplarisch die Bindungsverhältnisse von Hexachloridorhodat(III).

Rhodium hat in der Oxidationsstufe +III d^6-Konfiguration. Auch schwache Liganden wie Wasser und Chlorid können einen Innerorbitalzustand erzwingen, da die großen $4d$-Orbitale eine Spinpaarung viel leichter zulassen als die kompakten $3d$-Orbitale. Es bilden sich diamagnetische Komplexe mit Xenon-Konfiguration. Der Grundzustand besteht aus vollbesetzten T_{2g}- und leeren E_g-Orbitalen. Dies führt zu einer günstigen A-Symmetrie.

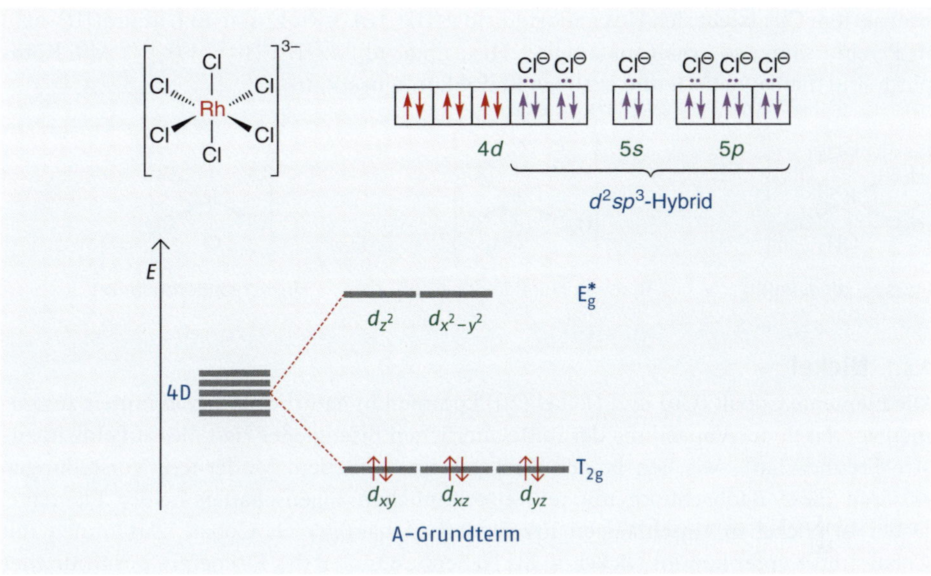

Abb. 7.50 Bindungsverhältnisse von oktaedrischem Hexachloridorhodat(III)

7.6.6 Iridium

Iridium (Ir) ist ein luftstabiles säurebeständiges Edelmetall. Mit Fluor reagiert es zu leichtflüchtigem IrF_6 (Smp. 45 °C). Wie bei RhF_6 handelt es sich um paramagnetische Oktaedermoleküle:

$$Ir + 3\,F_2 \longrightarrow IrF_6$$

Iridium(VI)-fluorid

O_h

Erhitzt man Iridiumpulver mit Natriumchlorid im Chlorgasstrom, so erhält man das Natriumsalz von Hexachloridoiridat(IV). Beim Erhitzen von Iridiumpulver an der Luft entsteht Iridium(IV)-oxid:

$$2\,NaCl + Ir + 2\,Cl_2 \longrightarrow Na_2[IrCl_6] \qquad Ir + O_2 \longrightarrow IrO_2$$

Natriumhexachloridoiridat(IV) — Iridium(IV)-oxid

Sowohl in Hexachloridoiridat als auch im IrO_2 ist das Ir^{4+}-Ion oktaedrisch koordiniert. In der Oxidationsstufe IV hat das Iridium-Ion d^5-Konfiguration. Wegen der leichten Spinpaarung in den $5d$-Orbitalen kann aber kein symmetrisch günstiger A_1-Zustand mit High-spin-Konfiguration und einfach besetztem d-Niveau entstehen. Die Verbindungen sind paramagnetisch (ein ungepaartes Elektron pro Molekül). Dieses führt im T_{2g}-Zustand zu einem entarteten Grundzustand mit ungünstiger T-Symmetrie. Die Oktaeder sind Jahn-Teller-verzerrt. Die stabilsten Iridiumverbindungen bildet die Oxidationsstufe +III. Löst man Ir_2O_3 in Salzsäure, dann erhält man wasserlösliches $[IrCl_3(H_2O)_3]$. In konzentriertem Clentsteht sich Hexachloridoiridat(III), $[IrCl_6]^{3-}$. Löst man Iridium(III)-oxid in Perchlorsäure, so erhält man gelbes Hexaaquairidium(III), $[Ir(H_2O)_6]^{3+}$. Alle Komplexe sind diamagnetisch und besitzen Radonkonfiguration:

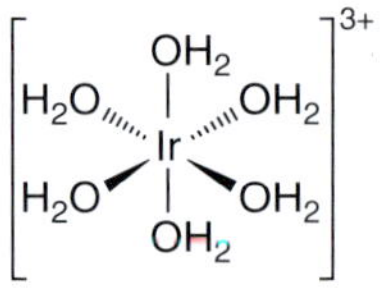

Hexaaquairidium(III) 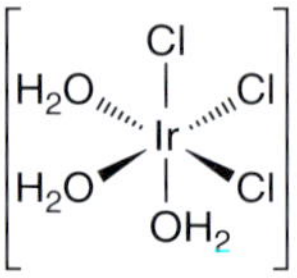 Triaquatrichloridoiridium(III) 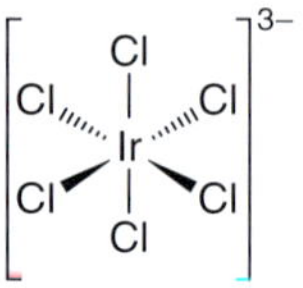 Hexachloridorhodat(III)

7.6.7 Nickel

Die Elemente Cobalt (Co) und Nickel (Ni) kommen in natürlichen Erzen immer zusammen vor. Nach der Vorstellung der mittelalterlichen Eisengießer lässt dies auf eine intensive Freundschaft zwischen beiden Berggeistern schließen. Modernere Vorstellungen erklären diese Beobachtung mit teilweise ähnlichen Eigenschaften beider Elemente. Dabei ist Nickel in einschlägigen Erzen viermal häufiger als Cobalt. Zusammen mit Cobalt und Kupfer kommt Nickel oft als Nebenbestandteil des Eisenerzes in sulfidischer Form vor. Bei der Verhüttung von Eisenerz finden sich die anderen Metalle dann in der Schlacke, die dann in speziellen Flammöfen mit Kohlenstoff in eine Cu-Ni-Co-Legierung überführt wird. Nickel kann anschließend mithilfe von Kohlenmonoxid isoliert werden. Dabei bildet sich stabiles, aber flüchtiges Tetracarbonylnickel, $[Ni(CO)_4]$. Dieses wird abdestilliert und thermisch in Nickel und Kohlenmonoxid überführt:

$$2\,Ni_2S_3 + 9\,O_2 \xrightarrow{\text{Rösten}} 2\,Ni_2O_3 + 6\,SO_2 \qquad \underset{\text{Schlacke}}{Ni_2O_3 + 3\,C} \longrightarrow 2\,Ni + 3\,CO$$

$$Ni + 4\,CO \xrightleftharpoons{\text{Destillation}} [Ni(CO)_4]$$

Im Tetracarbonylnickel liegt das Nickelzentralatom in der Oxidationsstufe 0 vor. In dieser Oxidationsstufe hat Nickel eine d^{10}-Konfiguration. Mit vollbesetztem d-Orbital hat es eine kugelsymmetrische Ladungsverteilung um den Atomkern, wodurch ein stabiler Zustand mit günstiger A_1-Symmetrie entsteht. ▫ Abb. 7.51 illustriert die Bindungsverhältnisse.

Die vier Kohlenmonoxidliganden können keinen Innerorbitalkomplex bilden, da die 3d-Elektronenorbitale mit zehn Elektronen voll besetzt sind. Ihre freien Elektronenpaare füllen die Valenzorbitale bis zur Kryptonkonfiguration auf. Es entsteht ein sp^3-Hybrid mit tetraedrischer Koordinationsgeometrie und Symmetrie. Tetracarbonylnickel ist eine molekular aufgebaute Verbindung, deren Moleküle neutral und ohne Dipolmoment sind. Daraus ergibt sich der geringe Siedepunkt (ca. 80 °C), der eine Reinigung durch Destillation ermöglicht.

Elementares Nickel ist ein unedles Metall, das an der Luft aber wirksam oberflächenpassiviert ist. In verdünnten Mineralsäuren löst es sich nur sehr langsam, in verdünnter Salpetersäure schnell. In konzentrierter Salpetersäure löst es sich nicht, da es dort rasch passiviert wird. Elementares Nickel ist sehr beständig gegen Brönsted-Basen. Es wird durch konzentriertes KOH nicht angegriffen. Nickeltiegel eignen sich zur Durchführung

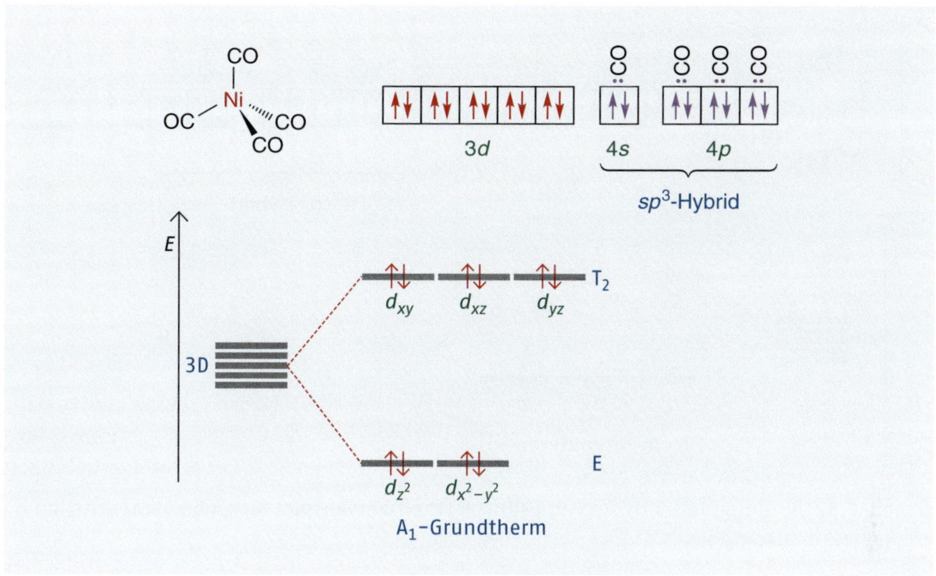

Abb. 7.51 Bindungsverhältnisse von Tetracarbonylnickel(0)

von Alkalicarbonat-Schmelzen. Elementares Nickel adsorbiert Wasserstoff auf der Metalloberfläche und lockert die Bindung zwischen den Wasserstoffatomen. Es ist daher ein wirksamer Hydrierkatalysator. Nickel wird eingesetzt, wenn beispielsweise durch Reaktion mit gasförmigem Wasserstoff Alkene in Alkane überführt werden sollen. Dabei stellt sich jedoch das Problem, dass die Nickeloxidschicht an der Metalloberfläche den Wasserstoff nicht adsorbiert. Daher ist gewöhnliches Nickelpulver als Hydrierkatalysator unwirksam. Bei der katalytischen Hydrierung wird Nickel deshalb in Form einer 50%igen Ni-Al-Legierung, dem sogenannten Raney-Nickel, eingesetzt. Zuerst wird diese Legierung in konzentrierter Kalilauge suspendiert. Dabei löst sich Aluminium unter Bildung von $[Al(OH)_4]$und Wasserstoff, der an der Oberfläche des zurückbleibenden nichtpassivierten Nickels adsorbiert wird. Der so aktivierte Rückstand (Vorsicht! Er ist selbstentzündlich an der Luft) kann in ein geeignetes Reaktionsgefäß überführt und als Hydrierkatalysator verwendet werden:

$$2\,AlNi + 2\,OH^- + 6\,H_2O \longrightarrow 2\,[Al(OH)_4]^- + \underbrace{3\,H_2 + 2\,Ni}_{\text{aktiviertes Raney-Ni}}$$

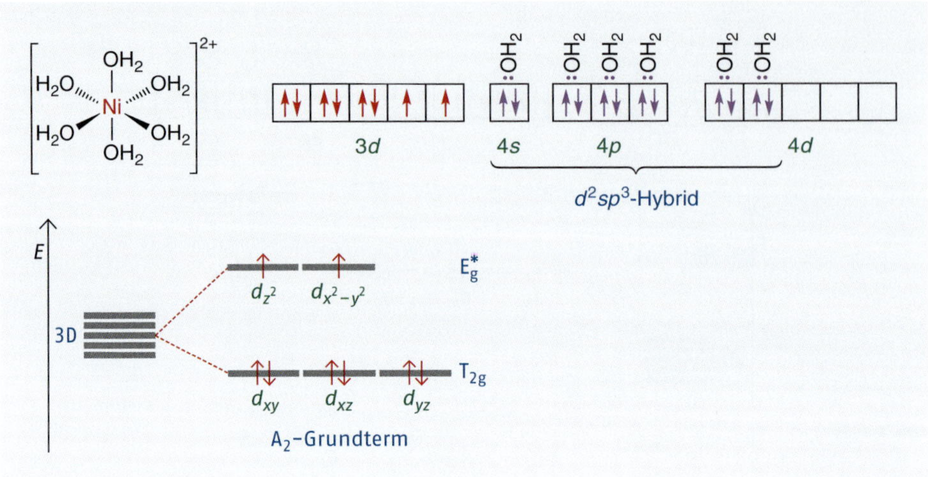

Abb. 7.52 Bindungsverhältnisse von $[Ni(H_2O)_6]^{2+}$ einem Beispiel für einen oktaedrischen d^8-Außerorbitalkomplex

Nickel(II)-Verbindungen

Nickel(II)-Verbindungen mit schwachen Liganden

Löst man Nickelpulver in verdünnter Salpetersäure, so entsteht dunkelgrünes Hexaaquanickel(II). Wird Ammoniak zur Lösung gegeben, dann entsteht tiefblaues Hexaamminnickel(II):

$$Ni + 2\,H^+ + 6\,H_2O \rightleftharpoons \underset{\text{Hexaaquanickel(II)}}{[Ni(H_2O)_6]^{2+}} + H_2$$

$$[Ni(H_2O)_6]^{2+} + 6\,NH_3 \rightleftharpoons \underset{\text{Hexaamminnickel(II)}}{[Ni(NH_3)_6]^{2+}} + 6\,H_2O$$

Ni^{2+} mit d^8-Konfiguration ist eine härtere Lewis-Säure als Co^{2+}. Sie ist aber noch nicht so hart wie Co^{3+}, daher werden sowohl mit Wasser als auch mit Ammoniak High-spin-Außerorbitalkomplexe gebildet. Die Komplexe sind paramagnetisch (zwei ungepaarte Elektronen). Die Bindungsverhältnisse von $[Ni(H_2O)_6]^{2+}$, die analog auch für $[Ni(NH_3)_6]^{2+}$ gelten, zeigt Abb. 7.52. Ammoniak kann auch deshalb keine Spinpaarung erzwingen, weil die Spinpaarungsenergie in der d^8-Konfiguration erheblich größer ist als bei d^7- oder d^6-Konfiguration. Bei d^8-High-spin-Komplexen sind die T_{2g}-Orbitale vollbesetzt, die E_g-Orbitale nur einfach. Es resultiert ein nichtentarteter Grundterm mit günstiger A_2-Symmetrie. Um diesen Zustand zu zerstören, ist eine erhöhte Spinpaarungsenergie erforderlich. Der High-spin-Zustand wird auch bei höheren Ligandenfeldstärken beibehalten.

Ni^{2+} bildet mit vielen Anionen wasserlösliche Salze. Beispielsweise sind $NiCl_2$, $Ni(NO_3)_3$ und $NiSO_4$ gut wasserlöslich. Gibt man Natronlauge zu einer Nickel(II)-Salz-Lösung, fällt schwerlösliches $Ni(OH)_2$ ($pK_L = 15{,}8$) als gallertartiger Niederschlag aus, der sich durch Glühen in NiO überführen lässt. Bei Zugabe von Soda entsteht ein schwerlösliches Carbonat, mit Ammoniumsulfid schwerlösliches NiS, das bei Anwesenheit von Luftsauerstoff altert. Mit Phosphat erhält man ein schwerlösliches Nickelphosphat und mit nur wenig Cyanid einen Niederschlag von $Ni(CN)_2$, der sich im Überschuss von Fällungsmittel wieder löst:

$$[Ni(H_2O)_6]^{2+} + 2\,OH^- \underset{}{\overset{pK_L = 15{,}8}{\rightleftharpoons}} 6\,H_2O + Ni(OH)_2\downarrow \qquad Ni(OH)_2 \xrightarrow{\Delta} NiO + H_2O$$

$$[Ni(H_2O)_6]^{2+} + CO_3^{2-} \overset{pK_L = 6{,}85}{\rightleftharpoons} 6\,H_2O + NiCO_3\downarrow$$

$$[Ni(H_2O)_6]^{2+} + S^{2-} \overset{pK_L = 21{,}0}{\rightleftharpoons} 6\,H_2O + NiS\downarrow$$

$$4\,NiS + O_2 + 2\,H_2O \longrightarrow 4\,NiSOH$$

$$2\,NiSOH + S^{2-} \longrightarrow Ni_2S_3 + 2\,OH^-$$

$$3\,[Ni(H_2O)_6]^{2+} + 2\,PO_4^{2-} \rightleftharpoons 18\,H_2O + Ni_3(PO_4)_2\downarrow$$

$$[Ni(H_2O)_6]^{2+} + 2\,CN^- \rightleftharpoons 6\,H_2O + Ni(CN)_2\downarrow$$

$$Ni(CN)_2 + 2\,CN^- \rightleftharpoons [Ni(CN)_4]^{2-}$$

$$2\,Ni(OH)_2 + H_2O_2 \longrightarrow 2\,Ni(OH)_3 \qquad Ni(OH)_3 \longrightarrow \underset{\text{Nickel(III)-oxid}}{NiOOH} + H_2O$$

Ni^{2+}-Ionen zeigen im Wesentlichen das Verhalten eines Modellübergangsmetalls (▸ Kap. 7.1).

Nickel(II)-Verbindungen mit starken Liganden

Wird etwas Cyanid zu einer Ni^{2+}-Salzlösung gegeben, so fällt sofort $Ni(CN)_2$ aus. Dieser löst sich bei Überschuss von Fällungsmittel unter Bildung einer gelben Komplexverbindung wieder auf. In konzentrierter Cyanidlösung bilden sich rote Komplexe. Diese Beobachtungen können mit folgenden Gleichgewichtsreaktionen beschrieben werden:

$$Ni(CN)_2 + 2\,CN^- \rightleftharpoons [Ni(CN)_4]^{2-} \underset{-\,CN^-}{\overset{CN^-}{\rightleftharpoons}} [Ni(CN)_5]^{3-} \text{ (quadratisch-pyramidal)} \rightleftharpoons [Ni(CN)_5]^{3-} \text{ (trigonal-bipyramidal)}$$

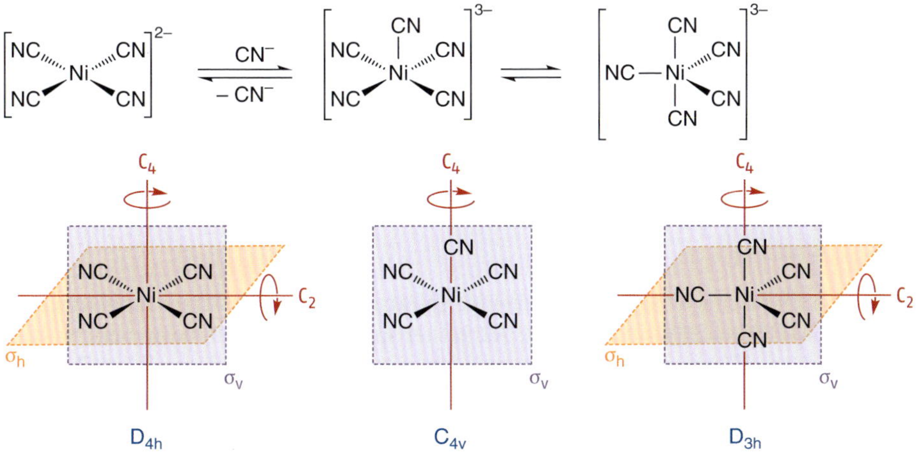

Für den Bindungszustand gibt es drei Strukturalternativen, die energetisch relativ nahe beieinanderliegen. Es fällt auf, dass sich der Pentacyanidoniccolat(II)-$[Ni(CN)_5]^{3}$Komplex relativ schwer bildet, obwohl er Kryptonkonfiguration aufweist. Ferner hat der Tetracyanidoniccolat(II)-$[Ni(CN)_4]^{2}$Komplex keine Tetraedersymmetrie wie aus der Tetrakoordination zu erwarten wäre. In den meisten Lehrbüchern wird er als quadratisch-planar vorgestellt.

Pentacyanidoniccolat(II) bildet sich nur bei hohen Cyanidkonzentrationen und kommt in zwei Koordinationsformen vor: trigonal-bipyramidal (D_{3h}) und tetragonal-pyramidal (C_{4v}). ○ Abb. 7.53 zeigt die Bindungsverhältnisse (vgl. auch ▸ Kap. 6.2.4, ○ Abb. 6.25 und ○ Abb. 6.28). Das Cyanid-Ion ist ein starker Ligand, der einen Innerorbitalkomplex mit Spinpaarung erzwingt. Pentacyanidoniccolat(II) ist daher diamagnetisch und hat Kryptonkonfiguration. Warum aber bildet sich der Komplex so schwer? Aus ○ Abb. 7.53 geht hervor, dass nur das trigonal-bipyramidale Isomer (○ Abb. 7.53A) mit D_{3h}-Symmetrie einen Komplex mit Edelgaskonfiguration ausbildet, wenn man das koordinierte Wassermolekül im Isomer mit C_{4v}-Symmetrie als Bestandteil des Komplexmoleküls und nicht lediglich als Bestandteil der Hydrathülle auffasst. Die vollständig gefüllten d_{xz}- und d_{yz}-Orbitale schwächen die Koordination der Cyanidoliganden in z-Richtung moderat. Der hohe Überschuss an Wassermolekülen übt Druck auf die Besetzung einer sechsten Koordinationsstelle aus. Der tetragonal-pyramidalen Komplex (○ Abb. 7.53B) mit C_{4v}-Symmetrie kann auch als Pseudo-Oktaeder auffasst werden, wobei es Ansichtssache bleibt, ob das koordinierte Wasser als Bestandteil des Lösemittelkäfigs, assoziiert durch Dipolkräfte, oder als Bestandteil des komplexeigenen Koordinationspolyeders angesehen wird. Die C_{4v}-Symmetrie bleibt von dieser Frage genauso wenig berührt wie die qualitative Anordnung der d-Orbitale im Energieniveauschema. Im Komplex mit C_{4v}-Symmetrie schwächt das gefüllte d_{z^2}-Orbital die Bindungen in z-Richtung erheblich. Dies erleichtert einen Ligandenaustausch von Cyanid gegen Wasser. Man erhält einen pseudo-oktaedrischen $[Ni(CN)_4(H_2O)_2]^{2}$Komplex mit D_{4h}-Symmetrie (○ Abb. 7.54), der auch als quadratisch-planar auffasst werden kann, wenn die axial koordinierten Wassermoleküle als Bestandteile des Lösemittelkäfigs angesehen werden (vgl. auch ▸ Kap. 6.2.3, ○ Abb. 6.22 und ○ Abb. 6.23).

Da die Koordinationsstellen in z-Richtung keine festen Bindungen erlauben, werden sie bevorzugt mit dem Liganden belegt, der im Überschuss präsent ist. Daher wird der gelbe $[Ni(CN)_4(H_2O)_2]^{2}$Komplex bei geringer Cyanidkonzentration hauptsächlich gebildet.

Alle drei Formen der Cyanidoniccolatkomplexe sind wesentlich labiler als vergleichbare Cyanidokomplexe von Cobalt und Eisen. So lässt sich schwerlösliches $Ni(CN)_2$ zurückgewinnen, wenn man Salzsäure zu einer Lösung von $[Ni(CN)_4]^{2}$gibt:

$$\underset{\text{Tetracyanidoniccolat(II)}}{[Ni(CN)_4]^{2-}} + 2\,H^+ \rightleftharpoons 2\,HCN + Ni(CN)_2\downarrow$$

Gibt man in alkalischer Lösung Brom zu einer Tetracyanidoniccolat(II)-Lösung, so scheidet sich schwerlösliches $Ni_2O_3 \cdot H_2O$ ab. Auch hier spielen sich, ähnlich wie bei der Auflösung von Co_2S_3 und Ni_2S_3 in essigsaurem H_2O_2, stöchiometrisch gekoppelte Redoxprozesse ab. Zuerst disproportioniert Brom in Hypobromige Säure und Bromid:

$$Br_2 + OH^- \rightleftharpoons BrOH + Br^-$$

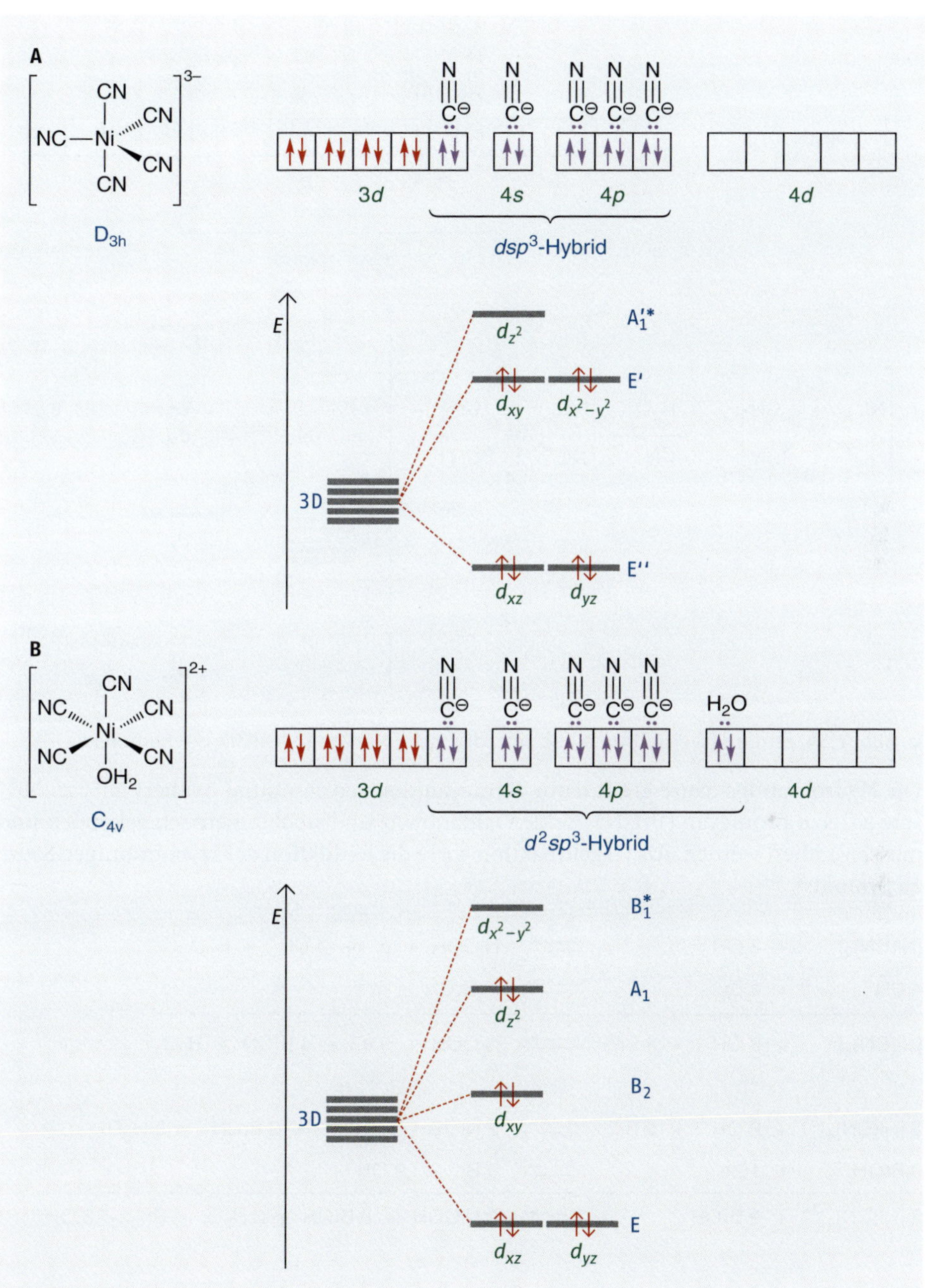

Abb. 7.53 Bindungsverhältnisse in den beiden $[Ni(CN)_5]^{3-}$-Konfigurationsisomeren: trigonal-bipyramidal (A) und tetragonal-bipyramidal (B)

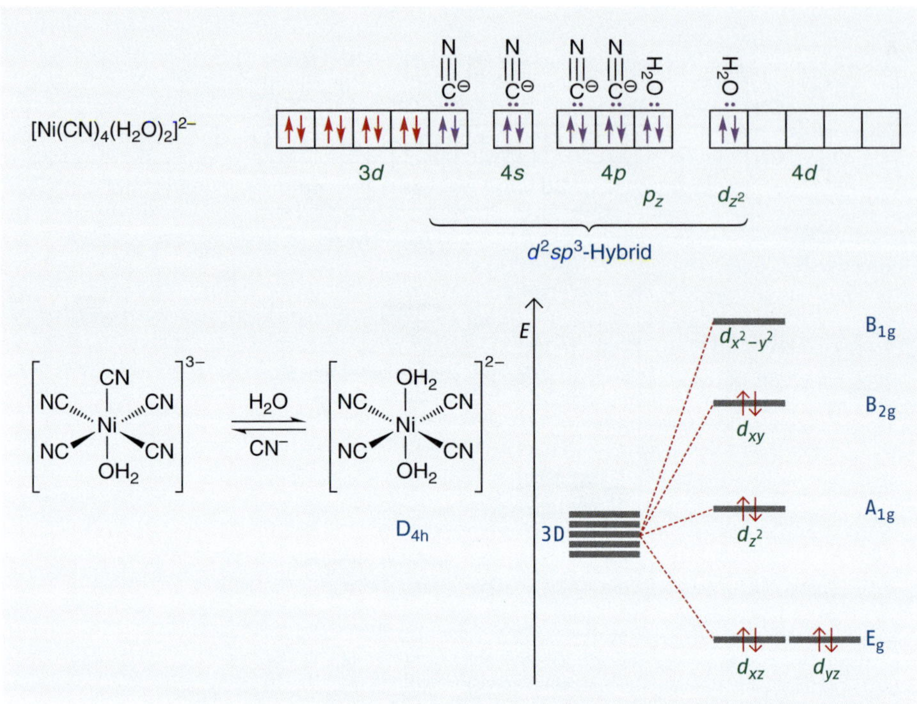

Abb. 7.54 Bindungsverhältnisse des „quadratisch-planaren" $[Ni(CN)_4]^{2-}$-Komplexes

Die Hydrobromige Säure greift dann Tetracyanidoniccolat an und oxidiert Ni^{2+} zu Ni^{3+} sowie CNzu Bromcyan (BrCN). Beide Oxidationen sind stöchiometrisch gekoppelt und müssen addiert werden. Als Gegenreaktion wirkt die Reduktion der Hypobromigen Säure zu Bromid:

$$[Ni(CN)_4]^{2-} + 3\,OH^- \rightleftharpoons NiOOH + e^- + 4\,CN^- + H_2O$$
$$4\,CN^- + 4\,Br^- \rightleftharpoons 4\,BrCN + 8\,e^-$$
$$[Ni(CN)_4]^{2-} + 3\,OH^- + 4\,Br^- \rightleftharpoons NiOOH + 9\,e^- + 4\,BrCN + H_2O$$

$$2\,[Ni(CN)_4]^{2-} + 6\,OH^- + 8\,Br^- \rightleftharpoons 2\,NiOOH + 18\,e^- + 8\,BrCN + 2\,H_2O$$
$$9\,BrOH + 18\,e^- \rightleftharpoons 9\,Br^- + 9\,OH^-$$
$$2\,[Ni(CN)_4]^{2-} + 9\,BrOH \rightleftharpoons 2\,NiOOH + 8\,BrCN + 2\,H_2O + Br^- + 3\,OH^-$$

Entstandenes Bromcyan wird in der Wärme zu Kohlendioxid, HBr und NH_3 hydrolysiert:

$$BrCN + OH^- + H_2O \longrightarrow Br^- + CO_2 + NH_3$$

o Abb. 7.55 Bildung von Diacetyldioximnickel(II)

Die Cyanidoniccolatkomplexe können oxidativ zerstört werden. Mit Hexacyanidocobaltat(III) gelingt dies nicht. Dieser Unterschied kann zur technischen Trennung von Cobalt und Nickel eingesetzt werden.

Ein weiteres Beispiel für quadratisch-planare Verbindungen ist der schwerlösliche Diacetyldioximnickel(II)-Komplex, der sich als roter Niederschlag in schwach saurer Lösung bei Zugabe von Diacetyldioxim zu einer Ni^{2+}-Salzlösung bildet (o Abb. 7.55).

Die Bildung von Diacetyldioximnickel(II) ist ein bekannter Nachweis für Nickel in der qualitativen Analyse.

Nickel(II) – Bedeutung in Biologie und Medizin

Im menschlichen Stoffwechsel existieren einige Enzyme, die durch Ni^{2+}-Ionen aktiviert werden können. Sie sind dabei aber nicht auf Ni^{2+} angewiesen, denn die Aufgabe kann auch von anderen zweiwertigen Ionen wie beispielsweise Co^{2+}, Mn^{2+} oder Mg^{2+} übernommen werden. Eine für die Medizin interessante Anwendung hat Nickel als Hilfsmittel für die Isolierung und Reinigung gentechnisch erzeugter Proteine in Form der sogenannten **Nickel-Chelat-Chromatographie**. Dabei wird die Fähigkeit der Ni^{2+}-Ionen genutzt, mit Imidazol oktaedrisch koordinierte Komplexe zu bilden. Die Aminosäure Histidin verfügt über einen Imidazolrest, sie gilt als Imidazol-Lieferant z. B. für die Eisen-Porphyrin-Komplexe Cytochrom C oder Hämin. Baut man einen vierzähnigen Chelatliganden fest an eine polymere Matrix an und behandelt ihn mit einer Ni^{2+}-Salzlösung zusammen mit wenig freiem Imidazol, so bilden sich fest gebundene Ni-Imidazol-Komplexe, die ähnlich wie ein Ionenaustauscher (o Abb. 7.56) eingesetzt werden können. Gentechnisch lassen sich Proteine herstellen, die man mit einem „Schwanz" aus sechs Histidineinheiten versieht. Bringt man sie in Kontakt mit einem Nickel-Chelat-Polymer, so werden die Imidazolliganden gegen die Histidineinheiten ausgetauscht. Das Protein wird adsorbiert.

Nach dem Abtrennen von der Mutterlauge kann das Protein durch Behandeln mit einer konzentrierten Imidazollösung wieder vom Polymer abgelöst werden.

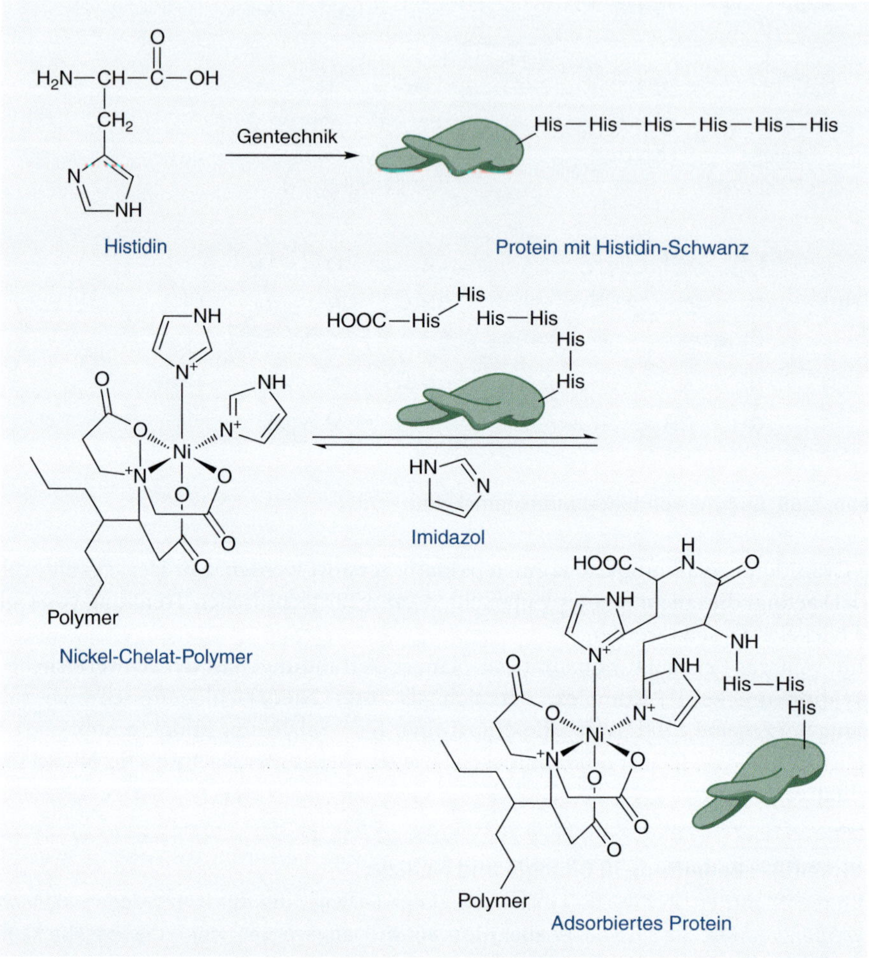

Abb. 7.56 Prinzip der Nickel-Chelat-Chromatographie

Nickel(III)-Verbindungen

Frisch gefälltes Nickelsulfid ist in verdünnter Salzsäure löslich. Es altert jedoch bei Anwesenheit von Luftsauerstoff zu Ni_2S_3. Dieses schwarze Salz ist auch in konzentrierter HNO_3 nicht löslich. Es liegen Ni^{3+}-Ionen (d^7-Konfiguration) vor. Frisch gefälltes $Ni(OH)_2$ ist stabil. Bei Erhitzen entsteht NiO. Behandelt man $Ni(OH)_2$ mit starken Oxidationsmitteln wie BrO^-, erhält man $Ni_2O_3 \cdot (H_2O)_n$:

$$2\,Ni(OH)_2 + H_2O_2 \longrightarrow 2\,Ni(OH)_3 \longrightarrow \underset{\text{Nickel(III)-oxid}}{NiOOH} + H_2O$$

Nickel(III)-oxid lässt sich nicht vollständig entwässern und wird oft als NiOOH bezeichnet. Ni^{3+}-Ionen sind sehr starke Säuren und die d^7-Konfiguration bietet für lösliche Komplexe keine besonders bevorzugten Formen an. Daher ist die Chemie der stabilen Nickel(III)-Verbindungen auf schwerlösliche Salze beschränkt. Durch die hohe Ladungsdichte des Ni^{3+}-Ions wird bei der Bildung der Verbindungen viel Gitterenergie freigesetzt. Ni_2S_3 kann unter oxidativer Zerstörung der Sulfid-Ionen in verdünnter Essigsäure nach Zusatz von Wasserstoffperoxid wieder als Ni^{2+} in Lösung gebracht werden. Dabei laufen analoge Prozesse wie bei Co_2S_3 ab:

$$2\,Ni^{3+} + 2\,e^- \rightleftharpoons 2\,Ni^{2+}$$

$$3\,S^{2-} + 12\,H_2O \rightleftharpoons 3\,SO_4^{2-} + 24\,e^- + 24\,H^+$$

$$Ni_2S_3 + 12\,H_2O \rightleftharpoons 2\,Ni^{2+} + 3\,SO_4^{2-} + 22\,e^- + 24\,H^+$$

$$Ni_2S_3 + 12\,H_2O \rightleftharpoons 2\,Ni^{2+} + 3\,SO_4^{2-} + 22\,e^- + 24\,H^+$$

$$11\,H_2O_2 + 22\,e^- + 22\,H^+ \rightleftharpoons 22\,H_2O$$

$$Ni_2S_3 + 11\,H_2O_2 \rightleftharpoons 2\,Ni^{2+} + 3\,SO_4^{2-} + 10\,H_2O + 2\,H^+$$

So lassen sich über die Fällung von säurebeständigem Metall(III)-sulfid und die anschließende Wiederauflösung in Wasserstoffperoxid Cobalt und Nickel gemeinsam aus einem Gemisch beliebiger Metalle isolieren.

7.6.8 Palladium

Elementares Palladium (Pd) ist wie Platin ein Edelmetall. Bei Normaltemperatur reagiert es nicht mit Luftsauerstoff. Es löst sich aber in Salpetersäure oder bei Anwesenheit von Luftsauerstoff auch in verdünnter Salzsäure. Mit Wasserstoff bildet es nicht nur aktivierte Hydride an der Oberfläche, sondern die Wasserstoffatome dringen auch leicht in das Kristallgitter des Palladiums ein und verhalten sich dort wie ein gelöster Stoff. Pd-Hydrid kann also als echte Legierung aufgefasst werden. Palladium kann Wasserstoff bis zur ungefähren Zusammensetzung Pd_2H aufnehmen, wobei der Metallcharakter weitgehend erhalten bleibt. Auf Aktivkohle geprägt und als PdC bezeichnet, wird es als wirksamer Hydrierkatalysator verwendet. Im Gegensatz zu Raney-Nickel muss PdC nicht aktiviert werden:

$$4\,Pd + H_2 \rightleftharpoons 2\,Pd_2H$$

Palladiumhydrid

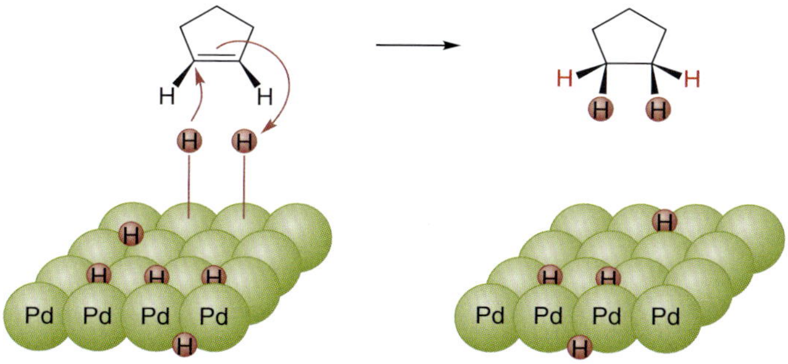

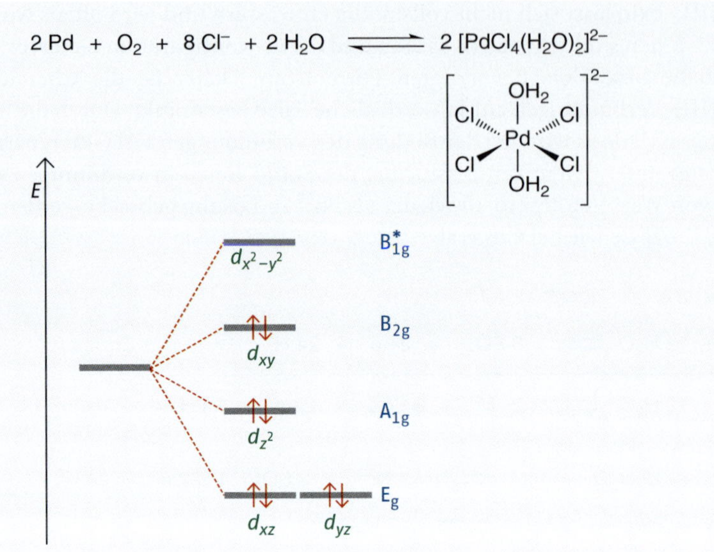

o Abb. 7.57 Darstellung von Tetrachloridopalladat(II) und Energieniveauschema

Palladium bildet Verbindungen in den Oxidationsstufen +II (d^8) und +IV (d^6). Löst man Palladium in Gegenwart von Sauerstoff in verdünnter Salzsäure, entsteht Tetrachlorido-palladat(II) (**o** Abb. 7.57). Es ist, wie Tetracyanidoniccolat(II), je nach Betrachtungsweise quadratisch-planar oder pseudo-oktaedrisch.

Beim Palladium kann anders als beim Nickel die günstige A_2-Symmetrie der High-spin-Konfiguration im Oktaeder nicht ausgenutzt werden. Die Spinpaarungsenergie ist bei den 5*d*-Orbitalen so klein, dass auch bei schwachen Liganden nur Low-spin-Komplexe gebildet werden. Das Pd^{2+}-Ion ist auch ein erheblich weicheres Ion als Ni^{2+}, sodass das im Vergleich zu OHoder H_2O weichere Chlorid stabil gebunden werden kann. $PdCl_2$ wird als Edukt für den Aufbau anderer Palladiumverbindungen häufig verwendet. Erhitzt man Palladium an der Luft auf hohe Temperaturen, so bildet sich Palladium(II)-oxid. Löst man dieses in Perchlorsäure, dann bildet sich quadratisch-planares $[Pd(H_2O)_4]^{2+}$, das man auch als pseudooktaedrisches $[Pd(H_2O)_4(H_2O)_2]^{2+}$ auffassen kann:

$$2\,Pd + O_2 \longrightarrow 2\,PdO$$

$$2\,PdO + 2\,H^+ + 5\,H_2O \longrightarrow [Pd(H_2O)_6]^{2+}$$

$$Pd + 4\,Cl + 2\,Cl^- \longrightarrow [PtCl_6]^{2-}$$

E

$d_{x^2-y^2}$ d_{z^2} E_g^*

d_{xz} d_{yz} d_{xz} T_{2g}

A-Grundterm

o Abb. 7.58 Darstellung von $[PdCl_6]^{2-}$ und Energieniveauschema

Nickel ist in der Oxidationsstufe +IV zu stark geladen und bildet daher sehr reaktive Lewis-Säuren. Die wenigen Verbindungen, die Ni^{4+} enthalten, sind sehr starke Oxidationsmittel. Die günstige Symmetrie im Low-spin-Oktaeder mit d^6-Konfiguration kann beim Nickel nicht ausgenutzt werden. Beim größeren und weicheren Palladiumatom ist dies jedoch möglich. Löst man metallisches Palladium in Königswasser, erhält man Hexachloridopalladat(IV)-Ionen, $[PdCl_6]^{2}$(**o** Abb. 7.58). Beim Verdünnen kann man nach Zugabe von KCl bzw. NH_4Cl die Komplexsalze $K_2[PdCl_6]$ oder $(NH_4)_2[PdCl_6]$ gewinnen.

Da die Spinpaarung in den 4*d*-Orbitalen relativ leicht durchzusetzen ist, können auch schwache Liganden Low-spin-Oktaeder bilden, deren Grundterm eine günstige A-Symmetrie hat. Durch Behandeln mit Kalilauge bildet sich dunkelrotes, wasserhaltiges PdO_2.

7.6.9 Platin

Platin (Pt) kommt in der Natur in gediegener Form, also als Element vor. Es ist als Edelmetall ähnlich stabil wie Gold. Es wird von Luftsauerstoff nicht angegriffen und ist unlöslich in verdünnten Mineralsäuren. Elementares Platin gehört zu den wirksamsten, verfügbaren Hydrierkatalysatoren. An Platinoberflächen wird sowohl Sauerstoff als auch Wasserstoff reversibel adsorbiert und aktiviert. Knallgas, ein Gemisch aus zwei Teilen Wasserstoff und einem Teil Sauerstoff, explodiert spontan bei Kontakt mit Platin:

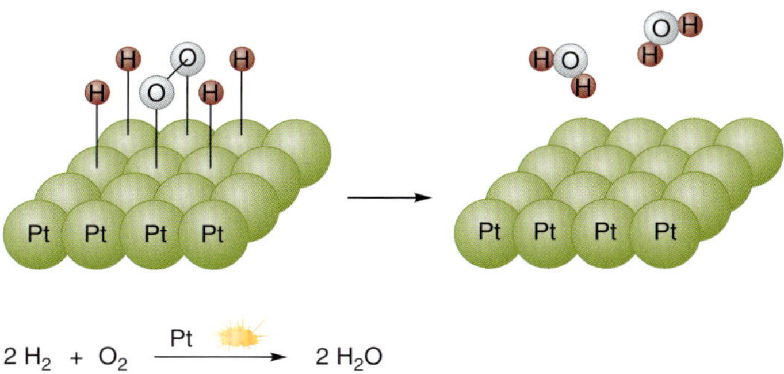

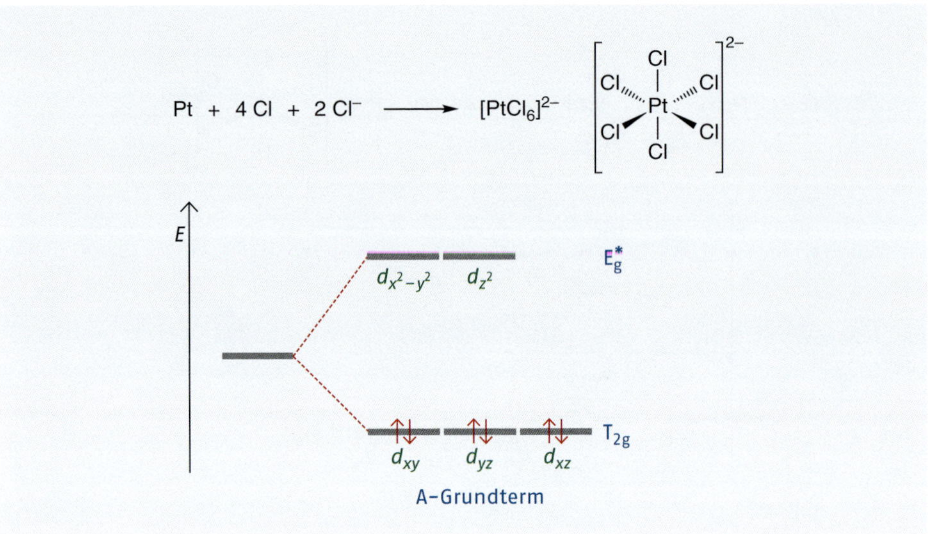

Abb. 7.59 Darstellung von Hexachloridoplatin(IV)-säure sowie Energieniveauschema

Löst man Platin in Königswasser, so entsteht die Hexachloridoplatin(IV)-säure (Abb. 7.59), die sich als Hydroxoniumsalz isolieren lässt.

Die Hexachloridoplatin(IV)-säure lässt sich bis auf das Dihydrat entwässern. Die Zusammensetzung kann als $H_2[PtCl]_6 \cdot 2\,H_2O$ oder als $(H_3O)_2[PtCl_6]$ beschrieben werden. Diese Verbindung ist diamagnetisch und stabiler als die analoge Palladiumverbindung. Mit Kalium-Ionen bilden sie schwerlösliche Niederschläge:

$$2\,K^+ + [PtCl_6]^{2-} \longrightarrow K_2[PtCl_6]\downarrow$$

Kaliumhexa-chloridoplatinat(IV)

Behandelt man die Hexachloridoplatin(IV)-säure mit Natronlauge, so wird sie stufenweise zu Hexahydroxidoplatinat(IV) hydrolysiert:

$$[PtCl_6]^{2-} + 6\,OH^- \longrightarrow [Pt(OH)_6]^{2-} + 6\,Cl^- \qquad H_2[Pt(OH)_6] \longrightarrow PtO_2 + 4\,H_2O$$

Hexahydroxido-platinat(IV) — Platin(IV)-oxid

Nach Ansäuern, z. B. mit HNO_3, und Entwässern erhält man Platin(IV)-oxid. Platin(IV)-oxid wird oft anstelle von metallischem Platin als Hydrierkatalysator eingesetzt, obwohl es selbst über keine katalytischen Fähigkeiten verfügt. Unter den Reaktionsbedingungen der katalytischen Hydrierung wird es jedoch selbst zu Platin reduziert. Es entsteht Platin mit einer neugebildeten, hochaktiven Oberfläche, die frei von Störungen durch adsorbierte Fremdsubstanzen ist:

$$PtO_2 + 2\,H_2 \longrightarrow Pt + 2\,H_2O$$

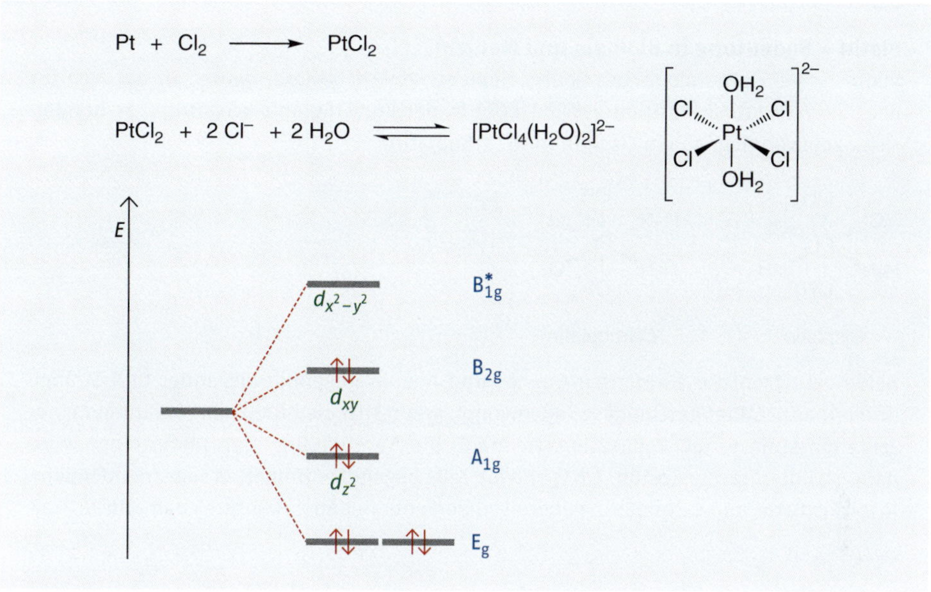

$$Pt + Cl_2 \longrightarrow PtCl_2$$

$$PtCl_2 + 2\,Cl^- + 2\,H_2O \rightleftharpoons [PtCl_4(H_2O)_2]^{2-}$$

Abb. 7.60 Darstellung von $PtCl_2$ und $H_2[PtCl_4]$ sowie Energieniveauschema von $[PtCl_4]^{2-}$

Versetzt man Hexachloridoplatin(IV)-säure mit Kaliumcyanid, so entsteht wasserlösliches $K_2[Pt(CN)_6]$. Nach Zusatz von zweiwertigen Metall-Ionen wie Mn^{2+}, Fe^{2+}, Co^{2+} oder Zn^{2+} bilden sich schwerlösliche Niederschläge.

Erhitzt man elementares Platin im Chlorgasstrom auf 500 °C, so erhält man Platin(II)-chlorid $PtCl_2$. $PtCl_2$ ist in Wasser schwerlöslich, es löst sich aber in verdünnter Salzsäure unter Bildung von Tetrachloridoplatin(II)-säure, $H_2[PtCl_4]$ (Abb. 7.60).

Die Chlorid-Ionen können dabei gegen andere Lewis-Basen wie Ammoniak oder Cyanid ausgetauscht werden:

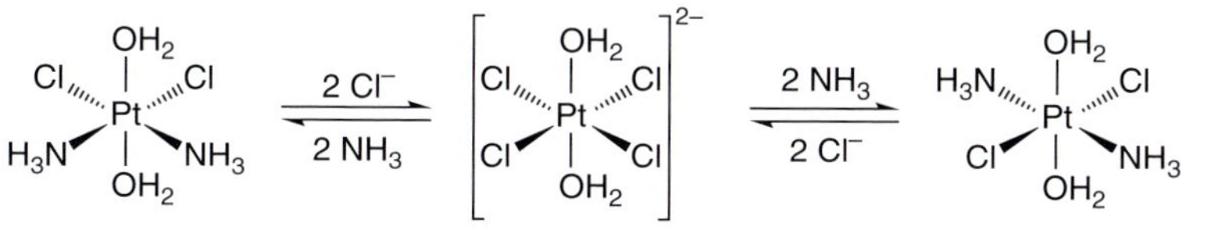

cis-Diammindiaqua-dichloridoplatin(II) $\underset{2\,NH_3}{\overset{2\,Cl^-}{\rightleftharpoons}}$ $[PtCl_4(H_2O)_2]^{2-}$ $\underset{2\,Cl^-}{\overset{2\,NH_3}{\rightleftharpoons}}$ *trans*-Diammindiaqua-dichloridoplatin(II)

$$[PtCl_4]^{2-} + 4\,CN^- \rightleftharpoons [Pt(CN)_4]^{2-} + 4\,Cl^-$$

Kristalle des Bariumtetracyanidoplatinat(II), $Ba[Pt(CN)_4]$, geben Fluoreszenzlicht ab, wenn sie von Röntgenstrahlen getroffen werden. Die Verbindung spielte bei der Entdeckung der Kathodenstrahlen eine wichtige Rolle.

Platin – Bedeutung in Biologie und Medizin

Platin ist kein physiologisches Spurenelement. Pt^{2+}-Komplexe werden in der Medizin aber als Zytostatika (Antitumor-Wirkstoffe) in der Krebstherapie eingesetzt. Es handelt sich dabei vorwiegend um Cisplatin und Carboplatin:

Cisplatin

Carboplatin

Beide vernetzen die Purinbasen Guanin und Adenin gegenüberliegender DNA-Stränge untereinander. Dies geschieht vor allem dann, wenn sich die DNA-Stränge während einer Zellteilungsphase zur Replikation trennen. Die Verdopplung der DNA-Stränge wird dadurch unterbrochen (o Abb. 7.61) und die Zelle begeht kontrollierten Selbstmord (Apoptose). Cisplatin und Carboplatin gehören zu den eher nebenwirkungsreichen Zytostatika.

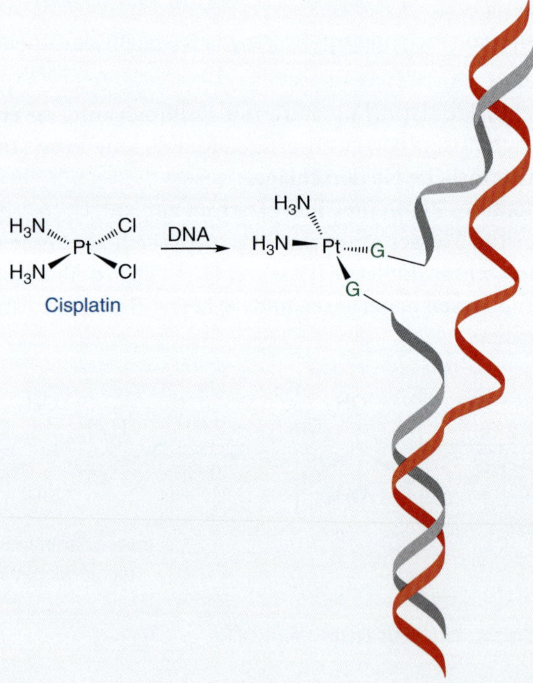

o **Abb. 7.61** Cisplatin und Carboplatin: Es sind sowohl Verknüpfungen innerhalb eines DNA-Stranges wie auch zwischen verschiedenen DNA-Strängen möglich. Eine Zellteilung wird so verhindert.

7.7 Elemente der 1. Nebengruppe

Zur ersten Nebengruppe gehören die Elemente Kupfer (Cu), Silber (Ag) und Gold (Au). Im Regelfall gibt die Gruppennummer immer die maximale Oxidationsstufe der Elemente innerhalb der betreffenden Gruppe an. Die erste Nebengruppe dürfte daher nur die Oxidationsstufe +I zulassen. Hier trifft man auf den einzigen Fall im PSE, bei dem diese Regel definitiv verletzt wird. In der achten Nebengruppe wurde die Oxidationsstufe +VIII nur bei den schweren Elementen der Eisentriade, nämlich bei Ruthenium und Osmium erreicht, aber niemals überschritten. Die Elemente Kupfer und Silber bilden Verbindungen bis zur Oxidationsstufe +IV, Gold sogar bis zur Oxidationsstufe +V. Bei Silber ist die Oxidationsstufe +I die mit Abstand stabilste, dies ist bei Kupfer nicht so. Bei Kupfer existieren wesentlich mehr Verbindungen der Oxidationsstufe +II. Bei Gold sind die Oxidationsstufen +I und +III etwa gleich wichtig. Die Elemente der ersten Nebengruppe haben aber eine wichtige Eigenschaft gemeinsam: Die isolierten Atome haben die Elektronenkonfiguration $(n-1)d^{10}ns^1$. Die einwertigen Ionen haben also vollbesetzte d-Orbitale unterhalb des Valenzquantenniveaus n. Dies führt zu einer kugelsymmetrischen Ladungsverteilung um den Atomkern und zu einem Grundzustand mit sehr günstiger A_1-Symmetrie. Mit nur einer positiven Ladung sind aber alle M^+-Ionen der ersten Nebengruppe relativ weiche Lewis-Säuren. Diese können bei Bildung von Komplexen jedoch auch mit weichen Lewis-Basen nur in geringerem Ausmaß Bindungsenergien freisetzen. Festere Bindungen können nur bei Erhöhung der Lewis-Säure-Stärke und damit bei einer Erhöhung der Ladung entstehen. Aus diesem Grund überschreiten die Ionen gelegentlich oder auch häufig die maximale Oxidationsstufe, die ihnen ihre Gruppennummer vorschreibt. Die $d^{10}s^1$-Konfiguration scheint die Elemente in ihrem metallischen Zustand zu stabilisieren. Alle drei Metalle haben ausgesprochenen Edelmetallcharakter. Am geringsten ist er beim Kupfer ausgeprägt, aber auch Kupfer zeigt deutlich größere Edelmetalleigenschaften als die benachbarten Elemente Nickel und Zink.

7.7.1 Kupfer

Das Element Kupfer findet sich sowohl gediegen (in elementarer, d. h. metallischer Form) als auch in Form von oxidischen und sulfidischen Erzen. Man findet Cu_2O und $CuCO_3$ ebenso wie Cu_2S und $CuFeS_2$. Kupfer liegt also als Cu^+ und Cu^{2+} vor. Obwohl gediegenes Kupfer sehr selten ist, ist es von menschheits-geschichtlicher Bedeutung: Die ersten Metallwerkzeuge waren aus gediegenem Kupfer. Man entdeckte schließlich, dass ein Zusatz von Arsen das Aussehen und die mechanischen Eigenschaften der Metallwerkzeuge deutlich verbesserte (Arsenbronze). Schließlich gelang es, Arsen durch Zinn zu ersetzen (Zinnbronze), was die Lebenserwartung der Bronzegießer deutlich erhöhte. So konnten die Menschen die Bronzezeit genießen, bis Kriege im Orient sie von den Zinnvorkommen trennten (die Vorkommen in Cornwall/UK waren noch nicht entdeckt). Da die Metallgießer nicht mehr bereit waren, sich mit Arsen zu vergiften, musste man auf das viel schwerer zu bearbeitende Eisen ausweichen. Dabei fand man ganz nebenbei heraus, dass man aus Eisen noch viel bessere Werkzeuge manchen konnte.

Metallisches Kupfer ist viel preisgünstiger als die Schmuckmetalle Silber und Gold. Es leitet den elektrischen Strom aber fast ebenso gut. Dadurch ergibt sich die Hauptanwendung von metallischem Kupfer als Elektrokabel. Die eigentliche Farbe von Kupfer ist hellrot. Man erlebt sie fast nie, da die typische Kupferfarbe vom Cu_2O an der Oberfläche herrührt. Metallisches Kupfer ist stabil gegen nichtoxidierende Säuren, es wird jedoch von Luftsauerstoff angegriffen, von diesem aber wirksam passiviert.

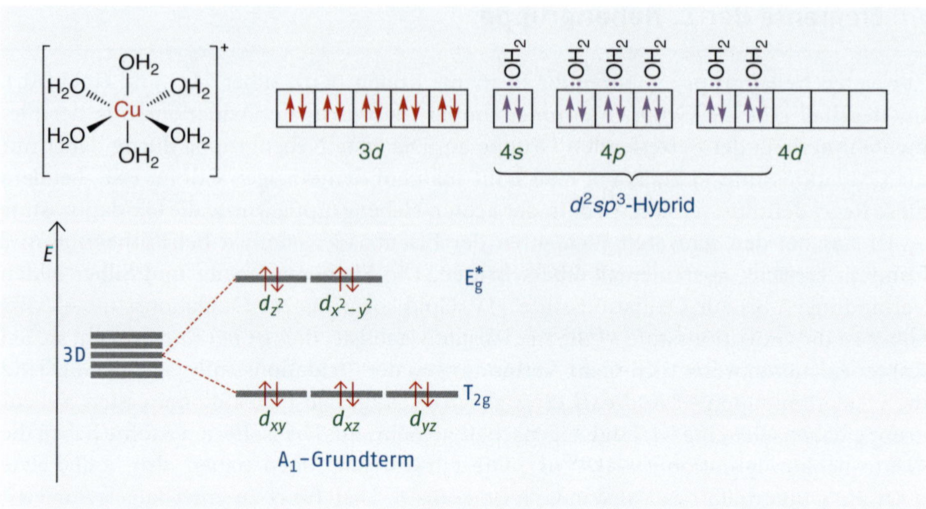

○ **Abb. 7.62** Bindungsverhältnisse von Hexaaquakupfer(I)

Kupfer(I)-Verbindungen

Fein verteiltes Kupfer kann an der Luft zu Kupfer(I)-oxid reagieren. Bei Behandeln mit Säuren erhält man zunächst hydratisierte Kupfer(I)-Ionen:

$$4\,Cu + O_2 \longrightarrow 2\,Cu_2O \qquad Cu_2O + 2\,H^+ + 11\,H_2O \rightleftharpoons 2\,[Cu(H_2O)_6]^+$$

In Hexaaquakupfer(I) ist der Grundterm mit A_1-Symmetrie totalsymmetrisch. Da die $3d$-Orbitale voll besetzt sind, kann sich nur ein Außerorbitalkomplex bilden, der sehr stabil zu sein scheint (○ Abb. 7.62). Dies trügt: Bekanntlich bildet Kupfer in der Oxidationsstufe +II noch viel mehr stabile Verbindungen.

Für die Redoxpotenziale des Ein-Elektronen- und des Zwei-Elektronen-Übergangs gelten:

$$[Cu(H_2O)_6]^+ + e^- \rightleftharpoons Cu + 6\,H_2O \qquad |\,E_1^0 = 0{,}521\ V$$

$$[Cu(H_2O)_6]^{2+} + e^- \rightleftharpoons [Cu(H_2O)_6]^+ \qquad |\,E_2^0 = 0{,}153\ V$$

$$[Cu(H_2O)_6]^+ + e^- \rightleftharpoons Cu + 6\,H_2O \qquad |\,E_1^0 = 0{,}521\ V$$

$$[Cu(H_2O)_6]^+ \rightleftharpoons [Cu(H_2O)_6]^{2+} + e^- \qquad |\,-E_2^0 = -0{,}153\ V$$

$$2\,[Cu(H_2O)_6]^+ \rightleftharpoons [Cu(H_2O)_6]^{2+} + Cu + 6\,H_2O \qquad |\,\Delta E^0 = E_1^0 - E_2^0 = 0{,}368\ V$$

Man erkennt, dass das Gleichgewicht zwischen Kupfer(I) auf der einen Seite und Kupfer(II) sowie Kupfer(0) auf der anderen Seite, erkennbar an der positiven Potenzialdifferenz $\Delta E_{(1-2)}$, stark auf der Seite von Kupfer(II) und Kupfer(0) liegt. Über ○ Gleichung 4.123 (▸ Kap. 4.12.1) lässt sich die Gleichgewichtskonstante K des Disproportionierungsgleichgewichts berechnen:

$$R \cdot T \cdot \ln K = z \cdot F \cdot \Delta E_{(1-2)} = -\Delta G^0$$

Daraus folgt:

$$\log K = \frac{z \cdot F \cdot \Delta E_{(1-2)}}{2{,}303 \cdot R \cdot T} = \frac{96\,484 \cdot 0{,}368}{2{,}303 \cdot 8{,}314 \cdot 298{,}15} \frac{\mathrm{C \cdot mol \cdot K \cdot V}}{\mathrm{mol \cdot J \cdot K}} = 6{,}2$$

Nach dem Massenwirkungsgesetz gilt dann:

$$K = \frac{a_{([\mathrm{Cu(H_2O)_6}]^{2+})} \cdot a_{(\mathrm{Cu})} \cdot a^6_{(\mathrm{H_2O})}}{a^2_{([\mathrm{Cu(H_2O)_6}]^{+})}}$$

Mit $a_{(\mathrm{Cu})} = 1$ und $a_{(\mathrm{H_2O})} = 1$ wird dann: $K = \frac{a_{([\mathrm{Cu(H_2O)_6}]^{2+})}}{a^2_{([\mathrm{Cu(H_2O)_6}]^{+})}} = 10^{6{,}2}$

Hexaaquakupfer(I) ist also in wässriger Lösung nicht stabil. Hydratisierte Cu^+-Ionen disproportionieren zu Cu^{2+} unter Ausscheidung von metallischem Kupfer. Hexaaquakupfer(I) kann nur existieren, wenn seine Konzentration so klein ist, dass sich die Ionen zum Elektronenaustausch nicht finden. Gilt im Gleichgewicht für Cu^+ $a_{([\mathrm{Cu(H_2O)_6}]^{+})} < 10^{-4}$, dann wird die Gleichgewichtsaktivität von Cu^{2+} deutlich kleiner als die von Cu^+. Cu^+-Ionen können allerdings schon durch geeignete Liganden in Lösung gehalten werden. Es gibt dazu einige, wenn auch nicht sehr viele Möglichkeiten. In der Oxidationsstufe +I existiert Kupfer in Form von sehr vielen schwerlöslichen Verbindungen. An erster Stelle sind die Kupfer(I)-Halogenide zu nennen:

$$\mathrm{CuCl} \xrightleftharpoons{\mathrm{p}K_\mathrm{L} = 4{,}5} \mathrm{Cu^+ + Cl^-} \qquad \mathrm{CuBr} \xrightleftharpoons{\mathrm{p}K_\mathrm{L} = 8{,}2} \mathrm{Cu^+ + Br^-}$$

$$\mathrm{CuI} \xrightleftharpoons{\mathrm{p}K_\mathrm{L} = 12{,}0} \mathrm{Cu^+ + I^-}$$

Mithilfe einer erweiterten Pearson-Theorie ist das Resultat sehr leicht zu erklären. Das weiche Cu^+-Ion bildet umso stabilere Kristalle, je weicher die Anionen werden, da dann Energieverluste durch Polarisierung geringer sind. Von Clnach Iwerden die Ionen immer weicher und daher als Bindungspartner für Cu^+ immer geeigneter. Wie kann es nun gelingen eine CuCl-Suspension aufzulösen? Die einfachste Methode ist, das Fällungsmittel in hohem Überschuss einzusetzen. In konzentrierter Salzsäure ($a_{(\mathrm{Cl^-})} \approx 10$) wird die Löslichkeit von Cu^+ deutlich über der von CuCl in reinem Wasser liegen:

$$\mathrm{[Cu(H_2O)_6]^+ + 2\,Cl^- \rightleftharpoons [CuCl_2(H_2O)_4]^- + 2\,H_2O}$$

$\left[\begin{array}{ccc} \mathrm{H_2O} & & \mathrm{OH_2} \\ \mathrm{Cl} & \mathrm{Cu} & \mathrm{Cl} \\ \mathrm{H_2O} & & \mathrm{OH_2} \end{array}\right]^-$

Tetraaquadichloridocuprat(I)

Oder vereinfacht

$$\mathrm{CuCl + Cl^- \rightleftharpoons [CuCl_2]^-}$$

Tetraaquadichloridocuprat(I) gehört zu einer Gruppe von Komplexen, bestehend aus weichen Säuren und harten Basen, die in der Literatur als linear beschrieben werden. Werden die vier Wassermoleküle dem Lösemittelkäfig zugeordnet, dann bekommt man

7

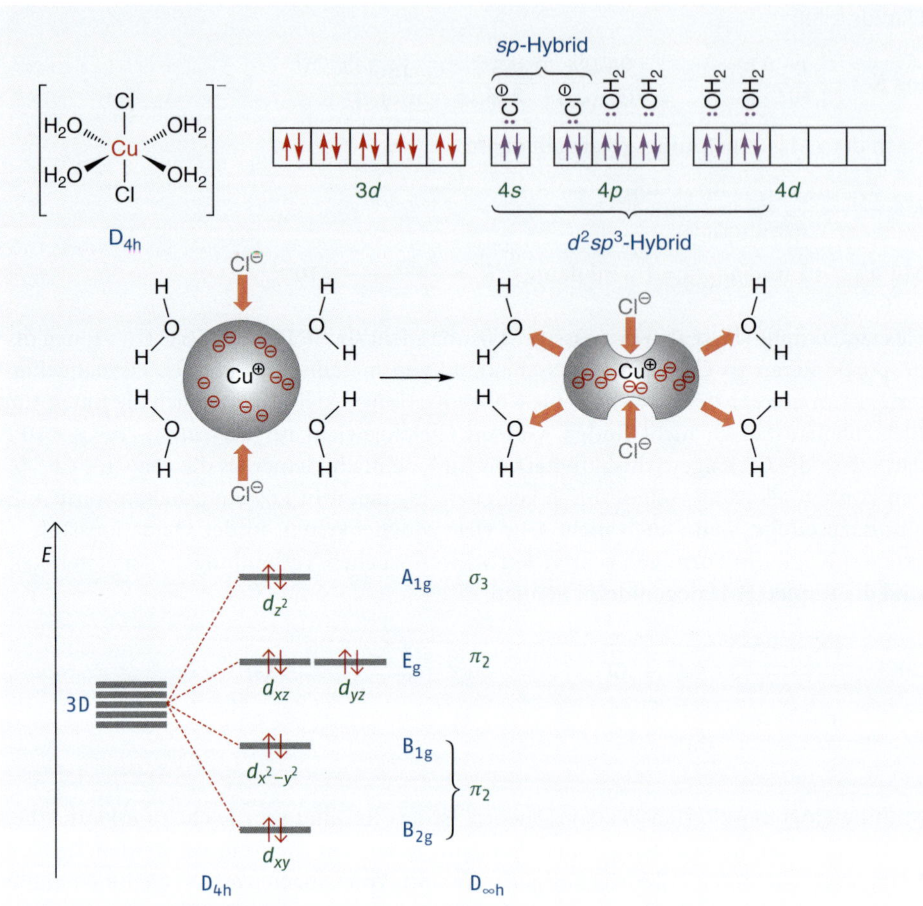

Abb. 7.63 Linearer Deformationskomplex am Beispiel von $[CuCl_2]^-$

nach *Gillespie* ein AX_2-System. Die kugelsymmetrische d^{10}-Konfiguration erlaubt es, die Gillespie-Regeln uneingeschränkt anzuwenden. AX_2-Systeme führen zu einer *sp*-Hybridisierung, die im Molekül zu einer linearen Koordinationsgeometrie führen. Sind die vier Wassermoleküle jedoch Bestandteil des Komplexmoleküls, erhält man ein AX_6-System, mit einer d^2sp^3-Hybridisierung, die zu einer (pseudo-)oktaedrischen Koordinationsgeometrie führt. Es gibt aber gute Gründe anzunehmen, dass die Bindungen innerhalb der tetragonalen Ebene, in der die Wassermoleküle zusammen mit dem Cu^+-Ion liegen, stark geschwächt werden. Harte Basen polarisieren nämlich weiche Säuren. Daher wird die kugelsymmetrische *d*-Elektronenwolke im weichen Cu^+ entlang der Cl-Cu-Cl-Achse zusammengedrückt (Abb. 7.63). Die Elektronen der vollbesetzten *d*-Orbitale weichen dann entlang der tetragonalen Wasser-Cu^+-Ebene aus und schwächen dort die Bindungen. Man spricht von einem **linearen Deformationskomplex**.

Statt konzentrierter HCl kann die Löslichkeit von Kupfer(I)-chlorid auch mit verdünnter Ammoniaklösung erhöht werden. Ammoniak wirkt in höherer Konzentration bereits als so starker Ligand, dass es den Deformationskomplex zerstören kann (Abb. 7.64, oben). Ob Tetraamminkupfer(I) tetraedrisch, $[Cu(NH_3)_4]^+$, oder pseudo-oktaedrisch,

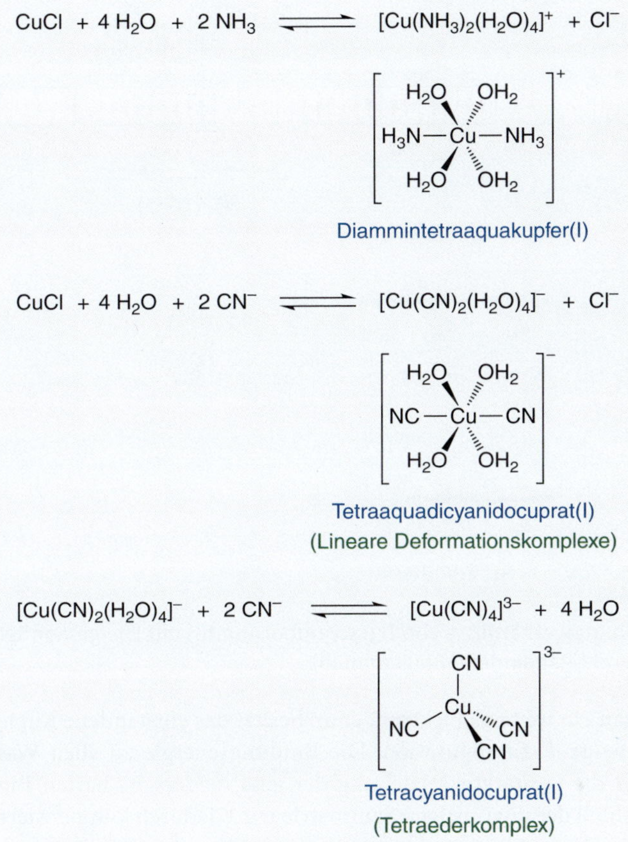

$$CuCl + 4\,H_2O + 2\,NH_3 \rightleftharpoons [Cu(NH_3)_2(H_2O)_4]^+ + Cl^-$$

Diammintetraaquakupfer(I)

$$CuCl + 4\,H_2O + 2\,CN^- \rightleftharpoons [Cu(CN)_2(H_2O)_4]^- + Cl^-$$

Tetraaquadicyanidocuprat(I)
(Lineare Deformationskomplexe)

$$[Cu(CN)_2(H_2O)_4]^- + 2\,CN^- \rightleftharpoons [Cu(CN)_4]^{3-} + 4\,H_2O$$

Tetracyanidocuprat(I)
(Tetraederkomplex)

Abb. 7.64 Umsetzung von CuCl mit Ammoniak und Cyanid

$[Cu(NH_3)_4(H_2O)_2]^+$, strukturiert ist, soll hier offengelassen werden. Cyanid löst CuCl komplett auf und bildet tetraedrisches Tetracyanidocuprat(I) (Abb. 7.64, unten). Cyanid erzwingt als starker Ligand Edelgaskonfiguration. Abb. 7.65 zeigt die Struktur von Tetracyanidocuprat(I) anhand des Kästchenschemas und des Ligandenfeld-Diagramms. Tetracyanidocuprat(I) ist ein sehr stabiler Komplex, der sich weder durch Säure noch durch Oxidationsmittel leicht zerstören lässt.

Warum sind Hexaaquakupfer(I)-Ionen in wässriger Lösung nicht stabil? Die Berechnung des Disproportionierungsgleichgewichts über die Redoxpotenziale ist zwar lehrreich und nützlich, da sie zu einem eindeutigen Ergebnis führt. Eine **Erklärung** liefert sie jedoch nicht einmal ansatzweise. Der für die Symmetrie sehr günstige d^{10}-Zustand ist bei Kupfer(I) mit einer niedrigen Oxidationsstufe und damit auch mit einer geringen Lewis-Säure-Stärke verbunden. Nach der Pearson-Theorie liefert eine Kombination harter Säuren mit harten Basen stabile Verbindungen. Wasser gilt als harte Base, und die Erhöhung der Oxidationsstufe macht Kupfer zu einer härteren Säure. Dadurch wird die Bindungsenergie bei Koordination von Wasser deutlich erhöht. Vergleicht man $[Cu(H_2O)_6]^+$ mit $[Cu(H_2O)_6]^{2+}$, so besitzt Cu(I) die symmetrisch günstige d^{10}-Konfiguration. Aufgrund seiner geringen Ladung herrscht aber nur eine geringe Anziehung zwischen Metall-Ion und Wasserligan-

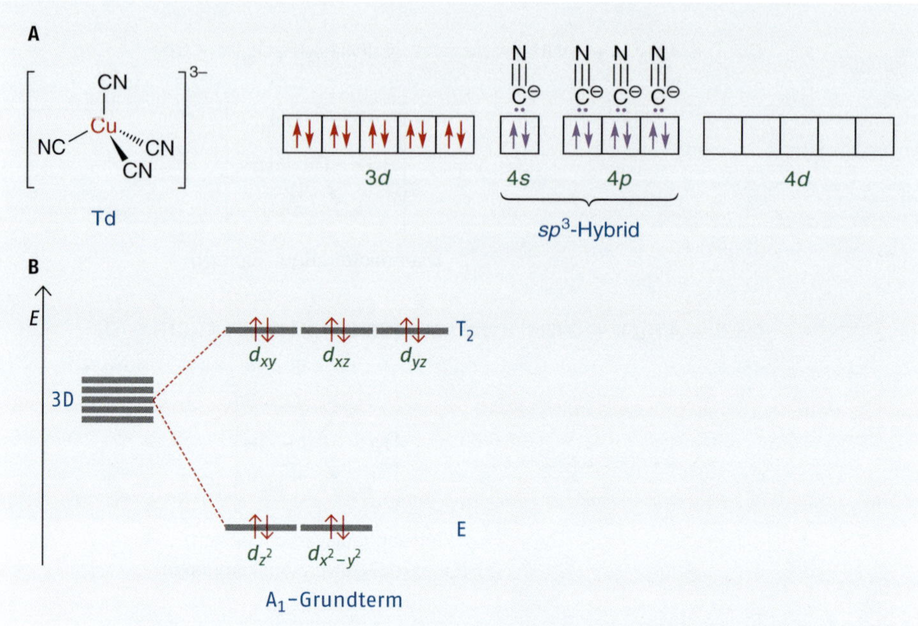

○ Abb. 7.65 Bindungsverhältnisse von Tetracyanidocuprat(I) mit Edelgaskonfiguration: Kästchenmodell (A) und Ligandenfeld-Diagramm (B)

den. Entfernt man ein weiteres Elektron, dann besitzt das entstandene Kupfer(II) die symmetrisch ungünstige d^9-Konfiguration. Die Bindungsenergie zu allen Wassermolekülen wird aber durch die verstärkte Anziehung der jetzt beiderseits harten Bindungspartner größer. Der Nachteil der ungünstigen Symmetrie wird dadurch kompensiert.

Kupfer(II)-Verbindungen

Die Hexaaquakupfer(II)-Ionen haben eine hellblaue Eigenfarbe. Das oktaedrische Molekül hat in der d^9-Konfiguration einen zweifach entarteten Grundterm, also E-Symmetrie (○ Abb. 7.66) und ist Jahn-Teller-verzerrt. Gebildet wird ein gestrecktes Oktaeder mit D_{4h}-Symmetrie. Viele Kupfer(II)-Salze sind wasserlöslich. Sie kristallisieren oft mit vier oder fünf Einheiten Kristallwasser aus. $CuSO_4 \cdot 5\,H_2O$ und $Cu(NO_3) \cdot 4\,H_2O$ sind hellblaue Salze. Sie enthalten quadratisch-planare $[Cu(H_2O)_4]^{2+}$-Ionen und werden somit sinnvoller als $[Cu(H_2O)_4]SO_4 \cdot H_2O$ bzw. $[Cu(H_2O)_4]NO_3$ formuliert.

Setzt man Ammoniak einer Lösung von $[Cu(H_2O)_6]^{2+}$ zu, dann tritt ein Farbwechsel von Hellblau nach Dunkel-blauviolett auf. Es entsteht der Tetraammindiaqua-kupfer(II)-Komplex, der vereinfacht auch oft als Tetraamminkupfer(II) bezeichnet wird:

$$[Cu(H_2O)_6]^{2+} + 4\,NH_3 \rightleftharpoons [Cu(NH_3)_4(H_2O)_2]^{2+} + 4\,H_2O$$

Tetrammindiaquakupfer(II)

Die Struktur von Tetraamminkupfer(II) wird oft als quadratisch-planar beschrieben. Es gibt zwei Möglichkeiten, die Bindungsverhältnisse sinnvoll zu interpretieren. ○ Abb. 7.67 beschreibt Tetraamminkupfer(II) als quadratisch-planaren Komplex, wie er vereinfacht in vielen Lehrbüchern vorgestellt wird.

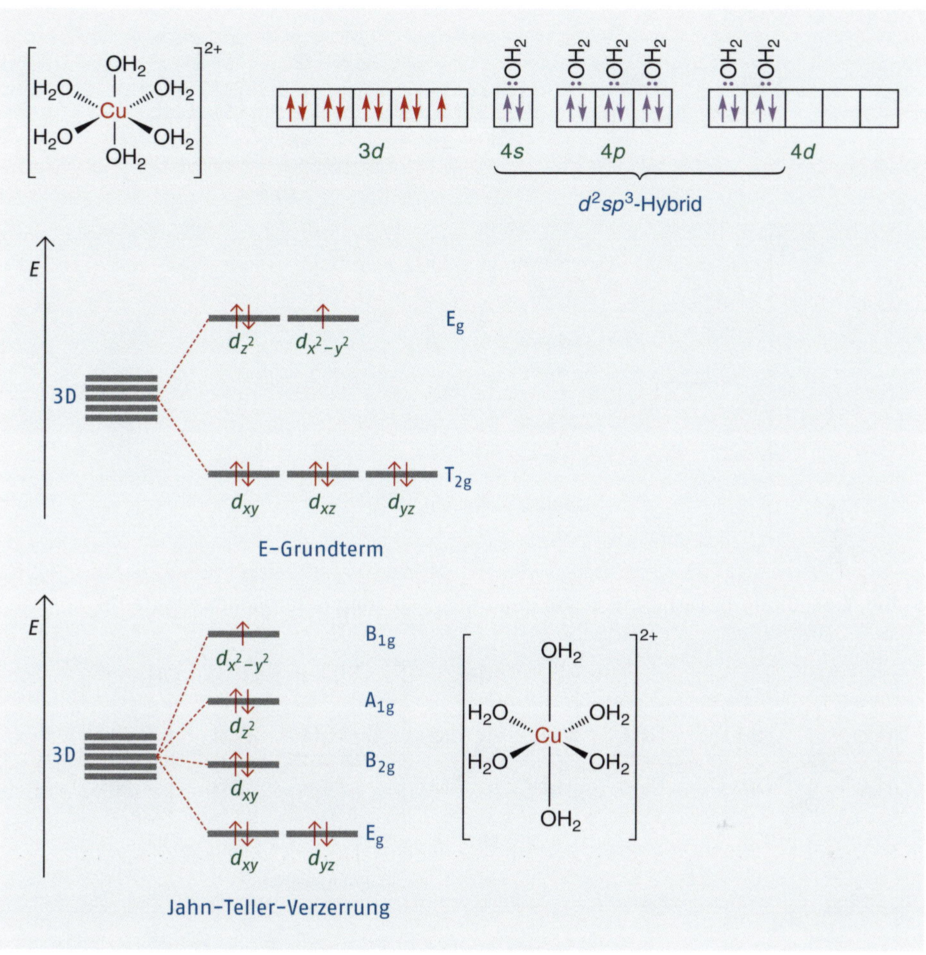

Abb. 7.66 Bindungsverhältnisse von Hexaaquakupfer(II)

Das Kupfer(II)-Ion ist eine relativ harte Lewis-Säure. Dies macht die ebenfalls harte Lewis-Base NH_3 zu einem starken Liganden. Ammoniak erzwingt einen Innerorbitalkomplex und schiebt das einzelne, ungepaarte 3*d*-Elektron in das weniger attraktive 4*p*-Orbital des Zentralatoms. Der Komplex besitzt dann eine dsp^2-Hybridisierung, die eine quadratisch-planare Geometrie fordert. Das Modell hat nur einen Nachteil. Die Darstellung im Kästchenschema passt nicht recht zur Darstellung im Ligandenfelddiagramm, die aus Abb. 6.21 (▸ Kap. 6.2.3) entnommen wurde. Selbst wenn man das einfach besetzte B_{1g}-Orbital als antibindend betrachtet, ist doch das p_z-Orbital im Kästchenschema mit einem Elektron besetzt. Zu einer widerspruchsfreien Betrachtung kommt man durch folgende Überlegungen: Ammoniak ist ein stärkerer Ligand als Wasser und setzt bei Koordination mit Cu^{2+} mehr Bindungsenergie frei. Nach Zugabe von Ammoniak tauscht man in einem ersten Schritt hypothetisch alle sechs Wassermoleküle durch Ammoniak aus (Abb. 7.68). Man erhält dann ein Jahn-Teller-verzerrtes Oktaeder, in dem vier Ammoniakmoleküle planar fest, zwei Ammoniakmoleküle axial nur locker gebunden sind. Da Wasser im Lösemittelüberschuss präsent ist, können die locker gebundenen Ammoniak-

$[Cu(NH_3)_4]^{2+}$

3d 4s 4p
:NH₃ :NH₃ :NH₃ :NH₃
dsp²

E
B₁g $d_{x^2-y^2}$
B₂g d_{xy}
A₁g d_{z^2}
Eg d_{xz} d_{yz}

o Abb. 7.67 Bindungsverhältnisse von quadratisch-planarem Tetraamminkupfer(II)

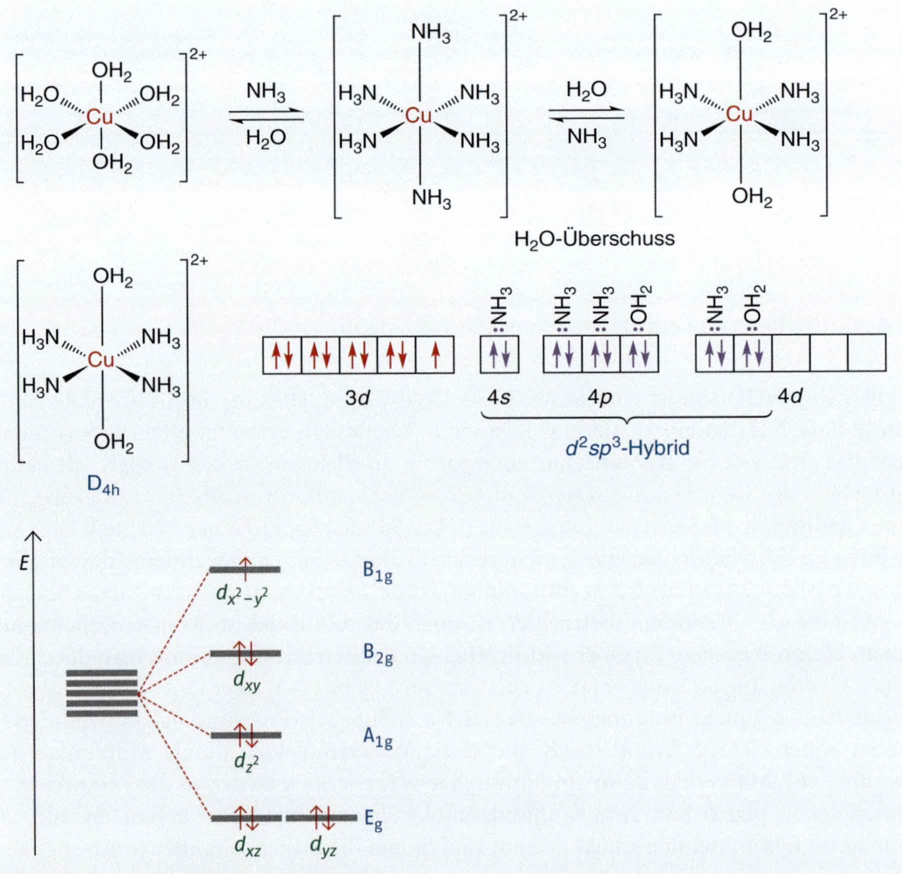

o Abb. 7.68 Bindungsverhältnisse von pseudo-oktaedrischem $[Cu(NH_3)_4(H_2O)_2]^{2+}$

liganden leicht durch Wasser verdrängt werden. Es entsteht ein pseudo-oktaedrisches Komplexmolekül mit D_{4h}-Symmetrie ohne Jahn-Teller-Verzerrung.

Behandelt man eine Kupfer(II)-Salzlösung mit Natronlauge, so fällt gallertartiges, blaues Kupfer(II)-hydroxid aus:

$$[Cu(H_2O)_6]^{2+} + 2\,OH^- \xrightleftharpoons{pK_L = 19{,}75} Cu(OH)_2\downarrow + 6\,H_2O$$

Frisch gefälltes $Cu(OH)_2$ löst sich begrenzt im Überschuss von OH^-. Es bilden sich Cuprite $[Cu(OH)_4]^{2-}$. Diese sind jedoch nicht sehr beständig und zerfallen mit der Zeit. Kupfer(II) gehört damit nicht zu den typischen amphoteren Elementen. Ein Niederschlag von $Cu(OH)_2$ lässt sich komplett auflösen, wenn man Salze der Weinsäure, z. B. KNa-Tartrat zugibt. Die Weinsäure hat die Formel HOOC–CHOH–CHOH–COOH. In alkalischer Lösung kann sie als bis zu vierwertige Lewis-Base wirken. Es bilden sich verschiedene Komplexformen, die untereinander im Gleichgewicht stehen:

Auf diese Weise kann Cu^{2+} in sehr alkalischem Milieu in Lösung gehalten werden. Eine solche Lösung wird Fehlingsche Lösung genannt. Damit lassen sich in der organischen Chemie selektiv Aldehydgruppen zu Carbonsäuren oxidieren:

$$RCHO + H_2O \longrightarrow R\text{—}COOH + 2\,e^- + 2\,H^+$$
$$2\,Cu^{2+} + 2\,e^- \longrightarrow 2\,Cu^+$$
$$RCHO + 2\,Cu^{2+} + H_2O \longrightarrow R\text{—}COOH + 2\,Cu^+ + 2\,H^+$$

Diese Reaktion ist sehr bedeutsam bei der analytischen Unterscheidung zwischen verschiedenen Zuckerarten. Aldosen sind Zuckerarten, die über eine Adehydgruppe verfügen. Sie lassen sich durch eine positive Fehlingprobe erkennen. Die Ketosen enthalten statt der Aldehydgruppe R–CHO eine Ketogruppe R–CO–R. Diese Ketosen reagieren nicht mit Fehlingscher Lösung. Eine positive Fehlingreaktion erkennt man am rotbraunen Niederschlag von Cu_2O, das Cu^+ in alkalischer Lösung bildet.

Versetzt man eine Kupfer(II)-Salzlösung mit Natriumcarbonat, so fällt ein Gemisch aus $Cu(OH)_2$ und $CuCO_3$ aus. Es existieren zwei Modifikationen von Mischsalzen:

$$2\,Cu^{2+} + CO_3^{2-} + 2\,OH^- \longrightarrow CuCO_3Cu(OH)_2$$

Malachitgrün

$$3\,Cu^{2+} + 2\,CO_3^{2-} + 2\,OH^- \longrightarrow (CuCO_3)_2Cu(OH)_2$$

Azuritblau

Im Gegensatz zu allen anderen stabilen zweiwertigen Übergangsmetall-Ionen der vierten Periode bildet sich schwerlösliches Kupfer(II)-sulfid schon beim Einleiten von H_2S-Gas in eine Kupfersalzlösung in verdünnter Mineralsäure. Bei dieser als H_2S-Fällung bekannten Prozedur läuft eine Kette an gekoppelten Gleichgewichtsprozessen ab. Leitet man H_2S-Gas durch eine Kupfersalzlösung in einem schmalen Reagenzglas, dann füllt sich der Gasraum über der Lösung schnell vollständig mit H_2S. Bei Raumtemperatur und 1 atm Druck wird dann nach dem Henryschen Gesetz (Gleichung 4.140, ▸Kap. 4.12.3) eine konstante H_2S-Aktivität in der Lösung aufrechterhalten. Alles H_2S-Gas, das durch eine Reaktion verbraucht wird, wird aus der Gasphase ersetzt. Gelöstes H_2S protolysiert in Wasser und erzeugt S^2Ionen, die auf Cu^{2+} als Fällungsmittel wirken:

$$(H_2S)_g \rightleftharpoons (H_2S)_{aq} \quad a(H_2S) = 0{,}1$$

$$(H_2S)_{aq} \rightleftharpoons H^+ + HS^- \quad | K_{s1} = 10^{-7} \qquad HS^- \rightleftharpoons H^+ + S^{2-} \quad | K_{s2} = 10^{-13}$$

$$(H_2S)_{aq} \rightleftharpoons 2\,H^+ + S^{2-} \quad | K_s = 10^{-20} \qquad CuS \rightleftharpoons Cu^{2+} + S^{2-} \quad | K_L = 10^{-40}$$

Man beobachtet einen schwarzen Kupfersulfid-Niederschlag. Werden die gekoppelten Gleichgewichte mithilfe des Massenwirkungsgesetzes beschrieben, dann wird der Cu^{2+}-Sättigungsaktivität eine Funktion der Säureaktivität. Man beschreibt das Protolysegleichgewicht nach Gleichung 5.9 und Gleichung 5.10 (Kap. 5.6.2):

$$K_S = \frac{a^2_{(H^+)} \cdot a_{(S^{2-})}}{a_{(H_2S)}} \quad \rightarrow \quad a_{(S^{2-})} = K_S \cdot \frac{a_{(H_2S)}}{a^2_{(H^+)}}$$

Für das Löslichkeitsprodukt K_L gilt:

$$K_L = a_{(Cu^{2+})} \cdot a_{(S^{2-})} \quad \rightarrow \quad a_{(Cu^{2+})} = \frac{K_L}{a_{(S^{2-})}}$$

Wird das oben beschriebene Protolysegleichgewicht in das Löslichkeitsprodukt eingesetzt, erhält man:

$$a_{(Cu^{2+})} = \frac{K_L}{K_S} \cdot \frac{a^2_{(H^+)}}{a_{(H_2S)}}$$

Bei K_S als auch K_L und $a_{(H_2S)}$ handelt es sich um Konstanten. Die Sättigungsaktivität $a_{(Cu^{2+})}$ steigt mit dem Quadrat der Säurekonzentration. Bei sehr niedrigen K_L-Werten bleiben die Sättigungsaktivitäten der Metalle auch in verdünnten Säuren noch klein und die Niederschläge damit stabil. In 0,1-molarer Säure gilt $a_{(H^+)} = 0{,}1$ und $a_{(H_2S)} = 0{,}1$. Damit ergibt sich für die Cu^{2+}-Sättigungsaktivität:

$$a_{(Cu^{2+})} = \frac{K_L}{K_S} \cdot \frac{a^2_{(H^+)}}{a_{(H_2S)}} = \frac{10^{-40}}{10^{-20}} \cdot \frac{10^{-2}}{10^{-1}} = 10^{-21}$$

Bei einer Anfangsaktivität $a^0_{(Cu^{2+})}$ von 0,1, beträgt nach Einleiten von H_2S in eine Salzsäure-Lösung mit einem pH-Wert von 1 die Cu^{2+}-Restmenge in Lösung 10^{-21}, was unterhalb der Nachweisgrenze vieler Methoden liegt. Voraussetzung für eine quantitative H_2S-Fällung sind Löslichkeitsprodukte mit $K_L << 10^{-20}$. Diese K_L-Werte findet man Cu^{2+} bei Pb^{2+} sowie bei Cd^{2+}, Ag^+ und Hg^{2+}. Für die typischen zweiwertigen Metallkationen der vierten Übergangsperiode Mn^{2+}, Fe^{2+}, Co^{2+} und Ni^{2+} gilt $K_L > \approx 10^{-20}$. Sie bilden schwerlösliche Sulfide nur in neutraler oder schwach alkalischer Lösung.

Gegenüber üblichen Fällungsmitteln zeigt Cu^{2+} fast das Modellverhalten (Beginn ▸ Kap. 7). Die auffälligsten Unterschiede sind die Bildung von Tetraammin- anstelle von Hexaamminkomplexen mit Ammoniak und die ähnliche Löslichkeit von $Cu(OH)_2$ und $CuCO_3$. Ein noch bedeutsamerer Unterschied ist die Instabilität des $Cu(CN)_2$-Niederschlags und das Fehlen eines Hexacyanidokomplexes. Behandelt man eine Cu^{2+}-Lösung mit Cyanid, so entsteht zuerst ein $Cu(CN)_2$-Niederschlag. Dieser altert unter Bildung von CuCN und Freisetzung von Dicyan:

$$Cu^{2+} + 2\,CN^- \rightleftharpoons Cu(CN)_2\downarrow \qquad 2\,Cu(CN)_2 \longrightarrow 2\,CuCN + \underset{\text{Dicyan}}{NC{-}CN}$$

Dabei oxidiert Cu^{2+} das Cyanid-Ion, wodurch zuerst CuCN und $CN^{\bullet}$-Radikale entstehen, die sich zu Dicyan verbinden. Bei einem Überschuss an Fällungsmittel löst sich CuCN unter Bildung des außerordentlich stabilen Tetracyanidocuprat(I), das bereits in ○ Abb. 7.64 beschrieben worden ist:

$$CuCN + 3\,CN^- \longrightarrow [Cu(CN)_4]^{3-}$$

Dieser Prozess wird häufig genutzt, um Kupfer von anderen Metallen zu trennen, oder seine Reaktivität zu senken. Gibt man eine Lösung von Kaliumiodid zu einer Lösung von $[Cu(H_2O)_6]^{2+}$, so wird man einerseits einen Niederschlag von CuI und anderseits die Ausscheidung von schwarzem Iod beobachten. Die dabei ablaufenden Prozesse sollen getrennt betrachtet werden. Zunächst die Redoxreaktion, die Reduktion von Cu^{2+} zu Cu^+ unter Oxidation von Iodid zu Iod:

$$2\,[Cu(H_2O)_6]^{2+} + 2\,e^- \rightleftharpoons 2\,[Cu(H_2O)_6]^+ \quad |\; E^0_{(Cu)} = 0{,}17\,V$$

$$2\,I^- \rightleftharpoons I_2 + 2\,e^- \quad |\; E^0_{(I)} = -\,0{,}54\,V$$

$$2\,[Cu(H_2O)_6]^{2+} + 2\,I^- \rightleftharpoons 2\,[Cu(H_2O)_6]^+ + I_2 \quad |\; \Delta E^0_{(Cu\text{-}I)} = -\,0{,}37\,V$$

Man erkennt, dass die Differenz der Redoxpotenziale beider Halbreaktionen, nämlich $E^0_{(Cu;Cu}$ $= 0{,}17\,V$ minus $E^0_{(I^-;I_2)} = 0{,}54\,V$, negativ ist. Damit liegt das Redoxgleichgewicht eindeutig auf der Seite der formulierten Edukte. Welchen Einfluss dies hat, wird deutlich, wenn man aus der Potenzialdifferenz auf die Gleichgewichtskonstante schließt:

$$\Delta G^0 = -z \cdot F \cdot \Delta E_{(Cu-I)} = -R \cdot T \cdot 2{,}303 \log K_{Redox}$$

und damit:

$$\log K_{Redox} = \frac{z \cdot F \cdot \Delta E_{(Cu-I)}}{R \cdot T \cdot 2{,}303} = \frac{2 \cdot 96484 - 0{,}37}{8{,}314 \cdot 298{,}15 \cdot 2{,}303} = -12{,}507$$

Eigentlich kann Iodid Cu^{2+} nicht zu Cu^+ reduzieren. Betrachtet man jedoch den Folgeprozess, die Bildung von schwerlöslichem CuI, gilt:

$$[Cu(H_2O)_6]^+ + I^- \rightleftharpoons CuI + 12\,H_2O \quad |\; (K_L)^{-1} = 10^{11{,}3}$$

7

Kupfer – Bedeutung in Biologie und Medizin

Kupfer-Ionen sind für Mensch und Tier nur sehr schwach giftig. Für Mikroorganismen, speziell für Bakterien, sind sie jedoch hoch toxisch. Die hohe Toxizität beruht hauptsächlich auf der Denaturierung cysteinhaltiger Proteine (Abb. 7.69 A), die in Bakterienzellen vor allem in den Membranen gehäuft vorkommen und dort wichtige Funktionen übernehmen. In Krankenhäusern werden häufig Türgriffe verwendet, die aus Kupferlegierungen hergestellt sind. Schnittblumen halten sich länger, wenn man eine Kupfermünze in das Blumenwasser legt.

Für höher entwickelte Organismen ist Kupfer ein wichtiges Spurenelement. Kupfer-Ionen finden sich im aktiven Zentrum vieler Oxigenasen wie bei der Galactose-Oxidase und der Tyrosinase. Ihre Wirkung beruht auf der Reduktion von Sauerstoff zu Peroxid, wodurch Cu^+ zu Cu^{2+} oxidiert wird. Cu^{2+} oxidiert dann die organischen Substanzen mit (Tyrosinase) oder ohne (Galactose-Oxidase) Beteiligung des gebildeten Peroxids (Abb. 7.69 B).

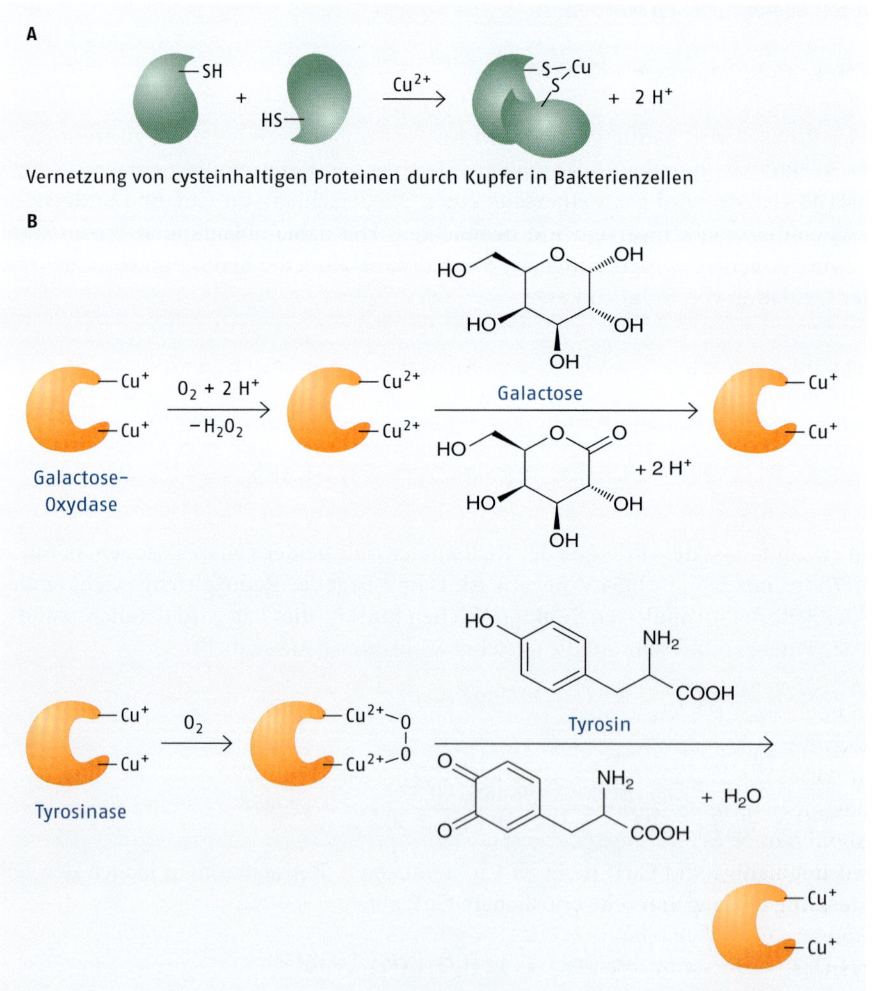

Abb. 7.69 Denaturierung bakterieller cysteinhaltiger Proteine durch Kupfer-Ionen (A) und im aktiven Zentrum menschlicher redoxaktiver Enzyme (B)

Die Reaktion muss als Fällung formuliert werden und das Löslichkeitsprodukt auf den Lösungsprozess bezogen sein. Da Edukte und Produkte vertauscht wurden, entspricht die Gleichgewichtskonstante dem Kehrwert des Löslichkeitsprodukts. Werden alle Teilgleichgewichte zu einem Gesamtprozessaddiert, erhält man:

$$2\,[Cu(H_2O)_6]^{2+} + 2\,I^- \rightleftharpoons 2\,[Cu(H_2O)_6]^+ + I_2 \qquad |\ K_r = 10^{-12{,}507}$$

$$2\,[Cu(H_2O)_6]^{+} + 2\,I^- \rightleftharpoons 2\,CuI + 12\,H_2O \qquad |\ (K_L)^{-2} = 10^{22{,}3}$$

$$2\,[Cu(H_2O)_6]^{2+} + 4\,I^- \rightleftharpoons 2\,CuI + 12\,H_2O + I_2 \qquad |\ K_r(K_L)^{-2} = 10^{9{,}793} = K$$

Die Fällungsgleichung musste mit zwei multipliziert werden, damit Cu^+ in der Redoxreaktion auch vollständig umsetzt wird. Für die Gesamtgleichgewichtskonstante gilt daher: $K = K_{Redox} \cdot (K_L \cdot K_L)^{-1} = K_{Redox} \cdot (K_L)^{-2} \approx 10^{9{,}8}$. Damit liegt das Gesamtgleichgewicht eindeutig auf der Seite der Produkte und der Prozess kann ablaufen. Eine alternative Betrachtunfgsweise wäre: Durch die Bildung von schwerlöslichem CuI werden Cu^+-Ionen aus dem Redoxgleichgewicht entfernt und dieses wird dadurch auf die Seite von Cu^+ gezwungen. Ein anderer Erklärungsansatz ist, dass die Bildung von schwerlöslichen CuI die Triebkraft für die Reaktion bereitstellt und die Redoxreaktion dadurch erzwingt.

7.7.2 Silber

Silber ist ein beständiges Edelmetall hoher Duktilität (Verformbarkeit). Daher ist es für das Kunsthandwerk und für die Schmuckherstellung interessant. Elementares Silber ist beständig gegen Luftsauerstoff und gegen nichtoxidierende Mineralsäuren. In Salpetersäure löst es sich oxidativ zu $AgNO_3$. Silbergegenstände werden an der Luft oft schwarz. Dabei reagiert Silber mit in bewohnten Räumen immer in Spuren vorhandenem H_2S zu Ag_2S. Silber kann in allen Oxidationsstufen von +I bis +IV vorkommen. Beständige Verbindungen findet man aber ausschließlich in der Oxidationsstufe +I. Dabei haben Ag^+-Ionen d^{10}-Konfiguration. Löst man Silber in Salpetersäure auf, erhält man wasserlösliches Silbernitrat mit solvatisierten Ag^+-Ionen, $[Ag(H_2O)_6]^+$:

$$3\,Ag + 18\,H_2O \longrightarrow 3\,[Ag(H_2O)_6]^+ + 3\,e^-$$

$$HNO_3 + 3\,e^- + 3\,H^+ \longrightarrow NO + 2\,H_2O$$

$$3\,Ag + HNO_3 + 16\,H_2O + 3\,H^+ \longrightarrow 3\,[Ag(H_2O)_6]^+ + NO$$

Im Gegensatz zu Cu^+ disproportionieren die Hexaaquasilber(I)-Ionen nicht. Ag^+-Ionen sind noch weichere Lewis-Säuren als Cu^+-Ionen. Durch den größeren Ionenradius steigt jedoch die Ladungsdichte im Vergleich zu Cu^+ nicht so stark an, wenn ein weiteres Elektron entfernt wird. Auch Ag^{2+} ist noch eine relativ weiche Lewis-Säure. Man gewinnt daher nicht so viel an Bindungsenergie, dass der Wechsel von einem nichtentarteten Zustand günstiger A_1-Symmetrie mit d^{10}-Konfiguration zu einem entarteten Grundzustand ungünstiger E-Symmetrie mit d^9-Konfiguration einen Vorteil bieten würde. Die Entfernung eines dritten Elektrons macht Ag^{3+} dann aber zu einem sehr reaktiven Oxidationsmittel. Daher bleibt $[Ag(H_2O)_6]^+$ in wässriger Lösung stabil, solange keine Fällungsmittel vorhanden sind. Dabei ist es erheblich leichter, die löslichen Silbersalze aufzuzählen als die Fällungsmittel zu nennen. Wasserlöslich sind neben $AgNO_3$, Ag_2SO_4,

7

$AgClO_4$, AgF sowie $AgClO_3$ und $AgNO_2$. Schwerlöslich sind vor allem alle Silberhalogenide ab AgCl:

$$AgF + 6\,H_2O \longrightarrow [Ag(H_2O)_6]^+ + F^-$$

$$AgCl + 6\,H_2O \xrightleftharpoons{pK_L = 10,0} [Ag(H_2O)_6]^+ + Cl^-$$

$$AgBr + 6\,H_2O \xrightleftharpoons{pK_l = 12,3} [Ag(H_2O)_6]^+ + Br^-$$

$$AgI + 6\,H_2O \xrightleftharpoons{pK_L = 16,0} [Ag(H_2O)_6]^+ + I^-$$

Dies lässt sich mithilfe der erweiterten Pearson-Theorie leicht verstehen. Das Ag^+-Ion ist sehr weich. Von Fnach Iwerden die Ionen immer weicher. Bei AgI findet kaum gegenseitige Polarisierung statt. Daher ist der Kristall stabil und am schwersten zu zerstören. Als Fällungsmittel wirken auch Hydroxid, Carbonat, Sulfid, Chromat, Cyanid, Thiocyanat und Thiosulfat:

$$[Ag(H_2O)_6]^+ + OH^- \xrightleftharpoons{pK_L = 7,9} AgOH + 6\,H_2O$$

$$[Ag(H_2O)_6]^+ + CN^- \xrightleftharpoons{pK_L = 11,4} AgCN + 6\,H_2O$$

$$[Ag(H_2O)_6]^+ + SCN^- \xrightleftharpoons{pK_L = 12,0} AgSCN + 6\,H_2O$$

$$2\,[Ag(H_2O)_6]^+ + S_2O_3^{2-} \rightleftharpoons Ag_2S_2O_3 + 12\,H_2O$$

$$2\,[Ag(H_2O)_6]^+ + CO_3^{2-} \xrightleftharpoons{pK_L = 11,3} Ag_2CO_3 + 12\,H_2O$$

$$2\,[Ag(H_2O)_6]^+ + CrO_4^{2-} \xrightleftharpoons{pK_L = 11,7} Ag_2CrO_3 + 12\,H_2O$$

$$2\,[Ag(H_2O)_6]^+ + S^{2-} \xrightleftharpoons{pK_L = 49,0} Ag_2S + 12\,H_2O$$

$$Ag_2S_2O_3 + H_2O \longrightarrow Ag_2S + H_2SO_4$$

Der Niederschlag, den Silbernitrat mit Natriumthiosulfat bildet, $Ag_2S_2O_3$, hat eine gelbe Eigenfarbe. Lässt man diesen in der Mutterlauge stehen, so färbt er sich langsam rot und dann schwarz. Silberthiosulfat neigt dazu, zum viel stabileren Silbersulfid zu werden. Der Weg dazu ist durch eine einfache Hydrolyse des Thiosulfat-Ions möglich. Die Hydrolysezwischenprodukte haben dabei eine rote Eigenfarbe. Dieses beeindruckende Schauspiel wird auch Sonnenuntergangsreaktion genannt.

Den weißen Silberchlorid-Niederschlag kann man auflösen, indem man konzentrierte Salzsäure hinzufügt. Diese Beobachtung überrascht zunächst, da die Chlorid-Ionen der Salzsäure das Löslichkeitsgleichgewicht auf die Seite des unlöslichen AgCl verschieben müssten:

$$AgCl \xrightleftharpoons{pK_L = 10,0} Ag^+ + Cl^-$$

In reinem Wasser erwartet man für Ag^+-Sättigungsaktivität nach Gleichung 4.110 (▸ Kap. 4.11):

$$K_L = a_{(Ag^+)} \cdot a_{(Cl^-)} = a^2_{(Ag^+)} \quad \rightarrow \quad a_{(Ag^+)} = \sqrt{K_L} = \sqrt{10^{-10}} = 10^{-5}$$

In 10-molarer HCl dagegen gilt für die Sättigungsaktivität:

$$K_L = a_{(Ag^+)} \cdot a_{(Cl^-)} \quad \rightarrow \quad a_{(Ag^+)} = \frac{K_L}{a_{(Cl^-)}} = \frac{10^{-10}}{10} = 10^{-11}$$

Die Erhöhung der Löslichkeit von Silber beruht auf der Bildung eines Chloridokomplexes, der sich wie Dichloridocuprat(I) bildet:

$$AgCl + Cl^- \rightleftharpoons [AgCl_2]^- \xrightleftharpoons{4\ H_2O} [AgCl_2(H_2O)_4]^-$$

Die Bindungsverhältnisse zeigt Abb. 7.70. Die beiden Chlorid-Ionen sind im Vergleich zum Silber relativ harte Basen. Sie polarisieren das weiche Silber-Ion, was zu einer erhöhten Ladungsdichte in der tetragonalen Molekülebene führt. Diese schwächt die Bindung zu den Wassermolekülen erheblich. Auch hier ist es Auffassungssache, ob man die vier planaren Wassermoleküle als Teil der Komplexstruktur oder als Teil des Lösemittelkäfigs ansieht. Gesichert ist jedoch: Die Koordination von Wasser an Silber wird durch die Deformation geschwächt, und wenn sie existiert, dann ist sie durch den hohen Lösemittelüberschuss des Wassers erzwungen. Dieser hohe Lösemittelüberschuss ist aber ein starkes Argument für die Beschreibung des Moleküls als symmetrieerniedrigtes Oktaeder.

Gibt man zu hellgelbem AgBr konzentrierte Bromwasserstoffsäure, so erhöht sich die Löslichkeit von Silber kaum. Setzt man gelbes AgI mit konzentrierter Iodwasserstoffsäure um, dann verringert sich die Löslichkeit von Silber dramatisch. Ein linearer Diiodidoargentatkomplex kann nicht mehr gebildet werden. Nach der klassischen Pearson-Theorie muss dies aber verwundern, da die weiche Säure Silber mit der weichen Base Iodid eigentlich einen stabilen Komplex erwarten lässt. Ein linearer Deformationskomplex, wie oben beschrieben, erfordert aber die unnatürliche Kombination einer weichen Säure mit einer harten Base, da nur eine harte Base die kugelsymmetrische *d*-Orbitale deformieren kann. Ein linearer $[AgI_2]$Komplex ist daher nicht zu erwarten. Warum kommt es zu keinem tetraedrischen Tetraiodidoargentat(I)-Komplex, $[AgI_4]^{3-}$? Die Antwort ist denkbar einfach. Das schwach geladene Ag^+-Ion ist nicht in der Lage, drei negative Ladungen in einem Komplexmolekül festzuhalten. Im AgI-Kristall ist jedes Silber-Ion tetraedrisch von vier Iodid-Ionen umgeben und es existieren starke kovalente Bindungsanteile entlang der Tetraederachsen zwischen Silber und Iodid. So erhält Silber im Kristall seine „gewünschte" Koordinationszahl mit Xenonkonfiguration, ohne dass es zu einer Ladungskonzentration kommen muss.

Behandelt man den Silberchlorid-Niederschlag mit verdünnter Ammoniaklösung, dann löst er sich schnell und komplett auf. Mit konzentrierter HCl ist dies nur schwer zu erreichen. Es bildet sich der viel stabilere Diamminsilber(I)-Komplex:

$$AgCl + 2\ NH_3 + 4\ H_2O \rightleftharpoons [Ag(NH_3)_2(H_2O)_4]^+ + Cl^-$$

7

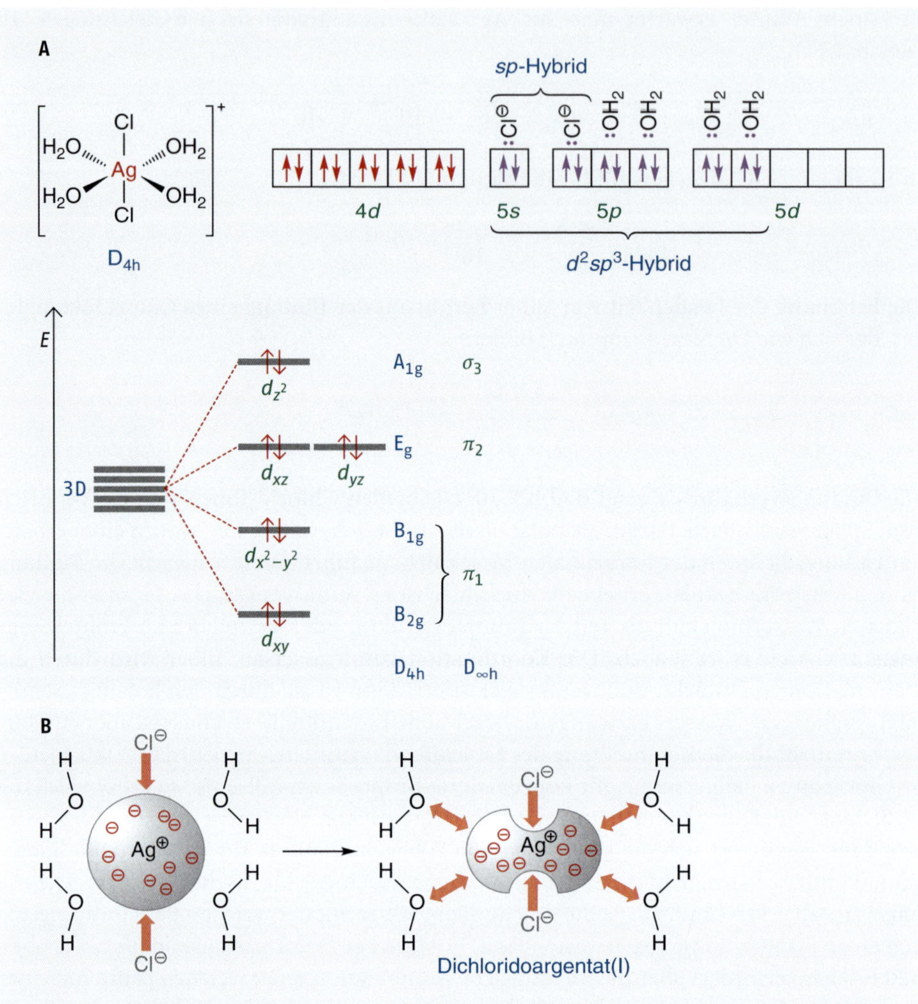

Abb. 7.70 Dichloridoargentat(I): Bindungsverhältnisse (A) und Bildung des linearen Deformationskomplexes (B)

Verdünnte Ammoniaklösung ist in der Lage AgCl aufzulösen. Um AgBr aufzulösen, ist eine konzentrierte Ammoniaklösung notwendig. AgI kann mit Ammoniak nicht mehr in den Diamminsilber(I)-Komplex überführt werden. Auch hier zeigt sich die unterschiedliche Stabilität der verschiedenen Silberhalogenide. Eine Lösung von Silbernitrat in verdünntem Ammoniak wird Tollens-Reagenz genannt. Tollens-Reagenz wirkt ähnlich wie Fehlingsche Lösung und wird zum selben Zweck eingesetzt:

$$2\,[Ag(NH_3)_2]^+ + 2\,e^- \rightleftharpoons 2\,Ag + 4\,NH_3$$

$$R{-}CHO + H_2O \rightleftharpoons R{-}COO^- + 2\,e^- + 3\,H^+$$

$$2\,[Ag(NH_3)_2]^+ + R{-}CHO + H_2O \rightleftharpoons 2\,Ag + 4\,NH_3 + R{-}COO^- + 3\,H^+$$

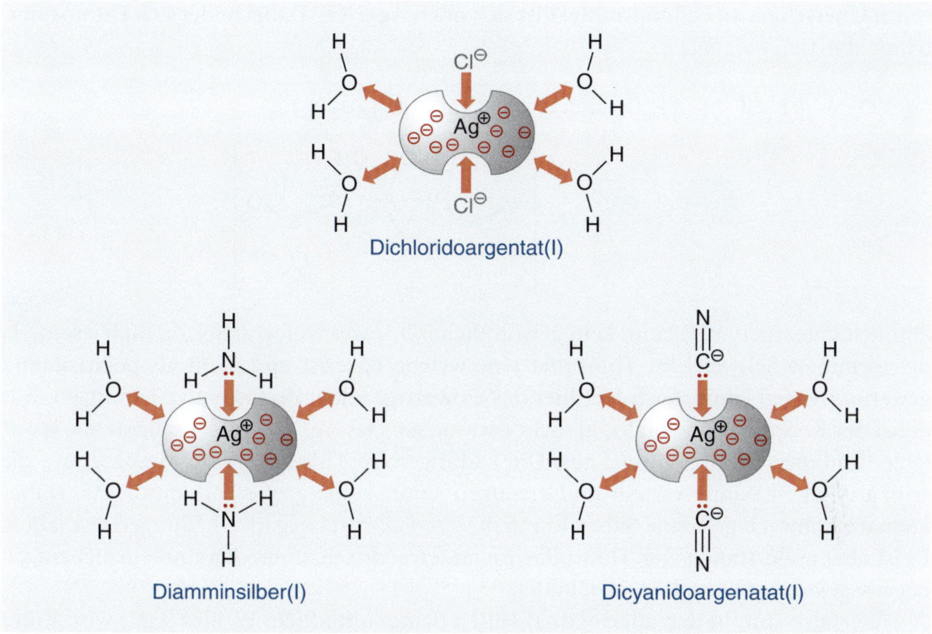

Dichloridoargentat(I)

Diamminsilber(I)

Dicyanidoargenatat(I)

Abb. 7.71 Strukturen der drei wichtigsten „linearen" Deformationskomplexe von Ag^+

Bei der Oxidation von Aldehyden mittels ammoniakalischem Sibernitrat fällt dabei metallisches Silber an. In einem schmalen Reagenzglas bildet dies eine silberne Folie auf der Glasoberfläche. Diese Reaktion wird daher auch Silberspiegelprobe genannt.

Bis auf Silbersulfid lassen sich alle Silberniederschläge durch verdünntes Cyanid in eine Lösung von Dicyanidoargentat(I) überführen:

$$AgCN + CN^- + 4\,H_2O \rightleftharpoons [Ag(CN)_2(H_2O)_4]^-$$

Abb. 7.71 zeigt die drei wichtigsten linearen Ag^+-Deformationskomplexe: Dichloridoargentat(I), Diamminsilber(I) und Dicyanidoargentat(I).

Von den wichtigen Silberniederschlägen lösen sich also AgCl und AgCN im Überschuss an Fällungsmittel. Silberhydroxid löst sich nicht im Überschuss an Alkalilauge, sondern altert zu Ag_2O:

$$Ag^+ + OH^- \rightleftharpoons AgOH\downarrow \qquad 2\,AgOH \rightleftharpoons Ag_2O + H_2O$$

Diese Eigenschaft ist typisch für weiche Metall-Ionen, z. B. bei der Bildung von PbO und Bi_2O_3 nach Fällung mit Alkalihydroxid. Das O^2Ion ist nicht wirklich ein weiches Ion. Aufgrund der Ladungsabstoßung sind die Orbitale im O^2wesentlich größer als im OH^-. Dies verringert die Ladungsdichte. Dadurch ist O^2ein weicheres Ion als OHund koordiniert stabiler an weiche Metallkationen.

Im Überschuss an Fällungsmittel löst sich noch $Ag_2S_2O_3$. Dabei bildet sich Dithiosulfatoargentat(I):

$$Ag_2S_2O_3 + 3\,S_2O_3^{2-} + 8\,H_2O \rightleftharpoons 2\,[Ag(S_2O_3)_2(H_2O)_4]^{3-}$$

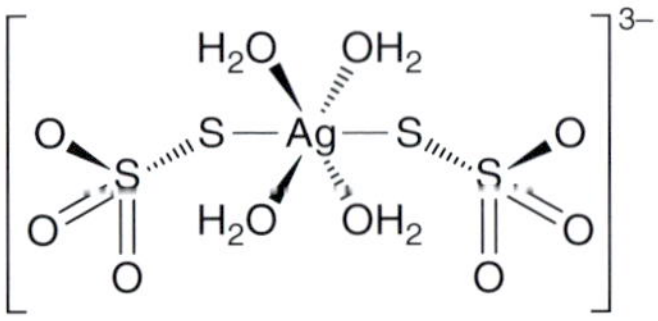

Dithiosulfatoargentat(I) kann kein gewöhnlicher linearer Deformationskomplex sein, da der terminale Schwefel im Thiosulfat eine weiche Base ist und nicht als polarisierend gewertet werden kann. Auch hält hier das einwertige Silber drei negative Ladungen, was es bei der Koordination von Iodid nicht vermochte. Das Ag^+-Ion bildet sehr stabile kovalente Bindungen zum Schwefel aus. Die Ladungen im Thiosulfat sind mesomer auf die sehr großen Moleküle verteilt und erzeugen somit keine große Ladungsdichte. Daher kann das schwach geladene Silber-Ion in diesem Falle drei negative Ladungen festhalten. Es ist aber außerstande vier Thiosulfat-Ionen tetraedrisch zu binden und ein siebenfach negativ geladenes Komplexion zu bilden.

Silbersalze sind in den allermeisten Fällen lichtempfindlich. Weißes AgCl wird unter Einfluss von Sonnenlicht schwarz. Ebenso zersetzen sich Silbernitrat und andere Silbersalze unter Abscheidung von metallischem Silber:

$$2\,AgCl \xrightarrow{h\nu} 2\,Ag + Cl_2 \qquad 2\,Ag_2SO_4 \xrightarrow{h\nu} 2\,Ag + 2\,Ag_2S_2O_8$$

$$AgNO_3 \xrightarrow{h\nu} Ag + NO_3 \qquad 2\,Ag_2O \xrightarrow{h\nu} 4\,Ag + O_2$$

In früheren Jahren war die Belichtung von mit Silberbromid beschichteten Kunststofffolien der Kernprozess der analogen Fotografie. Im Zeitalter der Digitalfotografie kann diese Technik als überholt angesehen werden.

Silber – Bedeutung in Biologie und Medizin

Silber(I)-Ionen wirken bakteriostatisch (sie hemmen das Bakterienwachstum) und gegen manche Bakterienarten auch bakteriozid (sie töten Bakterien ab). Die Wirkung beruht auf der starken Bindung zu reduziertem Schwefel, vor allem zu den SH-Gruppen der Aminosäure Cystein. Einige Enzyme werden dadurch blockiert. In Bakterien werden vor allem solche Eiweißmoleküle angegriffen, die innerhalb der bakteriellen Zellmembran oder auch auf der bakteriellen Zellwand positioniert sind (Lipoproteine). Die strukturelle Integrität der Bakterienzellen wird dadurch stark in Mitleidenschaft gezogen.

Bei Mensch und Tier sind die Auswirkungen weit weniger dramatisch. Schwefelverbindungen im Zellplasma überführen Ag^+-Ionen schnell in schwerlösliches Ag_2S, das ausgeschieden wird. Für Mensch und Tier sind Ag^+-Ionen nur in hoher Konzentration oder über einen langen Expositionszeitraum hinweg giftig. Silbersalze werden daher als Beschichtung für Wundauflagen oder auch für medizintechnische Geräte wie Endoskoptuben benutzt.

7.7.3 Gold

Gold ist in elementarer Form am stabilsten und kommt daher in der Natur hauptsächlich in gediegener (elementarer Form) vor. Gold ist in fast allen Gesteinen in fein verteilter Form vorhanden. Bei der Erosion (Verwitterung) des Gesteins wird es durch Regenwasser oder auch durch Grundwasserströme ausgewaschen. Da es schwerer ist als alle anderen Materialien, sammelt es sich am Grund von Wasserläufen an. Daher findet man Gold in höherer Konzentration in Fluss und Bachläufen. Goldadern im Gestein entstanden oft durch prähistorische Fluss- und Wasserläufe. Dort kann es mechanisch ausgewaschen werden. Auf diese Weise haben Goldsucher in früherer Zeit gearbeitet. Heute stammt der größte Teil des geförderten Golds aus Minen, die mit hohem Kapitaleinsatz arbeiten. Das goldhaltige Gestein wird mechanisch zu Pulver zerrieben und das darin enthaltene Gold anschließend mit chemischen Verfahren isoliert. Eine Methode besteht darin, den Gesteinsstaub mit flüssigem Quecksilber zu digerieren. Das im Gestein enthaltene Gold löst sich dann im Quecksilber und bildet Gold-Amalgam. Quecksilber wird dann bei hoher Temperatur im Hockvakuum destilliert, Gold verbleibt im Rückstand. Dieses Verfahren wird z. T. auch zur Isolierung von Gold aus Flusssanden eingesetzt, woraus hohe Umweltbelastungen resultieren. Die hohe Wertschätzung von Gold beruht zum einen darauf, dass es als Edelmetall sehr beständig ist. Darüber hinaus reagiert es nicht mit Luft, Wasser oder Mineralsäuren und unterliegt praktisch keinerlei Korrosion. Gold ist auch außerordentlich leicht verformbar und damit das ideale Metall für das Kunsthandwerk. Hochreines Feingold wird dabei für die Goldschmiedearbeit kaum verwendet, weil es für diesen Zweck zu weich ist. Goldschmiede arbeiten mit verschiedenen Legierungen im System Kupfer, Silber, Gold, mit geringeren Beimischungen von Palladium und Platin. Je nach Farbton unterscheidet man Rotgold (Kupfergehalt > 50 %), Grüngold (Silbergehalt > 50 %), Gelbgold und Weißgold, wobei Weißgold einen größeren Anteil an Palladium und Platin enthält. Da Gold sehr selten ist, ist der Goldpreis im Vergleich zu anderen Elementen sehr hoch. So liegt ein beachtlicher Teil des der Menschheit zur Verfügung stehenden Goldes als Wertsicherheit in Banktresoren und stiftet dort, zumindest technisch oder ästhetisch gesehen, keinerlei Nutzen.

In chemischen Verbindungen findet man Gold in der Oxidationsstufe +I (d^{10}) und +III (d^8). Alle Verbindungen sind höchst labil und stellen starke Oxidationsmittel dar. Elementares Gold lässt sich umsetzen, indem man es entweder bei hoher Temperatur einer Chlorgasatmosphäre aussetzt oder in Königswasser auflöst:

$$2\,Au + 3\,Cl_2 \longrightarrow 2\,AuCl_3$$

$$HNO_3 + 3\,Cl^- + 3\,H^+ \longrightarrow NO + 3\,Cl^\bullet + 2\,H_2O$$

$$Au + 3\,Cl^\bullet + Cl^- \longrightarrow [AuCl_4]^-$$

$$HNO_3 + 4\,Cl^- + 3\,H^+ + Au \longrightarrow NO + \underset{\text{Tetrachloridoaurat(III)}}{[AuCl_4]^-} + 2\,H_2O$$

Tetrachloridoaurat ist ein diamagnetisches Molekül, mit quadratisch-planarer oder, je nach Auffassung, pseudo-oktaedrischer Koordination, $[AuCl_4(H_2O)_2]^-$. Die Bindungsverhältnisse sind in Abb. 7.72 dargestellt.

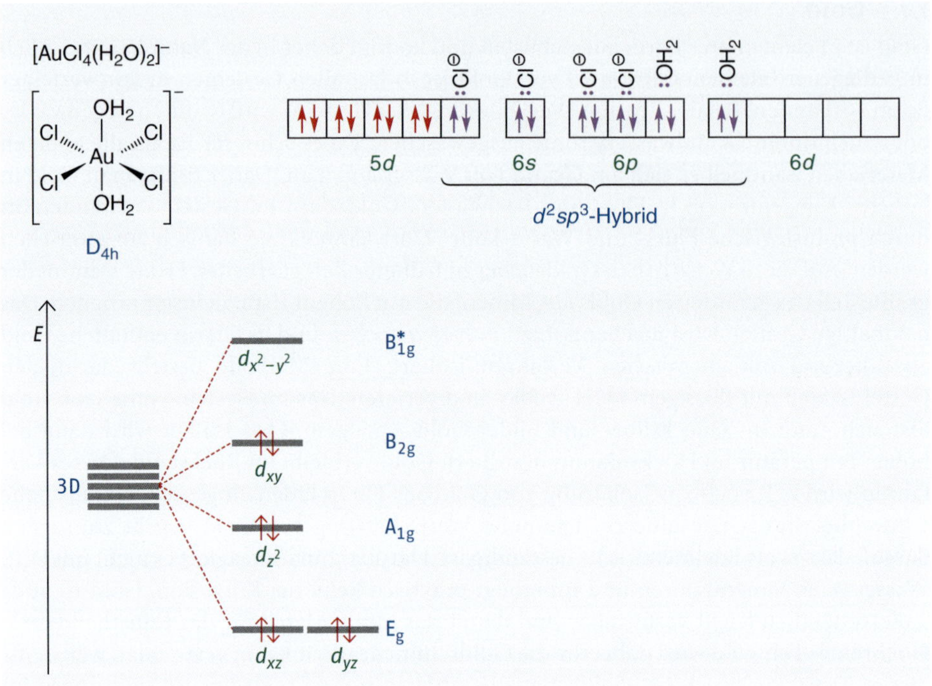

Abb. 7.72 Bindungsverhältnisse von Diaquatetrachloridoaurat(III)

Bei gleicher Oxidationsstufe sind Gold-Ionen noch weichere Lewis-Säuren als Silber und Kupfer-Ionen. Die harten Elektronenpaare des Wassers eignen sich nicht sonderlich zur Koordination mit Orbitalen der Hauptquantenzahl $n = 6$. Daher bildet Gold keine Hexaaquakomplexe. In wässriger Lösung ist $[AuCl_4]$stabil. Mit Ammoniak, Hydroxid und Cyanid ereignen sich Ligandenaustauschreaktionen. Bei Zugabe von Hydroxid fällt zunächst schwerlösliches $Au(OH)_3$ aus, das unter Wasserabspaltung altert und schließlich Au_2O_3 bildet (Abb. 7.73).

Behandelt man $[AuCl_4]$mit Reduktionsmitteln, erhält man sofort einen Niederschlag von schwerlöslichem AuCl. Wird diese Reaktion in konzentrierter Natronlauge durchgeführt, dann entsteht schwerlösliches AuOH:

$$[AuCl_4]^- + SO_3^{2-} + H_2O \longrightarrow 2\,H^+ + SO_4^{2-} + 3\,Cl^- + AuCl\downarrow$$

$$[Au(OH)_4]^- + SO_3^{2-} \longrightarrow H_2O + SO_4^{2-} + OH^- + AuOH\downarrow$$

Versucht man AuOH in Perchlorsäure zu lösen, beobachtet man die spontane Disproportionierung zu elementarem Gold und $[Au(OH)_2(H_2O)_4]^+$. Gold ist als Au^+ eine noch weichere Lewis-Säure als Ag^+ oder Cu^+. Die Koordination von Wasser oder Hydroxid liefert kaum Bindungsenergie. Die Oxidationsstufe +II ist keine gute Alternative, da sie die Säurehärte noch weniger erhöht, als dies bei Ag^+ der Fall war. Die Ablösung von zwei weiteren Elektronen ist aber aufgrund des größeren Atomradius leichter möglich als bei Ag^+. Dadurch steigt die Säurehärte ausreichend, um einen Vorteil gegenüber dem ein-

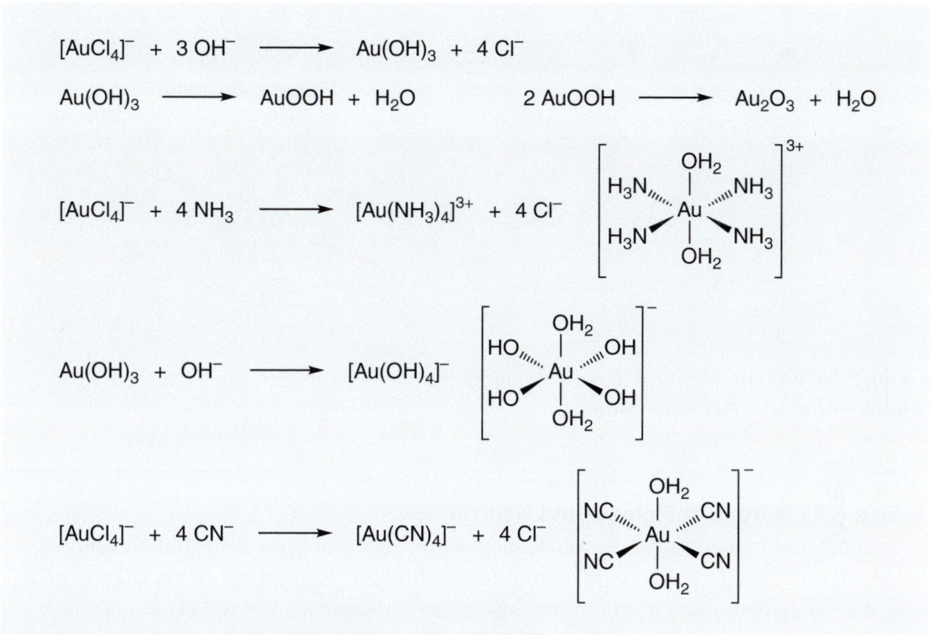

$$[AuCl_4]^- + 3\,OH^- \longrightarrow Au(OH)_3 + 4\,Cl^-$$

$$Au(OH)_3 \longrightarrow AuOOH + H_2O \qquad 2\,AuOOH \longrightarrow Au_2O_3 + H_2O$$

$$[AuCl_4]^- + 4\,NH_3 \longrightarrow [Au(NH_3)_4]^{3+} + 4\,Cl^-$$

$$Au(OH)_3 + OH^- \longrightarrow [Au(OH)_4]^-$$

$$[AuCl_4]^- + 4\,CN^- \longrightarrow [Au(CN)_4]^- + 4\,Cl^-$$

Abb. 7.73 Ligandenaustauschreaktionen von $[AuCl_4]^-$

wertigen Zustand zu erreichen. Im einwertigen Zustand ergibt Gold aber fast nur schwerlösliche Verbindungen. Fügt man KI zu Tetrachloridoaurat zu, so beobachtet man, ähnlich wie bei Cu^{2+}, die Bildung von schwerlöslichem AuI mit Ausscheidung von elementarem Iod:

$$[AuCl_4]^- + 2\,e^- + I^- \longrightarrow AuI + 4\,Cl^-$$

$$2\,I^- \longrightarrow I_2 + 2\,e^-$$

$$[AuCl_4]^- + 3\,I^- \longrightarrow AuI + 4\,Cl^- + I_2$$

Die Au(I)-Salze AuCl, AuBr, AuI und AuOH sind schwerlöslich. Mit Cyanid entsteht eine der wenigen löslichen Gold(I)-Verbindungen. Elementares Gold löst sich in Kaliumcyanidlösung in Gegenwart von Luftsauerstoff.

Bei Dicyanidoaurat(I) handelt es sich um einen typischen, linearen Deformationskomplex (Abb. 7.74). Mittels dieser Komplex-Bildung lassen sich Goldspuren aus zerriebenem Gestein oder aus Flusssand gewinnen. Die Rückgewinnung des Goldes gelingt durch einfaches Erhitzen des Komplexsalzes oder von mit Säure ausgefälltem AuCN. Die meisten Goldverbindungen zersetzen sich bei moderat hoher Temperatur unter Rückbildung des Metalls:

$$2\,AuCN \longrightarrow 2\,Au + NC{-}CN$$

$$4\,Au + O_2 + 4\,H^+ + 8\,CN^- \longrightarrow 2\,H_2O + 4\,[Au(CN)_2]^-$$

Dicyanidoaurat(I)

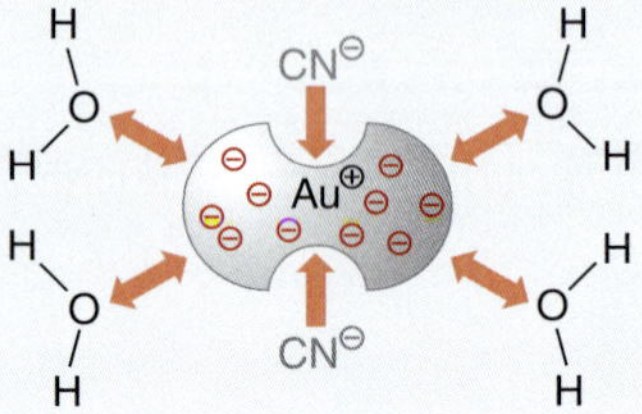

○ **Abb. 7.74** Dicyanidoaurat(I) ist ein linearer Deformationskomplex: Die harte Base CN^- deformiert die Au^+-Elektronenhülle.

Gold – Bedeutung in Biologie und Medizin

Gold hat als physiologisches Spurenelement keine Bedeutung. Als Werkstoff für Zahnfüllungen und Zahnprothesen wird es zum Teil auch heute noch wegen seiner chemischen und mechanischen Beständigkeit hoch geschätzt. Außerdem kann Gold sehr leicht verarbeitet werden.

7.8 Elemente der 2. Nebengruppe

Während die Triade der ersten Nebengruppe im PSE in vielerlei Hinsicht eine Ausnahme bildete, folgen die Elemente der zweiten Nebengruppe wieder artig allen Regeln. Zur zweiten Nebengruppe gehören die Elemente Zink (Zn), Cadmium (Cd) und Quecksilber (Hg). In allen drei Fällen ist die stabilste Oxidationsstufe +II und sie wird nicht überschritten. Sehr instabile Verbindungen kommen bei Zink und Cadmium in der Oxidationsstufe +I vor. Einigermaßen stabil sind sie aber nur im Falle von Quecksilber. In der Oxidationsstufe +II haben alle Metalle d^{10}-Konfiguration die sowohl in Oktaeder als auch im Tetraeder einen nichtentarteten Grundterm mit günstiger A_1-Symmetrie ermöglicht. Die Metalle der 2. Nebengruppe zeigen deutliche Ähnlichkeiten zu den Metallen der 2. Hauptgruppe, also den Erdalkali-Metallen. Die vollbesetzten *d*-Orbitale erlauben die Anwendung der Gillespie-Regeln. Zn^{2+} ist das härteste zweiwertige Nebengruppenmetall-Ion (▸ Kap. 7.8.1) der 4. Periode. Bewegt man sich in der Triade nach unten, so findet man in Hg^{2+} einen typischen Vertreter weicher Lewis-Säuren. Alle drei Metalle bilden wasserlösliche Verbindungen und zeigen daher eine vielseitige und einfach verständliche Chemie in wässriger Lösung.

7.8.1 Zink

Zink (Zn) ist ein unedles Metall und kommt in der Natur am häufigsten in Form von Zinksulfid (ZnS) oder Zinkcarbonat ($ZnCO_3$) vor. Zur Gewinnung überführt man beide Mineralien in Zinkoxid (ZnO) und reduziert sie mit Kohlenstoff:

$$2\,ZnS + 3\,O_2 \xrightarrow[\text{Rösten}]{\Delta} 2\,ZnO + 2\,SO_2 \qquad ZnCO_3 \xrightarrow[\text{Brennen}]{\Delta} ZnO + CO_2$$

$$ZnO + C \xrightarrow[\text{Reduktion}]{\Delta} Zn + CO$$

Zink ist ein graues Metall. An der Luft ist es durch Oberflächenpassivierung mittels ZnO stabil. Zinkoxid reagiert aber basisch. Daher löst sich Zinkpulver in reinem Wasser nicht auf, wohl aber in verdünnten Mineralsäuren unter Entwicklung von Wasserstoffgas:

$$Zn + 2\,H^+ + 6\,H_2O \longrightarrow [Zn(H_2O)_6]^{2+} + H_2$$

Hexaaquazink(II)

Metallisches Zink wird gelegentlich zur Herstellung von Gebrauchsgegenständen (Zinkwannen) benutzt, häufiger setzt man es jedoch als Korrosionsschutzmittel ein. Zink ist gegen Luft und Säure empfindlicher als Eisen. Überzieht man Eisengegenstände mit einer Zinkschicht (Verzinken), korrodiert zuerst Zink, bevor Eisen angegriffen wird. Dadurch entsteht ein sehr wirksamer, wenn auch nur temporärer Korrosionsschutz. Die Legierung mit Kupfer wird als Messing bezeichnet. Zinkpulver wird im Labor häufig als heterogenes Reduktionsmittel eingesetzt.

Zink(II)-Verbindungen

Verbrennt man Zink an der Luft, entsteht Zinkoxid. Dieses ist, wie bereits erwähnt, in verdünnten Mineralsäuren löslich:

$$2\,Zn + O_2 \longrightarrow 2\,ZnO \qquad ZnO + 2\,H^+ + 5\,H_2O \longrightarrow [Zn(H_2O)_6]^{2+}$$

Das Hexaaquazink(II)-Ion ist diamagnetisch und bildet einen Außerorbitalkomplex. Die Bindungsverhältnisse zeigt ○ Abb. 7.75. Man kann sich fragen, warum sich kein tetraedrischer Tetraaquakomplex mit Kryptonkonfiguration bildet. Wasser ist zwar eine harte Base, aber doch nur ein schwacher Ligand, der bei Koordination mit Metall-Ionen wenig Bindungsenergie liefert. Unter diesen Bedingungen liefert die Edelgaskonfiguration keinen großen Vorteil und der Komplex „verbraucht lieber" zwei zusätzliche Bindungsenergien. Der Lösemittelüberschuss des Wassers erzwingt zusätzlich die höhere Koordinationszahl.

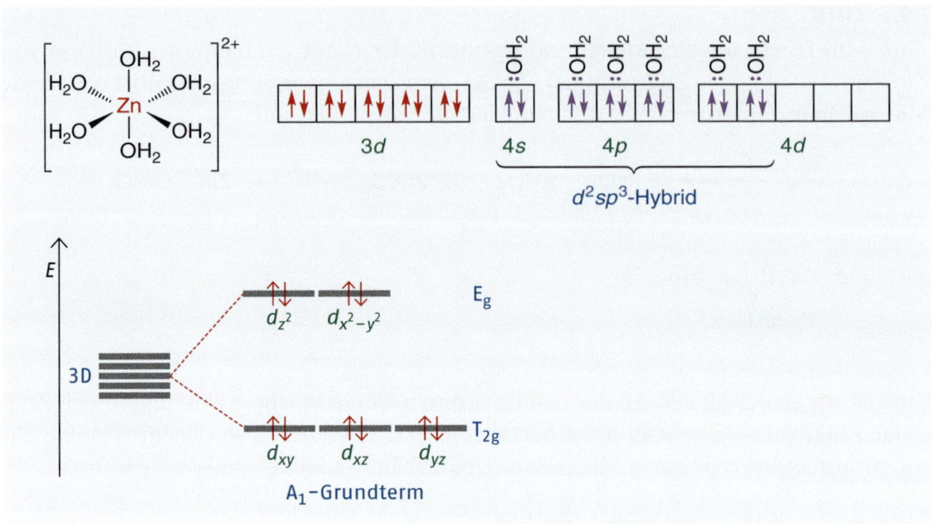

Abb. 7.75 Hexaaquazink(II) ein diamagnetischer Außerorbitalkomplex

Hexaaquazink(II) kann, wie alle harten Metall-Ionen, als Brönsted-Säure reagieren. Neutralisiert man die Lösung auf pH = 7, fällt gallertartiges $Zn(OH)_2$ aus:

$$[Zn(H_2O)_6]^{2+} \rightleftharpoons [ZnOH(H_2O)_5]^+ + H^+$$

$$[ZnOH(H_2O)_5]^+ + OH^- \xrightleftharpoons{pK_L = 16{,}75} Zn(OH)_2 + 5\,H_2O$$

Der Niederschlag löst sich rasch und komplett in schwach alkalischem Wasser wieder auf. Zn^{2+} verhält sich dabei phänomenologisch wie das Al^{3+}-Ion und gehört damit zu den typischen amphoteren Elementen. Dabei bildet sich das vermutlich tetraedrische $[Zn(OH)_4]$und kein pseudo-oktaedrischer Tetrahydroxidodiaquakomplex, wie er für Al^{3+} bei geringer Konzentration typisch ist. Hier bevorzugt Zn^{2+} den symmetrisch günstigeren Komplex mit Kryptonkonfiguration (Abb. 7.76).

In verdünntem Ammoniak bildet sich ein analoger Tetraamminkomplex, in konzentriertem Ammoniak wird ein Hexaammin-Außerorbitalkomplex diskutiert:

$$[Zn(H_2O)_6]^{2+} + 4\,NH_3 \rightleftharpoons [Zn(NH_3)_4]^{2+} + 6\,H_2O$$

Tetraamminzink(II)

$$[Zn(NH_3)_4]^{2+} + 2\,NH_3 \rightleftharpoons [Zn(NH_3)_6]^{2+}$$

Hexaamminzink(II)

So können Zink-Ionen im Ammonium-Ammoniak-Puffer in Lösung gehalten werden, während Aluminium-Ionen in diesem Milieu als $Al(OH)_3$ ausfallen.

Bei Zugabe von Natriumcarbonat zu einer Zinksalzlösung fällt schwerlösliches Zinkcarbonat aus. Zusatz von $(NH_4)_2S$ führt zur Bildung von rein weißem säurelöslichem ZnS. Zinksulfid altert jedoch und bildet zwei mineralische Modifikationen: Wurzit und Zinkblende. Beide lösen sich weniger gut in Säure. Mit Phosphat bildet sich Zinkphosphat, das

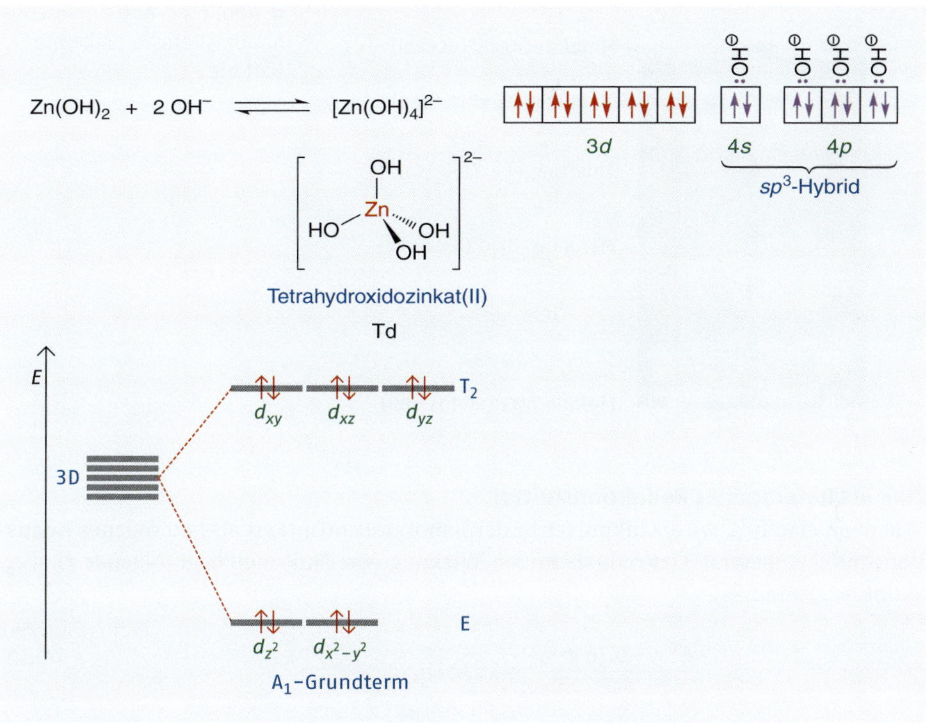

Abb. 7.76 Bindungsverhältnisse von tetraedrischem Tetrahydroxidozinkat(II)

beim Glühen in sehr stabiles Zinkdiphosphat übergeht. Mit Cyanid bildet sich schließlich ein tetraedrischer Tetracyanidozinkat-Komplex mit Kryptonkonfiguration:

$$Zn^{2+} + CO_3^{2-} \xrightleftharpoons{pK_L = 10{,}2} ZnCO_3 \qquad Zn^{2+} + S^{2-} \xrightleftharpoons{pK_L = 23{,}0} ZnS$$

$$Zn^{2+} + HPO_4^{2-} \rightleftharpoons ZnHPO_4 \qquad 2\,ZnHPO_4 \longrightarrow Zn_2P_2O_7 + H_2O$$

$$Zn^{2+} + 4\,CN^- \rightleftharpoons [Zn(CN)_4]^{2-}$$

Zn^{2+} verhält sich damit weitgehend wie das zu Beginn von ▸Kap. 7 beschriebene Modellübergangsmetall. Beim Glühen von Zinkhydroxid oder Zinkcarbonat entsteht weißes Zinkoxid. Schmilzt man dieses mit $Co(NO_3)_2$ zusammen, so entsteht ein nichtstöchiometrisches Oxid mit grüner Eigenfarbe (Rinmanns Grün). Es hat wie Thénards Blau analytische Bedeutung. Außerdem wird es als Malerfarbe verwendet.

$$Co(NO_3)_2 \longrightarrow CoO + NO_3 + NO_2 \qquad x\,CoO + y\,ZnO \longrightarrow Co_xZn_yO_{(x+y)}$$

Rinmanns Grün (x << y)

$$ZnO + Co_2O_3 \longrightarrow ZnCo_2O_4$$

Wurde zu viel $Co(NO_3)_2$ eingesetzt, dann bildet sich ein Spinell auf folgende Weise:
Der Spinell hat eine schwarze Eigenfarbe und verdeckt die Farbe des Rinmanns Grün.

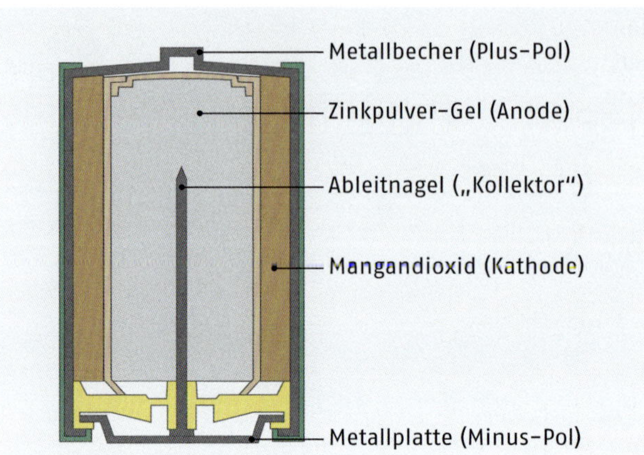

Abb. 7.77 Aufbau einer handelsüblichen Alkaline-Batterie

Zink als heterogenes Reduktionsmittel

Wie oben erwähnt, wird Zinkpulver in der Laboratoriumspraxis als heterogenes Reduktionsmittel eingesetzt. Der reduzierenden Wirkung von Zinkstaub liegt folgende Halbreaktion zugrunde:

$$[Zn(H_2O)_6]^{2+} + 2\,e^- \xrightleftharpoons{E^0 = -0{,}76\ V} Zn + 6\,H_2O$$

Diese Halbreaktion benutzt man in der Organischen Chemie z. B. für die Überführung von Nitroverbindungen in Aminoverbindungen. Sie ist aber in der Elektrochemie noch viel bedeutsamer. Die Oxidation von Zink in Kombination mit der Reduktion von Braunstein wird seit vielen Jahrzehnten zum Aufbau handelsüblicher Taschenlampenbatterien benutzt. Der historisch-klassische Aufbau bedient sich einer wässrigen Elektrolytlösung aus NH_4Cl. Diese Batterien werden als Leclanché-Elemente bezeichnet. Sie wurden jedoch bis heute fast vollständig von den Alkaline-Batterien verdrängt.

In einer Alkaline-Batterie (Abb. 7.77) taucht ein Metallstift in einen Zylinder, der aus einer feuchten Gallerte mit gesättigter KOH und Zinkstaub besteht. Der Zylinder ist mit einem Papier umwickelt, das Wasser und gelöste Ionen durchlässt, die Zinkpartikel aber von der Gegenelektrode separiert. Die Oxidation der Zinkkörner setzt Elektronen frei, die den Metallstift negativ aufladen. Es findet folgender Redoxprozess statt:

$$Zn + 4\,OH^- \rightleftharpoons [Zn(OH)_4]^{2-} + 2\,e^-$$

Für das Potenzial der Zinkelektrode gilt nach der Nernst-Gleichung (▸ Kap. 4.12.2):

$$E_{(Zn)} = E^0_{(Zn)} + \frac{0{,}059}{2} \log \frac{\left[a_{([Zn(OH)_4]^{2-})}\right]}{\left[a^4_{(OH^-)}\right]}$$

$$= E^0_{(Zn)} - 0{,}118 \log a_{(OH^-)} + 0{,}0295 \log \left[a_{([Zn(OH)_4]^{2-})}\right]$$

Ein Überschuss an KOH sorgt dafür, dass die OHIonenaktivität nahezu konstant bleibt. Das Potenzial $E_{(Zn)}$ steigt aber mit der Aktivität von $[Zn(OH)_4]^{2-}$. Der Zylinder mit der

Zinkgallerte wird von einem Mantel aus gepresstem Braunstein MnO_2 umschlossen, der wiederum von einem Metallblech umgeben ist, das den positiven Pol der Batterie bildet. Dort findet folgender Prozess statt:

$$MnO_2 + 2\,e^- + 2\,H_2O \rightleftharpoons Mn(OH)_2 + 2\,OH^-$$

Für das Potenzial der Braunsteinelektrode gilt:

$$E_{(Mn)} = E^0_{(Mn)} + \frac{0{,}059}{2}\log\left[a^2_{(OH^-)}\right] \quad \text{mit } a_{(MnO_2)} = a_{(Mn(OH)_2)} = 1$$

Da die Hydroxid-Ionenaktivität nahezu konstant bleibt, ändert sich das Potenzial der Manganelektrode kaum. Die Potenzialdifferenz zwischen beiden Elektroden bleibt nahezu konstant bei 1,5 V, bis entweder Zink oder Braunstein aufgebraucht sind. Danach sind sie nicht mehr zu regenerieren und müssen entsorgt werden.

Zink – Bedeutung in Biologie und Medizin

Zink-Ionen gehören neben den Eisen-Ionen zu den wichtigsten physiologischen Spurenbestandteilen aus dem Bereich der Nebengruppenelemente. Eisen- und Kupfer-Ionen unterstützen Redoxprozesse. Zink-Ionen wirken als Lewis-Säuren. Sie sind weniger Bestandteil von Coenzymen oder kleineren Hilfsmolekülen, sondern vor allem Bestandteil der großen Proteinkörper. Dabei übernehmen sie vor allem zwei Funktionen. Einerseits wirken sie in Proteinen strukturbildend, indem sie Liganden aus den Aminosäureresten koordinativ binden und damit über Salzbrücken verschiedene Teilstrukturen des Eiweißkörpers man spricht von Domänen untereinander verbinden und in Position bringen. Andererseits liegen Zink-Ionen in aktiven Zentren von Enzymen und nehmen als Lewis-Säure an katalytischen Prozessen teil. Hierbei werden vor allem Hydrolyseprozesse unterstützt, wie die Spaltung von Proteinen in die Aminosäuren. In beiden Fällen binden hauptsächlich der Imidazolrest der Aminosäure Histidin, die SH-Gruppe der Aminosäure Cystein und der Carboxylatrest der Aminosäure Glutaminsäure an das Zn^{2+}-Ion in einer tetraedrischen Koordinationssphäre. Exemplarisch sollen hier einige wichtige Beispiele zinkhaltiger Proteine vorgestellt werden.

Zink-Ionen finden sich in den sogenannten **Zinkfinger-Proteinen** und wirken dort strukturgebend. Die Zink-Ionen halten Polypeptidketten-Schleifen, bestehend aus einer Helix und einer Faltblatt-Domäne, zusammen. Mehrere dieser Schleifen bilden eine kammähnliche Struktur. Diese Zinkfinger-Proteine lagern sich an die DNA und markieren dort die Stellen, an denen die DNA abgelesen werden soll, um die Erbinformation in Proteine zu übersetzen.

Im aktiven Zentrum von Enzymen findet sich Zink in den **Carboxypeptidasen** und im **Thermolysin**. Beide Enzyme spalten die Säureamidbindung in Proteinen hydrolytisch. Die Carboxypeptidase nimmt die Spaltung an bestimmten Stellen innerhalb der Kette vor, Thermolysin spaltet die letzte Aminosäure einer Polypeptidkette ab. Das Zink-Ion koordiniert das dazu nötige Wasser und aktiviert dieses als Nucleophil, indem es die Bindung zu einem Proton lockert. Viele hydrolytisch aktive Enzyme funktionieren auf ähnliche Weise.

In ○ Abb. 7.78 sind die wichtigsten Funktionsprinzipien von Zink-Ionen in Enzymen veranschaulicht.

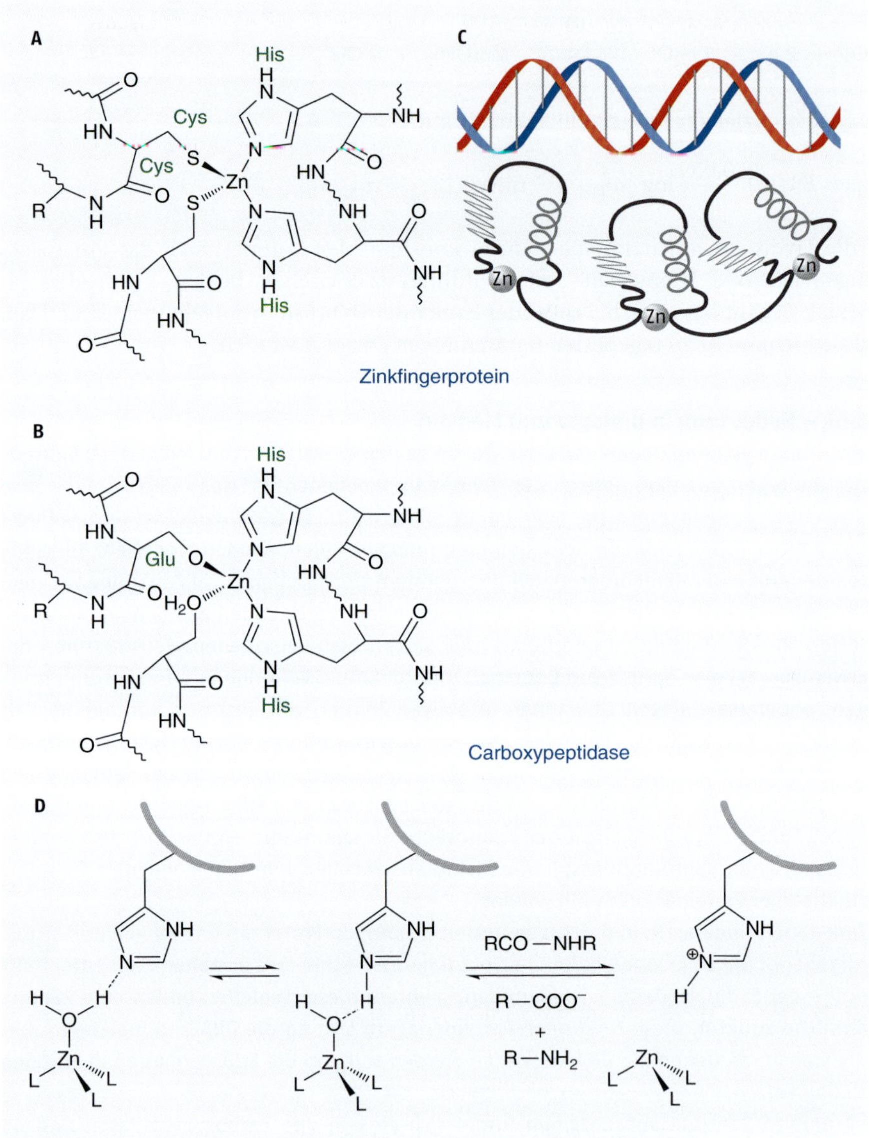

○ **Abb. 7.78** Zink: strukturbildende Einheit im Zinkfingerprotein (A), katalytisch wirksame Einheit in einer Carboxypeptidase (B) sowie Struktur und Wirkung eines Zinkfingerproteins (C) und Aktivierung eines Wassermoleküls zur Vorbereitung einer Peptidspaltung (D)

7.8.2 Cadmium

Cadmium (Cd) findet man in der Natur als Nebenbestandteil zinkhaltiger Mineralien. Es wird zusammen mit Zink durch Reduktion mit Kohlenstoff gewonnen. Cadmium ist edler als Zink und luftstabil. Es löst sich in nichtoxidierenden Mineralsäuren wie HCl, H_2SO_4 oder $HClO_4$ nur sehr langsam. In oxidierenden Mineralsäuren wie HNO_3 löst es sich dagegen schnell. An der Luft verbrennt es zu Cadmiumoxid, das sich in verdünnten Mineralsäuren unter Bildung von Hexaaquacadmium(II) löst:

$$2\,Cd + O_2 \longrightarrow 2\,CdO \qquad CdO + 2\,H^+ + 5\,H_2O \longrightarrow \underset{\text{Hexaaquacadmium(II)}}{[Cd(H_2O)_6]^{2+}}$$

Cd^{2+} bildet viele wasserlösliche Salze. Neben $CdCl_2$, $Cd(NO_3)_2$ und $Cd(ClO_4)_2$ ist auch $CdSO_4$ wasserlöslich. Bei Zugabe von Natronlauge bildet sich ein Niederschlag von $Cd(OH)_2$:

$$[Cd(H_2O)_6]^{2+} + 2\,OH^- \xrightarrow{pK_L = 13{,}9} \underset{\text{Cadmiumhydroxid}}{Cd(OH)_2\downarrow} + 6\,H_2O$$

Im Überschuss von Fällungsmittel löst sich $Cd(OH)_2$ kaum. In gesättigten Alkalihydroxidlösungen bilden sich Spuren von Tetrahydroxidocadmatkomplexen, $[Cd(OH)_4]^{2-}$. Cadmium kann aber im Gegensatz zu Zink nicht zu den typischen amphoteren Elementen gerechnet werden. Hier zeigt sich deutlich der Charakter von Cd^{2+} als weiche Lewis-Säure. In verdünntem und konzentriertem Ammoniak unterbleibt die Fällung von $Cd(OH)_2$, stattdessen bilden sich in verdünntem Ammoniak Tetraammin- und in konzentriertem Ammoniak Hexaamminkomplexe:

$$[Cd(H_2O)_6]^{2+} + 4\,NH_3 \rightleftharpoons \underset{\text{Tetraammincadmium(II)}}{[Cd(NH_3)_4]^{2+}} + 6\,H_2O$$

$$[Cd(NH_3)_4]^{2+} + 2\,NH_3 \rightleftharpoons \underset{\text{Hexaammincadmium(II)}}{[Cd(NH_3)_6]^{2+}}$$

Mit Natriumcarbonat fällt schwerlösliches Cadmiumcarbonat aus:

$$[Cd(H_2O)_6]^{2+} + CO_3^{2-} \xrightleftharpoons{pK_L = 11{,}3} \underset{\text{Cadmiumcarbonat}}{CdCO_3\downarrow} + 6\,H_2O$$

Enthalten Cadmiumsalzlösungen einen Überschuss an Halogenid-Ionen, dann bilden sich tetraedrisch koordinierte Halogenidocadmate:

$$[Cd(H_2O)_6]^{2+} + 4\,Cl^- \rightleftharpoons 6\,H_2O + \underset{\text{Tetrachloridocadmat(II)}}{[CdCl_4]^{2-}}$$

$$[Cd(H_2O)_6]^{2+} + 4\,Br^- \rightleftharpoons 6\,H_2O + \underset{\text{Tetrabromidocadmat(II)}}{[CdBr_4]^{2-}}$$

$$[Cd(H_2O)_6]^{2+} + I^- \rightleftharpoons 6\,H_2O + \underset{\text{Tetraiodidocadmat(II)}}{[CdI_4]^{2-}}$$

Dabei kristallisiert vor allem Cadmiumiodid als **Autokomplexsalz** aus. Im Kristallgitter gibt es zwei symmetrieverschiedene Positionen für das Cd^{2+}-Ion. Die Ladung von Cd^{2+} wird durch tetraedrisch koordinierte $[CdI_4]^2$Ionen ausgeglichen. CdI_2 kann auch als $Cd[CdI_4]$ formuliert werden.

Leitet man H_2S-Gas in eine schwach saure Lösung eines Cd-Salzes ein, dann bildet sich ein Niederschlag von gelbem CdS:

$$H_2S \xrightleftharpoons{pK_L = 20{,}0} 2\,H^+ + S^{2-} \qquad [Cd(H_2O)_6]^{2+} + S^{2-} \xrightleftharpoons{pK_L = 28{,}0} 6\,H_2O + CdS\downarrow$$

Für den Zusammenhang zwischen Cd^{2+}-Sättigungskonzentration und pH-Wert erhält man aus der Kopplung beider Gleichgewichte:

$$a_{(Cd^{2+})} = \frac{K_L}{K_S} \cdot \frac{a^2_{(H^+)}}{a_{(H_2S)}}$$

Gleichung 7.5

Die Cadmium-Sättigungsaktivität in einer 0,1-molaren Mineralsäure beträgt demnach in einer gesättigten H_2S-Lösung ($a_{(H_2S)} = 0{,}1$):

$$a_{(Cd^{2+})} = \frac{K_L}{K_S} \cdot \frac{a^2_{(H^+)}}{a_{(H_2S)}} = \frac{10^{-28}}{10^{-20}} \cdot \frac{10^{-2}}{10^{-1}} = 10^{-9}$$

Gleichung 7.6

Gelbes Cadmiumsulfid wird oft als Maler- und Anstrichfarbe benutzt, z. B. bei Briefkästen und Postautos.

Gibt man etwas Cyanid zu einer Cadmiumsalzlösung, so fällt sofort $Cd(CN)_2$ aus, das sich im Überschuss von Fällungsmittel wieder löst:

$$[Cd(H_2O)_6]^{2+} + 2\,CN^- \rightleftharpoons 6\,H_2O + Cd(CN)_2\downarrow$$

$$Cd(CN)_2 + 2\,CN^- \rightleftharpoons [Cd(CN)_4]^{2-}$$

Der Tetracyanidocadmatkomplex, $[Cd(CN)_4]^{2-}$, hat Xenonkonfiguration. Cd^{2+} ist sp^3-hybridisiert und bildet ein tetraedrisches Koordinationspolyeder mit Tetraedersymmetrie. Dennoch ist der Komplex nicht sonderlich stabil. Cyanid gilt als harte Base, während Cadmium schon eine relativ weiche Säure ist. Leitet man H_2S in eine Lösung von Tetracyanidocadmat, dann fällt gelbes CdS aus:

$$[Cd(CN)_4]^{2-} + H_2S \longrightarrow CdS\downarrow + 2\,HCN + 2\,CN^-$$

Die Fällung von CdS aus cyanidhaltiger Lösung hat Bedeutung zur technischen Cadmium-Abtrennung von anderen Übergangsmetallen, z. B. von Kupfer.

Cadmium – Bedeutung in Biologie und Medizin

Im Gegensatz zu Zink ist Cadmium kein lebensnotwendiges Spurenelement, sondern ein problematisches Gift. Unser Körper produziert eine Gruppe kleiner Proteine, deren Aminosäureeinheiten keine aromatischen Reste, dafür aber sehr viele Cysteineinheiten mit SH-Gruppen in den Resten enthalten: die Metallothioneine. Wird Cd^{2+} durch die Nahrung aufgenommen, dann reagiert der Körper mit einer erhöhten Synthese von Metallothioneinen. Diese binden Cd^{2+} und andere Schwermetallkationen und transportieren sie komplexgebunden zur Niere. Dort werden sie an der Nierenmembran zurückgehalten und im umgebenden Gewebe abgebaut. Die Schwermetalle werden dabei freigesetzt und führen zu starken Nierenschäden. Cd^{2+} reagiert häufig anstelle von Ca^{2+} in Proteinen und Ionentransportkanälen und wirkt dadurch zellschädigend.
Cadmium wird in der Nahrungskette zunehmend zu einem Umweltproblem. Vor allem Phosphat-Kunstdünger sind häufig zu stark mit Cadmium belastet. Bei intensiver Düngung reichert sich Cadmium im Boden an und gelangt über die Pflanzen in die Nahrungskette sowie in das Grundwasser.

7.8.3 Quecksilber

Quecksilber (Hg) ist das einzige Metall, das bei Raumtemperatur flüssig ist. Zunächst ist das nicht schwer zu verstehen. Elementares Quecksilber hat die Elektronenkonfiguration Xe + $5d^{10}6s^2$. Alle Elektronen sind gepaart und bewegen sich in kugelsymmetrischen Orbitalen. Aufgrund der hohen Konfigurationssymmetrie (K_h = Kugelgruppe) zeigt Hg^0 keine Neigung, kovalente Bindungen einzugehen. Dieses Argument kann jedoch auf alle Erdalkalimetalle sowie auf die Elemente Zn und Cd gleichermaßen anwendet werden. Bekanntermaßen sind diese Metalle aber nicht flüssig. Dazu betrachtet man die Schmelz- und Siedepunkte einiger ausgewählter Metalle in ◘ Tab. 7.2 und vergleichen die Elemente der zweiten Nebengruppe mit den Elementen der zweiten Hauptgruppe sowie mit den Elementen der achten und der ersten Nebengruppe.

In einem einfachen Modell der metallischen Bindung (○ Abb. 1.4, ▸ Kap. 1.2.2) geben die Metallatome ihre Valenzelektronen an das Vakuum ihrer Umgebung ab. Leere Orbitale bedeuten aber eine günstige Symmetrie. Es entsteht ein Gas frei beweglicher Elektronen. Dieses Elektronengas hält die Metallkationen zusammen. In einer verfeinerten Vorstellung geht man davon aus, dass die Valenzorbitale benachbarter Metallatome überlappen. Treten N Metallatome zu einem Kristall zusammen, dann ergeben sich für die Valenzelektronen $N/2$ bindende Molekülorbitale und $N/2$ antibindende Molekülorbitale. Diese Zustände liegen dann sehr dicht beieinander und bilden Orbitalenergiebänder. Dieses Modell wurde bereits bei der Beschreibung von Halbleiterkristallen verwendet (▸ Kap. 5.4.2, ○ Abb. 5.16). ○ Abb. 7.79 zeigt u. a. die Molekülorbitale eines Lithiumkristalls sowie eines hypothetischen wie auch eines realen Berylliumkristalls nach dem verfeinerten Elektronengasmodell.

Im Lithiumkristall (○ Abb. 7.79 A) bilden die s-Orbitale ein bindendes Band von Energiezuständen (s-Valenzband) und ein antibindendes Band von Energiezuständen (s^*-Leitband). Das Valenzband ist mit Elektronen voll besetzt, das Leitband ist leer. Beide Ener-

Tab. 7.2 Schmelzpunkte (Smp.) und Siedepunkte (Sdp.) ausgewählter Metalle sowie Einfluss der Elektronenkonfiguration auf die Stabilität der Kristalle

Elektronen-konfiguration	$ns^2(n-1)d^0$ K_h	$ns^2(n-1)d^6$	$ns^2(n-1)d^7$	$ns^2(n-1)d^8$	$ns^1(n-1)d^{10}$ K_h	$ns^2(n-1)d^{10}$ K_h
Element	**Ca**	**Fe**	**Co**	**Ni**	**Cu**	**Zn**
Smp. /°C	845	1540	1500	1450	1080	420
Sdp. /°C	1480	3070	3100	2730	2600	910
Element	**Sr**	**Ru**	**Rh**	**Pd**	**Ag**	**Cd**
Smp. /°C	770	2450	1960	1550	960	320
Sdp. /°C	1385	4150	3670	2930	2210	770
Element	**Ba**	**Os**	**Ir**	**Pt**	**Au**	**Hg**
Smp. /°C	730	3050	2450	1770	1035	−40
Sdp. /°C	1700	5020	4530	3830	2660	360

giebänder überlappen, die Elektronen können deshalb auch bei sehr tiefen Temperaturen durch thermische Energie vom Valenzband in das Leitband wechseln und sind daher im ganzen Kristall beweglich: Man beobachtet metallische Leitfähigkeit.

Gibt es eine kleine Energielücke zwischen beiden Bändern (Abb. 7.79 B), dann ist entweder erhöhte Temperatur oder Bestrahlung mit Licht nötig, um Elektronen vom bindenden Valenzband in das antibindende Leitband zu heben. Da sie nur dort beweglich sind, ist die elektrische Leitfähigkeit bei tiefer Temperatur im Dunkeln gering. Sie steigt mit erhöhter Temperatur oder durch Bestrahlung mit Licht. In diesem Fall spricht man von einem Halbleiter. Beispiele für solche Halbleiter sind Silicium und Germanium.

Ist die Energielücke zwischen beiden Bändern sehr groß (Abb. 7.79 C), dann kommen unter Normalbedingungen keine Elektronen mehr in das Leitband. Sie verharren im Valenzband. Die Atome sind durch kovalente Bindungen miteinander verknüpft. Man spricht von einem Isolator. Ein typisches Beispiel ist der Diamant.

Betrachtet man nun Beryllium (Abb. 7.79 D, E), dann gibt es im Kristall ein vollbesetztes *s*-Band und ein vollbesetztes *s**-Band. Daher wäre ein Bindungsgrad von 0 zu erwarten und Beryllium müsste ein flüchtiges Gas sein. Hätte es ein höheres Atomgewicht, müsste es bei Normalbedingungen flüssig sein. Beryllium hat aber einen Schmelzpunkt von 1280 °C und siedet bei 2480 °C. Es handelt sich um ein durchaus stabiles Metall. Das Berylliumatom besitzt noch *p*-Valenzorbitale. Diese bauen drei bindende *p*-Bänder und drei antibindende *p**-Bänder auf. Die Elektronen des antibindenden *s**-Bands fallen in die bindenden *p*-Bänder, die nur teilweise mit Elektronen gefüllt sind. Man erhält daher einen Bindungsgrad > 0 und einen direkten Übergang von besetzten zu unbesetzten Zuständen und damit ein typisches metallisches Elektronengas. Selbstverständlich existieren die *p*- und *p**-Bänder auch bei Lithium. Für die Erklärung der metallischen Eigenschaften von Lithium sind sie aber nicht unbedingt notwendig.

Schmelzpunkte (Tab. 7.2) können als qualitatives Maß für die Stärke der Wechselwirkung zwischen Metall-Ionen und Elektronengas auffasst werden. Die Siedepunkte geben

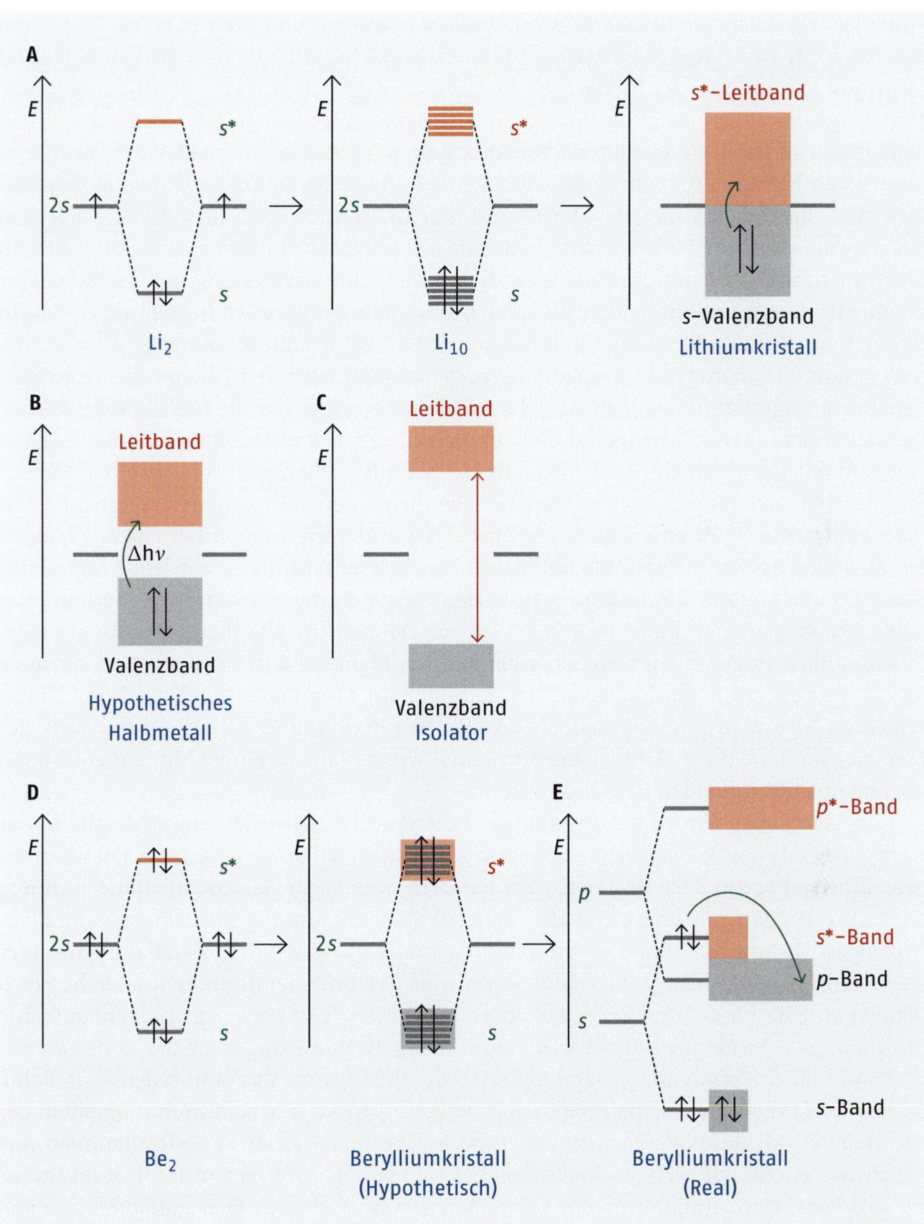

Abb. 7.79 Elektronengasmodell für ein Metall (Lithium) (A), für ein hypothetisches Halbmetall (B) und einen Isolator(C); Elektronenzustände für hypothetisches Beryllium (D) und reales Beryllium (E) nach Berücksichtigung aller Valenzorbitale

7

Hinweise, wie leicht sich isolierte Atome bilden können. Die Daten in ◘ Tab. 7.2 eignen sich daher für viele interessante Betrachtungen. Zunächst fällt auf, dass die Schmelz- und Siedepunkte innerhalb der Reihen Fe < Ru < Os, Co < Rh < Ir, Ni < Pd < Pt usw. zunehmen. Höhere Atommassen erhöhen immer die Schmelz- und Siedepunkte, wenn der Effekt nicht durch andere Einflüsse überlagert wird. Bewegt man sich innerhalb einer Periode zu schwereren Elementen, dann sinken die Schmelz- und Siedepunkte. Davon ausgenommen sind die Erdalkalimetalle. Der Grund hierfür ist auch sehr einfach. Wie aus dem Diagramm in ◉ Abb. 7.79 D ersichtlich, tragen vollbesetzte Orbitale eines Metalls auch im Elektronengas nichts zum Bindungsgrad bei, wenn keine energieärmeren Orbitalbänder die Elektronen in antibindenden Zuständen übernehmen können. Bewegt man sich im PSE z. B. von Eisen in Richtung Kupfer, so werden die *d*-Orbitale in immer größerem Ausmaß gefüllt und damit sinkt die Zahl der ungepaarten Elektronen, die im Elektronengas den Bindungsgrad erhöhen. Der Anteil des Elektronengases, der die Metallatome zusammenhalten kann, wird geringer, daher schmelzen die Metalle leichter. Man beobachtet einen Abfall der Schmelz- und Siedepunkte bei allen Elementen der zweiten Nebengruppe, aber auch jedoch nicht so stark bei den Elementen der zweiten Hauptgruppe. Für die Elemente Ca, Sr, Ba einerseits sowie Zn, Cd, Hg andererseits gilt innerhalb der Triaden ein Absinken der Schmelzpunkte und damit eine immer schwächer werdende Metallbindung. Da alle Metalle zumindest im isolierten Zustand eine s^2-Elektronenkonfiguration haben, kann man Beryllium (◉ Abb. 7.79 E) als Modell für alle diese Metalle nehmen. Offensichtlich tragen die *p*-Orbitalbänder bei den Elementen der zweiten Nebengruppe immer weniger zum Bindungsgrad bei, je höher ihr Quantenzustand wird. Im Unterschied zu Li und Be müssen jedoch bei der Beschreibung des Bindungszustands der Metalle aber noch die *d*-Orbitale berücksichtigt werden, die zu einem bindenden *d*-Band und einem antibindenden d^*-Band führen.

In ◉ Abb. 7.80 A wird die Aufspaltung der Atomorbitalenergien eines Metalls in der vierten Periode des PSE skizziert, das durch Nachbarmetallatome gestört ist. Diese Atomorbitalniveaus verbreitern sich zu Energiebändern, wenn sich viele Metallatome zu einem Kristall vereinigen. Die Energiebänder bieten dann den Raum für die Elektronen im Elektronengas. Nimmt man an, dass die Bindungskräfte zwischen den Metallatomen dieser leichteren Elemente relativ stark sind, dann wird der Energieunterschied zwischen bindenden und antibindenden Energiebändern im Vergleich zu schwereren Metallen relativ groß sein. Das bindende *s*-Band wird somit energetisch günstiger als das antibindende d^*-Band und das bindende *p*-Band energetisch günstiger als das antibindende s^*-Band. ◉ Abb. 7.80 D zeigt die Aufspaltung der Orbitalenergien bei den schwereren Metallen der sechsten Periode des PSE. Dort sind die Bindungskräfte zwischen den Metallatomen vergleichsweise schwach, weil das Elektronengas weit von den Kernen entfernt ist und positiv geladene Atomrümpfe nur ein schwaches elektrostatisches Feld aufbauen können. Folglich wird der Energieunterschied zwischen bindenden und antibindenden Energiebändern, die aus demselben Atomorbitaltyp herkommen, geringer. Wie in ◉ Abb. 7.80 D zu erkennen ist, wird dadurch das antibindende d^*-Band energieärmer als das bindende *s*-Band, und das antibindende s^*-Band wird energieärmer als das bindende *p*-Band.

Beim Vergleich der Metalle der zweiten Hauptgruppe und der zweiten Nebengruppe fällt auf, dass die Elektronen, die das Elektronengas aufbauen, ursprünglich aus dem ns^2-Zustand (n = Hauptquantenzahl der Valenzelektronen) der isolierten Atome kommen. Bei den Metallen der zweiten Hauptgruppe sind die fünf *d*-Zustände des (n–1)-Niveaus leer. Diese bauen aber im Kristall das energieärmste bindende *d*-Band auf, das alle *s*-Elek-

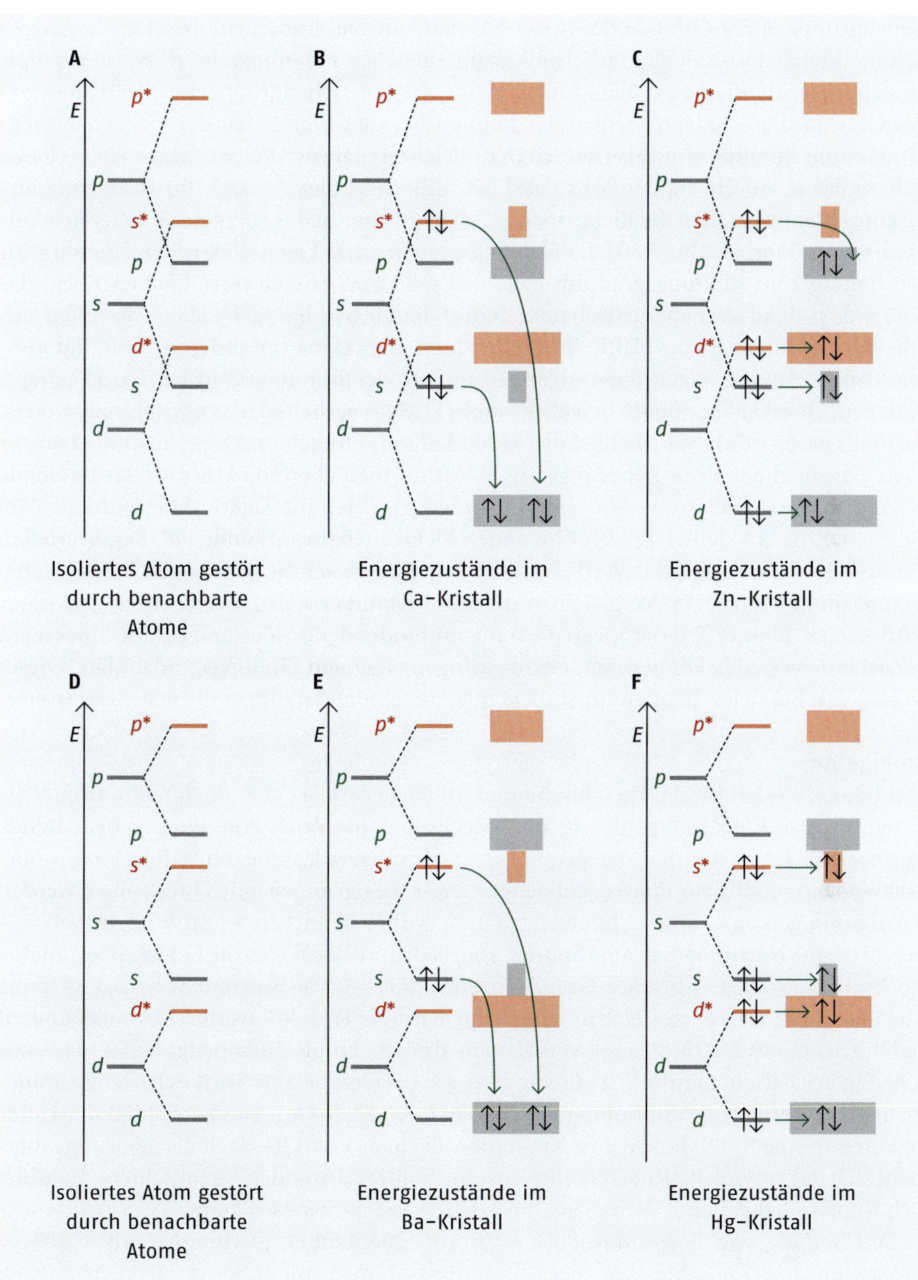

Abb. 7.80 Orbitalschemata und Energiebänder eines isolierten Atoms (A) und von Ca (B), Ba (C) sowie Zn (D) und Hg (E)

tronen übernehmen kann. Sowohl bei Calcium als auch bei Barium muss kein Valenzelektron in einem antibindenden Zustand untergebracht werden. Daher haben beide Metalle ihren maximal möglichen Bindungsgrad und zeigen die üblichen Metalleigenschaften (Abb. 7.80 B und E). Im Unterschied dazu sind bei den Metallen der zweiten

Nebengruppe alle *d*-Orbitale des (*n*–1)-Niveaus mit Elektronen voll besetzt. Vereinigen sich die Metallatome zu einem Kristall, dann entstehen ein bindendes *d*- sowie ein antibindendes *d**-Band, die bei allen Metallen der zweiten Nebengruppe mit Elektronen voll besetzt sind. Die *d*-Elektronenbänder können bei den Elementen der zweiten Nebengruppe zum Bindungsgrad also keinen Beitrag leisten. Die ns^2-Valenzelektronen verteilen sich zunächst auf ein bindendes *s*- und ein antibindendes *s**-Band. Im Falle von Zink (leichtes Element) fallen die Elektronen im *s**-Band aber in das energetisch tiefer liegende bindende *p*-Band (o Abb. 7.80 C). Folglich leisten fast alle Valenzelektronen einen positiven Beitrag zum Bindungsgrad. Im Falle von Quecksilber (schweres Element) liegt das bindende *p*-Band aber energetisch über dem *s**-Band (o Abb. 7.80 F). Daher verteilen sich alle Valenzelektronen zur Hälfte im bindenden *s*-Band und zur anderen Hälfte im antibindenden *s**-Band. Nach diesem Modell müsste der Bindungsgrad bei Quecksilber 0 betragen, Quecksilber müsste sich also wie ein Edelgas verhalten (das schwerere Radon ist ebenfalls gasförmig). Natürlich ist dieses Modell sehr einfach und beschreibt die natürlichen Gegebenheiten nur näherungsweise. Nimmt man aber an, dass sich das bindende *p*-Band in allen Fällen mit dem antibindenden *s**-Band überlagert, dann wird sich im Falle von Zink ein kleiner Teil der bindenden Elektronen im antibinden *p**-Band verteilen können. Der Bindungsgrad wird damit geringfügig geschwächt, was den relativ tiefen Schmelzpunkt von Zn im Vergleich zu anderen Metallen erklärt. Im Fall von Quecksilber wird sich ein kleiner Teil der Elektronen im anitbindenden *s**-Zustand auf die bindenden *p*-Zustände verteilen können, was einen geringen positiven Bindungsgrad erklärt. Dieser ist aber erst bei tiefer Temperatur stark genug, um einen Metallkristall entstehen lassen.

Amalgame

Das Bändermodell für das metallische Elektronengas erklärt aber noch mehr als nur die Tatsache, dass Quecksilber flüssig ist. Quecksilber hat noch eine weitere bedeutende Eigenschaft. Es ist mit den meisten anderen Metallen fast unbegrenzt mischbar, wobei homogene, metallische Phasen entstehen. Diese Legierungen mit Quecksilber werden **Amalgame** genannt. Ein wichtiges Amalgam wurde bereits in ▸ Kap. 5.1.2 (o Abb. 5.2) beschrieben: Natriumamalgam. Spuren von Natrium lösen sich in Quecksilber analog Kochsalz in Wasser. Ab einer Grenzkonzentration > 1,5 % Natrium wird das gesamte Metallgemisch fest. Festes Natriumamalgam wird als Reduktionsmittel benutzt und ist stabiler als reines Natrium. Zink verhält sich ähnlich. Festes Zinkamalgam hat mechanische Eigenschaften, die ähnlich günstig sind wie bei Gold. Daher wird es in der Zahnmedizin als Material für Zahnfüllungen eingesetzt. Amalgam mit Gold spielt bei der Goldgewinnung eine Rolle. Taucht eine Kupferoberfläche in eine Quecksilbersalzlösung, überzieht sich das rotviolette Kupfer sofort mit einer silberglänzenden Metallschicht. Es bildet sich Kupferamalgam, mit dem man Quecksilbersalze nachweisen kann.

Die Bildung von Legierungen ist nicht auf Quecksilber beschränkt: z. B. Cu/Sn = Bronze und Cu/Zn = Messing. Bei Mischungssystemen mit anderen Metallen müssen jedoch höhere Ansprüche an die Art der Komponenten und die Mischungsverhältnisse eingehalten werden. Quecksilber ist als Legierungskomponente mit Abstand am vielseitigsten. Warum ist das so?

Quecksilber ist flüssig, weil das Energieband mit der höchsten Energie, das noch mit Elektronen besetzt ist, aus antibinden Zuständen besteht (*s**-Band); daher verringern Elektronen, die alle bindend sein sollten, den Bindungsgrad. Gibt man in einen Hg-Kristall bei $T < -40\,°C$ fremde Metallatome ein, so bringen diese Atome unbesetzte Orbital-

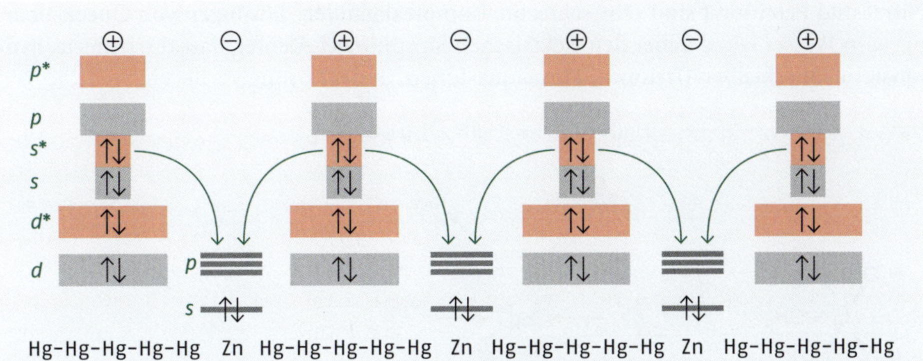

Abb. 7.81 Stabilisierende Wirkung von Zink-Ionen auf das Kristallstruktur von Quecksilber

zustände in das System ein, die energetisch deutlich tiefer liegen als die Energiebänder im Hg-Kristall. Die Elektronen aus dem *s**-Band können von dort abgezogen werden und diese Zustände auffüllen. Dadurch wird der Bindungsgrad erhöht und die Fremdatome wirken im Kristallverband der Hg-Atome wie ein Klebstoff. Abb. 7.81 zeigt die Wirkung des Elektronentransfers am Beispiel von Zinkamalgam.

In anderen Legierungssystemen kann der Bindungsgrad des Kristalls auch erhöht werden, wenn neue Zustände in ein Kristallsystem eingebracht werden. Die Ansprüche an Struktur und Art der Komponenten ist aber höher. Der Bindungszustand im flüssigen Quecksilber ist jedoch aus der Sicht eines metallischen Kristalls so ungünstig, das fast jede Alternative den Kristallverband stabilisiert. Obwohl das Metallgitter im Falle von Quecksilber außerordentlich labil ist, ist Quecksilber ein relativ edles Element. Reines Quecksilber reagiert nicht mit Luftsauerstoff, nicht mit Wasser oder nichtoxidierenden Mineralsäuren. Wegen seiner chemischen Beständigkeit und seiner hohen Dichte von 13,5 g/mL wird es als Füllmaterial von Barometern oder Überdruckventilen benutzt. Der thermische Ausdehnungskoeffizient ist in flüssigem Quecksilber über einen großen Temperaturbereich konstant. Daher eignet sich Quecksilber auch als Füllmaterial für Thermometer. Da jedoch Quecksilberdämpfe giftig sind, wurden für alle diese Anwendungen Ersatzstoffe gefunden.

Hg(II)-Verbindungen

Flüssiges Quecksilber löst sich schnell und vollständig in halbkonzentrierter Salpetersäure. Dabei entsteht Quecksilber(II)-nitrat:

$$Hg \longrightarrow Hg^{2+} + 2\,e^-$$

$$HNO_3 + 3\,e^- + 3\,H^+ \longrightarrow NO + 2\,H_2O$$

$$3\,Hg \longrightarrow 3\,Hg^{2+} + 6\,e^-$$

$$2\,HNO_3 + 6\,e^- + 6\,H^+ \longrightarrow 2\,NO + 4\,H_2O$$

$$2\,HNO_3 + 3\,Hg + 6\,H^+ \longrightarrow 2\,NO + 4\,H_2O + 3\,Hg^{2+}$$

Nitrat und Perchlorat sind sehr schlechte Komplexliganden. Lösungen von Quecksilbernitrat in Wasser leiten daher den elektrischen Strom, was bedeutet, dass dissoziierte, hydratisierte Quecksilber(II)-Ionen, Hexaaqua-Ionen, in der Lösung vorliegen:

$$Hg^{2+} + 6\,H_2O \longrightarrow [Hg(H_2O)_6]^{2+} = [Hg(H_2O)_2(H_2O)_4]^{2+}$$

Wassermoleküle sind sehr harte Lewis-Basen und deformieren die weichen Quecksilber-Ionen. Es kommt zur Ausbildung von Deformationskomplexe. Die Struktur dieser Komplexe ist linear, wenn man die vier außerordentlich schwach gebundenen Wassermoleküle in der tetragonalen Oktaederebene als Bestandteil des Lösemittelkäfigs betrachtet. Derart hydratisiertes Quecksilber ist jedoch außerordentlich instabil. Sobald man etwas stärkere Liganden anbietet, bilden sich wasserlösliche Neutralkomplexe:

$$[Hg(H_2O)_6]^{2+} + 2\,Cl^- \rightleftharpoons [HgCl(H_2O)_4] + 2\,H_2O$$

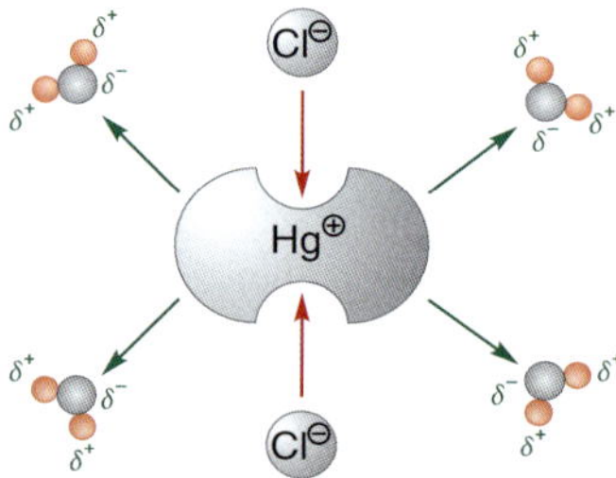

$$[Hg(H_2O)_6]^{2+} + 2\,CH_3COO^- \rightleftharpoons [Hg(CH_3COO)_2(H_2O)_4] + 2\,H_2O$$

Lösungen von $HgCl_2$ und $Hg(OAc)_2$ zeigen eine verschwindend kleine elektrische Leitfähigkeit. Dies zeigt, dass sie in Form von Neutralkomplexen vorliegen. Auch sind sie in organischen Lösemitteln wie Alkohol häufig besser löslich als in Wasser. Gibt man zu einer wässrigen Lösung von Quecksilber(II)-nitrat einen weichen Komplexliganden wie beispielsweise Iodid hinzu, dann kann sich kein linearer Deformationskomplex bilden, da die weiche Lewis-Base Idie *d*-Orbitale des Quecksilbers nicht deformieren kann. Wird Iodid im Unterschuss zugegeben, dann bildet sich ein HgI_2-Niederschlag. Dieser löst sich im Überschuss von Fällungsmittel zu tetraedrisch koordiniertem Tetraiodidomercurat(II):

$$[Hg(H_2O)_6]^{2+} + 2\,I^- \rightleftharpoons 6\,H_2O + HgI_2\downarrow$$

$$HgI_2 + 2\,I^- \rightleftharpoons [HgI_4]^{2-}$$

Tetraiodidomercurat(II)

Tetraiodidomercurat ist ein sehr stabiler Komplex, in dem Quecksilber Radonkonfiguration besitzt. Es ist eine typische, stabile Kombination einer weichen Lewis-Säure (Hg^{2+}) mit einer weichen Lewis-Base (I^-).

Gibt man Natronlauge zu einer Lösung von Quecksilber(II)-nitrat, dann fällt zuerst $Hg(OH)_2$ aus, das rasch zu HgO altert:

$$[Hg(H_2O)_6]^{2+} + 2\,OH^- \rightleftharpoons 6\,H_2O + Hg(OH)_2\downarrow \quad Hg(OH)_2 \longrightarrow HgO + H_2O$$

Das Oxid-Ion (O^{2-}) ist keine wirklich weiche Base, aber weicher als das OH^-, weil die freien Orbitale im Oxid durch die Abstoßung der negativen Ladung wesentlich größer als im Hydroxid sind. Daher kann das Oxid-Ion durch das weiche Quecksilber wirksam stabilisiert werden. HgO ist unlöslich in Wasser, während andere Metalloxide, z. B. Natriumoxid, mit Wasser heftig reagieren; wieder andere sind zumindest hygroskopisch und gehen bei Kontakt mit Wasser in Hydroxide. Bei Zugabe von Natriumcarbonat zu Quecksilbernitrat bildet sich ebenfalls kein Quecksilbercarbonat, sondern Quecksilberoxid:

$$CO_3^{2-} + H_2O \rightleftharpoons HCO_3^- + OH^- \quad [Hg(H_2O)_6]^{2+} + 2\,OH^- \longrightarrow HgO + 7\,H_2O$$

Bei Einleiten von Schwefelwasserstoff fällt schwerlösliches HgS auch aus schwach saurer Lösung aus:

$$[Hg(H_2O)_6]^{2+} + H_2S \xrightleftharpoons{pK_L = 52{,}0} 6\,H_2O + 2\,H^+ + HgS\downarrow$$

Die Sättigungsaktivität von Hg^{2+} bleibt dabei nahezu unendlich klein. In 0,1-molarer Perchlorsäure ergibt sich für die Hg^{2+}-Gleichgewichtsaktivität unter einer H_2S-Gasatmosphäre mit $a_{(H_2S)} = 0{,}1$:

Gleichung 7.7

$$a_{(Hg^{2+})} = \frac{K_L}{K_S} \cdot \frac{a^2_{(H^+)}}{a_{(H_2S)}} = \frac{10^{-52}}{10^{-20}} \cdot \frac{10^{-2}}{10^{-1}} = 10^{-33}$$

Wird $HgCl_2$ in einem Ammonium-Ammoniak-Puffer gelöst, dann erhält man einen weißen Niederschlag, der als **schmelzbares Präzipitat** bezeichnet wird:

$$[HgCl_2] + 2\,NH_3 \longrightarrow [Hg(NH_3)_2]Cl_2\downarrow$$

Schmelzbares Präzipitat

$$Cl^{\ominus}\quad H_3N^{\oplus}{-}Hg{-}{}^{\oplus}NH_3\quad Cl^{\ominus}$$

Im schmelzbaren Präzipitat bildet der einfache Hg^{2+}-Diamminkomplex, ein schwerlösliches Salz mit Chlorid. Bemerkenswerterweise nimmt die Reaktion in Ammoniaklösung ohne Ammonium einen anderen Verlauf. Gibt man $HgCl_2$ in eine reine verdünnte Ammoniaklösung, dann bildet sich ein Salz, das man als **unschmelzbares Präzipitat** bezeichnet:

$$NH_3 + NH_3 \rightleftharpoons NH_2^- + NH_4^+$$

$$NH_2^- + [HgCl_2] \rightleftharpoons [HgNH_2Cl] + Cl^-$$

$$[HgCl_2] + 2\,NH_3 \rightleftharpoons [HgNH_2Cl] + NH_4^+ + Cl^-$$

$$\left[\,{-}{}^{\oplus}NH_2{-}Hg{-}{}^{\oplus}NH_2{-}Hg{-}{}^{\oplus}NH_2{-}Hg{-}{}^{\oplus}NH_2{-}Hg{-}\quad 4\,Cl^{\ominus}\right]_n$$

Unschmelzbares Präzipitat

Im unschmelzbaren Präzipitat bildet sich nicht einfach ein Salzkristall aus überschaubaren Kationen und Anionen, sondern es bilden sich polymere Kationen. Quecksilber-Ionen sind dabei über Amid-Ionen zu langen Ketten verbrückt. Jede Hg^{2+}-NH_2Einheit hat in der Summe eine positive Ladung, die durch Chlorid-Ionen ausgeglichen wird. Die Ketten lassen ein einfaches Schmelzen nicht zu. Bei hoher Temperatur zersetzt sich das gesamte System. Bemerkenswert ist, dass NH_2^--Amid-Ionen sehr viel stärkere Basen als OHsind, sie dürften sich in wässriger Lösung überhaupt nicht bilden. Das Amid-Ion ist aber weicher als Ammoniak oder OHund es kann durch das weiche Quecksilber stabilisiert werden. Ungewöhnlich ist auch, dass man zur Herstellung des schmelzbaren Präzipitats Ammonium-Ionen braucht, obwohl sie in der Reaktionsgleichung überhaupt nicht vorkommen. Dafür steht Ammonium bei der Bildung des unschmelzbaren Präzipitats auf der Produktseite. Soll sich das unschmelzbare Präzipitat bilden und die Lösung enthält

Ammonium-Ionen im Überschuss, so verschieben diese das Gleichgewicht auf die Eduktseite. Das Quecksilber/Ammoniak-System weicht dann auf einen Reaktionsweg aus, bei dem keine Ammonium-Ionen produziert werden. Es entsteht das schmelzbare Präzipitat. Lässt man dagegen Ammoniak auf HgO einwirken, dann erhält man die **Millonsche Base**:

$$2\,HgO + NH_3 \longrightarrow \underset{\text{Millonsche Base}}{[Hg_2NOH]} + H_2O$$

In der Millonschen Base ist das stärker basische und weichere Nitrid-Ion (N^{3-}) durch Quecksilber stabilisiert. Lässt man Tetraiodidomerkurat in alkalischer Lösung mit Spuren von Ammoniak reagieren, so erhält man das Iodid der Millonschen Base, dessen intensiv orange-braune Farbe das Vorhandensein schon geringer Ammoniakmengen, z. B. im Trinkwasser, anzeigt. Eine mit KOH alkalisch gemachte Lösung von $[HgI_4]^{2}$wird Neßlers Reagenz genannt:

$$2\,[HgI_4]^{2-} + NH_3 \longrightarrow [Hg_2NI] + 3\,HI + 4\,I^-$$

Quecksilber(II)-Ionen können mit Reinecke-Salz (▸ Kap. 7.4.1, ○ Abb. 7.14) direkt gefällt werden. Es bildet sich ein rosaroter Niederschlag:

$$Hg^{2+} + 2\,[Cr(SCN)_4(NH_3)_2]^- \longrightarrow Hg[Cr(SCN)_4(NH_3)_2]_2\downarrow$$

Cobalt(II)-Ionen bilden mit Thiocyanat einen tiefblauen Komplex. Das weiche Quecksilber(II) entzieht dem harten Co^{2+} den weichen Thiocyanatliganden und bildet selber einen Tetraederkomplex der mit Cobalt(II)-Ionen schwerlöslich ist:

$$[Co(SCN)_4]^{2-} + Hg^{2+} \longrightarrow Co[Hg(SCN)_4]\downarrow$$

$$[Co(SCN)_4]^{2-} \qquad [Hg(SCN)_4]^{2-}$$

Hg(I)-Verbindungen

Gibt man zu einer schwach salpetersauren $Hg(NO_3)_2$-Lösung metallisches Quecksilber, so findet eine Komproportionierungsreaktion statt. Es entsteht lösliches Quecksilber(I)-nitrat:

$$Hg_2^{2+} \rightleftharpoons Hg + Hg^{2+}$$

$$\underset{\text{Quecksilber(II)-nitrat}}{[Hg(H_2O)_6]^{2+}} + Hg + 2\,NO_3^- \longrightarrow [Hg_2(H_2O)_2]^{2+} + NO_3^- + 4\,H_2O$$

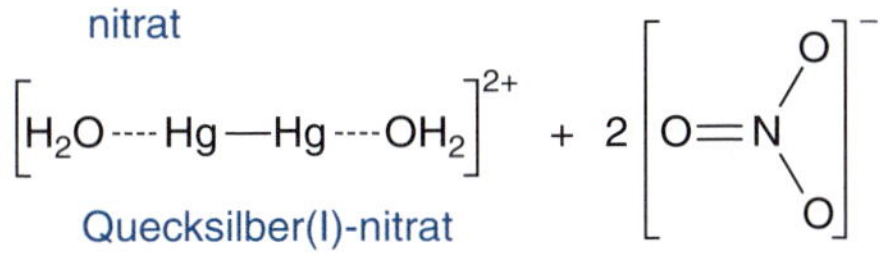

$$\underset{\text{Quecksilber(I)-nitrat}}{[H_2O\cdots Hg{-}Hg\cdots OH_2]^{2+}} + 2\,[O{=}N(O)O]^-$$

Das Quecksilber(I)-Ion ist ein zweiatomiges Molekül-Ion, das zwei Wassermoleküle relativ fest bindet. Ansonsten ist es durch den Lösemittelkäfig von Wassermolekülen umgeben, die aber nur schwach assoziiert sind. Auch dieses Molekül-Ion bildet die für Hg^{2+}, Ag^+ und Cu^+ typischen linearen Deformationskomplexe. In neutralem Milieu fällt aber schwerlösliches Quecksilber(I)-hydroxidonitrat aus:

$$[Hg_2(H_2O)_2]^{2+} + NO_3^- \longrightarrow [Hg_2OH(H_2O)]NO_3\downarrow + H^+$$

Aquahydroxidoquecksilber(I)-nitrat

Nur in schwach saurer Lösung von Salpetersäure bzw. Perchlorsäure sind Quecksilber(I)-Ionen als Quecksilber(I)-nitrat ($Hg_2(NO_3)_2$) bzw. Quecksilber(I)-perchlorat ($Hg_2(ClO_4)_2$) begrenzt wasserlöslich. Alle anderen Quecksilber(I)-Verbindungen sind schwerlöslich. So bildet sich aus löslichem $[HgCl_2]$ mit Quecksilber ein weißer Niederschlag von Quecksilber(I)-chlorid (Hg_2Cl_2), auch Kalomel genannt:

$$[HgCl_2] + Hg \longrightarrow Hg_2Cl_2\downarrow$$

Kalomel

$$Hg_2Cl_2 + 2\,H_2O \xrightleftharpoons{pK_L = 18{,}0} [Hg_2(H_2O)_2]^{2+} + 2\,Cl^-$$

Gibt man einer Lösung von Quecksilber(I)-nitrat eine geringe Menge Iodid zu, so bildet sich schwerlösliches Quecksilber(I)-iodid. Dieses löst sich aber im Überschuss an Fällungsmittel unter Disproportionierung zu Tetraiodidomercurat und Quecksilber:

$$[Hg_2(H_2O)_2]^{2+} + 2\,I^- \xrightleftharpoons{pK_L = 28{,}0} 2\,H_2O + Hg_2I_2\downarrow$$

$$Hg_2I_2 + 2\,I^- \longrightarrow [HgI_4]^{2-} + Hg$$

In gleicher Weise disproportioniert Quecksilber(I) bei Zugabe von Natronlauge, Sulfid und Ammoniak:

$$[Hg_2(H_2O)_2]^{2+} + 2\,OH^- \longrightarrow Hg_2(OH)_2 + 2\,H_2O$$

$$Hg_2(OH)_2 \longrightarrow Hg + HgO + H_2O$$

$$[Hg_2(H_2O)_2]^{2+} + S^{2-} \longrightarrow HgS + Hg + 2\,H_2O$$

$$[Hg_2Cl_2] + 2\,NH_3 \longrightarrow HgNH_2Cl + Hg + NH_4Cl$$

Übergießt man frisch gefälltes Kalomel mit verdünntem Ammoniak, so bildet sich sofort das unschmelzbare Präzipitat und metallisches Quecksilber. Das letztere färbt den weißen Niederschlag tiefschwarz. Daher hat auch Kalomel seinen Namen (*Kalomel*, griech. schönes Schwarz). Die Reaktion dient zur Unterscheidung von Quecksilber(I)-chlorid von Silberchlorid.

Quecksilber – Bedeutung in Biologie und Medizin

Quecksilberverbindungen wurden und werden in der Medizin als Antiseptika und Zinkamalgam wird noch heute als Füllmaterial für Zahnfüllungen verwendet. In früherer Zeit wurde Kalomel in Hautsalben eingesetzt. Bis vor wenigen Jahren war der quecksilberhaltige Farbstoff Mercurochrom als Antiseptikum zugelassen. Die Verwendung quecksilberhaltiger Arzneistoffe ist aber dramatisch eingeschränkt worden und soll in Zukunft ganz unterbleiben.

Quecksilber ist als Schwermetall ein aggressives Gift. Dabei ist das flüssige Metall weniger problematisch, weil es vom Darm kaum aufgenommen wird. Problematisch sind Quecksilberdämpfe und Hg^{2+}-Ionen. Hg-Dampf wird von der Lunge gut resorbiert. Neutralkomplexe wie $[HgCl_2]$ oder $[Hg(OAc)_2]$ werden vom Darm aufgenommen und gelangen in das Blut. Dort wird sowohl eingeatmetes Hg als auch über die Nahrung aufgenommene Hg^{2+}-Ionen durch Methyltransferasen in Dimetylquecksilber ($Hg(CH_3)_2$) überführt, das nur noch sehr langsam ausgeschieden wird. Quecksilbervergiftungen führen daher zu lange anhaltenden, chronischen Beschwerden. Die Quecksilber-Ionen binden in erster Linie an die SH-Gruppen der Aminosäure Cystein und stören damit sowohl die Struktur als auch die Funktion vieler Proteine. Das zentrale Nervensystem ist davon besonders stark betroffen.

8 Kernchemie

8.1 Zusammensetzung des Atomkerns

8.1.1 Elemente und Isotope

Wie bereits in ▸Kap. 1 dargestellt, besteht ein Atom aus drei Arten von **Elementarteilchen:** Protonen, Neutronen und Elektronen. Die Protonen und Neutronen bauen den Atomkern auf, die Elektronen bewegen sich in der Atomhülle. Protonen und Neutronen haben ein Gewicht von ungefähr 1 g/mol. Sie werden als schwere Elementartteilchen, als **Barionen** bezeichnet. Das Elektron ist ein leichtes Elementarteilchen. Sein Gewicht beträgt etwa 1/1820 einer Atommasseneinheit. Es wird als **Lepton** bezeichnet. Protonen sind elektrisch positiv geladen, ihre Anzahl gibt die Kernladungszahl *Z* an. Von der Kernladungszahl hängt es ab, zu welchem Element ein Atomkern gehört. Alle Atomkerne, die nur ein Proton im Kern enthalten, zählen zum Element Wasserstoff. Alle Atomkerne, die zwei Protonen im Kern enthalten, bilden das Element Helium. Alle Atomkerne, die drei Protonen im Kern enthalten, gehören zum Element Lithium usw. Nun sind aber die Wasserstoff-, Helium- oder Lithiumkerne nicht einheitlich. Sie können eine unterschiedliche Anzahl von Neutronen enthalten. Protonen und Neutronen sind zusammen die Kernteilchen bzw. **Nukleonen**. Die wenigsten Elemente sind aus einheitlichen Atomkernen aufgebaut, und diese beziehen sich dann auch nur auf natürliche Proben. Ein Atomkern definierter Protonen- und Neutronenzusammensetzung wird **Nuklid** genannt. Haben verschiedene Nuklide eine einheitliche Protonenzahl *Z*, aber dann notwendigerweise verschiedene Neutronenzahlen *N*, so sind diese Nuklide **Isotope** eines Elements. ◘ Tab. 8.1 listet die verschiedenen Isotope von Wasserstoff, Helium und Lithium auf.

◘ **Tab. 8.1** Isotope der drei leichtesten Elemente im PSE

Kernladungszahl	Element	Isotop (1)	Isotop (2)	Isotop (3)
1	Wasserstoff	${}^{1}_{1}H$	${}^{2}_{1}H$	${}^{3}_{1}H$
2	Helium	${}^{3}_{2}He$	${}^{4}_{2}He$	${}^{6}_{2}He$
3	Lithium	${}^{6}_{3}Li$	${}^{7}_{3}Li$	${}^{8}_{3}Li$

Ein Nuklid wird mit ${}^{M}_{Z}\mathrm{X}$ angebeben. Dabei ist M die Massezahl, sie gibt die Gesamtzahl der Nukleonen an. Z ist die Kernladungszahl, die das Element X definiert. Die Zahl der Neutronen errechnet sich dann aus der Differenz von M und Z:

$$N = M Z \qquad \text{Gleichung 8.1}$$

Die Wasserstoffisotope haben eigene Namen bekommen. Das Wasserstoffisotop, dessen Atomkern aus einem Proton besteht, der normale Wasserstoff, wird nur kurz ^{1}H genannt. Das ^{2}H-Isotop wird als Deuterium, das ^{3}H-Isotop als Tritium bezeichnet. Tritium ist nicht stabil und zerfällt in ein anderes Nuklid. Solche Nuklide sind **radioaktiv**. Die Atome verschiedener Isotope haben dabei alle exakt dieselben chemischen Eigenschaften, da diese von der Struktur der Atomhülle und nicht von der Masse der Atome abhängen. Lediglich in der Geschwindigkeit chemischer Reaktionen können sich aufgrund der verschiedenen Massen kleine Unterschiede ergeben.

8.1.2 Was hält die Nukleonen im Atomkern zusammen?

Wie ist es möglich, dass Z Protonen in einem Atomkern in nächster Nachbarschaft zusammenbleiben können, wenn sie sich aufgrund ihrer gleichnamigen positiven Ladung abstoßen müssen? Die Frage ist sehr wichtig und weniger leicht zu beantworten, als man denkt. Die Physik kennt vier Grundkräfte:

- Gravitation,
- elektromagnetische Kraft,
- schwache Wechselwirkung,
- starke Wechselwirkung.

Die Gravitation ist eine Kraft, mit der sich Massen gegenseitig anziehen. Die Gravitation hält die Erde auf ihrer Umlaufbahn um die Sonne. Sie sorgt auch dafür, dass Gegenstände immer auf den Boden fallen und nicht in Richtung Himmel beschleunigt werden.

Dass Elektrizität und Magnetismus voneinander abhängen, wurde von dem Hufschmied und späteren Laborangestellten *Faraday* ebenso erkannt wie von dem Mathematikprofessor *Maxwell*. Die elektromagnetische Kraft ist dafür verantwortlich, dass die Elektronen in der Nähe des Atomkerns bleiben und dass alle Verbindungen, die in vorangegangenen Kapiteln aufgeführt wurden, überhaupt existieren. Die schwache Wechselwirkung spielt eine Rolle beim radioaktiven Zerfall (siehe später). Die starke Wechselwirkung hält die Nukleonen im Atomkern zusammen. Sie beantwortet die zu Beginn von ▸Kap. 8.1.2 gestellte Frage. Physiker versuchen schon seit einigen Jahrzehnten, alle vier Grundkräfte der Physik aus einem Prinzip heraus zu erklären. Vor einigen Jahren gelang es, die elektromagnetische Kraft mit der schwachen Wechselwirkung über eine Gleichung zu verknüpfen. Dafür wurde ein Nobelpreis vergeben. Gelingt es, alle vier Grundkräfte in einer Gleichung miteinander zu verknüpfen, dann wäre dies die seit etwa dem Jahr 1900 gesuchte Weltformel.

Die starke Wechselwirkung erzeugt Kernkräfte, die Protonen und Neutronen im Atomkern zusammenhalten. Wie man sich ihre Entstehung anschaulich vorzustellen hat, darüber gibt es Theorien, für die man aber die Strukturen von Protonen und Neutronen diskutieren muss. In diesem Buch soll es bei einer phänomenologischen Betrachtung belassen werden.

Die Kernkräfte sind um viele Größenordnungen stärker als die elektrostatische Abstoßung der Protonen. Sie wirken aber nur auf sehr kurze Distanz. Eine vereinfachte Vorstellung ist, dass Kernkräfte erst wirksam werden, wenn sich die Nukleonen gegenseitig berühren. Dabei bleiben sie innerhalb des Atomkerns beweglich. Der ganze Atomkern verhält sich dann wie ein Flüssigkeitstropfen mit den Nukleonen als Flüssigkeitsteilchen (Tröpfchenmodell des Atomkerns).

8.1.3 Stabilität von Nukliden

Wie stark die Nukleonen in einem Atomkern zusammenhalten, ist in jedem Nuklid unterschiedlich. Einen ersten Eindruck über die unterschiedliche Stabilität verschiedener Isotope gibt die Häufigkeit, mit der sie in der Natur auftreten. Vom Element Kohlenstoff gibt es beispielsweise drei Isotope. Eine natürliche Probe Graphit besteht zu 98,8 % aus $^{12}_{6}C$, zu 1,1 % aus $^{13}_{6}C$ und zu 0,1 % aus dem radioaktiven Nuklid $^{14}_{6}C$. Daraus kann man schließen, dass ^{12}C mit Abstand den stabilsten Atomkern besitzt, gefolgt von ^{13}C. ^{14}C hat das instabilste Nuklid, was sich auch an seiner radioaktiven Eigenschaft zeigt. Die Häufigkeiten unterschiedlicher Isotope eines Elements sind **eine** Ursache, warum bei den Molmassen der einzelnen Elemente stets gebrochene Zahlen gefunden werden. So beträgt die durchschnittliche Molmasse von Kohlenstoff:

$$M_C = 0{,}988\, M_{^{12}C} + 0{,}011\, M_{^{13}C} + 0{,}001\, M_{^{14}C} \cong 0{,}98 \cdot 12 + 0{,}011 \cdot 13 + 0{,}001 \cdot 14 = 12{,}013$$

Die berechnete Molmasse stimmt nicht exakt, da die Nuklide von ^{13}C und ^{14}C etwas leichter als angenommen sind.

Natürliches Chlor hat eine Molmasse von 35,45 g/mol. Es gibt zwei Chlorisotope: $^{35}_{17}Cl$ und $^{37}_{17}Cl$. Aus der Molmasse von Chlor kann die Häufigkeiten beider Isotope berechnet werden. Die Häufigkeit von ^{35}Cl ist x, die von ^{37}Cl ist dann $1-x$, da Summe der Häufigkeiten beider Isotope immer 100 % ergeben muss. Es gilt daher:

Gleichung 8.2

$$x \cdot M_{^{35}Cl} + (1 - x) \cdot M_{^{37}Cl} = M_{Cl} \quad \rightarrow \quad x = \frac{M_{^{37}Cl} - M_{Cl}}{M_{^{37}Cl} - M_{^{35}Cl}}$$

$$= \frac{37 - 35{,}45}{37 - 35} = 0{,}775$$

Natürliches Chlor besteht also zu 77,5 % aus ^{35}Cl-Atomen und zu 22,5 % aus ^{37}Cl-Atomen. ^{35}Cl ist stabiler als ^{37}Cl.

Es gibt aber noch eine viel exaktere Methode, die Stabilität von Nukliden zu bestimmen. Diese beruht auf der exakten Massenbestimmung der Atomkerne: Protonen und Neutronen sowie die stabilen ^{4}He-Kerne besitzen die in ◘ Tab. 8.2 aufgeführten Massen.

Es zeigt sich, dass die Neutronen etwas schwerer sind als die Protonen. Viel wichtiger ist jedoch, dass ein Atomkern des Heliumnuklids $^{4}_{2}He$, das aus 2 Protonen und 2 Neutronen besteht, leichter ist, als die Summe der Nukleonenmassen erwarten lässt eine Beobachtung, die man an allen Nukliden machen kann. Dieser Effekt wird als **Massendefekt** bezeichnet. Bei ^{4}He beträgt der Massendefekt 4,031883–4,002603 = 0,02928 g/mol oder $0{,}048621 \cdot 10^{-27}$ kg. Spannender ist aber der Massendefekt pro Nukleon. ^{4}He besteht aus vier Nukleonen. Der Massendefekt pro Nukleon ist also 0,02928÷4 = 0,00732 g/mol oder $0{,}01215525 \cdot 10^{-27}$ kg. Je größer der Massendefekt pro Nukleon ist, umso stabiler ist das Nuklid. Warum ist das so?

Tab. 8.2 Vergleich der Massen von Protonen, Neutronen, ^{4}He (theoretisch) und ^{4}He (gemessen)

Element/Teilchen	Masse /g·mol^{-1}	Masse /kg
Proton	1,0072765	1,6726458 10^{-27}
Neutron	1,0086650	1,6749543 10^{-27}
2 H^+ + 2 n^0 = ^{4}He (theoretisch)	4,031883	6,6952056 10^{-27}
^{4}He (gemessen)	4,002603	6,6465846 10^{-27}

Um das Jahr 1900 fand ein Patentamtsangestellter aus der Schweiz *(Albert Einstein)* heraus, dass Masse als „gefrorene" Energie aufgefasst werden kann. Immer wenn ein System Energie abgibt, wird es etwas leichter. Nimmt es Energie auf, dann wird es schwerer. Dieser Zusammenhang ist gegeben durch:

$\Delta E = \Delta m \cdot c^2$ mit der Lichtgeschwindigkeit $c = 3 \cdot 10^8$ m/s Gleichung 8.3

Wird in Gleichung 8.3 der Massendefekt für Δm in Kilogramm eingesetzt, dann ist ΔE die Kernbindungsenergie pro Nukleon in Joule, für das ^{4}He-Isotop gilt dann:

$$\Delta E = \Delta m \cdot c^2 = 0{,}01215525 \cdot 10^{-27} \cdot 9 \cdot 10^{16}\text{kgm}^2/\text{s}^2 = 0{,}109 \cdot 10^{-11}\text{J} = 0{,}109 \cdot 10^{-14}\text{kJ}$$

Bildet sich ein einziger ^{4}He-Atomkern aus 2 Protonen und 2 Neutronen, dann wird eine Energie von $4 \cdot \Delta E = 0{,}436 \cdot 10^{-14}$ kJ freigesetzt. Dies scheint unscheinbar wenig zu sein. Bildet sich aber 1 mol Helium aus den Nukleonen (dieses wiegt genau 4 g und enthält $6{,}022 \cdot 10^{23}$ Heliumatome), dann beträgt die freiwerdende Energie $0{,}436 \cdot 6{,}022 \cdot 10^{-14+23} = 2{,}62 \cdot 10^9$ kJ/mol, also 2,62 Milliarden kJ/mol, und das ist sehr, sehr viel. Je fester die Protonen und Neutronen im Atomkern zusammenhalten, umso mehr Energie wird freigesetzt, wenn sich der Atomkern aus seinen Bestandteilen bildet. Somit ist die Kernbindungsenergie pro Nukleon ein exaktes Maß für die Stabilität des Kerns und die Stärke der Bindungen zwischen den Kernteilchen. Abb. 8.1 zeigt den Verlauf der Kernbindungsenergie pro Nukleon in Abhängigkeit von der Massezahl der Nuklide. Es sind dabei nur die stabilsten Nuklide eines Elements berücksichtigt.

Abb. 8.1 zeigt, dass die Nuklide bei der Molmasse von Eisen ein Stabilitätsmaximum durchlaufen. Darüber hinaus gibt es einige Nuklide, die im Vergleich zu ihrer Umgebung auffallend hohe Stabilitäten zeigen und über der „Normalkurve" angeordnet sind. Es sind dies die Nuklide $^4_2$He, $^{12}_6$C und $^{16}_8$O. Verbinden sich leichte Atomkerne zu mittelschweren Atomkernen, spricht man von einer **Kernfusion**. Solche Prozesse laufen im Inneren von Sternen ab und erzeugen große Mengen an Energie. Wenn sich im Kosmos große Gas- und Staubwolken begegnen, dann ziehen sie sich aufgrund ihrer Gravitation an. Es kommt zu einer adiabatischen Kompression (▸ Kap. 4.4), die dazu führt, dass sich die Materiewolke zu einer heißen Kugel von großer Dichte zusammenballt. Im Inneren eines solchen Systems wird durch Kernverschmelzungen Energie produziert. Es entsteht ein leuchtender Stern, der ständig Licht und Wärme in die Umgebung abstrahlt. Dieser Energiefluss treibt die Materie im Stern auseinander, während die Gravitation die Masse zusammenhält. Gravitation und Kernfusion halten sich das Gleichgewicht, der Stern bleibt viele Millionen bis Milliarden Jahre stabil. Ein Stern kann aber Atomkerne nur bis zur Masse von Eisen verschmelzen, um daraus Energie zu gewinnen. Kernverschmelzungen,

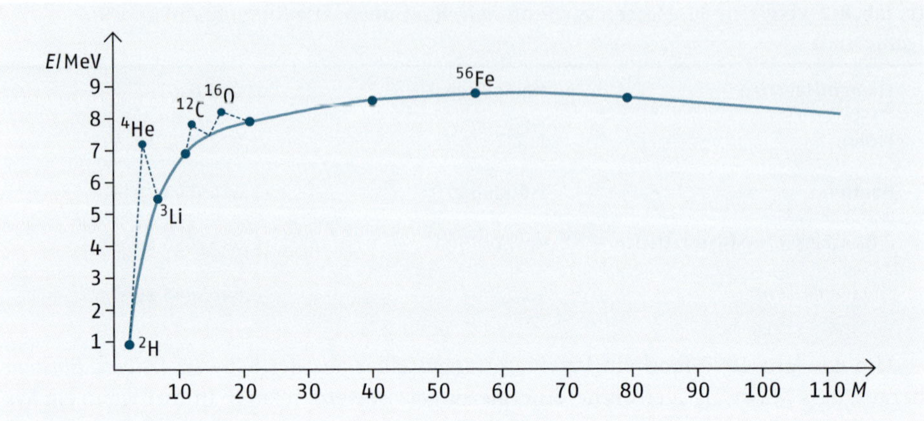

Abb. 8.1 Kernbindungsenergie pro Nukleon in Abhängigkeit von der Molmasse des Elements

bei denen schwerere Kerne entstehen, sind endotherm und verbrauchen Energie. Sind alle Elemente in Eisen überführt, dann wird die Gravitation den Stern zusammenfallen lassen. Es kommt noch einmal zu einer Freisetzung großer Mengen an Energie, die die schweren Elemente entstehen lässt. Die äußere Hülle des Sterns wird dabei in den Weltraum hinausgeschleudert, der innere Kern verdichtet sich zu einem Neutronenstern oder zu einem **schwarzen Loch**. Das so beschriebene Sterben eines Sterns bezeichnet man als **Supernova**. Alle Elemente schwerer als Eisen sind bei einer solchen Supernova entstanden. Eisen ist dabei in Planeten und Meteoren das häufigste Element. Die Erde besteht zum größten Teil aus Eisen, das sich aber im inneren Erdkern befindet. Dieser hat eine so hohe Temperatur, dass das Eisen im Erdkern flüssig ist und durch die Rotation der Erde ein Magnetfeld erzeugt. Das Magnetfeld schützt vor aggressiver Strahlung aus dem Weltraum. Zerbrechen die Kerne schwerer Elemente in Kerne leichterer Elemente, dann wird ebenfalls Energie freigesetzt. Man spricht von Kernspaltung. Diese kann künstlich erzeugt werden und bildet die Grundlage für Kernwaffen und Kernkraftwerke. In der Natur findet die Spaltung von Uran in mittelschwere Elemente im flüssigen Eisen unseres Erdkerns statt und hilft dort, diesen warm zu halten.

8.2 Materie und Antimaterie

8.2.1 Entstehung von Materie und Antimaterie

In großen Teilchenbeschleunigern können Elementarteilchen durch elektrische und magnetische Felder beschleunigt werden. Hierzu benutzt man Ringbeschleuniger, in denen die Elementarteilchen auf kreisförmige Bahnen durch die Anlagen geschickt werden. Bei jedem Umlauf steigt ihre Geschwindigkeit, bis sie fast Lichtgeschwindigkeit erreichen. Dabei nimmt ihre Energie nicht mehr über ihre Geschwindigkeit, sondern über ihre Masse zu. Nach Gleichung 8.2 werden die Teilchen dann nach jedem Umlauf immer schwerer. Solche Experimente lassen sich mit Elektronen, Protonen und auch mit Atomkernen durchführen. Haben die Teilchenstrahlen große Energiemengen aufgenommen, dann lässt man die Teilchen zusammenstoßen. So entstehen auf sehr kleinem Raum

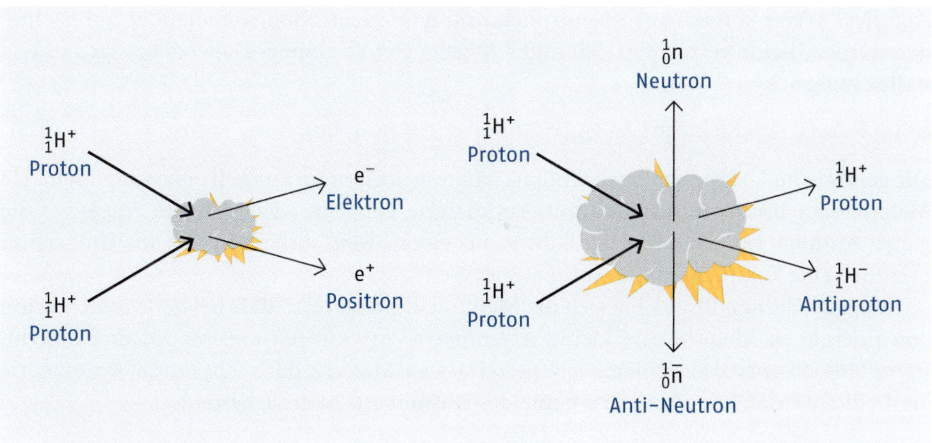

Abb. 8.2 Entstehung von Materie und Antimaterie nach der Kollision beschleunigter Elementarteilchen

sehr hohe Energiedichten, die dazu führen, dass Energie zu Masse kondensiert und neue Teilchen entstehen. Bei einem solchen Teilchenzusammenstoß werden immer Teilchenpaare aus Teilchen und Antiteilchen erzeugt. Nach Gleichung 8.3 hängt es von der Energiedichte ab, welche Teilchenart entsteht:

$$\Delta m = \Delta E/c^2$$

8.2.2 Erzeugung unterschiedlicher Teilchenpaare

Ist ΔE noch relativ klein, dann können ein Elektron und ein Positron entstehen. Ein Positron ist ein Elementarteilchen, das genau die gleichen Eigenschaften wie ein Elektron besitzt. Es zählt wie das Elektron zu den Leptonen. Im Gegensatz zum Elektron trägt es aber eine positive elektrische Ladung. Bei höherer Energie können entweder ein Proton und ein Anti-Proton oder ein Neutron und ein Anti-Neutron entstehen. Ein Anti-Proton hat genau die gleiche Masse wie ein Proton, aber eine negative Elementarladung. Ein Neutron und ein Anti-Neutron unterscheiden sich zunächst nicht. Sowohl das Anti-Proton als auch das Anti-Neutron gehören zu den Barionen. In Abb. 8.2 ist die Entstehung von Antimaterie durch die Energie von Teilchenzusammenstößen gezeigt.

Ein Anti-Proton kann nun ein Positron einfangen und es entsteht ein Atom Anti-Wasserstoff. Es hat sich Antimaterie gebildet. Antimaterie sollte wie Materie das gleiche chemische Verhalten aufweisen. Es wäre ein sehr spannendes Forschungsfeld, nach Unterschieden zu suchen. Dabei gibt nur leider ein kleines praktisches Problem: Begegnen sich Materie- und Antimaterie-Teilchen, so vernichten sich beide gegenseitig unter Abgabe von Strahlungsenergie. Die Frequenz der dabei abgegebenen Strahlung hängt nach Gleichung 8.2 von der Masse des reagierenden Teilchen-Antiteilchen-Paars ab:

$$e^- + e^+ \longrightarrow 2\,h\nu(e) \qquad H^+ + H^- \longrightarrow 2\,h\nu(H) \qquad n + \bar{n} \longrightarrow 2\,h\nu(n)$$

8

Auf diese Weise können auch Neutronen und Anti-Neutronen voneinander unterschieden werden. Beide vernichten sich unter Abgabe von Strahlung. Dabei gilt aufgrund von Gleichung 8.3:

$$h \cdot \nu_{(e)} = \Delta m_{(e)} \cdot c^2 \text{ (Elektron)}, h \cdot \nu_{(H)} = \Delta m_{(H)} \cdot c^2 \text{ (Proton) und } h \cdot \nu_{(n)} = \Delta m_{(n)} \cdot c^2 \text{ (Neutron)}$$

Die gesamte im Universum beobachtbare Materie muss beim Urknall entstanden sein. Da Materie aber immer zusammen mit Antimaterie entsteht, stellt sich die Frage, wo die ganze Antimaterie geblieben ist. Gibt es an einem weit entfernten Ort im Universum eventuell eine komplementäre Antimaterie-Welt?

In der modernen Physik hat sich die Meinung durchgesetzt, dass bei der Kondensation von Energie zu Materie eine kleine Asymmetrie zu Gunsten unserer Materie besteht. Beim Urknall entstand ein kleiner Überschuss an Materie, der nicht durch Antimaterie vernichtet werden konnte, sodass heute der Kosmos aus Materie besteht.

8.3 Nukleonen im Potenzialtopf

In ▸Kap. 2.5.1 wurde das Wasserstoffatom in einem Potenzialdiagramm (Abb. 8.3 A) dargestellt. Dabei wurde die potenzielle Energie eines Elektrons in Abhängigkeit vom Kernabstand in einer Funktion beschrieben. In dieses Diagramm konnten dann die Quantenenergien des Elektrons eingetragen werden, da das Elektron mithilfe der Quantenmechanik beschrieben werden kann. Die Kraft, die das Elektron in der Nähe des Kerns hält, ist die elektrostatische Anziehung, also die Coulomb-Kraft. Eine ähnliche Beschreibung kann für den Atomkern vorgenommen werden. Dort werden die Nukleonen durch die starke Wechselwirkung zusammengehalten. In einem Radius, der ungefähr dem des Atomkerns entspricht, sinkt die potenzielle Energie der Nukleonen sehr stark, weil die Kernkräfte wirksam werden. Diese Potenzialverteilung wird sowohl für Neutronen als auch für Protonen als Potenzialtopf bezeichnet. Bringt man ein Nukleon auf einen Abstand, bei dem es den Atomkern nicht mehr berührt, dann hören die Kernkräfte auf zu wirken, da sie ja nur wirksam sind, solange die Nukleonen untereinander einen sehr kleinen Abstand haben. Dabei durchläuft die potenzielle Energie des Nukleons ein Maximum, das als Coulomb-Wall bezeichnet wird (Abb. 8.3 B). Erhöht man den Abstand weiter, wird ein Proton an Potenzial verlieren, weil die elektrostatische Abstoßung wirkt. Ein Neutron wird sein Potenzialniveau beibehalten, da keine elektrostatische Kraft auf das Neutron wirksam wird. Im Gegensatz zu Protonen stellt sich den Neutronen kein Coulomb-Wall entgegen. Da sowohl Protonen als auch Neutronen quantenmechanische Teilchen sind, existieren im Potenzialtopf für beide Nukleonen, wie für Elektronen im Wasserstoffatom, diskrete Energieniveaus.

Wie die Elektronen haben auch Protonen und Neutronen einen Spin. Vereinfacht vorgestellt, drehen sich die Nukleonen um ihre eigene Achse und erzeugen dabei ein Magnetfeld. Nach den Gesetzen der Elektrodynamik erzeugen bewegte Ladungen immer Magnetfelder, daher muss das positiv geladene Proton ein Magnetfeld zwingend besitzen. Beim elektrisch neutralen Neutron überrascht es etwas, das auch dieses Nukleon magnetisch ist. Sehr vereinfacht betrachtet, ist ein Neutron eine Kombination von Proton und Elektron. Es ist also geladen, positive und negative Ladung kompensieren sich, nicht aber die aus ihnen hervorgehenden Magnetfelder. Da sowohl Neutronen als auch Protonen

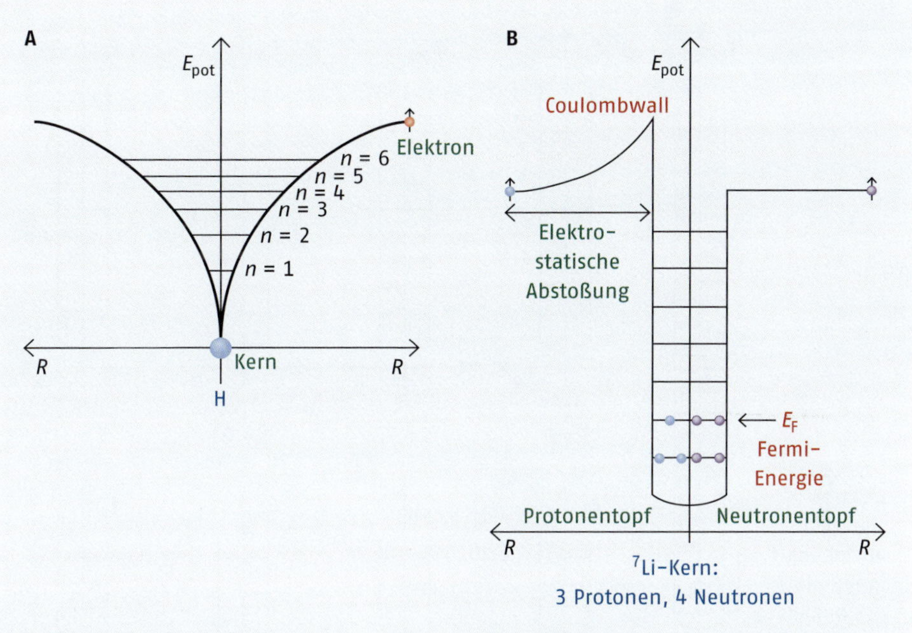

o Abb. 8.3 Potenzialdiagramme: für das Wasserstoffatom (A) und für die Protonen und Neutronen des ^{7}Li-Atoms (B)

Fermionen sind, können nur zwei Teilchen mit antiparallelem Spin ein Quantenniveau im Atomkern besetzen.

o Abb. 8.3 B zeigt das Potenzialtopfmodell eines $^7_3$Li-Nuklids. Das höchste besetzte Energieniveau wird als **Fermi-Energie** (E_F) bezeichnet. Die Fermi-Energien von Protonen- und Neutronentopf können sich unterscheiden. Unterscheiden sie sich aber sehr stark, dann wird das Nuklid instabil. Die Energieniveaus von Protonen- und Neutronentopf liegen bei leichten Elementen auf nahezu gleichem Niveau. Je schwerer die Kerne werden, umso mehr wird der Boden vom Protonentopf relativ zum Boden des Neutronentopfs angehoben, weil sich die elektrostatische Abstoßung zwischen den Protonen bemerkbar macht. Sie erhöht die Protonenenergie im Potenzialtopf relativ zur Neutronenenergie. Daher steigt die Neutronenzahl bei schweren Elementen relativ zur Protonenzahl. Der sehr stabile Kern von $^{12}_6$C verfügt über sechs Protonen und sechs Neutronen. Der $^{80}_{35}$Br-Kern verfügt über 35 Protonen und 45 Neutronen. Beim $^{127}_{53}$I-Kern stehen 53 Protonen bereits 74 Neutronen gegenüber. In o Abb. 8.4 ist der Effekt am $^{80}_{35}$Br-Nuklid dargestellt. Am Potenzialtopfmodell lassen sich auch die magnetischen Eigenschaften der Atomkerne ablesen.

Viele Atomkerne bauen ähnlich wie die Elektronen ein Magnetfeld in ihrer Umgebung auf. Andere Kerne sind unmagnetisch. Wovon hängt dies ab? Der Gesamtspin des Nuklids muss dazu bestimmt werden. Sowohl jedes Proton als auch jedes Neutron ist für sich magnetisch. Besetzen aber zwei Protonen oder zwei Neutronen gemeinsam einen Quantenzustand im Potenzialtopf, dann stellen sich ihre Spindrehimpulse und damit ihre magnetischen Momente antiparallel zueinander ein. Ihr Gesamtspin S ist 0 und die Magnetfelder der Nukleonen kompensieren sich. Enthält ein Nuklid nur gepaarte Nukleonen,

8

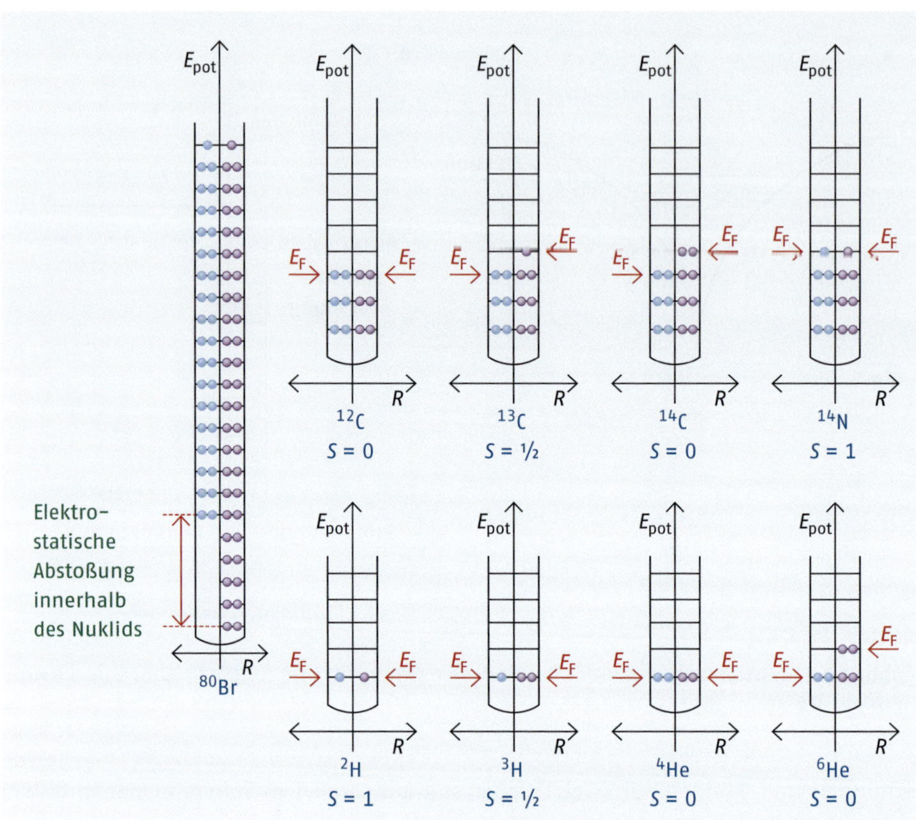

Abb. 8.4 Potenzialtopfmodell verschiedener Nuklide: Es liefert Informationen über Stabilität und magnetische Eigenschaften der Nuklide.

dann ist der Atomkern unmagnetisch. Unmagnetische Kerne mit $S = 0$ besitzen $^{4}_{2}$He, $^{6}_{2}$He ,$^{12}_{6}$C und $^{14}_{6}$C. Die Kerne $^{3}_{1}$H, $^{7}_{3}$Li, und $^{13}_{6}$C haben die Spin-Quantenzahl $S = ½$. Sie können sich in einem äußeren Magnetfeld unterschiedlich ausrichten. Es gibt zwei Möglichkeiten: parallel ($S = +½$) und antiparallel ($S = -½$). Solche Kerne können, wie Protonen auch, in einem äußeren Magnetfeld durch Radiowellen zur Aufnahme von Energie angeregt werden, wobei sich die Orientierung ihrer Magnetfelder umkehrt. Dieser Effekt wird **kernmagnetische Resonanz** genannt und ist Grundlage der **NMR-Spektroskopie** (NMR, nuclear magnetic resonance). In dieser analytischen Methode können nur magnetische Kerne erfasst werden. Ebenfalls magnetisch sind die Kerne $^{2}_{1}$H, $^{14}_{7}$N, und $^{80}_{35}$Br. Sie enthalten zwei ungepaarte Nuklide, deren Spinquantenzahlen sich zu $S = 1$ addieren. Hier können sich die Drehimpulse in drei Richtungen zu einem äußeren Magnetfeld einstellen: parallel ($S = 1$), senkrecht ($S = 0$) und antiparallel ($S = -1$). Auch diese Kerne sind NMR-aktiv und können in einem äußeren Magnetfeld Radiostrahlen geeigneter Frequenz absorbieren.

Bei ^{12}C, ^{14}N und ^{4}He sind die Fermi-Energien von Protonen- und Neutronentopf auf etwa dem gleichen Niveau. Bei ^{13}C, ^{14}C und ^{6}He ist die Fermi-Energie vom Neutronentopf größer als die vom Protonentopf. Diese Kerne zeigen deutliche Instabilität. Unterschiedliche Fermi-Energien deuten einen instabilen Kern zwar an, sie sind aber kein eindeutiges

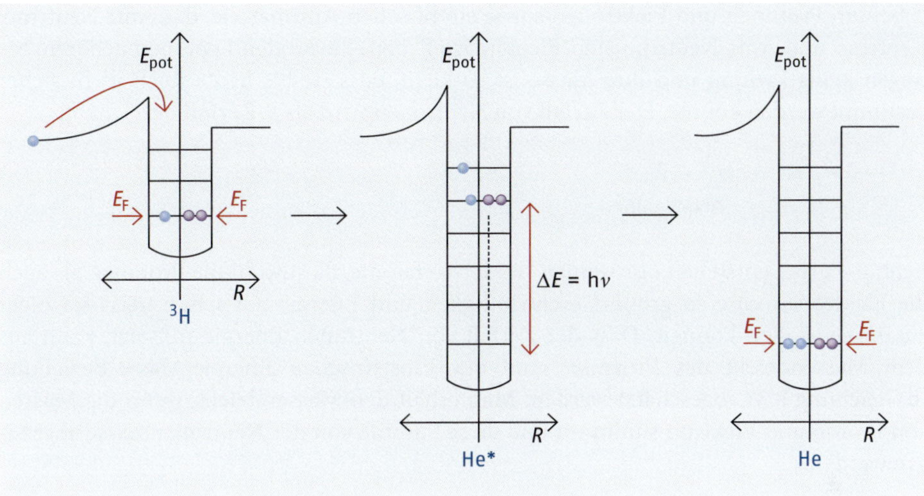

Abb. 8.5 Fusion von Tritium und einem Proton: Die dabei freiwerdende Energie wird durch die unterschiedliche Tiefe der Potenzialtöpfe verursacht.

Zeichen dafür. So haben Protonen und Neutronen im Tritium ebenfalls gleiche Fermi-Energien, das Nuklid ist aber instabil. Bei den Potenzialtopfdarstellungen in Abb. 8.4 wurde nicht berücksichtigt, dass die Potenzialtöpfe verschiedener Nuklide höchst unterschiedliche Tiefen haben. Kann sich ein Nuklid in ein anderes mit einem sehr viel tieferen Potenzialtopf umwandeln, dann ist dieser Prozess mit einer hohen Triebkraft ausgestattet und kann beim Edukt-Nuklid eine Instabilität verursachen. In Abb. 8.5 ist die Fusion eines Protons mit einem Tritiumnuklid veranschaulicht. Ein qualitatives Maß für die Tiefe des Potenzialtopfs eines Nuklids ist dabei die Kernbindungsenergie pro Nukleon.

8.4 Radioaktivität

8.4.1 β-Zerfall

In den vorangegangenen Abschnitten begegneten uns immer wieder sogenannte instabile Nuklide. Worin äußert sich aber diese Instabilität? Ein Merkmal instabiler Nuklide ist ihre geringe Häufigkeit. Diese kann in natürlichen Proben eines Elements sehr schnell auf null absinken. Ein viel auffälligeres Merkmal ist ihre Tendenz zu zerfallen, das bedeutet, sie wandeln sich unter Abgabe von Energie in stabilere Nuklide um. Die dabei freiwerdende Energie wird in der Regel in Form von Strahlung abgegeben. Man spricht dann von **Radioaktivität** und das zum Zerfall neigende Nuklid wird als **radioaktiv** bezeichnet, z. B. $^{3}_{1}H$, $^{6}_{2}He$, $^{8}_{3}Li$ und $^{14}_{6}C$.

Beim radioaktiven Zerfall werden verschiedene Zerfallsprozesse unterschieden. Einen der am häufigsten auftretenden Zerfallsprozesse kann man an einer Ansammlung von freien Neutronen, einem sogenannten Neutronengas beobachten. Besteht ein Neutronengas aus N freien Neutronen, dann wird nach etwa 11 Minuten (exakt nach 10,6 min) die Hälfte der Neutronen verschwunden sein. Dabei wird ein Elektrometer entladen. Beim „Verschwinden" der Neutronen sind also elektrisch geladene Teilchen entstanden. Die Neutronen haben sich in positive und negative Ladungsträger verwandelt. Es handelt sich

8

dabei um Protonen und Elektronen sowie ein bisschen Antimaterie, das Anti-Neutrino. Neutrino und Anti-Neutrino sind Elementarteilchen, die zu den Leptonen gehören. Sie tragen keine Ladung und ihre Masse ist so klein, dass sie bis heute noch nicht sicher bestimmt werden konnte. Der Zerfall von Neutronen wird als β-**Zerfall** bezeichnet:

$$n \longrightarrow H^+ + e^- + \underset{\text{Anti-Neutrino}}{\bar{\nu}}$$

Beim β-Zerfall entstehen nur wenige Wasserstoffatome, da sowohl die Protonen als auch die Elektronen eine so große Geschwindigkeit und Energie aufweisen, dass sie nicht zusammenstoßen können. Dass der Zerfall von Neutronen Energie freisetzt, kann aus dem Massendefekt des Prozesses und der Einsteinschen Energie-Masse-Beziehung (○ Gleichung 8.3) abgeschätzt werden. Man erhält den Massendefekt, wenn die Massen von Proton und Elektron summiert und diese Summe von der Neutronenmasse abgezogen werden:

$$\Delta m = m_{(H^+)} + m_{(e^-)} - m_{(n)} = (1{,}00728 + 0{,}00055 - 1{,}008665)\frac{g}{mol} = -0{,}000835\frac{g}{mol}$$

$$= -1{,}39 \cdot 10^{-30}\,kg$$

$$\Delta E = \Delta m \cdot c^2 = -1{,}39 \cdot 10^{-30} \cdot (3 \cdot 10^8)^2 = -12{,}51 \cdot 10^{-14} kgm^2/s^2 = -75{,}3 \cdot 10^6 kJ/mol$$

Die Neutrinos haben fast keine Wirkung auf ihre Umgebung. Man schließt auf ihre Existenz, weil bei Beobachtung des β-Zerfalls auffällt, dass ein Teil des Neutronenimpulses vor dem Prozess in den produzierten Teilchen H^+ und efehlt. Dass es sich um ein Antimaterieteilchen handelt, schließt man daraus, dass bei jeder Umwandlung von Elementarteilchen Materie und Antimaterie entsteht. Der β-Zerfall findet aber nicht nur bei freien Neutronen statt. Er ist typisch für alle Nuklide, bei denen die Fermi-Energie des Neutronentopfs über der Fermi-Energie des Protonentopfs liegt. Alle oben angeführten radioaktiven Nuklide sind β-Strahler:

$${}^3_1H \longrightarrow {}^3_2He + e^- + \bar{\nu} \qquad {}^6_2He \longrightarrow {}^6_3Li + e^- + \bar{\nu}$$

$${}^8_3Li \longrightarrow {}^8_4Be + e^- + \bar{\nu} \qquad {}^{14}_6C \longrightarrow {}^{14}_7N + e^- + \bar{\nu}$$

○ Abb. 8.6 veranschaulicht den β-Zerfall am Beispiel von Tritium und ^{8}Li. Ein typisches Charakteristikum für den β-Zerfall ist die freiwerdende Elektronenstrahlung, die sich mit einem Elektrometer oder einem Zählrohr nachweisen lässt. Diese energiereichen Elektronen werden β-Strahlen bzw. βStrahlen genannt. Beim Zerfall von Tritium besteht die Triebkraft in der größeren Potenzialtopftiefe des entstehenden Heliums im Vergleich zum Tritium. Beim Zerfall von ^{8}Li hat der Neutronenpotenzialtopf eine viel größere Fermi-Energie als der Protonenpotenzialtopf und das System strebt nach einem Ausgleich. Jedes Element hat ein für seine Kernladung günstiges Neutronen-Protonen-Verhältnis. Sind relativ zu diesem Verhältnis zu viele Neutronen im Kern, dann tendiert das Nuklid zu einem β-Zerfall.

Bei jedem β-Zerfall wird ein Neutron in ein Proton umgewandelt. Ein Nuklid behält dabei seine Massezahl *M*. Seine Kernladungszahl *Z* wird aber um 1 erhöht. Diesen Sach-

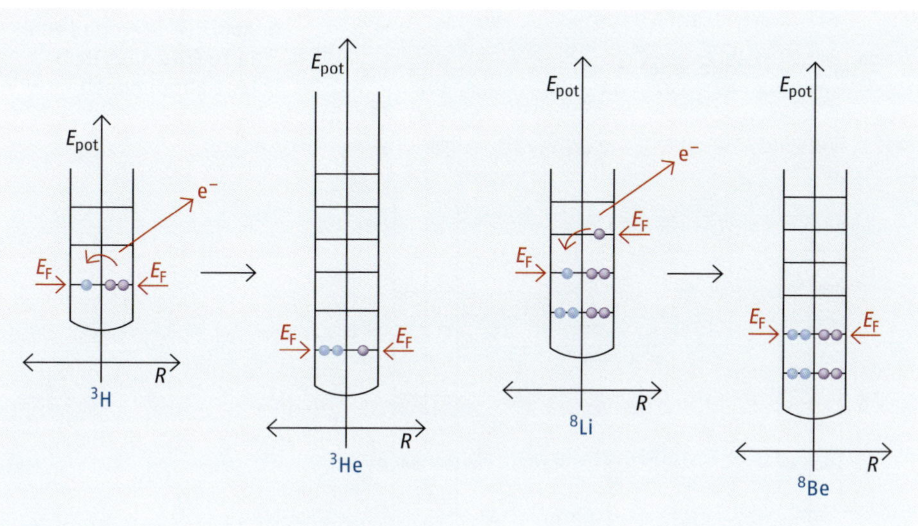

Abb. 8.6 β-Zerfall von Tritium und ^{8}Li

verhalt kann man in einer allgemeinen Gleichung ausdrücken, die als **Verschiebungsgesetz** bezeichnet wird. Das Verschiebungsgesetz für den β-Zerfall lautet:

$$^{M}_{Z}X \longrightarrow {}^{M}_{Z+1}Y + \beta^-$$

8.4.2 β^+-Zerfall und Elektroneneinfang

Ebenso wie es Nuklide gibt, die an einem Neutronenüberschuss „leiden", gibt es auch Nuklide, die relativ zum Idealverhältnis zu viele Protonen, oder „vom Element her gesehen" zu wenige Neutronen haben. Ein Beispiel dafür ist das Natriumisotop ^{20}Na. Hier liegt die Fermi-Energie des Protonentopfs über der des Neutronentopfs. Die Umwandlung eines Protons in ein Neutron ist unter Abgabe eines Positrons und eines Neutrinos möglich. Man bezeichnet dies als β^+-Zerfall:

$$H^+ \longrightarrow n + e^+ + \underset{\text{Neutrino}}{\nu}$$

Da ein Neutron schwerer als ein Proton ist und das Neutrino auch noch etwas wiegt, ist es völlig klar, dass der β^+-Zerfall ein endothermer Prozess sein muss. Da die Positronenmasse der Elektronenmasse gleicht, kommt man auf folgende Abschätzung:

$$\Delta m = m_{(n)} + m_{(e^-)} - m_{(H^+)} = (1{,}008665 + 0{,}00055 - 1{,}00728)\frac{\text{g}}{\text{mol}} = 0{,}001935\frac{\text{g}}{\text{mol}}$$
$$= 3{,}22 \cdot 10^{-30}\,\text{kg}$$

$$\Delta E = \Delta m \cdot c^2 = 3{,}22 \cdot 10^{-30} \cdot (3 \cdot 10^8)^2 = 2{,}899 \cdot 10^{-13}\text{kgm}^2/\text{s}^2 = 174{,}58 \cdot 10^6\text{kJ/mol}$$

Für die Umwandlung von 1 mol Protonen (β^+-Zerfall), benötigt man etwa 175 Millionen Kilojoule Energie. Es zeigt sich, dass freie Neutronen unter Abgabe von Strahlung zerfal-

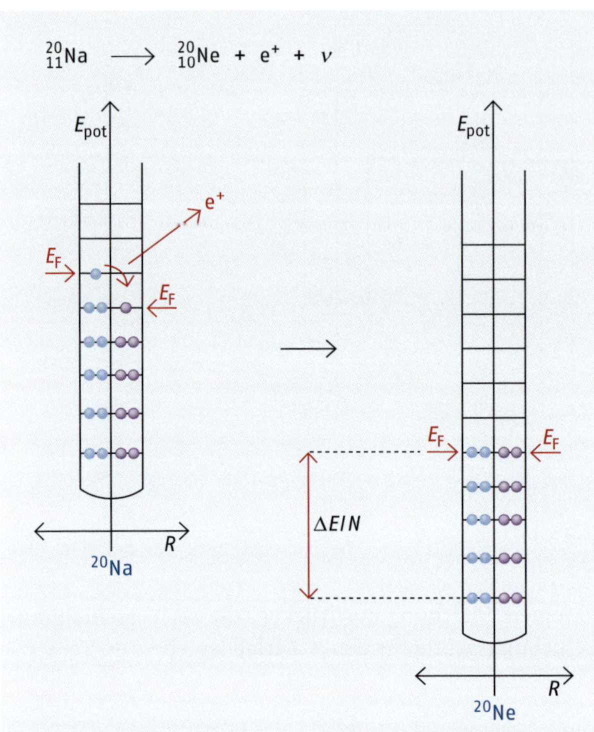

Abb. 8.7 β^+-Zerfall von ^{20}Na zu ^{20}Ne nach dem Potenzialtopfmodell

len, Protonen hingegen als Wasserstoffkerne in der Natur stabil und beständig sind. Wenn aber ein Nuklid durch einen β^+-Zerfall einen stabileren Potenzialtopf bekommen kann, dann wird die dazu nötige Energie aus der Energiedifferenz der Potenzialtöpfe von Edukt-Nuklid und Produkt-Nuklid bereitgestellt. Abb. 8.7 veranschaulicht den β^+-Zerfall von ^{20}Na.

Beim β^+-Zerfall bleibt die Zahl der Nukleonen und damit die Massezahl M konstant, während sich die Kernladungszahl Z um eins verringert. Man erhält folgendes Verschiebungsgesetz:

$$^{M}_{Z}X \longrightarrow ^{M}_{Z+1}Y + \beta^+$$

Der endotherme Charakter des β^+-Zerfalls macht auch verständlich, warum man Nuklide mit Protonenüberschuss in der Natur nicht findet. Bei allen Prozessen, bei denen Nuklide entstehen, sind solche mit Neutronenmangel thermodynamisch stark benachteiligt. Durch technische Kernprozesse lassen sich aber Nuklide mit β^+-Zerfallseigenschaften gewinnen. Von ihnen sind vorwiegend leichte Elemente **Positronenstrahler**. Für die Umwandlung eines Protons in ein Neutron gibt es auch noch einen Konkurrenzprozess, den Elektroneneinfang. Dabei vereinigt sich ein Proton mit einem Elektron und es bildet sich ein Neutron und ein Anti-Neutrino:

$$^{1}_{1}H^+ + e^- \longrightarrow ^{1}_{0}n + \bar{\nu}$$

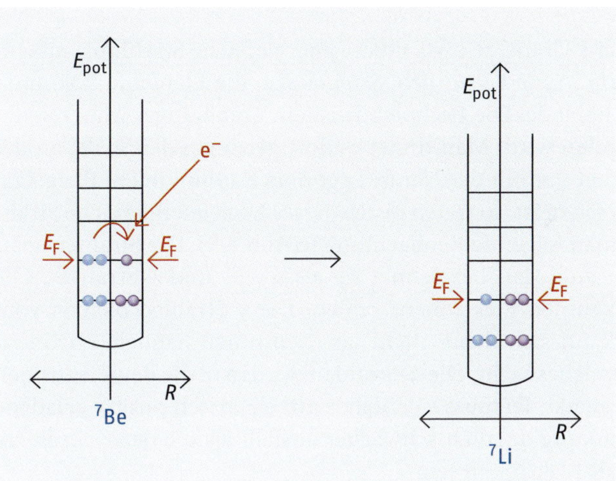

Abb. 8.8 Elektroneneinfang am Beispiel des ^{7}Be-Zerfalls

Berechnet man, wie viel Energie für diesen Prozess benötigt wird, dann erkennt man, dass er sehr viel leichter erfolgt als der klassische β^+-Zerfall:

$$\Delta m = m_{(n)} - m_{(H^+)} - m_{(e^-)} = \left(1{,}008665 - 1{,}00728 - 0{,}00055\right)\frac{g}{mol} = 0{,}000835\frac{g}{mol} = 1{,}39 \cdot 10^{-30}\,kg$$

$$\Delta E = \Delta m \cdot c^2 = 1{,}39 \cdot 10^{-30} \cdot (3 \cdot 10^8)^2 = 1{,}25 \cdot 10^{-13} kgm^2/s^2 = 75 \cdot 10^6 kJ/mol$$

Statt 130 Millionen kJ/mol wie beim klassischen β^+-Zerfall, benötigt man beim Elektroneneinfang nur 75 Millionen kJ/mol an Energie. Der Elektroneneinfang kann aber nicht spontan aus sich heraus stattfinden. Der Atomkern muss auf eine ganz bestimmte Art und Weise von einem Elektron getroffen werden. Die dazu notwendigen Elektronen stammen in der Regel aus den 1 *s*-Orbitalen der Atome. Je schwerer die Elemente sind, umso größer ist ihre Kernladung und umso stärker ziehen sie die 1 *s*-Elektronen elektrostatisch an. Bei schweren Elementen sind die 1 *s*-Orbitale entsprechend komprimiert, sodass die Wahrscheinlichkeit einer Kollision steigt. Positronenstrahler kommen bei schweren Elementen daher kaum noch vor. Ein Beispiel für eine Elektroneneinfangreaktion ist der Zerfall von ^{207}Bi zu ^{207}Pb:

$$^{207}_{83}Bi + e^- \longrightarrow {}^{207}_{82}Pb + \bar{\nu}$$

Ein Gegenbeispiel ist der Zerfall von ^{7}Be zu ^{7}Li. Hier ist der Energieunterschied zwischen den Potenzialtöpfen offenbar nicht groß genug, um die zum klassischen β^+-Zerfall notwendigen 130 Millionen kJ/mol aufzubringen. Der Elektroneneinfang stellt dann eine energetisch günstigere Alternative dar (Abb. 8.8).

In beiden Fällen wird die Umwandlung eines Protons in ein Neutron beobachtet. Die Massezahl bleibt auch beim Elektroneneinfang konstant, während sich die Kernladungszahl um 1 verringert. Für den Elektroneneinfang gilt daher das gleiche Verschiebungsgesetz wie für den β^+-Zerfall.

8.4.3 α-Zerfall

Um 1900 entdeckte *Bequerel*, dass Uranerze unsichtbare energiereiche Strahlung aussenden. Einige Jahre später isolierte *Marie Curie*, geb. *Sklodowska*, die Elemente Polonium (Po) und Radium (Ra) aus Pechblende. Die Pechblende ist ein uranhaltiges Mineral, das vor allem in Silberminen gefunden wird. Man findet es dort genau an der Stelle, an der eine Silberader zu Ende ist. Daher kommt der Name. Legt man Radium in ein Bleigefäß, das mit einem kleinen Loch versehen ist, so treten durch dieses Loch energiereiche Strahlen aus. Im Magnetfeld macht man folgende Beobachtung (**o** Abb. 8.9): Die Strahlen spalten sich in drei Komponenten auf. Man bezeichnet sie als α-, β- und γ-Strahlen. Die β-Strahlen sind die bereits bekannten Elektronenstrahlen. Die γ-Strahlen bleiben vom Magnetfeld unbeeinflusst. Es kann sich daher nicht um Neutronen handeln, vielmehr handelt es sich um sehr energiereiches Licht. Die α-Strahlen werden in die den Elektronen entgegengesetzte Richtung abgelenkt. Es muss sich daher um elektrisch positiv geladene Teilchen handeln. Da die Ablenkung deutlich schwächer ausfällt als die der β-Strahlen, müssen die Teilchen schwerer als Elektronen sein.

Eine Massenbestimmung ergibt, dass es sich um Heliumatomkerne handelt. Beim α-Zerfall stabilisieren sich Nuklide durch Ausstoß von Atomkernen des Nuklids $^{4}_{2}$He. Es werden Heliumatomkerne mit hoher Geschwindigkeit ausgestoßen, weil ^{4}He unter den leichten Nukliden eines der stabilsten Teilchen ist. Im Gegensatz zu den bisher besprochenen Zerfallsprozessen handelt es sich beim α-Zerfall nicht um die gegenseitige Umwandlung von Elementarteilchen, sondern eigentlich um eine Kernspaltung, wenn sie auch hoch unsymmetrisch ist. Der α-Zerfall ist eine Eigenschaft, die für schwere Nuklide typisch ist. Der Zerfall von ^{226}Ra ist dann folgendermaßen zu beschreiben:

$$^{226}_{88}\text{Ra} \longrightarrow {}^{222}_{86}\text{Rn} + {}^{4}_{2}\text{He} \equiv \alpha\text{-Teilchen}$$

Weitere Beispiele sind der Zerfall von Uran-238 und Plutonium-239:

$$^{238}_{92}\text{U} \longrightarrow {}^{234}_{90}\text{Th} + {}^{4}_{2}\text{He} \qquad {}^{239}_{94}\text{Pu} \longrightarrow {}^{235}_{92}\text{U} + {}^{4}_{2}\text{He}$$

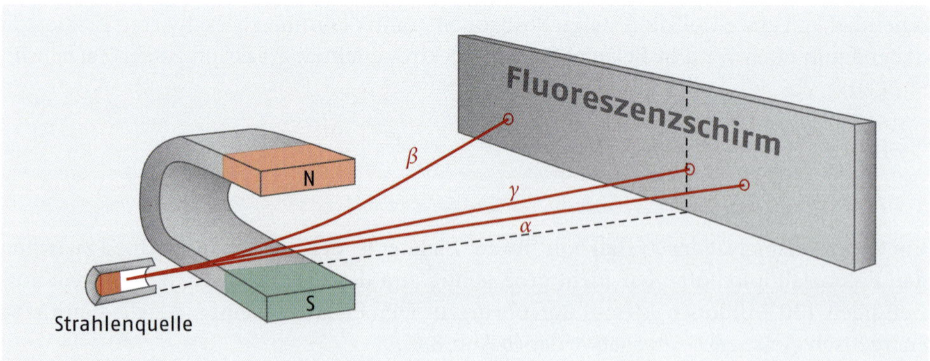

o Abb. 8.9 Aufspaltung der Radium-Strahlen im magnetischen Feld

Beim α-Zerfall bleibt die Massezahl M nicht konstant, sondern sie verringert sich um vier Einheiten. Die Kernladungszahl verringert sich bei jedem α-Zerfall um zwei Einheiten. Damit erhält man folgendes Verschiebungsgesetz für den α-Zerfall:

$$^{M}_{Z}X \longrightarrow {}^{M-4}_{Z-2}Y + He^{2+}$$

8.4.4 γ-Zerfall

Alle Formen radioaktiver Zerfallsprozesse hinterlassen zunächst hoch angeregte Kerne. In ○ Abb. 8.5 wird die Fusion eines Protons mit einem Tritiumatomkern in drei Stufen beschrieben. In der ersten Stufe fällt ein Proton nach Überwindung des Coulomb-Walls in den Potenzialtopf des Tritiums. Es entsteht zunächst ein Kern, in dem alle Nukleonen in einem hoch angeregten Zustand sind. Wenn sie in ihre Grundzustände fallen, wird Energie in Form von hochfrequenter Photonenstrahlung abgegeben. Diese Art von Licht wird als γ-Strahlung bezeichnet, hier am Beispiel des β-Zerfalls von ^{8}Li veranschaulicht (○ Abb. 8.10 A).

Bis zu einer Wellenlänge von $\lambda = 400$ nm ist Licht sichtbar. Verkürzt man die Wellenlänge weiter, so kommt man in den Bereich der Ultraviolettstrahlung (UV), die man mit den Augen nicht mehr wahrnehmen kann. Im Sonnenlicht ist ein Teil der Energie als UV-Strahlung enthalten. Werden die Photonen noch energiereicher, dann spricht man von Röntgenstrahlung (engl. X-Ray) und radioaktiver γ-Strahlung. Ob man von Röntgen- oder γ-Strahlung spricht, hängt in erster Linie von der Art ab, wie die Strahlung erzeugt wird. Röntgenstrahlen entstehen, wenn eine Metallfolie, z. B. Kupfer (○ Abb. 8.10 B), mit energiereichen Elektronen aus einer Elektronenröhre beschossen wird. Die Kathodenstrahlelektronen schlagen dann Elektronen in niedrigen Quantenzuständen aus den Kupferatomen heraus. Elektronen aus hohen Quantenzuständen füllen dann die Lücken und emittieren dafür energiereiche Photonen. Radioaktive γ-Strahlung entsteht, wenn nach einem Zerfallsprozess hoch angeregte Nuklide in ihre Grundzustände zurückkehren. Die Frequenzbereiche von Röntgenstrahlung und γ-Strahlung überschneiden sich; in der Regel ist die Röntgenstrahlung aber noch das energieärmere Licht. γ-Strahlung entsteht bei fast jedem Zerfallsprozess und sie entsteht in der Regel ohne Zeitverzögerung. Es gibt aber Nuklide, die nach einem Zerfallsprozess lange im angeregten Zustand verbleiben können. Ein solches Beispiel ist Technetium-I $^{99}Tc^{*}$ oder das Antimonisotop $^{124}Sb^{*}$. Solche metastabilen Nuklide geben dann über einen langen Zeitraum geringe Mengen an γ-Strahlung an die Umgebung ab und werden γ-Strahler genannt.

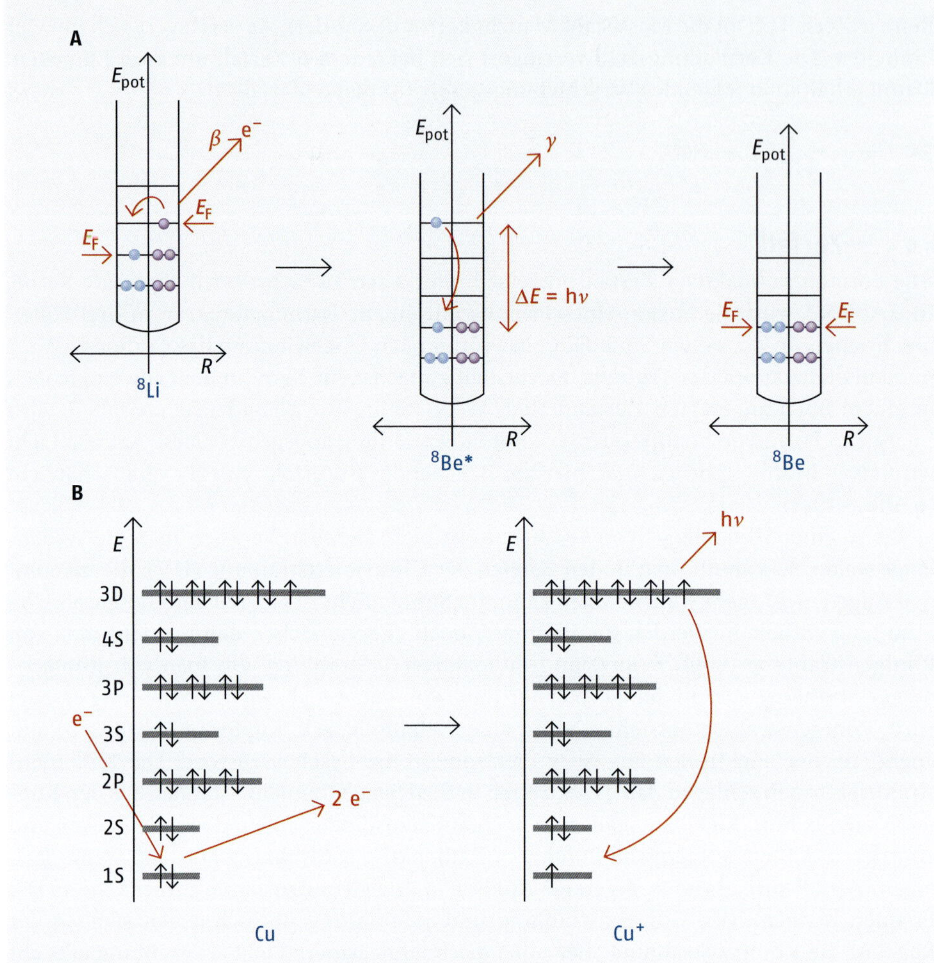

○ **Abb. 8.10** Erzeugung von γ-Strahlung beim Zerfall von ^{8}Li (A), Erzeugung von Röntgenstrahlung (B)

8.4.5 Natürliche Zerfallsreihen

Zu Beginn dieses Abschnitts müssen zwei Fragen stehen:

1. Wenn radioaktive Nuklide ständig zerfallen, wieso finden sich dann auf unserer Erde immer noch gewisse Mengen radioaktiver Isotope?
2. ○ Abb. 8.9 zeigt die Analyse durch ein Magnetfeld der von Radium ausgesendeten Strahlung. Man findet die drei bekannten Arten von radioaktiver Strahlung: α-Strahlung (bestehend aus ^{4}He-Atomkernen), γ-Strahlung (bestehend aus energiereichen Photonen) sowie β-Strahlung (bestehend aus energiereichen Elektronen). Betrachtet man die Zerfallsgleichung von Radium-226, dann wird das Vorkommen von α-Strahlung und γ-Strahlung verständlich. Woher kommt aber die β-Strahlung?

Beide Fragen scheinen zunächst wenig miteinander zu tun zu haben, sie lassen sich aber aus einem Sachverhalt heraus beantworten. Wenn ^{226}Ra zerfällt entsteht ^{222}Rn, das jedoch ebenfalls nicht stabil ist und in ein wiederum nicht stabiles Produkt weiterzerfällt, usw.

Verfolgt man die Reaktionskette weiter, erhält man eine **Zerfallsreihe.** ^{226}Ra ist aber nicht der Ursprung dieser Zerfallsreihe. Das Nuklid hatte eine ganze Kette von Vorgängern. *Marie Curie* hatte Radium von diesen noch übrig gebliebenen Vorgängern getrennt, sie waren in der Pechblende verblieben. Auf unserer Erde kommen überschaubare drei natürliche Zerfallsreihen vor, die von drei Uranisotopen aus starten: ^{235}U, ^{236}U und ^{238}U. Uran ist ein Element, das kein stabiles Isotop hat, die oben genannten Isotope zerfallen aber relativ langsam. Von der Gesamtmenge an Uran, die auf welchem Wege auch immer vor 4 Milliarden Jahre bei der Entstehung unseres Planeten auf die Erde gekommen ist, ist heute noch die Hälfte vorhanden. Die kurzlebigen Zerfallsprodukte finden sich nur in Spuren, die langlebigen Zerfallsprodukte finden sich in nahezu konstanten Konzentrationen in den verschiedensten uranhaltigen Mineralien. Alle drei Zerfallsreihen enden bei stabilen Bleiisotopen. Die von ^{235}U ausgehende Zerfallsreihe wird nach dem dritten Zerfallsprodukt als **Actiniumreihe** bezeichnet:

$$^{235}_{92}\text{U} \xrightarrow{\alpha} {}^{231}_{90}\text{Th} \xrightarrow{\beta} {}^{231}_{91}\text{Pa} \xrightarrow{\alpha} {}^{227}_{89}\text{Ac} \xrightarrow{\beta} {}^{227}_{90}\text{Th} \xrightarrow{\alpha} {}^{223}_{88}\text{Ra}$$

$$\xrightarrow{\alpha} {}^{219}_{86}\text{Rn} \xrightarrow{\alpha} {}^{215}_{84}\text{Po} \xrightarrow{\alpha} {}^{211}_{82}\text{Pb} \xrightarrow{\beta} {}^{211}_{83}\text{Bi} \xrightarrow{\alpha} {}^{207}_{81}\text{Tl}$$

$$\xrightarrow{\beta} {}^{207}_{82}\text{Pb}$$

Die von ^{236}U startende Zerfallsreihe wird nach dem zweiten Zerfallsprodukt **Thoriumreihe** genannt:

$$^{236}_{92}\text{U} \xrightarrow{\alpha} {}^{232}_{90}\text{Th} \xrightarrow{\alpha} {}^{228}_{88}\text{Ra} \xrightarrow{\beta} {}^{228}_{89}\text{Ac} \xrightarrow{\beta} {}^{228}_{90}\text{Th} \xrightarrow{\alpha} {}^{224}_{88}\text{Ra}$$

$$\xrightarrow{\alpha} {}^{220}_{86}\text{Rn} \xrightarrow{\alpha} {}^{216}_{84}\text{Po} \xrightarrow{\alpha} {}^{212}_{82}\text{Pb} \xrightarrow{\beta} {}^{212}_{83}\text{Bi} \xrightarrow{\beta} {}^{212}_{84}\text{Po}$$

$$\xrightarrow{\alpha} {}^{208}_{82}\text{Pb}$$

Die vom stabilsten Uranisotop ^{238}U startende Zerfallsreihe wird als **Uranreihe** bezeichnet:

$$^{238}_{92}\text{U} \xrightarrow{\alpha} {}^{234}_{90}\text{Th} \xrightarrow{\beta} {}^{234}_{91}\text{Pa} \xrightarrow{\beta} {}^{234}_{92}\text{U} \xrightarrow{\alpha} {}^{230}_{90}\text{Th} \xrightarrow{\alpha} {}^{226}_{88}\text{Ra}$$

$$\xrightarrow{\alpha} {}^{222}_{86}\text{Rn} \xrightarrow{\alpha} {}^{218}_{84}\text{Po} \xrightarrow{\alpha} {}^{214}_{82}\text{Pb} \xrightarrow{\beta} {}^{214}_{83}\text{Bi} \xrightarrow{\beta} {}^{214}_{84}\text{Po}$$

$$\xrightarrow{\alpha} {}^{210}_{82}\text{Pb} \xrightarrow{\beta} {}^{210}_{83}\text{Bi} \xrightarrow{\beta} {}^{210}_{84}\text{Po} \xrightarrow{\alpha} {}^{206}_{82}\text{Pb}$$

In allen drei Zerfallsreihen entstehen Radiumisotope, die irgendwann einmal zu β-Strahlern werden. Dies erklärt die β-Strahlung der Radiumprobe. Es ist jetzt aber etwas mühsam, alle Zerfallsreihen auswendig zu lernen. Dies ist auch nicht nötig. Bei jedem Isotop, z. B. bei ^{220}Ra, kann auf einfache Weise geprüft werden, in welcher Zerfallsreihe es steht. Jeder Massenunterschied zum Startnuklid kann dabei nur auf α-Zerfallsprozesse beruhen. Jeder α-Zerfallsprozess verringert die Massezahl um vier Einheiten. Von diesen

α-Zerfallsprozessen kann auch nur eine ganze Zahl stattgefunden haben. Aus dem Masseverlust lässt sich dann auf die Zerfallsreihe schließen, in der das Nuklid steht:

$$Z = \frac{M_{StNu} - M_{Nu}}{4}$$ Gleichung 8.4

Dabei ist M_{StNu} die Massenzahl des Startnuklids, also 235 für ^{235}U, 236 für ^{236}U sowie 238 für ^{238}U, und M_{Nu} ist die Massezahl des Nuklids, das geprüft werden soll, also 220 für ^{220}Rn. Unsere Rechnung liefert folgendes Ergebnis:

Actiniumreihe: $Z = \frac{235 - 220}{4} = 3{,}75$

Thoriumreihe: $Z = \frac{236 - 220}{4} = 4$

Uranreihe: $Z = \frac{238 - 220}{4} = 4{,}5$

Da es weder 3,75 noch 4,5 α-Zerfallsprozesse geben kann, steht ^{220}Rn in der Thoriumreihe.

Ein Nuklid, das in keine der drei Zerfallsreihen passt, muss dann künstlich erzeugt worden sein.

8.5 Kinetik des radioaktiven Zerfalls

Es wird kaum überraschen, dass es instabile Nuklide gibt, die sehr schnell zerfallen, und andere, die einen sehr langsamen Zerfall aufweisen. Analog zur Reaktionsgeschwindigkeit (▸ Kap. 4.16) kann man für instabile Nuklide eine Zerfallsgeschwindigkeit definieren. Für die Zerfallsgeschwindigkeit A, die identisch ist mit der Aktivität einer radioaktiven Probe, bestehend aus N_i^0 Nukliden des instabilen Elementisotops i gilt:

$$A = \frac{dN_i}{dt}$$ Gleichung 8.5

Dabei ist der radioaktive Zerfall ein rein statistischer Prozess. Er ist möglicherweise der einzige Reaktionsprozess, der eindeutig nach einer Kinetik 1. Ordnung abläuft. Für das Geschwindigkeits-Zeit-Gesetz nach ○ Gleichung 4.184 (▸ Kap. 4.16.2) gilt:

$$A = \frac{dN_i}{dt} = -\lambda \cdot N_{i(t)}$$ Gleichung 8.6

Dabei handelt es sich um lineare Differenzialgleichung 1. Grades, die durch Variablentrennung gelöst werden kann (z. B. bei Ableitung des Zeitgesetzes in ○ Gleichung 4.185, ▸ Kap. 4.16.2):

$$N_{i(t)} = N_i^0 \cdot e^{-\lambda t} \quad \text{mit} \quad N_i^0 = N_i \text{ für } t = 0$$ Gleichung 8.7

Die Größe λ entspricht der Reaktionsgeschwindigkeitskonstanten bei chemischen Reaktionen und man bezeichnet sie als **Zerfallskonstante**. Die absoluten Teilchenzahlen N_i liefern aber unbequeme Zahlenwerte. ○ Gleichung 8.8 kann jedoch auf alle Größen direkt angewendet werden, die zu N_i proportional sind:

(a) $n_{i(t)} = n_i^0 \cdot e^{-\lambda t}$ Gleichung 8.8
(b) $m_{i(t)} = m_i^0 \cdot e^{-\lambda t}$
(c) $a_{i(t)} = a_i^0 \cdot e^{-\lambda t}$

○ Gleichung 8.8 a gilt für die Stoffmenge, ○ Gleichung 8.8 b für die Masse und ○ Gleichung 8.8 c für die Relativkonzentration. ○ Gleichung 8.8 c beschreibt die Aktivität eines radioaktiven Elements in einer löslichen Verbindung. Aus der Zerfallskonstante erhält man analog zu ○ Gleichung 4.187 (▸ Kap. 4.16.2) die **Halbwertszeit** eines radioaktiven Nuklids:

$$t_{½} = \frac{\ln 2}{\lambda}$$ Gleichung 8.9

Die Halbwertszeit ist eine wichtige Kenngröße für radioaktive Nuklide. Je größer die Halbwertszeit eines Nuklids, umso schwächer strahlt eine Probe mit definierter Teilchenzahl, aber umso länger dauert es, bis die Radioaktivität auf ein nicht mehr nachweisbares Niveau abgesunken ist. Auch kann die Halbwertszeit bei instabilen Nukliden, ähnlich wie die relative Häufigkeit bei stabilen Nukliden, als qualitatives Maß für die Stabilität der Nuklide herangezogen werden. Je größer die Halbwertszeit, umso stabiler ist das Nuklid. Die Halbwertszeit von ^{235}U beträgt $7{,}04 \cdot 10^8$ a = $7{,}04 \cdot 10^8$ Jahre. Die Halbwertszeit von ^{236}U beträgt $2{,}34 \cdot 10^7$ und die Halbwertszeit von ^{238}U beträgt $4{,}47 \cdot 10^9$ Jahre. Nicht alle Halbwertszeiten betragen Millionen oder Milliarden Jahre, z. B. liegen die Halbwertszeiten von ^{226}Ra bei 1 600 sowie die von ^{228}Ra bei nur 5,8 Jahren. Die von ^{224}Ra beträgt dagegen nur 3,64 d = 3,64 Tage. Wird ○ Gleichung 8.7 nach der Zeit abgeleitet, so erhält man für die Aktivität A:

$$A = \frac{dN_i}{dt} = N_i^0 \frac{d}{dt}(e^{-\lambda t}) = -\lambda \cdot N_i^0 \cdot e^{-\lambda t} = A_{(t=0)} \cdot e^{-\lambda t}$$ Gleichung 8.10

Man erhält für die Abklingkurve der Strahlung einer radioaktiven Probe das gleiche Zeitgesetz, wie für die Funktion der Teilchenzahl, Stoffmenge, Masse oder Konzentration. ○ Abb. 8.11 zeigt die Zeitgesetze für die Masse und für die Aktivität eines radioaktiven Materials.

Das Zerfallsgesetz findet in der Altersbestimmung archäologischer Funde eine wichtige Anwendung. Das Kohlenstoffisotop ^{14}C ist ein β-Strahler mit einer Halbwertszeit von 5736 a. Durch einen kosmischen Prozess wird es ständig gebildet und gelangt in einem konstanten Teilchenstrom auf die Erde. So halten sich Bildung und Zerfall das Gleichgewicht und man findet für dieses Nuklid seit vielen 100 000 Jahren eine konstante Häufigkeit. Diese Häufigkeit findet man auch in Lebewesen, solange sie am Leben sind. Sie nehmen über die Nahrung stets ^{14}C auf und scheiden es über den Stoffwechsel auch wieder aus. Stirbt ein Lebewesen, dann wird kein ^{14}C mehr aufgenommen. Durch den Zerfall nimmt der Gehalt an ^{14}C aber kontinuierlich mit der Zeit ab. Kann gemessen werden, wie

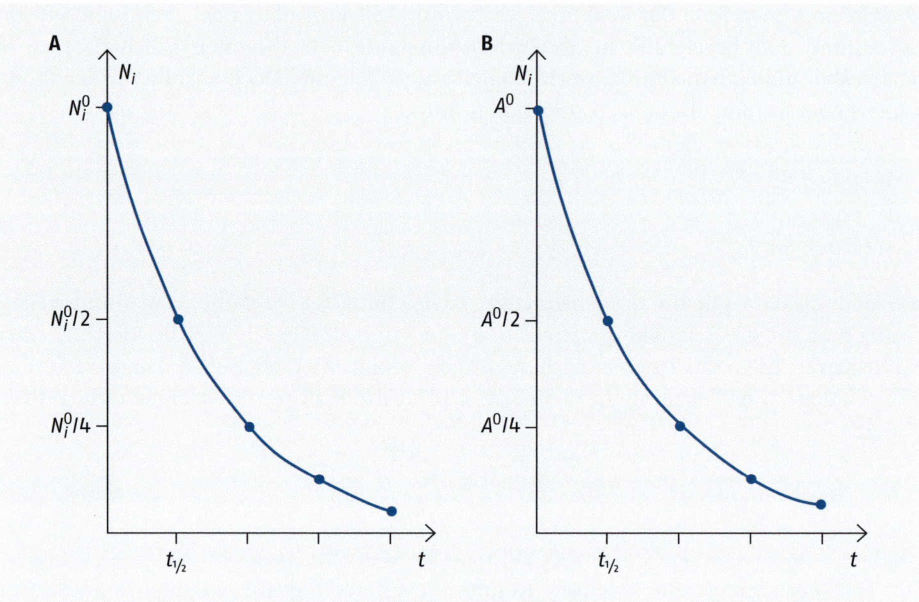

Abb. 8.11 Zeitgesetze für das „Verschwinden" der radioaktiven Teilchen (A) und für das Abklingen der Radioaktivität (B)

viel ^{14}C in einer organischen Probe noch vorhanden ist, dann kann auch bestimmt werden, wann das Lebewesen, von dem die organische Probe stammt, gestorben ist. Diese Methode der Altersbestimmung wird **Radiocarbonmethode** genannt. Dazu ein Beispiel: Archäologen finden in Tunesien die Überreste eines verkohlten Holzpfostens, der einmal zu einem Haus in einem karthagischen Dorf gehört haben muss. Die Archäologen möchten wissen, wie alt dieses Holz ist. Man misst über einen bestimmten Zeitraum die β-Strahlung des antiken Pfostens und findet 15,34 Zerfallsereignisse. Ein vergleichbares Stück moderner Holzkohle liefert im gleichen Zeitraum 20,00 Zerfallsereignisse. Nun bestimmt man aus der bekannten Halbwertszeit von ^{14}C seine Zerfallskonstante nach Gleichung 8.9:

$$\lambda = \frac{\ln 2}{t_{1/2}} = \frac{0{,}693147}{5736} = 1{,}208 \cdot 10^{-4} \cdot \frac{1}{a}$$

Gleichung 8.10 kann nun nach der Zeit aufgelöst werden und man erhält mit $A^0 = 20$ und $A = 15{,}34$:

$$A = A^0 \cdot e^{-\lambda t} \quad \rightarrow \quad t = \frac{\ln(A^0/A)}{\lambda} = \frac{\ln(20/15{,}34)}{1{,}208} \cdot 10^4\, a = 2196\, a$$

Was sagt dieses Ergebnis aber aus? Archäologen interessieren sich brennend dafür, wer das Haus wann und warum angezündet hat. Alle Fragen kann man ihnen jedoch aufgrund des durchgeführten Experiments nicht beantworten. Auch wenn ein ursächlicher Zusammenhang mit dem Aufstieg des römischen Weltreichs in Betracht kommt, steht nur fest, dass 200 v. Chr. ein Baum gefällt wurde, der in das abgebrannte Haus eingebaut war.

8.6 Messung und Wirkung radioaktiver Strahlung

Gleichung 8.10 definiert die Aktivität einer Probe über die Zahl der Zerfallsprozesse pro Zeiteinheit. Die Aktivität ist damit die auf die Teilchenzahl bezogene Reaktionsgeschwindigkeit des radioaktiven Zerfalls. Zählt man die Zerfallsereignisse pro Sekunde, dann erhält man die Aktivität in der Einheit 1/s = Bq = Bequerel. Diese Größe lässt sich mit dem bekannten Geiger-Müller-Zählrohr messen (Abb. 8.12).

Ein Geiger-Müller-Zählrohr besteht aus einem negativ aufgeladenen Metallzylinder, durch den ein positiv aufgeladener Draht gezogen ist. Zwischen Zylinder und Draht wird Hochspannung angelegt. Der Zylinder ist evakuiert und mit einem verdünnten Gas gefüllt. Durch ein Fenster kann Strahlung in das System eintreten. Das Fenster muss aus einem sehr dünnen, aber dennoch festen Material bestehen, damit die Strahlung möglichst ungehindert eintreten kann, aber das Vakuum stabil bleibt. Tritt ein Strahlenimpuls in den Zylinder ein und trifft auf ein Gasteilchen, so wird dieses ionisiert. Es spaltet sich in ein Elektron und ein positiv geladenes Ion:

$$N_2 + \alpha \longrightarrow N_2^+ + e^- + He^{2+} \qquad N_2 + \beta \longrightarrow N_2^+ + 2\,e^-$$

$$N_2 + \gamma \longrightarrow N_2^+ + e^-$$

Dieser Ionisationsprozess wäre für sich viel zu schwach, um in einer so einfachen Apparatur ein messbares Signal zu erzeugen. Die Elektronen werden aber durch die angelegte Hochspannung mit sehr großer Kraft in Richtung auf den positiven Draht beschleunigt. Ebenso werden die Ionen durch die Hochspannung in Richtung des Metallzylinders hin beschleunigt. Auf ihren Wegen treffen sie mit anderen Gasteilchen zusammen, aus denen sie Elektronen herausschlagen. Diese werden wie die neu entstandenen Ionen ihrerseits beschleunigt, sodass eine Elektronen- und Ionenlawine entsteht. Die Elektronen entladen den Draht, während der Metallzylinder die Ionen entlädt. So entsteht ein Strom, der verstärkt ein Messsignal auslöst:

$$N_2 + e^- \longrightarrow N_2^+ + 2\,e^- \qquad N_2 + N_2^+ \longrightarrow 2\,N_2^+ + e^-$$

Sekundärprozesse

In den meisten Ausführungen wird der Strom auf einen Lautsprecher übertragen. Immer dann, wenn der Zylinder von einem Strahlenquantum getroffen wird, gibt das Gerät einen Knack- oder Pfeifton von sich. Die Angabe der Aktivität in Bq gibt aber nur ein unvollständiges Bild von der Wirkung, die von einer bestimmten Menge Radioaktivität ausgeht. Natürliche Radioaktivität besteht aus drei Strahlenarten: α-, β- und γ-Strahlen. Diese werden in einem normalen Geiger-Müller-Zähler nicht unterschieden. Ein Stromimpuls kann von einem Heliumatomkern, einem energiereichen Elektron oder einem γ-Quantum erzeugt werden. Aber selbst, wenn die Strahlensorte einheitlich ist, kann sie je nach Herkunft völlig unterschiedliche Energien übertragen. Ein sehr schnelles Elektron wird den gleichen Knackton erzeugen wie ein Elektron, dessen Energie nur knapp über der Ionisie-

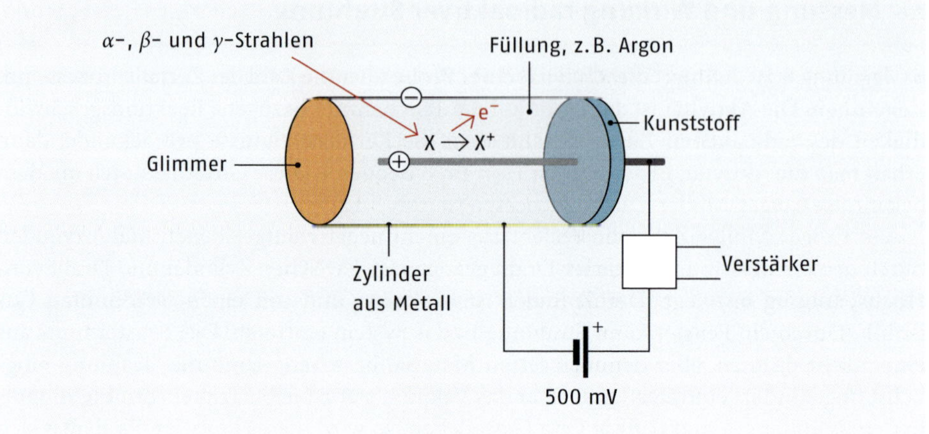

Abb. 8.12 Aufbau eines Geiger-Müller-Zählrohrs

rungsenergie des Gases liegt. Um die Aggressivität der Strahlung zu erfassen, definiert man die **Energiedosis**:

$$D = \frac{\Delta E}{m} \quad [D] = \frac{\text{J}}{\text{kg}} \quad 1 \text{ Gray (Gy) (früher Rad, rd)}$$ Gleichung 8.11

Unter der Energiedosis versteht man die Menge an eingestrahlter Energie auf eine bestimmte Masse eines Stoffs. Gemessen wird die Dosis mit speziellen Dosimetern. Eine sehr einfache Technik besteht darin, die Schwärzung eines Filmstreifens auszuwerten. Solche Dosimeter tragen Mitarbeiter, die aus beruflichen Gründen energiereicher Strahlung ausgesetzt sind. Dazu gehören nicht nur Arbeiter in kerntechnischen Anlagen, sondern auch das Bedienpersonal von Röntgengeräten oder die Flugbegleiter bei Interkontinentalflügen. Bezieht man die Energiedosis auf die Zeit, dann interessiert man sich für die momentane Intensität der radioaktiven Strahlung. Diese wird durch die **Energiedosisleistung** angegeben:

$$P = \frac{\Delta D}{\Delta t} = \frac{\Delta E}{m \cdot \Delta t} \qquad [P] = \frac{\text{J}}{\text{kg} \cdot \text{s}} = \frac{\text{W}}{\text{kg}}$$ Gleichung 8.12

Welche Aussagekraft haben diese Messgrößen für die Beurteilung der Radioaktivität und über ihrer Wirkung? Radioaktive Strahlen können in jedem Material, und dazu gehört auch das Gewebe von Mensch, Tier und Pflanze, die gleichen Prozesse auslösen wie in den Gasteilchen des Geiger-Müller-Zählrohrs. Alle Sorten radioaktiver Strahlung können Atome ionisieren. Sie können aber auch Moleküle homolytisch zertrümmern, wobei dann aggressive Radikale entstehen:

$$H_2O + e^- \longrightarrow H\cdot + OH\cdot + e^-$$

Werden Werkstoffe in kerntechnischen Anlagen hohen Strahlendosen ausgesetzt, dann führt dies zur Materialermüdung und in der Folge möglicherweise zum Versagen von

Anlageteilen. In lebenden Organismen können Zellen schwer geschädigt werden, indem beispielsweise

a) DNA-Stränge und -Bestandteile (DNA-Basen) geschädigt oder verändert werden, oder
b) eine große Zahl von Proteinen oder anderen Zellbestandteilen zerstört werden.

Die Gefährlichkeit von Strahlen hängt in Bezug auf Punkt b) sehr von der Energiedosisleistung ab. Geringe Strahlendosen können die meisten Lebewesen und auch Menschen relativ gut verkraften. Die angerichteten Schäden werden in den Zellen in der Regel repariert. Überschreiten die Strahlendosen bestimmte Grenzwerte, dann kommt es zu Beschwerden, die man in ihrer Gesamtheit als Strahlenkrankheit bezeichnet. In schlimmen Fällen sind sie Verbrennungen sehr ähnlich. Aber auch unterhalb dieser Schwelle kommt es zu unangenehmen Beschwerden. Strahlen schädigen vor allem das Immunsystem und die Vitalität des ganzen Organismus. Es kommt zu verstärkter Anfälligkeit gegen Infektionen. Typisch sind auch Haarausfall und eine verzögerte Wundheilung. Punkt a) führt zu Erbschäden und kann damit Krebs auslösen. Eigentlich kann in diesem Fall nicht mit Grenzwerten argumentiert werden. Denn auch die geringste Dosis kann Krebs verursachen. Je höher die Dosis ist, der man ausgesetzt ist, umso höher ist die Wahrscheinlichkeit an Krebs zu erkranken.

Weder die Aktivität A in Bq noch die Dosis in Gray oder die Dosisleistung in W/kg reichen jedoch aus, um das Gefährdungspotenzial einer radioaktiven Umgebung genau beurteilen zu können. Einerseits haben alle drei Strahlungsarten eine sehr unterschiedliche Qualität, andererseits hängt es auch stark von der Herkunft der Strahlung ab, wie gefährlich sie ist.

α-Strahlen haben das geringste Durchdringungsvermögen. Ihre Reichweite in atmosphärischer Luft liegt bei nur wenigen Metern, bis sie durch Zusammenstöße mit Gasteilchen auf ein thermisches Energieniveau abgebremst sind. Das Papier einer Zeitung reicht aus, um die α-Teilchen vollständig zu adsorbieren. So gesehen scheinen α-Strahler überhaupt nicht gefährlich zu sein. Das Urteil fällt aber völlig anders aus, wenn sich ein mit α-Strahlern kontaminiertes Partikel unmittelbar auf der Haut befindet, wenn es in die Lunge eingeatmet wird oder wenn es mit unserer Nahrung in den Körper gelangt ist. Findet ein α-Zerfall in unmittelbarer Nähe oder in einer lebenden Zelle statt, so ist das Zertrümmerungsvermögen eines α-Teilchens wesentlich größer als bei allen anderen Strahlungsarten. Arbeiter in kerntechnischen Anlagen oder in radioaktiv verseuchten Gebieten tragen Strahlenschutzanzüge. Diese schützen wenig gegen die in der Umgebung präsente Strahlung. Sie schützen aber vor der Aufnahme radioaktiver Partikel in den Körper.

Stellt man der α-Strahlung die γ-Strahlung gegenüber, so besitzen γ-Strahlen das größte Durchdringungsvermögen. Um γ-Strahlen aufzuhalten, sind dicke Bleiabschirmungen nötig. Eine bestimmte γ-Strahlen-Aktivität in Bq wird aber in einem Lebewesen erheblich weniger Strahlenschäden verursachen als die gleiche α-Strahlen-Aktivität in Bq. Die meisten γ-Strahlen-Quanten werden mit dem Gewebe nicht in Wechselwirkung treten und dort einfach hindurchfliegen ohne Schaden anzurichten. Bei einem Treffer wird aber ein ähnlicher Schaden entstehen wie bei einem Heliumkern gleicher Energie. Die β-Strahlen können in der Regel durch ein dünnes Aluminiumblech aufgehalten werden. Ihre Trefferwahrscheinlichkeit oder auch ihre Absorptionsrate liegt zwischen der von α-Strahlen und γ-Strahlen. Man kann die unterschiedliche Qualität der drei Strahlensorten noch über Qualitätsfaktoren q in der Energiedosis berücksichtigen. Man erhält dann die **Äquivalentdosis $D_{Äq}$**:

$$D_{Äq} = \frac{q_\alpha \cdot E_\alpha + q_\beta \cdot E_\beta + q_\gamma \cdot E_\gamma}{m}$$ Gleichung 8.13

$$[D_{Äq}] = \text{Sievert (Sv)} \left(\text{früher: Rem, rem}\right)$$

Die Qualitätsfaktoren sind für Röntgenstrahlung und γ-Strahlen $q_\gamma = 1$. Für α-Strahlen, abhängig von ihrer Energie, gilt: $q_\alpha = 10$ bis 20. Aber auch die Äquivalentdosis beschreibt die Gefährlichkeit einer radioaktiven Umgebung nicht vollständig. Nimmt man ein radioaktives Alkalimetall wie beispielsweise Cäsium mit der Nahrung auf, so wird es sich gleichmäßig im ganzen Körper verteilen. Wird dagegen ^{90}Sr mit der Nahrung aufgenommen, dann wird ^{90}Sr wie Ca verstoffwechselt und gezielt in die Knochen eingelagert. Dort schädigt es das blutbildende Gewebe im Knochenmark und provoziert eine Leukämie. Nimmt man ^{135}I mit der Nahrung auf, so wandert dieses gezielt in die Schilddrüse und provoziert dort Schilddrüsenkrebs. Die Anreicherung strahlender Partikel in der Nahrungskette und die gezielte Schädigung bestimmter Organe muss von Fall zu Fall bewertet werden und kann nicht allein durch eine Messgröße ausgedrückt werden.

Durch die drei natürlichen Zerfallsreihen sind radioaktive Nuklide in natürlichen Materialien, aber auch in Luft und Wasser immer präsent. Diese natürliche terrestrische Strahlung stellt seit der Entstehung des Lebens auf der Erde ein permanentes Lebensrisiko dar. Die Belastung durch sie ist an verschiedenen Wohnorten sehr unterschiedlich. Auch kann die Strahlenbelastung, in unterschiedlichen Wohnungen, abhängig von verwendeten Baustoffen höchst unterschiedlich ausfallen. Von der terrestrischen Radioaktivität ist die kosmische zu unterscheiden. Durch die Prozesse auf der Sonne entstehen große Mengen an Licht und Partikelstrahlung. Die Partikelstrahlung besteht aus Protonen, Neutronen, Heliumkernen und Elektronen. Diese werden durch das Magnetfeld der Erde abgelenkt und bilden um die Erde herum sogenannte Strahlungsgürtel. Für die bemannte Weltraumfahrt spielen die Strahlungsgürtel eine wichtige Rolle, weil sich Astronauten nicht sehr lange darin aufhalten sollten. Die ebenfalls von der Sonne ausgesendeten γ-Strahlen bleiben durch unser Erdmagnetfeld unbeeinflusst. Sie werden jedoch von der Atmosphäre teilweise absorbiert. So steigt die kosmische γ-Strahlen-Belastung mit der Höhe über dem Meeresniveau.

Diese Arten natürlicher Radioaktivität erhöhen unser Lebensrisiko seit Bestehen der Menschheit. Aber auch unsere Vorfahren in der Evolution waren dem ausgesetzt und mussten damit leben. Die Belastung durch künstlich erzeugte Nuklide in kerntechnischen Anlagen ist dagegen kritischer zu bewerten. In Kernkraftwerken, Kernbrennstofffabriken, im Uranbergbau und in Wiederaufarbeitungsanlagen werden Nuklide erzeugt, die nicht in den natürlichen Zerfallsreihen stehen. Werden diese, wenn auch nur in äußerst geringer Menge, in die Natur freigesetzt, dann können sie möglicherweise zu einem Problem werden, da nicht bekannt ist, wie sie sich in der Nahrungskette und in lebenden Organismen verhalten. Es ist daher weiser, vorsichtig zu sein, als dieses Nichtwissen als Argument für die Harmlosigkeit solcher Nuklide zu verwenden.

8.7 Radioaktivität in der Medizin

Schon kurz nach der Entdeckung der Radioaktivität durch *Bequerel* und das Ehepaar *Curie* zeigte sich, dass man radioaktive Strahlen zur **Zerstörung von Tumorgewebe** einsetzen kann. Krebszellen sind empfindlicher gegen Strahlungsenergie als gesunde Zellen, weil sie eine höhere Teilungsrate aufweisen. Während einer Zellteilung ist das Erbmaterial ungeschützt und daher in besonderer Weise angreifbar. Die Zerstörung kann durch unmittelbare Einwirkung der Strahlenenergie auf die DNA erfolgen. Es kann auch zuerst zur Bildung von Radikalen aus Wasser, Zucker oder anderen Molekülen kommen, die dann in einem zweiten Schritt die DNA angreifen. Die ersten Strahlentherapien wurden mit Radiumpräparaten an Hautkrebs vorgenommen. Radium ist ein α-Strahler und α-Strahlen haben nur eine geringe Eindringtiefe, an der Oberfläche aber eine hohe Wirksamkeit. In späterer Zeit wurde die Strahlentherapie gegen eine Vielzahl von Tumorformen eingesetzt. Mit der Verwendung von γ-Strahlern wurden dann auch tiefsitzende Tumore behandelt. Ein häufig verwendetes Präparat ist ^{60}Co. Dabei handelt es sich um einen β-Strahler, der auf folgende Weise zerfällt:

$$^{60}_{27}\text{Co} \longrightarrow {}^{60}_{28}\text{Ni}^* + e^- \qquad {}^{60}_{28}\text{Ni}^* \longrightarrow {}^{60}_{28}\text{Ni} + \gamma$$

Es entsteht ^{60}Ni in einem hoch angeregten Zustand, das sich über einen γ-Zerfall stabilisiert. Die dabei frei werdenden γ-Strahlen werden zur Tumorbekämpfung genutzt. Hierbei ist es wichtig, dass man die Position und die Abmessungen des Tumors im Körper sehr genau kennt und eine Technik verwendet, die im Tumor zu einer hohen, im gesunden umgebenden Gewebe aber nur zu einer geringen Strahlungsbelastung führt.

In ○ Abb. 8.13 wird das Funktionsprinzip einer sogenannten Kobaltkanone aufgezeigt. Die Strahlenquelle kann z. B. drehbar auf einer Schiene angeordnet sein. Bei entsprechender Justierung wird ein Punkt im Körper immer belastet, während der Rest nur einmal pro Umdrehung belastet wird. Die Kobaltkanone gilt jedoch als veraltet. Sie ist durch künstlich erzeugte energiereiche Elektronenstrahlung ersetzt worden. Die Elektronen werden abgebremst und dabei entstehen Röntgenstrahlen mit ähnlicher Energie, wie die von γ-Strahlern ausgesendeten Photonen. Der große Vorteil besteht darin, dass es zu keiner Belastung mit Radionukliden und deren Abfallprodukten kommt. Ein relativ modernes Verfahren besteht in der Verwendung von **Positronenstrahlern**, wie das bereits erwähnte ^{20}Na (○ Abb. 8.7). Stößt ein Positron mit einem Elektron zusammen, dann entstehen zwei γ-Quanten, die in einem 180-Grad-Winkel auseinanderfliegen. Durch die Materie-Antimaterie-Reaktion kann die gleiche Energiedosis mit weniger Zerfallsereignissen erzielt werden. Durch ihre elektrische Ladung lassen sich die Positronen auch besser in das Zielgebiet lenken. Man erzielt damit eine bessere Energiewirkung im Tumorgewebe bei größerer Schonung der Umgebung. Da Positronenstrahler aber künstlich erzeugt werden müssen, ist das Verfahren teuer.

Ebenso wichtig ist der Einsatz von Radionukliden für diagnostische Zwecke. Hierzu seien vor allem zwei bildgebende Methoden erwähnt, die **Szintigraphie** und die **Positronenemissionstomographie (PET)**.

Die Szintigraphie ist ein sehr einfaches bildgebendes Verfahren, bei dem einem Patienten eine als **Tracer** bezeichnete Substanz gespritzt wird. Der Tracer ist in der Regel ein organisches Molekül, das an einer Stelle mit einem Radionuklid derivatisiert ist. Der Tracer verteilt sich im Körper und im einfachsten Fall kann die Radioaktivität über einen

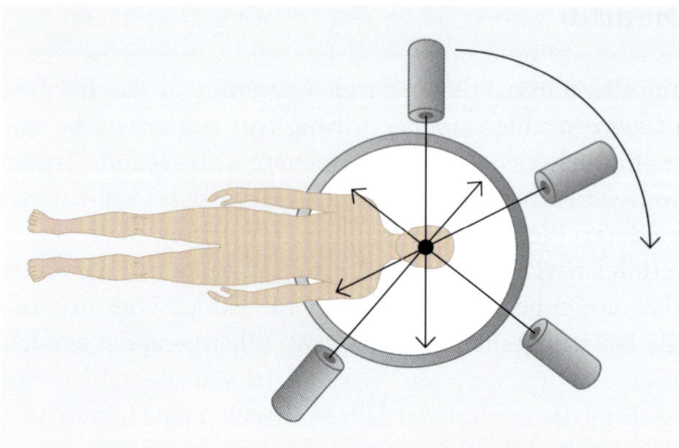

Abb. 8.13 Strahlentherapie: Funktionsprinzip einer Kobaltkanone

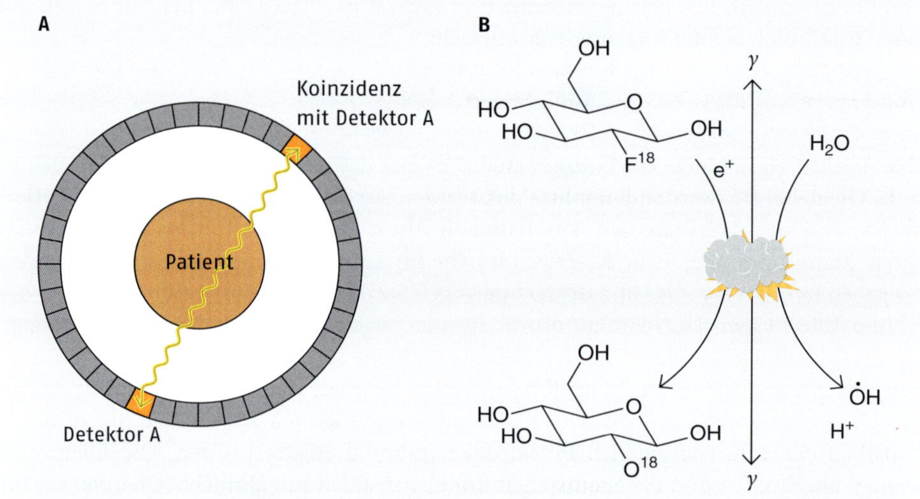

Abb. 8.14 Positronenemissionstomographie: Funktionsprinzip einer PET-Aufnahme (A) und Reaktiongleichung des Tracers (B)

Film detektiert werden. Nach Stand der Technik verwendet man aber hochauflösende γ-Strahlendetektoren. Welche Informationen das Szintigramm enthält, hängt von den Eigenschaften des Tracers ab. Kein Tracer verteilt sich ganz gleichmäßig im Körper. Manche konzentrieren sich in wässrigen Phasen, manche in lipophilen Phasen. Andere reichern sich gezielt in bestimmten Organen wie Knochen, Schilddrüse oder Nervengewebe an. Solche Szintigramme ergeben Strukturbilder vom ganzen Körper oder den entsprechenden Organen. Interessanter sind aber Funktionsbilder. Dazu verwendet man Tracer, die sich vor allem an Stellen hoher spezifischer Stoffwechselaktivität anreichern. Ein Beispiel ist ^{99}Tc-Methylendiphosphonat, das sich vor allem in Geweben anreichert, in denen gerade neue Knochenzellen gebildet werden.

Eine Weiterentwicklung der Szintigraphie ist die **Positronenemissionstomographie** (Abb. 8.14 A). Sie gehört zu den tomographischen Verfahren, d. h., es werden keine einfachen Bilder, sondern Schichtaufnahmen gemacht. Addiert man viele gemessenen

Schichtebenen, so kommt man zu dreidimensionalen Bildern hoher Auflösung. Im PET wird oft ^{18}F-Desoxyglucose als Tracer (o Abb. 8.14 B) eingesetzt, die sich in allen Zellen erhöhter Stoffwechselaktivität anreichert. ^{18}F ist ein Positronenstrahler mit einer Halbwertszeit von 110 Minuten. Wird ein Positron emittiert, dann trifft es relativ schnell auf ein Elektron. Dabei entstehen genau zwei γ-Photonen, die senkrecht zueinander auseinanderfliegen (o Abb. 8.14 B). Eine Positronenemission kann nun ortsaufgelöst sehr genau erfasst werden, indem an zwei gegenüberliegenden Seiten des Detektors gleichzeitig ein Energieimpuls registriert wird. Erfolgt die Registrierung nicht gleichzeitig, dann handelt es sich entweder um Radioaktivität aus anderer Quelle oder die Positronenemission entstand nicht in der beobachteten Zielschicht. Auf diese Weise kommt man zu sehr scharfen ortsaufgelösten Schichtbildern.

8.8 Wichtige Kernreaktionen

8.8.1 Kernspaltung

Ein wichtiges Beispiel einer Kernspaltung ist der α-Zerfall, bei dem ein Atomkern in einen Heliumkern und ein Restnuklid gespalten wird. Der α-Zerfall wird jedoch eher unter der Rubrik „radioaktiver Zerfall" als unter dem Thema Kernspaltung eingeordnet, obwohl dafür kein sachlicher Grund besteht.

Ein weiteres, in der Allgemeinheit nicht so bekanntes, aber wichtiges Beispiel ist der photoneninduzierte Zerfall von ^{9}Be-Kernen. Dazu wird Berylliumpulver mit angeregtem ^{124}Sb* gemischt. Der γ-Strahler ^{124}Sb* emittiert energiereiche Photonen, die von den Berylliumnukliden absorbiert werden und diese so anregen. Sie spalten sich dann in zwei ^{4}He-Kerne und ein Neutron:

$$^{124}_{51}\mathrm{Sb}^* \longrightarrow {}^{124}_{51}\mathrm{Sb} + \gamma \qquad {}^{9}_{4}\mathrm{Be} + \gamma \longrightarrow {}^{9}_{4}\mathrm{Be}^* \longrightarrow {}^{1}_{0}\mathrm{n} + 2\,{}^{4}_{2}\mathrm{He}$$

o Abb. 8.15 veranschaulicht den Prozess dieser einfachen Kernspaltung. Nachdem der Berylliumkern von dem γ-Quantum getroffen wurde, geht er in einen hoch angeregten Zustand über. Dadurch werden die Kernkräfte geschwächt und die elektrostatische Abstoßung zwischen den Protonen fängt an zu wirken. Im vorliegenden Fall zerbricht der Kern in drei Fragmente. Die Reaktion dient zur Erzeugung energiereicher Neutronen.

Ein anderes Beispiel für einen Kernphotoeffekt ist die Spaltung von Deuterium in Protonen und Neutronen:

$$^{2}_{1}\mathrm{H} + \gamma \longrightarrow {}^{1}_{1}\mathrm{H} + {}^{1}_{0}\mathrm{n}$$

Im Jahre 1938 war Uran das schwerste bekannte Element. *Otto Hahn* und *Fritz Straßmann* versuchten durch Beschuss von natürlichem Uran mit Neutronen noch schwerere Elemente herzustellen. Vermutlich ist ihnen das sogar geglückt, nur konnten sie es nicht nachweisen. Stattdessen mussten sie verzweifelt feststellen, dass ihre Proben nach dem Neutronenbeschuss große Mengen an Barium enthielten, was sie nicht verstehen konnten. Vor dem Experiment war kein Barium im Uran. Daraufhin schrieb *Otto Hahn* seiner ehemaligen Schülerin *Liese Meitner* einen Brief. *Liese Meitner* war Österreicherin und stammte aus einer jüdischen Familie. Um Kontakte der unangenehmen Art mit der damals nicht geringen Zahl von Personen nationalsozialistischer Gesinnung zu vermei-

8

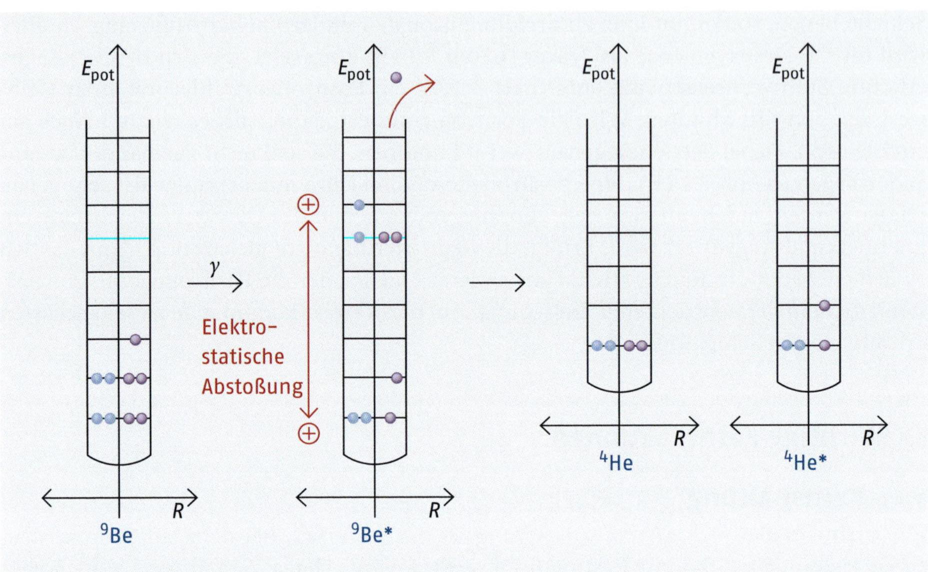

Abb. 8.15 Kernphotoeffekt bei der Spaltung von ^{9}Be

den, gönnte sie sich einen ausgedehnten Auslandsaufenthalt in Schweden. Von dort aus erklärte sie ihrem ehemaligen Lehrer, was geschehen war: Statt aus dem Uran schwerere Elemente zu erzeugen, hatte er es durch das Experiment zerstört. Wird ein Neutron in eine Probe von natürlichem Uran hineingeschossen, dann hat es dort eine sehr hohe Geschwindigkeit und Energie. Man spricht von einem **schnellen Neutron**. Es hat im Durchschnitt etwa 10 Minuten Zeit, durch Kontakt mit den Atomhüllen der umgebenden Atome seine Energie abzugeben und die Temperatur der Umgebung anzunehmen. Man nennt diese Neutronen dann **thermische Neutronen**. Gerät ein thermisches Neutron auf seinem Weg durch die vielen Uranatome in die Nähe eines ^{235}U-Kerns, so kann es in den Potenzialtopf hineinfallen. Der Protonenpotenzialtopf hat bei Uran mit 92 Protonen immer eine gerade Protonenzahl. Bei ^{235}U hat der Neutronenpotenzialtopf aber mit 143 eine ungerade Neutronenzahl. Das bedeutet, das Fermi-Energieniveau ist nur halb besetzt. Fällt ein zusätzliches Neutron, das zufällig am Kern vorbeigekommen ist, aus „Versehen" in den Potenzialtopf, so wird es sofort von der starken Wechselwirkung festgehalten und es findet auf dem Fermi-Energieniveau eine freie Stelle. Es fällt wie auf ein „weiches Kissen" und verbleibt im Nukleonenverband. Beim Sturz in den Potenzialtopf gewinnt es an Energie. Diese wird aber infolge der weichen Landung auf die anderen Nukleonen verteilt, und das wiederum hat Konsequenzen. Der Kern wird plastisch verformt (Abb. 8.16) und gerät in Schwingung. Er dehnt sich einmal in die eine Richtung aus, dann wieder in eine andere. Die starke Wechselwirkung, die ja nur über sehr kurze Distanz wirkt, wird dadurch erheblich geschwächt. Die elektrostatische Abstoßung, die bei 92 Protonen erheblich ist, wird irgendwann zu groß und der Kern zerreißt in zwei Bruchstücke. Je nachdem, in welcher Schwingungsphase der Riss entsteht, können die Spaltprodukte dabei sehr unterschiedlich sein.

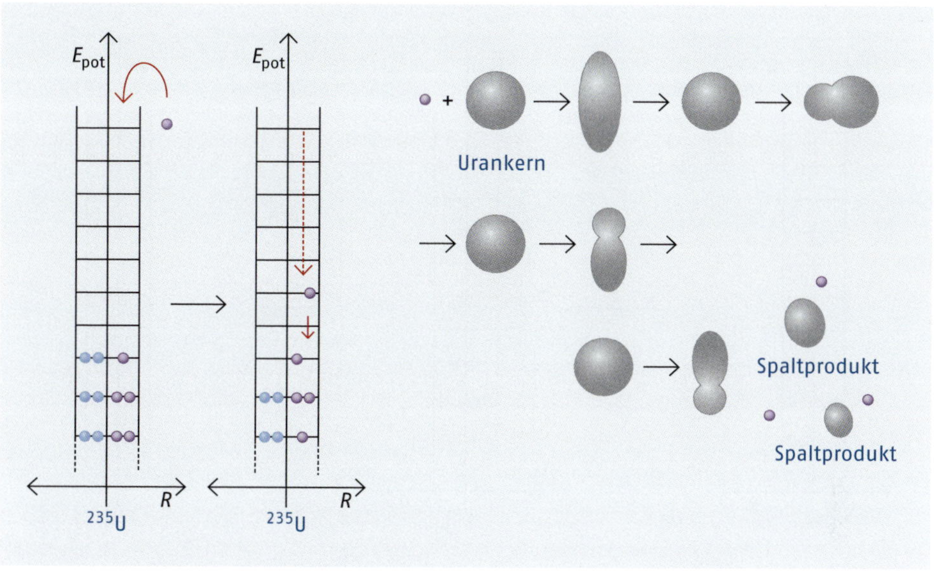

Abb. 8.16 Spaltung eines ^{235}U-Kerns durch ein thermisches Neutron

Da sich die Trümmer elektrostatisch abstoßen, beschleunigen sie sich gegenseitig und erhalten damit eine hohe kinetische Energie, die sich als Wärme äußert. Typische Spaltereignisse sind:

$$^{235}_{92}U + ^{1}_{0}n \longrightarrow ^{236}_{92}U^* \longrightarrow ^{144}_{56}Ba + ^{89}_{36}Kr + 3\,^{1}_{0}n$$

$$^{235}_{92}U + ^{1}_{0}n \longrightarrow ^{236}_{92}U^* \longrightarrow ^{139}_{56}Ba + ^{95}_{36}Kr + 2\,^{1}_{0}n$$

$$^{235}_{92}U + ^{1}_{0}n \longrightarrow ^{236}_{92}U^* \longrightarrow ^{135}_{53}I + ^{98}_{39}Kr + 3\,^{1}_{0}n$$

$$^{235}_{92}U + ^{1}_{0}n \longrightarrow ^{236}_{92}U^* \longrightarrow ^{143}_{54}Xe + ^{90}_{38}Sr + 3\,^{1}_{0}n$$

Kein Spaltprodukt ist stabil. Die meisten Spaltprodukte sind β-Strahler, gelegentlich kommen auch α-Strahler vor. In der Regel sind die Tochternuklide der Kernspaltung nicht gleich schwer, man findet immer ein schwereres und ein leichteres Produkt. Bei jeder Kernspaltung entstehen entweder zwei oder drei weitere Neutronen. Im Mittel sind es 2,5 Neutronen pro Spaltung. Dieser Wert ist bedeutsam zur Steuerung von **Kettenreaktionen**, die noch besprochen werden.

Was passiert aber, wenn ein thermisches Neutron auf ein ^{238}U-Nuklid trifft? Wenn ein thermisches Neutron über einen Potenzialtopf des ^{238}U „stolpert", dann fällt es genauso hinein, wie in den Potenzialtopf eines ^{235}U-Nuklids. Ein ^{238}U-Isotop hat aber mit 146 eine gerade Anzahl von Neutronen im Potenzialtopf. Alle Neutronen sind mit antiparallelem Spin gepaart. Das zusätzliche Neutron kann sich nicht in die bestehende Fermi-Energie einordnen, sondern muss selbst eine neue Fermi-Energie schaffen. Daher kommt es nicht zu einer weichen Landung, sondern zu einem harten Aufprall mit Totalreflektion. Der Prozess ist in Abb. 8.17 veranschaulicht. Die beim Sturz in den Potenzialtopf erzeugte Energie wirft das Neutron wieder zurück und aus dem Potenzialtopf hinaus. Ein thermisches Neutron kann einen ^{238}U-Kern daher nicht spalten.

8

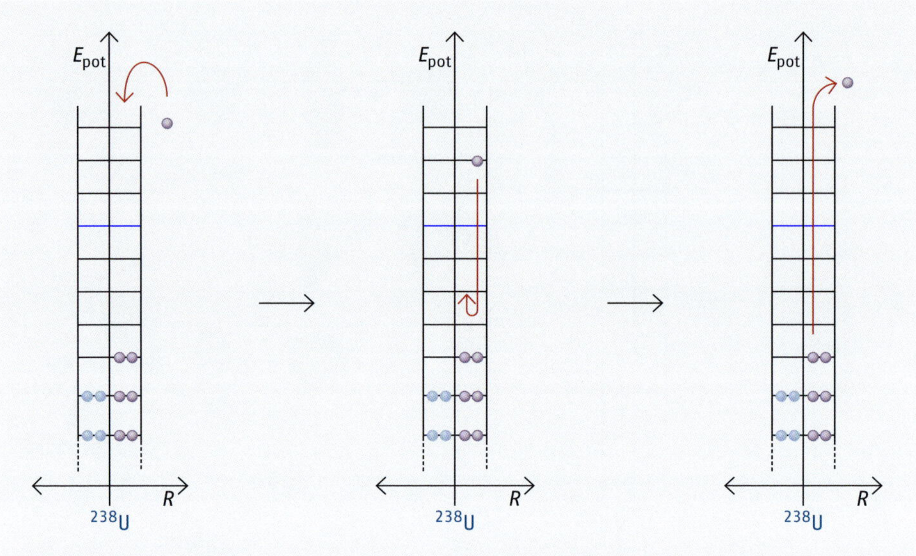

Abb. 8.17 Totalreflektion eines thermischen Neutrons an einem ^{238}U-Kern

Trifft aber ein schnelles Neutron in den Potenzialtopf eines ^{238}U-Kerns, so wird es in die anderen Nukleonen hineingeschossen. Eine Totalreflektion ist jetzt nicht mehr möglich, weil die Energie, die das Neutron mitgebracht hat und die es beim Sturz in den Potenzialtopf erhalten hat, an anderen Nukleonen abgegeben wird und sich diese auf verschiedene angeregte Zustände verteilen. Man erhält einen angeregten Kern, der denselben Zerfall durchläuft wie der ^{235}U-Kern in Abb. 8.16. Zwischen Treffer und Zerfall vergeht aber oft einige Zeit. In dieser Zeit können sich auch zwei β-Zerfallsprozesse ereignen, die die im Kern konzentrierte Energie als Strahlung an die Umgebung abgeben. Es entsteht dann ein metastabiler Plutoniumkern (Abb. 8.18). Der Prozess kann als Kernreaktionsgleichung beschrieben werden:

$$^{238}_{92}\text{U} + ^{1}_{0}\text{n} \longrightarrow ^{239}_{92}\text{U}^* \xrightarrow{\beta} ^{239}_{93}\text{Np} + e^- \qquad ^{239}_{93}\text{Np} \xrightarrow{\beta} ^{239}_{94}\text{Pu} + e^-$$

Die Isotope Neptunium-239 (^{239}Np) und Plutonium-239 (^{239}Pu) sind die ersten **Transurane**, die isoliert wurden. ^{239}Np hat eine Halbwertszeit von 2,3 Tagen. Das Neptuniumisotop ^{237}Np ist ein α-Strahler und hat eine Halbwertszeit von 2 Millionen Jahren. ^{239}Pu ist ein α-Strahler und hat eine Halbwertszeit von 24 400 Jahren. Es sind die schweren Abkömmlinge des Urans, nach denen *Hahn* und *Straßmann* gesucht hatten. Vermutlich haben sie diese auch in ihrem Experiment erzeugt. Natürliches Uran besteht zu 99,3 % aus ^{238}U und zu 0,7 % aus ^{235}U. Die Kernspaltungen wurden nur von ^{235}U ausgeführt und dabei sind viele schnelle Neutronen entstanden. Diese müssten zumindest Spuren von Plutonium erzeugt haben. Die Mengen waren aber offensichtlich zu gering und die Wissenschaftler wussten nicht, wonach sie genau suchen sollten. Das entstandene Plutonium hat aber eine wichtige Eigenschaft. Wie in Abb. 8.18 ersichtlich, hat es ebenso wie ^{235}U eine ungerade Anzahl von Neutronen im Neutronentopf. Thermische Neutronen können

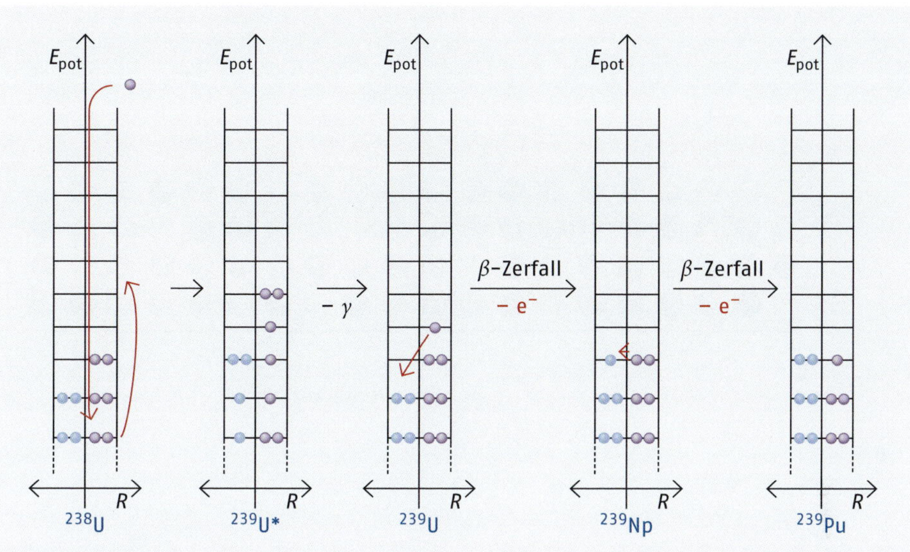

Abb. 8.18 Folgeprozesse nach einem Zusammenstoß von ^{238}U mit einem schnellen Neutron

im Potenzialtopf weich landen und den Kern zur Spaltung anregen. Man findet u. a. folgende Spaltreaktionen:

$$^{239}_{94}Pu + ^{1}_{0}n \longrightarrow ^{240}_{94}Pu^{*} \longrightarrow ^{144}_{56}Ba + ^{94}_{38}Sr + 2\,^{1}_{0}n$$

$$^{239}_{94}Pu + ^{1}_{0}n \longrightarrow ^{240}_{94}Pu^{*} \longrightarrow ^{130}_{51}Sb + ^{107}_{43}Tc + 3\,^{1}_{0}n$$

Bei Betrachtung von Abb. 8.1 (▸ Kap. 8.1.3), fällt auf, dass die Kernbindungsenergie pro Nukleon und damit die Stabilität der Nuklide steigt, wenn schwere Kerne zu mittelschweren Kernen gespalten werden. Genau dies läuft bei der Spaltung der ^{235}U- und ^{239}Pu-Nuklide ab. Die Kernspaltungen setzen sehr viel mehr Energie frei als chemische Prozesse, wie beispielsweise das Verbrennen von Metallen oder reduzierten Kohlenstoffverbindungen. Die Nuklide von ^{235}U und ^{239}Pu sind die wichtigsten spaltbaren Materialien für kerntechnische Anwendungen.

Kettenreaktion der Kernspaltung

Jede Spaltung eines ^{235}U- oder ^{239}Pu-Kerns setzt zwei oder drei, im Mittel 2,5 Neutronen frei. Diese Neutronen sind aber schnelle Neutronen. Schnelle Neutronen können auch Kernspaltungen verursachen. Die Wahrscheinlichkeit, mit der ein schnelles Neutron einen spaltbaren Kern trifft, ist jedoch im Vergleich zu der Wahrscheinlichkeit, mit der ein thermisches Neutron einen spaltbaren Kern trifft, verschwindend klein. Findet die Kernspaltung in einem dünnen Urandraht oder in einer ausgewalzten Uranblechscheibe statt, dann verlassen die schnellen Neutronen die Probe, ohne weitere Prozesse zu verursachen. Findet die Kernspaltung im Inneren einer Urankugel statt, dann muss ein Neutron einen längeren Weg zurücklegen, bevor es die Probe verlassen kann. Dabei stößt es vor allem mit Elektronen der einzelnen Atome zusammen und verliert Energie. Ein Teil der entstandenen Neutronen wird dabei auf thermisches Niveau abgebremst. Ein Mate-

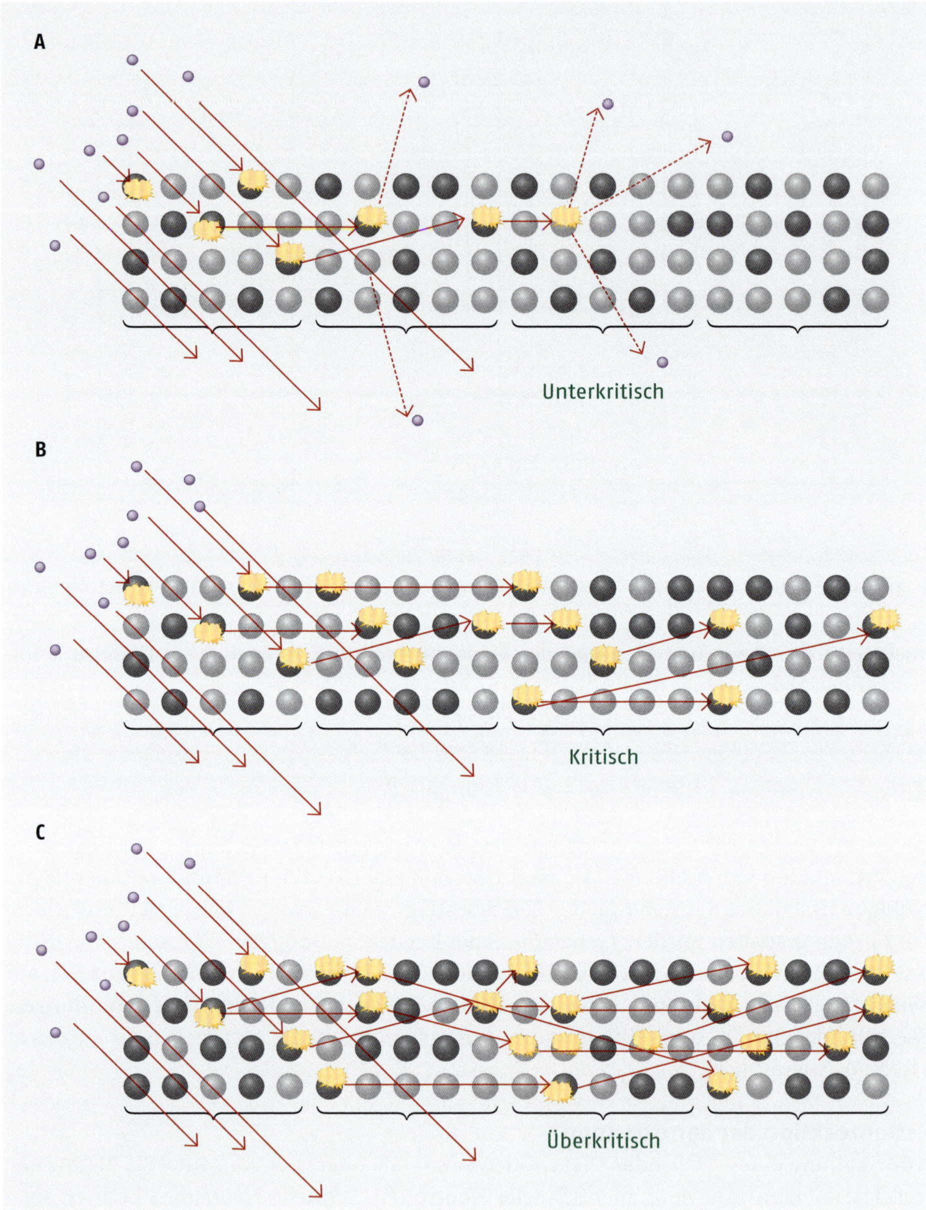

Abb. 8.19 Zeitlicher Verlauf der Kernspaltungen im unterkritischen (A), kritischen (B) und überkritischen Zustand (C)

rial, das Neutronen abbremst, wird **Moderatormaterial** genannt. Die Neutronen werden auf thermisches Niveau **moderiert**. Solche thermischen Neutronen können erneut Kernspaltungen verursachen, wenn sie auf spaltbare Kerne treffen. Verursachen Neutronen, die aus einer Kernspaltung hervorgegangen sind, weitere Kernspaltungen, dann spricht man von einer **Kettenreaktion**. Eine Kettenreaktion kann **unterkritisch**, **kritisch** oder **überkritisch** sein. In Abb. 8.19 sind diese Zustände veranschaulicht. Beschießt man, wie im Experiment von *Hahn* und *Straßmann*, eine Uranprobe auf einmal mit einer großen Anzahl von Neutronen, so löst man in kurzer Zeit eine große Zahl von Kernspaltungen aus. Diese erzeugen eine entsprechende Zahl von Sekundärneutronen. Sind die spaltbaren Kerne so selten und so weit von einander entfernt, dass die meisten Sekundärneutronen entweder zerfallen sind oder die Probe verlassen haben, bevor sie auf spaltbare Kerne treffen konnten, dann werden die Sekundärneutronen verglichen mit der Anzahl an Kernspaltungen, aus denen sie hervorgegangen sind weniger Kernspaltungen auslösen. Die Sekundärneutronen der zweiten Generation werden dann wieder weniger Spaltungen hervorrufen und so fort. Die Kettenreaktion verliert mit fortschreitender Zeit an Intensität und kommt schließlich zum Erliegen. Eine solche Kettenreaktion wird als unterkritisch bezeichnet (**o** Abb. 8.19 A).

Ein kritischer Zustand (**o** Abb. 8.19 B) tritt ein, wenn von fünf erzeugten Neutronen genau zwei zu neuen Kernspaltungen führen. Diese zwei Kernspaltungen werden im Mittel wieder fünf Neutronen erzeugen, und so bleibt die Zahl der Kernspaltungen von Generation zu Generation konstant. Dies führt auch zu einer konstanten Energieabgabe des Systems. Sind die spaltbaren Kerne jedoch so häufig und dicht positioniert, dass von fünf erzeugten Neutronen mehr als zwei Kernspaltungen verursacht werden, dann wird die Zahl der Kernspaltungen von Generation zu Generation zunehmen. Dies wird als überkritischer Zustand bezeichnet (**o** Abb. 8.19 C). Die Energieproduktion des Systems nimmt mit der Zeit zu. Dies kann zu einer unkontrollierbaren Explosion führen. Ein Zustand kann natürlich nicht beliebig lange überkritisch bleiben, da mit jeder Spaltgeneration die Zahl der spaltbaren Kerne abnimmt. Für die Heftigkeit einer Reaktion ist aber die Gesamtzahl der Spaltungen ausschlaggebend. Diese kann in einer sehr kurzen überkritischen Phase sehr groß werden. Dadurch sind sehr große Energiemengen produzierbar.

Funktionsprinzip einer Atombombe

Bei einer Atombombenexplosion muss eine Kettenreaktion von Kernspaltungen erzeugt werden, die eine kurze Zeit stark überkritisch verläuft. Die Kritikalität eines Systems hängt davon ab, wie häufig ein thermisches Neutron eine Kernspaltung erzeugen kann. Die Kritikalität wird erhöht, wenn der Bewegungsraum des Neutrons, und damit das Volumen der Probe, erhöht wird. Man braucht eine hohe Zahl und Dichte spaltbarer Kerne. Nimmt man reines ^{235}U oder reines ^{239}Pu, dann kann man berechnen, wieviel Metall in einer Metallkugel vereinigt werden muss, um einen überkritischen Zustand zu erhalten. Diese Menge wird **kritische Masse** genannt. Sie liegt bei beiden Metallen bei etwa 1 kg. Metallkugeln von 1 kg Masse sind so groß, dass die Neutronen sie nicht schnell genug verlassen können, ohne vorher auf Atomkerne zu treffen. Bestehen dann alle Atomkerne aus spaltbaren Nukliden, dann hat man den gewünschten überkritischen Zustand. Beim Erzeugen einer ^{235}U- oder einer ^{239}Pu-Kugel von 1 kg Masse, hat man mit Kernspaltungen zu rechnen, deren Intensität zeitlich zunimmt. Es wird sich zumindest ein **Kritikalitätszwischenfall** ereignen. So bezeichnet man alle Kernspaltungsexplosionen, unabhängig von ihrem Ausmaß. Der überkritische Zustand wird bei einer einfachen Uran- oder Plutoniumkugel aber nicht lange anhalten, da die erzeugte Energie die Kugel wieder auseinandertreibt und die Kernspaltungen damit aufhören: zwar nur eine kleine Explosion, dafür aber sehr viel und intensiv strahlende radioaktive Überreste. Bei einer großen Atombombenexplosion, die etwa der Sprengkraft von 10 bis 20 Millionen Tonnen Trinitrotoluol (TNT) entspricht, muss die Metallkugel eine gewisse Zeit lang im überkritischen Zustand, also in der Kugelform von 1 kg Masse verdichtet bleiben. Man erreicht

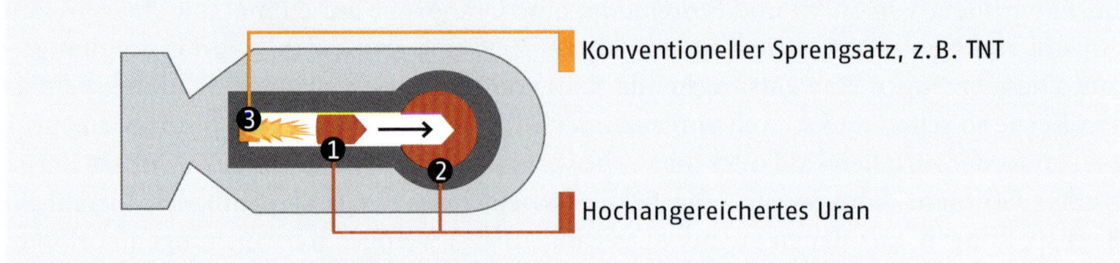

Abb. 8.20 Aufbau einer herkömmlichen Uran- bzw. Plutoniumbombe

dies durch eine Implosionsdruckwelle, die man, wie in Abb. 8.20 gezeigt, mit konventionellen Sprengladungen erzeugen kann. Dabei werden praktisch zwei Metallhalbkugeln mit einer konventionellen Sprengladung so zusammengeschossen, dass über einige Millisekunden eine verdichtete Kugel von 1 kg Masse entsteht. Dazu müssen allerdings die Sprengladungen die richtige Stärke haben und sie müssen geometrisch richtig konfiguriert sein.

Die Erzeugung der Implosionsdruckwelle ist jedoch eine sehr anspruchsvolle Aufgabe. Von ihr hängt die Wirksamkeit der Kernwaffe empfindlich ab. Aus diesem Grund müssen Kernwaffen getestet werden, wenn man sich auf sie verlassen will. Arbeiten sie verlässlich, dann sind sie in der Lage, mit einer Explosion eine Millionenstadt völlig auszulöschen und einen Landstrich, so groß wie ein Bundesland, weitgehend zu entvölkern, mit grausamen Folgen für die Überlebenden.

Funktionsprinzip eines Atomkraftwerks

Ein Atomkraftwerk funktioniert auf andere Art und Weise. Hier muss man dafür sorgen, dass eine gewisse Menge Uran oder Plutonium über einen sehr langen Zeitraum in einem exakt kritischen Zustand verbleibt. Eine so kontrollierte Kettenreaktion von Kernspaltungen ist vom Prinzip her natürlich technisch aufwendiger zu realisieren als eine unkontrollierte Atombombenexplosion. Man geht grundsätzlich so vor, dass man das spaltbare Material in Form von Brennstäben einsetzt, die in eine Moderatorsubstanz gestellt werden. Ein Brennstab ist eine Metallröhre, in die Tabletten aus UO_3 oder aus einem UO_3/PuO_3-Gemisch eingefüllt werden. Natürliches UO_3 enthält 0,7 % spaltbares ^{235}U. Für die meisten Bautypen von Kernkraftwerken ist dieser Gehalt zu gering. Für Leichtwasserreaktoren benötigt man einen Gehalt von ^{235}U oder ^{239}Pu von 3–3,5 %. Die Brennstäbe werden nun in einen Moderator eingestellt. Der billigste, aber nicht der wirksamste Moderator ist einfaches Wasser. Die Brennstäbe stehen also in einem genau berechneten Abstand zueinander in einem einfachen Wasserbad. Die meisten Neutronen, die durch Kernspaltung in den Brennstäben entstehen, verlassen diese sofort als schnelle Neutronen. Sie treten dann in das umgebende Wasser ein und werden dort zu thermischen Neutronen abgebremst. So erreichen sie den benachbarten Brennstab und lösen dort wieder Kernspaltungen aus. Sind die Abstände zwischen den Kernbrennstäben auf den Gehalt an spaltbarem Material in den Brennstäben richtig eingestellt, dann werden von erzeugten fünf Neutronen genau zwei neue Spaltungen auslösen und wieder fünf Neutronen erzeugen. Der Reaktor wird zu jeder Zeit eine konstante Energiemenge produzieren. Zwischen den Kernbrennstäben können Regelstäbe eingefahren werden, die Neutronen absorbieren und damit den Neutronenstrom zwischen den Brennstäben unterbinden. Diese Regelstäbe bestehen aus Bor oder Cadmium. Überall dort, wo die Regelstäbe zwischen den

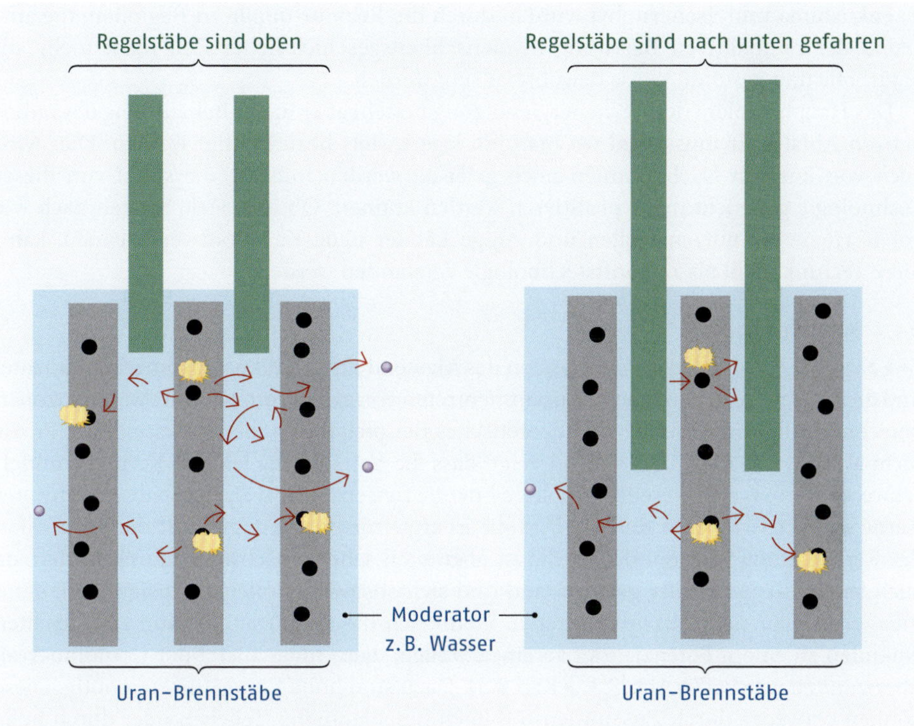

Abb. 8.21 Funktionsweise Leichtwasserreaktor

Brennstäben stehen, ist der Reaktor unterkritisch und erzeugt weniger Energie. Auf diese Weise lässt sich die Leistung des Reaktors steuern.

Das Bauprinzip eines Leichtwasserreaktors ist in Abb. 8.21 dargestellt. Die durch Kernspaltung erzeugte Energie wird als Wärme an das umgebende Wasser abgegeben. Der Reaktor wirkt dann wie ein Tauchsieder, der Wasser zum Kochen bringt, der erzeugte Wasserdampf treibt über eine Turbine einen Generator an, der dann Strom erzeugt.

Alle Kernreaktoren haben den Nachteil, dass sie sich niemals ganz abschalten lassen. Sind alle Regelstäbe eingefahren, ist der gesamte Reaktor unterkritisch, und die Kernspaltungen hören irgendwann einmal ganz auf. Die Spaltprodukte produzieren aber durch ihren radioaktiven Zerfall weiter Energie. Diese Nachwärme muss noch monatelang abgeführt werden. Versagt die Kühlung, dann wird der Reaktor so heiß, dass Wasser in Knallgas zerlegt wird, und dieses kann explodieren. Dieser Fall ist im japanischen Fukushima eingetreten.

In Osteuropa wird ein anderer Reaktortyp bevorzugt. Es handelt sich um den graphitmoderierten Reaktor. Zwischen die Brennstäbe werden Graphitstäbe gestellt, durch die die Neutronen sehr viel wirksamer abgebremst werden. Dadurch erhöht sich die Wahrscheinlichkeit, mit der sie neue Spaltungen auslösen. Das Kühlwasser zirkuliert in Kühlwasserleitungen, die durch den Reaktor gezogen sind. Der Vorteil des Graphitreaktors liegt darin, dass man mit schwächer angereichertem Uran (1–2 %) arbeiten kann. Der Nachteil besteht darin, dass man das Graphit kaum noch löschen kann, sollte es bei einem Unfall in Brand geraten. Dies war beim Reaktorunfall im ukrainischen Tschernobyl der Fall.

Fukushima und Tschernobyl wurden durch die Reaktorunfälle zu Regionen, die aufgrund der radioaktiven Belastung in menschheitsgeschichtlicher Zeit nicht mehr auf natürliche und gesunde Weise bewohnbar sein werden.

Das Hauptproblem der Kernenergienutzung besteht aber in der Behandlung des radioaktiven Abfalls. Er muss, egal wo man ihn lagert, stets beaufsichtigt werden. Dies wird auch von unseren Nachkommen noch geleistet werden müssen, die selbst von dieser Technologie gar nicht mehr profitieren werden können. Obwohl viele Staaten nach wie vor Kernenergie nutzen wollen und einige Länder neue Kernkraftwerke bauen, kann diese Technik nicht als Zukunftstechnologie verstanden werden.

8.8.2 Kernfusionen

In ▸ Kap. 8.1.3 wurde bei der Diskussion des Massendefekts ein Fusionsprozess betrachtet und die Energiefreisetzung beim Zusammentreten von zwei Protonen mit zwei Neutronen berechnet. Allerdings ist dies ein theoretisches Beispiel, das in dieser Weise in der Praxis nicht abläuft. Ein Blick in o Abb. 8.1 zeigt, dass die Vereinigung leichter Kerne zu mittelschweren Kernen eine wesentlich höhere Energie freisetzen wird als die Spaltung schwerer Kerne zu mittelschweren Kernen. Was die Energiefreisetzung angeht, ist die Kernfusion der Kernspaltung weit überlegen. Sie ist aber auch sehr viel schwerer durchführbar, da auch leichte Kerne positiv geladen sind und sich abstoßen. Sollen sie fusionieren, dann müssen sie sehr nahe zusammentreten. Wenn sich die Potenzialtöpfe von zwei leichten Nukliden zu einem Potenzialtopf vereinen wollen, dann muss zuerst der Coulomb-Wall überwunden werden (o Abb. 8.3, ▸ Kap. 8.3). Dazu sind hohe Energiedichten nötig. Diese können entweder durch Zusammenstoß hoch beschleunigter Teilchen oder durch hohe Temperaturen erzeugt werden. Das bekannteste Beispiel für eine technische Kernfusion ist die wenig erquickliche Anwendung für militärische Zwecke, die Wasserstoffbombe.

Das Funktionsprinzip einer Wasserstoffbombe ist ähnlich einfach wie das der Atombombe. Man benutzt dazu kein Wasserstoffgas, sondern salzartiges Lithiumhydrid, das aus den reinen Isotopen $(^{6}Li)^{+}$ und (^{2}H)zusammengesetzt ist. Unmittelbar neben einer Dose ^{6}Li-Deuterid wird dann eine konventionelle Atombombe gezündet. Deren Energie stellt die etwa 1–10 Millionen Kelvin zur Verfügung, die ein Zusammentreten der Lithium- mit den Deuteriumkernen erfordert. Dann spielt sich folgender Kernprozess ab:

$$^{6}_{3}Li + ^{2}_{1}H \xrightarrow{\Delta} ^{8}_{4}Be^{*} \longrightarrow 2\,^{4}_{2}He$$

Die Kernfusion setzt etwa 10-mal so viel Energie frei wie die Atombombe. Die Wasserstoffbombe ist die vernichtungsstärkste Waffe, über die die Menschheit verfügt. Die Stärke der realisierbaren Wasserstoffbomben ist nach oben hin nicht begrenzt. Der sowjetische Kernphysiker und spätere Regimekritiker *Andrej Sacharow* hat jedoch ausgerechnet, dass eine Explosion von mehr als 200 Millionen Tonnen TNT ihre Kraft hauptsächlich in den Weltraum richtet und sich die Schadenswirkung auf der Erde kaum noch steigern lässt. Daher werden stärkere Bomben nicht gebaut.

Ein freundlicheres Auftreten von Kernfusionsprozessen zeigt die Sonne. Sie erzeugt, wie die meisten anderen Sterne am Sternenhimmel, die meiste Energie durch Produktion von Helium aus Wasserstoff. Dabei gibt es zwei sehr wichtige Reaktionskaskaden. Es sind dies die Proton-Proton-Reaktion und der Bethe-Weizsäcker-Zyklus. Beide Reaktionssequenzen erlauben die Produktion von Helium aus einfachem, leichtem Wasserstoff. Ein solcher Prozess ist nötig, da die Sonne viele Protonen und Elektronen, aber wenig Deute-

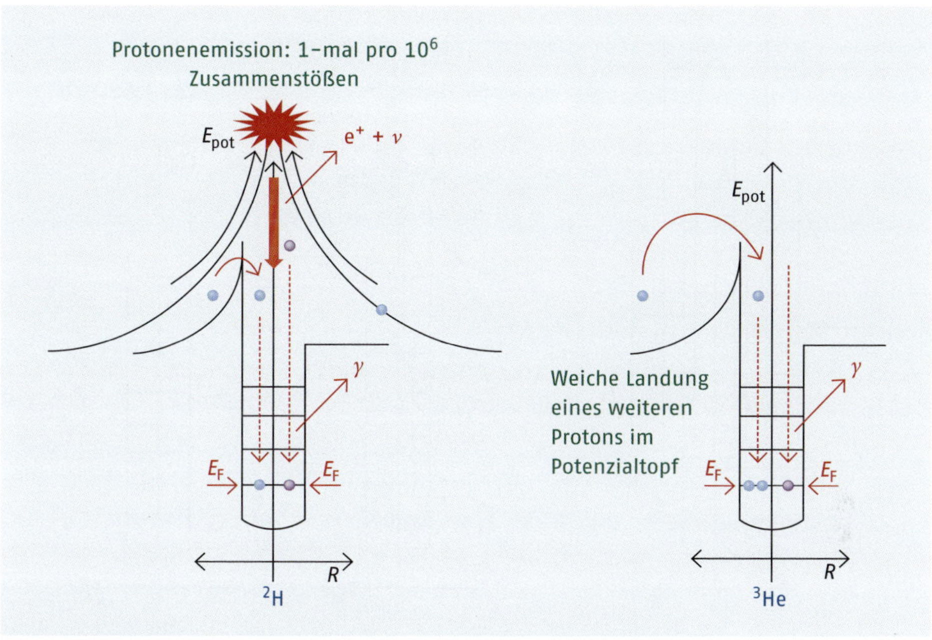

Abb. 8.22 Die ersten beiden Schritte der Proton-Proton-Reaktion

rium oder Tritium enthält. Die Proton-Proton-Reaktion läuft unter milderen Bedingungen ab. Unsere Sonne bestreitet 98,5 % ihrer Energieproduktion aus diesem Prozess. Der erste Schritt der Proton-Proton-Reaktion besteht aus dem Zusammenstoß zweier Protonen. Ein solcher bleibt in den allermeisten Fällen reaktionsunwirksam, selbst wenn er mit genügender Energie erfolgt. Zwei Protonen sind nicht in der Lage, sich gegenseitig über starke Kernkräfte zu binden. In ganz seltenen Fällen provoziert die schwache Wechselwirkung aber eine Positronenemission, also einen β^+-Zerfall, und es entsteht dann ein Deuteriumkern:

$$^1_1\text{H} + {}^1_1\text{H} \longrightarrow {}^2_1\text{H} + e^+ + \nu$$

Weil der erste Schritt so selten stattfindet, ist er geschwindigkeitsbestimmend. Sein seltenes Auftreten, und damit sein langsamer Ablauf, stellen sicher, dass die Sonne über einen so langen Zeitraum scheinen kann. Sie tut dies schon seit einigen Milliarden Jahren und hat bis jetzt etwa 25 % ihres Wasserstoffvorrats verbraucht. Schon der erste Prozessschritt setzt Energie frei, wenn auch vergleichsweise wenig. Die Positronen stoßen mit Elektronen in der Sonne zusammen und erzeugen so die erste Strahlungsenergie:

$$e^+ + e^- \longrightarrow 2\,\gamma$$

Die Energie, die im Neutrino steckt, geht dem Stern verloren, da das Neutrino nahezu wechselwirkungsfrei durch den Stern fliegen kann. Die Folgeprozesse laufen dann sehr viel schneller ab. Das entstandene Deuterium kollidiert mit einem weiteren Proton und dabei entsteht ^{3}He. Das Proton muss dafür nur den Coulomb-Wall von Deuterium über-

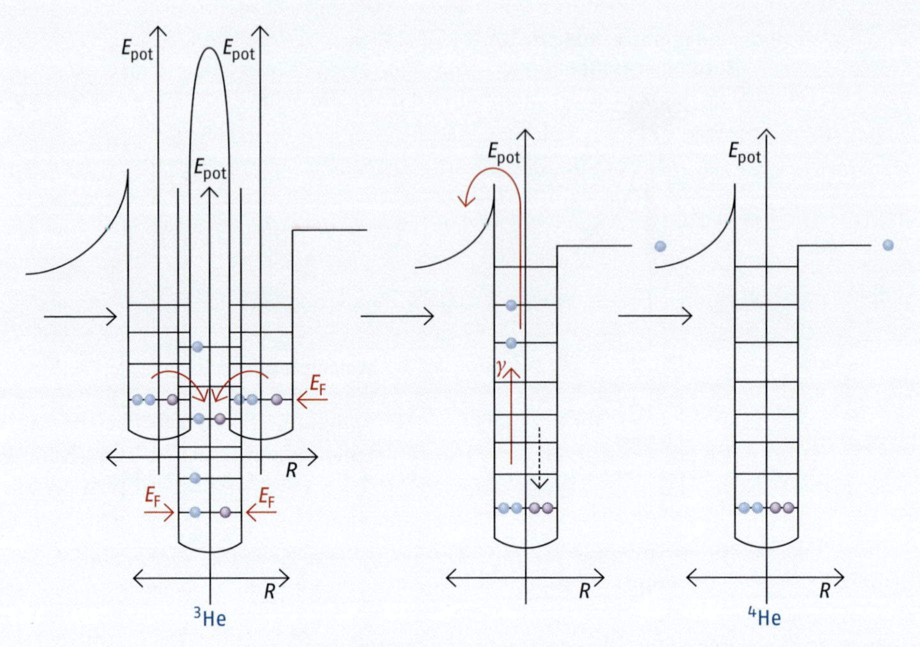

Abb. 8.23 Proton-Proton-Kette-I-Prozess (Schema)

winden, dann kann es im Protonenpotenzialtopf des Deuteriums weich landen und seine dabei gewonnene Energie in Form von γ-Strahlung abgeben (Abb. 8.22):

$$^{2}_{1}\text{H} + {}^{1}_{1}\text{H} \longrightarrow {}^{3}_{2}\text{He} + \gamma$$

Seit ihrer Entstehung stößt die Sonne Photonen und Partikelstrahlung in den Weltraum aus. Diese Partikelstrahlung enthält auch ^{3}He-Kerne. Da der Mond über kein Magnetfeld verfügt, treffen diese auf die Mondoberfläche und werden vom Mondgestein eingeschlossen. Man findet daher in Mondgesteinsproben hohe ^{3}He-Konzentrationen, was auch wirtschaftlich interessant werden könnte. In der Sonne wird ^{3}He in weiteren Folgeprozessen umgesetzt, und zwar in der Proton-Proton-Kette I und in der Proton-Proton-Kette II. Bei der Proton-Proton-Kette I treffen zwei ^{3}He-Kerne frontal aufeinander. Bei der Kollision entsteht ein neuer Potenzialtopf für ^{4}He, aus dem zwei Protonen durch die dabei freiwerdende Energie hinausgeschleudert werden (Abb. 8.23):

$$^{3}_{2}\text{He} + {}^{3}_{2}\text{He} \longrightarrow {}^{4}_{2}\text{He} + 2\,{}^{1}_{1}\text{H} + \gamma$$

Damit die Proton-Proton-Kette II ablaufen kann, muss ^{4}He entstanden sein. Ein ^{3}He-Kern vereinigt sich mit einem ^{4}He-Kern zu einem ^{7}Be-Nuklid, das durch einen Elektroneneinfang in ein ^{7}Li-Nuklid übergeht. ^{7}Li wird von einem Proton getroffen und zerfällt in zwei ^{4}He-Kerne:

$$^{3}_{2}\text{He} + {}^{4}_{2}\text{He} \longrightarrow {}^{7}_{4}\text{Be}^{*} \xrightarrow{e^{-}} {}^{7}_{3}\text{Li} \xrightarrow{H^{+}} 2\,{}^{4}_{2}\text{He}$$

In der Sonne dominiert die Proton-Proton-Kette I vor der Proton-Proton-Kette II. Durch diese Proton-Proton-Reaktion entsteht in der Sonne ununterbrochen Helium aus Wasserstoff. Bis zum jetzigen Zeitpunkt hat die Sonne etwa 25 % des Wasserstoffs in Helium überführt. Wenn sie etwas mehr als die Hälfte des Wasserstoffs verbraucht hat, wird ein anderer Prozess vorherrschend werden, das Heliumbrennen. Dabei treten zuerst zwei Heliumkerne zu einem Berylliumkern zusammen. Der Berylliumkern fusioniert dann mit einem weiteren Heliumkern zu Kohlenstoff:

$$^{4}_{2}He + {}^{4}_{2}He \longrightarrow {}^{8}_{4}Be \xrightarrow{+{}^{4}_{2}He} {}^{12}_{6}C$$

Wird das Heilumbrennen zum vorherrschenden Prozess, dann lässt die Energieproduktion der Sonne nach. Ihr Volumen wird sich bis zur Erdumlaufbahn ausdehnen und sie wird zu einem roten Riesen. Kann die Energieproduktion des Sterns die Gravitation nicht mehr in Schach halten, dann fällt der Stern in sich zusammen. Dabei produziert er, nach den Regeln der adiabatischen Kompression, eine große Menge an Energie. Diese sprengt die äußere Hülle des Sterns ab, hinaus in den Weltraum. Dort entstehen durch endotherme Fusionsprozesse schwere Elemente wie Eisen, Cobalt, Silber, Gold, Quecksilber und Blei. Der innere Kern wird sich zu einem Neutronenstern verdichten. Alle schweren Elemente werden zusammen mit dem Hauptprodukt Kohlenstoff als Staubwolken in das Weltall hinausgeschleudert und können dort Planeten oder neue Sterne bilden. Dieses Sterben eines Sterns wird **Supernova** genannt. Sterne der zweiten und höheren Generation enthalten daher immer eine gewisse Menge Kohlenstoff. Dieser ermöglicht eine zur Proton-Proton-Reaktion alternative Prozesskette zur Umwandlung von Wasserstoff in Helium. Dabei handelt es sich um den sogenannten Bethe-Weizsäcker-Zyklus. Dort wird das Kohlenstoffnuklid ^{12}C viermal von einem Proton getroffen und erleidet zweimal einen Positronenzerfall. Die Prozesskette stellt sich wie folgt dar:

$$^{12}_{6}C \xrightarrow{H^+} {}^{13}_{7}N \xrightarrow{\beta^+} {}^{13}_{6}C \xrightarrow{H^+} {}^{14}_{7}N \xrightarrow{H^+} {}^{15}_{8}O \xrightarrow{\beta^+} {}^{15}_{7}N \xrightarrow{H^+} {}^{12}_{6}C + {}^{4}_{1}He$$

Der Bethe-Weizsäcker-Zyklus erfordert Temperaturen von $30 \cdot 10^6$ K. Solche Temperaturen kommen nur in Sternen vor, die deutlich schwerer als unsere Sonne sind. Etwa 1,6 % der Strahlung, die für die Bräunung im Sommer verantwortlich ist, produziert die Sonne über den Bethe-Weizsäcker-Zyklus.

Es wurden bereits Versuche unternommen, in Plasmareaktoren, die Kernfusion zur kontrollierten Energieerzeugung zu nutzen. Bis jetzt ist es aber noch nicht gelungen, eine Kernfusion über längere Zeit kontrolliert ablaufen zu lassen. Wenn dies in absehbarer Zeit gelingen sollte, dann wäre das Mondgestein mit dem darin enthaltenen ^{3}He-Vorrat eine mögliche Energiequelle. Die Kernfusion ist jedoch keine wirklich saubere Energie, wenngleich sie weit weniger radioaktive Abfälle produziert als die Kernspaltung. Kritisch zu bewerten ist der sehr hohe Kapitalbedarf. Von der Weltraumfahrt zum Mond einmal abgesehen, ist ein Fusionsreaktor sehr aufwendig, sowohl im Bau als auch im Betrieb. Rentabel kann eine solche Anlage nur arbeiten, wenn sehr große Energiemengen produziert und konsumiert werden. Dies kann durch den dadurch provozierten Ausbau energieintensiver Industrien schwerwiegende Umweltprobleme nach sich ziehen.

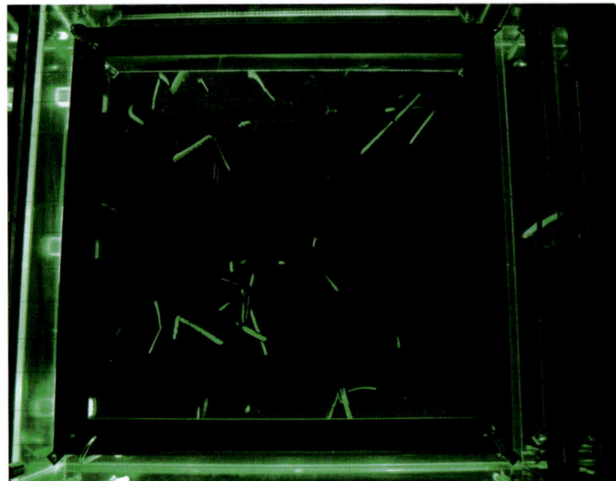

Abb. 8.24 Nebelkammeraufnahme: Beschuss von Stickstoff mit α-Teilchen (Bildnachweis: wikipedia.org, public domain)

8.8.3 Sonstige Kernreaktionen

Lässt man heißen Alkoholdampf in einem sehr sauberen Gefäß in staubfreier Atmosphäre langsam abkühlen, so erhält man ein System das man als übersättigten Dampf bezeichnen kann. Der Alkohol müsste eigentlich nach Druck und Temperatur kondensieren. Er bleibt aber gasförmig, weil er keine Kondensationskeime findet. Treffen zwei Alkoholmoleküle aufeinander, so stoßen sie zusammen, prallen aber wieder voneinander ab wie zwei Tennisbälle. Auf diese Weise können sich keine Tropfen bilden. Sind Staubkörner im Raum, so können sich dort Alkoholmoleküle anlagern und Tropfen bilden. Dies ist das Prinzip der Wilson'schen Nebelkammer.

Fliegt ein radioaktives Teilchen in eine solche Nebelkammer, dann verdichtet es die Alkoholmoleküle aufgrund seiner elektrischen Ladung (bei α- und β-Teilchen), aber auch aufgrund seines magnetischen Felds (bei Neutronenstrahlen). Dadurch können die Alkoholmoleküle Tropfen bilden und das Teilchen zieht eine Spur von Flüssigkeitstropfen hinter sich her (Abb. 8.24). Auf diese Weise wird die Bahn radioaktiver Teilchen in einer Wilson-Kammer sichtbar. α- und β-Teilchen ergeben aufgrund ihrer Ladung sehr deutliche Spuren. Neutronen erzeugen nur sehr schwache Spuren und γ-Photonen sind kaum sichtbar. Während des Ersten Weltkriegs beobachtete *Ernest Rutherford* in einer Nebelkammer den Zusammenstoß eines α-Teilchens mit einem Stickstoffmolekül im Gas und erkannte die Spuren von zwei Trümmern, die aus dem Zusammenstoß hervorgegangen waren.

Bringt man die Nebelkammer in ein elektrostatisches Feld, dann beobachtet man gekrümmte Teilchenspuren. Aus der Krümmung kann man auf die Masse und damit auf die Identität der Teilchen schließen. Beim Zusammenprall eines Heliumkerns mit einem Stickstoffkern wird ein Proton herausgelöst und die restlichen Nukleonen bilden ein Sauerstoffatom. *Rutherford* hat damit die erste Elementumwandlung in der Wissenschaftsgeschichte beobachtet und richtig interpretiert. Diese Kernumwandlung wird durch folgende Gleichung beschrieben:

$$^{4}_{2}He + ^{14}_{7}N \longrightarrow ^{18}_{9}F^{*} \longrightarrow ^{17}_{8}O + ^{1}_{1}H$$

Auf diese Weise können Kernumwandlungen mit allen Formen radioaktiver Strahlen erreicht werden. Am wirksamsten können Ionenstrahlen in einem **Zyklotron** erzeugt werden. Dabei wird ein Element, möglichst in einer gasförmigen Verbindung, mit Elektronen beschossen und dadurch ionisiert. Die so erhaltenen Ionen werden durch Magnetfelder auf eine kreisförmige Bahn gelenkt und bei jedem Umlauf beschleunigt. Man erhält energiereiche Ionenstrahlen, die aufeinander gerichtet werden können. Beim Zusammenstoß organisieren sich die Nukleonen in neuen Nukliden und es werden Elementumwandlungen erreicht. Die Bestrahlung von ^{63}Cu mit Deuteronen ergibt beispielsweise Manganisotope von unterschiedlicher Massezahl:

$$^{63}_{29}\mathrm{Cu} + {}^{2}_{1}\mathrm{H} \longrightarrow {}^{65}_{30}\mathrm{Zn}^{*} \longrightarrow {}^{55}_{25}\mathrm{Mn} + 2\,{}^{4}_{2}\mathrm{He} + {}^{2}_{1}\mathrm{H}$$

Ein natürliches Beispiel einer solchen Elementumwandlung ist die Bildung von ^{14}C auf Stickstoff durch Neutronenbeschuss:

$$^{1}_{0}\mathrm{n} + {}^{14}_{7}\mathrm{N} \longrightarrow {}^{15}_{7}\mathrm{N}^{*} \longrightarrow {}^{1}_{1}\mathrm{H} + {}^{14}_{6}\mathrm{C}$$

Dieser Prozess findet kontinuierlich in den oberen Schichten unserer Atmosphäre statt. Die energiereichen Neutronen stammen vom Sonnenwind, der Partikelstrahlung, die die Sonne regelmäßig in Richtung Erde ausstößt. Dadurch wird im zeitlichen Mittel eine kontinuierliche Menge an ^{14}C gebildet, die sich auf der Erde verteilt und zu einem konstanten ^{14}C-Gehalt in der belebten Natur führt. Darauf beruht die in ▸ Kap. 8.5 diskutierte Radiokarbonmethode zur Altersbestimmung kohlenstoffhaltiger archäologischer Funde.

Elementumwandlungen sind durch den Beschuss natürlicher Proben mit hochenergetischer Strahlung heute durchführbar und beherrschbar. Sollen aber quantitativ fassbare Produktmengen erzeugt werden, dann ist dies ein sehr teurer Prozess. Aus einem ^{206}Pb-Nuklid kann man durch den Beschuss mit energiereichen Protonen durchaus zwei Heliumkerne und zwei Neutronen herausschießen:

$$^{206}_{82}\mathrm{Pb} + {}^{1}_{1}\mathrm{H} \longrightarrow {}^{197}_{79}\mathrm{Au} + 2\,{}^{4}_{2}\mathrm{He} + 2\,{}^{1}_{0}\mathrm{n}$$

Man könnte damit den alten Alchemistentraum verwirklichen und aus minderwertigem Blei wertvolles Gold gewinnen. Der Prozess wäre jedoch so aufwendig und teuer, dass er keinen Profit erwarten ließe.

Sachregister

B

C

E

F

L

O

T

U

V

W

Z

Der Autor

Dr. Emerich Eichhorn

Emerich Eichhorn studierte Chemie an der Universität Tübingen und promovierte 1995 am Institut für organische Chemie der Universität Tübingen bei Prof. Dr. Anton Rieker. Dabei entwickelte er Methoden zur Bestimmung von Gleichgewichtskonstanten mittels Cyclovoltammetrie. Anschließend bis 1998 Postdoktorand in Tübingen, dabei Publikation mehrerer Arbeiten zur Auswertung elektrochemischer Messdaten. Ab 1998 wissenschaftlicher Mitarbeiter am Institut für pharmazeutische Chemie der Universität Regensburg, welches bis 2000 unter der Leitung von Prof. Dr. Dr. Wolfgang Wiegrebe stand und seit 2001 unter Leitung von Prof. Dr. Sigurd Elz steht. Synthesearbeit an Wirkstoffen mit zytostatischen und antibiotischen Eigenschaften im Arbeitskreis von Prof. Dr. Siavosh Mahboobi. Im Jahr 2011 erhielt E. Eichhorn den Phönix Pharmazie Wissenschaftspreis für seine Mitarbeit am Projekt von Professor Mahboobi über Lapatinib-Hybride (Inhibitoren von Histon-Deacetylase und anderen Enzymen, die im Zellteilungsprozess eine Rolle spielen). Seit 2000 Betreuung von Pharmaziestudenten im Vorstudium Pharmazie. Die Unterrichtserfahrungen hierzu bilden die Grundlage für das vorliegende Lehrbuch. Seit 2017 als Lehrer für Pharmaziestudenten selbstständig.